U0180840

高层建筑结构构造资料集

第 二 版

主　编　傅学怡　汪大绥
副主编　陈彬磊　周　笋

中国建筑工业出版社

图书在版编目（CIP）数据

高层建筑结构构造资料集/傅学怡，汪大绥主编；
陈彬磊，周笋副主编. —2版. —北京：中国建筑工业
出版社，2022.6
ISBN 978-7-112-27426-0

Ⅰ.①高… Ⅱ.①傅… ②汪… ③陈… ④周… Ⅲ.
①高层建筑-建筑结构 Ⅳ.①TU973

中国版本图书馆 CIP 数据核字（2022）第 088833 号

本资料集收集了有关高层建筑结构构造设计的各种基本数据资料、相关标准
规范指令性条文的释义和应用，以及国内各大设计院积累的经实践验证可行的构
造做法。主要供实际工程设计中随时查用，书中较详尽地列出了高层建筑结构的
各种类体系、各个部位、各种构件中结构构造的各种规定及实用可行的做法。本
次第二版是继 2005 年第一版出版 17 年之后，依据大量标准规范的修订重新编写，
并对标准规范的应用加以深化和具体化。更新补充了国内各大设计院工程实例的
最新成果及多年来行之有效的构造做法。

本资料集可供高层建筑结构构造设计参考使用，也可供大专院校结构专业师
生学习和应用参考。

责任编辑：封 毅
责任校对：李美娜

高层建筑结构构造资料集

第二版

主 编 傅学怡 汪大绥

副主编 陈彬磊 周 笋

*

中国建筑工业出版社出版、发行（北京海淀三里河路 9 号）

各地新华书店、建筑书店经销

霸州市顺浩图文科技发展有限公司制版

北京京华铭诚工贸有限公司印刷

*

开本：880 毫米×1230 毫米 1/16 印张：46¾ 字数：1444 千字

2022 年 7 月第二版 2022 年 7 月第一次印刷

定价：188.00 元

ISBN 978-7-112-27426-0

（38672）

第二版前言

　　本书是继 2005 年第一版《高层建筑结构构造资料集》之后，考虑新规范的颁布及大量增加的工程实践，结合一线工程设计工作的需要，特编制《高层建筑结构构造资料集》（第二版）。在此，特向第一版编写组程懋堃主编、莫沛锵副主编和编辑委员会全体成员以及参编单位致以真挚的敬意，并由衷感谢他们对本次修编工作所给予的积极支持。

　　本书主要供设计人员在实际工程设计中随时查用，书中较详尽地列出了高层建筑结构的各种类体系、各个部位、各种构件中结构构造的各种规定及实用可行的做法。资料集内容包括：基坑支护，天然地基，复合地基，桩基，框架结构，框剪结构，剪力墙结构，框筒结构，板柱结构，预应力混凝土结构，钢结构，钢-混凝土混合结构（带加强层、转换层的复杂结构等），建筑减隔震与抗风控制，电梯，变形缝及施工缝和结构特殊构造等构造做法和规定。内容丰富、实用为主，也可作为大专院校土木建筑结构专业师生学习与实践的参考资料。

　　本资料集是以国家现行标准《混凝土结构设计规范》GB 50010—2010（2015年版），《建筑抗震设计规范》GB 50011—2010（2016 年版），《钢结构设计标准》GB 50017—2017，《高层建筑混凝土结构技术规程》JGJ 3—2010，《高层民用建筑钢结构技术规程》JGJ 99—2015，《组合结构设计规范》JGJ138—2016 等作为主要依据。它包括各种有关规范、规程中关于高层建筑结构构造部分的相关内容，还根据已有的实践对规范、规程的应用加以深化和具体化。同时，更新和增加了大量工程实例，章节内容做了必要的增减和调整，增加了连体结构等有关章节。

　　本资料集收集了国内各大设计院多年来行之有效的构造做法，也列入一些外国规范、资料中确有参考价值，又符合我国具体情况的构造做法，供读者酌情选用。

　　由于涉及内容广泛，编写时间仓促，谬误之处，恐有所难免，请读者及时指正。

本资料集参编单位

北京市建筑设计研究院有限公司
华东建筑设计研究院有限公司
深圳大学建筑设计研究院有限公司
同济大学建筑设计研究院有限公司
中南建筑设计院股份有限公司
中国建筑西北设计研究院有限公司
中国建筑科学研究院有限公司
同济大学预应力研究所
广州大学
启迪设计集团股份有限公司

本资料集编辑委员会

主　编：傅学怡　汪大绥

副主编：陈彬磊　周　笋

编　委：（以姓氏笔画为序）

　　　　丁洁民　于东晖　王卫东　龙亦兵　冯传山　孙训海　孙金墀

　　　　李　霆　闫明礼　杨　琦　肖启晟　汪大绥　沈　莉　沈土富

　　　　张　森　张新善　孟美莉　罗鹏飞　佟建兴　周忠发　周　笋

　　　　周福霖　陈彬磊　赵　昕　姚刚峰　袁雪芬　翁其平　傅学怡

　　　　温留汉·黑沙　阁东东　谭　平　熊学玉　翟新民　戴雅萍

本资料集各章编写人员

第 1 章、第 2 章　丁洁民　赵　昕

第 3 章　于东晖　沈　莉

第 6 章　陈彬磊　周　笋　沈　莉

第 7 章　龙亦兵　沈　莉　于东晖

第 8 章　杨　琦　张新善　周　笋

第 9 章　戴雅萍　袁雪芬

第 10 章　孙金墀　周　笋

第 11 章　于东晖　沈　莉

第 4 章、第 5 章、第 12 章、第 26 章、第 27 章、第 28 章　翟新民　李　霆

第 13 章、第 14 章　傅学怡　吴　兵　孟美莉

第 15 章　陈彬磊　周　笋　沈　莉

第 16 章　熊学玉　冯传山　沈土富　张　森　肖启晟　姚刚峰

第 17 章～第 21 章　汪大绥　刘明国

第 22 章　周　笋　龙亦兵

第 23 章、第 25 章　吴江斌　王卫东　翁其平

第 24 章　佟建兴　闫明礼　孙训海　罗鹏飞

第 29 章　周福霖　谭　平　温留汉·黑沙　周忠发　阁东东　周　笋

第一版前言

　　本书是高层建筑结构的资料集,又是实用的结构构造手册。它主要供给设计人员在实际工程设计中随时查用,书中较详尽地列出了高层建筑结构的各种体系、各个部位、各种构件的结构构造的各种规定以及实用可行的做法。资料集内容包括:基坑支护,天然地基,复合地基,桩基,框架结构,框剪结构,剪力墙结构,框筒结构,板柱结构,巨型结构,预应力结构,钢结构,钢-混凝土混合结构,带加强层、转换层的复杂结构,电梯和自动扶梯的支承围护结构以及建筑结构减震抗风控制等结构构造做法和规定。由于内容丰富,以实用为主,也可作为大专院校土木建筑结构专业师生学习与实用参考资料。

　　本资料集是以《混凝土结构设计规范》GB 50010—2002,《建筑抗震设计规范》GB 50011—2001,《钢结构设计规范》GB 50017—2003,《高层建筑混凝土结构技术规程》JGJ 3—2002,《高层民用建筑钢结构技术规程》JGJ 99—98,《型钢混凝土组合结构技术规程》JGJ 138—2001 等作为主要依据。它包括各种有关规范、规程中关于高层建筑结构构造部分的各种内容,还根据已有的实践经验对规范、规程的应用加以深化和具体化。资料分析以按有关规范规程的规定提出指令性意见(具体的并有助于工程设计的意见)为主,参考性意见为辅;叙述简单扼要,能用图、表表示的,尽量用图、表表示,而辅以文字说明;不过多地列出各种构件的计算公式,只在有必要时,才列出个别简单的公式。

　　本资料集收集了国内各大设计院多年来行之有效的构造做法,有些虽与现行规范、规程有某些出入,但经过科学试验或大量工程实践证明为合理、可行的做法,也列入本资料集。本资料集中也列入一些外国规范、资料中确有参考价值,又符合我国具体情况的构造做法,供读者酌情选用。

　　由于涉及内容广泛,编写时间仓促,谬误之处,恐在所难免,请读者及时指正。

本资料集参编单位有:

北京市建筑设计研究院

华东建筑设计院

上海建筑设计研究院

广东省建筑设计研究院

中南建筑设计院

天津市建筑设计院

中国建筑西北设计研究院

深圳大学建筑设计院

同济大学建筑设计研究院

广州大学

广州军区建筑设计院

北京星胜建筑设计公司

各章编写人为：

第一章、第二章、第二十六章　蒋志贤　陆秀丽　张晓光　郑毅敏　熊跃华
孙品华　巢　斯

第三章、第十章、第十二章、第二十三章　莫沛锵

第四章、第五章、第二十七章、第二十八章、第二十九章　陆祖欣　徐厚军

第六章、第九章、第十六章　杨　琦　陶晞暝　郑永强

第七章　程懋堃　沈　莉

第八章　陈宗弼

第十一章　孙金墀

第十三章　侯家健

第十四章、第十五章　傅学怡　王绍豪

第十七章　董乐民　杨福海　陈　勇

第十八章至第二十二章　梁继恒　王平山

第二十四章　霍啓联　余正庚　曾繁禹

第二十五章　王绍豪　刘卫华

第二十六章　宋昭煌

第三十章　周福霖　冼巧玲

本资料集由下列人员组成编辑委员会(以姓氏笔画为序)：

王绍豪　汪大绥　杨　琦　周福霖　陈宗弼　陈　勇　陶晞暝　陆祖欣
莫沛锵　梁继恒　程懋堃　傅学怡　蒋志贤　董乐民　霍啓联

主　编：程懋堃　副主编：莫沛锵(常务)　汪大绥　傅学怡

编　委：王绍豪　杨　琦　周福霖　陈宗弼　陈　勇　陶晞暝　陆祖欣
梁继恒　蒋志贤　董乐民　霍啓联

本资料集还特邀陶学康、闫明礼、朱伯龙、韦承基、李荣强等专家对有关章节
进行审稿，在此表示衷心感谢。

目 录

第1篇　高层钢筋混凝土结构

第1章 材　　料

1.1 混凝土

1.1.1 种类

混凝土的种类及适用范围见表 1.1.1。

混凝土的种类及适用范围　　　　　　　　表 1.1.1

混凝土的种类		组成	特性	适用范围
普通混凝土		水泥,水,粗、细骨料	通过添加适量外加剂、控制混凝土配合比及水泥、骨料的品质,可配制不同强度等级、不同特殊用途的混凝土	适用于建造一般工业、民用建筑及道路、桥梁等各种公用设施
特种性能混凝土	高强混凝土	水泥,水,粗、细骨料,矿物掺和料,高效外加剂	强度等级高于C40,力学性能优良,同时具有高耐久性、高稳定性、高工作性、高适用性	高层建筑、大跨度桥梁、预应力构件、港口与海洋工程
	防水抗渗混凝土	优质水泥(泌水性低且具有一定抗侵蚀性的水泥,优先选用硅酸盐水泥或普通硅酸盐水泥),纯净拌和水,粗、细骨料,及适量的提高防水抗渗性能的外加剂	混凝土密度高,抗渗标号大于0.6MPa	地下防水工程、储水构筑物,处于干湿交替或冻融交替作用的工程,屋面及其他防水工程
	膨胀混凝土	膨胀水泥(或水泥,适量膨胀外加剂)、水、粗细骨料	依靠膨胀水泥或膨胀外加剂的特殊性能,减少或消除混凝土的体积收缩,改善混凝土抗裂性,从而提高混凝土的防裂、抗裂及防水性能	地下建筑,储水、防水构筑物,大体积混凝土以及施工后浇带的浇筑
	耐酸混凝土	胶结料、固化剂、耐酸骨料,适量外加剂(建筑工程中常用的耐酸混凝土有水玻璃混凝土、硫酸混凝土和沥青混凝土等)	具有优良的耐酸性,除极强腐蚀性酸外,能耐几乎所有的无机酸、有机酸及酸性气体的侵蚀。水玻璃混凝土采用耐热骨料时,可提高混凝土的使用温度	水玻璃混凝土适用于一般工业设备及建筑物的抗酸性构件。硫酸混凝土及沥青混凝土多用于浇筑整体地坪面层、设备基础等
	流态混凝土	流化剂、基体混凝土材料	具有坍落度为5~10cm的塑性混凝土的质量,混凝土坍落度可达20~22cm,流动性大,无离析、泌水现象	制作泵送混凝土及要求运输浇筑方便的混凝土
	耐碱混凝土	碳酸盐或硅酸盐水泥及其他耐碱性水泥、水、耐碱骨料	能耐一般碱盐及碱性气体的侵蚀	制作耐碱构件,碱性环境中的工程
	耐火混凝土	耐火胶结料(或掺加适量外加剂)、耐火骨料,水(或其他液体);可分为重质耐火混凝土与轻质耐火混凝土	耐高温,性能良好的混凝土可耐1500℃以上高温,同时具有工艺简单、使用方便、成本低的特点,可代替耐火混凝土砖以提高机械化施工水平	需防火隔热的一般工业与民用建筑工程
	抗冻混凝土	硅酸盐水泥或普通硅酸盐水泥(不得使用火山灰质硅酸盐水泥),粗、细骨料,水,抗冻剂(复合外加剂)	抗冻等级F5以上,耐冻融环境,可防止混凝土的早期冻害	需抵抗一定冻害的工程

混凝土的种类		组成	特性	适用范围
特殊材料混凝土	轻质混凝土	人工或天然的轻质粗、细骨料，水泥，水	表观干密度小于 19.5kN/m³，骨料中存在大量的孔隙，自重轻，保温性能好，但弹性模量低，抗拉强度低	工业与民用建筑中的承重结构、围护结构。强度等级高时可用于建造大跨度结构、高层建筑
	无砂混凝土	水泥（常选用普通硅酸盐水泥、矿渣硅酸盐水泥）、粗骨料、水。粗骨料可以是碎石、卵石及其他天然或人造轻骨料	密度小，通常在 14～19kN/m³ 之间；干燥及收缩小，导热系数小，水泥用量少，水的毛细现象不显著，混凝土侧压力小，但早期需加强养护，抗压、抗拉及弹性模量较普通混凝土低，钢筋握裹力小	多层住宅承重结构，框架墙填充料及抗震混凝土墙
	钢纤维混凝土	2%～3%掺量短而细的钢纤维，基体混凝土材料	塑性、韧性显著增大，抗拉、抗弯强度明显提高，具有较好的抗裂性	结构补强，桥面、路面混凝土，防水屋面，预制混凝土产品，现浇混凝土和喷射混凝土结构
	玻璃纤维混凝土	短且极细的玻璃纤维，基体混凝土材料	抗拉强度高，由于玻璃纤维均匀分布，可以防止收缩龟裂。抗弯强度较高，极限变形大，韧性较好，耐冲击性能良好；隔声、热工性能及耐燃性良好	制作断面较薄的工厂制品和其他预制构件，也可用于现场施工（可采用喷射、模压成型、离心浇筑、绕线成型方法）
	聚合物水泥混凝土	高分子材料聚合物，助剂，基体混凝土材料（与水泥掺和使用的聚合物主要有天然和合成橡胶浆、热塑性及热固性脂乳胶、水溶性聚合物等）	制作简单，聚合物的使用方法与混凝土外加剂一样。掺加不同的聚合物则混凝土的力学、物理性能有不同程度的改善	地面、路面、桥面，尤其是有防腐需求的楼地面。也可用作衬砌材料、喷射混凝土和新旧混凝土的接头
	合成纤维混凝土	合成纤维（植物纤维、聚丙烯等合成纤维），基体混凝土材料	抗冲击性提高，抗拉、抗弯、抗裂、韧性等有所改善，但混凝土和易性及流动性比普通混凝土差	可用于制作预制品，也可用于现场施工
	大掺量粉煤灰混凝土	粉煤灰（掺量占总胶凝材料重量的40%以上），水泥，粗、细骨料，水	水化热低，可节约大量水泥，后期强度较高，体积稳定性及工作性好。与高效减水剂联合掺用时，效果更加显著。对混凝土薄型构件，需控制掺量，减少碳化影响	大体积混凝土，水工大坝，碾压道路混凝土
特殊施工方法混凝土	泵送混凝土	水泥（水泥用量应不小于300kg/m³），连续级配的粗骨料，中砂（0.315mm 粒径以下的细骨料应占 15%以上），水，减水剂，适量掺合料（一般为粉煤灰）	混凝土具有较大的流动性和较好的黏聚性，泌水少，不易分离，泵送过程中不易堵塞	高层建筑，大体积混凝土结构，商品混凝土
	喷射混凝土	早强、速凝水泥（或与外加剂匹配的普通水泥），细度模数大于2.5的坚硬的中、粗砂，小粒径的卵石或碎石，洁净水，适量外加剂（速凝剂、减水剂、早强剂）。喷射混凝土按水灰比及制作方式不同可分为干式喷射混凝土与湿式喷射混凝土	不使用模板，可加快施工速度。强度增长快，密实性好，抗渗性好，施工准备简单、适应性强，但施工厚度不易掌握，回弹量较大，表面粗糙，施工劳动条件较差	矿山、竖井、隧道等工程的壁衬砌、坡面护面，也可用于补强工程、旧建筑物加固及储液构筑物的抗渗混凝土施工

续表

混凝土的种类	组成	特性	适用范围
混凝土新技术	碱矿渣高强混凝土	磨细的矿渣,碱性组分(如粒化高炉矿渣,粒化电炉磷渣等),粗、细骨料,水	高强、快硬、高抗渗、高抗冻、低热、高耐久性;细观结构与普通混凝土有很大不同;结构致密、孔隙率低,但孔隙多为封闭的微孔,水泥石与骨料的黏结十分牢固。施工工艺与普通混凝土相同,只需将合适的原料根据选定的配比磨细到规定细度即可	大跨、高耸等建筑结构,抢修工程,由于其成本低、早强及快硬,适用于有各种特殊要求的混凝土工程
	超细矿渣高强混凝土	高掺量超细水泥矿渣粉,水泥,粗、细骨料,水	泌水量小,强度高,特别是早期强度增长快。随着矿渣的细度增大,对混凝土的增强效果越明显。应在水中或潮湿的环境中养护	配制低热混凝土,高流态混凝土,水下混凝土,高密度高强混凝土
	F矿粉高强、高流态混凝土	5%～10%水泥置换率的F矿粉,水泥,优质粗、细骨料,洁净水,高效减水剂	和易性、保水性好,水泥浆骨料界面结构改善,大孔率降低,低水灰比的混凝土增强明显,抗渗性提高。宜在潮湿环境中养护	配制高强高流态混凝土,泵送高强混凝土
	高性能混凝土	普通或新型水泥,超细矿粉,硅灰掺合料,优质粗、细骨料,洁净水,高性能外加剂	易于浇筑、捣实,不易离析,具有高的、能长期保持的力学性能。强度高,韧性、体积稳定性及耐久性好	特种结构、大跨度结构、高层建筑及其他需高强、耐久混凝土构件的构筑物
	高性能粉煤灰渣-碱混凝土	以沸磷水化硅铝酸盐为主体的胶结料,粗、细骨料,水	施工制作简单,成本低。在常温下可制取5MPa以上的混凝土。抗冻、抗碳化能力强,耐化学侵蚀和耐久性良好,耐火、热稳定性较好	制作各种耐腐蚀混凝土,可广泛应用于各建筑工程及普通混凝土不能胜任的工程

1.1.2　水泥

常用水泥品种、特性及适用范围见表1.1.2。

常用水泥品种、特性及适用范围　　　　　　　　　　　　　表1.1.2

水泥名称	强度等级	特性	适用范围	不适用范围
硅酸盐水泥(纯熟料水泥)	42.5 42.5R 52.5 52.5R 62.5 62.5R	强度等级高、早强、快硬、抗冻性好,耐磨性和不透水性好。水化热高,抗水性差	快硬、早强工程,低温下施工的工程。用于配置高强度混凝土	大体积混凝土工程,地下工程
普通硅酸盐水泥(普通水泥)	42.5 42.5R 52.5 52.5R	与硅酸盐水泥相比,抗硫酸盐能力提高,但早期强度增加有所减少,抗冻性、耐磨性稍有下降	地上、地下工程,包括需要早强、受冻融循环的工程	大体积混凝土工程,地下工程,耐热工程
矿渣硅酸盐水泥(矿渣水泥)	32.5 32.5R 42.5 42.5R 52.5 52.5R	与硅酸盐水泥相比,水化热降低,耐热性提高,抗硫酸盐能力增强。但干缩性大,保水性、抗冻性较差,早期强度增进率降低	一般地上、地下、水中各种混凝土工程,耐热工程	需要早强、冻融循环或干湿交替的工程

水泥名称	强度等级	特性	适用范围	不适用范围
火山灰质硅酸盐水泥(火山灰水泥)	32.5 32.5R 42.5 42.5R 52.5 52.6R	与硅酸盐水泥相比,水化热降低,保水性提高,抗硫酸盐能力增强。但干缩性大,需水量大,抗冻性较差,早期强度增进率降低	一般地下、水中各种混凝土工程,大体积混凝土工程	气候干燥地区工程,需要早强、冻融循环或干湿交替的工程
粉煤灰硅酸盐水泥(粉煤灰水泥)	32.5 32.5R 42.5 42.5R 52.5 52.7R	与硅酸盐水泥相比,水化热降低,保水性提高,抗硫酸盐能力增强。同时,需水性及干缩率较小,抗裂性好。但早期强度增进率降低较多,抗碳化能力较差	一般地上、地下、水中各种混凝土工程,大体积混凝土工程	需要早强、冻融循环或干湿交替的工程
复合硅酸盐水泥	32.5 32.5R 42.5 42.5R 52.5 52.8R	与硅酸盐水泥相比,需水量小、凝结时间适中、保水性好、干缩小、水化热低、耐腐蚀性好、抗裂性好、后期强度增进率大、所配置的混凝土和易性好,与外加剂相容性较好	地下、大体积混凝土工程、基础工程等各种工程	严寒地区有水位升降的工程部位

混凝土强度等级与水泥强度等级的关系见表 1.1.3。

混凝土强度等级与水泥强度等级的关系　　　　　　　　　　　表 1.1.3

混凝土强度等级	C20	C30	C40	C50	C60	C70	C80
水泥强度等级	32.5	32.5~42.5	32.5~42.5	42.5~52.5	42.5~62.5	42.5~62.5	42.5~62.5

1.1.3　强度等级

1. 混凝土强度等级及其划分

我国规范规定混凝土强度等级是按立方体抗压强度标准值确定的。立方体抗压强度标准值是指边长为 150mm 的立方体试块,按标准方法制作,在温度为 20±3℃、相对湿度大于 90% 的环境下养护 28d,用标准试验方法测得的具有 95% 保证率的抗压强度,单位为 N/mm^2。

根据国家标准《混凝土结构设计规范》GB 50010—2010（2015 年版）,混凝土的强度分为 C15、C20、C25、C30、C35、C40、C45、C50、C55、C60、C65、C70、C75、C80 等十四个等级,其中的数值即为混凝土的强度标准值,单位为 N/mm^2。

2. 混凝土强度标准值（表 1.1.4）

混凝土强度标准值　　　　　　　　　　　表 1.1.4

强度种类	符号	混凝土强度等级						
		C15	C20	C25	C30	C35	C40	C45
轴心抗压	f_{ck}	10.00	13.40	16.70	20.10	23.40	26.8	29.6
轴心抗拉	f_{tk}	1.27	1.54	1.78	2.01	2.20	2.39	2.51

强度种类	符号	混凝土强度等级						
		C50	C55	C60	C65	C70	C75	C80
轴心抗压	f_{ck}	32.4	35.5	38.5	41.5	44.5	47.4	50.2
轴心抗拉	f_{tk}	2.64	2.74	2.85	2.93	2.99	3.05	3.11

3. 混凝土强度设计值

表 1.1.4 中各项混凝土强度标准值除以混凝土材料分项系数，即是相应的混凝土强度设计值。混凝土强度设计值应按表 1.1.5 采用。

混凝土强度设计值 表 1.1.5

强度种类	符号	混凝土强度等级						
		C15	C20	C25	C30	C35	C40	C45
轴心抗压	f_{ck}	7.20	9.60	11.90	14.30	16.70	19.1	21.1
轴心抗拉	f_{tk}	0.91	1.10	1.27	1.43	1.57	1.71	1.80
强度种类	符号	混凝土强度等级						
		C50	C55	C60	C65	C70	C75	C80
轴心抗压	f_{ck}	23.1	25.3	27.5	29.7	31.8	33.8	35.9
轴心抗拉	f_{tk}	1.89	1.96	2.04	2.09	2.14	2.18	2.22

4. 混凝土弹性模量

混凝土受压或受拉的弹性模量 E_c 应按表 1.1.6 确定。

混凝土受压或受拉的弹性模量 E_c 表 1.1.6

混凝土强度等级	C15	C20	C25	C30	C35	C40	C45
E_c	2.20	2.55	2.80	3.00	3.15	3.25	3.35
混凝土强度等级	C50	C55	C60	C65	C70	C75	C80
E_c	3.45	3.55	3.60	3.65	3.70	3.75	3.80

1.1.4 配合比

混凝土的配合比应根据混凝土的强度要求、施工要求，进行试验及试配，在使用过程中，再根据原材料情况及实际试验结果予以调整。

（一）混凝土配合比中基本参数的选取

1. 每立方米混凝土用水量的确定

当水胶比在 0.4～0.8 范围时，干硬性和塑性混凝土的用水量应根据粗骨料品种、粒径及施工要求的混凝土拌合物稠度，按表 1.1.7 选取。

混凝土拌合物稠度 表 1.1.7

拌合物稠度		卵石最大粒径(mm)			碎石最大粒径(mm)		
项目	指标	10	20	40	16	20	40
维勃稠度(s)	16～12	175	160	145	180	170	155
	11～15	180	165	150	185	175	160
	5～10	185	170	155	190	180	165
坍落度(mm)	10～30	190	170	150	200	185	165
	35～50	200	180	160	210	195	175
	55～70	210	190	170	220	205	185
	75～90	215	195	175	230	215	195

注：1. 本表用水系采用中砂时的取值。采用细砂时，每立方米混凝土用水量可增加 5～10kg，采用粗砂时，可减少 5～10 kg；

  2. 掺用外加剂或矿物掺合料时，用水量应相应调整。

2. 混凝土砂率的确定（表 1.1.8）

坍落度等于或大于 60mm 的混凝土砂率，应在表 1.1.8 的基础上，按坍落度增大 20mm、砂率增大 1％的幅度予以调整。

混凝土砂率   表 1.1.8

水胶比 W/C	卵石最大粒径(mm)			碎石最大粒径(mm)		
	10	20	40	16	20	40
0.40	26~32	25~31	24~30	30~35	29~34	27~32
0.50	30~35	29~34	28~33	33~38	32~37	30~35
0.60	33~38	32~37	31~36	36~41	35~40	33~38
0.70	36~41	35~40	34~39	39~44	38~43	36~41

注：1. 本表数值系中砂的选用砂率，对细砂或粗砂，可相应地减小或增大砂率；

　　2. 采用人工砂配制混凝土时，砂率可适当增大；

　　3. 只用一个单粒级粗骨料配制混凝土时，砂率应适当增大。

坍落度小于 10mm 的混凝土，其砂率应经试验确定。

坍落度不大于 60mm，且不小于 10mm 的混凝土砂率，可根据粗骨料品种、粒径及水胶比按表 1.1.8 选取。

3. 浇筑混凝土时坍落度的确定

根据不同的构件及配筋情况，混凝土的坍落度可按表 1.1.9 选取。

混凝土的坍落度   表 1.1.9

结构种类	坍落度	结构种类	坍落度
基础或地面等的垫层，配筋稀疏的结构	10~130	配筋密集的结构	50~180
板、梁和大型及中型截面的柱子等	30~130	配筋特密的结构	70~180

注：上列数据适用机械振捣混凝土时的坍落度，当采用人工捣实时，其值可适当增大。

4. 混凝土施工参考配合比（表 1.1.10）

混凝土施工参考配合比   表 1.1.10

混凝土强度等级	水泥强度等级	坍落度	W (kg)	C (kg)	S (kg)	G (kg)	掺合料 (kg)	外加剂 (kg)
C20	32.5 矿渣水泥	160	183	320	730	7063	40	4.0
C25	32.5 矿渣水泥	160	196	350	708	1032	50	4.0
C30	32.5 矿渣水泥	160	200	375	683	1025	62	5.0
C35	32.5 矿渣水泥	160	200	395	671	1007	72	5.0
C40	42.5 普通硅酸盐水泥	160	200	430	654	980	80	6.0
C45	42.5 普通硅酸盐水泥	160	190	460	650	974	80	6.0
C50	42.5 普通硅酸盐水泥	160	190	480	668	1055	50	7.0
C55	42.5 普通硅酸盐水泥	160~180	180	490	638	1085	50	7.0
C60	52.5 硅酸盐水泥	180~220	172	450	600	1230	40 (硅粉)	8 (高效)

混凝土强度等级	水泥强度等级	坍落度	W（kg）	C（kg）	S（kg）	G（kg）	掺合料（kg）	外加剂（kg）
C70	52.5 硅酸盐水泥	180～221	160	480	542	1265	45（硅粉）	8（高效）
C80	52.5 硅酸盐水泥	180～222	150	500	537	1254	50（硅粉）	9（高效）

注：W—水；C—水泥；S—细骨料；G—粗骨料。

（二）特殊要求混凝土的配合比

1. 抗渗混凝土

抗渗等级不小于 P6 级的混凝土称为抗渗混凝土。宜采用普通硅酸盐水泥；粗骨料宜采用连续级配，其最大公称粒径不宜大于 40mm；细骨料宜采用中砂；宜掺用外加剂和矿物掺合料，粉煤灰等级应为 Ⅰ 级或 Ⅱ 级。

每立方米混凝土中的胶凝材料用量不宜小于 320kg；砂率宜为 35%～40%。最大水胶比应符合表 1.1.11。

最大水胶比 表 1.1.11

抗渗等级	最大水胶比	
	C20～C30	C30 以上
P6	0.60	0.55
P8～P12	0.55	0.50
＞P12	0.50	0.45

2. 抗冻混凝土

抗冻等级不低于 F50 的混凝土称为抗冻混凝土。水泥应选用硅酸盐水泥或普通硅酸盐水泥，不得使用火山灰硅酸盐水泥。粗细骨料均应进行坚固性试验，其结果应符合国家现行有关标准。抗冻等级大于 F100 的抗冻混凝土宜掺用引气剂。在钢筋混凝土和预应力混凝土中不得掺用含有氯盐的防冻剂，当为预应力混凝土结构时，不得掺用含有亚硝酸盐或碳酸盐的防冻剂。供试配用的最大水胶比和最小胶凝材料用量应符合表 1.1.12 的要求，复合矿物掺合料掺量应符合表 1.1.13 的规定。

最大水胶比和最小胶凝材料用量 表 1.1.12

设计抗冻等级	最大水胶比		最小胶凝材料用量（kg/m³）
	无引气剂时	掺引气剂时	
F50	0.55	0.60	300
F100	0.50	0.50	320
不低于 F150	—	0.50	350

复合矿物掺合料掺量 表 1.1.13

水胶比	最大掺量（%）	
	采用硅酸盐水泥时	采用普通硅酸盐水泥时
≤0.40	60	50
＞0.40	50	40

注：1. 采用其他通用硅酸盐水泥时，可将水泥混合材料掺量 20% 以上的混合材量计入矿物掺合料；

2. 复合矿物掺合料中各矿物掺合料组分的掺量应符合《普通混凝土配合比设计规程》JGJ 55—2011 关于单掺量的规定。

3. 高强混凝土

强度等级在 C40 以上的混凝土称为高强混凝土，配制高强混凝土时，水泥等级不低于 42.5 级，并应选用硅酸盐水泥或普通硅酸盐水泥；所用粗骨料宜采用连续级配，最大公称粒径不应大于 25.0mm；针片状颗粒含量不宜大于 5.0%；细骨料的细度模数宜为 2.6～3.0。对粗骨料应进行压碎指标试验和碎石的岩石立方体抗压强度试验。其结果不应小于要求配制的混凝土抗压强度标准值的 1.3 倍。

高强混凝土配合比应经试验确定，在缺乏试验依据的情况下，配合比宜符合下列规定：

（1）水胶比、胶凝材料用量和砂率的参考用量可按表 1.1.14 选取，并应经试配确定。

水胶比、胶凝材料用量和砂率 表 1.1.14

强度等级	水胶比	胶凝材料用量（kg/m³）	砂率（%）
≥C40，<C80	0.28～0.34	480～560	
≥C80，<C100	0.26～0.28	520～580	35～42
C100	0.24～0.26	550～600	

（2）外加剂和矿物掺合料的品种、掺量，应通过试配确定；矿物掺合料宜为 25%～40%；硅灰掺量不宜大于 10%。

（3）水泥用量不宜大于 500kg/m³。

高强混凝土设计配合比确定后，尚应采用该配合比进行不少于三盘混凝土的重复试验，每盘混凝土应至少成型一组试件，每组混凝土的抗压强度不应低于配制强度。

4. 泵送混凝土

泵送混凝土拌合物的坍落度不应小于 10cm，水胶比不宜大于 0.6，水泥和矿物掺合料的总量不宜小于 300kg/m³。泵送混凝土宜选用硅酸盐水泥、普通硅酸盐水泥、矿渣硅酸盐水泥和粉煤灰硅酸盐水泥。用于泵送混凝土的粗骨料的最大公称粒径与输送管径之比不宜大于表 1.1.15 的规定。

粗骨料粒径与输送管径之比 表 1.1.15

泵送高度	粗骨料种类	
	碎石	卵石
50m 以下	1:3.0	1:2.5
50～100m	1:4.0	1:3.0
100m 以上	1:5.0	1:4.0

粗骨料应采用连续级配，且针片状颗粒含量不宜大于 10%，泵送混凝土宜用中砂，其通过 0.315mm 筛孔的颗粒含量不应小于 15%。

泵送混凝土入泵坍落度可按表 1.1.16 选用。

入泵坍落度 表 1.1.16

入泵坍落度（cm）	10～14	14～16	16～18	18～20	20～22
最大泵送高度（m）	30	60	100	400	400 以上

5. 大体积混凝土

大体积混凝土指体积较大的、可能由胶凝材料水化热引起的温度应力导致有害裂缝的结构混凝土。水泥宜采用中、低热硅酸盐水泥或低热矿渣硅酸盐水泥。粗骨料宜为连续级配，最大公称粒径不宜小于 31.5mm，细骨料宜采用中砂，宜掺用矿物掺合料和缓凝型减水剂以降低单方混凝土的水泥用量。

大体积混凝土水胶比不宜大于 0.55，用水量不宜大于 175kg/m³；在保证混凝土强度以及坍落度要求的前提下，宜提高单方混凝土中的粗骨料用量；砂率宜在 38%～42% 之间。

1.1.5　各类混凝土外加剂的主要功能及适用范围（表1.1.17）

各类混凝土外加剂的主要功能及适用范围　　　　　　　表 1.1.17

外加剂类型	主要功能	适用范围
普通减水剂（早强型、标准型、缓凝型）	在保证混凝土工作性能及水泥用量不变的条件下，具有8％以上减水功能，混凝土强度提高10％左右	日最低气温5℃以上各种混凝土的施工
高效减水剂（早强型、标准型、缓凝型）	在保证混凝土工作性能及水泥用量不变的条件下，具有14％以上减水功能，混凝土强度提高20％～30％	日最低气温0℃以上高强混凝土、早强混凝土、高流动性混凝土的施工
高性能减水剂（早强型、标准型、缓凝型）	在保证混凝土工作性能及水泥用量不变的条件下，具有25％以上减水功能，混凝土强度提高30％～40％，且具有一定引气功能	对水泥适应性较好，可用于各种混凝土的施工
引气减水剂	通过引入大量分布均匀的微小气泡，减少混凝土拌合物泌水离析，改善和易性，并显著提高混凝土的耐久性、抗渗性、抗冻性；但抗压强度有所降低，钢筋握裹力有所下降。引气减水剂还有减水剂的功能	抗冻融混凝土、防水混凝土、抗盐类结晶及耐碱混凝土、泵送混凝土、流态混凝土
泵送剂	使混凝土有良好的流动性及在压力条件下较好的稳定性，由减水剂、调凝剂、引气剂、润滑剂等多种成分复合而成	高层建筑混凝土及其他需泵压输送的混凝土
早强剂	提高混凝土的早期强度，并对后期强度无明显不利影响	日最低气温-5℃以上及有早强或防冻要求的混凝土
缓凝剂	延缓混凝土的凝结和硬化时间，降低水泥初期水化热，并对后期强度无不利影响	大体积混凝土、商品混凝土、泵送混凝土，以及炎热地区施工、滑模施工的混凝土
引气剂	通过引入大量分布均匀的微小气泡，减少混凝土拌合物泌水离析，改善和易性，并显著提高混凝土的耐久性、抗渗性、抗冻性；但抗压强度有所降低，钢筋握裹力有所下降	抗冻融混凝土、防水混凝土、抗盐类结晶及耐碱混凝土、泵送混凝土、流态混凝土
防冻剂	在一定的负温下施工而使混凝土不受冻害并达到预期强度	负温下施工的混凝土
膨胀剂	使混凝土在水化、硬化过程中产生一定的体积膨胀，减少混凝土干缩裂缝，提高抗裂与抗渗性能	用于配制补偿收缩混凝土、填充用膨胀混凝土、自应力混凝土；也用于屋面防水、地下防水、基础后浇带及防水堵漏等
速凝剂	使混凝土砂浆在1～5min之间初凝，2～10min终凝	喷射混凝土、喷射砂浆、临时性堵漏用砂浆及混凝土
防水剂	使混凝土的抗渗性能显著提高	防水、防潮混凝土

注：几种外加剂复合使用时，应注意不同品种外加剂之间的相容性及对混凝土性能的影响。使用前应进行试验，满足要求后，方可使用。

1.1.6　耐久性

混凝土结构的耐久性应根据结构的设计使用年限、结构所处的环境类别及作用等级进行设计。

混凝土结构的耐久性设计应包括下列内容：

1. 结构的设计使用年限、环境类别及其作用等级；

2. 有利于减轻环境作用的结构形式、布置和构造；

3. 混凝土结构材料的耐久性质量要求；

4. 钢筋的混凝土保护层厚度；

5. 混凝土裂缝控制要求；

6. 防水、排水等构造措施；

7. 严重环境作用下合理采取防腐蚀附加措施或多重防护策略；

8. 耐久性所需的施工养护制度与保护层厚度的施工质量验收要求；

9. 结构使用阶段的维护、修理与检测要求。

（一）环境类别与作用等级

结构所处环境按其对钢筋和混凝土材料的腐蚀机理可分为 5 类，并应按表 1.1.18 确定。

环境类别 表 1.1.18

环境类别	名称	腐蚀机理
I	一般环境	保护层混凝土碳化引起钢筋锈蚀
II	冻融环境	反复冻融导致混凝土损伤
III	海洋氯化物环境	氯盐引起钢筋锈蚀
IV	除冰盐等其他氯化物环境	氯盐引起钢筋锈蚀
V	化学腐蚀环境	硫酸盐等化学物质对混凝土的腐蚀

注：一般环境系指无冻融、氯化物和其他化学腐蚀物质作用。

环境对配筋混凝土结构的作用程度应采用环境作用等级表达，并应符合表 1.1.19 的规定。

环境作用等级 表 1.1.19

环境作用等级 / 环境类别	A 轻微	B 轻度	C 中度	D 严重	E 非常严重	F 极端严重
一般环境	I-A	I-B	I-C	—	—	—
冻融环境	—	—	II-C	II-D	II-E	—
海洋氯化物环境	—	—	III-C	III-D	III-E	III-F
除冰盐等其他氯化物环境	—	—	V-C	V-D	V-E	—
化学腐蚀环境	—	—	V-C	V-D	V-E	—

当结构构件受到多种环境类别共同作用时，应分别满足每种环境类别单独作用下的耐久性要求。

在长期潮湿或接触水的环境条件下，混凝土结构的耐久性设计应考虑混凝土可能发生的碱-骨料反应、钙矾石延迟反应和软水对混凝土的溶蚀，在设计中采取相应的措施。混凝土结构的耐久性设计尚应考虑高速流水、风沙以及车轮行驶对混凝土表面的冲刷、磨损作用等实际使用条件对耐久性的影响。

（二）设计使用年限

混凝土结构的设计使用年限应按建筑物的合理使用年限确定，不应低于现行国家标准《工程结构可靠性设计统一标准》GB 50153—2008 的规定；一般环境下的民用建筑在设计使用年限内无须大修，其结构构件的设计使用年限应与结构整体设计使用年限相同。

（三）材料要求

混凝土材料应根据结构所处的环境类别、作用等级和结构设计使用年限，按同时满足混凝土最低强度等级、最大水胶比和混凝土原材料组成的要求确定。

对重要工程或大型工程，应针对具体的环境类别和作用等级，分别提出抗冻耐久性指数、氯离子在混凝土中的扩散系数等具体量化耐久性指标。

结构构件的混凝土强度等级应同时满足耐久性和承载能力的要求。

配筋混凝土结构满足耐久性要求的混凝土最低强度等级应符合表 1.1.20 的规定。

满足耐久性要求的混凝土最低强度等级　　　　　　　　　　　　表 1.1.20

环境类别与作用等级	设计使用年限		
	100 年	50 年	30 年
Ⅰ-A	C30	C25	C25
Ⅰ-B	C35	C30	C25
Ⅰ-C	C40	C35	C30
Ⅱ-C	C35,C45	C30,C45	C30,C40
Ⅱ-D	C40	C35	C35
Ⅱ-E	C45	C40	C40
Ⅲ-C,Ⅳ-C,Ⅴ-C,Ⅲ-D,Ⅳ-D	C45	C40	C40
Ⅴ-D,Ⅲ-E,Ⅳ-E	C50	C45	C45
Ⅴ-E,Ⅲ-F	C55	C50	C50

直径为 6mm 的细直径热轧钢筋作为受力主筋，应只限在一般环境（Ⅰ类）中使用，且当环境作用等级为轻微（Ⅰ-A）和轻度（Ⅰ-B）时，构件的设计使用年限不得超过 50 年；当环境作用等级为中度（Ⅰ-C）时，设计使用年限不得超过 30 年。

冷加工钢筋不宜作为预应力筋使用，也不宜作为按塑性设计构件的受力主筋。

公称直径不大于 6mm 的冷加工钢筋应只在Ⅰ-A、Ⅰ-B 等级的环境作用中作为受力钢筋使用，且构件的设计使用年限不得超过 50 年。

预应力筋的公称直径不得小于 5mm。

同一构件中的受力钢筋，宜使用同材质的钢筋。

（四）构造规定

不同环境作用下钢筋主筋、箍筋和分布筋，其混凝土保护层厚度应满足钢筋防锈、耐火以及与混凝土之间粘结力传递的要求，且混凝土保护层厚度设计值不得小于钢筋的公称直径。

具有连续密封套管的后张预应力钢筋，其混凝土保护层厚度可与普通钢筋相同且不应小于孔道直径的 1/2；否则应比普通钢筋增加 10mm。

先张法构件中预应力钢筋在全预应力状态下的保护层厚度可与普通钢筋相同，否则应比普通钢筋增加 10mm。

直径大于 16mm 的热轧预应力钢筋保护层厚度可与普通钢筋相同。

工厂预制的混凝土构件，其普通钢筋和预应力钢筋的混凝土保护层厚度可比现浇构件减少 5mm。

在荷载作用下配筋混凝土构件的表面裂缝最大宽度计算值不应超过表 1.1.21 中的限值。对裂缝宽度无特殊外观要求的，当保护层设计厚度超过 30mm 时，可将厚度取为 30mm 计算裂缝的最大宽度。

表面裂缝计算宽度限值（mm）　　　　　　　　　　　　表 1.1.21

环境作用等级	钢筋混凝土构件	有粘结预应力混凝土构件
A	0.40	0.20
B	0.30	0.20 (0.15)
C	0.20	0.10
D	0.20	按二级裂缝控制或按部分预应力 A 类构件控制
E,F	0.15	按一级裂缝控制或按全预应力类构件控制

注：1. 括号中的宽度适用于采用钢丝或钢绞线的先张预应力构件；

2. 裂缝控制等级为二级或一级时，按现行国家标准《混凝土结构设计规范》GB 50010—2010（2015 年版）计算裂缝宽度。

3. 有自防水要求的混凝土构件，其横向弯曲的表面裂缝计算宽度不应超过 0.20mm。

混凝土结构构件的形状和构造应有效地避免水、汽和有害物质在混凝土表面的积聚，并应采取以下构造措施：

1. 受雨淋或可能积水的露天混凝土构件顶面，宜做成斜面，并应考虑结构挠度和预应力反拱对排水的影响；

2. 受雨淋的室外悬挑构件侧边下沿，应做滴水槽、鹰嘴或采取其他防止雨水淌向构件底面的构造措施；

3. 屋面、桥面应专门设置排水系统，且不得将水直接排向下部混凝土构件的表面；

4. 在混凝土结构构件与上覆的露天面层之间，应设置可靠的防水层。

当环境作用等级为 D、E、F 级时，应减少混凝土结构构件表面的暴露面积，并应避免表面的凹凸变化；构件的棱角宜做成圆角。

施工缝、伸缩缝等连接缝的设置宜避开局部环境作用不利的部位，否则应采取有效的防护措施。

暴露在混凝土结构构件外的吊环、紧固件、连接件等金属部件，表面应采用可靠的防腐措施；后张法预应力体系应采取多重防护措施。

（五）施工质量的附加要求

根据结构所处的环境类别与作用等级，混凝土耐久性所需的施工养护应符合表 1.1.22 的规定。

施工养护制度要求   表 1.1.22

环境作用等级	混凝土类型	养护制度
I-A	一般混凝土	至少养护 1d
	大掺量矿物掺合料混凝土	浇筑后立即覆盖并加湿养护，至少养护 3d
I-B，I-C，II-C，III-C，IV-C，V-C，II-D，V-D，II-E，V-E	一般混凝土	养护至现场混凝土的强度不低于 28d 标准强度的 50% 且不少于 3d
	大掺量矿物掺合料混凝土	浇筑后立即覆盖并加湿养护，养护至现场混凝土的强度不低于 28d 标准强度的 50% 且不少于 7d
III-D，IV-D，III-E，IV-E，III-F	大掺量矿物掺合料混凝土	浇筑后立即覆盖并加湿养护，养护至现场混凝土的强度不低于 28d 标准强度的 50% 且不少于 7d。加湿养护结束后应继续养护喷涂或覆盖保湿、防风一段时间至现场混凝土的强度不低于 28d 标准强度的 70%

注：1. 表中要求适用于混凝土表面大气温度不低于 10℃ 的情况，否则应延长养护时间；
    2. 有盐的冻融环境中混凝土施工养护应按 III、IV 类环境的规定执行；
    3. 大掺量矿物掺合料混凝土在 I-A 环境中用于永久浸没于水中的构件。

处于 I-A、I-B 环境下的混凝土结构构件，其保护层厚度的施工质量验收要求按照现行国家标准《混凝土结构工程施工质量验收规范》GB 50204—2015 的规定执行。

环境作用等级为 C、D、E、F 的混凝土结构构件，应按下列要求进行保护层厚度的施工质量验收：

1. 对选定的每一配筋构件，选择有代表性的最外侧钢筋 8~16 根进行混凝土保护层厚度的无破损检测；对每根钢筋，应选取 3 个代表性部位测量。

2. 对同一构件所有的测点，如有 95% 或以上的实测保护层厚度 c_1 满足以下要求，则认为合格：

$$c_1 \geqslant c - \Delta \tag{1}$$

式中 c——保护层设计厚度；

    Δ——保护层施工允许负偏差的绝对值，对梁柱等条形构件取 10mm，板墙等面形构件取 5mm。

3. 当不能满足第 2 款的要求时，可增加同样数量的测点进行检测，按两次测点的全部数据进行统计，如仍不能满足第 2 款的要求，则判定为不合格，并要求采取相应的补救措施。

1.2 钢筋

钢筋混凝土结构中的钢筋宜采用 HRB400、HRB500、HRBF400、HRBF500 钢筋，也可采用

HPB300、HRB335、HRBF335、RRB400 钢筋。预应力筋宜采用预应力钢丝、钢绞线和预应力螺纹钢筋。

1.2.1 强度标准值

钢筋的强度标准值应具有不小于 95% 的保证率。

普通钢筋的屈服强度标准值、极限强度标准值用 f_{yk}、f_{stk} 表示；预应力钢丝、钢绞线和预应力螺纹钢筋的屈服强度标准值、极限强度标准值用 f_{pyk}、f_{ptk} 表示。

1. 普通钢筋强度标准值应按表 1.2.1 采用。

普通钢筋强度标准值 表 1.2.1

牌号	符号	公称直径 d(mm)	屈服强度标准值 f_{yk}	极限强度标准值 f_{stk}
HPB300	Φ	6～22	300	420
HRB335 HRBF335	Φ Φ^F	6～50	335	455
HRB400 HRBF400 RRB400	Φ Φ^F Φ^R	6～50	400	450
HRB500 HRBF500	Φ Φ^F	6～50	500	630

注：普通钢筋系指用于钢筋混凝土结构中的钢筋和预应力混凝土结构中的非预应力筋。

2. 预应力钢筋强度标准值应按表 1.2.2 采用。

预应力钢筋强度标准值 表 1.2.2

种类		符号	公称直径 d(mm)	屈服强度标准值 f_{pyk}	极限强度标准值 f_{ptk}
中强度预应力钢丝	光面螺旋肋	Φ^{PM}Φ^{HM}	5、7、9	620	800
				780	970
				980	1270
预应力螺纹钢筋	螺纹	Φ^T	18、25、32、40、50	785	980
				930	1080
				1080	1230
消除应力钢丝	光面螺旋肋	Φ^P Φ^P	5	—	1570
				—	1860
			7	—	1570
			9	—	1470
				—	1570
钢绞线	1×3(三股)	Φ^S	8.6、10.8、12.9	—	1570
				—	1860
				—	1960
	1×7(七股)		9.5、12.7、15.2、17.8	—	1720
				—	1860
				—	1960
			21.6	—	1860

注：极限强度标准值为 1960N/mm² 的钢绞线作为后张预应力配筋时，应有可靠的工程经验。

3. 冷拉、冷拔、冷轧带肋及冷轧扭钢筋强度标准值，应按表 1.2.3 采用。

冷拉、冷拔、冷轧带肋及冷轧扭钢筋强度标准值

表 1.2.3

种类	牌号	符号	公称直径 d(mm)	强度标准值
冷轧带肋钢筋	CRB550	ϕ^R	4～12	500
	CRB600H	ϕ^{RH}	5～12	520
	CRB650	ϕ^R	4、5、6	650
	CRB650H	ϕ^{RH}	5～6	
	CRB800	ϕ^R	5	800
	CRB800H	ϕ^{RH}	5～6	
	CRB970	ϕ^R	5	970
冷轧变形钢筋	CDB-D460	ϕ^D	5.5～12	460
	CDB-W500	ϕ^W	5.5～14	500
冷拔低碳钢丝	CDW550	ϕ^b	3、4、5、6、7、8	550
冷轧扭钢筋	CTB550	ϕ^T	6.5、8、10、12	550
	CTB650		6.5、8、10	650

注：冷拔低碳钢丝、CRB550 级冷轧带肋钢筋常被制成钢筋焊接网，直径小于 5mm 的钢筋焊接网不应作为混凝土结构的受力钢筋使用。

1.2.2 强度设计值

1. 普通钢筋的抗拉强度设计值 f_y 及抗压强度设计值 f_y' 应按表 1.2.4 采用。

f_y 及 f_y'

表 1.2.4

牌号	符号	抗拉强度设计值 f_y	抗压强度设计值 f_y'
HPB300	ϕ	270	270
HRB335 HRBF335	Φ Φ^F	300	300
HRB400 HRBF400 RRB400	Φ Φ^F Φ^R	360	360
HRB500 HRBF500	Φ Φ^F	435	410

注：1. 当构件中配有不同种类钢筋时，每种钢筋应采用各自的强度设计值。

2. 横向钢筋的抗拉强度设计值 f_{yv} 应按表中 f_y 的数值采用；当用作受剪、受扭、受冲切承载力计算时，其数值大于 360 N/mm² 时应取 360N/mm²。

2. 预应力钢筋的抗拉强度设计值 f_{py} 及抗压强度设计值 f_{py}' 应按表 1.2.5 采用。

f_{py} 及 f_{py}'

表 1.2.5

种类		公称直径 d(mm)	极限强度标准值 f_{ptk}	抗拉强度设计值 f_{py}	抗压强度设计值 f_{py}'
中强度预应力钢丝	光面螺旋肋	5、7、9	800	510	410
			970	650	
			1270	810	
预应力螺纹钢筋	螺纹	18、25、32、40、50	980	650	410
			1080	770	
			1230	900	

种类		公称直径 d(mm)	极限强度标准值 f_{ptk}	抗拉强度设计值 f_{py}	抗压强度设计值 f'_{py}
消除应力钢丝	光面螺旋肋	5	1570	1110	410
			1860	1320	
		7	1570	1110	
		9	1470	1040	
			1570	1110	
钢绞线	1×3(三股)	8.6、10.8、12.9	1570	1110	390
			1860	1320	
			1960	1390	
	1×7(七股)	9.5、12.7、15.2、17.8	1720	1220	
			1860	1320	
			1960	1390	
		21.6	1860	1320	

注：当预应力筋的强度标准值不符合表 1.2.5 的规定时，其强度设计值应进行相应的比例换算。

3. 冷轧带肋、冷轧变形及冷拔低碳钢筋的抗拉强度设计值 f_y 或 f_{py} 及抗压强度设计值 f'_y 或 f'_{py} 应按表 1.2.6 采用。

f_y 或 f_{py} 及 f'_y 或 f'_{py}　　　　表 1.2.6

种类	牌号	公称直径 d(mm)	抗拉强度设计值 f_y 或 f_{py}	抗压强度设计值 f'_y 或 f'_{py}
冷轧带肋钢筋	CRB550	4～12	400	380
	CRB600H	5～12	415	
	CRB650	4、5、6	430	
	CRB650H	5～6		
	CRB800	5	530	
	CRB800H	5～6		
	CRB970	5	650	
冷轧变形钢筋	CDB-D460	5.5～12	360	360
	CDB-W500	5.5～14	400	400
冷拔低碳钢丝	CDW550	3、4、5、6、7、8	320	320
冷轧扭钢筋	CTB550	6.5、8、10、12	360	360
	CTB650	6.5、8、10	430	430

注：冷轧带肋钢筋用作横向钢筋的抗拉强度设计值 f_{yv} 应按表中 f_y 的数值采用；当用作受剪、受扭、受冲切承载力计算时，其数值应取 360N/mm²。

1.2.3 弹性模量（表 1.2.7）

钢筋弹性模量应按表 1.2.7 采用。

钢筋弹性模量　　　　表 1.2.7

牌号或种类	弹性模量 E_s
HPB300 钢筋	2.1

牌号或种类	弹性模量 E_s
HRB335、HRB400、HRB500 钢筋、HRBF335、HRBF400、HRBF500 钢筋、RRB400 钢筋、预应力螺纹钢筋	2
消除应力钢丝、中强度预应力钢丝	2.05
钢绞线	1.95

注：必要时可采用实测的弹性模量。

1.2.4 机械性能

1. 普通钢筋的机械性能（表1.2.8）

普通钢筋的机械性能　　　　表 1.2.8

牌号	公称直径 (mm)	屈服强度 R_{eL}(N/mm²)	抗拉强度 R_{eL}(N/mm²)	断后伸长率 A(%)	最大力总伸长率 A_{gt}(%)	冷弯	
		不小于				弯曲角度	弯心直径
HPB300	6～22	300	420	25	10	180°	d
HRB335 HRBF335	6～25	335	455	17		180°	3d
	28～40					180°	4d
	>40～50					180°	5d
HRB400 HRBF400	6～25	400	540	16	7.5	180°	4d
	28～40					180°	5d
	>40～50					180°	6d
HRB500 HRBF500	6～25	500	630	15		180°	6d
	28～40					180°	7d
	>40～50					180°	8d

2. 余热处理钢筋的机械性能（表1.2.9）

余热处理钢筋的机械性能　　　　表 1.2.9

牌号	公称直径 (mm)	屈服强度 R_{eL}(N/mm²)	抗拉强度 R_{eL}(N/mm²)	断后伸长率 A(%)	最大力总伸长率 A_{gt}(%)	冷弯	
		不小于				弯曲角度	弯心直径
RRB400	8～25	400	540	14	5	180°	4d
	28～40					180°	5d
RRB500	8～25	500	630	13		180°	6d
RRB400W	8～25	430	570	16	7.5	180°	4d
	28～40					180°	5d

3. 消除应力钢丝的机械性能（表1.2.10）

消除应力钢丝的机械性能　　　　表 1.2.10

公称直径 (mm)	抗拉强度 R_{eL} (N/mm²)	规定非比例伸长应力 $R_{p0.2}$(N/mm²)		最大力总伸长率 A_{gt}(%)	弯曲		应力松弛性能		
		WLR	WNR		次数	弯曲半径 R(mm)	初始应力相当于公称抗拉强度的百分数(%)	1000h 应力损失不大于(%)	
	不小于							WLR	WNR
5	1570	1380	1330			15	60	1.0	4.5
	1860	1640	1580						
7	1570	1380	1330	3.5	4	20	70	2.5	8
9	1470	1290	1250			25			
	1570	1380	1330				80	4.5	12

注：WNR 为普通松弛钢丝，WLR 为低松弛钢丝。

4. 中强度预应力钢丝的机械性能（表 1.2.11）

中强度预应力钢丝的机械性能　　　　　　表 1.2.11

种类	公称直径（mm）	规定非比例伸长应力 $R_{p0.2}$（N/mm²）	抗拉强度 R_{eL}(N/mm²)	断后伸长率 A_{100}（%）	弯曲		1000h 后应力松弛率不大于（%）
					次数	弯曲半径 R(mm)	
		不小于					
620/800	5	620	800			15	
	7					20	
	9					25	
780/970	5	780	970	4	4	15	8
	7					20	
	9					25	
980/1270	5	980	1270			15	
	7					20	
	9					25	

5. 钢绞线的机械性能（表 1.2.12）

钢绞线的机械性能　　　　　　表 1.2.12

钢绞线结构	公称直径（mm）	抗拉强度 R_m（N/mm²）	整根钢绞线的最大力 F_m(kN)	规定非比例延伸力 $F_{p0.2}$(kN)	最大力总伸长率（$L_0 \geqslant 400$mm）A_{gt}（%）	应力松弛性能	
						初始负荷相当于公称最大力的百分数（%）	1000h 后应力松弛率不大于（%）
		不小于					
1×3	8.6	1570	59.2	53.3		60	1
		1860	70.1	63.1			
		1960	73.9	66.5		70	2.5
	10.8	1570	92.5	83.3			
		1860	110	99		80	4.5
		1960	115	104			
	12.9	1570	133	120			
		1860	158	142			
		1960	166	149			
1×7	9.5	1720	94.3	84.9	3.5		
		1860	102	91.8			
		1960	107	96.3			
	12.7	1720	170	153			
		1860	184	166			
		1960	193	174			
	15.2	1720	241	217			
		1860	260	234			
		1960	274	247			
	17.8	1720	327	294			
		1860	353	318			
	21.6	1860	530	477			

6. 预应力螺纹钢筋的机械性能（表 1.2.13）

预应力螺纹钢筋的机械性能　　　表 1.2.13

级别	屈服强度 R_{eL} (N/mm²)	抗拉强度 R_m (N/mm²)	断后伸长率 A(%)	最大力总伸长率 A_{gt}(%)	应力松弛性能	
	不小于				初始应力	1000h 后应力松弛率(%)
PSB785	785	980	7	3.5	0.8R_{eL}	≤3
PSB930	930	1080	6			
PSB1080	1080	1230	6			

注：无明显屈服时，用规定非比例延伸强度（$R_{p0.2}$）代替。

7. 纤维增强复合材料筋

（1）纤维增强复合材料筋混凝土构件应采用碳纤维增强复合材料筋或芳纶纤维增强复合材料筋，且其纤维体积含量不应小于 60%。纤维增强复合材料筋所采用的纤维应符合国家现行有关产品标准的规定。

（2）纤维增强复合材料预应力筋的截面面积应小于 300mm²。

（3）纤维增强复合材料预应力筋应符合以下规定：

① 纤维增强复合材料预应力筋的抗拉强度应按筋材的截面面积含树脂计算，其主要力学性能指标应满足表 1.2.14 的规定；

② 纤维增强复合材料预应力筋的抗拉强度标准值应具有 99.87% 的保证率，其弹性模量和最大力下的伸长率取平均值；

③ 不应采用光圆表面的纤维增强复合材料筋。

纤维增强复合材料预应力筋的主要力学性能指标　　　表 1.2.14

类型	抗拉强度标准值(N/mm²)	弹性模量(×10⁵N/mm²)	伸长率(%)
碳纤维增强复合材料筋	≥1800	≥1.40	≥1.5
芳纶纤维增强复合材料筋	≥1300	≥0.65	≥2.0

（4）纤维增强复合材料筋抗拉强度设计值应按公式（1.2.1）确定。

$$f_{fpd}=\frac{f_{fpk}}{1.4\gamma_e} \tag{1.2.1}$$

式中　f_{fpd}——纤维增强复合材料预应力筋抗拉强度设计值；

f_{fpk}——纤维增强复合材料预应力筋抗拉强度标准值，按实测值和厂家提供的数据采用；

γ_e——环境影响系数，应按表 1.2.15 取值。

纤维增强复合材料预应力筋的环境影响系数 γ_e　　　表 1.2.15

类型	室内环境	一般室外环境	海洋环境、腐蚀性环境、碱性环境
碳纤维增强复合材料	1.0	1.1	1.2
芳纶纤维增强复合材料	1.2	1.3	1.5

（5）纤维增强复合材料预应力筋的持久强度设计值应按公式（1.2.2）计算。

$$f_{fpc}=\frac{f_{fpk}}{\gamma_e\gamma_{fc}} \tag{1.2.2}$$

式中　f_{fpc}——纤维增强复合材料预应力筋的持久强度设计值；

　　　γ_{fc}——徐变断裂折减系数，碳纤维增强复合材料筋取 1.4，芳纶纤维增强复合材料筋取 2.0。

8. 冷轧带肋钢筋机械性能（表 1.2.16）

冷轧带肋钢筋机械性能　　　　　　　　　　　　　　　　表 1.2.16

钢筋级别	抗拉强度 (N/mm²)	伸长率		冷弯 180°	
		δ_{10}（%）	δ_{100}（%）	D＝弯心直径	
500 级	≥550	≥8		D＝3d	受弯曲部位表面不得产生裂纹
650 级	≥650		≥4	D＝4d	
800 级	≥800		≥4	D＝5d	

9. 冷轧变形钢筋机械性能（表 1.2.17）

冷轧变形钢筋机械性能　　　　　　　　　　　　　　　　表 1.2.17

牌号	屈服强度 R_{eL} (N/mm²)	抗拉强度 R_m (N/mm²)	断后伸长率 A（%）	冷弯 180°弯芯 直径＝3d
	不小于			
CDB-D460	460	580	8	表面不得产生裂纹
CDB-W500	500	580	12	表面不得产生裂纹

10. 冷拔低碳钢丝机械性能（表 1.2.18）

冷拔低碳钢丝机械性能　　　　　　　　　　　　　　　　表 1.2.18

级别	公称直径	抗拉强度 R_m（N/mm²）	断后伸长率 A_{100}（%）	反复弯曲次数
		不小于		
甲级	5	650	3	4
		600		
	4	700	2.5	
		650		
乙级	3、4、5、6	550	2	

注：甲级冷拔低碳钢丝作预应力筋时，如经机械调直则抗拉强度标准值应降低 50MPa。

参 考 文 献

[1] 混凝土结构设计规范：GB 50010—2010（2015 年版）[S]. 北京：中国建筑工业出版社，2010.

[2] 李立权. 混凝土配合比设计手册 [M]. 北京：中国建筑工业出版社，1998.

[3] 普通混凝土配合比设计规程：JGJ55—2011 [S]. 北京：中国建筑工业出版社，2011.

[4] 混凝土外加剂：GB 8076—2008 [S]. 北京：中国建筑工业出版社，2008.

[5] 混凝土结构耐久性设计标准：GB/T 50476—2019 [S]. 北京：中国建筑工业出版社，2019.

[6] 工程结构可靠性设计统一标准：GB 50153—2008 [S]. 北京：中国建筑工业出版社，2008.

[7] 混凝土结构工程施工质量验收规范：GB 50204—2015 [S]. 北京：中国建筑工业出版社，2015.

[8] 钢筋混凝土用余热处理钢筋：GB 13014—2013 [S]. 北京：中国标准出版社，2013.

[9] 预应力混凝土用钢丝：GB/T 5223—2014 [S]. 北京：中国标准出版社，2014.

[10] 预应力混凝土用钢绞线：GB/T 5224—2014 [S]. 北京：中国标准出版社，2014.

[11] 预应力混凝土用螺纹钢筋：GB/T 20065—2016 [S]. 北京：中国标准出版社，2016.

[12] 冷轧带肋钢筋混凝土结构技术规程：JGJ 95—2011 [S]. 北京：中国建筑工业出版社，2011.

[13] 冷轧变形钢筋混凝土构件技术规程：DBJ/T 15-7—2007 [S]. 北京：中国建筑工业出版社，2007.

[14] 冷拔低碳钢丝应用技术规程：JGJ 19—2010 [S]. 北京：中国建筑工业出版社，2010.

第2章 一般规定

2.1 结构材料

2.1.1 混凝土

（一）性能

高层建筑混凝土结构宜采用高强高性能混凝土和高强钢筋；构件内力较大或抗震性能有较高要求时，宜采用型钢混凝土、钢管混凝土构件。

各类结构用混凝土的强度等级均不应低于C25，并应符合下列规定：

1. 抗震设计时，一级抗震等级框架梁、柱及其节点的混凝土强度等级不应低于C30；
2. 筒体结构的混凝土强度等级不宜低于C30；
3. 作为上部结构嵌固部位的地下室楼盖的混凝土强度等级不宜低于C30；
4. 转换层楼板、转换梁、转换柱、箱形转换结构以及转换厚板的混凝土强度等级均不应低于C30；
5. 预应力混凝土结构的混凝土强度等级不宜低于C40、不应低于C30；
6. 型钢混凝土梁、柱的混凝土强度等级不宜低于C30；
7. 现浇非预应力混凝土楼盖结构的混凝土强度等级不宜高于C40；
8. 抗震设计时，框架柱的混凝土强度等级，9度时不宜高于C60，8度时不宜高于C70；剪力墙的混凝土强度等级不宜高于C60。

（二）保护层厚度

钢筋混凝土构件中受力钢筋的混凝土保护层厚度不应小于钢筋的公称直径。对设计使用年限为50年的结构，最外层钢筋的混凝土保护层最小厚度（外层钢筋外边缘至混凝土表面的距离）应符合表2.1.1的规定。

保护层厚度（mm） 表 2.1.1

环境等级	板墙壳	梁柱杆
一	15	20
二 a	20	25
二 b	25	35
三 a	30	40
三 b	40	50

注：1. 设计使用年限为100年的混凝土结构，最外层钢筋的保护层厚度不应小于表中数值的1.4倍；

2. 混凝土强度等级不大于C25时，表中保护层厚度数值应增加5mm；

3. 处于四、五类环境中的建筑物，其混凝土保护层厚度尚应符合国家现行有关标准的要求；

4. 钢筋混凝土基础宜设置混凝土垫层，其受力钢筋的混凝土保护层厚度从垫层顶面算起，且不应小于40mm；

5. 当有充分依据并对构件采取有效措施时，可适当减小混凝土保护层的厚度；

6. 混凝土结构的环境类别按表2.1.2决定。

混凝土结构的环境类别 表 2.1.2

环境类别	条件
一	室内干燥环境;无侵蚀性静水浸没环境
二 a	室内潮湿环境;非严寒和非寒冷地区的露天环境;非严寒和非寒冷地区与无侵蚀性的水或土壤直接接触的环境;严寒和寒冷地区的冰冻线以下与无侵蚀性的水或土壤直接接触的环境
二 b	干湿交替环境;水位频繁变动环境严寒和寒冷地区的露天环境;严寒和寒冷地区冰冻线以上与无侵蚀性的水或土壤直接接触的环境
三 a	严寒和寒冷地区冬季水位变动区环境;受除冰盐影响环境;海风环境
三 b	盐渍土环境;受除冰盐作用环境;海岸环境
四	海水环境
五	受人为或自然的侵蚀性物质影响的环境

2.1.2 钢筋

(一) 性能

高层建筑混凝土结构宜采用高强高性能混凝土和高强钢筋;构件内力较大或抗震性能有较高要求时,宜采用型钢混凝土、钢管混凝土构件。

高层建筑混凝土结构的受力钢筋及其性能应符合现行国家标准《混凝土结构设计规范》GB 50010—2010 (2015 年版) 的有关规定。按一、二、三级抗震等级设计的框架和斜撑构件,其纵向受力钢筋尚应符合下列规定:

1. 钢筋的抗拉强度实测值与屈服强度实测值的比值不应小于 1.25;

2. 钢筋的屈服强度实测值与屈服强度标准值的比值不应大于 1.30;

3. 钢筋最大拉力下的总伸长率实测值不应小于 9%。

抗震设计时混合结构中钢材应符合下列规定:

1. 钢材的屈服强度实测值与抗拉强度实测值的比值不应大于 0.85;

2. 钢材应有明显的屈服台阶,且伸长率不应小于 20%;

3. 钢材应有良好的焊接性和合格的冲击韧性。

(二) 锚固

1. 纵向受拉钢筋的锚固长度

(1) 抗震等级为四级及非抗震结构

当计算中充分利用钢筋的抗拉强度时,受拉钢筋的基本锚固长度应按表 2.1.3 取值。

(2) 一、二、三级抗震等级结构

当计算中充分利用钢筋的抗拉强度时,受拉钢筋的抗震锚固长度应按表 2.1.5 取值。

一、二级抗震等级 $l_{aE} = 1.15l_a$

三级抗震等级 $l_{aE} = 1.05l_a$

(3) 钢筋焊接网的锚固

1) 带肋钢筋焊接网纵向受拉钢筋的锚固见图 2.1.1

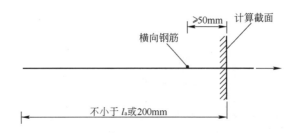

图 2.1.1 带肋钢筋焊接网纵向受拉钢筋的锚固

注:l_a 按表 2.1.6 采用。

受拉钢筋的基本锚固长度 表 2.1.3

钢筋级别	混凝土强度等级								
	C20	C25	C30	C35	C40	C45	C50	C55	≥C60
HPB300	39d	34d	30d	28d	25d	24d	23d	22d	21d
HRB335	38d	33d	29d	27d	25d	23d	22d	21d	21d
HRB400	—	40d	35d	32d	29d	28d	27d	26d	25d
HRB500	—	48d	43d	39d	36d	34d	32d	31d	30d

注：1. 当带肋钢筋的公称直径大于 25mm 时，其锚固长度应乘以修正系数 1.1。

2. 环氧树脂涂层带肋钢筋，其锚固长度应乘以修正系数 1.25。

3. 当钢筋在混凝土施工过程中易受扰动（如滑模施工）时，其锚固长度应乘以修正系数 1.1。

4. 当锚固钢筋在锚固区的混凝土保护层厚度等于钢筋直径的 3 倍时，其锚固长度可乘以修正系数 0.8，保护层厚度为钢筋直径 5 倍时，修正系数可取 0.7，中间按内插取值。

5. 除构造需要的锚固长度外，当纵向受力钢筋的实际配筋面积大于其设计计算面积时，如有充分依据和可靠措施，其锚固长度可乘以设计计算面积与实际配筋面积的比值。但对有抗震设防要求及直接承受动力荷载的结构构件，不得采用此项修正。

6. 本表按公式 (2.1.1) 计算

$$l_{ab} = \alpha \frac{f_y}{f_t} d \qquad (2.1.1)$$

式中 l_{ab}——受拉钢筋的锚固长度；

f_y——普通钢筋的抗拉强度设计值；

f_t——混凝土轴心抗拉强度设计值；当混凝土强度等级高于 C40 时，按 C40 取值；

d——钢筋的公称直径；

α——钢筋的外形系数，按表 2.1.4 取用。

钢筋的外形系数 表 2.1.4

钢筋类型	光面钢筋	带肋钢筋	螺旋肋钢丝	三股钢绞线	七股钢绞线
α	0.16	0.14	0.13	0.16	0.17

7. 对于预应力钢筋，受拉钢筋的锚固长度按公式 $l_{ab} = \alpha \frac{f_{py}}{f_t} d$ 计算，式中 f_{py} 为预应力钢筋的抗拉强度设计值。

8. 对纵向受压钢筋，当计算中充分利用其抗压强度时，锚固长度不应小于相应受拉锚固长度的 70%。

受拉钢筋的抗震锚固长度 表 2.1.5

抗震等级	钢筋级别	混凝土强度等级								
		C20	C25	C30	C35	C40	C45	C50	C55	≥C60
一、二级	HPB300	45d	39d	35d	32d	29d	28d	26d	25d	24d
	HRB335	44d	38d	33d	31d	29d	26d	25d	24d	24d
	HRB400	—	46d	40d	37d	33d	32d	31d	30d	29d
	HRB500	—	55d	49d	45d	41d	39d	37d	36d	35d
三级	HPB300	41d	36d	32d	29d	26d	25d	24d	23d	22d
	HRB335	40d	35d	31d	28d	26d	24d	23d	22d	22d
	HRB400	—	42d	37d	34d	30d	29d	28d	27d	26d
	HRB500	—	50d	45d	41d	38d	36d	34d	33d	32d

注：同表 2.1.3 注。

带肋钢筋焊接网纵向受拉钢筋的锚固长度 l_a 取值 表 2.1.6

钢筋焊接网类型		混凝土强度等级				
		C20	C25	C30	C35	≥C40
CRB550、CRB600H、HRB400、HRBF400 钢筋焊接网	锚固长度内无横筋	45d	40d	35d	32d	30d
	锚固长度内有横筋	32d	28d	25d	22d	21d

钢筋焊接网类型		混凝土强度等级				
		C20	C25	C30	C35	≥C40
HRB500、HRBF500 钢筋焊接网	锚固长度内无横筋	55d	48d	43d	39d	36d
	锚固长度内有横筋	39d	34d	30d	27d	25d

注: 1. 当焊接网中的纵向钢筋为并筋时,其锚固长度应按表中数值乘以系数 1.4 后取用;

    2. 当锚固区内无横筋、焊接网的纵向钢筋净距不小于 5d (d 为纵向钢筋直径) 且纵向钢筋保护层厚度不小于 3d 时,表中钢筋的锚固长度可乘以 0.8 的修正系数,但不应小于 200mm;

    3. 在任何情况下,锚固区内有横筋的焊接网的锚固长度不应小于 200mm;

    4. d 为纵向受力钢筋直径 (mm)。

2) 受拉光面钢筋焊接网的锚固见图 2.1.2。

2. 弯钩和机械锚固

当受拉钢筋因条件限制不能满足规定的锚固长度时,可采用弯钩或机械锚固措施,包括弯钩或锚固端头在内的锚固长度可取表 2.1.3 或表 2.1.5 的 0.6 倍,弯钩和机械锚固的形式及构造要求按图 2.1.3 采用。受压钢筋不应采用弯钩和一侧贴焊锚筋的锚固措施。

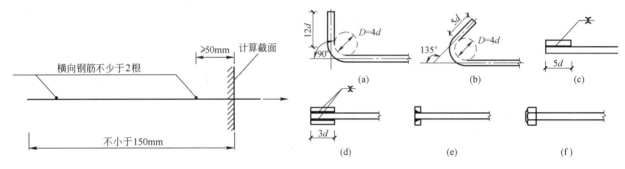

图 2.1.2 受拉光面钢筋焊接网的锚固

图 2.1.3 钢筋机械锚固的形式及构造要求

(a) 90°弯钩;(b) 135°弯钩;(c) 一侧贴焊锚筋;(d) 两侧贴焊锚筋;

(e) 穿孔塞焊锚板;(f) 螺栓锚头

(三) 钢筋的连接

1. 绑扎搭接接头

(1) 绑扎骨架和绑扎网中的非预应力纵向受力钢筋,当接头采用绑扎搭接时,其纵向受拉钢筋的搭接长度 l_l 不应小于 $\zeta_l \cdot l_a$ (l_a 按表 2.1.3、表 2.1.5 的规定采用,ζ_l 为纵向受拉钢筋搭接长度修正系数,按表 2.1.7 采用),且不应小于 300mm;纵向受压钢筋的搭接长度不应小于 $0.7l_l$,且不应小于 200mm;钢筋搭接 1.6l_a 接头面积百分率可以为 100%,见图 2.1.4。

(2) 焊接骨架在受力方向的接头可采用非焊接的搭接接头,其受拉搭接长度不应小于 l_a,且不应小于 1 个网格及 25mm;受压钢筋的搭接长度不应小于 l_a 且不应小于 2mm,见图 2.1.5。

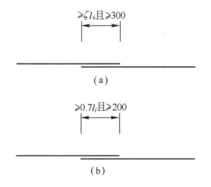

图 2.1.4 纵向受拉钢筋的绑扎搭接

(a) 纵向受拉钢筋 l_l 搭接;

(b) 纵向受压钢筋搭接

ζ_l 取值   表 2.1.7

纵向受拉钢筋搭接接头面积百分率(%)	≤25	50	100
ζ_l	1.2	1.4	1.6

（3）受力钢筋接头的位置宜相互错开，在长度为1.3倍搭接长度的连接区段内，有接头的受力钢筋截面面积占受力钢筋总截面面积的百分率应符合下列规定：对梁、板、墙类构件，不宜大于25%；对柱类构件，不宜大于50%。当工程中确有必要增大受拉钢筋搭接接头面积百分率时，对梁类构件，不宜大于50%；对板、墙、柱及预制构件的拼接处，可根据实际情况适当放宽。

（4）在绑扎骨架中绑扎接头搭接长度 l_l 的范围内，应配置箍筋，其直径不应小于搭接钢筋较大直径的0.25倍，箍筋的间距不应大于5d，且不应大于100mm，d 为受力钢筋中的较小直径，见图2.1.6。为了防止局部挤压裂缝，当受压钢筋直径大于25mm时，应当在搭接接头两个端面以外100mm的范围内各设置两道箍筋。

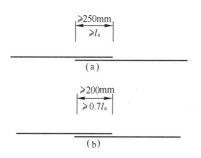

图 2.1.5 焊接骨架与绑扎骨架钢筋的搭接
（a）焊接骨架中钢筋受拉搭接；
（b）焊接骨架中钢筋受压搭接

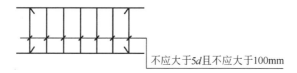

图 2.1.6 l_l 范围内箍筋间距

（5）钢筋焊接网的搭接

1）钢筋焊接网的搭接接头有叠搭法、平搭法、扣搭法三种搭接方法，见图2.1.7。

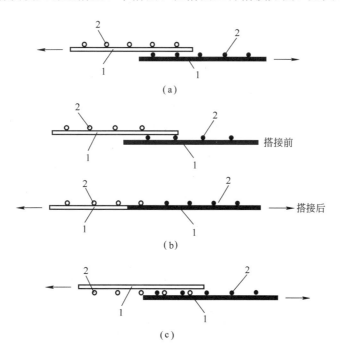

图 2.1.7 焊接网中钢筋的搭接方法
（a）叠搭法；（b）平搭法；（c）扣搭法
1—纵向钢筋；2—横向钢筋

2）当计算中充分利用钢筋的抗拉强度时，带肋钢筋焊接网在受拉方向的搭接接头可采用叠搭法或扣搭法，搭接长度见图2.1.8。采用平搭法时，搭接长度不应小于 $1.3l_a$，且不应小于300mm。当搭接区纵筋直径不小于 12mm 时，其搭接长度按增加 $5d$ 采用。在任何情况下，纵向受拉钢筋的搭接长度不应小于 200mm。

3）当计算中充分利用钢筋的抗拉强度时，冷拔光面钢筋焊接网在受拉方向的搭接接头可采用叠搭法或扣搭法，搭接长度见图 2.1.9。

图 2.1.8　带肋钢筋焊接网搭接接头　　　　　图 2.1.9　冷拔光面钢筋焊接网搭接接头

4）钢筋焊接网在受压方向的搭接长度应取受拉钢筋搭接长度的 0.7 倍，且不应小于 150mm。

5）钢筋网在非受力方向分布钢筋的搭接见图 2.1.10。

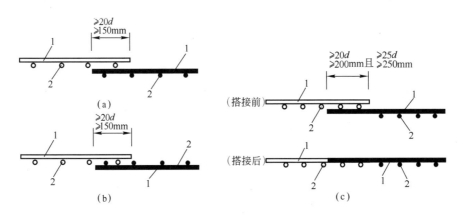

图 2.1.10　分布钢筋的搭接
（a）叠接法；（b）扣接法；（c）平接法
1—纵向钢筋；2—横向钢筋

2．焊接接头

（1）钢筋的焊接接头的类型及质量应符合现行《混凝土结构工程施工质量验收规范》GB 50204—2015 的要求。

（2）焊接接头的类型及适用范围见表 2.1.8。

焊接接头的类型及适用范围　　　　　　　　　表 2.1.8

焊接方法	接头形式	适用范围	
		钢筋牌号	钢筋直径(mm)
电阻点焊		HPB300	6～16
		HRB335 HRBF335	6～16
		HRB400 HRBF400	6～16
		CRB550	4～12
		CDW550	3～8

焊接方法			接头形式	适用范围	
				钢筋牌号	钢筋直径(mm)
闪光对焊				HPB300	8～22
				HRB335 HRBF335	8～40
				HRB400 HRBF400	8～40
				HRB500、HRBF500	8～40
				RRB400W	8～32
箍筋闪光对焊				HPB300	6～18
				HRB335 HRBF335	6～18
				HRB400 HRBF400	6～18
				HRB500、HRBF500	6～18
				RRB400W	8～18
电弧焊	帮条焊	双面焊		HPB300	10～22
				HRB335 HRBF335	10～40
				HRB400 HRBF400	10～40
				HRB500 HRBF500	10～32
				RRB400W	10～25
	帮条焊	单面焊		HPB300	10～22
				HRB335 HRBF335	10～40
				HRB400 HRBF400	10～40
				HRB500 HRBF500	10～32
				RRB400W	10～25
	搭接焊	双面焊		HPB300	10～22
				HRB335 HRBF335	10～40
				HRB400 HRBF400	10～40
				HRB500 HRBF500	10～32
				RRB400W	10～25

续表

焊接方法			接头形式	适用范围	
				钢筋牌号	钢筋直径(mm)
电弧焊	搭接焊	单面焊		HPB300	10～22
				HRB335 HRBF335	10～40
				HRB400 HRBF400	10～40
				HRB500 HRBF500	10～32
				RRB400W	10～25
	熔槽帮条焊			HPB300	20～22
				HRB335 HRBF335	20～40
				HRB400 HRBF400	20～40
				HRB500 HRBF500	20～32
				RRB400W	20～25
	坡口焊	平焊		HPB300	18～22
				HRB335 HRBF335	18～40
				HRB400 HRBF400	18～40
				HRB500 HRBF500	18～32
				RRB400W	18～25
		立焊		HPB300	18～22
				HRB335 HRBF335	18～40
				HRB400 HRBF400	18～40
				HRB500 HRBF500	18～32
				RRB400W	18～25
	钢筋与钢板搭接焊			HPB300	8～40
				HRB335 HRBF335	8～40
				HRB400 HRBF400	8～40
				HRB500 HRBF500	8～40
				RRB400W	8～25

焊接方法			接头形式	适用范围	
				钢筋牌号	钢筋直径(mm)
电弧焊	窄间隙焊			HPB300	16~22
				HRB335 HRBF335	16~40
				HRB400 HRBF400	16~40
				HRB500 HRBF500	18~32
				RRB400W	18~25
	预埋件钢筋	角焊		HPB300	6~22
				HRB335 HRBF335	6~25
				HRB400 HRBF400	6~25
				HRB500 HRBF500	10~20
				RRB400W	10~20
		穿孔塞焊		HPB300	20~25
				HRB335 HRBF335	20~32
				HRB400 HRBF400	20~32
				HRB500 HRBF500	20~28
				RRB400W	20~28
		埋弧压力焊		HPB300	6~22
				HRB335 HRBF335	6~28
		埋弧螺柱焊		HRB400 HRBF400	6~28
电渣压力焊				HPB300	12~22
				HRB335	12~32
				HRB400	12~32
				HRB500	12~32
气压焊	固态			HPB300 HRB335 HRB400 HRB500	12~22 12~40 12~40 12~32

续表

焊接方法	接头形式	适用范围	
		钢筋牌号	钢筋直径(mm)
气压焊	熔态	HPB300	12～22
		HRB335	12～40
		HRB400	12～40
		HRB500	12～32

注：1. 电阻点焊时，适用范围的钢筋直径指两根不同直径钢筋交叉叠接中较小钢筋的直径；
2. 电弧焊含焊条电弧焊和 CO_2 气体保护电弧焊；
3. 在生产中，对于有较高要求的抗震结构用钢筋，在牌号后加 E（例如：HRB400E，HRBF400E）可参照同级别钢筋施焊；
4. 生产中，如果有 HPB235 钢筋需要进行焊接时，可参考采用 HPB300 钢筋的焊接工艺参数；
5. 帮条长度 l 应符合表 2.1.9 规定。

帮条长度 l　　　　表 2.1.9

钢筋牌号	焊缝形式	帮条长度 l
HPB300	单面焊	≥8d
	双面焊	≥4d
HRB335、HRBF335 HRB400、HRBF400 HRB500、HRBF500、RRB400W	单面焊	≥10d
	双面焊	≥5d

6. 帮条焊接头或搭接焊接头的焊缝厚度 s 不应小于主筋直径的 0.3 倍；焊缝宽度 b 不应小于主筋直径的 0.8 倍（图 2.1.11）。

3. 钢筋与钢板搭接焊时，焊接接头（图 2.1.12）

1）HPB300 钢筋的搭接长度（l）不得小于 4 倍钢筋直径，其他牌号钢筋搭接长度（l）不得小于 5 倍钢筋直径；

2）焊缝宽度不得小于钢筋直径的 0.6 倍，焊缝厚度不得小于钢筋直径的 0.35 倍；

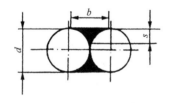

图 2.1.11　焊缝尺寸示意图

b—焊缝宽度；s—焊缝厚度；d—钢筋直径

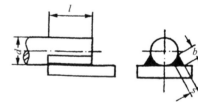

图 2.1.12　钢筋与钢板搭接焊接头

d—钢筋直径；l—搭接长度；b—焊缝宽度；s—焊缝有效厚度

4. 受力钢筋接头面积的允许百分率

纵向受力钢筋的焊接接头应相互错开。位于同一连接区段内的受力钢筋，其焊接接头的截面面积占受力钢筋总面积的百分率应符合表 2.1.10 的规定。

受力钢筋接头面积的允许百分率　　　　表 2.1.10

钢筋接头形式	接头面积允许百分率(%)	
	受拉	受压
非预应力筋的焊接接头	50(不宜)	不限制
预应力钢筋拼接处	可根据实际情况放宽限制	不限制

注：1. 连接区段长度为 35d（d 为连接钢筋较小直径），且不小于 500mm；
2. 预应力混凝土结构受弯构件配置三根钢筋时，同一截面中只允许有一个焊接接头；
3. 后张法预应力混凝土结构中的钢筋与螺丝端杆的焊接可有百分之百接头；
4. 不得在同一根钢筋上集中配置焊接接头，同一截面内一根钢筋上只准有一个焊接接头。

5. 钢筋机械连接接头

（1）机械接头的性能及一般构造要求。

1）钢筋机械连接件的屈服承载力和抗拉承载力的标准值不应小于被连接钢筋的屈服承载力和抗拉

承载力标准值的 1.1 倍。

2）接头分为三个性能等级，见表 2.1.11。

性能等级划分   表 2.1.11

等级	Ⅰ级	Ⅱ级	Ⅲ级
定义	接头抗拉强度等于母材实际拉断强度或不小于 1.10 倍母材抗拉强度标准值，残余变形小并具有高延性及反复拉压性能	接头抗拉强度不小于母材抗拉强度标准值，残余变形小并具有高延性及反复拉压性能	接头抗拉强度不小于母材屈服强度标准值的 1.25 倍，残余变形较小并具有一定的延性及反复拉压性能

3）Ⅰ级、Ⅱ级、Ⅲ级接头的抗拉强度必须符合表 2.1.12 的规定，其中 f_{mst}^0 为接头实际抗拉强度，f_{stk} 为被连接钢筋抗拉强度标准值。

4）接头性能等级可按表 2.1.12 选定。

接头性能等级   表 2.1.12

接头等级	Ⅰ级	Ⅱ级	Ⅲ级
抗拉强度	$f_{mst}^0 \geqslant f_{stk}$ 断于钢筋 或 $f_{mst}^0 \geqslant 1.10 f_{stk}$ 断于解脱	$f_{mst}^0 \geqslant f_{stk}$	$f_{mst}^0 \geqslant 1.25 f_{yk}$

5）钢筋连接件的混凝土保护层厚度宜满足表 2.1.1 的规定，且不得小于 15mm，连接件之间的横向净距不宜小于 25mm。

6）受力钢筋机械连接接头的位置应相互错开。在任一接头中心至长度为钢筋直径 35 倍的区段范围内，有接头的受力钢筋截面面积占受力钢筋总截面面积的百分率，应符合下列规定：

① 接头宜设置在受拉钢筋应力较小部位，当需要在高应力区部位设置接头时，在同一连接区段内Ⅲ级接头的接头百分率不应大于 25%，Ⅱ级接头的不应大于 50%，Ⅰ级接头的接头百分率除②条所列情况外可不受限制。

② 接头宜避开有抗震设防要求的框架的梁端、柱端箍筋加密区；当无法避开时，应采用Ⅱ级或Ⅰ级接头，且接头百分率不应大于 50%。

③ 钢筋受拉应力较小部位或受压区，接头百分率可不受限制。

（2）钢筋机械连接用套筒。

1）钢筋机械连接套筒可分为直螺纹套筒、锥螺纹套筒和挤压套筒。

2）钢筋机械连接用直螺纹套筒适用于钢筋直径为 12~50mm 的 HRB335 级、HRB400 级及 HRB500 级钢筋的连接。

3）套筒实测抗拉强度不应小于母材钢筋抗拉强度标准值的 1.1 倍。

4）根据表 2.1.11 中钢筋接头的性能等级，可将套筒性能等级划分为Ⅰ、Ⅱ、Ⅲ三个性能等级，见表 2.1.13。

套筒性能等级   表 2.1.13

等级	Ⅰ级	Ⅱ级	Ⅲ级
部位	混凝土结构中要求充分发挥钢筋强度或对延性要求高的部位，且在同一连接区段内必须实施 100% 钢筋接头的连接时，应采用Ⅰ级接头	混凝土结构中要求充分发挥钢筋强度或对延性要求高的部位	混凝土结构中钢筋应力较高但对延性要求不高的部位

5）螺纹套筒的原材料应符合以下要求：

① 宜采用 45 号圆钢、结构用无缝钢管；

② 当采用 45 号钢的冷拔或冷轧精密无缝钢管时，应进行退火处理，其抗拉强度不应大于 800MPa，断后伸长率 δ_5 不宜小于 14%。

6）挤压套筒的原材料应根据连接钢筋的牌号选用适合压延加工的钢材，其力学性能应符合表 2.1.14。

套筒的力学性能   表 2.1.14

项目	性能指标	项目	性能指标
屈服强度（MPa）	205～350	硬度（HRB）	60～80
抗拉强度（N/mm²）	375～500	或（HB）	102～133
延伸率 δ_5（%）	≥20		

（四）钢筋的弯钩

1. 绑扎骨架的受力光面钢筋，应在末端做弯钩，但轴心受压构件可不做弯钩。

2. 钢筋骨架中的受力变形钢筋的末端可不做弯钩。

3. 焊接骨架和焊接网中的光面钢筋末端可不做弯钩。

4. 绑扎骨架中不受力或按构造配置的纵向附加钢筋的末端可不做弯钩：

（1）板的分布钢筋；

（2）梁内不受力的架立钢筋；

（3）梁、柱内按构造配置的纵向附加钢筋。

5. 弯钩的形式可分为二种：半圆弯钩、直弯钩和斜弯钩，见图 2.1.13。

6. 用 I 级钢筋或冷拔低碳钢丝制作的箍筋，其末端应做成弯钩，弯钩的弯曲直径应大于受力钢筋直径，且不小于箍筋直径的 2.5 倍。箍筋形式一般应选用图 2.1.14 的形式。

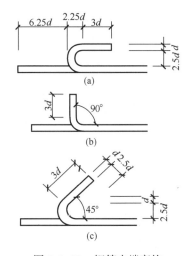

图 2.1.13 钢筋末端弯钩

（a）半圆弯钩；（b）直弯钩；（c）斜弯钩

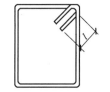

图 2.1.14 箍筋形式

注：用于抗震时 l≥10d；用抗扭时 l≥10d；其他情况 l≥5d。

7. 为了满足图 2.1.14 对 135°弯钩平直段长度的要求，箍筋两个弯钩需增加的长度可按表 2.1.15 及表 2.1.16 选用。

非抗震结构弯钩增加长度（mm）
表 2.1.15
抗震结构弯钩增加长度（mm）
表 2.1.16

钢筋直径(mm)	受力钢筋直径		钢筋直径(mm)	受力钢筋直径	
	≤25	28～40		≤25	28～40
6	100	130	6	160	190
8	130	150	8	210	230
10	160	170	10	260	270
12	190	190	12	310	410

注：受扭钢箍末端弯钩增加长度为 15d。

2.2 结构体系

高层建筑混凝土结构可采用框架、剪力墙、框架-剪力墙、板柱-剪力墙和简体结构等结构体系。

高层建筑不应采用严重不规则的结构体系，并应符合下列规定。

1. 应具有必要的承载能力、刚度和延性；

2. 应避免因部分结构或构件的破坏而导致整个结构丧失承受重力荷载、风荷载和地震作用的能力；

3. 对可能出现的薄弱部位，应采取有效的加强措施。

高层建筑混凝土结构宜采取措施减小混凝土收缩、徐变、温度变化、基础差异沉降等非荷载效应的不利影响。房屋高度不低于150m的高层建筑外墙宜采用各类建筑幕墙。高层建筑的填充墙、隔墙等非结构构件宜采用各类轻质材料，构造上应与主体结构可靠连接，并应满足承载力、稳定和变形要求。

2.3 楼盖结构

1. 房屋高度超过50m时，框架-剪力墙结构、简体结构及复杂高层建筑结构应采用现浇楼盖结构，剪力墙结构和框架结构宜采用现浇楼盖结构。

2. 房屋高度不超过50m时，8、9度抗震设计的框架-剪力墙结构宜采用现浇楼盖结构；6、7度抗震设计的框架-剪力墙结构可采用装配整体式楼盖，且应符合下列要求。

1）无现浇叠合层的预制板，板端搁置在梁上的长度不宜小于50mm。

2）预制板板端宜预留胡子筋，其长度不宜小于100mm。

3）预制空心板孔端应有堵头，堵头深度不宜小于60mm，并应采用强度等级不低于C20的混凝土浇灌密实。

4）楼盖的预制板板缝宽度不宜小于40mm，板缝大于40mm时应在板缝内配置钢筋，并宜贯通整个结构单元。预制板板缝、板缝梁的混凝土强度等级应高于预制板的混凝土强度等级。

5）楼盖每层宜设置钢筋混凝土现浇层。现浇层厚度不应小于50mm，并应双向配置直径不小于6mm、间距不大于200mm的钢筋网，钢筋应锚固在梁或剪力墙内。

3. 房屋的顶层、结构转换层、大底盘多塔楼结构的底盘顶层、平面复杂或开洞过大的楼层、作为上部结构嵌固部位的地下室楼层应采用现浇楼盖结构。一般楼层现浇楼板厚度不应小于80mm，当板内预埋暗管时不宜小于100mm；顶层楼板厚度不宜小于120mm，宜双层双向配筋；转换层楼板应符合有关规定（①转换厚板的厚度可由抗弯、抗剪、抗冲切截面验算确定。②转换厚板可局部做成薄板，薄板与厚板交界处可加腋；转换厚板亦可局部做成夹心板。③转换厚板宜按整体计算时所划分的主要交叉梁系的剪力和弯矩设计值进行截面设计并按有限元法分析结果进行配筋校核；受弯纵向钢筋可沿转换板上、下部双层双向配置，每一方向总配筋率不宜小于0.6%；转换板内暗梁的抗剪箍筋面积配筋率不宜小于0.45%。④厚板外周边宜配置钢筋骨架网。⑤转换厚板上、下部的剪力墙、柱的纵向钢筋均应在转换厚板内可靠锚固。⑥转换厚板上、下一层的楼板应适当加强，楼板厚度不宜小于150mm。）；普通地下室顶板厚度不宜小于160mm；作为上部结构嵌固部位的地下室楼层的顶楼盖应采用梁板结构，楼板厚度不宜小于180mm，应采用双层双向配筋，且每层每个方向的配筋率不宜小于0.25%。

4. 现浇预应力混凝土楼板厚度可按跨度的（1/45）～（1/50）采用，且不宜小于150mm。

5. 现浇预应力混凝土板设计中应采取措施防止或减少主体结构对楼板施加预应力的阻碍作用。

2.4 体型特征

2.4.1 平面布置

1. 在高层建筑的一个独立结构单元内，结构平面形状宜简单、规则，刚度和承载力分布宜均匀。不应采用严重不规则的平面布置。

2. 高层建筑宜选用风作用效应较小的平面形状。

3. 抗震设计的混凝土高层建筑，其平面布置宜符合下列要求。

(1) 平面宜简单、规则、对称，减少偏心。

(2) 平面长度不宜过长（图 2.4.1），L/B 宜符合表 2.4.1 的要求。

平面尺寸及突出部分尺寸的比值限值			表 2.4.1
设防烈度	L/B	l/B_{max}	l/b
6、7 度	≤6.0	≤0.35	≤2.0
8、9 度	≤5.0	≤0.30	≤1.5

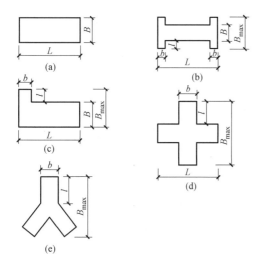

图 2.4.1 建筑平面

(3) 平面突出部分的长度 l 不宜过大、宽度 b 不宜过小（图 2.4.1），l/B_{max}、l/b 宜符合表 2.4.1 的要求。

(4) 建筑平面不宜采用角部重叠或细腰形平面布置。

4. 抗震设计时，B 级高度钢筋混凝土高层建筑、混合结构高层建筑及复杂高层建筑结构，其平面布置应简单、规则，减少偏心。

5. 结构平面布置应减少扭转的影响。在考虑偶然偏心影响的规定水平地震力作用下，楼层竖向构件的最大水平位移和层间位移，A 级高度高层建筑不宜大于该楼层平均值的 1.2 倍，不应大于该楼层平均值的 1.5 倍；B 级高度高层建筑、超过 A 级高度的混合结构高层建筑及复杂高层建筑不宜大于该楼层平均值的 1.2 倍，不应大于该楼层平均值的 1.4 倍。结构扭转为主的第一自振周期 T_t 与平动为主的第一自振周期 T_1 之比，A 级高度高层建筑不应大于 0.9，B 级高度高层建筑、超过 A 级高度的混合结构及复杂高层建筑不应大于 0.85。

注：当楼层的最大层间位移角不大于本规程第 4.7.3 条规定的限值的 40% 时，该楼层竖向构件的最大水平位移和层间位移与该楼层平均值的比值可适当放松，但不应大于 1.6。

6. 当楼板平面比较狭长、有较大的凹入和开洞时，应在设计中考虑楼板削弱对结构产生的不利影响。有效楼板宽度不宜小于该层楼面宽度的 50%；楼板开洞总面积不宜超过楼面面积的 30%；在扣除凹入或开洞后，楼板在任一方向的最小净宽度不宜小于 5m，且开洞后每一边的楼板净宽度不应小于 2m。

7. ⊹字形、井字形等外伸长度较大的建筑，当中央部分楼板有较大削弱时，应加强楼板以及连接部位墙体的构造措施，必要时还可在外伸段凹槽处设置连接梁或连接板。

8. 楼板开大洞削弱后，宜采取以下构造措施予以加强。

(1) 加厚洞口附近楼板，提高楼板的配筋率，采用双层双向配筋；

(2) 洞口边缘设置边梁、暗梁；

(3) 在楼板洞口角部集中配置斜向钢筋。

9. 抗震设计时，高层建筑宜调整平面形状和结构布置，避免设置防震缝。体型复杂、平立面不规则的建筑，应根据不规则程度、地基基础条件和技术经济等因素的比较分析，确定是否设置防震缝。

10. 设置防震缝时，应符合下列规定。

（1）防震缝宽度应符合下列要求：

① 框架结构房屋，高度不超过15m时不应小于100mm；超过15m时，6度、7度、8度和9度分别每增加高度5m、4m、3m和2m，宜加宽20mm；

② 框架-剪力墙结构房屋不应小于本款第一项规定数值的70%，剪力墙结构房屋不小于本款第1项规定数值的50%，且二者均不宜小于100mm。

（2）防震缝两侧结构体系不同时，防震缝宽度应按不利的结构类型确定。

（3）防震缝两侧的房屋高度不同时，防震缝宽度可按较低的房屋高度确定。

（4）8、9度抗震设计的框架结构房屋，防震缝两侧结构层高相差较大时，防震缝两侧框架柱的箍筋应沿房屋全高加密，并可根据需要沿房屋全高在缝两侧各设置不少于两道垂直于防震缝的抗撞墙。

（5）当相邻结构的基础存在较大沉降差时，宜增大防震缝的宽度。

（6）防震缝宜沿房屋全高设置，地下室、基础可不设防震缝，但在上部防震缝对应处应加强构造和连接。

（7）结构单元之间或主楼与裙房之间不宜采用牛腿托梁的做法设置防震缝，否则应采取可靠措施。

11. 抗震设计时，伸缩缝、沉降缝的宽度均应符合第10条关于防震缝宽度的要求。

12. 高层建筑结构伸缩缝的最大间距宜符合表2.4.2的规定。

伸缩缝的最大间距（m）　　　　　　　　　　　　　　表 2.4.2

结构体系	施工方法	最大间距
框架结构	现浇	55
剪力墙结构	现浇	45

注：1. 框架-剪力墙的伸缩缝间距可根据结构的具体布置情况取表中框架结构与剪力墙结构之间的数值；

2. 当屋面无保温或隔热措施、混凝土的收缩较大或室内结构因施工外露时间较长时，伸缩缝间距应适当减小；

3. 位于气候干燥地区、夏季炎热且暴雨频繁地区的结构，伸缩缝的间距宜适当减小。

13. 当采用有效的构造措施和施工措施减少温度和混凝土收缩对结构的影响时，可适当放宽伸缩缝的间距。这些措施包括但不限于下列方面。

（1）顶层、底层、山墙和纵墙端开间等受温度变化影响较大的部位提高配筋率；

（2）顶层加强保温隔热措施，外墙设置外保温层；

（3）每30～40m间距留出施工后浇带，带宽800～1000mm，钢筋采用搭接接头，后浇带混凝土宜在45d后浇筑；

（4）采用收缩小的水泥、减少水泥用量、在混凝土中加入适宜的外加剂；

（5）提高每层楼板的构造配筋率或采用部分预应力结构。

2.4.2 竖向布置

1. 高层建筑的竖向体型宜规则、均匀，避免有过大的外挑和内收。结构的侧向刚度宜下大上小，逐渐均匀变化。

2. 抗震设计时，高层建筑相邻楼层的侧向刚度变化应符合下列规定。

（1）对框架结构，楼层与其相邻上层的抗侧刚度比可按式（2.4.1）计算，且本层与相邻上层的比值不宜小于0.7，与相邻上部三层刚度平均值的比值不宜小于0.8。

$$\gamma_1 = \frac{V_i \Delta_{i+1}}{V_{i+1} \Delta_i} \qquad (2.4.1)$$

式中　γ_1——楼层侧向刚度比；

V_i、V_{i+1}——第 i 层和第 $i+1$ 层的地震剪力标准值（kN）；

Δ_{i+1}、Δ_i——第 i 层和第 $i+1$ 层在地震作用标准值作用下的层间位移（m）。

（2）对框架-剪力墙、板柱-剪力墙结构、剪力墙结构、框架-核心筒结构、筒中筒结构，楼层与其相邻上层的侧向刚度比 γ_2 可按式（2.4.2）计算，且本层与相邻上层的比值不宜小于 0.9；当本层层高大于相邻上层层高的 1.5 倍时，该比值不宜小于 1.1；对结构底部嵌固层，该比值不宜小于 1.5。

$$\gamma_2 = \frac{V_i \Delta_{i+1}}{V_{i+1} \Delta_i} \frac{h_i}{h_{i+1}} \qquad (2.4.2)$$

式中 γ_2——考虑层高修正的楼层侧向刚度比。

3. A 级高度高层建筑的楼层抗侧力结构的层间受剪承载力不宜小于其相邻上一层受剪承载力的 80%，不应小于其相邻上一层受剪承载力的 65%；B 级高度高层建筑的楼层抗侧力结构的层间受剪承载力不应小于其相邻上一层受剪承载力的 75%。

注：楼层抗侧力结构的层间受剪承载力是指在所考虑的水平地震作用方向上，该层全部柱、剪力墙、斜撑的受剪承载力之和。

4. 抗震设计时，结构竖向抗侧力构件宜上、下连续贯通。

5. 抗震设计时，当结构上部楼层收进部位到室外地面的高度 H_1 与房屋高度 H 之比大于 0.2 时，上部楼层收进后的水平尺寸 B_1 不宜小于下部楼层水平尺寸 B 的 75%［图 2.4.2（a）、（b）］；当上部结构楼层相对于下部楼层外挑时，上部楼层的水平尺寸 B_1 不宜大于下部楼层水平尺寸 B 的 1.1 倍，且水平外挑尺寸 a 不宜大于 4m［图 2.4.3（c）、（d）］。

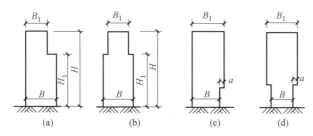

图 2.4.2 结构竖向收进和外挑示意

6. 楼层质量沿高度宜均匀分布，楼层质量不宜大于相邻下部楼层质量的 1.5 倍。

7. 不宜采用楼层刚度和承载力变化同时不满足第 2 条和 3 条规定的高层建筑结构。

8. 侧向刚度变化、承载力变化及竖向抗侧力构件连续性不符合第 2、3、4 条要求的楼层，其对应于地震作用标准值的剪力应乘以 1.25 的增大系数。

9. 结构顶层取消部分墙、柱形成空旷房间时，宜进行弹性或弹塑性时程分析补充计算并采取有效的构造措施。

2.5 高度特征

钢筋混凝土高层建筑结构的最大适用高度应区分为 A 级和 B 级。A 级高度钢筋混凝土乙类和丙类高层建筑的最大适用高度应符合表 2.5.1 的规定，B 级高度钢筋混凝土乙类和丙类高层建筑的最大适用高度应符合表 2.5.2 的规定。

平面和竖向均不规则的高层建筑结构，其最大适用高度应适当降低。

A 级高度钢筋混凝土高层建筑的最大适用高度（m）　　　　表 2.5.1

结构体系		非抗震设计	抗震设防烈度				
			6 度	7 度	8 度		9 度
					0.20g	0.30g	
框架		70	60	50	40	35	24
框架-剪力墙		150	130	120	100	80	50
剪力墙	全部落地剪力墙	150	140	120	100	80	60
	部分框支剪力墙	130	120	100	80	50	不应采用

续表

结构体系		非抗震设计	抗震设防烈度				
			6度	7度	8度		9度
					0.20g	0.30g	
筒体	框架-核心筒	160	150	130	100	90	70
	筒中筒	200	180	150	120	100	80
板柱-剪力墙		110	80	70	55	40	不应采用

注：1. 表中框架不含异形柱框架结构；

2. 部分框支剪力墙结构指地面以上有部分框支剪力墙的剪力墙结构；

3. 甲类建筑，6、7、8度时宜按本地区抗震设防烈度提高一度后符合本表的要求，9度时应专门研究；

4. 框架结构、板柱-剪力墙结构以及9度抗震设防的表列其他结构，当房屋高度超过本表数值时，结构设计应有可靠依据，并采取有效的加强措施。

B级高度钢筋混凝土高层建筑的最大适用高度（m）　　　　　　　表 2.5.2

结构体系		非抗震设计	抗震设防烈度			
			6度	7度	8度	
					0.20g	0.30g
框架-剪力墙		170	160	140	120	100
剪力墙	全部落地剪力墙	180	170	150	130	110
	部分框支剪力墙	150	140	120	100	80
筒体	框架-核心筒	220	210	180	140	120
	筒中筒	300	280	230	170	150

注：1. 部分框支剪力墙结构指地面以上有部分框支剪力墙的剪力墙结构；

2. 甲类建筑，6、7度时宜按本地区抗震设防烈度提高一度后符合本表的要求，8度时应专门研究；

3. 当房屋高度超过表中数值时，结构设计应有可靠依据，并采取有效的加强措施。

钢筋混凝土高层建筑结构的高宽比不宜超过表 2.5.3 的规定。

钢筋混凝土高层建筑结构适用的高宽比　　　　　　　表 2.5.3

结构体系	非抗震设计	抗震设防烈度		
		6度、7度	8度	9度
框架	5	4	3	—
板柱-剪力墙	6	5	4	—
框架-剪力墙、剪力墙	7	6	5	4
框架-核心筒	8	7	6	4
筒中筒	8	8	7	5

2.6 抗震设计

高层建筑结构的竖向和水平布置宜使结构具有合理的刚度和承载力分布，避免因刚度和承载力局部突变或结构扭转效应而形成薄弱部位；抗震设计时宜具有多道防线。

2.6.1 抗震等级

钢筋混凝土的抗震等级是根据设防烈度、结构类型和房屋高度划分为特一级、一级、二级、三级和四级。决定抗震等级时所考虑的设防烈度按表 2.6.1 选用。

设防裂度表　　　　　　　表 2.6.1

		建筑类别											
		丙类				乙类				甲类			
设防烈度		6	7	8	9	6	7	8	9	6	7	8	9
决定抗震等级时考虑的设防烈度	Ⅰ类场地土	6	6	7	8	6	7	8	9	6	7	8	9
	Ⅱ～Ⅳ类场地土	6	7	8	9	7	8	9	9	7	8	9	特殊抗震措施

结构抗震等级按表 2.6.2 划分。

抗震等级划分　　　　　　　　　　　　　　表 2.6.2

结构类型				烈度						
				6度		7度		8度		9度
框架结构			A级	三		二		一		一
框架-剪力墙结构	高度			≤60	>60	≤60	>60	≤60	>60	≤50
	框架		A级	四	三	三	二	二	一	一
			B级	二		一		一		不应采用
	剪力墙		A级	三		二		一		一
			B级	二		一		特一		不应采用
剪力墙	高度			≤80	>80	≤80	>80	≤80	>80	≤60
	剪力墙		A级	四	三	三	二	二	一	一
			B级	二		一		一		不应采用
框支剪力墙	非底部加强部位剪力墙		A级	四	三	三	二	二	不应采用	不应采用
			B级	二		一		一		
	底部加强部位剪力墙		A级	三	二	一		不应采用		
			B级	一		一		特一		
	框支框架		A级	二		二		一	不应采用	
			B级	一		特一		特一		
筒体	框架-核心筒	框架	A级	三		二		一		一
			B级	二		一		一		不应采用
		核心筒	A级	二		二		一		一
			B级	二		一		特一		不应采用
	筒中筒	内筒	A级	三		二		一		一
			B级	二		一		特一		不应采用
		外筒	A级	三		二		一		一
			B级	二		一		特一		不应采用
板柱-剪力墙	高度			≤35	>35	≤35	>35	≤35	>35	不应采用
	框架、板柱及柱上板带		A级	三	二	二	二	一	一	
	剪力墙		A级	二	二	二	二	一	一	

注：1. 接近或等于高度分界时，应结合房屋不规则程度及场地、地基条件适当确定抗震等级；

　　2. 底部带转换层的筒体结构，其转换框架的抗震等级应按表中部分框支剪力墙结构的规定采用；

　　3. 当框架-核心筒结构的高度不超过60m时，其抗震等级应允许按框架-剪力墙结构采用。

抗震设计的高层建筑，当地下室顶层作为上部结构的嵌固端时，地下一层相关范围的抗震等级应按上部结构采用，地下一层以下抗震构造措施的抗震等级可逐层降低一级，但不应低于四级。

与主楼连为整体的裙房的抗震等级在相关范围内不应低于主楼的抗震等级；主楼结构在裙房顶板上、下各一层应适当加强抗震构造措施。裙房与主楼分离时，应按裙房本身确定抗震等级。

（一）各抗震设防类别的高层建筑结构，其抗震措施应符合下列要求。

1. 甲类、乙类建筑：应按本地区抗震设防烈度提高一度的要求加强其抗震措施，但抗震设防烈度为9度时应按比9度更高的要求采取抗震措施；当建筑场地为Ⅰ类时，应允许仍按本地区抗震设防烈度的要求采取抗震构造措施。

2. 丙类建筑：应按本地区抗震设防烈度确定其抗震措施；当建筑场地为Ⅰ类时，除6度外，应允许按本地区抗震设防烈度降低一度的要求采取抗震构造措施。

当建筑场地为Ⅲ、Ⅳ类时，对设计基本地震加速度为 0.15g 和 0.30g 的地区，宜分别按抗震设防烈度 8 度（0.20g）和 9 度（0.40g）时各类建筑的要求采取抗震构造措施。

抗震设计的高层建筑，当地下室顶层作为上部结构的嵌固端时，地下一层相关范围的抗震等级应按上部结构采用，地下一层以下抗震构造措施的抗震等级可逐层降低一级，但不应低于四级；地下室中超出上部主楼相关范围且无上部结构的部分，其抗震等级可根据具体情况采用三级或四级。

抗震设计时，与主楼连为整体的裙房的抗震等级，除应按裙房本身确定外，相关范围不应低于主楼的抗震等级；主楼结构在裙房顶板上、下各一层应适当加强抗震构造措施。裙房与主楼分离时，应按裙房本身确定抗震等级。

甲、乙类建筑按本规程第 3.9.1 条提高一度确定抗震措施时，或Ⅲ、Ⅳ类场地且设计基本地震加速度为 0.15g 和 0.30g 的丙类建筑按本规程第 3.9.2 条提高一度确定抗震构造措施时，如果房屋高度超过提高一度后对应的房屋最大适用高度，则应采取比对应抗震等级更有效的抗震构造措施。

（二）特一级抗震等级的钢筋混凝土构件除应符合一级钢筋混凝土构件的所有设计要求外，尚应符合本节的有关规定。

1. 特一级框架柱应符合下列规定。

（1）宜采用型钢混凝土柱、钢管混凝土柱；

（2）柱端弯矩增大系数 η_c、柱端剪力增大系数 η_{vc} 应增大 20%；

（3）钢筋混凝土柱柱端加密区最小配箍特征值应按《高层建筑混凝土结构技术规程》JGJ 3—2010，表 6.4.7 规定的数值增加 0.02 采用；全部纵向钢筋构造配筋百分率，中、边柱不应小于 1.4%，角柱不应小于 1.6%。

2. 特一级框架梁应符合下列规定。

（1）梁端剪力增大系数 η_{vb} 应增大 20%；

（2）梁端加密区箍筋最小面积配筋率应增大 10%。

3. 特一级框支柱应符合下列规定。

（1）宜采用型钢混凝土柱、钢管混凝土柱。

（2）底层柱下端及与转换层相连的柱上端的弯矩增大系数取 1.8，其余层柱端弯矩增大系数 η_c 应增大 20%；柱端剪力增大系数 η_{vc} 应增大 20%；地震作用产生的柱轴力增大系数取 1.8，但计算柱轴压比时可不计该项增大。

（3）钢筋混凝土柱柱端加密区最小配箍特征值 λ_v 应按本规程表 6.4.7 的数值增大 0.03 采用，且箍筋体积配箍率不应小于 1.6%；全部纵向钢筋最小构造配筋百分率取 1.6%。

4. 特一级剪力墙、筒体墙应符合下列规定。

（1）底部加强部位的弯矩设计值应乘以 1.1 的增大系数，其他部位的弯矩设计值应乘以 1.3 的增大系数；底部加强部位的剪力设计值，应按考虑地震作用组合的剪力计算值的 1.9 倍采用，其他部位的剪力设计值，应按考虑地震作用组合的剪力计算值的 1.4 倍采用。

（2）一般部位的水平和竖向分布钢筋最小配筋率应取为 0.35%，底部加强部位的水平和竖向分布钢筋的最小配筋率应取为 0.40%。

（3）约束边缘构件纵向钢筋最小构造配筋率应取为 1.4%，配箍特征值宜增大 20%；构造边缘构件纵向钢筋的配筋率不应小于 1.2%。

（4）框支剪力墙结构的落地剪力墙底部加强部位边缘构件宜配置型钢，型钢宜向上、下各延伸一层。

（5）连梁的要求同一级。

2.6.2 性能设计

结构抗震性能设计应分析结构方案的特殊性、选用适宜的结构抗震性能目标，并采取满足预期的抗震性能目标的措施。

结构抗震性能目标应综合考虑抗震设防类别、设防烈度、场地条件、结构的特殊性、建造费用、震后损失和修复难易程度等各项因素选定。结构抗震性能目标分为 A、B、C、D 四个等级，结构抗震性能分为 1、2、3、4、5 五个水准（表 2.6.3），每个性能目标均与一组在指定地震地面运动下的结构抗震性能水准相对应。

结构性能水准划分 表 2.6.3

性能目标 / 性能水准 / 地震水准	A	B	C	D
多遇地震	1	1	1	1
设防烈度地震	1	2	3	4
预估的罕遇地震	2	3	4	5

根据最新的超限审查要点，结构抗震性能目标应做如下考虑：

（1）根据结构超限情况、震后损失、修复难易程度和大震不倒等确定抗震性能目标。即在预期水准（如中震、大震或某些重现期的地震）的地震作用下结构、部位或结构构件的承载力、变形、损坏程度及延性的要求。

（2）选择预期水准的地震作用设计参数时，中震和大震可按规范的设计参数采用，当安评的小震加速度峰值大于规范规定较多时，宜按小震加速度放大倍数进行调整。

（3）结构提高抗震承载力目标举例：水平转换构件在大震下受弯、受剪极限承载力复核。竖向构件和关键部位构件在中震下偏压、偏拉、受剪屈服承载力复核，同时受剪截面满足大震下的截面控制条件。竖向构件和关键部位构件中震下偏压、偏拉、受剪承载力设计值复核。

（4）确定所需的延性构造等级。中震时出现小偏心受拉的混凝土构件应采用《高层建筑混凝土结构技术规程》JGJ 3—2010 中规定的特一级构造。中震时双向水平地震下墙肢全截面由轴向力产生的平均名义拉应力超过混凝土抗拉强度标准值时宜设置型钢承担拉力，且平均名义拉应力不宜超过两倍混凝土抗拉强度标准值（可按弹性模量换算考虑型钢和钢板的作用），全截面型钢和钢板的含钢率超过 2.5% 时可按比例适当放松。

（5）按抗震性能目标论证抗震措施（如内力增大系数、配筋率、配箍率和含钢率）的合理可行性。

结构性能水准可按表 2.6.4 进行宏观判别。

结构性能水准 表 2.6.4

结构抗震性能水准	宏观损坏程度	损坏部位			继续使用的可能性
		关键构件	普通竖向构件	耗能构件	
1	完好、无损坏	无损坏	无损坏	无损坏	不需修理即可继续使用
2	基本完好、轻微损坏	无损坏	无损坏	轻微损坏	稍加修理后可继续使用
3	轻度损坏	轻微损坏	轻微损坏	轻度损坏、部分中度损坏	一般修理后可继续使用
4	中度损坏	轻度损坏	部分中度损坏	中度损坏、部分比较严重损坏	修复或加固后可继续使用
5	比较严重损坏	中度损坏	部分比较严重损坏	比较严重损坏	需排险大修

2.7 位移及加速度限值

2.7.1 位移限值

1. 弹性层间位移

按多遇地震作用标准值产生的楼层内最大弹性层间位移与层高之比 $\Delta u/h$ 不宜超过表 2.7.1 的限值。

$\Delta u/h$ 限值　　　　　　　　表 2.7.1

结构体系	$\Delta u/h$ 限值	结构体系	$\Delta u/h$ 限值
框架	1/550	筒中筒、剪力墙	1/1000
框架-剪力墙、框架-核心筒、板柱-剪力墙	1/800	除框架结构外的转换层	1/1000

注：1. 本表适用于高度不大于 150m 的高层建筑；
　　2. 高度等于或大于 250m 的高层建筑，其楼层层间最大位移与层高之比 $\Delta u/h$ 不宜大于 1/500；
　　3. 高度在 150～250m 的高层建筑，其楼层层间最大位移与层高之比 $\Delta u/h$ 的限值按注 1 和注 2 的限值线性插入取用；
　　4. 楼层层间最大位移 $\Delta u/h$ 以楼层最大的水平位移差计算，不扣除整体弯曲变形；
　　5. 抗震设计时，楼层位移计算不考虑偶然偏心的影响。

2. 弹塑性层间位移

结构薄弱层（部位）层间弹塑性位移与层高之比 $\Delta u_p/h$ 不宜超过表 2.7.2 的限值。

$\Delta u_p/h$ 限值　　　　　　　　表 2.7.2

结构体系	$\Delta u_p/h$ 限值
框架	1/50
框架-剪力墙、框架-核心筒、板柱-剪力墙	1/100
筒中筒、剪力墙	1/120
除框架结构外的转换层	1/120

注：对框架结构，当轴压比小于 0.4 时，可提高 10%；当柱子全高的箍筋构造采用比本规程中框架柱箍筋最小含箍特征值大 30% 时，可提高 20%，但累计不超过 25%。

2.7.2 加速度限值

房屋高度不小于 150m 的高层混凝土建筑结构应满足风振舒适度要求。在现行国家标准《建筑结构荷载规范》GB50009—2012 规定的 10 年一遇的风荷载标准值作用下，结构顶点的顺风向和横风向振动最大加速度计算值不应超过表 2.7.3 的限值。结构顶点的顺风向和横风向振动最大加速度可按现行行业标准《高层民用建筑钢结构技术规程》JGJ99—2015 的有关规定计算，也可通过风洞试验结果判断确定，计算时结构阻尼比宜取 0.01～0.02。

最大加速度计算值　　　　　　　　表 2.7.3

使用功能	a_{lim} (m/s²)	使用功能	a_{lim} (m/s²)
住宅、公寓	0.15	办公、旅馆	0.25

参 考 文 献

[1] 混凝土结构设计规范：GB 50010—2010（2015 年版）[S]. 北京：中国建筑工业出版社，2015.
[2] 钢筋焊接网混凝土结构技术规程：JGJ 114—2014 [S]. 北京：中国建筑工业出版社，2014.
[3] 钢筋机械连接技术规程：JGJ 107—2016 [S]. 北京：中国建筑工业出版社，2016.
[4] 混凝土结构工程施工质量验收规范：GB 50204—2015 [S]. 北京：中国建筑工业出版社，2015.
[5] 钢筋焊接及验收规程：JGJ 18—2012 [S]. 北京：中国建筑工业出版社，2012.
[6] 高层建筑混凝土结构技术规程：JGJ 3—2010 [S]. 北京：中国建筑工业出版社，2010.
[7] 超限高层建筑工程抗震设防专项审查技术要点 [Z]. 建质 [2015] 67 号，2015.

第3章　框架结构体系

3.1　框架结构体系的构成

　　本章的框架结构体系是指由钢筋混凝土柱和钢筋混凝土梁所组成的纯框架体系，如图3.1.1所示。也可以设计成如图3.1.2所示各种平面形状。在非地震区，框架结构主要承受竖向荷载和风荷载，梁与柱节点宜按刚接设计，局部可设计为铰接（图3.1.3）。在地震区，框架主要承受竖向荷载、地震作用和风荷载，梁与柱节点宜按刚接设计［图3.1.4（a）］，少量节点亦可设计成铰接。比如屋顶的较大跨度梁的端节点可按铰接设计［图3.1.4（b）］，因大跨度梁端刚接时弯矩较大，柱截面在此层需加大；也可以将大跨度梁端的调幅系数减小，可取0.3～0.5。

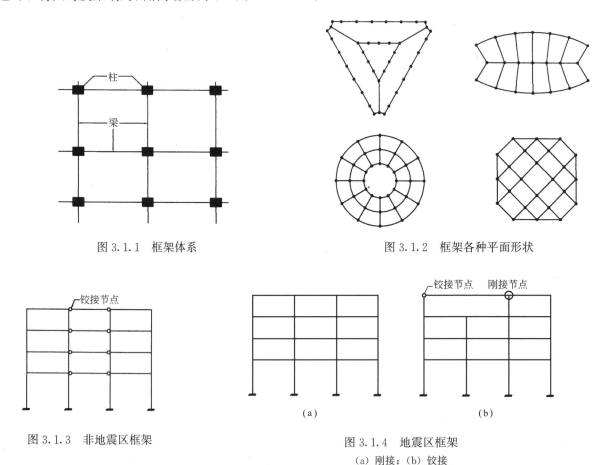

图 3.1.1　框架体系　　　　　　　　图 3.1.2　框架各种平面形状

图 3.1.3　非地震区框架

图 3.1.4　地震区框架
（a）刚接；（b）铰接

3.2　适用范围

　　（一）适用于民用住宅、办公楼、旅馆、饭店、医院、商业、交通、物流、展览建筑等。亦可用于工厂车间等建筑。

（二）适用高度，当为重点设防类（乙类）和标准设防类（丙类）时应符合表3.2.1规定：

房屋适用最大高度   表3.2.1

非抗震设计	抗震设防烈度				
	6度	7度	8度		9度
			0.20g	0.30g	
70	60	50	40	35	—

注：1. 房屋高度指室外地面至主要屋面高度，不包括局部突出屋面的电梯机房、水箱、构架等高度；
    2. 表中框架不包含异形柱框架结构；
    3. 甲类建筑，6、7、8度的结构宜按本地区抗震设防烈度提高一度后符合本表的要求；
    4. 平面和竖向不规则的结构或Ⅳ类场地的结构最大适用高度宜适当降低；
    5. 当房屋高度超过表中规定时，应进行专门研究和论证，采用有效的加强措施。

但应注意，由于框架结构受地震作用时，侧向位移较框架-剪力墙结构大很多，容易导致非结构构件（如填充墙、高级装修等）破坏。同时框架结构在材料用量上，尤其在钢材用量上，比同样层数的框架-剪力墙结构大。

（三）框架结构高宽比可按下表3.2.2采用：

房屋结构适用最大高宽比   表3.2.2

结构类型	非抗震设计	抗震设防烈度		
		6、7度	8度	9度
框架	5	4	3	—

注：结构高宽比指房屋高度与结构平面最小投影宽度之比。

（四）房屋高度超过50m时，框架剪力墙结构、筒体结构及复杂高层建筑结构应采用现浇楼盖结构；剪力墙结构和框架结构宜采用现浇楼盖结构。房屋高度不超过50m时，8、9度抗震设计时宜采用现浇楼盖结构 6、7度抗震设计时可采用装配整体式楼盖。

（五）特殊设防类、重点设防类建筑以及高度大于24m的标准设防类建筑，不应采用单跨框架结构。单跨框架结构是指整栋建筑全部或大部分采用单跨框架的结构（图3.2.1）。不包括仅局部为单跨的框架结构（图3.2.2）。判断是否属于局部，可考虑L与b的比例关系（图3.2.3），当$L/b<2$时可按局部。局部单跨位于建筑一侧长度较大（如图3.2.3中L/b接近2），或平面内开洞很大，使单跨框架部分与多跨框架的变形不易协同时，应局部采取加强措施，如提高抗震等级，进行抗震性能化设计等。

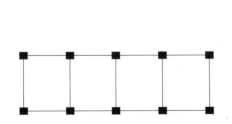

图 3.2.1 全部为单跨的框架结构

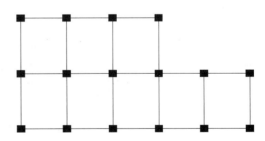

图 3.2.2 局部为单跨的框架结构

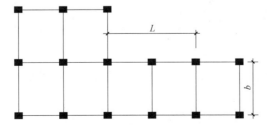

图 3.2.3 局部为单跨的框架结构（$L/b<2$）

震害调查表明，单跨框架结构，尤其是层数较多的高层单跨框架结构建筑，震害比较严重。其原因之一是此种框架结构冗余度偏低，所以在高层建筑中不应采用。

3.3 变形要求

（一）在竖向荷载和水平荷载共同作用下，框架结构产生两种变形：一种是梁柱节点的转动，使梁与柱发生弯曲，以及梁、柱之间相对变形引起的侧向位移，梁、柱变形有反弯点，其变形呈剪切型［图 3.3.1 (a)］；另一种是框架在水平力作用下承受倾覆弯矩，在杆件轴力引起的压缩变形后，框架变形呈弯曲型［图 3.3.1 (b)］。当框架结构的高宽比 $h/b \leqslant 4$ 时，框架顶点位移中，由于弯曲产生的变形 Δ_2 很小，可以忽略不计，此时框架变形为剪切型。当框架结构的高宽比 $h/b > 4$ 时，框架顶点位移中，弯曲变形产生的位移会逐渐加大，不应忽略。

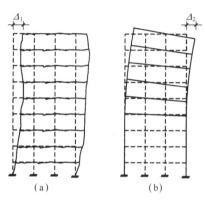

图 3.3.1 框架变形
(a) 剪切型；(b) 弯曲型

（二）按弹性方法计算的楼层层间最大位移与层高之比 $\Delta u/h$ 不宜大于 1/550。楼层层间最大位移 Δu 以楼层最大水平位移差计算，不扣除整体弯曲变形。

（三）对结构薄弱层部位层间弹塑性位移与层高之比 $\Delta u_p/h$，即层间弹塑性位移角不大于 1/50。对框架结构，当轴压比小于 0.40 时，可提高 10%；当柱子全高的配箍率比《建筑抗震设计规范》GB 50011—2010 第 6.3.9 条规定的体积配箍率大 30% 时，可提高 20%，但累计提高不超过 25%。

3.4 框架结构体系分类

框架结构体系可按受力特点或按施工方法划分。

（一）按受力特点划分：

1. 横向承重框架结构体系：楼板荷载直接或通过次梁传至横向框架梁，再从横向框架梁传到柱（图 3.4.1）。此时，纵向框架梁与柱的节点局部可设计成铰接。

2. 纵向承重框架结构体系：楼板荷载直接或通过次梁传至纵向框架梁，再从纵向框架梁传到柱（图 3.4.2）。这种体系在柱网开间尺寸比进深尺寸小的情况，尤其适宜采用。将板荷载传至纵向梁的目的是为了减少横向框架梁所承担的荷载，尽量减少横向框架梁截面尺寸。此时，梁与柱节点均应为刚接。

3. 双向承重框架结构体系：楼板荷载同时通过纵向和横向梁传至柱子。这种结构方案一般用于现浇梁板柱框架结构体系。此时，梁与柱节点亦均应为刚接（图 3.4.3）。

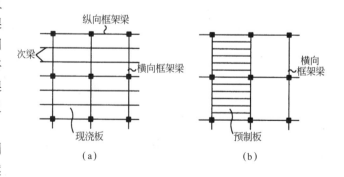

图 3.4.1 横向承重框架
(a) 现浇板体系；(b) 预制板体系

（二）按施工方法划分：

1. 全现浇框架：梁、板和柱均为现浇。整体性好，框架整体抗侧刚度大。有抗震设计要求的框架结构宜采用全现浇框架结构体系。

2. 预制框架：由预制的梁、板及柱构件在现场拼装而成。

由于预制框架梁与柱的节点是在现场装配而成，节点刚度比全现浇框架差，框架整体抗侧刚度较差。

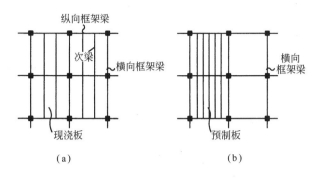

图 3.4.2 纵向承重框架
(a) 现浇板体系；(b) 预制板体系

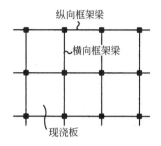

图 3.4.3 双向承重框架

3. 装配整体式框架，是指全部或部分框架梁、柱采用预制构件，通过可靠的方式进行连接并与现场后浇混凝土、水泥基灌浆料形成整体的装配式混凝土框架结构。这种结构体系既适用于非地震区，也可用于地震区。

装配整体式框架和装配式框架的构件可分为直线型和框架型两种。直线型系指梁和柱都分开成单独构件（图 3.4.4）。柱子可以一层一根，也可以两层一根。框架型系指由梁带柱组成一个构件单元。可以设计成 Γ 形、十字形和 H 形的各种形式（图 3.4.5）。

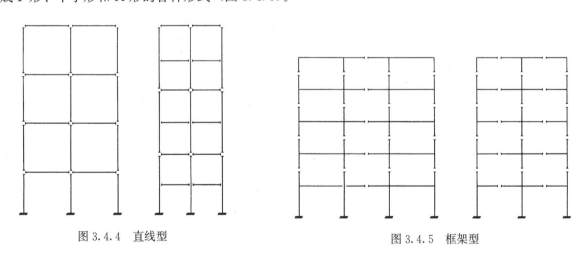

图 3.4.4　直线型

图 3.4.5　框架型

3.5　关注要点

（一）抗震设计时，应特别注意满足强柱弱梁的要求，特别是当楼高较小、层数较少时，注意控制框架柱的截面不宜过小。

（二）基础系梁的设置

抗震设计时，单独柱基下有下列情况之一时，宜沿两个主轴方向设置基础系梁。

1. 一级框架和Ⅳ类场地的二级框架；

2. 各柱基础底面在重力荷载代表值作用下的压应力差别较大；

3. 基础埋深较大，或各基础埋置深度差别较大；

4. 基础主要受力层范围内存在软弱黏性土层或严重不均匀土层；

5. 桩基承台之间。

（三）填充墙布置

1. 尽量避免上、下层刚度变化过大，形成软弱层；

2. 尽量避免形成短柱；

3. 尽量减少因布墙产生的抗侧刚度偏心而造成的扭转。

可采取如下措施。

（1）采用柔性连接；

（2）针对性加强主体结构。

3.6 工程实例

3.6.1 某民航办公大楼（图3.6.1）

原民航总局办公楼。最高层数15层。结构体系为装配预制框架结构。1964年建成，是当时北京市区最高的建筑物。分别为9层、11层和15层，设置了两道伸缩缝。柱网开间尺寸为3.6～4m，进深尺寸为6.3～7.9m。

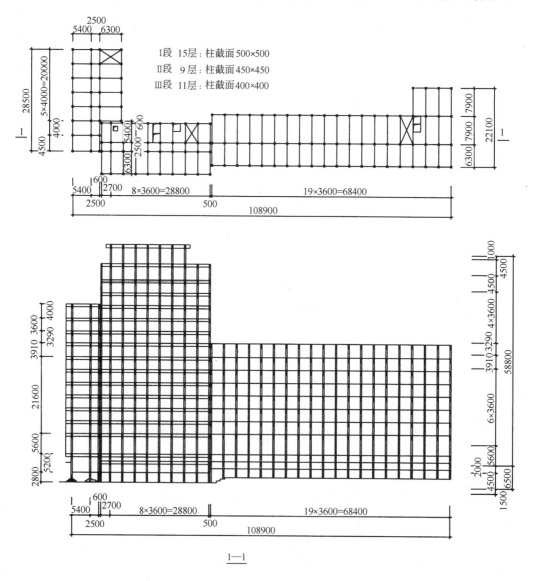

图 3.6.1 某民航办公大楼

3.6.2 某长途电话大楼（图3.6.2）（北京市建筑设计研究院有限公司）

该工程建于北京市西长安大街，最高14层，全现浇框架结构，柱网开间尺寸为4.0～6.0m，进深尺寸为7.8m。设置四道伸缩缝。1975年投入使用。

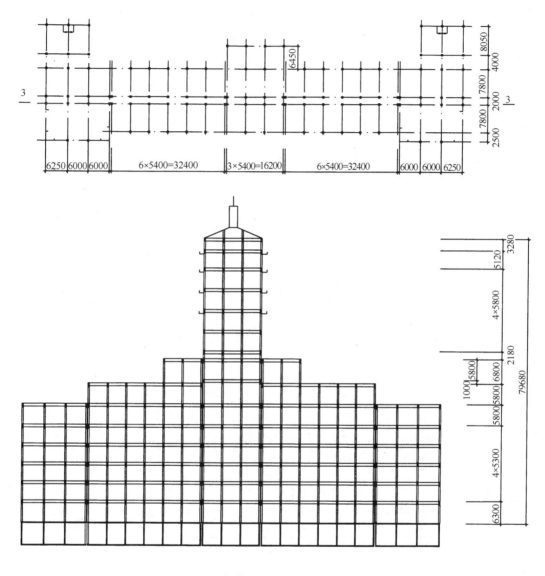

3—3

图3.6.2　某长途电话大楼

3.6.3 南京市江宁区综合档案馆（江苏省建筑设计研究院有限公司，图3.6.3）

抗震设防烈度：7度（0.10g）

抗震设防类别：标准设防类

南京市江宁区综合档案馆（含城建档案馆）采用装配整体式钢筋混凝土框架结构，建筑高度36.5m。本工程平面呈梯形，长35～82m，宽76m，档案库均为密集库，基本柱网8.7m×9.0m。本工程为超限高层，采用预制叠合梁、板，框架柱采用现浇结构。2019年底结构竣工。

框架柱截面：900m×900m，800m×800m，600m×600m

框架梁截面：400m×850m，400m×750m

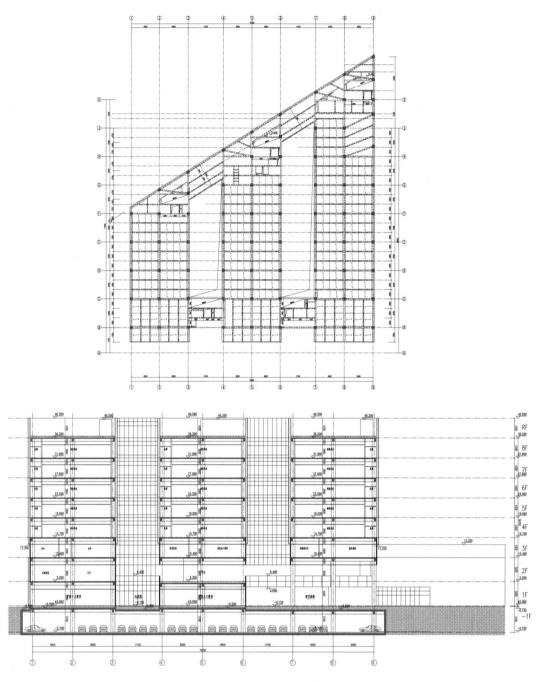

图 3.6.3 南京市江宁区综合档案馆

3.6.4 盛科网络以太网交换芯片设计研发总部大楼扩建项目（启迪设计集团股份有限公司，图 3.6.4）

抗震设防烈度为 7 度（0.10g）

抗震设防类别：标准设防类

本工程为地上 7 层建筑，采用框架结构体系。建筑高度 29.850m。平面为矩形，X 向宽度 39.3m，Y 向长度 90.900m。2020 年开工建设。

框架柱截面尺寸：800m×800m，800m×600m，600m×600m，500m×500m

框架梁截面尺寸：400m×750m，400m×650m，300m×600m

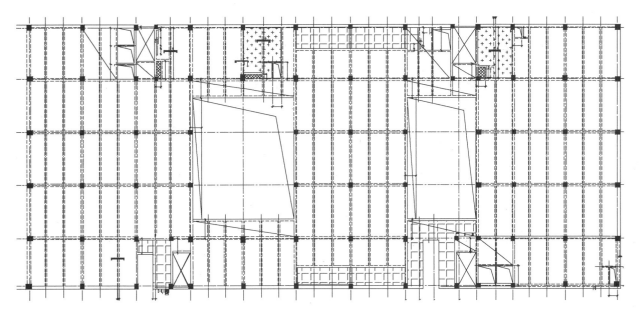

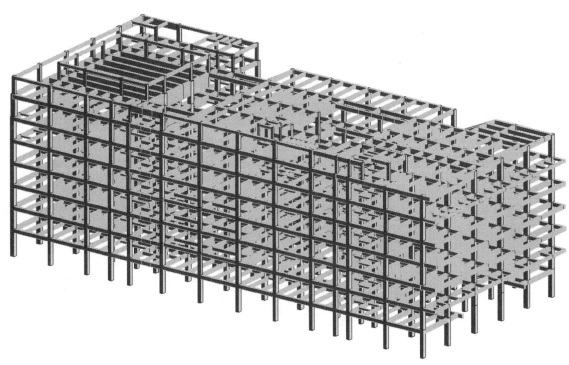

图 3.6.4 盛科网络以太网交换芯片设计研发总部大楼扩建项目

参 考 文 献

［1］ 混凝土结构设计规范：GB 50010—2010（2015 年版）［S］. 北京：中国建筑工业出版社，2015.

［2］ 建筑抗震设计规范：GB 20011—2010（2016 年版）［S］. 北京：中国建筑工业出版社，2016.

［3］ 高层建筑混凝土结构技术规程：JGJ 3—2010［S］. 北京：中国建筑工业出版社，2010.

［4］ 北京市建筑设计研究院有限公司. 建筑结构专业技术措施［M］. 北京：中国建筑工业出版社，2010.

第4章　框架-剪力墙结构

4.1　框架-剪力墙结构的构成

（一）框架-剪力墙结构由框架和剪力墙两种结构组成。其组成形式如下。

1. 框架与剪力墙（单片墙或联肢墙或小井筒）分开布置；

2. 在框架结构的若干跨度内嵌入剪力墙（有边框剪力墙）；

3. 在单片抗侧力结构内连续布置框架和剪力墙；

4. 上述两种或几种形式的混合。

框架-剪力墙结构计算中应考虑剪力墙与框架两种结构类型的不同受力特点，按空间杆-薄壁杆系、空间杆-墙板元工作条件进行内力、位移分析。

（二）框架-剪力墙结构应根据在规定的水平力作用下结构底层框架部分承受的地震倾覆力矩与结构总地震倾覆力矩的比值，确定相应的设计方法，并应符合下列要求：

1. 框架部分承受的地震倾覆力矩不大于结构总地震倾覆力矩的 10% 时，按剪力墙结构设计，其中的框架部分应符合框架-剪力墙结构的框架进行设计；

2. 当框架部分承受的地震倾覆力矩大于结构总地震倾覆力矩的 10% 但不大于 50% 时，按框架-剪力墙结构的规定进行设计；

3. 当框架部分承受的地震倾覆力矩大于结构总地震倾覆力矩的 50% 但不大于 80% 时，按框架-剪力墙结构设计，其最大适用高度可比框架结构适当增加，框架部分的抗震等级和轴压比限值宜按框架结构的规定采用；

4. 当框架部分承受的地震倾覆力矩大于结构总地震倾覆力矩的 80% 时，按框架-剪力墙结构设计，但其最大适用高度宜按框架结构采用，框架部分的抗震等级和轴压比限值应按框架结构的规定采用。当结构的层间位移角不满足框架-剪力墙结构的规定时，可进行结构抗震性能分析和论证。

4.2　适用范围

1. 框架-剪力墙结构具有多道抗震防线，多遇地震时剪力墙作为第一道防线对抗震起主要作用，罕遇地震时剪力墙具有一定耗能作用，框架能保持结构稳定及防止倒塌。

2. 框架-剪力墙结构具有平立面布置灵活、刚度大和用钢量省等优点，适用于各类房屋建筑。

3. 乙类和丙类高层建筑的最大适用高度应分为 A 级和 B 级，并应满足表 4.2.1 和表 4.2.2 的要求；平面和竖向均不规则的高层建筑，其最大适用高度宜适当降低。高层建筑结构的高宽比不宜超过表 4.2.3 的规定。

4. 高度不大于 150m 的高层建筑沿结构单元的两个主轴方向，按弹性方法计算的楼层层间最大位移与层高之比 $\Delta u / h$ 不宜超过表 4.2.4 的限值。

A 级高度钢筋混凝土框架-剪力墙结构的最大适用高度（m）　　　　表 4.2.1

结构体系	抗震设防烈度				
	6 度	7 度	8 度		9 度
			0.20g	0.30g	
框架-剪力墙	130	120	100	80	50

注：房屋高度指室外地面至檐口高度，不包括局部突出屋面的水箱、电梯间等部分的高度。

B 级高度钢筋混凝土框架-剪力墙结构的最大适用高度（m）　　　　表 4.2.2

结构体系	抗震设防烈度			
	6 度	7 度	8 度	
			0.20g	0.30g
框架-剪力墙	160	140	120	100

注：同表 4.2.1

钢筋混凝土框架-剪力墙结构适用的最大高宽比　　　　表 4.2.3

结构体系	抗震设防烈度			
	6 度	7 度	8 度	9 度
框架-剪力墙	6	6	5	4

钢筋混凝土框架-剪力墙结构的 $\Delta u/h$ 限值　　　　表 4.2.4

结构类型	$\Delta u/h$
框架-剪力墙	1/800

注：楼层层间最大位移 Δu 以楼层最大的水平位移差计算，不扣除整体弯曲变形，该位移限值可不考虑偶然偏心计算的影响。

4.3 结构布置及设计要求

4.3.1 结构布置

1. 框架柱网的布置可设计成大柱网或小柱网。具体要求可详见框架结构体系。

2. 框架-剪力墙结构应设计成双向抗侧力体系，主体结构构件之间不宜采用铰接。两主轴方向均应布置剪力墙。梁与柱或柱与剪力墙的中线宜重合，框架的梁与柱中线之间的偏心距：6～8 度抗震设计时不宜大于柱截面在该方向宽度的 1/4；9 度抗震设计时不应大于柱截面在该方向宽度的 1/4。

3. 框架-剪力墙结构中剪力墙的布置应符合下列要求。

（1）剪力墙宜均匀对称地布置在建筑物的周边、楼电梯间、平面形状变化及恒载较大的部位，剪力墙间距不宜过大；

（2）平面形状凹凸较大时，宜在凸出部分的端部附近布置剪力墙；

（3）纵、横剪力墙宜组成 L 形、T 形和 ⊏ 形等形式，见图 4.3.1；

（4）单片剪力墙承担的水平力不应超过总水平力的 30%。剪力墙过长时，可设置结构洞；

（5）剪力墙宜贯通建筑物的全高，且避免刚度突变。剪力墙开洞时，洞口宜上下对齐；

（6）楼、电梯间等竖井宜尽量与靠近的抗侧力结构结合布置；

（7）剪力墙的布置宜使结构各主轴方向的侧向刚度接近；

（8）剪力墙侧向应有有效的楼板支撑或翼墙支撑。

4. 在长矩形平面或平面有一方向较长的建筑中，剪力墙的布置应符合下列要求：

（1）横向剪力墙沿长方向的间距宜满足表 4.3.1 的要求，当这些剪力墙之间的楼盖有较大开洞时，剪力墙的间距应予减小；

图 4.3.1　纵、横剪力墙组合截面

（2）纵向剪力墙宜布置在中间区段中，不宜集中在房屋的两尽端。

剪力墙间距（m）　　　　　　　　　　　　　　　　　表 4.3.1

楼盖形式	抗震设防烈度		
	6 度、7 度 （取较小值）	8 度 （取较小值）	9 度 （取较小值）
现浇	4.0B,50	3.0B,40	2.0B,30
装配整体	3.0B,40	2.5B,30	—

注：1. 表中 B 为楼面宽度，单位为 m；

　　2. 装配整体式楼盖指装配式楼盖上设置钢筋混凝土现浇层；

　　3. 现浇层厚度大于 60mm 的叠合楼板可作为现浇板考虑；

　　4. 当房屋端部未布置剪力墙时，第一片剪力墙与房屋端部的距离不宜大于表中剪力墙距离的 1/2。

5. 带边框剪力墙的布置除应满足上述条文外，尚应符合下列要求。

（1）墙端处的柱（框架柱）应予保留，边框柱截面应与该片框架其他柱的截面相同；

（2）剪力墙平面的轴线宜与柱截面轴线重合；

（3）与剪力墙重合的框架梁可保留，亦可做成宽度与墙厚相同的暗梁，暗梁高度可取墙厚的 2 倍或与该榀框架梁截面等高。

4.3.2　设计要求

1. 框架-剪力墙结构中，框架及剪力墙的截面设计应符合有关框架及剪力墙截面设计的规定。

2. 剪力墙合理数量的确定。

（1）在基本振型地震作用下，剪力墙承受的地震倾覆力矩宜大于结构总地震倾覆力矩的 50%。

（2）结构的重力荷载效应和地震作用效应组合后，剪力墙边柱配筋不宜由拉力控制，即剪力墙受拉区边柱按拉力计算的竖向钢筋配筋量，应小于按受压状态计算出的钢筋量。

3. 框架-剪力墙结构对应于地震作用标准值的各层框架总剪力应符合下列规定。

（1）满足 $V_f \geqslant 0.2V_0$ 要求的楼层，其框架总剪力不必调整；不满足 $V_f \geqslant 0.2V_0$ 要求的楼层，其框架总剪力应按 $0.2V_f$ 和 $1.5V_{f,max}$ 二者的较小值采用；其中 V_f 为对应于地震作用标准值且未经调整的各层（或某一段内各层）框架承担的地震总剪力；V_0 和 $V_{f,max}$ 按下列规定取值。

① 对框架柱数量从下至上基本不变的规则建筑，V_0 取对应于地震作用标准值的结构底部总剪力；$V_{f,max}$ 取对应于地震作用标准值且未经调整的各层框架承担的地震总剪力中的最大值；

② 对框架数量从下至上分段有规律变化的结构，V_0 应取每段最下一层对应于地震作用标准值的总剪力；$V_{f,max}$ 应取每段中对应于地震作用标准值且未经调整的各层框架承担的地震总剪力中的最大值。

（2）各层框架所承担的地震总剪力按第（1）款所述方法调整后，应按调整前、后总剪力的比值调整每根框架柱和与之相连框架梁的剪力及端部弯矩标准值，框架柱的轴力标准值可不调整。

（3）按振型分解反应谱法计算地震作用时，第（1）款所规定的调整可在振型组合之后进行。

4. 带边框剪力墙的构造应符合下列要求。

（1）带边框剪力墙的厚度应符合第 12 章第 12.2 节第一条第（4）款的墙体稳定计算要求，且不应小于 160mm；一、二级剪力墙的底部加强部位的厚度不应小于 200mm；

（2）带边框柱但框架梁做成暗梁时，暗梁的配筋可按构造配置且应符合一般框架梁相应抗震等级的最小配筋要求；

（3）带边框剪力墙体系中，剪力墙截面宜按工字形设计，其端部的纵向受力钢筋应配置在边框柱截面内；

（4）带边框剪力墙，柱与墙连接的做法，如图 4.3.2 所示；

（5）带边框剪力墙，当门框距边框柱不能满足对洞口限制的要求时，剪力墙在门洞边形成独立边框柱，边框柱全高范围内的箍筋应按框架柱箍筋加密区的构造要求进行全高加密。

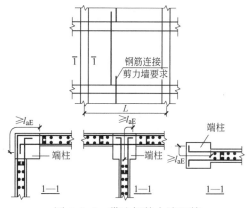

图 4.3.2 带边框剪力墙配筋

4.4 工程实例

4.4.1 武汉协和医院外科病房大楼（图 4.4.1）

建筑高度 144.7m，地上 32 层，抗震设防烈度 7 度，Ⅱ类场地。标准层层高 3.6m，柱截面尺寸为 800mm×1000mm，剪力墙厚度为 250~500mm，梁截面尺寸为 400mm×700mm。

结构基本自振周期：y 方向：$T1=3.23s$，x 方向：$T2=2.94s$，扭转周期：$T3=2.01s$。

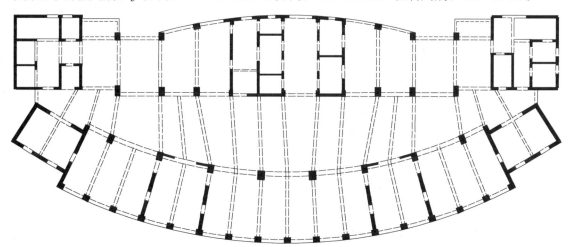

图 4.4.1 武汉协和医院外科病房大楼

4.4.2 深圳腾讯大厦（图 4.4.2）

建筑高度 173.7m，地上 39 层，地下 3 层。抗震设防烈度 7 度，Ⅱ类场地；基本风压为 0.75kN/m²。

结构基本自振周期：x 方向：$T1=4.48s$，y 方向：$T2=4.14s$，扭转周期：$T3=2.93s$。风荷载作用下的最大层间位移角为：x 向 1/1644，y 向 1/869；地震作用下的最大层间位移角为：x 向 1/1261，y 向 1/1316。

4.4.3 武汉劳动大厦（图 4.4.3）

建筑高度 67.5m，地上 20 层，地下一层，抗震设防烈度 7 度，Ⅲ类场地。标准层层高 3.1m。柱截面尺寸为 500mm×800mm，梁截面尺寸为 250mm×550mm。

结构基本自振周期：x 方向：$T1=1.18s$，y 方向：$T2=1.31s$。

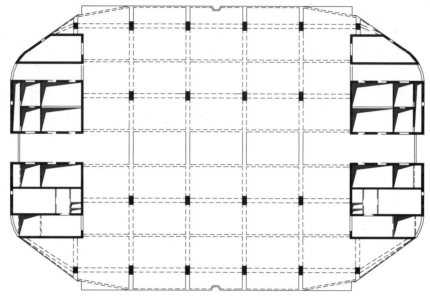

图 4.4.2　深圳腾讯大厦

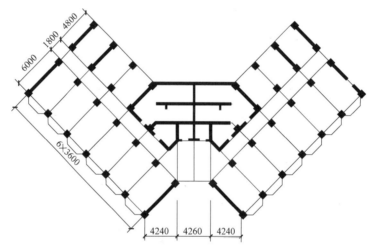

图 4.4.3　武汉劳动大厦

4.4.4　海口人民医院医疗综合大楼（图 4.4.4）

建筑高度 84.9m，地上 21 层，地下一层，抗震设防烈度 8 度（$0.3g$），Ⅱ类场地。标准层层高 3.6m，总高 84.9m，柱截面尺寸为 800mm×1100mm，剪力墙厚度为 450mm，梁截面尺寸为 500mm×600mm。

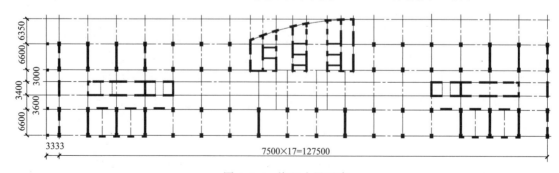

图 4.4.4　海口人民医院

结构基本自振周期：y 方向：$T1=1.9580s$，x 方向：$T2=1.8888s$。

4.4.5　南昌电信大楼（图 4.4.5）

建筑高度 99m，地上 19 层，地下 2 层。抗震设防烈度 7 度，Ⅱ类场地，标准层层高 5.1m。柱截面尺寸为：内柱：1000mm×1000mm（7 层以下），900mm×900mm（8～12 层），800mm×800mm（12 层以上）；外柱：800mm×900mm（12 层以下），800mm×800mm（12 层及 12 层以上）。墙截面厚度为：350mm（7 层以下），300mm（8～12 层），250mm（12 层以上）。

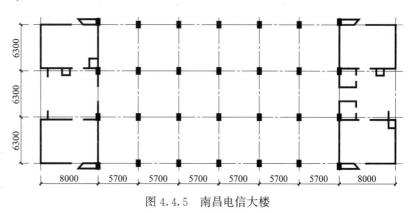

图 4.4.5　南昌电信大楼

结构基本自振周期：x 方向：$T1=1.58s$，y 方向 $T2=1.24s$。

4.4.6　广州琶洲跨国采购中心（图 4.4.6）

建筑高度 80.0m，地上 18 层，地下 2 层。抗震设防烈度 7 度，Ⅱ类场地。

框架柱网尺寸为 9m×18mm（6 层以下），800mm×800mm（6 层以上），墙截面厚度 300mm。

结构基本自振周期：y 方向：$T1=2.24s$，x 方向：$T2=2.09s$，扭转周期：$T3=1.74s$。风荷载作用下的最大层间位移角为：x 向 1/3313，y 向 1/3628；地震作用下的最大层间位移角为：x 向 1/1346，y 向 1/1845。

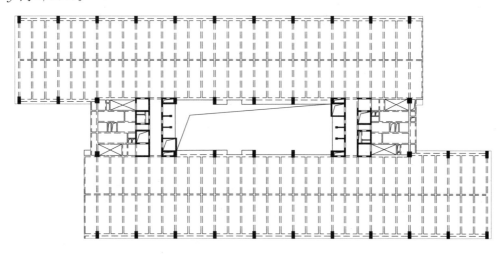

图 4.4.6　广州琶洲跨国采购中心

参 考 文 献

[1]　建筑抗震设计规范：GB 50011—2010（2015 年版）[S]. 北京：中国建筑工业出版社，2016.

[2]　高层建筑混凝土结构技术规程：JGJ 3—2010 [S]. 北京：中国建筑工业出版社，2010.

[3]　混凝土结构设计规范：GB 50010—2010（2015 年版）[S]. 北京：中国建筑工业出版社，2015.

第5章　剪力墙结构

5.1　剪力墙结构的构成

剪力墙结构是利用房屋钢筋混凝土内墙及外墙作为承重构件，同时承受风荷载和地震作用等水平力引起的剪力和弯矩，并通过连梁屈服耗散地震能量，以减轻墙身的破坏。当建筑物底部多层楼层取消部分剪力墙形成大空间时，由框支梁和框支柱承支承的剪力墙称为框支剪力墙。

5.2　适用范围

1. 钢筋混凝土剪力墙结构具有较大刚度和承载能力，在水平力作用下结构侧向变形小，层间相对位移较小，具有较高的抗震能力。有利于避免设备管道、建筑装修、内部隔墙等非结构构件的破坏，在高层住宅、公寓和旅馆建筑中得到广泛采用。

2. 乙类和丙类高层建筑的最大适用高度分为 A 级和 B 级，应满足表5.2.1和表5.2.2的要求；平面和竖向均不规则的高层建筑，其最大适用高度宜适当降低。高层建筑结构的高宽比不宜超过表5.2.3的规定。

A 级高度钢筋混凝土剪力墙结构的最大适用高度（m）　　　　　表 5.2.1

结构体系		抗震设防烈度				
		6 度	7 度	8 度		9 度
				0.20g	0.30g	
剪力墙	全部落地	140	120	100	80	60
	具有较多短肢剪力墙	140	100	80	60	不应采用
	部分框支	120	100	80	50	不应采用

注：1. 部分框支结构指地面以上有部分框支墙的剪力墙结构；

　　2. 短肢剪力墙是指墙肢截面厚度不大于300mm、各肢截面高度与厚度之比为4～8之间且由弱连梁联系的剪力墙；

　　3. 具有较多短肢剪力墙的剪力墙结构是指在规定的水平地震作用下，短肢剪力墙承担的底部倾覆力矩不小于结构底部总地震倾覆力矩的30%的剪力墙结构。

B 级高度钢筋混凝土剪力墙结构的最大适用高度（m）　　　　　表 5.2.2

结构体系		抗震设防烈度			
		6 度	7 度	8 度	
				0.20g	0.30g
剪力墙	全部落地	170	150	130	110
	部分框支	140	120	100	80

3. 高度不大于150m的高层建筑沿结构单元的两个主轴方向，按弹性方法计算的楼层层间位移与层高之比 $\Delta u/h$ 不宜超过表5.2.4的限值。

结构体系	抗震设防烈度			
	6度	7度	8度	9度
剪力墙	6	6	5	4

钢筋混凝土剪力墙结构适用的最大高宽比　　　表 5.2.3

钢筋混凝土剪力墙结构的 $\Delta u/h$ 限值　　　表 5.2.4

结构类型	$\Delta u/h$
剪力墙	1/1000

注：以楼层最大的水平位移差计算，不扣除整体弯曲变形。

5.3 结构布置及设计要求

5.3.1 结构布置

1. 剪力墙结构应具有适宜的侧向刚度，平面布置宜简单、规则，宜沿主轴方向或其他方向双向布置，两个方向的侧向刚度不宜相差过大，不应采用仅单向有墙的结构布置形式。当建筑物为矩形、T 形和 L 形平面时可沿两个主轴方向布置，三角形、Y 形平面时可沿三个主轴方向布置。

2. 剪力墙宜自下至上连续布置，避免刚度突变，宜沿竖向贯通建筑物的全高，不宜突然中断，墙厚可按高度方向逐渐减薄，尽量避免竖向刚度突变，其楼层侧向刚度不宜小于相邻上部楼层侧向刚度的 70% 或其上相邻三层侧向侧度平均值的 80%。楼层的侧向刚度可取该楼层剪力和该楼层层间位移的比值。

3. 较长的剪力墙宜开洞将墙分成长度较为均匀的若干墙段。每个独立墙段可以是实体墙、小开口墙、联肢墙或壁式框架。墙段之间采用连梁连接，每个独立墙段的总高度 H 和墙肢截面高度之比不应小于 3，墙肢截面高度不宜大于 8m。弱连梁跨高比宜大于 6。详见图 5.3.1。

4. 剪力墙结构的刚度不宜过大，剪力墙间距不宜太密，宜采用大开间布置。高层建筑结构不应全部采用短肢剪力墙，不宜采用一字形短肢剪力墙，不宜在一字形短肢剪力墙上布置平面外与之相交的单侧楼层梁。B 级高度高层建筑以及抗震设防烈度为 9 度的 A 级高度高层建筑，不宜布置短肢剪力墙，不应采用具有较多短肢剪力墙的剪力墙结构。

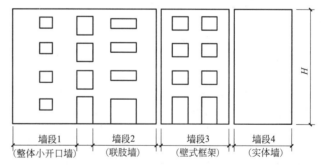

图 5.3.1　较长的剪力墙的组成示意图

短肢剪力墙较多时，应布置筒体（或一般剪力墙），形成短肢剪力墙与筒体（或一般剪力墙）共同抵抗水平力的剪力墙结构，在规定的水平地震作用下，短肢剪力墙承担的底部倾覆力矩不宜大于结构底部总地震倾覆力矩的 50%，7 度、8 度（0.2g）、8 度（0.3g）时的房屋最大适用高度不应大于 100m、80m 和 60m。

对于采用刚度较大的连梁与墙肢形成的开洞剪力墙，不宜按单独墙肢判断其是否属于短肢剪力墙。

5. 剪力墙两端（不包括洞口两侧）宜与另一方向剪力墙相连，或设置端柱、翼墙。

6. 剪力墙的门窗洞口宜上下对齐，成列布置，形成明确的墙肢和连梁，依靠连梁耗散地震能量，以减轻墙肢的破坏。宜避免使墙肢刚度相差悬殊的洞口设置。剪力墙上开洞的洞口距墙端宜有一定距离，见图 5.3.2。

错洞墙受力复杂，应力集中，应尽量避免采用。一、二、三级抗震等级剪力墙的底部加强部位不宜采用错洞墙，全高不宜采用洞口局部重叠的叠合错洞墙。当必须采用错洞墙时，洞口错开距离 d 沿横向及竖向都不宜小于 2m。见图 5.3.3。

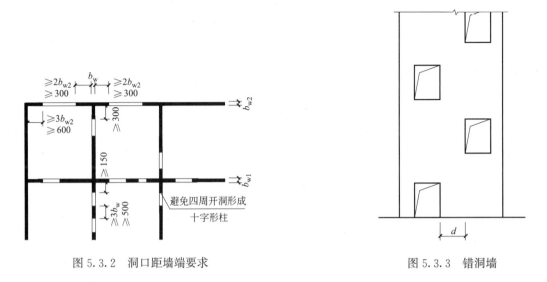

图 5.3.2 洞口距墙端要求   图 5.3.3 错洞墙

7. 当剪力墙结构的刚度过大时，宜采用适当减小剪力墙厚度、降低连梁刚度、增大洞口宽度、增开洞口、减少墙肢长度等方法适当减小其刚度。

8. 楼面梁不宜支承在剪力墙的连梁上。

9. 剪力墙结构的填充墙应优先采用轻质材料，外墙需作填充墙时，宜采用轻质保温材料，并要求与剪力墙有可靠拉结，不宜采用实心黏土砖填充。

10. 在高度超过 50m 的剪力墙结构中，宜采用现浇楼盖结构。房屋高度不超过 50m 的剪力墙，若采用预制楼板应设现浇面层。现浇面层必须与预制板有可靠联结，并在支座处设置构造或计算所需负筋。

5.3.2 设计要求

1. 计算剪力墙结构的内力与位移时，应考虑纵、横墙的共同工作。翼缘的有效长度每侧由墙面算起可取相邻墙净间距的一半、至门窗洞口的墙长度和剪力墙总高的 15% 三者中的较小值。

2. 当剪力墙孔洞面积与墙面面积之比不大于 0.16，且孔洞净距及洞边至墙边距离大于孔洞长边尺寸时，可按整截面构件作近似计算，并按平截面假定计算截面应力分布。

3. 剪力墙墙段的高宽比小于或等于 1.5 属于低剪力墙，高宽比大于 4.5 属于高剪力墙，在两者之间属于中等高度剪力墙。高剪力墙的破坏形态为弯剪破坏，因此可按延性剪力墙进行设计。低剪力墙的破坏形态为剪切破坏，因此要有足够的受剪承载能力。

4. 在风荷载作用下，必须保证剪力墙截面的强度及抗裂性，在正常使用荷载及风载作用下结构应处于弹性工作阶段。在地震作用下，要求剪力墙有足够强度外还要有延性及良好的耗能性能，要求设计成延性剪力墙。

5. 高层剪力墙结构应结合建筑洞口和结构洞口设置连梁，将实体墙分成若干墙段形成联肢墙。为了防止墙肢和连梁发生剪切破坏。要求延性破坏首先是连梁先屈服，最后是墙肢的屈服。因此在高层建筑剪力墙设计中，必须十分注意保证连梁的延性要求。

6. 跨高比≥5 的连梁，宜按框架梁进行设计，其抗震等级与所连接的剪力墙的抗震等级相同。

5.4 工程实例

5.4 工程实例

5.4.1 北京西苑饭店（图 5.4.1）

地下 3 层，地上 29 层，总高 93m，典型楼层层高为 2.9m，剪力墙厚 180～400mm，8 度设防，Ⅱ类场地，基本周期 1.37s，地震作用下顶点位移与总高度之比 $u/H=1/1244$。该项目采用小间距剪力墙结构方案，每开间设置一道钢筋混凝土承重横墙，采用大模板工艺施工。

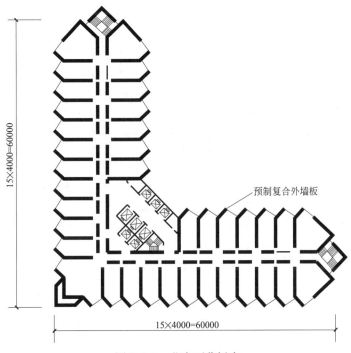

图 5.4.1　北京西苑饭店

5.4.2 北京某 Y 形高层住宅（图 5.4.2）

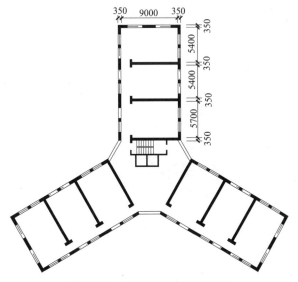

图 5.4.2　北京某 Y 形高层住宅

· 59 ·

地下 3 层，地上 22 层，标准层层高 2.8m，剪力墙厚 160～280mm，8 度设防，基本周期 1.1s，地震作用下顶点位移与总高度之比 $u/H=1/818$。

5.4.3 大连金广枫景高级住宅（图 5.4.3）

地上 50 层，总高 171.6m，标准层高 2.8m，7 度设防，Ⅱ类场地，标准层层高 3.3m，剪力墙厚度为 300～450mm。

结构基本自振周期：y 方向：$T1=4.10s$，x 方向：$T2=3.86s$，扭转周期：$T3=2.72s$。风荷载作用下的最大层间位移角为：x 向 1/2355，y 向 1/1093；地震作用下的最大层间位移角为：x 向 1/1277，y 向 1/1058。

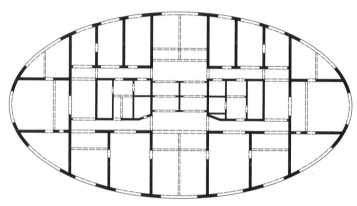

图 5.4.3 大连金广枫景高级住宅

5.4.4 某两例高层公寓楼（图 5.4.4 及图 5.4.5）

沿每两道横墙中间的轴线布置一根进深梁，进深梁支承在纵墙上，形成纵、横墙混合承重。

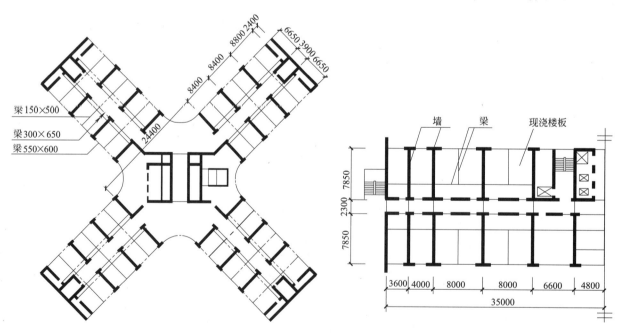

图 5.4.4 某高层公寓楼一

图 5.4.5 某高层公寓楼二

5.4.5 广州白天鹅宾馆（图 5.4.6）

地下一层，地上 30 层，总高 90.35m，典型楼层层高为 2.8m，7 度设防，Ⅱ类场地，基本周期

1.61s，地震作用下顶点位移与总高度之比 $u/H=1/3846$。该项目采用现浇钢筋混凝土双向楼板，楼板的四边分别支撑在横墙和纵墙上，形成纵、横墙混合承重。

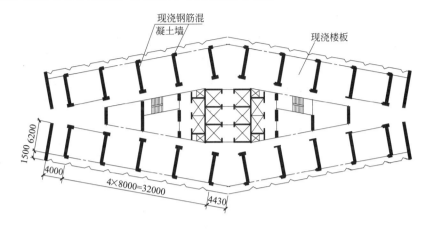

图5.4.6 广州白天鹅宾馆

5.4.6 宁波金龙饭店（图5.4.7）

地下一层，地上23层，总高75m，典型楼层层高为3.0m，7度设防，Ⅲ类场地，基本周期2.256s。该项目采用现浇钢筋混凝土双向楼板，楼板的四边分别支撑在横墙和纵墙上，形成纵、横墙混合承重。

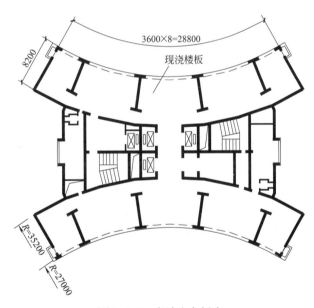

图5.4.7 宁波金龙饭店

5.4.7 大连中心裕景公寓T1栋（图5.4.8）

地下5层，地上45层，总高146.2m，标准层层高为3.15m，7度设防，场地类别为Ⅱ类，基本风压为 $0.75kN/m^2$。

结构基本自振周期：y 方向：$T1=3.68s$，x 方向：$T2=3.08s$，扭转周期：$T3=3.078s$。风荷载作用下的最大层间位移角为：x 向 $1/4338$，y 向 $1/1038$；地震作用下的最大层间位移角为：x 向 $1/2319$，y 向 $1/1136$。

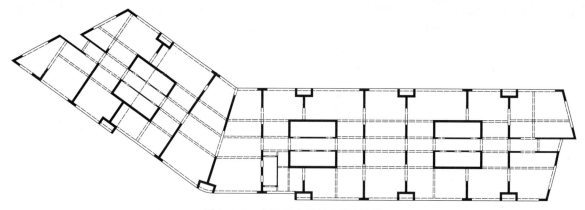

图 5.4.8 大连中心裕景公寓 T1 栋

参 考 文 献

［1］ 建筑抗震设计规范：GB 50011—2010（2015 年版）［S］. 北京：中国建筑工业出版社，2016.

［2］ 高层建筑混凝土结构技术规程：JGJ 3—2010［S］. 北京：中国建筑工业出版社，2010.

［3］ 混凝土结构设计规范：GB 50010—2010（2015 年版）［S］. 北京：中国建筑工业出版社，2015.

［4］ 北京市建筑设计研究院有限公司. 建筑结构专业技术措施［M］. 北京：中国建筑工业出版社，2019.

［5］ 混凝土结构构造手册［M］. 5 版. 北京：中国建筑工业出版社，2016.

第6章 板柱结构

6.1 板柱结构的定义、特点及适用范围

板柱结构是指竖向以柱、板柱、剪力墙或筒体支承，水平构件以板为主的结构体系。

这种结构体系的特点及适用范围如下：

1. 由于大部分区域不设梁或少设梁，结构本身的高度较小，有利于管线布置，使层高得到充分利用，有效减少建筑物的层高。

2. 楼板底面平整，不仅便于支模并节省模板费用，且绑扎钢筋较为简单。

3. 因为无梁或少梁，建筑空间分割时，板底平齐，空间完整。可用轻质隔墙根据需要灵活分隔，方便、实用。

4. 层高降低使建筑物总高降低，可减少竖向构件的用料和结构重量，从而降低建筑物的造价。对结构自身而言，由于建筑物重心下降，还可减少水平力引起的倾覆力矩。

5. 板柱结构的水平构件对竖向构件的约束作用较弱，在遭受较强地震作用时，其板柱节点的抗震性能不如有梁的梁柱节点。此外，地震作用产生的不平衡弯矩要由板柱节点传递，它在柱周边将产生较大的附加剪应力，当剪应力很大而又缺乏有效的抗剪措施时，有可能发生冲切破坏，甚至导致结构连续破坏。因此其适用高度和抗震等级应从严掌握。

板柱结构宜设现浇柱帽，以提高抗震性能和防止板的冲切破坏。

图 6.1.1 中所示的平面，周边柱间设置了框架边梁，仅中间部分为板柱，此种情况受力性能与框架-剪力墙结构情况相近，结构整体刚度略弱于框架-剪力墙结构。此时，抗震构造仍按板柱-剪力墙要求。

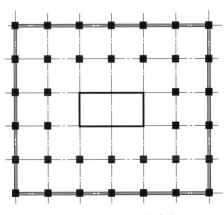

图 6.1.1　周边设置框架梁的板柱-剪力墙结构

板柱结构现浇钢筋混凝土房屋的最大适用高度如表 6.1.1 所示。

板柱结构房屋的最大适用高度 (m) 　　　　　　　　　　表 6.1.1

结构类型	非抗震	设防烈度				
		6 度	7 度	8 度(0.2g)	8 度(0.3g)	9 度
板柱-框架	22	—	—	—	—	—
板柱-剪力墙	110	80	70	55	40	不应采用

注：1. 房屋高度指室外地面至檐口高度，不包括突出屋面部分高度；

　　2. 位于Ⅳ类场地的建筑及不规则建筑，表内数值应适当降低；

　　3. 超过表内限值的房屋结构，应做专门研究和论证，采取有效的加强措施；

　　4. 仅局部范围采用板柱的结构，应不采用本表中的最大适用高度。

丙类建筑板柱-剪力墙体系现浇钢筋混凝土房屋的抗震等级见表 6.1.2。

板柱-剪力墙结构的抗震等级表　　　　　　　　　　表 6.1.2

设防烈度		6度		7度				8度			
基本地震加速度		0.05g		0.10g		0.15g		0.20g		0.30g	
场地类别	高度(m) 构件	≤35	>35	≤35	>35	≤35	>35	≤35	>35	≤35	>35
Ⅰ类	框架、板柱的柱及柱上板带	三	二	二(三)	二	二(三)	二	二	一(二)	二	一(二)
	剪力墙	二	二	二	一(二)	二	一(二)	一(二)	一	一(二)	一
Ⅱ类	框架、板柱的柱及柱上板带	三	二	二	二	二	二	二	一	二	一
	剪力墙	二	二	二	二	二	二	一	一	一	一
Ⅲ、Ⅳ类	框架、板柱的柱及柱上板带	三	二	二	二	二(一)	二(一)	二	一	二(一)	一(一*)
	剪力墙	二	二	二	二	二	二	一	一	一(一*)	一(一*)

注：1. 接近或等于高度分界时应结合房屋不规则程度及场地、地基条件适当确定抗震等级；

2. 当建筑场地为Ⅰ类时，应允许按表中括号内抗震等级采取抗震构造措施；当建筑场地为Ⅲ、Ⅳ类时，宜按表中括号内抗震等级采取抗震构造措施；一＊级，应分别比抗震等级一级采取更有效的抗震构造措施；

3. 如果房屋高度超过提高一度后对应的房屋最大适用高度，应采取比对应抗震等级更有效的抗震构造措施。

6.2　结构布置及设计要求

1. 增设剪力墙是提高板柱结构抗震性能的最有效的途径。抗震设计时，应同时布置筒体或两主轴方向的剪力墙以形成双向抗侧力体系，并应避免结构刚度偏心。

2. 抗震设计时，房屋的周边应设置边梁形成周边框架。房屋周边有外挑楼板时，为了不影响室内净高，需控制框架梁高度。

3. 板柱结构 8 度时宜采用有托板或柱帽的板柱节点，托板或柱帽根部厚度（包括板厚）按抗冲切要求确定，且不宜小于柱纵筋直径的 16 倍，托板或柱帽的边长不宜小于 4 倍的板厚及柱截面相应边长之和。

4. 为提高高层板柱-剪力墙结构的整体抗震性能，可设置伸臂桁架等水平加强层，如图 6.3.11～图 6.3.15 所示的美国旧金山 One Rincon Hill South Tower。

5. 房屋的地下一层顶板宜采用梁板结构。

6. 剪力墙的厚度不应小于 180mm，且不小于层高或无支长度的 1/20；底部加强部位的剪力墙厚度不小于 200mm，且不小于层高或无支长度的 1/16。

7. 单片剪力墙的两端应设端柱，筒体墙的端部应设端柱或暗柱，且宜在各楼层处设置暗梁。

8. 房屋高度大于 12m 时，剪力墙应承担结构的全部地震剪力；房屋高度不大于 12m 时，剪力墙宜承担结构的全部地震剪力。抗风设计时，剪力墙应能承担各层 80% 风荷载作用下的剪力。各层梁柱框架和板柱框架应能承担结构本层地震剪力的 20%。

9. 为加强板柱节点区板的延性，应在柱上板带中设置暗梁，暗梁的构造参见第 15 章。

10. 预应力筋与普通钢筋的比例。

板柱结构楼板是否需要配置预应力筋，应根据荷载大小和跨度决定；需要配预应力筋时，应控制预应力筋的数量，以满足变形要求为宜，承载力仍以非预应力筋为主。特别是水平力引起的内力配筋，应全部配置为非预应力筋。对于配有预应力筋的钢筋混凝土构件中的非预应力筋，应优先采用强度较高的 HRB400 级或 HRB500 级钢筋。

6.3 工程实例

1. 福州福星大厦

图 6.3.1 为该工程的设备层情况。设备层增设刚性大梁后，顶点侧移降低了约 20%。该工程由福州市经济技术开发区设计院设计，1992 年竣工。

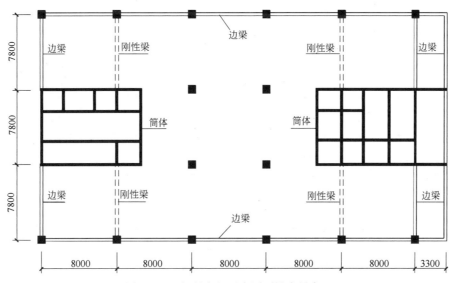

图 6.3.1 福州市福星大厦刚性大梁布置

2. 河北中山大厦（河北世纪大饭店）（图 6.3.2）

该工程位于河北省石家庄市，河北省首家五星级旅游饭店。抗震设防烈度为 7 度 0.1g，Ⅱ类场地。地下 3 层，地上 29 层，塔楼高度 103m，裙房 4 层。塔楼为筒中筒结构，外柱间设边梁，中间个别部位设钢筋混凝土扁梁，内外核心筒间设暗梁，板厚 220mm，混凝土强度等级 C35。工程布置有如下特点：

（1）裙房部分利用楼梯间设剪力墙，且大部分封闭，形成小筒体，以此提高板柱结构的抗侧力刚度，剪力墙分布均匀。

（2）主体结构由内外筒共同抵御水平荷载，并于内外筒之间加设三道宽扁梁，将板划分为单向板。

（3）在塔楼外框筒柱与内核心筒之间及裙房各柱平面轴线上均设暗梁，提高结构的抗震性能。

（4）在外围周边柱及开洞较多的部位，设钢筋混凝土边梁，提高边柱节点的抗冲切能力及板边缘的抗弯能力。

该工程由北京市建筑设计研究院有限公司设计，设计时间：1992~1993 年，1998 年竣工，2000 年开业。

3. 西安深业中心（图 6.3.3）

本工程位于西安市，8 度设防，Ⅱ类场地。地下 2 层，地上裙房 4 层，塔楼 25 层。塔楼沿边柱在四周设边梁，在内外筒之间设 4 根宽扁梁，将板分隔为单向板，板厚 220mm，混凝土强度等级 C40。裙房为板柱-筒体结构，剪力墙主要位于楼、电梯间四周，均匀分布。设外边框架梁，并沿柱轴线设暗梁。适当加大了节点区受弯钢筋及箍筋的配筋量，以提高抗震性能。

该工程由中国建筑西北设计研究院设计，设计时间：2001 年，竣工时间：2003 年。

4. 建威大厦（图 6.3.4）

建威大厦位于北京礼士路与复兴门外大街交界地段，办公楼。大厦共 18 层，总高度 60m，层高 3.5m，

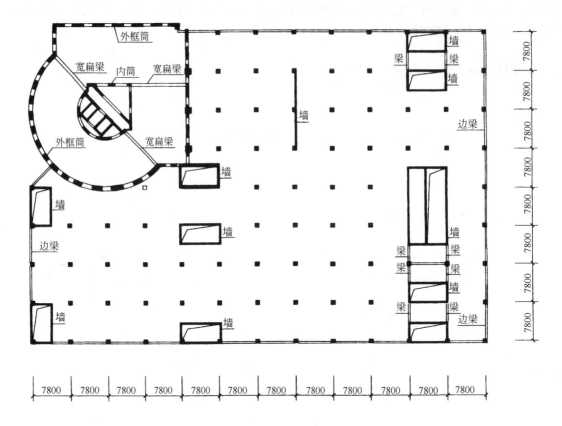

图 6.3.2 河北中山大厦结构平面布置图

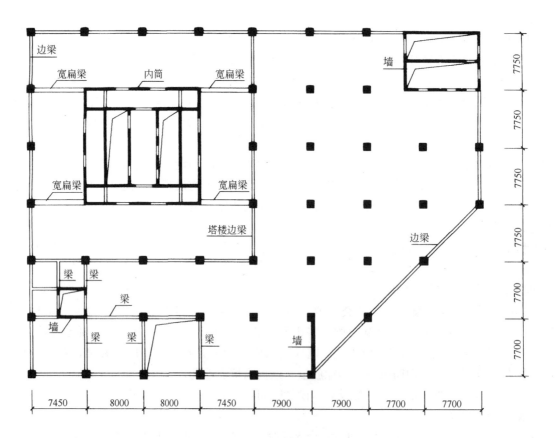

图 6.3.3 深业中心结构平面布置图

为板柱-剪力墙结构，采用有托板的板柱节点，板厚220mm，沿边柱在四周设边梁。

该工程由北京市建筑设计研究院有限公司设计，设计时间：1994年，1997年底建成。

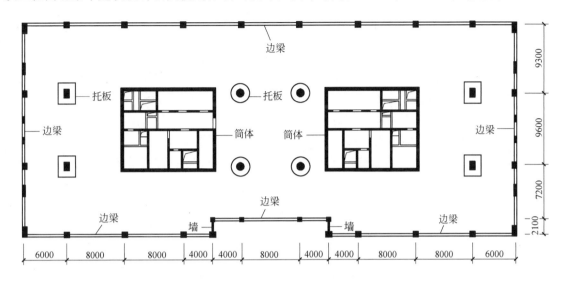

图6.3.4　建威大厦结构平面布置图

5. 天津百货大楼（图6.3.5）

天津百货大楼扩建工程是以商业为主，集购物、娱乐、餐饮、康体等多功能于一体的大型公共建筑。

工程位于天津市和平区多伦道与新华路交口，总建筑面积9.6万 m²，地下2层，局部4层，地上主楼38层，标准层层高4.4m，总高度150m，裙房8层，高42m。

本工程为外筒外边框无粘结预应力板柱-剪力墙结构，柱网间距9m×9m，无粘结预应力楼板厚度230mm。

该工程由北京市建筑设计研究院有限公司设计。设计时间：1994～1995年，1994年7月开工，1997年10月地下室及地上5层一起营业。

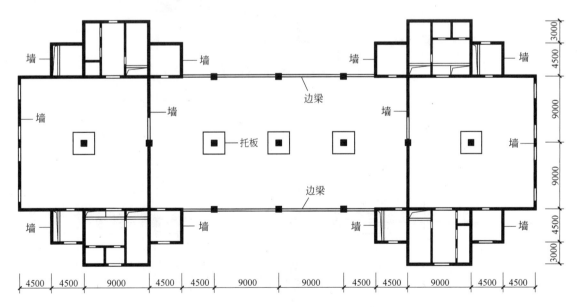

图6.3.5　天津百货大楼结构平面布置图

6. 中国建筑文化中心（图 6.3.6）

中国建筑文化中心项目地处北京市西二环与西三环之间的甘家口地区，是集会议、展览、办公、商业于一体的综合性建筑。

其中南北办公塔楼平面"凸"字形，地面以上 16 层，大屋面标高 59m；标准层层高 3.5m，平面尺寸为 25.2m×42m，采用现浇钢筋混凝土框架-核心筒结构，柱网尺寸为 8.4m×8.4m，核心筒平面尺寸为 8.4m×14m。由于业主要求办公空间净高不得低于 2700mm，因此本工程楼盖系统采用无粘结预应力平板结构，板厚为 220mm，4 根内柱处板底设 180mm 厚、3000mm×3000mm 的板托，以满足抗冲切的要求。局部设备用房及卫生间等部分，由于板面开洞和降标高，会给预应力筋布置带来不便，且此部分空间对净空的要求不高，因此该部分仍采用普通钢筋混凝土梁板结构。首层楼盖及大屋面仍采用普通钢筋混凝土梁板结构，以增加结构的整体刚度。本工程楼板预应力筋用量约 4kg/m²，与普通梁板

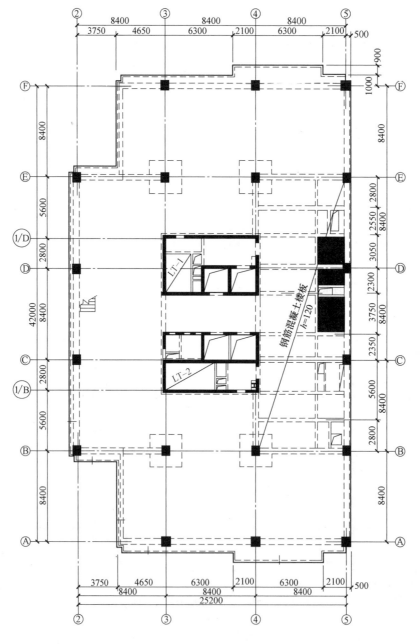

图 6.3.6　塔楼标准层结构平面图

结构相比，造价相差不大，由于降低了层高，可以节约立面装饰的工程造价，内部管线长度缩短，另外还可降低大楼的能耗。

该工程由香港华艺设计顾问（深圳）有限公司设计。设计时间：1997～1999年，竣工时间2000年。

7. 深圳红树西岸（图6.3.7）

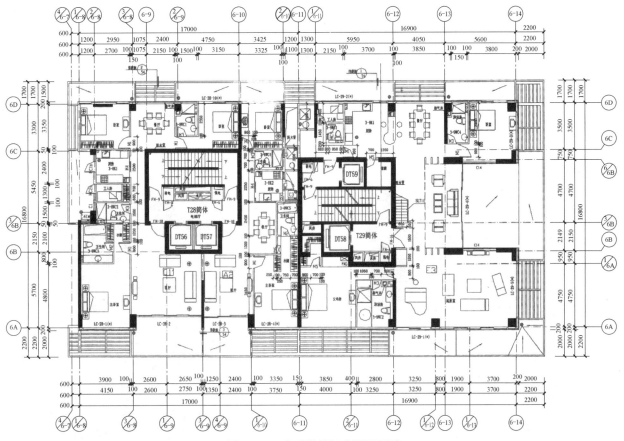

图6.3.7 典型塔楼标准层平面图

本工程位于深圳红树西岸，地下一层，主体建筑为18～32层，地上高度55.6～99.7m，总建筑面积346592m²，由深圳大学建筑设计研究院设计，江苏华建企业有限公司施工。该工程2004年10月结构封顶，2005年12月竣工投入使用。

本工程为国内首例筒体-剪力墙-板柱结构高层住宅，远高于规范中板柱-剪力墙结构的最大适用高度，且同时具有大底盘、多塔、转换（详13.6节）、连体、开洞、切块等难点，其复杂程度远远大于普通意义上的板柱结构。结合实际需要与中国建筑科学研究院合作，开展了该工程复杂典型单元组合模型1/30振动台试验研究，进行了大量理论计算分析，理论计算分析与科学试验研究相结合揭示了本工程筒体-剪力墙-板柱结构的抗震性能与薄弱部位，摸清了筒体-剪力墙-柱结构的受力破坏机理，进而采取了有针对性的抗震措施，对薄弱部位适当予以加强，改善了结构抗震性能，保证结构安全。

本工程结构中关键部位关键构件极限承载力满足规范谱大震组合作用要求，截面设计满足延性要求。

体系合理、经济有效，主要表现在如下几个方面。

1) 楼层周边柱带板加厚，形成暗梁，顶层周边结合女儿墙设上反框架梁，提高筒体-剪力墙-板柱结构的延性及抗冲切承载能力；

2) 厅、房均可采用全落地门窗，给住户提供更宽的视野功能；

3) 空间宽阔平整，住户可以根据需要和爱好自由灵活分隔空间，便于空调管道安装，减小吊顶空间；

  4）与普通梁板楼盖相比，可有效提高室内建筑使用空间；

  5）施工方便，模板及配筋简单，可以加快施工进度，缩短工期；

  6）通过分析优化，造价控制合理。

  8. 美国西雅图 ESCALA Midtown（图 6.3.8）

  ESCALA Midtown 为 31 层公寓大楼，坐落在西雅图的心脏地带，在弗吉尼亚州和第四大道的交角。建筑高度 100.6m，有 283 个公寓单元。2006 年开工，2009 年秋天完工（图 6.3.9）。

  西雅图相当于我国的 8 度抗震设防烈度区。

  结构受力体系如图 6.3.10 所示。

  竖向承重系统：平板（Flat slabs），住宅层板厚 216mm，停车层板厚 203mm。所有平板采用 1862MPa 后张无粘结预应力钢绞线。柱尺寸变化从 609.6mm×609.6mm 至 914.4mm×1219.2mm。

  抗侧力系统：剪力墙和延性框架的双重体系。楼梯核心筒剪力墙厚 762mm。框架柱 762mm×1066.8mm。框架梁 762mm×762mm。

图 6.3.8 ESCALA Midtown

图 6.3.9 ESCALA Midtown 现
浇混凝土施工封顶

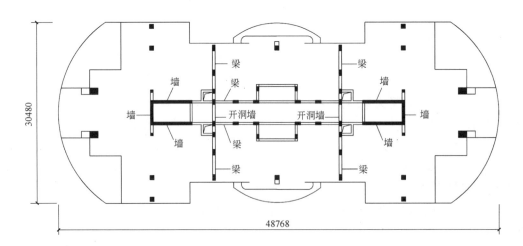

图 6.3.10 西雅图 ESCALA Midtown 公寓大楼结构平面布置图

9. 美国旧金山 One Rincon Hill South Tower（图 6.3.11）

One Rincon Hill South Tower 为包含 376 套公寓的住宅楼。设计于 2004 年，于 2008 年完成（图 6.3.12 为施工过程照片）。64 层高，地下 4 层，地上 60 层，地面以上高度 195m，塔楼为板柱-筒体结构。

旧金山相当于我国的 9 度抗震设防烈度区。

该公寓建筑的典型楼面面积约 880m² （图 6.3.13），底层平面约 34.44m×41.76m（图 6.3.14）。核心筒剪力墙的厚度从 1 层到第 32 层为 813mm，从第 33 层到第 55 层为 713mm，从第 56 层到建筑物的顶部为 610mm。

竖向承重系统包含混凝土柱、核心筒剪力墙、混凝土无梁板（flat slabs）。典型的住宅楼层为 203mm 厚的后张预应力楼板。混凝土板中采用 1862MPa 后张无粘结预应力钢绞线。中心筒楼板厚度 305mm。

抗侧力体系由延性混凝土核心筒墙体及抗侧伸臂桁架组成（图 6.3.15）。抗侧伸臂柱由钢混凝土组合梁、屈曲支撑 BRBS 连接到核心筒，共两个伸臂层。横向力由楼板传递到剪力墙核心筒，地震弯矩和剪力由剪力墙传递至基础。

图 6.3.11 One Rincon Hill South Tower

图 6.3.12 One Rincon Hill South Tower 施工过程

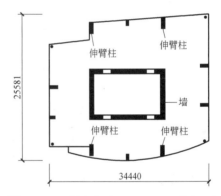

图 6.3.13 旧金山 One Rincon Hill South Tower 住宅楼结构平面布置图

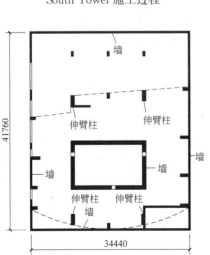

图 6.3.14 旧金山 One Rincon Hill South Tower 底层结构平面布置图

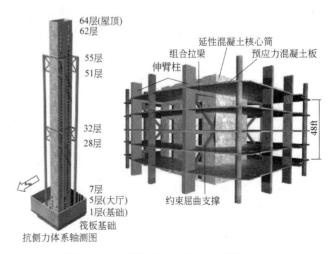

图 6.3.15 旧金山 One Rincon Hill South Tower 抗侧力体系

10. 美国旧金山 215Fremont

215Fremont 建筑 1927 年建于美国加州。该建筑是 7 层板柱结构仓库，L 形，地下室为储藏室。在 1989 年 10 月 17 日 Loma Prieta 地震中受到严重破坏，尽管此次地震中该工程所在区域的地震烈度相对较低，但其结构缺乏整体侧向刚度因而导致严重破坏。

215Fremont 建筑空置了十年后，进行了改造和扩建，使用功能改为办公楼。在既有建筑的屋顶上又加建了两层楼，建筑设计要求拆除现有的立面，改用更具吸引力的玻璃幕墙。通过最终的考虑，设计采用两个概念的混合体，周边采用钢支撑框架（图 6.3.16）和内部增设混凝土剪力墙，在 2001 年完成了抗震改造和结构扩建（图 6.3.17）。

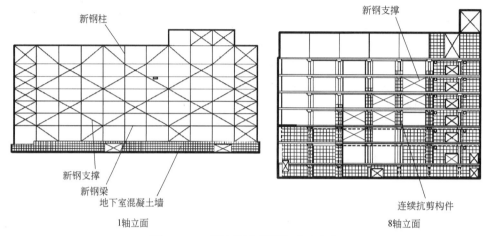

图 6.3.16　侧向钢支撑框架改造方案

图 6.3.17　215Fremont 改造后

参 考 文 献

［1］　程懋堃. 创新思维结构设计 程懋堃设计大师文稿集［M］. 周笋，编. 北京：中国建筑工业出版社，2015.

［2］　李宏维，周笋，何渐渐. 边梁对板柱-剪力墙结构适用高度的影响［J］. 建筑结构，2016，46（S1）：212-218.

［3］　北京市建筑设计研究院有限公司. BIAD建筑结构专业技术措施 2019 版［M］. 北京：中国建筑工业出版社，2019.

第7章　筒体结构体系

7.1　筒体结构的定义及分类

筒体结构可以分为框架-核心筒、筒中筒、成束筒、多重筒等类型（图7.1.1～图7.1.4）。

筒体结构按其组成的构件而言，可分为由框架组成的筒体（Framed Tube）以及由墙体组成的筒体两种。前者一般由间距不很大的柱子及有一定刚度的窗裙梁（束筒情况无梁）组成；后者由钢筋混凝土墙体（有门窗洞）组成。

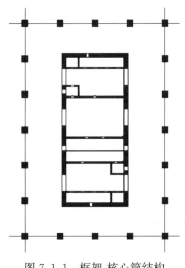

图7.1.1　框架-核心筒结构

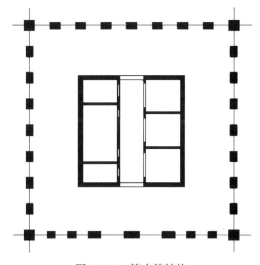

图7.1.2　筒中筒结构

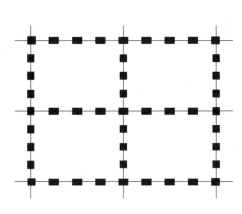

图7.1.3　成束筒结构

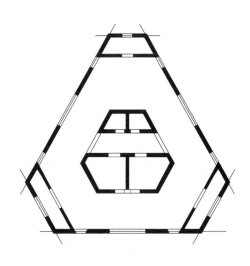

图7.1.4　多重筒结构

7.2　设计要求

7.2.1　筒体结构适用的最大高度和最大高宽比

筒体结构最大适用高度应区分为 A 级和 B 级。A 级高度乙类和丙类筒体结构的最大适用高度应符合表 7.2.1 的规定；甲类建筑，6、7、8 度时宜按本地区抗震设防烈度提高一度后符合表 7.2.1 的要求，9 度时应专门研究。B 级高度乙类和丙类筒体结构的最大适用高度应符合表 7.2.2 的规定；甲类建筑，6、7 度时宜按本地区抗震设防烈度提高一度后符合表 7.2.2 的要求，8 度时应专门研究；当结构高度超过表中数值时，结构设计应有可靠依据，并采取有效的加强措施。

筒中筒结构的高度不宜低于 80m，高宽比不宜小于 3（表 7.2.3）。对高度不超过 60m 的框架-核心筒结构，可按框架-剪力墙结构设计。

平面和竖向均不规则的筒体结构，其最大适用高度宜适当降低。

A 级高度筒体结构最大适用高度　　　　表 7.2.1

筒体	非抗震设计	抗震设防烈度				
		6 度	7 度	8 度		9 度
				0.20g	0.30g	
框架-核心筒	160	150	130	100	90	70
筒中筒	200	180	150	120	100	80

B 级高度筒体结构最大适用高度　　　　表 7.2.2

筒体	非抗震设计	抗震设防烈度			
		6 度	7 度	8 度	
				0.20g	0.30g
框架-核心筒	220	210	180	140	120
筒中筒	300	280	230	170	150

筒体结构适用的最大高宽比　　　　表 7.2.3

筒体	非抗震设计	抗震设防烈度			
		6 度	7 度	8 度	9 度
框架-核心筒	8	7	7	6	4
筒中筒	8	8	8	7	5

7.2.2　筒体结构的抗震等级

筒体结构的抗震等级应按 A 级和 B 级高度加以区分。A 级高度丙类筒体结构的抗震等级应按表 7.2.4 确定；当本地区的设防烈度为 9 度时，A 级高度乙类建筑的抗震等级应按特一级采用，甲类建筑应采取更有效的抗震措施。B 级高度丙类筒体结构的抗震等级应按表 7.2.5 确定。

A 级高度的筒体结构抗震等级　　　　表 7.2.4

筒体		抗震设防烈度			
		6 度	7 度	8 度	9 度
框架-核心筒	框架	三	二	一	一
	核心筒	二	二	一	一

续表

筒体		抗震设防烈度			
		6 度	7 度	8 度	9 度
筒中筒	内筒	三	二	一	一
	外筒				

B 级高度的筒体结构抗震等级　　　　　　　　　　　　　　　表 7.2.5

筒体		抗震设防烈度		
		6 度	7 度	8 度
框架-核心筒	框架	二	一	一
	核心筒	二	一	特一
筒中筒	外筒	二	一	特一
	内筒			

当建筑场地为Ⅰ类及Ⅲ、Ⅳ类时，抗震等级需依据相关规范调整。

当框架-核心筒结构的高度不超过 60m 的，其抗震等级应允许按框架-剪力墙结构采用。

7.2.3　结构总体布置要求

1. 一般规定

（1）核心筒或内筒中剪力墙截面形状宜简单。

（2）筒体结构核心筒或内筒的墙肢宜均匀、对称布置；筒体角部附近不宜开洞，当不可避免时，筒角内壁至洞口的距离不应小于 500mm 和开洞墙截面厚度的较大值；筒体墙应按《高层建筑混凝土结构技术规程》JGJ 3—2010 附录 D 验算墙体稳定，且外墙厚度不应小于 200mm，内墙厚度不应小于 160mm，必要时可设置扶壁柱或扶壁墙。

（3）核心筒或内筒的外墙不宜在水平方向连续开洞，洞间墙肢的截面高度不宜小于 1.2m；当洞间墙肢的截面高度与厚度之比小于 4 时，宜按框架柱进行截面设计。

（4）楼盖主梁不宜搁置在核心筒或内筒的连梁上。

2. 框架-核心筒结构

（1）核心筒宜贯通建筑物全高。核心筒的宽度不宜小于筒体总高的 1/12，当筒体结构设置角筒、剪力墙或增强结构整体刚度的构件时，核心筒的宽度可适当减小。

（2）框架-核心筒结构的周边柱间必须设置框架梁。

（3）当内筒偏置、长宽比大于 2 时，宜采用框架-双筒结构。

3. 筒中筒结构

（1）筒中筒结构的平面外形宜选用圆形、正方形、椭圆形或矩形等，内筒宜居中。

（2）矩形平面的长宽比不宜大于 2。

（3）内筒的宽度可为高度的 1/12～1/15，如有另外的角筒或剪力墙时，内筒平面尺寸可适当减小。内筒宜贯通建筑物全高，竖向刚度宜均匀变化。

（4）三角形平面宜切角，外筒的切角长度不宜小于相应边长的 1/8，其角部可设置刚度较大的角柱或角筒；内筒的切角长度不宜小于相应边长的 1/10，切角处的筒壁宜适当加厚。

（5）外框筒的柱距不宜大于 4m，框筒柱的截面长边应沿筒壁方向布置，必要时可采用 T 形截面；外框筒洞口面积不宜大于墙面面积的 60%，洞口高宽比宜与层高和柱距之比值相近；外框筒梁的截面高度可取柱净距的 1/4；角柱截面面积可取中柱的 1～2 倍。

7.3 工程实例

7.3.1 香港中环大厦

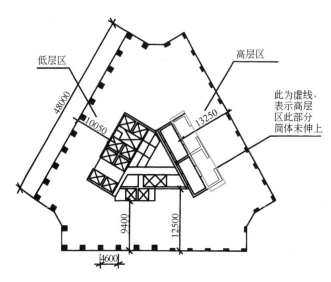

图 7.3.1 香港中环大厦

地上 78 层,为框架-核心筒结构。外筒柱中距 4600mm,柱截面最大 1500mm × 1500mm,裙梁高度 1100mm,层高 3600mm(在抗侧力计算时,未考虑内筒的作用),转换梁,非抗震设计(图 7.3.1)。

7.3.2 深圳华润中心一期(广东省建筑设计研究院有限公司)

7 度抗震设防(设计时间 2001～2003 年),主楼地上 29 层,地下 3 层,总高 139.45m,为框架-核心筒结构(图 7.3.2)。

外围框架柱中距 8400mm,角部 4200mm,底部 1～10 层范围内采用钢管混凝土芯柱,柱截面尺寸 800mm × 1300mm,钢管芯柱直径 600mm,壁厚 12mm。外框梁截面 600mm × 800mm。核心筒壁厚由下至上减薄为 600mm、500mm、400mm、300mm,内墙厚 200～250mm。

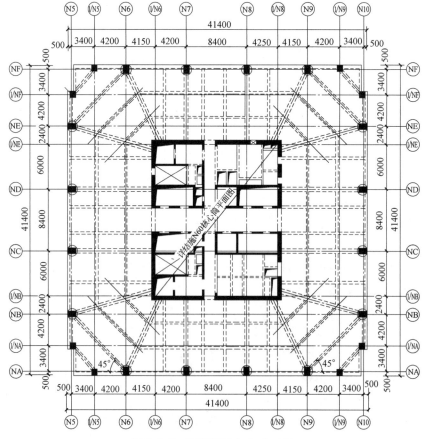

图 7.3.2 深圳华润中心(一期)

7.3.3 南京电子世界大厦（南京市建筑设计研究院有限责任公司）

7度设防（设计时间2003～2005年），主楼地上46层，地下3层，总高175.30m，为框架-核心筒结构（图7.3.3）。外围框架柱中距7000mm、11000mm，36层以下采用型钢混凝土柱，核心筒四角部位设置构造型钢，6层以下与核心筒四角对应柱截面1200mm×1800mm，其他框架柱截面尺寸1200mm×1200mm。15层以下框架梁采用型钢混凝土梁与核心筒刚接，以上采用钢筋混凝土梁与核心筒铰接连接。

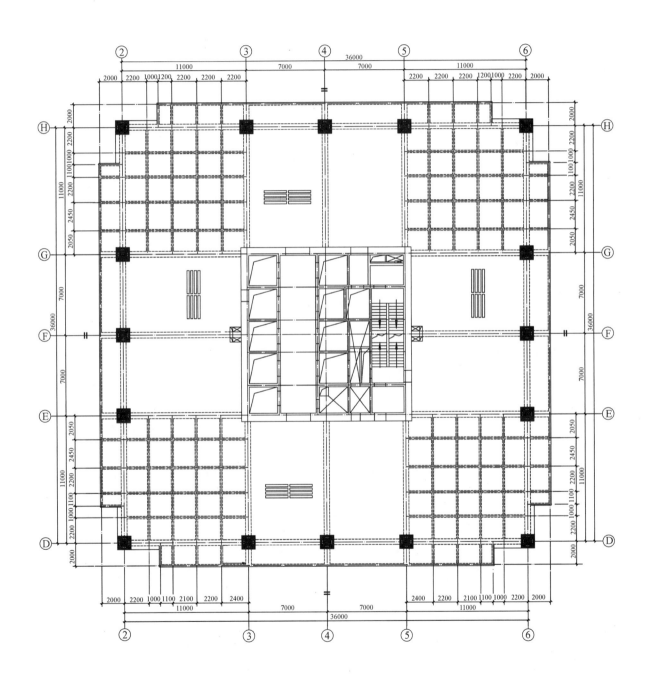

图7.3.3 南京电子世界大厦

7.3.4 深圳特区报业大厦（深圳大学建筑设计研究院，广东省深圳市深圳大学）

7度设防（设计时间1995～1996年）。地上47层，地下3层，主体建筑高186.65m，为框架-核心筒结构（图7.3.4）。框架柱中距东西向10000mm，南北向13600mm、9100～7500mm，框架柱截面为

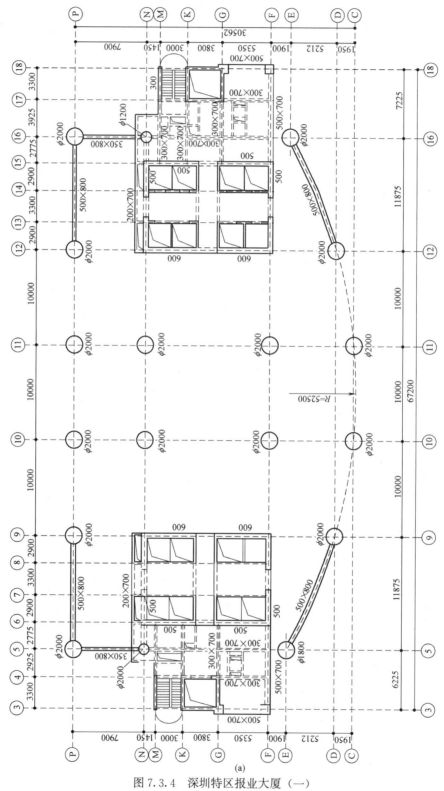

图 7.3.4 深圳特区报业大厦（一）

（a）6～9层结构布置图

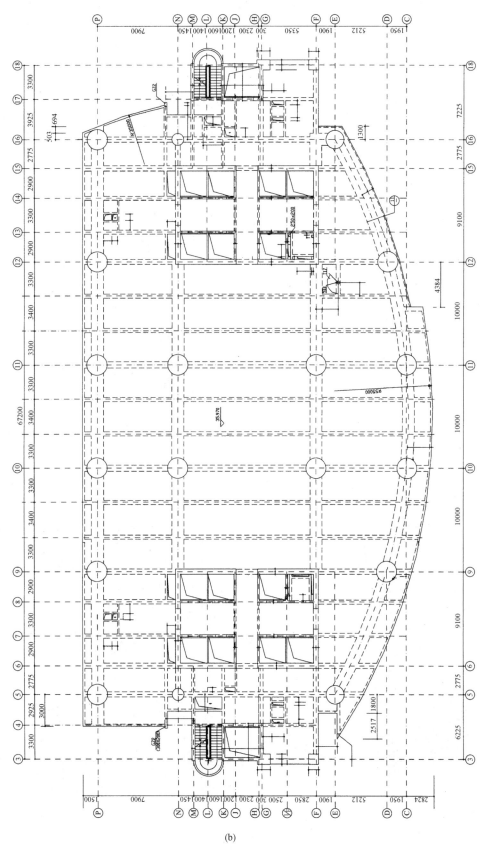

图 7.3.4　深圳特区报业大厦（二）

（b）10 层结构布置图

直径2000mm（1～19层）、1600mm（20～35层）、1200mm（36层以上）。主筒体壁厚10层以下600mm、10层以上500mm，内墙厚200mm，建筑平面东西两端布置剪力墙小筒体，壁厚300mm。南北向框架梁500mm×700mm，东西向主框架梁1200mm×700mm。本工程建筑大堂空间要求底部2～5层中部楼盖南半区抽空、6～8层中部楼盖全部抽空、2～4层西南端设置13.8m大悬挑、21m跨多功能厅。

7.3.5　北京金地中心塔楼A（北京市建筑设计研究院有限公司）

8度设防（设计时间2003～2004年）。地上35层，总高151.40m，为框架-核心筒结构（图7.3.5）。

东、南两侧的框架为普通钢筋混凝土框架，柱中距6000mm，位于建筑物外挂玻璃幕墙的里侧，框架柱截面自下而上从1100mm×1100mm减小到900mm×900mm，框架梁700mm×1000mm不变；西、北两侧配合建筑造型设计为窗格框架，暴露在建筑玻璃幕墙外面，每隔3层设通长主框架梁与落地框架柱连为一体，落地框架柱中距9000mm，角柱截面1200mm×1200mm通高不变，中柱截面6层以下1200mm×1400mm，以上1200mm×1300mm，主框架梁700mm×1200mm；主框架梁与落地框架柱之间设窗格状小框架，小框架柱900mm×700mm，小框架梁700mm×900mm，相应楼层板退后靠楼层连系梁支撑在框架柱上；核心筒长向壁厚自下而上为750～500mm，短向壁厚自下而上为600～400mm，内墙主要墙肢厚度通高400mm。

7.3.6　石家庄华润中心（北京市建筑设计研究院有限公司）

7度设防（设计时间2014～2015年），地下4层，地上8层裙房与主楼连为一体，不设防震缝，裙房主要屋面高度为40.3～45m（图7.3.6）。主楼共4栋塔楼，其中两座为框架-核心筒结构，分别为办公A塔地上37层，其中9层及24层为加强层，层高4.5m，其余层层高均为3.9m；主楼高宽比3.72；主要屋面高度为158.8m（图7.3.7）；办公B塔地上35层，其中8层及22层为加强层，主要屋面高度为150.7m（图7.3.8）。

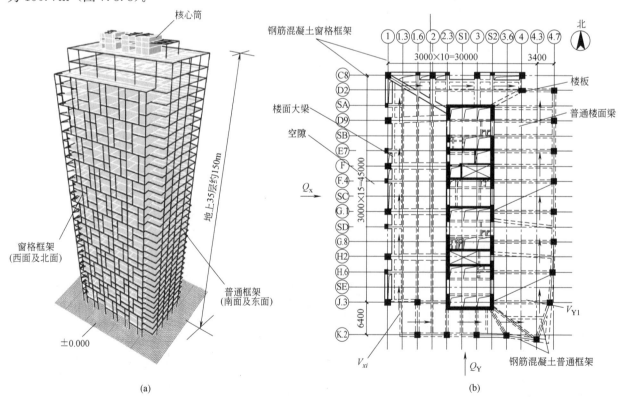

图7.3.5　北京金地中心塔楼A结构形式（一）

（a）结构空间形式；（b）结构平面

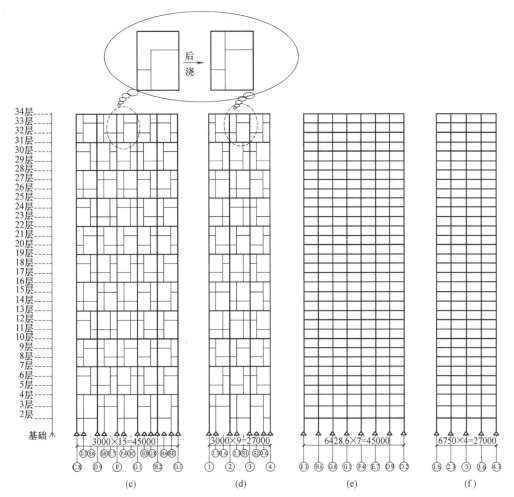

图 7.3.5 北京金地中心塔楼 A 结构形式（二）

（c）西南窗格框架；（d）北面窗格框架；（e）东面普通框架；（f）南面普通框架

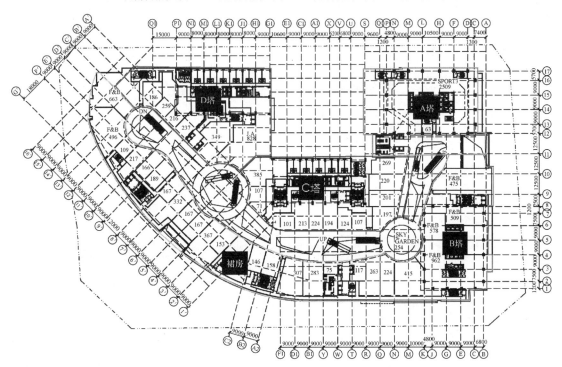

图 7.3.6 石家庄华润中心主楼与裙房平面关系

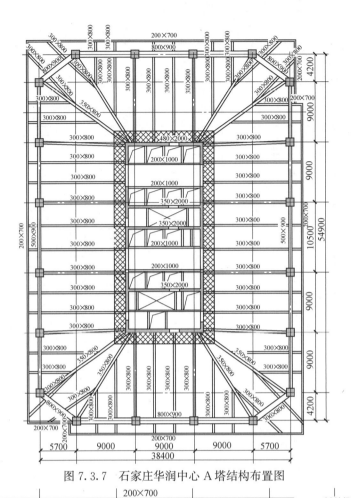

图 7.3.7 石家庄华润中心 A 塔结构布置图

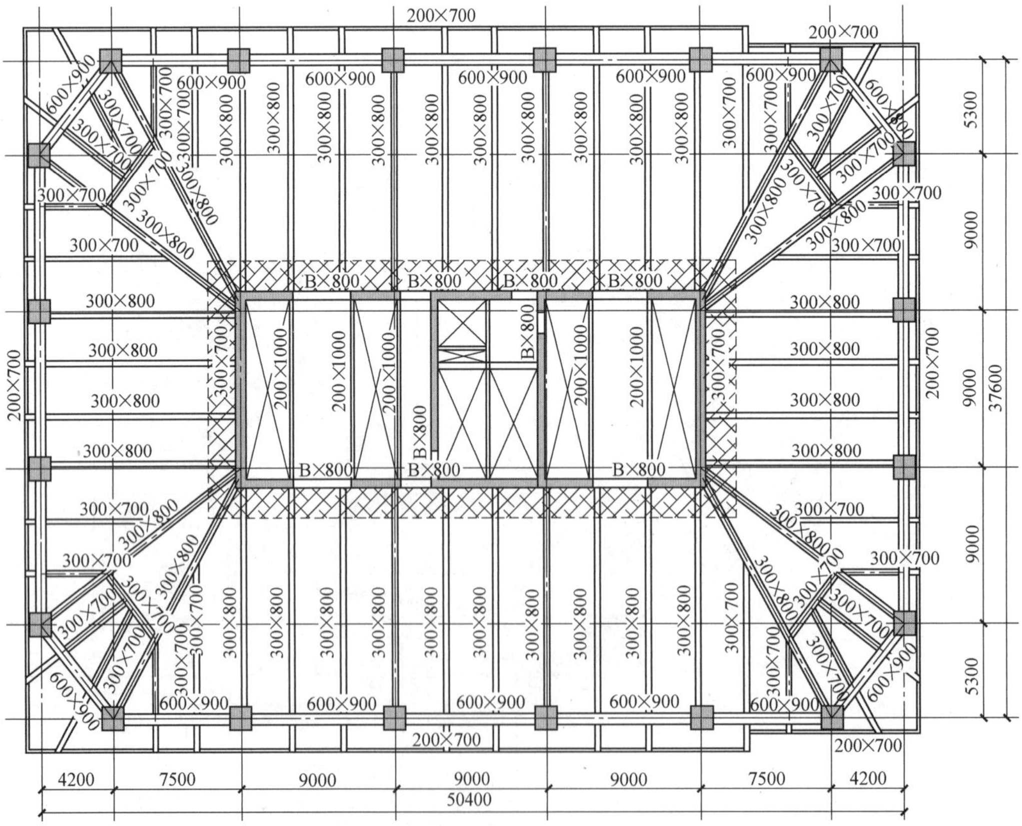

图 7.3.8 石家庄华润中心 B 塔结构布置图

A 塔框架柱尺寸 1500mm×1600mm～900mm×900mm（B1～F4 层柱内设置钢骨，钢骨含钢率约 5%），剪力墙厚度 700～300mm；B 塔框架柱尺寸 1400mm×1600mm～1000mm×1000mm（B1-F4 层柱内设置钢骨，钢骨含钢率约 5%），剪力墙厚度 650～300mm。A 塔、B 塔标准层楼盖采用主次梁楼盖体系，近中筒处（走廊区域）梁截面 300mm×700mm（填充范围示意为走廊区域），其他处 300mm×800mm，核心筒内板厚 120mm，其余区域板厚均为 100m。

7.3.7　沈阳世茂五里河商业广场 T3～T5 及 S3 商业项目（北京市建筑设计研究院有限公司）

7 度设防（设计时间 2011～2012 年），主楼部分为三栋（T3、T4、T5）超高层建筑，房屋高度及地上层数分别为 T3（高 242.85m）61 层、T4（高 209.64m）53 层、T5（高 179.75m）46 层，T3、T4 为办公楼，地上标准层高为 3.9m，T5 为住宅，地上标准层高为 3.6m。裙房部分地下 4 层，地上 4 层，高度 26.15m。三栋主楼 T3、T4、T5 在地下一层顶板处通过防震缝分开，防震缝位于 T3 主楼一侧及 T4 主楼一侧（图 7.3.9）。

主楼部分采用现浇钢筋混凝土柱及型钢混凝土柱框架-钢筋混凝土核心筒结构，主楼顶部外框柱平面位置缩进，T3、T4、T5 分别在 54 层、46 层和 40 层进行转换，顶部核心筒外为钢梁钢柱。框架柱截面及核心筒外墙截面从下到上逐渐减小，框架柱截面 T3－900mm×2100mm～500mm×500mm；T4－900mm×2100mm～500mm×500mm；T5－800mm×2100mm～500mm×500mm；核心筒外圈墙厚：T3－700～500mm；T4－600～500mm；T5－500～400mm，框架与核心筒之间的剪力墙厚度：T3－1000～200mm；T4－800～200mm T5－700～200mm；三个核心筒内部主要墙厚为 800～600mm，楼电梯分割墙为 300～200mm，且由基础顶至结构顶不变。

框架柱及核心筒外墙变截面的位置根据轴压比及混凝土强度等级确定；为提高结构刚度，T3、T4 及 T5 塔楼局部设置沿短向的剪力墙，并在地下 2 层顶或 5 层顶进行局部转换。各层楼板均采用现浇钢筋混凝土板。主楼部分标准层板厚取 110mm，嵌固层（地下一层顶）板厚为 200mm，裙房部分楼板为 120～300mm（图 7.3.10）。

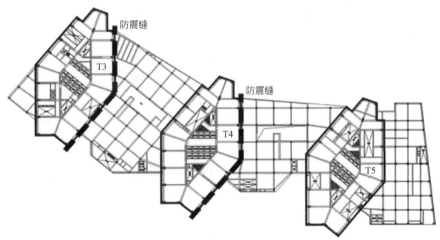

图 7.3.9　结构总平面布置及防震缝位置

7.3.8　北京泛海国际居住区项目（北京市建筑设计研究院有限公司）

8 度设防（设计时间 2017 年），地下 5 层，埋深约 25m；地上由裙房及三栋主楼（A、B、C）组成，主楼地上高度均为 180m，层数分别为 38 层、37 层、37 层。通过设置结构缝，主楼与裙房完全断开，简化设计。

主楼部分采用现浇钢筋混凝土框架-核心筒结构，底部若干层采用型钢混凝土柱，核心筒外墙内设置型钢。本工程未设置伸臂桁架和环桁架，通过适当加强核心筒墙厚及外圈框架满足结构刚度要求，避

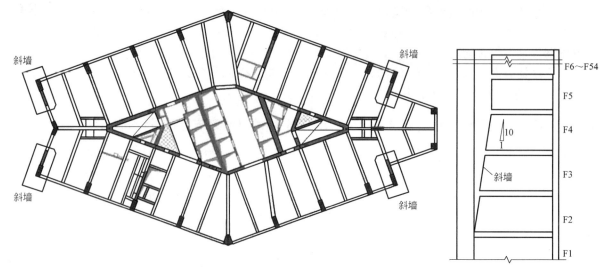

图 7.3.10　T3 塔楼标准层平面图及斜墙布置示意

免结构沿竖向刚度突变，且降低了施工难度，节约造价缩短工期。

框架柱截面及核心筒外墙截面从下到上逐渐减小，A 塔为例，框架柱截面 1400mm×1400mm（13 层以下含钢骨）～900mm×900mm；核心筒外圈墙厚 1000～500mm（图 7.3.11）。

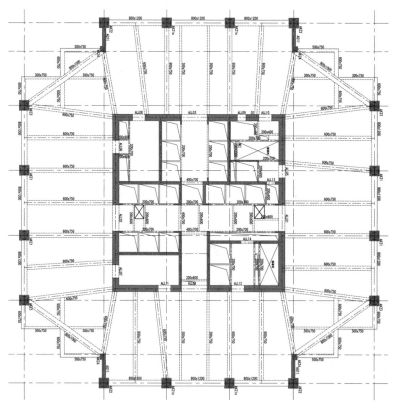

图 7.3.11　A 塔楼标准层平面图

7.3.9　北辰长沙三角洲 A2 地块项目（北京市建筑设计研究院有限公司）

6 度设防（设计时间 2017 年），北辰长沙三角洲 A2 地块 1 号办公楼，地上 46 层，地下 2 层，结构总高度 212.50m，建筑檐口高度 218.40m，标准层平面为切角三角形 52.8m×49.5m，钢筋混凝土框架-核心筒结构（图 7.3.12 和图 7.3.13）。

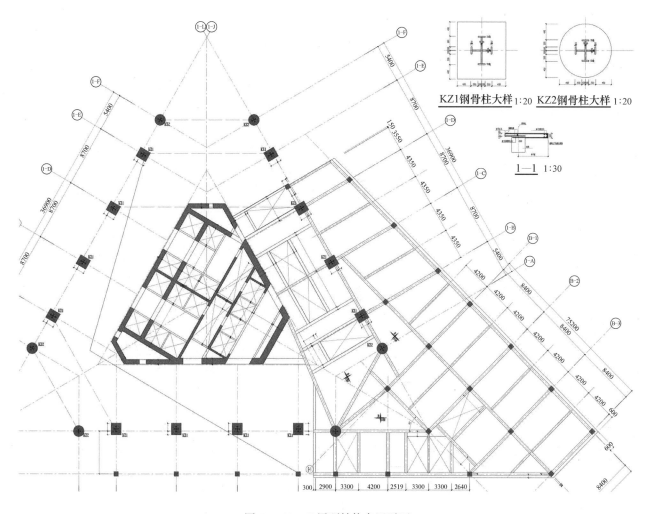

图 7.3.12　G 层顶结构布置平面

塔楼高宽比 5.4，核心筒高宽比 10.3。外框柱 B2～5 层为型钢混凝土柱 1400mm×1600mm（含钢量 3%～4%），6～46 层钢筋混凝土柱 1400mm×1600mm～900mm×1000mm；筒体外墙 800～400mm，筒体内墙 200～300mm；框架梁 400mm×800mm/900mm（切角短边）；标准层楼板厚度 100mm，屋面楼板厚度 120mm。

7.3.10　卡塔尔多哈高层办公楼（中建国际设计顾问有限公司，深圳大学建筑与土木工程学院）

主楼地上 44 层，地下 4 层，总高 231m，为现浇钢筋混凝土筒中筒结构（图 7.3.14）。外围为交叉柱外网筒，由交叉斜柱、楼层环梁及楼板构成，斜柱每四层相交一次，柱中心线交叉点位于楼面标高，夹角约为 48 度，环梁、楼板每层与斜柱连接。南部 1～28 层斜柱为直径 1700mm 的圆柱，至屋顶柱直径逐步收为 900mm；北部 1～28 层为相同直径的空心圆柱，壁厚 450mm，29 层以上为实心柱，至屋顶柱直径逐步收为 900mm。27 层以下部分楼层环梁采用部分预应力技术。内筒连续完整，偏北设置，外墙厚由下至上为 600～400mm，内墙厚 200mm。

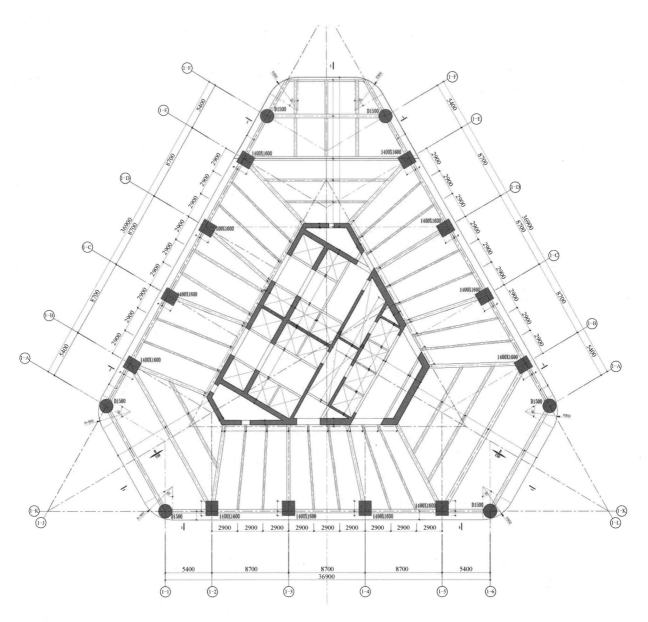

图 7.3.13　标准层顶结构布置平面

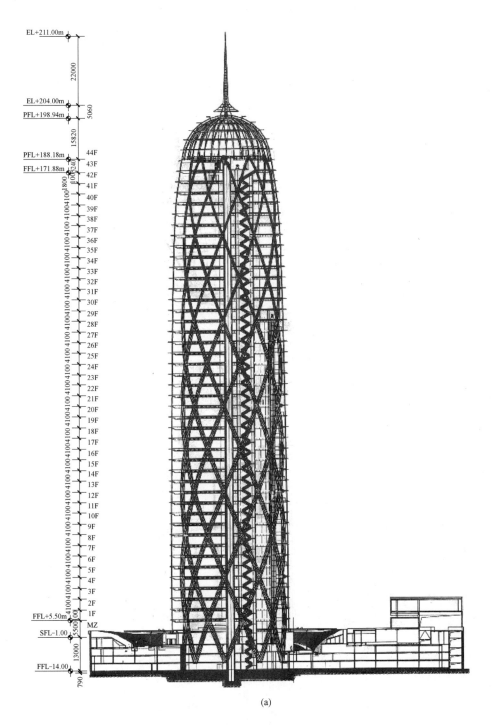

(a)

图 7.3.14　卡塔尔多哈高层办公楼（一）

(a) 建筑剖面图

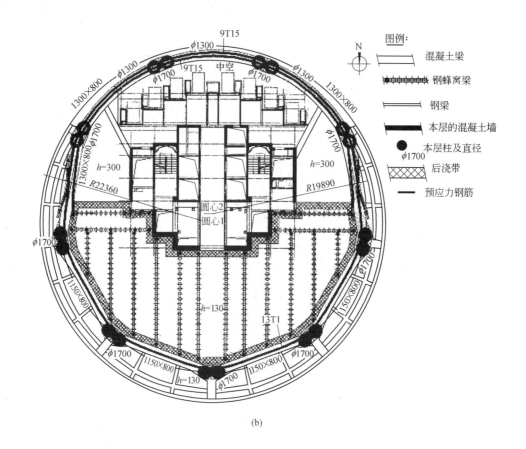

(b)

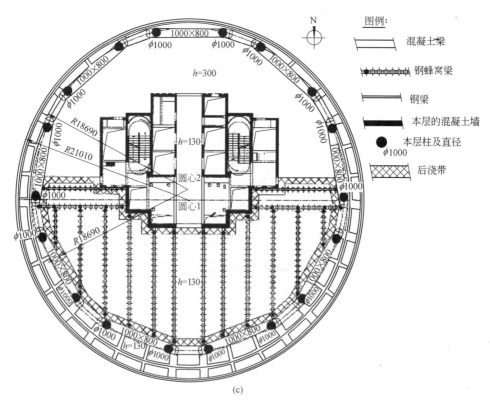

(c)

图 7.3.14　卡塔尔多哈高层办公楼（二）

（b）29 层以下结构典型平面图；（c）29 层以上结构典型平面图

7.3.11 陕西信息大厦（中国建筑西北设计研究院）

8 度设防（设计时间 1996～1997 年）。主楼地上 52 层，地下 3 层，建筑总高 189.4m，为筒中筒结构（图 7.3.15）。外筒壁厚由下至上为 800mm、700mm、600mm、500mm；内筒壁厚在底层为 900mm，逐步减为 800mm、700mm、600mm、500mm，到 50 层以上为 400mm；角筒及内筒其他墙厚 400～300mm。外筒裙梁高度 2800～1500mm。

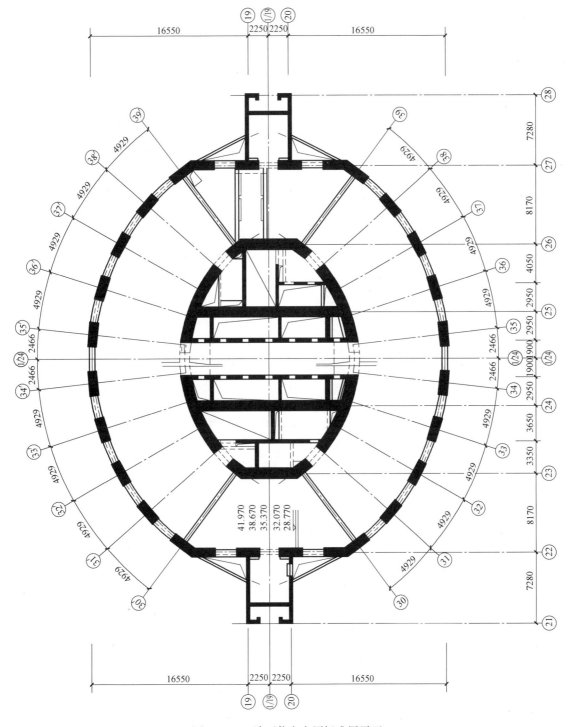

图 7.3.15　陕西信息大厦标准层平面

参 考 文 献

[1] 建筑抗震设计规范：GB 50011—2010（2016 年版）［S］. 北京：中国建筑工业出版社，2016.

[2] 高层建筑混凝土结构技术规程：JGJ 3—2010［S］. 北京：中国建筑工业出版社，2010.

[3] 北京市建筑设计研究院有限公司. 建筑结构专业技术措施［M］. 北京：中国建筑工业出版社，2019.

第2篇　高层钢筋混凝土结构构造

第8章 板

楼板是建筑结构中的主要组成部分之一，是承受竖向荷载和保证水平力作用沿水平面传递的主要水平向构件，因此，在高层建筑中必须保证其具有足够的刚度和整体性。目前建筑楼板的形式主要有：现浇板（含现浇实心板和现浇空心板）、叠合板、预制板三大类。对于一般层数不太高的高层建筑楼盖体系，可采用预制板，但在层数更多（15 层以上，高度超过 50m）的高层建筑，应采用现浇板或叠合板。

8.1 现浇楼盖、屋盖板

8.1.1 现浇梁板式单向、双向板肋梁楼盖

现浇梁板式楼盖是最常用的楼盖形式，它有较好的技术经济指标，优点是适用于各种形式的结构布置，根据结构形式的不同分为单向、双向板肋梁楼盖。

8.1.2 井字梁楼盖

钢筋混凝土井字楼盖是肋梁楼盖的一种，由双向板和交叉梁系组成。优点是造型优美，受力合理，梁高较一般肋梁楼盖小，因而可以得到较大的室内净空。

1. 井字梁区格内的板应按双向板设计，板的长边与短边之比不宜大于 1.5，尽量接近 1。井字梁两个方向的梁高宜相等，根据荷载变化的大小，一般梁高取 $h/L \approx 1/18 \sim 1/25$（$L$ 为短向跨度）。梁的布置可以与周边梁平行，也可以按 45°对角线布置（图 8.1.1）。

2. 梁的截面及配筋按计算确定，但梁宽不宜小于 150mm，受力钢筋不宜少于 $2\phi12$，箍筋不小于 $\phi6@250$（图 8.1.2）。

8.1.3 密肋楼盖

密肋楼盖由薄板和间距较小的肋梁组成，密肋可以是单向的，也可以是双向的。这种楼盖的优点是重量较轻，肋间板便于开孔洞，适用范围为规则的跨间和外形及跨度大而梁高受限的情况。对于筒体结构的角区楼板也常用双向密肋楼盖。肋距一般 0.9～1.5m，现浇普通钢筋混凝土密肋板跨度一般不大于 9m，预应力混凝土密肋板跨度可达 12m，在使用荷载较大的情况下，采用密肋楼盖可以取得较好的经济指标。

8.1.4 无梁楼盖

当层高有限，梁的截面高度受到限制时，可以采用无梁楼盖。无梁楼盖与一般肋梁楼盖不同之处在于楼面荷载直接通过板传给柱，这种结构简化了传力体系，扩大了楼层空间，常用于层高受到限制且柱网规则的建筑中。无梁楼盖与柱、抗震墙等抗侧力构件组成板柱结构抗侧力体系，宜设现浇柱托板以提高板柱结构的抗震性能和防止板的冲切破坏。普通钢筋混凝土无梁楼盖的跨度一般为 6～8m，预应力钢筋混凝土无梁楼盖跨度可达 9m 或更大，一般常用后张无粘结或缓粘结工法。

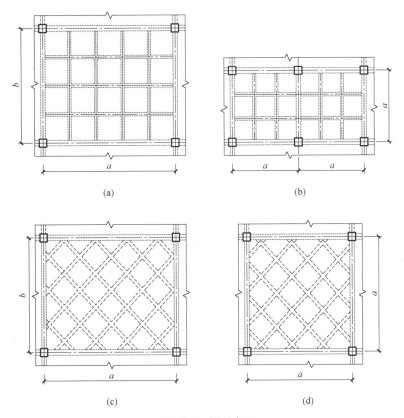

图 8.1.1 梁的布置

(a) 矩形布置 $a/b<1.5$；(b) 方形布置；(c) 矩形斜向布置 $a/b<1.5$；(d) 方形斜向布置

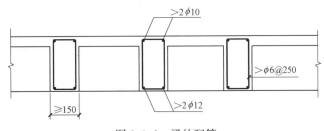

图 8.1.2 梁的配筋

8.1.5 预应力楼盖

在高层建筑中，预应力楼盖目前主要采用后张法无粘结平板预应力楼盖，也可采用缓粘结预应力楼盖，但造价相对较高。普通混凝土平板楼盖受跨度限制，使用上有局限性，无粘结预应力平板楼盖是适应高层公共建筑大跨度要求的一种楼盖形式，它可以做成单向板，也可以做成双向板；这种楼盖的优点是能提高室内净高，与其他高层建筑现浇楼盖相比，模板工程简单，施工方便。但在地震区应使用时应有可靠的抗震构造措施。

8.1.6 现浇空心楼板

现浇空心楼板是在浇筑混凝土之前，按设计要求布置薄壁圆孔管（棒）、空心箱体（块）等轻质填充体形成的现浇板。由于薄壁圆孔管、空心箱体减轻了板自重，特别是当结构跨度较大、净空受限时可按设计要求采用后张预应力措施，可以减小结构水平构件高度，适用于较大跨度公共建筑楼盖。但直接承受较大集中动力荷载的楼盖区域不应采用，承受较大集中静力荷载的楼盖区域不宜布置填充体。现浇空心楼板的空心率，视各种情况而有所不同，一般在30%～65%。

8.2　现浇板的厚度

板的厚度一般应由设计计算确定，即应满足承载力、刚度和裂缝控制的要求，还应考虑使用要求（包括防火要求）、施工方便和经济方面等因素。

8.2.1　现浇板的最小厚度（表8.2.1）

现浇钢筋混凝土板的最小厚度　　　　　　　　　　　表8.2.1

项次	板的类型		板厚(mm)
1	普通楼板	一般楼层	80
2		顶部楼层	120
3	密肋板		50
4	悬臂板	悬臂长度小于或等于500mm	60
5		悬臂长度1200mm	100
6	无梁楼板	有柱帽	120
7		无柱帽	150
8	特殊楼层楼板	连体、体形突变层楼板	150
9		转换层楼板	180
10	地下室顶板	普通地下室顶板	160
11		作为上部结构嵌固部位的地下室顶板	180
12	现浇预应力板		150
13	现浇空心板		200

注：在旅馆、饭店、试验楼等电线管道较多的房屋中，在现浇板内需埋设电线管线时，现浇板厚度宜不小于管线直径的3倍，且不小于100mm，但管线交叉处宜适当加厚或避让。

8.2.2　现浇板厚度与跨度最小比值（表8.2.2）

板厚与跨度最小比值 h/L　　　　　　　　　　　表8.2.2

板的类型	h/L
单向简支板	1/30
单向连续板	1/40
双向简支板	1/40
双向连续板	1/45～1/50
悬挑板	1/10～1/12
楼梯跑板	1/30
无柱帽无梁板	1/30
有柱帽无梁板	1/35
无粘结预应力板(无柱帽)	1/40～1/45
无粘结预应力板(有柱帽)	1/45～1/50

8.3　现浇单向板配筋

板配筋配置方式可分为分离式和弯起式两种，因分离式配筋加工简单，施工方便，已成为目前工程中主要采用的配筋方式，所以以下均以分离式配筋介绍为主。

这里用图表示钢筋的配置形式，图中构造为HPB300级钢筋，如采用带肋钢筋，板中下部受力钢筋取消弯钩；板的上部负筋其端部满足图中锚固要求时可不作直钩。

1. 单跨板的分离式配筋形式见图 8.3.1 和图 8.3.2。

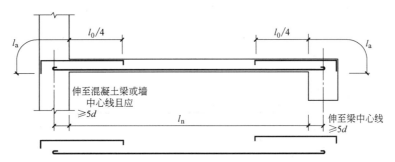

图 8.3.1 单跨板（两端嵌固）

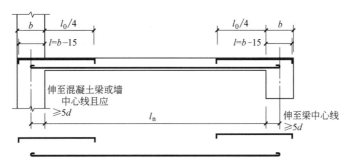

图 8.3.2 单跨板（两端简支）

2. 等跨连续板的分离式配筋形式见图 8.3.3 和图 8.3.4，板中的下部受力钢筋根据实际长度可以连续配筋。

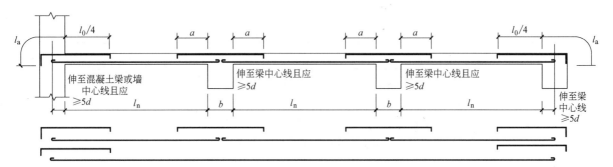

图 8.3.3 等跨连续板（边支座嵌固）

注：当 $Q_k \leqslant 3G_k$ 时，$a = l_n/4$ 当 $Q_k > 3G_k$ 时，$a = l_n/3$

式中 Q_k——可变荷载的标准值；G_k——永久荷载的标准值。

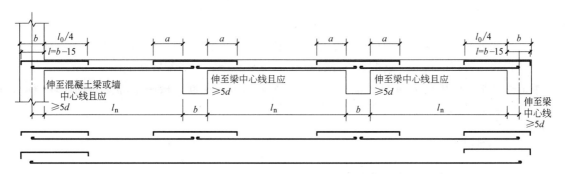

图 8.3.4 等跨连续板（边支座简支）

注：当 $Q_k \leqslant 3G_k$ 时，$a = l_n/4$ 当 $Q_k > 3G_k$ 时，$a = l_n/3$

式中 Q_k——可变荷载的标准值；G_k——永久荷载的标准值。

3. 不等跨连续板的分离式配筋形式：板中下部钢筋根据实际长度可以采用连续配筋；上部受力钢筋伸过支座边的长度应根据弯矩图形确定，并满足延伸长度的要求。当无弯矩图时，宜满足图 8.3.5 和图 8.3.6 要求。

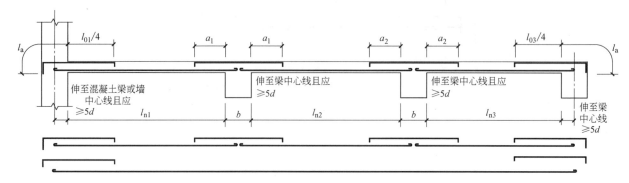

图 8.3.5 不等跨连续板（边支座嵌固）

注：当 $Q_k \leqslant 3G_k$ 时，$a_1 \geqslant l_{n1}/4$、$l_{n2}/4$ 的较大者、$a_2 \geqslant l_{n2}/4$、$l_{n3}/4$ 的较大者；

当 $Q_k > 3G_k$ 时，$a_1 \geqslant l_{n1}/3$、$l_{n2}/3$ 的较大者、$a_2 \geqslant l_{n2}/3$、$l_{n3}/3$ 的较大者。

式中　Q_k——可变荷载的标准值；G_k——永久荷载的标准值。

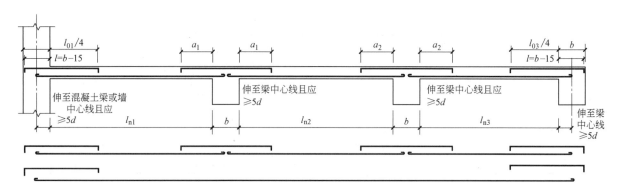

图 8.3.6 不等跨连续板（边支座简支）

注：当 $Q_k \leqslant 3G_k$ 时，$a_1 \geqslant l_{n1}/4$、$l_{n2}/4$ 的较大者、$a_2 \geqslant l_{n2}/4$、$l_{n3}/4$ 的较大者；

当 $Q_k > 3G_k$ 时，$a_1 \geqslant l_{n1}/3$、$l_{n2}/3$ 的较大者、$a_2 \geqslant l_{n2}/3$、$l_{n3}/3$ 的较大者。

式中　Q_k——可变荷载的标准值；G_k——永久荷载的标准值。

8.4 双向板配筋

8.4.1 一般规定

1. 按弹性或塑性理论计算的双向板，为便于施工，跨中及支座钢筋皆可均匀配置而不分板带。
2. 双向板内短边跨的板底钢筋配置在下面，长边跨度的板底钢筋配置在上面。
3. 本节配筋形式图中构造为 HPB300 级钢筋，如采用带肋钢筋，板中下部受力钢筋取消弯钩；板的上部负筋其端部满足图中锚固要求时可不作直钩。

8.4.2 分离式配筋

1. 单跨双向板的分离式配筋形式见图 8.4.1。
2. 连续双向板的分离式配筋形式见图 8.4.2。
3. 一边悬空板的分离式配筋形式见图 8.4.3。

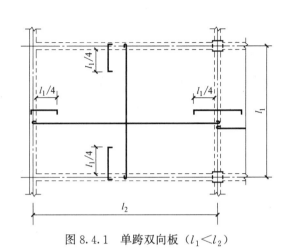

图 8.4.1 单跨双向板（$l_1<l_2$）

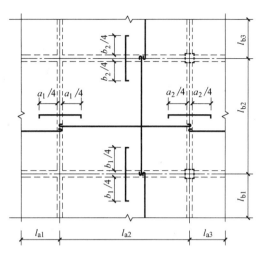

图 8.4.2 连续双向板（$l_1<l_2$）

图中：$a_1 = \max\left[\min(l_{a1}, l_{b2}),\ \min(l_{a2}, l_{b2})\right]$

$a_2 = \max\left[\min(l_{a2}, l_{b2}),\ \min(l_{a3}, l_{b2})\right]$

$b_1 = \max\left[\min(l_{a2}, l_{b1}),\ \min(l_{a2}, l_{b2})\right]$

$b_2 = \max\left[\min(l_{a2}, l_{b2}),\ \min(l_{a2}, l_{b3})\right]$

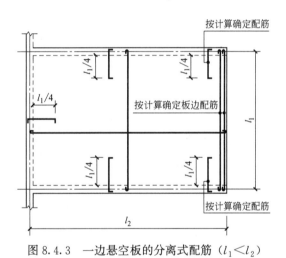

图 8.4.3 一边悬空板的分离式配筋（$l_1<l_2$）

8.5 现浇密肋板

密肋板在小肋间根据建筑顶棚装修的要求，可兼做建筑装饰分隔或采用轻质材料填充形成平板底面。当为双向密肋空格式时，可采用塑料模壳施工工艺。密肋楼盖的板厚度不小于50mm。

8.5.1 单向密肋板

板净跨一般为0.9～1.2m，构造要求见图8.5.1。

8.5.2 双向密肋井字楼盖

一般适用于较大跨度，区格的长边与短边之比不宜大于1.5，肋梁一般为正交，肋梁的截面和配筋按计算确定，但肋梁宽度不宜小于100mm，高度不宜小于250mm。受力钢筋不宜小于2φ10，箍筋不宜小于φ6@250。如图8.5.2所示。

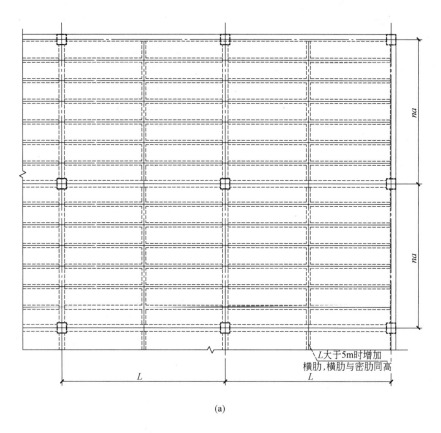

(a)

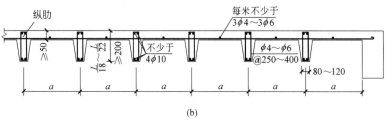

(b)

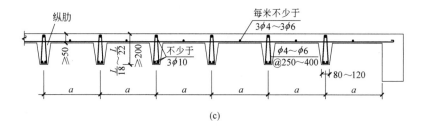

(c)

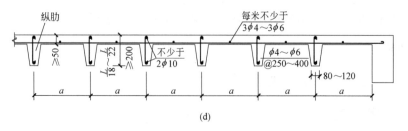

(d)

图 8.5.1 单向密肋板 (一)

（a）楼盖平面；（b）肋截面尺寸及配筋一；（c）肋截面尺寸及配筋二；

（d）肋截面尺寸及配筋三

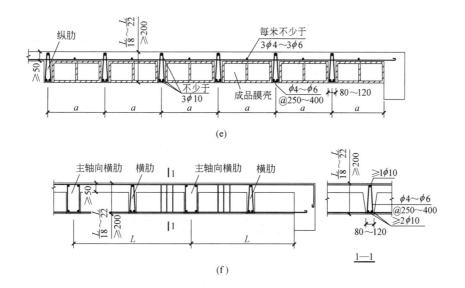

图 8.5.1 单向密肋板(二)

(e)肋截面尺寸及配筋四;(f)肋截面尺寸及配筋五

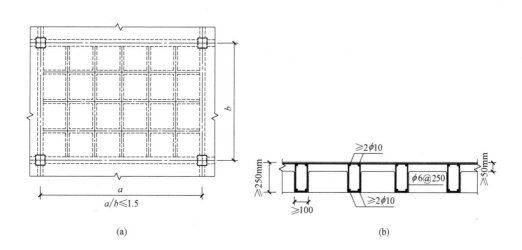

图 8.5.2 双向密肋井字楼盖

(a)平面布置;(b)剖面详图

8.6 悬臂板

梁上单侧悬臂板的配筋见图 8.6.1,梁上双侧悬臂板的配筋见图 8.6.2,带有悬臂的板配筋见图 8.6.3。

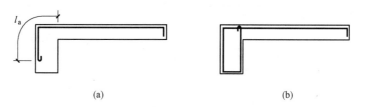

图 8.6.1 梁上单侧悬臂板配筋

(a)悬臂板钢筋单独配置并锚入梁内;(b)悬臂板钢筋与箍筋合并使用

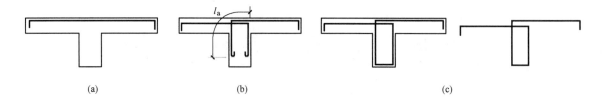

图 8.6.2 梁上双侧悬臂板配筋

（a）两侧悬臂板整体式配筋；（b）两侧悬臂板分离式配筋；（c）两侧悬臂板钢筋与箍筋合并使用

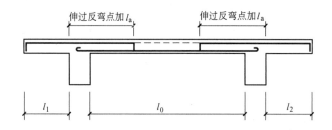

图 8.6.3 带有悬臂的板配筋

注：如跨中出现负弯矩时，应将支座处钢筋贯通全跨（图中虚线所示）。

对位于高烈度区（8～9 度），当板悬挑长度不小于 1.5m，板底需配置不小于 $\phi8@200$ 构造钢筋。

8.7 受力钢筋

8.7.1 受力钢筋的直径

采用绑扎钢筋时，板中受力钢筋的常用直径见表 8.7.1。

受力钢筋的直径（mm）　　　　　　　表 8.7.1

项次	直径	支撑板			悬臂板	
		板厚			悬出长度	
		$h<100$	$100\leqslant h\leqslant150$	$h>150$	$L\leqslant500$	$L>500$
1	最小直径	6	8	10	6	8
2	常用直径	6～10	8～12	10～14	6～10	8～12

8.7.2 受力钢筋的间距

采用绑扎钢筋时，板中受力钢筋的间距见表 8.7.2。

受力钢筋的间距（mm）　　　　　　　表 8.7.2

间距	跨中		支座	
	板厚 $h\leqslant150$	板厚 $h>150$	下部钢筋	上部钢筋
最大	200	$1.5h$ 且$\leqslant250$	350	200
最小	70	70	70	70

注：1. 板中受力钢筋一般距墙或梁边 50mm 开始配置；

　　2. 当采用弯起式配筋时，支座处下部受力钢筋截面面积不应小于跨中受力筋截面面积的 1/3，伸入支座的钢筋根数每米不小于 3 根。

8.8 分布钢筋

板中分布钢筋一般宜按表8.8.1配置，其作用是承受和分散板上局部荷载产生的内力、浇筑混凝土时固定受力钢筋的位置，以及抵抗收缩和温度变化所产生的内应力。

现浇板分布钢筋的直径及间距（mm） 表8.8.1

受力钢筋直径	受力钢筋间距													
	70	75	80	85	90	95	100	110	120	130	140	150	160	170~200
6~8	φ6@250													
10	φ6@150 或 φ8@250				φ6@200			φ6@250						
12	φ8@200				φ8@250					φ6@200				
14		φ8@150				φ8@200					φ8@250			φ6@200
16	φ10@150			φ10@200			φ10@250 或 φ8@150					φ8@250		

1. 单向板中单位长度上分布钢筋截面面积，不应小于单位长度上受力钢筋截面面积的15%且不宜小于该方向板截面面积的0.15%，间距不应大于250mm，当楼、屋面存在较大集中荷载时，分布间距应不大于200mm；
2. 分布钢筋应配置在受力钢筋的转角处及直线段，在梁截面范围内不需配置；
3. 当温度收缩等因素对结构产生的影响较大或对防止出现裂缝要求较高时，板中分布钢筋应适当增加，间距适当减小，或按计算配置，且一般不宜小于φ6@150。

8.9 构造钢筋

8.9.1 与梁整浇的现浇板

当现浇板的受力钢筋与梁平行时，应沿该梁方向配置间距不大于200mm与梁肋相垂直的构造钢筋，其直径不应小于6mm，且单位长度内的总截面面积不应小于板中单位长度内受力钢筋截面面积的三分之一，伸入板中的长度从肋边算起，每边不应小于板计算跨度 l_{2c} 的四分之一，见图8.9.1。

当现浇板的受力钢筋与边梁平行时，应按上述方法同样处理，见图8.9.2。当板内采用带肋钢筋时，其端部可以无直钩。

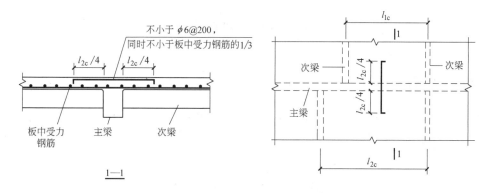

图 8.9.1 板受力钢筋与梁平行时构造钢筋配置

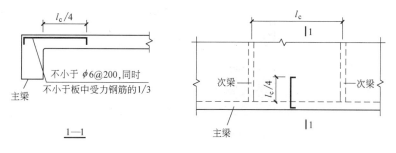

图 8.9.2 板受力钢筋与边梁平行时构造钢筋配置

8.9.2 抗温度、收缩应力钢筋

在温度、收缩应力较大的现浇板区域，应在板的表面双向配置防裂构造钢筋，配筋率不宜小于0.10%，间距不宜大于200mm。防裂构造钢筋可利用原有钢筋贯通布置，也可另行设置钢筋并与原有钢筋按受拉钢筋的要求搭接或在周边构件中锚固，见图8.9.3。

8.9.3 厚板和基础筏板

混凝土厚板和卧置于地基上的基础筏板，当板厚度大于2m时，除应在板的上、下表面布置纵、横向钢筋外，尚应在板厚度不超过1m范围内设置与板面平行的构造钢筋网片，网片钢筋直径不宜小于12mm，纵横向的间距不宜大于300mm。当采用斜坡递进法浇筑时，可以不设置中间层钢筋。

厚度大于150mm板的无支承边端部，宜设置U形构造钢筋并与板顶、板底的钢筋搭接，搭接长度不宜小于U形构造钢筋直径的15倍且不宜小于200mm；也可采用板顶、板底的钢筋分别向下、向上弯折搭接的形式，见图8.9.4。

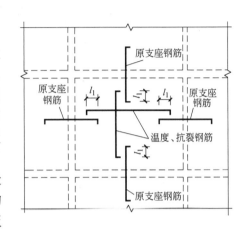

图8.9.3 板的抗温度、收缩应力钢筋

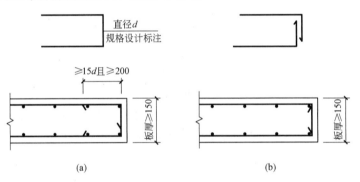

(a)　　　　　　　　　　　(b)

图8.9.4 厚板无支承边端部构造钢筋
(a) 板端U形短筋构造做法；(b) 板端钢筋弯折互锚做法

8.9.4 筒体结构楼盖外角板

筒体结构楼盖外角板宜设置双层双向钢筋，见图8.9.5。单层单向配筋率不应小于0.30%，钢筋直径不应小于8mm，间距不宜大于150mm，配筋范围不宜小于外框架（或外筒）至内筒外墙中距的1/3和3m。

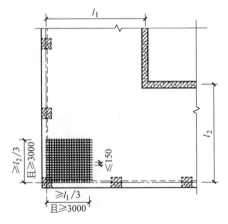

图8.9.5 筒体结构楼盖外角板构造钢筋

8.10 特殊部位板的处理

8.10.1 屋盖板

屋盖板应有足够的刚度，因此，应采用全现浇屋盖，楼板的厚度不宜小于120mm。屋盖板受温度变化影响较大，因此，宜采用双层双向拉通钢筋。当屋面板的长度大于30m时，应在构造上加强其抗温度变化措施；各跨板底部钢筋排列间距及规格尽可能统一，以便将底部钢筋拉通，如不能拉通时应按受拉搭接。

8.10.2 转换层，加强层楼板

梁式转换层楼板，加强层楼板板厚不应小于180mm，混凝土强度等级不应低于C30，并应双层双向配筋，每方向每层贯通钢筋的配筋率不宜小于0.25%。落地墙及筒体周围楼板不宜开大洞。转换层及加强层上、下相邻楼层楼板的厚度不应小于150mm，混凝土强度等级不低于C30，并应双层双向配筋，每方向每层贯通钢筋的配筋率不宜小于0.20%。楼板边缘和孔洞边缘应结合边梁予以加强。

板式转换楼板，转换厚板配筋除应由整体有限元计算确定外，受弯纵向钢筋沿转换板上下双层双向配置，每一方向总配筋率不宜小于0.6%，转换厚板内暗梁抗剪箍筋面积配筋率不宜小于0.45%，厚板板边宜设暗梁，转换厚板上下各一层楼板应适当加强，板厚不宜小于150mm。

8.10.3 连体结构楼板

连体结构楼板的厚度不应小于150mm，混凝土强度等级不应低于C30，按弹性楼板采用弹性楼盖进行计算，按计算结果配筋，并应双层双向配筋，每方向每层贯通钢筋的配筋率不宜小于0.25%。

连体结构楼板应进行楼板振动对舒适性影响的验算。一般民用建筑设计常用的自振频率为4~8Hz时，舒适度可接受的楼盖振动峰值加速度限值见表8.10.1。

楼盖竖向振动加速度限值   表8.10.1

人员活动环境	可接受的楼盖振动峰值加速度
医院手术室	0.0025g
住宅、办公	0.005g
商业、餐饮、舞厅、走道	0.015g
室外人行天桥	0.05g

8.10.4 薄弱连接部位楼板

楼板平面的瓶颈部位宜适当增加板厚和配筋，沿板的洞边、凹角部位宜加配防裂构造钢筋，并采取可靠锚固措施。

8.10.5 多塔楼结构、竖向收进及悬挑部位楼板

多塔楼结构、竖向收进以及悬挑结构，竖向体型突变部位的楼板宜加强，楼板厚度不宜小于150mm，宜双层双向配筋，每方向每层贯通钢筋的配筋率不宜小于0.25%。体型突变部位上、下相邻楼层楼板也应加强构造措施。

8.10.6 地下室顶板

普通地下室顶板厚度不宜小于160mm，作为上部结构嵌固部位的地下室顶板厚度不宜小于180mm，混凝土强度等级不宜低于C30，应采用双层双向配筋，且每层每个方向的配筋率不宜小于

0.25%，地下室顶板应避免开大洞。

8.11 板上开洞时的配筋

1. 当板上圆形孔洞直径 d 及矩形孔洞宽度 b（b 为垂直于板跨度方向的孔洞宽度）不大于 300mm 时，可将受力钢筋绕过洞边，不需切断并可不设孔洞的附加钢筋，见图 8.11.1。

2. 当 $300\text{mm} < b$（或 d）$\leqslant 1000\text{mm}$，并在孔洞周边无集中荷载时，应在孔洞每侧配置附加钢筋，其面积应不小于孔洞宽度内被切断的受力钢筋面积的一半，且不小于 $2\phi10$。对矩形孔洞的附加钢筋见图 8.11.2，对于圆形孔洞尚应在孔洞边配置 $2\phi8\sim2\phi12$ 的环形附加钢筋及 $\phi6@200\sim300$

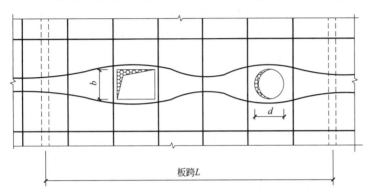

图 8.11.1 板上孔洞小于等于 300mm 钢筋布置

的放射形钢筋，见图 8.11.3 及图 8.11.4。

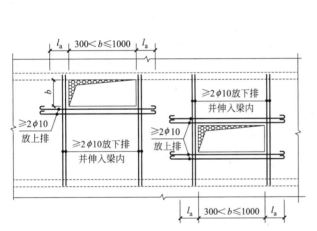

图 8.11.2 $300\text{mm} < d \leqslant 1000\text{mm}$ 的矩形孔洞钢筋布置

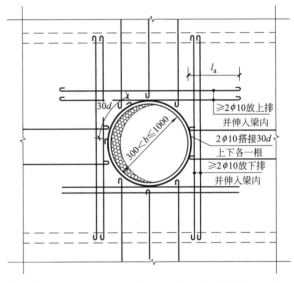

图 8.11.3 $300\text{mm} < d \leqslant 1000\text{mm}$ 的圆形孔洞边钢筋布置

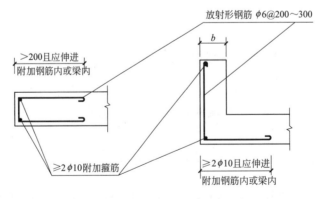

图 8.11.4 圆形孔洞配置放射形钢筋及环形附加钢筋图

3. 当 b（或 d）大于 300mm 且孔洞周边有集中荷载或 b（或 d）大于 1000mm 时，宜在洞边加设边梁，其配筋如图 8.11.5 和图 8.11.6 所示。

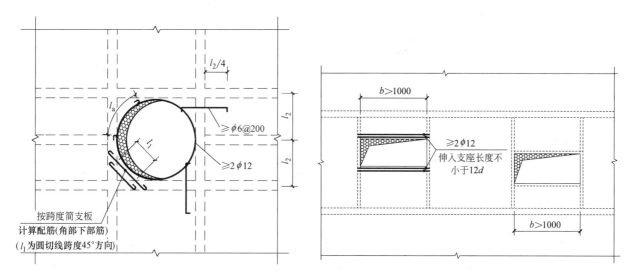

图 8.11.5　圆形孔洞边加设边梁的配筋　　　图 8.11.6　矩形孔洞边加设边梁的配筋

4. 板上孔洞的翻板构造，除应符合本节上述前三条要求外，孔洞翻板尚应做如下处理。

（1）当翻板高度≥150mm，厚度在 70～120mm 时，按图 8.11.7 处理。

（2）当翻板高度≥150mm，厚度在≥120mm 时，按图 8.11.8 处理。

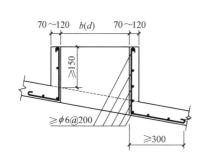

图 8.11.7　翻板构造（厚度 70～120mm）

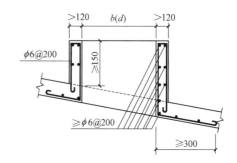

图 8.11.8　翻板构造（厚度≥120mm）

8.12　板上小型设备基础

1. 板上如设有集中荷载较大或振动较大的小型设备时，设备基础宜放置在梁上，设备荷载分布的局部面积较小时，可设置单根梁，分布面积较大时，应设置双梁。见图 8.12.1。

2. 板上的小型设备基础宜与板同时浇筑混凝土。因施工条件限制无法同时浇筑时，允许作二次浇筑，但必须将支承设备基础的板面做成毛面，洗刷干净后再行浇筑；当设备的振动较大时，需配置板与基础的连接钢筋，见图 8.12.2。

3. 设备基础上预埋螺栓的中心线或预留孔壁至基础外表面的距离应不小于图 8.12.3 所示要求；当不能满足要求时，应按图 8.12.4 加强。

4. 地脚螺栓拔力较大的设备基础，需按图 8.12.5 配置构造钢筋或按计算配筋。

5. 当设备基础与板的总厚度不能满足预埋螺栓的埋设长度时，可按图 8.12.6 处理。

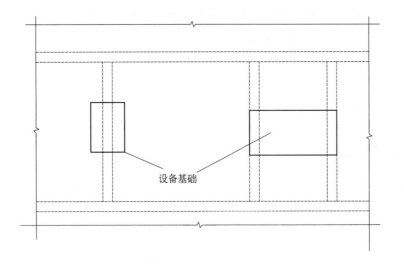

图 8.12.1　板上小型设备基础的设置

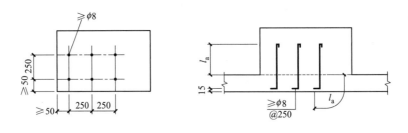

图 8.12.2　板与基础的连接钢筋布置

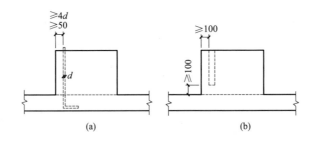

图 8.12.3　预埋螺栓或预留孔至设备基础边的最小距离
（a）预埋锚栓至设备基础边最小距离；（b）预埋孔至设备基础边最小距离

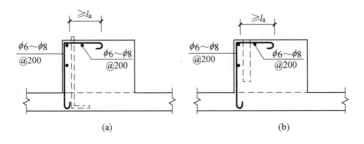

图 8.12.4　设备基础的加固
（a）预埋锚栓基础边加强措施；（b）预埋孔基础边加强措施

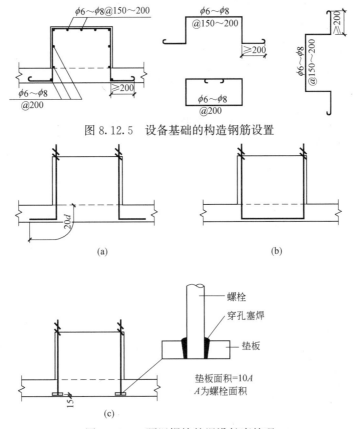

图 8.12.5 设备基础的构造钢筋设置

图 8.12.6 预埋螺栓的埋设长度处理

（a）螺栓单独设置锚固做法；（b）螺栓整根贯通锚固做法；（c）螺栓穿孔塞焊锚固做法

8.13 现浇挑檐转角及翻板配筋

8.13.1 挑檐转角配筋

屋面挑檐转角处应配置承受负弯矩的放射状钢筋，其间距沿 1/2 悬挑跨度处应不大于 200mm，钢筋伸入板内长度应取 l_1 或 l_a 的较大值，同时不得小于非转角处檐口配筋伸进板内长度，钢筋的直径与悬臂板支座处受力钢筋相同且不小于 $\phi8@200$，见图 8.13.1。

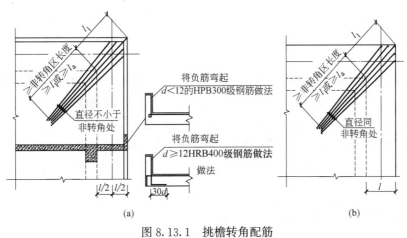

图 8.13.1 挑檐转角配筋

（a）有翻板挑檐；（b）平板挑檐

8.13.2　挑檐翻板高度及配筋

1. 竖向钢筋应由计算确定，当计算不需要钢筋时，宜配置不小于 $\phi6@200$ 的构造钢筋和 $\phi6@200$ 的水平钢筋。当檐口等外露构件需要考虑温度应力的影响时，宜配置不小于 $\phi6@150$ 的水平温度应力钢筋，且应按受拉搭接或焊接。

2. 挑檐翻板厚度 b 由翻板高度 h 确定，一般不宜小于 $h/12$，且不小于 60mm。

3. 当翻板高度超过 1000mm 或在风力较大地区，应考虑局部风力的影响，采用双层配筋方案。见图 8.13.2。

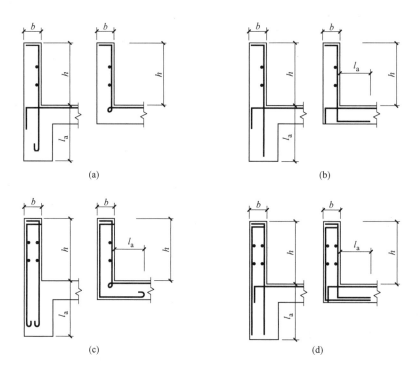

图 8.13.2　挑檐翻板的配筋

（a）$h\leqslant1000mm$ $d<12$ 的 HPB300 级钢筋做法；（b）$h\leqslant1000mm$ $d\geqslant12$ 的 HRB400 级钢筋做法；
（c）$h>1000mm$ $d<12mm$ 的 HPB300 级钢筋做法；（d）$h>1000mm$ $d\geqslant12mm$ 的 HRB400 级钢筋做法

8.14　叠合板

8.14.1　叠合板简述

叠合板一般有预应力混凝土薄板叠合板和双钢筋混凝土薄板叠合板两种。这种楼板是以预制板作为模板，在其上部现浇普通混凝土，硬化后与预制板共同受力，形成叠合楼盖。这种楼板正弯矩由预制板钢筋承担，负弯矩由配置在叠合层内的支座负筋承担。主要优点是：

1. 预制板可作为施工底模，因此可节约模板和仅用少量支撑。

2. 叠合楼板有良好的整体性和连续性。因此，适用于在层数较多、开间较大、整体性要求高的建筑中。

8.14.2　预应力混凝土薄板叠合板

这种楼板是采用预应力混凝土薄板上加现浇混凝土叠合层组成的整体钢筋混凝土连续板。叠合薄板可做成单向条板或双向整间板。当应用于旅馆、饭店、试验楼等建筑物，在现浇叠合层内需埋设较多电气管线及机电暗管时，管线外径不得大于叠合层厚度的1/3，但管线交叉处可不受此限制。

1. 预应力混凝土薄板叠合板厚度见表8.14.1。

预应力混凝土薄板叠合板厚度
表 8.14.1

叠合板轴跨(m)	3.9	4.2	4.5	4.8	5.1	5.4	5.7	6.0	6.3	6.6	6.9	7.2	7.5	7.8
叠合混凝土总厚度(mm)	110	120	130	140	150	150	160	170	180	190	200	200	210	220
叠合板计算跨度(m)	叠合板轴跨减支座宽度(0.16m)													
预应力底板厚(mm)	50			60				70						
荷载等级 (kN/m)	7.3	7.2	7.5	7.1	7.0	7.0	7.0	7.8	7.7	7.6	7.5	7.5	7.5	8.0
	8.3	8.2	8.3	7.5	7.9	7.9	7.8	8.5	8.4	8.2	8.0	8.1	8.0	8.6
	—	9.0	9.1	8.4	8.3	8.4	8.4	9.3	9.1	8.9	8.6	8.7	8.5	9.2
	—	—	—	9.0	9.7	8.8	9.3	9.7	9.8	9.5	9.2	9.3	9.1	9.7
	—	—	—	—	—	9.6	10.1	10.5	10.5	10.5	11.0	10.2	11.2	11.0

2. 单向条板预应力薄板配筋

板的宽度一般为1.2~1.5m，纵向为预应力钢筋，横向设非预应力构造钢筋，当叠合面的水平剪应力超过规定值时，应设两排结合钢筋（用以抵抗叠合面的剪切滑移），见图8.14.1。

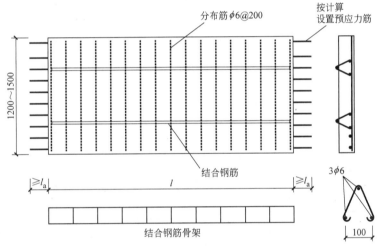

分布筋φ6@200
按计算设置预应力筋
1200~1500
结合钢筋
≥l_a
l
≥l_a
3φ6
100
结合钢筋骨架

图 8.14.1 单向条板预应力配筋

3. 双向整间预应力薄板配筋

板两个方向尺寸根据整间大小确定，纵横向均为预应力钢筋，当叠合面的水平剪应力超过规定值时，应在两个方向设结合钢筋（用以抵抗叠合面的剪切滑移），见图8.14.2。

8.14.3 双钢筋混凝土薄板叠合板

预制混凝土双钢筋薄板叠合板是采用在双向钢筋预制底板上现浇混凝土叠合层组成的整体钢筋混凝土连续板，可作单向板也可以作双向板。双钢筋叠合板预制底板的厚度：当跨度为3.9m及以下时为50mm，跨度大于3.9m时，应大于63mm。现浇混凝土叠合层厚度可根据板跨度、荷载等情况确定，一般不应超过底板厚度的两倍，且不小于预制底板的厚度。应用于旅馆、饭店、试验楼等电线管道较多之房屋中在叠合层内需埋设电线管线等时，现浇叠合层厚度不宜小于管线外径3倍，且不小于100mm。叠合板的混凝土强度等级不宜低于C25，预制板表面应做成凹凸差不小于4mm的粗糙面。单板宽度一般为1500~3900mm，预制底板按需要进行拼接，拼接缝不应位于跨中弯矩较大部位，拼接叠合后可按整间弹性双向板计算内力。主要受力方向的钢筋保护层为20mm，见图8.14.3。

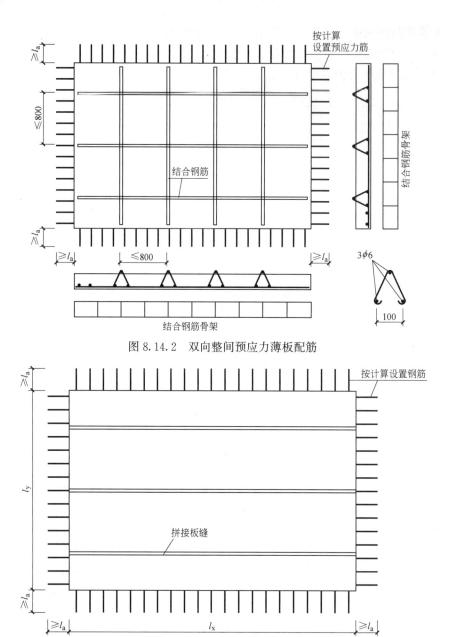

图 8.14.2　双向整间预应力薄板配筋

图 8.14.3　双钢筋混凝土薄板叠合板

8.15　预制板

　　房屋高度不超过 50m 时，除现浇楼面外，还可以采用装配式和装配整体式楼盖。装配式楼盖为预制楼板通过板缝现浇将各预制板连为整体。装配整体式则除板缝现浇外，还应在预制板面做现浇钢筋混凝土面层。但考虑楼板的整体性，现阶段高层建筑楼盖，不宜采用装配式楼盖。8、9 度高烈度区采用装配整体式楼盖，应采用相应措施，加强楼板自身整体性以及楼板与梁、墙的可靠连接，确保楼盖的整体性。

8.15.1　装配式和装配整体式楼盖中应采用现浇楼盖的部位

　　1. 房屋的底层与顶层。
　　2. 结构的转换层。
　　3. 楼面有较大开洞周边部位。

4. 平面复杂，外伸段较长等部位。

8.15.2　装配式楼盖

高度不超过 50m 的框架结构，当各抗侧力构件的刚度相差不多，水平力在各抗侧力构件中的分配比较均匀时，楼板平面受力较小，可采用装配式楼盖，并通过现浇板缝连为整体。现浇板缝应大于 40mm，板缝宜连续贯通，用强度等级不低于 C30 且不低于预制楼板的混凝土填堵密实。

1. 板缝连接见图 8.15.1。

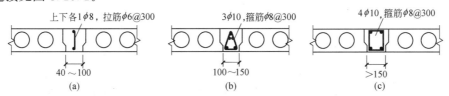

图 8.15.1　板缝连接（板缝配筋尚应满足承载力要求）

（a）单筋拉箍；（b）三角箍筋；（c）双肢箍筋

2. 预制板与墙的连接：为了保证安装阶段的可靠性，预制板在墙上的搁置长度不宜小于 50mm，板缝宽度不宜小于 80mm，其构造做法见图 8.15.2。

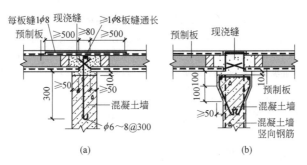

图 8.15.2　预制板与墙的连接

（a）墙顶无扩大连接方式；（b）墙顶扩大头连接方式

3. 预制板与梁的连接，构造做法见图 8.15.3。

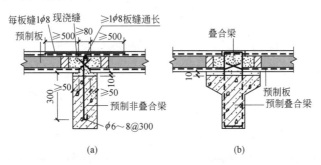

图 8.15.3　预制板与梁的连接

（a）非叠合梁连接方式；（b）叠合梁连接方式

4. 空心板堵头构造做法见图 8.15.4。

8.15.3　装配整体式楼盖

现浇板后浇带宽度不宜小于 200mm。板缝宜连续贯通，现浇面层宜每层设置。现浇板缝和现浇面层混凝土强度等级不宜小于 C30，不应小于预制板混凝土等级，且不宜大于

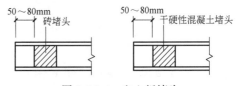

图 8.15.4　空心板堵头

C40，现浇面层厚度应不小于 50mm，内配不少于 ϕ6@200 的双向钢筋。钢筋应深入剪力墙内或与剪力墙预留的锚筋连接。

1. 板缝连接见图 8.15.5。

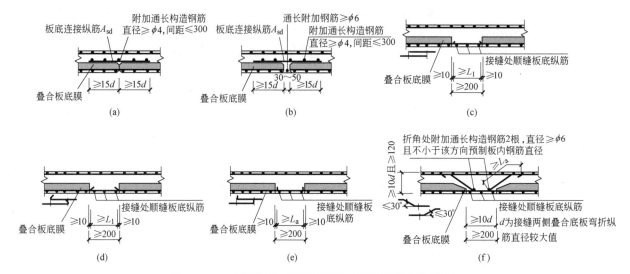

图 8.15.5　板缝连接（板缝配筋尚应满足承载力的要求）

（a）单向叠合板侧接缝密封拼接构造；（b）单向叠合板侧接缝后浇带小接缝构造；

（c）双向叠合板后浇带形式板底纵筋直线搭接构造；（d）双向叠合板后浇带形式板底纵筋末端 135°弯钩连接构造；

（e）双向叠合板后浇带形式板底纵筋末端 90°弯钩连接构造；（f）双向叠合板后浇带形式板底纵筋弯折锚固连接构造

2. 楼板与墙连接

叠合板搁置于混凝土墙、梁上的最小长度宜不大于 15mm，构造见图 8.15.6。

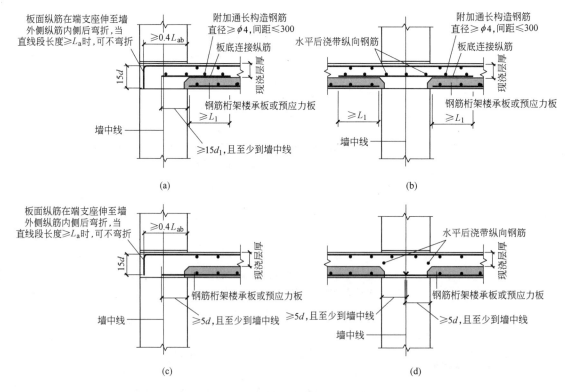

图 8.15.6　板墙连接

（a）剪力墙边支座板连接方式（预制板无外伸底筋）；（b）剪力墙中间支座板连接方式（预制板无外伸底筋）；

（c）剪力墙边支座板连接方式（预制板有外伸底筋）；（d）剪力墙中间支座板连接方式（预制板有外伸底筋）

3. 楼板与梁连接见图 8.15.7。

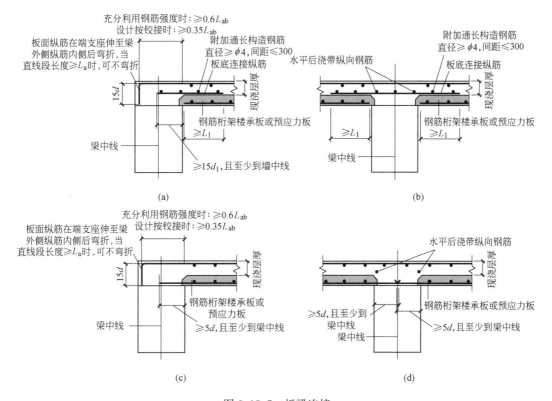

图 8.15.7 板梁连接

(a) 梁边支座板连接方式（预制板无外伸底筋）；(b) 梁中间支座板连接方式（预制板无外伸底筋）；
(c) 梁边支座板连接方式（预制板有外伸底筋）；(d) 梁中间支座板连接方式（预制板有外伸底筋）

8.16 现浇空心楼板

8.16.1 适用跨度、跨高比

现浇空心楼板的适用跨度、跨高比可按表 8.16.1。一般当板跨较大时（＞8m），可加配预应力筋，但应控制预应力筋的用量，尤其抗震设计时应配置数量适度的非预应力受力钢筋。配有预应力筋的空心楼板构造、张拉要求参见第 16 章的有关内容。

现浇空心楼板的适用跨度、跨高比 表 8.16.1

结构类型			适用跨度(m)	跨高比	备注
边支承楼盖	刚性支承楼盖	单向板	7～20	30～40	
		双向板	7～25	30～45	取短向跨度
	柔性支承楼盖	区格板	7～20	30～40	取长向跨度
柱支承楼盖		有柱帽	7～15	30～45	取长向跨度
		无柱帽	7～10	30～40	取长向跨度

注：1. 刚性支承楼盖：由墙或竖向刚度较大的梁作为楼板竖向支承的楼盖，柔性支承楼盖：由竖向刚度较小的梁为楼板竖向支承的楼盖，柱支承楼盖：由柱作为楼板竖向支承，且支承间没有刚性梁和柔性梁的；

2. 当耐火等级低于二级（含二级）、无开洞、静态均布荷载大于 70％时，跨高比宜取上限；

3. 如遇荷载集中（单重大于 5kN 的集中活荷载）或开洞尺寸大于 1.5 板厚时，跨高比宜取下限；

4. 如属耐火等级为一级的重要建筑物，跨高比宜取下限；

5. 如有可靠经验时，可放宽跨高比取值。

8.16.2 典型截面

管形内孔现浇空心楼板厚宜不小于200mm，箱形内孔空心楼板厚宜不小于250mm，构造详见图8.16.1。应沿受力方向设肋，肋宽宜为填充体高度的1/8～1/3，且当填充体为填充管、棒时，不应小于50mm；当填充体为空心箱、块时，不宜小于70m；当肋中放置预应力筋时，肋宽不应小于80mm。上、下层不宜太厚，太厚会增加板自重，也即增加混凝土用量与造价。

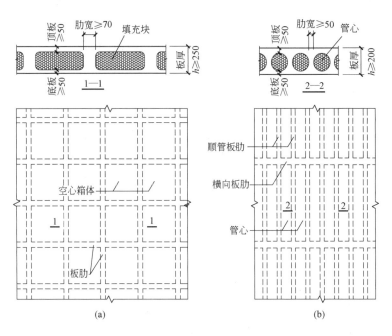

图8.16.1 楼板构造示意图
(a) 箱形内孔空心楼板；(b) 管形内孔空心楼板

8.16.3 箱形内孔空心双向板按支承类型分类

箱形内孔空心双向板按支承类型分为边支承和柱支承（属无梁平板楼盖）两大类，见图8.16.2。

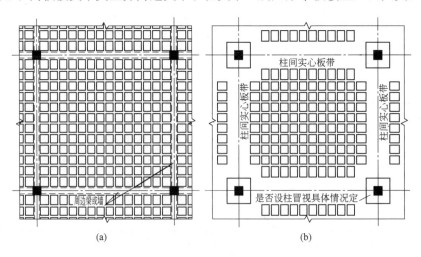

图8.16.2 按支承类型分类示意图
(a) 边支承空心楼板；(b) 柱支承空心楼板

现浇混凝土空心楼板边部填充体与竖向支承构件间应设置实心区，实心区宽度应满足板的受剪承载力要求，从支承边起不宜小于 0.20 倍板厚，且不应小于 50mm，见图 8.16.3。

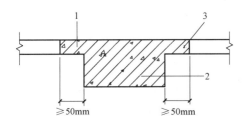

图 8.16.3　实心区范围示意图
1—混凝土实心区；2—支承构件；3—填充体起始处

8.16.4　配筋方式及适用板厚

见图 8.16.4，其中图（a）用于板厚较薄；图（b）、（c）用于板厚适中；图（d）、（e）用于板厚较厚。

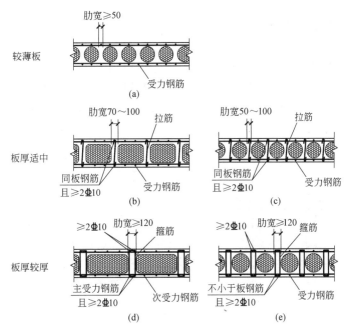

图 8.16.4　现浇空心楼板主要配筋方式
（a）上下无拉结圆管芯；（b）上下拉筋方箱芯；（c）上下拉筋圆管芯；
（d）上下封闭箍筋方箱芯；（e）上下封闭箍筋圆管芯

受力钢筋布置要求：

1. 当布置预应力筋时，预应力筋宜布置在主肋内，主肋宽宜为 100～200mm，并考虑预应力筋的构造要求。

2. 受力钢筋与填充体的净距不得小于 10mm。

3. 非预应力受力钢筋宜匀布置，其间距不宜大于 250mm。

4. 跨中的板底钢筋应全部伸入支座，支座的板面钢筋向内延伸的长度应覆盖负弯矩图并满足锚固长度的要求，负弯矩力钢筋应锚入边梁内，其锚固长度应满足现行国家标准《混凝结构设计规范》GB 50010—2010（2015 年版）的有关规定。对无边梁的楼盖，边支座锚固长度从柱中心线算起。

5. 最小配筋率和构造钢筋应符合《现浇混凝土空心楼盖技术规程》JGJ/T 268—2012 的有关规定。

8.16.5 空心板开洞构造及吊挂

开洞示意见图 8.16.5，要求如下：

1. 当洞口尺寸不大，未切断肋时，可将填充体在洞口处取消。洞口尺寸不大于 300mm 时，钢筋绕过洞口；当洞口尺寸大于 300mm 并大于板厚时，洞口周边应布置不小于 150mm 宽的实心板带，且应在洞边布置补偿钢筋，每个方向的补偿钢筋面积不应小于该方向被切断钢筋的面积。

2. 当洞口切断肋时，应在洞口的周边设暗梁，暗梁宽度不应小于 150mm，每个方向暗梁主筋面积不应小于该方向被切断钢筋的面积，暗梁纵筋不应少于 2 根直径 12mm 钢筋，暗梁箍筋直径不应小于 8mm。

3. 圆形洞口应沿洞边上、下各配置一根直径 8～12mm 的环形钢筋及 $\phi6@200～\phi6@300$ 放射形钢筋。

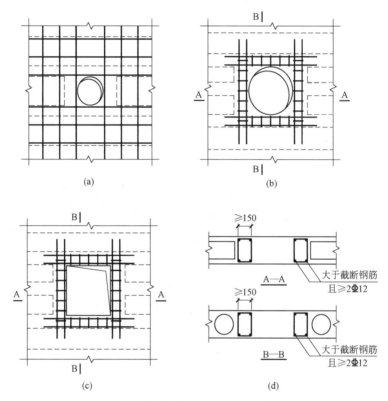

图 8.16.5　洞口构造示意图

（a）洞口构造-1；（b）洞口构造-2；（c）洞口构造-3；（d）剖面图

当现浇混凝土空心楼板下需要吊挂时，吊点宜布置在肋内，当布置在下翼缘时应验算吊挂承载力；当空心楼板配有预应力筋时，严禁吊点打孔伤及预应力筋。

8.16.6 注意问题

1. 空心楼板比普通实心楼板抗剪能力差（剪力主要由板肋承担），当楼板空心率较高、楼面荷载较大、荷载分布不均、楼板开大洞等情况下，应对整体及局部板肋抗剪进行校核。

2. 板内线管宜在板肋内埋设，并控制拐弯数量并核查板肋抗剪承载力。不应布置在较薄整浇层内，在集中部位可减小内模板的尺寸。

3. 管形内孔现浇空心楼板即使板的区格为正方形，由于此种板两个方向的刚度仍有差别，也不能按一般的双向板计算。设计时应予以注意。

4. 对于填充材料的要求。

（1）施工时应采取措施，防止上浮和易位；

（2）应有防水性能和一定强度，能经受振捣混凝土的操作过程而不破裂；

（3）不含对混凝土和钢筋有害的化学成分；

（4）空心楼板填充物应符合相应耐火要求，防止施工期间因钢筋焊接等操作而引起火灾情况发生。

参 考 文 献

［1］ 混凝土结构设计规范：GB 50010—2010（2015 年版)[S]. 北京：中国建筑工业出版社，2015.

［2］ 高层建筑混凝土结构技术规程：JGJ 3—2010［S］. 北京：中国建筑工业出版社，2010.

［3］ 装配式混凝土结构技术规程：JGJ 1—2014［S］. 北京：中国建筑工业出版社，2014.

［4］ 现浇混凝土空心楼盖技术规程：JGJ/T 268—2012［S］. 北京：中国建筑工业出版社，2012.

［5］ 混凝土结构构造手册［M］. 5 版. 北京：中国建筑工业出版社，2016.

第9章 梁

9.1 梁的截面形式

梁的截面一般有图 9.1.1 所示几种不同形式。

图 9.1.1 梁的截面

9.2 梁的截面尺寸

1. 梁的截面高度、宽度一般取下列数值的倍数：截面高度≤800mm 时，取 50mm 的倍数。

截面高度＞800mm 时，取 100mm 的倍数。

截面宽度取 50mm 的倍数。

2. 梁净跨与截面高度比，一般不宜小于 4。

3. 现浇梁板结构中，主梁高度一般宜大于次梁高度：主梁底部为单排配置钢筋时高出 50mm，主梁底部钢筋为双排配置或采用附加横向吊筋时，宜高出 100mm。

4. 梁的高度 h 一般可根据类型、跨度采用表 9.2.1 中的数值。

梁的高度取值 表 9.2.1

分类	简支梁	连续梁	扁梁	单向密肋梁	井字梁	挑梁	转换梁	
							抗震设防 $b \geqslant 400$	非抗震设防 $b \geqslant 400$
梁截面高度	$(1/12 \sim 1/15)l$	$(1/12 \sim 1/18)l$	$(1/15 \sim 1/20)l$	$(1/18 \sim 1/22)l$	$(1/15 \sim 1/20)l$	$(1/5 \sim 1/10)l$	1/8	1/10

注：1. 井字梁为短跨计算跨度；

　　2. 梁荷载较大时，截面高度取较大值，设计荷载大小，可以均布荷载设计值 40kN/m 为界。

5. 框架结构主梁截面高度 h_b 可按 $(1/12 \sim 1/18) l_0$ 确定（l_0 为主梁的计算跨度），且不大于 1/4 净跨。一般情况下，主梁截面的宽度 b 不宜小于 $h/4$，且不宜小于 200mm。当需要采用比柱宽的扁梁时，除应符合刚度和裂缝有关要求外，还应符合下列要求。

（1）扁梁应双向布置，且梁中线宜与柱中线重合。

（2）应满足现行规范对挠度和裂缝宽度的规定。

（3）扁梁的截面尺寸应符合下列要求。

$$b_b \leqslant 2b_c$$
$$b_b \leqslant b_c + h_b$$
$$h_b \geqslant 16d$$

(9.2.1)

式中 b_c——柱截面宽，圆形截面取柱直径的 0.8 倍；

    b_b、h_b——分别为梁截面宽度和高度；

      d——柱纵筋直径。

扁梁不宜用于一级框架结构。

6. 附美国 ACI318—19 规范关于梁跨高比，供参考使用，见表 9.2.2。

美国 ACI318-19 规范最小梁高跨值   表 9.2.2

分类	简支	一端连续	二端连续	悬臂
梁	$l/16$	$l/18.5$	$l/21$	$l/8$

注：1. 表中数值适用于不承受或不附有易受较大挠度损坏的隔墙及其他构造物；

    2. 表中数值仅适用于普通混凝土及钢筋强度标准值为 420N/mm^2 的构件，对于钢筋强度标准值不是 420N/mm^2 的钢筋，最小高度应乘以 $\left(0.4+\dfrac{f_{yk}}{700}\right)$；

    3. l 为梁计算跨度。

7. 对现浇楼盖和装配整体楼盖，宜考虑楼板作为翼缘对梁刚度和承载力的影响。此时梁受压区有效翼缘计算宽度 b'_f 可按表 9.2.3 所列情况中的最小值取用；也可采用梁刚度增大系数法近似考虑，刚度增大系数应根据梁有效翼缘尺寸与梁截面尺寸的相对比例规定。

受弯构件受压区有效翼缘计算宽度   表 9.2.3

	情况		T 形、I 形截面		倒 L 形截面
			肋形梁（板）	独立梁	肋形梁（板）
1	按计算跨度 l_0 考虑		$l_0/3$	$l_0/3$	$l_0/6$
2	按梁（肋）净距 S_n 考虑		$b+S_n$	—	$b+S_n/2$
3	按翼缘高度 h'_f 考虑	$h'_f/h_0\geqslant0.1$	—	$b+12h'_f$	$b+5h'_f$
		$0.1>h'_f/h_0\geqslant0.05$	$b+12h'_f$	$b+6h'_f$	$b+5h'_f$
		$h'_f/h_0<0.05$	$b+12h'_f$	b	$b+5h'_f$

注：1. 表中 b 为梁的腹板厚度；

    2. 肋形梁在梁跨内没有间距小于纵肋间距的横肋时，可不考虑表中情况 3 的规定；

    3. 加腋的 T 形、I 形和倒 L 形截面，当受压区加腋的高度 h_h 不小于 h'_f 且加腋长度 b_h 不大于 $3h_h$ 时，其翼缘计算宽度可按表中情况 3 的规定分别增加 $2b_h$（T 形、I 形截面）和 b_h（倒 L 形截面）；

    4. 独立梁受压区的翼缘板在荷载作用下经验算沿纵肋方向可能产生裂缝时，其计算宽度应取腹板宽度 b。

9.3 梁的挠度限值

屋盖、楼盖及楼梯梁的最大挠度应按荷载的准永久组合，预应力混凝土受弯构件的最大挠度应按荷载的标准组合，并均应考虑荷载长期作用的影响进行计算。其计算值不应超过表 9.3.1 所规定的挠度限值。

梁的挠度限值   表 9.3.1

梁的计算跨度 l_0	挠度限值
当 $l_0<7\text{m}$ 时	$l_0/200(l_0/250)$
当 $7\leqslant l_0\leqslant9\text{m}$ 时	$l_0/250(l_0/300)$
当 $l_0<9\text{m}$ 时	$l_0/300(l_0/400)$

注：1. 计算悬臂构件的挠度限值时，其计算跨度 l_0 按实际悬臂长度的 2 倍取用；

    2. 表中括号中的数值适用于使用上对挠度有较高要求的构件；

    3. 如果构件制作时预先起拱，且使用上允许，则在验算挠度时，可将计算所得的挠度值减去起拱值；对预应力混凝土构件，尚可减去预应力所产生的反拱值；

    4. 构件制作时的起拱值和预加力所产生的反拱值，不宜超过构件在相应荷载组合作用下的计算挠度值。

9.4 纵向受力钢筋

1. 梁的纵向受力钢筋最小直径宜符合表 9.4.1 的要求。

表 9.4.1

梁纵向受力钢筋最小直径

梁高(mm)	<300	≥300
直径(mm)	8	10

2. 梁纵向受力钢筋的最小配筋率不应小于 0.2% 和 $45f_t/f_y$ 中的较大者。梁的配筋率应按全截面面积扣除受压翼缘面积 $(b_f'-b)h_f'$ 后的截面面积计算。

3. 绑扎骨架的钢筋混凝土梁，其纵向受力钢筋的直径：当梁高为 300mm 及以上时，不小于 10mm；当梁高小于 300mm 时，不应小于 8mm。梁的上部纵向钢筋的净间距 c' 不应小于 30mm 和 1.5d（d 为钢筋的最大直径），下部纵向钢筋净间距 c 不应小于 25mm 和 d。当下部纵向钢筋多于 2 层时，2 层以上钢筋水平方向的中距应比下面 2 层中距增大一倍。各层钢筋之间的净间距不应小于 25mm 和 d，图 9.4.1。

4. 伸入梁支座范围内的纵向受力钢筋不应少于两根。在梁的配筋密集区域宜采用并筋的配筋形式。

5. 梁单层钢筋的最多根数见表 9.4.2，应注意下表所列最多根数，在设计时应留有余量，以保证混凝土的浇筑质量和钢筋与混凝土的粘结牢固。对悬臂梁应有不少于两根上部钢筋伸至悬臂梁外端，并向下弯折不小于 12d。

表 9.4.2

梁单层钢筋的最多根数

梁宽(mm)	钢筋直径(mm)								
	10	12	14	16	18	20	22	25	28
150	3	3	2/3	2/3	2	2	2	2	2
200	4/5	4	4	3/4	3/4	3	3	3	2/3
250	5/6	5/6	5	5	4/5	4	4	3/4	3
300	7	6/7	6/7	6	5/6	5/6	5	4/5	4
350	8/9	7/8	7/8	7	6/7	6/7	6	5/6	4/5
400	9/10	9/10	8/9	8/9	7/8	7/8	7	6/7	5/6

注：表中分子为截面上部单层钢筋的最多根数，分母为下部单层钢筋的最多根数。

6. 按抗震设计的框架梁沿梁全跨纵向受拉钢筋和受压钢筋的配置，应符合下列要求。

（1）抗震设计时，梁端纵向受拉钢筋的配筋率不宜大于 2.5%，不应大于 2.75%。当梁端受拉钢筋的配筋率大于 2.5% 时，受压钢筋的配筋率不应小于受拉钢筋的一半；梁纵向受拉钢筋最小配筋百分率不应小于表 9.4.3 规定的数值。

表 9.4.3

梁纵向受拉钢筋最小配筋百分率

抗震等级	支座(取较大值)	跨中(取较大值)
一级	0.40 和 $80f_t/f_y$	0.30 和 $65f_t/f_y$
二级	0.30 和 $65f_t/f_y$	0.25 和 $55f_t/f_y$
三级	0.25 和 $55f_t/f_y$	0.20 和 $45f_t/f_y$

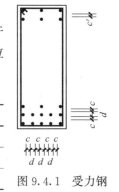

图 9.4.1 受力钢筋的排列

（2）沿梁全长顶面和底面应至少各配置 2 根纵向钢筋，一、二级抗震设计时钢筋直径不应小于 14mm，且分别不应小于梁两端顶面和底面纵向配筋中较大截面面积的 1/4，见图 9.4.2。三、四级抗震设计和非抗震设计时钢筋直径不应小于 12mm。

这里应注意下述几个问题：

1）沿梁长度，上部和下部至少有两根纵向钢筋；

2) 一、二级抗震设计时,上述纵向钢筋直径不应小于14mm,分别不应小于梁两端顶面和底面纵向配筋中较大截面面积的1/4;

3) 三、四级抗震设计和非抗震设计时,底面和顶面至少配置的纵向钢筋直径不应小于12mm;

4) 梁跨中部分的顶面的纵向钢筋直径可以小于支座处梁顶面的钢筋直径,不同直径的钢筋可以通过可靠措施进行连接或符合钢筋搭接的要求。

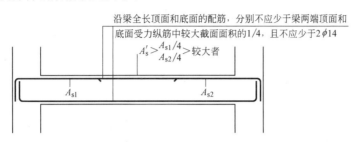

图 9.4.2　框架梁通长筋

(3) 框架梁支座处之下部钢筋面积,除按计算确定外,一级不应小于上部钢筋面积的50%,二、三级不应小于上部钢筋面积的30%,见图9.4.3。

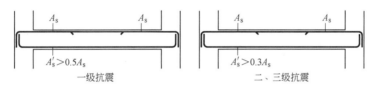

图 9.4.3　框架梁下部纵筋

(4) 一、二、三级抗震等级的框架梁内贯通中柱的每根纵向钢筋的直径,对矩形截面柱,不宜大于柱在该方向截面尺寸的1/20;对圆形截面,不宜大于纵向钢筋所在位置柱截面弦长的1/20,见图9.4.4。

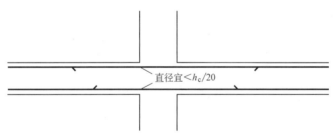

图 9.4.4　框架梁贯通中柱纵筋

9.5 纵向构造钢筋

1. 当梁顶面箍筋转角处无纵向受力钢筋时,应设置架立钢筋。架立筋的直径应不小于表9.5.1的规定,架立筋与梁支座上部钢筋的搭接长度可取150mm。

架立钢筋直径		表 9.5.1
	梁的计算跨度(m)	最小直径(mm)
1	$l_0 < 4$	8
2	$4 \leqslant l_0 \leqslant 6$	10
3	$l_0 \geqslant 6$	12

2. 绑扎骨架配筋中,采用双肢箍筋时,架立钢筋为两根;采用四肢箍筋时,架立钢筋为4根。若

为多肢时，架立钢筋数应与箍筋肢数相同。

3. 当梁的腹板高 $h_w \geqslant 450$mm 时，在梁两侧应沿高度配置纵向构造钢筋，每侧纵向构造钢筋（不包括上下部受力钢筋及架立钢筋）的截面面积不应小于梁腹板面积 bh_w 的 0.1%，其间距不宜大于 200mm，但当梁宽较大时可以适当放松，见图 9.5.1。

当箍筋肢数多于两肢时，梁纵向构造腰筋仅在外侧设置，见图 9.5.1。梁两侧纵向构造腰筋，一般仅伸至支座中，若按计算配置时，则在梁端应满足受拉时的锚固要求。

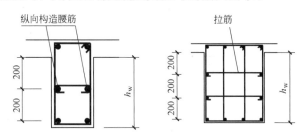

图 9.5.1 梁纵向构造腰筋

4. 梁两侧纵向构造腰筋宜用拉筋联系，见图 9.5.1。拉筋直径与梁宽 b_b 有关。一般当 $b_b \leqslant 350$mm 时，取 $\phi 6$；当 $b_b > 350$mm 时，取 $\phi 8$。但可比梁箍筋直径小一级，其间距一般为箍筋间距的两倍，并不大于 600mm。

5. 梁的上部纵向构造钢筋应符合下列要求。

当梁端按简支计算但实际受到部分约束时，应在支座区上部设置纵向构造钢筋，也可用梁上部架立筋取代该纵向钢筋，但其截面面积不应小于梁跨中下部纵向受力钢筋计算所需截面面积的 1/4，且不应不少于两根。该纵向构造钢筋自支座边缘向跨内伸出的长度不应小于 $0.2l_0$，l_0 为该跨梁的计算跨度。

9.6 纵向钢筋锚固及弯起

1. 钢筋混凝土简支梁和连续梁简支端，梁下部纵向受力钢筋伸入支座范围内的锚固长度 l_{as}，应符合表 9.6.1 的规定。

纵筋伸入支座的锚固长度   表 9.6.1

	$V \leqslant 0.7 f_t b h_0$	$V > 0.7 f_t b h_0$	
		光圆钢筋	带肋钢筋
l_{as}	$5d$	$15d$	$12d$

2. 当混凝土强度等级 C25 及以下的简支梁和连续梁的简支端，在距支座边范围作用有集中荷载（包括作用有多种荷载，且其中集中荷载对支座截面产生的剪力占总剪力值的 75% 以上），且 $V > 0.7 f_t b h_0$ 时，对带肋钢筋宜采用有效的锚固措施，或取锚固长度 $l_{as} \geqslant 15d$。

3. 简支梁和连续梁简支端下部纵向受力钢筋伸入支座范围内的锚固长度不符合上述规定时，可采用下列锚固措施。

(1) 在月牙纹纵向受力钢筋端头加焊锚固钢筋，见图 9.6.1。

(2) 在纵向受力钢筋端头加焊锚固钢板，见图 9.6.2。

(3) 将月牙纹纵向受力钢筋末端弯成 135°弯钩或 90°弯钩，见图 9.6.3。

(4) 支承在砌体结构上的钢筋混凝土独立梁，在纵向受力钢筋的锚固长度范围内应配置不少于两个箍筋，其直径不宜小于 $d/4$，d 为纵向受力钢筋的最大直径；间距不宜大于 $10d$，当采用机械锚固措施时箍筋间距尚不宜大于 $5d$，d 为纵向受力钢筋的最小直径。

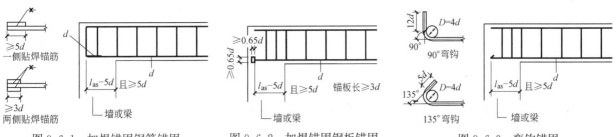

图 9.6.1 加焊锚固钢筋锚固　　图 9.6.2 加焊锚固钢板锚固　　图 9.6.3 弯钩锚固

4. 非抗震设计时，梁中间支座纵向受力钢筋的锚固。

(1) 当非抗震框架梁的中间支座负弯矩承载力计算不需要设置受压钢筋，且不会出现正弯矩时，一般将下部纵向受力钢筋伸至支座中心线，且不小于规定的锚固长度 l_{as}，见图 9.6.4。

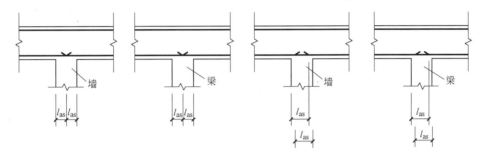

图 9.6.4　梁中间支座下部纵向钢筋的锚固

(2) 当非抗震框架梁的中间支座下部按计算需要配置受压钢筋或受拉钢筋时，一般将支座两侧下部受力钢筋贯通支座。如两侧部分受力钢筋直径不同，且在同一截面内该钢筋数量不超过：受压时为总钢筋数量的 50%，受拉时为总钢筋的 25%，应将该钢筋伸过支座中心线，且不小于规定的受力钢筋搭接长度 l_l，见图 9.6.5，图 9.6.6。受压时，$l_l = 0.85l_a$，且不小于 200mm；当下部钢筋受拉时，取 $l_l = 1.2l_a$，且不应小于 300mm。受拉钢筋锚固长度 l_a 按较小直径计算。

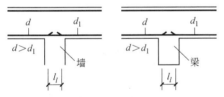 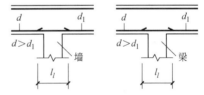

　　图 9.6.5　中间支座下部纵向钢筋的搭接　　　　图 9.6.6　中间支座下部纵向钢筋的搭接二

5. 非抗震设计时，框架屋面主梁端节点处的负钢筋应伸入边柱内。伸入边柱总长度不应小于 l_a，框架标准层的主梁端节点处负钢筋应伸入边柱，伸入柱总长度不应小于 l_a。且伸过柱中心线不小于 $5d$，d 为梁上部钢筋直径。

梁截面下部至少应有两根纵向钢筋伸入柱中，伸入柱中的总长度，当计算中不利用该钢筋的强度时，其伸入支座锚固长度不小于 $0.4l_a$ 或 $\geqslant 12d$，当计算中充分利用该钢筋的抗拉强度时，直线锚固长度不应小于 l_a，下部钢筋直线锚固长度不足 l_a 时，应按图 9.6.7 所示方法处理。其包含弯弧段在内的水平投影长度不应小于 $0.4l_a$，包含弯弧段在内的竖直投影长度应取为 $15d$。

6. 抗震设计时，框架梁纵向钢筋伸入边柱的锚固长度 l_{aE} 应符合下列规定。

　　一、二级　$l_{aE} = 1.15l_a$

　　三级　　$l_{aE} = 1.05l_a$

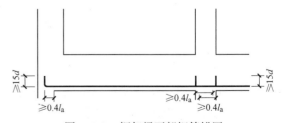

图 9.6.7　框架梁下部钢筋锚固

四级 $l_{aE}=1.00l_a$

l_a 为纵向受拉钢筋的锚固长度。当采用搭接接头时，纵向受拉钢筋抗震搭接长度 $l_{lE}=\zeta l_{aE}$；纵向钢筋搭接接头面积百分率为 $\geqslant 25\%$、50%、100% 三种情况时，ζ 分别为 1.2、1.4 和 1.6。一、二级框架梁纵向钢筋应伸过柱节点中心线 $5d$。

7. 弯起钢筋。

（1）钢筋混凝土梁中，承受剪力的钢筋，优先采用箍筋，不宜采用抗弯钢筋抗剪。

（2）当采用弯起钢筋时，弯起角度宜取 45°及 60°。弯起钢筋应根据计算配置。

（3）弯起钢筋的弯终点处应有足够的锚固长度，其长度在受拉区不应小于 $20d$，在受压区不应小于 $10d$，对 HPB300 级光面钢筋，在末端应设置弯钩见图 9.6.8。梁底层钢筋中的角筋不应弯起，顶层钢筋中的角筋不应弯下。

（4）弯起钢筋宜在同一截面中与梁轴线对称弯起。当两个截面中各弯起一根钢筋时，这两根钢筋也应沿梁轴线对称弯起，见图 9.6.9。

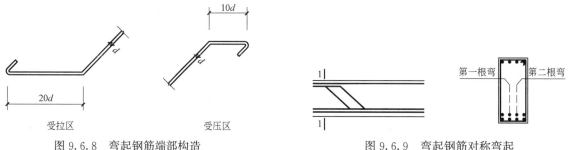

图 9.6.8 弯起钢筋端部构造　　　　　图 9.6.9 弯起钢筋对称弯起

钢筋弯起顺序，一般按先上排钢筋，后下排钢筋，上排钢筋又以先内侧后外侧为原则，见图 9.6.10。

（5）在梁的受拉区中，弯起钢筋的弯起点可在按正截面受弯承载力计算不需要该钢筋截面面积前弯起，但弯起钢筋与梁中线的交点，应在不需要该钢筋截面之外，同时，弯起点与按计算充分利用该钢筋的截面之间的距离不应小于 $h_0/2$，图 9.6.11。

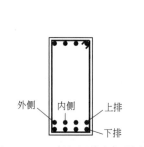

图 9.6.10 弯起钢筋弯起顺序

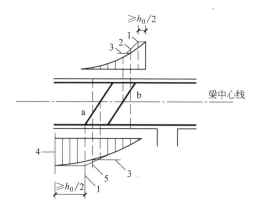

图 9.6.11 弯起钢筋弯起点与弯矩图形的关系
1—在受拉区域中的弯起点　2—按计算不需要钢筋"b"的截面
3—正截面受弯承载力图形　4—按计算钢筋强度充分利用
的截面　5—按计算不需要钢筋"a"的截面

（6）当按计算需要设置弯起钢筋时，前一排（对支座而言）的弯起点至后一排的弯终点的距离 S_{max} 不应大于梁箍筋最大间距，第一排弯起钢筋的弯终点距支座边的距离不应大于 50mm，见图 9.6.12。

（7）当纵向受力钢筋不能在需要的地方弯起或弯起不足以承受剪力时，需增设附加斜钢筋且其两端应锚固在受压区内（鸭筋），不得采用"浮筋"，见图9.6.13。

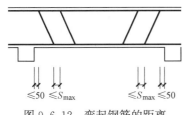

图9.6.12 弯起钢筋的距离

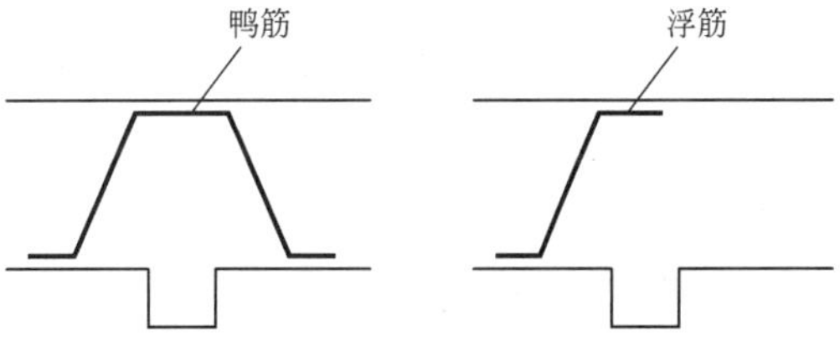

图9.6.13 附加斜钢筋（鸭筋）的设置

9.7 梁的箍筋

9.7.1 箍筋的设置

1. 非抗震设计时，当按计算不需要设置箍筋，如梁高大于300mm，仍应沿梁的全长设置箍筋；梁高为150～300mm时，可仅在梁的端部各1/4跨度范围内设置构造箍筋。但当梁的中部1/2跨度范围内有集中荷载作用时，则应沿梁全长设置箍筋；当梁高小于150mm时，可不设箍筋。

2. 梁端设置的第一个箍筋距支座边缘不应大于50mm，见图9.7.1。

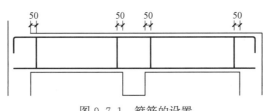

图9.7.1 箍筋的设置

9.7.2 箍筋的形式

1. 箍筋的形式有如图9.7.2所示两种形式。

2. 当梁内某些部位做封闭箍有困难且梁不受振动荷载或者此部位没有受压钢筋时，可采用开口箍的形式。除上述情况外，均应采用封闭箍筋。

3. 梁宽 $b < 350$mm 时，可采用双肢箍［见图9.7.2（b）］；当梁宽 $b \geq$ 350mm 时，宜采用四肢箍［见图9.7.2（a）］。当梁宽不大于400mm且一层内的纵向受压钢筋不多于4根时，可采用3肢箍（中间肢为拉结筋）。

4. 纵向钢筋一排多于5根时，宜采用四肢箍，4肢纵向箍宽度 b_s 见表9.7.1。

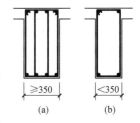

图9.7.2 箍筋的形式
(a) 四肢箍；(b) 两肢箍

四肢箍的宽度 b_s　　　　　　　　　　　　　　　　　表9.7.1

梁宽 b (mm)	一层内纵向钢筋的根数					
	5	6	7	8	9	10
	钢箍中央两肢间的钢筋根数					
	3	2	3	4	3	4
350	230	190	205	220	—	—
400	270	220	240	255	225	240
450	—	250	270	290	260	270
500	—	—	310	330	290	305

9.7.3　箍筋的间距及大小

1. 抗震设计时梁中箍筋应符合下列要求：

（1）一级框架梁端两倍梁高范围内和二～四级框架梁端 1.5 倍梁高范围内，箍筋应当加密，且加密区长度不小于 500mm，见图 9.7.3。

（2）加密区箍筋应按表 9.7.2 采用，间距不小于 100mm。

梁端加密区箍筋构造要求　　　　　　　　　　　　　　　表 9.7.2

抗震等级	箍筋最大间距（取最小值）	箍筋最小直径
一	$h_b/4, 6d, 100\text{mm}$	$\phi 10$
二	$h_b/4, 8d, 100\text{mm}$	$\phi 8$
三	$h_b/4, 8d, 150\text{mm}$	$\phi 8$
四	$h_b/4, 8d, 150\text{mm}$	$\phi 6$

注：1. d-纵筋直径；h_b-梁截面高度；

2. 当梁端纵向受拉钢筋配筋率大于 2% 时，箍筋最小直径应 按表内数值增大 2mm；

3. 箍筋最小直径不应小于 $d/4$；

4. 一、二级抗震等级框架梁，当箍筋直径大于 12mm，肢数不小于 4 肢且肢距不大于 150mm 时，钢筋加密区最大间距可放宽至不大于 150mm。

（3）第一个箍筋应设置在距节点边缘 50mm 之内，见图 9.7.3。非加密区箍筋间距不宜大于加密区箍筋间距的两倍。

（4）箍筋应有 135°弯钩。弯钩端头直段长度不应小于 10d 和 75mm 较大值，d 为箍筋直径，但非抗震及筏板基础的主梁以及不与柱子连接的次梁可用直钩，见图 9.7.4。

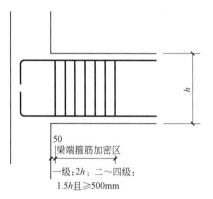

图 9.7.3　框架梁端箍筋加密构造

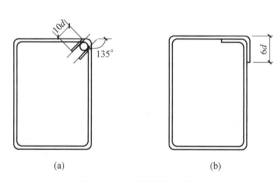

图 9.7.4　箍筋端头构造
（a）箍筋弯钩端头；（b）箍筋直钩端头

（5）在箍筋加密区范围内，箍筋肢距一级不宜大于 200mm 及 20 倍箍筋直径的较大值，二、三级不宜大于 250mm 及 20 倍箍筋直径的较大值，四级不宜大于 300mm。梁中纵筋多于 4 根时，宜每隔 1 根用箍筋或拉筋予以固定。

2. 沿梁全长箍筋的面积配箍率 ρ_{sv} 在抗震设计时应符合下列规定：

一级　　　　　　　　　　　　　　$\rho_{sv} \geq 0.30 f_t / f_{yv}$

二级　　　　　　　　　　　　　　$\rho_{sv} \geq 0.28 f_t / f_{yv}$

三、四级　　　　　　　　　　　　$\rho_{sv} \geq 0.26 f_t / f_{yv}$

3. 非抗震设计时梁中箍筋的最大间距宜符合表 9.7.3-2 中的规定；

4. 梁中配有计算需要的纵向受压钢筋时，箍筋应做成封闭式，箍筋间距：在绑扎骨架中不应大于 15d（d 为纵向钢筋最小直径），同时在任何情况下均不应大于 400mm。当一层内的纵向受压钢筋多于 5 根且有直径大于 18mm 时，箍筋间距不应大于 10d，见图 9.7.5。当梁宽度大于 400mm 且一层内的纵向受压钢筋多于 3 根，或当梁宽度不大于 400mm 但一层内的纵向受压钢筋多于 4 根时，应设置复合箍筋。当梁宽不大于 400mm 且一层内的纵向受压钢筋不多于 4 根时，可不设复合箍筋。

非抗震设计梁的箍筋最大间距（mm）　　　　　　　　　　　　　　　　表 9.7.3

h_b	V_b	
	$>0.7f_tbh_0$	$\leqslant 0.7f_tbh_0$
$h_b\leqslant 300$	150	200
$300<h_b\leqslant 500$	200	300
$500<h_b\leqslant 800$	250	350
$h_b>800$	300	400

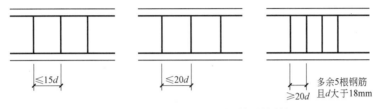

图 9.7.5　梁中设置纵向受压钢筋时箍筋间距

5. 在绑扎骨架中，非焊接的搭接接头长度范围内：当搭接钢筋为受拉时，其箍筋间距不应大于 $5d$，且不应大于 100mm；当搭接钢筋为受压时，其箍筋间距不应大于 $10d$，且不应大于 200mm。其中 d 为受力钢筋中最小直径。当受压钢筋直径大于 25mm 时应在搭接接头两端面外 50mm 各设置两个箍筋。

6. 梁中配有两片及两片以上的焊接骨架时应设置横向连系筋，并用点焊或绑扎方法使其与骨架的纵向钢筋连成一体。横向连系钢筋的间距不应大于 500mm，且不宜大于梁宽的两倍。当梁设置有计算需要的纵向受压钢筋时，横向连系钢筋的间距尚应符合下列要求。

1）点焊时不应大于 $20d$。

2）绑扎时不应大于 $15d$（d 为受压纵向钢筋中的最小直径）。

7. 梁中箍筋最小直径应符合表 9.7.4 要求。

梁中箍筋最小直径（mm）　　　　　　　　　　　　　　　　表 9.7.4

项次	梁高 h	最小直径	一般采用直径
1	$h_b\leqslant 300$	6	6
2	$300<h_b\leqslant 800$	6	6～10
3	$h_b>800$	8	8～12

注：梁中配有计算需要受压钢筋时，箍筋直径不小于 $d/4$（d 为纵向受压钢筋的最大直径）。

9.8　受扭及受弯剪扭作用的梁

1. 在弯剪扭构件中，箍筋配筋率和构造应符合下述规定。

（1）剪扭箍筋的配筋率（ρ_{vs}）不应小于 $0.28f_t/f_{yv}$，配筋率仍按 $\rho=A_{sv}/bs$ 计算，其中 A_{sv} 为配置在同一截面内箍筋各肢的全部截面面积。箍筋间距应符合表 9.7.3-2 的规定。

（2）受扭及受弯剪扭作用的梁，其箍筋必须为封闭式，且沿截面周边布置；当采用复合箍筋时，位于截面内部的箍筋不应计入受扭所需的箍筋面积；当采用绑扎骨架时，箍筋末端应做成不小于 135° 弯钩，弯钩端头平直段长度非抗震设计时不应小于 $10d$（d 为箍筋直径）。当为抗震设计时，应不小于 $10d$ 和 75mm。矩形截面梁的配筋，见图 9.8.1（a）。T 形截面梁，其翼缘一般采用封闭箍，见图 9.8.1

（b）。当翼缘较薄，$h'_f<0.55b$ 及 100mm 时，翼缘可采用开口箍，见图 9.8.1（c）。工字形截面梁，下翼缘箍筋的两端满足锚固长度 l_a，见图 9.8.1（d）。Γ形截面梁，箍筋应沿全部周边设置，内拐角处箍筋要交叉锚固，见图 9.8.2。

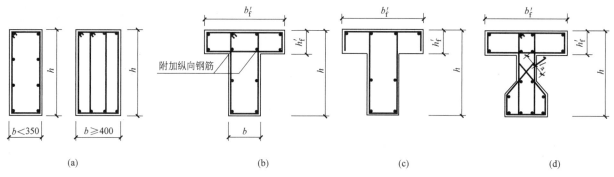

图 9.8.1 矩形、T 形及 I 形截面的抗扭配筋

（a）矩形截面梁箍筋；（b）T 形截面梁箍筋；（c）T 形截面梁开口箍筋；（d）工字形截面梁箍筋

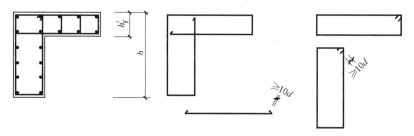

图 9.8.2 Γ形截面的抗扭配筋

2. 受扭构件纵向钢筋配筋率，不应小于受弯构件纵向受力钢筋的最小配筋与受扭构件纵向受力钢筋最小配筋率之和。受扭构件纵向受力钢筋的最小配筋率 $\rho_{tl,\min}=0.6\sqrt{\dfrac{T}{Vb}}\dfrac{f_t}{f_y}$（当 $T/Vb>2.0$ 时，取 $T/Vb=2.0$，$\rho_{tl,\min}=A_{st}/bh$，A_{st} 为沿截面周边布置的受扭纵向钢筋总截面面积）。受扭纵向钢筋间距不应大于 200mm 和梁的宽度，在截面四角必须设有纵向受力钢筋，并沿截面周边均匀对称布置。

受扭纵向钢筋的搭接和锚固均应满足受拉钢筋的要求，见图 9.8.3。

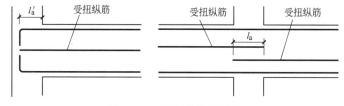

图 9.8.3 受扭纵筋的锚固

9.9 主梁与次梁的连接及构造

1. 主梁与次梁连接可分为主梁比次梁高；主梁与次梁同高；主梁比次梁小和主梁为悬臂梁几种情况，见图 9.9.1。

2. 由次梁传来的集中荷载，应全部由附加横向钢筋（吊筋和箍筋）承担。附加横向钢筋应布置在长为 $s(s=2h_1+3b)$ 的范围内，见图 9.9.2。附加横向钢筋宜优先采用箍筋，当采用吊筋时，其弯起段应伸至梁上边缘，且末端水平长度在受拉区不应小于 20d，在受压区不应小于 10d。

3. 附加横向钢筋所需要的总截面面积 A_{sv} 计算公式为：$A_{sv}\geqslant F/f_{yv}\sin\alpha$，式中 F 为作用在梁下部或梁截面高度范围内次梁传来的集中荷载设计值；f_{yv} 为附加横向钢筋的抗拉强度设计值；α 为附加横向钢筋与梁轴线间的夹角。A_{sv} 为承受集中荷载所需的附加横向钢筋总截面面积，当采用附加吊筋时，应为左右弯起段截面面积之和。

4. 附加箍筋及吊筋的选用原则。

（1）当次梁在主梁上部，且传来的集中荷载较小时，一般在次梁两侧每侧配置 2～3 根附加箍筋，见图 9.9.3。按构造配置附加箍筋时，次梁每侧不少于 2ϕ6，见图 9.9.3（a）。

（2）当次梁在上部，但传来的集中荷载较大时，宜配置附加吊筋，见图 9.9.3（b）。

（3）在整体式梁板结构中，次梁位于主梁下部时，宜按图 9.9.4（a）设置吊筋。当梁中预埋钢管或螺栓传递集中荷载时，可按图 9.9.4（b）、图 9.9.4（c）设置吊筋。

（4）附加吊筋上部水平长度在受拉区应≥20d，在受压区应为≥10d（d 为吊筋直径）。若附加吊筋为光圆钢筋时，水平长度的端部应加弯钩。

（5）附加箍筋及附加吊筋的承载力 F 可见表 9.9.4-1 及表 9.9.4-2。

5. 主次梁各种相对关系中，附加横向钢筋的配置方法如图 9.9.1 所示。

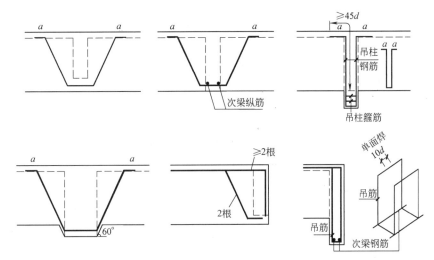

图 9.9.1　主梁与次梁连接关系

注：a 受拉区为 20d；受压区为 10d

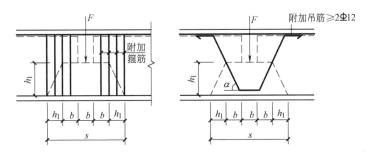

图 9.9.2　附加横向钢筋构造

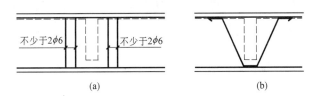

（a）　　　　　　　　　　　　（b）

图 9.9.3　次梁在主梁上部附加横向钢筋构造

（a）附加箍筋；（b）附加吊筋

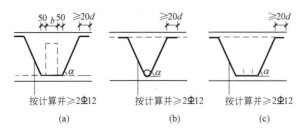

图 9.9.4 次梁位于主梁下部时吊筋及主梁预埋钢管、螺柱时吊筋

（a）次梁位于主梁下部时吊筋；（b）主梁中预埋钢管时吊筋；（c）主梁中预埋螺栓时吊筋

附加箍筋的承载力 $F=f_{yv}A_{sv}$（kN）　　　　　　表 9.9.1

箍筋直径（mm）	HPB300 级钢筋 $f_{yv}=270\text{N/mm}^2$						HRB400 级钢筋 $f_{yv}=360\text{N/mm}^2$					
	双肢			四肢			双肢			四肢		
	次梁两侧箍筋根数			次梁两侧箍筋根数			次梁两侧箍筋根数			次梁两侧箍筋根数		
	2	4	6	2	4	6	2	4	6	2	4	6
6	30.54	61.07	91.61	61.07	122.15	183.22	40.72	81.43	122.15	81.43	162.86	244.29
8	54.29	108.57	162.86	108.57	217.15	325.72	72.38	144.76	217.15	144.76	289.53	434.29
10	84.82	169.65	254.47	169.65	339.29	508.94	113.10	226.19	339.29	226.19	452.39	678.58
12	122.15	244.29	366.44	244.29	488.58	732.87	162.86	325.72	488.58	325.72	651.44	977.16

附加吊筋的承载力 $F=f_{yv}A_{sv}\sin\alpha$（kN）　　　　　表 9.9.2

吊筋直径			10	12	14	16	18	20	22	25	28
$\alpha=45°$	HPB300 钢筋	吊筋根数 1	29.99	43.18	58.78	—	—	—	—	—	—
		2	59.98	86.37	117.56	—	—	—	—	—	—
		3	89.97	129.55	176.34	—	—	—	—	—	—
	HRB400 钢筋	吊筋根数 1	39.99	57.58	78.37	102.36	129.55	159.94	193.53	249.91	313.49
		2	79.97	115.16	156.74	204.73	259.11	319.89	387.06	499.82	626.98
		3	119.96	172.74	235.12	307.09	388.66	479.83	580.60	749.74	940.47
$\alpha=60°$	HPB300 钢筋	吊筋根数 1	36.73	52.89	71.99	—	—	—	—	—	—
		2	73.46	105.78	143.98	—	—	—	—	—	—
		3	110.19	158.67	215.97	—	—	—	—	—	—
	HRB400 钢筋	吊筋根数 1	48.97	70.52	95.99	125.37	158.67	195.89	237.03	306.08	383.95
		2	97.95	141.04	191.97	250.74	317.34	391.78	474.05	612.16	767.89
		3	146.92	211.56	287.96	376.11	476.01	587.67	711.08	918.24	1151.84

注：HPB300 级钢筋 $f_{yv}=270\text{N/mm}^2$；HRB400 级钢筋 $f_{yv}=360\text{N/mm}^2$。

9.10 折角梁的配筋

梁的内折角处位于受拉区时，应加密箍筋。该箍筋应足以承受未伸入受压区锚固的纵向受拉钢筋的合力，且在任何情况下不应小于全部纵向受拉钢筋合力的 35%。由箍筋承受的纵向受拉钢筋的合力按下列公式计算：

1. 未伸入受压区域的纵向受拉钢筋的合力为：

$$N_{s1}=2f_yA_{s1}\cos\alpha/2 \qquad\qquad (9.10.1)$$

2. 全部纵向受拉钢筋合力的 35% 为：

$$N_{s2} = 0.7 f_y A_s \cos(\alpha/2) \tag{9.10.2}$$

式中 A_s——全部纵向受拉钢筋的截面面积；

$\quad A_{s1}$——未伸入受压区锚固的纵向受拉钢筋的截面面积；

$\quad \alpha$——构件的内折角；

$\quad f_y$——钢筋的抗拉强度设计值；

按上述条件所求的箍筋应设置在长度 s 的范围内，s 值按下式计算：

$$s = h \tan\left(\frac{3}{8}\alpha\right) \tag{9.10.3}$$

3. 当梁的内折角 $\alpha \geqslant 160°$ 时，纵向受拉钢筋可采用折线形钢筋，不必断开，见图 9.10.1（a），此时，在 s 范围内所承受的拉力为：

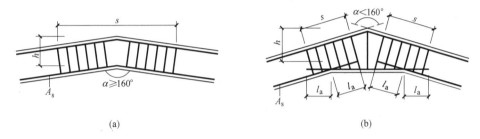

图 9.10.1 梁的内折角处配筋（一）

(a) 梁的内折角 $\alpha \geqslant 160°$；(b) 梁的内折角 $\alpha < 160°$

$$N_s = 2 f_y A_s \cos(\alpha/2) \tag{9.10.4}$$

4. 当梁的内折角 $\alpha < 160°$ 时，可采用图 9.10.2 的配筋形式，亦可采用在内折角处增加角托的配筋形式，见图 9.10.1（b）。箍筋应能承受未在受压区锚固纵向受拉钢筋的合力，且不应小于全部纵向钢筋合力的 35%。

未在受压区锚固的纵向受拉钢筋的合力：

$$N_{s1} = 2 f_y A_{s1} \cos(\alpha/2) \tag{9.10.5}$$

全部纵向受拉钢筋合力的 35% 为：

$$N_{s2} = 0.7 f_y A_s \cos(\alpha/2) \tag{9.10.6}$$

其中 $s = h \tan(3\alpha/8)$。

5. 当梁的外折角处于受压区时，由混凝土压力 C 产生的径向力 N_s 使外折角处混凝土发生拉力，见图 9.10.3。若此拉应力过大时，应考虑配置附加箍筋承受此径向力 N_s。径向力 N_s 可按下式计算。

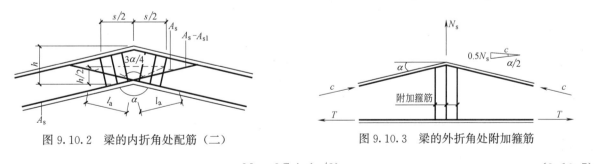

图 9.10.2 梁的内折角处配筋（二）

图 9.10.3 梁的外折角处附加箍筋

$$N_s = 2C \sin(\alpha/2) \tag{9.10.7}$$

9.11 梁翼缘钢筋的配置

1. 十字形梁翼缘的构造配筋，见图 9.11.1。

2. T 形梁翼缘的构造配筋，见图 9.11.2。

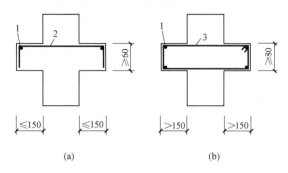

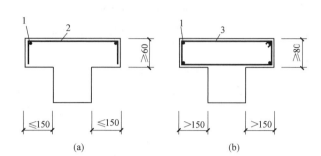

图 9.11.1 十字形梁翼缘的构造配筋

（a）开口箍；（b）封闭箍

1—不小于架立钢筋的直径；2—≥ϕ6，间距同肋箍筋且不大于200；

3—按计算且≥ϕ6，间距同肋箍筋且不大于200

图 9.11.2 T 形梁翼缘的构造配筋

（a）开口箍；（b）封闭箍

1～3 配筋方法同图 9.11.1

3. Γ 形梁的构造配筋，见图 9.11.3。

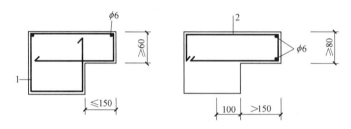

图 9.11.3 Γ 形梁的构造配筋

1—≥ϕ6，间距不大于@200；2—≥ϕ6，间距等于梁内箍筋间距且不大于@200

4. L 形梁的构造配筋，见图 9.11.4。

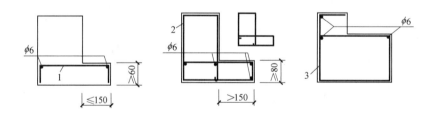

图 9.11.4 L 形梁的构造配筋

1—按计算且≥ϕ6，间距不大于@200；2—≥ϕ6，间距等于梁内

箍筋间距且不大于@200；3—≥ϕ6

9.12 悬臂梁

1. 悬臂梁的受力钢筋应按计算确定，并有不少于 2 根上部钢筋伸至悬臂梁外端，并向下弯折不小于 12d；其余钢筋不应在梁的上部截断，而应按图 9.12.1 要求向下弯折和锚固。悬臂梁的下部架立钢筋应不少于 2 根，其直径不少于 12mm，见图 9.12.1。

2. 当悬臂梁端设有次梁的间接加载时，应在次梁内侧增设附加箍筋。

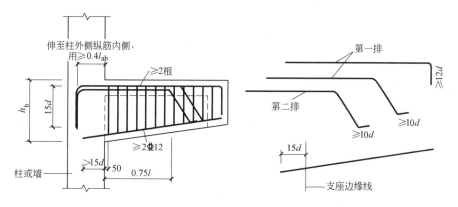

图 9.12.1　悬臂梁的配筋

9.13　缺口梁

1. 缺口梁端部尺寸。

缺口梁端部高度 h_1，不宜小于 $h/2$，挑出部分长度一般取 $a=h_1$，缺口梁拐角处可做成斜面，以减少缺口应力集中，提高缺口的抗裂性，见图 9.13.1。梁端受剪截面应符合下式要求：

$$N \leqslant 0.25 f_{cb} h_1 \qquad (9.13.1)$$

2. 缺口梁端部的配筋构造可采用图 9.13.2（a）的吊筋形式或图 9.13.2（b）的吊筋及斜筋形式。

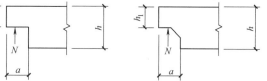

图 9.13.1　缺口梁端部尺寸

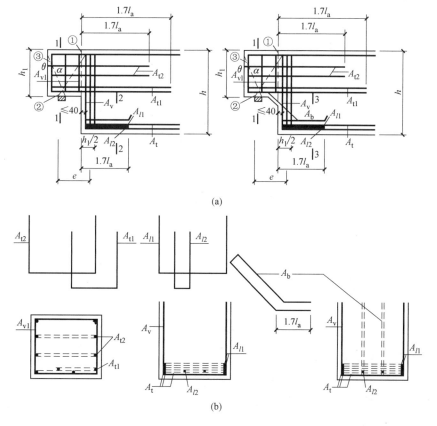

(a)

(b)

图 9.13.2　缺口梁端部的配筋构造

（a）缺口梁端部吊筋 A_v；（b）缺口梁端部吊筋 A_v 及斜筋 A_b

3. 当梁端支承面的局部受压承载力能满足要求时，纵筋 A_{t1} 可做成图 9.13.2（a）中所示的 U 形形状；当不能满足要求时，纵筋可做成图中所示的直筋，且与预埋板焊牢。纵筋 A_{t1} 及水平腰筋 A_{t2} 离垂直裂缝①的延伸长度取为 $1.7l_a$。斜筋 A_b 可做成图 9.13.2（b）所示 U 形，其水平段长度取为 $1.7l_a$。箍筋 A_v 及 A_{v1} 应做成封闭式，离梁边距离不应超过 40mm。A_v 应配置在 $h_1/2$ 的范围内。

4. 受拉区纵筋 A_t 一般为粗钢筋，不宜垂直弯起。纵筋 A_t 在梁端的锚固可采用图 9.13.2 所示的水平腰筋 A_{l1} 及 A_{l2} 与 A_t 的搭接方法。A_{l1} 及 A_{l2} 截面面积可近似取用 $A_t/3$；当梁端配有斜筋 A_b 时，A_{l1} 及 A_{l2} 截面面积可取用 $(A_{t1}-A_b\cos\alpha)/3$。腰筋 A_{t1} 及 A_{t2} 的直段长度取为 $1.7l_a$。

9.14 梁上开洞处理

无论在非地震区或是在抗震设防烈度为 6～8 度的地区，在梁上开矩形洞或开圆洞，均可按下述规定进行加固处理。对于框架梁上开洞，洞口距梁顶及梁底距离不应小于 200mm。

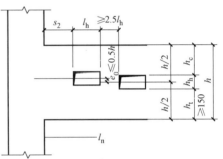

图 9.14.1　矩形孔洞位置

9.14.1 当梁上开矩形孔洞时

1. 孔洞尺寸和位置。

孔洞尽可能设置于剪力较小的跨中 1/3 区域内，必要时亦可设置于梁端 1/3 区域内。孔洞偏心宜在受拉区，偏心距 e_0 不宜大于 $0.05h$。设置多孔时，相邻孔洞边缘净距不宜小于 $2.5h_h$，见图 9.14.1。孔洞尺寸和位置应满足表 9.14.1 规定。孔洞长度与高度的比值 l_h/h_h 应满足：跨中 1/3 区域内的孔洞不大于 4；梁端 1/3 区域内的孔洞不大于 3。

矩形孔洞尺寸及位置　　　　　　　　　　　　　　　表 9.14.1

地区	跨中 $l/3$ 区域			梁端 $l/3$ 区域			
	h_b/h	l_h/h	h_c/h	h_b/h	l_h/h	h_c/h	s_2/h
非地震区	≤0.40	≤1.60	≥0.30	≤0.30	≤0.80	≥0.35	≥1.0
地震区							≥1.5

2. 孔洞的配筋构造，见图 9.14.2。

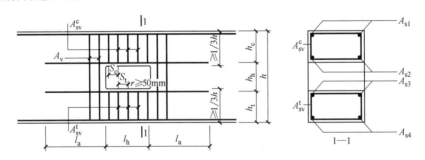

图 9.14.2　矩形孔洞周边的配筋构造

矩形孔洞配筋构造可按图 9.14.2 所示方法配置。当矩形孔洞高度小于 $h/6$ 及 100mm，且孔洞长度小于 $h/3$ 及 200mm 时，其孔洞周边配筋可按构造设置。弦杆纵筋 A_{s2}、A_{s3} 可采用大于或等于 $2\phi12$；弦杆箍筋采用不小于 $\phi6$ 或与该梁本区域箍筋直径相同，间距不应大于 0.5 倍弦杆有效高度及 100mm。垂直箍筋 A_v 靠近孔洞边缘，直径可取不小于 $\phi6$ 或与该梁本区域箍筋相同。当孔洞尺寸大于上述尺寸时，孔洞周边的配筋应按计算确定，但不应小于上述按构造要求设置的钢筋。

9.14.2　当梁上开圆形孔洞时

1. 孔洞的尺寸和位置。

梁上开的圆洞尺寸应尽可能设置于剪力较小的跨中 1/3 区域内，必要时亦可设置于梁端 1/3 区域内，见图 9.14.3。圆孔尺寸及位置应满足表 9.14.2 的规定，对于 $d_0/h<2$ 及 150mm 的小直径圆孔洞，圆孔中心位置宜满足 $-0.1h\leqslant e_0 \leqslant 0.2h$（负号表示偏心偏向受拉区）和 $s_2\geqslant 0.25$ 的要求。同时对于地震区，圆孔洞的梁端位置宜向跨中移 1.0h 的距离。

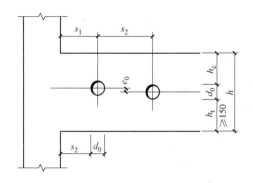

图 9.14.3　圆形孔洞位置

圆孔尺寸及位置表　　　　　　　　　　　表 9.14.2

地区	e_0/h	跨中 1/3 区域			梁端 1/3 区域			
		d_0/h	h_r/h	s_3/d_0	d_0/h	h_c/h	s_2/h	s_3/d_0
非地震区	$\leqslant 0.1$（偏向拉区）	$\leqslant 0.4$	$\geqslant 0.3$	$\geqslant 2.0$	$\leqslant 0.3$	$\geqslant 3.5$	$\geqslant 1.0$	$\geqslant 2.0$
地震区							$\geqslant 1.5$	$\geqslant 3.0$

2. 孔洞的配筋构造。

（1）当孔洞直径小于 $h/10$ 及 100mm 时，孔洞边可不设置补强钢筋。

（2）当孔洞直径小于 $h/5$ 及 150mm 时，孔洞边配筋可按构造配置，见图 9.14.4。弦杆纵筋 A_{s2}、A_{s3} 可用不小于 $2\phi12$。弦杆箍筋采用不小于 $\phi6$ 或与该梁此区域箍筋直径相同，其间距不应大于 0.5 倍弦杆有效高度及 100mm；孔洞两侧补强钢筋（A_v、A_d）宜靠近孔洞两侧放置，其直径不小于 $2\phi12$。孔洞两侧的垂直箍筋应布置在范围 l_a 内，并尽量靠近洞的边缘。靠近孔洞边缘的垂直箍筋可不小于 $\phi6$ 或与该梁此区域箍筋直径相同，其与第二个垂直箍筋的间距宜与弦杆内箍筋间距一致。

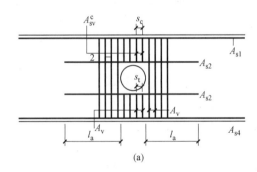 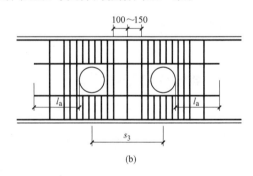

图 9.14.4　圆形孔洞周边的配筋构造
(a) 单孔梁的配筋构造；(b) 多孔梁的配筋构造

（3）当孔洞尺寸不能满足上述要求时，孔洞周边的配筋应按计算确定，但不应小于按构造配置的钢筋。同时弦杆纵筋宜不小于 $2\phi12$。

9.15　深受弯构件

9.15.1　一般规定

1. 深受弯构件是指梁的跨高比小于 5 的受弯构件（即 $l_0/h\leqslant5$）。此处 h 为梁的截面高度，l_0 为梁的计算跨度，可取 l_c 和 $1.15l_n$ 两者中的较小值，l_c 为支座中心线之间的距离。l_n 为梁的净跨。

对跨高比小于2的简支单跨梁（即 $l_0/h \leqslant 2$）或跨高比小于2.5的多跨连续梁（即 $l_0/h \leqslant 2.5$），称作"深梁"，并应按深梁设计。

对于跨高比小于5但 $l_0/h>2$ 的简支梁或跨高比小于5但 $l_0/h>2.5$ 的多跨连续梁可以称为深受弯梁，应按《混凝土结构设计规范》GB 50010—2010（2015年版）进行设计。

2. 深梁的宽度 b 不宜小于200mm，当 $l_0/h \geqslant 1$ 时，h/b 不宜大于25；当 $l_0/h<1$ 时，l_0/b 不宜大于25。

3. 深梁梁顶与楼板、屋顶板等水平构件宜有可靠的连接。深梁混凝土强度等级不应低于C25。

4. 为增强深梁的侧向稳定，并将深梁的荷载通过梁柱交接面传到支柱，可将支承深梁的柱伸到深梁顶，以形成梁端加劲肋。

5. 深梁中心线宜与柱中心线重合；当不能重合时，深梁任一侧边离柱边的距离不宜小于50mm，见图9.15.1。

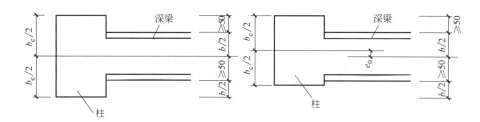

图 9.15.1 深梁与支柱连接平面

（a）梁柱中心线重合；（b）梁柱中心线不重合

6. 简支钢筋混凝土单跨深梁可采用由一般方法计算的内力进行截面设计；钢筋混凝土多跨连续梁应采用由二维弹性分析求得的内力进行截面设计。

7. 除深梁以外的深受弯构件（亦可称作深受弯梁），其纵向受力钢筋、箍筋及纵向构造钢筋构造规定与一般梁相同，但其截面下部 1/2 高度范围内和中间支座上部 1/2 高度范围内布置的纵向构造钢筋宜较一般梁适当加强。

9.15.2 纵向钢筋配筋要求

深梁的纵向受拉钢筋宜按下列规定布置。

1. 深梁下部纵向受拉钢筋宜均匀布置在梁下边缘以上 $0.2h$ 范围内，见图9.15.2。

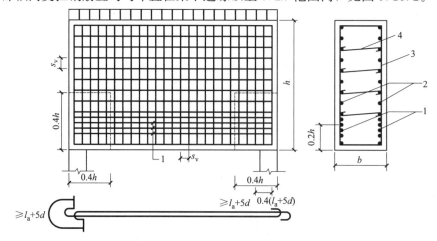

图 9.15.2 简支深梁钢筋布置图

1—下部纵向受拉钢筋；2—水平分布钢筋；3—竖向分布钢筋；4—拉筋

2. 连续深梁其支座部位上部的纵向受拉钢筋应按图 9.15.3 规定的分段范围和比例，在各段内均匀布置，并宜贯通全跨。上部纵向受拉钢筋可利用水平分布钢筋作为受力筋。当该段计算的配筋率大于水平分布钢筋最小配筋率时，超出部分应配置附加水平钢筋。

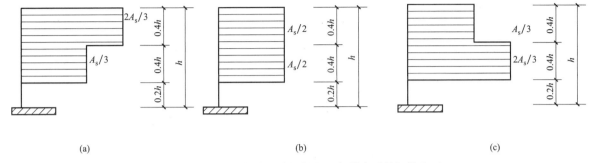

图 9.15.3　支座部位连续深梁的上部纵向受拉钢筋布置

(a) $1.5 < l_0/h \leqslant 2.5$；(b) $1 < l_0/h \leqslant 1.5$；(c) $l_0/h \leqslant 1$

3. 深梁的下部纵向受拉钢筋应全部伸入支座，不得在跨中弯起或截断。在简支单跨深梁支座及连续深梁梁端的简支支座处，纵向受拉钢筋应在端部简支支座处沿水平方向弯折锚固，见图 9.15.4，从支座边算起的锚固长度为 $1.1l_a$，伸入支座直线长度不应小于 $0.4\,l_a$。当不能满足上述锚固要求时，应采取在钢筋上加焊短向锚固钢筋、锚固钢板或将钢筋末端焊接成环形等有效的锚固措施，见图 9.15.4。

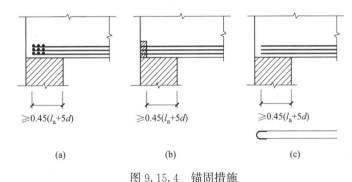

图 9.15.4　锚固措施

(a) 加焊横向短筋；(b) 加焊锚固钢板；(c) 搭接焊

4. 对连续深梁的中间支座，下部纵向受拉钢筋应全部伸过中间支座的中心线，其伸入支座边缘算起的锚固长度不应小于 l_a。当可能时下部纵向受拉钢筋宜贯穿中间支座。

9.15.3　其他配筋构造

1. 深梁的纵向受拉钢筋、水平分布钢筋和竖向分布钢筋的配筋率不应小于表 9.15.1 的数值。

深梁中钢筋的最小配筋百分率（%）　　　　　　　　　　　　　　　　　　　表 9.15.1

钢筋种类	纵向受拉钢筋	水平分布钢筋	竖向分布钢筋
HPB300	0.25	0.25	0.20
HRB400、HRBF400、RRB400、HRB335	0.20	0.20	0.15
HRB500、HRBF500	0.15	0.15	0.10

注：当集中荷载作用于连续深梁上部 1/4 高度范围内且 l_0/h 大于 1.5 时，竖向分布钢筋最小配筋百分率应增加 0.05。

2. 深梁应配置双排钢筋网。水平和竖向分布钢筋的直径均不应小于 8mm，间距不应大于 200mm。当梁端设有柱时，水平分布钢筋应锚入柱内，锚固长度为 l_a。在钢筋网之间应设置拉筋。拉筋纵横两个方向的间距均可取 600mm。在支座区高度与宽度各为 $0.4h$ 的范围内，见图 9.15.2 及图 9.15.5 中虚线部分，尚应适当增加拉筋的数量。此范围拉筋的水平和竖向间距不宜大于 300mm。在深梁上下边缘处，竖向分布钢筋宜做成封闭式。

3. 当均布荷载作用于深梁下部时，应沿梁的全跨均匀配置竖向吊筋。吊筋应伸到梁顶，并宜做成封闭形式，其间距不应大于 200mm。

4. 在深梁截面高度范围内的两侧对称集中荷载与均布荷载，应全部由附加竖向吊筋或斜向吊筋承担，并宜优先采用封闭式附加吊筋。附加吊筋应伸至梁顶，$l_0/h<1$ 时，则可伸至高度等于 l_0 之处。

5. 吊筋设计强度 f_{yv} 应采用乘以承载力计算附加系数 0.8。

6. 对 $l_0/h \leqslant 1$ 的连续深梁，在中间支座底面 $0.2l_0 \sim 0.6l_0$ 高度范围内，包括纵向受拉钢筋、水平分布钢筋和附加水平分布钢筋在内的总配筋率不应小于 0.5%，尚不应小于 1.67ρ。附加水平分布钢筋和附加竖向分布钢筋应布置在支座两侧各 $0.4l_0$ 范围内。附加竖向分布筋构造配置见图 9.15.5。

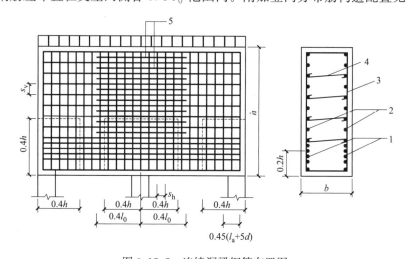

图 9.15.5　连续深梁钢筋布置图

1—下部纵向受拉钢筋；2—水平分布钢筋；3—竖向分布钢筋；4—拉筋；5—附加水平钢筋

7. 在深梁截面高度范围内有集中荷载作用时附加吊筋的布置。承受集中荷载所需要的附加斜向吊筋可按图 9.15.6 的要求布置。

8. 悬臂梁正截面承载力计算所得的受拉主筋 A_s 应按深梁悬臂长度和截面高度之比 l_k/h，分别按图 9.15.7 的规定布置。

9. 间接支承深梁系指深梁支承在另一个深梁之上。配筋方法可按下述规定。

（1）承受间接荷载的深梁Ⅱ，见图 9.15.8 应按深梁Ⅰ的全部支座反力 V 配置吊筋。吊筋布置范围可取 $3b_r$。当处于 $V \leqslant 0.5V_u$（V_u 为深梁Ⅰ的斜截面受剪承载力）的中等受力情况时，在深梁Ⅰ的荷载传递区（$0.5h \times 0.5h$；当 $l_0/h<1$ 时，取 $0.5l_0 \times 0.5l_0$）；

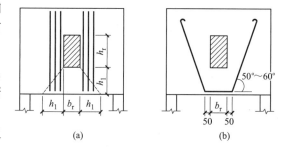

图 9.15.6　在深梁截面高度范围内有集中荷载作用时附加吊筋的布置

（a）附加竖向吊筋；（b）附加斜向吊筋

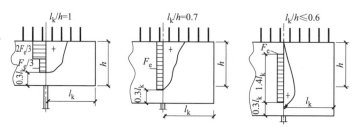

图 9.15.7　悬臂深梁受拉布置

内应配置竖向吊筋及较密的竖向和水平向钢筋,其配筋截面面积可分别按 $T=0.8V$ 计算,见图 9.15.8。当处于 $V>0.5V_u$ 的较大受力情况时,在深梁Ⅰ的荷载传递区内应至少配置按 $T=0.5V$ 计算的斜向吊筋,见图 9.15.9。

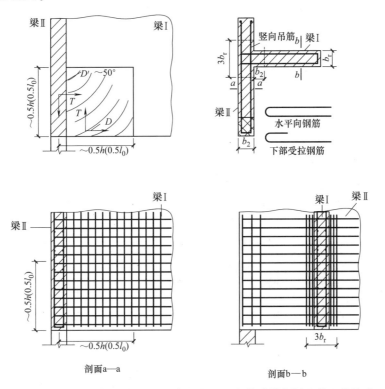

图 9.15.8 在中等受力情况下边部深梁Ⅱ及间接支撑深梁Ⅰ的配筋构造

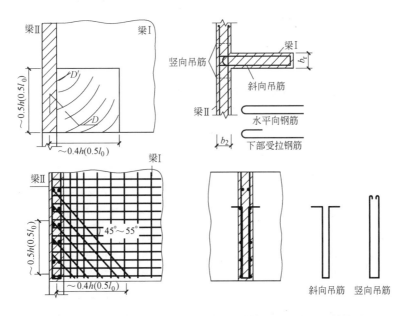

图 9.15.9 在受力较大时,配置斜向吊筋的深梁Ⅰ的配筋构造

（2）深梁Ⅱ受较大的间接荷载作用时,可配置斜吊筋,见图 9.15.10。斜吊筋倾角为 45°～55°。当梁腹较宽时,宜配置成对吊筋。

（3）悬臂深梁Ⅱ端部有集中力 V 作用时,可按剪力 $T=0.6V$ 配置吊筋和斜吊筋。斜向吊筋下端应做成环状锚固在深梁Ⅰ内,其上端应与深梁Ⅱ的配筋连接,见图 9.15.11。

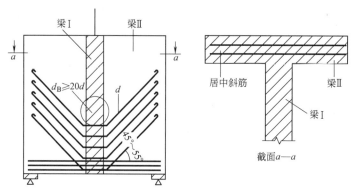

图 9.15.10 受力较大时，带斜吊筋用于悬挂荷载的梁Ⅱ

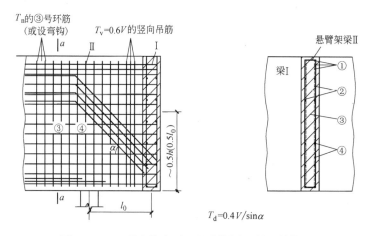

图 9.15.11 受力较大时，悬臂深梁Ⅱ的配筋构造

9.15.4 深梁的开洞

1. 孔洞尺寸和位置

洞口宜设在低应力的跨中部分，孔洞尺寸和位置应符合下列规定。

(1) 矩形孔洞：孔洞尺寸为 $b_h \geqslant 0.5h$，$h_b \leqslant 0.5h$；孔洞位置为 $h_u \geqslant 0.2h'$，$h_1 \geqslant 0.2h$，$b_1 \geqslant 0.15h$ 且不小于 500mm。当 $h > l_0$ 时，上述规定中的 h 应以 l_0 代替。当一跨内设有两个孔洞时，宜对称配置洞口，且两洞之间水平净距不应小于 $0.3h$，见图 9.15.12。

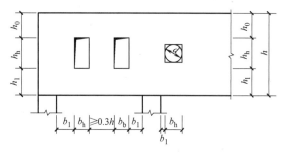

图 9.15.12 空洞的尺寸和位置

1—矩形孔洞；2—圆形孔洞换算为正方形孔洞

(2) 圆形孔洞：圆形孔洞可按形心位置和面积不变原则换算为正方形孔洞，也可近似取 $b_h = h_h = 0.9d$，并应符合矩形孔洞的规定，见图 9.15.12。

2. 配筋构造规定

(1) 矩形孔洞四角宜做成圆角，并按下列要求在孔洞四周配置附加钢筋。

当矩形孔洞边长不大于 800mm 时，见图 9.15.13，孔洞一边的附加钢筋截面面积不应小于 $0.03bh_h$，或不小于被孔洞切断的水平分布钢筋截面面积的一半，并取二者中的较大值，不小于 $2\phi12$。

孔洞边的竖向附加钢筋截面面积不应小于孔洞被切断的竖向分布钢筋截面面积的一半，且不小于 $2\phi12$。

当矩形孔洞边长大于 800mm 时，见图 9.15.14 若腹板厚度（深梁宽度）$\geqslant250$mm，宜在孔洞周边设置暗梁与暗柱。水平附加钢筋和竖向附加钢筋与边长小于 800mm 时的规定相同，但均不应小于 4ϕ12；暗梁及暗柱箍筋间距不大于 200mm，直径不小于 ϕ6。如腹板厚度＜250mm 时，钢筋配置原则上同洞边长＜800mm 的情况，但每边不少于 2ϕ16。

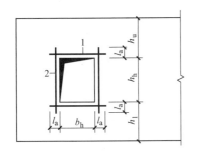

图 9.15.13 长边不大于 800mm 矩形孔洞配置的附加钢筋
1—水平附加钢筋；2—竖向附加钢筋

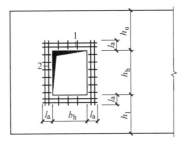

图 9.15.14 长边大于 800mm 矩形孔洞配置的附加钢筋
1—水平附加钢筋；2—竖向附加钢筋

（2）圆形孔洞的直径不大于 900mm 时，见图 9.15.15，周边应设置不小于 2ϕ12 的环形附加钢筋及斜向附加钢筋。

每侧斜向附加钢筋截面面积不小于 $0.0025bd$（d 为圆孔洞直径）或被孔洞切断的水平与竖向分布筋截面面积之和的 1/4，并取二者较大值。当斜向钢筋配置不方便时，可采用矩形洞时的配置方法。

当孔洞直径大于 900mm，且腹板宽≥250mm 时，宜在孔洞周边设置暗梁。环形附加钢筋不少于 4ϕ12；箍筋间距不应大于 200mm，直径不应小于 ϕ6。每侧斜向附加钢筋截面面积不应小于 $0.0025bd$，或不小于被孔洞切断的水平与竖向分布钢筋截面面积之和的 1/4，并取二者中的较大值，见图 9.15.16，同时不小于 2ϕ16。当腹板厚度＜250mm 且直径大于 900mm 的孔洞，其配筋方法可与直径小于 900mm 的圆孔相同。

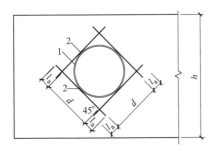

图 9.15.15 直径不大于 900mm 圆形孔洞周边的附加钢筋
1—环形附加钢筋；2—斜向附加钢筋

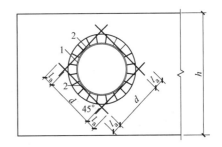

图 9.15.16 直径大于 900mm 圆形孔洞周边的附加钢筋
1—环形附加钢筋；2—斜向附加钢筋

参 考 文 献

[1] 混凝土结构设计规范：GB 50010—2010（2015 年版）［S］. 北京：中国建筑工业出版社，2015.
[2] 建筑抗震设计规范：GB 560011—2010（2016 年版）［S］. 北京：中国建筑工业出版社，2016.
[3] 高层建筑混凝土结构技术规程：JGJ 3—2010［S］. 北京：中国建筑工业出版社，2010.
[4] 全国民用建筑工程设计技术措施（2009）结构（混凝土结构）［M］. 北京：中国计划出版社，2012.

第10章　框架结构梁柱节点构造

10.1　非抗震框架结构梁柱节点设计及构造要求

10.1.1　设计的一般规定

1. 混凝土强度等级不应低于 C25。

2. 纵向钢筋宜采用 HRB400 热轧钢筋。

经对比试验发现在各种焊接方法下焊接区的冲击韧性细晶粒热轧带肋钢筋均低于粗晶粒热轧带肋钢筋；直径大于 28mm 热轧带肋钢筋，其焊接应从严控制，须经试验后确定。

箍筋宜采用 HPB300、HRB335、HRB400 级热轧钢筋。

3. 钢筋的连接与锚固。

(1) 受力钢筋的连接接头宜设置在受力较小处，钢筋接头可采用机械连接、焊接或绑扎搭接。

(2) 直径>25mm 的受拉钢筋和直径>28mm 的受压钢筋不宜采用搭接接头。

(3) 位于同一连接区段内的受拉搭接钢筋接头面积百分率，梁构件不宜大于 25%；柱构件不宜大于 50%。当工程确有必要增大受拉搭接接头面积百分率时，梁构件不宜大于 50%；柱构件可根据实际情况放宽。

(4) 受拉钢筋搭接接头的搭接长度应依据同一连接区内搭接接头面积百分率按规范规定确定，且不应小于 300mm。

(5) 钢筋机械连接接头宜相互错开，接头间的距离应大于 35d（d 为连接筋较小直径），否则视为同一连接区段。位于同一区段的纵向受拉钢筋接头面积百分率不宜大于 50%，受压纵向钢筋接头面积百分率可不受限制。

(6) 钢筋焊接连接接头应相互错开，接头间的距离应≥35d（d 为连接筋较小直径），且应≥500mm，否则视为同一连接区段。位于同一连接区段内纵向受拉钢筋接头面积百分率不宜大于 50%，受压纵向钢筋的接头百分率可不受限制。

4. 钢筋搭接长度范围内混凝土的横向约束是搭接接头传力得以保证的必要条件，因此在受力钢筋搭接长度范围内应设置加密箍筋，箍筋直径宜≥0.25d（d 为纵筋直径较大值）；梁、柱纵筋搭接范围内箍筋间距应≤5d 且应≤100mm；当受压纵筋直径>25mm 时，尚应在搭接接头两端 100mm 范围内各设置两个箍筋。

5. 非抗震设计框架梁柱节点构造图中 l_{ab} 为纵向受拉钢筋基本锚固长度，l_a 为纵向受拉钢筋锚固长度。

10.1.2　框架梁柱节点构造要求

梁柱节点配筋构造应符合图 10.1.1、图 10.1.2 和下列要求。框架端节点梁纵筋采用 90°弯折锚固时，纵筋应伸至柱外侧纵向钢筋内边并向节点内弯折。梁、柱纵筋在节点内弯折时的弯弧半径应满足图 10.1.2（g）的构造要求。

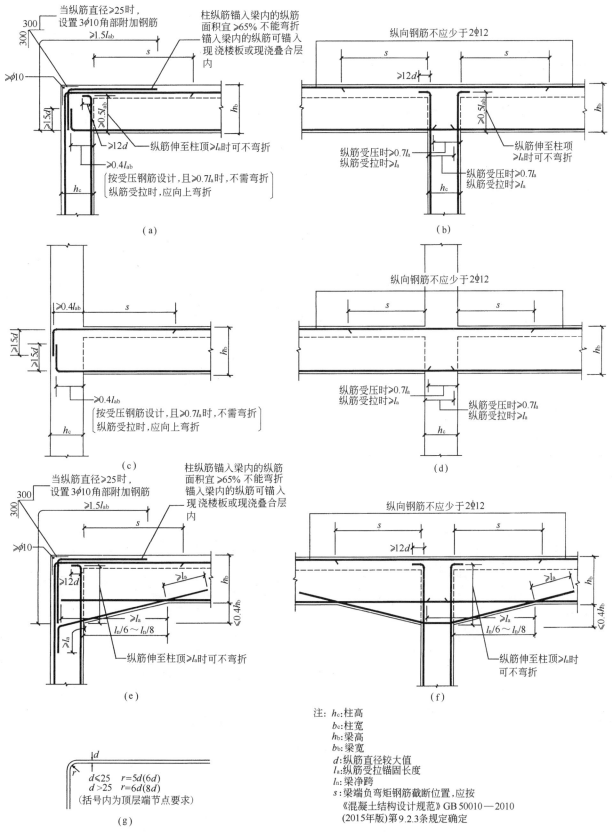

图 10.1.1　非抗震设计框架梁柱节点构造

(a)顶层端节点配筋构造；(b)顶层中柱节点配筋构造；(c)层间端节点配筋构造；(d)层间中柱节点配筋构造；

(e)顶层加腋梁端节点配筋构造；(f)顶层加腋梁中柱节点配筋构造；(g)节点内纵向钢筋弯折要求

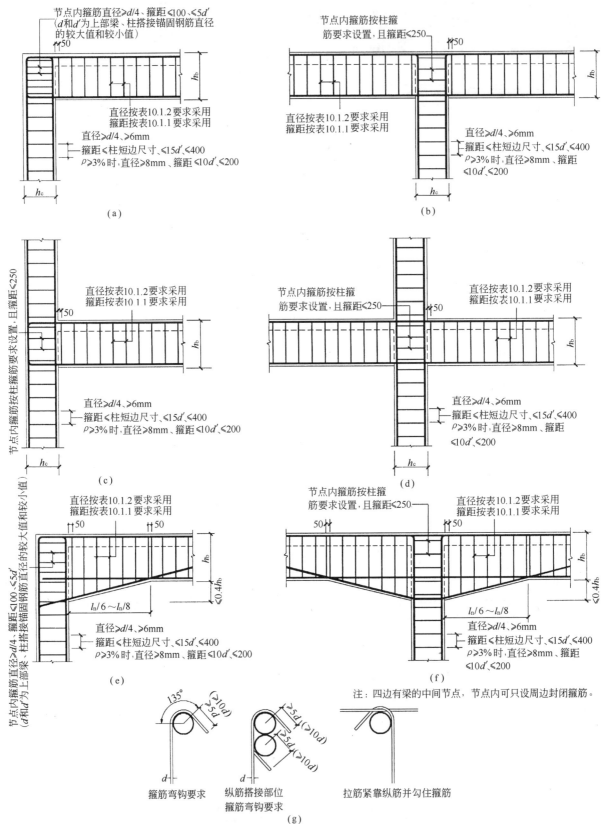

图 10.1.2 非抗震框架梁柱节点箍筋配置

(a)顶层端节点箍筋构造；(b)顶层中柱节点箍筋构造；(c)层间端节点箍筋构造；(d)层间中柱节点箍筋构造；

(e)顶层加腋梁端节点箍筋构造；(f)顶层加腋梁中间节点箍筋构造；(g)箍筋弯钩构造要求

1. 梁端受拉纵向钢筋最小配筋率应取 0.2% 和 $45f_t/f_y$（%）中的较大值。

2. 梁箍筋最大间距应按表 10.1.1 采用。

非抗震设计梁箍筋的最大间距 表 10.1.1

梁高 h ＼ 梁剪力设计值 V	$V>0.7f_tbh_0$	$V\leqslant0.7f_tbh_0$
$300<h\leqslant500\text{mm}$	200mm	300mm
$500<h\leqslant800\text{mm}$	250mm	350mm
$h>800\text{mm}$	300mm	400mm

注：1. 当梁配置有计算需要的纵向受压钢筋时，箍筋间距应$\leqslant15d'$（d'为受压纵筋直径较小值），且应$\leqslant400\text{mm}$；当一层内的受压纵筋多于 5 根，且直径$>18\text{mm}$时，箍筋间距应$\leqslant10d'$；

  2. 当梁剪力设计值 $V>0.7f_tbh_0$ 时，还应满足箍筋配箍率 $\rho_{sv}\geqslant0.24f_t/f_{yv}$[式中 $\rho_{sv}=A_{sv}/(bs)$，s 为箍筋间距]。

3. 梁箍筋最小直径按表 10.1.2 采用。

梁中箍筋最小直径（mm） 表 10.1.2

梁高 h	最小直径	梁高 h	最小直径
$h\leqslant800$	6	$h>800$	8

注：梁中配有计算需要的受压纵筋时，箍筋直径不应小于 $d/4$（d 为纵向受压钢筋直径较大值）。

4. 当梁端配有计算需要的纵向受压钢筋，梁宽$>400\text{mm}$且一层内的纵筋多于 3 根时应设置复合箍筋。

梁宽$\leqslant400\text{mm}$，受压纵筋每层多于 4 根时也应设置复合箍筋。

5. 框架梁承受弯剪扭作用时，其配箍应满足《混凝土结构设计规范》GB 50010—2010（2015 年版）第 9.2.10 条的有关要求。

当梁下部或梁截面高度范围内有集中荷载作用时，其箍筋及吊筋的配置应满足规范第 9.2.11 条的要求。

6. 框架梁腹板高度 $h_w\geqslant450\text{mm}$ 时（$h_w=h_0-h_t$，h_t 为楼板厚度），在梁的两侧面应沿高度设置腰筋，每侧腰筋截面总面积$\geqslant0.1b_bh_w$（%），腰筋间距$\leqslant200\text{mm}$。

10.1.3 框架柱构造要求

柱端配筋构造应符合图 10.1.1、图 10.1.2 和下列要求。

1. 柱截面全部纵向钢筋最小配筋率应满足《混凝土结构设计规范》GB 50010—2010（2015 年版）第 9.3.1 条的有关要求。截面每一侧最小配筋率还应$\geqslant0.2\%$。柱纵向钢筋直径不宜小于 12mm，全部纵向钢筋的配筋率不宜大于 5%。

圆柱中纵向钢筋宜沿周边均匀布置，根数不宜少于 8 根，且不应少于 6 根。

2. 偏心受压柱的截面高度$\geqslant600\text{mm}$时，在柱的侧面应设置直径为$\geqslant10\text{mm}$的纵向构造钢筋，并应设置复合箍筋和拉筋。

3. 柱周边箍筋应采用封闭式箍筋；圆柱中封闭箍筋搭接长度应$\geqslant l_a$，端部设 $135°$ 弯钩。

4. 柱箍筋直径应$\geqslant d/4$（d 为柱纵向钢筋中直径较大值）且$\geqslant6\text{mm}$。

5. 柱箍筋间距应$\leqslant$柱截面短边尺寸、$\leqslant400\text{mm}$、$\leqslant15d'$（d' 为柱纵向钢筋中直径较小值）。

6. 柱全部纵向受力钢筋的配筋率$>3\%$时，箍筋直径应$\geqslant8\text{mm}$，箍筋间距$\leqslant10d'$（d' 为柱纵向钢筋中直径较小值）且应$\leqslant200\text{mm}$。箍筋应按图 10.1.2 构造要求采用，箍筋也可采用焊接封闭环式箍筋。

7. 柱截面短边$>400\text{mm}$且各边纵向钢筋多于 3 根时，应设置复合箍；当柱截面短边$\leqslant400\text{mm}$，各边纵向钢筋多于 4 根时，也应设置复合箍筋。

8. 柱受力纵筋中距不宜大于 300mm；纵筋的净间距不应小于 50mm。

10.1.4　框架节点构造

非抗震设计框架节点核心区不需验算受剪承载力，但应满足配筋构造要求。

1. 锚入顶层端节点和中间层端节点内的梁纵筋宜采用弯折锚固，框架梁的纵向钢筋在端节点内应伸至柱外侧纵向钢筋内边弯折锚入节点内，水平段长度应 $\geqslant 0.4l_{ab}$。

2. 节点部位梁、柱纵向钢筋锚固构造应符合图 10.1.1 要求。

3. 节点核心区箍筋最大间距和最小直径应按柱配箍要求采用，且箍筋间距宜 $\leqslant 250mm$；四边均有梁相连的中间节点，节点内可只设周边封闭箍筋，不需设复合箍筋。

顶层端节点内水平箍筋直径应 $\geqslant 0.25d$（d 为节点内梁上部搭接纵筋直径的较大值），箍筋间距 $\leqslant 100mm$，$\leqslant 5d'$（d' 为节点内梁上部搭接纵筋直径的较小值）。

箍筋设置如图 10.1.2 所示。

10.1.5　梁端加腋框架节点构造

当顶层框架梁跨度及荷载较大时，或梁截面高度受到限制时，可采用加腋梁。

加腋梁坡度一般取 1∶3，加腋长度宜取 $l_n/6 \sim l_n/8$（l_n 为梁净跨度），梁端加腋高度宜 $\leqslant 0.4h_b$（h_b 为梁截面高度）。

梁端加腋部位纵向钢筋直径和根数不宜少于梁端纵向钢筋的直径和根数。

加腋梁和框架节点的配筋构造如图 10.1.1 和图 10.1.2 所示。

非抗震设计的框架结构当梁与柱中线偏心距 $e \geqslant b_c/4$ 时，宜采用梁端水平加腋框架节点，其截面和配筋构造要求见后续小节，如图 10.3.4 所示。

10.2　抗震框架结构梁柱节点设计及构造要求

10.2.1　设计的一般规定

抗震设计的框架结构除应满足以下有关要求外，尚应满足第一节非抗震框架结构设计和构造要求。

1. 混凝土强度等级。

一级、二级抗震等级应 $\geqslant$ C30；

三级、四级抗震等级应 $\geqslant$ C25；

设防烈度 9 度时宜 $\leqslant$ C60；设防烈度 8 度时宜 $\leqslant$ C70。

2. 纵向钢筋宜采用 HRB400 热轧钢筋。

试验研究表明构件和结构的延性性能与受拉钢筋屈服强度强度的平方成反比。

经对比试验发现，在各种焊接方法下焊接区的冲击韧性细晶粒热轧带肋钢筋均低于粗晶粒热轧带肋钢筋。

直径大于 28mm 热轧带肋钢筋，其焊接应从严控制，须经试验后确定。

箍筋宜采用 HPB300、HRB335、HRB400 级热轧钢筋。

3. 梁截面宽度宜 $\geqslant$ 200mm，高度宜 $\leqslant l_n/4$（l_n 为梁净跨度）；梁截面高宽比宜 $\leqslant$ 4。

4. 柱截面宽度和高度不宜小于 300mm，一、二、三级抗震等级不宜小于 400mm，截面长边与短边比值不宜大于 3；剪跨比宜大于 2。

圆柱截面直径不宜小于 350mm。一、二、三级抗震等级不宜小于 450mm。

5. 截面尺寸大于 400mm 的柱，纵向钢筋间距不宜大于 200mm。

6. 框架柱纵向受力钢筋的配置，应符合下列要求。

（1）框架柱中全部纵向受力钢筋百分率不应小于表 10.2.1 规定，且每一侧配筋率不应小于 2%；对Ⅳ类场地上较高的高层建筑，最小配筋百分率应按表中数值增加 0.1 采用。

框架柱全部纵向受力钢筋最小配筋百分率（%）　　　　　　　表 10.2.1

柱 类 型	抗 震 等 级			
	一级	二级	三级	四级
框架中柱、边柱	1.0	0.8	0.7	0.6
框架角柱	1.1	0.9	0.8	0.7

注：框架柱全部纵向受力钢筋最小配筋百分率，当采用 HRB400 级钢筋时，应按表中数值增加 0.05；当混凝土强度等级＞60 时，应按表中数值增加 0.1。

（2）框架柱中全部纵向受力钢筋配筋率不应大于 5%。

7. 地震作用组合后小偏心受拉及全截面受拉的角柱、边柱，柱纵向钢筋总面积应比计算值增加 25%。

8. 柱箍筋加密区的体积配箍率，应符合下列要求：

$$\rho_v \geqslant \lambda_v f_c / f_{yv} \qquad (10.2.1)$$

式中　ρ_v——柱箍筋加密区的体积配箍率，一级不应小于 0.8%，二级不应小于 0.6%，三级、四级不应小于 0.4%；计算复合螺旋箍的体积配箍率时，其非螺旋箍的箍筋体积应乘以折减系数 0.8；

f_c——混凝土轴心抗压强度设计值，强度等级低于 C35 时，应按 C35 计算；

f_{yv}——箍筋或拉筋抗拉强度设计值；

λ_v——最小配箍特征值，宜按表 10.2.2 采用。

柱箍筋加密区的箍筋最小配箍特征值 λ_v　　　　　　　表 10.2.2

抗震等级	箍筋形式	柱轴压比								
		≤0.3	0.4	0.5	0.6	0.7	0.8	0.9	1.0	1.05
一	普通箍、复合箍	0.10	0.11	0.13	0.15	0.17	0.20	0.23	—	—
	螺旋箍、复合或连续复合矩形螺旋箍	0.08	0.09	0.11	0.13	0.15	0.18	0.21	—	—
二	普通箍、复合箍	0.08	0.09	0.11	0.13	0.15	0.17	0.19	0.22	0.24
	螺旋箍、复合或连续复合矩形螺旋箍	0.06	0.07	0.09	0.11	0.13	0.15	0.17	0.20	0.22
三、四	普通箍、复合箍	0.06	0.07	0.09	0.11	0.13	0.15	0.17	0.20	0.22
	螺旋箍、复合或连续复合矩形螺旋箍	0.05	0.06	0.07	0.09	0.11	0.13	0.15	0.18	0.20

注：1. 普通箍指单个矩形箍；复合箍指由矩形、多边形、圆形箍或拉筋组成的箍筋；螺旋箍指单个螺旋箍筋；复合螺旋箍指螺旋箍与矩形、多边形、圆形箍或拉筋组成的箍筋；连续复合矩形螺旋箍指全部螺旋箍为同一根钢筋加工而成的箍筋；

2. 剪跨比不大于 2 的柱宜采用复合螺旋箍或井字复合箍，其体积配箍率不应小于 1.2%，9 度一级时不应小于 1.5%；

3. 计算复合螺旋箍的体积配箍率时，其非螺旋箍的箍筋体积应乘以换算系数 0.8；

4. 混凝土强度等级＞C60 时，箍筋宜采用复合箍、复合螺旋箍或连续复合矩形螺旋箍。当轴压比≤0.6 时，λ_v 值宜增大 0.02；轴压比＞0.6 时，λ_v 值宜增大 0.03。

9. 柱箍筋加密区的箍筋肢距，一级不宜大于 200mm，二、三级不宜大于 250mm，四级不宜大于 300mm。柱纵向钢筋宜在两个方向每隔一根有箍筋或拉筋约束，当采用复合箍时，拉筋宜紧靠纵向钢筋并钩住箍筋，如图 10.2.1 所示。

10. 有错层的高层建筑，框架柱的截面高度不应小于 600mm，混凝土强度等级不应低于 C30，抗震等级应提高一级采用，箍筋应沿错层柱全高加密设置。

11. 抗震设计框架梁柱节点构造图中 l_{abE} 为纵向受拉钢筋抗震基本锚固长度，l_{aE} 为纵向受拉钢筋抗震锚固长度，其取值按规范相关规定确定。

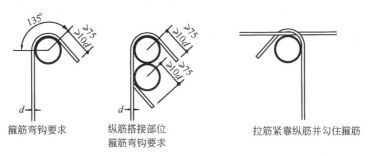

箍筋弯钩要求　　　纵筋搭接部位　　　　拉筋紧靠纵筋并勾住箍筋
　　　　　　　　　箍筋弯钩要求

图 10.2.1 箍筋弯钩要求

10.2.2 框架节点的受力机理和配筋构造设计准则

1. 节点构造设计的准则是框架结构体系在罕遇地震作用下，框架结构层间节点的承载力和延性必须能保证与其连接的梁端在地震作用下形成塑性铰而节点区不发生破坏，实现"强柱弱梁"设计要求。

框架结构顶层柱端在一般情况下其受弯承载力难以实现"强柱弱梁"的设计准则和相应的柱端延性要求，因此对于一般框架结构来说，在罕遇地震时避免顶层柱端出现塑性铰将难以实现。研究分析表明即使顶层柱端出现塑性铰也不会影响整体框架结构体系"梁铰机制"的形成。

顶层端节点采用图 10.2.2 柱内纵筋弯折与梁内纵筋搭接锚固构造时，应注意到当柱端出现塑性铰时，梁端在地震作用下承受弯矩和剪力时所产生的裂缝将会进一步扩展，因此应避免梁端裂缝部位贴近节点区，其构造措施要求柱内纵向钢筋弯折与梁纵筋搭接锚固长度≥$1.5l_{abE}$，其目的在于将梁的裂缝区和屈服区外移，避免梁端贴近柱边出现裂缝并向节点区延伸造成节点区破坏。

2. 施工时常常将施工缝设置在梁底处，端节点采用图 10.2.2 将梁上部钢筋 90°弯折锚固至梁底部，显然便于施工操作。

3. 图 10.2.3 震害实例显示，柱端出现塑性铰或柱端破坏时，如节点区和梁端配筋构造不当将导致如图所示破坏。

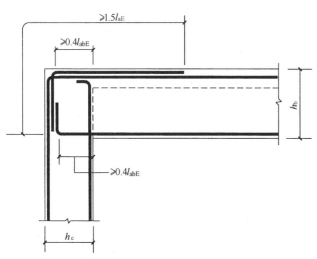

图 10.2.2 抗震设计顶层端节点梁、柱纵筋锚固构造

图 10.2.3 柱端破坏后导致节点区和梁端破坏的震害实例

4. 抗震设计要求梁纵向钢筋在节点区内应有可靠的锚固，在地震反复作用下锚入节点区纵筋的径向缩变和粘结退化都将会造成节点区内纵筋与混凝土间粘结力的下降。

图 10.2.2 所示构造，地震作用下框架顶层端节点和层间端节点梁纵筋锚入节点内的水平段纵筋出现粘结退化时，钢筋拉力通过钢筋弯弧部位对节点核心区形成斜向压力，并与柱端和梁端的受压区形成

图 10.2.4 所示斜压杆机构，将有利于阻止钢筋滑移，这种构造做法已得到国内外试验研究的验证。

5. 端节点区配筋构造设计的准则是应保证如下要求。

（1）节点核心区混凝土不发生斜压破坏。

（2）节点核心区混凝土在纵筋弯弧部位不发生局部受压破坏。

（3）节点核心区混凝土不发生沿钢筋弯弧平面的劈裂破坏。

6. 避免端节点核心区发生上述破坏，并确保斜压杆机构的受力机制的形成，应采取以下构造措施。

（1）节点区和与节点相连的梁、柱截面尺寸、混凝土强度等级、配筋构造应符合规范要求，以保证节点核心区斜压杆机构不发生斜压破坏。

（2）顶层端节点核心区内纵向钢筋弯弧半径应适当增大，以避免节点区混凝土发生局部受压破坏。纵筋直径 $d \leqslant 25mm$ 时钢筋弯弧半径取 $r = 6d$，$d > 25mm$ 时取 $r = 8d$。

（3）顶层端节点内由于外角钢筋弯弧较大，节点箍筋不易绑扎，当钢筋直径 $d \geqslant 25mm$ 时，应在节点外角增设 3 根直径不小于 10mm 的角部附加钢筋，其两端与弯折纵筋搭接长度不宜小于 200mm。

7. 框架节点内水平箍筋的合理设置是保证节点核心区受剪承载力的有效措施，对角柱和边柱节点更为重要，框架节点的受剪承载力是由混凝土斜压杆和水平箍筋两部分受剪承载力组成，水平箍筋对节点核心区混凝土斜压杆的约束效应将增强节点区的受剪承载力。

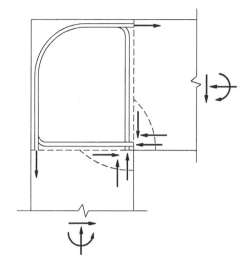

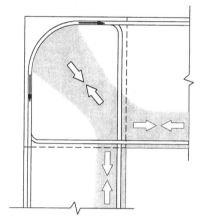

图 10.2.4 端节点内力及纵筋弯弧部位斜压杆机构示意图

10.2.3 框架节点受剪承载力计算

（一）一般框架结构梁柱节点

一、二、三级抗震等级的框架结构应进行节点核心区受剪承载力计算；四级抗震等级可不进行验算，但应满足有关构造及配筋要求。

1. 节点核心区组合的剪力设计值

（1）顶层中柱节点和端节点

1）一级抗震等级框架结构和 9 度设防烈度的一级抗震等级框架结构

$$V_j = \frac{1.15 \sum M_{\text{bua}}}{h_{b0} - a'_s}$$

（10.2.2）

2）其他情况

$$V_j = \frac{\eta_{jb} \sum M_b}{h_{b0} - a'_s}$$

（10.2.3）

（2）其他层中柱节点和端节点

1）一级抗震等级框架结构和9度设防烈度的一级抗震等级框架结构

$$V_j = \frac{1.15\sum M_{\text{bua}}}{h_{\text{b0}}-a_{\text{s}}'}\left(1-\frac{h_{\text{b0}}-a_{\text{s}}'}{H_{\text{c}}-h_{\text{b}}}\right) \tag{10.2.4}$$

2）其他情况

$$V_j = \frac{\eta_{j\text{b}}\sum M_{\text{b}}}{h_{\text{b0}}-a_{\text{s}}'}\left(1-\frac{h_{\text{b0}}-a_{\text{s}}'}{H_{\text{c}}-h_{\text{b}}}\right) \tag{10.2.5}$$

式中 $\sum M_{\text{bua}}$——框架节点左侧梁端和右侧梁端按实配钢筋面积（计入受压纵筋）和材料强度标准值计算的正截面抗震受弯承载力所对应的弯矩值之和，应分别按顺时针和逆时针方向进行计算取其较大值；

$\sum M_{\text{b}}$——框架节点左侧梁端和右侧梁端组合弯矩设计值之和，应分别按顺时针和逆时针方向进行计算取其较大值。一级抗震等级框架节点左、右梁端组合弯矩设计值均为负弯矩时，绝对值较小的弯矩应取零值；

$\eta_{j\text{b}}$——节点剪力增大系数，一级抗震等级框架结构取1.5，二级取1.35，三级取1.2；

H_{c}——节点上柱和下柱反弯点之间的距离；

a_{s}'——梁纵向受压钢筋合力点至截面近边的距离；

h_{b0}、h_{b}——分别为梁截面的有效高度、截面高度；当框架节点两侧梁高不相同时取其平均值。

2. 节点核心区截面抗震受剪承载力

（1）框架节点核心区水平截面受剪承载力设计值应满足下式要求：

$$V_j \leqslant \frac{1}{\gamma_{\text{RE}}}(0.3\eta_j\beta_{\text{c}}f_{\text{c}}b_jh_j) \tag{10.2.6}$$

（2）节点核心区截面受剪有效验算宽度 b_j 的确定如下。

1）当 $b_{\text{b}} \geqslant b_{\text{c}}/2$ 时，取 $b_j = b_{\text{c}}$。

2）当 $b_{\text{b}} < b_{\text{c}}/2$ 时，取 $(b_{\text{b}}+0.5h_{\text{c}})$ 与 b_{c} 中的较小值。

3）当梁、柱的中线不重合，且偏心距 $e_0 \leqslant b_{\text{c}}/4$ 时，取 $(0.5b_{\text{b}}+0.5b_{\text{c}}+0.25h_{\text{c}}-e_0)$、$(b_{\text{b}}+0.5b_{\text{c}})$ 和 b_{c} 三者中的最小值。

4）b_{b} 为验算方向梁截面宽度，b_{c} 为该侧柱截面宽度。

（3）节点核心区截面抗震受剪承载力采用以下公式进行验算。

1）设防烈度为9度一级抗震等级的框架结构

$$V_j \leqslant \frac{1}{\gamma_{\text{RE}}}\left(0.9\eta_jf_{\text{t}}b_jh_j+f_{\text{yv}}A_{\text{svj}}\frac{h_{\text{b0}}-a_{\text{s}}'}{s}\right) \tag{10.2.7}$$

2）其他情况

$$V_j \leqslant \frac{1}{\gamma_{\text{RE}}}\left(1.1\eta_jf_{\text{t}}b_jh_j+0.05\eta_jN\frac{b_j}{b_{\text{c}}}+f_{\text{yv}}A_{\text{svj}}\frac{h_{\text{b0}}-a_{\text{s}}'}{s}\right) \tag{11.2.8}$$

式中 η_j——正交梁对节点的约束影响系数，当楼板为现浇，梁柱中线重合，四侧各梁截面宽度不小于该侧柱截面宽度的1/2，且正交方向梁高度不小于较高框架梁高度的3/4时，取 $\eta_j=1.5$；但对9度设防烈度宜取 $\eta_j=1.25$；当不满足上述约束条件时取 $\eta_j=1.0$；

γ_{RE}——承载力抗震调整系数，可采用0.85；

h_j——节点核心区的截面高度，可采用验算方向的柱截面高度 h_{c}；

f_{t}——混凝土轴心抗拉强度设计值；

β_{c}——混凝土强度影响系数：当混凝土强度等级不超过C50时，取 $\beta_{\text{c}}=1.0$；当混凝土强度等级为C80时，取 $\beta_{\text{c}}=0.8$；其间按线性内插法确定。

N——对应于考虑地震作用组合剪力设计值的节点上柱底部的轴向力设计值；当 N 为压力时，取轴向压力设计值的较小值，且当 $N>0.5f_{\text{c}}b_{\text{c}}h_{\text{c}}$ 时，取 $N=0.5f_{\text{c}}b_{\text{c}}h_{\text{c}}$；当 N 为拉力时，取 $N=0$；

f_{yv}——箍筋的抗拉强度设计值；

f_t——混凝土轴心抗拉强度设计值；

A_{svj}——核心区有效宽度 b_j 范围内同一截面验算方向箍筋各肢的全部截面面积；

s——箍筋间距。

（二）圆柱框架梁柱节点

圆柱框架梁中线与柱中线重合时，可按以下要求验算节点核心区受剪承载力。

1. 节点核心区组合的剪力设计值按式（10.2.2）～式（10.2.5）计算。

2. 节点核心区受剪有效验算截面面积 A_j 的确定

（1）当 $b_b \geqslant 0.5D$ 时

取 $A_j = 0.8D^2$

（2）当 $b_b < 0.5D$ 且 $b_b \geqslant 0.4D$ 时

取 $A_j = 0.8D(b_b + 0.5D)$

3. 节点核心区截面抗震受剪承载力

圆柱框架节点核心区截面受剪承载力应满足下列要求：

$$V_j \leqslant \frac{1}{\gamma_{RE}}(0.3\eta_j\beta_c f_c A_j) \qquad (10.2.9)$$

$$V_j \leqslant \frac{1}{\gamma_{RE}}\left(1.5\eta_j f_t A_j + 0.05\eta_j \frac{N}{D^2}A_j + 1.57 f_{yv}A_{sh}\frac{h_{b0}-a'_s}{s} + f_{yv}A_{svj}\frac{h_{b0}-a'_s}{s}\right) \qquad (10.2.10)$$

当设防烈度为 9 度一级时，应满足式（10.2.10）计算要求：

$$V_j \leqslant \frac{1}{\gamma_{RE}}\left(1.2\eta_j f_t A_j + 1.57 f_{yv}A_{sh}\frac{h_{bo}-a'_s}{s} + f_{yv}A_{svj}\frac{h_{bo}-a'_s}{s}\right) \qquad (10.2.11)$$

式中 A_j——节点核心区截面有效截面面积；

D——圆柱直径；

A_{sh}——单根圆形箍筋的截面面积；

A_{svj}——同一截面验算方向的拉筋和非圆形箍筋的总截面面积。

10.2.4 一级抗震等级框架节点区构造

一级抗震等级框架节点及梁、柱端部配筋除满足计算要求和设计的一般规定外，尚应符合以下构造要求：

1. 梁端构造要求

（1）梁端受拉纵向钢筋最小配筋率应取 0.4% 和 $80f_t/f_y$（%）的较大值；最大配筋率不宜大于 2.5%，且计入受压纵筋的梁端混凝土受压区高度应符合 $x \leqslant 0.25h_0$ 的要求。

（2）梁端箍筋加密区范围内，纵向受压钢筋与纵向受拉钢筋的截面面积的比值，应满足 $d'/A_s \geqslant 0.5$。

（3）梁端箍筋加密区范围取 500mm 和 $2h_b$（h_b 为框架梁高度）中的较大值。梁端箍筋加密区箍筋直径应 $\geqslant 10$mm，箍筋间距应取 100mm、$6d'$（d' 为梁纵筋直径较小值）和 $h_b/4$ 的最小值。当梁端受拉纵筋配筋率 $\rho > 2\%$ 时，梁端箍筋直径应 $\geqslant 12$mm。

（4）梁端箍筋加密区箍筋肢距不宜大于 200mm、$20d$（d 为箍筋直径）的较大值。

（5）梁净跨度与截面高度的比值 <4 时，梁箍筋除应满足计算要求外，梁全长应按梁端箍筋加密区要求设置箍筋。

（6）梁箍筋应采用符合图 10.2.1 构造要求的封闭式箍筋。

（7）梁端配筋应符合图 10.2.5 和图 10.2.6 的构造要求。

2. 柱端构造要求

（1）柱端箍筋加密区范围取500mm、柱截面长边尺寸、$H_n/6$（H_n为柱层净高度）三者最大值。

柱端加密区箍筋直径应≥10mm；箍筋间距应取100mm、$6d'$（d'为柱纵筋直径较小值）的较小值；箍筋肢距宜≤200mm。

柱端加密区箍筋直径≥12mm，且肢距≤150mm时，箍筋间距可≤150mm。

（2）底层柱根部（框架底层柱的嵌固部位）在不小于柱净高度的1/3范围内应设置加密箍筋；当有刚性地面时，刚性地面的上、下各500mm范围内也应设置加密箍筋。加密区箍筋的直径、间距和肢距应符合（1）的要求。

（3）剪跨比≤2的短柱和嵌砌填充墙形成的H_n/h_c≤4的短柱（H_n为填充墙形成的柱净高度，h_c为柱截面高度）沿柱全高度箍距应取100mm、$6d'$（d'为柱纵筋直径较小值）的较小值；箍筋直径应

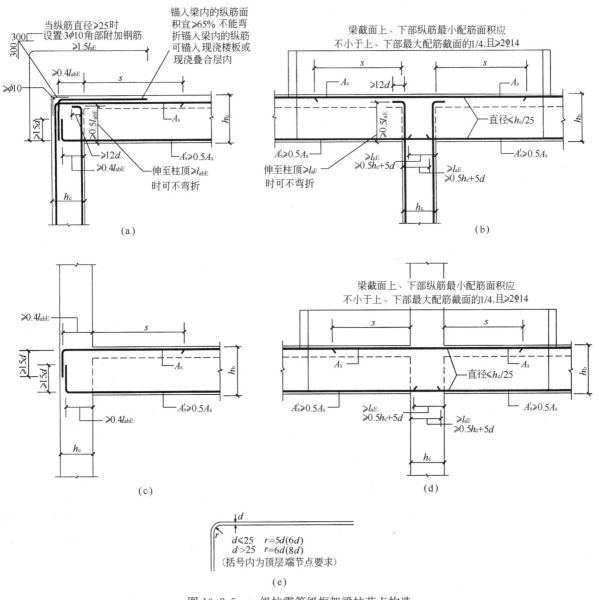

图10.2.5　一级抗震等级框架梁柱节点构造

（a）顶层端节点配筋构造；（b）顶层中柱节点配筋构造；（c）层间端节点配筋构造；
（d）层间中柱节点配筋构造；（e）节点内纵向钢筋弯折要求

注：h_c：柱高；b_c：柱宽；h_b：梁高；b_b：梁宽；d：纵筋直径较大值。

≥10mm，箍筋肢距≤200mm。

框架柱剪跨比≤2时，柱每侧纵向钢筋配筋率不宜大于1.2%。柱剪跨比≤2时宜沿柱全高度采用复合螺旋箍或井字复合箍，其体积配箍率不应小于1.2%，9度设防烈度时不应小于1.5%。

（4）框架角柱箍筋应沿柱全高度加密设置，箍筋直径及箍距应符合（1）的要求。

（5）框架柱非加密区体积配箍率不宜小于加密区体积配箍率的50%，非加密区箍筋间距≤10d'（d'为柱纵筋直径较小值）。

（6）框架柱箍筋应采用图10.2.1构造要求的封闭式箍筋。

（7）柱端配筋应符合图10.2.5和10.2.6所示的构造要求。

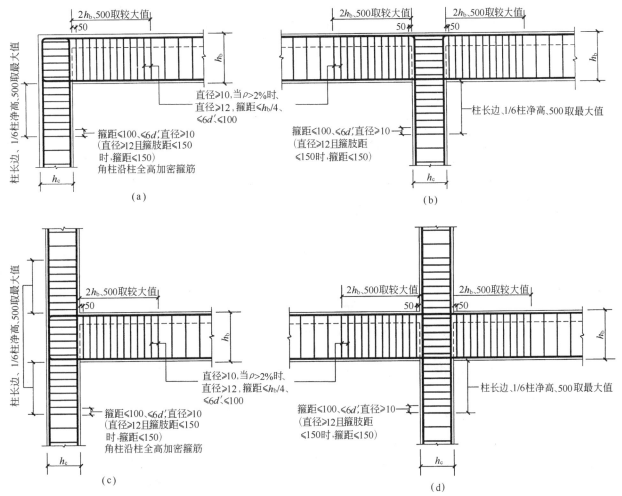

注：d'：纵向钢筋直径较小值；ρ：梁端受拉纵向钢筋配筋率；柱剪跨比≤2时，沿柱全高设置加密箍筋，箍距≤100。

图10.2.6 一级抗震等级框架梁柱节点区箍筋设置

（a）顶层端节点箍筋构造；（b）顶层中柱节点箍筋构造；（c）层间端节点箍筋构造；（d）层间中柱节点箍筋构造

3. 框架节点构造要求

一级抗震等级框架节点配筋构造应符合图10.2.5和图10.2.6构造要求。

（1）顶层端节点梁、柱纵向钢筋锚固及搭接长度按图10.2.5构造要求设置。

（2）顶层中柱节点和中间层中柱节点梁下部纵向钢筋伸入节点内的锚固长度应按图10.2.5构造要求设置。

（3）贯通中柱的梁内纵向钢筋直径宜≤h_c/20（h_c为柱截面高度，圆柱取纵筋所在位置柱截面的弦长度）。

9度设防烈度设计时框架结构和其他结构类型中的框架，贯通中柱的梁内纵筋直径宜≤h_c/25。

（4）锚入顶层端节点和中间层端节点内的梁纵筋宜采用弯折锚固，框架梁的纵向钢筋在端节点内的锚固长度应伸至柱外侧纵向钢筋内边并向节点内弯折，且水平锚固长度应$\geqslant 0.4l_{abE}$；顶层端节点内梁上部纵筋弯折后垂直段锚固长度应延伸至梁底处；中间层端节点内梁纵筋弯折后的垂直段锚固长度应$\geqslant 15d$（d 为纵筋直径较大值）。

（5）节点核心区箍筋最大间距和最小直径按图 10.2.6 柱端箍筋加密区要求采用。其配箍特征值宜取 $\lambda_v \geqslant 0.12$，且节点核心区体积配箍率宜$\geqslant 0.6\%$。柱剪跨比$\leqslant 2$ 的框架节点核心区，配箍特征值不宜小于节点核心区上、下柱端配箍特征值的较大值。

10.2.5 二级抗震等级框架节点区构造

二级抗震等级框架节点及梁、柱端部配筋除满足计算要求和设计的一般规定外，尚应符合以下构造要求：

1. 梁端构造要求

（1）梁端受拉纵向钢筋最小配筋率应取 0.3% 和 $65f_t/f_y$（%）的较大值；最大配筋率不宜大于 2.5%，且计入受压纵筋的梁端混凝土受压区高度应符合 $x \leqslant 0.35h_0$ 的要求。

（2）梁端箍筋加密区范围内，纵向受压钢筋与纵向受拉钢筋的截面面积的比值，应满足 $A_s'/A_s \geqslant 0.3$。

（3）梁端箍筋加密区范围取 500mm 和 $1.5h_b$（h_b 为框架梁高度）中的较大值。梁端箍筋加密区箍筋直径应$\geqslant 8\text{mm}$，箍筋间距应取 100mm、$8d'$（d' 为梁纵筋直径较小值）和 $h_b/4$ 的较小值。当梁端受拉纵筋配筋率 $\rho > 2\%$ 时，梁端箍筋直径应$\geqslant 10\text{mm}$。

（4）梁端箍筋加密区箍筋肢距不宜大于 250mm、$20d$（d 为箍筋直径）的较大值。

（5）梁净跨度与截面高度的比值< 4 时，梁箍筋除应满足计算要求外，梁全长应按梁端箍筋加密区要求设置箍筋。

（6）梁箍筋应采用符合图 10.2.1 构造要求的封闭式箍筋。

（7）梁端配筋应符合图 10.2.7 和图 10.2.8 的构造要求。

2. 柱端构造要求

（1）柱端箍筋加密区范围取 500mm、柱截面长边尺寸、$H_n/6$（H_n 为柱层净高度）三者最大值。

柱端加密区箍筋直径应$\geqslant 8\text{mm}$；箍筋间距应取 100mm、$8d'$（d' 为柱纵筋直径较小值）的较小值；箍筋肢距宜取 250mm、$20d$（d 为箍筋直径）的较小值。

柱端加密区箍筋直径$\geqslant 10\text{mm}$ 且肢距$\leqslant 200\text{mm}$ 时，箍筋间距可$\leqslant 150\text{mm}$。

（2）底层柱根部（框架底层柱的嵌固部位）在不小于柱净高度的 $1/3$ 范围内应设置加密箍筋；当有刚性地面时，刚性地面的上、下各 500mm 范围内也应设置加密箍筋。加密区箍筋的直径应$\geqslant 8\text{mm}$，箍筋间距应取 100mm、$8d'$（d' 为柱纵筋直径较小值）的较小值；箍筋肢距应取 250mm、$20d$（d 为箍筋直径）的较小值。

（3）剪跨比$\leqslant 2$ 的短柱和嵌砌填充墙形成的 $H_n/h_c \leqslant 4$ 短柱（H_n 为填充墙形成的柱净高度，h_c 为柱截面高度），沿柱全高度箍距应$\leqslant 100\text{mm}$，箍筋直径应$\geqslant 8\text{mm}$；箍筋肢距应取 250mm、$20d$（d 为箍筋直径）的较小值。

柱剪跨比$\leqslant 2$ 时宜沿柱全高度采用复合螺旋箍或井字复合箍，其体积配箍率不应小于 1.2%。

（4）框架角柱箍筋应沿柱全高度加密设置，箍筋直径及箍距应符合（1）的要求。

（5）框架柱非加密区体积配箍率不宜小于加密区体积配箍率的 50%，非加密区箍筋间距$\leqslant 10d'$（d' 为柱纵筋直径较小值）。

（6）框架柱箍筋应采用符合图 10.2.1 构造要求的封闭式箍筋。

（7）柱端配筋应符合图 10.2.7 和图 10.2.8 的构造要求。

3. 框架节点构造要求

二级抗震等级框架节点构造应符合图 10.2.7 和图 10.2.8 构造的要求。

（1）顶层端节点梁、柱纵向钢筋锚固及搭接长度按图 10.2.7 构造要求设置。

（2）顶层中柱节点和中间层中柱节点，梁下部纵向钢筋伸入节点内的锚固长度应按图 10.2.7 构造要求设置。

（3）贯通中柱的梁内纵向钢筋直径宜 $\leqslant h_c/20$（h_c 为柱截面高度，圆柱取纵筋所在位置柱截面的弦长度）。

（4）锚入顶层端节点和中间层端节点内的梁纵筋宜采用弯折锚固，框架梁的纵向钢筋在端节点内的锚固长度应伸至柱外侧纵向钢筋内边并向节点内弯折，且水平锚固长度应 $\geqslant 0.4 l_{abE}$；顶层端节点内梁上部纵筋弯折后垂直段锚固长度应延伸至梁底处；中间层端节点内梁纵筋弯折后的垂直段锚固长度应 $\geqslant 15d$（d 为纵筋直径较大值）。

（5）节点核心区箍筋最大间距和最小直径按图 10.2.8 柱端箍筋加密区要求采用。其配箍特征值宜取 $\lambda_v=0.1$，且节点核心区体积配箍率宜 $\geqslant 0.5\%$。柱剪跨比 $\leqslant 2$ 的框架节点核心区，配箍特征值不宜小于节点核心区上、下柱端配箍特征值的较大值。

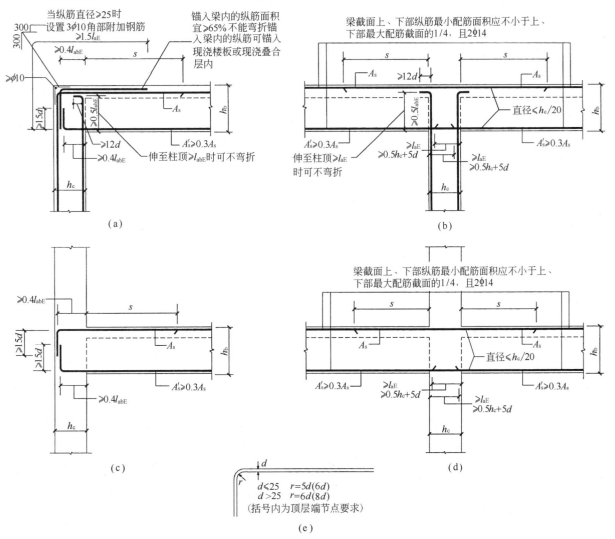

注：h_c：柱高；b_c：柱宽；h_b：梁高；b_b：梁宽；d：纵筋直径较大值；

图 10.2.7　二级抗震等级框架梁柱节点构造

（a）顶层端节点配筋构造；（b）顶层中柱节点配筋构造；（c）层间端节点配筋构造；（d）层间中柱节点

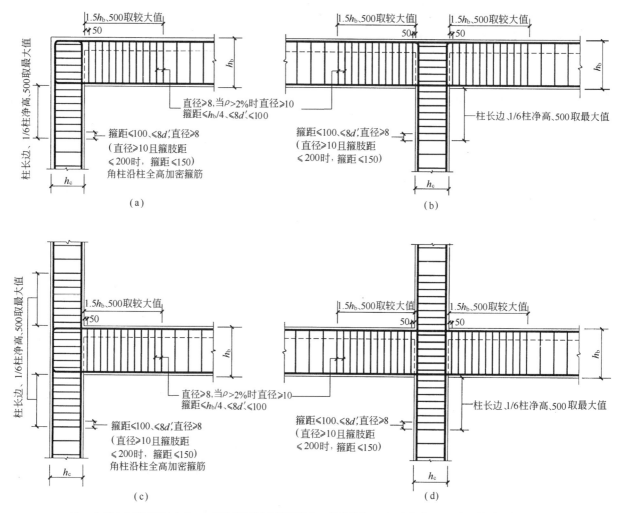

注：d'：纵向钢筋直径较小值；ρ：梁端受拉纵向钢筋配筋率；柱剪跨比<2时，沿柱全高设置加密箍筋，箍距≤100。

图 10.2.8　二级抗震等级框架梁柱节点区箍筋设置

（a）顶层端节点配筋构造；（b）顶层中柱节点箍筋构造；（c）层间端节点箍筋构造；（d）层间中柱节点箍筋构造

10.2.6　三级抗震等级框架节点区构造

三级抗震等级框架节点及梁、柱端部配筋除满足计算要求和设计的一般规定外，尚应符合以下构造要求：

1. 梁端构造要求

（1）梁端受拉纵向钢筋最小配筋率应取 0.25% 和 $55f_t/f_y$（%）的较大值；最大配筋率不宜大于 2.5%，且计入受压纵筋的梁端混凝土受压区高度应符合 $x \leqslant 0.35h_0$ 的要求。

（2）梁端箍筋加密区范围内，纵向受压钢筋与纵向受拉钢筋的截面面积的比值，应满足 $A'_s/A_s \geqslant 0.3$。

（3）梁端箍筋加密区范围取 500mm 和 $1.5h_b$（h_b 为框架梁高度）中的较大值。

梁端箍筋加密区箍筋直径应≥8mm；箍筋间距应取 150mm、≤$8d'$（d' 为梁纵筋直径较小值）和 ≤$h_b/4$ 的较小值。当梁端受拉纵筋配筋率 ρ>2% 时，梁端箍筋直径应≥10mm。

（4）梁端箍筋加密区箍筋肢距不宜大于 250mm、$20d$（d 为箍筋直径）的较大值。

（5）梁净跨度与截面高度的比值<4时，梁箍筋除应满足计算要求外，梁全长应按梁端箍筋加密区

要求设置箍筋。

（6）梁箍筋应采用符合图 10.2.1 构造要求的封闭式箍筋。

（7）梁端配筋应符合图 10.2.9 和图 10.2.10 的构造要求。

2. 柱端构造要求

（1）柱端箍筋加密区范围取 500mm、柱截面长边尺寸、$H_n/6$（H_n 为柱层间净高度）三者最大值。

柱端加密区箍筋直径应 ≥8mm（柱截面尺寸 ≤400 时，直径 ≥6mm）；箍筋间距应取 150mm、≤8d'（d' 为柱纵筋直径较小值）的较小值；箍筋肢距宜取 250mm、≤20d（d 为箍筋直径）的较小值。

（2）底层柱根部（框架底层柱的嵌固部位）在不小于柱净高度的 1/3 范围内应设置加密箍筋；当有刚性地面时，刚性地面的上、下 500mm 范围内也应设置加密箍筋。加密区箍筋直径 ≥8mm，箍筋间距 ≤100mm；箍筋肢距宜取 250mm、≤20d（d 为箍筋直径）的较小值。

（3）剪跨比 ≤2 的短柱和嵌砌填充墙形成的 H_n/h_c≤4 短柱（H_n 为填充墙形成的柱净高度，h_c 为

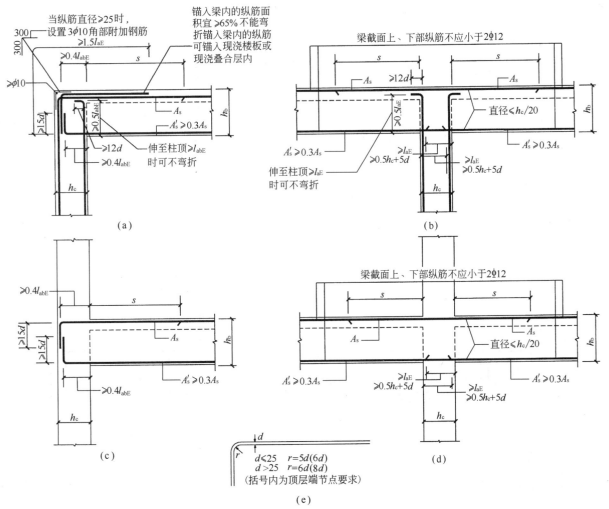

注：h_c：柱高；b_c：柱宽；h_b：梁高；b_b：梁宽；d：纵筋直径较大值。

图 10.2.9 三级抗震等级框架梁柱节点构造

（a）顶层端节点配筋构造；（b）顶层中柱节点配筋构造；（c）层间端节点配筋构造；
（d）层间中柱节点配筋构造；（e）节点内纵向钢筋弯折要求

柱截面高度），沿柱全高度箍距应≤100mm，箍筋直径≥8mm；箍筋肢距取250mm、≤20d（d为箍筋直径）的较小值。

柱剪跨比≤2时宜沿柱全高度采用复合螺旋箍或井字复合箍，其体积配箍率不应小于1.2%。

（4）框架柱非加密区体积配箍率不宜小于加密区体积配箍率的50%，非加密区箍筋间距≤15d'（d'为柱纵筋直径较小值）。

（5）框架柱箍筋应采用符合图10.2.1构造要求的封闭式箍筋。

（6）柱端配筋应符合图10.2.9和图10.2.10的构造要求。

3. 框架节点构造要求

三级抗震等级框架节点配筋构造应符合图10.2.9和图10.2.10的构造要求。

（1）顶层端节点梁、柱纵向钢筋锚固及搭接长度按图10.2.9构造要求设置。

（2）顶层中柱节点和中间层中柱节点，梁下部纵向钢筋伸入节点内的锚固长度应按图10.2.9构造要求设置。

（3）贯通中柱的梁内纵向钢筋直径宜≤h_c/20（h_c为柱截面高度，圆柱取纵筋所在位置柱截面的弦长度）。

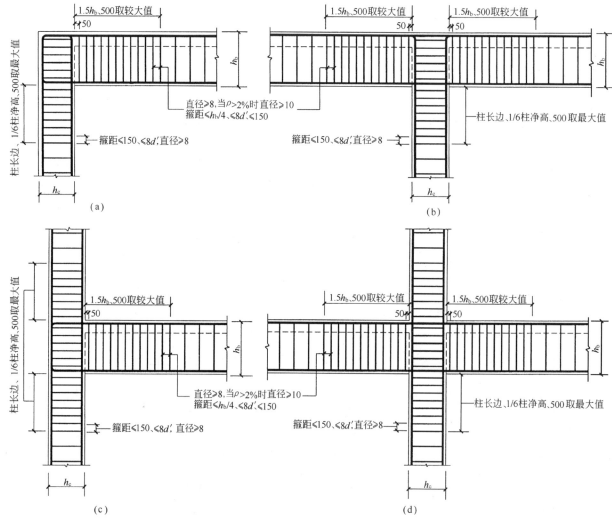

注：d'：纵向钢筋直径较小值；ρ：梁端受拉纵向钢筋配筋率；柱剪跨比<2时，沿柱全高设置加密箍筋，箍距≤100。

图10.2.10 三级抗震等级框架梁柱节点区箍筋设置

（a）顶层端节点配筋构造；（b）顶层中柱节点配筋构造；（c）层间端节点配筋构造；（d）层间中柱节点配筋构造

（4）锚入顶层端节点和中间层端节点内的梁纵筋宜采用弯折锚固，框架梁的纵向钢筋在端节点内的锚固长度应伸至柱外侧纵向钢筋内边并向节点内弯折，且水平锚固长度应≥$0.4l_{abE}$。顶层端节点内梁上部纵筋弯折后的垂直段锚固长度应延伸至梁底处；层间端节点内梁纵筋弯折后的垂直段锚固长度应≥$15d$（d 为纵筋直径较大值）。

（5）节点核心区箍筋最大间距和最小直径按图 10.2.10 柱端箍筋加密区要求采用。其配箍特征值宜取 $\lambda_v=0.08$，且节点核心区体积配箍率宜≥0.4%。柱剪跨比≤2 的框架节点核心区，配箍特征值不宜小于节点核心区上、下柱端配箍特征值的较大值。

10.2.7 四级抗震等级框架节点区构造

四级抗震等级框架节点及梁、柱端部配筋除满足计算要求和设计的一般规定外，尚应符合以下构造要求：

1. 梁端构造要求

（1）梁端受拉纵向钢筋最小配筋率应取 0.25% 和 $55f_t/f_y$（%）的较大值；最大配筋率不宜大于 2.5%。

（2）梁端箍筋加密区范围取 500mm 和 $1.5h_b$（h_b 为框架梁高度）中的较大值。

梁端箍筋加密区箍筋直径应≥6mm；箍筋间距应取 150mm、$8d'$（d' 为梁纵筋直径较小值）和 $h_b/4$ 的较小值。

当梁端受拉纵筋配筋率 $\rho>2\%$ 时，梁端箍筋直径应≥8mm。

（3）梁高>800mm 时，箍筋直径应≥8mm。

（4）梁端箍筋加密区箍筋肢距宜≤300。

（5）梁净跨度与截面高度的比值<4 时，梁箍筋除应满足计算要求外，梁全长应按梁端箍筋加密区要求设置箍筋。

（6）梁箍筋应采用符合图 10.2.1 构造要求的封闭式箍筋。

（7）梁端配筋应符合图 10.2.11 和图 10.2.12 的构造要求。

2. 柱端构造要求

（1）柱端箍筋加密区范围取 500mm、柱截面长边尺寸、$H_n/6$（H_n 为柱层间净高度）三者较大值。

柱端加密区箍筋直径应≥6mm；箍筋间距应取 150mm、≤$8d'$（d' 为柱纵筋直径较小值）的较小值；箍筋肢距宜≤300mm。

（2）底层柱根部（框架底层柱的嵌固部位）在不小于柱净高度的 1/3 范围内应设置加密箍筋；当有刚性地面时，刚性地面的上、下各 500mm 范围内也应设置加密箍筋。加密区箍筋的直径≥8mm，箍筋间距≤100mm，箍筋肢距宜≤300mm。

（3）剪跨比≤2 的短柱和嵌砌填充墙形成的 $H_n/h_c≤4$ 短柱（H_n 为填充墙形成的柱净高度，h_c 为柱截面高度），沿柱全高度箍距应≤100mm，直径≥8mm，箍筋肢距宜≤300mm。

（4）框架柱非加密区体积配箍率不宜小于加密区体积配箍率的 50%，非加密区箍筋间距≤$15d'$（d' 为柱纵筋直径较小值）。

（5）框架柱全部纵向钢筋配筋率大于 3% 时，箍筋直径≥8mm。

（6）框架柱箍筋应采用符合图 10.2.1 构造要求的封闭式箍筋。

（7）柱端配筋应符合图 10.2.11 和图 10.2.12 所示的构造要求。

3. 框架节点构造要求

四级抗震等级框架节点配筋构造应符合 10.2.11 和图 10.2.12 的构造要求。

（1）顶层端节点梁、柱纵向钢筋锚固及搭接长度按图 10.2.11 构造要求设置。

（2）顶层中柱节点和中间层中柱节点，梁下部纵向钢筋伸入节点内的锚固长度应按图 10.2.11 构造

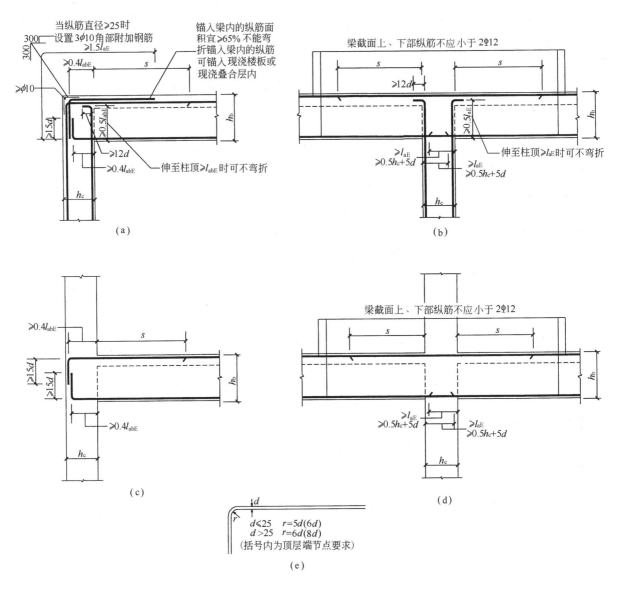

注：h_c：柱高；b_c：柱宽；h_b：梁高；b_b：梁宽；d：纵筋直径较大值。

图 10.2.11 四级抗震等级框架梁柱节点构造

(a) 顶层端节点配筋构造；(b) 顶层中柱节点配筋构造；(c) 层间端节点配筋构造；
(d) 层间中柱节点配筋构造；(e) 节点内纵向钢筋弯折要求

要求设置。

（3）锚入顶层端节点和中间层端节点内的梁纵筋宜采用弯折锚固，框架梁的纵向钢筋在端节点内的锚固长度应伸至柱外侧纵向钢筋内边并向节点内弯折，且水平锚固长度应≥$0.4l_{abE}$。顶层端节点内梁上部纵筋弯折后的垂直段锚固长度应延伸至梁底处；层间端节点内梁纵筋弯折后的垂直段锚固长度应≥$15d$（d 为纵筋直径较大值）。

（4）节点核心区箍筋最大间距和最小直径按图 10.2.12 柱端箍筋加密区要求采用。柱剪跨比≤2 的框架节点核心区，配箍特征值不宜小于节点核心区上、下柱端配箍特征值的较大值。

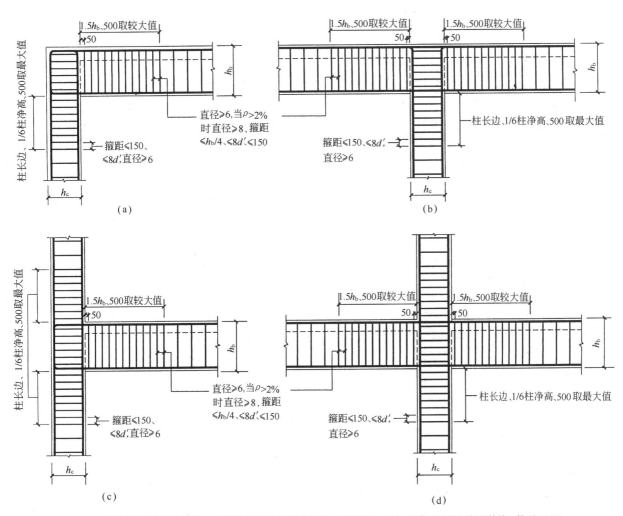

注: d': 纵向钢筋直径较小值; ρ: 梁端受拉纵向钢筋配筋率; 柱剪跨比<2时, 沿柱全高设置加密箍筋, 箍距≤100。

图 10.2.12 四级抗震等级框架梁柱节点区箍筋设置

(a) 顶层端节点箍筋构造; (b) 顶层中柱节点箍筋构造; (c) 层间端节点箍筋构造; (d) 层间中柱节点箍筋构造

10.3 抗震框架结构梁端加腋节点的配筋和构造要求

10.3.1 梁端竖向加腋的构造要求

抗震设计的框架结构当顶层框架梁跨度及荷载较大时, 或梁截面高度受到限制时可在梁端竖向加腋, 梁端加腋长度宜≥h_b (h_b为梁截面高度), 加腋梁坡度不宜小于1:2, 梁端加腋高度宜≤$0.4h_b$。梁端加腋配筋构造如图10.3.1所示。节点区的配筋, 应按本节框架结构相应抗震等级的构造要求采用。

10.3.2 梁端水平加腋框架节点的配筋和构造要求

1. 框架大偏心梁柱节点的受力机理和地震作用后的破坏形态

抗震设计的框架结构当梁与柱中线偏心距 $e \geq b_c/4$ 时, 应采用梁端水平加腋框架节点。梁柱之间偏心距过大会导致节点核心区有效受剪面积减小、剪应力增大, 使节点核心区受剪有效范围内和有效范围外剪切变形产生差异, 且过大的偏心也导致梁端弯矩作用时, 在节点部位出现扭矩, 不利因素将导致柱身出现纵向裂缝, 这一破坏形态在唐山地震时已有显示, 如图10.3.2所示为唐山开滦煤矿厂房大偏心

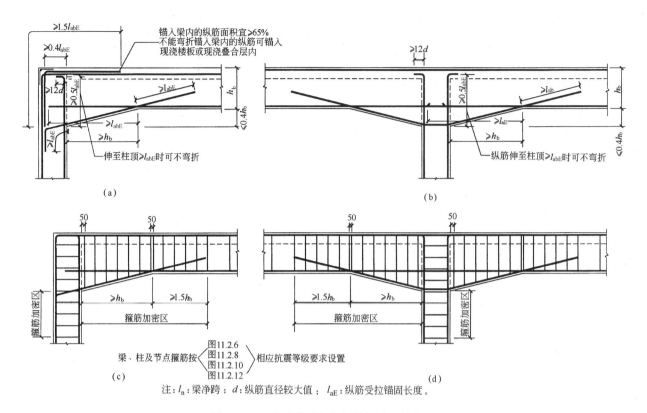

图 10.3.1 抗震设计框架梁端加腋配筋构造

(a) 顶层加腋梁端节点配筋构造；(b) 顶层加腋梁中柱节点配筋构造；(c) 顶层加腋梁端节点箍筋构造；(d) 顶层加腋梁中柱节点箍筋构造

梁柱节点的震害实例。如图 10.3.3 所示为梁端、柱端和节点核心区均按规范要求配置加密箍筋的大偏心梁柱节点低周反复荷载试验，也出现了与震害相同的破坏形态。试验证明梁端水平加腋是一种可行的措施，设计时必须注意从配筋和构造上考虑梁柱偏心的不利影响。

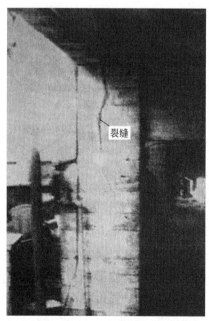

图 10.3.2 唐山开滦煤矿厂房大偏心梁柱节点的震害实例

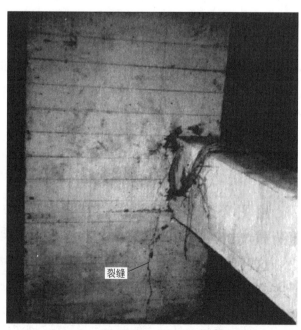

图 10.3.3 大偏心梁柱节点低周反复荷载试验柱出现的竖向裂缝

2. 梁端水平加腋框架节点的构造要求

(1) 梁端水平加腋截面应满足如图 10.3.4（a）所示以下要求：

$$b_x/l_x \leqslant 1/2$$
$$b_x/b_b \leqslant 2/3$$
$$b_x+b_b+x \geqslant b_c/2$$

(2) 梁端水平加腋框架节点核心区有效宽度的确定：

当 $x=0$ 时，$b_j \leqslant b_b+b_x$

当 $x \neq 0$ 时，取下式中的较大值：

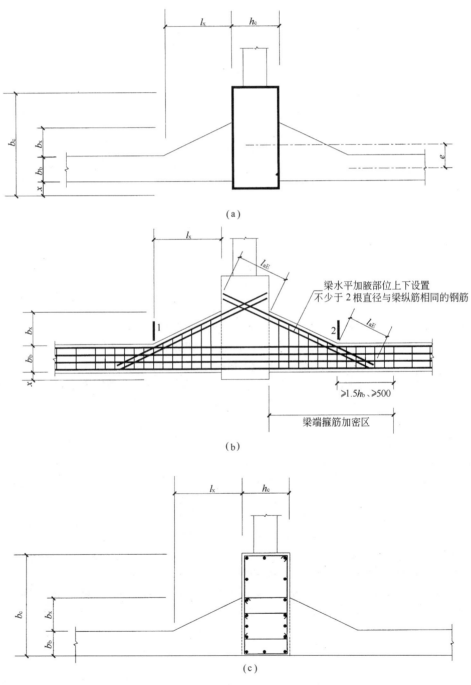

图 10.3.4　水平加腋梁框架节点及梁柱构造要求

（a）水平加腋梁平面尺寸示意图；（b）水平加腋梁框架节点配筋；（c）水平加腋梁框架柱配筋

$$b_j \leqslant b_b + b_x + x$$
$$b_j \leqslant b_b + 2x$$
$$b_j \leqslant b_b + 0.5h_c$$

式中　b_b——梁截面宽度；

　　　h_c——柱截面高度；

　　　b_x——梁水平加腋宽度；

　　　l_x——梁水平加腋长度。

（3）梁端水平加腋配筋构造如图 10.3.4（b）所示。

3. 梁端水平加腋框架节点的受剪承载力计算

（1）梁端水平加腋框架节点核心区组合的剪力设计值可按式（10.2.2）～式（10.2.5）计算，式中框架节点两侧梁端弯矩 M_{bua} 按图 10.3.4（b）梁截面 1 和截面 2 实配纵向钢筋面积计算，梁端水平加腋部位另设的构造纵向钢筋不应计入。

（2）梁端水平加腋框架节点核心区截面抗震受剪承载力可按式（10.2.6）～式（10.2.8）进行验算，式中正交梁约束影响系数取 $\eta_j = 1$。

（3）水平加腋梁距柱边 $x = 0$ 时，沿计算方向不少于总面积 3/4 计算需要的柱内纵向钢筋应设置在节点核心区截面有效宽度 b_j 范围内，如图 10.3.4（c）所示。

（4）梁端纵向钢筋锚入框架节点内的构造措施，应按本节框架结构相应抗震等级的构造要求采用。

参 考 文 献

[1] 建筑工程抗震设防分类标准 GB 50223—2008 [S]. 北京：中国建筑工业出版社，2008.

[2] 混凝土结构设计规范 GB 50010—2010（2015 年版）[S]. 北京：中国建筑工业出版社，2010.

[3] 建筑抗震设计规范 GB 50011—2010（2016 年版）[S]. 北京：中国建筑工业出版社，2010.

[4] 高层建筑混凝土结构技术规程 JGJ 3—2010 [S]. 北京：中国建筑工业出版社，2010.

[5] 胡庆昌. 建筑结构抗震设计与研究 [M]. 北京：中国建筑工业出版社，1999.

[6] 胡庆昌，等. 多层和高层钢筋混凝土房屋抗震设计简介 [J]. 建筑科学，2002 年 5 第 18 卷第 1 期.

[7] 胡庆昌，孙金墀，郑琪. 建筑结构抗震减震与连续倒塌控制 [M]. 北京：中国建筑工业出版社，2007.

[8] 孙金墀. 国家标准《建筑抗震构造详图》97G329（-）编制内容说明 [J]. 建筑结构，1999 年第 10 期.

[9] 郑琪，柯长华，胡庆昌，张美励，孙金墀. 钢筋混凝土大偏心梁柱节点抗震性能的试验研究 [J]. 建筑结构学报，1999 年第 6 期.

[10] 傅剑平，张川，白绍良. 钢筋混凝土抗震框架节点各机构传递剪力的定量分析 [J]. 建筑结构学报，2005 年 01 期.

[11] 白绍良，等. 钢筋混凝土现浇框架顶层边节点的静力及抗震性能试验研究 [D]. 重庆建筑工程学院论文，1991.

[12] T. 鲍雷，M. J. N. 普里斯特利. 钢筋混凝土和砌体结构的抗震设计 [M]. 戴瑞同，等. 译. 北京：中国建筑工业出版社，1999.

[13] 王传志，滕智明. 钢筋混凝土结构理论 [M]. 北京：中国建筑工业出版社，1985.

[14] 高怡斐，翟战江. Φ28mm HRB400 和 HRBF400 钢筋四种焊接接头冲击试验结果分析与比较 [C]. 2012 国际冶金及材料分析测试学术报告会（CCATM2012）论文集.

[15] ACI 318-11 Building Code Requirements for Structural Concreteand Commentary, American Concrete Institute.

[16] Cheng C. C. and Chen G. K. Cyclic Behavior of Reinforced Concrete Eccentric Beam-Column Corner Joints Connecting Spread-Ended Beams. ACI STRUCTURAL JOURNAL, May-June1999.

第11章　柱

11.1　柱的截面形式

框架柱的截面一般采用矩形、方形、圆形、工字形和多角形等，见图11.1.1。

图11.1.1　柱的截面形式

11.2　柱的截面尺寸

1. 矩形截面柱的边长，非抗震设计时，柱截面的宽度和高度均不宜小于250mm；圆形截面柱，非抗震设计时，其直径不宜小于300mm。

2. 抗震设计时，对矩形柱截面，截面的宽度和高度，四级或不超过2层时不宜小于300mm，一、二、三级且超过2层时不宜小于400mm；圆柱的直径，四级或不超过2层时不宜小于350mm，一、二、三级且超过2层时不宜小于450mm。

3. 柱剪跨比宜大于2。

4. 柱截面高宽比不宜大于3。

框架边柱的截面应满足梁的上部纵向受拉钢筋在节点内的锚固要求，见图11.2.1，图中l_a和l_{aE}的最小锚固长度见第10章相关内容。如果柱的截面尺寸不满足图中所示要求时，梁可以做成探头梁（图11.2.2）。对有抗震要求的框架梁的纵向受拉钢筋要通过中柱节点时，中柱截面高度不宜小于20d（d为梁内贯通中柱的受拉钢筋的最大直径）。

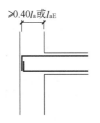

图11.2.1　梁纵向钢筋在柱的锚固

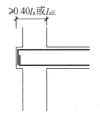

图11.2.2　探头梁

11.3　柱的混凝土强度等级及轴压比

1. 设防烈度为9度时，混凝土强度等级不宜超过C60；设防烈度为8度时，混凝土强度等级不宜超过 C70。

2. 混凝土的强度等级，框支梁、框支柱及抗震等级为一级的框架梁、柱、节点核心区，不应低于 C30；其他情况下各类构件不应低于 C20。

3. 梁与柱混凝土强度等级相差超过两级时，可按以下两种方法之一处理。

（1）梁柱节点处之混凝土强度等级取与梁相同。可按《建筑抗震设计规范》GB 50011—2010 附录 D 验算截面并计算配筋。

（2）梁柱节点处之混凝土等级取与柱同。此时节点处混凝土应浇灌成斜坡形或直线形施工缝，如图 11.3.1 所示，并应注意两个方面：

1）每个节点少量进行浇捣混凝土应保证质量，振捣密实并应在初凝之前将混凝土浇捣完毕。

2）梁上施工缝之接槎应保证其整体性。

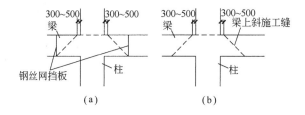

图 11.3.1　梁柱节点施工缝

（a）竖向直线形施工缝；（b）斜坡形施工缝

4. 抗震设计时，框架柱在竖向荷载与地震作用组合下的轴压比不宜超过表 11.3.1 的规定。建造于 Ⅳ 类场地且较高的高层建筑，柱轴压比限值应适当减小。

柱轴压比限值　　　　　　　　　　　表 11.3.1

结构类型	抗震等级			
	一	二	三	四
框架结构	0.65	0.75	0.85	0.90
板柱-剪力墙、框架-剪力墙、框架-核心筒、筒中筒结构	0.75	0.85	0.90	0.95
部分框支剪力墙结构	0.60	0.70	—	

注：1. 轴压比指柱组合的轴压力设计值与柱的全截面面积和混凝土轴心抗压强度设计值乘积之比值；对不进行地震作用计算的结构，可取无地震作用组合的轴力设计值计算；

2. 表内数值适用于混凝土强度等级不高于 C60 的柱。当混凝土强度等级为 C65～C70 时，轴压比限值应比表中数值降低 0.05；当混凝土强度等级为 C75～C80 时，轴压比限值应比表中数值降低 0.10；

3. 表内数值适用于剪跨比大于 2 的柱，剪跨比不大于 2 的柱，轴压比限值应降低 0.05，剪跨比小于 1.5 的柱，轴压比限值应专门研究并采取特殊构造措施；

4. 沿柱全高采用井字复合箍且箍筋肢距不大于 200mm、间距不大于 100mm，直径不小于 12mm，或沿柱全高采用复合螺旋箍、螺旋间距不大于 100mm、箍筋肢距不大于 200mm、直径不小于 12mm，或沿柱全高采用连续复合矩形螺旋箍、螺旋净距不大于 80mm、箍筋肢距不大于 200mm、直径不小于 10mm，轴压比限值均可增加 0.10，上述三种箍筋的最小配箍特征值均应按增大的轴压比由《建筑抗震设计规范》GB 50011—2010 表 6.3.9 确定；

5. 在柱的截面中部附加芯柱，其中另加的纵向钢筋的总面积不少于柱截面面积的 0.8%，轴压比限值可增加 0.05，此项措施与注 4 的措施共同采用时，轴压比限值可增加 0.15，但箍筋的体积配箍率仍可按轴压比增加 0.10 的要求确定；

6. 调整后的柱轴压比限值不应大于 1.05。无地震作用组合时不宜大于 1.0。

11.4　柱的纵向钢筋

1. 柱的纵向钢筋宜按对称配置。

2. 全部纵向钢筋的配筋率，非抗震设计时不宜大于 5%，不应大于 6%；抗震设计时不应大于 5%。

3. 全部纵向受力钢筋配筋率不应小于表 11.4.1 规定的最小配筋百分率，同时应满足每一侧配筋率不小于 0.2%，对Ⅳ类场地上的高层建筑，表中的数值应增加 0.1。

柱纵向受力钢筋最小配筋百分率（%） 表 11.4.1

柱类型	抗震等级				非抗震
	一级	二级	三级	四级	
中柱、边柱	0.9(1.0)	0.7(0.8)	0.6(0.7)	0.5(0.6)	0.5
角柱	1.1	0.9	0.8	0.7	0.5
框支柱	1.1	0.9	—	—	0.7

注：1. 表中括号内数值适用于框架结构；
　　2. 钢筋强度标准值小于 400MPa 时，表中数值应增加 0.1，钢筋强度标准值等于 400MPa 时，表中数值应增加 0.05 采用；
　　3. 混凝土强度等级高于 C60 时，上述数值应相应增加 0.1。

4. 抗震等级为一级且剪跨比不大于 2 的框架柱，每侧纵向钢筋配筋率不宜大于 1.2%，且沿柱全长应箍筋加密，并采用复合箍筋。

5. 抗震设计时，截面尺寸大于 400mm 的柱，其纵向受力钢筋间距不宜大于 200mm（见图 11.4.1）。纵向受力钢筋的净距，均不应小于 50mm。

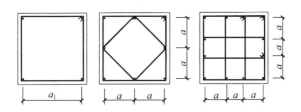

图 11.4.1 纵向受力钢筋最大间距（$a \leqslant 200$mm）

6. 纵向受力钢筋直径不宜小于 12mm；圆柱中纵向钢筋应沿周边均匀布置，根数不宜少于 8 根，且不应少于 6 根。

7. 非抗震设计时，当偏心受压柱的截面高度 $h \geqslant 600$mm 时，在侧面应设置直径为 10～16mm 的纵向构造钢筋，并应相应地设置复合箍或拉筋。

8. 抗震设计时，柱纵向受力钢筋的绑扎接头应避开柱端的箍筋加密区。

9. 角柱、边柱及剪力墙端柱考虑地震作用组合产生的偏心受拉时，柱内纵筋总面积应比计算值增加 25%。

10. 柱的纵筋不应与箍筋、拉筋及预埋件等焊接。

11.5 纵向钢筋的接头与锚固

1. 非抗震设计时，直径大于等于 20mm 的受力钢筋宜采用机械连接接头。并应根据钢筋在构件中的受力情况选用不同等级的机械连接接头。

2. 抗震设计时，现浇钢筋混凝土柱纵向受力钢筋的连接除应遵守非抗震设计时对纵向受力钢筋接头的规定外，还应遵守以下规定。

（1）框支柱（梁）：宜采用机械连接接头；

（2）位于同一连接区段内的受拉钢筋接头面积百分率不宜超过 50%；

（3）接头位置宜避开梁端、柱端箍筋加密区，当无法避开时，应采用满足等强度要求的机械连接接头，且钢筋接头面积百分率不宜超过 50%。

3. 当柱纵向钢筋总数不超过 4 根时，可在同一截面连接，否则宜在两个水平面上连接，每个水平

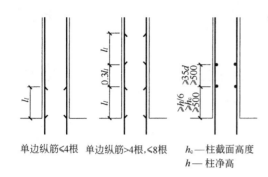

图 11.5.1 非抗震设计柱纵向钢筋连接

面上受力钢筋接头面积百分率不应大于 50%。受压钢筋的接头面积百分率可不作限制。

（1）非抗震设计时，搭接位置可以从基础顶面或各层楼板板面开始（图 11.5.1）。如采用机械接头或焊接接头时，接头位置与抗震设计时相同。相邻接头位置，搭接时为 $0.3l_l$，机械接头和焊接接头为 $35d$ 且不小于 500mm。

（2）抗震设计时，连接位置应距基础顶面或各层楼面为 $h/6$、h_c 及 500mm，三者中较大者，其中 h 为柱净高，h_c 为柱截面高度。相邻搭接接头距离应大于 $0.3l_{aE}$，机械接头或焊接接头应大于 $35d$ 且不小于 500mm（图 11.5.2）。

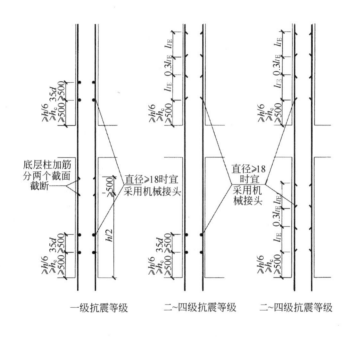

图 11.5.2 抗震设计柱纵向钢筋连接

4. 下柱伸入上柱搭接钢筋的根数及直径应满足上柱受力的要求。当上下柱内钢筋直径不同时，搭接长度应按上柱内钢筋直径计算。

5. 当上柱与下柱截面高度不同时，应作如下处理，当如图 11.5.3 所示钢筋折角 a/b 小于 6 时，应设插筋或将上柱钢筋锚在下柱内；当折角大于等于 6 时，钢筋可以弯曲伸入上柱搭接。当梁高较小时，可在梁下弯折，并增设附加钢筋如图 11.5.3 所示。

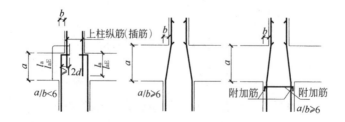

图 11.5.3 上下柱截面不同时纵向钢筋连接构造

6. 框架顶层柱中间节点的纵向钢筋应锚固在柱顶或板、梁内，锚固做法如图 11.5.4 所示。

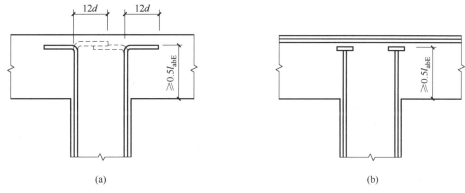

(a)　　　　　　　　　　　　(b)

图 11.5.4　柱顶中间节点纵向钢筋锚固
(a) 柱筋 90°弯折；(b) 柱筋加锚头（锚板）

7. 框架顶层端节点设计详第 10 章。

11.6　柱的箍筋形式

柱箍筋可分为普通箍［图 11.6.1 (a)］、复合箍［图 11.6.1 (b)～(j)］和螺旋箍［图 11.6.1 (k)、(l)］两种形式。普通箍是指单个的矩形箍；复合箍是指矩形箍与菱形箍［图 11.6.1 (f)］，或与多边形箍［图 11.6.1 (g)］，或与拉筋［图 11.6.1 (c)］、与圆箍［图 11.6.1 (j)］组成的箍筋。拉筋宜紧靠纵向钢筋并钩住封闭箍筋。

配有螺旋箍筋的柱，其做法如图 11.6.2 所示，此时螺旋箍筋的间距 s 不应小于 50mm。螺旋箍不

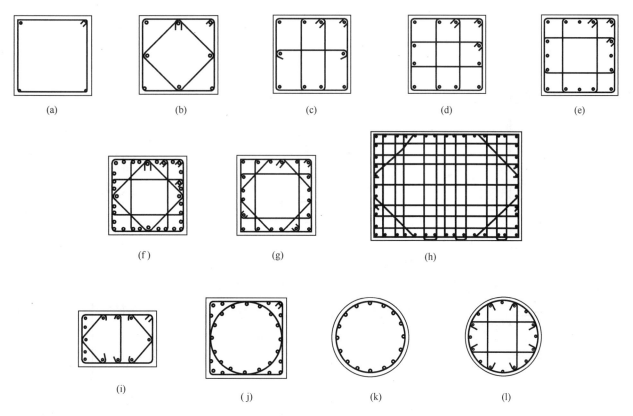

(a)　　　(b)　　　(c)　　　(d)　　　(e)

(f)　　　(g)　　　(h)

(i)　　　(j)　　　(k)　　　(l)

图 11.6.1　柱箍筋形式

得用焊接圆箍代替。螺旋箍开始与结束处应有水平段，长度不小于一圈半（图 11.6.2）。当圆柱体积配箍率要求高，螺旋筋不易施工，则可采用如图 11.6.1（1）的方法，增设拉条，以减少螺旋箍直径，同时又能满足柱子体积配箍率的要求。

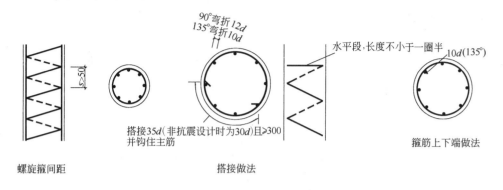

图 11.6.2　螺旋箍筋做法

11.7　箍筋的加密

1. 抗震设计时，框架柱箍筋应在下列范围内加密。

（1）柱端，取截面高度（圆柱直径）、柱净高的 1/6、500mm 三者中的最大值（图 11.7.1）；

（2）底层刚性地坪上、下各 500mm（图 11.7.1）；

（3）底层柱下端不小于柱净高的 1/3；

（4）柱全高：剪跨比不大于 2 的柱（图 11.7.2）和因设置填充墙等形成的柱净高与柱截面高度之比不大于 4 的柱（图 11.7.3）；框支柱；一级和二级框架的角柱；

（5）需要提高变形能力的柱的全高。

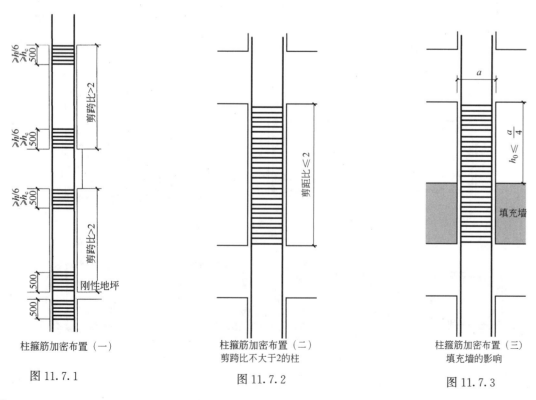

柱箍筋加密布置（一）

图 11.7.1

柱箍筋加密布置（二）
剪跨比不大于2的柱

图 11.7.2

柱箍筋加密布置（三）
填充墙的影响

图 11.7.3

2. 框架柱加密区箍筋最大间距和最小直径一般情况下应按表 11.7.1 的规定。

柱加密区箍筋的最大间距和最小直径 表 11.7.1

抗震等级	箍筋最大间距(mm)	箍筋最小直径(mm)
一级	$6d$ 和 100 的较小值	10
二级	$8d$ 和 100 的较小值	8
三级	$8d$ 和 150(柱根 100)的较小值	8
四级	$8d$ 和 150(柱根 100)的较小值	6(柱根 8)

注：1. d 为柱纵筋直径；
2. 柱根指框架柱底部嵌固部位。

3. 框架柱加密区箍筋最大间距和最小直径的特别规定。

(1) 一级框架柱的箍筋直径大于 12mm 且箍筋肢距不大于 150mm 及二级框架柱箍筋直径不小于 10mm 且肢距不大于 200mm 时，除柱底层下端外，最大间距应允许采用 150mm；

(2) 三级框架柱的截面尺寸不大于 400mm 时，箍筋最小直径应允许采用 6mm；

(3) 四级框架柱的剪跨比不大于 2 或中柱全部纵向钢筋的配筋率大于 3% 时，箍筋直径不应小于 8mm。

4. 框架柱箍筋加密区的最小体积配箍率应符合下式要求。

$$\rho_v \geqslant \lambda_v f_c / f_{yv} \tag{11.7.1}$$

式中 ρ_v——柱箍筋的体积配箍率；

λ_v——柱最小配箍特征值，宜按表 11.7.2 采用；

f_c——混凝土轴心抗压强度设计值，当柱混凝土强度等级低于 C35 时，应按 C35 计算；

f_{yv}——柱箍筋或拉筋的抗拉强度设计值。

注：普通箍指单个矩形箍或单个圆形箍；螺旋箍指单个连续螺旋箍筋；复合箍指由矩形、多边形、圆形箍或拉筋组成的箍筋；复合螺旋箍指由螺旋箍与矩形、多边形、圆形箍或拉筋组成的箍筋；连续复合螺旋箍指全部螺旋箍由同一根钢筋加工而成的箍筋。

柱端箍筋加密区最小配箍特征值 λ_v 表 11.7.2

抗震等级	箍筋形式	柱轴压比								
		≤0.30	0.40	0.50	0.60	0.70	0.80	0.90	1.00	1.05
一	普通箍、复合箍	0.10	0.11	0.13	0.15	0.17	0.20	0.23	—	—
	螺旋箍、复合或连续复合螺旋箍	0.08	0.09	0.11	0.13	0.15	0.18	0.21	—	—
二	普通箍、复合箍	0.08	0.09	0.11	0.13	0.15	0.17	0.19	0.22	0.24
	螺旋箍、复合或连续复合螺旋箍	0.06	0.07	0.09	0.11	0.13	0.15	0.17	0.20	0.22
三	普通箍、复合箍	0.06	0.07	0.09	0.11	0.13	0.15	0.17	0.20	0.22
	螺旋箍、复合或连续复合螺旋箍	0.05	0.06	0.07	0.09	0.11	0.13	0.15	0.18	0.20

注：普通箍指单个矩形箍或单个圆形箍；螺旋箍指单个连续螺旋箍筋；复合箍指由矩形、多边形、圆形箍或拉筋组成的箍筋；复合螺旋箍指由螺旋箍与矩形、多边形、圆形箍或拉筋组成的箍筋；连续复合螺旋箍指全部螺旋箍由同一根钢筋加工而成的箍筋。
对一、二、三、四抗震等级的框架柱，其箍筋加密区的体积配箍率分别不应小于 0.8%、0.6%、0.4%、0.4%。

5. 柱非加密区的箍筋，其体积配箍率不宜小于加密区的 50%；箍筋间距，不应大于加密区的 2 倍，且一、二级不应大于 10 倍纵向钢筋直径，三、四级不应大于 15 倍纵向钢筋直径。

6. 框架节点核心区箍筋最大间距和最小直径宜按表 11.7.1 的规定。一、二、三级框架节点核心区配箍特征值分别不宜小于 0.12，0.10 和 0.08，且体积配箍率分别不宜小于 0.6%，0.5% 和 0.4%。柱剪跨比不大于 2 的框架节点核心区配箍特征值不宜小于核心区上、下柱端的较大配箍特征值。

7. 抗震设计时，每隔一根纵向钢筋宜在两个方向有箍筋约束，箍筋末端应有 135°弯钩，弯钩端头直段长度不应小于 10d（d 为箍筋直径），且不应小于 75mm，如图 11.7.4 所示。

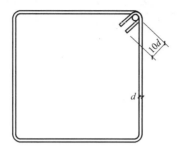

图 11.7.4 箍筋端弯钩构造

8. 非抗震设计时，周边箍筋应做成封闭式，间距不应大于柱截面的短边尺寸，且不大于 400mm 和 15d（绑扎骨架），d 为最小受力纵向钢筋直径。

9. 计算复合箍筋的体积配箍率时，可不扣除重叠的箍筋体积；计算复合螺旋箍筋的体积配箍率时，其非螺旋箍筋的体积应乘以换算系数 0.8。

11.8 剪跨比 λ 不大于 2 的柱（以下简称短柱）

短柱可用高宽比不大于 4 的简化方法来判断。剪跨比 λ<1.5 的柱应尽量避免采用。当必须用时，应仔细研究并采取特殊构造措施；对于短柱，抗剪钢筋配置方法一般采用复合箍筋或螺旋箍筋，也可以采用 X 形配筋等。

11.8.1 宜采用复合螺旋箍或井字复合箍，其体积配箍率不应小于 1.2%；设防烈度为 9 度时，不应小于 1.5%。

11.8.2 复合箍筋

短柱采用复合箍筋，一般由菱形、八边形、十字形拉筋及井字形与方形或圆形箍组成，如图 11.8.1 所示。

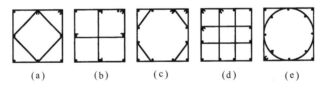

(a)　　(b)　　(c)　　(d)　　(e)

图 11.8.1 短柱用复合箍的形式
(a) 菱形；(b) 十字形；(c) 八边形；(d) 井字形；(e) 圆形

短柱中的复合箍筋应全柱高加密，箍筋间距不应大于 100mm。配有复合箍筋的短柱，其轴压比及箍筋的体积配筋率应分别按表 11.3.1 及表 11.7.1 的规定采用。

11.8.3 螺旋箍

配有螺旋箍筋的短柱是由连续的螺旋箍制成。其中可分为单螺旋箍和由单螺旋箍与内菱形螺旋箍、内八字形螺旋箍、多个矩形螺旋箍套叠而成的复合螺旋箍两种。复合螺旋箍的形式见图 11.8.2。

螺旋箍筋沿纵向侧面又分单斜螺旋箍筋和双斜螺旋箍，如图 11.8.2 所示。

配有螺旋箍的短柱其轴压比及箍筋的体积配箍率应分别按表 11.3.1 及表 11.7.1 的规定采用。

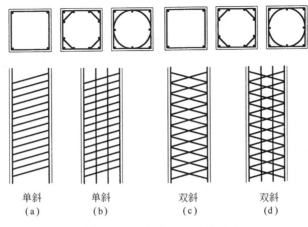

图 11.8.2　复合螺旋箍的形式

(a) 单斜普通螺旋箍；(b) 单斜复合螺旋箍；(c) 双斜普通螺旋箍；(d) 双斜复合螺旋箍

11.9　柱箍筋留出浇混凝土的空间

在浇筑混凝土时，不允许由柱顶将混凝土自由落下至柱底，须用导管将混凝土导引至柱底，再逐渐将导管上提，直至将整根柱子浇筑完毕。因此，在设计柱箍筋时，应将柱中心部位留出不小于 200mm×200mm 的空间，如图 11.6.1 (f) 所示，以保证混凝土柱的浇筑质量。

柱箍筋加密区的箍筋肢距，一级不宜大于 200mm，二、三级不宜大于 250mm，四级不宜大于 300mm。至少每隔一根纵向钢筋宜在两个方向有箍筋或拉筋约束。

为使柱中心留出空间，可以用菱形箍和拉条。拉条宜紧靠纵筋勾住箍筋，施工便利，也保证了对混凝土的约束，如图 11.9.1 所示。

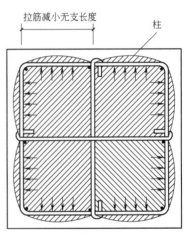

图 11.9.1　箍筋用拉条

参 考 文 献

[1]　混凝土结构设计规范：GB 50010—2010（2015 年版）[S]. 北京：中国建筑工业出版社，2015.

[2]　建筑抗震设计规范：GB 50011—2010（2016 年版）[S]. 北京：中国建筑工业出版社，2016.

[3]　高层建筑混凝土结构技术规程：JGJ 3—2010 [S]. 北京：中国建筑工业出版社，2010.

[4]　北京市建筑设计研究院有限公司. 建筑结构专业技术措施 [M]. 北京：中国建筑工业出版社，2010.

第12章 剪力墙

12.1 一般规定

1. 剪力墙上下层门窗洞口尽量对齐，对于不规则洞口布置的错洞墙，可按弹性平面有限元方法进行应力分析，并按应力进行截面配筋设计或校核。

当无法避免错洞墙，应在洞口周边采取有效构造措施［图 12.1.1（a）］。当无法避免叠合错洞布置时，应在洞口周边增设暗框架式钢筋骨架［图 12.1.1（b）］，或采用其他轻质材料填充将叠合洞口转化为规则洞口［图 12.1.1（c），阴影部分为轻质填充墙］。

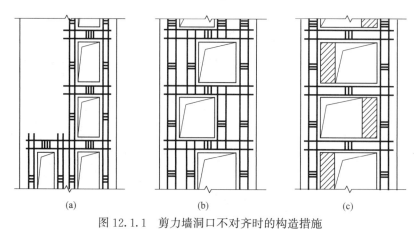

(a)　　　　　　　　　　(b)　　　　　　　　　　(c)

图 12.1.1　剪力墙洞口不对齐时的构造措施

（a）底部局部错洞墙；（b）叠合错洞墙构造之一；（c）叠合错洞墙构造之二

2. 当剪力墙或核心筒墙肢与其平面外相交的楼面梁刚接时，可沿楼面梁轴线方向设置与梁相连的剪力墙、扶壁柱或在墙内设置暗柱，并应符合下列规定。

（1）设置沿楼面梁轴线方向与梁相连的剪力墙时，墙的厚度不宜小于梁的截面宽度；

（2）设置扶壁柱时，其截面宽度不应小于梁宽，其截面高度可计入墙厚；

（3）墙内设置暗柱时，暗柱的截面高度可取墙的厚度，暗柱的截面宽度可取梁宽加两倍墙厚；

（4）应通过计算确定暗柱或扶壁柱的纵向钢筋（或型钢），纵向钢筋的总配筋率不宜小于表 12.1.1 的规定。

暗柱、扶壁柱纵向钢筋的构造配筋率　　　　　　　　　　　　　　表 12.1.1

抗震等级	一级	二级	三级	四级
配筋率(%)	0.9	0.7	0.6	0.5

3. 剪力墙底部加强部位的高度应从地下室顶板算起，可取底部两层，且不小于房屋总高度的 1/10，部分框支剪力墙结构底部加强部位的高度宜取至转换层以上两层，且不宜小于房屋高度的 1/10；当地下室整体刚度不足以作为结构嵌固端，而计算嵌固部位不能设在地下室顶板时，剪力墙底部加强部位的设计要求应延伸至计算嵌固部位。

12.2 墙厚度的要求

1. 剪力墙的厚度（b_w）。

（1）按一、二级抗震等级设计时，底部加强部位 $b_w \geqslant 200mm$（其中一字形独立剪力墙 $b_w \geqslant 220mm$）；非底部加强部位：一字形独立剪力墙和短肢剪力墙 $b_w \geqslant 180mm$，其他部位 $b_w \geqslant 160mm$。

（2）按三、四级抗震等级设计时，短肢剪力墙的底部加强部位 $b_w \geqslant 200mm$，一字形独立剪力墙的底部加强部位和短肢剪力墙的非底部加强部位 $b_w \geqslant 180mm$，其他部位 $b_w \geqslant 160mm$。

（3）剪力墙井筒中分隔电梯井和管道井的墙肢截面厚度可适当减小，但不宜小于 160mm。

（4）剪力墙墙肢还应满足下式的墙体稳定验算要求：

$$q \leqslant \frac{E_c b_w^3}{10(\beta h)^2} \tag{12.2.1}$$

式中　q——作用于墙顶组合的等效竖向均布荷载设计值；

E_c——剪力墙混凝土的弹性模量；

b_w——剪力墙墙肢截面厚度；

h——墙肢所在楼层的层高；

β——墙肢计算长度系数，应按表 12.2.1 取值。

墙肢计算长度系数 β　　　　　　　　　　　　　　　表 12.2.1

墙肢类型	墙体边界支撑	系数 β	备注
单片独立墙肢	两边支撑	1.0	—
T 形、L 形、槽形和工字形剪力墙的翼缘	三边支撑	$\beta = \dfrac{1}{\sqrt{1+\left(\dfrac{h}{2b_f}\right)^2}}$	b_f 取图 12.2.1 中各 b_f 的较大值或最大值，当 β 计算值小于 0.25 时取 0.25
T 形剪力墙的腹板	三边支撑	$\beta = \dfrac{1}{\sqrt{1+\left(\dfrac{h}{2b_t}\right)^2}}$	当 β 计算值小于 0.25 时取 0.25
槽形和工字形剪力墙的腹板	四边支撑	$\beta = \dfrac{1}{\sqrt{1+\left(\dfrac{3h}{2b_t}\right)^2}}$	当 β 计算值小于 0.2 时取 0.2

注：b_f——T 形、L 形、槽形、工字形剪力墙的单侧翼缘截面高度，如图 12.2.1。

b_t——T 形、槽形、工字形剪力墙的腹板截面高度，如图 12.2.1。

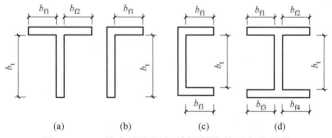

图 12.2.1　剪力墙腹板与单侧翼缘截面高度示意

（a）T 形；（b）L 形；（c）槽形；（d）工字形

当 T 形、L 形、槽形、工字形剪力墙的翼缘截面高度或 T 形、L 形剪力墙的腹板截面高度与翼缘截面厚度之和小于截面厚度的两倍和 800mm 时，尚宜按下式验算剪力墙的整体稳定：

$$N \leqslant \frac{1.2 E_c I}{h^2} \tag{12.2.2}$$

式中　N——作用于墙顶组合的竖向荷载设计值；

I——剪力墙整体截面的惯性矩，取两个方向的较小值。

2. 剪力墙的截面应符合下列要求。

（1）钢筋混凝土剪力墙墙肢截面剪力设计值应符合下列条件。

1）永久、短暂设计状况

$$V \leqslant 0.25\beta_c f_c b_w h_{w0} \tag{12.2.3}$$

2）地震设计状况

$$V \leqslant \frac{1}{\gamma_{RE}}(0.2\beta_c f_c b_w h_{w0}), 剪跨比 \lambda > 2.5$$

$$V \leqslant \frac{1}{\gamma_{RE}}(0.15\beta_c f_c b_w h_{w0}), 剪跨比 \lambda \leqslant 2.5$$

式中 V——剪力墙墙肢截面的剪力设计值；

β_c——混凝土强度影响系数；当混凝土强度等级不大于 C50 时取 1.0，当混凝土强度等级为 C80 时取 0.8，其间按直线内插法取用；

f_c——混凝土轴心抗压强度设计值；

b_w——矩形截面的宽度或 T 形、I 形截面的腹板宽度（墙的厚度）；

h_{w0}——剪力墙截面有效高度（墙的长度）；

γ_{RE}——剪力墙斜截面承载力抗震调整系数；

λ——计算截面处剪跨比 $\lambda = \dfrac{M^c}{V^c h_{w0}}$。其中 M^c、V^c 应取同一组合、未经调整的墙肢截面弯矩、剪力设计值，并取墙肢上、下端截面计算的剪跨比的较大值。

（2）剪力墙底部加强部位墙肢截面的剪力设计值，一、二、三级抗震等级时应按下式调整，四级抗震等级及无地震组合时可不调整。

$$V = \eta_{vw} V_w \tag{12.2.4}$$

按 9 度抗震设计时尚应满足 $\qquad V = 1.1\dfrac{M_{wua}}{M_w}V_w$

式中 M_{wua}——剪力墙正截面抗震受弯承载力，应考虑承载力抗震调整系数 γ_{RE}、采用实配纵筋面积、材料强度标准值和组合的轴力设计值等计算，有翼墙时应计入墙两侧各一倍翼墙厚度范围内的纵向钢筋；

M_w——底部加强部位的剪力墙底截面弯矩的组合计算值；

V——底部加强部位剪力墙截面剪力设计值；

V_w——底部加强部位剪力墙截面考虑地震作用组合的剪力计算值；

η_{vw}——剪力墙剪力增大系数，一级为 1.6，二级为 1.4，三级为 1.2；

（3）在重力荷载代表值作用下，一、二、三级抗震等级的剪力墙墙肢的轴压比（$N/f_c A$）不宜超过表 12.2.2 的限值。

剪力墙轴压比限值 表 12.2.2

轴压比	一级（9 度）	一级（6、7、8 度）	二级	三级
一般剪力墙	0.4	0.5	0.6	0.6
短肢剪力墙	—	0.45	0.50	0.55
一字形短肢剪力墙	—	0.35	0.40	0.45

注：N——重力荷载代表值作用下剪力墙墙肢的轴向压力设计值；A——剪力墙墙肢截面面积；f_c——混凝土轴心抗压强度设计值。

3. 初选剪力墙底部的厚度。

一般情况下，可根据地震烈度、场地类别、层数、结构布置、受力特点等，参考表 12.2.3 中的数值选用。对洞口较少的内墙，墙厚可适当减薄。墙厚宜自下而上逐步递减。对底层大空间剪力墙结构中的落地剪力墙，可根据层间刚度均匀性要求及底层强度要求适当增大墙厚。

初选剪力墙厚度（mm）　　　　　　　　　　　　　　表 12.2.3

序号	设防烈度 场地 层数	6 度		7 度		8 度	
		I-II	III-IV	I-II	III-IV	I-II	III-IV
1	10 层左右	160	160	160	160～180	160～180	160～200
2	15 层左右	160～200	200～250	160～200	200～300	200～300	250～350
3	20 层左右	200～250	200～300	200～300	250～350	250～350	300～400
4	30 层左右	250～300	250～350	250～350	300～400	300～400	350～450
5	40 层左右	250～350	300～400	300～400	350～450	350～450	400～500

4. 为避免结构刚度和质量沿竖向突变形成薄弱层，结构截面尺寸和混凝土强度等级不宜在同一层改变，宜相隔 2～3 层做改变。混凝土强度等级一般每次降 5MPa 或 10MPa，截面尺寸每次可减少 50mm 或 100mm。

12.3 墙的配筋构造

1. 剪力墙的水平，竖向分布筋，除根据计算确定外，尚应满足下列要求。

（1）一般剪力墙竖向和水平分布筋的配筋率，按一、二、三级抗震设计时均不应小于 0.25％，四级抗震设计时不应小于 0.20％。

短肢剪力墙的全部竖向钢筋的配筋率，底部加强部位一、二级不宜小于 1.2％，三、四级不宜小于 1.0％，其他部位一、二级不宜小于 1.0％，三、四级不宜小于 0.8％；

（2）一般剪力墙竖向和水平分布钢筋间距均不应大于 300mm，直径均不应小于 8mm，且不宜大于墙厚的 1/10。

（3）框架-剪力墙结构、板柱剪力墙结构中，剪力墙的竖向和水平分布钢筋的配筋率均不应小于 0.25％，并应至少双排布置。各排分布筋之间应设置拉筋，拉筋间距不应大于 600mm，直径不应小于 6mm。

（4）房屋顶层剪力墙以及长矩形平面房屋的楼梯间和电梯间剪力墙、端开间的纵向剪力墙、端山墙的水平和竖向分布钢筋的最小配筋率均不应小于 0.25％，钢筋间距不应大于 200mm。

（5）部分框支剪力墙结构，剪力墙底部加强部位墙体的水平和竖向分布钢筋最小配筋率均不应小于 0.3％，钢筋间距不应大于 200mm，钢筋直径不应小于 8mm。

剪力墙分布筋配筋及配筋率见表 12.3.1。

剪力墙分布筋配筋及配筋率（％）表　　　　　　　　表 12.3.1

墙厚 b(mm)		160	180	200	250	300	350	400	450	500	550	600
分布筋间距 为 200mm	φ8	0.314	0.297	0.252	0.201	0.168						
	φ8/10	0.403	0.358	0.323	0.258	0.215	0.184	0.161				
	φ10	0.491	0.436	0.393	0.314	0.262	0.224	0.196	0.174	0.157		
	φ10/12		0.532	0.479	0.383	0.319	0.274	0.240	0.213	0.192	0.174	0.160
	φ12		0.566	0.452	0.377	0.323	0.283	0.251	0.226	0.206	0.189	
	φ12/14			0.533	0.445	0.381	0.334	0.296	0.267	0.243	0.222	
	φ14			0.513	0.440	0.385	0.342	0.308	0.280	0.257		
	φ14/16				0.507	0.444	0.394	0.355	0.323	0.296		
	φ16				0.503	0.447	0.402	0.366	0.335			

续表

墙厚 b(mm)		160	180	200	250	300	350	400	450	500	550	600
分布筋间距为 250mm	$\phi8$	0.252	0.224	0.201	0.161							
	$\phi8/10$	0.322	0.286	0.258	0.206	0.172						
	$\phi10$	0.393	0.349	0.314	0.251	0.209	0.179	0.157				
	$\phi10/12$	0.479	0.426	0.383	0.306	0.255	0.219	0.192	0.176	0.153		
	$\phi12$	0.566	0.503	0.452	0.362	0.301	0.258	0.226	0.201	0.181	0.164	0.151
	$\phi12/14$				0.427	0.356	0.305	0.267	0.237	0.213	0.194	0.178
	$\phi14$				0.492	0.410	0.351	0.308	0.273	0.246	0.224	0.205
	$\phi14/16$					0.473	0.405	0.355	0.315	0.284	0.258	0.237
	$\phi16$					0.536	0.459	0.402	0.357	0.322	0.292	0.268
	$\phi16/18$						0.520	0.455	0.405	0.364	0.331	0.304
	$\phi18$							0.509	0.452	0.407	0.370	0.33

注：1. 表中配筋率 ρ(%) 按双排配筋的总量计算；
    2. 表中粗线附近的 ρ 在 0.25% 左右。

2. 剪力墙内钢筋应按下列规定配置。

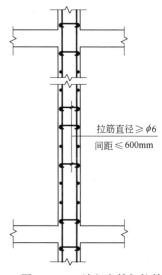

拉筋直径≥$\phi6$
间距≤600mm

图 12.3.1　墙竖向筋加拉筋

高层建筑剪力墙中竖向和水平分布钢筋，不应采用单排配筋。当剪力墙截面厚度 b_w 不大于 400mm 时，可采用双排配筋；当 b_w 大于 400mm、但不大于 700mm 时，宜采用三排配筋；当 b_w 大于 700mm 时，宜采用四排配筋。当设置两排以上的分布筋时，靠墙面的配筋宜大一些。

3. 各排分布钢筋网间应设置拉筋连系，拉筋直径不应小于 6mm，间距不应大于 600mm，拉筋应与外皮水平钢筋钩牢，如图 12.3.1 所示。

4. 剪力墙的边缘构件截面要求。

剪力墙两端和洞口两侧应设置边缘构件，并应符合下列要求：

（1）剪力墙结构，一、二、三级剪力墙底部加强部位及相邻的上一层应按本小节第 5 条设置约束边缘构件，但墙肢底截面在重力荷载代表值作用下的轴压比小于表 12.3.2 的规定值时可按本小节第 5 条设置构造边缘构件。

（2）部分框支剪力墙结构，剪力墙底部加强部位及相邻的上一层设置符合约束边缘构件要求的翼墙或端柱，洞口两侧应设置约束边缘构件；不落地剪力墙应在底部加强部位及相邻的上一层的墙肢两端设置约束边缘构件。

剪力墙可不设约束边缘构件的最大轴压比　　　　表 12.3.2

等级或设防烈度	一级（9 度）	一级（6、7、8 度）	二、三级
轴压比	0.1	0.2	0.3

（3）一、二、三级剪力墙的其他部位和四级剪力墙，均应按本节第 5 条设置构造边缘构件。

（4）B 级高度高层建筑的剪力墙，宜在约束边缘构件层与构造边缘构件层之间设置 1～2 层过渡层，过渡层边缘构件的箍筋配置要求可低于约束边缘构件的要求，但应高于构造边缘构件的要求。

5. 剪力墙的边缘构件构造要求。

剪力墙的约束边缘构件包括暗柱、端柱、翼墙和转角墙。约束边缘构件沿墙肢的长度 l_c 和配箍特征值 λ_v 应符合表 12.3.3 的要求。一、二、三级剪力墙约束边缘构件在设置箍筋范围内（即图 12.3.2

中阴影部分）的纵向钢筋配筋率，分别不应小于 1.2%、1.0% 和 1.0%，并分别不应少于 $8\phi16$、$6\phi16$ 和 $6\phi14$ 的钢筋。约束边缘构件内箍筋或拉筋沿竖向的间距，一级不宜大于 100mm，二、三级不宜大于 150mm；箍筋、拉筋沿水平方向的肢距不宜大于 300mm，不应大于竖向钢筋间距的两倍。

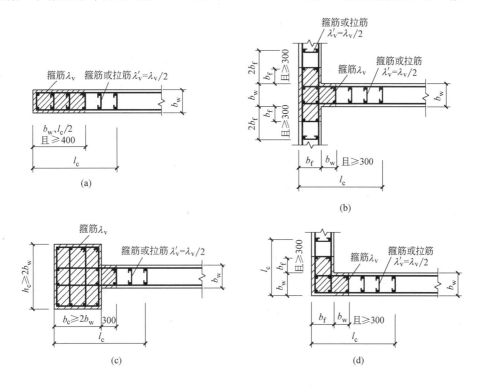

图 12.3.2　剪力墙约束边缘构件

（a）暗柱；（b）有翼墙；（c）有端柱；（d）转角墙（L 形墙）

约束边缘构件沿墙肢的长度和配箍特征值　　　　　　　　　表 12.3.3

项目	一级（9 度）		一级（6、7、8 度）		二、三级	
	$\mu_N \leqslant 0.2$	$\mu_N > 0.2$	$\mu_N \leqslant 0.3$	$\mu_N > 0.3$	$\mu_N \leqslant 0.4$	$\mu_N > 0.4$
l_c（暗柱）	$0.20h_w$	$0.25h_w$	$0.15h_w$	$0.20h_w$	$0.15h_w$	$0.20h_w$
l_c（有翼墙或端柱）	$0.15h_w$	$0.20h_w$	$0.10h_w$	$0.15h_w$	$0.10h_w$	$0.15h_w$
λ_v	0.12	0.20	0.12	0.20	0.12	0.20

注：1. μ_N 为墙肢在重力荷载代表值作用下的轴压比，h_w 为墙肢长度；

2. 剪力墙的翼墙长度小于其 3 倍墙厚或端柱截面边长小于两倍墙厚时，按无翼墙、无端柱查表；

3. l_c 为约束边缘构件沿墙肢长度（图 12.3.2）。对暗柱不应小于墙厚和 400mm 的较大值；有翼墙或端柱时尚不应小于翼墙厚度或端柱沿墙肢方向截面高度加 300mm；

　　剪力墙的构造边缘构件的范围，宜按图 12.3.3 中阴影部分采用，其最小配筋应满足表 12.3.4 的要求，箍筋、拉筋的水平方向的肢距不宜大于 300mm，不应大于纵筋间距的两倍，转角处宜采用箍筋。对于连体结构、错层结构以及 B 级高度高层建筑结构中的剪力墙（筒体），其构造边缘构件的竖向钢筋最小量应比表 12.3.4 中的数值提高 $0.001A_c$ 采用，图 12.3.3 中阴影部分的箍筋配箍特征值 λ_v 不宜小于 0.1。

　　剪力墙的边缘构件的竖向配筋应满足正截面受压（受拉）承载力的要求，当端柱承受集中荷载时，其纵向钢筋、箍筋直径和间距应满足柱的相应要求。

　　边缘构件的体积配箍率 ρ_v 按下式计算：

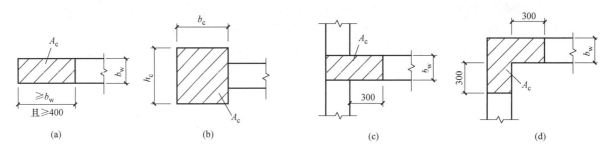

图 12.3.3 剪力墙的构造边缘构件

（a）暗柱；（b）端柱；（c）翼墙；（d）转角墙

注：图中尺寸单位为 mm。

剪力墙构造边缘构件的配筋要求　　　　　　　　　　　　　　　　表 12.3.4

抗震等级	底部加强部位			其他部位		
	纵向钢筋最小量（取较大值）	箍筋		纵向钢筋最小量	拉筋	
		最小直径（mm）	沿竖向最大间距（mm）		最小直径（mm）	沿竖向最大间距（mm）
一	$0.010A_c$，$6\phi16$	8	100	$0.008A_c$，$6\phi14$	8	150
二	$0.008A_c$，$6\phi14$	8	150	$0.006A_c$，$6\phi12$	8	200
三	$0.006A_c$，$6\phi12$	6	150	$0.005A_c$，$4\phi12$	6	200
四	$0.005A_c$，$4\phi12$	6	200	$0.004A_c$，$4\phi12$	6	250

注：A_c 为边缘构件的截面面积，即图 12.3.3 剪力墙截面的阴影部分。

$$\rho_v = \lambda_v \frac{f_c}{f_{yv}} \tag{12.3.1}$$

式中　f_c——混凝土轴心抗压强度设计值；混凝土强度等级低于 C35 时，取 C35 的混凝土轴心抗压强度设计值；

f_{yv}——箍筋、拉筋或水平分布钢筋的抗拉强度设计值。

边缘构件的体积配箍率可计入箍筋、拉筋以及符合构造要求的水平分布钢筋，计入的水平分布钢筋的体积配箍率不应大于总体积配箍率的 30%。符合构造要求的水平分布钢筋是指：水平分布钢筋伸入边缘构件，在墙端有 90°弯折后延伸到另一排分布钢筋并勾住其竖向钢筋，内、外排水平分布钢筋之间设置足够的拉筋，从而形成复合箍，可以起到有效约束混凝土的作用。

6. 当墙肢的截面高度与厚度之比不大于 4 时，宜按框架柱进行截面设计。矩形墙肢的厚度不大于 300mm 时，其箍筋宜全高加密。

7. 当剪力墙或核心筒墙肢与其平面外相交的楼面梁刚接时，可沿楼面梁轴线方向设置于梁相连的剪力墙、扶壁柱或在墙内设置暗柱。

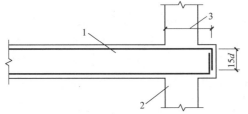

图 12.3.4 楼面梁伸出墙面形成梁头

1—楼面梁；2—剪力墙；3—楼面梁钢筋锚固水平投影长度

（1）暗柱或扶壁柱的竖向钢筋（或型钢）应通过计算确定，竖向钢筋的总配筋率应符合下列要求：一、二、三、四级分别不应小于 0.9%、0.7%、0.6% 和 0.5%。

（2）楼面梁的水平钢筋应伸入剪力墙或扶壁柱，伸入长度应符合钢筋锚固要求。钢筋锚固段的水平投影长度不宜小于 $0.4l_{abE}$；当锚固段的水平投影长度不满足要求时，可将楼面梁伸出墙面形成梁头，梁的纵筋伸入梁头后弯折锚固（图 12.3.4），也可采取其他可靠的锚固措施。

（3）暗柱或扶壁柱应设置箍筋，箍筋直径一、二、三级时不应小于 8mm，四级时不应小于 6mm，且均不小于纵向根据直径的 1/4；箍筋间距一、二、三级时不应大于 150mm，四级时不应大于 200mm。

12.4 墙内配筋的连接和锚固

1. 为了施工方便和防止较长墙肢出现竖向裂缝，剪力墙的竖向钢筋一般设在内侧，水平钢筋设在外侧（如图 12.4.1）。

2. 剪力墙钢筋的连接与锚固要求。

（1）剪力墙内的水平分布钢筋在端部的锚固要求。

当剪力墙端部无翼墙时，墙内的双层水平分布钢筋应伸到墙端并向内弯折 10d 后截断，其中 d 为水平分布钢筋直径［图 12.4.1（a）］。

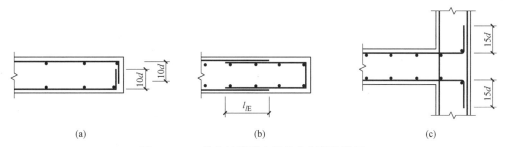

图 12.4.1 剪力墙端部水平分布钢筋的锚固
（a）无翼墙时的锚固；（b）无翼墙时的搭接；（c）有翼墙时的锚固

当墙厚度较小时，亦可采用在墙端附近搭接的做法［图 12.4.1（b）］。当端部设有翼墙时，水平钢筋应伸至翼墙外侧并向两侧水平弯折，弯折后的长度取为 15d［图 12.4.1（c）］；在剪力墙结构的加强部位内，其伸入翼墙的弯折前投影长度尚不宜小于 $0.40l_a$，其中 l_a 为受拉钢筋锚固长度。

在房屋角部，沿剪力墙外边的水平分布筋宜沿外墙边连续弯入翼墙内［图 12.4.2（a）］。当需要在纵横墙转角处设置搭接接头时，沿外墙边的水平分布钢筋的总搭接长度不应小于 l_{lE}［图 12.4.2（b）］。沿墙内边的水平分布筋伸入垂直墙体中的锚固要求与图 12.4.1（c）所示墙体 T 形水平接头处相同。

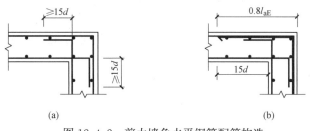

图 12.4.2 剪力墙角水平钢筋配筋构造
（a）外侧水平钢筋连续通过转角；（b）外侧水平钢筋设搭接接头

带边框的现浇剪力墙，水平及竖向分布钢筋应分别贯穿柱、梁或可靠地锚固在柱、梁内。

（2）剪力墙内水平分布钢筋的连接。

剪力墙每根水平分布钢筋的搭接接头与同排另一根水平分布钢筋的搭接接头以及上、下相邻的水平分布钢筋搭接接头之间沿钢筋方向的净间距不宜小于 500mm，搭接长度不应小于 $1.2l_{aE}$，如图 12.4.3 所示。

（3）剪力墙内竖向分布钢筋的连接。

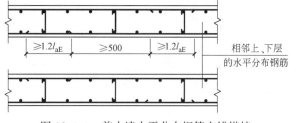

图 12.4.3 剪力墙水平分布钢筋交错搭接

剪力墙竖向分布钢筋采用搭接连接时，一、二级剪力墙的底部加强部位，相邻接头位置应错开，同一截面连接的钢筋数量不宜超过总数量的50%，错开净距不宜小于500mm，其他情况剪力墙的钢筋可在同一截面连接，竖向分布钢筋的搭接长度不应小于 $1.2l_{aE}$；采用机械连接和对接焊接连接时，接头应高于楼面500mm以上，相邻接头位置应错开，同一截面连接的钢筋数量不宜超过总数量的50%，接头错开净距不宜小于 $35d$，且焊接接头错开净距也不宜小于500mm，如图12.4.4所示。

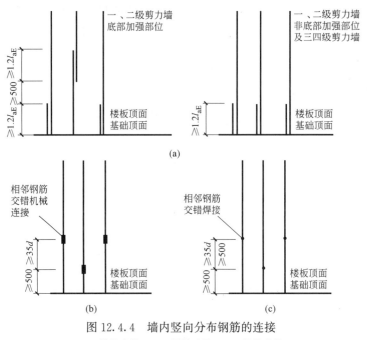

图12.4.4　墙内竖向分布钢筋的连接
（a）搭接连接；（b）机械连接；（c）焊接连接

（4）剪力墙边缘构件竖向钢筋的连接。

剪力墙边缘构件的竖向钢筋：一、二级抗震等级及三级抗震等级的底层，宜采用机械连接接头，也可采用绑扎搭接或焊接接头；三级抗震等级的其他部位和四级抗震等级，可采用绑扎搭接或焊接接头；钢筋直径大于25mm时，不宜采用绑扎搭接接头。当采用焊接接头时，必须具备可靠的质量保证措施。

位于同一连接区段内的钢筋接头处，相邻钢筋接头位置宜错开，同一截面连接的钢筋数量不宜超过总数量的50%。当采用搭接连接时，错开净距不宜小于 $0.3l_{lE}$，搭接长度不应小于 l_{lE}，其中：$l_{lE} = \xi_\psi \cdot l_{aE}$，系数 ξ_ψ 见表12.4.1；当采用机械连接和对接焊接连接时，接头应高于楼面500mm以上，接头错开净距不宜小于 $35d$，且焊接接头错开净距同时不宜小于500mm，如图12.4.5所示。

受拉钢筋搭接长度修正系数 ξ_ψ　　表 12.4.1

同一连接范围内搭接钢筋面积百分率 ψ(%)	≤25	50	100
ξ_ψ	1.2	1.4	1.6

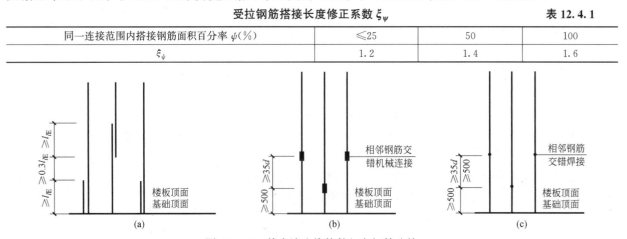

图12.4.5　剪力墙边缘构件竖向钢筋连接
（a）绑扎搭接；（b）机械连接；（c）焊接

当剪力墙边缘构件的竖向钢筋采用搭接做法时，在钢筋搭接长度范围内配置的箍筋，其直径不应小于搭接钢筋较大直径的 1/4，箍筋间距不应大于搭接钢筋较小直径的 5 倍，且不应大于 100mm，当搭接钢筋直径大于 25mm 时，尚应在搭接接头两个端面外 100mm 范围内各设置两道箍筋。

12.5　连梁的配筋构造

1. 剪力墙中连梁的截面应符合下列要求。

（1）永久、短暂设计状况：

$$V_b \leqslant 0.25\beta_c f_t b_b h_{b0} \tag{12.5.1}$$

（2）地震设计状况：

跨高比大于 2.5 时，

$$V_b \leqslant \frac{1}{\gamma_{RE}}(0.20\beta_c f_c b_b h_{b0}) \tag{12.5.2}$$

跨高比不大于 2.5 时，

$$V_b \leqslant \frac{1}{\gamma_{RE}}(0.15\beta_c f_c b_b h_{b0}) \tag{12.5.3}$$

对于一、二级抗震等级的连梁，当跨高比不大于 2.5 且除配置普通箍筋外另配置斜向交叉钢筋时，

$$V_b \leqslant \frac{1}{\gamma_{RE}}(0.25\beta_c f_c b_b h_{b0}) \tag{12.5.4}$$

式中　V_b——连梁剪力设计值；

b_b——连梁截面宽度；

h_{b0}——连梁截面有效高度；

β_c——混凝土强度影响系数。

2. 剪力墙中连梁构造配筋。

（1）连梁上下水平钢筋、斜向交叉钢筋锚入墙内的长度不应小于 l_{aE}，且不应小于 600mm。其中：

一、二级抗震等级　　　　　　　　$l_{aE}=1.15l_a$

三级抗震等级　　　　　　　　　　$l_{aE}=1.05l_a$

四级抗震等级　　　　　　　　　　$l_{aE}=1.0l_a$

（2）连梁的纵向钢筋由截面受弯承载力决定，一般用上下对称配筋，其最小配筋率不小于表 12.5.1。

连梁纵向钢筋的最小配筋率（%）　　　　　　　　　　　　　　　　表 12.5.1

跨高比	抗震等级	最小配筋率（采用较大者）
$l/h_b \leqslant 0.5$	一、二、三、四	$0.20, 45f_c/f_y$
$0.5 < l/h_b \leqslant 1.5$	一、二、三、四	$0.25, 55f_c/f_y$
$l/h_b > 1.5$	一	$0.40, 80f_c/f_y$
	二	$0.30, 65f_c/f_y$
	三、四	$0.25, 55f_c/f_y$

连梁顶面及底面单侧纵向钢筋的最大配筋率宜符合表 12.5.2 的要求。如不满足，则应按实际配筋进行连梁强剪弱弯的验算。

连梁纵向钢筋的最大配筋率（%）　　　　　　　　　　　　　　　　表 12.5.2

跨高比	最大配筋率	跨高比	最大配筋率
$l/h_b \leqslant 1.0$	0.6	$2.0 < l/h_b \leqslant 2.5$	1.5
$1.0 < l/h_b \leqslant 2.0$	1.2		

（3）连梁的箍筋间距和直径如表12.5.3所示。

连系梁的箍筋间距和直径   表12.5.3

序号	抗震等级	箍筋最大间距(取最小值)			箍筋最小直径
1	一级	$h/4$	$6d$	100mm	$\phi10$
2	二级	$h/4$	$8d$	100mm	$\phi8$
3	三级	$h/4$	$8d$	150mm	$\phi8$
4	四级	$h/4$	$8d$	150mm	$\phi6$

注：1. 箍筋沿连梁全长配置，连梁不设弯起筋，全部剪力由箍筋与混凝土承受；

2. d 为纵筋直径，h 为梁高；

3. 在顶层连系梁纵筋伸入墙体长度范围内，应设置间距小于150mm的构造箍筋，其直径同跨中箍筋。一般楼层连系梁伸入墙体的纵筋可不配箍筋，如图12.5.1所示。

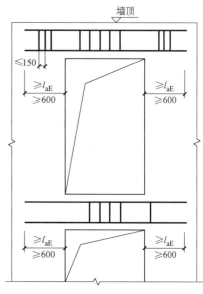

图 12.5.1 剪力墙连梁的配筋及其纵向钢筋在墙内的锚固

（4）连梁高度范围内的墙肢水平分布钢筋应在连梁内拉通作为连梁的腰筋。连梁截面高度大于700mm时，其两侧面腰筋的直径不应小于8mm，间距不应大于200mm；跨高比不大于2.5的连梁，其两侧腰筋的总面积配筋率不应小于0.3%。

（5）连梁的水平钢筋及箍筋形成的钢筋网之间应采用拉筋拉结，拉筋直径不宜小于6mm，间距不宜大于400mm，其中，设置了集中对角斜筋的连梁的拉筋应按图12.5.3及相关要求配置。

3. 一、二级抗震设计的剪力墙连梁，当跨高比不大于2.5时，除配置普通箍筋外宜按以下条件另配置斜向交叉钢筋。

（1）当洞口连梁截面宽度不小于250mm时，可采用交叉斜筋配筋（图12.5.2）。其中：单向对角斜筋不宜少于$2\phi12$，单组折线筋的截面面积可取为单向对角斜筋截面面积的一半，且直径不宜小于12mm；对角斜筋在梁端部位应设置不少于3根拉筋，拉筋的间距不应大于连梁宽度和200mm的较小值，直径不应小于6mm。

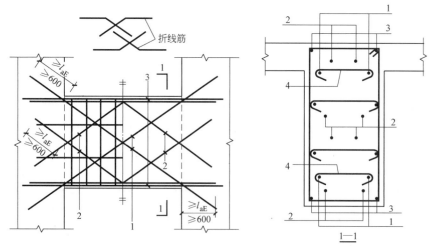

图 12.5.2 交叉斜筋配筋连梁

1—对角斜筋；2—折线筋；3—纵向钢筋；4—拉筋

交叉斜筋配筋连梁的斜截面受剪承载力应符合下列要求：

$$V_b \leqslant \frac{1}{\gamma_{RE}} \left[0.4 f_t b_b h_{b0} + (2.0\sin\alpha + 0.6\eta) f_{yd} A_{sd} \right] \qquad (12.5.5)$$

$$\eta=(f_{yv}A_{sv}h_{b0})/(sf_{yd}A_{sd}) \tag{12.5.6}$$

式中　η——箍筋与对角斜筋的配筋强度比，当小于 0.6 时取 0.6，当大于 1.2 时取 1.2；

α——对角斜筋与梁纵轴夹角；

f_{yd}——对角斜筋抗拉强度设计值；

A_{sd}——单向对角斜筋截面面积；

s——箍筋间距；

f_{yv}——箍筋抗拉强度设计值；

A_{sv}——同一截面内箍筋各肢的全部截面面积。

（2）当连梁截面宽度不小于 400mm 时，可采用集中对角斜筋配筋（图 12.5.3）或对角暗撑配筋（图 12.5.4）。其中：每组对角斜筋应至少由 4 根直径不小于 14mm 的钢筋组成；配置集中对角斜筋的连梁应在梁截面内沿水平方向及竖直方向设置双向拉筋，拉筋应勾住外侧纵向钢筋，间距不应大于 200mm，直径不应小于 8mm；配置对角暗撑配筋连梁的暗撑箍筋的外缘沿梁截面宽度方向不宜小于梁宽的一半，另一方向不宜小于梁宽的 1/5，对角暗撑约束箍筋的间距不宜大于暗撑钢筋直径的 6 倍（当计算间距小于 100mm 时，可取 100mm），箍筋肢距不应大于 350mm。

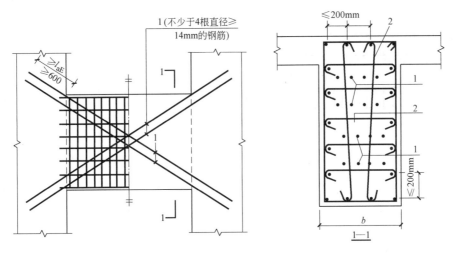

图 12.5.3　集中对角斜筋配筋连梁

1—对角斜筋；2—拉筋

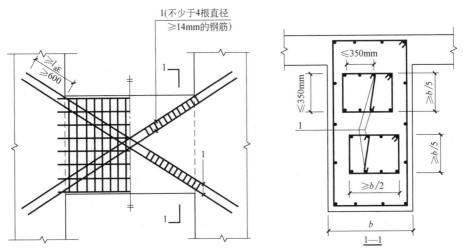

图 12.5.4　对角暗撑配筋连梁

1—对角暗撑

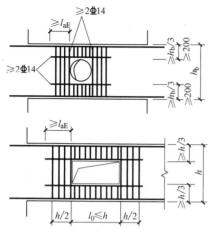

图12.5.5　剪力墙连梁洞口补强构造

对角斜筋配筋和对角暗撑配筋连梁的斜截面受剪承载力应符合下列要求：

$$V_b \leqslant \frac{2}{\gamma_{RE}} f_{yd} A_{sd} \sin\alpha \qquad (12.5.7)$$

4. 连梁上开洞要求。

（1）连梁上不宜开洞，尽量避免管道穿梁。如管道必须穿连梁时，应尽量用小直径圆洞。当剪力墙连梁有洞时，洞口上、下有效高度不应小于梁高的1/3，并不小于200mm，洞口处应配置加强钢筋，洞口位置一般在跨中，被洞口削弱的截面应进行受剪承载力和受弯承载力验算。构造做法如图12.5.5所示。

（2）在无法避免的情况下，可在连梁的中部开较大的洞口，洞口尺寸及计算如图12.5.6所示（图中α一般不小于1.0），或者设计成上下的双弱连梁如图12.5.7所示，配筋按计算确定。

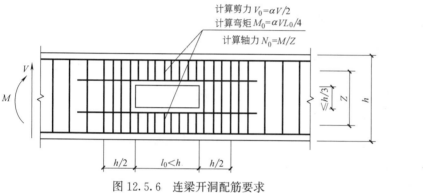

图12.5.6　连梁开洞配筋要求

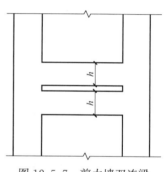

图12.5.7　剪力墙双连梁

12.6　墙上洞口的构造

1. 剪力墙中不宜设置叠合错洞。当不得不采用叠合错洞时，应在洞周边增设暗框架骨架（图12.6.1）。

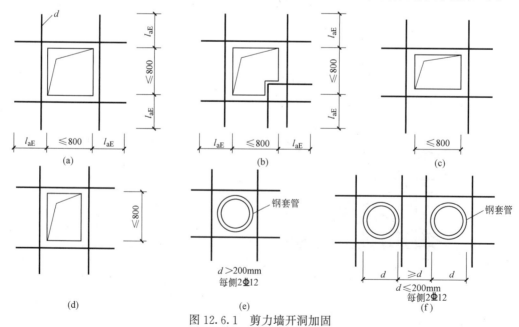

图12.6.1　剪力墙开洞加固

（a）～（d）洞口类型；（e）、（f）两种钢套管示意图

2. 剪力墙上有非连续的小洞口，且各边长小于 800mm 及在整体计算中不考虑其影响时，应在洞口周边配置不小于 $2\phi12$ 且不小于被截断钢筋面积 $\frac{1}{2}$ 的补强钢筋。补强钢筋的锚固长度应不小于 l_{aE}，如图 12.6.1（a）、（b）、（c）、（d）所示；管道穿墙小洞口，宜设置套管，套管外宜布置加强钢筋，如图 12.6.1（e）、（f）所示。

12.7 框架-剪力墙结构的剪力墙

1. 框架-剪力墙结构应设计成双向抗侧力体系，结构两主轴方向均应布置剪力墙。
2. 框架-剪力墙结构中剪力墙的布置宜符合下列要求。
（1）剪力墙宜均匀布置在建筑物的周边附近、楼梯间、电梯间、平面形状变化及恒荷载较大的部位，剪力墙间距不宜过大；
（2）平面形状凹凸较大时，宜在凸出部位的端部附近布置剪力墙；
（3）纵、横剪力墙宜组成 L 形、T 形和 匚 形等形式；
（4）单片剪力墙底部承担的水平剪力不应超过结构底部总水平剪力的 30%；
（5）剪力墙宜贯通建筑物的全高，宜避免刚度突变；剪力墙开洞时，洞口宜上下对齐；
（6）楼、电梯间等竖井宜尽量与靠近的抗侧力结构结合布置；
（7）剪力墙的布置宜使结构各主轴方向的侧向刚度接近。
3. 长矩形平面或平面有一部分较长的建筑中，其剪力墙的布置尚宜符合下列要求。
（1）横向剪力墙沿长方向的间距宜满足表 12.7.1 的要求，当这些剪力墙之间的楼盖有较大开洞时，剪力墙的间距应适当减小；
（2）纵向剪力墙不宜集中布置在房屋的两尽端。

剪力墙间距 表 12.7.1

楼盖形式	抗震设防烈度		
	6度、7度（取较小值）	8度（取较小值）	9度（取较小值）
现浇	4.0B，50	3.0B，40	2.0B，30
装配整体	3.0B，40	2.5B，30	—

注：1. 表中 B 为楼面宽度，数字单位为 m；
2. 现浇层厚度大于 60mm 的叠合楼板可作为现浇板考虑。

4. 板柱-剪力墙结构的剪力墙布置应布置成双向抗侧力体系，两主轴方向均应设置剪力墙。
5. 框架-剪力墙结构、板柱-剪力墙结构中，剪力墙竖向和水平分布钢筋的配筋率均不应小于 0.25%，各排分布筋之间应设置拉筋，拉筋直径不应小于 6mm，间距不应大于 600mm。
6. 带边框剪力墙的构造应符合下列要求。
（1）带边框剪力墙的截面厚度应符合本章第 12.2 节第 1 条的墙体稳定性计算要求，且应符合下列规定。
1）一、二级剪力墙的底部加强部位均不应小于 200mm；
2）除第（1）项以外的其他情况下不应小于 160mm。
（2）剪力墙的水平钢筋应全部锚入边框柱内，锚固长度不应小于 l_{aE}。
（3）带边框剪力墙的混凝土强度等级宜与边框柱相同。
（4）与剪力墙重合的框架梁可保留，也可做成宽度与墙厚相同的暗梁，暗梁截面高度可取墙厚的 2 倍或与该片框架梁截面等高，暗梁的配筋可按构造配置且应符合一般框架梁相应抗震等级的最小配筋要求。

（5）剪力墙截面宜按工字形设计，其端部的纵向受力钢筋应配置在边框柱截面内。

参 考 文 献

［1］ 建筑抗震设计规范：GB 50011—2010（2015 年版）［S］. 北京：中国建筑工业出版社，2016.

［2］ 高层建筑混凝土结构技术规程：JGJ 3—2010［S］. 北京：中国建筑工业出版社，2010.

［3］ 混凝土结构设计规范：GB 50010—2010（2015 年版）［S］. 北京：中国建筑工业出版社，2015.

第13章　带转换层的高层建筑结构

13.1　定义和类型

13.1.1　定义

因建筑功能需要，下部大空间，上部部分竖向构件不能直接连续贯通落地而通过水平转换结构与下部竖向构件连接构成的高层建筑结构为带转换层高层建筑结构。典型带转换层高层建筑结构的剖面如图13.1.1和图13.1.2所示。

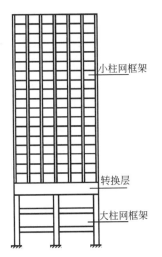

图 13.1.1　带转换层的高层建筑结构（一）

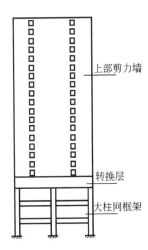

图 13.1.2　带转换层的高层建筑结构（二）

13.1.2　转换结构类型

转换结构一般可归纳为以下三种基本类型：实体梁或整层高箱形梁、桁架、空腹桁架，如图13.1.3、图13.1.4、图13.1.5所示。

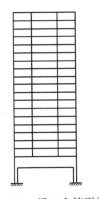

图 13.1.3　梁（含箱形梁）

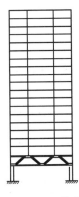

图 13.1.4　桁架

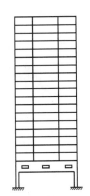

图 13.1.5　空腹桁架

13.2 设计原则

带转换层的高层建筑结构是一种受力复杂抗震不利的高层建筑结构，9度抗震设防地区不应采用，结构设计原则如下：

（一）减少转换

布置转换层上下主体竖向结构时，注意使尽可能多的上部竖向结构能向下落地连续贯通，尤其框架核心筒结构中核心筒应上下贯通。

（二）传力直接

布置转换层上下主体竖向结构时，注意尽量使水平转换结构传力直接，尽量避免多级复杂转换，地震区不宜采用传力复杂、抗震不利、质量大、耗材多、不经济的平厚板转换。

（三）强化下部、弱化上部

1. 应尽量强化转换层下部结构侧向刚度，弱化转换层上部结构侧向刚度，使转换层上下主体结构侧向刚度尽量接近、平滑过渡。

抗震设计时，控制转换层上下主体结构侧向刚度之比应满足式（13.2.1）要求，宜满足式（13.2.2）要求：

$$\frac{V_i \delta_{i+1}}{V_{i+1} \delta_i} > 0.6 \tag{13.2.1}$$

$$\frac{V_i \delta_{i+1}}{V_{i+1} \delta_i} \geqslant 0.7 \tag{13.2.2}$$

式中 V_i / δ_i——转换层 i 楼层结构侧向刚度；

V_{i+1} / δ_{i+1}——转换层上 $i+1$ 楼层结构侧向刚度；

V_i、V_{i+1}——第 i，$i+1$ 层结构一个主轴方向水平地震总剪力；

δ_i、δ_{i+1}——第 i，$i+1$ 层结构该主轴方向水平地震作用下层间水平位移。

同时，转换层下部主体结构与上部结构的等效侧向刚度比 γ_{e2} 宜接近 1，应满足式（13.2.3）要求（计算模型见图 13.2.1 及图 13.2.2）。

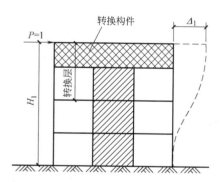

图 13.2.1 计算模型 1—转换层及下部结构

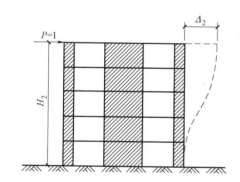

图 13.2.2 计算模型 2—转换层上部结构

$$\gamma_{e2} = \frac{\Delta_2 H_1}{\Delta_1 H_2} \geqslant \begin{cases} 0.5\text{（非抗震设计）} \\ 0.8\text{（抗震设计）} \end{cases} \tag{13.2.3}$$

式中 γ_{e2}——转换层下部结构与上部结构等效侧向刚度比；

H_1——转换层及其下部结构（计算模型 1）的高度；

Δ_1——转换层及其下部结构的顶部在单位水平力作用下的侧向位移；

H_2——转换层上部若干层结构（计算模型 2）的高度，其值应等于或接近计算模型 1 的高度 H_1，且不大于 H_1；

Δ_2——转换层上部若干层结构的顶部在单位水平力作用下的侧向位移。

2. 应尽量强化和提高下部结构抗震承载能力和延性，避免罕遇地震作用下下部主体结构（框支柱、转换梁等）破坏，同时应注意保证转换层上部 1～2 层不落地剪力墙的承载能力和延性，避免重力荷载和罕遇地震作用下不落地剪力墙根部的破坏。注意和加强下部框架梁、上部连梁的延性，适应罕遇地震作用下的塑性铰发展耗能的需要。

对于下部框架-剪力墙、上部剪力墙的带转换层高层商住楼结构，强化下部措施：加大筒体尺寸、加厚落地剪力墙厚度、提高混凝土强度等级、必要时可在房屋周边增置部分剪力墙、壁式框架或楼梯间筒体，提高抗震能力；弱化上部措施：不落地剪力墙开洞、开口、短肢、薄墙等。

（四）优化转换结构

抗震设计时，当建筑功能需要不得已高位转换时转换结构还宜优先选择不致引起地震作用下框支柱（边柱）柱顶弯矩过大、柱剪力过大的结构形式，如斜腹杆桁架（包括斜撑）、空腹桁架和扁梁等，同时要注意需满足重力荷载作用下承载力、刚度要求。

（五）计算全面细致

必须将转换结构作为整体结构中一个重要组成部分采用符合实际受力变形状态的计算模型进行三维空间整体结构计算分析，并采用有限元方法对转换结构进行局部补充计算。此时转换结构以上至少取 2 层结构进入局部计算模型，并注意模型边界条件符合实际工作状态。

整体结构计算需采取 2 个以上不同力学模型的程序进行抗震计算，还宜进行弹性时程分析计算和弹塑性时程分析校核。抗震设计时，转换层的地震剪力应乘以 1.15 增大系数。

高位转换时还应注意对整体结构进行重力荷载下施工模拟计算。

抗震设防 8 度时，转换构件应考虑其竖向荷载代表值的 10% 作为附加竖向地震作用力，此附加竖向地震作用应考虑上下两个方向。

转换构件水平地震作用产生的内力应分别乘以增大系数 1.9（特一级）、1.6（一级）、1.3（二级）。

13.3 带转换层高层建筑结构适用高度和抗震等级

带转换层高层建筑结构最大适用高度应根据抗震或非抗震设计要求及结构体系确定，宜符合表 13.3.1 的规定。

带转换层高层建筑结构的最大适用高度（m）　　　　　　　　　　表 13.3.1

结构体系	非抗震设计	抗震设防烈度				
		6	7	8 (0.20g)	8 (0.30g)	9
部分框支剪力墙	150	140	120	100	80	不应采用
下部框架-核心筒 上部筒中筒	280	260	210	150	130	不应采用
下部框架-核心筒 上部壁式 框架外框-核心筒	280	250	200	140	120	不应采用

带转换层高层建筑结构的抗震设计应根据设防烈度、结构类型、构件种类和房屋高度，按表 13.3.2 采用相应抗震等级进行相应的计算和采取相应的构造措施。

带转换层高层建筑结构抗震等级　　　　　　　　　　　　　　　　表 13.3.2

结构类型		抗震设防烈度								
		6			7			8		
高度(m)		≤80	80～120	>120	≤80	80～100	>100	≤60	60～80	>80
部分框支剪力墙	框支框架	二	二	一	二	一	特一	一	一	特一
	非框支框架	三	三	二	二	二	一	二	二	一
	底部加强部位剪力墙	三	二	一	二	一	一	一	一	特一
	上部剪力墙	四	三	二	三	二	二	二	二	一
下部框架-核心筒、上部筒中筒或壁式框架外框-核心筒	框支框架	二	二	一	二	一	特一	一	一	特一
	非框支框架	三	三	二	二	二	一	二	二	一
	底部加强部位剪力墙	三	二	一	二	一	一	一	一	特一
	上部剪力墙	三	二	一	二	一	一	一	一	特一
	上部框架	三	三	二	二	二	一	一	一	特一

注：1. 框支框架系指框支梁及相连框支柱，框支柱高度为：框支层至基础顶面（无地下室）或至地下一层顶面（有多层地下室）。其他不含框支梁的框架（框架梁）为非框支框架；

2. 部分框支剪力墙结构中，当转换层位置设置在3层及3层以上时，框支框架、底部加强部位剪力墙抗震等级宜按表13.3.2规定提高一级采用，已经为特一级时可不再提高；

3. 剪力墙底部加强部位的高度为：房屋高度的1/10和框支层加上以上2层的高度取二者的较大者。此高度范围内所有剪力墙均按底部加强部位要求执行。

13.4 构件设计要求

(一) 转换结构

1. 框支梁

当上部剪力墙满跨布置或设较小门窗洞口、规则排列且位于框支梁跨中时，框支梁与上部结构剪力墙共同工作条件较为有利，框支梁断面可按下列构造要求确定，其截面可由剪压比控制计算确定，框支梁在组合设计剪力下的剪压比限值见表 13.4.1。

$$梁宽 \geqslant \begin{cases} 2倍上部框支墙厚 \\ 400mm \end{cases}$$

$$梁高 \geqslant 1/8L（L 为框支梁跨度）$$

转换梁剪压比限值　　　　　　　　　　　　　　　　表 13.4.1

抗震等级	一级	二级	三级
混凝土 C30	0.1	0.13	0.15
混凝土 C40	0.09	0.11	0.13
混凝土 C50～C60	0.08	0.1	0.11

当上部剪力墙不满足上列条件或上部为小柱网外框筒、框架时，框支梁应按空间杆系整体结构计算分析和局部有限元分析计算确定截面配筋，适当增加构造配箍率，避免罕遇地震下转换梁剪切破坏。同时，重力荷载作用下框支梁一般均处于偏心受拉状态，应按偏心受拉构件设计，按拉应力配置水平受拉腹筋。

2. 斜腹杆桁架

斜腹杆桁架作转换结构时，宜满层设置，且其上弦节点宜布置成与上部密柱、剪力墙墙肢形心对齐。

上下弦杆轴向刚度、弯曲刚度宜计入相连楼板作用，楼板有效翼缘宽度为：$12h_i$（中桁架）、$6h_i$（边桁架），h_i 为上下弦杆相连楼板厚度。

受压斜腹杆截面一般可参照框架柱由其轴压比控制计算确定，适宜轴压比建议见表13.4.2。

桁架受压斜腹杆适宜轴压比 表 13.4.2

抗震等级 轴压比	抗震设计		
	特一级	一级	二级
N/f_cA	0.5	0.6	0.7

式中　N——斜腹杆桁架受压斜腹杆地震作用组合的轴力设计值；

　　　f_c——桁架斜腹杆混凝土抗压强度设计值；

　　　A——受压斜腹杆截面面积。

上下弦杆计入相连楼板有效翼缘作用时，按偏心受压或偏心受拉构件设计，上下弦杆受到的轴力可按上下弦杆与相连楼板有效翼缘的轴向刚度比例分配。

3. 空腹桁架

空腹桁架作转换结构时，宜满层设置，且其上弦节点宜布置成与上部密柱、墙肢形心对齐。

上下弦杆轴向刚度、弯曲刚度宜计入相连楼板作用，楼板有效翼缘宽度为：$12h_i$（中桁架）、$6h_i$（边桁架），h_i 为上下弦杆相连楼板厚度。

空腹桁架腹杆截面一般可由其剪压比控制计算确定，其适宜限值如表13.4.3所示。

空腹桁架腹杆适宜剪压比 表 13.4.3

抗震等级 混凝土强度等级	特一级	一级	二级	三级	非抗震设计
C30	0.11	0.12	0.13	0.15	0.2
C40	0.1	0.11	0.12	0.14	0.18
C50～C60	0.09	0.1	0.11	0.13	0.16

$$腹杆剪压比 = V/f_cbh_0$$

式中　V——空腹桁架腹杆地震作用组合的剪力设计值；

　　　f_c——空腹桁架腹杆混凝土抗压强度设计值；

　　　b——空腹桁架腹杆截面宽度；

　　　h_0——空腹桁架腹杆截面有效高度。

空腹桁架腹杆可按受弯构件设计，应满足强剪弱弯的要求加强箍筋配筋。

空腹桁架上下弦杆计入相连楼板有效翼缘作用时，按偏心受压或偏心受拉构件设计，上下弦杆受到的轴力可按上下弦杆与相连楼板有效翼缘的轴向刚度比例分配。

（二）框支柱

1. 地震作用下框支柱内力调整

（1）剪力调整

框支柱数目少于10根时，每根柱所受的地震作用产生的剪力不少于地震作用产生的结构基底剪力的2%（框支层1～2层时）、3%（框支层3层及3层以上时）；框支柱数目多于10根时，框支柱所受的地震作用产生的剪力总和不少于地震作用产生的结构基底剪力的20%（框支层1～2层时）、30%（框支层3层及3层以上时），同时应满足各层框支柱剪力组合设计值，还需计入各层框支柱柱端增大弯矩调整影响以后再增大1.7（特一级）、1.4（一级）、1.2（二级）、1.1（三级）。

（2）弯矩调整

根据剪力调整相应调整各层框支柱柱端弯矩及相连框架梁剪力、弯矩（框支梁内力调整按本章第13.2节规定执行），同时应满足框支柱柱顶和底层柱底组合弯矩值增大1.8（特一级）、1.5（一级）、1.3（二级），其他各层框支柱柱端弯矩组合设计值增大1.7（特一级）、1.4（一级）、1.2（二级）、1.1（三级）。

（3）轴力调整

框支柱承受的地震作用产生的轴力应分别乘以1.8（特一级）、1.5（一级）、1.2（二级）增大系数，但计算轴压比时，该轴力可不增大。

（4）框支角柱

弯矩、剪力设计值在相应框支柱内力调整基础上再增大1.1。

2. 框支柱截面限制条件

框支柱截面一般可由其轴压比计算确定，其限值如表13.4.4所示。

框支柱轴压比限值 表13.4.4

轴压比	抗震设计		
	特一级	一级	二级
N/f_cA	0.5	0.6	0.7

注：N——地震作用组合的框支柱轴力设计值；

　　f_c——框支柱混凝土抗压强度设计值；

　　A——框支柱截面面积。

当采用C60以上高强混凝土，柱剪跨比小于2、Ⅳ类场地结构基本自振周期大于场地特征周期时，轴压比限值还应适当降低；当采用沿柱全高加密井字复合箍、设芯柱等加强措施时，轴压比限值可适当增大。

（三）底部加强部位剪力墙、筒体

1. 地震作用下底部加强部位剪力墙、筒体内力调整

弯矩调整：

底部加强部位的弯矩设计值取墙底截面地震作用组合弯矩设计值增大1.8（特一级）、1.5（一级）、1.3（二级）、1.1（三级）。

剪力调整：

底部加强部位的剪力设计值取地震作用组合剪力设计值增大1.9（特一级）、1.6（一级）、1.4（二级）、1.2（三级）。

2. 底部加强部位剪力墙、筒体截面限制条件

底部加强部位剪力墙、筒体截面一般可由其剪压比、轴压比计算确定，其限值如表13.4.5所示。

底部加强部位剪力墙（筒体）剪压比、轴压比限值 表13.4.5

抗震等级		特一级	一级	二级	三级	附注
剪压比$\dfrac{V}{f_cA_w}$	C30	—	0.1	0.11	0.12	V:调整组合剪力设计值； f_c:剪力墙（筒体）混凝土抗压设计强度； A_w:计算方向剪力墙（筒体）腹板面积
	C40	—	0.09	0.1	0.11	
	C50～C60	—	0.08	0.09	0.1	
轴压比		0.4	0.5	0.6	0.6	

3. 底部加强部位剪力墙、筒体宜均匀布置，其间距 L 宜满足下列要求

$$L \leqslant \begin{cases} 3B \text{ 和 } 36m \text{ 非抗震设计} \\ 2B \text{ 和 } 24m \text{ 抗震设计（框支层位于1～2层）} \\ 1.5B \text{ 和 } 20m \text{ 抗震设计（框支层位于3层及3层以上）} \end{cases}$$

式中　B——楼盖宽度。

（四）上部剪力墙、筒体（非底部加强部位）

上部剪力墙及筒体布置时，应注意其整体空间完整性和延性，注意外墙尽端尽量设置翼缘，注意门窗洞口尽量居于转换结构跨中，应尽量避免无连梁相连的延性较差的单片墙。满足上述条件的转换结构上部剪力墙轴压比限值如表13.4.6所示。

转换结构上部剪力墙轴压比限值 表13.4.6

轴压比	抗震设计			非抗震设计
	一级	二级	三级	
N/f_cA	0.5	0.6	0.6	0.7

注：N——上部剪力墙墙肢重力荷载代表值作用下轴力设计值；

　　f_c——上部剪力墙混凝土抗压强度设计值；

　　A——上部剪力墙墙肢面积。

转换结构上一层剪力墙的配筋应满足式（13.4.1）～式（13.4.3）要求。

柱上墙体竖向钢筋 A_s：

$$A_s \geqslant b_w h_c (\sigma_{01} - f_c)/f_y \tag{13.4.1}$$

柱边 $0.2l_n$ 宽度范围内竖向分布钢筋 A_{sw}：

$$A_{sw} \geqslant 0.2l_n h_w (\sigma_{02} - f_c)/f_{yw} \tag{13.4.2}$$

转换结构上 $0.2l_n$ 高度范围内水平分布钢筋 A_{sh}

$$A_{sh} \geqslant 0.2l_n b_w \sigma_{xmax}/f_{yh} \tag{13.4.3}$$

式中　　　　l_n——转换结构净跨；

　　　　　　h_c——框支柱截面高度；

　　　　　　b_w——上部剪力墙厚度；

　　　　　　σ_{01}——柱上墙体 h_c 范围内考虑风荷载、地震作用组合的平均压应力设计值；

　　　　　　σ_{02}——柱边墙体 $0.2l_n$ 范围内考虑风荷载、地震作用组合的平均压应力设计值；

　　　　σ_{xmax}——转换结构界面处墙体考虑风荷载、地震作用组合的水平拉应力设计值；

　　　　　　f_c——上部剪力墙混凝土抗压强度设计值；

f_y，f_{yw}，f_{yh}——上部剪力墙柱上墙体竖向钢筋、竖向分布钢筋、水平分布钢筋抗拉强度设计值。

其中，地震作用组合中，σ_{01}、σ_{02}、σ_{xmax} 均应乘以 $\gamma_{RE} = 0.85$。

（五）非框支框架

非框支框架按框架-剪力墙结构中的框架有关规定执行。

（六）上部框架

上部框架尤其是转换结构上层框架梁柱受力复杂、应力集中，设计时应加强。抗震设计时，转换层上一层框架柱柱底截面的组合弯矩值增大 1.5（一级）、1.3（二级）、1.15（三级）。同时，上部框架柱轴压比限值较框架-剪力墙、框架-核心筒、筒中筒结构规定的数值减小 0.05 采用，如表 13.4.7 所示。

上部框架柱轴压比限值　　　　　　　　　　　　表 13.4.7

轴压比	抗震设计		
	一级	二级	三级
$N/f_c A$	0.7	0.8	0.85

轴压比计算及调整同框支柱有关内容。

抗震设计时，上部框架的剪力调整按框架-剪力墙结构的有关规定执行，上部框架梁柱剪力、弯矩调整按框架结构的有关规定执行。

（七）楼板

转换层楼板厚度不宜小于 180mm，相邻转换层上部 1～2 层楼板厚度不宜小于 120mm，且落地剪力墙、落地筒体外周围楼板不宜开大洞。

13.5　构件构造要求

（一）转换结构

1. 框支梁

（1）框支梁不宜开洞。当需开洞，洞口直径（或洞口宽度、高度二者的较大者）$\leqslant h_b/4$（h_b 为框支梁高）时，可采用洞口周边加筋，予以构造加强；当洞口直径 $> h_b/4$ 时，开洞位置需位于跨中 $l_n/3$ 区段（l_n 为框支梁净跨），且洞口加强配筋，当框支梁上作用有较大集中荷载或当洞口直径 $> h_b/3$ 时，需进行专门有限元分析，根据计算应力设计值进行配筋。

（2）框支梁混凝土强度等级不应低于C30，其上下主筋的最小配筋率非抗震设计时为0.3%，抗震设计时特一级、一级、二级抗震等级分别为0.6%、0.5%、0.4%。

（3）框支梁中主筋（纵向钢筋）不宜有接头；有接头时，应采用等强机械接头，且同一截面内钢筋接头面积不应超过全部主筋截面面积的50%。

（4）框支梁应按偏心受拉构件设计，上部主筋至少应有50%沿梁全长贯通，主筋间距不应大于200mm（抗震设计）和250mm（非抗震设计），且不小于80mm，下部主筋应全部贯通伸入柱内按充分受拉锚固。

（5）框支梁腰筋应沿梁高配置，且至少$\geqslant 2\phi 16@200$（ϕ表示钢筋直径，下同），末端进入柱支座按充分受拉锚固。

（6）框支梁箍筋要求为：首先要满足受剪承载力要求，构造上要求为梁支座边距柱边$0.2l_n$（l_n为框支梁净跨）或$1.5h_b$（h_b为框支梁高度）范围内箍筋应加密，加密区箍筋直筋不应小于10mm，间距不应大于100mm，加密区最小面积配箍率为抗震等级特一级时$1.3f_t/f_{yv}$，一级时$1.2f_t/f_{yv}$，二级时$1.1f_t/f_{yv}$，非抗震设计时$0.9f_t/f_{yv}$。式中f_t为框支梁混凝土抗拉设计强度，f_{yv}为框支梁箍筋设计强度。上部剪力墙门洞下方（洞宽$+2h_b$）范围内框支梁箍筋也宜按上述要求加密。

（7）框支梁配筋构造、锚固要求见图13.5.1。

（8）框支梁与框支柱截面中线宜重合；框支梁上部墙、柱宜直接落在框支梁上，尽量避免多级转换，且上部墙、柱与框支梁截面中线宜重合。

（9）当结构复杂，上部墙柱截面中心与框支梁截面中心不重合有偏心布置时，需设置横向梁减小框支梁扭转影响，且计算要计入此偏心影响，设计要对框支梁抗扭、相连梁板抗弯配筋予以加强。

（10）结构复杂上部墙柱不能直接支承于框支梁而需要多级次梁转换时，应进行空间有限元应力分析，并按应力校核配筋、加强配筋构造措施。对于承受较大集中荷载的主梁尤应注意加强其受剪承载力，适当减小其剪压比。

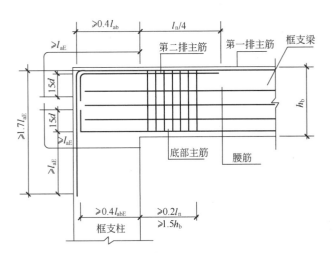

图13.5.1　框支梁配筋构造、锚固要求

l_n—框支梁净跨；d—钢筋直径；l_{aE}—抗震设计时受拉钢筋锚固长度非抗震设计时取$l_{aE}=l_a$；l_a—非抗震设计时受拉钢筋锚固长度

对承受集中荷载的框支梁宜设置吊筋，吊筋构造可如图13.5.2所示。

2. 斜腹杆桁架

混凝土强度等级不宜低于C30。

（1）受压弦杆

受压弦杆纵向钢筋宜对称沿周边均匀布置，其最小配筋率要求为：抗震等级为特一、一、二级时分别为1.4%、1.2%、1%，非抗震设计时为0.8%，且宜全桁架贯通，纵向钢筋进入边节点区按充分受拉计锚固长度且需进入边节点区末端伸至节点边弯折15d（d为纵向钢筋直径）。

受压弦杆箍筋全长加密，其体积配箍率要求为：抗震设计时不小于1.5%，非抗震设计时不

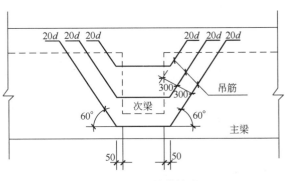

图13.5.2　吊筋构造

小于1.0%，且宜采用复合螺旋箍或井字复合箍，箍筋直筋不应小于10mm，间距不应大于100mm和6

倍纵筋直筋的较小者。

（2）受拉弦杆

受拉弦杆纵向钢筋宜沿周边对称均匀布置，宜按正常使用状态下裂缝宽度≤0.2mm控制。纵向钢筋应全桁架贯通，纵向钢筋进入边节点区按充分受拉锚固，以过边节点中心起计受拉锚固长度，且需末端伸至节点边弯折15d（d为纵向钢筋直径）。

受拉弦杆箍筋最小面积配箍率要求为：抗震设计时 0.6f_t/f_{yv}，非抗震设计时 0.4f_t/f_{yv}。

（3）受压腹杆

受压腹杆的纵向钢筋、箍筋配置的构造要求同受压弦杆，其纵筋进入节点区按充分受拉锚固且需末端伸至节点边弯折15d（d为纵向钢筋直径）。

（4）受拉腹杆

受拉腹杆的纵向钢筋、箍筋配置的构造要求同受拉弦杆，其纵筋全部贯通，进入节点区的锚固以过节点中心起按充分受拉锚固，且需末端伸至节点外边弯折15d（d为纵向钢筋直径）。

3. 空腹桁架

混凝土强度等级不宜低于C30。

（1）弦杆

受压、受拉弦杆的纵向钢筋、箍筋的构造要求均同斜腹杆桁架受压、受拉弦杆的要求。

（2）直腹杆

应按强剪弱弯进行截面配筋计算，直腹杆的纵向钢筋、箍筋的构造要求可同斜腹杆桁架受压腹杆的要求。

（二）框支柱

1. 框支柱纵向钢筋最小总配筋率，抗震等级为特一、一、二抗震等级时分别为1.6%、1.2%、1%，非抗震设计时为0.8%。抗震设计时，纵向钢筋间距不宜大于200mm，非抗震设计时不宜大于250mm，且不应小于80mm，总配筋率，抗震总配筋率不宜大于4%。

2. 框支柱箍筋应全高加密，钢筋直径≥10mm，间距≤100mm，体积配箍率抗震设计时不应小于1.6%（特一级）、1.5%（一、二级）、非抗震设计时不应小于1.0%，并宜采用复合螺旋箍或井字箍。

3. 框支柱节点区水平箍筋原则上可同柱箍筋配置，当框支梁腰筋拉通可靠锚固时，可按以下要求设置构造水平箍筋、拉筋。

抗震等级特一级时，不宜小于ϕ14@100且需将每根柱纵筋和大套子箍筋勾住；

抗震等级一级时，不宜小于ϕ12@100且需将每根柱纵筋和大套子箍筋勾住；

抗震等级二级时，不宜小于ϕ10@100且需至少每隔一根将柱纵筋和大套子箍筋勾住；

非抗震设计时，不宜小于ϕ10@200且需至少每隔一根将柱纵筋和大套子箍筋勾住。

4. 框支柱纵筋在框支层内不宜设接头，若需设置，接头率应≤50%且接头位置离开节点区≥500mm，接头采用等强机械连接（A级）。

5. 框支柱纵筋在顶节点区锚固：进入节点区锚固长度≥l_{ae}（抗震设计）、l_a（非抗震设计），且至少需伸至柱顶面末端加设12d（d为柱纵筋直径）水平弯勾。

（三）底部加强部位剪力墙、筒体

1. 底部加强部位剪力墙、筒体的墙身竖向分布钢筋、水平分布钢筋的最小配筋率。

抗震设计时≥0.3%，特一级≥0.4%；非抗震设计时≥0.25%。

抗震设计时钢筋间距≤200mm，钢筋直径≥10mm。

2. 抗震设计时，底部加强部位剪力墙两端及门窗洞口两侧均应设置约束边缘构件（暗柱、端柱、翼墙和转角墙），其要求如图13.5.3和表13.5.1所示。

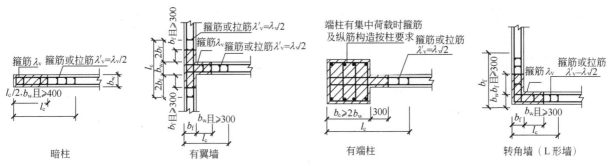

图 13.5.3 约束边缘构件

约束边缘构件范围 l_c 及其配箍特征值 λ_v 纵向钢筋最小配筋率 ρ_{min} 表 13.5.1

项目		抗震等级			
		特一级	一级	二级	三级
λ_v		0.24	0.2	0.2	0.2
l_c	暗柱	$0.25h_w$	$0.2h_w$	$0.2h_w$	$0.2h_w$
	翼墙或端柱	$0.2h_w$	$0.15h_w$	$0.15h_w$	$0.15h_w$
纵向钢筋最小配筋量		$0.014A_{阴影}$ 且$\geqslant 8\phi 18$	$0.012A_{阴影}$ 且$\geqslant 8\phi 16$	$0.010A_{阴影}$ 且$\geqslant 6\phi 16$	$0.010A_{阴影}$ 且$\geqslant 6\phi 14$

注：1. h_w 为剪力墙墙肢长度；

2. l_c 为约束边缘构件沿墙肢方向的长度，不应小于表中数值、$1.5b_w$（剪力墙墙肢厚度）和450mm三者的较大值；

3. 约束边缘构件中阴影部分体积配箍率 $\rho_v = \lambda_v f_c / f_{yv}$，式中 f_c、f_{yv} 分别为约束边缘构件混凝土轴心抗压设计强度和箍筋抗拉设计强度。且特一、一、二级抗震等级时分别不应小于 $\phi 8@80$、$\phi 8@100$、$\phi 8@150$，全高度设置；

4. 约束边缘构件中阴影部分（图 13.5.3）的纵向钢筋的配筋率及要求不应小于表中数值；

5. 约束边缘构件中阴影以外部分的纵向钢筋为剪力墙竖向分布筋；箍筋、拉筋体积配箍率可为阴影部分的1/2，要求每根纵向钢筋需设有拉筋可靠拉接。

非抗震设计时，底部加强部位剪力墙墙肢端部亦均应设置构造边缘构件，要求如图 13.5.4 和表 13.5.2 所示。

（四）上部剪力墙、筒体（非底部加强部位）

1. 上部剪力墙的墙身竖向分布钢筋、水平分布钢筋的最小配筋率。

抗震等级一、二、三级时$\geqslant 0.25\%$；

抗震等级四级和非抗震设计时$\geqslant 0.2\%$；

且钢筋间距$\leqslant 200$ mm，钢筋直径$\geqslant 8$mm。

2. 上部剪力墙两端及门窗洞口两侧均应设置构造边缘构件（暗柱、端柱、翼墙和转角墙），其要求如图 13.5.4 和表 13.5.2 所示，且要求配箍特征值 $\lambda_v \geqslant 0.1$。

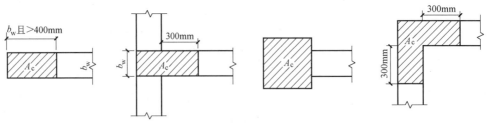

图 13.5.4 剪力墙构造边缘构件

构造边缘构件配筋要求   表 13.5.2

抗震等级	一级	二级	三级	四级	非抗震设计	附注
纵向钢筋最小配筋量	$0.010A_c$ 且$\geqslant 6\phi 16$	$0.008A_c$ 且$\geqslant 6\phi 14$	$0.006A_c$ 且$\geqslant 6\phi 12$	$0.005A_c$ 且$\geqslant 4\phi 12$	$\geqslant 4\phi 12$	A_c 为构造边缘构件断面
最小箍筋配置	$\phi 8@100$	$\phi 8@150$	$\phi 6@200$	$\phi 6@250$	$\phi 6@250$	全高度设置

（五）非框支框架与上部框架

非框支框架与上部框架梁、柱及节点的抗震设计措施、构造措施均按框架结构的相应要求执行。

（六）楼板

1. 转换层楼板（指框支梁所在楼层楼板，转换桁架所在楼层楼板）厚度不宜小于180mm，混凝土强度等级不宜低于C30，并应采用双层双向配筋，每层每方向贯通钢筋配筋率不宜小于0.25%。落地墙周围楼板及筒体外周围楼板不宜开大洞，且在楼板边缘、孔洞边缘应结合边梁设置予以加强，其宽度不宜小于2倍板厚，纵向钢筋配筋率不应小于1%。

2. 相邻转换层楼板厚度不宜小于120mm，并宜双层双向配筋，每层每方向贯通钢筋配筋率不宜小于0.2%，且需在楼板边缘、孔洞边缘结合边梁予以加强。

13.6 工程实例

深圳红树西岸

本工程深圳红树西岸，地下一层，主体建筑为18～32层，地上高度99.7m，总建筑面积

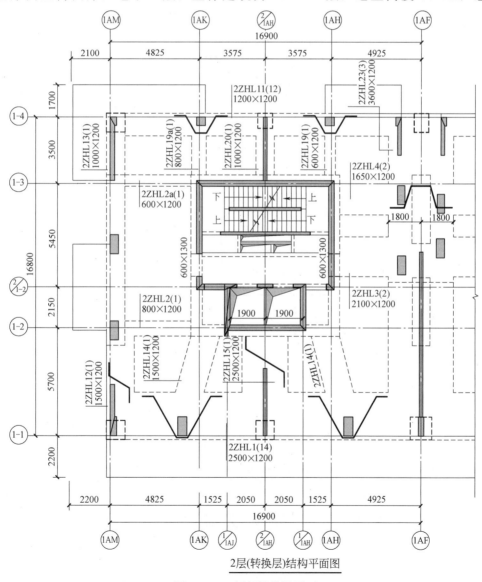

2层(转换层)结构平面图

图13.6.1 局部转换层平面

$346592\mathrm{m}^2$，工程抗震设防烈度 7 度，Ⅱ类场地，基本风压 $0.90\mathrm{kN/m}^2$，B 类地面粗糙度。

本工程由三幢折板式住宅楼构成，均坐落在 2 层地下室顶板大平台上，首层地下室层高 4.8m，为会所超市和设备用房。三幢住宅楼首层架空 6.2m 为结构转换层。转换层以上结构体系为筒体-剪力墙-板柱结构。本工程由深圳大学建筑设计研究院设计，江苏华建企业有限公司施工。该工程 2004 年 10 月结构封顶、2005 年 12 月竣工投入使用。

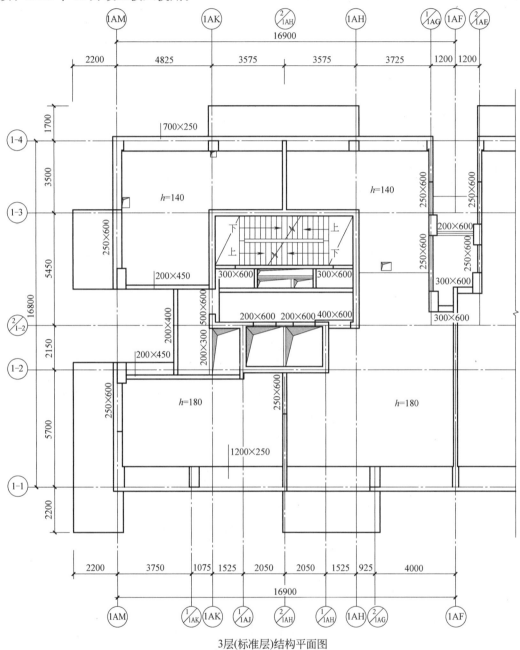

3层(标准层)结构平面图

图 13.6.2 局部标准层平面

参 考 文 献

[1] 建筑抗震设计规范：GB 50011—2010（2015 年版）[S]. 北京：中国建筑工业出版社，2016.

[2] 高层建筑混凝土结构技术规程：JGJ 3—2010 [S]. 北京：中国建筑工业出版社，2010.

[3] 混凝土结构设计规范：GB 50010—2010（2015 年版）[S]. 北京：中国建筑工业出版社，2015.

第14章 带加强层的高层建筑结构

14.1 定义和类型

当框架-核心筒结构或其他类似结构的侧向刚度不能满足设计要求时，可根据建筑功能的可能性，沿竖向利用设备层、避难层空间设置刚度较大的水平外伸构件加强核心筒与框架柱连系，形成整体弯曲效应，此含水平外伸构件的建筑层，称为加强层。必要时还可在该加强层设置刚度较大的周边环带构件，加强外周框架角柱与翼缘柱的连系。这类高层建筑结构定义为带加强层的高层建筑结构。常用典型带加强层高层建筑结构的平面、剖面如图14.1.1所示。

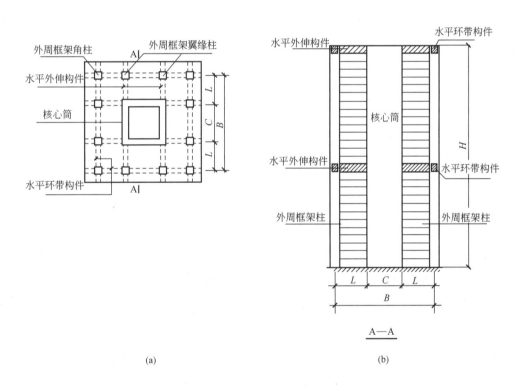

(a)   (b)

图14.1.1 带刚性加强层高层建筑结构
(a) 平面；(b) 剖面

加强层结构类型

加强层水平外伸构件一般可归纳为如下三种基本形式：斜腹杆桁架、梁（或整层箱形梁）和空腹桁架，如图14.1.2（a），（b），（c）所示。

加强层周边水平环带构件一般可归纳为斜腹杆桁架、开孔梁和空腹桁架三种基本形式，如图14.1.3（a），（b），（c）所示。

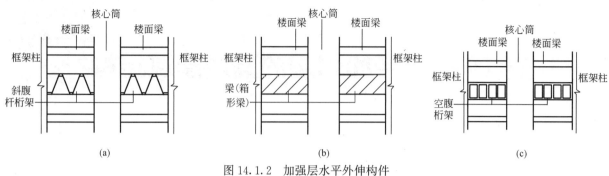

图 14.1.2　加强层水平外伸构件

（a）斜腹杆桁架；（b）梁（箱形梁）；（c）空腹桁架

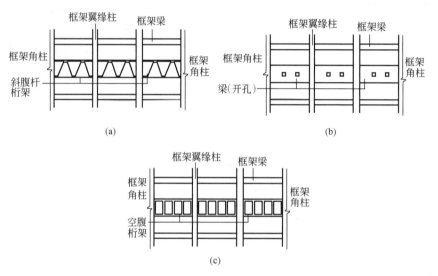

图 14.1.3　加强层周边水平环带构件

（a）斜腹杆桁架；（b）梁（开孔）；（c）空腹桁架

14.2　设计原则

带加强层高层建筑结构为一结构刚度沿竖向有突变的结构，在重力、水平荷载作用下加强层及其相邻层内力变化较大，应力集中，地震响应复杂，地震区采用时需采取专门有效措施，9度抗震设防地区不应采用。

（一）位置合理

为能较有效发挥加强层抗侧作用，适应建筑消防设备层布置的需要，加强层的位置宜为：布置 1 个加强层时，最佳位置在 $0.6H$ 附近；布置 2 个加强层，最佳位置可在顶层和 $0.5H$ 附近；布置 3 个或 3 个以上加强层时，宜沿竖向从顶层向下均匀布置。框架—核心筒结构两个主轴方向比较均匀时宜两个主轴方向都设置刚度较大的水平外伸构件。

（二）传力直接、锚固可靠

为充分发挥加强层水平外伸构件的作用，传力直接可靠，利于核心筒结构可靠工作，加强层水平外伸构件应贯通核心筒与核心筒的转角节点、丁字节点可靠刚接相连，避免与核心筒筒壁丁字相连。

（三）结构优化

为减少和避免水平荷载作用下加强层及相邻层周边框架柱和核心筒处剪力集中、剪力突变、弯矩增大，避免罕遇地震作用下加强层及其相邻层周边框架柱、核心筒先行破坏，加强层水平外伸构件宜优先选用斜腹杆桁架、空腹桁架，当选用实体梁时，宜在腹板中部开孔，水平外伸构件与周边框架柱连接宜采用铰接或半刚性连接。尤应注意内筒外柱在长期重力荷载作用下产生的差异徐变变形对加强层水平外伸构件的影响。水平外伸构件宜采用钢结构。

（四）计算细致

带加强层高层建筑结构应按实际结构的构成采用空间协同的方法分析计算。尤其应注意对重力荷载作用进行符合实际情况的施工模拟计算。抗震设计时，需进行弹性时程分析补充计算和弹塑性时程分析的计算校核。同时还应注意温差、混凝土徐变、收缩等非荷载效应影响。在结构内力和位移计算中，加强层楼层应考虑楼板平面内变形影响。

14.3 带加强层高层建筑结构适用高度和抗震等级

带加强层框架-核心筒或其他类似高层建筑结构的最大适用高度，宜符合表 14.3.1 的规定。

带加强层高层建筑结构房屋的最大适用高度（m）　　　表 14.3.1

非抗震设计	抗震设防烈度			
	6	7	8 (0.20g)	8 (0.30g)
220	210	180	140	120

带加强层高层建筑结构抗震设计，应根据设防烈度、构件种类和房屋高度按表 14.3.2 采用相应抗震等级．进行相应的计算并采取相应的构造措施。

带加强层高层建筑结构抗震等级　　　表 14.3.2

结构类型	抗震设防烈度	6			7			8		
	高度(m)	≤80	80~150	>150	≤80	80~130	>130	≤80	80~100	>100
非加强层区间	核心筒	二	二	二	二	二	一	一	一	特一
	框架	三	三	二	二	二	一	一	一	一
加强层区间	核心筒	一	一	一	一	一	特一	特一	特一	特一
	框架	二	二	一	一	一	特一	特一	特一	特一
	水平外伸构件	二	二	一	一	一	特一	特一	特一	特一
	水平环带构件	二	二	一	一	一	特一	特一	特一	特一

注：加强层区间指加强层及其相邻各 1 层的竖向范围。

14.4 带加强层高层建筑结构构件设计要求

（一）加强层水平外伸构件

1. 梁（箱形梁）作为加强层水平外伸构件时，梁高宜取层高，利用加强层上下层楼板作为有效翼缘，以有效提高其抗弯刚度，其设计要求同其用作转换结构时的要求。详 13 章。

2. 斜腹杆桁架：斜腹杆桁架作加强层水平外伸构件时，其设计要求同其用作转换结构时的要求。

3. 空腹桁架：空腹桁架作加强层水平外伸构件时，其设计要求同其用作转换结构的要求。

（二）加强层部位核心筒

加强层部位的核心筒是带加强层高层建筑结构的关键构件，其在水平荷载作用下将承受较大剪力、弯矩。为确保加强层部位核心筒安全，加强层部位核心筒应提高一级抗震设防，见表 14.3.2。加强层部位核心筒的轴压比不宜超过表 14.4.1 所列数值。

加强层部位核心筒轴压比限值　　　　表 14.4.1

轴压比	抗震设计		
	特一级	一级	二级
N/f_cA	0.4	0.5	0.6

注：N 为加强层部位核心筒体重力荷载代表值作用轴力设计值，f_c 为加强层部位核心筒混凝土抗压设计强度，A 为加强层部位核心筒水平截面面积。

（三）加强层部位框架柱

加强层部位的框架柱是带加强层高层建筑结构的又一关键构件，其在水平荷载作用下将承受较大剪力、弯矩。为确保加强层部位的框架柱的安全，抗震设计时，加强层部位框架柱应提高一级抗震设防，见表 14.3.2。加强层部位框架柱轴压比应从严掌握，见表 14.4.2。

加强层部位框架柱轴压比限值　　　　表 14.4.2

轴压比	抗震设计		
	特一级	一级	二级
N/f_cA	0.6	0.7	0.8

注：N 为加强层部位框架柱地震作用组合轴力设计值，f_c 为加强层部位框架柱混凝土抗压设计强度，A 为加强层部位框架柱截面面积。

当采用 C60 以上高强混凝土，柱剪跨比小于 2、Ⅳ 类场地结构基本自振周期大于场地特征周期时，轴压比限值还应适当从严降低；

当采用沿柱全高加密井字复合箍、设芯柱等加强时，轴压比限值可适当放宽增大。

（四）加强层周边水平环带构件

各类加强层周边水平环带构件设计要求均同相应各类加强层水平外伸构件。

（五）加强层部位楼（屋）盖

加强层部位核心筒、框架柱在水平荷载作用下的水平剪力将发生突变，为保证结构正常工作，必须保证加强层所在层上下相连楼盖（屋盖）刚度，其厚度不宜小于 150mm，且核心筒与框架柱间楼板不宜开大洞。

（六）非加强层部位结构

非加强层部位结构可按普通核心筒-框架结构设计要求执行。

14.5 带加强层高层建筑结构构件构造要求

（一）加强层水平外伸构件设置后浇区块

加强层中水平外伸构件一般宜设后浇区块，如图 14.5.1 所示，待主体结构施工完成后再行封闭，以消除施工阶段重力荷载作用下竖向构件轴向变形差异对加强层水平外伸构件的影响。

（二）加强层水平外伸构件

1. 梁（箱形梁）

（1）实体整截面梁（或整层高箱形梁）一般仅适用于非地震区；

（2）混凝土强度等级不应低于 C30，上下主筋最小配筋率为 0.3%；

（3）梁上下部主筋至少应有 50% 沿梁全长贯通，且不宜有接头。若需设接头时，应采用机械连接（A级），且同一截面内钢筋接头面积不应超过全部主筋

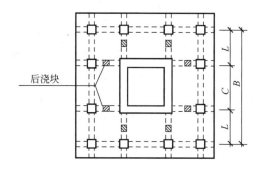

图 14.5.1　加强层水平外伸构件后浇块示意图

截面积的 50%；

（4）梁腹筋应沿梁全高配置，且≥2ϕ12@200，按充分受拉要求锚固于柱、核心筒；

（5）梁箍筋宜全梁段加密，直径不小于 10mm，间距不大于 150mm，最小面积配箍率为 0.5f_c/f_{yv}；

（6）梁上下部纵筋进入核心筒支座均按受拉锚固，顶层梁上部纵筋至少需有 50%贯穿核心筒拉通；顶层梁下部纵筋及其他层梁上下部纵筋至各需有 4 根贯穿核心筒拉通；

（7）梁上下部纵筋进入框架柱均按充分受拉锚固。

2. 斜腹杆桁架

斜腹杆桁架用作加强层水平外伸构件时，其构件构造要求同其作转换结构时的要求，其上下弦主筋进入核心筒支座的贯通构造要求同梁（箱形梁）。

3. 空腹桁架

空腹桁架用作加强层水平外伸构件时，其构件构造要求同其作转换结构时的要求，其上下弦主筋进入核心筒支座的贯通构造要求同梁（箱形梁）。

（三）加强层部位筒体

1. 加强层部位筒体墙身竖向分布钢筋、水平分布钢筋的最小含钢率为：抗震等级特一级时≥0.4%，抗震设计时≥0.3%，非抗震设计时≥0.25%，且钢筋间距≤200mm，钢筋直径≥ϕ10。

2. 加强层部位筒体端角部及门窗洞边均应设置约束边缘构件，其构造要求同带转换层高层建筑结构底部加强区设置的约束边缘构件要求。

（四）加强层部位框架柱

1. 加强层部位框架柱纵向钢筋最小总配筋率抗震设计为特一级、一级、二级抗震等级时分别为 1.4%、1.2%、1%，非抗震设计时为 0.8%。纵筋钢筋间距不应大于 200mm 且不应小于 80mm，总配筋率不应大于 5%。

2. 加强层部位框架柱箍筋应全柱段加密，钢筋直径≥10mm，间距≤100mm。体积配箍率抗震设计时不应小于 1.5%（一级、二级）、1.6%（特一级），非抗震设计时不应小于 1.0%，并宜采用复合螺旋箍或井字复合箍。

3. 加强层部位框架柱纵筋不宜设接头，若需设置，接头率应≤50%，且接头位置离开节点区≥500mm，接头应采用机械连接（A 级）。

（五）加强层部位楼板

加强层部位楼板混凝土强度等级不宜低于 C30，并应采用双层双向配筋，每层每方向贯通钢筋配筋率不宜小于 0.25%，且在楼板边缘、孔洞边缘应结合边梁设置予以加强。

参 考 文 献

[1] 建筑抗震设计规范：GB 50011—2010（2015 年版）[S]. 北京：中国建筑工业出版社，2016.

[2] 高层建筑混凝土结构技术规程：JGJ 3—2010 [S]. 北京：中国建筑工业出版社，2010.

[3] 混凝土结构设计规范：GB 50010—2010（2015 年版）[S]. 北京：中国建筑工业出版社，2015.

第15章 板柱结构构造

15.1 一般构造

平板式楼盖的板厚通常由抗冲切计算确定。板厚与长跨之比,非预应力时可取 1/30～1/40,预应力时可取 1/35～1/45,但最小比值宜满足表 15.1.1 的要求。一般当板跨较大时(>8m),可加配预应力筋,但应控制预应力筋的用量,抗震设计时受力钢筋应配置非预应力钢筋,预应力钢筋主要用于提高楼板刚度和控制裂缝。本章仅叙述配非预应力筋的楼板,配有预应力筋的楼板参见第 16 章的有关内容。

双向无梁板厚度与长跨的最小比值 　　　　　表 15.1.1

非预应力楼板		预应力楼板	
有托板	无托板	有托板	无托板
1/35	1/30	1/45	1/40

15.1.1 板的配筋

1. 板柱结构的板配筋构造见图 15.1.1 , 图中 $L_2 > L_1$、$L_2 > L_3$。

2. 计算柱上板带支座配筋时,宜考虑平托板的厚度,以合理降低配筋量。

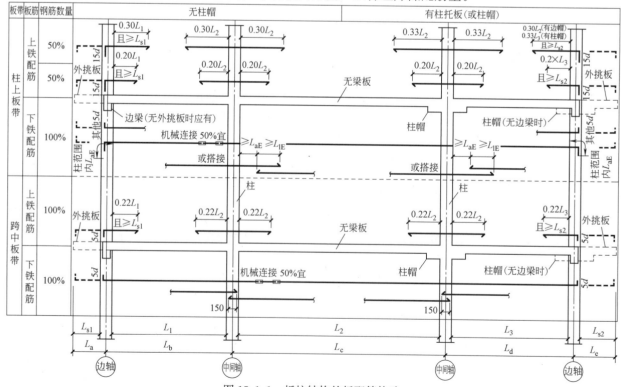

图 15.1.1 板柱结构的板配筋构造

3. 穿过柱截面的板钢筋直径不宜大于柱截面相应边长的 1/20。

4. 沿两个主轴方向通过柱截面的板底连续钢筋的总截面面积，应符合下式要求，以防止极限状态下楼板从柱上脱落：

$$A_s \geq N_G / f_y \tag{15.1.1}$$

式中 A_s——板底两个方向贯通柱截面连续钢筋的总截面面积；

N_G——在该层楼面重力荷载代表值作用下的柱轴向压力设计值。8 度及以上抗震设计时尚宜计入竖向地震作用的影响；

f_y——贯通柱截面的板底连续钢筋的抗拉强度设计值。

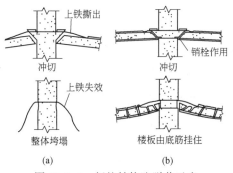

图 15.1.2 板柱结构防脱落示意
(a) 没有连续底筋；(b) 有连续底筋

此条为防塌落措施，详见图 15.1.2。无论结构抗震与否，通用于板柱楼盖。

15.1.2 暗梁及配筋

抗震设防的板柱结构，应于平面纵横向柱轴上设置暗梁，非抗震要求的板柱结构，也宜设置暗梁，以有效地传递不平衡弯矩。如图 15.1.3 所示，暗梁宽度可取柱宽及柱两侧各不大于 1.5 倍的板厚。

暗梁内纵向钢筋可利用柱上板带的板底及板面部分钢筋（图 15.1.4），通达全跨。暗梁支座上部钢筋面积应不小于柱上板带钢筋面积的 50%，暗梁下部钢筋不宜少于上部钢筋的一半。

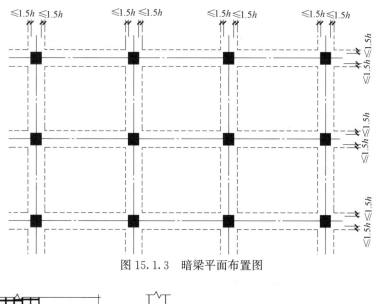

图 15.1.3 暗梁平面布置图

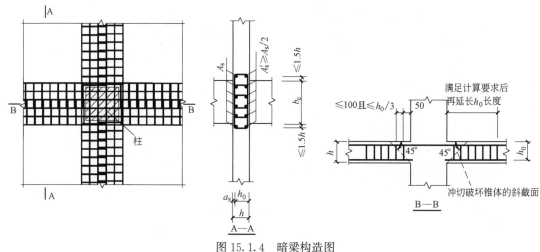

图 15.1.4 暗梁构造图

暗梁钢筋为柱上板带负弯矩钢筋的一部分，配置暗梁以外的支座纵筋时应注意扣除暗梁配筋。

暗梁端部的箍筋应加密。当为计算配筋时，宜和抗冲切钢筋结合配置在与 45°冲切破坏锥体面相交的范围内，加密区间距不应大于 100mm 和 $1/3h_0$ 的较小值，此外尚应按相同的箍筋直径和间距从计算不需要箍筋的截面再向外延长 h_0。

箍筋构造要求：不应小于 $\phi8$，间距不宜大于 $3h/4$，肢距不宜大于 $2h$，h 为板厚。

箍筋宜为封闭式，肢数不应小于 4 肢，并应箍住架立钢筋和主筋。

15.1.3 边梁及悬挑板

为了改善平板式楼盖的受力性能，节省材料，楼板宜沿柱外侧挑出。无预应力时，从柱中心到板边缘的伸出长度不宜超出伸出方向跨度的 0.4 倍。

应在结构周边设置边梁，边梁应配抗扭纵筋和箍筋，其最小配筋百分率分别为：

$$\rho_s \geqslant 0.4\%$$
$$\rho_{sv} \geqslant 0.25\%$$

无悬挑板时，板边、角区格的支座负筋，应注意在边梁内的抗扭锚固（图 15.1.1）。

15.1.4 板柱节点及抗剪构造

1. 楼板在柱周边临界截面的抗冲切应力，宜控制在较低水平，一般不宜超过允许值 $0.7f_t$ 的 75%。

2. 板柱节点抗冲切承载力不足时，可用箍筋、抗剪栓钉或型钢剪力架。当建筑允许时，应优先考虑设置托板或柱帽的板柱节点，并宜采用平托板式。图 15.1.5 为托板或柱帽配筋构造。设置柱帽后，

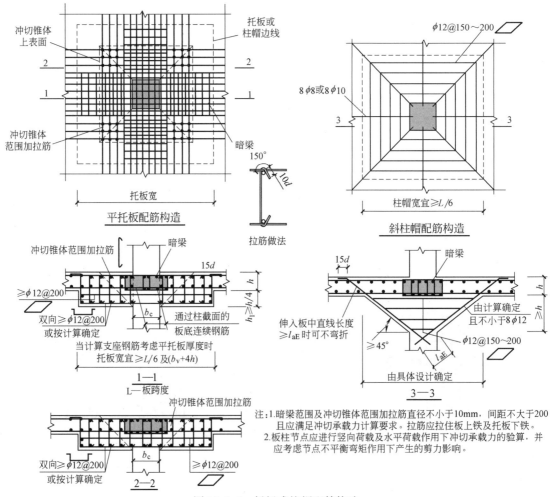

图 15.1.5 托板或柱帽配筋构造

计算柱上板带负弯矩钢筋面积时宜考虑柱帽的厚度；抗冲切计算除验算柱周边外，尚应验算柱帽周边处。

3. 按计算所需的箍筋详见图 15.1.4。

4. 按计算所需的弯起钢筋可由一排或两排组成，其弯起角可根据板的厚度在 $30°\sim 50°$ 之间选取，弯起钢筋的倾斜段应与冲切破坏斜截面相交，其交点应在离局部荷载或集中反力作用面积周边以外（$1/2\sim 2/3$）h 范围内。弯起钢筋直径不应小于 12mm，且每一方向不应少于 3 根，详见图 15.1.6。

5. 使用箍筋承担冲剪力时，箍筋竖向肢跨越裂缝，能阻止裂缝的开展。但一般的箍筋，其竖肢上下端皆为圆弧，锚固性差，在竖肢应力较大接近屈服时，都会发生滑动，影响箍筋的抗冲剪效果。特别是当不设柱帽时，柱周围板厚不大，再加上双向纵筋使计算高度减小，箍筋竖肢较短，因此，少量滑动也能使应变减少较多，所以箍筋应力水平更低。

美国近几年来大量采用的抗剪栓钉（shear studs），其竖向长度可以达到最大值，如图 15.1.7 所示，且上下两端锚固好，能避免上述箍筋的缺点，不仅最有效，而且施工方便。在制作加工方面，可参考钢结构栓钉的做法，按设计直径及间距，以排距小于两倍的板有效厚度（$g < 2h_0$），将栓钉用自动焊接法焊接在钢板上如图 15.1.8～图 15.1.10 所示。

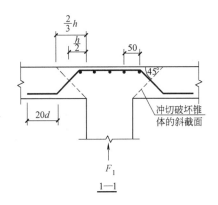

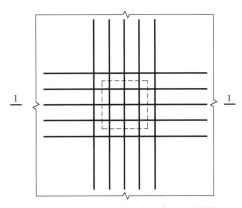

图 15.1.6　板中配置抗冲切弯起钢筋构造

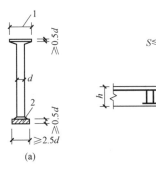
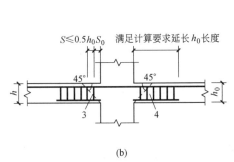
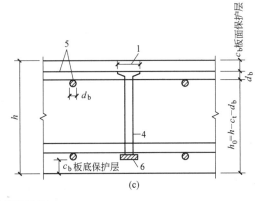

(a)　　　　　　　　　　(b)　　　　　　　　　　(c)

图 15.1.7　板柱结构的抗剪栓钉

（a）栓钉大样；（b）用栓钉作抗冲切钢筋；（c）栓钉混凝土保护层

1—顶部面积≥10 倍栓钉截面面积；2—焊接；3—冲切破坏锥面；4—栓钉；5—受弯钢筋；6—底部钢板条

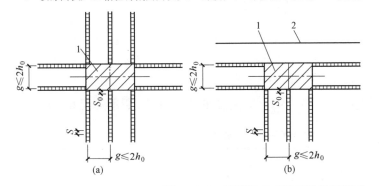
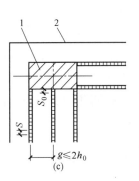

(a)　　　　　　　　　　　　(b)　　　　　　　　　　(c)

图 15.1.8　矩形柱节点抗剪栓钉的排列

（a）内柱；（b）边柱；（c）角柱

1—柱；2—板边

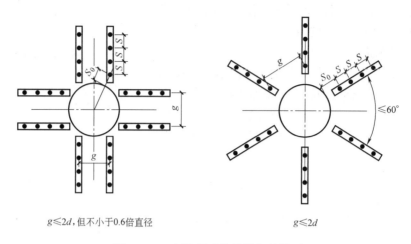

$g \leqslant 2d$,但不小于0.6倍直径 $\qquad$ $g \leqslant 2d$

图 15.1.9 圆柱周边抗剪栓钉的排列

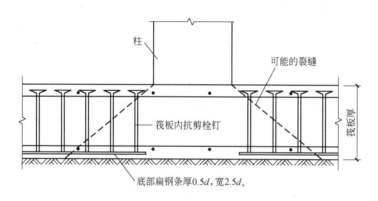

图 15.1.10 筏板内抗剪栓钉的排列

6. 应按《混凝土结构设计规范》GB 50010—2010（2015 年版）附录 F 的相关规定，验算不平衡弯矩导致的等效集中反力冲切力。当计算软件未考虑此规定时，设计人须进行复核。

15.1.5 板的开洞

1. 在经过计算满足承载力及刚度要求的前提下，板可以开任意尺寸的洞。

2. 满足下述要求的开洞，可不作计算。

1）如能保持未开洞前该区格的配筋总量时，在跨中板带相交的区域内可开任意大小的洞。

2）在一个柱上板带和一个跨中板带所共有的区域内，因开洞所切断的钢筋不大于任何一个板带内钢筋的 1/4。

3）在柱上板带相交的共有区域内，如图 15.1.11 中阴影线所示，不应开洞，其余部分也不宜多开洞，必须开洞时，其尺寸不应大于任一跨内柱上板带宽度的 1/8，在洞口各边应加配因开洞切断的等量钢筋，并验算冲切强度。抗震等级为一级时，暗梁范围内不应开洞。

3. 当柱附近板上有洞时，冲切计算周长 U、U_m 应减去如图 15.1.12 所示的无效长度。

板柱结构楼板开洞尺寸要求（mm）　　　　　　表 15.1.2

尺寸 \ 洞号	1	2	3
a	$\leqslant A_1/8$,且$\leqslant 300$	$\leqslant A_2/4$	$\leqslant A_2/2$
b	$\leqslant B_1/8$,且$\leqslant 300$	$\leqslant B_1/4$	$\leqslant B_2/2$

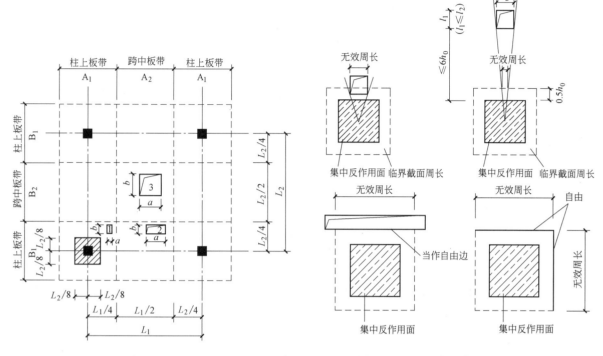

图 15.1.11 板柱结构楼板开洞示意
注：图中尺寸要求见表 15.1.2。

图 15.1.12 柱附近楼板开洞后冲切周长

15.1.6 无梁楼盖地下室倒塌事故的原因及避免措施

1. 无梁楼盖地下室，近来接连发生倒塌事故的共性问题。

1）均发生在有覆土的地下室顶板，施工时局部覆土厚度超载多而发生连续倒塌，是造成地下室无梁楼盖发生破坏的主要原因之一；

2）板柱节点受冲切承载力验算不满足规范要求；

3）对《建筑抗震设计规范》GB 50011—2010（2016 年版）第 6.6.4-3 款的防脱落措施认识不足、设计中未到位。

2. 避免措施。

1）地下室采用板柱体系时，应留有足够安全度，除保证设计到位外，在施工图总说明中对施工中、竣工后维护的注意事项应进行详细说明，并应提供覆土分布平面图，用于施工及运维，以确保全生命周期的结构安全。

以下摘录住房和城乡建设部《关于加强地下室无梁楼盖工程质量安全管理的通知》中与设计相关的内容，应严格执行并写入设计总说明中："在无梁楼盖工程设计中考虑施工、使用过程的荷载并提出荷载限值要求，注重板柱节点的承载力设计，通过采取设置暗梁等构造措施，提高结构的整体安全性。要认真做好施工图设计交底，向建设、施工单位充分说明设计意图，对施工缝留设、施工荷载控制等提出施工安全保障措施建议，及时解决施工中出现的相关问题。对已经投入使用的地下室无梁楼盖进行认真排查，不得随意增加顶板上部区域的使用荷载，不得随意调整地下室上部区域景观布置、行车路线、停车场标志灯，需要调整的必须经原设计单位或具有相应资质的设计单位荷载确认后依法调整。"

2）施工交底时，注意提示施工单位不要在托板与楼板之间留施工缝。施工完成后，认真履行验收职责，尤其重点检查图示关键部位（图15.1.13），确保施工过程中及完成后重点冲剪截面无开裂情况。

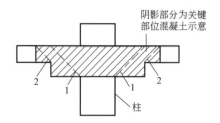

图 15.1.13 关键部位示意
1—柱帽与柱斜交处冲切破坏锥体的斜截面；
2—柱帽与板斜交处冲切破坏锥体的斜截面

15.2 板柱结构计算方法

15.2.1 计算方法

板柱结构在竖向力和水平荷载作用下板带内力计算可采用经验系数法、等代框架法和有限元法。

15.2.2 板带划分及配筋计算

1. 竖向力作用下通常以纵横两个方向划分柱上板带和跨中板带进行，其板带划分见图15.2.1。

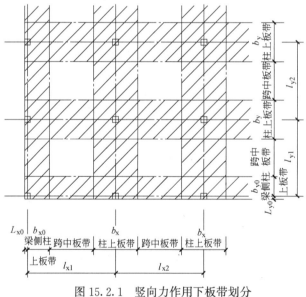

图 15.2.1 竖向力作用下板带划分

2. 侧向力作用下板带的内力和位移计算可采用等代框架法，等代梁的宽度 b_x，b_y 按垂直于等代平面框架方向两侧柱距各1/4采用，计算如下。

$$b_{x0}=l_{x0}+l_{x1}/4$$
$$b_{y0}=l_{y0}+l_{y1}/4$$
$$b_x=l_{x1}/4+l_{x2}/4$$
$$b_y=l_{y1}/4+l_{y2}/4$$

侧向力作用下板内力计算配筋应全部配于柱上板带中。

15.2.3 经验系数法

符合下列条件时,可用经验系数法计算竖向荷载作用下的板带内力。

(1) 每一个方向至少有三个连续跨;

(2) 任一区格的长边与短边之比不大于 2;

(3) 同一方向相邻跨的跨长变化不超过较长跨的 1/3;

(4) 活荷载与静荷载之比小于或等于 2。

经验系数法计算柱上板带和跨中板带内力为表 15.2.1 中的系数乘以总弯矩 M_0。

$$x\ \text{方向总设计弯矩值}\ M_{0x} = q l_y l_{xn}^2 / 8$$

$$y\ \text{方向总设计弯矩值}\ M_{0y} = q l_x l_{yn}^2 / 8$$

式中　M_{0x}、M_{0y}——x、y 向的总弯矩设计值;

　　　　q——均布荷载设计值;

　　　　l_x、l_y——两方向的板跨度;

　　　　l_{xn}、l_{yn}——两方向的板净跨度。

经验系数法板带弯矩分配系数表　　　　　　　　　表 15.2.1

截面位置	柱上板带	跨中板带
端跨		
边支座截面负弯矩	0.48	0.05
跨中正弯矩	0.22	0.18
第一内支座截面负弯矩	0.5	0.17
内跨		
支座截面负弯矩	0.5	0.17
跨中正弯矩	0.18	0.15

注:1. 板带端部为整体墙与板现浇时,可作内跨对待;

　　2. 支座间有梁或墙时,平行于梁或墙的柱上板带截面应设计成能承受柱上板带弯矩的 50%,跨中板带截面应设计成能承受板带弯矩的 80%;

　　3. 本表适用于 $l_x/l_y \leqslant 1$ 的情况,也近似用于 $l_x/l_y \leqslant 1.5$ 的情况;

　　4. 在弯矩总量不变的前提下,允许将柱上板带负弯矩的 10% 分配给跨中板带负弯矩;

　　5. 本表适合于无悬挑板及较小悬挑板的情况,当悬挑较大且负弯矩大于边支座负弯矩时,须考虑悬臂弯矩对边支座及内跨的影响。

15.2.4 等代框架法

不符合经验系数法的条件时,可采用等代框架法计算内力。

采用等代框架法,因计算竖向荷载和水平荷载时的板带宽度不同(详见本节 15.2.2 第 1、2 条),应分别计算竖向荷载和水平荷载各工况内力。

竖向荷载内力按表 15.2.2 分配。

水平荷载内力用三维有限元软件对结构进行整体分析,板全部内力应分配于柱上板带中,并与表 15.2.2 中竖向荷载作用下的柱上板带支座弯矩相组合,配置柱上板带配筋。上述组合弯矩的 1/2 用暗梁方式配置在柱宽和两侧各 1.5 倍板厚范围内。

等代框架法板带弯矩分配系数表　　　　　　　　　表 15.2.2

截面位置	柱上板带	跨中板带
端跨		
边支座截面负弯矩	0.9	0.1
跨中正弯矩	0.55	0.45
第一内支座截面负弯矩	0.75	0.25
内跨		
支座截面负弯矩	0.75	0.25
跨中正弯矩	0.55	0.45

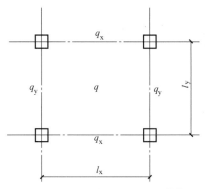

图 15.2.2　双向无柱帽板柱结构

结构计算时，若自重由程序自动计算，活荷载按满荷载计算（不进行活荷载不利布置），板面荷载按下述方法取用：

1. 双向无柱帽板柱结构（图 15.2.2）

（1）等代梁宽取为 $b_x=l_y/2$，$b_y=l_x/2$；

（2）面荷载取 $q=0$；

（3）两个方向等代梁上线荷载分别为：

$$x \text{ 方向 } q_x=(q_1+q_2+p)l_y-q_1l_y/2$$
$$y \text{ 方向 } q_y=(q_1+q_2+p)l_x-q_1l_x/2$$

（4）考虑板传柱荷载重复，柱上应扣除重复荷载，即在柱上施加：

$$P=-(q_1+q_2+p)l_xl_y$$

式中　q_1——板单位面积自重；

　　　q_2——板上各种做法及其他净荷载；

　　　p——活荷载。

2. 一个方向有梁，另一方向无梁的板柱结构（图 15.2.3）

（1）x 方向按框架梁，y 方向按等代梁，宽取为：$b_y=l_x/2$；

（2）面荷载取为：$q=q_1+q_2+p$，单向分配；

（3）y 方向等代梁上线荷载为：

$$q_y=(q_1+q_2+p)l_x-q_1l_x/2；$$

（4）考虑板传柱荷载重复，柱上应扣除重复荷载，即在柱上施加：

$$P=-(q_1+q_2+p)l_xl_y/2$$

式中　q_1——板单位面积自重；

　　　q_2——板上各种做法及其他净荷载；

　　　p——活荷载。

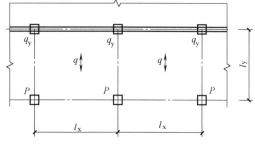

图 15.2.3　一个方向有梁，另一方向无梁的结构

3. 双向密肋式楼板设计计算

（1）双向密肋式楼板可用于跨度大而层高受限制的情况，当使用荷载较大时，采用密肋楼盖可以取得较好的经济效益。双向密肋式楼盖不仅有平板式楼盖整体性好、刚度大、节省净空和施工方便等优点，而且由于肋间板很薄，故自重也较无梁楼盖轻。但密肋板也有电线管穿行板内困难（面板较薄）等缺点，使用时尚应作方案比较。

（2）密肋板的肋高与短跨之比，无预应力时可取 1/18～1/25，有预应力时可取 1/30，肋距以 0.9～1.6m 为宜。在地震区，为了提高结构的延性和抗震性能，宜沿柱轴线上加大肋宽布置暗梁。

（3）双向密肋板楼盖的分析计算可用等代框架法，在竖向荷载作用下，柱上板带总配筋的 60% 配于柱上肋，其余 40% 配于相邻肋（双向密肋板的板带划分同平板）。配筋时，将板作为肋的有效翼缘，考虑板与肋的共同工作。在双向肋梁相交处，短向肋梁正筋置于长向肋梁正筋之下，短向肋梁负筋置于长向肋梁负筋之上。

双向密肋板楼盖的平面布置图见图 15.2.4～图 15.2.6。

15.2.5　有限元法

板柱结构也可采用有限元计算，楼板采用壳单元，柱采用杆单元，墙也采用壳单元。对柱网不规则的情况，最好采用有限元方法。等代框架法对不规则柱网有时很难进行等代，难以得到准确的计算结

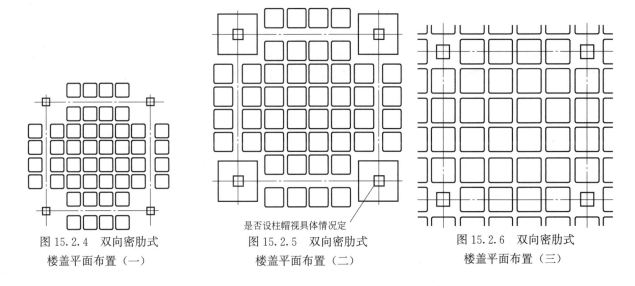

图 15.2.4　双向密肋式
楼盖平面布置（一）

图 15.2.5　双向密肋式
楼盖平面布置（二）

是否设柱帽视具体情况定

图 15.2.6　双向密肋式
楼盖平面布置（三）

果，而有限元法对楼板进行单元划分，可以获取更准确的计算结果。采用有限元方法时，网格划分应适中，一般楼板有限元划分尺寸为 0.5～1m。计算步骤如下。

（1）截面输入

布置虚梁（或暗梁）和柱帽。

（2）荷载输入

恒活荷载均按面荷载输入，按整体有限元计算，可以考虑风和地震作用。

（3）参数设置

在结构整体计算中采用弹性板 3 或弹性板 6 模型，为了保证弹性板与梁变形协调，应选"梁与弹性板变形协调"，这将使楼板和梁变形协调。

弹性板荷载计算方式应选择有限元方式，恒、活面荷载直接作用在弹性楼板上，弹性板参与了恒、活竖向荷载计算，又参与了风、地震等水平荷载的计算，计算结果可以直接得出弹性板本身的配筋。

（4）配筋结果

定义板带，选择需要计算的楼板，自动划分出柱上板带和跨中板带，结构整体计算得到的内力是恒、活与水平荷载组合的结果。

直接取结构整体计算中弹性板各单元配筋结果来进行楼板的配筋设计，得到柱上板带、跨中板带对应位置的配筋。

参 考 文 献

[1]　北京市建筑设计研究院有限公司. BIAD建筑结构专业技术措施 2019 版 [M]. 北京：中国建筑工业出版社，2019.

[2]　程懋堃. 创新思维结构设计 程懋堃设计大师文稿集 [M]. 周笋，编. 北京：中国建筑工业出版社，2015.

[3]　李宏维，周笋，何渐渐. 边梁对板柱-剪力墙结构适用高度的影响 [J]. 建筑结构，2016，46（S1）：212-218.

第16章　预应力混凝土结构

16.1　基本概念及基本要求

1. 本章所涉及的预应力混凝土结构是利用高性能材料、现代设计理论和先进施工工艺设计、建造起来的高效结构。其主要特征已由简单受力构件转变成复杂受力结构，适用于大跨、重载、大悬挑、超长、高耸、复杂约束等结构。与非预应力结构相比，现代预应力结构不仅具有跨越能力大、受力性能好、使用性能优越、耐久性高、轻巧美观等优点，而且较为经济，节材、节能，因此，现代预应力结构具有广阔的应用前景。这种结构设计时应根据其特点在方案选择、设计、构造及施工方法上力求做到技术先进、确保质量、安全可靠和经济合理。

2. 预应力混凝土的四种理解。

(1) 第一种理解——预应力使混凝土由脆性材料变为弹性材料；

(2) 第二种理解——预加预应力充分发挥了高强钢材的作用，使其与混凝土能共同工作；

(3) 第三种理解——预应力平衡了结构的外荷载；

(4) 第四种理解——预应力具有荷载转移的本质：预应力混凝土是根据需要人为的引入某一数值的自平衡荷载，用以部分或全部抵消使用荷载，从而实现荷载的有效转移的一种加筋混凝土。

3. 预应力施工工艺。

目前，预应力混凝土结构的施工工艺主要有先张法和后张法，有时也采用共张法。

先张法指在台座或钢模上张拉预应力筋至预定值并作临时固定，待混凝土强度达到一定程度后，切断预应力钢筋，在钢筋回缩的过程中利用钢筋与混凝土间的握裹力建立起混凝土中的预压力。

后张法指先浇灌构件并在混凝土中预留孔道，待混凝土达到一定强度后，在孔道内穿筋，安装张拉设备，张拉预应力筋，待预应力筋达到预期值时用工作锚具锚紧，混凝土中的预压力依靠两端锚具获得。

两者各有其优势和适用范围。先张法生产工艺简单、工序少、效率高、质量易保证，且不需要工作锚具，生产成本低，适用于小型预应力混凝土结构构件的生产；后张法不需要台座，便于现场施工。

共张法系指预应力先张法与后张法共用于同一个构件上的预应力张拉工艺。

4. 预应力结构形式。

预应力混凝土有不同的分类方式。根据预应力筋与混凝土间是否粘结分为：有粘结预应力混凝土结构、无粘结预应力混凝土结构和缓粘结预应力混凝土结构。

有粘结预应力混凝土结构指沿预应力筋全长预应力筋周围完全与混凝土粘结、握裹在一起的预应力混凝土结构。

无粘结预应力混凝土结构指预应力筋不与混凝土粘结的预应力混凝土结构。这种结构采用的预应力筋全长涂有特制的建筑油脂，外套防老化的塑料管。

缓粘结预应力混凝土结构是处在无粘结筋与有粘结筋间的一种新的预应力筋粘结形式。预应力筋张拉时相当于无粘结预应力结构，在使用阶段则变为有粘结预应力结构。这主要通过裹在预应力筋周围的特制的缓粘结材料来实现预应力形式的转换。

5. 预应力度。

根据预应力程度的不同,欧洲国际混凝土委员会和国际预应力混凝土协会将配筋混凝土划分为四个等级:全预应力混凝土,限值预应力混凝土,部分预应力混凝土和普通混凝土。

(1) 全预应力混凝土:在全部荷载最不利组合作用下,混凝土不出现拉应力。

(2) 限值预应力混凝土:在全部荷载最不利组合作用下,混凝土允许出现拉应力,但不超过其容许值;在长期荷载作用下,混凝土不出现拉应力。

(3) 部分预应力:在全部荷载最不利组合作用下,混凝土出现裂缝但不超过规定宽度。

(4) 普通混凝土:不施加预应力的混凝土。

6. 高层建筑结构中预应力混凝土构件常用的部位及建议采用的预应力类型见表16.1.1:

常用预应力部位及预应力类型 表 16.1.1

施加预应力部位	建议采用的预应力方法	采用的预应力筋
双向和单向平板(单跨或多跨)	无粘结、先张叠合板、缓粘结	一般采用钢绞线、消除应力钢丝、预应力螺纹钢筋和中强度预应力钢丝
双向或单向密肋板	无粘结、缓粘结	
板柱体系楼板	无粘结、缓粘结	
扁梁	无粘结、有粘结、缓粘结	
单跨或多跨次梁	无粘结、缓粘结	
单跨或多跨框架结构梁、悬臂大梁	无粘结、有粘结、缓粘结或混合粘结	
转换梁	有粘结、缓粘结或混合粘结	
加固构件	体外预应力	

7. 在高层建筑中采用预应力混凝土结构时,设计、构造和施工应遵守下列现行国家及行业标准的有关规定。

(1)《建筑结构可靠性设计统一标准》GB 50068—2018;

(2)《混凝土结构设计规范》GB 50010—2012(2015 年版);

(3)《建筑结构荷载规范》GB 50009—2012;

(4)《建筑抗震设计规范》GB 50011—2010(2016 年版);

(5)《预应力混凝土结构设计规范》JGJ 369—2016;

(6)《无粘结预应力混凝土结构技术规程》JGJ 92—2016;

(7)《建筑结构体外预应力加固技术规程》JGJ 279—2012;

(8)《预应力混凝土结构抗震设计标准》JGJ/T 140—2019;

(9)《缓粘结预应力混凝土结构技术规程》JGJ 387—2017;

(10)《高层建筑结构技术规程》JGJ 3—2010;

(11)《混凝土结构工程施工质量验收规范》GB 50204—2015;

(12)《建筑工程预应力施工规程》CECS 180:2018;

(13)《预应力混凝土用钢绞线》GB/T 5224—2014;

(14)《预应力混凝土用钢棒》GB/T 5223.3—2017;

(15)《涂覆涂料前钢材表面处理 表面清洁度的目视评定 第1部分:未涂覆过的钢材表面和全面清除原有涂层后的钢材表面的锈蚀等级和处理等级》GB/T 8923.1—2011;

(16)《预应力混凝土用螺纹钢筋》GB/T 20065—2016;

(17)《预应力筋用锚具、夹具和连接器》GB/T 14370—2015;

(18)《水泥基灌浆材料应用技术规范》GB/T 50448—2015;

(19)《单丝涂覆环氧涂层预应力钢绞线》GB/T 25823—2010;

(20)《预应力筋用锚具、夹具和连接器应用技术规程》JGJ 85—2010;

(21)《无粘结预应力钢绞线》JG/T 161—2016;

(22)《环氧涂层预应力钢绞线》JG/T 387—2012;

(23)《缓粘结预应力钢绞线》JG/T 369—2012;

(24)《缓粘结预应力钢绞线专用粘合剂》JG/T 370—2012;

(25)《预应力混凝土用钢丝》GB/T 5223—2014。

8. 预应力混凝土结构构件,除应根据设计状况进行承载能力极限状态计算及正常使用极限状态验算外,尚应对施工阶段进行验算。

(1) 承载能力极限状态应采用表达式(16.1.1)进行设计:

$$\gamma_0 \cdot S \leqslant R \tag{16.1.1}$$

式中 γ_0——重要性系数;

　　　S——承载能力极限状态下作用组合的效应设计值;

　　　R——结构构件抗力的设计值。

预应力混凝土结构设计应计入预应力作用效应;对超静定结构,相应的次弯矩、次剪力及次轴力等应参与组合计算。

对承载能力极限状态,当预应力作用效应对结构有利时,预应力作用分项系数γ_p应取不大于1.0,不利时γ_p应取1.3。

对参与组合的预应力作用效应项,当预应力作用效应对承载力有利时,结构重要性系数γ_0应取1.0;当预应力作用效应对承载力不利时,结构重要性系数γ_0在持久设计状况和短暂设计状况下,对安全等级为一级的结构构件不应小于1.1,对安全等级为二级的结构构件不应小于1.0,对安全等级为三级的结构构件不应小于0.9;对地震设计状况下应取1.0。

(2) 正常使用极限状态采用表达式(16.1.2)进行验算:

$$S \leqslant C \tag{16.1.2}$$

式中 S——正常使用极限状态荷载组合的效应设计值;

　　　C——结构构件达到正常使用要求所规定的变形、应力、裂缝宽度和自振频率等的限值。

对正常使用极限状态,预应力作用分项系数γ_p应取1.0。

预应力混凝土结构设计应分别按荷载效应的标准组合与准永久组合并考虑长期作用影响的效应对正常使用极限状态的结构构件进行验算,并应控制应力、变形、裂缝等计算值不超过相应的规定限值。荷载效应的标准组合与准永久组合应按《建筑结构荷载规范》GB 50009—2012规定计算。

(3) 施工阶段验算。

预应力混凝土结构构件,应根据具体情况对其张拉、运输及安装等施工阶段进行承载力极限状态和正常使用极限状态验算。

进行构件施工阶段的验算时,应考虑预加力(考虑施工路径的影响)、构件自重及施工荷载等。预制构件的吊装验算,应将构件自重乘以动力系数,动力系数可取1.5,但可根据构件吊装的受力情况作适当增减。

对于后张预应力构件,施工阶段应进行局部承压验算、预应力束弯折处曲率半径验算及防崩裂验算。

缓粘结预应力混凝土在施工阶段相当于无粘结预应力混凝土,在使用阶段相当于有粘结预应力混凝土,故其施工阶段的验算应按无粘结预应力混凝土构件计算。

16.2 一般构造规定

16.2.1 材料选用

1. 混凝土

预应力混凝土结构的混凝土强度等级不宜低于C40,且不应低于C30。

2. 预应力钢筋

根据国产现有产品常用的预应力钢筋和成品无粘结、缓粘结预应力筋可按表 16.2.1、表 16.2.2、表 16.2.3、表 16.2.4 采用：

预应力钢筋强度标准值　　　　　　　　　　　　　　　表 16.2.1

种类		符号	公称直径 d(mm)	屈服强度标准值 f_{pyk}	极限强度标准值 f_{ptk}
中强度预应力钢丝	光面 螺旋肋	ϕ^{PM} ϕ^{HM}	5、7、9	620	800
				780	970
				980	1270
预应力螺纹钢筋	螺纹	ϕ^{T}	18、25、32、40、50	785	980
				930	1080
				1080	1230
消除应力钢丝	光面 螺旋肋	ϕ^{P} ϕ^{H}	5	—	1570
				—	1860
			7	—	1570
			9	—	1470
				—	1570
钢绞线	1×3 (3股)	ϕ^{S}	8.6、10.8 12.9	—	1570
				—	1860
				—	1960
	1×7 (7股)		9.5、12.7、15.2、17.8	—	1720
				—	1860
				—	1960
			21.6	—	1770
				—	1860
	1×19 (19股)		21.8	—	1770
				—	1860
			28.6	—	1720
				—	1770

注：钢绞线直径 d 系指钢绞线外接圆直径，即现行国家标准《预应力混凝土用钢绞线》GB/T 5224—2014 中的公称直径 D_g，钢丝和热处理钢筋的直径 d 均指公称直径。

预应力钢筋强度设计值　　　　　　　　　　　　　　　表 16.2.2

种类	极限强度标准值 f_{pyk}	抗拉强度设计值 f_{ptk}	抗压强度设计值 f'_{ptk}
中强度预应力钢丝	800	510	
	970	650	410
	1270	810	
消除应力钢丝	1470	1040	
	1570	1110	410
	1860	1320	
钢绞线	1570	1110	
	1720	1220	
	1770	1250	390
	1860	1320	
	1960	1390	

续表

种类	极限强度标准值 f_{pyk}	抗拉强度设计值 f_{ptk}	抗压强度设计值 f'_{ptk}
预应力螺纹钢筋	980	650	410
	1080	770	
	1230	900	

注：当预应力钢绞线、钢丝的强度标准值不符合表16.2.1的规定时，其强度设计值应进行换算。

钢筋弹性模量（$\times 10^5 \text{N/mm}^2$） 表 16.2.3

种类	E_S
HPB300 级钢筋	2.1
HRB400、HRB500、HRBF400、HRBF500、RRB400、预应力螺纹钢筋	2.0
消除应力钢丝、中强度预应力钢丝	2.05
钢绞线	1.95

注：必要时钢绞线可采用实测的弹性模量。

3. 纤维增强复合材料筋

（1）纤维增强复合材料筋混凝土构件应采用碳纤维增强复合材料筋或芳纶纤维增强复合材料筋，且纤维增强复合材料筋中纤维体积含量不应小于 60%。纤维增强复合材料筋所采用的纤维应符合国家现行有关产品标准的规定。

（2）纤维增强复合材料预应力筋的截面面积应小于 300mm^2。

（3）纤维增强复合材料预应力筋应符合以下规定：

① 纤维增强复合材料预应力筋的抗拉强度应按筋材的截面面积含树脂计算，其主要力学性能指标应满足表 16.2.4 的规定；

② 纤维增强复合材料预应力筋的抗拉强度标准值应具有 99.87% 的保证率，其弹性模量和最大力下的伸长率取平均值；

③ 不应采用光圆表面的纤维增强复合材料筋。

纤维增强复合材料预应力筋的主要力学性能指标 表 16.2.4

类型	抗拉强度标准值（N/mm^2）	弹性模量（$\times 10^5 \text{N/mm}^2$）	伸长率（%）
碳纤维增强复合材料筋	≥1800	≥1.40	≥1.5
芳纶纤维增强复合材料筋	≥1300	≥0.65	≥2.0

（4）纤维增强复合材料筋抗拉强度设计值应按下列公式（16.2.1）确定。

$$f_{fpd} = \frac{f_{fpk}}{1.4\gamma_e} \tag{16.2.1}$$

式中　f_{fpd}——纤维增强复合材料预应力筋抗拉强度设计值；

　　　f_{fpk}——纤维增强复合材料预应力筋抗拉强度标准值，按实测值和厂家提供的数据采用；

　　　γ_e——环境影响系数，应按表16.2.5取值。

纤维增强复合材料预应力筋的环境影响系数 γ_e 表 16.2.5

类型	室内环境	一般室外环境	海洋环境、腐蚀性环境、碱性环境
碳纤维增强复合材料	1.0	1.1	1.2
芳纶纤维增强复合材料	1.2	1.3	1.5

（5）纤维增强复合材料预应力筋的持久强度设计值应按下列公式（16.2.2）计算。

$$f_{fpc} = \frac{f_{fpk}}{\gamma_e \gamma_{fc}} \tag{16.2.2}$$

式中 f_{fpc}——纤维增强复合材料预应力筋的持久强度设计值；

γ_{fc}——徐变断裂折减系数，碳纤维增强复合材料筋取1.4，芳纶纤维增强复合材料筋取2.0。

16.2.2 后张法结构构件的常用锚具

1. 后张法预应力构件，预应力钢筋的锚具按锚固方式不同，可分为夹片式（多孔夹片，JM锚，OVM锚等）、支承式（镦头锚等）和握裹式（挤压锚具等）三种，根据预应力钢筋种类和锚固部位不同，按表16.2.6要求选用。

后张法预应力构件常用锚具选用表　　　　　　　　　　　表16.2.6

序号	预应力筋品种	张拉端	固定端	
			安装在结构之外	安装在结构之内
1	钢绞线	夹片锚具	夹片锚具 挤压锚具	挤压锚具
2	单根钢丝	夹片锚具 墩头锚具	夹片锚具	墩头锚具
3	钢丝束	墩头锚具 冷(热)铸锚	冷(热)铸锚	墩头锚具
4	预应力螺纹钢筋	螺母锚具	螺母锚具	螺母锚具

2. OVM型锚具（表16.2.7、表16.2.8及图16.2.1）。

OVM13参数（mm）　　　　　　　　　　　　　表16.2.7

锚具	规格	3	4	5	6、7	9
锚垫板	A	130	140	150	170	200
	B	130	135	145	160	200
	$C(\phi)$	105	105	115	130	150
波纹管径	$D(外)$	53	53	53	67	73
	$D(内)$	50	50	50	60	70
锚板	$E(\phi)$	85	90	100	115	137
	F	50	50	50	60	70
螺旋筋	$G(\phi)$	130	150	170	190	240
	$H(\phi)$	10	10	12	14	16
	I	50	50	50	50	60
	n（圈数）	4	4	4	5	6

OVM15参数（mm）　　　　　　　　　　　　　表16.2.8

锚具	规格	3	4	5	6、7	9
锚垫板	A	140	160	180	200	230
	B	135	150	165	180	210
	$C(\phi)$	100	110	120	140	160
波纹管径	$D(外)$	58	58	62	77	87
	$D(内)$	55	55	55	70	80
锚板	$E(\phi)$	95	105	117	135	157
	F	55	55	55	60	60
螺旋筋	$G(\phi)$	150	190	210	240	270
	$H(\phi)$	10	14	14	16	16
	I	50	50	50	60	60
	n（圈数）	4	5	5	6	6

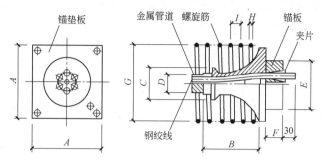

图 16.2.1　OVM 型锚具

OVM13 用于锚固 12.7 钢绞线，OVM15 用于锚固 15.2 钢绞线，配套千斤顶 YCQ100~250 型。

3. 固定端 OVM-H 型锚具（表 16.2.9、表 16.2.10 及图 16.2.2）。

OVM13-H 型锚具参数（mm）　　　　　　表 16.2.9

锚具规格	3	4	5	6、7	9
A	130	150	160	170	220
B	170	170	180	190	250
$C(\phi)$	650	650	650	850	850
D	145	145	145	155	155
$E(\phi)$	—	—	—	170	200

OVM15-H 型锚具参数（mm）　　　　　　表 16.2.10

锚具规格	3	4	5	6、7	9
A	190	190	200	210	270
B	190	210	220	230	310
$C(\phi)$	950	950	950	1300	1300
D	145	145	145	155	155
$E(\phi)$	—	—	—	210	240

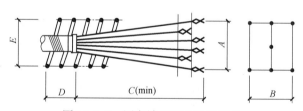

图 16.2.2　固定端 OVM-H 型锚具

4. 固定端 OVM-P 型锚具（表 16.2.11、表 16.2.12 及图 16.2.3）。

OVM13-P 型锚具参数（mm）　　　　　　表 16.2.11

锚具规格	3	4	5	6、7	9
A	100	120	130	150	170
B	120	180	210	300	380
C	110	110	110	120	120
D	200	250	250	250	300
E	130	190	210	210	240

OVM15-P 型锚具参数（mm）   表 16.2.12

锚具规格	3	4	5	6、7	9
A	120	150	170	200	220
B	180	240	300	380	440
C	85	110	110	110	110
D	200	200	200	250	250
E	130	150	170	190	200

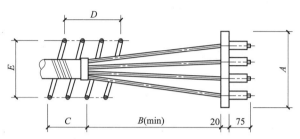

图 16.2.3　固定端 OVM-P 型锚具

5. OVM 中间连接器（表 16.2.13、表 16.2.14 及图 16.2.4）。

OVM13-P 连接器参数（mm）   表 16.2.13

型号	3	4	5	6、7	9
D	102	107	127	142	164
d	85	90	100	115	137
h	70	70	70	70	70
l	110	110	110	110	110

OVM15-P 连接器参数（mm）   表 16.2.14

型号	3	4	5	6、7	9
D	150	160	172	190	212
d	95	105	117	135	157
h	85	85	85	85	85
l	135	135	135	135	135

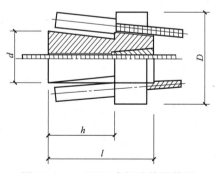

图 16.2.4　OVM 中间连接器简图

16.2.3　灌浆材料

孔道宜优先采用专用成品灌浆料或专用压浆剂配置的浆体进行灌浆。当采用普通硅酸盐水泥拌制的浆体时，宜掺入适量的外加剂，且灌浆前对浆体进行试配，当试配浆体性能指标符合要求后，方可制备生产用浆体。灌浆用浆体的性能应符合下列规定。

(1) 水胶比不宜大于 0.45；

(2) 采用普通灌浆工艺时流动度宜控制在 12~20s，采用真空灌浆工艺时流动度宜控制在 18~25s；

(3) 24h 自由泌水率宜为 0；3h 钢丝间泌水率不大于 0.1%，且泌水应在 24h 内全部被水泥浆吸收；

(4) 24h 自由膨胀率宜为 0~3%；

(5) 边长为 70.7mm 的立方体水泥浆试块 28d 标准养护的抗压强度不应低于 40MPa；

(6) 灌浆材料和拌合用水中不应含有对预应力筋有害的化学成分，其中氯离子的含量不应超过胶凝材料总质量的 0.06%。

16.2.4　预应力受弯构件最大及最小配筋率

采用各种钢丝和钢绞线的预应力混凝土受弯构件，其配筋率应满足：

1. 最小配筋率应满足

$$M_u \geqslant M_{cr} \tag{16.2.3}$$

式中　M_u——预应力混凝土受弯构件正截面受弯承载力；

　　　M_{cr}——预应力混凝土受弯构件正截面开裂弯矩值。

2. 最大配筋率应保证预应力构件中高强钢筋和混凝土在破坏时都能充分发挥其强度，以有利于提高预应力混凝土的延性，防止脆性破坏。此时应使：

$$x \leqslant \xi_b h_0 \tag{16.2.4}$$

式中　x——构件截面受压区高度；

　　　ξ_b——相对界限受压区高度，$\xi_b = x/h_0$ 按现行规范计算；

　　　h_0——截面的有效高度。

16.2.5　后张预应力构件中非预应力筋的配置

1. 预应力筋为各种钢丝和钢绞线时，一般宜配置一定数量的普通钢筋，此时，非预应力筋应布置在构件受拉区外侧。在计算构件承载力时，应考虑非预应力筋的作用。

2. 后张预应力构件中非预应力筋的配置按计算确定，但应不低于表 16.2.15 的要求。

非预应力的最小配筋率　　　　　　　　　　　　　　　　表 16.2.15

后张有粘结梁	后张无粘结梁	后张无粘结板		
		单向板	双向板	
			负弯矩区	正弯矩区
1. 当预应力强度比 $\lambda > 0.7$ 时取 0.002bh； 2. 当预应力强度比 $0.4 \leqslant \lambda \leqslant 0.7$ 时，非预应力筋相对增多，故钢筋直径特别是最外排直径应予加大； 3. 预应力强度比 $\lambda < 0.4$ 时同非预应力构件	$\dfrac{f_y A_s h_s}{f_y A_s h_s + \sigma_{pu} A_p h_p} \geqslant 0.25$，$A_s = 0.03bh$，二者中较大者，直径不小于 14mm	0.0025bh（直径不小于 8mm，间距不大于 200mm）	0.00075bh（每一方向至少 4 根，直径不小于 16mm，间距不大于 300mm）	0.0025bh（直径不小于 8mm，间距不大于 200mm）

注：表中：预应力强度比 $\lambda = \dfrac{A_p f_{py} h_p}{A_p f_{py} h_p + A_s f_s h_s}$；$h$——板厚或梁高；$b$——板宽或梁宽；$l$——配筋方向板的跨度。

3. 无粘结预应力筋需用支撑钢筋定位。对于平板中单根无粘结预应力筋定位钢筋直径不小于 10mm，间距不宜大于 2.0m；在梁和密肋板中，2~4 根组成的集束预应力筋定位钢筋直径不宜小于

10mm，间距不宜大于1.0m；对于5根或更多的预应力筋，其定位钢筋直径不宜小于12mm，间距不宜大于1.2m。

有粘结、缓粘结预应力筋的支撑钢筋也可参照上述无粘结预应力筋的方案执行。

16.2.6 保护层厚度及钢筋管道间距

采用各种钢丝、钢绞线的预应力钢筋混凝土受弯构件，其保护层及钢筋、管道间距应满足下列要求：

1. 保护层厚度

（1）预应力高强钢丝、钢绞线保护层按所处环境类别要求最小厚度见表16.2.16。

按所处环境类别要求的保护层最小厚度表（mm） 表16.2.16

环境类别	板、墙、壳	梁、柱、杆
一	15	20
二a	20	25
二b	25	35
三a	30	40
三b	40	50

注：1. 混凝土保护层是指混凝土结构构件中，最外层钢筋的外缘至混凝土表面之间的混凝土层；
　　2. 钢筋混凝土基础宜设置混凝土垫层，基础中（预应力）钢筋的混凝土保护层厚度应从垫层顶面算起，且不应小于40mm。

（2）按防火要求的保护层最小厚度见表16.2.17。

按防火要求的保护层最小厚度表（mm） 表16.2.17

耐火极限（h）	板			梁			
	简支	连续	简支梁宽200mm	简支梁宽≥300mm	连续梁宽200mm	连续梁宽≥300mm	
1.5	30	20	50	45	40	40	
2	40	25	65	50	45	40	
3	55	30	采取特殊措施	65	50	45	

注：1. 本表摘自《无粘结预应力混凝土结构技术规程》JGJ 92—2016，有粘结、缓粘结预应力混凝土构件也可仿此使用；
　　2. 保护层厚度可包括抹灰、粉刷层在内；
　　3. 中间尺寸的梁宽混凝土保护层厚度可用插入值；
　　4. 预应力筋锚固区混凝土保护层应较表值厚6.5mm。

2. 预应力钢筋间距及孔道

（1）预应力筋孔道的内径应比预应力钢丝束或钢绞线束外径及需穿过孔道的连接器的外径大10～15mm。

（2）预制构件预应力筋孔道之间的净距不应小于50mm；孔道至边缘的净距不应小于30mm，且不小于孔道直径的一半。

（3）框架梁中预应力孔道在竖直方向的净距不应小于一倍孔道外径，水平方向净距不应小于1.5倍孔道外径。从孔壁算起预应力钢筋保护层厚度，梁底不宜小于50mm，梁侧不宜小于40mm，裂缝控制等级为三级的梁，梁底、梁侧分别不宜小于60mm和50mm。

（4）凡制作时需起拱的构件，预应力钢筋预留孔道应同时起拱。

（5）后张有粘结构件在跨中及两端应设置灌浆孔或排气孔，孔距不大于12m（图16.2.5）。

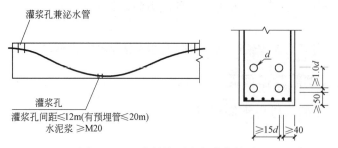

图 16.2.5 有粘结预应力灌浆简图

3. 后张有粘结预应力孔道成型常采用预埋波纹管，主要分为金属波纹管和塑料波纹管。金属波纹管长度一般每节 4~6m，管壁厚度为 0.3mm，波纹高度单波为 2.5mm，双波为 3.0mm；塑料波纹管按截面形状可分为圆形和扁形两大类（图 16.2.6）。常用两种波纹尺寸见表 16.2.18、表 16.2.19 和表 16.2.20。

常用金属波纹管管径　　　　　　　　表 16.2.18

类型		直径(mm)											
单波	内径	36	39	42	45	48	51	54	57	66	69	72	75
	外径	41	44	47	50	53	56	59	62	71	74	77	80
双波	内径	40	50	55	60	65	70	75	80	85	99	95	100
	外径	46	56	61	66	71	76	81	86	91	96	101	105

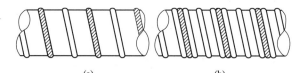

(a)　　　　　(b)

图 16.2.6 金属波纹管简图
（a）单波管；（b）双波管

常用圆形塑料波纹管管径　　　　　　表 16.2.19

类型		直径(mm)						
圆形	内径	50	60	75	90	100	115	130
	外径	63	73	88	106	116	131	146

常用扁形塑料波纹管规格　　　　　　表 16.2.20

类型		轴长(mm)			
扁形	长轴	41	55	72	90
	短轴	22	22	22	22

16.2.7　张拉控制力及预应力损失

1. 预应力钢筋张拉应力控制值 σ_{con} 不宜超过表 16.2.21 规定的张拉控制应力限值。

预应力钢筋张拉控制　　　　　　　　表 16.2.21

钢筋种类	后张法张拉钢筋
消除应力钢丝、钢绞线	$0.75f_{ptk}$
中强度预应力钢丝	$0.70f_{ptk}$
预应力螺纹钢筋	$0.85f_{pyk}$

消除应力钢丝、钢绞线、中强度预应力钢丝的张拉控制应力值不应小于 $0.4f_{ptk}$；预应力螺纹钢筋的张拉应力控制值不宜小于 $0.5f_{pyk}$。

当符合下列情况之一时，表 16.2.21 中的张拉控制应力限值可提高 $0.05f_{ptk}$ 或 $0.05f_{pyk}$：

（1）要求提高构件在施工阶段的抗裂性而在使用阶段受压区内设置的预应力钢筋；

（2）要求部件抵消由于应力松弛、摩擦、钢筋分批张拉以及预应力筋与张拉台座之间的温差等因素产生的预应力损失。

2. 张拉预应力时，所需混凝土立方体强度应经计算确定，并在图纸上注明，且不宜低于混凝土强度等级值的 75%。

3. 预应力筋中的预应力损失可按表 16.2.22 的规定考虑。

预应力损失值（N/mm²） 表 16.2.22

引起损失的因素		符号
张拉端锚具变形和预应力筋内缩		σ_{l1}
预应力筋的摩擦	与孔道壁之间的摩擦	σ_{l2}
	张拉端锚口损失	
	在转向块处的摩擦	
混凝土加热养护时,受张拉的钢筋与承受拉力的设备之间的温差		σ_{l3}
预应力筋的应力松弛		σ_{l4}
混凝土的收缩和徐变		σ_{l5}
用螺旋式预应力筋作配筋的环形构件,当直径 $d \leqslant 3m$ 时,由于混凝土的局部挤压		σ_{l6}
混凝土弹性压缩		σ_{l7}

4. 当计算求得的预应力总损失值小于下列数值时，应按下列数值取用。

先张构件：100N/mm²；

后张构件：80N/mm²。

5. 初步设计时，采用钢丝、钢绞线作预应力筋时，总损失值可不按分项计算而直接参照表16.2.23，但此时总损失值在后张法构件中不小于 80N/mm² 进行选用，在施工图设计时再按分项计算损失进行验算，分项损失计算按现行规范规定进行。

总预应力损失估计值 表 16.2.23

预应力筋的跨数及位置		总预应力损失值
单跨梁(包括框架梁)	跨中	$0.25 \sim 0.30\sigma_{con}$
两跨、三跨梁(包括框架梁)	内支座	$0.35 \sim 0.40\sigma_{con}$
	边跨跨中	$0.25 \sim 0.30\sigma_{con}$
	中间跨跨中	$0.40 \sim 0.50\sigma_{con}$
无粘结预应力平板		$0.20 \sim 0.25\sigma_{con}$

注：当多跨跨度不等或跨数更多时，应分项计算。

16.2.8 高层建筑中预应力结构使用环境的类别及抗裂等级

高层建筑中预应力结构使用环境的类别及抗裂等级见表 16.2.24。

预应力结构使用环境的类别及抗裂等级 表 16.2.24

环境类别	说明	抗裂等级
一	室内环境,无侵蚀性介质、无高温高湿影响,不与土壤直接接触	三级

续表

环境类别		说明	抗裂等级
二	a	室内潮湿环境;露天环境;与无侵蚀性的水或土壤直接接触的环境	二级
	b	寒冷及严寒地区的露天环境;与无侵蚀性的水或土壤直接接触的环境	二级
三		使用除冰盐的环境;严寒地区的水位变动区;滨海地区室外环境	一级

表中抗裂等级分类,可按下列要求进行。

1. 一级抗裂

在荷载的标准组合下应符合

$$\sigma_{ck} - \sigma_{pc} \leqslant 0 \qquad (16.2.5)$$

2. 二级抗裂

在荷载的标准组合下应符合

$$\sigma_{ck} - \sigma_{pc} \leqslant f_{tk} \qquad (16.2.6)$$

在荷载的准永久组合下宜符合

$$\sigma_{cq} - \sigma_{pc} \leqslant 0 \qquad (16.2.7)$$

3. 三级抗裂时(允许出现裂缝)在荷载的标准组并考虑荷载的准永久组合影响;裂缝的最大宽度应符合

$$w_{max} \leqslant w_{lim} \qquad (16.2.8)$$

式中 σ_{ck}、σ_{cq}——荷载的标准组合、准永久组合下抗裂验算边缘的混凝土法向力;

σ_{pc}——扣除全部预应力损失后,在抗裂验算边缘的混凝土预压应力;

f_{tk}——混凝土的抗拉强度标准值;

w_{max}——按荷载的标准组合并考虑荷载的准永久组合影响计算的构件最大裂缝宽度(mm);

w_{lim}——荷载作用引起的构件正截面最大裂缝宽度限值(mm),数值按照《混凝土结构设计规范》GB 50010—2012 确定。

对受弯和大偏心受压预应力混凝土构件,在施工阶段其预拉区出现裂缝的区段,上述 σ_{pc} 应乘以 0.9。

16.3 预应力构件常用形式及构造措施

16.3.1 预应力板

1. 常用现浇无粘结预应力楼板有以下几种形式(图 16.3.1)。

(1) 单向板:常见于筒体结构及框筒结构,见图 16.3.1(a);

(2) 单向连续板:常见于剪力墙结构,见图 16.3.1(b);

(3) 无梁平板:常见于柱网或荷载较小的板柱及板柱-剪力墙结构,见图 16.3.1(c);

(4) 有帽(托板)平板:常见于荷载较大,板厚满足不了冲切强度的板柱及板柱-剪力墙结构,见图 16.3.1(d);

(5) 密肋板:常见于柱网较大的板柱及板柱-剪力墙结构,见图 16.3.1(e);

(6) 梁(扁梁)支承双向板:常见于柱网及荷载均较大的框架及框架剪力墙结构,见图 16.3.1(f)。

2. 无粘结预应力板适用跨度和适宜跨高比一般可按表 16.3.1 采用。

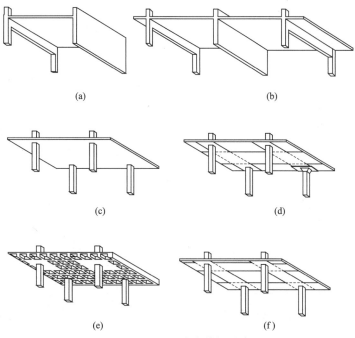

图 16.3.1 预应力楼板形式

（a）单向板；（b）单向连续板；（c）无梁平板；（d）有帽（托板）平板；（e）密肋板；（f）梁（扁梁）支承双向板

无粘结预应力板使用跨度和适宜跨高比   表 16.3.1

序号	楼板类型	适用跨度(m)	适用跨高比
1	单向单跨平板	7～10	35～40
2	单向多跨平板	7～10	40～45
3	无帽板柱	7～12	40～45
4	有帽板柱	8～13	45～50
5	双向密肋	10～15	30～35
6	梁支承双向板	10～15	45～50
7	悬臂板	3～5	≤15

为控制挠度通常按表列跨高比得出板最小厚度，一般可满足结构使用要求且较经济。但对板柱及板柱-剪力墙结构，柱端冲切承载力可能不足，因此当计算不够时柱端应加柱帽或柱帽托板，柱帽及柱帽托板延伸长度不宜小于板跨 1/6，厚度宜大于 1.5 倍板厚。

当有具体的分析计算时，无粘结预应力板适用跨度和适宜跨高比尚可进一步加大。

3. 缓粘结预应力板，适用跨度和适宜跨高比可相较于表 16.3.1 中无粘结预应力板的相应数据有所增大。

4. 平板配筋形式。

（1）单向简支板（图 16.3.2）

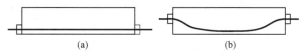

图 16.3.2 单向简支板配筋

（a）预应力筋为直筋仅适用于先张预制构件；
（b）根据荷载形式预应力筋多为曲线筋

（2）单向连续板

以剪力墙或框架梁为支承点，根据荷载形式及活荷载与恒荷载的比值采用单向多波曲线配筋（图 16.3.3）。

（3）双向简支板

以周边梁或墙为支点并根据荷载形式进行曲线布筋（图 16.3.4）。

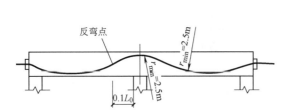

图 16.3.3　单向连续板配筋

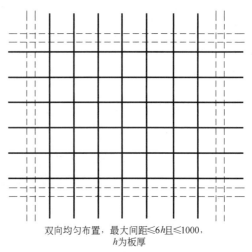

双向均匀布置，最大间距≤6h且≤1000，h为板厚

图 16.3.4　双向板配筋

（4）柱支承无梁平板（图 16.3.5）

1）是常用布筋形式，符合板柱体系受力特点，抗裂性能好，但施工中穿筋、编网、定位麻烦。

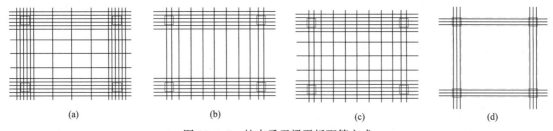

图 16.3.5　柱支承无梁平板配筋方式

（a）65%～75%布置于柱上板带；（b）一向带状集中，另一向均布；（c）一向按（a）布，另一向均布；（d）双向集中柱内布筋

2）根据预应力筋总量控制的理论与实践，预应力双向板抗弯承载力取决于每方向预应力筋总量，因此一方向带状布置于 1.0～1.25m 范围内，另一方向分散均布，最大间距不大于 6h（h 为板厚），并至少有两根筋穿过柱子，因此减少了预应力筋编网的困难，易保证预应力筋垂幅，方便施工。

3）一方向按柱上板带、跨中板带布筋，另一方向均布，综合 1）、2）的特点，受力合理，较方便施工。

4）双向集中通过柱内布筋，形成暗梁支承内平板，内平板配非预应力钢筋。若中板跨度较大，可将内平板设计成凹状，以减少板自重，其优点有利提高板柱节点抗冲切承载能力，对楼板开洞处理方便，缺点用钢量较大。

5. 密肋板配筋形式（图 16.3.6）。

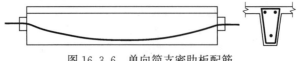

图 16.3.6　单向简支密肋板配筋

（1）单向简支密肋板：同单向板，仅肋中布置预应力筋。

（2）双向简支密肋板：同双向平板，仅将预应力筋布置于密肋中（图16.3.7）。

（3）柱支承双向密肋板：根据双向柱支承板布筋原则将通过柱上主肋加上紧靠的第一边肋作为柱上板带集中布置65%～75%的预应力钢筋，作为等代框架梁主筋，其余分布于跨中双向肋。

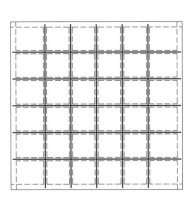

图16.3.7 双向简支密肋板配筋

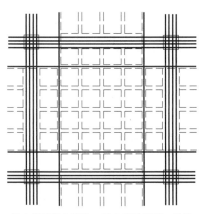

集中布筋柱上宽肋、柱上宽肋及第一边肋

集中布筋65%～75%，其余布筋跨中肋

图16.3.8 柱支承双向密肋板配筋

6. 先张预应力叠合板。

为节省模板、缩短施工周期利用先张法预应力带肋薄板作为支承模板，进行二次浇注成整体楼盖，整体性能及抗裂性能较好，经济效益显著。

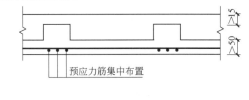

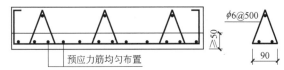

图16.3.9 先张预应力叠合板配筋

7. 预应力板设计方法。

（1）等代框架法

平板结构的常规分析方法有两种，即经验系数法和等代框架法。在经验系数法中，弯矩系数是从钢筋混凝土板的试验得来的，其考虑了板开裂后的截面转动和弯矩重分布的影响，故经验系数法不适用于预应力混凝土平板。等代框架法是国内外广泛采用的方法，可用于分析各种钢筋混凝土和预应力混凝土双向板结构，包括带托板或不带托板的平板、双向梁支承板、密肋板等。当柱子相对细长或柱与板不是刚性连接时，柱子的刚度可以忽略而采用连续梁的分析方法。

顾名思义，等代框架法就是一种框架分析的方法，用以求得梁柱节点的内力，根据这些内力就可确定支座弯矩和剪力以及最大正弯矩。任何一种传统的框架分析方法都可以采用。然而，因为所分析的结构并非真正的框架而是双向板结构，所以，必须做出许多近似化，以使框架分析的结果与原双向板结构实际情况相符。这些近似化涉及在分析中用到的各种构件的有效刚度。

当等代框架上只作用有重力荷载时，可以取整个框架分析、也可以用分层法；如果等代框架上作用有水平荷载且必须由受弯柱而不是由剪力墙或其他支撑构件来承受时，应按整个框架考虑；如用分层法

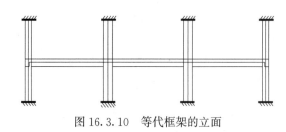

图 16.3.10　等代框架的立面

只考虑一个中间层时，替代的结构如图 16.3.10 所示，假定上、下柱的远端均为固定。

在普通框架中，框架梁宽一般小于框架柱的宽度，弯矩的传递可直接在梁宽的范围内进行。但用等代框架法所分割成的等代框架，其框架梁实为宽度很大的板，板梁悬挑部分所传递的弯矩要靠柱两侧板条或边梁的扭转传递给柱子，柱子及柱子两侧的抗扭构件合在一起形成等效柱。

等效柱（尤其是外柱）的抗弯刚度的定义比较困难，主要是因为：即使柱的刚性很大也并不意味着可以作为板的固定边，因为此时板格边缘只在柱线上不转动，而别处仍有转动。从而，即使柱是刚性的，弯矩却会"渗漏"出来并影响邻跨的内力、只有当柱抗弯刚度及边梁的抗扭刚度都很大时，不连续的板边才可能假定为固定的。

等代框架由三部分组成：1）水平板带，包括在框架方向轴线上与非轴线上的梁；2）柱及其他支承构件；3）在板带梁和柱子间起弯矩传递作用的柱两侧的梁或板条。

（2）结构分析的有限单元法

16.3.2　预应力梁

1. 预应力梁适用跨度及跨高比，一般可按表 16.3.2 选用。

预应力梁适用跨度及跨高比　　　　表 16.3.2

结构形式		跨高比	适用跨度(m)	备注
简支梁	普通梁	15～22	10～15	
	扁梁	20～25	8～15	b/h 取 1～3
框架梁	普通梁	12～20	15～25	
	扁梁	20～25	15～25	b/h 取 1～3
井字梁		20～25	15～25	
悬臂梁		≤10	8 左右	

当有具体的分析计算时，预应力梁的适用跨度及跨高比尚可适当加大。

2. 简支梁配筋形式。

将钢筋（束）跨中置于梁受拉边缘，支承处置于或接近于混凝土截面形心处，曲线应为二次抛物线 $y=Ax^2$，为施工方便也可选择悬链式圆弧线（图 16.3.11）。

3. 连续梁。

根据计算确定的垂幅高度，将中间支座预应力筋置于最高点后确定跨中最低点位置，再按单跨梁布筋原则确定预应力筋曲线位置（16.3.12）。

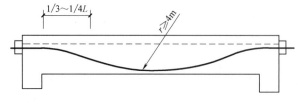

图 16.3.11　简支梁配筋

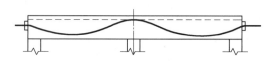

图 16.3.12　连续梁配筋

4. 框架梁。

框架梁宜采用有粘结预应力、缓粘结预应力或与无粘结预应力混合配置。

预应力筋布置尽可能与竖向荷载产生弯矩相一致，并应尽量减少孔道摩擦损失及锚具数量，见图 16.3.13。

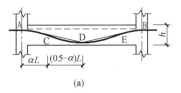
(a)

双抛物线形，适用于跨中与支座弯矩基本相等的单跨框架梁，AC与CD段为曲率相反抛物线，C、E点为相接并相切，$y=Ax^2$
跨中区段 $A=2h/[(0.5-\alpha)L^2]$
梁端区段 $A=2h/(\alpha L^2)$
$\alpha=0.1\sim0.2$

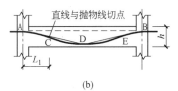
(b)

直线与抛物线形，适用于支座弯矩较小单跨，框架梁或多跨梁，预应力筋外形在梁端为直线，跨中为抛物线，
$L_1=L(\sqrt{2}\alpha)/2$
$\alpha=0.1\sim0.2$

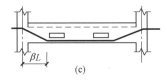
(c)

折线形布置，适用于有集中荷载作用或开洞梁，
$\beta=1/4\sim1/3$
不适用于三跨以上框架梁

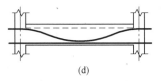
(d)

正反抛物线与直线形混合布置，这种混合布置可使预应力筋在结构构件中产生次弯矩，对柱边造成有利影响，适用于需要减小边柱弯矩的情况

图 16.3.13 单跨框架梁配筋形式图

(a) 双抛物线形；(b) 直线与抛物线形；(c) 折线形；(d) 正反抛物线与直线形混合

5. 多跨连续预应力框架梁布筋可用上述基本的预应力筋形状和布筋方式进行组合（图 16.3.14）。

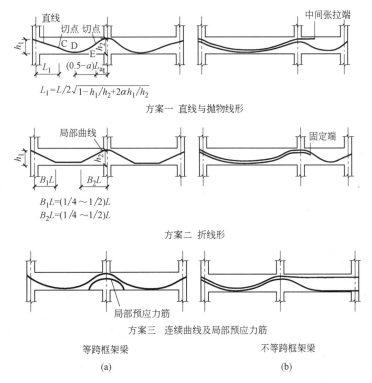

$L_1=L/2\sqrt{1-h_1/h_2+2\alpha h_1/h_2}$

方案一 直线与抛物线形

$B_1L=(1/4\sim1/2)L$
$B_2L=(1/4\sim1/2)L$

方案二 折线形

方案三 连续曲线及局部预应力筋

等跨框架梁   不等跨框架梁
(a)   (b)

图 16.3.14 多跨框架梁配筋

由于多跨连续结构在垂直荷载作用下因端部第二支座负弯矩值比跨中及端支座弯矩值大得多，成为预应力框架梁控制截面，故在设计中常采用加腋办法以提高此截面处的承载力。

6. 悬挑梁配筋形式。

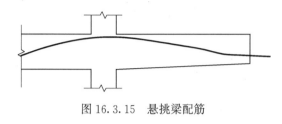

图 16.3.15　悬挑梁配筋

端部预应力筋宜布置在混凝土截面中和轴附近（图16.3.15）。

7. 转换层大梁。

转换层大梁采用后张有粘结或缓粘结配筋形式。

为解决大小柱网转换，常常设置转换层，且常采用构造简单的梁式转换层，由于跨度大、荷载大，采用预应力转换大梁是有效的措施。根据计算配置多束、多层预应力筋，在端部应采用不同曲率分散锚固的办法处理（图16.3.16）。

8. 转换桁架配筋形式。

为解决转换大梁占用空间多、自重大、配筋多的缺点，采用钢筋混凝土桁架可解决这些问题。为尽量减少桁架端部斜杆在楼板处水平推力对整个结构的影响，在桁架的下弦配置预应力筋形成预应力桁架转换结构（图16.3.17）。

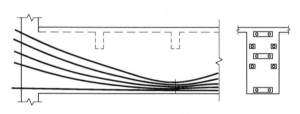

图 16.3.16　转换梁大梁配筋—后张有粘结

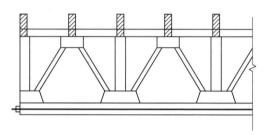

图 16.3.17　转移桁架配筋

16.3.3　预应力柱

1. 与普通钢筋混凝土柱构件相似，根据构件的破坏原因、破坏性质及决定其极限强度的主要因素，可将预应力柱分为大偏心受压柱和小偏心受压柱。

当计算预应力混凝土框架柱的轴压比时，轴向压力设计值应取柱组合的轴向压力设计值上预应力筋有效预加力的设计值，其轴压比应符合表16.3.3。

柱轴压比限值　　　　　　　　　　　　　　　　　　表 16.3.3

结构体系	抗震等级			
	一级	二级	三级	四级
框架结构	0.65	0.75	0.85	0.90
框架-剪力墙结构、筒体结构	0.75	0.85	0.90	0.95
部分框支剪力墙结构	0.60	0.70	—	

预应力混凝土框架柱的箍筋宜全高加密。大跨度框架边柱可采用在截面受拉较大的一侧配置预应力筋和普通钢筋的混合配筋，另一侧仅配置普通钢筋的非对称配筋方式。

偏心受压构件除应计算弯矩平面的受压承载力以外，还应按轴心受压构件验算垂直于弯矩作用平面的受压承载力，此时可不计入弯矩的作用，但应考虑稳定系数 φ 的影响。

2. 常用预应力柱的线形布置图16.3.18所示。

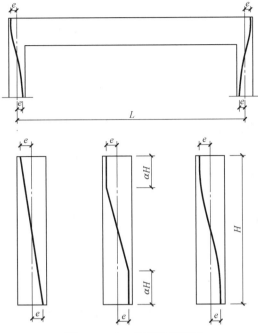

图 16.3.18 柱线形布置图

16.4 节点构造

16.4.1 锚具保护

无粘结预应力楼板端部锚具保护可采用图 16.4.1 的形式，框架梁端部锚具保护区可用图 16.4.2 的形式。

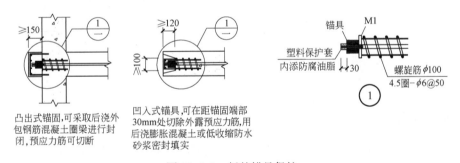

图 16.4.1 板的锚具保护

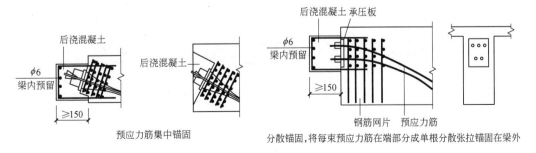

图 16.4.2 框架梁的锚具保护

16.4.2　张拉端构造

根据端部锚固区局部承压计算以及预压应力大小确定配置方格网片式、螺旋式间接钢筋（图16.4.3）。

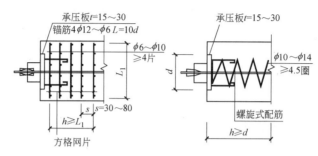

图16.4.3　张拉端构造简图

16.4.3　固定端构造

当预应力钢筋需在构件内部进行锚固时可根据情况采取以下锚固形式（图16.4.4）。

16.4.4　端部分散锚固

无粘结筋如需将较大集中力在端部均匀分布，集束预应力筋可在端部分散布置为单根无粘结预应力筋，穿出各自承压预埋板的孔外，预留一定长度，逐根进行张拉独立锚固，此种工艺施工方便，有利于高空作业，而且有利于局部承压和增加锚固的可靠性（图16.4.5）。

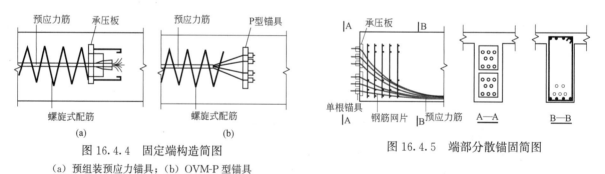

图16.4.4　固定端构造简图
（a）预组装预应力锚具；（b）OVM-P型锚具

图16.4.5　端部分散锚固简图

16.4.5　中间连接点

当无粘结预应力筋长度超过50m时宜采用分段浇筑混凝土，通过中间连接器分段连续张拉，可以较大幅度地减少混凝土的收缩和徐变产生的约束力，见图16.4.6中间连接点图。

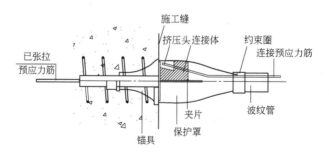

图16.4.6　中间连接点简图

16.4.6 板柱体系板柱结点构造

在满足抗冲切强度验算的前提下，用箍筋将穿过节点范围内的预应力筋及非预应力筋组成板柱节点。抗震区必须设置箍筋加密区，箍筋加密区范围按图 16.4.7 所示取用。

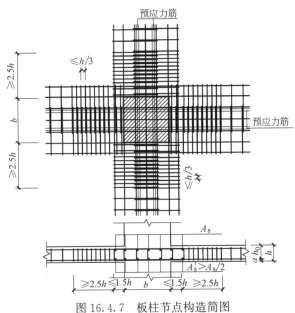

图 16.4.7 板柱节点构造简图

16.4.7 梁柱节点和柱脚做法

1. 预应力框架梁与柱节点一般为刚接，但在边柱柱顶弯矩较大时，为减少柱顶弯矩有时也可用铰接，如图 16.4.8 所示。

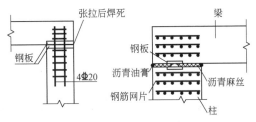

图 16.4.8 梁柱顶铰接节点简图

2. 当预应力框架梁跨度较大且梁平均预应力较大，柱剪跨比又较小时，在柱顶边柱为减少柱顶弯矩及保证预应力能传递至框架梁上，在框架梁施加预应力阶段梁端先做成滑动支座，张拉完毕后再将该节点做成刚接，如图 16.4.9 所示。

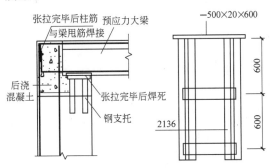

图 16.4.9 梁柱顶刚接节点简图

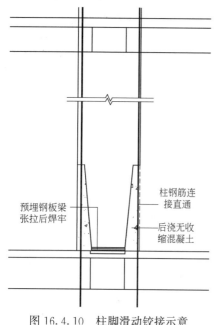

图16.4.10 柱脚滑动铰接示意

3. 为避免在张拉框架梁阶段对柱的影响，亦可将柱脚做成滑动铰接，待张拉后再浇成刚接，如图16.4.10所示。

4. 底层和2层柱由于预应力梁缩短引起的弯矩剪力值会有较大影响，底层和2层以上的柱建议在一般情况下不考虑此影响，底层和2层柱可以近似的按该柱上下为固定端，按梁在平均预应力下缩短值计算柱的弯矩和剪力值，将此值与原计算内力进行组合进行柱承载力极限状态计算。

计算预应力构件缩短值时，平均预应力可不计入第一批预应力损失值。

16.4.8 板面开洞处理

1. 小洞口时可将无粘结预应力筋以较大曲率半径平缓绕开板中开孔，见图16.4.11 (a)。

2. 较大洞口时应在洞边布置固定锚。见图16.4.11 (b)。

16.4.9 梁腹开洞

1. 由于开洞使梁上下形成弦杆，具有空腹桁架的受力特性，因此应对开洞进行受力分析，并对各截面进行强度验算（图16.4.12）。

2. 孔洞位置尽量设在剪力较小区段，一般开在梁跨中1/3区段内偏下部位。

3. 开洞高度不宜大于0.4倍梁高，洞的长高比宜取2～3且不大于梁高。

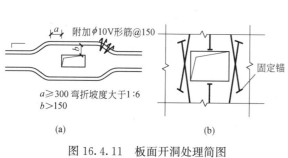

图16.4.11 板面开洞处理简图
(a) 小洞口；(b) 较大洞口

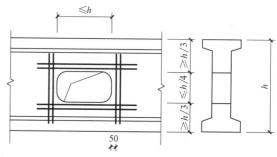

图16.4.12 梁腹开洞示意图

16.5 超长混凝土结构的预应力设计

16.5.1 概述

1. 超长混凝土结构

当钢筋混凝土结构长度超过《混凝土结构设计规范》GB 50010—2012规定的钢筋混凝土结构的最大伸缩缝间距而不设置任何形式的变形缝时称为超长混凝结构。

当钢筋混凝土结构单体长度小于《混凝土结构设计规范》GB 50010—2012的规定，由于结构约束较强，导致荷载和混凝土收缩、徐变、温差等间接作用下，构件受力超过设计限值时，该结构应为广义超长混凝土结构。

约束是使得结构"超长"的本质方面，对结构构件自由变形的制约作用可统一归为约束，约束越强，一定的温差作用在结构构件中引起的内力越大，而通过后张法在结构构件中建立的有效预压力就越小。

超长混凝土结构的设计中，除考虑常规荷载工况下的效应以外，还应计及混凝土收缩、徐变和温度变化等间接作用在结构中产生的效应，并应采取相应的构造措施和施工措施以减小间接作用对于结构的影响。分析时可采用弹塑性分析方法，也可考虑裂缝和徐变对构件刚度的影响，按弹性方法进行近似分析。

2. 超长混凝土结构（构件）中的预应力

在超长混凝土结构中，施加预应力可以消减构件中的拉应力，实现荷载/作用的转移，是解决超长混凝土结构构件开裂问题的一项有效措施。施加预应力的超长混凝土结构应加强混凝土养护，并宜综合采取如留设施工后浇带、加强带、分段施工等措施，防止混凝土开裂。必要时，可进行混凝土材料的配合比及外加剂的设计。

超长混凝土结构中，结构约束对预应力效应具有显著影响，施工过程的时间效应和路径效应也是影响预应力建立的重要方面。必要时可结合监测技术确定预应力的张拉顺序、张拉时间等参数。

预应力筋常布置于超长混凝土结构中的连续构件，如基础、楼盖屋盖的梁板、墙体等。在墙、板中宜采用无粘结预应力筋；在框架梁、转换厚板中宜主要采用有粘结预应力筋、缓粘结预应力筋，也可辅以采用无粘结预应力筋。

多段曲线或多段折线线形的预应力筋一般仅在梁或者厚度较大的板中采用，以适应构件沿长度的弯矩正、负变化的情况，其余情况一般采用直线线形或者无反弯点的单段曲线线形。

3. 超长混凝土结构中的约束及预应力效应

约束是使得结构"超长"的本质方面，结构的柱、墙等竖向构件除提供竖向刚度抵抗重力及其他竖向荷载外，还为结构提供了抗侧力刚度，在超长混凝土结构中，抗侧力刚度与温差应力、有效预应力大小等直接相关，如竖向构件抗侧力刚度此类的对结构自由变形的制约作用可统一归为"约束"，结构的约束越强，一定的温差引起的应力越大，而后张法建立的有效预应力越小。

同时，结构中的约束分布也是一个重要概念，譬如环形结构的约束分布形成的结构约束状态有其特点，同等构件设置在结构中不同的区位而形成的约束状态也不相同，约束及约束的分布对结构预应力实际效应的影响显著。

16.5.2 时间效应和路径效应

1. 时间效应对超长混凝土结构中预应力效应的影响

在混凝土结构形成的过程中，混凝土的强度及弹性模量等力学性能与时间相关。

混凝土材料的收缩量与收缩开始后的持续时间有关，徐变量与加载龄期、应力水平、持续时间等相关，且预应力筋有松弛特性，随时间推移应力有所降低。

因此，在施加预应力的超长混凝土结构中，预应力效应受时间效应的影响。

预应力筋应力随时间变化来自两个方面的原因，一方面由于混凝土收缩、徐变效应造成结构构件长度变化，引起力筋的弹性伸长或缩短，另一方面由于预应力钢材的松弛特性，在应变不变的情况下应力随时间降低。预应力筋应力随时间的变化必然导致结构内预应力效应的变化。

2. 路径效应对超长混凝土结构中预应力效应的影响

超长结构的建造形成往往是分区块、分时段的，在此过程中，不同的区段分法及不同的预应力分段施工过程，使参与承受作用的结构部分不同，会对结构内的预应力效应产生显著的影响。结构的不同建造过程可称之为施工路径，由于施工过程中结构体系的变化、材料性能的发展、预应力施工的进行，对于同一结构，不同的施工路径，其最终力学状态不同，此为结构施工过程的路径效应，在超长混凝土结构的分析中应合理考虑施工路径对结构效应的影响。

实际工程的施工过程是时间效应与路径效应耦合的,从而每个可能的结构施工过程都对应着不同的结构反应历程和最终反应。通过合理安排超长混凝土结构的施工过程方案,利用施工过程的时间效应和路径效应,调整过程前后的结构约束及约束分布状况,可以大幅提高预应力效应从而消减结构构件最终的温度效应等。

16.5.3 计算分析

1. 计算模型

超长结构进行间接作用效应的分析,需在计算模型中考虑混凝土收缩、徐变效应和预应力钢筋松弛效应,结构基本构件计算模型宜按以下原则确定:

(1)梁、柱、支撑等杆系构件可简化为一维单元,墙、板等构件可简化为二维单元,复杂混凝土结构、大体积混凝土结构、结构节点或局部区域需做精细分析时,宜采用三维实体单元;

(2)分析模型中宜实际建立弹性楼板单元,并均匀、规则划分,单元数量应根据工程整体规模进行控制;

(3)预应力筋计算模型宜采用可考虑预应力损失、分批分期张拉施工过程的索单元,或转化为具同等效果的等效荷载作用;

(4)可采用按配筋率调整构件单元等效刚度的方式考虑混凝土中普通钢筋对结构的影响;

(5)计算模型应能体现施工过程对结构受力的影响。

2. 材料特性

混凝土、普通钢筋、预应力筋等材料的收缩、徐变、松弛效应关系宜通过试验分析确定,也可按《混凝土结构设计规范》GB 50010—2012 中的规定采用。

3. 分析方法

当采用弹性方法分析超长结构在间接作用下的内力时,计算模型中的单元刚度应考虑裂缝、徐变的影响对弹性分析内力进行折减。

可将混凝土收缩变形折算成当量温差,按温度作用进行统一分析。

混凝土徐变的作用效应可采用徐变应力折减系数法近似考虑,将弹性方法分析结果乘以徐变应力折减系数,徐变应力折减系数可根据具体工程经验确定。

16.5.4 设计原则

1. 超长混凝土结构的裂缝控制的"防"原则

关于结构的裂缝控制原则,应用广泛的是王铁梦提出的"抗"与"放","抗"大致为使结构材料的强度超过约束应力或是材料的极限拉伸超过约束拉伸变形而不会引起开裂,措施主要有选用高强低收缩的高性能混凝土、掺加膨胀剂、使用纤维混凝土、增加配筋率等;"放"即给结构创造自由变形的条件,从而减小约束应力而不会引起开裂,措施主要有设置结构缝、设置滑动支座或隔离层、留设后浇带/施工缝或是采用跳仓法施工以取得一定时期的"放"的效果。

"抗"、"放"原则以及抗放结合的体系方法虽然已很好地在解决裂缝控制的问题,但随着工程实践的发展,其并未能完全概括或适用所有的问题,如"抗"未能充分体现工程师对结构的能动的调控和优化,而"放"多涉及早期温度收缩应力的释放,对于后阶段及超长整体结构的温度收缩应力则作用不大。对于超长混凝土结构,"抗"、"放"原则未提及其本质问题——结构本身的约束及约束分布,所以需在"抗"、"放"原则之外添加"防"的原则,把"抗"、"放"、"防"共同作为工程结构裂缝控制设计的指导原则。

超长混凝土结构裂缝控制的"防"原则:调控结构的约束及约束分布、采取方法措施,减小由变形变化引起的结构约束内力,并确保结构构件具有足够抗力,从而实现裂缝控制。

"防"原则应该体现工程人员对于裂缝的主观能动控制并应适用于各种复杂工程结构，从本质上诠释了结构的超长问题。而"防"原则的实现方法除减小温度作用、减小混凝土收缩量外还应包括在设计及施工中调整结构约束及约束分布（可针对施工段的子结构及施工成型后的整体结构）、施加预应力、选择合理的施工路径、设置诱导缝、控制梁柱线刚度比以及控制合拢位置及时间等。"防"的原则并非完全独立于"抗"、"放"原则，仍有一定的共通的方面，实践应用中可将这三种原则有机结合而采取综合的裂缝控制措施。

采用预应力技术控制超长混凝土结构的裂缝而言，也属于"防"的原则，譬如通过在超长混凝土结构的梁、板中布置预应力筋施加预应力，不宜理解为只是抵消了温差效应，而宜理解为将梁、板中的温差内力部分转移到了竖向约束构件上，实质是对结构受力的调整。施加预应力实则调整了温差作用下梁、板的约束状态，主动调控结构的变形趋势/状态，从而减小了梁、板中的约束拉力，起到了裂缝控制的效果，但因此也在竖向约束构件上施加了作用，使竖向构件的变形及受力具有了新的特点，特别是子结构或整体结构的端柱、端墙的位移和内力会加大，设计中需注意。

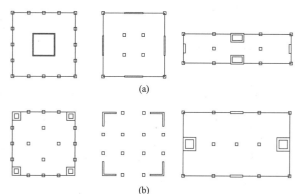

2. 结构布置

超长混凝土结构平面形状宜简单规则，平面变化处宜平缓，避免出现急剧凹入、蜂腰、开大洞口等情况以产生突出的应力集中。结构立面布置宜规则。

对于预应力楼盖结构，宜将剪力墙、筒体等强抗侧力构件布置在结构的位移中部（不动点）附近（图 16.5.1）。

图 16.5.1 剪力墙布置对楼板缩短的影响
(a) 对楼板缩短无约束；(b) 对楼板缩短有影响

采用相对细长的柔性柱，以减小竖向体系对预加应力施加效应的约束。

当结构的体型较复杂或整体约束较强时，可将整体结构合理地分成几个施工段，形成形状相对规整、约束较小的分段结构的格局，逐个分段施工以释放一定的温度收缩应力，过后再连成一体结构。

对于有转角的或者是弧形/环形的超长混凝土结构，宜在转角较大区域设置后浇带或施工缝将结构临时分段成子结构，以使每一子结构相对规整，从而减小施工阶段的温度收缩应力，或者在转折部位减弱结构约束，从而对整个结构的受力状态也起到调整作用，如图 16.5.2 所示。

图 16.5.2 有转角的超长混凝土结构的施工临时分段

3. 收缩变形的当量温降

混凝土的收缩变形折算成收缩当量温降 $\Delta T'$。收缩量的取值可根据收缩应变经验公式或实验实测的混凝土凝结硬化收缩应变 $\varepsilon(T)$ 计算，采用式 16.5.1 进行计算。

$$\Delta T' = \varepsilon(T)/\alpha \tag{16.5.1}$$

式中 $\varepsilon(T)$——混凝土的收缩应变；

α——混凝土的线膨胀系数。

4. 温度作用

（1）温度作用的计算可采用季节温差 ΔT_k。季节温差为结构混凝土初始温度与正常使用阶段结构温度极值的差值。

（2）结构最高平均温度 $T_{s,max}$ 和最低平均温度 $T_{s,min}$ 应分别根据基本气温 T_{max} 和 T_{min} 确定。

（3）结构的最高初始温度 $T_{0,max}$ 和最低初始温度 $T_{0,min}$ 应采用施工时可能出现的实际合拢温度按不利情况确定。

（4）采用弹性方法分析超长结构时可综合考虑混凝土收缩和季节温差作用，采用综合等效温差来计算，综合等效温差 ΔT_{st} 由式（16.5.2）确定。

$$\Delta T_{st} = \Delta T + \Delta T'\qquad(16.5.2)$$

（5）混凝土徐变的作用可采用徐变应力折减系数法近似考虑，将弹性分析结果乘以徐变应力折减系数，徐变应力折减系数可根据具体工程经验确定，与混凝土龄期等多因素相关。

5. 设计方法

超长结构预应力设计可采用间接作用效应参与荷载效应组合的极限状态设计方法，也可采用建立等效预压应力抵消拉应力的简化设计方法。

（1）采用间接作用效应参与荷载效应组合的极限状态设计方法时，以综合等效温差代表的间接作用效应分类为可变荷载，参与正常使用极限状态和承载能力极限状态的荷载组合。

水平构件（梁、板）进行正截面抗裂验算时，间接作用的荷载效应组合值系数可取 0.6，准永久值系数可取 0.4。间接作用的荷载效应分项系数可取为 1.0。二类环境中预应力混凝土构件正截面抗裂验算时，其裂缝控制等级可取为二级。

抗侧力构件（柱、墙）进行承载力极限状态验算时，间接作用的荷载效应组合值系数可取 0.6。间接作用的荷载效应分项系数可取 1.3。

间接作用参与荷载组合工况中，地震、风、雪和偶然荷载（爆炸、撞击）等不参与组合。

（2）采用建立等效预压应力的简化方法时，应在框架梁、次梁或板内均匀布置直线或曲线预应力筋，经计算得到的楼板等效预压应力应能使结构的温度、收缩拉应力被消减至较低水平，且该等效预压应力不宜小于 1.0MPa，且不宜大于 3.5MPa。

16.5.5 构造措施及施工方法

1. 预应力筋线形及其布置

（1）在确定超长框架梁预应力筋的布索方式时，应充分考虑布索方案的可操作性和经济性。需减小摩擦损失以提高预应力效率，通过预应力筋的有效连接及合适的张拉锚固节点、避免预应力筋在交叉处相交以保证实施的可靠性；

（2）设置有粘结预应力的超长结构宜采用摩擦系数较小且刚度较好的波纹管，采取有效措施减小张拉阶段预应力筋与孔壁的摩阻力。超长预应力结构分段施工且每段长度大于 50m 时，其孔道摩阻系数宜通过现场测试确定；

（3）对于超长框架梁不宜采用折线形预应力筋线形，张拉端的预应力筋线型应尽量平缓；

（4）对于跨度较小的端跨，不宜采用抛物线线形，必要时可在边跨梁底布置直线预应力筋，以平衡梁面预应力筋对边跨梁端产生的偏心弯矩。采用单端张拉时，预应力筋的张拉端宜设置在线形较为平缓的一端；

（5）超长结构楼板中普通钢筋宜采用双层双向连续布置方式，根据计算局部增设附加受力钢筋。可沿板厚中部均匀水平布置无粘结筋。

2. 张拉

（1）在超长框架结构中，当长度超过 50m 或跨数较多时宜采用分段张拉方式。采用分段张拉时，预应力筋的连接方法可采用对接法、搭接法和分离法，这三种方法也可同时采用；

（2）为减小采用梁顶面张拉时梁面张拉留槽对梁顶面非预应力钢筋的影响，可采用变角张拉的工艺；

（3）大跨度超长结构在张拉预应力筋之前，不得拆除施工支撑，以确保大跨度梁的安全。

3. 锚固

采用梁顶面锚固的方式时，预应力钢筋的锚固点不宜放在支座附近。预应力筋数量较多时宜采用分段锚固，锚固点的间距应根据预应力筋产生的径向力不引起混凝土剪切破坏及千斤顶尺寸确定。

4. 分段施工

在超长混凝土结构中，由于长度大、工程体量大，往往需要分段施工。分段施工既可缓和单次施工的压力，又可作为超长混凝土结构中改善预应力建立效果的有效措施，较为典型的两种分段施工方案为"中心岛"分段施工方案和"递推式"分段施工方案，将超长混凝土结构在超长方向分成长度基本相等的几段，相邻施工段之间以后浇带隔开，待两侧施工段预应力筋张拉后，再浇筑后浇带的混凝土。

（1）"中心岛"分段施工方案

先浇筑最中间的施工段，依次、分别向两侧浇筑各施工段的混凝土，在混凝土强度达到预应力筋张拉的要求后，按浇筑顺序依次张拉各段内的预应力筋以及封闭后浇带、张拉后浇带处的预应力筋。施工段划分如图 16.5.3 所示。

（2）"递推式"分段施工方案

先浇筑一侧端部的施工段，依次往结构体的另一侧浇筑各段的混凝土，在混凝土强度达到预应力筋张拉的要求后，按浇筑顺序依次张拉各段内的预应力筋以及封闭后浇带、张拉后浇带处的预应力筋。

施工段划分如图 16.5.4 所示。

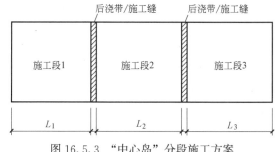

图 16.5.3 "中心岛"分段施工方案

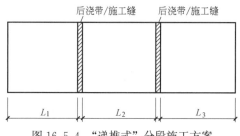

图 16.5.4 "递推式"分段施工方案

5. 其他构造措施及施工要求

（1）超长结构留设施工后浇带时，每结构段的长度不宜超过 50m，对于水平弧梁，其长度宜更小。为进一步减小混凝土的温度收缩应力，在相邻两条后浇带之间还可留设施工缝。

（2）超长预应力结构的后浇带封堵时间不宜少于 60d，施工缝的留设时间不宜少于 21d，有可靠措施时可适当放宽该限制条件。

（3）在超长预应力结构中，当预应力筋张拉端设在后浇带位置时，后浇带的宽度应满足两边预应力张拉的操作空间要求，宽度可取 1.2～2.0m。

（4）超长板采用后浇带或施工缝将结构在施工阶段分段时，可将后张预应力楼板体系与竖向约束构件（柱、墙、筒体等）暂时分开从而减少约束，提高预应力的建立效率。可按图 16.5.5 所示以解决超长张拉问题，但预应力筋和非预应力筋仍应连续通过。

（5）超长混凝土板浇筑过程中经常设置施工缝，根据预应力筋长短可采取图 16.5.6 中三种不同的处理方法。

（6）对于超长预应力连续梁可采用图 16.5.7 的方法通过预留施工缝进行分段张拉的方法，尽量减小混凝土弹性压缩及收缩的影响。常用办法有：①通过施工缝将梁分段，一般两端张拉时段长可达 50m 左右，一端张拉时段长可达 25m 左右，施工缝处通过连接器将不同区段预应力筋连在一起，再二次张拉和二次浇注。②将预应力筋交叉搭接，将张拉端布置在梁板凹槽内，采用变角张拉装置（图 16.5.8），张拉端应将截面削弱降低至最低程度。

（7）超长混凝土结构不宜采用 C60 及以上的高强混凝土，封闭后浇带的混凝土宜采用补偿收缩混凝土。超长结构合拢段的混凝土浇筑时间

图 16.5.5 四角布置剪力墙楼盖后浇带布置方案简图

宜选在月平均气温较低的月份;

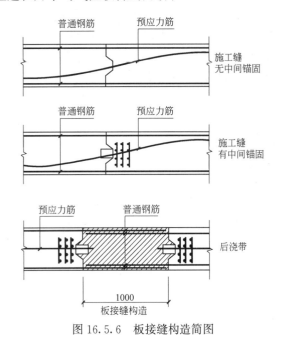

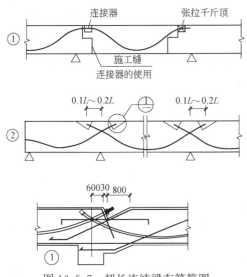

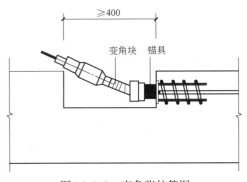

图 16.5.6 板接缝构造简图

图 16.5.7 超长连续梁布筋简图

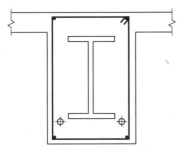

图 16.5.8 变角张拉简图

(8)施工后浇带处的波纹管应采取措施予以保护,后浇带两侧宜设置灌浆孔,保证后续的张拉灌浆施工能顺利进行。

(9)超长混凝土结构可采用填充墙与框架柱、梁脱开方法。填充墙与框架柱、梁脱开的方法宜符合下列要求。

① 填充墙两端与框架柱、填充墙顶面与框架梁之间留出 20mm 的间隙。

② 填充墙两端与框架柱之间宜用钢筋拉结。

③ 填充墙长度超过 5m 或墙长大于两倍层高时,中间应加设构造柱;墙体高厚比大于相关规范规定或墙高度超过 4m 时宜在墙高中部设置与柱连通的水平系梁。水平系梁的截面高度不小于 60mm。

④ 填充墙与框架柱、梁的间隙可采用聚苯乙烯泡沫塑料板条或聚氨酯发泡充填,并用硅酮胶或其他弹性密封材料封缝。

16.6 预应力型钢混凝土及预应力钢与混凝土组合梁结构设计

16.6.1 一般规定

1. 预应力型钢混凝土梁中型钢的选择

型钢一般宜采用实腹型钢,型钢的翼缘一侧位于受拉区,一侧位于受压区,在满足预应力型钢混凝土保护层要求和便于施工的前提下,型钢的上翼缘和下翼缘尽量靠近混凝土截面边缘,如图 16.6.1 所示。当梁截面高度较高时,可采用空腹式型钢。混凝土构件中型钢钢骨的相互连接仍同于钢结构,可参照《钢结构设计标准》GB 50017—2017

图 16.6.1 预应力型钢混凝土梁截面基本形式

和相关图集。

预应力型钢混凝土框架梁的含钢率不应小于 2%，不应超过 15%。

2. 刚度的确定

在进行结构内力和变形计算时，预应力型钢混凝土结构构件的截面抗弯刚度、轴向刚度和抗剪刚度，可按下列公式计算：

$$EI = E_c I_c + E_a I_a \tag{16.6.1}$$

$$EA = E_c A_c + E_a A_a \tag{16.6.2}$$

$$GA = G_c A_c + G_a A_a \tag{16.6.3}$$

式中 EI、EA、GA——构件截面抗弯刚度、轴向刚度、抗剪刚度；

$E_c I_c$、$E_c A_c$、$G_c A_c$——钢筋混凝土部分的截面抗弯刚度、轴向刚度、抗剪刚度；

$E_a I_a$、$E_a A_a$、$G_a A_a$——型钢或钢管部分的截面抗弯刚度、轴向刚度、抗剪刚度。

3. 预应力钢与混凝土组合梁结构的适用范围

预应力型钢混凝土及预应力钢与混凝土组合梁的使用需满足以下要求：

（1）常规跨度的简支梁或者连续梁；

（2）不直接承受动力荷载；

（3）钢梁与混凝土板完全连接；

（4）可布置有粘结、缓粘结或无粘结预应力筋。

4. 预应力钢与混凝土组合梁结构的一般设计规定

（1）混凝土翼缘板的有效宽度 b_e：应依据《钢结构设计标准》GB 50017—2017 中"钢与混凝土组合梁"的条文进行计算。计算预应力效应时，轴向力引起的效应可按全宽计算；预弯矩引起的应力可按有效宽度计算。

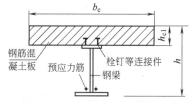

图 16.6.2　预应力钢-混凝土
组合梁截面形式

（2）组合梁的挠度应依据《钢结构设计标准》GB 50017—2017 的规定按弹性方法进行计算，考虑混凝土翼板和钢梁之间的滑移效应对抗弯刚度进行折减。对于连续组合梁，应按变截面刚度梁进行计算，其在距中间支座两侧各 $0.15l$（l 为梁的跨度）范围内，不应计入受拉区混凝土对刚度的影响，但宜计入翼板有效宽度 b_e 范围内纵向钢筋的作用，其余区段仍取考虑滑移效应的折减刚度。

（3）组合梁进行挠度及开裂分析时，应考虑混凝土收缩徐变的影响。对荷载的标准组合，计算换算截面特性时，可将混凝土板的宽度除以钢-混凝土弹性模量比 α_E 折算成钢截面宽度后进行计算。对荷载的准永久组合，则采用有效弹性模量比，相应除以 $2\alpha_E$ 进行计算。

（4）组合梁按塑性设计计算截面承载能力时，未与混凝土板可靠连接的钢结构受压板件的宽厚比应满足《钢结构设计标准》GB 50017—2017 中塑性设计的相关规定。

（5）施工过程中，当组合梁的混凝土板尚未与钢梁可靠连接时，应按《钢结构设计标准》GB 50017—2017 的相关要求验算施工过程中钢梁的强度及稳定性。变形及应力计算时应考虑施工过程进行分别计算后相叠加。

（6）当计算组合梁由于混凝土收缩徐变因素引起的预应力损失时，应考虑钢结构对混凝土的约束作用。

（7）抗剪连接件的计算及布置，可按《钢结构设计标准》GB 50017—2017 中完全抗剪连接的要求进行设计。

16.6.2　承载力极限状态计算

1. 基本假定

（1）截面应保持平面；

（2）不考虑混凝土的抗拉强度；

（3）受压边缘混凝土极限压应变 ε_{cu} 取 0.003；

（4）由于混凝土对型钢的嵌固和约束作用，承载力极限阶段不考虑型钢的屈曲；

（5）钢筋应力等于钢筋应变与其弹性模量的乘积，但其绝对值不应大于其相应的强度设计值；

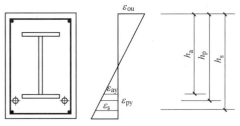

图 16.6.3　界限受压区高度计算简图

（6）纵向受拉钢筋和型钢受拉翼缘的极限拉应变 ε_{su} 取 0.01。

2. 预应力型钢混凝土梁的承载力计算

（1）受压区高度

取普通钢筋、预应力筋和型钢受拉翼缘屈服时受压区高度的最小值为预应力型钢混凝土梁的截面界限受压区高度（图 16.6.3）。普通钢筋、预应力筋和型钢下翼缘屈服时，受压区高度分别为 x_s、x_p、x_a。

$$x_s = \frac{\beta_1}{1 + f_y/(E_s \varepsilon_{cu})} h_s \tag{16.6.4}$$

$$x_p = \frac{\beta_1}{1 + \dfrac{0.002 + \dfrac{f_{py} - \sigma_{p0}}{E_p}}{\varepsilon_{cu}}} h_p \tag{16.6.5}$$

$$x_a = \frac{\beta_1}{1 + f_a/(E_a \varepsilon_{cu})} h_a \tag{16.6.6}$$

式中　x_s、x_p、x_a——普通钢筋、预应力筋和型钢下翼缘屈服时框架梁截面受压区高度；

h_s、h_p、h_a——普通钢筋、预应力筋和型钢下翼缘至梁截面受压区边缘的距离；

f_a——型钢受拉强度设计值；

E_a——型钢弹性模量。

（2）正截面承载力计算

提供两种正截面受弯承载力的计算方法。方法 1 与《预应力混凝土结构设计规范》JGJ 369—2016 中给出的方法相同。方法 2 则将型钢与预应力混凝土部分各自计算极限弯矩后，再进行叠加，如图 16.6.5 所示。经试验数据校对，认为方法 2 简便且偏于安全。

1）方法 1

预应力型钢混凝土梁正截面受弯承载力计算简图如图 16.6.4 所示。计算公式见式（16.6.7）～式（16.6.13）。

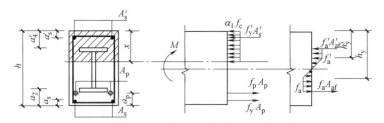

图 16.6.4　框架梁正截面受弯承载力计算

$$M \leqslant \alpha_1 f_c b x \left(h_0 - \frac{x}{2}\right) + f_y' A_s' (h_0 - a_s') - f_a A_{af} (a_a - a_0)$$
$$- f_p A_p (a_p - a_0) + f_a' A_{af}' (h_0 - a_a') + M_{aw} \tag{16.6.7}$$
$$\alpha_1 f_c b x + f_y' A_s' + f_a' A_{af}' - f_y A_s - f_{py} A_p - f_a A_{af} + N_{aw} = 0 \tag{16.6.8}$$

对强约束的后张法预应力混凝土超静定结构，应计及预应力次内力对混凝土受压区高度的影响。

当 $\delta_1 h_0 < 1.25x$，$\delta_2 h_0 > 1.25x$ 时，

$$M_{aw} = [0.5(\delta_1^2 + \delta_2^2) - (\delta_1 + \delta_2) + 2.5\xi - (1.25\xi)^2] t_w h_0^2 f_a \quad (16.6.9)$$

$$N_{aw} = [2.5\xi - (\delta_1 + \delta_2)] t_w h_0 f_a \quad (16.6.10)$$

$$h_0 = \frac{f_a A_{af}(\delta_2 h_0 + 0.5 t_f) + f_y A_y(h - a_s) + f_{py} A_p(h - a_p)}{f_a A_{af} + f_y A_y + f_{py} A_p} \quad (16.6.11)$$

混凝土受压区高度 x 尚应符合下列公式要求：

$$x \leqslant x_b = \min\{x_s, x_a, x_p\} \quad (16.6.12)$$

$$x \geqslant a_a' + t_f' \quad (16.6.13)$$

式中　M——弯矩设计值，对预应力混凝土静定结构，M 为荷载基本组合值；对一般的后张法预应力混凝土超静定结构，次弯矩 M_2 应参与弯矩设计值的组合计算；对强约束的后张法预应力混凝土超静定结构，次弯矩 M_2、次轴力 N_2 均应参与弯矩设计值的组合计算，式 (16.6.7) 左端应取 $M - [M_2 + N_2(h/2 - a)]$，计算 N_2 时，压力为正值，拉力为负值。

　　α_1——系数，当混凝土强度等级不超过 C50 时，α_1 取为 1.0，当混凝土强度等级为 C80 时，α_1 取为 0.94，其间按线性内插法确定；

　　β_1——系数，当混凝土强度等级不超过 C50 时，β_1 取为 0.8，当混凝土强度等级为 C80 时，β_1 取为 0.74，其间按线性内插法确定；

　　f_c——混凝土轴心抗压强度设计值；

　　ξ——相对受压区高度，$\xi = x/h_0$；

　　ξ_b——相对界限受压区高度，$\xi_b = x_b/h_0$；

　　x_b——界限受压区高度；

　　δ_1——型钢腹板上端至截面上边距离与 h_0 的比值；

　　δ_2——型钢腹板下端至截面上边距离与 h_0 的比值；

　　M_{aw}——型钢腹板承受的轴向合力对型钢受拉翼缘和纵向受拉钢筋合力点的力矩；

　　N_{aw}——型钢腹板承受的轴向合力；

　　t_w——型钢腹板厚度；

　　t_f'——型钢受压翼缘厚度；

　　h_w——型钢腹板高度；

　　h_0——型钢受拉翼缘、纵向受拉钢筋和预应力筋合力点至混凝土受压边缘距离；

　　a_0——型钢受拉翼缘、纵向受拉钢筋和预应力筋合力点至混凝土受拉边缘距离；

A_{af}'、A_{af}——型钢受压、受拉翼缘截面积。

　　2）方法 2

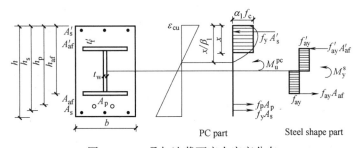

图 16.6.5　叠加法截面应力应变分布

$$M = M_{by}^{ss} + M_{bu}^{pc} \quad (16.6.14)$$

式中　M_{by}^{ss}——型钢部分的塑性弯矩；

　　M_{bu}^{pc}——预应力钢筋混凝土部分的受弯承载力，按混凝土规范规定进行计算。

　　（3）斜截面承载力计算

预应力型钢混凝土梁斜截面承载力的计算见式（16.6.15）。

$$V_b \leqslant \alpha_{cv} f_t b h_0 + f_{yv} A_{sv} h_0 / s + 0.58 f_a t_w h_w / \lambda + 0.05 N_{p0} \tag{16.6.15}$$

式中 α_{cv}——斜截面混凝土受剪承载力系数，对于一般受弯构件取0.7；对集中荷载作用下（包括作用有多种荷载，其中集中荷载对支座截面或节点边缘所产生的剪力值占总剪力的75%以上的情况）的独立梁，取 α_{cv} 为 $1.75/(\lambda+1)$，λ 为计算截面的剪跨比，可取 λ 等于 a/h_0，当 λ 小于1.5时，取1.5，当 λ 大于3时，取3，a 取集中荷载作用点至支座截面或节点边缘的距离；

　　f_{yv}——箍筋强度设计值；

　　A_{sv}——配置在同一截面内箍筋各肢的全部截面面积；

　　s——沿构件长度方向上箍筋的间距；

　　f_t——混凝土抗拉强度设计值；

　　N_{p0}——预应力筋中初始内力。

3. 预应力钢与混凝土组合梁的承载力计算

（1）正截面承载力计算

1）正弯矩作用

对于塑性中和轴在混凝土板内的情况（图16.6.6），即 $A_c f_c \geqslant A_d f_d + A_p \sigma_{pu}$ 时，受弯承载力按下式计算：

$$M \leqslant x b_c f_c y_1 + A_p \sigma_{pu} y_2 \tag{16.6.16}$$

$$x = \frac{A_d f_d + A_p \sigma_{pu}}{b_c f_c} \tag{16.6.17}$$

式中 M——正弯矩设计值；

　　A_c——混凝土板的截面面积；

　　A_d——钢梁的截面面积；

　　A_p——体外预应力筋面积；

　　x——混凝土翼缘受压区高度；

　　y_1——混凝土板受压区截面形心至钢梁受拉区截面形心的距离；

　　y_2——无粘结预应力筋的截面形心至钢梁受拉区截面形心的距离；

　　f_c——混凝土抗压强度设计值；

　　f_d——钢梁抗拉强度设计值；

　　σ_{pu}——无粘结预应力筋的应力设计值；

　　b_c——混凝土板的有效宽度；

　　h_c——混凝土板的厚度。

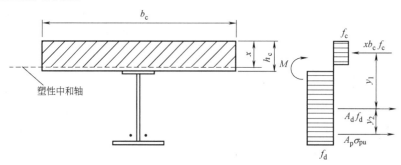

图16.6.6 塑性中和轴在混凝土板内时的组合梁截面及应力图形

对于塑性中和轴在钢梁截面内（图16.6.7），即 $A_c f_c \leqslant A_d f_d + A_p \sigma_{pu}$ 时，受弯承载力按下式计算：

$$M \leqslant b_c h_c f_c y_1 + A_p \sigma_{pu} y_2 + A_{dc} f_d y_3 \tag{16.6.18}$$

$$A_{dc} = \frac{A_d f_d + A_p \sigma_{pu} - A_c f_c}{2 f_d} \tag{16.6.19}$$

式中 A_{dc}——钢梁受压区截面面积；

y_3——钢梁受压区截面形心至钢梁受拉区截面形心的距离。

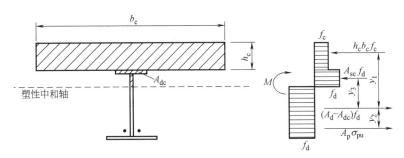

图 16.6.7　塑性中和轴在钢梁内时的组合梁截面及应力图形

2）负弯矩作用

对于负弯矩作用的区段（图 16.6.8），正截面承载力按下式计算：

$$M \leqslant A_{dl} f_d y_3 + A_p \sigma_{pu} y_4 + A_s f_y y_5 \tag{16.6.20}$$

$$A_{dl} = \frac{A_d f_d - A_p \sigma_{pu} - A_s f_y}{2 f_d} \tag{16.6.21}$$

式中 A_s——混凝土板有效宽度内普通钢筋的面积；

A_{dl}——钢梁受拉区截面面积；

f_y——普通钢筋的抗拉强度设计值；

y_4——无粘结预应力筋的截面形心至钢梁受压区截面形心的距离；

y_5——普通钢筋的截面形心至钢梁受压区截面形心的距离；

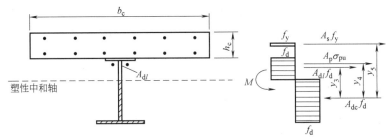

图 16.6.8　负弯矩作用时的组合梁截面及应力图形

（2）斜截面承载力计算

预应力钢与混凝土组合梁的抗剪承载力可按下式计算：

$$V \leqslant h_w t_w f_v \tag{16.6.22}$$

式中 h_w——钢梁腹板高度；

t_w——钢梁腹板厚度；

f_v——钢材抗剪强度设计值。

16.6.3　裂缝宽度验算

1. 预应力型钢混凝土梁的裂缝宽度验算

预应力型钢混凝土梁的最大裂缝宽度应按荷载的标准组合并考虑长期效应组合的影响进行计算。最大裂缝宽度应按下列公式计算，计算简图如图 16.6.9 所示，所求得的最大裂缝宽度不应大于预应力混凝土结构规定的限值。

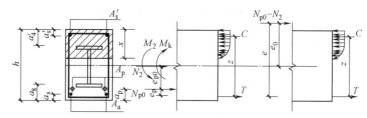

图 16.6.9 预应力型钢混凝土框架梁最大裂缝宽度计算简图

$$w_{\max} = \alpha_{cr} \psi \frac{\sigma_{sk}}{E_s} \left(1.9c + 0.08 \frac{d_{eq}}{\rho_{te}} \right) \tag{16.6.23}$$

$$\psi = 1.1 \left(1 - \frac{M_{cr}}{M_k - N_{pe} e_p} \right) \tag{16.6.24}$$

$$\sigma_{sk} = \frac{M_k \pm M_2 - N_{p0}(z - e_p) + N_2(a + z - h/2)}{z(A_s + A_P + A_{af} + k A_{aw})} \tag{16.6.25}$$

$$k = \frac{0.25h - t_f - a_a}{h_w} \tag{16.6.26}$$

$$d_{eq} = \frac{4(A_s + A_P + A_{af} + k A_{aw})}{u} \tag{16.6.27}$$

$$u = \pi \sum n_i \nu_i d_i + (2b_f + 2t_f + 2k h_{aw}) \times 0.315 \tag{16.6.28}$$

$$\rho_{te} = \frac{A_s + A_P + A_{af} + k A_{aw}}{0.5bh} \tag{16.6.29}$$

$$e = \frac{M_k \pm M_2 - N_{p0} e_p - N_2(h/2 - a)}{N_{p0} - N_2} \tag{16.6.30}$$

$$z = [0.87 - 012(1 - r'_f)(h_e/e)^2] h_0 \tag{16.6.31}$$

$$h_e = \frac{h_{0s} + h_{0p} + h_{0af}}{3} \tag{16.6.32}$$

式中　　M_k——按荷载标准组合计算的弯矩值；

M_{cr}——框架梁截面抗裂弯矩；计算见式（16.6.33）；

α_{cr}——构件受力特征系数取 $\alpha_{cr} = 1.7$；

c_s——纵向受拉钢筋的混凝土保护层厚度；

ψ——考虑型钢翼缘作用的钢筋应变不均匀系数；当 $\psi < 0.4$ 时，取 $\psi = 0.4$；当 $\psi > 1.0$ 时，取 $\psi = 1.0$；

k——型钢腹板影响系数，其值取梁受拉侧 1/4 梁高范围中腹板高度与整个腹板高度的比值；

ν_i——为受拉区第 i 种纵向钢筋的相对粘结特性系数，型钢的相对粘结特性系数为 $0.45 \times 0.7 = 0.315$；

n——纵向受拉钢筋数量；

b_f、t_f——受拉翼缘宽度、厚度；

d_e、ρ_{te}——考虑型钢受拉翼缘与部分腹板及受拉钢筋的有效直径、有效配筋率；

σ_{sk}——考虑型钢受拉翼缘与部分腹板及受拉钢筋的等效钢筋应力值；

A_s、A_{af}——纵向受拉钢筋、型钢受拉翼缘面积；

A_{aw}、h_{aw}——型钢腹板面积、高度；

h_{0s}、h_{0af}、h_{0p}——纵向受拉钢筋、型钢受拉翼缘、预应力筋重心至混凝土截面受压边缘的距离；

u——纵向受拉钢筋和型钢受拉翼缘与部分腹板周长之和；

e_p——预应力筋作用重心到截面重心轴的距离；

e——轴向压力作用点至纵向受拉筋合力点的距离。

对于无粘结筋，预应力面积 A_p 可按 0.3 进行折减。

预应力预应力型钢混凝土框架梁的开裂弯矩计算应考虑框架结构次轴力影响，按下列公式计算：

$$M_{cr} = (\sigma_{pc} + \gamma f_{tk})W_0 \tag{16.6.33}$$

$$\sigma_{pc} = \frac{N_{pe} - N_2}{A_0} + \frac{N_{pe}e_p - M_2}{I_0}y_0 \tag{16.6.34}$$

式中　α_{pc}——扣除全部预应力损失后预应力在抗裂验算边缘的混凝土法向应力（MPa）；

I_0，W_0，y_0——换算截面的惯性矩、弹性抵抗矩、换算截面重心至所计算纤维处的距离；

γ——混凝土构件的截面抵抗矩塑性影响系数，对于预应力预应力型钢混凝土梁，由于型钢的存在，混凝土的收缩和徐变会使构件混凝土中产生拉应力，降低构件的抗裂能力，取 $\gamma = 1.0$。

2. 预应力钢与混凝土组合梁裂缝宽度验算

对于组合梁负弯矩区开裂的混凝土板可按轴心受拉构件计算裂缝宽度。

计算时，体外预应力筋引起的效应，可按等效荷载作用效应计入相应的组合，组合系数 1.0。

组合梁由于效应设计值引起的开裂截面的混凝土板的钢筋应力可按下式计算：

$$\sigma_{sk} = \frac{(M_k - M_p)y_s}{I_{cr}} + \frac{N_k - N_p}{A_{cr}} \tag{16.6.35}$$

式中　N_k、M_k——按照荷载标准组合计算的轴向力值、弯矩值；

N_p、M_p——考虑应力损失后的预应力筋的合力及预弯矩。如为超静定结构，应计入二次效应；

I_{cr}、A_{cr}——开裂截面由纵向普通钢筋及预应力筋与钢梁组成的惯性矩及面积；

y_s——钢筋截面形心至组合梁开裂截面中和轴的距离。

16.6.4　挠度验算

1. 预应力型钢混凝土梁的挠度验算

预应力型钢混凝土框架梁在正常使用极限状态下的挠度，可根据构件的刚度用结构力学的方法计算。在等截面构件中，可假定各同号弯矩区段内的刚度相等，并取用该区段内最大弯矩处的刚度。受弯构件的挠度应按荷载短期效应组合并考虑荷载长期效应组合影响的长期刚度 B_l 进行计算，挠度计算值 f 不应大于本规范规定的限值。

预应力型钢混凝土梁的挠度由使用荷载产生的下挠度 f_1 和预应力引起的上挠度 f_2 两部分组成，预应力型钢混凝土梁跨中的总挠度为按下式计算：

$$f = f_1 - f_2 \tag{16.6.36}$$

当预应力型钢混凝土框架梁的纵向受拉钢筋配筋率为 0.3%～1.5% 范围时，其荷载短期效应和长期效应组合作用下的短期刚度 B_s 和长期刚度 B_l，可按下列公式计算：

（1）要求不出现裂缝的构件的刚度

$$B_s = 0.85E_cI_0 + E_aI_a \tag{16.6.37}$$

（2）允许出现裂缝构件的刚度

$$B_s = \frac{0.85E_cI_0}{k_{cr} + (1 - k_{cr})\omega} + E_aI_a \tag{16.6.38}$$

$$\kappa_{cr} = \frac{M_{cr}}{M_k} \tag{16.6.39}$$

$$\omega = \left(1.0 + 0.8\lambda + \frac{0.21}{\alpha_s\rho}\right)(1 + 0.45\gamma_f) \tag{16.6.40}$$

$$\gamma_f = \frac{(b_f - b)h_f}{bh_0} \tag{16.6.41}$$

$$\lambda = \frac{\sigma_{pe}A_p}{\sigma_{pe}A_p + f_yA_s} \tag{16.6.42}$$

$$\rho = \frac{A_s + A_p + A_{af} + kA_{aw}}{bh_0} \tag{16.6.43}$$

式中 E_c——混凝土的弹性模量；

E_a——型钢的弹性模量；

I_0——扣除型钢的换算截面的抗弯惯性矩；

I_a——型钢截面对换算截面形心的抗弯惯性矩；

M_{cr}——梁的正截面开裂弯矩值，由抗裂承载力计算求得；

M_k——按荷载短期效应组合计算的弯矩值；

α_s——钢筋弹性模量与混凝土弹性模量的比值；

ρ——纵向受拉钢筋、型钢受拉翼缘腹板和预应力筋配筋率；

γ_f——受拉翼缘截面面积与腹板有效截面面积的比值；

b_f、h_f——受拉区翼缘的宽度、高度；

A_{af}、A_{aw}——型钢受拉翼缘、腹板的截面面积；

k——型钢腹板影响系数，为梁受拉侧1/4梁高范围内腹板高度与整个腹板高度的比值。

2. 预应力钢与混凝土组合梁挠度验算

组合梁的挠度应分别按荷载的标准组合和准永久组合进行计算，以其中的较大值作为依据．

组合梁的挠度可按结构力学方法进行计算，仅受正弯矩作用的组合梁，其抗弯刚度应取考虑滑移效应的折减刚度，连续组合梁应按变截面刚度梁进行计算。在上述两种荷载组合中，组合梁应各取其相应的折减刚度。

计算时，预应力筋引起的效应，可按等效荷载作用计入相应的组合，组合系数1.0。

16.6.5 构造要求

预应力型钢混凝土结构的构造要求可参照《组合结构设计规范》JGJ 138—2016执行，并应符合国家现行有关标准的规定。预应力钢与混凝土组合梁的构造设计可按《钢结构设计标准》GB 50017—2017的相关要求进行。

16.7 有粘结与无粘结混合配置预应力混凝土结构设计

16.7.1 一般规定

1. 有粘结与无粘结混合配置预应力筋混凝土结构构件，除应根据使用条件进行承载能力计算及变形、抗裂、裂缝宽度和应力验算外，尚应按具体情况对施工阶段进行验算。

2. 直接承载动力荷载并需进行疲劳验算的有粘结与无粘结混合配置预应力筋混凝土结构，其疲劳强度及构造应经过专门试验研究确定。

3. 有粘结与无粘结混合配置预应力筋混凝土结构中无粘结预应力筋的含量占预应力筋总量的比例不宜超过30%，即：

$$\frac{A_{p1}}{A_{p1} + A_{p2}} \leq 0.3 \tag{16.7.1}$$

式中 A_{p1}——受拉区无粘结预应力筋的面积；

A_{p2}——受拉区有粘结预应力筋的面积。

4. 有粘结与无粘结混合配置预应力筋混凝土梁中纵向普通受拉钢筋的截面面积 A_s 应取下列两式计算结果的较大值。

$$A_s \geqslant \frac{1}{3} \cdot \frac{\sigma_{pu} A_{p1} h_{p1} + f_{py} A_{p2} h_{p2}}{f_y h_s} \tag{16.7.2}$$

$$A_s \geqslant 0.003 bh \tag{16.7.3}$$

5. 考虑地震作用的混合配置预应力筋混凝土梁的预应力度限值。

一级抗震：

$$PPR = \frac{\sigma_{pe} A_{p1} h_{p1} + f_{py} A_{p2} h_{p2}}{\sigma_{pe} A_{p1} h_{p1} + f_{py} A_{p2} h_{p2} + f_y A_s h_0} \leqslant 0.6$$

二、三级抗震：

$$PPR = \frac{\sigma_{pe} A_{p1} h_{p1} + f_{py} A_{p2} h_{p2}}{\sigma_{pe} A_{p1} h_{p1} + f_{py} A_{p2} h_{p2} + f_y A_s h_0} \leqslant 0.75$$

式中 σ_{pe}——扣除全部预应力损失后，无粘结预应力筋的有效预应力（N/mm²）；

h_{p1}、h_{p2}——受拉区无粘结预应力筋、有粘结预应力筋到截面受压区边缘的距离。

6. 有粘结与无粘结混合配置预应力筋混凝土框架梁端截面，计入纵向受压钢筋的混凝土受压区高度应符合下列要求。

一级抗震等级 $\quad\quad\quad\quad x \leqslant 0.25 h_0 \tag{16.7.4}$

二、三级抗震等级 $\quad\quad\quad x \leqslant 0.35 h_0 \tag{16.7.5}$

且按普通钢筋抗拉强度设计值换算的全部纵向受拉钢筋配筋率不宜大于 2.5%。

7. 因锚具变形和预应力筋内缩引起的预应力损失 σ_{l1}，因预应力钢筋与孔道壁之间的摩擦引起的预应力损失值 σ_{l2}，因预应力钢筋的应力松弛引起的预应力损失 σ_{l4} 按《预应力混凝土结构设计规范》JGJ 369—2016 第 4.3 节中的相关规定计算。由于混凝土收缩和徐变引起的预应力筋应力损失终极值 σ_{l5} 按下列公式计算：

$$\sigma_{l5} = \frac{55 + 300 \dfrac{\sigma_{pc}}{f'_{cu}}}{1 + 15\rho} \tag{16.7.6}$$

$$\sigma'_{l5} = \frac{55 + 300 \dfrac{\sigma'_{pc}}{f'_{cu}}}{1 + 15\rho'} \tag{16.7.7}$$

$$\rho = \frac{A_{p2} + A_s}{A_n} \tag{16.7.8}$$

$$\rho' = \frac{A'_{p2} + A'_s}{A_n} \tag{16.7.9}$$

16.7.2 承载能力极限状态计算

1. 有粘结与无粘结混合配置预应力筋混凝土梁的相对界限受压区高度 ξ_b 按式（16.7.10）计算：

$$\xi_b = \frac{\beta_1}{1 + \dfrac{0.002}{\varepsilon_{cu}} + \dfrac{f_{py} - \sigma_{p0}}{E_p \varepsilon_{cu}}} \tag{16.7.10}$$

式中 ξ_b——相对界限受压区高度，取 x_b/h_0；

x_b——界限受压区高度；

h_0——截面的有效高度；

E_p——预应力钢筋的弹性模量；

σ_{p0}——受拉区有粘结预应力筋合力点处混凝土法向应力等于零时预应力筋应力；

ε_{cu}——非均匀受压时的混凝土极限压应变；

β_1——系数，按《预应力混凝土结构设计规范》JGJ 369—2016 第 5.1.7 条的规定计算。

2. 有粘结与无粘结混合配置预应力筋混凝土梁，在进行正截面受弯承载力计算时，无粘结预应力筋的应力设计值 σ_{pu} 宜按下列公式计算：

$$\sigma_{pu}=\sigma_{pe}+\Delta\sigma_p \qquad (16.7.11)$$

$$\Delta\sigma_p=(258-584q_u-402q_b-324q_s)\left(0.815+2.6\frac{h}{l_0}\right)\frac{l_2}{l_1} \qquad (16.7.12)$$

$$q_u=\frac{\sigma_{pe}A_{p1}}{f_cbh_{p1}} \qquad (16.7.13)$$

$$q_b=\frac{f_{py}A_{p2}}{f_cbh_{p2}} \qquad (16.7.14)$$

$$q_s=\frac{f_yA_s}{f_cbh_0} \qquad (16.7.15)$$

无粘结预应力筋的应力设计值 σ_{pu} 尚应符合下列条件：

$$\sigma_{pu}\leqslant f_{py} \qquad (16.7.16)$$

式中　σ_{pu}——无粘结预应力筋的应力设计值（N/mm²）；

σ_{pe}——扣除全部预应力损失后，无粘结预应力筋的有效预应力（N/mm²）；

$\Delta\sigma_p$——无粘结预应力筋的应力增量（N/mm²）；

q_u——梁中有粘结预应力筋的配筋指标；

q_b——梁中无粘结预应力筋的配筋指标；

q_s——梁中纵向普通受拉钢筋的配筋指标；

K——考虑安全储备的系数，取值情况根据可靠度水平确定，建议可取 $K=2.5$；

l_0——梁的计算跨度；

b——截面的宽度；

h——截面的高度；

h_0——截面的有效高度；

f_c——混凝土轴心抗压强度；

f_{py}——有粘结预应筋的抗拉强度设计值；

f_y——普通钢筋抗拉强度设计值；

A_{p1}、A_{p2}——无粘结预应力筋、有粘结预应力筋的截面面积；

h_{p1}、h_{p2}——无粘结预应力筋、有粘结预应力筋的合力点到截面受压区边缘的距离。

3. 混合配置预应力筋混凝土梁正截面受弯承载力按下列公式计算，示意图如图 16.7.1 所示，混凝

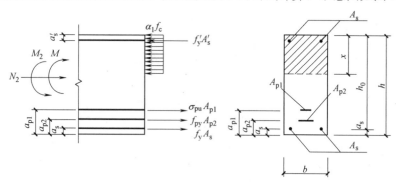

图 16.7.1　混合配置预应力筋混凝土受弯构件正截面受弯承载力计算示意图

土受压区高度按下列公式确定：

$$\alpha_1 f_c bx + f'_y A'_s = f_y A_s + \sigma_{pu} A_{p1} + f_{py} A_{p2} + N_2 \tag{16.7.17}$$

$$x = \frac{f_y A_s + \sigma_{pu} A_{p1} + f_{py} A_{p2} - f'_y A'_s + N_2}{\alpha_1 f_c b} \tag{16.7.18}$$

对普通钢筋合力点取矩，由力的平衡条件可得：

$$M - \left[M_2 - N_2 \left(\frac{h}{2} - a \right) \right] \leqslant$$

$$\alpha_1 f_c bx \left(h_0 - \frac{x}{2} \right) + f'_y A'_s (h_0 - a'_s) - \sigma_{pu} A_{p1} (a_{p1} - a_s) - f_{py} A_{p2} (a_{p2} - a_s) \tag{16.7.19}$$

适用条件为：

$$x \geqslant 2a'_s \tag{16.7.20}$$

$$x \leqslant \xi_b h_0 \tag{16.7.21}$$

当计入普通受压钢筋时，若不满足公式（16.7.21）的条件，正截面受弯承载力应符合下列规定：

$$M - \left[M_2 - N_2 \left(\frac{h}{2} - a \right) \right] \leqslant f_y A_s (h - a_s - a'_s) +$$

$$\sigma_{pu} A_{p1} (h - a_{p1} - a'_s) + f_{py} A_{p2} (h - a_{p2} - a'_s) \tag{16.7.22}$$

式中 M——弯矩设计值；

M_2、N_2——由预加力在后张法预应力混凝土超静定结构中产生的次弯矩、次轴力设计值，先张法预应力混凝土结构中 $M_2 = 0$，$N_2 = 0$；在对截面进行受弯及受剪承载力计算时，当参与组合的次内力对结构不利时，预应力分项系数应取 1.2；有利时应取 1.0；

α_1——系数，按《预应力混凝土结构设计规范》JGJ 369—2016 第 5.1.7 条的规定计算；

β_1——系数，按《预应力混凝土结构设计规范》JGJ 369—2016 第 5.1.7 条的规定计算；

f_c——混凝土轴心抗压强度；

f_y、f'_y——普通钢筋抗拉、抗压屈服强度；

A_s、A'_s——受拉区、受压区纵向普通钢筋的截面面积；

A_{p1}、A_{p2}——无粘结预应力筋、有粘结预应力筋的截面面积；

a_s——受拉区纵向普通钢筋合力点至截面受拉边缘的距离；

a'_s——受压区纵向普通钢筋合力点至截面受压边缘的距离；

a_{p1}、a_{p2}——受拉区无粘结预应力筋、有粘结预应力筋合力点至截面受拉边缘的距离。

4. 当仅配置箍筋时，混合配置预应力筋混凝土梁斜截面的受剪承载力应符合下列规定：

$$V \leqslant V_{cs} + V_p \tag{16.7.23}$$

$$V_{cs} = \alpha_{cv} f_t bh_0 + f_{yv} \frac{A_{sv}}{s} h_0 \tag{16.7.24}$$

$$V_p = 0.05 N_{p0} \tag{16.7.25}$$

式中 V——构件斜截面上的最大剪力设计值；

V_{cs}——构件斜截面上混凝土和箍筋的受剪承载力设计值；

V_p——由预加力所提高的构件受剪承载力设计值；

α_{cv}——斜截面混凝土受剪承载力系数，对于一般受弯构件取 0.7；对集中荷载作用下（包括作用有多种荷载，其中集中荷载对支座截面或节点边缘所产生的剪力值占总剪力的 75% 以上的情况）的独立梁，取 α_{cv} 为 $\frac{1.75}{\lambda + 1}$，λ 为计算截面的剪跨比，可取 λ 等于 a/h_0，当 λ 小于 1.5 时，取 1.5，当 λ 大于 3 时，取 3，a 取集中荷载作用点至支座截面或节点边缘的距离；

A_{sv}——配置在同一截面内箍筋各肢的全部截面面积：$A_{sv} = nA_{sv1}$，此处，n 为在同一截面内箍筋的肢数，A_{sv1} 为单肢箍筋的截面面积；

s——沿构件长度方向的箍筋间距；

f_{yv}——箍筋抗拉强度设计值；

N_{p0}——计算截面上混凝土法向预应力等于零时的预加力；当 $N_{p0} > 0.3 f_c A_0$ 时，取 $N_{p0} = 0.3 f_c A_0$，此处，A_0 为构件的换算截面面积。

注：对预加力 N_{p0} 引起的截面弯矩与外弯矩方向相同的情况，以及混合配置预应力筋混凝土连续梁和允许出现裂缝的简支梁，均应取 $V_p = 0$。

5. 当配置箍筋和弯起钢筋时，混合配置预应力筋混凝土梁斜截面受剪承载力应符合下列规定：

$$V \leqslant V_{cs} + V_p + 0.8 f_y A_{sb} \sin\alpha_{sb} + 0.8 f_{py} A_{pb} \sin\alpha_{pb} + 0.8 \sigma_{pu} A_{pub} \sin\alpha_{pub} \qquad (16.7.26)$$

式中　V——配置弯起钢筋处的剪力设计值；

V_p——由预加力所提高的构件的受剪承载力设计值，计算合力 N_{p0} 时不考虑预应力弯起钢筋的作用；

A_{sb}——同一弯起平面内的非预应力弯起钢筋的截面面积；

A_{pb}——同一弯起平面内的有粘结预应力弯起钢筋的截面面积；

A_{pub}——同一弯起平面内的无粘结预应力弯起钢筋的截面面积；

α_s——斜截面上非预应力弯起钢筋的切线与构件纵向轴线的夹角；

α_{pb}——斜截面上有粘结预应力弯起钢筋的切线与构件纵向轴线的夹角；

α_{pub}——斜截面上无粘结预应力弯起钢筋的切线与构件纵向轴线的夹角。

16.7.3　开裂弯矩计算

混合配置预应力筋混凝土梁开裂弯矩按下列公式计算（图 16.7.2）：

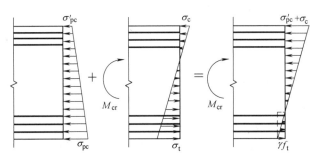

图 16.7.2　开裂状态梁截面受力示意图

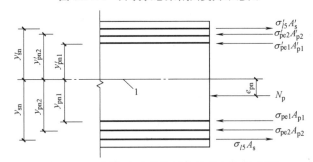

图 16.7.3　预加力及其作用点的偏心距示意图

1—截面重心轴

$$M_{cr} = (\sigma_{pc} + \gamma f_{tk}) W_0 \qquad (16.7.27)$$

由预加力产生的混凝土在抗裂验算边缘的预压应力 σ_{pc} 可按下式计算（图 16.7.3）：

$$\sigma_{pc} = \frac{N_p}{A_n} + \frac{N_p e_{pn}}{I_n} y_0 \qquad (16.7.28)$$

根据图 16.7.3 易得预应力筋的合力及其偏心距：

$$N_{p} = \sigma_{pe1}A_{p1} + \sigma_{pe2}A_{p2} + \sigma'_{pe1}A'_{p1} + \sigma'_{pe2}A'_{p2} - \sigma_{l5}A_{s} - \sigma'_{l5}A'_{s} \tag{16.7.29}$$

$$e_{pn} = \frac{\sigma_{pe1}A_{p1}y_{pn1} + \sigma_{pe2}A_{p2}y_{pn2} - \sigma'_{pe1}A'_{p1}y'_{pn1} - \sigma'_{pe2}A'_{p2}y'_{pn2} - \sigma_{l5}A_{s}y_{sn} + \sigma'_{l5}A'_{s}y'_{sn}}{N_{p}} \tag{16.7.30}$$

式中　M_{cr}——开裂弯矩；

　　　σ_{pc}——扣除全部预应力损失后，由预加力在抗裂验算边缘产生的混凝土预压应力；

　　　γ——混凝土构件的截面抵抗矩塑性影响系数，按《预应力混凝土结构设计规范》JGJ 369—2016 第 6.2.4 条确定；

　　　f_{t}——混凝土轴心抗拉强度；

　　　W_{0}——换算截面受拉边缘的弹性抵抗矩；

　　　N_{p}——梁中的有粘结预应力筋与无粘结预应力筋的合力；

　　　e_{pn}——有粘结预应力筋与无粘结预应力筋合力点到净截面重心的距离；

　　　A_{n}——净截面面积，即扣除孔道、凹槽等削弱部分以外的混凝土全部截面面积及纵向普通钢筋截面面积换算成混凝土的截面面积之和；

　　　I_{n}——净截面惯性矩；

　　　y_{0}——抗裂验算边缘到净截面重心的距离；

σ_{pe1}、σ_{pe2}——受拉区无粘结预应力筋、有粘结预应力筋的有效预应力；

σ'_{pe1}、σ'_{pe2}——受压区无粘结预应力筋、有粘结预应力筋的有效预应力；

A_{p1}、A_{p2}——受拉区无粘结预应力筋、有粘结预应力筋的截面面积；

A'_{p1}、A'_{p2}——受压区无粘结预应力筋、有粘结预应力筋的截面面积；

A_{s}、A'_{s}——受拉区、受压区纵向普通钢筋的截面面积；

σ_{l5}、σ'_{l5}——受拉区、受压区预应力筋在各自合力点处混凝土收缩和徐变引起的预应力损失值，按照《预应力混凝土结构设计规范》JGJ 369—2016 中第 4.3.8 条的规定计算；

y_{pn1}、y_{pn2}——受拉区无粘结预应力筋、有粘结预应力筋合力点至净截面重心的距离；

y'_{pn1}、y'_{pn2}——受压区无粘结预应力筋、有粘结预应力筋合力点至净截面重心的距离；

y_{sn}、y'_{sn}——受拉区、受压区普通钢筋重心至净截面重心的距离。

16.7.4　裂缝控制验算

1. 有粘结与无粘结混合配置预应力筋混凝土梁应验算裂缝宽度；最大裂缝宽度应按荷载效应的标准组合并考虑长期效应的影响进行计算。

2. 考虑裂缝宽度分布的不均匀性和荷载长期效应组合影响的最大裂缝宽度应符合下列规定：

$$\omega_{max} = \alpha_{cr}\psi\frac{\sigma_{s}}{E_{s}}\left(1.9c_{s} + 0.08\frac{d_{eq}}{\rho_{te}}\right) \tag{16.7.31}$$

$$\psi = 1.1 - 0.65\frac{f_{tk}}{\rho_{te}\sigma_{s}} \tag{16.7.32}$$

$$d_{eq} = \frac{\sum n_{i}d_{i}^{2}}{\sum n_{i}\upsilon_{i}d_{i}} \tag{16.7.33}$$

$$\rho_{te} = \frac{A_{s} + A_{p2}}{A_{te}} \tag{16.7.34}$$

混合配置预应力筋混凝土梁中纵向受拉钢筋的等效应力是指钢筋合力点处混凝土法向应力为零时钢筋中的应力增量；故可将此时有粘结预应力筋、无粘结预应力筋及普通钢筋的合力 N_{p0} 与弯矩值 M_{k} 一起作用于截面上计算等效应力：

$$\sigma_s = \frac{M_k - N_{p0}(z - e_p)}{(0.3A_{p1} + A_{p2} + A_s)z} \tag{16.7.35}$$

$$N_{p0} = \sigma_{p01}A_{p1} + \sigma_{p02}A_{p2} + \sigma'_{p01}A'_{p1} + \sigma'_{p02}A'_{p2} - \sigma_{l5}A_s - \sigma'_{l5}A'_s \tag{16.7.36}$$

$$e_{p0} = \frac{\sigma_{p01}A_{p1}y_{p1} + \sigma_{p02}A_{p2}y_{p2} - \sigma'_{p01}A'_{p1}y'_{p1} - \sigma'_{p02}A'_{p2}y'_{p2} - \sigma_{l5}A_s y_s + \sigma'_{l5}A'_s y'_s}{N_{p0}} \tag{16.4.37}$$

$$z = \left[0.87 - 0.12\left(\frac{h_0}{e}\right)^2\right]h_0 \tag{16.7.38}$$

$$e = e_p + \frac{M_k}{N_{p0}} \tag{16.7.39}$$

$$e_p = y_{ps} - e_{p0} \tag{16.7.40}$$

式中　α_{cr}——构件受力特征系数，取 1.5；

ψ——裂缝间纵向受拉钢筋应变不均匀系数，$0.2 \leqslant \psi \leqslant 1$，对直接承受重复荷载的构件，$\psi = 1$；

σ_s——按荷载效应的标准组合计算的混合配置预应力筋混凝土梁纵向受拉钢筋等效应力；

c_s——最外层纵向受拉钢筋外边缘至受拉区底边的距离（mm）：当 $c_s < 20$ 时，取 $c_s = 20$；当 $c_s > 65$ 时，取 $c_s = 65$；

ρ_{te}——按有效受拉混凝土截面面积计算的纵向受拉钢筋的配筋率，当 $\rho_{te} < 0.01$ 时，取 $\rho_{te} = 0.01$；

A_{te}——混凝土有效受拉截面面积；

d_{eq}——受拉区纵向钢筋的等效直径，有粘结与无粘结混合配置预应力筋混凝土梁中取普通钢筋和有粘结预应力筋参与计算；

d_i——受拉区第 i 种纵向钢筋的公称直径，对于有粘结预应力钢绞线束的直径取 $\sqrt{n_1}d_{p1}$，其中 d_{p1} 为单根钢绞线的公称直径，n_1 为单束钢绞线根数；

n_i——受拉区第 i 种纵向钢筋的根数，有粘结预应力钢绞线取，取为钢绞线束数；

υ_i——受拉区第 i 种纵向钢筋的相对粘结特性系数；

M_k——按荷载标准组合计算的弯矩值；

N_{p0}——计算截面上混凝土法向预应力等于零时的预加力；

e_{p0}——计算截面上混凝土法向应力等于零时的预加力 N_{p0} 的偏心距；

σ_{p01}、σ_{p02}——受拉区预应力筋合力点处混凝土法向应力等于零时无粘结预应力筋、有粘结预应力筋的应力；

σ'_{p01}、σ'_{p02}——受压区预应力筋合力点处计算截面上混凝土法向应力等于零时无粘结预应力筋、有粘结预应力筋的应力；

y_{p1}、y_{p2}——受拉区无粘结预应力筋、有粘结预应力筋合力点至换算截面重心的距离；

y'_{p1}、y'_{p2}——受压区无粘结预应力筋、有粘结预应力筋合力点至换算截面重心的距离；

z——受拉区有粘结预应力筋、无粘结预应力及普通钢筋合力点到受压区合力点的距离；

e_p——受拉区有粘结筋、无粘结筋及普通钢筋合力点至预加力 N_{p0} 的距离；

y_{ps}——受拉区有粘结筋、无粘结筋及普通钢筋合力点的偏心距。

16.7.5　挠度验算

1. 有粘结与无粘结混合配置预应力筋混凝土受弯构件的挠度可按照结构力学方法计算，且不应超过《预应力混凝土结构设计规范》JGJ 369—2016 表 6.2.6 的限值。在等截面构件中，可假定各同号弯矩区段内的刚度相等，并取用该区段内最大弯矩处的刚度。

2. 有粘结与无粘结混合配置预应力筋混凝土梁在荷载效应标准组合下的短期刚度 B_s 可按下列公式计算：

（1）要求不出现裂缝的构件

$$B_s = 0.85 E_c I_0 \qquad (16.7.41)$$

（2）允许出现裂缝的构件

$$B_s = \frac{0.85 E_c I_0}{\kappa_{cr} + (1 - \kappa_{cr})\omega} \qquad (16.7.42)$$

$$\kappa_{cr} = \frac{M_{cr}}{M_k} \qquad (16.7.43)$$

$$\omega = \left(1.0 + \frac{0.21}{\alpha_E \rho}\right)(1 + 0.45\gamma_f) - 0.7 \qquad (16.7.44)$$

$$\rho = \frac{0.3 A_{p1} + A_{p2} + A_s}{b h_0} \qquad (16.7.45)$$

$$\gamma_f = \frac{(b_f - b) h_f}{b h_0} \qquad (16.7.46)$$

3. 有粘结与无粘结混合配置预应力筋混凝土梁考虑荷载长期作用影响的刚度 B 可按下列规定计算：

$$B = \frac{M_k}{M_q(\theta - 1) + M_k} B_s \qquad (16.7.47)$$

式中　E_c——混凝土的弹性模量；

　　　I_0——换算截面惯性矩；

　　　M_k——按荷载的标注组合计算的弯矩，取计算区段内的最大弯矩值；

　　　M_q——按荷载的准永久组合计算的弯矩，取计算区段内的最大弯矩值；

　　　α_E——钢筋弹性模量与混凝土弹性模量的比值；

　　　ρ——钢筋的配筋率；

　　　θ——考虑长期荷载对挠度增大的影响系数，取 $\theta = 2.0$。

16.8　体外预应力混凝土结构设计

16.8.1　一般规定

1. 体外预应力束的类型

体外预应力束主要包括以下类型：单根无粘结筋束、多根有粘结束或无粘结束、无粘结钢绞线多层防护束、多层防护的热挤聚乙烯成品体外预应力束、工厂加工制作的成品束、双层涂塑多根无粘结筋带状束。

2. 体外预应力束的布置方式

体外预应力束可采用直线、双折线、多折线或其他布置方式，且其布置应使结构受力合理。对矩形或工字形截面梁，体外预应力束宜对称布置在梁腹板的两侧；对箱形截面梁，体外预应力束宜对称布置在梁腹板的内侧。

常用的体外预应力束线形布置如图 16.8.1 所示。

3. 体外预应力束的设计要求

（1）体外预应力束锚固区和转向块的设置应根据体外束的设计线形确定，锚固区一般设置于支座两端或刚度较大的端部隔梁等有利于传力的部位；对多折线体外束，转向块宜布置在距梁端 1/4～1/3 跨度的范围内，必要时可增设中间定位用转向块，对多跨连续梁采用多折线体外束时，可在中间支座或其他部位增设锚固块。

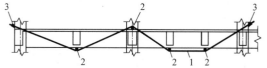

图 16.8.1　转向块、锚固块布置

1—体外预应力束；2—转向块；3—锚固块

（2）体外预应力束的锚固块与转向块之间或两个转向块间的自由段长度不宜大于12m，超过该长度宜设置减振装置（一般由内、外套板、减震弹簧和拉杆组成）。

（3）体外束在每个转向块处的弯折转角不应大于15°，转向块鞍座处最小曲率半径宜按表16.8.1采用，体外束与鞍座的接触长度由设计计算确定。用于制作体外束的钢绞线，应按偏斜拉伸试验方法确定其力学性能。

转向块鞍座处最小曲率半径　　　　　　　　　　　　　　　　表16.8.1

钢绞线（mm）	最小曲率半径（m）
$12\phi^s 12.7$ 或 $7\phi^s 15.2$	2
$19\phi^s 12.7$ 或 $12\phi^s 15.2$	2.5
$31\phi^s 12.7$ 或 $19\phi^s 15.2$	3
$55\phi^s 12.7$ 或 $37\phi^s 15.2$	5

注：钢绞线根数为表列数值的中间值时，可按线性内插法确定。

（4）体外预应力束的锚固区锚固块应进行局部受压承载力计算及抗剪设计与验算。

（5）转向块应根据体外束产生的作用力进行设计，并应考虑转向块的作用力对局部受力及结构整体的效应，保证转向块将预应力可靠地传递至结构主体。

4. 体外预应力束与转向块之间的摩擦系数，可按表16.8.2取值。

转向块处摩擦系数　　　　　　　　　　　　　　　　表16.8.2

孔道材料、成品束类型	κ	μ
钢管穿光面钢绞线	0.001	0.3
HDPE管穿光面钢绞线	0.002	0.13
无粘结预应力钢绞线	0.004	0.09

注：κ 为单位长度局部偏差的摩擦系数（1/m）；μ 为预应力束与转向块之间的摩擦系数。

5. 体外预应力筋宜选用外包裹高密度聚乙烯护套的钢绞线或钢丝束，护套层厚度宜为1.8～2.4mm，护套料的物理性能应满足《高密度聚乙烯护套钢丝拉索》CJ/T 504—2016中的规定，体外预应力筋转向弯折处应衬垫聚乙烯板片，板片厚度不小于2mm。

16.8.2　承载能力极限状态计算

1. 体外预应力张拉控制应力

体外预应力筋张拉控制应力值 σ_{con} 应根据预应力筋品种和设计条件等取用，当采用钢绞线时 σ_{con} 不应超过 $0.6f_{ptk}$，且不宜小于 $0.4f_{ptk}$；当要求部分抵消由于应力松弛、摩擦、分批张拉等因素产生的预应力损失时，张拉控制应力限值可以提高 $0.05f_{ptk}$。

2. 体外预应力结构的预应力损失

体外预应力损失与一般预应力损失的计算基本相同，主要差异在：

（1）弯折点摩擦损失 σ_{l2}

体外预应力一般不存在孔道偏差，因此，$\kappa=0$，弯折点摩擦损失：

$$\sigma_{l2}=\sigma_{con}(1-e^{-\mu\theta}) \tag{16.8.1}$$

式中　θ——张拉端至计算截面曲线孔道部分切线的夹角（rad）；

　　　μ——预应力钢筋与孔道壁之间的摩擦系数。

（2）混凝土收缩、徐变损失 σ_{l5}

在体外预应力结构的加固工程中，由于在加固前构件混凝土的收缩、徐变已基本完成，而加固后截面内混凝土应力方向一般不会改变，因此，在加固工程中混凝土收缩、徐变损失 σ_{l5} 可忽略不计。

3. 体外预应力筋的极限应力

体外预应力筋的极限应力设计值的计算公式如下：

$$\sigma_{pu} = \sigma_{pe} + \Delta\sigma_p \tag{16.8.2}$$

$$\sigma_{pe} = \sigma_{con} - \sigma_{l1} - \sigma_{l2} - \sigma_{l4} - \sigma_{l5} \tag{16.8.3}$$

式中　σ_{pu}——体外预应力筋的极限应力设计值；

　　　σ_{pe}——扣除全部预应力损失后，体外预应力筋的有效预应力；

　　　$\Delta\sigma_p$——体外预应力筋的极限应力增量；

参考《预应力混凝土结构设计规范》JGJ 369—2016，体外预应力筋的极限应力可根据构件类型按如下公式具体计算：

对简支受弯构件：

$$\sigma_{pu} = \sigma_{pe} + 100MPa \tag{16.8.4}$$

对连续与悬臂受弯构件：

$$\sigma_{pu} = \sigma_{pe} + 50MPa \tag{16.8.5}$$

斜截面受剪承载力计算时：

$$\sigma_{pu} = \sigma_{pe} + 50MPa \tag{16.8.6}$$

此时，应力设计值尚应符合下列条件：

$$\sigma_{pu} \leqslant f_{py} \tag{16.8.7}$$

4. 设计要点

在体外预应力结构设计中，一般应遵循如下原则。

(1) 体外预应力结构设计中，必须配置合理的最小非预应力钢筋量，以改善结构受力特性，保证结构在极限状态下产生塑形变形特征；

(2) 结构体系应具有足够的延性，避免小体系变形情况下结构发生脆性破坏；

(3) 结构体系在荷载极限状态时，预应力钢材的极限应力不应大于其屈服强度，混凝土的应变上限控制值为 2%，跨中最大挠度不超过跨径的 1%；

(4) 结构体系在使用状态下应具有良好的抗裂性能；

(5) 体外预应力结构在活荷载作用下，体外束在弯折节点处的滑移量应较小。

16.8.3 正常使用极限状态验算

1. 挠度验算

体外预应力混凝土受弯构件在正常使用极限状态下的挠度，可根据构件的刚度用结构力学方法计算。

在等截面构件中，可假定各同号弯矩区段内的刚度相等，并取用该区段内最大弯矩处的刚度。当计算跨度内的支座截面刚度不大于跨中截面刚度的 2 倍或不小于跨中截面刚度的 1/2 时，该跨也可按等刚度构件进行计算，其构件刚度可取跨中最大弯矩截面的刚度。

受弯构件的挠度应按荷载效应标准组合并考虑荷载长期作用影响的刚度 B 进行计算。

(1) 矩形、T 形、倒 T 形和 I 形截面受弯构件的刚度 B，可按式 (16.8.8) 计算：

$$B = \frac{M_k}{M_q(\theta - 1) + M_k} B_s \tag{16.8.8}$$

式中　M_k——按荷载效应的标准组合计算的弯矩，取计算区段内的最大弯矩值；

　　　M_q——按荷载效应的准永久组合计算的弯矩，取计算区段内的最大弯矩值；

　　　B_s——荷载效应的标准组合作用下受弯构件的短期刚度；

　　　θ——考虑荷载长期作用对挠度增大的影响系数，可取 2.0。

(2) 在荷载效应的标准组合作用下，体外预应力混凝土受弯构件的短期刚度 B_s 可按下列公式计算：

1）要求不出现裂缝的构件

$$B_s = 0.85E_c I_0 \tag{16.8.9}$$

2）允许出现裂缝的构件

$$B_s = \frac{0.85E_c I_0}{\kappa_{cr} + (1-\kappa_{cr})\omega} \tag{16.8.10}$$

$$\kappa_{cr} = \frac{M_{cr}}{M_k} \tag{16.8.11}$$

$$\omega = \left(1.0 + \frac{0.21}{\alpha_E \rho}\right)(1 + 0.45\gamma_f) - 0.7 \tag{16.8.12}$$

$$M_{cr} = (\sigma_{pc} + \gamma f_{tk})W_0 \tag{16.8.13}$$

$$\gamma_f = \frac{(b_f - b)h_f}{bh_0} \tag{16.8.14}$$

$$\rho = \frac{A_s + 0.20A_p}{bh_0} \tag{16.8.15}$$

式中　α_E——钢筋弹性模量与混凝土弹性模量的比值；

ρ——纵向受拉钢筋配筋率；

I_0——换算截面惯性矩；

γ_f——受拉翼缘截面面积与腹板有效截面面积的比值；b_f、h_f 受拉区翼缘的宽度、高度；

κ_{cr}——预应力混凝土受弯构件正截面的开裂弯矩 M_{cr} 与弯矩 M_k 的比值，当 $\kappa_{cr} > 1.0$ 时，取 $\kappa_{cr} = 1.0$；

σ_{pc}——扣除全部预应力损失后，由预加力在抗裂验算边缘产生的混凝土预压应力；

γ——混凝土构件的截面抵抗矩塑性影响系数。

（3）对于跨高比较大（$L/h > 12$）的受弯构件，应考虑体外预应力二次效应的作用，体外预应力混凝土受弯构件短期刚度可用下式计算：

$$B_s = \frac{(E_s A_s + E_p A_p)h_0^2}{\varphi\left(0.15 - 0.4\dfrac{h_0}{e+\Delta}\right) + 0.2 + \dfrac{6\alpha_E \rho}{1 + 3.5\gamma_f}} \tag{16.8.16}$$

$$e = M_s/N_{p0} + e_{p0} \tag{16.8.17}$$

$$\Delta = \frac{k_1 ML^2 - k_2 \sigma_{pe} A_p eL^2}{E_c I_e} \tag{16.8.18}$$

式中　E_s，E_p——分别为受拉钢筋、体外预应力筋的弹性模量；

A_s，A_p——分别为受拉钢筋、体外预应力筋的面积；

h_0——截面有效高度；

φ——纵向受拉钢筋应变不均匀系数；

α_E——钢筋弹性模量与混凝土弹性模量的比值；

ρ——纵向受拉钢筋配筋率；

γ_f——受拉区翼缘加强系数；

Δ——对应截面处预应力筋的相对位移；

M——梁的跨中弯矩；

L——梁的跨度；

E_c——混凝土弹性模量；

I_e——梁截面的等效惯性矩；

e_p——体外预应力筋在梁端的偏心距；

k_1，k_2——和荷载形式、支承条件有关的荷载效应系数，由表 16.8.3 的值确定。

系数 k_1，k_2 表 16.8.3

转向块		系数	
个数	位置	k_1	k_2
0	—	0.106	0.125
1	跨中	0	0
2	三分点	0.014	$\dfrac{\cos\alpha}{72}+\dfrac{L\sin\alpha}{216e_p}$

注：α 为索中间水平段长度与梁全长的比值。

2. 裂缝宽度验算

（1）体外预应力混凝土轴心受拉和受弯构件中，按荷载效应的标准组合并考虑长期作用影响的最大裂缝宽度（mm）可按下列公式计算：

$$\omega_{\max}=\alpha_{cr}\psi\frac{\sigma_{sk}}{E_s}\left(1.9c+0.08\frac{d_{eq}}{\rho_{te}}\right) \tag{16.8.19}$$

$$\psi=1.1-0.65\frac{f_{tk}}{\rho_{te}\sigma_{sk}} \tag{16.8.20}$$

$$d_{eq}=\frac{\sum n_i d_i^2}{\sum n_i v_i d_i} \tag{16.8.21}$$

$$\rho_{te}=\frac{A_s}{A_{te}} \tag{16.8.22}$$

$$\sigma_{sk}=\frac{M_k\pm M_2-1.03N_{pe}(z-e_p)}{(0.20A_p+A_s)z} \tag{16.8.23}$$

式中 α_{cr}——构件受力特征系数，按表 16.8.4 采用；

ψ——裂缝间纵向受拉钢筋应变不均匀系数；当 $\psi<0.2$ 时，取 $\psi=0.2$；当 $\psi>1.0$ 时，取 $\psi=1.0$；对直接承受重复荷载的构件，取 $\psi=1.0$；

σ_{sk}——按荷载效应的标准组合计算的预应力混凝土构件纵向受拉钢筋的等效应力；

E_s——钢筋弹性模量；

c——最外层纵向受拉钢筋外边缘至受拉区底边的距离（mm）；当 $c<20$ 时，取 $c=20$；当 $c>65$ 时，取 $c=65$；

ρ_{te}——按有效受拉混凝土截面面积计算的纵向受拉钢筋配筋率；

A_{te}——有效受拉混凝土截面面积：对轴心受拉构件，取构件截面面积；对受弯、偏心受压和偏心受拉构件，取 $A_{te}=0.5bh+(b_f-b)h_f$，此处 b_f、h_f 为受拉翼缘的宽度、高度；

d_{eq}——受拉区纵向钢筋的等效直径；

d_i——受拉区第 i 种纵向钢筋的公称直径；

n_i——受拉区第 i 种纵向钢筋的根数；

v_i——受拉区第 i 种纵向钢筋的相对粘结特性系数。

注：对承受吊车荷载但不需作疲劳验算的受弯构件，可将计算求得的最大裂缝宽度乘以系数 0.85。

构件受力特征系数   表 16.8.4

类型	α_{cr}
受弯、偏心受压	1.5
偏心受拉	—
轴心受拉	2.2

（2）体外预应力混凝土结构构件的裂缝控制等级及最大裂缝宽度限值可按表 16.8.5 的规定执行。

体外预应力混凝土结构构件的裂缝控制等级及最大裂缝宽度限值　　　表 16.8.5

环境类别		裂缝控制等级	$\omega_{\lim}$(mm)
一		三级	0.2
二	a	三级	0.1
	b	二级	—
三		一级	—

16.8.4 构造要求

1. 体外预应力束外套管应满足的要求。

(1) 保护套管应能抵抗运输、安装和使用过程中的各种作用力，不得损坏；

(2) 采用水泥基灌浆料时，套管应能承受 1.0N/mm² 的内压，孔道的内径宜比预应力束外径大 6～15mm，且孔道的截面积宜为穿入预应力筋截面积的 3～4 倍；

(3) 采用防腐化合物如专用防腐油脂等填充管道时，除应遵守有关规定的温度和内压外，在管道和防腐化合物之间，因温度变化发生的效应不得对钢绞线产生腐蚀作用；

(4) 镀锌钢管的壁厚不宜小于管径的 1/40，且不应小于 2mm；高密度聚乙烯管的壁厚宜为 2～5mm，且应具有抗紫外线功能和耐老化性能，并允许在必要时进行更换；

(5) 普通钢套管应具有可靠的防腐蚀措施，在使用一定时期后应重新涂刷防腐蚀涂层。

2. 体外预应力束的防腐蚀防护材料应满足的要求。

(1) 水泥基灌浆料、专用防腐油脂应能填满外套管和连续包裹预应力筋的全长，并避免产生气泡；

(2) 体外束采用工厂预制时，其防腐蚀材料在加工、运输、安装及张拉过程中，应能保证具有稳定性、柔性和不产生裂缝，并应在所要求的温度范围内不流淌；

(3) 防腐蚀材料的耐久性能应与体外束所属的环境类别和设计使用年限的要求相一致。

3. 体外束的锚固体系应按使用环境类别和结构部位等设计要求进行选用。对于有整体调束要求的钢绞线夹片锚固体系，可采用外螺母支撑承力方式调束；对处于低应力状态下的体外束，对锚具夹片应设防松装置；对可更换的体外束，应采用体外束专用锚固体系，且应在锚具外预留钢丝束的张拉工作长度。

4. 体外束的锚固区和转向块宜满足的构造规定。

(1) 体外束的锚固区宜设置在梁端混凝土端部、牛腿处或设置在承力钢件部位，应保证传力可靠且变形符合设计要求；

(2) 在混凝土矩形、工字形或箱形梁中，转向块可设在结构体外或箱形梁的箱体内。转向块的钢套管鞍座应预先弯曲成型，埋入混凝土中。外体束的弯折也可采用采用通过隔梁、肋梁等形式；

(3) 当锚固区采用钢托件锚固预应力筋时，其与钢筋混凝土梁之间应有可靠的连接构造措施，如用套箍、螺栓固定等；

(4) 对可更换的体外束，在锚固端和转向块处，与结构相连接的鞍座套管应与体外束的外套管分离，以方便更换体外束。

5. 体外预应力结构采用钢制转向块、锚固块时，除应依据《钢结构设计标准》GB 50017—2017 对转向块、锚固块进行承载能力极限状态和正常使用极限状态验算外，尚应对转向块、锚固块与混凝土结构的连接进行验算。

6. 按承载能力极限状态设计钢制转向块、锚固块及连接时，预应力等效荷载标准值应按预应力筋极限强度标准值计算得出。按正常使用极限状态设计钢制转向块、锚固块及连接时，预应力等效荷载标准值应按预应力筋最大容许张拉力计算得出。

7. 与转向块、锚固块连接处的结构混凝土应依据《混凝土结构设计规范》GB 50010—2012 进行受冲切承载力和局部受压承载力计算。在预应力张拉阶段验算中，局部压力设计值应取1.2倍张拉控制力进行计算；在正常使用阶段验算中，局部压力设计值应取预应力筋极限强度标准值进行计算。

8. 体外预应力结构的耐火等级，应不低于结构整体的耐火等级。用于受弯构件、桁架的体外预应力体系耐火极限见表16.8.6。当低于规定要求时，应采取外包覆不燃烧体或其他防火隔热的措施。

体外预应力体系耐火极限 表 16.8.6

耐火等级	单、多层建筑				高层建筑	
	一级	二级	三级	四级	一级	二级
耐火极限(h)	2	1.5	1	0.5	2	1.5

9. 体外预应力体系的防火措施。

（1）在要求的耐火极限内应能够有效保护体外预应力筋、转向块、锚固块及锚具等受力部分；

（2）防火材料应易与体外预应力体系结合，并不应产生对体外预应力体系的有害影响；

（3）当钢构件受火产生允许变形时，防火保护材料不应发生结构性破坏，应仍能保持原有的保护作用直至规定的耐火时间；

（4）如果防火措施达不到耐火极限要求，体外预应力筋应按可更换设计，并应验算体外预应力筋失效后结构不会塌落；

（5）防火保护材料不应对人体有毒害；

（6）应选用施工方便、易于保障施工质量的防火措施；

（7）当体外预应力体系采用防火涂料防火时，耐火极限大于1.5h应选用非膨胀型钢结构防火涂料；耐火极限不大于1.5h可选用膨胀型钢结构防火涂料。防火涂料保护层厚度应依据现行国家有关标准确定。

10. 体外束的锚具应设置全密封防护罩（图16.8.2），对不要求更换的体外束，可在防护罩内灌注环氧砂浆或其他防腐蚀材料；对可更换的体外束，应保留满足张拉要求的预应力筋长度，在防护罩内灌注专用防腐油脂或其他可清洗的防腐材料。

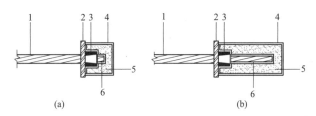

图 16.8.2 锚具防护罩

1—体外预应力筋；2—承压板；3—锚具；4—锚具防护罩；5—防腐蚀材料；6—锚具外预应力筋

（a）不要求更换；（b）要求更换

11. 钢制转向块和钢制锚固块应采取防锈措施，并应按防腐蚀年限进行定期维护。钢材的防锈和防腐蚀采用的涂料、钢材表面的除锈等级以及防腐蚀对钢材的构造要求等，应满足《工业建筑防腐蚀设计标准》GB/T 50046—2018 和《涂覆材料前钢材表面处理 表面清洁度的目视评定 第1部分：未涂覆过的钢材表面和全面清除原有涂层后的钢材表面的锈蚀等级和处理等级》GB/T 8923.1—2011 的规定。在设计文件中应注明所要求的钢材除锈等级和所要用的涂料（或镀层）及涂（镀）层厚度。

16.9 预应力结构抗震要求

1. 预应力混凝土结构可用于抗震设防烈度6度、7度、8度区。当9度区需采用预应力混凝土结构时，应有充分依据，并采取可靠措施。

2. 预应力混凝土结构宜按本章表 16.1.1 要求分别采用有粘结、缓粘结或无粘结预应力配筋。在地震区不宜在框架梁主梁和悬臂大梁中采用后张无粘结预应力筋。

3. 有抗震要求的预应力构件混凝土框架结构梁，除应满足非预应力构件的各项抗震要求外，为保证结构有必要的延性，应采取有效措施，满足本条要求。

(1) 在预应力混凝土框架梁中，应采用预应力筋和非预应力钢筋混合配筋的方式，预应力筋宜穿过柱截面，框架结构梁端截面计算的预应力强度比 λ 宜符合下列规定：

一级抗震等级： $\qquad\qquad\qquad\qquad \lambda \leqslant 0.65 \qquad\qquad\qquad\qquad$ (16.9.1)

二、三级抗震等级： $\qquad\qquad\qquad \lambda \leqslant 0.8 \qquad\qquad\qquad\qquad$ (16.9.2)

式中 A_p、A_s——受拉区预应力筋，非预应力筋面积；

$\qquad\quad f_{py}$——预应力筋的抗拉强度设计值；对无粘结预应力混凝土结构，预应力筋的应力设计值应取 σ_{pu}；

$\qquad\quad f_y$——非预应力筋的抗拉强度设计值。

(2) 预应力框架梁受压区高度 x 应满足下列要求：

一级抗震等级： $\qquad\qquad\qquad\qquad x \leqslant 0.25 h_0 \qquad\qquad\qquad$ (16.9.3)

二、三级抗震等级： $\qquad\qquad\qquad x \leqslant 0.35 h_0 \qquad\qquad\qquad$ (16.9.4)

当不能满足上述要求时，可设置非预应力受压钢筋或提高混凝土强度等级来解决，且纵向受拉钢筋按非预应力筋折算强度的配筋率不应大于 25%（HRB400 级钢筋）。

(3) 预应力混凝土框架梁端截面的底面和顶面纵向非预应力钢筋截面面积和的比值，除按计算确定外，尚应满足下列要求：

一级抗震等级：

$$A_s' \geqslant 0.5 \left(1 + \frac{A_p f_{py}}{A_s f_y}\right) A_s \qquad\qquad (16.9.5)$$

二、三级抗震等级：

$$A_s' \geqslant 0.3 \left(1 + \frac{A_p f_{py}}{A_s f_y}\right) A_s \qquad\qquad (16.9.6)$$

4. 预应力混凝土悬臂梁的预应力强度比、截面受压区高度、梁底和梁顶非预应力筋比值及最小配筋率等均与预应力框架梁的要求相同。

5. 无粘结后张预应力板柱抗震墙结构柱上板带平板截面承载能力计算中，抗震设防烈度为 8 度以下时受压区高度 x_0 不宜大于 $0.25 h_0$；8 度不宜大于 $0.2 h_0$；平均预应力不大于 2.5MPa。平板截面的 $\dfrac{\sigma_{pu} A_p h_p}{f_y A_s h_s + \sigma_{pu} A_p h_p}$ 值，8 度以下时不宜大于 0.7；8 度时不宜大于 0.6。

6. 预应力混凝土框架结构的阻尼比宜取 0.03，并可按钢筋混凝土结构部分和预应力混凝土结构部分在整个结构总变形能所占的比例折算为等效阻尼比；在框架-剪力墙结构、框架-核心筒结构及板柱-剪力墙结构中，当仅采用预应力混凝土梁或板时，阻尼比应取 0.05。

16.10 预制预应力混凝土结构设计

16.10.1 一般规定

1. 叠合式受弯构件主要用于预制预应力混凝土结构。依施工和受力特点的不同，可分为在施工阶段加设可靠支撑的叠合式受弯构件（亦称"一阶段受力叠合构件"）和在施工阶段不设支撑的叠合式受弯构件（亦称"二阶段叠合构件"）两类。

一阶段受力叠合构件除应按叠合式受弯构件进行斜截面受剪承载力和叠合面受剪承载力计算并使其

叠合面符合本节构造要求，其余设计内容与一般受弯构件相同。二阶段受力叠合构件则应按本节规定进行设计。

施工阶段不加支撑的叠合式受弯构件，应对叠合构件及其预制构件部分分别进行计算；预制构件部分可按一般正截面受弯构件的规定计算；叠合构件应按本节对预应力叠合构件的规定计算。施工阶段设有可靠支撑的叠合式受弯构件，可按普通受弯构件计算，但叠合构件斜截面受剪承载力和叠合面受剪承载力应按本节计算。

2. 施工阶段不加支撑的叠合式受弯构件，其内力应分别按下列两个阶段计算。

(1) 第一阶段，后浇的叠合层混凝土未达到强度设计值之前的阶段。荷载由预制预应力构件承担，预制预应力构件按简支构件计算；荷载包括预制构件自重、预制楼板自重、叠合层自重以及本阶段的施工活荷载。

(2) 第二阶段，叠合层混凝土达到设计规定的强度值之后的阶段。叠合构件按整体结构计算；荷载考虑下列两种情况并取较大值。

① 施工阶段，计入叠合构件自重、预制楼板自重、面层、吊顶等自重以及本阶段的施工活荷载；

② 使用阶段，计入叠合构件自重、预制楼板自重、面层、吊顶等自重以及使用阶段的可变荷载。

对后张预应力叠合受弯构件，应计算后张拉的预应力在超静定结构中的预应力效应并参与组合计算。

16.10.2 承载力计算

1. 后张预应力叠合受弯构件，当后张预应力筋是有粘结预应力筋时，无论预制构件是普通混凝土构件还是先张法预应力混凝土构件，均按有粘结预应力混凝土构件设计；当预制构件是普通混凝土构件，后张预应力筋是无粘结预应力筋时，按无粘结预应力混凝土构件设计；当预制构件是先张法预应力混凝土构件，后张预应力筋是无粘结预应力筋时，按有粘结无粘结混合配置预应力混凝土构件设计。弯矩设计值应按下列规定取用：

预制预应力构件

$$M_1 = M_{1G} + M_{1Q} \tag{16.10.1}$$

叠合构件的正弯矩区段

$$M = M_{1G} + M_{2G} + M_{2Q} \tag{16.10.2}$$

叠合构件的负弯矩区段

$$M = M_{2G} + M_{2Q} \tag{16.10.3}$$

式中 M_{1G}——预制预应力构件自重、预制预应力楼板自重和叠合层自重在计算截面产生的弯矩设计值；

M_{2G}——第二阶段面层、吊顶等自重在计算截面产生的弯矩设计值；

M_{1Q}——第一阶段施工活荷载在计算截面产生的弯矩设计值；

M_{2Q}——第二阶段可变荷载在计算截面产生的弯矩设计值，取本阶段施工活荷载和使用阶段可变荷载在计算截面产生的弯矩设计值中的较大值。

对后张预应力叠合受弯构件，后张拉预应力在超静定结构中引起的次内力应参与组合计算。

在计算中，正弯矩区段的混凝土强度等级，按叠合层取用；负弯矩区段的混凝土强度等级，按计算截面受压区的实际情况取用。

2. 预制预应力构件和叠合受弯构件的斜截面受剪承载能力，按一般通钢筋混凝土梁受剪承载力公式进行计算，其中，剪力设计值应按下列规定取用：

预制预应力构件

$$V_1 = V_{1G} + V_{1Q} \tag{16.10.4}$$

叠合构件

$$V=V_{1G}+V_{2G}+V_{2Q} \tag{16.10.5}$$

式中　V_{1G}——预制预应力构件自重、预制预应力楼板自重和叠合层自重在计算截面产生的剪力设计值；

V_{2G}——第二阶段面层、吊顶等自重在计算截面产生的剪力设计值；

V_{1Q}——第一阶段施工活荷载在计算截面产生的剪力设计值；

V_{2Q}——第二阶段可变荷载在计算截面产生的剪力设计值，取本阶段施工活荷载和使用阶段可变荷载在计算截面产生的剪力设计值中的较大值。

在计算中，叠合构件斜截面上混凝土和箍筋的受剪承载力设计值 V_{cs} 应取叠合层和预制构件中较低的混凝土强度等级进行计算，且不低于预制构件的受剪承载力设计值；对预应力混凝土叠合构件，不考虑预应力对受剪承载力的有利影响，取 $V_p=0$。

3. 当叠合梁符合《混凝土结构设计规范》GB 50010—2012 第 9.2.9 条和第 9.2.10 条及本节各项构造规定时，其叠合面的受剪承载力应符合下列规定：

$$V \leqslant 1.2f_t bh_0+0.85f_{yv}\frac{A_{sv}}{s}h_0 \tag{16.10.6}$$

此处，混凝土的抗拉强度设计值 f_t 取叠合层和预制构件中的较低值。

对不配箍筋的叠合板，其叠合面的受剪强度应符合下列公式的要求：

$$\frac{V}{bh_0} \leqslant 0.4(\text{N/mm}^2) \tag{16.10.7}$$

16.10.3　正常使用极限状态验算

1. 预应力混凝土叠合式受弯构件，其预制构件和叠合构件应进行正截面抗裂验算。此时，在荷载效应的标准组合下，抗裂验算边缘混凝土的拉应力不应大于预制构件的混凝土抗拉强度标准值 f_{tk}。抗裂验算边缘混凝土的法向应力应按下列公式计算：

预制构件 $\qquad\qquad\qquad \sigma_{ck}=\frac{M_{1k}}{W_{01}} \tag{16.10.8}$

叠合构件 $\qquad\qquad\qquad \sigma_{ck}=\frac{M_{1Gk}}{W_{01}}+\frac{M_{2k}}{W_0} \tag{16.10.9}$

式中　M_{1Gk}——预制构件自重、预制楼板自重和叠合层自重标准值在计算截面产生的弯矩值；

M_{1k}——第一阶段荷载效应标准组合下在计算截面的弯矩值，取 $M_{1k}=M_{1Gk}+M_{1Qk}$，此处，M_{1Qk} 为第一阶段施工活荷载标准值在计算截面产生的标准弯矩值；

M_{2k}——第二阶段荷载效应标准组合下在计算截面上的弯矩值，取 $M_{2k}=M_{2Gk}+M_{2Qk}$，此处 M_{2Gk} 为面层、吊顶等自重标准值在计算截面产生的弯矩值；M_{2Qk} 为使用阶段可变荷载标准值在计算截面产生的弯矩值；

W_{01}——预制构件换算截面受拉边缘的弹性抵抗矩；

W_0——叠合构件换算截面受拉边缘的弹性抵抗矩，此时，叠合层的混凝土截面面积应按弹性模量比换算成预制构件混凝土的截面积。

2. 叠合构件应进行正常使用极限状态下的挠度验算，其中，叠合式受弯构件按荷载效应标准组合并考虑长期作用影响的刚度可按下列公式计算：

$$B=\frac{M_k}{\left(\dfrac{B_{s2}}{B_{s1}}-1\right)+(\theta-1)M_q+M_k}B_{s2} \tag{16.10.10}$$

$$M_k=M_{1Gk}+M_{2k} \tag{16.10.11}$$

$$M_q=M_{1Gk}+M_{2Gk}+\psi_q M_{2Gk} \tag{16.10.12}$$

式中　θ——考虑荷载长期作用对挠度增大的影响系数，可按《混凝土结构设计规范》GB 50010—2012 规定取；

M_k——叠合构件按荷载效应的标准组合计算的弯矩值；

M_q——叠合构件按荷载效应的准永久组合计算的弯矩值；

B_{s1}——预制构件的短期刚度；

B_{s2}——叠合构件第二阶段的短期刚度；

ψ_q——第二阶段可变荷载的准永久值系数。

3. 荷载效应标准组合下预应力混凝土叠合受弯构件正弯矩区段内的短期刚度，可按下列规定计算：

(1) 预制构件的短期刚度可按下式计算；

$$B_{s1} = 0.85E_{c1}I_0 \qquad (16.10.13)$$

(2) 叠合构件第二阶段的短期刚度可按下列公式计算：

$$B_{s2} = 0.7E_{c1}I_0 \qquad (16.10.14)$$

式中　E_{c1}——预制构件的混凝土弹性模量；

I_0——叠合构件换算截面的惯性矩，此时，叠合层的混凝土截面面积应按弹性模量比换算成预制构件混凝土的截面面积。

4. 荷载效应标准组合下预应力混凝土叠合受弯构件负弯矩区段内第二阶段的短期刚度 B_{s2} 可按钢筋混凝土构件短期刚度公式计算。

5. 预应力混凝土叠合构件在使用阶段的预应力反拱值可用结构力学方法按预制构件的刚度进行计算，后张预应力叠合构件在使用阶段的后张预应力反拱值按叠合构件的刚度进行计算。在计算中，预应力钢筋的应力应扣除全部预应力损失；考虑预应力长期作用影响，可将计算所得的预应力反拱值乘以增大系数 1.75。

16.10.4　预应力叠合构件构造要求

1. 预应力混凝土叠合梁除应符合普通梁的构造要求外，尚应符合下列规定：

(1) 预制梁的箍筋应全部伸入叠合层，且各肢伸入叠合层的直线段长度不宜小于 $10d$（d 为箍筋直径）；

(2) 在承受静力荷载为主的叠合梁中，预制构件的叠合面可采用凹凸不小于 6mm 的自然粗糙面；

(3) 叠合层混凝土的厚度不宜小于 100mm，叠合层的混凝土强度等级不应低于 C30。

2. 叠合板的预制板表面应做成凹凸深度不应小于 4mm 的人工粗糙面。叠合层的混凝土强度等级不应低于 C25。承受较大荷载的叠合板，宜在预制板内设置伸入叠合层的构造钢筋。

16.11　设计方法及计算步骤

在高层建筑中采用的预应力结构一般均为后张整体的连续结构，不同于静定的预应力预制梁板，在设计中有些需要加以专门注意的问题列举如下：

1. 某些部位出现的最大弯矩的峰值常控制整个梁长需要的预应力钢筋数量，此时这些部位除在可能条件下局部加大构件截面或局部增加预应力钢筋外，应在满足所要求的抗裂等级条件下应尽量采用部分预应力设计原理，用非预应力钢筋来补足这些部位的强度不足，而不必在梁全长增加预应力筋。这样，也增加了结构的延性，对于地震区的超静定结构是非常必要的。

2. 复杂约束结构应通过计算或试验确定施加预应力对整体结构的影响。其中结构次内力的计算，应考虑空间效应进行整体分析。

3. 施工过程中施加预应力的次序对结构会产生有利或不利的影响，在设计施工图中应当注明要求。

4. 预应力混凝土结构设计中应采取措施减少竖向构件或相邻结构对施加预应力构件的约束作用。可采取的措施有调整结构布置，特殊节点作法，调整施工顺序等。

5. 正常使用极限状态内力分析应符合下列规定：

（1）在确定内力与变形时按弹性理论值分析。由预加力引起的内力和变形可采用约束次内力法计算。当采用等效荷载法计算时，次剪力宜根据结构构件各截面次弯矩分布按结构力学方法计算；

（2）构件截面或板单元宽度的几何特征可按毛截面（不计钢筋）计算。

16.11.1　预应力引起的等效荷载—等效荷载法

为求出预加应力在连续结构上的荷载效应，目前应用得最广泛的是等效荷载法，等效荷载的计算，在一般情况下按图16.11.1采用。此时应注意所产生的等效荷载的作用方向。

由预加力引起的内弯矩称为主弯矩 M_1：

$$M_1 = N_p \cdot e \tag{16.11.1}$$

式中　N_p——预加力；

　　　e——预应力钢筋的中心线与构件中心线的偏心。

由主弯矩对超静定结构引起的反力称为次反力，由次反力引起的弯矩称为次弯矩 M_2；由预加力对

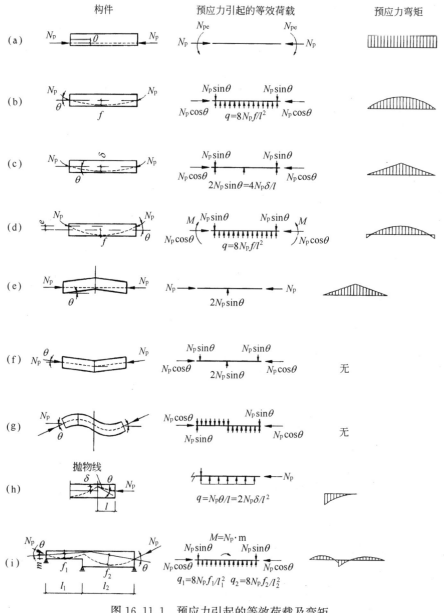

图 16.11.1　预应力引起的等效荷载及弯矩

任意截面引起的总弯矩也称为综合弯矩：

$$M_{综}=M_1+M_2 \tag{16.11.2}$$

预加力产生的主弯矩可以很方便地求得，但次弯矩的计算就比较困难。为了计算次弯矩，将预加力的作用等效为相应的荷载作用在结构上，按普通结构力学的方法计算出预加力产生的综合弯矩 $M_{综}$，将综合弯矩减去主弯矩即得次弯矩。

$$M_2=M_{综}-M_1 \tag{16.11.3}$$

16.11.2 约束次内力计算方法

与其他计算预应力结构的内力方法相比，约束次内力法有很多的优点：

（1）直接体现了次弯矩的产生是由于应力对结构的作用引起的结构变形受到超静定约束所致，物理概念明确；

（2）不需计算等效荷载和综合弯矩，用于整体结构的分析时，比现有的计算方法更简捷明了；

（3）较容易与现有的平面杆系结构计算程序连接，从而很方便地完成内力计算；

（4）可以克服采用等效荷载法计算平面杆系结构时，忽略次剪力的误差；

（5）在利用程序计算约束次内力时，可以较方便地考虑有效预应力沿预应力筋全长变化分布的情况。

约束次内力计算原理如下。

求解超静定结构的简便而常用的方法是位移法，即先求出结构各杆单元在荷载作用下的固端弯矩，然后根据刚度方程或弯矩分配法求得结构的内力。求解结构在预应力作用下产生的次弯矩，关键在于求解结构各杆端产生的固端次弯矩，即约束次弯矩。当不考虑预加力的水平分量与 $N_p(x)$ 之间的差异，且不考虑杆单元剪切变形的影响，则图 16.11.2 所示的平面杆单元由约束次弯矩法，可得：

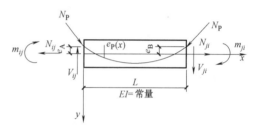

图 16.11.2 所示的平面杆单元

（1）约束次剪力：

$$V_{ij}=V_{ji}=-\frac{m_{ij}+m_{ji}}{L} \tag{16.11.4}$$

（2）约束次轴力：

$$N_{ij}=N_{ji}=\frac{1}{L}\int_{U}^{L}N_p(x)\mathrm{d}x \tag{16.11.5}$$

常见的三种约束情况下的约束次内力公式见《预应力混凝土结构设计规范》JGJ 369—2016。

式中：

$$A=\int_0^L M_{主}\,\mathrm{d}x \tag{16.11.6}$$

$$S_A=\int_0^L M_{主}\,x\,\mathrm{d}x \tag{16.11.7}$$

在实际工程中常采用杆单元内的有效预加力的平均值 N_p 来近似计算约束次弯矩。此时公式（16.11.6）和公式（16.11.7）可转化为如下形式：

$$A=N_p\int_0^L e_P(x)\mathrm{d}x \tag{16.11.8}$$

$$S_A=N_p\int_0^L e_P(x)x\,\mathrm{d}x \tag{16.11.9}$$

当预应力沿预应力筋发生变化主要是由于预应力筋的摩擦损失及锚具变形和钢筋内缩等损失引起的。《预应力混凝土结构设计规范》JGJ 369—2016 中给出了有效预应力作用下的约束次弯矩的计算方法，因此，采用约束次内力法可以全面考虑有效预应力下的结构真实的受力情况。

16.11.3 全面考虑次内力的设计方法

现代预应力混凝土结构的主要特征已由简单受力构件转变成复杂受力结构。预应力次内力包括次弯矩、次剪力、次轴力和次扭矩等。竖向构件有抗侧刚度，当水平构件在预压力作用下发生轴向变形时，竖向构件约束水平构件发生轴向变形，从而在水平构件中产生次轴力。因此约束影响实质就是超静定预应力混凝土结构包含由约束引起的次轴力，次轴力减小了预应力作用的效应。

次轴力并不等于预应力损失。次轴力是由于约束产生的，作用在截面的重心位置，而预加力作用在预应力筋的位置，两者的位置不同。将次轴力当作预应力损失，在考虑轴向作用时不会有影响，但是考虑抗弯时，无论是有粘结或是无粘结预应力结构均不能合理计算，将次轴力认为预应力损失就会低估梁的极限承载力，结构设计偏不安全。

1. 正截面受弯承载力计算

构件上产生的轴向力，设计计算时直接用 N_2 进行计算。对一般的后张法预应力混凝土超静定结构，次轴力 N_2 对其影响小，可仅考虑次弯矩 M_2 参与弯矩设计值的组合计算。对强约束的后张法预应力混凝土超静定结构，次弯矩 M_2、次轴力 N_2 均应参与弯矩设计值的组合计算，此时截面计算如图 16.11.3 所示。

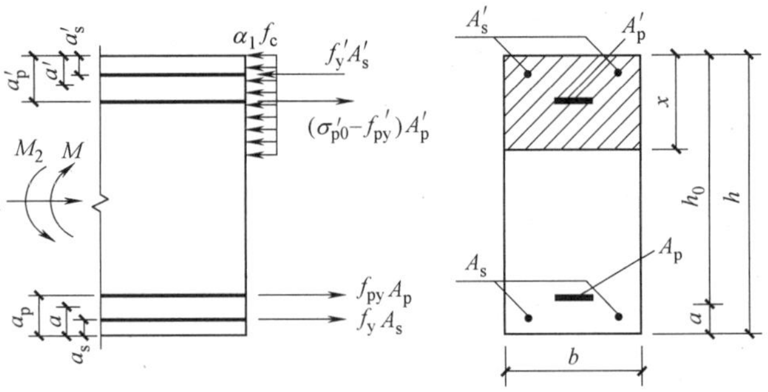

图 16.11.3 矩形截面受弯构件正截面受弯承载力计算

对强约束的后张法预应力混凝土超静定结构，正截面受弯承载力计算公式为：

$$M-[M_2+N_2(y_2-a)]\leqslant \alpha_1 f_c bx(h_0-0.5x)+f_y'A_s'(h_0-a_s')-(\sigma_{p0}'-f_{py}')A_p'(h_0-a_p')$$

(16.11.10)

计及预应力次轴力的混凝土受压区高度可按下式确定：

$$\alpha_1 f_c bx-N_2=f_y A_s-f_y'A_s'+f_{py}A_p+(\sigma_{p0}'-f_{py}')A_p'$$

(16.11.11)

翼缘位于受压区的 T 形、I 形截面受弯构件，当满足下式时，其正截面受弯承载力应按宽度为 b_f' 的矩形截面计算：

$$f_y A_s+f_{py}A_p\leqslant \alpha_1 f_c b_f' h_f'+f_y'A_s'-(\sigma_{p0}'-f_{py}')A_p'+N_2$$

(16.11.12)

当不满足公式（16.11.12）的条件时，其正截面受弯承载力计算公式为：

$$M-[M_2+N_2(y_2-a)]\leqslant \alpha_1 f_c bx\left(h_0-\frac{x}{2}\right)+\alpha_1 f_c b(b_f'-b)h_f'\left(h_0-\frac{h_f'}{2}\right)+$$
$$f_y'A_s'(h_0-a_s')-(\sigma_{p0}'-f_{py}')A_p'(h_0-a_p')$$

(16.11.13)

计及预应力次轴力的混凝土受压区高度可按下列公式确定：

$$\alpha_1 f_c[bx+(b_f'-b)h_f']-N_2=f_y A_s-f_y'A_s'+f_{py}A_p+(\sigma_{p0}'-f_{py}')A_p'$$

(16.11.14)

强约束的后张法预应力混凝土超静定结构，当计算中计入纵向普通受压钢筋时不满足公式 $x\geqslant 2a'$ 的条件，正截面受弯承载力计算公式应为：

$$M-[M_2+N_2(y_1-a_s')]\leqslant f_{py}A_p(h-a_p-a_s')+f_y A_s(h-a_s-a_s')+(\sigma_{p0}'-f_{py}')A_p'(a_p'-a_s')$$

(16.11.15)

2. 正截面受拉承载力计算

对强约束的后张法预应力混凝土超静定结构，矩形截面偏心受拉构件设计时尚应计及预应力次轴力 N_2 对轴向拉力作用点偏心距的影响。此时截面计算如图 16.11.4 所示。

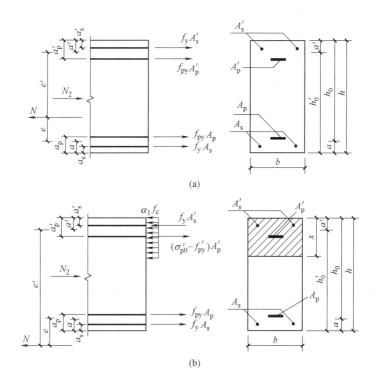

图 16.11.4　矩形截面偏心受拉构件正截面受拉承载力计算

（a）小偏心受拉构件；（b）大偏心受拉构件

相应的小偏心受拉构件计算公式为：

$$Ne+N_2\left(\frac{h}{2}-a\right)\leqslant f_y A_s'(h_0-a_s')+f_{py}A_p'(h_0-a_p') \tag{16.11.16}$$

$$Ne'+N_2\left(\frac{h}{2}-a'\right)\leqslant f_y A_s(h_0'-a_s)+f_{py}A_p(h_0'-a_p) \tag{16.11.17}$$

大偏心受拉构件计算公式为：

$$N+N_2\leqslant f_y A_s+f_{py}A_p-f_y'A_s'+(\sigma_{p0}'-f_{py}')A_p' \\ -\alpha_1 f_c bx \tag{16.11.18}$$

$$Ne+N_2\left(\frac{h}{2}-a\right)\leqslant \alpha_1 f_c bx\left(h_0-\frac{x}{2}\right)+ \\ f_y'A_s'(h_0-a_s')-(\sigma_{p0}'-f_{py}')A_p'(h_0-a_p') \tag{16.11.19}$$

3. 正截面受压承载力计算

对强约束的后张法预应力混凝土超静定结构，矩形截面偏心受压构件设计时尚应计及预应力次轴力 N_2 对轴向压力作用点偏心距的影响。此时截面计算如图 16.11.5 所示。

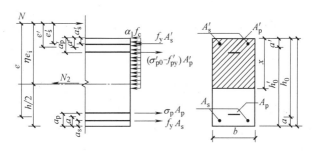

图 16.11.5　矩形截面偏心受压构件正截面受压承载力计算

相应的偏心受压构件计算公式为：

$$N+N_2 \leqslant \alpha_1 f_c bx + f_y' A_s' - \sigma_s A_s - \\ (\sigma_{p0}' - f_{py}')A_p' - \sigma_p A_p \tag{16.11.20}$$

$$Ne+N_2\left(\frac{h}{2}-a\right) \leqslant \alpha_1 f_c bx\left(h_0 - \frac{x}{2}\right) + \\ f_y' A_s'(h_0 - a_s') - (\sigma_{p0}' - f_{py}')A_p'(h_0 - a_p') \tag{16.11.21}$$

16.11.4 设计方法及计算步骤

后张预应力混凝土框架的设计内容，主要包括梁、柱的截面形状、尺寸和配筋设计。一般来说，梁跨、柱高、材料、荷载、支承条件、施工方法等条件是已知的，设计的任务就是针对上述条件选择合适的截面形状、尺寸和配筋，进行截面校核，如不满足，通过试算法得到经济合理的截面。大致步骤如下：

1. 框架的几何特征及外荷载作用下的内力计算

框架结构杆件中的梁一般采用 T 形截面，截面高度 h 可选用 $(1/18 \sim 1/12)L$，当荷载或跨度较大、正截面裂缝控制等级要求较高时，h 取值可以适当加大。梁的截面宽度 $b=(1/5\sim1/3)h$，当截面中配置一束预应力筋时，$b=250\sim300\text{mm}$；当在同一截面高度处配置两束预应力筋时，$b=300\sim400\text{mm}$。悬臂梁的截面高度 h 可取至 $0.1L$。

柱一般采用矩形截面，可按轴压比小于 0.6，确定截面尺寸。此外，柱宽尚应满足梁的预应力筋与柱的纵筋的布置要求。

对双跨和多跨预应力框架，如需对内支座处的梁端加腋，加腋高度可取 $(0.2\sim0.3)h$，长度取 $(0.1\sim0.15)L$。

计算截面几何特征的时候，除对精确性有特殊要求以外，一般可取用毛截面特征值。T 形梁有效翼缘宽度问题，根据弹性理论分析、编者近年来的工程实测以及国内许多资料来看，有效翼缘若按规范取值过于保守。编者建议取有效翼缘宽度为 $16h_f'$，较能体现现阶段的各方面因素，既有突破，又给施工和推广留有足够的安全储备。

2. 结构在外荷载及地震作用下的内力计算

用弹性理论计算结构在个中外荷载作用下的内力，包括预应力引起的内力，进行内力组合，得出内力的设计值。

3. 预应力有关的估计和计算

(1) 预应力筋的布置形式。包括预应力束的张拉锚固体系；预应力筋的线性及布置；预应力张拉控制应力值及张拉方式等。

(2) 预应力筋用量的估算，可以按照正截面承载力、裂缝控制要求或者荷载平衡法进行；选取平衡荷载时可参考表 16.11.1。

(3) 预应力损失的计算，短期和长期的预应力损失均应当考虑；

(4) 预应力引起的内力，包括预应力引起的等效荷载计算，综合弯矩计算，以及次内力计算。

平衡荷载选取参数值　　　表 16.11.1

活荷载/静荷载	平衡荷载值	备注
<0.5	80%静荷载	
0.5～1.0	全部静荷载	
1.0～1.5	全部静荷载+10%活荷载	
1.5～2.0	全部静荷载+20%活荷载	

4. 承载能力极限状态计算

框架梁的受弯承载力计算应当符合规范的要求。分别计算梁在支座处和跨中处的受弯承载力，均应满足 $M_u \geqslant M$，其中 M 是弯矩设计值，M_u 是梁在相应位置的受弯承载力。如果所配的预应力筋数量不满足承载力要求，可以考虑配一定数量的非预应力筋；当按计算得出的非预应力筋数量小于构造要求时，按构造配筋。

柱的设计也需要考虑次内力的影响。

5. 正常使用极限状态和施工阶段的验算

（1）构件变形验算，包括短期和长期的反拱与挠度验算。框架梁反拱的计算可以按结构力学的方法进行，截面刚度可取混凝土弹性模量 E_c 与梁的毛截面惯性矩 I 的乘积。梁的挠度计算按规范方法进行。

（2）正截面抗裂验算和裂缝宽度验算。

16.11.5　常用体外预应力束线形布置及次内力计算

常用预应力束线形布置如图 16.11.6 所示，约束条件下的体外预应力加固受弯构件，先计算杆单元在主弯矩作用下的杆端约束次弯矩，再根据刚度方程或弯矩分配法求解结构次内力。

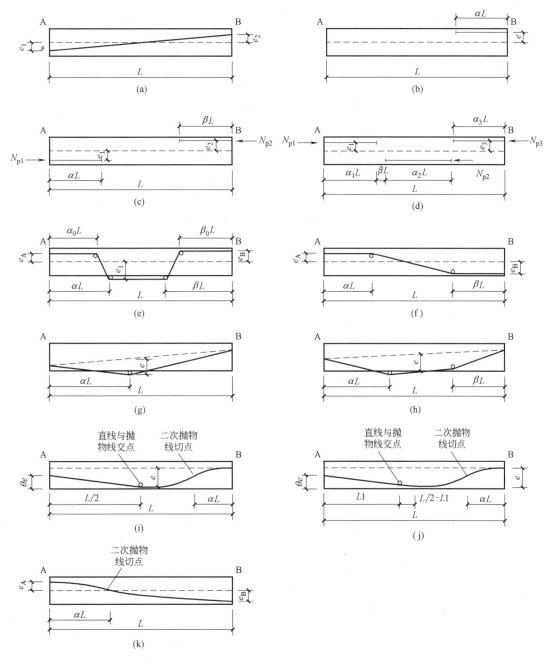

图 16.11.6　体外预应力束线形布置图

(a) 单斜线布置；(b) 单端局部直线布置；(c) 两段局部直线布置；(d) 三段局部直线布置；(e) 两端局部直线布置；
(f) 三段局部直线布置；(g) 单折点直线布置；(h) 两折点直线布置；(i) 直线＋二次曲线跨中折点布置；
(j) 直线＋二次曲线布置；(k) 正反两向抛物线布置

16.12　工程实例

16.12.1　框架核心筒结构无粘结预应力扁梁（梁）平板楼盖

在高层建筑中应用最多的预应力构件就是筒体结构中的预应力扁梁（梁）平板楼盖。由于高层建筑对空间的要求较为严格，因此，采用预应力扁梁（梁）平板楼盖可以有效地减小结构所占空间。如广东国际大厦、上海申鑫大厦、新上海国际大厦、新疆深圳城大厦、北京中化大厦等。其中63层广东国际大厦是目前预应力混凝土平板楼盖应用最高的建筑，标准层楼板厚度为220mm，采用四根1500mm×350mm无粘结预应力扁梁将楼面划分为两块长的单向板和两块稍短的单向板。预应力钢筋采用7φ5钢丝束（1570MPa），张拉端与固定端采用镦头锚具和镦头锚板，长度超过25m的预应力筋采用钢绞线，两边均用夹片锚。其预应力钢丝束用量为4.47kg/m²，普通钢筋用量为38.47kg/m²。

宜发大厦是地处福州市五四路黄金地段的一栋综合性高层建筑，总建筑面积为45000m²，地上33层及地下2层，为现浇钢筋混凝土框架核心筒结构。宜发大厦采用预应力平板的结构布置形式。板厚仅为190mm，板跨最大可达12m。采用此种结构形式可最大限度地提高高层建筑的空间利用率。在总高不变的情况下，可以不影响使用高度而减小层高来增加大楼的楼层数。原本宜发大厦采用普通混凝土设计时，其设计楼层数为28，采用预应力平板的布置形式后，实际楼层数为33，由此产生的综合经济效益也较为可观。平面见图16.12.1。

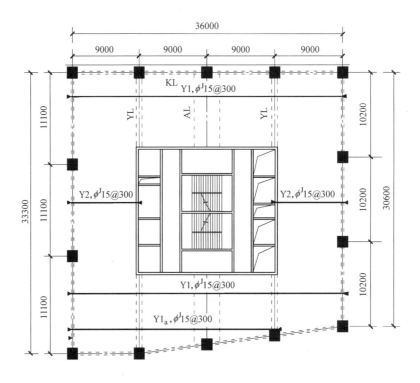

图16.12.1　宜发大厦预应力筋平面布置图

16.12.2　预应力板墙结构体系

该体系由钢筋混凝土墙与预应力楼板组成，多应用于高层住宅、公寓等建筑。如北京永安公寓、天津鑫达大厦住宅楼、美景公寓、南华大厦及广东、四川等许多高层住宅楼。由于板跨度较大，为降低层高同时考虑到房间的灵活分隔基本不设次梁,采用预应力平板,其楼板抗裂性好,刚度大,变形小,增强了建筑物的横向刚度,有利于抵抗地震作用的影响。

北京永安公寓采用7.2m大开间、20m大进深现浇后张无粘结预应力板墙体系,平面跨度7.2m、厚度160mm、高跨比1/45、墙体厚度均为160mm。公寓主体7层,局部9层,共3幢,总面积25000m²。该工程在纵横两个方向除中间电梯井偏南侧外完全对称,质量重心与刚度中心基本重合。在建筑物中部40余米长仅设横向剪力墙承重,纵向既无承重墙亦无承重梁。在建筑物两端,将两个标准单元分别调转90°,利用该单位的横墙作为整个建筑物的纵向抗侧力结构,既满足了抗震要求,又为施工提供了方便。

标准单元的预应力筋采取纵向多波连续曲线配筋方式。为防止因施工缝不可靠而增加预应力损失以及消除中部预应力混凝土徐变、收缩的不利影响,两端采用双向配预应力筋的办法。预应力筋长度大于30m时采用钢绞线两端同时张拉,小于30m时采用钢丝束一端张拉。预应力筋设计强度为$0.65f_{ptk}$,张拉控制应力为$0.7f_{ptk}$,无粘结筋的μ取0.12,κ取0.0035。该项目的配筋平面见图16.12.2。

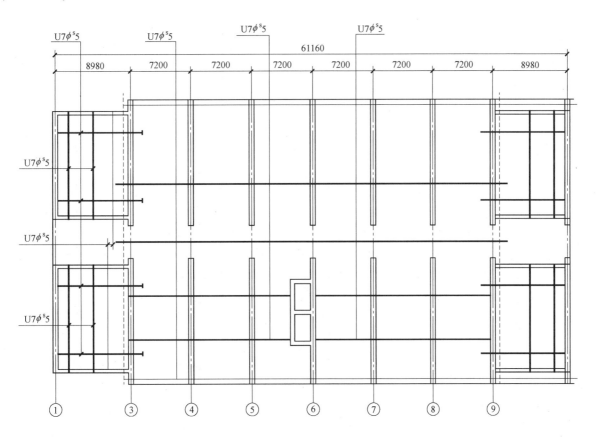

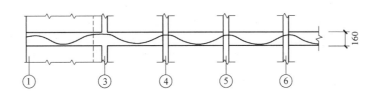

图 16.12.2 北京永安公寓平面及无粘结筋配置图

16.12.3 预应力框架

高层建筑中预应力框架主要应用在筒体-框架中内筒与外柱相连的框架梁（扁梁）以及转换层框架和建筑要求的局部大空间框架梁等。考虑该构件在整个结构中重要性，通常设计成后张有粘结预应力形式，但在具体工程特定条件下，采用无粘结预应力筋与非预应力筋混合配筋，采取合理的构造措施也是可行的。

安徽合肥南站土地置换项目中的某2层仓库，标准层高7.8m，总高度为15.6m。经方案比较，该工程2层楼面结构采用有粘结，无粘结混合配筋预应力框架梁体系。有粘结和无粘结预应力钢材均采用 $f_{ptk}=1860MPa$ 级高强低松弛钢绞线，张拉控制应力 $\sigma_{con}=0.75f_{ptk}$，采用两端张拉，张拉端锚采用群锚体系，混凝土采用C40，非预应力钢筋采用HPB300和HRB400级螺纹钢。预应力筋平面布置见图16.12.3。

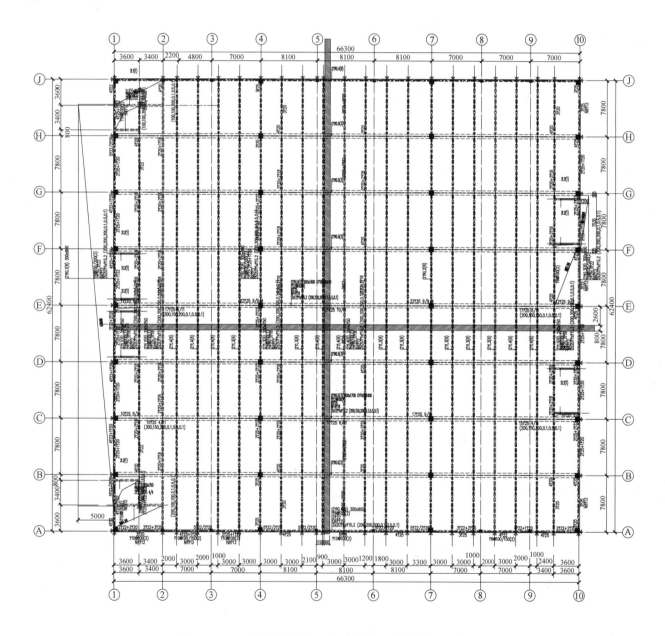

图16.12.3 安徽合肥南站土地置换项目预应力筋平面布置图

上海松江游泳健身中心为大跨预应力井字梁多层框架结构，井字梁平面尺寸为 35m×31.2m，总建筑面积约为 6000m²。游泳馆中氯离子的含量较高，采用混凝土结构比采用钢结构更能抵抗它对构件的腐蚀作用。本工程采用了预应力大跨井字梁，主梁 450×1800mm，次梁 250×500mm，只需在周围设柱，同一般混凝土结构相比大大扩展了使用空间。投入使用后，市体委及区委领导对本工程的结构设计及投资效益均非常满意，称其为国内最好的室内短池游泳馆上海松江游泳健身中心，工程结构平面见图 16.12.4。

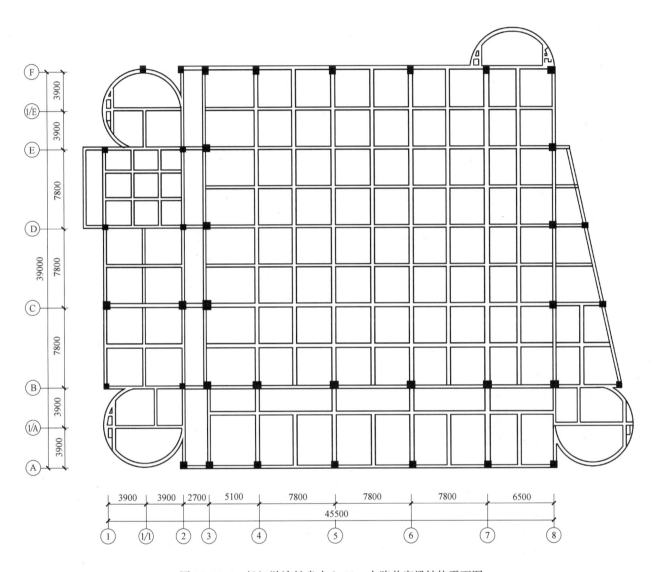

图 16.12.4　松江游泳健身中心 36m 大跨井字梁结构平面图

上海东方体育中心，位于浦东新区的一个以水上项目为主的综合性体育场馆，位于黄浦江东、川杨河南、济阳路西以及规划路北侧，共包括一座 1.5 万人的主体育馆，5 千人的游泳馆和 5 千人的室外跳水池，综合体育馆北侧训练馆为屋面 41.0m 的大跨度预应力框架结构。其平面布置见图 16.12.5。

淮北体育场采用预应力混凝土多层框架结构，南北长 234m，东西宽 218m，共 5 层，其中 1、2 层结构环向贯通，不设伸缩缝，预应力很好地解决了抗裂问题。环向主梁主要采用 600mm×1100mm 截面，径向的主梁和斜梁主要采用 600mm×1000mm 截面。其平面布置见图 16.12.6。

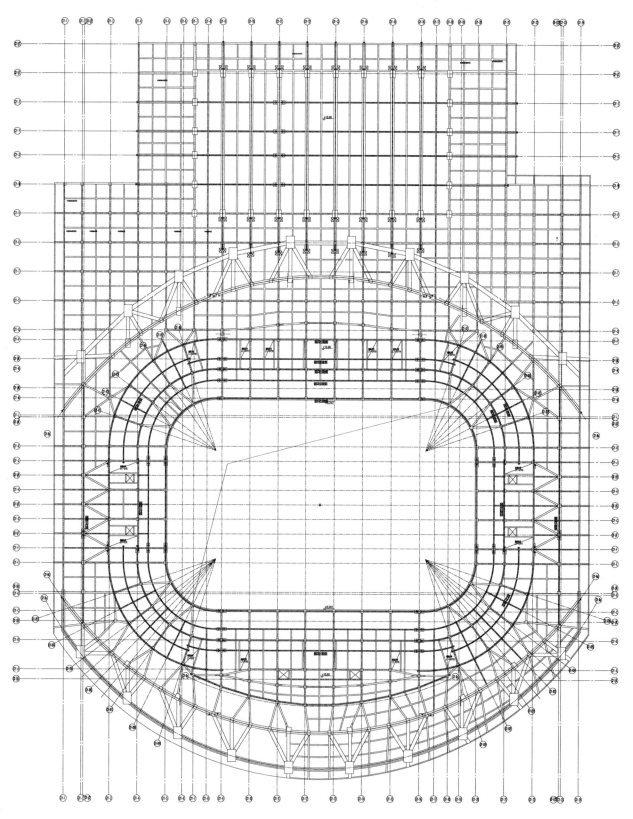

图 16.12.5 上海东方体育中心平面布置图

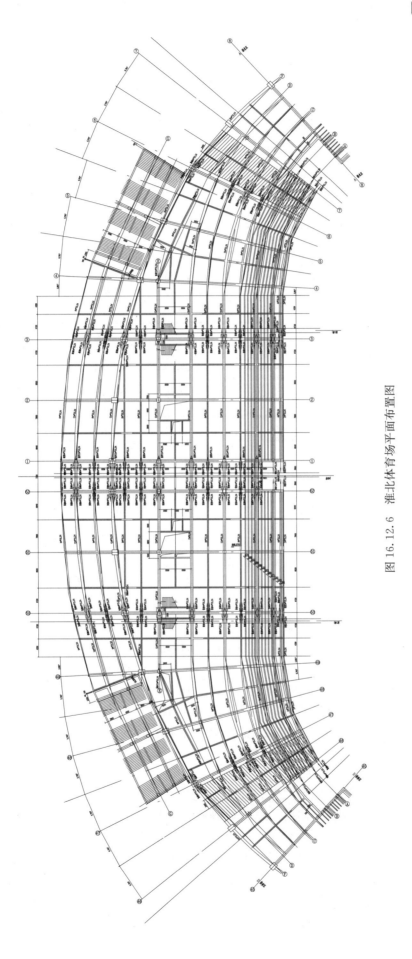

图 16.12.6　淮北体育场平面布置图

16.12.4　预应力悬挑结构

采用有粘结或无粘结预应力悬挑结构，解决高层建筑中的大悬挑问题，通常是一种较好的办法。如南京政治学院上海分院的综合教学楼，位于杨浦区五角场中心地带，是学院的标志性建筑。该建筑物长63.6m，宽24.9m；采用25m跨预应力梁，向外悬挑6m。悬挑梁内配2-8ϕ^S15.2高强低松弛有粘结预应力钢绞线，$f_{ptk}=1860N/mm^2$，张拉控制应力$\sigma_{con}=0.75f_{ptk}$，混凝土强度为C40，锚具选用夹片群锚体系。其平面布置图如图16.12.7所示。应用预应力悬挑结构的工程还有中央电视塔、太原国际大厦、长沙中山商业大厦、南京金丝利国际娱乐城等。

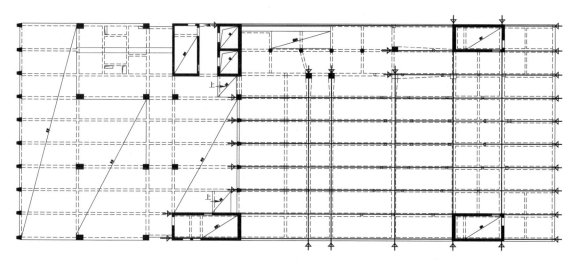

图16.12.7　预应力悬挑结构

16.12.5　预应力混凝土转换结构

南京金山大厦是一幢集办公、商场，商住为一体的综合性建筑，7度抗震设防。该工程位于山西路与中山北路转角处，总建筑面积77000m²，地下3层，其中1、2层为停车库，3层为设备用房，主楼地面以上为35层，总高为134.85m，辅楼地面以上为28层，总高为107.20m，裙楼为6层，总高为28.5m。因功能需要，主楼7层以上剪力墙不能落地，故在6A层设一结构转换层兼作设备层。上有29层厚250mm的剪力墙（接近转换层处逐渐增加为300mm、400mm）生根于此层转换梁上，转换梁共8根（转换层结构平面布置见图16.12.8，图中阴影指转换梁，阴影中空白部分指生根于转换梁上的剪力墙），一端与框架柱相连，另一端与厚450mm的剪力墙核心筒相连，见图16.12.9。

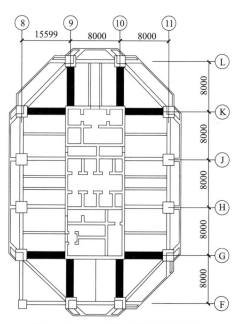

图16.12.8　转换层结构平面布置

美国华盛顿州西雅图太平塔是西雅图首要的公寓楼之一。该楼的四周形态自由，有着不受梁阻碍的整高玻璃幕墙。大型悬臂梁创造了相当可观的空间用做客厅和阳台。该塔上部结构在底部框架上旋转了45°以获得该处最佳视野，见图16.12.10，而这对于转换层处的结构布置是一个很大的挑战。为满足施工和使用需求，转换梁采用了有粘结和无粘结预应力筋混合配筋的设计方法，成功将上部结构的荷载传递给了底部框架。并且，预应力平板减少了地下室的层间高度，从而减少了开挖量，同时也可以减少支撑体系的费用。

同济大学医学院大楼项目，地上十二层，地下一层现浇混凝土结构，长度 81m，宽度 18m。结构三层和四层因建筑功能需要部分设计成大空间跨度为 2m×21.6m，为此须在五层设置转换结构，上托八层。转换梁采用预应力，五层以上柱落在这些转换梁上。二至四层开间跨度较大为 21.6m，左部无密集的承重构件，为满足这一建筑要求需用转换梁进行上部结构转换，见图 16.12.11。与一般钢筋混凝土相比，采用预应力转换梁可降低梁高，减轻其自身重量，美观的同时也节省了建筑材料。使用 ANSYS 软件对原配筋方案进行分析，发现原方案的预应力转换梁在托承上部八层结构之后仍有较大的受载空间；受载之后其结构挠度也较小，能达到预期的设计要求，见图 16.12.12。

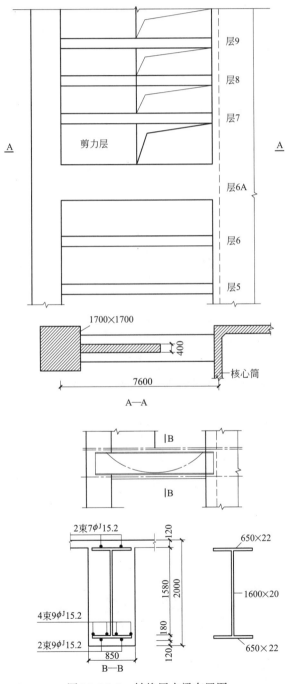

图 16.12.9　转换层大梁布置图

图 16.12.10　西雅图太平塔

图 16.12.11　同济大学医学院大楼

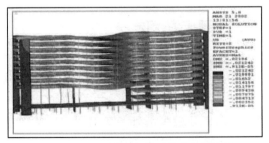

图 16.12.12　同济大学医学院大楼转换结构 ANSYS 分析结果

16.12.6 预应力环梁 (拉弯构件)

卡塔尔某高层建筑地处卡塔尔首都多哈,地下 4 层,地面以上 44 层,结构总高 231m (图 7.3.14)。结构平面采用圆形截面,底部直径约 45m,顶部楼层直径约 35m,主体结构为现浇钢筋混凝土外网筒+内筒组成。楼盖中心相对于网筒结构中心向南偏心 1.25m,内筒偏北布置,北入口 28 层通高。重力荷载偏心使南北两侧交叉柱受力产生较大差异。外网筒由 9 组 X 形交叉钢筋混凝土圆形截面斜柱组成,截面直径由底层的 1.7m 变化到顶层的 0.9m。平面位置每层转 5°,层高范围内为直线,每 4 层相交一次,相邻柱通过环梁层层连接,环梁标准截面为 1000mm×800mm。重力荷载作用下网筒结构外鼓及交叉柱间轴力差异将使环梁受到较大的拉力,为保证环梁具有适宜的刚度,控制环梁裂缝宽度,修改了原标书中的环梁超预应力设计,修改为环梁采用了部分预应力技术。环梁采用部分预应力技术,预应力筋数量大幅度下降,取得很好的经济效益,同时,足够的非预应力筋的配置,既满足了结构正常使用状态裂缝控制和承载力要求,又提高了预应力结构的耐久性,提高了整体结构的延性,有利于抗震,也方便施工。本工程中预应力设置主要是为了平衡环梁的轴向拉力,而且这种轴向拉力来源于交叉斜柱,故工程中预应力筋在梁跨范围内采用直线型,且放置在梁的中心,预应力筋进入梁柱节点后,采用的是平面曲线形,但仍位于梁高中线。该工程结构平面布置图及预应力筋布置图分别见图 16.12.14 和图 16.12.15。

图 16.12.13 卡塔尔某高层建筑效果图

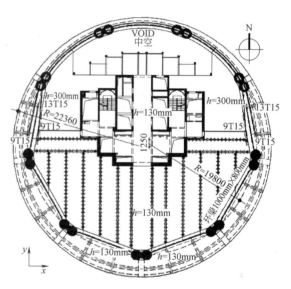

图 16.12.14 卡塔尔某高层建筑结构平面图

16.12.7 预应力罐体

本工程为辽宁营口同方能源技术有限公司的营口市城市生活垃圾综合处理厂中发酵罐,预应力贮液罐,高度为 25.650m,采用筒壁及内隔墙共同支承形式,桩筏基础。本工程采用无粘结预应力混凝土结构,预应力筋采用 $\phi^S15.2$ 高强低松弛钢绞线,其抗拉强度标准值为 1860N/mm²。预应力筋张拉控制应力为 $0.75f_{ptk}=1395$MPa,施工时超张拉 3%。其平面布置图和预应力筋布置图分别见图 16.12.16 和图 16.12.17。

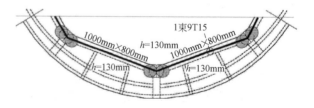

图 16.12.15 环梁预应力筋布置图

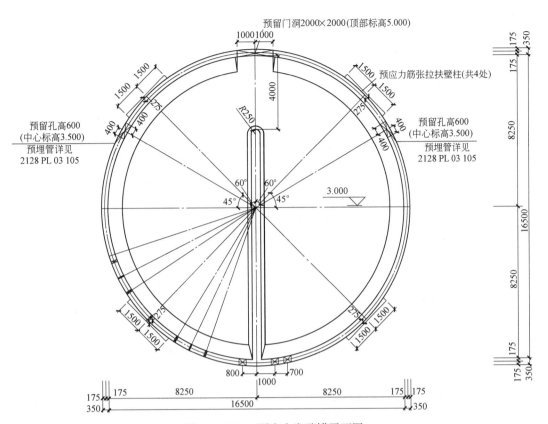

图 16.12.16 预应力发酵罐平面图

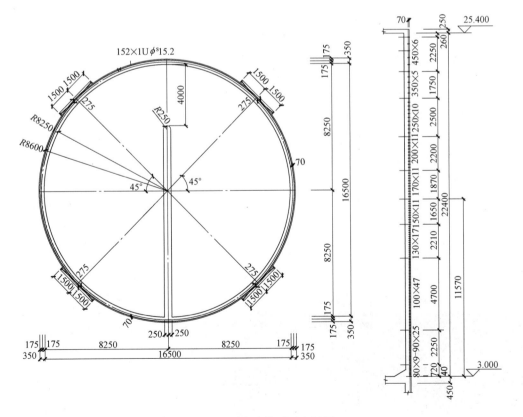

图 16.12.17 预应力筋平面布置图（一）

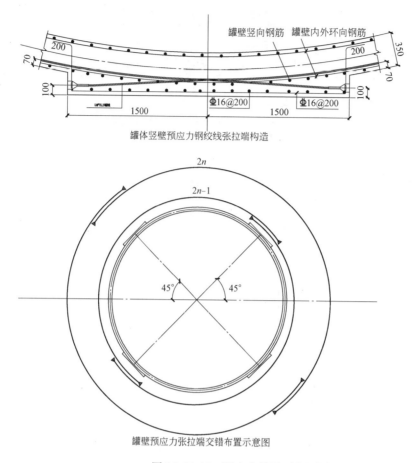

罐体竖壁预应力钢绞线张拉端构造

罐壁预应力张拉端交错布置示意图

图 16.12.17　预应力筋平面布置图（二）

16.12.8　体外预应力加固

美琪大剧院位于上海市静安区江宁路 66 号，始建于 1941 年，于 1989 年被上海市人民政府批准列为第一批"上海市优秀近代建筑保护单位"，保护要求为二类。由于年代久远，现需对美琪大戏院进行文物抢救性保护工作。美琪大戏院文物抢救性保护工程，其中一道跨度为 24.5m 的混凝土桁架采用体外预应力进行加固。预应力筋采用高强度低松弛无粘结钢绞线，抗拉标准强度为 $f_{ptk}=1860N/mm^2$，截面积 $A_P=140mm^2$，弹性模量 $E_P=19.5\times10^5 N/mm^2$。预应力筋张拉控制应力为 $1860\times0.55\times1.03=1053.69N/mm^2$，包括超张拉 3%，每根预应力筋的张拉控制力为 147.5kN；每侧各 4 根，呈三折线形状对称布置在桁架梁两侧，预应力筋转向块设置在与之相交的次梁梁底。美琪大剧院实体建筑图和体外预应力加固梁图分别见图 16.12.18～图 16.12.20。

图 16.12.18　美琪大剧院

16.12.9　预制预应力结构

上海浦东新区三林环外区域公交停车场新建工程总建筑面积 26000m²，综合维

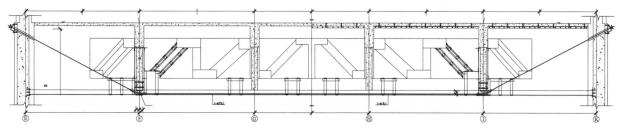

图 16.12.19 体外预应力加固梁示意图

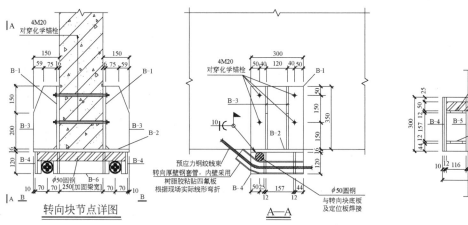

转向块节点详图   A—A   B—B

图 16.12.20 体外预应力加固梁节点示意图

修库框架结构采用预制预应力主、次梁装配结构。综合维修库 4 层,层高 5.5m,总高度为 22.3m。标准跨 14.4m×12.8m。预应力混凝土梁采用 C40。预制次梁预应力筋采用高强度低松弛无粘结钢绞线和有粘结钢绞线,预制主梁预应力筋采用高强度低松弛有粘结钢绞线和缓粘结钢绞线。抗拉标准强度为 $f_{ptk}=1860\text{N/mm}^2$,直径 15.2m,截面积 $A_p=140\text{mm}^2$,弹性模量 $E_p=19.5\times10^5\text{N/mm}^2$。预应力筋张拉控制应力为 $1860\times0.75=1395\text{N/mm}^2$,预制预应力主次梁分两批张拉,预制完成混凝土达到强度后吊装之前分别张拉第一批缓粘结和无粘结预应力筋,满足施工自重和施工荷载受力要求,达到免支撑的施工要求,第二批有粘结预应力在节点和叠合层浇筑并达到强度后张拉,满足极限承载和正常使用阶段要求。三林环外区域公交停车场建筑效果图和预应力筋平面布置图、预制预应力构件图分别见图 16.12.21~图 16.12.25。

图 16.12.21 三林环外区域公交停车场

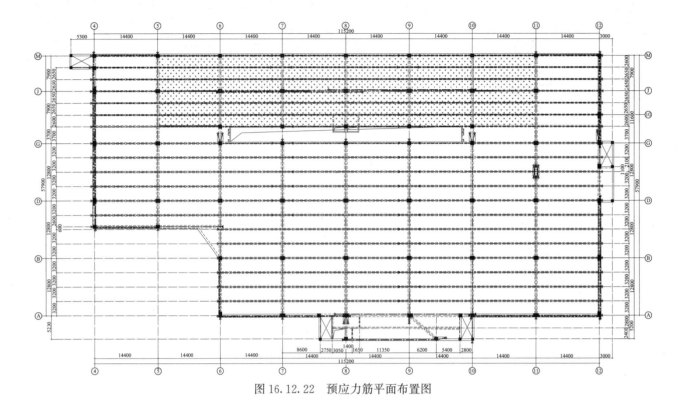

图 16.12.22 预应力筋平面布置图

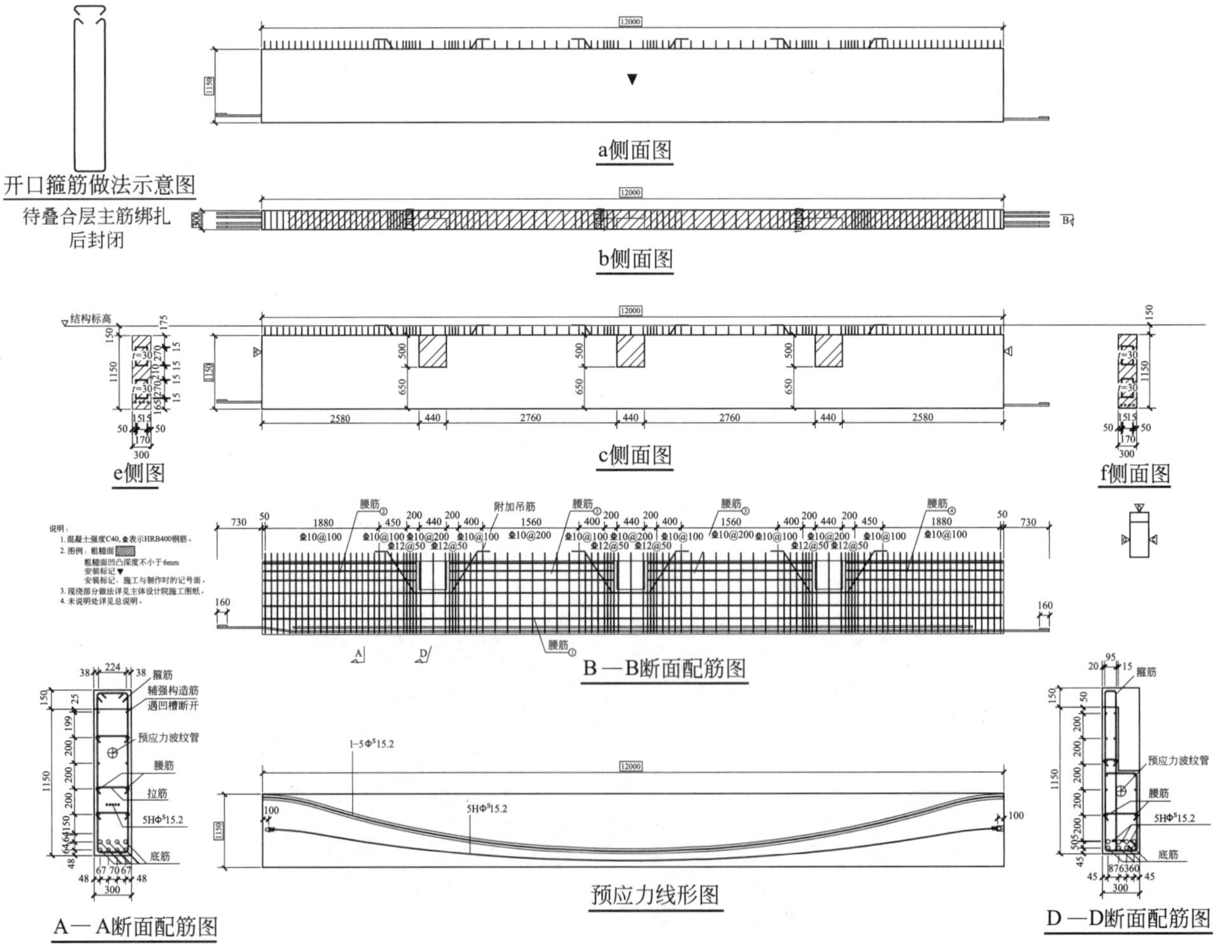

a侧面图

开口箍筋做法示意图
待叠合层主筋绑扎
后封闭

b侧面图

e侧图

c侧面图

f侧面图

说明:
1. 混凝土强度C40,±表示HRB400钢筋。
2. 图例: 粗糙面 粗糙面凹凸深度不小于6mm
   安装标记▽
   安装标记、施工和制作时的记号图示。
3. 现浇部分做法详见主体设计说明施工图纸。
4. 未说明处详见总说明。

腰筋
附加吊筋
腰筋
腰筋

B—B断面配筋图

A—A断面配筋图

预应力线形图

D—D断面配筋图

图 16.12.23 预制预应力框架梁详图

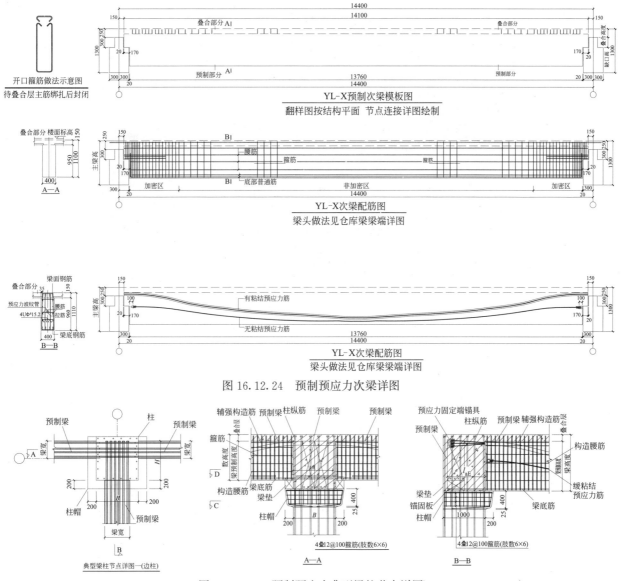

图 16.12.24　预制预应力次梁详图

图 16.12.25　预制预应力典型梁柱节点详图

　　惠南公交停车保养场新建工程立体停车库，单体建筑面积 84018m²，地上四层，底层层高 5.9m，其余各层层高 5.5m；结构高度 22.4m，平面长 224m，宽 102m，采用双向缓粘结预应力钢筋混凝土框架结构体系（框架现浇）；典型柱网 13m×26m；预应力框架梁跨度分别为 13m 和 26m，框架梁混凝土强度等级 C40，抗拉标准强度为 $f_{ptk}=1860\text{N/mm}^2$，直径 15.2m，截面积 $A_P=140\text{mm}^2$，弹性模量 $E_P=19.5\times10^5\text{N/mm}^2$。预应力筋张拉控制应力为 $1860\times0.75=1395\text{N/mm}^2$。

　　楼盖、屋盖采用预制预应力双 T 板，混凝土强度 C50。预应力钢筋为低松弛的 1×7 钢绞线，抗拉强度标准值 $f_{ptk}=1860\text{N/mm}^2$，抗拉强度设计值 $f_{py}=1320\text{N/mm}^2$，预应力筋张拉控制应力为 $0.70f_{ptk}=1302\text{N/mm}^2$。普通钢筋采用 HRB400 级钢筋。预制预应力双 T 板宽度为 3m，跨度为 12m 和 13.2m。肋宽 160mm，肋高 900mm，板厚 100mm。

　　根据新能源公交车资料，考虑荷载最不利组合后，双 T 板板面需承担的等效板面活荷载为 53kN/m²，附加板面恒载，楼面 3kN/m²，屋面 4.5kN/m²。本工程选取了四块足尺的双 T 板进行受弯、受剪静力性能试验研究。试验研究结果表明，本工程预制预应力双 T 板具有良好的抗弯、抗剪性能。

　　惠南公交停车保养场新建工程立体停车库建筑效果图和预应力筋平面布置图、预制预应力双 T 板构件图分别见图 16.12.26～图 16.12.29。

图 16.12.26 惠南公交停车保养场新建工程

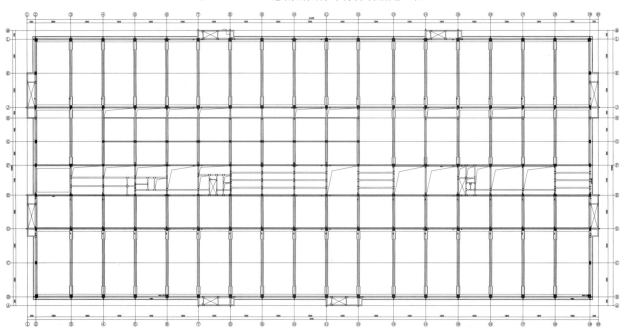

图 16.12.27 立体停车库预应力布置图

图 16.12.28 双 T 板足尺试验

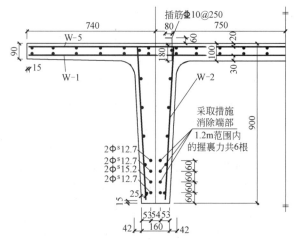

图 16.12.29 双 T 板详图

16.12.10 预应力开洞梁

潜山南站为典型的中小型侧式站房,两层候车,站房总建筑面积14998m²,站房总长度150.8m,进深45.8m。原设计2层候车楼面27m跨主梁采用500mm×2000mm有粘接预应力大跨度混凝土框架梁,除去暖通设备及吊顶安装空间,一层吊顶净高为5.4m。基于潜山南站建筑结构融合设计背景,优化为700mm×1800mm大跨度缓粘结预应力混凝土大尺度开孔梁,方便设备管线穿越,提升建筑净高至6.3m。预应力混凝土梁采用C40。预应力筋采用高强度低松弛缓粘结钢绞线。抗拉标准强度为$f_{ptk}=1860N/mm^2$,直径21.8m,弹性模量$E_P=19.5×10^5N/mm^2$。预应力筋张拉控制应力为$1860×0.75=1395N/mm^2$。室内建筑效果图和预应力筋平面布置图、洞口补强图分别见图16.12.30~图16.12.33。

图16.12.30 潜山南站房候车大厅室内效果图

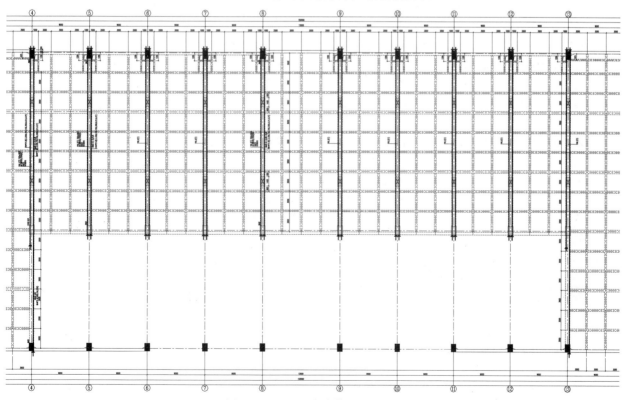

图16.12.31 预应力筋平面布置图

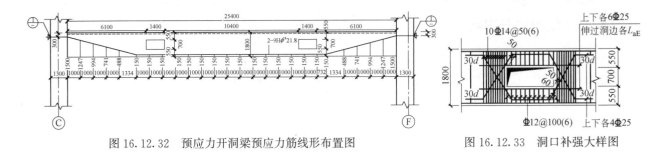

图 16.12.32　预应力开洞梁预应力筋线形布置图　　　图 16.12.33　洞口补强大样图

参 考 文 献

[1]　建筑结构荷载规范 GB 50009—2012 [S]. 北京：中国建筑工业出版社，2012.

[2]　混凝土结构设计规范 GB 50010—2012 [S]. 北京：中国建筑工业出版社，2015.

[3]　无粘结预应力混凝土结构技术规程 JGJ92—2004 [S]. 北京：中国计划出版社，1993.

[4]　混凝土结构施工及验收规范 GB 50204—2002 [S]. 北京：中国建筑工业出版社，2002.

[5]　建筑抗震设计规范. GB 50011—2010 [S]. 北京：中国建筑工业出版社，2010.

[6]　预应力混凝土结构设计规范 JGJ369—2016 [S]. 北京：中国建筑工业出版社，2016.

[7]　预应力筋用锚具、夹具和连接器应用技术规程 [S]. JGJ 85—2002，北京：中国建筑工业出版社，2002.

[8]　无粘结预应力筋专用防腐润滑脂 JG 3007—93 [S]. 北京：中国建筑工业出版社，1994.

[9]　Lin T Y, Burns N H. Design of prestressed concrete structures [M]. Wiley, 1981.

[10]　杜拱辰. 现代预应力混凝土结构 [M]. 北京：中国建筑工业出版社，1988.

[11]　周起敬，等. 混凝土结构构造手册 [M]. 北京：中国建筑工业出版社，1994.

[12]　陶学康. 后张预应力混凝土设计手册 [M]. 北京：中国建筑工业出版社，1996.

[13]　陈惠玲，等. 高强钢丝、钢绞线预应力混凝土结构设计与施工指南 [M]. 北京：中国环境科学出版社，1997.

[14]　吕志涛，孟少平. 现代预应力设计 [M]. 北京：中国建筑工业出版社，1998.

[15]　郑文忠，王英. 预应力混凝土房屋结构设计统一方法与实例 [M]. 哈尔滨：黑龙江科学技术出版社，1998.

[16]　陈惠玲. 高效预应力结构设计施工实例 [M]. 北京：中国建筑工业出版社，1998.

[17]　冯大斌，栾贵臣. 后张预应力混凝土施工手册 [M]. 北京：中国建筑工业出版社，1999.

[18]　熊学玉，黄鼎业. 预应力工程设计施工手册 [M]. 北京：中国建筑工业出版社，2003.

[19]　熊学玉. 体外预应力结构设计 [M]. 北京：中国建筑工业出版社，2005.

[20]　熊学玉. 用约束次弯矩法直接计算预应力砼超静定结构的次弯矩 [J]. 合肥工业大学学报自然科学版，1992
(s1)：122-127.

[21]　熊学玉，郭子顺. 考虑预应力损失的超静定结构次弯矩精确计算法 [J]. 合肥工业大学学报自然科学版，1993
(2)：41-47.

[22]　熊学玉，黄鼎业，颜德姮. 关于预应力混凝土结构设计规范若干问题的建议 [J]. 结构工程师. 1997 (03)：1-3.

[23]　熊学玉，黄昆. 多段曲线或折线筋预应力锚固损失计算 [J]. 建筑结构，1998 (3)：14-15.

[24]　熊学玉，黄鼎业，颜德姮. 预应力混凝土结构荷载效应组合及正截面承载力设计计算的建议 [J]. 工业建筑.
1998 (02)：1-4.

[25]　熊学玉，李伟业，黄鼎业. 预应力混凝土超静定结构的次内力简捷计算 [J]. 工业建筑. 1998 (02)：13-15.

[26]　熊学玉，黄鼎业，颜德姮. 现代预应力混凝土结构正截面裂缝控制验算统一计算方法的研究 [J]. 结构工程师.
1998 (04)：1-4.

[27]　熊学玉，朱莉莉，赵勇. 现代预应力混凝土结构正截面极限强度分析 [J]. 结构工程师. 2000 (01)：20-23.

[28]　熊学玉，李春祥，耿耀明，等. 大跨预应力混凝土框架结构的静力弹塑性（pushover）分析 [J]. 地震工程与工
程振动. 2004 (01)：68-75.

[29]　熊学玉，顾炜，雷丽英. 体外预应力结构设计研究 [J]. 工业建筑. 2004 (07)：1-6.

[30]　熊学玉，王寿生. 体外预应力梁振动特性的分析与研究 [J]. 地震工程与工程振动. 2005 (02)：55-61.

[31]　熊学玉，耿耀明，李春祥，等. 大跨预应力混凝土空间框架结构的地震振动台试验研究 [J]. 地震工程与工程振

动. 2005 (01)：102-107.

[32] 熊学玉，王俊，李伟兴. 大跨预应力混凝土井式梁框架结构的振动台试验研究 [J]. 土木工程学报. 2005 (03)：44-52.

[33] 熊学玉，顾炜，蔡跃，等. 上海市《预应力混凝土结构设计规程》修订介绍 [J]. 建筑结构. 2006 (11)：81-85.

[34] 熊学玉，张彩红，吴学淑. 约束（侧向）对预应力结构设计影响的研究 [J]. 建筑结构. 2006 (11)：88-90.

[35] 熊学玉，张彩红，吴学淑. 有效预应力分布对预应力结构的侧限影响分析 [J]. 建筑结构. 2006 (11)：91-93.

[36] 李明，熊学玉. 超长预应力结构施工对结构性能的影响分析 [J]. 建筑结构. 2006 (S1)：612-614.

[37] 孟美莉，傅学怡，吴兵. 卡塔尔某超高层建筑部分预应力环梁设计研究 [J]. 建筑结构，2008，(12)：69-72.

[38] 傅学怡，吴兵，陈贤川，孟美莉，孙璨，江化冰，高颖，李建伟. 卡塔尔某超高层建筑结构设计研究综述 [J]. 建筑结构学报，2008，(01)：1-9＋15.

[39] 顾炜，熊学玉，黄鼎业. 超长预应力混凝土结构收缩徐变敏感性分析 [J]. 建筑材料学报. 2008 (05)：535-540.

[40] 熊学玉，高峰. 预应力型钢混凝土框架试验研究及分析 [J]. 四川大学学报（工程科学版）. 2011 (06)：1-8.

[41] 熊学玉，王美华，李媛，等. 次内力对预应力混凝土及型钢混凝土结构性能影响的研究进展 [J]. 工业建筑. 2011 (12)：1-7.

[42] 熊学玉，王美华，李媛，等. 次内力对预应力混凝土及型钢混凝土结构性能影响的研究进展 [J]. 工业建筑. 2011 (12)：1-7.

[43] 熊学玉，程琛，李媛，等. 全面考虑次内力影响的预应力混凝土框架施工过程研究 [J]. 工业建筑. 2011 (12)：12-15.

[44] 熊学玉，高峰，李亚明. 预应力型钢混凝土框架梁裂缝控制试验分析及计算 [J]. 工业建筑. 2011 (12)：20-23.

[45] 熊学玉，高峰，李亚明. 预应力型钢混凝土框架梁正截面承载力试验及计算 [J]. 工业建筑. 2011 (12)：24-29.

[46] 熊学玉，李阳，王美华. 预应力型钢混凝土框架结构非线性分析 [J]. 工业建筑. 2011 (12)：34-38.

[47] 熊学玉，高峰，李亚明. 预应力型钢混凝土框架梁试验研究及抗裂度分析 [J]. 工业建筑. 2011 (12)：16-19.

[48] 熊学玉，黄炜一，高峰. 预应力型钢混凝土短期刚度试验研究 [J]. 工业建筑. 2011 (12)：30-33.

[49] 熊学玉，高峰，苏小卒. 预应力型钢混凝土框架试验研究和设计理论 [J]. 湖南大学学报（自然科学版）. 2012 (08)：19-26.

[50] 熊学玉，高峰. 预应力型钢混凝土框架梁弯矩调幅试验研究 [J]. 华中科技大学学报（自然科学版）. 2012 (11)：48-52.

[51] 熊学玉，李媛，程琛. 全面考虑次内力影响的预应力混凝土框架梁承载力计算 [J]. 四川建筑科学研究. 2012 (01)：5-8.

[52] 熊学玉，高峰，徐晓明. 预应力型钢混凝土结构理论研究 [J]. 工业建筑. 2012 (04)：113-117.

[53] 高峰，熊学玉. 预应力型钢混凝土框架结构竖向反复荷载作用下抗震性能试验研究 [J]. 建筑结构学报. 2013 (07)：62-71.

[54] 熊学玉，高峰. 预应力型钢混凝土框架梁弯矩调幅试验研究 [J]. 华中科技大学学报（自然科学版），2012，(11)：48-52.

[55] 熊学玉，高峰，苏小卒. 预应力型钢混凝土框架试验研究和设计理论 [J]. 湖南大学学报（自然科学版），2012，(08)：19-26.

[56] 高峰，熊学玉. 预应力型钢混凝土框架结构竖向反复荷载作用下抗震性能试验研究 [J]. 建筑结构学报，2013，(07)：62-71.

[57] 高峰，熊学玉，张少红. 预应力型钢混凝土框架梁弯矩调幅系数影响因素分析 [J]. 建筑结构，2015，(05)：80-85.

[58] 熊学玉，葛益芃，姚刚峰. 预制预应力混凝土双 T 板受弯性能足尺试验研究 [J/OL]. 建筑结构学报 2021：1-13.

[59] 熊学玉，肖启晟. 基于内聚力模型的混凝土细观拉压统一数值模拟方法 [J]. 水利学报，2019，50 (04)：448-462.

[60] 张森，熊学玉. 有黏结与无黏结混合配置预应力筋混凝土梁短期刚度研究 [J]. 建筑结构学报，2018，39 (12)：74-80.

[61] 熊学玉，王理军，王美华. 国家会展中心泵送混凝土收缩徐变及其效应分析 [J]. 建筑结构，2018，48 (08)：

70-76+97.

[62] 熊学玉，余鹏程，周俊，杨伯生，贾凯. 基于智能张拉系统的吊杆测控一体化施工技术 [J]. 建筑结构，2018，48（08）：98-102.

[63] 熊学玉，向瑞斌，周建龙. 具有空间效应的预应力混凝土框架结构次内力分析 [J]. 建筑结构，2018，48（08）：9-15.

[64] 高峰，熊学玉，苑辉，张金香，郭晋欣. 大跨后张有粘结预应力型钢混凝土框架梁结构设计 [J]. 建筑结构，2018，48（08）：16-20.

[65] 张森，熊学玉，包联进. 有粘结与无粘结混合配置预应力筋混凝土梁设计 [J]. 建筑结构，2018，48（08）：21-23.

[66] 熊学玉，巫韬. 基于整体变形的部分预应力混凝土梁无粘结筋极限应力增量研究 [J]. 建筑结构，2018，48（08）：24-28.

[67] 熊学玉，余鹏程，王怡庆子. 预应力混凝土框架内力重分布的试验研究 [J]. 建筑结构，2018，48（08）：29-33.

[68] 熊学玉，华楠，余鹏程. 缓粘结部分预应力混凝土梁静载试验研究 [J]. 建筑结构，2018，48（08）：34-40.

[69] 熊学玉，张森. 有粘结与无粘结混合配置预应力筋混凝土梁在竖向低周反复荷载下的抗震性能研究 [J]. 建筑结构，2018，48（08）：41-45.

[70] 熊学玉，肖启晟. 一阶段受力对混合配预应力筋叠合梁力学性能影响研究 [J]. 建筑结构，2018，48（08）：46-51.

[71] 熊学玉，华楠，王怡庆子. 配高强钢筋的部分预应力混凝土梁受弯承载力和裂缝性能研究 [J]. 建筑结构，2018，48（08）：52-55+59.

[72] 熊学玉，王怡庆子，华楠. 配置HRB500级高强非预应力钢筋的部分预应力混凝土受弯构件刚度分析 [J]. 建筑结构，2018，48（08）：56-59.

[73] 陆宣行，熊学玉，方义庆. 国家会展中心大跨预应力混凝土框架水平地震行波效应影响分析 [J]. 建筑结构，2018，48（08）：60-64.

[74] 熊学玉，向瑞斌. 国家会展中心预应力混凝土结构健康监测 [J]. 建筑结构，2018，48（08）：65-69.

[75] 熊学玉，向瑞斌，汪继恕，李亚明. 超长混凝土结构预应力设计 [J]. 建筑结构，2018，48（08）：5-8+15.

[76] 熊学玉，姚刚峰. 新型预应力混凝土结构设计理论与进展 [J]. 建筑结构，2018，48（08）：1-4.

[77] 熊学玉，肖启晟，李晓峰. 缓粘结预应力研究综述 [J]. 建筑结构，2018，48（08）：83-90.

[78] 熊学玉，沈昕，汪继恕. 超长混凝土地下室墙体中预应力作用计算与分析 [J]. 建筑结构，2016，46（23）：85-90.

[79] 熊学玉，刘哲宇，李亚明. 超长混凝土结构温度场监测研究 [J]. 四川建筑科学研究，2016，42（04）：26-29.

[80] 熊学玉. 基于物联网的预应力智能化张拉成套技术开发应用 [J]. 施工技术，2015，44（21）：55-59.

[81] Yao GF，Xiong XY. Analytical model and evaluation of maximum crack width for unbonded PSRC frame beam under short-term service load [J]. Structural Design of Tall and Special Buildings 2019；28（16）：e1667.

[82] Yao GF，Xiong XY. Detailed numerical research on the performance of unbonded prestressed SRC frame beam under vertical cyclic load [J]. Engineering Structures 2018，177：61-71.

[83] Xiong XY，Yao GF. Studies on the static behaviors of unbonded prestressed steel reinforced low-strength concrete rectangular frame beams [J]. Engineering Structures 2018，171：982-991.

[84] Xiong XY，Yao GF，Su XZ. Experimental and numerical studies on seismic behavior of bonded and unbonded prestressed steel reinforced concrete frame beam [J]. Engineering Structures 2018；167：567-581.

[85] 姚刚峰，熊学玉. 无黏结预应力型钢混凝土框架梁静力性能试验研究及有限元模拟 [J]. 建筑结构学报，2019，40（9）：104-112.

[86] 熊学玉，姚刚峰. 单调与反复竖向荷载作用下无粘结预应力型钢混凝土框架受力性能试验研究 [J]. 建筑结构学报. 2017，38（12）：1-11.

[87] 熊学玉. 预应力混凝土结构理论与设计 [M]. 北京：中国建筑工业出版社，2017.

第3篇　高层钢结构及钢-混凝土混合结构

第17章　钢结构材料及连接

17.1　一般规定

1. 高层建筑钢结构的钢材，宜采用《碳素结构钢》GB/T 700—2006 规定的 Q235B、C、D 级碳素结构钢，以及《低合金高强度结构钢》GB/T 1591—2018 规定的热轧 Q355B、C、D 级，Q390B、C、D 级，Q420B、C 级，Q460C 级；Q355N（正火与正火轧制）B、C、D、E、F 级，Q390NB、C、D、E 级，Q420NB、C、D、E 级，Q460NC、D、E 级；Q355M（热机械轧制）B、C、D、E、F 级，Q390MB、C、D、E 级，Q420MB、C、D、E 级，Q460MC、D、E 级低合金高强度结构钢。当有可靠根据时，可采用其他牌号钢材和钢种。

2. 承重结构的钢材应保证抗拉强度、伸长率、屈服点、冷弯试验、冲击韧性合格和硫、磷含量符合限值。对焊接结构，碳含量必须符合限值。

3. 承重结构处于外露情况，或低温环境下，其钢材性能尚应符合耐大气腐蚀和抗低温冷脆的要求。

4. 对抗震结构，钢材的实测屈强比不应大于 0.85，应有明显的屈服台阶；合格的冲击韧性；伸长率应大于 20%；对焊接结构，应有良好的可焊性；高层民用建筑中使用的钢材，钢材屈服强度波动范围不应大于 $120N/mm^2$。

5. 采用焊接连接的节点，当板厚等于或大于 40mm，并承受沿板厚方向的拉力作用时，按《厚度方向性能钢板》GB/T 5313—2010 的规定，应满足附加板厚方向的断面收缩率的要求，并不得小于该标准 Z15 级规定的允许值。

17.2　材料设计指标

17.2.1　钢材

1. 钢材

（1）钢材的力学性能和化学成分

钢材的力学性能和化学成分应能分别符合表 17.2.1～表 17.2.4 的要求。

碳素结构钢 Q235 的力学性能　　　　　　　　　　　　　　　　表 17.2.1

牌号	等级	钢材厚度（直径）(mm)	屈服点 (N/mm^2) ≥	抗拉强度 (N/mm^2)	伸长率 δ_5 (%) ≥	冷弯 $B=2a$，弯曲180°		等级	温度 ℃	V 形冲击功 (J) ≥
						纵向	横向			
Q235	B～D	≤16	235	375～500	26			—	—	27
		>16～40	225		26	a	1.5a	B	20	
		>40～60	215		25			C	0	
		>60～100	215		24	2a	2.5a	D	−20	

注：1. 冷弯试验中，B 为试样宽度，a 为钢材厚度（直径）；
　　2. 进行拉伸和弯曲试验时，钢板和钢带应取横向试样，伸长率允许降低 2%（绝对值）。型钢应取纵向试样。

碳素结构钢 Q235 的化学成分和脱氧方法　　　　　　表 17.2.2

牌号	等级	化学成分（%）					脱氧方法
		C	Mn	Si	S	P	
					≤		
Q235	B	≤0.20	1.40	0.35	0.045	0.045	F、Z
	C	0.17	1.40		0.040	0.040	Z
	D	0.17			0.035	0.035	TZ

低合金钢 Q355 的力学性能　　　　　　表 17.2.3

牌号	钢材厚度或直径（mm）	抗拉强度 σ_b(N/mm²)	上屈服强度 σ_b(mm²)	伸长率 δ_5（%）		180°弯曲试验 d=弯心直径 a=试样厚度	冲击试验		
							质量等级	温度℃	V 形冲击功
		不小于				(mm)			不小于
				纵向	横向				(纵向)(J)	(横向)(J)
Q355B、C、D	≤16	470～630	355	22	20	20	B	20	34	27
	>16～40	470～630	345	22	20	d=3a	C	0	34	27
	>40～63	450～610	335	21	19	d=3a	D	−20	34	27
	>63～80	440～600	325	20	18	d=3a			
	>80～100	440～600	315	20	18	d=3a			

低合金钢 Q355 的化学成分　　　　　　表 17.2.4

牌号	化学成分（%）				
	C	Mn	Si	S	P
				不大于	
Q355	0.12～0.20	1.20～1.60	0.20～0.55	0.045	0.045

（2）钢材的强度设计值及物理性能指标

钢材的强度设计值应按表 17.2.5 采用。其物理性能指标应按表 17.2.6 取用。

钢材的强度设计值（N/mm²）　　　　　　表 17.2.5

钢材		抗拉、抗压和抗弯 f	抗剪 f_v	端面承压（刨平顶紧）f_{ce}
牌号	厚度或直径(mm)			
Q235 钢	≤16	215	125	320
	>16,≤40	205	120	
	>40,≤100	200	115	
Q355 钢	≤16	305	175	400
	>16,≤40	295	170	
	>40,≤63	290	165	
	>63,≤80	280	160	
	>80,≤100	270	155	
Q390 钢	≤16	345	200	415
	>16,≤40	330	190	
	>40,≤63	310	180	
	>63,≤100	295	170	

钢材		抗拉、抗压和抗弯	抗剪	端面承压（刨平顶紧）
牌号	厚度或直径(mm)	f	f_v	f_{ce}
Q420 钢	≤16	375	215	440
	>16,≤40	355	205	
	>40,≤63	320	185	
	>63,≤100	305	175	
Q355GJ	≤16	330	190	415
	>16~35	325	190	
	>35~50	325	190	
	>50~100	300	175	

注：表中厚度指计算点的钢材厚度，对轴心受拉和轴心受压构件系指截面中较厚板件的厚度。

钢材的物理性能　　　　　　　　　　　　　　　　表 17.2.6

弹性模量 E(N/mm²)	剪变模量 G(N/mm²)	线膨胀系数 α(以每℃计)	质量密度 ρ(kg/m³)
206×10^3	79×10^3	12×10^{-6}	7850

2. 型钢

（1）《热轧 H 型钢及剖分 T 型钢》GB/T 11263—2017（表 17.2.7）

热轧 H 型钢截面规格及特性　　　　　　　　　　　表 17.2.7

类别	型号 (高度×宽度)	截面尺寸(mm)				截面面积 (cm²)	理论重量 (kg/m)	截面特性参数					
		$H\times B$	t_1	t_2	r			惯性矩(cm⁴)		惯性半径(cm)		截面模数(cm³)	
								I_x	I_y	i_x	i_y	W_x	W_y
HW	100×100	100×100	6	8	8	21.58	16.9	378	134	4.18	2.48	75.6	26.7
	125×125	125×125	6.5	9	8	30.00	23.6	839	293	5.28	3.12	134	46.9
	150×150	150×150	7	10	8	39.64	31.1	1620	563	6.39	3.76	216	75.1
	175×175	175×175	7.5	11	13	51.42	40.4	2900	984	7.50	4.37	331	112
	200×200	200×200	8	12	13	63.53	49.9	4720	1600	8.61	5.02	472	160
		♯200×204	12	12	13	71.53	56.2	4980	1700	8.34	4.87	498	167
	250×250	250×250	9	14	13	91.43	71.8	10700	3650	10.3	6.31	860	292
		♯250×255	14	14	13	103.9	81.6	11400	3880	10.5	6.10	912	304
	300×300	♯294×302	12	12	13	106.3	83.5	16600	5510	12.5	7.20	1130	365
		300×300	10	15	13	118.5	93	20200	6750	13.1	7.55	1350	450
		300×305	15	15	13	133.5	105	21300	7100	12.6	7.29	1420	466
	350×350	♯344×348	10	16	13	144.0	113	32800	11200	14.4	8.38	1910	646
		350×350	12	19	13	171.9	135	39800	13600	15.2	8.84	2280	776
	400×400	♯388×402	15	15	22	178.5	140	49000	16300	16.6	9.54	2520	809
		♯394×398	11	18	22	186.8	147	56100	18900	17.3	10.1	2850	951
		400×400	13	21	22	214.4	168	59700	20000	16.7	9.64	3030	985
		♯400×408	21	21	22	250.7	197	70900	23800	16.8	9.74	3540	1170
		♯414×405	18	28	22	295.4	232	92800	31000	17.7	10.2	4480	1530
		♯428×407	20	35	22	360.7	283	119000	39400	18.2	10.4	5570	1930
		*458×417	30	50	22	528.6	415	187000	60500	18.8	10.7	8170	2900
		*498×432	45	70	22	528.6	604	298000	94400	19.7	11.1	12000	4370
HM	150×100	148×100	6	9	8	26.34	20.7	1000	150	6.16	2.38	135	30.1
	200×150	194×175	6	9	8	38.10	29.9	2630	507	8.30	3.64	271	67.6
	250×175	244×175	7	11	13	55.49	43.6	6040	985	10.4	4.21	495	112

类别	型号(高度×宽度)	截面尺寸(mm)				截面面积(cm²)	理论重量(kg/m)	截面特性参数					
		$H \times B$	t_1	t_2	r			惯性矩(cm⁴)		惯性半径(cm)		截面模数(cm³)	
								I_x	I_y	i_x	i_y	W_x	W_y
HM	300×200	294×200	8	12	13	71.05	55.8	11100	1600	12.5	4.74	756	160
	350×250	340×250	9	14	13	99.53	78.1	21200	3650	14.6	6.05	1250	292
	400×300	390×300	10	16	13	133.3	105	37900	7200	16.9	7.35	1940	480
	450×300	440×300	11	18	13	153.9	121	54700	8110	18.9	7.25	2490	540
	500×300	482×300	11	15	13	141.2	111	58300	6760	20.3	6.91	2420	450
		488×300	11	18	13	159.2	125	76400	8110	20.8	7.13	2820	540
	600×300	582×300	12	17	13	169.2	133	89800	7660	24.2	6.72	3400	511
		588×300	12	20	13	187.2	147	114000	9010	24.7	6.93	3890	601
HN	100×50	100×50	5	7	8	11.84	9.30	187	14.8	3.97	1.11	37.5	5.91
	125×60	125×60	6	8	8	16.68	13.1	409	29.1	4.95	1.32	65.4	9.71
	150×75	150×75	5	7	8	17.84	14.0	666	49.5	6.10	1.66	88.8	13.2
	175×90	175×90	5	8	8	22.89	18.0	1210	97.5	7.25	2.06	138	21.7
	200×100	198×99	4.5	7	8	22.68	17.8	1540	113	8.24	2.23	156	22.9
		200×100	5.5	8	8	26.66	20.9	1810	134	8.22	2.23	181	26.7
	250×125	248×124	5	8	8	31.98	25.1	3450	255	10.4	2.82	278	41.1
		250×125	6	9	8	36.96	29.0	3960	294	10.4	2.81	317	47.0
	300×150	298×149	5.5	8	13	40.80	32.0	6320	442	12.4	3.29	424	59.3
		300×150	6.5	9	13	46.78	36.7	7210	508	12.4	3.29	481	67.7
	350×175	346×174	6	9	13	52.45	41.2	11000	791	14.5	3.88	638	91.0
	350×175	350×175	7	11	13	62.91	49.4	13500	984	14.6	3.95	771	112
	400×150	#400×150	8	13	13	70.37	55.2	18600	734	16.3	3.22	929	97.8
	400×200	396×199	7	11	13	71.41	56.1	19800	1450	16.6	4.50	999	145
		400×200	8	13	13	83.37	65.4	23500	1740	16.8	4.56	1170	174
	450×150	450×151	9	14	13	77.49	60.8	25700	806	18.2	3.22	1140	107
	450×200	446×199	8	12	13	82.97	65.1	28100	1580	18.4	4.36	1260	159
		450×200	9	14	13	95.43	74.9	32900	1870	18.6	4.42	1460	187
	500×150	500×152	10	16	13	92.21	72.4	37000	940	20.0	3.19	1480	124
	500×200	496×199	9	14	13	99.29	77.9	40800	1840	20.3	4.30	1650	185
		500×200	10	16	13	112.3	88.1	46800	2140	20.4	4.36	1870	214
		506×201	11	19	13	129.3	102	55500	2580	20.7	4.46	2190	257
	600×200	596×199	10	15	13	117.8	92.4	66600	1980	23.8	4.09	2240	199
		600×200	11	17	13	131.7	103	75600	2270	24.0	4.15	2520	227
		606×201	12	20	13	149.8	118	88300	2720	24.3	4.25	2910	270
	700×300	692×300	13	20	18	207.5	163	168000	9020	28.5	6.59	4870	601
		700×300	13	24	18	231.5	182	197000	10800	29.2	6.83	5640	721
	800×300	*792×300	14	22	18	239.5	188	248000	9920	32.2	6.43	6270	661
		*800×300	14	26	18	263.5	207	286000	11700	33	6.66	7160	781
	900×300	*890×299	15	23	18	266.9	210	339000	10300	35.6	6.20	7610	687
		*900×300	16	28	18	305.8	240	404000	12600	36.4	6.42	8990	842
		*912×302	18	34	18	360.1	283	491000	15700	36.9	6.59	10800	1040

注：1. ♯表示的规格为非常用规格；

2. *表示的规格，目前国内尚未生产；

3. 型号属同一范围的产品，其内侧尺寸高度相同；

4. 截面面积计算公式为：$t_1(H-2t_2)+2B_2+0.858r^2$。

（2）《焊接H型钢》GB/T33814—2017（表17.2.8）

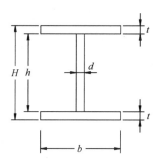

焊接H型钢的尺寸、截面面积及理论重量　　　　　表 17.2.8

代号	截面尺寸(mm)					截面面积	理论重量	焊缝厚度
	H	h	b	d	t	(cm^2)	(kg/m)	(mm)
WH300×200	300	280	200	6	10	56.8	44.6	5
	300	272	200	8	14	77.8	61.0	6
WH300×250	300	276	250	8	12	82.1	64.4	6
	300	272	250	10	14	97.2	76.3	6
WH300×300	300	276	300	8	12	94.1	73.9	6
	300	268	300	10	16	123	96.4	6
	300	260	300	12	20	151	119	8
WH350×175	350	330	175	6	10	54.8	43.0	5
	350	326	175	8	12	68.1	53.4	6
WH350×200	350	334	200	6	8	52.0	40.9	5
	350	330	200	8	10	66.4	52.1	6
	350	326	200	8	12	74.1	58.2	6
	350	318	200	10	16	95.8	75.2	6
WH350×250	350	330	250	8	10	76.4	60.6	6
	350	326	250	8	12	86.1	67.6	6
	350	318	250	10	16	112	87.8	6
WH350×300	350	326	300	8	12	98.1	77.0	6
	350	318	300	10	16	128	100	6
WH350×350	350	326	350	8	12	110	86.4	6
	350	318	350	10	16	144	113	6
	350	310	350	12	20	177	139	8
WH400×200	400	380	200	6	10	62.8	49.3	5
	400	376	200	8	12	78.1	61.3	5
	400	368	200	8	16	93.4	73.4	6
	400	360	200	10	20	116	91.1	6
WH400×250	400	380	250	6	10	72.8	57.1	5
	400	376	250	8	12	90.1	70.7	5
	400	368	250	8	16	109	85.9	6
	400	360	250	10	20	136	107	6

续表

代号	截面尺寸(mm)					截面面积	理论重量	焊缝厚度
	H	h	b	d	t	(cm²)	(kg/m)	(mm)
WH400×300	400	376	300	8	12	102	80.1	6
	400	368	300	10	16	133	104	6
	400	360	300	12	20	163	128	8
WH400×400	400	372	400	8	14	142	111	6
	400	368	400	10	16	165	129	8
	400	360	400	12	20	203	160	8
	400	350	400	16	25	256	201	10
	400	336	400	20	32	323	254	12
	400	320	400	25	40	400	314	14
WH450×250	392	360	400	10	10	164	129	8
	410	360	400	16	16	258	202	10
	424	360	400	20	20	258	358	12

注：WH440×400～WH1200×1600 的有关指标，请参见《焊接 H 型钢》YB/T 3301—2005。

（3）常用热轧普通工字钢，参考《热轧型钢》GB/T 706—2016（表 17.2.9）

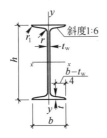

热轧工字钢截面规格及特征　　　　　　　　　　　　　　　　表 17.2.9

型号	尺寸(mm)						截面面积	理论重量	X—X				Y—Y		
	h	b	d	t	r	r_1	(cm²)	(kg/m)	I_x(cm⁴)	W_x(cm³)	i_x(cm⁴)	I_x/S_x(cm)	I_y(cm⁴)	W_y(cm³)	i_y(cm)
10	100	68	4.5	7.6	6.5	3.3	14.33	11.3	245	49.0	4.14	8.59	33.0	9.72	1.52
12.6	126	74	5.0	8.4	7.0	3.5	18.118	14.223	488	77.5	5.20	10.8	46.9	12.7	1.61
14	140	80	5.5	9.1	7.5	3.8	21.516	16.890	712	102	5.76	12.0	64.4	16.1	1.73
16	160	88	6.0	9.9	8.0	4.0	26.131	20.513	1130	141	6.58	13.8	93.1	21.2	1.89
18	180	94	6.5	10.7	8.5	4.3	30.756	24.143	1660	185	7.36	15.4	122	26.0	2.00
20a	200	100	7.0	11.4	9.0	4.5	35.578	27.929	2370	237	8.15	17.2	158	31.5	2.12
20b	200	102	9.0	11.4	9.0	4.5	39.578	31.069	2500	250	7.96	16.9	169	33.1	2.06
22a	220	110	7.5	12.3	9.5	4.8	42.128	33.070	3400	309	8.99	18.9	225	40.9	2.31
22b	220	112	9.5	12.3	9.5	4.8	46.528	36.524	3570	325	8.78	18.7	239	42.7	2.27
25a	250	116	8.0	13.0	10.0	5.0	48.541	38.105	5020	402	10.2	21.6	280	48.3	2.40
25b	250	118	10.0	13.0	10.0	5.0	53.541	42.030	5280	423	9.94	21.3	309	52.4	2.40
28a	280	122	8.5	13.7	10.5	5.3	55.404	43.492	7110	508	11.3	24.6	345	56.6	2.50
28b	280	124	10.5	13.7	10.5	5.3	61.004	47.888	7480	534	11.1	24.2	379	61.2	2.49
32a	320	130	9.5	15.0	11.5	5.8	67.156	52.717	11100	692	12.8	27.5	460	70.8	2.62
32b	320	132	11.5	15.0	11.5	5.8	73.556	57.741	11600	726	12.6	27.1	502	76.0	2.61
32c	320	134	13.5	15.0	11.5	5.8	79.956	62.765	12200	760	12.3	26.8	544	81.2	2.61
36a	360	136	10.0	15.8	12.0	6.0	76.480	60.037	15800	875	14.4	30.7	552	81.2	2.69

续表

型号	尺寸(mm)						截面面积	理论重量	X—X				Y—Y		
	h	b	d	t	r	r_1	(cm^2)	(kg/m)	I_x(cm^4)	W_x(cm^3)	i_x(cm^4)	I_x/S_x(cm)	I_y(cm^4)	W_y(cm^3)	i_y(cm)
36b	360	138	12.0	15.8	12.0	6.0	83.680	65.689	16500	919	14.1	30.3	582	84.3	2.64
36c	360	140	14.0	15.8	12.0	6.0	90.880	71.341	17300	962	13.8	29.9	612	87.4	2.60
40a	400	142	10.5	16.5	12.5	6.3	86.112	67.598	27100	1090	15.9	34.1	660	93.2	2.77
40b	400	144	12.5	16.5	12.5	6.3	94.112	73.878	22800	1140	15.6	33.6	692	96.2	2.71
40c	400	146	14.5	16.5	14.5	6.3	102.112	80.158	23900	1190	15.2	33.2	727	99.6	2.65
45a	450	150	11.5	18.0	13.5	6.8	102.446	80.420	32200	1430	17.7	38.6	855	114	2.89
45b	450	152	13.5	18.0	13.5	6.8	111.446	87.485	33800	1500	17.4	38.0	894	118	2.84
45c	450	154	15.5	18.0	13.5	6.8	120.446	94.550	35300	1570	17.1	37.6	938	122	2.79
50a	500	158	12.0	20.0	14.0	7.0	119.304	93.654	46500	1860	19.7	42.8	1120	142	3.07
50b	500	160	14.0	20.0	14.0	7.0	129.304	101.504	48600	1940	19.4	42.4	1170	146	3.01
50c	500	162	16.0	20.0	14.0	7.0	139.304	109.354	50600	2080	19.0	41.8	1220	151	2.96
56a	560	166	12.5	21.0	14.5	7.3	135.435	106.316	65600	2340	22.0	47.7	1370	165	3.18
56b	560	168	14.5	21.0	14.5	7.3	146.635	115.108	68500	2450	21.6	47.2	1490	174	3.16
56c	560	170	16.5	21.0	14.5	7.3	157.835	123.900	71400	2550	21.3	46.7	1560	183	3.16
63a	630	176	13.0	22.0	15.0	7.5	154.658	121.407	93900	2980	24.5	54.2	1700	193	3.31
63b	630	178	15.0	22.0	15.0	7.5	167.258	131.298	98100	3160	24.2	53.5	1810	204	3.29
63c	630	180	17.0	22.0	15.0	7.5	179.858	141.189	102000	3300	23.8	52.9	1920	214	3.27

注：截面图和表中标注的圆弧半径 r、r_1 的数据用于孔形设计，不作交货条件。

（4）角钢

热扎角钢依其外形分为等边角钢及不等边角钢两种。等边角钢的型号 2～25；不等边角钢的型号 2.5/1.6～20/12.5，且厚度不应小于 3mm；角钢规格表详见《热轧型钢》GB/T 706—2016 附录 A 中表 A.3 及 A.4。

（5）钢管

热轧钢管的品种规格，外径 32～630mm；壁厚 2.5～10mm；壁厚为 11～75mm 的热轧型钢管的规格详见《低中压锅炉用无缝钢管》GB 3087—2008。常用小截面（边长≤200mm）矩形钢管规格见表 17.2.10：

矩形钢管截面规格表 **表 17.2.10**

等边型钢(mm)				不等边型钢(mm)									
边长	壁厚	边长	壁厚	边长		壁厚	边长		壁厚	边长		壁厚
25	1.2 1.5 1.75 2.0	90	3.0 4.0 5.0 6.0	50	25	1.2 1.5	90	40 50 60	3.0 4.0 5.0	150	100	4.0 5.0 6.0 8.0
					30	2.5 3.0 4.0						
30	2.5 3.0	100	4.0 5.0 6.0	60	30 40	2.5 3.0 4.0	100	50	3.0 4.0 5.0	160	80	4.0 5.0 6.0 8.0
40 50	2.5 3.0 4.0	120 140 160	4.0 5.0 6.0 8.0	70	50	3.0 4.0 5.0	120	60 80	3.0 4.0 5.0 6.0	180	100	4.0 5.0 6.0 8.0
60	2.5 3.0 4.0 5.0	70 80	3.0 4.0 5.0	80	40	2.5	140	80	4.0 5.0 6.0	200	100	4.0 5.0 6.0 8.0
					40 60	3.0 4.0 5.0						

（6）常用国标型钢代号见《热轧 H 型钢和剖分 T 型钢》GB/T 11263—2017、《焊接 H 型钢》YB/T 3301—2005 及《结构用高频焊接薄壁 H 型钢》JG/T 137—2007。

3. 高层建筑钢结构中所用压型钢板宜采用碳素结构钢 Q235 和低合金结构钢 Q355 的热镀锌钢板。常用的为。

开口型压型钢板《建筑用压型钢板》GB/T 12755—2008

板型如图 17.2.1：

闭口型压型钢板

板型如图 17.2.2：

缩口型压型钢板，常用板型如图 17.2.3：

钢筋桁架板，常用板型如图 17.2.4：

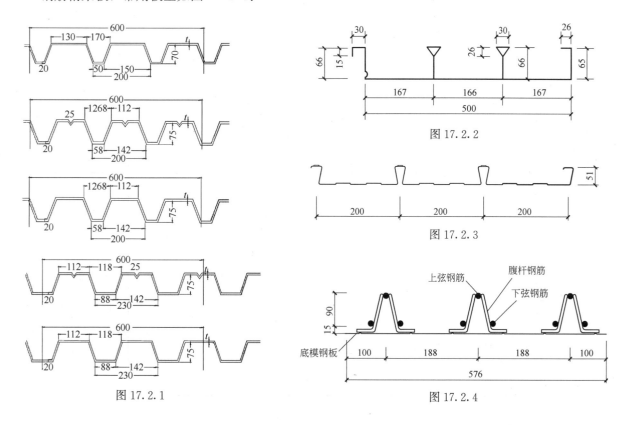

图 17.2.1

图 17.2.2

图 17.2.3

图 17.2.4

4. 栓钉应符合《电弧螺柱焊用圆柱头焊钉》GB/T 10433—2002 的规定。栓钉的直径规格宜选用 16、19mm，其长度不应小于 4 倍栓钉直径（生产规格为 100、120、130、150mm）。栓钉材料可采用国家标准《冷镦和冷挤压用钢》GB/T 6478—2015 规定的 ML15、ML15AI 钢制成。规格及强度如表 17.2.11 和表 17.2.12。

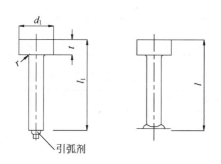

引弧剂

栓钉规格　　　　　　表 17.2.11

规格(mm)	直径 d(mm)		钉头直径 d₁(mm)		钉头最小厚度 t (mm)	杆长度加焊容量(mm)		r
	尺寸	公差	尺寸	公差		尺寸	公差	
10	10	+0.00 −0.20	18	±0.4	7	L+4	±1.6	2
13	13	+0.00 0.25	22		10	L+5		
16	16		29		10	L+5		
19	19	+0.00 −0.40	32		12	L+6		3
22	22		35		12	L+6		

栓钉的抗拉强度　　　　　　表 17.2.12

断后延伸率(%)	极限抗拉强度设计值 f_u(N/mm²)
≥14	≥400

5. 瓷环（表 17.2.13）

瓷环根据焊透情况分普通栓焊瓷环（F1 型）和穿透栓焊瓷环（F2 型）：

瓷环的规格、尺寸与公差　　　　　　表 17.2.13

焊钉直径 d		配用瓷环的尺寸与直径				规格
(mm)	d_F	公差	d_{F1}	d_{F2}	h	
8	8.3	+0.20 −0.00	12	14.5	1	F1 型瓷环:用于普通栓焊
10	10.3		17.5	2.	11	
13	13.3		18.0	23	12	
16	16.3		24.5	27	14	
19	19.5		27	31.5	18	
22	22.5		32	36.5	18.5	
13	13.3		23.5	27	16	F2 型瓷环:用于穿透栓焊
16	16.3		26	30	18	
19	19.5		31	36	18	

17.2.2　连接材料

高层建筑钢结构的连接材料应符合《钢结构设计标准》GB 50017—2017 第 4.2、第 4.3 条规定。

1. 焊接材料及焊缝强度设计值（表 17.2.14～表 17.2.16）

手工焊接焊条型号选用表　　　　　　表 17.2.14

钢材牌号	焊条型号	钢材牌号	焊条型号
Q235	E43××	Q390	E50×× E55××
Q355	E55××	Q420	E60××

自动焊和半自动焊焊接材料选用表　　　　　　表 17.2.15

钢材牌号	埋弧焊 SAW	实心焊丝气体保护焊 SCAW
Q235	GB/T 5293： F4XX-H08A GB/T 12470： F48XX-H08MnA	GB/T 8110： ER49-X ER50-X

续表

钢材牌号	埋弧焊 SAW	实心焊丝气体保护焊 SCAW
Q355 Q390	GB/T 5293： F5XX-H08MnA F5XX-H10Mn2 GB/T12470： F48XX-H08MnA F48XX-H10Mn2 F48XX-H10Mn2A	GB/T 8110： ER50-X ER55-X
Q420	F60X1-H10Mn2 F60X1-H08MnMoA	GB/T 8110： ER55-X

注：1. 表中 X 为对应焊材标准中的焊材类别；

2. 当所焊接头的板厚大于或等于 25mm 时，宜采用低氢型焊接材料。

焊缝的强度设计值（N/mm²）　　　　　表 17.2.16

焊接方法和焊条型号	构件钢材			对接焊缝				角焊缝
	牌号	厚度或直径 (mm)	抗压 f_c^w	焊接质量为下列等级时，抗拉 f_t^w		抗剪 f_v^w		抗拉、抗压 和抗剪 f_f^w
				一级、二级	三级			
自动焊、半自动焊和 E43 型焊条的手工焊	Q235 钢	≤16	215	215	185	125		160
		>16～40	205	205	175	120		
		>40～100	200	200	170	115		
自动焊、半自动焊和 E50 型焊条的手工焊	Q355 钢	≤16	305	305	260	175		200
		>16～40	295	295	250	170		
		>40～63	290	290	245	165		
		>63～80	280	280	240	160		
		>80～100	270	270	230	155		
自动焊、半自动焊和 E55 型焊条的手工焊	Q390 钢	≤16	345	345	295	200		220 (E50) 220 (E55)
		>16～40	330	330	280	190		
		>40～63	310	310	265	180		
		>63～100	295	295	250	170		
	Q420 钢	≤16	375	375	320	215		220 (E55) 240 (E60)
		>16～40	355	355	300	205		
		>40～63	320	320	270	185		
		>63～100	305	305	260	175		

注：1. 自动焊和半自动焊采用的焊丝和焊剂，应保证其熔敷金属的力学性能不低于《埋弧焊用非合金钢及细晶粒钢实心焊丝、药芯焊丝和焊剂组合分类要求》GB/T 5293—2018 和《埋弧焊用热强钢实心焊丝、药芯焊丝和焊丝-焊剂组合分类要求》GB/T 12470—2018 中相关的规定；

2. 焊缝质量等级应符合《钢结构工程施工质量验收标准》GB 50205—2020 的规定，其中厚度小于 6mm 钢材的对接焊缝，不应采用超声波探伤确定焊缝质量等级；

3. 对接焊缝在受压区的抗弯强度设计取值 f_c^w；在受拉区的抗弯强度设计值取 f_t^w；

4. 表中厚度系指计算点的钢材厚度，对轴心受拉和轴心受压构件系指截面中较厚板件的厚度。

2. 螺栓连接材料及强度设计值

高层建筑钢结构的螺栓连接中常用高强度螺栓连接，对一般次要的构件、临时固定以及可拆卸的结构采用普通螺栓连接。高层建筑钢结构承重构件的螺栓连接，应采用摩擦型高强度螺栓。

（1）普通螺栓规格，见表 17.2.17；其性能等级分为 4.6 级、4.8 级、5.6 级、8.8 级。

（2）高强度螺栓常用规格和机械性能见表 17.2.18 和表 17.2.19。

普通螺栓规格　　　　　　　　　　　　　　　　　　　表 17.2.17

螺栓规格	螺栓直径 d(mm)	螺栓有效面积 A_s(mm^2)
M12	12	84.3
M14	14	115
M16	16	156.7
M18	18	192.5
M20	20	244.8
M22	22	303.4
M24	24	352.5

高强度螺栓的等级和材料选用表　　　　　　　　　　　表 17.2.18

螺栓种类	螺栓等级	螺栓材料	螺母	垫圈	适用规格(mm)
扭剪型	10.9S	20MnTiB	35 号钢 10H	45 号钢 HRC35～45	$d=16$、20、(22)、24
大六角头型	10.9S	35VB	45 号、35 号钢	45 号、35 号钢	$d=12$、16、20、(22)、24、(27)、30
		20MnTiB	ML35		$d\leqslant24$
	8.8S	45 号、35 号钢	45 号、35 号钢	45 号、35 号钢	$d\leqslant20$
		20MnTiB	ML35		$d\leqslant24$

注：1. 表中螺栓直径为目前生产的规格，其中带括号者为非标准型，尽量少用；

2. 表中 20MnTiB、40B、15MnVTi 的化学成分应满足《合金结构钢》GB/T 3077—2015 的要求；35VB 尚应满足《钢结构用高强度大六角头螺栓、大六角螺母、垫圈技术条件》GB/T 1231—2006 附录 A 中表 A1 的要求；35 号、45 号钢应满足《优质碳素结构钢》GB/T 699—2015 的要求。

高强度螺栓机械性能　　　　　　　　　　　　　　　　表 17.2.19

性能等级	抗拉强度 σ_b (N/mm^2)	屈服强度 σ_{02}(N/mm^2)	伸长率 σ_5(%)	断面收缩率 ψ(%)	冲击吸收功 A_{KV2}(J)
		不小于			
10.9s	1040～1240	940	10	42	47
8.8s	830～1030	660	12	45	63

（3）螺栓连接的强度设计值（表 17.2.20～表 17.2.22）。

螺栓连接的强度设计值（N/mm^2）　　　　　　　　　表 17.2.20

螺栓的性能等级、锚栓和构件钢材的牌号		普通螺栓						锚栓	承压型连接的高强度螺栓			
		C 级螺栓			A 级、B 级螺栓							
		抗拉 f_t^b	抗剪 f_v^b	承压 f_c^b	抗拉 f_t^b	抗剪 f_v^b	承压 f_c^b	抗拉 f_t^b	抗拉 f_t^b	抗剪 f_v^b	承压 f_c^b	
普通螺栓	4.6 级、4.8 级	170	140	—	—	—	—	—	—	—	—	
	5.6 级	—	—	—	210	190	—	—	—	—	—	
	8.8 级	—	—	—	400	320	—	—	—	—	—	
锚栓 Q390	Q235 钢	—	—	—	—	—	—	140	—	—	—	
	Q355 钢	—	—	—	—	—	—	180	—	—	—	
承压型连接的高强度螺栓	8.8 级	—	—	—	—	—	—	—	400	250	—	
	10.9 级	—	—	—	—	—	—	—	500	310	—	
构件	Q235 钢	—	—	305	—	—	405	—	—	—	470	
	Q355 钢	—	—	385	—	—	510	—	—	—	590	
	Q390 钢	—	—	400	—	—	530	—	—	—	615	
	Q420 钢	—	—	425	—	—	560	—	—	—	655	

注：1. A 级螺栓用于 $d\leqslant24$mm 和 $l\leqslant10d$ 或 $l\leqslant150$mm（按较小值）的螺栓；B 级螺栓用于 $d>24$mm 和 $l>10d$ 或 $l>150$mm（按较小值）的螺栓。d 为公称直径，l 为螺栓杆公称长度；

2. A、B 级螺栓孔的精度和孔壁表面粗糙度，C 级螺栓孔的允许偏差和孔壁表面粗糙度，均应符合《钢结构工程施工质量验收标准》GB 50205—2020 的要求。

一个高强度螺栓的预拉力 P（kN）　　　　　　　表 17.2.21

螺栓的性能等级	螺栓公称直径(mm)					
	M16	M20	M22	M24	M27	M30
8.8 级	80	125	150	175	230	280
10.9 级	100	155	190	225	290	355

摩擦面的抗滑移系数 μ　　　　　　　　　表 17.2.22

在连接处构件接触面的处理方法	构件的钢号		
	Q235 钢	Q355 钢、Q390 钢	Q420 钢
抛丸(喷砂)	0.40	0.40	0.40
喷硬质石英砂或铸钢棱角砂	0.45	0.45	0.45
钢丝刷清除浮锈或未经处理的干净轧制表面	0.30	0.35	—

17.2.3 材料的选择

1. 承重结构的钢材应根据结构的重要性、荷载特征以及按抗震要求时构件所处的加强部位等不同情况选择钢材牌号和材质；由构造决定的非承重结构构件在保证抗拉强度要求下选择钢材牌号和材质（表 17.2.23）。

高层建筑钢结构的钢材选用　　　　　　　　表 17.2.23

结构类型	计算温度	连接方式	
		焊接结构	非焊接结构
抗震结构中承重结构	＞−20℃	Q235C,Q355	Q235B、C,Q355
	≤−20℃	Q235C,D,Q355	Q235C,D,Q355
非承重结构	—	Q235B	—

2. 高烈度（8 度及 8 度以上）抗震设防地区的主要承重钢结构，以及高层、大跨等建筑的主要承重钢结构所用的钢材宜按直接承受动荷载的结构钢材选用。当为下列应用条件时，其主要承重结构（框架、主桁架等）钢材的质量等级不宜低于 C 级，必要时还可要求碳当量（C_{eq}）的附加保证。

（1）设计安全等级为一级的工业与民用建筑钢结构；抗震等级为二级及以上的高层钢结构。

（2）抗震设防类别为甲级的建筑钢结构。

3. 8 度、9 度抗震设防的高层钢结构框架与抗侧力支撑所用厚板，宜选用符合《建筑结构用钢板》GB/T 19879—2015 的建筑结构用高性能钢板（GJ 钢）。

4. 板厚大于等于 40mm 的厚钢板 Z 向性能的要求见表 17.2.24。

厚钢板 Z 向性能　　　　　　　　　　　表 17.2.24

钢板厚度	$40≤t<60$	$60≤t<80$
Z 向性能	Z15	Z25

5. 国外钢材与国产钢材的对比（表 17.2.25）。

各国规范列入的主要钢种、钢号及机械性能对比　　　　表 17.2.25

国名	标准号	钢种	钢材牌号	屈服点 (N/mm²)	抗拉强度 (N/mm²)	伸长率 (%)	冷弯试验弯心直径 a 为试样厚度
中国	GB/T 700—2006	碳素钢	Q235	235	370~460	26	0.5a
	GB/T 1591—2018	低合金钢	Q355	355	≥510	21	2a~3a
						18	2a~3a

续表

国名	标准号	钢种	钢材牌号	屈服点 (N/mm²)	抗拉强度 (N/mm²)	伸长率 (%)	冷弯试验弯心直径 a 为试样厚度
美国	ASTM(1975)	碳素钢	A36	245	401～549	23	1.0a～1.5a
		低合金钢	A242	343	≥490	21	1.0a～1.5a
			A410	324	≥471	21	1.5a
			A441	343	≥490	21	1.0a～1.5a
日本	JIS 3103(1977)	碳素钢	SM41	245	402～510	24	1.0a
		低合金钢	SM5	324	490～608	22	1.5a
		碳素钢	SM53	363	520～637	19	1.5a
		低合金钢	SM58	461	569～716	20	1.5a
英国	BS 4360(1972)	碳素钢	Gr40	230	400～480	25	1.25a
			Gr43	245	430～510	26	1.5a
		低合金钢	Gr50	355	490～62	20	1.5a
			Gr55	450	550～700	19	2.0a
法国	NFA 305-501-77	碳素钢	E24(A37)	235	360～440	24	1.5a
			E26(A42)	255	410～490	23	1.5a～2.0a
		低合金钢	E36(A52)	355	510～610	20	2.5a～3.0a
			A70	370	690～830	10	
西德	DIN17100 (1970)	碳素钢	St37	235	363～441	25	1.0a
			St42	255	412～490	22	2.0a
		低合金钢	St52	353	510～608	22	2.0a
			St70	363	686～834	10	—
苏联	ГОСТ 380-75	碳素钢	CT3КЛ	235	363～461	27	0.5a
			CT3KC	245	382～480	26	0.5a
			CT3T КЛ	245	382～490	26	0.5a
	ГОСТ 19281-75	低合金钢	141Г²	333	≥461	21	2.0a
			15ХСНД	343	≥49 0	21	2.0a
			10ХСНД	392	≥530	19	2.0a

6. 表17.2.26列出了目前国外常用的结构钢材标准，以方便查用。

国外常用结构钢材标准　　　　　　　　　　　　　　　　　　　表 17.2.26

类别	名称	主要钢材牌号或级别
美国标准(ASTM)	《碳素结构钢》ASTM A36/A36M—2008	A36(250MPa) C≤0.25%～0.29%
	《高强度低合金钢》ASTM A242/A242M—2009	345、380(板宽≤335mm) C≤0.27%
	《高强度低合金钢》ASTM A572/A572M—2007	共有290(42)、345(50)、380(55)、415(60)、450(65) 等牌号(级别)，其板(棒)材最大厚度依次为 152、101、50、32、32(mm)，强度不因厚度折减 C≤0.21%～0.26%

类别	名称	主要钢材牌号或级别
欧洲标准（EN）	《热轧结构钢》EN 10025 部分 1：交货技术条件 EN 10025：1-2005 部分 2：非合金结构钢交货技术条件 EN 10025：2-2005 部分 3：正火/正火轧制可焊接细晶粒钢交货技术条件 EN 10025：3-2004 部分 4：热轧可焊接细晶粒结构钢交货技术条件 EN 10025：4-2004 部分 5：耐候结构钢交货技术条件 EN 10025：5-2005	共有 S235、S275、S335、S450 4 个牌号，耐候钢仅前 3 个牌号有工艺性能、碳当量保证
	《非合金和细晶粒结构钢的最终热成型管材》EN 10210-2006	S275、S355、S460
	《非合金和细晶粒结构钢的冷成型管材》EN 10219-2006	S275、S355、S460
日本标准（JIS）	《普通结构用轧制钢材》JIS G3101-2010	SS400、SS490、SS540
	《焊接结构用轧制钢材》JIS G3106-2008	SM400、SM490、SM520、SM570
	《建筑结构用轧制钢材》JIS G3136-2005	SN400、SN490，有屈强比、碳当量及 Z 向性能保证

17.3 连接

17.3.1 焊接连接

1. 基本要求

焊接连接有角焊缝连接和对接焊缝连接，对接焊缝连接中分全焊透焊缝连接和部分焊透焊缝连接。

（1）焊缝金属宜与基本金属相适应。当不同强度的钢材连接时，可采用与低强度钢材相适应的焊接材料。

（2）高层钢结构连接当采用焊接时应以自动焊和半自动焊为主，手工焊为辅；以工厂焊接为主，现场焊接为辅。

（3）焊缝的坡口形式与尺寸应符合《气焊、焊条电弧焊、气体保护焊和高能束焊的推荐坡口》GB 985.1—2008 和《埋弧焊的推荐坡口》GB 985.2—2008 的规定，或选用其他适用的规定。

（4）在设计中不得任意加大焊缝，避免焊缝立体交叉和在一处集中大量焊缝；同时，焊缝的布置应尽可能对称于构件形心轴。

注：钢板的拼接，当采用对接焊缝时，其纵横两方向的对接焊缝，可采用十字形交叉或 T 形交叉；当为 T 形交叉时，交叉点间距不得小于 200mm。

（5）新研发的焊接材料用于实际工程时，应经产品鉴定并提供焊接工艺评定报告与性能检测证明等文件，对重要工程的首次应用宜经专家论证。同时，焊接结构用新品种钢材的鉴定文件中，应包括其焊接性能评定及适配焊材与焊接性能试验报告等内容。施工单位首次采用的钢材、焊接材料、焊接方法、接头形式、焊接位置、焊后热处理制度以及焊接工艺参数、预热和后热措施等各种参数的组合条件，应在钢结构构件制作及安装施工之前进行焊接工艺评定。

2. 焊缝截面形式

（1）角焊缝截面分直角角焊缝截面（图 17.3.1）和斜角角焊缝截面（图 17.3.2）。

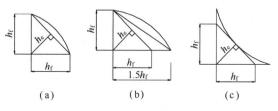

图 17.3.1 直角角焊缝截面

（a）等焊脚；（b）不等焊脚；（c）凹面角焊缝

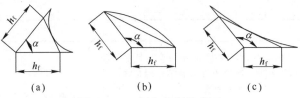

图 17.3.2　斜角角焊缝截面

(a) 锐角角焊缝；(b)、(c) 钝角角焊缝

（2）对接焊缝截面分部分焊透焊缝截面（图 17.3.3）和全焊透焊缝截面（图 17.3.4）。

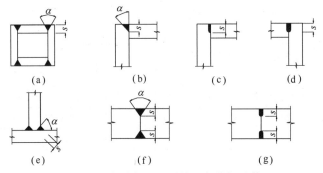

图 17.3.3　部分焊透的对接和角接焊缝截面

(a)、(b)、(e)、(f) V 形坡口；(c) J 形坡口；(d)、(g) U 形坡口

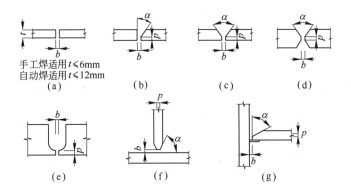

图 17.3.4　全焊透焊缝截面

(a) 直线形坡口；(b)、(c)、(d)、(f)、(g) V 形坡口；(e) U 形坡口

b：有垫板时 6～9mm，无垫板时 2～4mm；p：2～4mm

焊接接头形式及尺寸　　　　　　　　　　　　　　　　　表 17.3.1

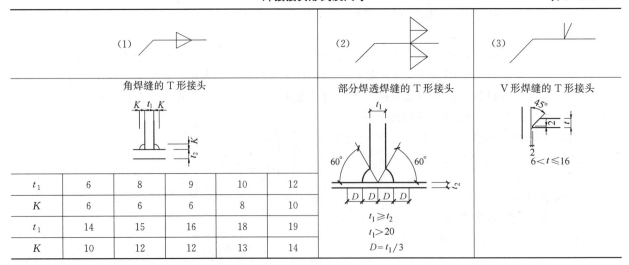

t_1	6	8	9	10	12
K	6	6	6	8	10
t_1	14	15	16	18	19
K	10	12	12	13	14

续表

(4)	(5)	(6)

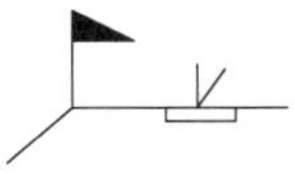

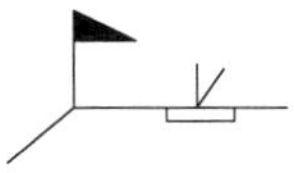

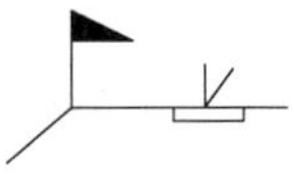

有垫板单边 V 形焊缝对接接头

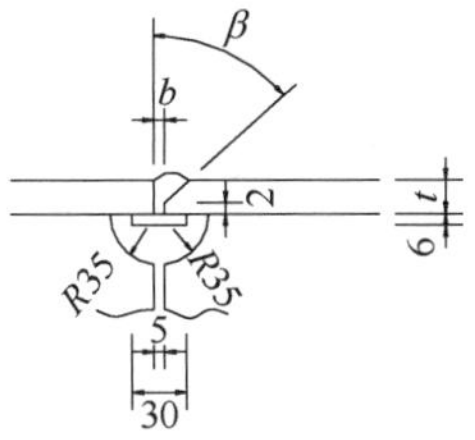

有垫板 V 形焊缝 T 形接头

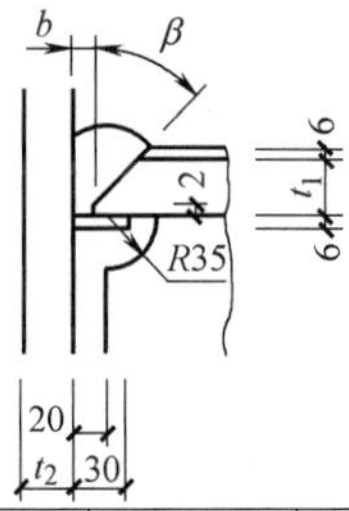

t	β	b	t	β	b	t	β	b
6～12	45°	6	6～12	45°	6	6～12	45°	6
≥13	35°	9	≥13	35°	9	≥13	35°	9

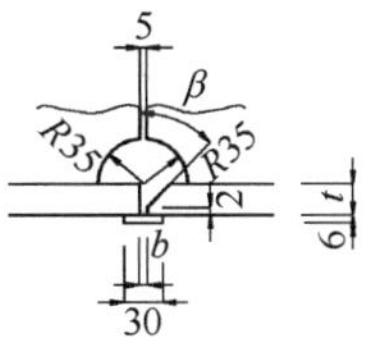

(7)	(8)	(9)

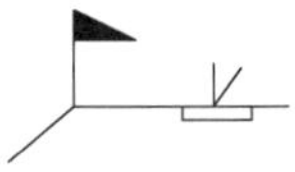

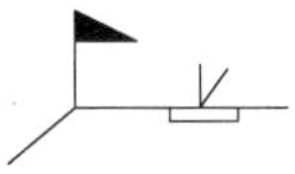

有垫板单边 V 形横焊缝接头

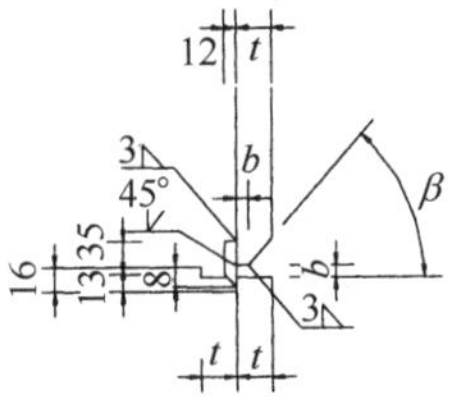

电渣焊接头

t	β	b	t_1	β	b
6～12	45°	6	6～12	45°	6
≥13	35°	9	≥13	35°	9

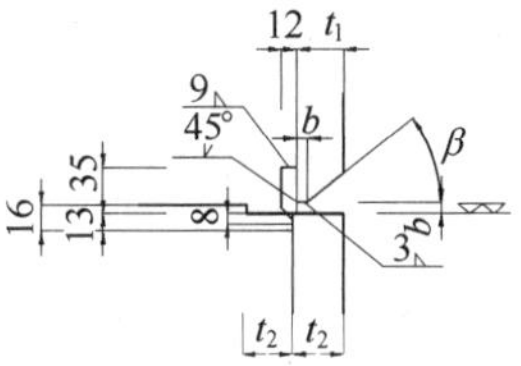

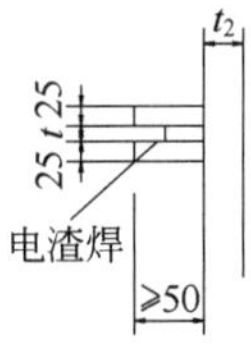

(10)	(11)	(12)

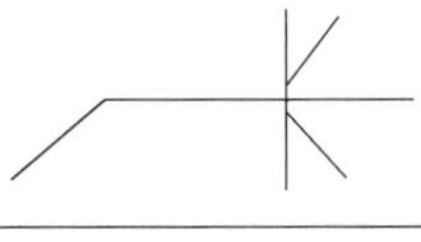

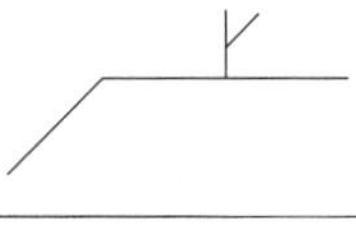

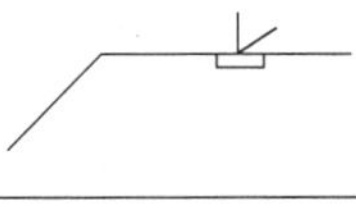

双 V 形焊缝 T 形接头

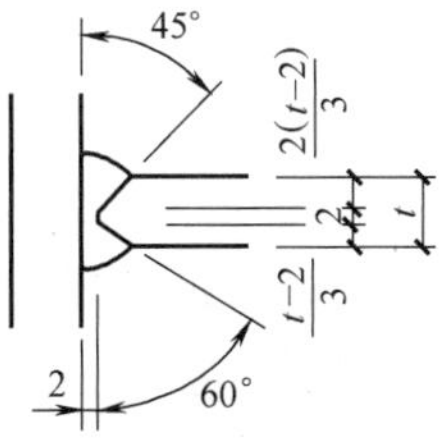

$t>16$

V 形不焊透 T 形接头

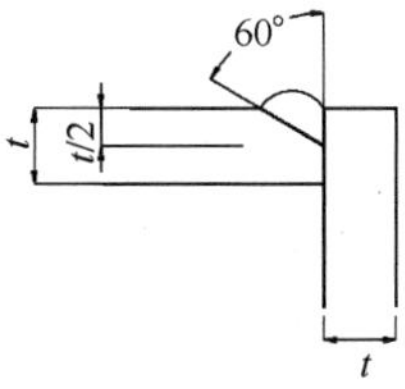

V 形全焊透 T 形接头

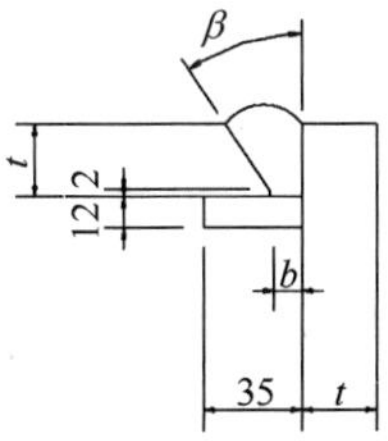

t	β	b
≤36	45°	6
≥38	35°	9

(13)	(14)	(15)

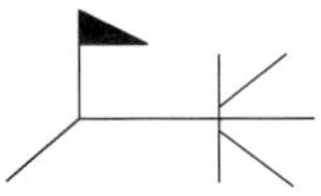

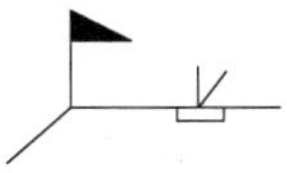

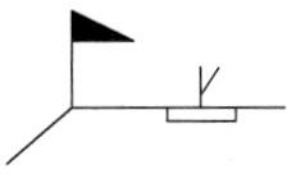

续表

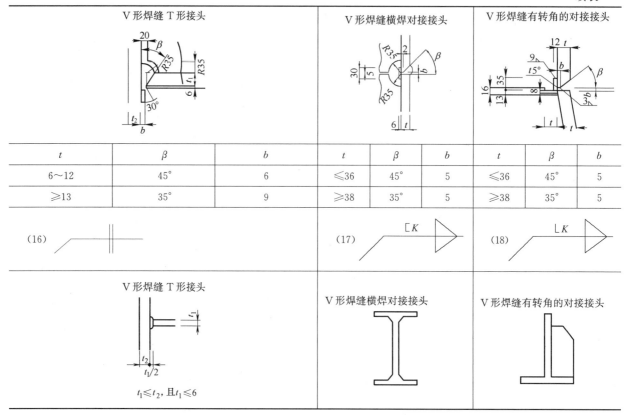

t	β	b	t	β	b	t	β	b
6~12	45°	6	≤36	45°	5	≤36	45°	5
≥13	35°	9	≥38	35°	5	≥38	35°	5

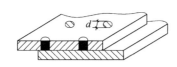

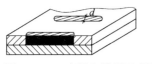

图17.3.5 塞焊和槽焊示意图

（3）高层钢结构常用焊接接头形式及尺寸，焊缝截面形式详见表17.3.1。

（4）塞焊和槽焊：用于搭接接头内的剪力传递，防止搭接的部件屈曲，以及连接组合构件中的部件（图17.3.5）。

3. 焊缝等级

焊缝应根据结构的重要性、荷载特性、焊缝形式、工作环境以及应力状态等情况，按下述原则分别选用不同的质量等级。

（1）在需要进行疲劳计算的构件中，凡对接焊缝均应焊透，其质量等级为：

① 作用力垂直于焊缝长度方向的横向对接焊缝或T型对接与角接组合焊缝，受拉时应为一级，受压时应为二级；

② 作用力平行于焊缝长度方向的纵向对接焊缝应为二级。

（2）不需要计算疲劳的构件中，凡要求与母材等强的对接焊缝应予焊透，其质量等级当受拉时应不低于二级，受压时宜为二级。

（3）重级工作制和起重量Q≥50t的中级工作制吊车梁的腹板与上翼缘之间以及吊车桁架上弦杆与节点板之间的T形接头焊缝均要求焊透，焊缝形式一般为对接与角接的组合焊缝，其质量等级不应低于二级。

（4）不要求焊透的T形接头采用的角焊缝或部分焊透的对接与角接组合焊缝，以及搭接连接采用的角焊缝，其质量等级为：

① 对直接承受动力荷载且需要验算疲劳的结构和吊车起重量等于或大于50t的中级工作制吊车梁，焊缝的外观质量标准应符合二级；

② 对其他结构，焊缝的外观质量标准可为三级。

钢框架梁与框架柱节点区焊缝的要求：梁翼缘与柱翼缘间应采用全熔透坡口焊缝；抗震等级为一、二级时，应检验焊缝的 V 形切口冲击韧性，其夏比冲击韧性在－20℃时不低于 27J。

框架结构梁柱支撑的拼接焊缝、节点区域内截面组合焊缝均采用坡口全熔透焊缝，焊缝质量等级应为一级。

4. 焊缝构造及连接计算

（1）角焊缝。

角焊缝两焊脚边的夹角 α 一般为 90°（直角角焊缝）。夹角 $\alpha>135°$ 或 $\alpha<60°$ 的斜角角焊缝，不宜用作受力焊缝（钢管结构除外）。角焊缝的尺寸应符合下列要求：

① 角焊缝的焊脚尺寸 h_f（mm）不得小于 $1.5\sqrt{t}$，t（mm）为较厚焊件厚度（当采用低氢型碱性焊条施焊时，t 可采用较薄焊件的厚度）。但对埋弧自动焊，最小焊脚尺寸可减小 1mm；对 T 形连接的单面角焊缝，应增加 1mm。当焊件厚度等于或小于 4mm 时，则最小焊脚尺寸应与焊件厚度相同。

② 角焊缝的焊脚尺寸不宜大于较薄焊件厚度 1.2 倍（钢管结构除外），但板件（厚度为 t）边缘的角焊缝最大焊脚尺寸，尚应符合下列要求：

当 $t\leqslant6$mm 时，$h_f\leqslant t$；

当 $t>6$mm 时，$h_f\leqslant t-(1\sim2)$mm

圆孔或槽孔内的角焊缝焊脚尺寸尚不宜大于圆孔直径或槽孔短径的 1/3。

③ 角焊缝的两焊脚尺寸一般为相等。当焊件的厚度相差较大且等焊脚尺寸不能符合本条①、②款要求时，可采用不等焊脚尺寸，与较薄焊件接触的焊脚边应符合本条②款的要求；与较厚焊件接触的焊脚边应符合本条①款的要求。

④ 侧面角焊缝或正面角焊缝的计算长度不得小于 $8h_f$ 和 40mm。

⑤ 侧面角焊缝的计算长度不宜大于 $60h_f$，当大于上述数值时，其超过部分在计算中不予考虑。若内力沿侧面角焊缝全长分布时，其计算长度不受此限。

⑥ 在直接承受动力荷载的结构中，角焊缝表面应做成直线形或凹形。焊角尺寸的比例：对正面角焊缝宜为 1：1.5（长边顺内力方向）；对侧面角焊缝可为 1：1。

⑦ 在次要构件或次要焊缝连接中，可采用断续角焊缝。断续角焊缝的长度不得小于 $10h_f$ 或 50mm，其净距不应大于 $15t$（对受压构件）或 $30t$（对受拉构件），t 为较薄焊件的厚度。

⑧ 当板件的端部仅有两侧面角焊缝连接时，每条侧面角焊缝长度不宜小于两侧面角焊缝之间的距离；同时两侧面角焊缝之间的距离不宜大于 $16t$（当 $t>12$mm）或 190mm（当 $t\leqslant12$mm），t 为较薄焊件的厚度。

⑨ 杆件与节点板的连接焊缝（图 17.3.6）宜采用两面侧焊。也可用三面围焊，对角钢杆件可采用 L 形围焊，所有围焊的转角处必须连续施焊。

⑩ 当角焊缝的端部在构件转角处做长度为 $2h_f$ 的绕角焊时，转角处必须连续施焊。

（2）直角角焊缝的强度应按下列公式计算。

在通过焊缝形心的拉力、压力和剪力作用下：

当力垂直于焊缝长度方向时，

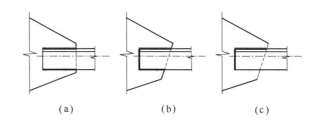

图 17.3.6　杆件与节点板的连接焊缝
（a）两面侧焊；（b）三面围焊；（c）L 形围焊

$$\sigma_f=\frac{N}{h_e l_w}\leqslant\beta_f f_f^w \tag{17.3.1}$$

当力平行于焊缝长度方向时，

$$\tau_f=\frac{N}{h_e l_w}\leqslant f_f^w \tag{17.3.2}$$

在其他力或各种综合力作用下，σ_f 和 τ_f 共同作用处，

$$\sqrt{\left(\frac{\sigma_f}{\beta_f}\right)^2 + \tau_f^2} \leqslant f_f^w \tag{17.3.3}$$

在公式（17.3.1）～公式（17.3.3）中，

σ_f——垂直于焊缝长度方向的应力，按焊缝有效截面（$h_e l_w$）计算；

τ_f——沿焊缝长度方向的剪应力，按焊缝有效截面计算；

h_e——角焊缝的计算厚度，对直角角焊缝等于 $0.7h_f$，h_f 为较小焊脚尺寸；

l_w——角焊缝的计算长度，对每条焊缝取其实际长度减去 $2h_f$；

f_f^w——角焊缝的强度设计值；

β_f——正面角焊缝的强度设计值增大系数；对承受静力荷载和间接承受动力荷载的结构 $\beta_f=1.22$；对直接承受动力荷载的结构 $\beta_f=1.0$。

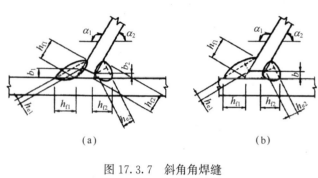

图 17.3.7　斜角角焊缝

(a) 不等间隙；(b) 等间隙

（3）斜角角焊缝的强度计算。

两焊脚边夹角 α，当为 $60°\leqslant\alpha\leqslant135°$ 的 T 形接头，其斜角角焊缝（图 17.3.7）的强度应按公式（17.3.1）～公式（17.3.3）计算，但取 $\beta_f=1.0$，其计算厚度为：$h_e=h_f\cos\dfrac{a}{2}$（根部间隙 b、b_1 或 $b_2\leqslant1.5$mm）或 $h_e=\left[h_f-\dfrac{b(\text{或}b_1,b_2)}{\sin a}\right]\cos\dfrac{a}{2}$（$b$、$b_1$ 或 $b_2>1.5$mm 但 $\leqslant5$mm）。

（4）焊透焊缝计算。

在对接接头和 T 形接头中，垂直于轴心拉力或轴心压力的对接焊缝，其强度应按下式计算：

$$\sigma=\frac{N}{l_w t}\leqslant f_t^w \text{ 或 } f_c^w \tag{17.3.4}$$

式中　N——轴心拉力或轴心压力；

l_w——焊缝长度；

t——在对接接头中为连接件的较小厚度；在 T 形接头中为腹板的厚度；

f_t^w、f_c^w——对接焊缝的抗拉、抗压强度设计值。

（5）部分焊透焊缝计算。

部分焊透的对接焊缝 [图 17.3.8（a）、（b）、（d）、（e）] 强度，应按角焊缝的计算公式（17.3.1）～公式（17.3.3）计算，在垂直于焊缝长度方向的压力作用下，取 $\beta_f=1.22$，其他受力情况取 $\beta_f=1.0$，其计算厚度应采用：

V 形坡口 [图 17.3.8（a）]：当 $\alpha\geqslant60°$ 时，$h_e=s$；当 $\alpha<60°$ 时，$h_e=0.75s$。

单边 V 形和 K 形坡口 [图 17.3.8（b）、（c）]：当 $\alpha=45°\pm5°$，$h_e=s-3$。

U 形、J 形坡口 [图 17.3.8（d）、（e）]：$h_e=s$。

s 为坡口深度，即根部至焊缝表面（不考虑余高）的最短距离（mm）；α 为 V 形、单边 V 形或 K 形坡口角度。

当熔合线处焊缝截面边长等于或接近于最短距离

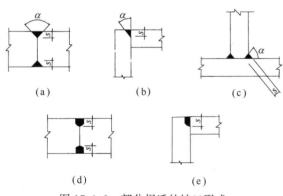

图 17.3.8　部分焊透的坡口形式

(a)、(b) V 形坡口；(c) K 形坡口

(d) U 形坡口；(e) J 形坡口

s 时 [图 17.3.8（b）、（c）、（e）]，抗剪强度设计值应按焊缝的强度设计值乘以 0.9。

（6）塞焊和槽焊焊缝计算。

抗剪强度

$$\tau_f = \frac{N}{h_e l_w} \leqslant 0.3 f_f^w \tag{17.3.5}$$

f_f^w 为对接焊缝的抗拉强度设计值。

17.3.2 螺栓连接

1. 基本要求。

（1）高层钢结构承重构件的螺栓连接宜采用高强度螺栓摩擦型连接。

（2）螺栓头或螺母表面与构件表面成倾斜，且坡度大于 1/20 时，应设置斜垫圈。

（3）采用高强度螺栓摩擦型连接，当板厚不同需设置填板时，填板表面处理应与构件表面处理相同，且其材质不得低于构件材质。

（4）对直接承受动力荷载的普通螺栓连接，应采用双螺帽或其他防止螺帽松动的有效措施。

（5）当型钢构件的拼接采用高强度螺栓连接时，其拼接件宜采用钢板。

（6）每一个杆件在节点以及拼接接头的一端，永久性的螺栓不宜少于两个。

2. 螺栓开孔。

（1）高强度螺栓应采用钻成孔，孔径应满足表 17.3.2 的要求。

高强度螺栓连接（mm） 表 17.3.2

螺栓直径	孔径直径	螺栓直径	孔径直径	螺栓直径	孔径直径
$d \leqslant 16$	$d+1.5$	$d=20\sim24$	$d+2.0$	$d=27\sim30$	$d+3$

（2）螺栓连接要求开扩大孔或椭圆孔时，孔洞尺寸应不超过表 17.3.3 的规定。

高强度螺栓连接的孔型尺寸匹配（mm） 表 17.3.3

螺栓公称直径			M16	M20	M22	M24	M27
孔径	标准孔	直径	17.5	22	24	26	30
	大圆孔	直径	20	24	28	30	35
	椭圆孔	短向	17.5	22	24	26	30
		长向	30	37	40	45	50

3. 螺栓的排列。

（1）螺栓排列的最大、最小间距限值应符合表 17.3.4 的要求：

螺栓的最大、最小距离限值 表 17.3.4

名称	位置和方向			最大允许距离（取两者的较小值）	最小允许距离
中心距离	任意方向	外排		$8d_0$ 或 $12t$	$3d_0$
		中间排	构件受压力	$12d_0$ 或 $18t$	
			构件受拉力	$16d_0$ 或 $24t$	
中心至构件边缘距离	垂直内力方向	顺内力方向		$4d_0$ 或 $8t$	$2d_0$
		切割边			$1.5d_0$
		轧制边	高强度螺栓		
			其他螺栓或铆钉		$1.2d_0$

注：1. d_0 为螺栓或铆钉的孔径，对槽孔为短向尺寸，t 为外层较薄板件的厚度。

2. 钢板边缘与刚性构件（如角钢、槽钢等）相连的螺栓或铆钉的最大间距，可按中间排的数值采用。

4. 螺栓连接计算。

(1) 高强度螺栓摩擦型连接计算:

① 在抗剪连接中每个高强度螺栓承载力,按下式计算:

$$N_v^b = 0.9kn_f\mu P \tag{17.3.6}$$

式中 k——孔形系数,标准孔取 1.0;大圆孔取 0.85;内力与槽孔长向垂直时取 0.7;内力与槽孔长向平行时取 0.6

n_f——传力摩擦面数目;

μ——摩擦面的抗滑移系数,按表 17.2.9 采用;

P——每个高强度螺栓的预拉力,按表 17.2.8 采用。

② 在杆轴方向受拉连接中每个高强度螺栓承载力,按下式计算:

$$N_t^b = 0.8P \tag{17.3.7}$$

③ 当高强度螺栓摩擦型连接同时承受摩擦面间的剪力和螺栓杆轴方向的外拉力时,其承载力应按下式计算:

$$\frac{N_v}{N_v^b} + \frac{N_t}{N_t^b} \leqslant 1 \tag{17.3.8}$$

式中 N_v、N_t——一个高强度螺栓所承受的剪力和拉力;

N_v^b、N_t^b——一个高强度螺栓的受剪、受拉承载力设计值。

(2) 高强度螺栓承压型连接计算:

① 在抗剪连接中,每个高强度螺栓承载力设计值取下列两式承载力设计值中较小值:

$$N_v^b = n_v \frac{\pi d^2}{4} f_v^b \tag{17.3.9}$$

$$N_c^b = d \sum t f_c^b \tag{17.3.10}$$

式中 n_v——受剪面数目;

d——螺栓杆直径,当剪切面在螺纹处,为螺纹处有效直径 d_e;

f_v^b——螺栓抗剪强度设计值;

$\sum t$——在同一受力方向的承载构件的较小总厚度;

f_c^b——螺栓抗压强度设计值;

N_v^b——每个螺栓受剪承载力设计值;

N_c^b——每个螺栓承压承载力设计值。

② 在杆轴方向受拉连接中,每个高强度螺栓承载力设计值按下式计算:

$$N_t^b = \frac{\pi d_e^2}{4} f_t^b \tag{17.3.11}$$

③ 当同时有以上两种情况作用时,每个高强度螺栓所能承受的剪力和拉力应同时满足下式:

$$\sqrt{\left(\frac{N_v}{N_v^b}\right)^2 + \left(\frac{N_l}{N_t^b}\right)^2} \leqslant 1 \tag{17.3.12}$$

$$N_v \leqslant \frac{N_c^b}{1.2} \tag{17.3.13}$$

在构件的节点处或拼接接头的一端,当螺栓沿轴向受力方向的连接长度 l_1 大于 $15d_0$ 时,应将螺栓的承载力设计值乘以折减系数 $\left(1.1 - \frac{l_1}{150d_0}\right)$。当 l_1 大于 $60d_0$ 时,折减系数为 0.7,d_0 为孔径。

5. 在下列情况的连接中,螺栓的数目应予增加。

(1) 一个构件借助填板或其他中间板件与另一构件连接的螺栓(摩擦型连接的高强度螺栓除外)数

目，应按计算增加 10%。

（2）当采用搭接或拼接的单面连接传递轴心力，因偏心引起连接部位发生弯曲时，螺栓（摩擦型连接的高强度螺栓除外）数目，应按计算增加 10%。

17.3.3　连接选择

1. 在高层钢结构中，允许部分构件的连接中同时采用高强度螺栓与焊缝组合的组合连接。

2. 采用摩擦型高强度螺栓与焊缝组合连接时，计算时可以考虑和焊缝同时承担剪应力。

3. 在高强度螺栓采用摩擦型连接并与焊缝组合连接的接头中，应使组合的合力中心与外力中心重合。

4. 在计算温度小于 −20℃ 的低温条件下宜采用高强度螺栓连接。

5. 对下列情况和部位应采用全焊透焊接连接。

（1）要求与母材等强度连接。

（2）框架节点塑性区段内的焊接连接。

6. 在承受动力荷载的结构中，垂直于受力方向的焊缝不宜用部分焊透的对接焊缝。

7. 在次要构件或次要焊缝连接中，可采用断续角焊缝。断续角焊缝之间净距，不应大于 $15t$（对受压构件）或 $30t$（对受拉构件），t 为较薄焊件的厚度。

8. 在高强度螺栓承压型连接中，不允许采用扩大孔或椭圆孔。在高强度螺栓摩擦型连接中，允许采用扩大孔或椭圆孔，但必须配以专用的硬化垫圈，不得使用普通垫圈。

9. 对以下的连接应采用高强度螺栓摩擦型连接或焊接连接：

（1）高度在 60m 以上的高层建筑钢结构的柱拼接。

（2）高度在 30~60m 之间高层建筑钢结构，其高宽比大于 2.5 时，其柱的拼接。

（3）高度在 40m 以上的高层建筑钢结构，梁同柱的所有连接。

参 考 文 献

[1]　钢结构设计标准：GB 50017—2017 [S]. 北京：中国建筑工业出版社，2017.

[2]　但泽义，柴昶等. 钢结构设计手册 [M]. 4 版. 北京：中国建筑工业出版社，2019.

第18章 结构体系及布置

18.1 结构体系

18.1.1 结构体系分类

高层建筑钢结构及混合结构主要有以下几种基本体系。

（1）框架结构；

（2）框架-支撑：包括框架-中心支撑、框架-偏心支撑和框架-防屈曲约束支撑结构；

（3）筒体结构：包括框筒、筒中筒、桁架筒、斜交网格筒和束筒结构；

（4）框架-混凝土核心筒体结构：包括钢框架-混凝土核心筒体及型钢混凝土框架-混凝土核心筒体结构；

（5）巨型结构：包括巨型框架结构、巨型框架-支撑结构及巨型支撑外框筒结构。

1. 钢框架结构体系

双向均以钢梁柱构成的框架作为承重和抗侧力构件。一般梁柱连接均采用刚接；该结构体系建筑布置灵活，构造简单，施工周期短，各个部分刚度比较均匀，具有较大延性，抗震性能好；适用高度在30层以下楼房是经济合理的；柱网形式根据使用要求及建筑平面形状确定，其基本形式一般可分为：双向大柱网和单向大柱网两种，主梁方向的最经济跨度为6～12m，次梁方向为7～12m。

钢框架结构体系结构平面布置如图18.1.1。

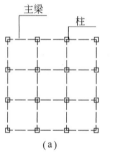
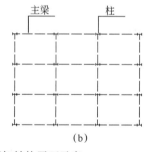

(a)　　　　　　　(b)

图 18.1.1　框架结构平面示意

(a) 双向大柱网；(b) 单向大柱网

2. 钢框架-支撑

除框架本身作为抗侧力结构外，另外增加其他抗侧力构件，共同组成抗侧力的体系；如增加支撑或钢板剪力墙等，具有提高结构抗震设防能力，减少结构侧移的特点，适用于30层以上的一般高层建筑。有以下几种形式：

钢框架-支撑（或钢板剪力墙）结构

以钢框架和支撑（或剪力墙）作为双重抗侧力构件，钢框架应为刚接框架；支撑可选用中心支撑、偏心支撑，剪力墙可选用内藏钢板剪力墙、带竖缝混凝土剪力墙板或钢板剪力墙。

中心支撑一般适用于抗风结构以及抗震烈度较低的抗震结构。偏心支撑和剪力墙适用抗震烈度较高的抗震结构。

支撑的布置同时考虑建筑空间的使用要求和结构的抗侧刚度要求，宜在平面两个方向上对称布置，竖向宜连续布置。

支撑可以是在同跨内设置支撑，也可以是越层错跨设置支撑。

钢框架-支撑结构体系平面布置如图18.1.2及图18.1.3。

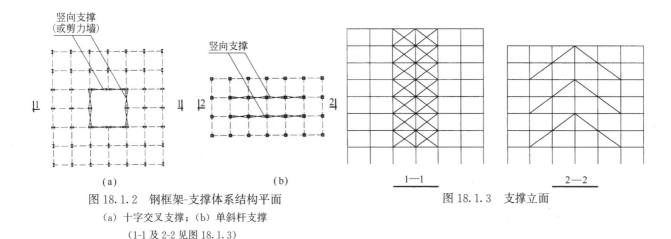

图 18.1.2　钢框架-支撑体系结构平面
(a) 十字交叉支撑；(b) 单斜杆支撑
(1-1 及 2-2 见图 18.1.3)

图 18.1.3　支撑立面

3. 筒体结构体系

(1) 框筒结构

一般在建筑物周边由密柱裙梁组成的外框筒作为主要抗侧力结构；柱合理间距为 3.00～3.50m 左右，在建筑上，内部形成较大的空间；在结构上，具有较大的抗侧刚度和较好的变形能力。

方形框筒在整个结构承受水平力时，两边角部位与中间部位相比存在剪力滞后效应，可通过加设支撑来解决，或加大框筒四角柱截面面积，面积宜为其他柱截面的 1.5～2.0 倍。结构平面布置上边长比不宜过大，以不超过 1.5 为宜。

① 钢框筒结构体系平面布置如图 18.1.4。

② 采用密柱钢筋混凝土外框筒的筒中筒结构，由于外框筒对建筑立面的影响较大，目前工程中已较少采用。实际应用更多的是混合结构。

(2) 束筒结构

由多个单元框筒组合而成的结构，抗侧力刚度较大，适用于较大平面的超高层建筑。承受水平力时，只存在较小的剪力滞后效应。

其柱距布置同外框筒结构。

束筒结构平面及外立面，详见图 18.1.6。

(3) 斜交网格筒体结构

作为一种比较新颖的高层钢结构体系，斜交网格筒体有着其独特的受力性能。

① 斜交网格筒体中，斜杆是主要的竖向受力构件，同时也提供较大比例的侧向刚度。

② 斜杆汇交层指斜杆端部汇交处同时与水平楼面梁相交的楼层。仅在竖向荷载下，水平梁就会不同程度地承受轴向拉力，该拉力的分布有斜杆汇交层大、其余楼层小（其余楼层指斜杆跨越的楼层），两边大、中间小，下部大、上部小的特点。

③ 结构的抗侧刚度主要取决于斜杆的截面面积及斜杆的倾斜角度，对杆端的约束形式、梁的截面尺寸等的反应不敏感。

④ 斜交网格筒体在水平和竖向荷载共同作用下均表现出明显的空间受力特征，建筑的平面形状对其空间性能有显著影响，圆弧形或各边夹角大于 90°的多边形平面，其斜杆传力途径没有明显的转折，有利于体系的受力。

⑤ 当与剪力墙芯筒组合成筒中筒结构时，与常规密柱深梁型筒中筒结构相比，斜交网格筒的刚度优势并不明显；而当与内框架组合作为主要抗侧力构件时，同密柱深梁外筒内框架结构相比较，其刚度优势非常明显。

斜交网格筒体结构总体上是一种刚度较大、延性较差的结构体系，如何通过对其本身梁柱截面关系的调整、与不同内核合理的刚度搭配，以及如何根据斜杆材料的受压恢复力特征的优化，提高体系的塑性耗能能力，是一个值得引起关注的问题。斜交网格筒体结构模型三维图和内筒立面见图 18.1.5。

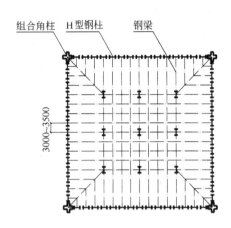

3000～3500

组合角柱　H型钢柱　钢梁

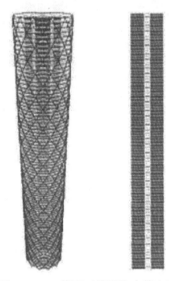

图18.1.4　方形平面框筒结构标准层结构布置图　　　　图18.1.5　模型三维图和内筒立面

对于采用斜交网格筒体结构，有以下建议：在以承受风荷载为主（包括台风）的低烈度设防区，斜交网格筒体结构由于其出色的抗侧刚度，不失为一种可选择的结构体系。当在较高烈度地震设防区，必须对其大震下的结构性能进行研究。建筑平面的选择对体系受力影响明显，必须十分重视。

① 在高层斜交网格筒-核心筒结构中，构件的屈服顺序为内筒连梁最先屈服，外网格筒立面斜杆为第二批屈服的构件，核心筒受力墙肢为最后发展塑性的构件。这样的构件屈服顺序与常规体系相比存在较明显的差异，在该类型体系的大震分析中应给予足够重视。

② 斜交网格外筒中斜杆以轴向拉压受力为主，在强烈地震作用下，斜杆发展塑性后仍以轴向拉压屈服机制为主，弯曲效应对斜柱受力的影响相对较小。在对该类型体系进行抗震性能设计和抗震性能目标选取时应充分考虑斜杆的这一受力特点。

4. 框架-钢筋混凝土筒体（剪力墙）结构

（1）钢框架-混凝土剪力墙结构

以钢框架和现浇混凝土剪力墙作为双重抗侧力构件。

钢框架-混凝土剪力墙结构的变形特点是框架以剪切变形为主、剪力墙以弯曲变形为主，两者并联，互为补充。由于混凝土剪力墙承受较大部分水平力，钢框架用钢量较省。现浇剪力墙的布置应同时考虑建筑的功能要求和结构的抗侧刚度要求。

钢框架-混凝土剪力墙体系结构平面布置，详见图18.1.7。

（2）钢框架-混凝土核心筒结构

以混凝土核心筒和框架作为双重抗侧力构件，其实质也是钢框架-混凝土剪力墙结构中的一种特殊形式：即混凝土剪力墙集中在核心形成筒体，作为建筑的电梯间、楼梯间、设备管道井。使用上较为灵活。其变形特点及经济性与钢框架-混凝土剪力墙结构类似。

钢框架-混凝土核心筒体系结构平面详见图18.1.8。

（3）钢框筒-混凝土核心筒

由钢框筒及内混凝土核心筒组成的结构；内外之间楼板梁连接一般为铰接，在结构布置上：

① 内筒也可为框筒，其柱距宜与外筒相同；

② 房屋高宽比不宜小于4；

③ 内筒边长（直径）不宜小于外筒边长（直径）的1/3；

④ 内外筒之间进深一般取10～15m；

⑤ 当外框筒为方形框筒时，角柱截面面积宜为其他柱截面面积的1.5～2.0倍。

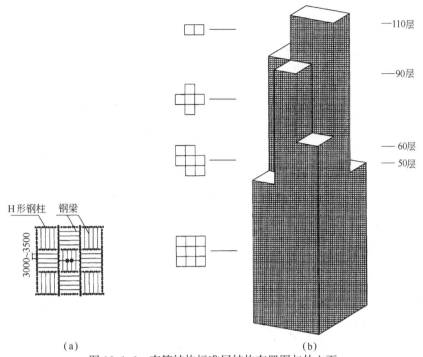

图 18.1.6 束筒结构标准层结构布置图与外立面

(a) 平面；(b) 外立面

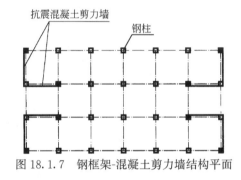

图 18.1.7 钢框架-混凝土剪力墙结构平面

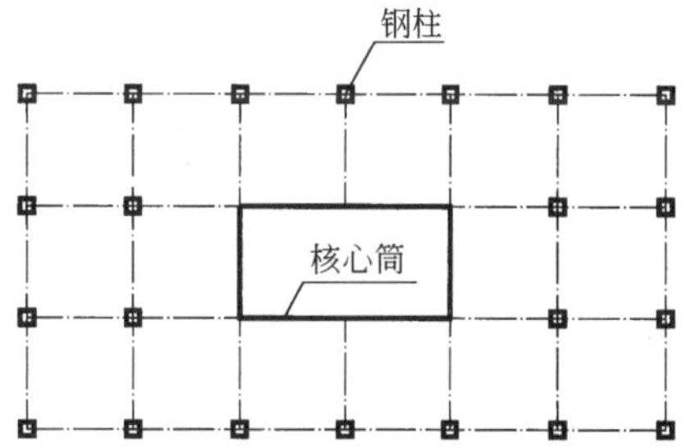

图 18.1.8 钢框架-混凝土核心筒体系结构平面

圆形外钢框筒-内混凝土核心筒结构平面布置详见图 18.1.9。

（4）型钢（钢管）混凝土框架-核心筒体系

1）型钢混凝土框架-核心筒体系

型钢混凝土框架-核心筒体系中，采用型钢混凝土柱、钢梁形成外圈框架；外圈钢框架梁与型钢混凝土柱须刚接。

① 由于型钢混凝土柱具有其承载能力高、刚度大、延性及耗能性能好等优点，已大量应用于地震区的高层及超高层建筑。型钢混凝土柱克服了钢柱耐火、耐久性差，刚度小及易屈曲失稳等缺点，且可比钢结构节省大量钢材，降低造价；相比钢筋混凝土柱，采用型钢混凝土柱也能够控制柱截面于合理的范围；且具有更强的变形能力，型钢混凝土构件塑性铰具有较大的转动能力和良好的屈服后性能。

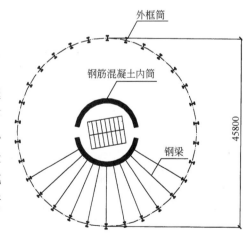

图 18.1.9 圆形筒中筒结构平面

② 因型钢混凝土有效发挥了钢材和混凝土材料的特性，经济效果好，比较适合我国国情。

③ 采用型钢混凝土柱增加了外框架的抗拉、抗弯、抗剪性能，保证了框架能够承担较大的倾覆力矩和剪力。因此，型钢混凝土框架作为框架-核心筒结构第二道防线是较为理想的构件形式。

④ 型钢混凝土柱内设型钢的截面形式有箱形、圆形、十字形、工字形等。

2）钢管混凝土框架-核心筒体系

钢管混凝土框架-核心筒体系中，采用钢管混凝土柱、钢梁形成外圈框架；外圈钢框架梁与型钢混凝土柱须刚接。

钢管混凝土柱又分为圆钢管混凝土柱及方钢管混凝土柱。因圆钢管相比方钢管具备更好的约束核芯混凝土的能力，工程应用也较多。

① 在受压状态下，圆钢管混凝土柱可以充分发挥钢材和混凝土的强度，并相互加强。钢管的存在约束了混凝土的横向变形，使混凝土处于三向受压状态，抗压强度得到较大提高，而核心混凝土的存在则限制了外围钢管局部屈曲。由于钢管混凝土的承载力和刚度都较大，同时，还有较好的延性，具备较好的经济性，因此，外框架采用钢管混凝土柱的框架-核心筒结构在国内应用也较为广泛。

② 钢管混凝土柱的缺点是其连接构造比较复杂，实际施工中会给混凝土浇灌或钢板在钢管内的焊接带来困难。另外，钢管混凝土柱中，因钢材直接暴露在外面，防腐和防火问题也是钢管混凝土柱应用的不利之处。

当上述结构在水平力作用下构件承载力或侧向位移不能满足设计要求时，可以在房屋顶层以及中间每隔10～12层左右设一道一层高的加劲桁架（即环带桁架与伸臂桁架），将内部支撑或筒体与外圈框架柱或筒体连成整体，形成加强层，以提高整个结构的刚度。加强层桁架可以有效增加结构的整体抗侧刚度，减少结构的侧向位移；按加强层桁架在建筑立面上所处位置，可分为腰桁架和帽桁架；为避免占用建筑使用空间，腰桁架宜设在设备层（或避难层），且外伸桁架应横贯楼层连续布置。

内外筒体结构增加加强层桁架的结构平面及剖面，详见图18.1.10。

5. 其他结构体系

（1）巨型框架结构

该结构分主框架和次框架，每二层主框架梁之间形成次框架。主框架的柱是由构架形成的巨型框架柱，而梁是由构架形成的巨型框架梁，巨型框架梁一般每隔10～12层设一道，见图18.1.11。

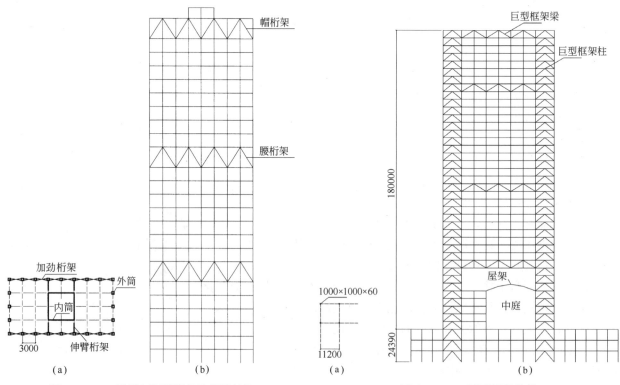

图 18.1.10　增设加强层桁架的框筒结构

（a）标准层平面；（b）剖面示意图

图 18.1.11　巨型框架结构

（a）巨型框架柱平面；（b）巨型框架结构立面

该体系具有较大的抗侧刚度和较好的结构延性，适用于超大型的建筑。

（2）巨型支撑外框筒结构

巨型支撑外框筒结构是指塔楼结构外框采用巨型支撑与巨型柱、环带桁架一起形成巨型支撑框筒结构，克服了常规框筒结构翼缘柱中轴向力的剪切滞后作用，使建筑结构的整体刚度显著增强，以抵抗水平荷载引起的弯曲作用。该结构塔楼抗侧力结构体系示意见图18.1.12。

巨型支撑外框筒依靠矩形支撑轴力抵抗侧向荷载，其抗侧效率较高，常用于结构高宽比较大、较细柔的超高层建筑。立面巨型支撑跨多层分区布置，需重点解决超长巨型支撑系统在罕遇地震作用下易屈曲失稳问题，确保支撑框筒的刚度和承载力。通过楼面体系设置水平向支撑，对巨型支撑面内外进行约束，以减小其计算长度；同时巨型支撑宜采用与竖向承重次结构分离的连接构造，避免支撑在竖向荷载作用下产生较大的杆端弯矩。

支撑的设置将会改变建筑的立面效果，需要与建筑专业协调设计。

巨型支撑外框筒结构还具有以下受力特点：

① 增设巨型支撑直接强化外框架刚度，可以明显提高结构的整体抗侧能力，减小结构的层间位移角，而且设置 X 形巨型支撑的效果更明显。

② 在风荷载和竖向荷载作用下，巨型支撑使巨型柱轴力增大，巨型柱与核心筒的弯矩、剪力突变增加（图18.1.13及图18.1.14）。

③ 在地震作用下，设置巨型支撑使外框架的剪力和弯矩都明显增大，使框架具有足够承载力成为第二道抗震防线。

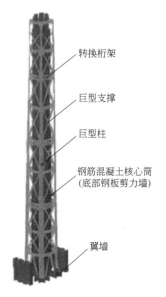

图 18.1.12 塔楼抗侧力结构体系

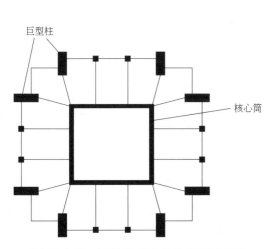

图 18.1.13 巨型柱-核心筒典型平面布置

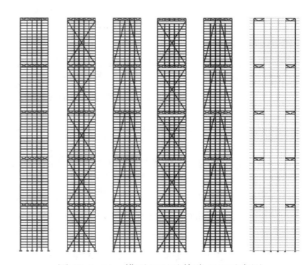

图 18.1.14 模型立面及伸臂立面示意图

18.1.2 结构体系的适用高度和高宽比限值

1. 适用高度，见表18.1.1及表18.1.2。

2. 高层民用建筑适用的高宽比限值见表18.1.3。

当突破表18.1.3的高宽比限值时，需采取增加整体结构抗侧刚度的有效措施，例如增设立面支撑、增设加强层等，使得结构的整体稳定与刚度指标满足要求。

高层混合结构建筑结构体系适用最大高度（m）　　　　表 18.1.1

结构体系		抗震设防烈度				
		6度	7度	8度		9度
				0.20g	0.30g	
框架-核心筒	钢框架-混凝土核心筒	200	160	120	100	70
	型钢混凝土框架-混凝土核心筒	220	190	150	130	70
筒中筒	钢外筒-混凝土核心筒	260	210	160	140	80
	型钢混凝土外筒-混凝土核心筒	280	230	170	150	90

高层钢结构建筑结构体系适用最大高度（m）　　　　表 18.1.2

结构体系	抗震设防烈度				
	6度,7度	7度	8度		9度
	(0.10g)	(0.15g)	0.20g	0.30g	(0.40g)
框架	110	90	90	70	50
框架-中心支撑	220	200	180	150	120
框架-偏心支撑 框架-屈曲约束支撑 框架-延性墙板	240	220	200	180	160
筒体(框筒,筒中筒, 桁架筒,束筒) 巨型框架	300	280	260	240	180

注：1. 房屋高度指室外地面标高至主要屋面高度，不包括突出屋面的水箱、电梯机房、构架等的高度；

　　2. 当房屋高度超过表中数值时，结构设计应进行专门研究和论证，采取有效的加强措施；

　　3. 表18.1.2内筒体不包括混凝土筒；框架柱包括全钢柱和钢管混凝土柱。

高层民用建筑适用的最大高宽比　　　　表 18.1.3

结构种类	结构体系	抗震设防烈度		
		6、7度	8度	9度
钢结构	各类体系	6.5	6.0	5.5
混合结构	框架-核心筒	7	6	4
	筒中筒	8	7	5

18.1.3　抗震设计高层建筑结构体系的基本要求

1. 应具有明确的计算简图和合理的地震作用传递途径。

2. 应具有必要的承载能力，足够大的刚度，良好的变形能力和消耗地震能量的能力。

3. 应避免因部分结构或构件的破坏而导致整个结构丧失承受重力荷载、风荷载和地震作用的能力。

4. 对可能出现的薄弱部位，应采取有效的加强措施。

18.2　结构布置

18.2.1　结构布置的一般要求

1. 结构在两个主轴方向的动力特性宜相近；

2. 抗震结构应具有多道抗震设防；

3. 结构的竖向和水平布置宜使结构具有合理的刚度和承载力分布，避免因刚度和承载力突变或结构扭转效应而形成薄弱部位，避免产生过大的应力集中或塑性变形集中；

4. 高层建筑不应采用单跨框架结构；

5. 宜采用轻质高强材料；

6. 框筒、墙筒、支撑筒等抗侧刚度较大的芯筒，在平面上应居中或对称布置；

7. 具有较大抗剪承载力的混凝土墙板，应尽可能布置在平面周边，以提高结构的抗倾覆能力和抗扭转能力；

8. 抗侧力构件布置应使各楼层抗侧力刚度中心与水平合力中心相重合。

18.2.2 结构平面布置

1. 建筑平面的外形宜简单规则，宜采用方形、矩形、三角形（削角）等规则对称的平面，并尽量使结构的抗侧力中心与水平力中心重合。建筑开间、进深宜统一。

2. 抗震设防的高层建筑，常用的平面尺寸应符合表 18.2.1 和图 18.2.1 的要求。当钢框筒结构采用矩形平面时，其长宽比不宜大于 1.5：1，否则宜采用束筒结构或如图 18.2.2 的规则建筑平面。

L、l、l'、B' 的限值 表 18.2.1

结构及设防烈度		L/B	L/B_{max}	l/b	l'/B_{max}	B'/B_{max}	l/B_{max}
钢结构		$\leqslant 5$	$\leqslant 4$	$\leqslant 1.5$	$\geqslant 1$	$\leqslant 0.5$	—
混合结构	6 度、7 度	$\leqslant 6$	—	$\leqslant 2$	—	—	$\leqslant 0.35$
	8 度、9 度	$\leqslant 5$	—	$\leqslant 1.5$	—	—	$\leqslant 0.30$

简单规则的建筑平面为：方形、圆形、正六边形、椭圆形，如图 18.2.2。

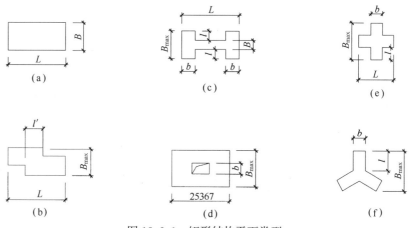

图 18.2.1 矩形结构平面类型

（a）矩形；（b）L 形，工字形；（c）工字形；（d）回字形；（e）十字形；（f）Y 形

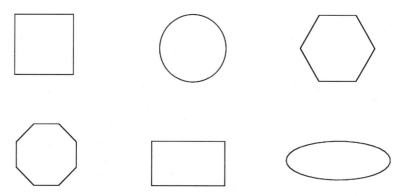

图 18.2.2 简单规则建筑平面

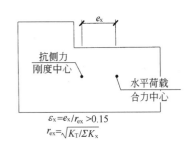

图 18.2.3　结构平面偏心率大于 0.15

注：ε_x—所计算的楼层在 x 方向的偏心率；

r_{ex}—x 方向弹性半径，$r_{ex}=\sqrt{K_T/\Sigma K_x}$；

e_x—x 方向水平作用合力线到结构抗侧力刚度中心的距离；

ΣK_x—所计算楼层各抗侧力构件在 x 方向侧向刚度之和；

K_T—所计算楼层抗扭刚度。

3. 对于抗震设防的高层建筑结构，有下列情况之一者也属平面不规则结构。

（1）任一层的偏心率大于 0.15（图 18.2.3）；

（2）结构平面有凹角，凹角伸出部分在一个方向的长度，超过该方向建筑总尺寸的 25%（图 18.2.4）；

（3）楼面不连续或刚度突变，包括开洞面积超过该层面积的 50%（图 18.2.5）；

（4）抗水平力构件既不平行又不对称于抗侧力体系两个互相垂直的主轴（图 18.2.6）。

4. 高层建筑钢结构，当水平荷载是以风荷载控制时，建筑平面形状宜选用风压较小的平面形状。

（1）对称平面［图 18.2.7（a）］；

（2）流线型平面［图 18.2.7（b）］；

（3）带切角方形或矩形平面［图 18.2.7（c）］。

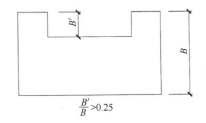

图 18.2.4　结构平面凹进

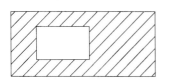

图 18.2.5　楼面不连续

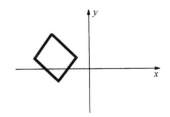

图 18.2.6　抗侧力构件斜交布置

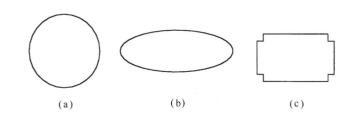

（a）　　　　　　　（b）　　　　　　　（c）

图 18.2.7　风压较小的平面形状

（a）对称平面；（b）流线型平面；（c）带切角矩形平面

流线型平面：与矩形平面相比，风载体型系数可减少 30% 以上，对减小风压有利；同时无明显的分流点。

切角平面：减小体型系数，同时对于框筒和框束筒结构，还可减小角柱的峰值应力。

同时宜选用风压和横风向振动效应较小的建筑体型，并应考虑相邻高层建筑对风荷载的影响。

5. 当楼板平面比较狭长、有较大的凹入或开洞而使楼板有较大削弱时，应在设计中考虑因楼板削弱产生的不利影响。楼面凹入或开洞尺寸不宜大于楼面宽度的一半；楼板开洞总面积不宜超过楼面面积的 30%；在扣除凹入或开洞后，楼板在任一方向的最小净宽度不宜小于 5m，且开洞后每一边的楼板净宽度不应小于 2m。

6. "艹"形、井字形等外伸长度较大的建筑，当中央部分楼、电梯间使楼板有较大削弱时，应加强楼板以及连接部位墙体的构造措施，必要时还可在外伸段凹槽处设置连接梁或连接板。

7. 楼板开大洞削弱后，宜采取以下构造措施予以加强。

（1）加厚洞口附近楼板，提高楼板的配筋率，采用双层双向配筋，或加配斜向钢筋；

（2）洞口边缘设置边梁、暗梁；

（3）在楼板洞口角部集中配置斜向钢筋。

8. 抗震设计时，高层建筑宜调整平面形状和结构布置，避免结构不规则，不设防震缝。当建筑物平面形状复杂而又无法调整其平面形状和结构布置使之成为较规则的结构时，并不一概提倡设置抗震缝。由于是否设置抗震缝各有利弊，历来有不同的观点，总体倾向是：①可设缝，可不设缝时，不设缝。设置抗震缝可使结构抗震分析模型比较简单，容易估计其地震作用和采取抗震措施，但需考虑扭转地震效应，并按本规范各章的规定确定缝宽，使防震缝两侧在预期的地震（如中震）下不发生碰撞或减轻碰撞引起的局部破坏。②当不设置抗震缝时，结构分析模型复杂，连接处局部应力集中需要加强，而且需仔细估计地震扭转效应等可能导致的不利影响。

9. 高层建筑结构伸缩缝的最大间距宜符合表 18.2.2 的规定。

伸缩缝的最大间距   表 18.2.2

结构体系	施工方法	最大间距（m）	
		室内或土中	露天
框架结构	现浇	55	35
剪力墙结构	现浇	45	30

注：1. 框架-剪力墙的伸缩缝间距可根据结构的具体布置情况取表中框架结构与剪力墙结构之间的数值；
　　2. 当屋面无保温或隔热措施、混凝土的收缩较大或室内结构因施工外露时间较长时，伸缩缝间距应适当减小；
　　3. 位于气候干燥地区、夏季炎热且暴雨频繁地区的结构，伸缩缝间距宜适当减小。

18.2.3 结构竖向布置

1. 高层建筑宜采用竖向规则、均匀结构，结构竖向布置宜使侧向刚度和受剪承载力沿竖向宜均匀变化；

2. 有下列情况之一者为竖向不规则结构；

（1）按照抗震规范抗侧刚度计算时：楼层刚度小于相邻上层刚度的 70%，且连续三层的刚度降低超过 50%（图 18.2.8）；

按照高规，对框架-剪力墙、板柱-剪力墙、剪力墙结构、框架-核心筒结构、筒中筒结构，楼层与其相邻上层考虑层高修正的侧向刚度比：本层与相邻上层的比值不宜小于 0.9；当本层层高大于相邻上层层高的 1.5 倍时，该比值不宜小于 1.1；对结构底部嵌固层，该比值不宜小于 1.5。

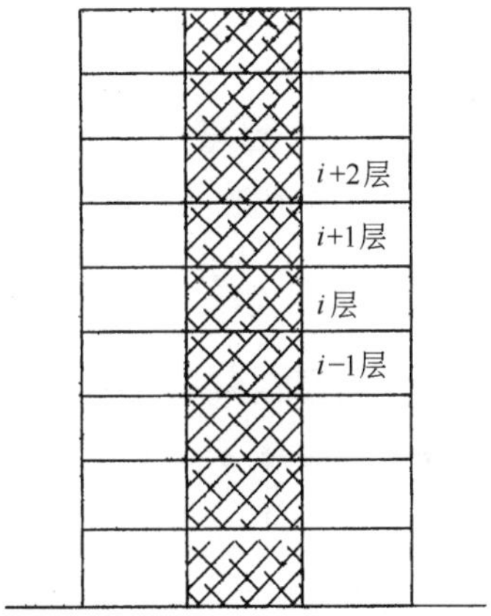

（2）相邻楼层质量之比超过 1.5（轻楼盖时，顶层除外）；

（3）立面上部楼层收进尺寸的比例 $B_l/B<0.75$ [图 18.2.9（a），（b）]，上部楼层外挑尺寸的比例 $B_l/B>1.1$ 且 $a>4m$，[图 18.2.9（c），（d）]；

$\Sigma K_i/\Sigma K_{i+1}<0.7$; $\Sigma K_{i-1}/\Sigma K_{i+1}<0.5$

图 18.2.8　楼层上下刚度要求

（4）竖向抗侧力构件不连续（图 18.2.10）；

（5）任一楼层抗侧力构件的总受剪承载力小于其相邻上层的 80%。

3. 抗震设防的结构中，支撑和混凝土墙板等抗侧力构件的竖向布置在形式上宜保持一致和连续。竖向抗侧力构件不连续示意图详见图 18.2.10。

混合结构的竖向布置除宜采用竖向规则结构外，尚宜符合下列要求：

（1）结构的侧向刚度和承载力沿竖向宜均匀变化，构件截面宜由下至上逐渐减小，无突变；

（2）对于刚度突变的楼层，如转换层、加强层、空旷的顶层、顶部突出部分、型钢混凝土框架与钢框架的交接层及邻近楼层，应采取可靠的过渡加强措施；

（3）钢框架部分采用支撑时，宜采用偏心支撑和耗能支撑，支撑宜连续布置，且在相互垂直的两个方向均宜布置，并互相交接；支撑框架在地下部分，应延伸至基础或在地下室相应位置设置剪力墙。

4. 混合结构体系的高层建筑型钢柱布置原则

为 7 度抗震设防且房屋高度不大于 130m 时，宜在楼面钢梁或型钢混凝土梁与钢筋混凝土筒体交接处及筒体四角设置型钢柱；7 度抗震设防且房屋高度大于 130m 及 8、9 度抗震设防时，应在楼面钢梁或型钢混凝土梁与钢筋混凝土筒体交接处及筒体四角设置型钢柱。

5. 钢框架（钢框筒）钢筋混凝土筒体结构中，当采用 H 形截面柱时，宜将柱截面强轴方向布置在外围框架平面内；角柱宜采用方形、十字形或圆形截面。

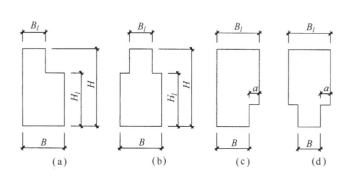
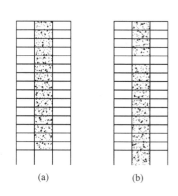

图 18.2.9　立面收进示意

（a）、（b）上部收进；（c）、（d）下部收进

图 18.2.10　竖向抗侧力构件不连续示意

（a）底层抗侧力构件缺失；（b）中间部位抗侧力构件缺失

18.2.4　楼盖结构平面布置

1. 楼面梁的布置

（1）框架梁的布置原则（图 18.2.11 及图 18.2.12）

① 应能成为各抗侧力竖向构件的连接构件，这种连接应是刚性连接，应能充分发挥结构的整体空间作用；

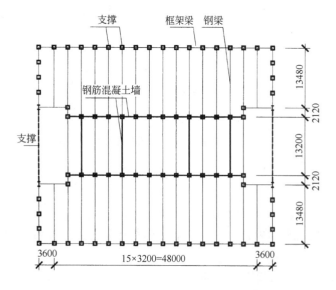
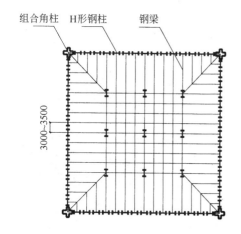

图 18.2.11　方形平面框架-剪力墙的钢梁布置

图 18.2.12　方形框筒结构标准层的钢梁布置

② 将较大的楼盖自重直接传递至需要较大竖向荷载来满足抵抗倾覆力矩需要的抗侧力构件上，一般而言，是指传递到外围抗侧力构件。

③ 混合结构中，外围框架平面内梁与柱应采用刚性连接；楼面梁与钢筋混凝土筒体及外围框架柱的连接可采用刚接或铰接。

（2）次梁（非框架梁）的布置原则（图 18.2.13 及图 18.2.14）

1）两端可以和梁连接，也可以和墙、柱连接，但这种连接是铰接，应尽可能满足向外围抗侧力构件传递竖向荷载的要求；

2）布置间距尽量满足楼板类型的经济跨度要求。

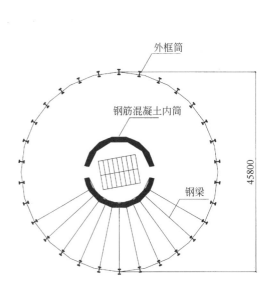

图 18.2.13　圆形平面框筒结构
标准层钢梁布置

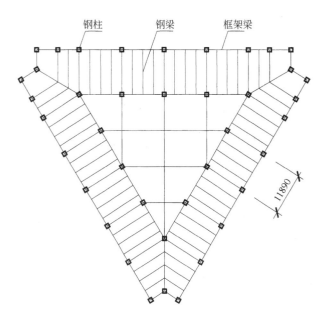

图 18.2.14　三角形平面框架结构
标准层钢梁布置

2. 楼板类型和跨度

（1）高层钢结构楼盖宜采用压型钢板-现浇钢筋混凝土组合楼板、预应力薄板加现浇混凝土叠合层式楼板、钢筋桁架组合楼板或现浇混凝土楼板等具有较好整体刚度的楼板类型，不宜采用普通预制混凝土板。

（2）一般楼层现浇楼板厚度不应小于 80mm。顶层屋面板厚度不宜小于 120mm，宜双层双向配筋。转换层应采用现浇楼板，厚度不宜小于 180mm，应双层双向配筋，且每方向每层配筋率不宜小于 0.25%。

加强层及其相邻层楼盖的刚度和配筋应加强（加强层宜采用整体性更好的钢筋桁架组合楼板或现浇混凝土楼板，板厚宜取 200mm，双层双向配筋）；结构内力和位移计算中，加强层宜考虑楼板平面内变形。在设计环带桁架及伸臂桁架时宜不考虑加强层楼板的刚度贡献。

（3）楼板类型的选择应尽可能减小楼盖自身的重量，混凝土尽可能采用轻质混凝土。

（4）楼板的适用跨度详见表 18.2.3。

楼板的适用跨度　　　　　　　　　　　　　　　　　表 18.2.3

楼板类型	适用跨度(m)	楼板类型	适用跨度(m)
压型钢板-混凝土组合板	2.5～4	钢筋桁架板组合楼盖	3.5～6
预应力现浇薄板	8～10	现浇混凝土楼板	—

18.2.5 基础及地下室

1. 高层钢结构建筑宜设地下室，抗震设防的高层结构部分，基础埋深宜一致，不宜设局部地下室。

2. 高层钢结构建筑的基础埋深 h：当采用天然地基时，不宜小于 $H/15$；当采用桩基础时，不宜小于 $H/20$。H 为室外地坪至屋顶檐口的高度（不包括突出屋面的屋顶间，见图18.2.15）。

3. 在框架-支撑体系中，竖向连续布置的支撑应以剪力墙的形式延伸至基础（图18.2.16）。

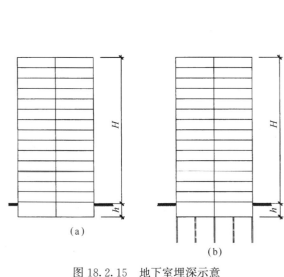

图 18.2.15　地下室埋深示意

（a）箱形基础；（b）桩基

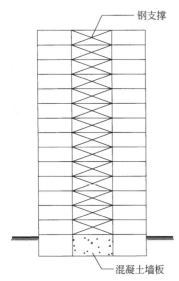

图 18.2.16　支撑在地下室
连续布置

18.2.6 变形缝

1. 高层钢结构建筑不宜设置防震缝，其相连的薄弱部分应采取措施提高抗震能力。

2. 高层钢结构建筑不宜设置伸缩缝，当必须设置时抗震设防的伸缩缝应满足防震缝要求。

3. 高层钢结构建筑在下列情况下，不便用其他方法解决时，可设置沉降缝。

（1）地基土质不均匀，或房屋高层和裙房部分基础类型不同，或房屋基础各个部分的预计沉降量相差过大。

（2）房屋各部分的质量分布或结构抗侧刚度悬殊较大时。

抗震设防的高层钢结构建筑沉降缝应满足防震缝要求。

4. 主楼与裙房。

（1）下列情况下，主楼和裙房之间可不设变形缝：

① 裙房的伸出长度不大于整个房屋底部长度的15%时，可以利用基础的竖向刚度将主楼裙房连成整体，不必在二者之间设置变形缝。但在设计中需要考虑房屋各部分的布置不对称引起的基础偏心影响（图18.2.17）。

② 当裙房面积较大，而地基条件较好时，主楼与裙房之间可不设缝。此时可设置后浇带以减少早期沉降差异，同时在计算中还应进行仔细的沉降量分析，以考虑后期沉降量的影响，并在构造上采取相应的措施（图18.2.18）。

（2）高层钢结构带有扩大地下室时，宜不设变形缝。

（3）主楼和裙房之间必须设置沉降缝时，缝的地面以下部分宜采用粗砂等易密实的松散材料填实。

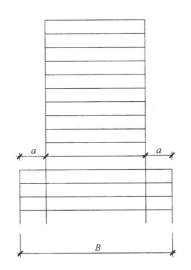

图 18.2.17 不设缝的裙房伸出长度要求（$a \leq 0.15B$）

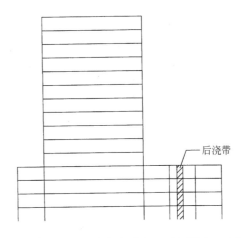

图 18.2.18 裙房与主楼之间后浇带设置示意

18.3 连体结构

18.3.1 概述

连体建筑是指两个或多个建筑由设置在一定高度处的连接体相连而成的建筑物。通过在不同建筑塔楼间设置连接体，一方面可以将不同建筑物连在一起，方便两者之间联系，解决超高层建筑的防火疏散问题；同时连体部分一般都具有良好的采光效果和广阔的视野，因而还可以作为观光走廊和休闲场所等。另一方面，连体结构给建筑师在立面和平面上充分的创造空间，独特的外形会带来强烈的视觉效果，目前已建成的是高层连体建筑大多成为一个国家或地区的标志性。正是这些特点，使得这种连体结构形式越来越受到青睐，近年来得到了广泛的关注和应用。

超高层连体建筑由于体量大、功能多，对安全性的要求不言而喻。同时相较一般超高层单塔与多塔结构，超高层连体结构体型复杂，连接体的存在使得各塔楼相互约束，相互影响，结构在竖向和水平荷载作用下的受力性能的影响因素众多，力学性能也更加复杂，给结构分析和设计带来了巨大的挑战。连体结构的动力特性不仅取决于相连子结构和连接体本身的性能，而且还取决于它们之间的相互作用，其相互作用的影响程度主要取决于连接体的刚度以及连接方式。因此在进行连体结构设计时，确定连接体与各单体的连接方式是首要问题。

18.3.2 超高层连体结构的组成和分类

超高层连体建筑按照建筑造型和结构特点具有多种分类方式，主要分类方法如下：

1. 按照塔楼的数量进行分类

按照塔楼的数量可以分为双塔连体、三塔连体和更多数量的塔楼连体。在实际工程中，最常见的是双塔连体，如吉隆坡彼得罗纳斯大厦和苏州东方之门等（图 18.3.1）。对于三塔连体建筑，在建和已经建成的则数量较少，如新加坡金沙酒店（图 18.3.2），南京金鹰天地广场等。多塔连体建筑近年来也有一定的发展，如杭州市民中心（6 塔，图 18.3.3），北京当代 MOMA（9 塔，图 18.3.4）。

图 18.3.1 东方之门

图 18.3.2 新加坡金沙酒店

图 18.3.3 杭州市民中心

2. 按照塔楼的结构布置可以分为对称连体结构和非对称连体结构。对称连体结构又可分为双轴对称和单轴对称，双轴对称结构仅会产生水平振动；对于单轴对称结构，当水平作用与对称轴垂直时，仅引起该方向的水平运动，而水平作用在另一方向时，则会引起结构的平扭耦联振动。非对称连体结构平扭耦联效应明显，受力最为复杂，如北京 CCTV 主楼和南京金鹰天地广场。

图 18.3.4 北京当代 MOMA

图 18.3.5 南京金鹰天地广场

3. 按照塔楼与连接体的连接方式可以分为强连接和弱连接。

强连接是指连接体有足够的刚度将各主体结构连接在一起整体受力和变形时，可称之为强连接结构。两端刚接、铰接的连体结构都属于强连接结构，如苏州东方之门、北京 CCTV 主楼和南京金鹰天地广场等（图 18.3.1，图 18.3.6 及图 18.3.5）。

图 18.3.6 CCTV 主楼

弱连接指连接体结构较弱，无法协调各主体结构使其共同工作，连接体对主体塔楼的结构动力特性几乎不产生影响；一端铰接一端滑动和两端滑动均属于弱连体结构，连接体通过可动隔震支座与塔楼相连，如吉隆坡彼得罗纳斯大厦和北京当代 MOMA。

相较一般超高层单塔与多塔结构，超高层连体结构体型复杂，连接体的存在使得各塔楼相互约束，相互影响，结构在竖向和水平荷载作用下的受力性能的影响因素众多，主要影响因素有以下几点。

（1）塔楼的数量、结构形式、对称性和间距；

（2）连接体的数量、刚度和位置；

（3）连接体与塔楼的连接方式；

（4）有大底盘时底盘层数、高度及楼面刚度。

18.3.3 超高层连体结构的受力特点

由于影响因素多，超高层连体结构的力学性能比一般结构要复杂得多，其主要的受力特点和设计要点有：

1. 动力特性较为复杂

各塔楼相连后，整体刚度增大，但刚度不同的各塔楼被连接体协调变形后模态特性难以预知。同时，连接体与各塔楼的相对刚度、连接体所处的塔楼位置均会对整体结构动力特性产生较大的影响，这使得连体结构的振动模态较为复杂。除连体部位外，各塔楼振动不同步，塔楼反向运动或同向不同步运动是连体结构振型的一个重要特征。

此外对于超高层连体结构，高阶模态对结构反应的贡献大大增强，达到规范规定的有效质量参与系数所需计算的模态数大大增加。

2. 扭转效应显著

与其他体型的结构相比，超高层连体结构扭转变形较大，平扭耦合效应更强。在水平风载和地震作用下，结构除产生平动变形外，扭转效应随着塔楼不对称性的增加而加剧。即使对于对称连体结构，由于连接体楼板的变形，各塔楼除有同向的平动外，还可能产生相向运动，该振动形态是与整体结构的扭转振型耦合在一起。实际工程中，由于地震在不同塔楼之间的振动差异，各塔楼的不同步运动有可能产生响应，由于这种不同步的振动特性，结构各平动模态中的扭转分量也有较大幅度的提高，甚至扭转模态提前。在进行抗震计算和设计时，需进行双向地震作用的验算，并考虑平扭耦联效应对结构受力的影响。

3. 连接体受力复杂

该条仅针对强连接结构，连接体在连体结构中起到至关重要的作用，第一，连接体往往跨度较大，且使用功能复杂，荷载重，起到将荷载传递至各塔楼的作用；第二，在水平风载和地震作用下，连接体起到在各塔楼间传递水平力的作用；第三，由于结构的不对称性，各塔楼独立动力特性差异较大，连接体起到协调各塔变形，实现各塔楼共同工作的作用。因此，连接体在重力荷载、风载、地震等作用下，处于拉、压、弯、剪、扭的多种应力状态下，受力状况十分复杂。

4. 风荷载的计算

对于超高层结构，风荷载往往超过小震，成为结构的控制水平作用，因此风载的准确计算对于超高层连体结构的重要性也不言而喻。但是相较普通超高层结构，超高层连体结构的风荷载作用较为复杂，塔楼形状、数量、塔楼距离、相对角度，连接体形状、刚度、位置等因素均对风荷载产生重要影响。另外，两塔楼之间形成的狭窄通道使风场流速加大，风压增强。但是目前为止，关于超高层连体结构风载的相关研究资料少，理论计算方面尚无章可循。目前主要手段是进行风洞试验研究。

5. 竖向地震响应明显

超高层连体结构由于连接体的大跨、重载特点，其对于竖向地震作用的敏感度较高。但目前为止，高层结构竖向地震作用的研究关注度远不及水平地震作用，关于高层连体结构竖向地震的研究资料少，规范有关条文较简单。已有研究表明：现行抗震规范中的计算方法对连体结构均不适用，且会使结果偏于不安全。需补充进行三向地震反应谱分析及时程分析。

6. 施工过程对结构性能影响较大

超高层连体结构的施工技术较为复杂，目前针对各种高空悬挑结构，为提高施工效率，节约工程成本，类似桥梁合龙施工结构连接技术在建筑结构中也得以应用，如CCTV两塔悬臂分离安装，然后逐步阶梯延伸，最后空中合龙。不同的施工顺序和方法对于不同阶段的结构受力产生巨大影响，因此对于连体结构，必须考虑不同的施工顺序和施工方法，对结构进行施工全过程模拟分析，确保结构的安全。

7. 刚度突变

连接体与上下相邻楼层刚度突变严重，这些相邻楼层均为结构的薄弱楼层，受力复杂，存在明显的类似应力集中现象。设计时需对这些楼层进行准确分析，并予以加强。

除此之外，由于超高层连体结构的平面体型较大，各塔楼间的距离较远，无大底盘地下室时，还需考虑行波效应对结构受力的影响。即使是对于强连体结构，连接体相对塔楼的刚度依然较小，加之连接体上往往功能复杂，连接体的舒适度验算和振动控制问题也十分重要。

综上可以看到，超高层连体建筑的受力复杂程度远远超过一般超高层建筑，给结构分析和设计带来了巨大的挑战。因此超高层连体结构宜采用相同或相近的体型、平面和刚度，且宜对称布置。对于层数和刚度相差悬殊的建筑，在 8 度抗震区不宜采用连体结构。

18.3.4 强连接连体结构设计方法

对强连接连体结构，设计的关键问题是保证连接体与塔楼可靠连接，共同受力。工作应重点围绕如何保证连接体与塔楼整体共同工作及该特殊体型结构的计算分析设计方面开展。

（一）计算模型

1. 宜采用至少两个不同力学模型的三维空间分析软件进行整体建模计算分析；连接体部分应采用弹性楼盖进行计算。

2. 连体结构因振型丰富，且平动与扭转振型多耦合在一起，在用振型分解反应谱方法进行连体结构计算分析时，应采用考虑平扭耦连方法计算结构的扭转效应，且要考虑偶然偏心的影响；并应进行三向地震作用验算，重点关注结构因特有的体型带来的扭转效应及竖向地震效应。

（二）地震作用下的计算分析

1. 应采用弹性时程分析法对连体结构进行补充计算。

2. 宜采用弹塑性静力或动力分析方法验算薄弱层弹塑性变形。

3. 连体结构应计算竖向地震作用。

4. 连体结构的连接体宜按中震弹性进行设计，连接体结构支座宜按大震不屈服设计。

（三）风作用下的计算分析

1. 当连体高层建筑各塔楼相互间距较近时，宜考虑风力相互干扰增大系数，一般可将单栋建筑的体型系数乘以相互干扰增大系数，该系数可参考类似条件的试验资料确定；必要时宜通过风洞试验确定。

2. 在风荷载作用下，要注意各塔楼之间的狭缝效应对结构带来的影响。

3. 连体建筑宜进行风洞试验判断确定建筑物的风荷载。

（四）舒适度验算

1. 连体建筑应进行风振舒适度的验算，尤其对于高位连体建筑，更加应重视其风振舒适度问题。

2. 对连体结构，在连接体部位，由于结构跨度往往较大，使用中由于人的走动引起的连接体楼板振动问题需要考虑。

18.3.5 弱连接连体结构设计方法

弱连接连体高层建筑结构多指架空连廊结构，连接体结构与主体结构的连接采用滑动连接或至少有一端采用滑动连接的连体结构，也包括采用阻尼器的连体（连廊）结构。弱连接连体结构的特点是：连接体结构受力较小；在风和地震荷载作用下，连接体两侧主体结构基本上不能整体协调变形受力。在确定连接体支座宽度及间隙时，需满足中大震及风荷载作用下避免碰撞及脱落之要求。

弱连接连体结构的计算分析，总体原则上与强连接连体结构相似，可参照上一节进行。但弱连接连体结构有其自身的特点，以下几个方面，需要引起注意。

1. 水平荷载作用计算

如果连接体与主体结构的连接方式两端均为滑动连接，则在水平荷载作用下连接体部分对主体结构影响较小；如果一端为滑动连接，一端为铰接，连接体对铰接一端有一定影响，计算时要考虑。如果是采用带阻尼器的连接方式，计算时需考虑连接体—阻尼器与主体结构的共同作用。

2. 连廊部分结构宜采用轻型结构

连廊部分结构宜优选钢结构及轻型围护结构，连廊部分重量越轻，连廊部分构件及连廊支承构件受力越小，对抗震越有利。

3. 连廊与主体结构连接要可靠

连廊支座连接支座构件要有较高的可靠度，支座部位是连廊结构的关键，设计时要有所加强，要有较高的可靠度。宜按大震不屈服设计，保证大震下连廊不坠落。

架空连廊滑动支座的设计时要留出足够的滑移量，应能满足在罕遇地震作用下的位移要求。滑动支座宜采用由主体结构伸出一段悬臂支座的方法，当采用将连廊的梁搁置在主体结构牛腿上的方案，应慎重设计，牛腿宜设在主体结构的柱上，牛腿之间要有梁拉结，支承连廊的传力路线尽可能减少转折。

4. 连廊支座可有以下几种选择：

（1）如果位移较小，可以直接设置板式橡胶支座，该支座的优点是：构造简单，价格低，易于更换，具有一定弹性，有一定的防震作用。

（2）如果连廊跨度较大，位置较高，采用滑动连接位移量较大，不容易控制，可考虑采用橡胶支座加阻尼器的方式。

通过设置板式橡胶支座或夹层钢板橡胶支座传递竖向荷载，加设阻尼器耗散振动能量，可以减小主体结构的地震反应。如竖向荷载不大，可选用板式橡胶支座；如竖向荷载较大可选用夹层钢板橡胶支座，也可采用多个橡胶垫的方式。阻尼器可以选用液体黏滞阻尼器、钢弹塑性阻尼器等。

对橡胶支座参数选择包含：支座的最大竖向承载力、最大容许水平位移以及等效剪切刚度等；对阻尼器选择参数包括：初始刚度、阻尼器行程、工作频率、阻尼系数、阻尼的速度指数、阻尼器出力以及最大速度等。

18.3.6 连体结构的构造要求

1. 抗震设计时，连接体及与其相连的主体结构构件应符合下列要求。

（1）连接体及与连接体相连的主体结构构件在连接体高度范围及其上、下层，抗震等级应提高一级采用，一级提高至特一级，但抗震等级已经为特一级时应允许不再提高；

（2）与连接体相连的框架柱在连接体高度范围及其上、下层，箍筋应全柱段加密配置，轴压比限值应按其他楼层框架柱的数值减小 0.05 采用；

（3）与连接体相连的剪力墙在连接体高度范围及其上、下层应设置约束边缘构件。

2. 连体结构各独立部分宜有相同或相近的体型、平面布置和刚度；宜采用双轴对称的平面形式。8度抗震设计时，层数和刚度相差悬殊的建筑不宜采用连体结构。

3. 连接体结构与主体结构采用刚性连接时，连接体的主要结构构件应至少伸入主体结构一跨并可靠连接；必要时可延伸至主体部分的内筒，并与内筒可靠连接。

当连接体结构与主体结构采用滑动连接时，支座滑移量应能满足两个方向在罕遇地震作用下的相对位移要求，相对位移可采用均方根法计算，即：$\Delta = \sqrt{\Delta_1^2 + \Delta_2^2}$。

4. 连接体结构的边梁截面宜加大；楼板厚度不宜小于 150mm，宜采用双层双向钢筋网，每层每方向配筋率不宜小于 0.25%。

5. 当连接体结构包含多个楼层时，应特别加强其最下面一个楼层及顶层的构造设计。

参 考 文 献

[1] 混凝土结构设计规范：GB 50010—2010（2015 年版）[S]. 北京：中国建筑工业出版社，2010.
[2] 建筑抗震设计规范：GB 50011—2010（2016 年版）[S]. 北京：中国建筑工业出版社，2010.

第19章　钢结构和混合结构构件设计与构造

19.1　一般规定

19.1.1　钢结构以及钢框架-钢筋混凝土筒体结构设计

1. 钢结构以及钢框架-钢筋混凝土筒体结构中的钢构件应按《钢结构设计标准》GB 50017—2017 及《高层民用建筑钢结构技术规程》JGJ 99—2015 进行设计（表 19.1.1）。钢筋混凝土构件应按《混凝土设计规范》GB 50010—2012（2015 年版）及《高层建筑混凝土结构技术规程》JGJ 3—2010 第 7 章到第 9 章的有关规定进行设计（表 19.1.2）。

钢构件承载力抗震调整系数 γ_{RE}　　　　　表 19.1.1

强度破坏(梁,柱,支撑,节点板件,螺栓,焊缝)	屈曲稳定(柱,支撑)
0.75	0.80

钢筋混凝土构件承载力抗震调整系数 γ_{RE}　　　　　表 19.1.2

构件名称	梁	轴压比小于 0.15 的柱	轴压比不小于 0.15 的柱	剪力墙		各类构件	节点
受力状态	受弯	偏压	偏压	偏压	局部承压	受剪、偏拉	受剪
γ_{RE}	0.75	0.75	0.80	0.85	1.0	0.85	0.85

2. 抗震设计时，钢框架-钢筋混凝土筒体结构各层框架柱所承担的地震剪力不应小于结构底部总剪力的 25％和框架部分地震剪力最大值 1.8 倍二者的较小者。

3. 高层建筑钢结构的层间侧移标准值，不得超过结构层高的 1/250。钢框架-钢筋混凝土筒体，不得超过表 19.1.3 的限值。

结构平面端部构件最大侧移，不得超过质心侧移的 1.3 倍。高层建筑钢结构的第二阶段抗震设计，层间侧移应满足下列要求：结构层间侧移不得超过层高的 1/50。

$\Delta u/h$ 的限值　　　　　表 19.1.3

结构体系	$H \leqslant 150m$	$H \geqslant 250m$	$150m < H < 250m$
钢框架-钢筋混凝土筒体	1/800	1/500	1/800～1/500 线性插入

注：H 指房屋高度。$\Delta u/h$ 为楼层层间位移与层高之比。

钢框架-钢筋混凝土筒体结构中筒体抗震等级应按表 19.1.4 确定。

钢框架-钢筋混凝土筒体结构抗震等级　　　　　表 19.1.4

结构类型		6		7		8		9
钢框架-钢筋混凝土筒体	高度(m)	≤150	>150	≤130	>130	≤100	>100	≤70
	钢筋混凝土筒体	二	一	一	特一	一	特一	特一

19.1.2　型钢混凝土及钢管混凝土结构设计：

1. 型钢混凝土结构中的钢构件应按《钢结构设计标准》GB 50017—2017 及《高层民用建筑钢结构

技术规程》JGJ 99—2015 进行设计；钢筋混凝土构件应按《混凝土设计规范》GB 50010—2012（2015年版）及《高层建筑混凝土结构技术规程》JGJ 3—2010 第 11 章的有关规定进行设计；型钢混凝土构件可按《组合结构设计规范》JGJ 138—2016 进行截面设计。

2. 型钢混凝土结构构件的承载力设计，应采用下列极限状态设计表达式：

持久、短暂设计状况：
$$\gamma_0 S \leqslant R \tag{19.1.1}$$

抗震设计：
$$S \leqslant R/\gamma_{RE} \tag{19.1.2}$$

式中　S——结构构件内力组合设计值，应按《建筑结构荷载规范》GB 50009—2012、《建筑抗震设计规范》GB 50011—2010（2016 年版）的规定进行计算；

　　γ_0——结构构件的重要性系数，安全等级为一级、二级、三级的结构构件，其 γ_0 应分别取 1.1、1.0、0.9；

　　R——结构构件承载力设计值；

　　γ_{RE}——承载力抗震调整系数，其值应按表 19.1.5 的规定采用。

3. 在进行结构内力和变形计算时，型钢混凝土组合结构构件的刚度，可按下列规定计算：

型钢混凝土梁、柱构件的截面的抗弯刚度、轴向刚度和抗剪刚度可按下列公式计算：

$$EI = EcIc + EaIa \tag{19.1.3}$$
$$EA = EcAc + EaA \tag{19.1.4}$$
$$GA = GcAc + GaAa \tag{19.1.5}$$

式中　EI、EA、GA——型钢混凝土构件截面抗弯刚度、轴向刚度、抗剪刚度；

　　$EcIc$、EcA、$GcAc$——钢筋混凝土部分的截面抗弯刚度、轴向刚度、抗剪刚度。

型钢（钢管）混凝土构件承载力抗震调整系数 γ_{RE}　　　　表 19.1.5

正截面承载力计算				斜截面承载力计算
型钢混凝土梁	型钢混凝土柱及钢管混凝土柱	剪力墙	支撑	各类构件及节点
0.75	0.80	0.85	0.80	0.85

注：轴压比小于 0.15 的偏心受压柱，其承载力抗震调整系数按梁取用。

4. 钢-混凝土混合结构房屋抗震设计时，钢筋混凝土筒体及型钢（钢管）混凝土框架的抗震等级应按表 19.1.6 确定，并应符合相应的计算和构造措施。

型钢（钢管）混凝土框架-钢筋混凝土筒体结构抗震等级　　　　表 19.1.6

结构类型		6		7		8		9
型钢（钢管）混凝土框架-钢筋混凝土筒体	高度(m)	≤150	>150	≤130	>130	≤100	>100	≤70
	钢筋混凝土筒体	二	二	二	一	一	特一	特一
	型钢（钢管）混凝土框架	三	二	二	一	一	一	一

5. 型钢混凝土构件中，型钢钢板的厚度不宜小于 6mm；其宽厚比满足表 19.1.7 的要求时，可不进行局部稳定验算。

型钢钢板的宽厚比　　　　表 19.1.7

钢材牌号	梁		柱	
	b/t_f	h_w/t_w	b/t_f	h_w/t_w
Q235	<23	<107	<23	<96
Q355	<19	<91	<19	<81

6. 型钢混凝土组合结构在正常使用极限状态下，按风荷载或地震作用组合，以弹性方法计算的楼层层间位移与层高之比值 $\Delta u/h$，应符合表 19.1.8 所规定的限值。顶点位移与总高度之比 u/H 的限值，以及型钢混凝土组合结构的薄弱层层间弹塑性位移 Δu_P，应符合《高层建筑混凝土结构技术规程》JGJ 3—2010 所规定的限值要求。

Δu/h 的限值   表 19.1.8

结构体系	H≤150m	H≥250m	150m＜H＜250m
钢框架-钢筋混凝土筒体	1/800	1/500	1/800～1/500 线性插入
型钢(钢管)混凝土框架-钢筋混凝土筒体			

注：H 指房屋高度。

7. 型钢混凝土梁的最大挠度应按荷载的短期效应组合并考虑长期效应组合影响进行计算，其计算值不应大于表 19.1.9 规定的最大挠度限值。

型钢混凝土组合结构构件的最大裂缝宽度不应大于表 19.1.10 规定的最大裂缝宽度限值。

8. 圆形钢管混凝土柱尚应符合下列构造要求：

(1) 钢管直径不宜小于 400mm。

(2) 钢管壁厚不宜小于 8mm。

型钢混凝土梁的挠度限值 表 19.1.9

跨度(m)	挠度限值(以计算跨度 l_0 计算)
$l_0 < 7$	$l_0/200 \, (l_0/250)$
$7 < l_0 < 9$	$l_0/250 \, (l_0/300)$
$l_0 > 9$	$l_0/300 \, (l_0/400)$

注：1. 构件制作时预先起拱，且使用上也允许，验算挠度时，可将计算所得的挠度值减去起拱值；
2. 表内括号中的数值适用于使用上对挠度有较高要求的构件。

最大裂缝宽度限值（mm）   表 19.1.10

构件工作条件	最大裂缝宽度限值	构件工作条件	最大裂缝宽度限值
室内正常环境	0.3	露天或室内高湿度环境	0.2

(3) 钢管外径与壁厚的比值 D/t 宜在（20～100）$\sqrt{235/f_y}$ 之间，f_y 为钢材的屈服强度。

(4) 圆钢管混凝土柱的套箍指标 $\dfrac{f_a A_a}{f_c A_c}$，不应小于 0.5，也不宜大于 2.5。

(5) 柱的长细比不宜大于 80。

(6) 轴向压力偏心率 e_0/r_c 不宜大于 1.0，e_0 为偏心距，r_c 为核心混凝土横截面半径。

(7) 钢管混凝土柱与框架梁刚性连接时，柱内或柱外应设置与梁上、下翼缘位置对应的加劲肋；加劲肋设置于柱内时，应留孔以利混凝土浇筑；加劲肋设置于柱外时，应形成加劲环板。

(8) 直径大于 2m 的圆形钢管混凝土构件应采取有效措施减小钢管内混凝土收缩对构件受力性能的影响。如采用微膨胀混凝土，或配置防收缩构造钢筋。

19.2 组合楼板

组合楼板指压型钢板或钢筋桁架楼承板上现浇混凝土组成压型钢板或钢筋桁架楼承板与混凝土共同承受载荷的楼板。

19.2.1 组合楼板设计

1. 在组合楼板的平面中，其次梁的布置应使压型钢板沿肋方向形成简支板或单向连续板。无论是简支组合板，还是单向连续组合板，均应按单向板进行设计。

2. 仅以压型钢板作底模的非组合板设计，可按常规的钢筋混凝土楼板设计方法进行，此时不计压型钢板组合作用。对组合板，应考虑压型钢板和混凝土共同作用，应验算使用阶段正截面抗弯承载力、斜截面抗剪承载力、纵向抗剪承载力以及在集中荷载下抗冲剪能力。

3. 压型钢板除满足使用阶段组合设计要求外，还应对施工阶段的强度和变形进行验算（即施工阶段无支撑跨距验算），当实际组合板跨距超过最大无支撑跨距，需要设置临时支撑时，验算时应计入临时支撑的影响。

4. 组合板除应进行正截面抗弯承载力、斜截面抗剪承载力的强度计算外，还应复核板的挠度以及负弯矩区的最大裂缝宽度。

19.2.2 组合楼板构造

1. 组合楼板类型

(1) 压型钢板组合楼板 (图 19.2.1)

(2) 预制混凝土叠合组合楼板 (图 19.2.2)

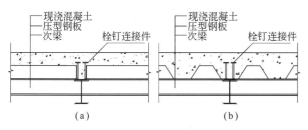

图 19.2.1 压型钢板组合楼盖剖面

(a) 板肋平行于次梁; (b) 板肋垂直于次梁

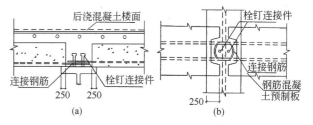

图 19.2.2 预制混凝土板组合楼盖连接构造

(a) 剖面; (b) 平面

(3) 钢筋桁架组合楼板 (图 19.2.3)

2. 压型钢板组合板构造要求

(1) 压型钢板规格、混凝土板厚度、栓钉埋入长度应符合图 19.2.4 的要求:

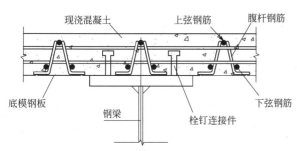

图 19.2.3 钢筋桁架组合楼板剖面

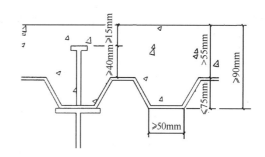

图 19.2.4 压型钢板组合板基本构造要求

(2) 在压型钢板组合板中,压型钢板与混凝土连接可采用图 19.2.5 中的形式之一;

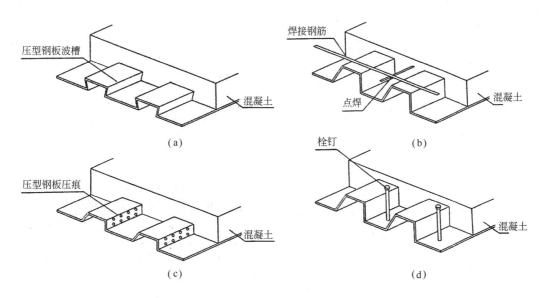

图 19.2.5 压型钢板与现浇混凝土连接方式

(a) 压型钢板波槽连接; (b) 增加槽向钢筋连接; (c) 波槽侧壁压痕连接; (d) 栓钉连接件连接

（3）组合板中压型钢板制作优先采用卷板，板的净厚不应小于0.75mm，其镀锌层的厚度尚应满足压型钢板在使用期内不致锈蚀的要求。

（4）压型钢板端部在钢梁上的支承长度不应小于50mm，且必须用栓钉和钢梁翼缘以压力焊连接。栓钉规格如表19.2.1。压型钢板端部连接构造如图19.2.6所示。

栓钉规格	表19.2.1
板跨 L（mm）	栓钉直径 d（mm）
≤3	13 或 16
3～6	16 或 19
≥6	19

（5）组合板在下列情况应配置钢筋。

① 为组合板提供储备承载力的附加抗拉钢筋，由计算确定。

② 按抗裂构造要求配置的钢筋，其配筋率不小于0.2%，直径宜采用 $\phi 4 \sim \phi 6$，长度从支承边算起，不小于1/6跨度，宜通长配置，其间距不大于200mm。

③ 在孔洞周围配置分布钢筋。

④ 改善防火的受拉钢筋，可放在每个肋内的下边。

⑤ 在压型钢板的上翼缘焊接横向钢筋，应配置在剪跨区段内，间距宜为150～300mm，详见图19.2.6。

⑥ 组合板在中间支座负弯矩区的上部纵向钢筋，应伸过计算不需要设置负弯矩钢筋处，并应留出锚固长度，下部纵向钢筋在支座处应连续配置，不得中断（图19.2.7）。

⑦ 在集中荷载（线荷载）作用下，当线荷载方向和压型钢板肋一致时，组合板应设横向钢筋，其截面面积不应小于压型钢板顶面以上混凝土板截面面积的0.2%，其延伸宽度不应小于板的 b_{et}，b_{et} 应按下式板的抗弯计算确定（图19.2.8）。

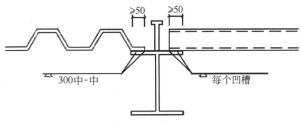

图19.2.6　压型钢板端部连接构造图

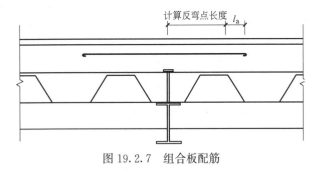

图19.2.7　组合板配筋

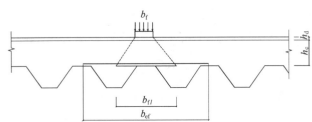

图19.2.8　集中荷载下板有效宽度示意图

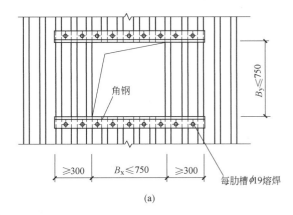

(a)

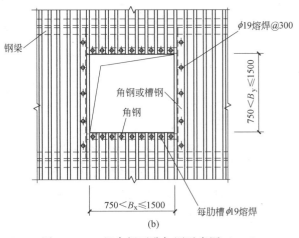

图19.2.9　组合板开孔加固示意图（mm）

（a）小于750开孔加固图；（b）750～1500开孔加固示意图

抗弯计算时,简支板 $b_{ef}=b_{fl}+2l_p(1-l_p/l)$

连续板 $b_{ef}=b_{fl}+[4l_p(1-l_p/l)]/3$

其中 $b_{fl}=b_f+2(h_c+h_d)$;

$l=$组合板跨度;

$l_p=$荷载作用点到组合楼板较近支座的距离。

(6)组合板中混凝土强度不宜低于 C20。

(7)当需要在组合板上开孔时,应根据开孔的大小在洞的周边加固(图 19.2.9)。

19.3 钢梁

19.3.1 基本截面形式

1. 截面形式类型

轧制型钢梁见图 19.3.1。

焊接型钢梁见图 19.3.2。

普通工字钢梁:

一般用于楼盖次梁。

宽翼缘工字形钢梁和焊接工字形钢梁用于框架主梁、次梁;

焊接箱形梁适用于抗扭刚度要求高的梁。

2. 梁的板件宽厚比宜符合下述规定尺寸要求(表 19.3.1)

工字梁、箱形梁截面图见图 19.3.3。

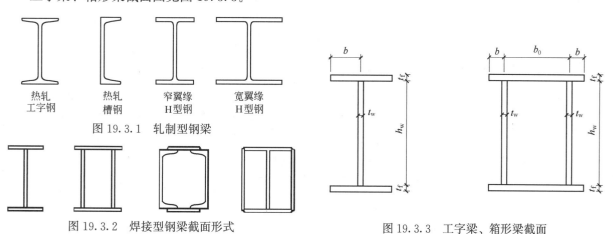

图 19.3.1 轧制型钢梁

图 19.3.2 焊接型钢梁截面形式

图 19.3.3 工字梁、箱形梁截面

梁板件宽厚比限值 表 19.3.1

板件名称		抗震等级			
		一级	二级	三级	四级
梁	工字形截面和箱形截面翼缘外伸部分	9	9	10	11
	箱形截面翼缘在两腹板之间部分	30	30	32	36
	工字形截面和箱形截面腹板	$72\sim120\alpha_b$	$72\sim100\alpha_b$	$80\sim110\alpha_b$	$85\sim120\alpha_b$

注:1. $\alpha_b=N_b/(Af)$ 为梁中轴力,A 为梁的截面面积,f 为梁的钢材强度设计值;

2. 表列数值适用于 Q235 钢,采用其他牌号钢材时,应乘以 $\sqrt{235/f_y}$。

19.3.2 钢梁设计

1. 钢梁应按《钢结构设计标准》GB 50017—2017 中有关规定,分别进行弹性和塑性设计。抗震设计时，钢材设计强度应除以抗震调整系数。

2. 符合下列情况之一时，可不计算梁的整体稳定性。

（1）有整体性刚性铺板（钢筋混凝土板或钢板）铺在梁的受压翼缘上并与其牢固相连，能阻止梁受压翼缘侧向位移时。

（2）当无刚性铺板时，工字形截面梁受压翼缘的自由长度 l_f 与其宽度 b_f 之比不超过表 19.3.2 规定的数值时。

工字形截面钢梁受压翼缘自由长度 l_f 与其宽度 b_f 比　　　　　　　表 19.3.2

钢号	跨中无侧向支承点的梁		跨中受压翼缘有侧向支承点的梁，不论荷载作用于何处
	荷载作用在上翼缘	荷载作用在下翼缘	
Q235	13.0	20.0	16.0
Q355	10.5	16.5	13.0
Q390	10.0	16.5	12.5
Q420	9.5	15.0	12.0

注：其他钢号的梁不需计算整体稳定性的最大 l_f/b_f 值，应取 Q235 钢的数值乘以 $\sqrt{235/f_y}$。

（3）箱形截面梁的截面尺寸符合表 19.3.3 的规定时。

箱形截面钢梁的高宽比 h/b_0 以及受压翼缘自由长度 l_f 与其宽度 b_0 之比的允许值　　表 19.3.3

钢材牌号	h/b_0	l_f/b_0
Q235	≤6	<95
Q355	≤6	<57

（4）按 7 度及其以上抗震设防的高层建筑，其抗侧力框架的梁中可能出现塑性铰的区段，板件宽厚比不应超过表 19.3.4 规定的限值（见表 19.3.4）。

框架梁板件宽厚比限值　　　　　　　　　表 19.3.4

板件	7 度及以上	6 度
工字形梁和箱形梁翼缘悬伸部分 b/t	9	11
工字形梁和箱形梁腹板 h_0/t_w	$72\sim100\dfrac{N}{A_f}$	$85\sim120\dfrac{N}{A_f}$
箱形梁翼缘在两腹板之间的部分 b_0/t	30	36

注：1. 表中，N 为梁的轴向力，A 为梁的截面面积，f 为梁的钢材强度设计值；

　　2. 表列值适用于 $f_y=235\text{N/mm}^2$ 的 Q235 钢，当钢材为其他牌牌号时，应乘以 $\sqrt{235/f_y}$。

（5）钢梁在其端部支承处都应采取构造措施，以防止其端部截面的扭转。

3. 当框架梁端部与柱连接，腹板采用螺栓连接、翼缘采用焊接连接时，沿着螺栓孔和切口的受剪截面，是抗剪承载力最薄弱的部位（图 19.3.4）。

4. 在罕遇地震作用下，梁出现塑性铰处，上、下翼缘均应设置侧向支撑。当梁上翼缘与楼板有可靠连接时，固端梁下翼缘在梁端 0.15 倍梁跨附近均宜设置隔撑。相邻两支撑点间的构件长细比，应符合《钢结构设计标准》GB 50017—2017 对塑性设计的有关规定。

19.3.3　钢梁水平支撑构造

当高层建筑某些层或某些层的局部无刚性楼板，平面上形成空层或形成较大的开敞空间时，为保证水平力

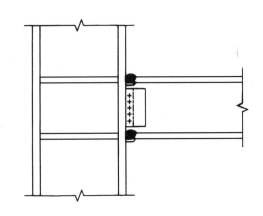

图 19.3.4　框架梁端部剪切路径示意

能传递到竖向抗侧力构件（核心筒、剪力墙、有竖向支撑的框架）上去。必须每隔2～3层加设水平支撑，具体构造见图19.3.5～图19.3.7。

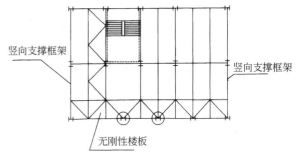

图19.3.5　水平支撑布置平面之一

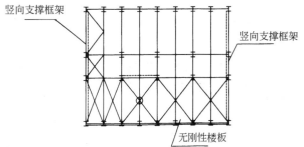

图19.3.6　水平支撑布置平面之二

19.3.4　梁上开洞补强

当管道穿过钢梁时，腹板中的孔口应予补强。补强时，弯矩可仅由翼缘承担，剪力由孔口截面的腹板和补强板共同承担。

不应在距梁端相当于梁高的范围内设孔，抗震设防的结构不应在隔撑范围内设孔。孔口直径不得大于梁高的1/2。相邻圆形孔口边缘间的距离不得小于梁高，孔口边缘至梁翼缘外皮的距离不得小于梁高的1/4。

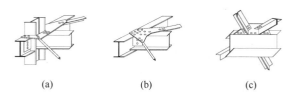

图19.3.7　水平支撑节点示意

(a) 与框架梁柱节点连接；(b) 与边梁连接；(c) 与中梁交叉连接

圆形孔直径小于或等于1/3梁高时，可不予补强。当大于1/3梁高时，可用环形加劲肋加强[图19.3.8（a）]，也可用套管[图19.3.8（b）]、方形或环形补强板[图19.3.8（c）]加强。

圆形孔口加劲肋截面不宜小于100mm×10mm，加劲肋边缘至孔口边缘的距离不宜大于12mm。圆形孔口用套管补强时，其厚度不宜小于梁腹板厚度。用方形或环形板补强时，若补强板设置在梁腹板两侧，方形或环形板的厚度可稍小于腹板厚度，其宽度可取75～125mm。

矩形孔口与相邻孔间的距离不得小于梁高或矩形孔口长度中之较大值。孔口上下边缘至梁翼缘外皮的距离不得小于梁高1/4。矩形孔口长度不得大于750mm，孔口高度不得大于梁高1/2，其边缘应采用纵向和横向加劲肋加强（图19.3.9）。

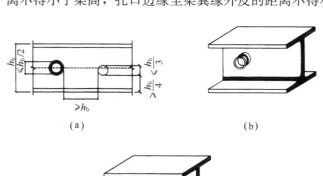

图19.3.8　钢梁圆形孔口的补强

(a) 环形加劲肋；(b) 套管；(c) 补强板

矩形孔口上下边缘的水平加劲肋端部宜伸至孔口边缘以外各300mm。当矩形孔口长度大于梁高时，其横向加劲肋应沿梁高设置（图19.3.10）。

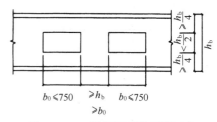

图19.3.9　钢梁矩形孔开孔要求

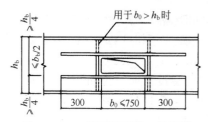

图19.3.10　钢梁矩形孔口的补强

矩形孔口加劲肋截面不宜小于 125mm×8mm。当孔口长度大于 500mm 时，应在梁腹板两侧设置加劲肋（图 19.3.11）。

蜂窝形开孔（图 19.3.12）由于材料使用效率高，也是一种常见的孔口形式。其开孔与洞边补强构造与圆形开孔类似。

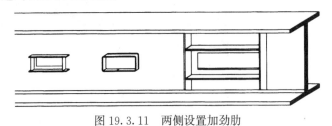

图 19.3.11 两侧设置加劲肋

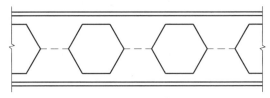

图 19.3.12 钢梁腹板蜂窝形开孔

19.4 组合梁

19.4.1 一般要求

1. 本节内容仅适用于简支梁。在跨中正弯矩作用下，简支梁的受压区位于混凝土部分。组合梁中钢梁截面形式以及板件的宽厚比要求同本章第三节中钢梁要求。

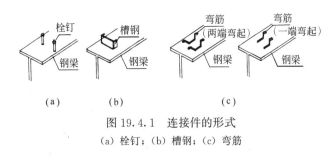

图 19.4.1 连接件的形式
(a) 栓钉；(b) 槽钢；(c) 弯筋

2. 组合梁中组合板要求详见本章第二节中组合板。

3. 钢梁与组合板之间应提供足够的剪力连接件，以防止两者之间相对滑移。剪力连接件的形式如图 19.4.1 几种，其中栓钉连接件应用最普遍。

19.4.2 组合梁设计

1. 组合梁可以按弹性分析法或塑性设计法进行正截面受弯承载力、受剪承载力计算。在正截面受弯承载力计算时，钢筋混凝土翼板宽度应取有效宽度 b_{ce}。在受剪承载力计算时，其全部剪力由钢腹板承担。

2. 组合梁必须进行钢梁与组合板的连接计算，钢梁翼缘与混凝土板纵向界面受剪承载力计算。

3. 组合梁应按荷载短期效应和长期效应分别复核挠度和裂缝宽度。

19.4.3 组合梁构造

1. 组合梁截面高度，按高跨比 h/l 宜不小于 1/15。

2. 当组合梁中钢梁与组合板的连接采用栓钉时，栓钉直径宜采用 $d \leqslant 19mm$，且 $\leqslant 1.5t_{bf}$（t_{bf} 为钢梁翼缘厚度），应采用气体保护焊或采用栓钉闪光接触焊穿过压型钢板直接和钢梁连接。

3. 栓钉数应由计算确定，同时必须满足构造要求；栓钉布置最小中心距，沿钢梁纵轴方向需 $\geqslant 6d$，当为二排或二排以上时，横向间距需 $\geqslant 4d$。边距不小于 35mm。按构造布置时，栓钉最大中心距应不超过 $8h_c$（h_c 为混凝土板最小处板厚），也不超过 900mm（图 19.4.2）。

4. 按抗震设计时，为防止框架横梁侧向屈曲，在钢梁上、下翼缘和组合梁的下翼缘受压区段以及节点塑性区段应设置水平支撑和隅撑（图 19.4.3 及图 19.4.4）。

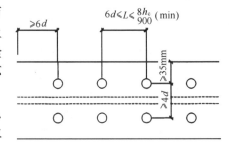

图 19.4.2 栓钉中心距示意图

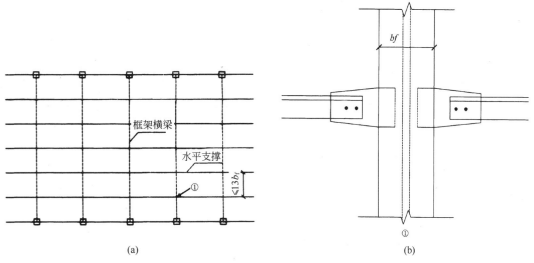

图 19.4.3　水平支撑布置

（a）支撑布置；（b）支撑与钢梁翼缘连接

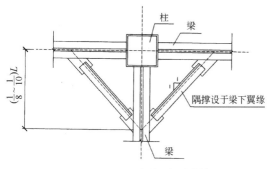

图 19.4.4　梁的水平隅撑

19.5　钢柱

19.5.1　柱截面形式

1. 柱截面基本形式（表 19.5.1）。

柱截面形式　　　　　　　　　　　　　　　　　　　表 19.5.1

柱的形式	截面构成	图形	特性	备注
H 形截面	轧制 H 型钢 焊接 H 型钢及 H 形复合截面		造价低；加工量少；便于连接；分强弱轴；最常用的截面形式。截面可按受力需要设计，可以适应较大竖向荷载的需要，加工量多	

续表

柱的形式	截面构成	图形	特性	备注
方管截面	组装钢板焊接截面 双槽钢焊接截面 H型钢＋钢板焊接截面	钢板　槽钢 a　　b　　c	a. 截面受力性能好,适用于双向受力;焊接组装复杂;连接不便。 b. 截面面积不便改变;焊接组装不便;一般适用于次要柱。 c. 截面受力性能好;截面面积容易改变,焊接组装不复杂	各种截面的综合比较;轧制型钢较便宜,但用厚度较大的三块钢板组成的H形焊接截面可得到更好的结构性能,由此节约的钢材要大于焊接制造费用
十字形截面	组装钢板焊接截面	钢板	截面性能好;加工量多;便于连接;为钢骨混凝土柱常用的截面形式	复杂的封闭截面应尽量避免使用。 使用高强钢是不合算的,超高强钢($480\sim620N/mm^2$)会由于焊接困难而使制造费用提高。 应把现场焊接工作量减到最小。 加大预制件尺寸,减少预制件数量

2. 框架柱的板件宽厚比宜符合下述规定的尺寸限值要求（表 19.5.2）。

钢柱板件宽厚比限值 表 19.5.2

板件名称		抗震等级			
		一级	二级	三级	四级
柱	工字形截面翼缘外伸部分	10	11	12	13
	工字形截面腹板	43	45	48	52
	箱形截面壁板	33	36	38	40

注：表列数值适用于 Q235 钢,采用其他牌号钢材时,应乘以 $\sqrt{235/f_y}$。

3. 在抗震框架中,宜优先采用轧制型钢柱。在钢材物理性能和化学成分满足设计要求以及施工时焊接工艺有可靠保证时,也可以采用焊接型钢柱。

4. 焊接 H 形钢柱、箱形柱和十字形柱的构件焊接要求：梁与柱刚性连接时,柱在梁翼缘上下各 600mm 的范围内,柱翼缘与柱腹板间或箱形柱壁板间的连接焊缝应采用全焊透坡口焊缝,其他范围内可采用部分焊透焊缝,焊缝厚度 h_f 可取 $(1/3\sim1/2)t$。

焊接柱焊透要求详见图 19.5.1。

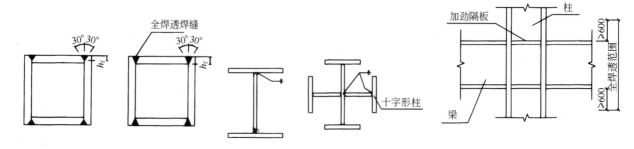

图 19.5.1　焊接柱焊透要求

19.5.2 钢柱设计

1. 框架柱的长细比应满足表 19.5.3 的规定。

长细比限值 表 19.5.3

钢柱抗震等级	一级	二级	三级	四级
长细比限值	60	80	100	120

注：表列数值适用于 Q235 钢，采用其他牌号钢材时，应乘以 $\sqrt{235/f_y}$。

2. 钢柱应按《高层民用建筑钢结构技术规程》JGJ 99—2015，分别进行弹性阶段和塑性阶段的、弯矩在主平面内强度及稳定性计算，以及弯矩在主平面外稳定性计算。抗震设计时，钢材设计强度应除以抗震调整系数。

3. 在计算重力荷载与侧向荷载组合作用下框架柱稳定性时，其计算长度应按 $l_c = \mu \cdot h$ 计算，h 为柱的层高，μ 依据结构体系的支撑情况分别取值。

4. 框筒结构柱应符合下列要求：

$$\frac{N_c}{A_c f} \leqslant \beta$$

式中　N_c——框筒结构柱在地震作用组合下的最大轴向压力设计值；

　　　A_c——框筒结构柱截面面积；

　　　f——框筒结构柱钢材强度设计值；

　　　β——系数，一、二、三级时取 0.75，四级时取 0.80。

19.5.3 钢柱脚设计及构造

1. 钢柱柱脚包括外露式柱脚、外包式柱脚和埋入式柱脚三类，各类柱脚均应进行受压、受弯、受剪的承载力计算，其轴力、弯矩、剪力的设计值取钢柱底部的相应设计值。根据受剪验算结果，必要时设置柱底型钢抗剪键。

2. 钢柱柱脚的底板均应采用抗弯连接，锚栓埋入长度不应小于其直径的 25 倍，锚栓底部应设锚板或弯钩，锚板厚度宜大于 1.3 倍锚栓直径。要保证锚栓四周及底部的混凝土具有足够厚度，避免基础冲切破坏；锚栓下面还应按混凝土基础要求设置保护层。

3. 有地下室的高层民用建筑中经常采用外露式柱脚。钢柱外露式柱脚应通过底板锚栓固定于混凝土基础上，高层民用建筑的钢柱应采用刚接柱脚。三级及以上抗震等级时，锚栓截面面积不宜小于钢柱下端截面积的 20%。

4. 外露式柱脚的设计应符合下列规定。

(1) 钢柱轴力由底板直接传至混凝土基础，按《混凝土结构设计规范》GB 50010—2012（2015 年版）验算柱脚底板下混凝土的局部承压，承压面积为底板面积。

(2) 在轴力和弯矩作用下计算所需锚栓面积，验算公式如下：

$$M \leqslant M_l$$

式中　M——柱脚弯矩设计值；

　　　M_l——在轴力与弯矩作用下按钢筋混凝土压弯构件截面设计方法计算的柱脚受弯承载力。设计截面为底板面积，由受拉边的锚栓单独承受拉力，由混凝土基础单独承受压力，受压边的锚栓不参加工作，锚栓和混凝土的强度均取设计值。

(3) 抗震设计时，在柱与柱脚连接处，柱可能出现塑性铰的柱脚极限受弯承载力应大于钢柱的全塑性抗弯承载力。

(4) 钢柱底部的剪力可由底板与混凝土之间的摩擦力传递，摩擦系数取 0.4；当剪力大于底板下的摩擦力时，应设置型钢抗剪键，由抗剪键承受全部剪力。

19.6 型钢混凝土构件

型钢混凝土组合结构分为全部结构构件采用型钢混凝土的结构和部分结构构件采用型钢混凝土的结构。此两类结构宜用于框架结构、框架-剪力墙结构、底部大空间剪力墙结构、框架-核心筒结构、筒中筒结构等结构体系。但对各类结构体系的框架柱,当房屋的设防烈度为9度,且抗震等级为一级时,宜全部采用型钢混凝土柱。

19.6.1 基本截面形式

1. 型钢混凝土柱。

高层建筑钢结构中型钢混凝土柱,其型钢宜采用实腹型钢、焊接型钢或带斜腹杆的格构式截面,其截面通常有以下几种类型:

7度及以上抗震设防的型钢混凝土柱结构截面(图19.6.1)。

6度抗震设防也可采用如下型钢混凝土柱截面(图19.6.2)。

图19.6.1 实腹型钢混凝土柱

图19.6.2 格构式型钢混凝土柱

2. 型钢混凝土框架梁中的型钢,宜采用充满型实腹型钢。充满型实腹型钢的一侧翼缘宜位于受压区,另一侧翼缘则位于受拉区(图19.6.3)。当梁截面较高时,可采用桁架式型钢混凝土梁。

3. 型钢混凝土中型钢板件宽厚比宜符合下述规定尺寸要求:详见图19.6.4、表19.3.1及表19.5.2。

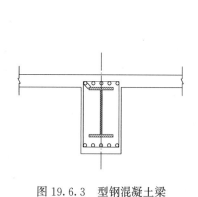
图19.6.3 型钢混凝土梁

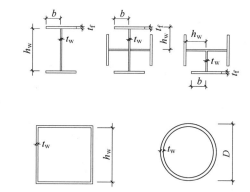
图19.6.4 型钢钢板宽厚比

4. 型钢混凝土剪力墙。

当核心筒墙体承受的弯矩、剪力和轴力均较大时,以及在核心筒延性要求较高的情况下,核心筒墙体可采用型钢混凝土剪力墙或带钢板的型钢混凝土剪力墙。

(1) 型钢混凝土剪力墙应符合下列构造要求。

① 应满足《高层建筑混凝土结构技术规程》JGJ 3—2010表7.2.13的轴压比要求;

② 型钢混凝土剪力墙、钢板混凝土剪力墙在楼层标高处宜设置暗梁;

③ 端部配置型钢的混凝土剪力墙,型钢的保护层厚度宜大于100mm;水平分布钢筋应绕过或穿过

周边墙端型钢，且应满足钢筋锚固长度要求；

④ 周边有型钢混凝土柱和梁的现浇钢筋混凝土剪力墙，剪力墙的水平分布钢筋应绕过或穿过周边柱型钢，且应满足钢筋锚固长度要求；当采用间隔穿过时，宜另加补强钢筋。周边住的型钢、纵向钢筋、箍筋配置应符合型钢混凝土柱的设计要求。

（2）钢板混凝土剪力墙尚应符合下列构造要求。

① 钢板混凝土剪力墙体中的钢板厚度不宜小于 10mm，也不宜大于墙厚的 1/15；

② 钢板混凝土剪力墙的墙身分布钢筋混凝土不宜小于 0.4%，分布钢筋的间距不宜大于 200mm，且应与钢板可靠连接；

③ 钢板与周围型钢构件宜采用焊接；

④ 板与混凝土墙体之间连接件的构造要求可按照《钢结构设计标准》GB 50017—2017 中关于组合梁抗剪连接件构造要求设计，栓钉间距不宜大于 300mm；

⑤ 在钢板墙角部 1/5 板跨且不小于 1000mm 范围内，钢筋混凝土墙体分布钢筋、抗剪栓钉间距宜适当加密。

19.6.2 型钢混凝土构造要求

1. 材料要求

（1）混凝土强度等级不宜小于 C30，混凝土粗骨料的最大直径不宜大于 25mm。

（2）型钢宜采用 Q235 或 Q355 级钢材，其板件厚度不宜小于 8mm。

（3）钢筋主筋宜采用 HRB400 或 HRB335 级钢，直径宜不小于 16mm。

2. 截面构造要求

（1）柱型钢含钢率，当轴压比大于 0.4 时，不宜小于 4%，当轴压比小于 0.4 时，不宜小于 3%；梁纵向钢筋配筋率不宜小于 0.30%，直径宜取 16～25mm；柱纵向钢筋最小配筋率不宜小于 0.8%。

（2）钢筋、型钢在截面中构造间距及保护层厚度详见图 19.6.5 和图 19.6.6。

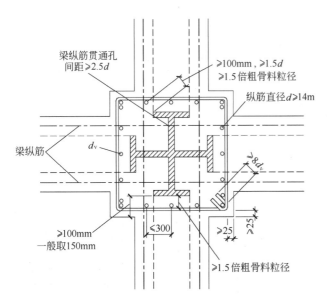

图 19.6.5　柱截面构造

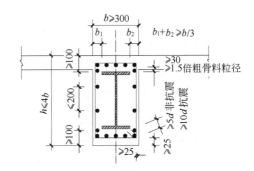

图 19.6.6　梁截面构造

（3）箍筋直径和间距详见表 19.6.1 和表 19.6.2。

（4）栓钉设置要求。

① 型钢混凝土悬臂梁自由端的纵向受力钢筋应设置专门的锚固件，型钢梁的自由端上宜设置栓钉。

梁箍筋直径和间距 (mm)   表 19.6.1

抗震等级	箍筋直径	非加密区箍筋间距	加密区箍筋间距
一	≥12	≤200	≤100
二	≥10	≤250	≤100
三	≥10	≤250	≤150

注：1. 抗震设计时，梁端箍筋应加密，箍筋加密区范围，一级时取梁截面高度的 2.0 倍，二、三级时取梁截面高度的 1.5 倍；当梁净跨小于梁截面高度的 4 倍时，梁全跨箍筋应加密设置；

    2. 最小面积配箍率不应小于 0.15%。

柱箍筋直径和间距 (mm)   表 19.6.2

抗震等级	箍筋直径	非加密区箍筋间距	加密区箍筋间距
一	≥12	≤50	≤100
二	≥10	≤200	≤100
三	≥8	≤200	≤150

注：1. 箍筋直径除应符合表中要求外，尚不应小于纵向箍筋直径的 1/4；

    2. 抗震设计时，柱端箍筋应加密，加密区范围取柱矩形截面长边尺寸（或圆形截面直径）、柱净高的 1/6 和 500mm 三者的最大值。加密区箍筋最小体积配箍率应符合表 19.6.3；

    3. 框支柱、一级角柱和剪跨比不大于 2 的柱，箍筋均应全高加密，箍筋间距均不应大于 100mm。

型钢柱箍筋加密区箍筋最小体积配箍率 (%)   表 19.6.3

抗震等级	轴压比		
	<0.4	0.4~0.5	>0.5
一	0.8	1.0	1.2
二	0.7	0.9	1.1
三	0.5	0.7	0.9

注：1. 当型钢柱配置螺旋箍筋时，表中数值可减少 0.2，但不应小于 0.4；

    2. 二级且剪跨比大于 2 的柱，加密区箍筋最小体积配箍率尚不宜小于 0.8%。

② 对于转换层大梁或托柱梁等主要承受竖向重力荷载的梁，梁端型钢上翼缘宜增设栓钉。

③ 位于底部加强部位、房屋顶层以及型钢混凝土与钢筋混凝土交接层的型钢混凝土柱宜设置栓钉，型钢截面为箱形的柱子也宜设置栓钉，竖向及水平栓钉间距均不宜大于 250mm。

（5）型钢混凝土柱的长细比不宜大于 30。

（6）配置桁架式型钢的型钢混凝土框架梁，其压杆的长细比宜小于 120。

（7）型钢混凝土梁开孔要求。详见图 19.6.7。

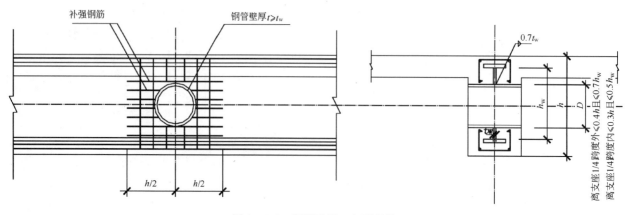

图 19.6.7 圆形孔孔口加强措施

19.7 中心支撑

19.7.1 中心支撑的常用形式

详见表 19.7.1。

19.7.2 支撑截面形式

受压支撑宜采用双轴对称截面，如 H 形、箱形截面。当采用单轴对称截面时，应采取措施，防止绕对称轴的屈曲。在各肢件有足够稳定性情况下，支撑也可采用有填板的双肢组合截面。受拉支撑可不受上述限制。

19.7.3 支撑斜杆的板件宽厚比限值

见表 19.7.2 及表 19.7.3。

19.7.4 中心支撑设计与构造

1. 中心支撑应按《高层民用建筑钢结构技术规程》JGJ 99—2015 进行轴心受拉或受压承载力和受压稳定性计算。抗震设计时，钢材设计强度应除以抗震调整系数。

中心支撑常用形式   表 19.7.1

十字交叉支撑		抗震框架宜采用刚性框架加十字交叉支撑体系单斜杆支撑
单斜杆支撑		当按只能受拉设计时,应设不同倾斜方向的 A 和 B 两组单斜杆,A 和 B 的水平投影面积之差不应大于 10%
人字形斜杆支撑		梁应贯通,在支撑点处不得中断。梁的设计应按两柱之间的连续梁考虑;通常框架梁不考虑支撑的中间支座的作用
K 形斜杆支撑		抗震设防的结构不得采用此种支撑

钢结构中心支撑板件宽厚比限值表　　　　　　　　表 19.7.2

板件名称	抗震等级			
	一级	二级	三级	四级
翼缘外伸部分	8	9	10	13
工字形截面腹板	25	26	27	33
箱形截面腹板	18	20	25	30
圆管外径与壁厚比	38	40	40	42

注：表列数值适用于 Q235 钢，采用其他牌号钢材应乘以 $\sqrt{235/f_y}$。

偏心支撑框架梁板件宽厚比限值　　　　　　　　表 19.7.3

板件名称		宽厚比限值
翼缘外伸部分		8
腹板	当 $N/Af \leqslant 0.14$ 时	$90[1-1.65N/(Af)]$
	当 $N/Af > 0.14$ 时	$90[2.3-N/(Af)]$

注：表列数值适用于 Q235 钢，采用其他牌号钢材应乘以 $\sqrt{235/f_y}$。

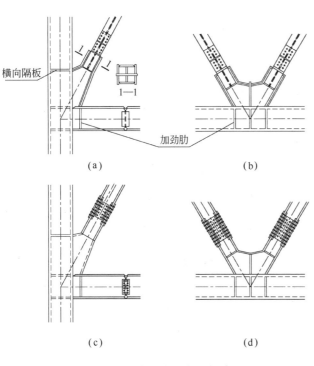

图 19.7.1　支托式连接节点详图

2. 支撑斜杆承载力和稳定性的公式中，其内力 N 组合效应中的地震作用标准值应乘以增大系数。对十字交叉支撑和单斜杆支撑应乘以 1.3；对人字形支撑和 V 形支撑应乘以 1.5。

3. 抗震设防的结构中，支撑宜采用 H 型钢制作，且两端宜设计成刚接。当支撑是采用 H 型钢截面制作时，其翼缘和腹板的焊接应采用全焊透坡口焊缝连接。

支撑与框架相连时，宜使 H 型钢支撑的翼缘朝向框架平面外。

4. 当中心支撑与框架相连采用支托式连接时，其计算长度：对支撑翼缘朝向框架平面外 [图 19.7.1（a）、（b）]，取 0.7 倍轴线长度；对支撑翼缘朝向框架平面内 [图 19.7.1（c）、（d）]，取 0.9 倍轴线长度。

5. 梁和柱在与支撑翼缘连接处，腹板应设置加劲肋或横向隔板。加劲肋和横向隔板应设计成能支撑斜杆轴向力作用到柱或梁上横向分力上。

6. 支撑斜杆的长细比宜控制在表 19.7.4 要求的范围内。

钢结构中心支撑杆件长细比限值　　　　　　　　表 19.7.4

抗震等级	一级	二级	三级	四级
按压杆设计	120	120	120	120
按拉杆设计	不得采用	不得采用	不得采用	180

注：表列数值适用于 Q235 钢，采用其他牌号钢材应乘以 $\sqrt{235/f_y}$。

7. 按 7 度及以上抗震设防的结构，当支撑为填板连接的双肢组合构件时，肢件在填板间的长细比不应大于整个杆件长细比的 1/2，且不应大于 40。

8. 中心支撑的重心线应设计成通过梁与柱轴线的交点。当条件限制不能满足时，节点设计应计入偏心造成的附加弯矩影响，按偏心支撑设计。

19.8 偏心支撑

19.8.1 偏心支撑形式

1. 偏心支撑框架中的支撑斜杆，应至少在一端与梁连接（不在柱节点处），另一端可连接在梁与柱相交处，或在偏离另一支撑的连接节点与梁连接，并在支撑与柱之间或在支撑与支撑之间形成耗能梁段。

2. 偏心支撑的常用形式见图 19.8.1。

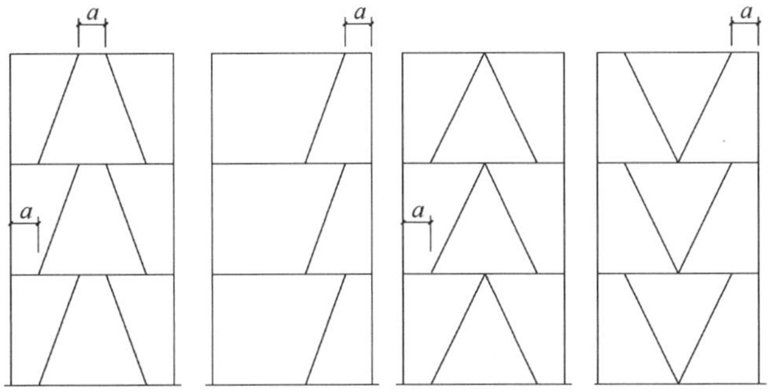

3. 偏心支撑斜杆的截面选型、板件宽厚比的限制、与柱或梁的连接方式，以及在梁柱连接处加劲肋和横向隔板的设置，均同中心支撑的要求。

4. 偏心支撑框架中耗能梁段的截面宜与该跨内框架梁相同。

5. 耗能梁段板件宽厚比限值。

（1）翼缘自由外伸宽度 b 与其厚度 t_f 之比

$$b/t_f = 8\sqrt{235/f_y}$$

（2）腹板计算高度 h_0 与其厚度 t_w 之比

$$h_0/t_w = (72 - 100 N_{lb}/A_{lb}f)\sqrt{235/f_y}$$

式中 N_{lb}——梁段的轴力设计值；

A_{lb}——梁段的截面面积。

图 19.8.1 偏心支撑框架类型

(a) 门架式；(b) 单斜杆式；(c) 人字形；(d) V 字形

19.8.2 偏心支撑设计

1. 偏心支撑的设计除对偏心支撑本身的设计外，还应包括与支撑相连的耗能梁和框架柱的设计。

2. 偏心支撑应遵照《高层民用建筑钢结构技术规程》JGJ 99—2015 按在多遇地震作用效应组合下，进行支撑斜杆承载力的计算。

3. 偏心支撑斜杆，当采用支托式连接时，其计算长度和中心支撑斜杆选取方法一样。

19.8.3 耗能梁设计

1. 耗能梁段，当其净长 a 符合下式时为剪切屈服型，否则为弯曲屈服型。

$$a \leqslant 1.6 M_p/V_p$$

其中 M_p 和 V_p 分别为耗能梁塑性受弯承载力和受剪承载力。

2. 耗能梁段宜设计成剪切屈服型。与柱连接的耗能梁段必须设计成剪切屈服型。剪切屈服型耗能梁段与柱翼缘连接见图 19.8.2。

3. 在多遇地震作用效应组合下，应分别计算其翼缘和腹板截面承载力强度。

4. 在耗能梁中，应分别计算耗能梁段塑性受剪承载力、塑性受弯承载力以及在梁段承受轴力时的全塑性受弯承载力。

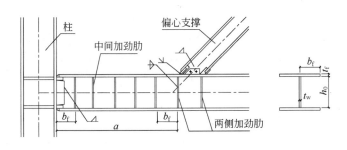

图 19.8.2 剪切屈服型耗能梁段与柱翼缘连接详图

19.8.4 框架柱设计

偏心支撑框架柱的承载力应按《高层民用建筑钢结构技术规程》JGJ 99—2015 有关规定进行计算。抗震设防时，偏心支撑框架柱的钢材强度设计值应除以 γ_{RE}。

19.8.5 偏心支撑、耗能梁以及偏心支撑框架柱的构造

1. 偏心支撑构件的用材、长细比控制同中心支撑构件的要求。

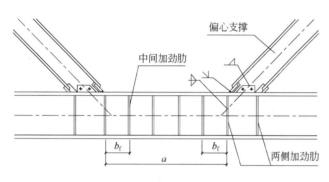

图 19.8.3 剪切屈服型中间耗能梁段腹板加劲肋设置

2. 剪切屈服型耗能梁段的加劲肋设计。

（1）在支撑翼缘处，耗能梁腹板两侧应设加劲肋。当耗能梁段净长 $a \leqslant 2.6 M_p/V_p$ 时，在距两端为 b_f 的位置外，腹板两侧还应增设加劲肋。加劲肋宽度取 $b_f/2 - t_w$。加劲肋总厚度不小于 $0.75 t_w$ 或 10mm（图 19.8.3）。

（2）当剪力大于 $0.47 f h_0 t_w$，耗能梁段的净长 $a \leqslant 2.2 M_p/V_p$ 时，或虽然 $a > 2.2 M_p/V_p$ 但其截面弯矩达到 M_{pc} 时，还应设置中间加劲肋，其间距当 $a \leqslant 1.6 M_p/V_p$ 时，为 $38 t_w - h_0/5$；当 $a > 1.6 M_p/V_p$ 时，为 $56 t_w - h_0/5$。

（3）高度不超过 600mm 的耗能梁段，可在单侧设置加劲肋。等于或超过 600mm 的耗能梁段，应在两侧设置加劲肋，每一侧加劲肋的宽度不小于 $b_f/2 - t_w$，厚度不小于 10mm。

（4）加劲肋应三面用角焊缝连接，与腹板焊接连接的承载力不低于 $A_{st}f$；在翼缘连接部分的承载力不低于 $A_{st}f/4$。其中 $A_{st} = b_{st} t_{st}$。

3. 耗能梁段腹板不得以加焊贴板增加厚度来提高强度，也不得在腹板上开洞。

4. 耗能梁段上下翼缘应设置水平侧向支撑，其轴力设计值至少应为 $0.15 b_f t_f$。与梁段同跨的框架梁上下翼缘，也应设置水平侧向支撑，其间距不得大于 $13 b_f \sqrt{235/f_y}$。梁在侧向支撑间的长细比应符合《钢结构设计标准》GB 50017—2017 的有关规定。

19.9 钢板剪力墙

19.9.1 一般规定

1. 钢板剪力墙是将设置加劲肋或不设加劲肋的钢板作为抗侧力剪力墙，并通过拉力场提供承载能力的抗侧力构件（图 19.9.1）。

2. 抗震等级为四级的高层民用建筑钢结构，采用钢板剪力墙时，可不设置加劲肋。抗震等级为三级及以上时，宜采用带竖向及（或）水平加劲肋的钢板剪力墙，竖向加劲肋的设置，可采用竖向加劲肋不连续的构造和布置；竖向加劲肋宜两面设置或两面交替设置，横向加劲肋宜单面或两面交替设置。

19.9.2 钢板剪力墙的设计和计算

1. 非加劲钢板剪力墙，应计算其抗剪强度及稳定性。

2. 非加劲钢板剪力墙，当计算其稳定性时，可利用其屈曲后的强度。但在与梁、柱连接时，应能保证钢板张力能传递到梁、柱上去。在设计梁、柱时，应计入钢板屈曲后张力场效应。

3. 加劲钢板剪力墙，应验算其抗剪强度、区格内的局部稳定性以及整体稳定性。

19.9.3　钢板剪力墙构造

钢板剪力墙和框架体系的连接构造宜使钢板剪力墙只承担剪力而不参与承受竖向荷载。钢板剪力墙与框架梁、柱的连接见图 19.9.2。

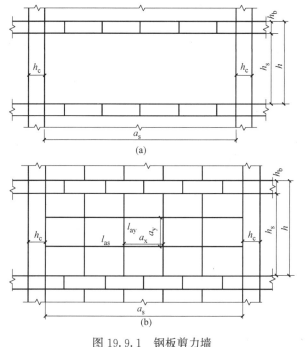

图 19.9.1　钢板剪力墙

（a）非加劲钢板剪力墙；（b）加劲钢板剪力墙

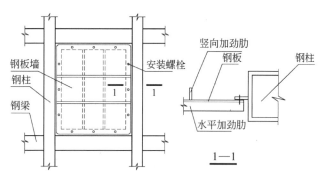

图 19.9.2　钢板剪力墙与框架梁、柱连接

19.10　无粘结内藏钢板支撑墙板

19.10.1　一般规定

无粘结内藏钢板支撑墙板是以钢板条为基本支撑、外包混凝土墙板为约束构件的屈曲约束支撑墙板。只在支撑节点处与钢框架相连，而且混凝土墙板与框架梁柱间留有间隙，实际上仍是一种支撑。见图 19.10.1。

19.10.2　无粘结内藏钢板支撑墙板设计

1. 内藏钢板支撑剪力墙的设计原则如下。

（1）内藏钢板支撑的基本设计原则可参照普通钢支撑。它与普通钢支撑一样，可以是人字形支撑、交叉支撑或单斜杆支撑。若选用单斜杆支撑，宜与相应柱间成对对称布置。

（2）内藏钢板支撑按其与框架的连接，可做成中心支撑，也可做成偏心支撑。在高烈度地震区，宜采用偏心支撑。

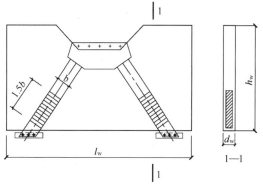

图 19.10.1　内藏钢板支撑墙板

（3）内藏钢板支撑的净截面面积，应根据所承受的剪力按强度条件选择，不考虑屈曲。

2. 内藏钢板支撑剪力墙设计，必须对钢板支撑的受剪承载力以及支撑钢板屈服前和屈服后墙板刚度进行计算。

19.10.3　内藏钢板剪力墙的构造要求

1. 混凝土墙板截面尺寸应满足下式要求。

$$V \leqslant 0.1 f_c d_w l_w$$

式中　V——设计荷载作用下墙板所承受的剪力；

d_w——墙板厚度；

l_w——墙板长度；

f_c——墙板的混凝土轴心抗压强度设计值，按《混凝土结构设计规范》GB 50010—2012（2015年版）的规定采用，混凝土的强度等级应不小于C20。

2. 墙板厚度，应同时满足下式要求。

$d_w \geqslant 140mm$；

$d_w \geqslant h_w/20$；

$d_w \geqslant 8t$。

h_w——墙板高度；

t——支撑钢板厚度。

3. 内藏钢板支撑宜采用与框架结构相同的钢材，支撑钢板的宽厚比以15左右为宜。适当选用较小宽厚比可有效提高支撑的抵抗屈曲能力。支撑钢板的厚度应不小于16mm。

4. 混凝土墙板内应设双层钢筋网，每层双向配筋的最小配筋率 ρ_{min} 为0.4%，且不应少于 $\phi 6@100 \times 100$。双层钢筋网之间应适当设置连系钢筋，尤其在支撑钢板端部墙板边缘处应加强双层钢筋网的连系，钢筋网的保护层厚度 c 应不小于15mm。墙板四周宜设置不小于 $2\phi 10$ 的周边钢筋。

5. 内藏钢板支撑混凝土板中，在钢板支撑端部离墙板边缘1.5倍支撑钢板宽度的范围内，应设置加强构造钢筋。加强构造钢筋可从下列几种形式中选用：①麻花形钢筋，如图19.10.2所示；②螺旋形钢筋；③加密的钢箍如图19.10.3（a）。

当支撑钢板端部与钢板不垂直时，应注意使支撑钢板端部的加强构造钢筋在靠近墙板边缘平行布置，如图19.10.3（a）所示，不得形成空白区，如图19.10.3（b）所示，以免支撑钢板端部失稳。

当墙板厚度 d_w 与支撑钢板的厚度相比较小时，为了提高墙板对支撑的侧向约束，也可沿钢板支撑全长在墙板内设带状钢筋骨架（图19.10.4）。

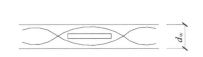

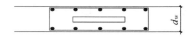

图19.10.2　麻花形钢筋　　　　图19.10.3　钢箍的布置　　　　图19.10.4　加钢箍的钢筋骨架

（a）正确布置；（b）错误布置

墙板对支撑端部的侧向约束较小，为了提高支撑钢板端部的抗屈曲能力，可在支撑钢板端部长度等于其宽度的范围内，沿支撑方向设置构造加劲肋。

6. 在支撑钢板端部1.5倍宽度范围内不得焊接钢筋、钢板或采用任何有利于提高局部粘结力的措施。当平卧浇捣混凝土墙板时，应避免钢板自重引起支撑的初始弯曲。

7. 支撑端部的节点构造，应力求截面变化平缓，传力均匀，以避免应力集中。

8. 内藏钢板支撑剪力墙仅在节点处与框架结构相连。与四周梁柱之间均留有25mm空隙，详见图

19.10.5，上节点通过节点板用高强度螺栓与上层框架钢梁下翼缘连接板在施工现场连接（剖面1-1）。下节点与下层框架钢梁上翼缘连接件在施工现场用全熔透坡口焊缝连接（剖面2-2）。

用高强度螺栓连接时，每个节点的高强度螺栓不宜少于4个，螺栓布置应符合《钢结构设计标准》GB 50017—2017 的要求。

9. 剪力墙下端的缝隙在浇筑楼板时应该用混凝土填充；剪力墙上部与上层框架梁之间的间隙以及

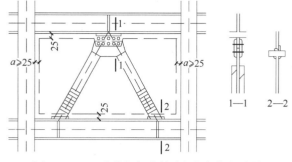

图 19.10.5　内藏钢板支撑墙板与框架的连接

两侧与框架柱之间的间隙，宜用隔音的弹性绝缘材料填充，并用轻型金属架及耐火板材覆盖。

10. 剪力墙与框架柱的间隙 a，应满足下列要求。

$$2[u] < a < 4[u]$$

式中　$[u]$——荷载标准值下框架的层间位移容许值。

19.11　带竖缝混凝土剪力墙

19.11.1　一般规定

1. 带竖缝混凝土剪力墙墙板只承受水平荷载产生的剪力，不考虑承受竖向荷载产生的压力。

2. 带竖缝混凝土剪力墙（图 19.11.1），其墙板及缝的几何尺寸应满足下列要求。

（1）墙板总尺寸 L、H 按建筑和结构设计要求确定。

（2）竖缝的数目及其尺寸，应满足下式要求：

$$h_1 \leq 0.45H$$
$$0.6 \geq l_1/h_1 \geq 0.4$$
$$h \geq l_1$$

（3）墙板厚度的确定：

$$t \geq \frac{F_v}{w\rho_{sh}Lf_{shy}}$$

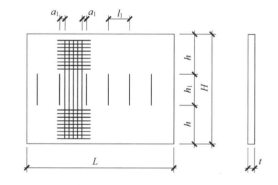

图 19.11.1　带竖缝混凝土剪力墙构造

$$w = \frac{2}{1 + \dfrac{0.4I_{os}}{tl_1^2 h_1} \times \dfrac{1}{\rho_2}} \leq 1.5$$

式中　F_v——墙板的总剪力设计值；

　　　ρ_{sh}——墙板水平横向钢筋配筋率，初步设计时可取 $\rho_{sh} = 0.6\%$；

　　　ρ_2——箍筋配筋系数 $\rho_2 = \rho_{sh}f_{shy}/f_{cm}$；

　　　f_{shy}——水平横向钢筋的抗拉强度设计值；

　　　ω——墙板开裂后，竖向约束力对墙板横向承载力的影响系数；

　　　I_{os}——单肢缝间墙折算惯性矩，可近似取 $I_{os} = 1.08I$，$I = tl_1^3/12$。

19.11.2　墙板承载力设计和计算

1. 墙板承载力应分别计算缝间墙部分和实体墙的承载力。

2. 缝间墙部分：

（1）按对称配筋大偏心受压构件计算两侧纵向主筋。

（2）复核缝间墙斜截面抗剪强度。

3. 复核实体墙部分斜截面抗剪强度。

19.11.3 带竖缝混凝土剪力墙构造要求及连接

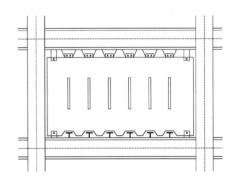

图 19.11.2 带竖缝剪力墙与框架的连接

1. 墙板应采用 C20～C30 混凝土。

2. 缝两端的实体墙中应配置横向主筋，其数量不低于缝间墙一侧纵向钢筋用量。

3. 形成竖缝的填充材料宜用弹性好、易滑动的耐火材料（如两片石棉板）。

4. 墙板和柱间应有一定空隙，使彼此无连接，墙板上端用高强度螺栓连接。墙板下端除临时连接措施外，应全长埋于现浇混凝土楼板内，通过齿槽和钢梁上焊接栓钉实现可靠连接。墙板的两侧角部，应采取充分可靠的连接措施（图 19.11.2）。

19.12 钢结构节点设计及构造

19.12.1 一般原则

1. 节点构造应合理，节点焊接时应能避免应力集中和过大的约束力，并能使焊接质量有保证。

2. 框架梁、柱节点设计应根据现场施工起重设备条件而定，尽量减少现场结构拼接的工作量。

3. 节点设计应便于加工、安装，施工吊装时容易就位和协调。

4. 应尽力避免采用易于产生过大约束力和层状撕裂的连接形式和连接方法，当所采用的连接方法缺少必要的规定时，可采用试验的方法确定。

19.12.2 节点设计要求

1. 节点连接应满足表 19.12.1 的基本要求。

2. 节点区内的验算。

（1）节点连接的最大承载力；

（2）构件塑性区的板件宽厚比；

（3）受弯构件塑性区侧向支撑点间的距离。

（梁柱节点区范围详见图 19.12.1）

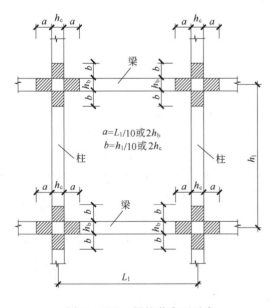

$a=L_1/10$ 或 $2h_b$
$b=h_1/10$ 或 $2h_c$

图 19.12.1 梁柱节点区示意

节点连接基本要求   表 19.12.1

持久、短暂设计状况	按弹性受力阶段设计 （节点连接承载力只要求等于构件截面承载力）
抗震设防	按弹塑性阶段设计 （节点连接承载力应高于构件截面承载力）
抗震设防，但风荷载起控制作用	仍应满足抗震设防的构造要求

3. 抗震设防的节点连接的最大承载力要求，详见表 19.12.2。

4. 构件塑性区的板件宽厚比应满足表 19.12.5 的要求。

节点连接最大承载力要求　　　　　　　　　　　　　　表 19.12.2

①与柱连接	②支撑连接	③柱脚连接	④梁、柱构件拼接
$M_u \geqslant 1.2 M_p$ $V_u \geqslant 1.3(2M_p/l)$ 式中　M_u——梁与柱连接的最大受弯承载力，仅由翼缘连接承担； V_u——梁与柱连接的最大受剪承载力，仅由腹板连接承担； 其中 $M_p = W_p \cdot f = \gamma_p w \cdot f$ γ_p　详见表 19.12.3 及表 19.12.4	$N_{ubr} \geqslant 1.2 A_n f_y$ 式中　N_{ubr}——支撑连接最大轴向承载力； A_n——支撑净面积	$M_{uf} \geqslant 1.2 M_{pc}$ 式中　M_{uf}——柱脚连接最大受弯承载力； M_{pc}——考虑轴力影响的柱全塑性受弯承载力	应满足①的要求。 当存在轴力时，公式中用 M_{pc} 代替 M_p，并应符合： （1）对工字形（绕强轴）以及箱形截面 当 $N/N_y \leqslant 0.13$ 时，取 $M_{pc} = M_p$ 当 $N/N_y > 0.13$ 时，取 $M_{pc} = 1.15(1-N/N_y)M_p$ （2）工字形（绕弱轴） 当 $N/N_y \leqslant A_{wn}/A_n$ 时，取 $M_{pc} = M_p$ 当 $N/N_y > A_{wn}/A_n$ 时，取 $M_{pc} = \left[1 - \left(\dfrac{N - A_{wn}f_y}{N_y - A_{wn}f}\right)^2\right] \cdot M_p$ 式中　N——构件轴力； N_y——构件轴向屈服承载力 $N_y = A_n f_y$； A_n——构件净截面积； A_{wn}——构件腹板净截面积

工字形对强轴的截面形状系数 γ_p 值　　　　　　　　表 19.12.3

A_w/A_1	2.5	2.0	1.5	1.0	0.5
γ_p	1.16～1.1	1.14～1.16	1.11～1.13	1.09～1.12	1.06～1.08

注：A_1——一个翼缘截面积；A_w——腹板截面积。如用于箱形截面，则 A_w 取为两腹板截面积之和。

截面形状系数 γ_p 值　　　　　　　　　　　　　　表 19.12.4

截面形式					
γ_p	≈1.5	1.5	1.7	1.27	2.0

板件宽厚比　　　　　　　　　　　　　　　　　　　表 19.12.5

截面形式	翼缘	腹板
	$\dfrac{b}{t} \leqslant 9\sqrt{\dfrac{235}{f_y}}$	当 $\dfrac{N}{Af} < 0.37$ 时， $\dfrac{h_0}{t_w}\left(\dfrac{h_0}{t_w} \times \dfrac{h_2}{t_w}\right) \leqslant \left(72 - 100\dfrac{N}{Af}\right)\sqrt{\dfrac{235}{f_y}}$ 当 $\dfrac{N}{Af} \geqslant 0.37$ 时， $\dfrac{h_0}{t_w}\left(\dfrac{h_0}{t_w} \times \dfrac{h_2}{t_w}\right) \leqslant 35\sqrt{\dfrac{235}{f_y}}$

截面形式	翼缘	腹板
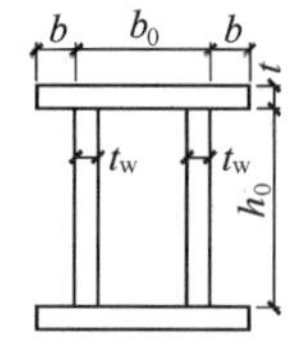	$\dfrac{b_0}{t}\leqslant 3\sqrt{\dfrac{235}{f_y}}$	与前项工字形截面的腹板相同

注：N——构件轴心压力；

　　A——毛截面面积；

　　f——塑性设计时采用的钢材抗拉、抗压和抗弯强度设计值，按第17章第二节中规定值乘以折减系数0.9。

5. 抗震设防时，框架横梁下翼缘在距柱轴线 $1/8\sim1/10$ 梁跨处，应设置侧向支撑构件（图19.12.2），并应满足《钢结构设计标准》GB 50017—2017 第9.3.2条的要求。侧向隔撑长细比不得大于 $130\sqrt{235/f_y}$。其设计轴压力应按下式计算：

$$N=\frac{A_f f}{85\sin\alpha}\sqrt{\frac{f_y}{235}} \qquad (19.12.1)$$

式中　A_f——梁受压翼缘的截面面积；

　　　f_y——梁翼缘抗压强度设计值；

　　　α——隔撑与梁轴线的夹角，当梁互相垂直时可取 $45°$。

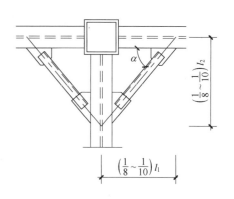

图 19.12.2　梁的侧向隔撑

19.12.3　框架梁的拼接

1. 框架梁的拼接（主要用于现场柱有悬臂梁段的连接）基本要求

（1）梁的连接接头可采用全焊透焊缝连接、高强度螺栓摩擦型连接和混合连接（翼缘为全熔透焊缝连接，腹板为高强度螺栓摩擦型连接），从施工方便和造价考虑，宜采用混合连接接头，见图 19.12.3～图 19.12.7。

（2）抗震设计时，应满足表 19.12.2 中第④点的梁构件拼接要求；当接头处计算内力较小时，所设计的接头强度不应小于梁截面承载力的 50%。

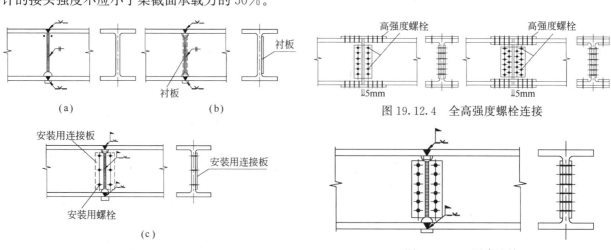

（a）　　　　　　　　　　（b）

图 19.12.4　全高强度螺栓连接

（c）

图 19.12.3　全焊接连接

（a）腹板直接对接焊缝；（b）腹板焊接采用衬板；

（c）腹板采用安装用连接板

图 19.12.5　混合连接

（翼缘为焊接，腹板为高强度螺栓连接）

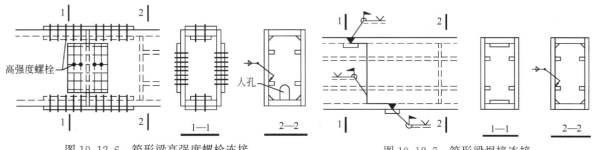

图 19.12.6　箱形梁高强度螺栓连接　　　　　图 19.12.7　箱形梁焊接连接

（3）梁翼缘采用高强度螺栓连接时，应尽可能使连接板的重心与梁翼缘的重心重合。

框架梁的现场拼接，当翼缘采用高强度螺栓连接或采用连接板的焊接连接时，应使连接板的受力中心与翼缘的受力中心保持一致。

（4）梁翼缘采用全熔透焊缝连接时，拼接处的切口和垫板尺寸，通常由施工作业要求来确定，一般可按图 19.12.8 采用。

2. 次梁与主梁的连接

（1）次梁与主梁的连接宜采用铰接连接，通常是采用次梁的腹板与主梁的连接板或双角钢螺栓连接（图 19.12.9）。

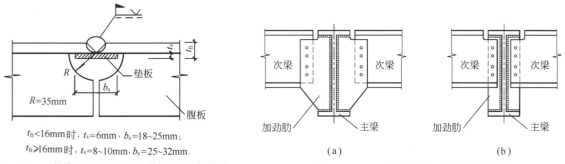

图 19.12.8　翼缘垫板和腹板弧形切口尺寸图示　　　图 19.12.9　次梁与框架主梁两边连接
　　　　　　　　　　　　　　　　　　　　　　　　　（a）加劲肋伸出主梁翼缘；（b）加劲肋不伸出主梁翼缘

（2）次梁与主梁采用连接板连接，当为主梁两边对称连接时，可以允许加劲肋伸出主梁翼缘作为连接板与次梁连接。当单边连接时，不宜采用加劲肋伸出主梁翼缘方式，尽量减少主梁扭曲。如需这样单边连接，也应在连接板对应的相反边增加同厚的加劲肋（图 19.12.10）。

（3）次梁与主梁采用加劲肋作为连接板连接，当主梁是框架主梁时，连接板应延伸至主梁上、下内翼缘面，至少应延伸至腹板的内圆抹角位置，如图 19.12.9（b）和图 19.12.10（b）所示。非框架主梁时，可按图 19.12.11 连接。

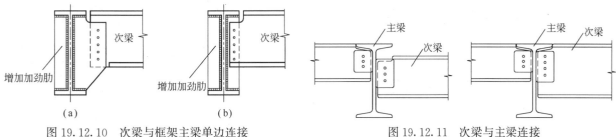

图 19.12.10　次梁与框架主梁单边连接　　　　　图 19.12.11　次梁与主梁连接
（a）加劲肋伸出主梁翼梁；（b）加劲肋不伸出主梁翼缘

（4）次梁与主梁的连接，也可采用双角钢螺栓作连接件分别与主梁和次梁连接（图 19.12.12）。

（5）当次梁跨数较多时，可采用刚性连接使次梁成为连续梁（图 19.12.13～图 19.12.15）。

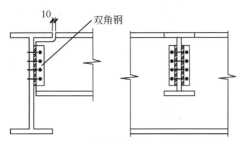

图 19.12.12 次梁与主梁双角钢螺栓连接

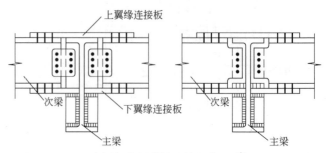

图 19.12.13 次梁与主梁翼缘连接板高强度螺栓刚性连接

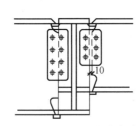

图 19.12.14 次梁与主梁翼缘直接焊缝连接

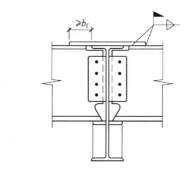

图 19.12.15 次梁与主梁翼缘连接板的焊接连接

（6）必要时次梁与主梁的连接，除腹板采用连接板螺栓连接外，在次梁的下部增加斜撑，以形成半刚性连接（图 19.12.16）。

3. 梁与混凝土墙板的连接

梁与混凝土墙板的连接宜采用铰接连接。

（1）腹板连接板螺栓连接（图 19.12.17）。

（2）当梁端反力较大时，可采用图 19.12.18 方式连接

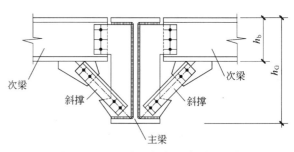

图 19.12.16 次梁与主梁半刚性连接

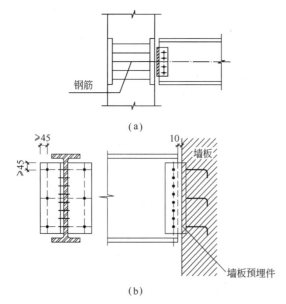

图 19.12.17 腹板连接板螺栓连接
（a）采用对穿埋件；（b）采用普通埋件

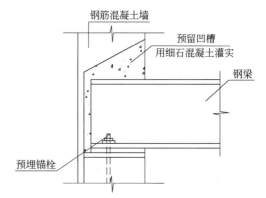

图 19.12.18 钢梁与混凝土墙的简支连接

（3）钢梁与混凝土墙板或梁也可采用插入式刚性连接，见图 19.12.19 及图 19.12.20。

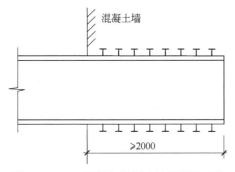
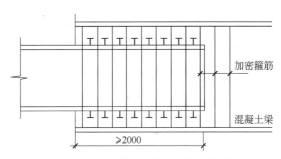

图 19.12.19　钢梁与混凝土墙的刚性连接　　　　图 19.12.20　钢梁与混凝土梁的刚性连接

19.12.4　柱与柱的拼接

1. 框架柱宜采用 H 形截面柱或箱形截面柱。

当梁在相互垂直的两个方向都与柱刚接时，宜采用箱形柱。型钢混凝土柱中的型钢宜采用 H 形柱或十字柱。

2. 梁柱节点宜采用柱贯通型节点。

柱与柱的连接点，宜设在内力较小处，通常设在距楼板顶面约 1.0～1.3m 的位置。单节柱的长短应视钢框架的施工工艺和施工能力而定。钢框架安装单元的划分见表 19.12.6。

钢框架安装单元的划分　　　　　　　　　　　　　　　表 19.12.6

梁柱直接连接的柱单元	带悬臂梁段的柱单元
宜三层一根,也可视具体情况而定	视施工情况而定;悬臂梁段的长度一般距柱轴线不超过 1.6m;对框筒结构,其长度也可为跨度的 1/2

3. 工字形柱的工地拼接接头，翼缘和腹板均可采用焊接接头。或翼缘采用全焊透坡口焊缝，腹板可用连接板角焊缝连接或连接板高强度螺栓连接。当采用全焊接接头时，其焊缝的坡口：上柱翼缘为 V 形坡口，腹板为 K 形坡口。无论是哪一种拼接，都应满足连接的最大承载力计算。柱与柱的连接见图 19.12.21。

4. 箱形柱在工地的拼接接头应全部采用坡口焊缝；下节柱与柱口齐平处应设厚度不小于 16mm 的隔板，其边缘应与柱口一起刨平；在上节柱的下部附近，尚宜设置厚度不小于 10mm 的上柱隔板；在工地接头的柱上下侧各 100mm 范围内，截面组装焊缝应采用全熔透坡口焊缝（图 19.12.22）。

5. 当柱弯矩较小，且轴力不产生拉应力时，拼接接头可采用部分焊透焊缝，25% 轴力以及 25% 的弯矩所产生的压力可通过上下拼接接触面直接传递。此时上下柱端应磨平顶紧，上下柱轴线应对齐，同时，焊缝熔深 t 不应小于 1/2 板厚（图 19.12.23）。

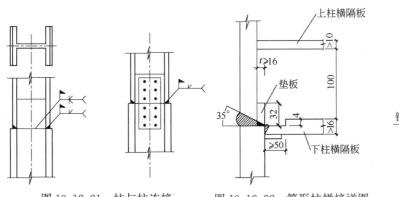
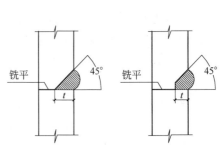

图 19.12.21　柱与柱连接　　　图 19.12.22　箱形柱拼接详图　　　图 19.12.23　柱接头的部分焊透焊缝

6. 箱形柱在插入混凝土柱内时需改变截面为十字形柱时，与箱形柱相连处的过渡段中，十字形柱的腹板应伸入箱形柱内，长度不小于柱截面高度两倍（图19.12.24）。

7. 柱需要改变截面时，宜优先采用收薄腹板和翼缘厚度的方法进行。当需要改变柱截面高度时，变截面柱的连接接头可设在与梁的连接节点处，变截面的两端宜距梁翼缘面不小于150mm。变截面坡度不宜大于1：6，在连接接头处应铣平（图19.12.25）。

8. 柱与柱工地拼接，应在上下柱连接处安装耳板临时固定。安装耳板应根据柱安装单元自重和可能的最大阵风以及其他施工荷载确定，最小厚度不应小于10mm；当耳板采用双面焊缝连接时，其焊角尺寸不宜小于8mm；采用高强度螺栓连接时，上下柱各不少于3个，其直径不宜小于20mm（图19.12.26及图19.12.27）。

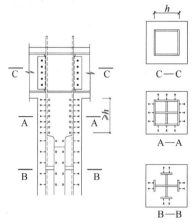

图19.12.24 箱形柱与十字形柱的连接

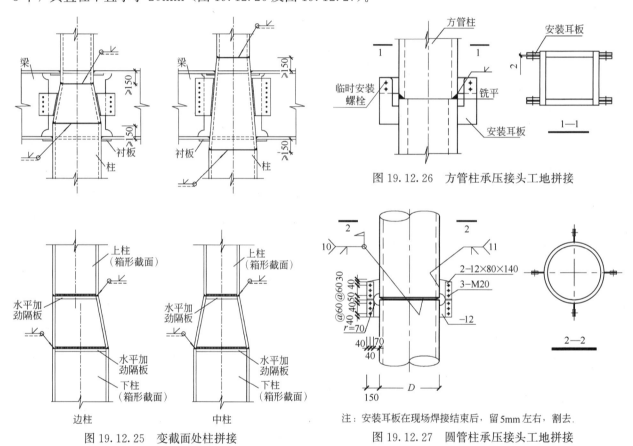

图19.12.26 方管柱承压接头工地拼接

图19.12.25 变截面处柱拼接

注：安装耳板在现场焊接结束后，留5mm左右，割去.

图19.12.27 圆管柱承压接头工地拼接

19.12.5 框架梁与柱的连接

1. 框架梁与柱连接的构造要求

（1）框架梁与柱连接根据设计要求可分为梁柱直接连接以及带悬臂梁段与中间梁段连接两种（图19.12.28）。

（2）悬臂梁段翼缘与柱的连接应采用全熔透焊缝连接，腹板可采用角焊缝连接。悬臂梁段与中间梁段连接，宜采用高强度螺栓摩擦型连接。也可采用连接板焊接连接，或腹板栓接，翼缘焊接连接。

（3）框架梁与柱直接连接时，梁翼缘与柱应采用全熔透焊缝连接，梁腹板与柱宜采用高强度螺栓摩擦型连接。

(4) 当梁翼缘与柱连接是采用全焊透坡口焊缝时,应按规定设置焊接垫板,翼缘坡口两侧设置引弧板,在梁腹板上下端应作弧形切口,其半径 r 宜取为35mm(图19.12.29及图19.12.30)。

(5) 为达到梁端塑性铰外移的目的,可选择采用骨形连接、梁端扩大型连接和加盖板(即框架梁端翼缘贴板加强)的连接方式。

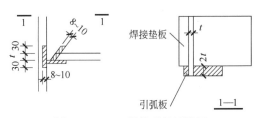

图 19.12.29 焊接引弧板设置

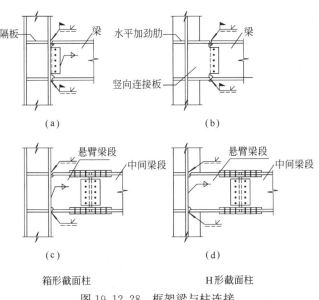

箱形截面柱   H形截面柱

图 19.12.28 框架梁与柱连接

(a)、(b)梁柱直接连接;(c)、(d)柱带悬臂梁段与中间梁段连接

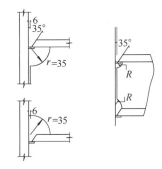

图 19.12.30 梁腹板端头上下角弧形切口

2. 梁与柱连接处,节点域板厚应满足水平抗剪强度

(1) 当节点域板厚不满足水平抗剪强度要求时,对 H 形组合柱宜将柱腹板节点域局部加厚。加厚范围见图19.12.31。

(2) 对 H 型钢柱,可在节点域加焊贴板,贴板上下边缘宜伸出加劲肋以外不小于150mm(图19.12.32)。

(3) 当在节点域垂直方向有连接板时,贴板应采用塞焊与节点域内柱腹板连接。贴板厚度宜大于13m,见图19.12.33。

3. 水平加劲板件的设置

刚接节点应在梁翼缘对应位置设置柱的水平加劲肋(或隔板),水平加劲肋的中心线应与梁翼缘中心线对齐,其厚度并应满足表19.12.7的要求。

图 19.12.31 节点域板加厚范围

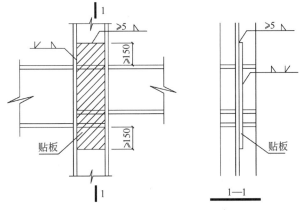

图 19.12.32 节点域加贴板示意图

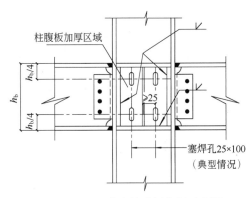

图 19.12.33 节点域贴板塞焊要求图

钢框架安装单元的划分	表 19.12.7
非抗震设防结构	抗震设防结构
应能传递梁翼缘集中力,其厚度不得小于梁翼缘厚度的1/2;且应符合板件宽厚比限值	其厚度应与梁翼缘等厚

4. 水平加劲肋板件的焊缝

（1）工字形柱加劲肋与柱翼缘连接应采用全熔透坡口焊缝；与柱腹板的连接：当梁仅与柱翼缘相连接时可采用角焊缝；当梁与柱腹板相连接时应采用全熔透坡口焊缝（图19.12.34）。

（2）箱形柱水平隔板与柱的焊接应采用全熔透坡口焊缝和熔化嘴电渣焊连接，采用熔化嘴电渣焊的焊缝应对称布置，同时施焊（图19.12.35）。

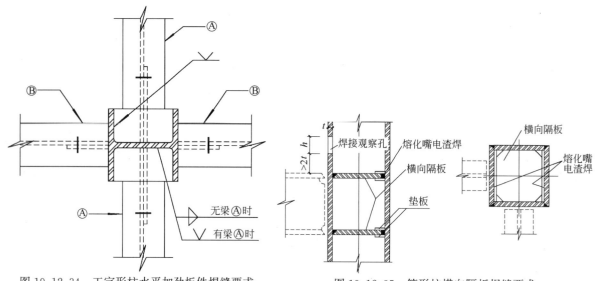

图 19.12.34　工字形柱水平加劲板件焊缝要求　　　图 19.12.35　箱形柱横向隔板焊缝要求

（3）为保证箱形柱横隔板熔化嘴电渣焊焊接质量，在柱腹板中须设置焊接观察孔。观察孔宜为长椭圆形孔，其下缘宜离焊缝趾部两倍腹板厚度，其宽度和高度应能足以观察焊接金属在板上堆积。

5. 柱两边与不等高的梁连接

当柱两边与不等高的梁连接，或与梁高低连接，且柱左右梁翼缘间距大于150mm时，每个翼缘对应位置均应设置水平加劲肋；当小于150mm时，可将梁高较小的梁腹板局部加大，坡度不得大于1:3，或在翼缘之间设置一块加劲肋（图19.12.36）。

当与柱相连的框架梁在柱的两个相互垂直的方向高度不等时，同样，也应分别设置柱水平加劲肋（见图19.12.37）。当高差小于150mm时，可设置一块加劲肋，梁高较小的腹板局部放大，坡度不得大于1:3。

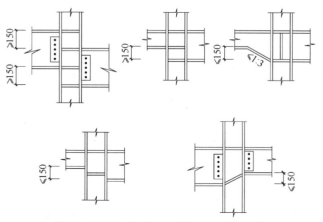
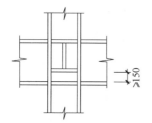

图 19.12.36　柱两边梁不等高时连接构造　　　图 19.12.37　柱两个方向上梁不等高时连接构造

19.12.6 非框架梁与柱的连接

1. 非框架梁与柱的连接宜设计成铰接连接：即柱仅与梁腹板连接，或仅与梁下翼缘连接。

（1）梁腹板与柱采用连接板高强度螺栓连接（图19.12.38）。

（2）当梁腹板与 H 形柱腹板采用连接板高强度螺栓连接时，在连接板的上、下部位柱翼缘之间应各设置一块加劲板，其厚度应满足板件宽厚比的要求，且应和连接板和柱翼缘焊接（图19.12.39）。

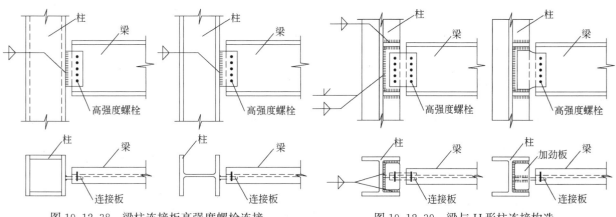

图 19.12.38　梁柱连接板高强度螺栓连接　　　　图 19.12.39　梁与 H 形柱连接构造

（3）梁腹板与柱也可采用双角钢高强度螺栓连接或端板高强度螺栓连接（图19.12.40）。

（4）梁和柱连接也可采用柱托座与梁下翼缘螺栓连接（图19.12.41）。

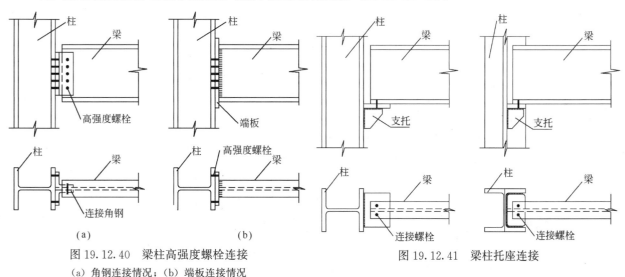

　　（a）　　　　　　　　　　（b）

图 19.12.40　梁柱高强度螺栓连接　　　　　图 19.12.41　梁柱托座连接
（a）角钢连接情况；（b）端板连接情况

2. 梁腹板采用高强度螺栓连接时，高强度螺栓除应承受梁端剪力外，尚应承受梁搁置偏心所产生的弯矩。

采用柱托座的螺栓应能承受梁竖向变位所产生的剪力。

19.12.7　支撑的连接

1. 中心支撑

（1）抗震设防时支撑连接宜设计成刚接。

（2）其支撑的端部连接形式：有支托式连接和无支托式连接（图19.12.42及图19.12.43）。

（3）支撑的重心线宜通过梁柱轴线的交点。当受条件限制不能通过交点时，节点设计应计入偏心造成附加弯矩的影响。

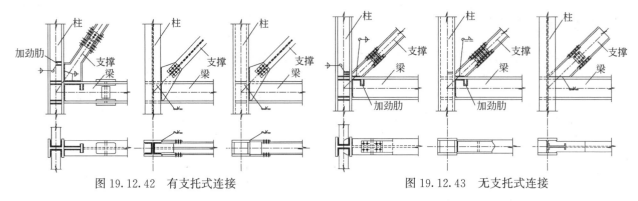

图 19.12.42　有支托式连接　　　　　　　　　图 19.12.43　无支托式连接

（4）在与支撑翼缘连接的柱和梁内，应设置加劲肋或隔板。加劲肋应能承受支撑轴力对柱或梁产生的横向分力。

（5）非抗震设计时，可按柔性设计，仅能承受拉力的支撑，其端部连接可采用连接板螺栓连接。其连接板必须与梁、柱翼缘以角焊缝焊接（图19.12.44）。

对高度不高的非抗震框架，其支撑连接板也可与梁柱连接板或梁端板共同考虑来进行设计，施工方便（图19.12.45 及图19.12.46）。

当支撑是条钢或棒钢时，也可采用图19.12.47 的连接形式。

（6）十字交叉支撑的中间连接详图如图19.12.48 所示。

（7）V 形支撑和人字形支撑与梁连接详图如图19.12.49 所示。

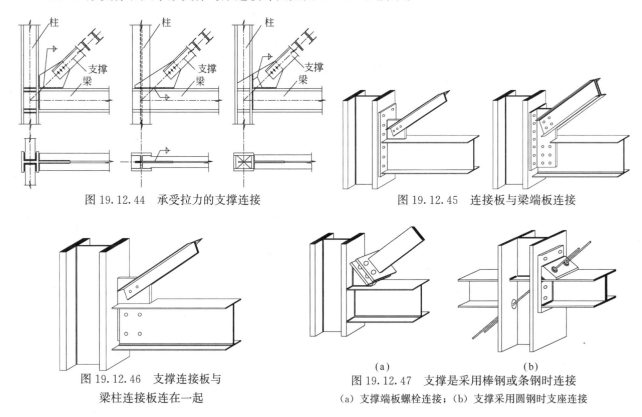

图 19.12.44　承受拉力的支撑连接　　　　　　图 19.12.45　连接板与梁端板连接

图 19.12.46　支撑连接板与
梁柱连接板连在一起

图 19.12.47　支撑是采用棒钢或条钢时连接
（a）支撑端板螺栓连接；（b）支撑采用圆钢时支座连接

在 V 形和人字形的偏心支撑中，当两支撑杆交于梁上一点时，其交点必须设计成交汇于梁的中轴线上。

在交汇点处，梁应设置加劲肋，其强度应能承受两交汇杆在竖向上的合力。在梁与支撑翼缘连接处，也应设置加劲肋。

2. 偏心支撑

（1）偏心支撑与梁的连接应设计成刚接。按连接形式：有支托式连接和无支托式连接（图

19.12.50 及图 19.12.51)。

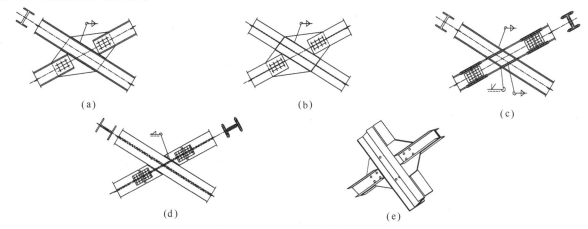

图 19.12.48 交叉支撑中间连接

（a）工字钢单块连接板连接（翼缘朝向支撑平面内）；（b）工字钢两块连接板连接（翼缘朝向支撑平面外）

（c）工字钢直接连接（翼缘朝向支撑平面内）；（d）工字钢直接连接（翼缘朝向支撑平面外）；（e）双槽钢连接板连接

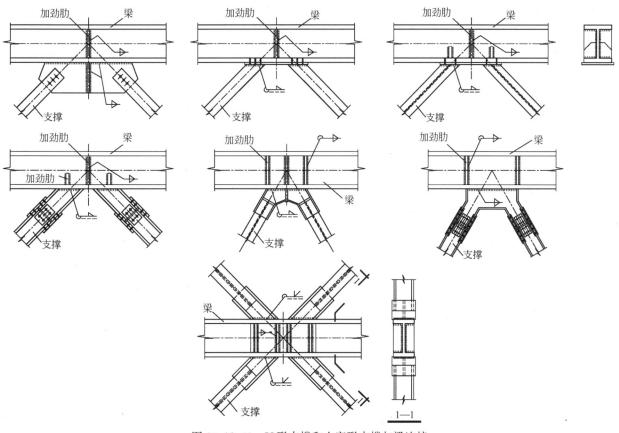

图 19.12.49　V 形支撑和人字形支撑与梁连接

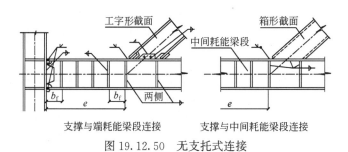

图 19.12.50　无支托式连接

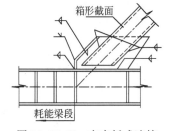

图 19.12.51　有支托式连接

（2）偏心支撑与耗能梁段相交时，支撑轴线与梁轴线的交点，不得位于耗能梁段外。

（3）与支撑连接的耗能梁内，在支撑点两边应设置加劲肋；而且其一侧宽度不应小于 $\frac{b_{\mathrm{f}}}{2}-t_{\mathrm{w}}$，厚度不得小于 10mm，三边与梁采用角焊缝连接。

（4）支撑与中间耗能梁的连接详图如图 19.12.52 及图 19.12.53 所示。

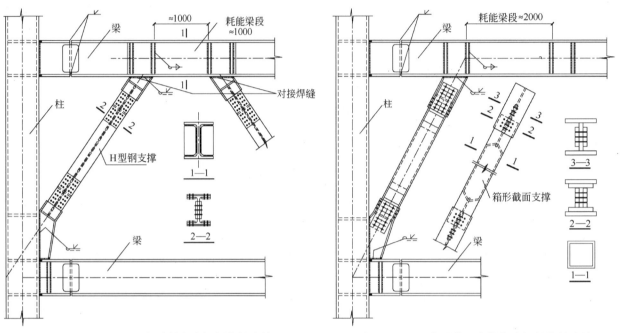

图 19.12.52　H 型钢支撑与中间耗能梁连接　　　　图 19.12.53　箱形截面支撑与中间耗能梁连接

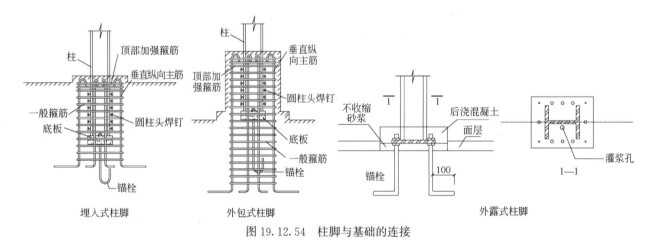

图 19.12.54　柱脚与基础的连接

19.12.8　柱脚与基础的连接

1. 高层钢结构框架柱的柱脚宜采用埋入式或外包式柱脚。当仅传递垂直荷载时也可采用外露式铰接柱脚（图 19.12.54）。

2. 埋入式柱脚应符合下列要求。

（1）当基础是厚板基础时，对轻型工字形柱：埋深不应小于截面高度的 2 倍。对大截面 H 形柱和箱形柱：埋深不应小于截面高度的 3 倍。

（2）当基础是筏式基础时，柱插入基础梁内时，柱翼缘的保护层厚度还应满足：对中柱不得小于 180mm；对边柱和角柱的外侧不宜小于 250mm（图 19.12.55）。

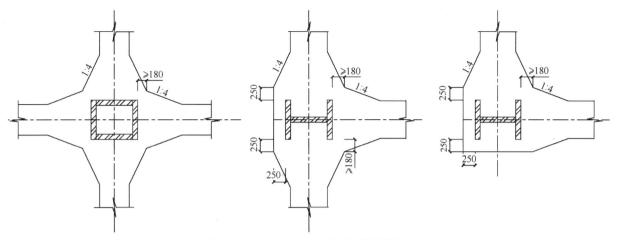

图 19.12.55　埋入式柱脚的保护层厚度

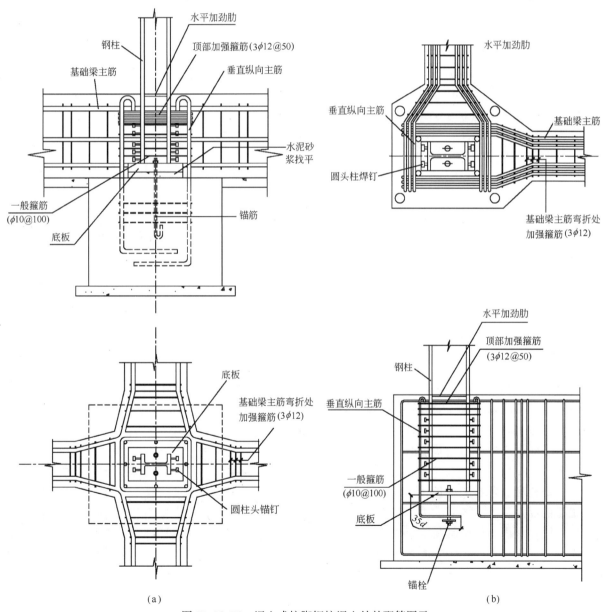

（a）　　　　　　　　　　　　　　　　　（b）

图 19.12.56　埋入式柱脚钢柱埋入处的配筋图示

（a）中柱的场合；（b）角柱或边柱的场合

（3）主筋和箍筋的设置

主筋面积 $A_s = M/(d_0 \cdot f_{ys})$

其中 $M = M_0 + V \cdot d$。

最小配筋率 $\rho_{min} = 0.2\%$，不宜小于 $4\phi22$，并设上端弯钩；

主筋的锚固长度不应小于 $35d$，主筋中心距大于 200mm 时，应设置 $\phi16$ 架立筋；

箍筋宜为 $\phi10@100$，在埋入的顶部应配置不少于 $3\phi12@50$ 的加强箍筋。

（4）柱脚的侧向混凝土承压强度应满足计算要求。

（5）当钢柱是埋入基础梁端部时，柱承压翼缘到基础梁的尽端距离 a 应满足计算要求。

（6）其他构造

钢柱埋入部分的顶部应设置水平加劲肋或隔板，其厚度应满足框架柱板件宽厚比的要求。

钢柱的埋入部分应设置栓钉，栓钉的数量和布置可按外包式柱脚的要求确定。

（7）埋入式柱脚配筋构造如图 19.12.56 所示。

3. 外包式柱脚的要求

（1）埋深（包括外包高度）与埋入式柱脚要求相同。

（2）钢柱埋深范围内一侧翼缘应设置栓钉，栓钉多少，应由计算确定。

（3）应复核柱脚底部处抗弯承载力（全部由钢筋混凝土承受）以及外包混凝土抗剪承载力。

（4）外包式柱脚中，外包混凝土的顶部应配置多道加强箍筋。

（5）外包式柱脚配筋及底板与基础连接如图 19.12.57 所示。

4. 外露式柱脚的要求

由柱脚锚栓固定外露式柱脚承受轴力和弯矩时，其设计应符合下列规定。

（1）其柱脚底板尺寸应根据基础混凝土的抗压强度设计值确定；当计算要求或安装要求，需要柱底板挑出长度过大时，宜设置柱底板加劲肋（图 19.12.58）。

（2）当底板压应力出现负值时，应由锚栓来承受拉力。

（3）锚栓和支承托座应连接牢固，后者应能承受锚栓的反力。

（4）锚栓的内力应由其与混凝土之间的粘结力传递。当埋设深度受到限制时，锚栓应固定在锚板或锚梁上（图 19.12.59）。

（5）柱脚底部的水平反力，由底板和基础之间的摩擦力传递。当水平反力超过摩擦力时，可采用下列方法之一加强：

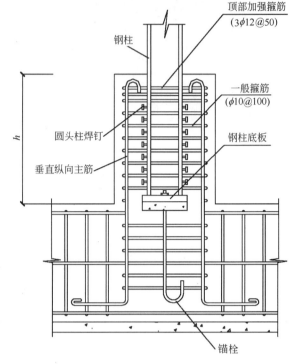

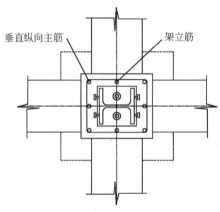

图 19.12.57 外包脚式柱脚的配筋图示

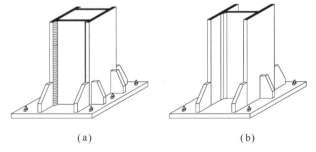

图 19.12.58 柱脚加劲肋

(a) 箱形截面柱脚；(b) 工字形截面柱脚

① 底部下部焊接抗剪键 (图 19.12.60);

② 柱脚外包钢筋混凝土。

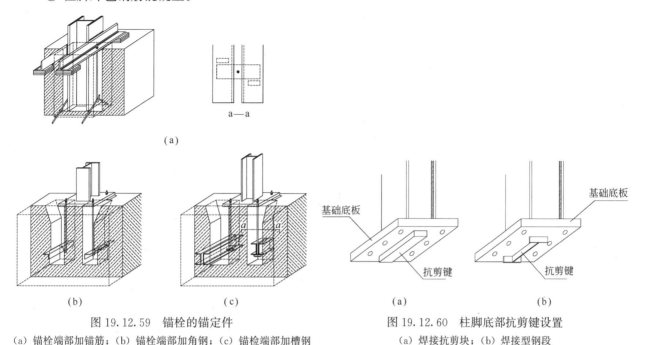

(a)

(b)　　　　　(c)

图 19.12.59　锚栓的锚定件

(a) 锚栓端部加锚筋;(b) 锚栓端部加角钢;(c) 锚检端部加槽钢

图 19.12.60　柱脚底部抗剪键设置

(a) 焊接抗剪块;(b) 焊接型钢段

19.13　型钢混凝土节点设计及构造

19.13.1　一般规定

1. 钢骨混凝土结构的节点,依据梁柱的结构形式有以下三种形式。

(1) 钢骨混凝土梁与钢骨混凝土柱的连接;

(2) 钢梁与钢骨混凝土柱的连接;

(3) 钢筋混凝土梁与钢骨混凝土柱的连接。

2. 梁柱节点连接应保证传力明确、安全可靠、施工方便,节点核心区不允许有过大变形 (图 19.13.1)。

3. 梁柱节点区钢骨连接应按照本章第十二节中节点连接要求进行连接设计和构造。在设置柱水平加劲肋时,应考虑便于混凝土浇筑施工。钢骨混凝土柱柱脚的构造见图 19.13.2。

4. 对于钢骨混凝土梁与钢骨混凝土柱的连接节点,应采用刚性连接,并应使梁内及柱内主筋穿过柱节点区,使主筋保持连续。

5. 钢骨混凝土中梁主筋不应穿过柱钢骨翼缘,也不得与柱钢骨直接焊接,设计时应尽量减少梁纵筋穿过柱内型钢柱的数量。柱主筋也不宜穿过梁钢骨的翼缘和腹板。

6. 钢筋混凝土梁与钢骨混凝土柱的连接节点可采用图 19.13.3 中的三种形式,且宜优先采用第一种形式如图 19.13.3 (a) 所示。

7. 当柱节点一边为钢骨混凝土梁,另一边为钢筋混凝土梁时,钢骨混凝土梁中的钢骨需伸入邻跨钢筋混凝土梁中,伸入长度不小于 1/4 梁跨。上下翼缘设置栓钉以及梁箍筋加密范围详见图 19.13.4。

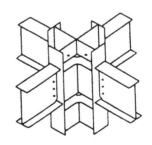

图 19.13.1　型钢混凝土内型钢梁柱节点及水平加劲肋

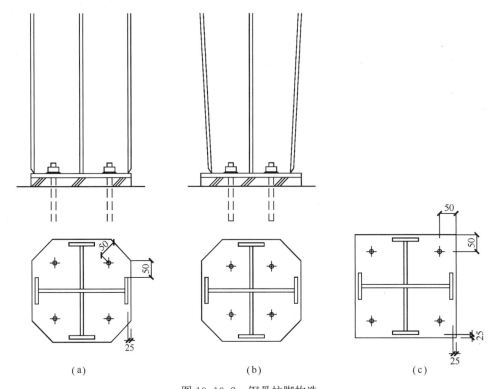

图 19.13.2　钢骨柱脚构造

（a）八角形柱脚底板；（b）柱下端收小的八角形柱脚底板；（c）矩形柱脚底板

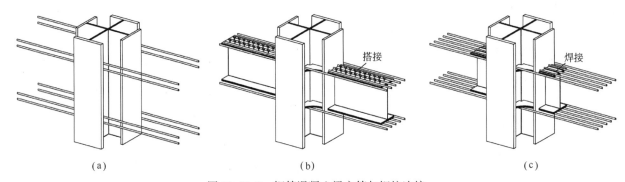

图 19.13.3　钢筋混凝土梁主筋与钢柱连接

（a）钢筋贯通柱腹板；（b）部分主筋与柱伸出钢梁段搭接；（c）部分主筋与柱伸出钢牛腿焊接

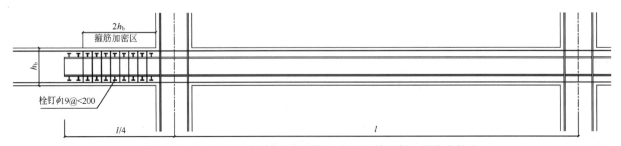

图 19.13.4　柱两边分别为钢骨混凝土梁和钢筋混凝土梁节点构造

19.13.2　节点设计要求

1. 框架梁柱节点核心区剪力设计值必须满足设计要求。

2. 在框架梁、柱节点处梁端钢骨部分及钢筋混凝土部分受弯承载力与柱端相应部分的受弯承载力，应能各自满足设计要求。

3. 在柱钢骨内与梁钢骨上下翼缘连接处设置的水平加劲肋，应复算为其承担的由于梁弯矩产生的集中力的能力。

19.13.3　节点构造要求

型钢混凝土框架节点核心区的箍筋最大间距、最小直径宜按表 19.13.1 采用，钢筋型钢在框架节点核心区的构造间距及保护层厚度，详见图 19.13.5。对一、二、三级地震等级的框架节点核心区，其箍筋最小体积配筋率分别不宜小于 0.8％、0.7％、0.5％，且柱纵向受力钢筋不应在中间各层节点中切断。

节点核心区的箍筋最大间距及最小直径　　　　　　　　　　表 19.13.1

抗震等级	箍筋最大间距	箍筋最小直径
一级	取纵向钢筋直径的 6 倍,100mm 二者中的较小值	$\phi 12$
二级	取纵向钢筋直径的 8 倍,100mm 二者中的较小值	$\phi 10$
三级	取纵向钢筋直径的 8 倍,150mm 二者中的较小值	$\phi 10$
四级		$\phi 8$

1. 框架节点构造应能保证梁中钢骨部分承担的弯矩传递给柱中钢骨，梁中钢筋混凝土部分承担的弯矩能传递给柱中钢筋混凝土。

2. 当梁中主筋需要穿过柱钢骨腹板时，腹板上设置的钢筋贯穿孔在腹板截面上形成的缺损率不得超过 25％。

3. 节点核心区箍筋应按计算确定，但箍筋间距不应大于 150mm，其直径不应小于柱端加密区箍筋直径。

4. 当梁中主筋穿过柱钢骨的腹板时，其贯穿孔的间距应 ≥2.5d（d 为贯穿孔的直径）。

5. 当梁中部分主筋是与柱钢骨伸出钢梁段搭接时，梁段高度应不小于 0.8h_b（h_b 为钢筋混凝土梁高度），长度应不小于 2h_b，且应满足 l_{ae}+5d。梁段上下翼缘上应设置栓钉连接件，栓钉直径不小于 19mm，其间距不大于 200mm。穿过节点的梁主筋面积应不少于 1/3。梁端箍筋加密范围应不小于 2h_b。

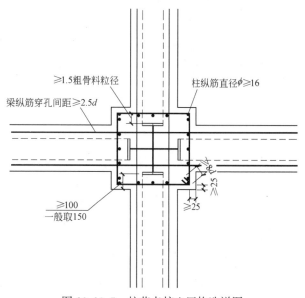

图 19.13.5　柱节点核心区构造详图

6. 当梁中部分主筋是与柱钢骨挑出牛腿焊接时，挑出牛腿长度应满足钢筋焊接长度的要求。梁端箍筋加密区范围应不小于 2h_b。

19.13.4　柱与柱的连接

柱与柱的连接是指钢筋混凝土柱与钢骨混凝土柱的连接；钢柱与钢骨混凝土柱的连接。

1. 钢筋混凝土柱与钢骨混凝土柱的连接

（1）当框架结构下部采用钢骨混凝土柱，而上部是采用钢筋混凝土柱时，其中间一层柱应设置过渡层柱。见图 19.13.6。

（2）过渡层柱按钢筋混凝土柱设计，不考虑柱内钢骨作用。

（3）过渡层柱构造要求：下一层钢骨应伸至过渡层层顶（可按构造要求设置），但钢骨截面可减小，并应在钢骨翼缘和腹板设置构造栓钉。栓钉直径不小于19mm，间距不大于200mm。

柱箍筋规格及加密范围，按《高层建筑混凝土结构技术规程》JGJ 3—2010中规定配置。

2. 钢柱与钢骨混凝土柱的连接

（1）当框架结构下部采用钢骨混凝土而上部是采用钢柱时，其中间一层应设置过渡层柱。见图19.13.7。

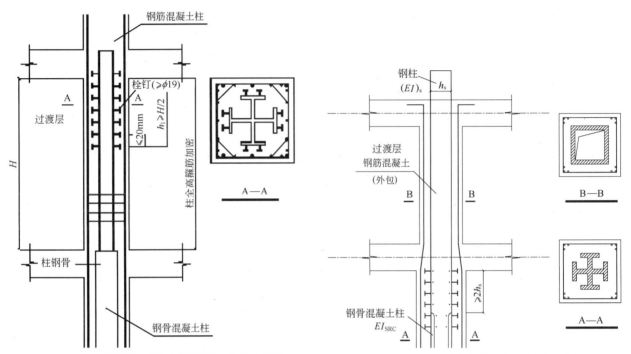

图19.13.6　钢骨混凝土柱与钢筋混凝土柱的过渡层

图19.13.7　钢柱与钢骨混凝土柱的过渡层

（2）过渡层柱按钢柱设计，其截面刚度 EI 按下式考虑：

$$EI = (0.4 \sim 0.6)[EI_{SRC} + EI_S]$$

式中　EI_{SRC}——过渡层下部钢骨混凝土柱截面刚度；

EI_S——过渡层上部钢柱截面刚度。

（3）过渡层柱构造要求：其钢骨应是上一层钢柱延伸下来（截面不变），并延伸至下一层钢骨柱内，其长度离梁底不小于两倍钢柱截面高度，并在此范围内设置栓钉。栓钉直径不小于19mm，间距不大于200mm。外包混凝土厚度按刚度确定，使过渡层刚度介于上、下层结构刚度中间，不致有突变，但最小不得小于50mm。外包混凝土的配筋按构造要求确定。

19.14　钢管混凝土节点设计及构造

19.14.1　一般原则

1. 钢管混凝土结构节点，依据梁、柱的结构形式有以下三种形式。

（1）钢骨混凝土梁与钢管混凝土柱的连接；

（2）钢梁与钢管混凝土柱的连接；

（3）钢筋混凝土梁与钢管混凝土柱的连接。

2. 梁柱节点连接应做到构造简单、整体性好、传力明确、安全可靠和施工方便。核心区应能保证钢管与混凝土之间内力传递。

3. 在梁柱节点区内，当柱截面小时，尽量使暗牛腿腹板、钢梁或钢骨腹板不要穿过管心，以免妨碍混凝土浇灌。对大直径钢管混凝土柱，当需要在节点区管内设水平加劲环板时，尽量减小环板宽度，增加厚度，为施工浇筑混凝土提供空间。

19.14.2 节点构造要求

1. 钢梁与钢管混凝土柱的连接
带加强环的连接（图 19.14.1）

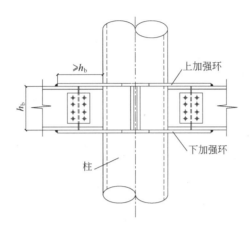

图 19.14.1 钢梁与钢骨混凝土柱的连接详图

（1）梁翼缘与加强环采用全焊透坡口焊接，腹板采用连接板螺栓连接（图 19.14.2）。

（2）加强环与钢管连接焊缝应采用全焊透坡口焊接，连接板与钢管连接焊缝采用角焊缝。

（3）加强环的宽度 C 应大于 $0.7B$（B 为所连接的钢梁中翼缘中最大宽度）。其厚度应按与钢梁翼缘板等强度确定，宜与钢梁翼缘同厚。

（4）对大直径的钢骨混凝土柱，连接腹板宜穿过管心（图 19.14.3）。

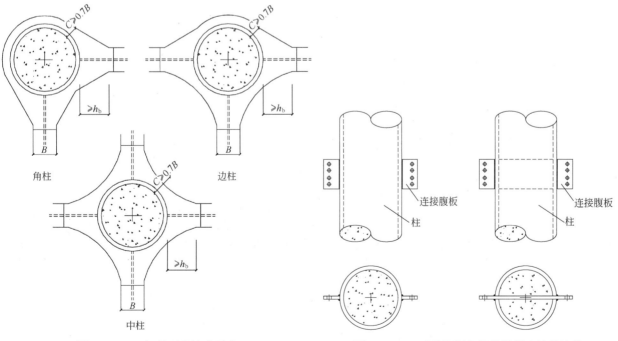

图 19.14.2 加强环的构造要求   图 19.14.3 连接腹板与钢骨混凝土柱的连接

2. 混凝土梁与钢管混凝土柱的连接

钢牛腿、钢筋环梁节点（图 19.14.4 及图 19.14.5）

3. 柱钢管的拼接（图 19.14.6）。

4. 柱钢管的柱脚连接（图 19.14.7）。

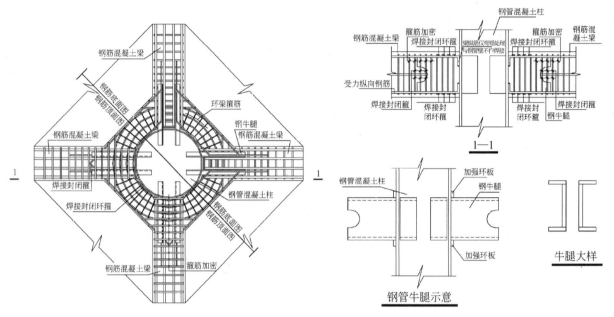

图 19.14.4 钢筋混凝土柱梁柱节点图

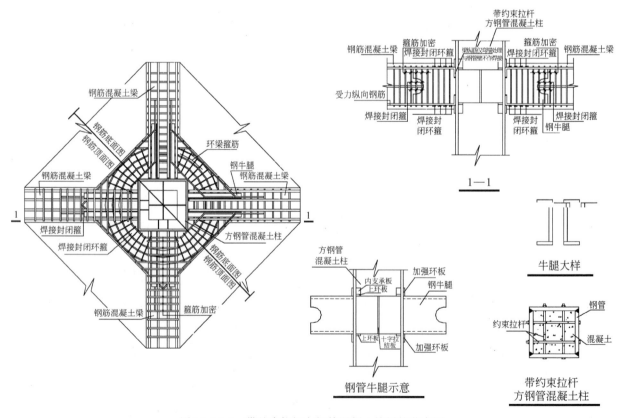

图 19.14.5 带约束拉杆方钢管混凝土柱梁柱节点图

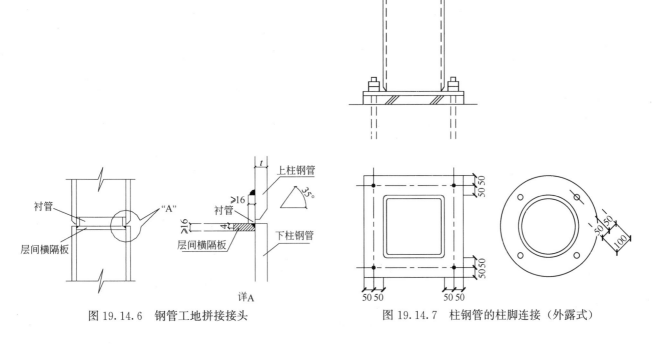

图 19.14.6　钢管工地拼接接头　　　　图 19.14.7　柱钢管的柱脚连接（外露式）

参 考 文 献

［1］　高层民用建筑钢结构技术规程：JGJ 99—2015［S］. 北京：中国建筑工业出版社，2015.

［2］　高层建筑混凝土结构技术规程：JGJ 3—2010［S］. 北京：中国建筑工业出版社，2010.

［3］　组合结构设计规范：JGJ 138—2016［S］. 北京：中国建筑工业出版社，2016.

第20章 钢结构的防护

20.1 防火设计

20.1.1 一般要求

1. 高层建筑防火设计，应符合《建筑设计防火规范》GB 50016—2014（2018 年版）的有关规定。

2. 高层建筑钢结构的耐火等级应分为一、二两级，其建筑构件的燃烧性能和耐火极限不低于表20.1.1 的数值。

建筑构件的燃烧性能和耐火极限 表 20.1.1

构件名称		燃烧性能和耐火极限（h）	
		一级	二级
墙	防火墙	不燃烧体,3.00	不燃烧体,3.00
	承重墙,楼梯间墙,电梯井墙及单元之间的墙	不燃烧体,2.00	不燃烧体,2.00
	非承重墙,疏散走道两侧的隔墙	不燃烧体,1.00	不燃烧体,1.00
	房间的隔墙	不燃烧体,0.75	不燃烧体,0.50
柱	自楼顶算起(不包括楼顶的塔形小屋)15m 高度范围内的柱	不燃烧体,2.00	不燃烧体,2.00
	自楼顶算起(15～55m)高度范围内的柱	不燃烧体,2.50	不燃烧体,2.00
	自楼顶算起 55m 以下高度范围内的柱	不燃烧体,3.00	不燃烧体,2.50
其他	梁	不燃烧体,2.00	不燃烧体,1.50
	楼板、疏散楼梯及吊顶承重构件	不燃烧体,1.50	不燃烧体,1.00
	抗剪支撑,钢板剪力墙	不燃烧体,2.00	不燃烧体,1.50
	吊顶(包括吊顶搁栅)	不燃烧体,0.25	不燃烧体,0.25

注：1. 设在钢梁上的防火墙,不应低于一级耐火等级钢梁的耐火极限;
    2. 建筑高度大于 100m 的建筑,按板的耐火极限不应低于 2.00h。
    3. 一类高层建筑的耐火等级为一级,二类高层建筑的耐火等级不应低于二级。裙房的耐火等级不应低于高层主体建筑。高层建筑地下室的等级应为一级。

20.1.2 防火防护材料及保护层厚度的确定

1. 高层建筑钢结构的钢构件其防护方式，一般可采用外包混凝土，表面喷涂防火材料以及采用维护防火板材等形式，其构造详图如图 20.1.1 所示。

梁，柱的防火保护层厚度，宜直接采用实际构件耐火试验的数据确定的厚度。

（1）当采用外包混凝土，其最小厚度如表 20.1.2 所示。

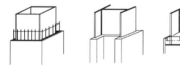

图 20.1.1 构造详图

（2）当采用表面喷涂防火材料时，应按涂料的类型及耐火时限的要求来确定涂料的厚度，见表20.1.3，当薄涂型防火涂料应用于耐火时限大于 1.5h 的情形时，应慎重确保质量。

（3）当采用围护防火板材，其最小厚度如表 20.1.4～表 20.1.6 所示。

外包混凝土厚度　　　　　　　　　　　　　　　　　　　　　　　表 20.1.2

	外包混凝土厚度（cm）						
耐火极限（h）	0.80	1.00	1.40	2.00	2.30	2.85	3.00
陶粒混凝土						12	
C20 混凝土	2.5			5		1.0	
加气混凝土		4	5	7	8		

防火涂料厚度　　　　　　　　　　　　　　　　　　　　　　　表 20.1.3

	防火涂料厚度（cm）					
耐火极限（h）	0.5	1.0	1.5	2	2.5	3
厚涂型钢结构防火涂料			≥18	≥20	≥23	≥25
薄涂型钢结构防火涂料		0.55	≥1.24	≥2.07	≥4.05	

2. 组合楼板耐火设计。

（1）组合楼板的耐火性能应符合《建筑设计防火规范》GB 50016—2014（2018 年版）等标准对楼板的规定。

（2）压型钢板仅作为模板使用的非组合楼板，其耐火设计应按普通钢筋混凝土楼板耐火设计方法进行。

（3）无防火保护的压型钢板组合楼板，应满足耐火隔热性最小楼板厚度的要求，可按表 20.1.4 确定。

耐火隔热性最小楼板厚度　　　　　　　　　　　　　　　　　　表 20.1.4

压型钢板类型	最小楼板计算厚度	耐火极限（h）			
		0.5	1.0	1.5	2
开口型压型钢板	压型钢板肋以上厚度	60	70	80	125
其他类型压型钢板	组合楼板总厚度	90	90	110	125

（4）压型钢板组合楼板正弯矩受拉区钢筋、钢筋桁架组合楼板下弦杆起耐火作用时，其钢筋保护层厚度（不含压型钢板厚度）应根据该构件满足相应耐火极限的要求而确定。

（5）无防火保护的压型钢板组合楼板的耐火极限可根据耐火测试方法或计算方法确定。

（6）建筑高度大于 100m 的民用建筑，其组合楼板的耐火极限不应低 2.00h。

3. 层建筑钢结构，其防火涂料应选择绝热性好，具有一定冲击能力，在规定的耐火时限内能牢固地附在构件表面上，对钢材无腐蚀且对人体无害的材料制成。

4. 除采用以上材料外，经专门的防火试验验证后，也可采用其他类型的防火材料（表 20.1.5 及表 20.1.6）。

钢柱（四面受火）外包防火材料的最小厚度　　　　　　　　　　表 20.1.5

序号	结构和材料性质		最小厚度（mm）					
			h/2	1h	h/2	2h	3h	4h
1	护护材料与钢柱翼缘面无间隙	涂有含轻集料石膏的金属板	13	13	15	20	32	—
2		涂有含轻集料石膏的金属板，涂层外覆以 φ1.6 @100 金属网： 1）当涂层厚度不小于 9.5mm； 2）当涂层厚度不小于 19mm	10 10	10 10	15 13	20	— —	— —
3		石棉绝热板，板厚为： 1）单层板，搭接长度 6mm； 2）双层板，其总厚度	— 	— 	19	25	38	50
4		实心黏土砖、灰砂砖（不带涂层）	50	50	50	50	75	100
5		膨胀矿渣或浮石砌块（不带涂层）	50	50	50	50	60	75
6		蒸压加气混凝土砌块（密度为 457～1200kg/m³）	60	60	60	60	—	—
7		轻混凝土砌块	50	50	50	50	60	75
8		围护材料与钢柱翼缘面有空气间隔，石棉绝热板，用 25mm 石棉板条固定	9	12	19	—	—	—

钢梁（三面受火）外包防火材料的最小厚度　　　　　　　　　　　表 20.1.6

序号	结构和材料性质		最小厚度（mm）					
			$h/2$	$1h$	$h/2$	$2h$	$3h$	$4h$
1	围护材料与钢柱翼缘面无间隔	涂有含轻集料石膏的金属板	13	13	15	20	25	
2		涂有含轻集料石膏的金属板外覆 $\phi1.6@100$ 金属网： 1）当涂层厚度不小于 9.5mm； 2）当涂层厚度不小 19mm	10 10	10 10	15 13	 20		
3		石棉绝热板，板厚为： 1）单层板，搭接长度 6mm； 2）双层板，其总厚度			19	25	38	50
4	围护材料与钢柱翼缘面有空气间隔，石棉绝缘板，用 25mm 石棉板条固定		9	12				

20.1.3 防火构造

1. 采用喷涂防火材料时，节点部位宜作加厚处理。对喷涂场地要求，构件表面处理接缝填补，涂料配置，喷涂遍数，质量控制与验收均应符合《钢结构防火涂料应用技术规程》T/CECS 24—2020 的规定。

2. 当涂层容量较大，厚度大于 40mm；或粘结强度小于 0.05MPa 时，涂层内应设置与钢构件相连的钢丝网。

3. 当采用防火板材为石膏板、蛭石板、硅酸钙板、珍珠岩板等硬质板材围护时，板材可用粘结剂和钢结构固定。构件的粘贴表面应作除锈、去污处理。非粘贴面应涂刷防锈漆。当包覆层为多层时，板缝应相互错开，错开间距应不小于 400mm。

4. 当采用岩棉、矿棉等软质板材包覆时，其外面应用金属或其他不燃烧板材包裹起来。

5. 当管道穿过楼板时，其贯通孔四周应采用防火材料填塞。

20.2 防锈构造要求

20.2.1 防锈一般要求

1. 从结构上，选用不易受锈蚀的合理结构方案，结构选型和节点构造要简单，尽量避免有难以检查、清理、涂漆，以及易受潮气、灰尘堆积的死角和凹槽。

2. 从材质上尽可能选用耐锈蚀性能较高的低合金钢。

3. 在选取防护涂料时，尽量根据建筑物所在地区的情况，如大气的酸碱度、工业污染情况、气候的潮湿程度等，合理地选用防护涂料品种和涂膜厚度。

4. 选用涂料时，应考虑底漆和面漆配套，应使它们之间有良好的适应性（表 20.2.1）。

常用面漆和防腐　　　　　　　　　　　表 20.2.1

名称	型号	性能	适用范围	配套要求
油性调和漆	Y03-1	耐候性较酯胶调和漆好，但干燥时间较长，漆膜较软	适用于室内一般钢结构	
酚醛磁漆	F04-1	漆膜坚硬，光泽和附着力较好，但耐候性较醇磁漆差	适用于室内一般钢结构	酯胶底漆、红丹防锈漆和铁红防锈漆等

续表

名称	型号	性能	适用范围	配套要求
纯酚醛磁漆	F04-11	漆膜坚硬,耐水性、耐候性及耐化学性均比 F04-1 酚醛磁漆好	适用于防潮和干湿交替的钢结构	各种防锈漆、酚醛底漆
酚醛调和漆	F-03-1	漆膜光亮,色彩鲜艳,有一定的耐候性,但较 F04-1 酚醛磁漆稍差	适用于室内一般钢结构	
灰酚醛防锈漆	F53-2	耐候性较好,有一定的耐水性和防锈漆能力	适用于室内外钢结构,多作面漆使用	红丹或铁红类防锈漆
醇酸磁漆	C04-2 C04-42	有较好的光泽和机械强度,耐候性比调和漆好,户外耐久性和附着力好	适用于室内外钢结构	先涂 1～2 道 C06-1 铁红醇酸底漆,再涂 C06-10 醇酸二道底漆,最后涂该漆
过氯乙烯防腐漆	G52-1	漆膜具有良好的耐候性,耐腐蚀性,附着力较差,如配套的好,可以弥补	适用于室内外钢结构,防工业大气腐蚀	与 X06-1 磷化底漆和 G06-4 铁红过氯乙烯底漆配套使用
铝色过氯乙烯防腐漆	G52-3	耐候性较好,耐腐蚀性稍差,能耐酸性气体和盐雾的腐蚀,具有防潮、防雾性能	适用于室内外钢结构,防工业大气腐蚀、防潮、防霉	与 F06-9 纯酚醛底漆或 G06-4 铁红过氯乙烯底漆配套使用

5. 应根据结构构件的主次,外露构件或室内构件分别选取不同的涂料,或选用相同的涂料,但涂层厚度可以不同。

6. 要考虑施工条件、工厂和现场施工的可能性,不同的构件可以采用不同的涂刷方法。

20.2.2 除锈和防锈

1. 钢结构除锈和涂漆工作应在构件制作质量合格后进行。

2. 钢结构在涂漆之前,必须将构件的毛刺、铁锈及其他附着物清除干净,以增加漆膜与构件表面的粘结力,除锈的质量标准见表 20.2.2 和表 20.2.3。

3. 钢结构表面采用的除锈方法与除锈等级应与设计采用的涂料相适应。

4. 高层钢结构涂装用底漆和面漆的适用范围及配套要求见表 20.2.4。

人工除锈质量分级　　　　　　　　　　　　　表 20.2.2

级别	钢材除锈表面状态
St2	彻底用铲刀铲刮,用钢丝刷子刷擦,用机械刷子刷擦和用砂轮研磨等,除去疏松的氧化物、锈和污物,最后用清洁干燥的压缩空气或干净的刷子清理表面,这时表面应具有淡淡的金属光泽
St3	非常彻底用铲刀铲刮,用钢丝刷子刷擦和用机械刷子刷擦和用砂轮研磨等,表面除锈要求与 St2 相同,但更为彻底,除去灰尘后,该表面应具有明显的金属光泽

喷砂、抛丸除锈质量分级　　　　　　　　　　表 20.2.3

级别	钢材除锈表面状态
Sa1	轻度喷射除锈,应除去疏松的氧化皮、锈及污物
Sa2	彻底地喷射除锈,应除去几乎所有的氧化皮、锈及污物,最后用清洁干燥的压缩空气或干净的刷子清理表面,这时表面应呈灰色
Sa2 1/2	非常彻底地喷射除锈、氧化皮,锈及污物应清除到仅剩有轻微的点状或条状痕迹的程度,最后表面用清洁干燥的压缩空气或干净的刷子清理
Sa3	喷射除锈到出白,应完全除去氧化皮、锈及污物,最后用清洁干燥的压缩空气或干净的刷子清理表面,这时表面应具有均匀的金属光泽

常用防锈底漆　　　　　　表 20.2.4

名称	型号	性质	适用范围	配套要求
红丹油性防锈漆	Y53-1	防锈能力强,耐候性好,漆膜坚韧,附着力较好	适用于室内外钢结构表面防锈打底	与油性磁漆,和酸性磁漆配套使用
红丹酚醛防锈漆	F53-1	应含有铅,有毒		不能与过氯乙烯漆配套
红丹醇酸防锈漆	C53-1	红丹油性防锈漆干燥慢		C53-与磷化底漆配套,防锈性能更好
硼钡酚醛防锈漆	—	系新型的防锈漆,已逐步代替一部分红丹防锈漆,具有良好的防锈性能,附着力强,抗大气性能好,干燥快,施工方便	适用于室内外钢结构表面防锈打底	与酚醛磁漆和醇酸磁漆配套使用
铁红油性防锈漆 铁红酸酚防锈漆	Y53-2 Y53-3	附着力强,防锈性能次于红丹防锈漆,耐磨性差	适用于防锈要求不高的场合作防锈打底用	与酚醛磁漆配套使用
铁红醇酸底漆	C06-1	具有良好的附着力和防锈能力,与硝基磁漆、醇酸磁漆等多种面漆的层间结合力好,在湿热气候和潮湿条件下,耐久性差些	适用于一般钢结构表面做防锈打底	与硝基磁漆、醇酸磁漆和过氯乙烯配套使用
铁红环氧底漆	H06-2	漆膜坚韧耐久,附着力好,防锈、耐水和防潮性能比一般油性和醇酸底漆好,如与磷化底漆配套使用时,可提高漆膜的防潮、防盐雾及防锈性能	适用于沿海地区及湿热条件下钢结构表面作底漆	与磷化底漆和环氧磁漆等配套使用
铁红过氯乙烯底漆	H06-4	耐化学性、防锈性比铁红醇酸底漆好,能耐海洋性及湿热带的气候,并具有防霉性	适用于沿海地区及湿热条件下钢结构表面作底漆	与磷化底漆、过氯乙烯磁漆和防腐漆配套使用
云母氧化铁底漆	—	具有良好的热稳定性、耐碱性,其防锈性能超过红丹和硼钡防锈漆;具有无毒、价廉和原料来源丰富等优点	适于热带气候和湿热条件下使用	可与各类面漆配套使用
环氧富锌底漆	—	—	室内外有弱侵蚀作用的重要构件,中等侵蚀环境下的重要构件	与氯化橡胶面漆配套使用
无机富锌底漆	—	—	特别要求加强防锈作用的重要构件	与氯化橡胶面漆或脂肪族聚氨酯面漆配套使用

20.2.3 防腐涂料涂装方案示例

首先需确定具体工程的钢结构防腐设计年限。防腐涂料应满足良好的附着力,与防火涂料相容,对焊接影响小等要求。防腐涂料可采用水性无机富锌底漆或环氧富锌底漆,对室内钢结构且有防火涂料时,根据防腐设计年限确定最小总干膜厚度;对室外钢结构除防腐底漆外,需有中间漆及面漆配套要求,亦根据防腐设计年限确定最小总干膜厚度。防腐涂料应通过国内权威机构关于底漆干膜锌含量以及耐老化测试的第三方检测报告。针对不同环境要求的防腐涂料涂装方案须经设计认可以后方可施工。

底漆、中间漆、面漆的相关配套可参考表 20.2.5:

底漆、中间漆、面漆相关配套表　　　　　　表 20.2.5

底漆	中间漆	面漆
环氧富锌底漆 水性无机富锌底漆	环氧云铁中间漆 环氧云铁中间漆	环氧、聚氨酯、丙烯酸环氧、丙烯酸聚氨酯等面涂料 环氧、聚氨酯、丙烯酸环氧、丙烯酸聚氨酯等面涂料

参 考 文 献

[1] 钢结构设计标准. GB 50017—2017 ［S］. 北京：中国计划出版社，2017.

[2] 混凝土结构设计规范 GB 50010—2010 （2015 年版）［S］. 北京：中国建筑工业出版社，2010.

[3] 建筑抗震设计规范 GB 50011—2010 （2016 年版）［S］. 北京：中国建筑工业出版社，2001.

[4] 高层民用建筑钢结构技术规程. JGJ 99—2015 ［S］. 北京：中国建筑工业出版社，2015.

[5] 高层建筑混凝土结构技术规程 JGJ 3—2010 ［S］. 北京：中国建筑工业出版社，2010.

[6] 组合结构设计规范. JGJ138—2016 ［S］. 北京：中国建筑工业出版社，2016.

[7] 钢结构焊接规范 GB50661—2011 ［S］. 北京：中国建筑工业出版社，2011.

[8] 建筑设计防火规范 GB 50016—2014 （2018 年版）［S］. 北京：中国计划出版社，2014.

[9] 上海市建设和管理委员会科学技术委员会. 上海高层超高层建筑设计与施工. 结构设计 ［M］. 上海：上海科学普及出版社，2004.

第21章 工程实例

21.1 上海金茂大厦

1. 工程概况

该工程于 1992 年至 1998 年建于浦东新区陆家嘴金融区，建筑总面积 289500m²，地上 88 层，建筑总高度 420.5m，地下 3 层。结构设计单位：Skidmore，Owings & Merrill LLP、上海市建筑设计研究院有限公司。

2. 结构体系及特征

该工程采用巨型框架＋核芯筒＋伸臂桁架的结构体系。外围布置 8 根型钢混凝土巨型柱及 8 根钢角柱。钢筋混凝土核心筒为八角形，外墙中到中的尺寸为 27m×27m，从基础一直升至 87 层，核心筒内墙为经典的九宫格布置。在 24～26 层、51～53 层、85～87 层分别设置两层高的伸臂桁架，伸臂桁架连接巨型柱与核心筒，伸臂桁架的平面位置与核心筒内墙对齐，起到协调内筒与外框变形的作用，可有效提高结构的刚度及结构抵抗倾覆弯矩的能力。

建筑功能布置上，53 层以下主要为办公，以上为酒店，故核心筒内墙升至 53 层结束，以上仅保留外墙，形成中空八角形核心筒，在建筑效果上，则形成从 53 层一直通往塔尖的酒店中庭，中庭净高度约 150m。

该工程抗震设防烈度为 7 度，场地特征周期为 0.9s，基本地震加速度为 0.1g，建筑场地土类别为 Ⅳ 类，抗震设防类别为乙类。风荷载依据风洞试验结果确定（图 21.1.1）。

结构整体计算分析所得前 3 阶自振周期为：$T1=5.7s$，$T2=5.7s$，$T3=2.5s$（扭转）。

结构计算所得最大层间位移角（x，y 方向平面对称）：见表 21.1.1。

3. 结构平面及剖面（图 21.1.2）。

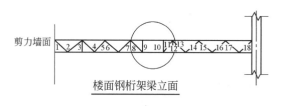

结构位移表	表 21.1.1
荷载类型	最大层间位移角
风荷载	1/925
地震作用	1/1160

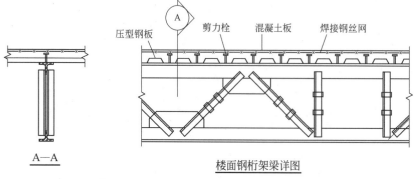

楼面钢桁架梁详图

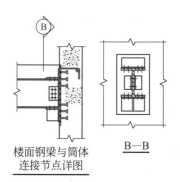

图 21.1.1 楼面梁板标准做法详图

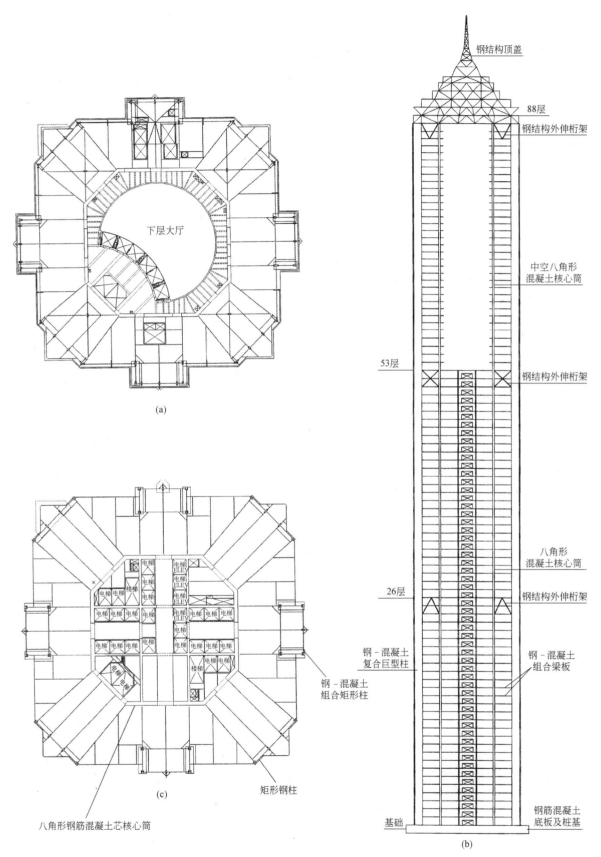

图 21.1.2 结构平面及剖面

(a) 酒店标准层结构平面；(b) 结构剖面图；(c) 办公楼标准层平面

4. 结构构件及详图

核心筒外墙的厚度从下至上逐步由850mm收进至顶部450mm；核心筒内墙厚度为450mm。

巨型柱采用型钢混凝土柱，截面为矩形，巨柱底部的尺寸为1.5m×5.0m，由下至上逐渐减小至1.0m×3.5m，工字形型钢设置在巨柱长边的端部。见图21.1.3（a）。

剪力墙和巨型柱的混凝土强度等级为从低区C60逐渐过渡至高区C40。

伸臂桁架钢构件采用工字形截面，通过设置能够转动的钢销，同时配合伸臂斜腹杆上开设的长圆孔，实现伸臂斜腹杆延迟固定，即施工初期仅通过钢销临时固定，待施工至上一道伸臂后，才将节点区的连接螺栓紧固，从而消除施工阶段巨型柱与筒体竖向变形差异在伸臂构件中产生的附加内力，见图21.1.3（b）。

核心筒至外框之间的楼面梁采用钢桁架梁，上铺压型钢板组合楼盖，见图21.1.1。

钢角柱柱脚及截面详图见图21.1.3（c）。

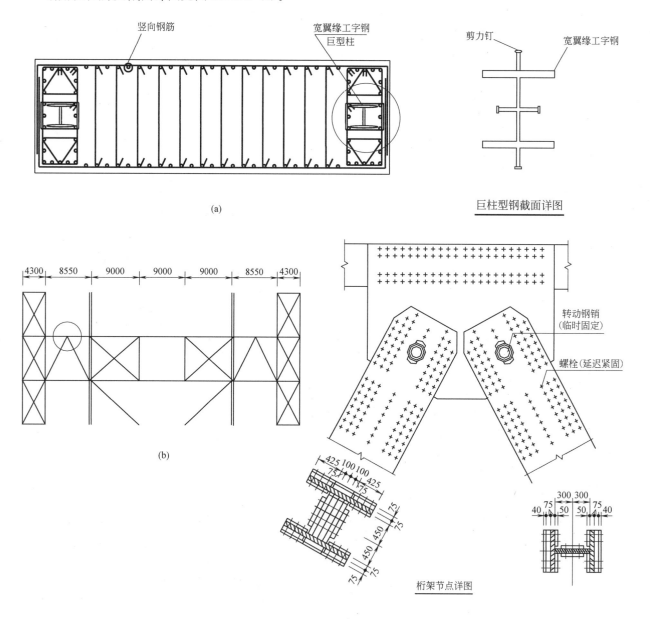

图21.1.3 结构构件及详图（一）

（a）型钢巨型柱详图；（b）第一道伸臂桁架（24～26层）立面及节点

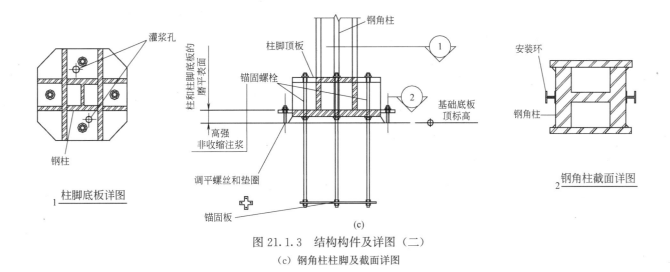

图 21.1.3 结构构件及详图（二）

（c）钢角柱柱脚及截面详图

21.2 天津 117 大厦

1. 工程概况

该工程位于天津中心城区西南，天津新技术产业园内。主要由 117 大厦、总部办公楼、商业裙楼及地下车库等组成，是一幢以甲级写字楼为主，附有六星级豪华酒店的大型超高层建筑，总建筑面积 37 万 m²，建筑高度约 597m（亦为结构主要屋面高度），塔楼共 117 层，有 3 层地下室。目前已基本建成。结构设计单位：Arup international Consultants、华东建筑设计研究总院。

2. 结构体系及特征

该工程塔楼采用由周边巨型柱框筒、内部核心筒组成的筒中筒结构体系。塔楼平面为正方形，楼层平面随着斜外立面渐渐变小，塔楼首层平面尺寸约 65m×65m，渐变至顶层时平面尺寸约 45m×45m，结构高宽比约 9.7。

外筒为巨型柱、巨型斜撑、水平杆、转换桁架以及次框架组成的巨型框架筒体结构。巨型支撑底部为人字形（防屈曲支撑 BRB），上部为交叉支撑，支撑立面与转换桁架立面分开（间距 1050mm）。外框筒传力路径为经巨型斜撑、转换桁架、边梁柱，通过巨型柱最终传至基础。次框架梁柱为铰接，不参与抗侧力，结构体系组成见图 21.2.2。外框与核心筒每区转换桁架及次框架柱单独承担本区重力荷载。

核心筒贯穿建筑物全高，平面呈矩形，底部尺寸约为 34m×37m。核心筒采用内含钢骨（钢板）的型钢混凝土剪力墙，在结构底部 32 层设置了钢板，形成钢板混凝土剪力墙。以上区域（33～114 层）墙肢内仅设置型钢。在核心筒顶部（115～117 层），为提高墙体的抗剪性能，在核心筒内外墙肢内设置了 20mm 厚钢板，形成钢板混凝土剪力墙。

巨型柱位于角部并贯通至结构顶部，在各区段分别与转换桁架、巨型斜撑、水平杆连接。巨型斜撑设置在各区外围，沿外立面倾斜设置。转换桁架沿塔楼竖向在设备层及避难层处设置，共 9 道。

结构总体指标见表 21.2.1。

3. 结构平面及剖面（图 21.2.3 及图 21.2.4）

4. 结构构件及详图

核心筒周边墙体厚度由 1400mm 从下至上逐步均匀收进至顶部 400mm；筒内主要墙体厚度则由 600mm 逐渐内收至 300mm。

巨型柱底部平面轮廓为六边菱形，沿建筑高度向上巨型柱截面积逐渐由 45m² 缩小至 5.4m²，采用多腔钢管混凝土柱。巨型斜撑及转换桁架的杆件截面主要采用箱形截面。

结构总体指标表   表 21.2.1

自振周期(s)		$T1$	9.06
		$T2$	8.97
		$T3$	3.46(扭)
结构总质量(t)			815000
基底剪重比		X 向	1.51%
		Y 向	1.53%
最大层间位移角	风	X 向	1/667
		Y 向	1/714
	多遇地震	X 向	1/521
		Y 向	1/516

底部巨型柱截面详图见图 21.2.1，巨型柱与巨型斜撑及转换桁架典型连接节点见图 21.2.5。

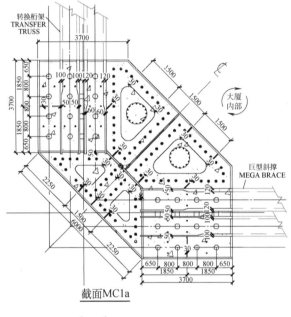

截面MC1a

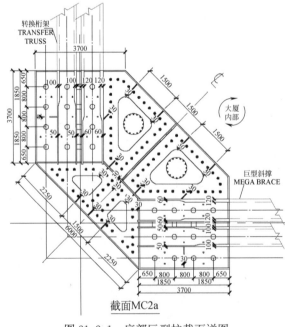

截面MC2a

图 21.2.1 底部巨型柱截面详图

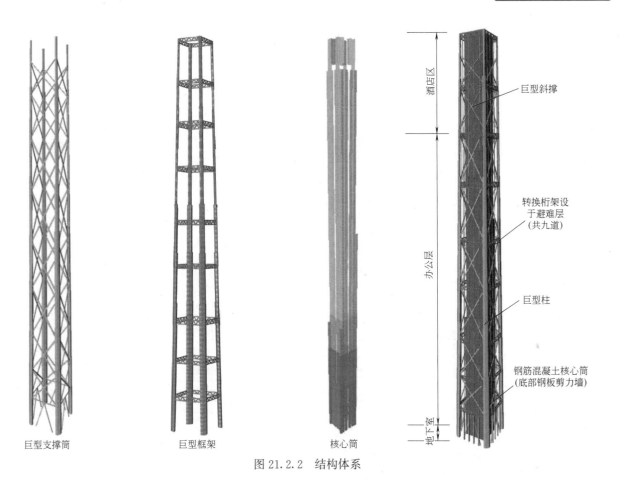

巨型支撑筒　　　　　　巨型框架　　　　　　　核心筒

酒店区

办公层

地下室

巨型斜撑

转换桁架设
于避难层
(共九道)

巨型柱

钢筋混凝土核心筒
(底部钢板剪力墙)

图 21.2.2　结构体系

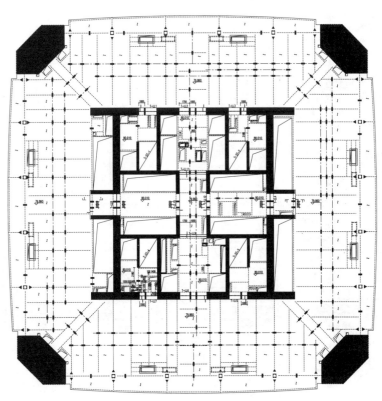

图 21.2.3　结构平面图

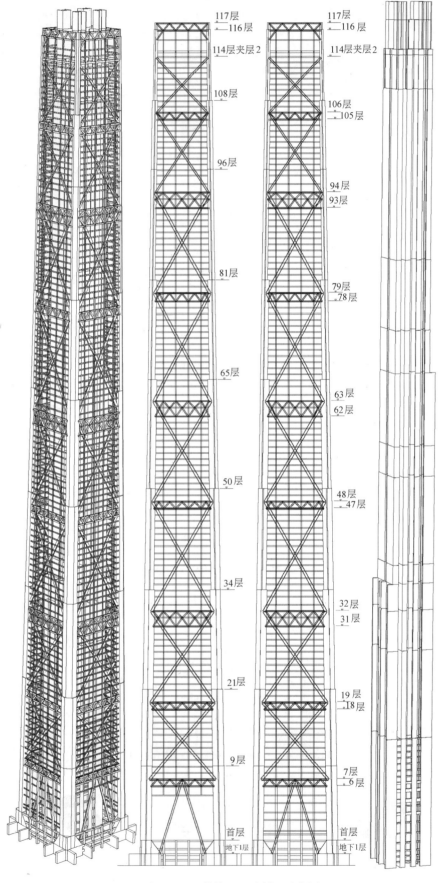

图 21.2.4 结构立面及剖面示意图

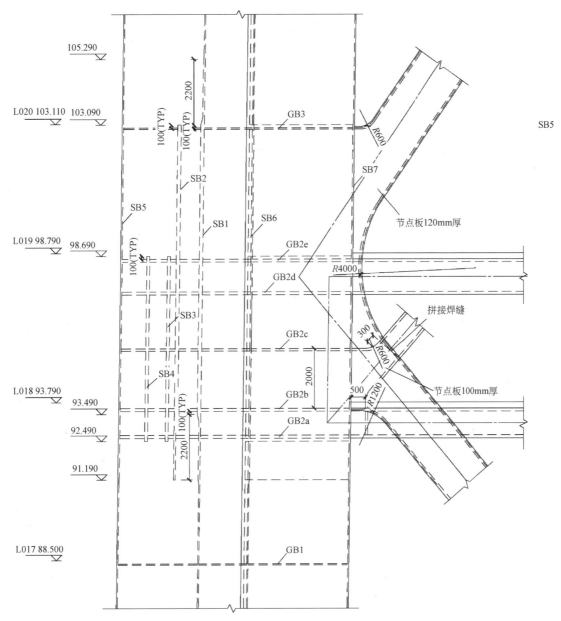

图 21.2.5　巨型柱与巨型斜撑及转换桁架的典型连接

21.3　深圳平安金融中心

1. 工程概况

平安金融中心项目位于深圳市福田中心区，东邻主干道路益田路，西侧是中心二路，南北分别是福华路与福华三路。项目包括一栋塔楼、商业裙楼及扩大地下室，其他功能包括办公、商业、观光娱乐、会议中心和交易等五大功能，总建筑面积约 46 万 m²。其中塔楼地上 118 层，塔顶建筑高度 660m，结构高度 600m，商业裙楼地下 11 层，高度约 53m，扩大地下室 5 层，深 28m，目前已基本建成。结构设计单位：ThorntonTomasetti、悉地国际设计顾问有限公司。

2. 结构体系及特征

该工程塔楼采用斜撑-带状桁架-巨柱框架-劲性混凝土核心筒-钢外伸臂巨型结构。塔楼核心筒和结构平面布置对称，平面长宽比为 1:1，塔楼平面为四角内缩的正方形，底部尺寸约为 67m×67m，并随高度上升逐渐缩小，角部不与楼层同步减小。楼层平面的变化表现为外围的幕墙以及巨柱的向内倾斜。在地面层至一区顶部，巨型柱沿两侧倾斜（向核心筒靠近及靠近一侧巨型柱）；二区向靠近一侧的巨型柱倾斜。3 区至 6 区，巨型柱保持竖直，同时楼盖保持不变，仅角部逐渐减小，平面尺寸约为56m×56m。7 区以上至塔尖底部巨型柱及幕墙又开始向中心倾斜，平面尺寸 42m×42m，结构高宽比约为 8.2。

外筒为巨型柱、巨型斜撑、角部 V 形撑、带状转换桁架以及次框架组成的巨型框架筒体结构。外框筒传力路径为经巨型斜撑、角部 V 形撑、周边重力小柱、带状转换桁架，通过巨型柱最终传至基础。次框架梁柱为铰接，不参与抗侧力，结构体系组成见图 21.3.1。外框与核心筒每区带状转换桁架及次框架柱单独承担本区重力荷载。

核心筒贯穿建筑物全高，平面基本呈正方形，底部尺寸约为 32m×32m。核心筒为型钢-钢筋混凝土筒体，墙体洞边及角部埋设型钢柱。核心筒－28.800～59.500m 标高（地下 5 层～地上 12 层）采用内置钢板剪力墙，周边设置型钢柱、型钢梁约束。连梁高 1000mm，宽同墙厚，局部楼层受力较大连梁内设窄翼型钢梁。型钢柱及墙体内钢板延伸落入承台。墙体（地下 5 层～地上 12 层）含钢率 1.5%～3.5%，地下及地上全部墙体混凝土强度等级为 C60，钢板及型钢强度等级 Q345B。

8 根巨型柱位于四周并贯通至结构顶部，在各区段分别与带状转换桁架、巨型斜撑、V 形撑连接。巨型斜撑和 V 形撑设置在各区外围，沿外立面倾斜设置。伸臂和带状转换桁架沿塔楼竖向在设备层及避难层处设置，其中伸臂 4 道，带状桁架 7 道。

结构总体指标见表 21.3.1。

结构总体指标表　　　　　　　　　　　　表 21.3.1

自振周期(s)	T_1	8.58
	T_2	8.50
	T_3	3.69(扭)
结构总质量(t)		671976
剪重比	X 向	1.03%
	Y 向	1.04%
最大层间位移角	风	X 向　1/772
		Y 向　1/879
	多遇地震	X 向　1/1412
		Y 向　1/1407

3. 结构平面及立面（图 21.3.2～图 21.3.4）

4. 结构构件及详图

核心筒外墙体厚度由 1500mm 从下至上逐步均匀收进至顶部 500mm；内墙体厚度则由 800mm 逐渐内收至 400mm。

巨型柱采用型钢混凝土，其中混凝土强度等级从底部到顶部由 C70 渐变至 C50，钢材等级为Q345GJ，平面基本为长方形，为了与建筑平面协调，一个外角切掉。巨型柱底部的尺寸约为 6.5m×3.2m，顶部逐渐减小至 2.0m×2.0m。巨型柱型钢的钢板厚度 50～75mm，含钢率由底部 8% 至顶部4%。巨型斜撑、V 形撑、伸臂桁架的杆件截面主要采用箱形和工字形截面，带状转换桁架的杆件采用主要采用工字形截面。

巨型斜撑与巨型柱及转换桁架的典型连接节点见图 21.3.5，底部巨型柱截面详图见图 21.3.6。

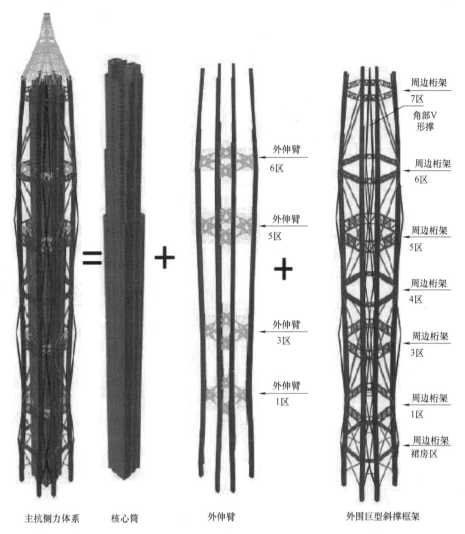

主抗侧力体系　　核心筒　　　　外伸臂　　　　外围巨型斜撑框架

图 21.3.1　结构体系图

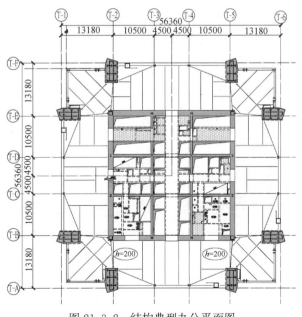

图 21.3.2　结构典型办公平面图

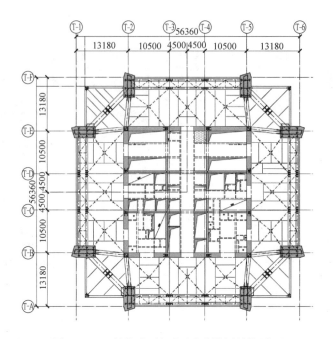

图 21.3.3 结构典型机电/避难楼层结构平面

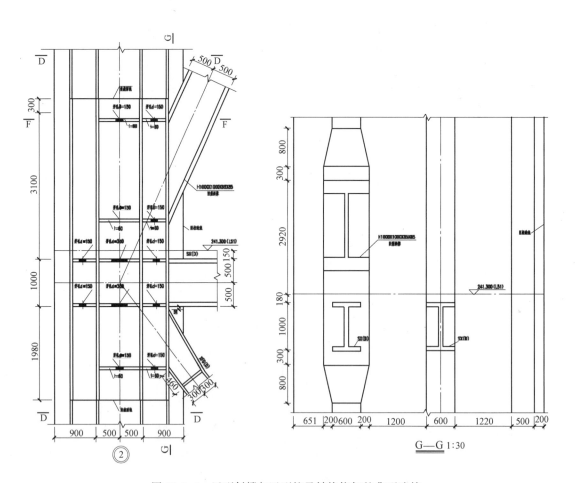

图 21.3.4 巨型斜撑与巨型柱及转换桁架的典型连接

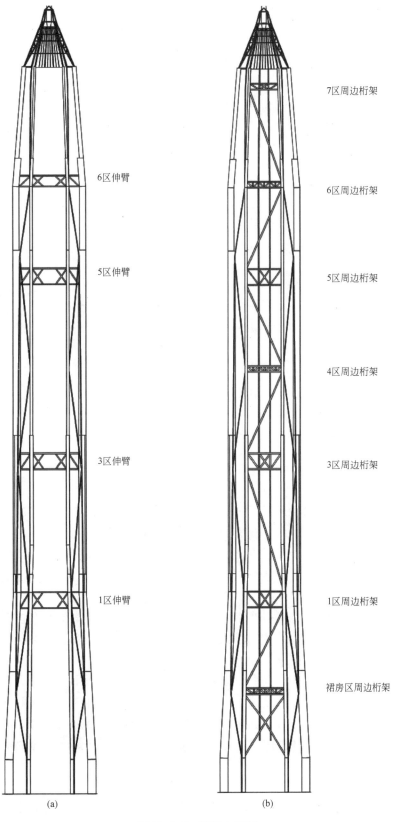

7区周边桁架

6区伸臂 6区周边桁架

5区伸臂 5区周边桁架

4区周边桁架

3区伸臂 3区周边桁架

1区伸臂 1区周边桁架

裙房区周边桁架

(a) (b)

图 21.3.5 结构立面图

（a）外伸臂立面图；（b）周边桁架及巨型斜撑立面图

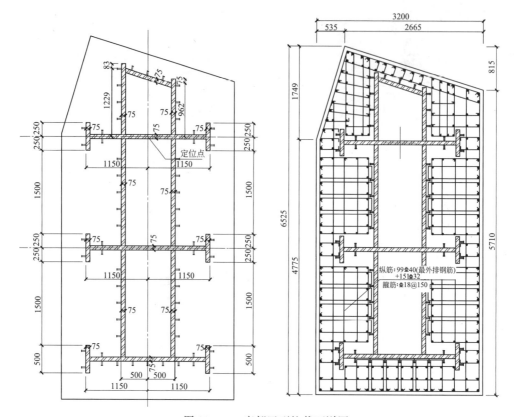

图 21.3.6 底部巨型柱截面详图

21.4 上海中心

1. 工程概况

上海中心是位于上海市浦东新区金融中心区 Z3-1、Z3-2 地块的一幢超高层建筑，地上可容许建筑面积大约 38 万 m^2，地下室面积约为 14.3 万 m^2。建筑功能以甲级写字楼为主，还包括商业、酒店、观光、会议中心和交易等五大功能区域。主楼地上 124 层，地下 5 层，塔顶建筑高度 632m，结构屋顶高度 580m，已建成投入使用。结构设计单位：ThorntonTomasetti、同济大学建筑设计研究院。

2. 结构体系及特征

该工程塔楼采用"巨型框架-核心筒-外伸臂"结构体系，在 8 个机电层区布置多达六道两层高外伸臂桁架和八道箱形空间环形桁架。结构体系及结构示意见图 21.4.1。塔楼的楼层呈圆形，上下中心对齐并且逐渐收缩，塔楼底部尺寸约为 83m×83m，顶部尺寸为 42m×42m，结构高宽比 7.0。

巨型框架由 8 根巨型柱、4 根角柱和在八道两层高的箱型空间桁架相连而成，8 根巨型柱在第 8 分区终止，4 根角柱在第 5 分区终止。巨型柱采用单肢巨型型钢混凝土柱，在底部采用高强混凝土（C70）以减小底部巨型柱的柱截面尺寸。箱形空间环形桁架既作为抗侧力体系巨型框架的一部分，又作为转换桁架支承位于建筑周边的重力柱，相邻加强层之间的楼层荷载有重力柱支承并通过转换桁架传至八个巨型柱和四根角柱，从而减少巨型柱由侧向荷载引起的上拔力。

核心筒主要为一个边长约 30m 的方形钢筋混凝土筒体。底部加强区采用混凝土-钢板剪力墙，有效控制剪力墙的厚度和轴压比，并提高的底部墙体的整体承载力和延性。核心筒底部翼墙为 1.2m 厚，随高度增加核心筒墙厚组建减小，顶部为 0.5m 厚。外伸臂的钢结构构件贯穿核心筒的腹墙，腹墙厚度将由底部的 0.9m 逐渐减薄至顶部的 0.5m，以确保连续均匀的刚度变化和合适的墙压比。核心筒的角部在第 5 区以上切去，形成十字形核心筒。

外伸臂桁架在第 2、4、5、6、7、8 区的机械层/避难层设置，每道两层高。外伸臂桁架将巨型柱与核心筒有效地联系起来，既能约束核心筒的弯曲变形，又能高效地利用周边的巨型柱来减少结构总体变形和层间位移。

结构总体指标见表 21.4.1。

结构总体指标表 表 21.4.1

自振周期(s)		T1	9.05
		T2	8.96
		T3	5.59(扭)
结构总质量(t)			699613
剪重比		X 向	1.29%
		Y 向	1.29%
最大层间位移角	风	X 向	1/580
		Y 向	1/612
	多遇地震	X 向	1/623
		Y 向	1/644

3. 结构平面及剖面示意（图 21.4.1 及图 21.4.2）

4. 结构构件及详图

核心筒墙体厚度由 1200mm 从下至上逐步均匀收进至顶部 500mm；筒内主要墙体厚度则由 900mm 逐渐内收至 500mm。

巨型柱平面轮廓为矩形，沿建筑高度向上巨型柱尺寸逐渐由 5300mm×3700mm 缩小至 2400mm×1900mm，采用由钢板拼接而成的单肢巨型型钢混凝土柱；角柱布置于巨型柱围成矩形的角部，柱尺寸逐渐由 5500mm×2400mm 缩小至 4500mm×1200mm；空间桁架上下弦杆、斜杆及腹杆采用 H 形截面。

底部巨型柱截面详图见图 21.4.3，伸臂桁架典型节点连接见图 21.4.4，巨型柱与环带桁架典型节点连接见图 21.4.5。

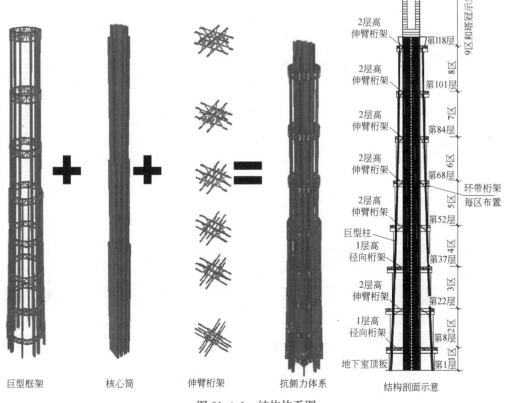

图 21.4.1 结构体系图

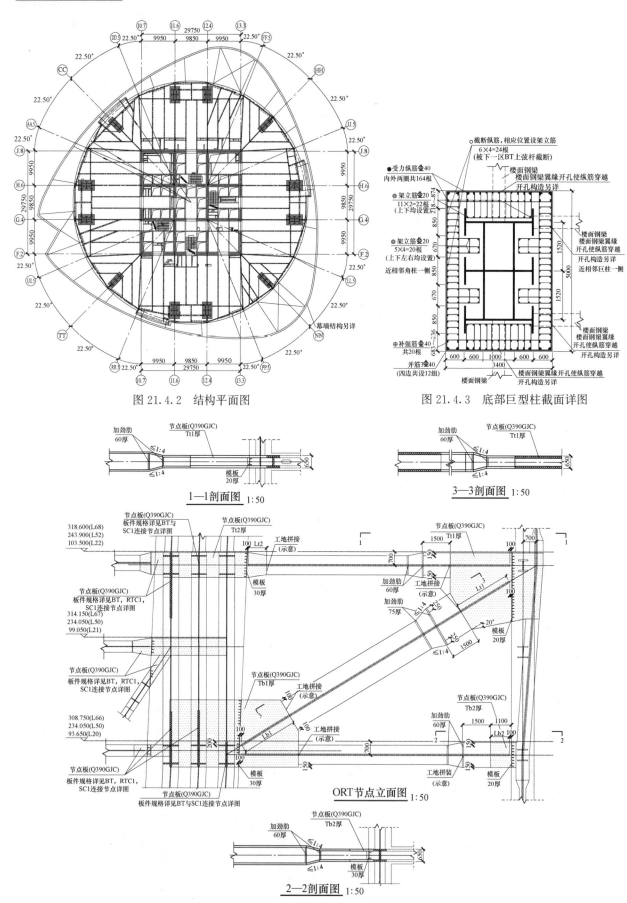

图 21.4.2 结构平面图

图 21.4.3 底部巨型柱截面详图

1—1剖面图 1:50

3—3剖面图 1:50

ORT节点立面图 1:50

2—2剖面图 1:50

图 21.4.4 伸臂桁架典型节点连接

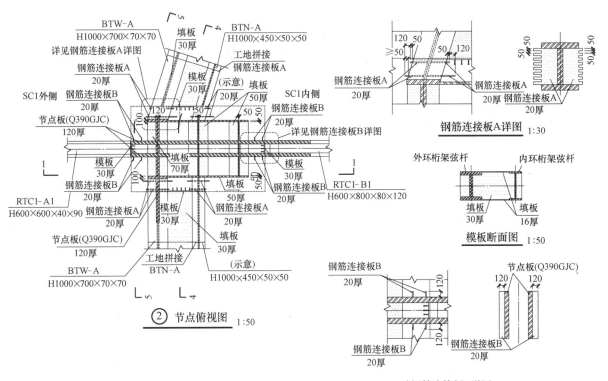

BTW-A
H1000×700×70×70
详见钢筋连接板A详图
钢筋连接板A
20厚
SC1外侧 钢筋连接板B
20厚
节点板(Q390GJC)
120厚
模板
30厚
钢筋连接板B
20厚
RTC1-A1
H600×600×40×90
钢筋连接板A
20厚
节点板(Q390GJC)
120厚
工地拼接
BTW-A
H1000×700×70×70

填板
30厚
BTN-A
H1000×450×50×50
工地拼接
钢筋连接板A
模板
30厚
填板
(示意) 50厚
填板
70厚
模板
30厚
填板
30厚
钢筋连接板A
20厚
填板
30厚
(示意)
BTN-A
H1000×450×50×50

SC1内侧
钢筋连接板B
20厚
详见钢筋连接板B详图
模板
30厚
钢筋连接板B
20厚
RTC1-B1
H600×800×80×120

② 节点俯视图 1:50

钢筋连接板A
20厚
钢筋连接板A
20厚 钢筋连接板A
20厚

钢筋连接板A详图 1:30

外环桁架弦杆　内环桁架弦杆
填板
30厚
填板
16厚

模板断面图 1:50

钢筋连接板B
20厚
节点板(Q390GJC)
120 120
钢筋连接板B
20厚
钢筋连接板B
20厚

钢筋连接板B详图 1:30

6区环带桁架与巨柱连接关系示意
注:6区环带桁架与巨柱定位关系如本图所示,节点板及相关构造原则参见①详图。

RTC1-A1
H600×600×40×90
173.700(L37)
加劲肋
20厚
钢筋连接板B
20厚
节点板(Q390GJC)
120厚
钢筋连接板B
20厚
RTC1-B1
H600×800×80×120

RTC1-E1
H600×500×20×50
RTC1-W1
H600×300×25×25
钢筋连接板B
20厚
节点板(Q390GJC)
80厚
RTC1-F1
H600×600×40×90
节点板(Q390GJC)
120厚
钢筋连接板B
20厚

RTC1-B1
H600×800×80×120
169.200(L36)
加劲肋
20厚
钢筋连接板B
20厚
加劲肋
60厚
钢筋连接板B
20厚
RTC1-B1
H600×800×80×120
节点板(Q390GJC)
120厚

163.850(L35)

1—1剖面图 1:50

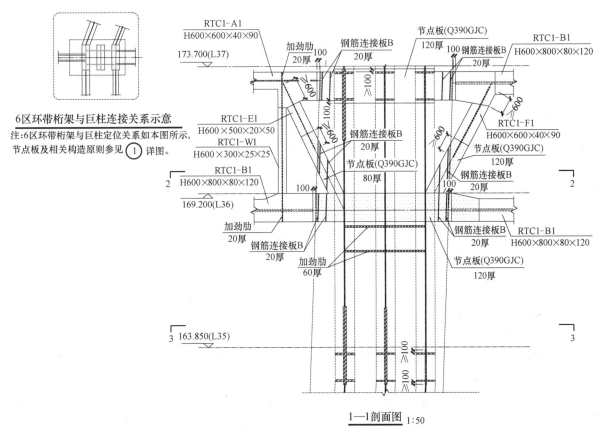

图 21.4.5 巨型柱与环带桁架典型节点连接

21.5 北京中国尊

1. 工程概况

中国尊位于北京市朝阳区 CBD 核心区 Z15 地块，总建筑面积约 43.7 万 m²。建筑功能由下至上分别为大堂、办公、超高端办公区和观景平台。塔楼地上 108 层，地下 7 层，建筑总高度 528m，结构主要屋面高度 524m，目前主体结构施工中。结构设计单位：Arup international Consultants、北京市建筑设计研究院。

2. 结构体系及特征

该工程塔楼采用由周边巨型柱框筒、内部核心筒组成的筒中筒结构体系。塔楼核心筒和结构平面布置对称，平面长宽比为 1:1，塔楼底部尺寸约为 74m×74m，中上部沿立面缩进，在约 80 层附近达到最窄，平面尺寸约为 54m×54m，顶部尺寸又略为放大至 69m×69m，结构高宽比约 7.1。

外筒为巨型柱、巨型斜撑、转换桁架以及次框架组成的巨型框架筒体结构。外框筒传力路径为经巨型斜撑、转换桁架、边梁柱，通过巨型柱最终传至基础。次框架梁柱为铰接，不参与抗侧力，结构体系组成见图 21.5.2，图 21.5.3。外框与核心筒每区转换桁架及次框架柱单独承担本区重力荷载。

核心筒贯穿建筑物全高，平面基本呈正方形，底部尺寸约为 39m×39m。核心筒采用内含钢骨（钢板）的型钢混凝土剪力墙，在结构底部 46 层设置了钢板，形成钢板混凝土剪力墙。以上区域（47~103 层）外围墙肢内均增设型钢暗撑，形成钢暗撑混凝土剪力墙。在核心筒顶部（104 层及以上），由于墙肢收进较多且考虑到鞭梢效应，在核心筒内外墙肢内设置了 8mm 厚钢板，形成钢板混凝土剪力墙。

巨型柱位于角部并贯通至结构顶部，在各区段分别与转换桁架、巨型斜撑连接。巨型斜撑设置在各区外围，沿外立面倾斜设置。转换桁架沿塔楼竖向在设备层及避难层处设置，共 8 道。

结构总体指标见表 21.5.1。

结构总体指标表　　　　　　　　　　　　　　　　　表 21.5.1

自振周期(s)		T1	7.513
		T2	7.512
		T3	2.503(扭)
结构总质量(t)			648067
基底剪重比		X 向	2.09%
		Y 向	2.06%
最大层间位移角	风	X 向	1/1008
		Y 向	1/1027
	多遇地震	X 向	1/531
		Y 向	1/528

3. 结构平面及剖面（图 21.5.4 及图 21.5.5）

4. 结构构件及详图

核心筒周边墙体厚度由 1200mm 从下至上逐步均匀收进至顶部 400mm；筒内主要墙体厚度则由 500mm 逐渐内收至 400mm。

巨型柱底部平面轮廓为多边形，中部及上部为矩形，沿建筑高度向上矩形柱尺寸逐渐由 4800mm×4000mm 缩小至 1600mm×1600mm，采用多腔钢管混凝土柱。巨型斜撑及转换桁架的杆件截面主要采用箱形截面。

底部巨型柱截面详图见图 21.5.1，巨型柱与巨型斜撑及转换桁架的典型连接节点见图 21.5.6。

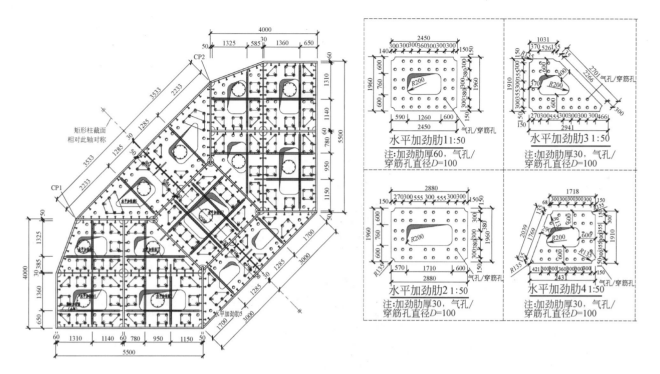

图 21.5.1 底部巨型柱截面详图

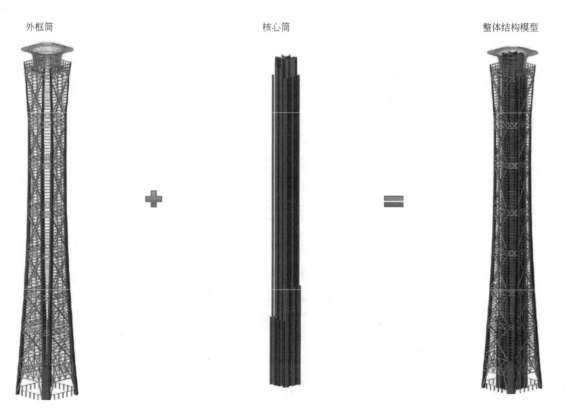

图 21.5.2 结构模型图

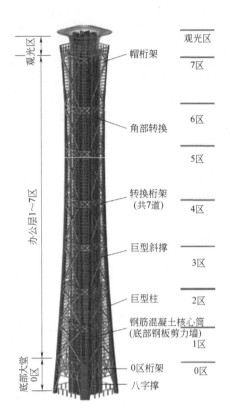

图 21.5.3 结构体系

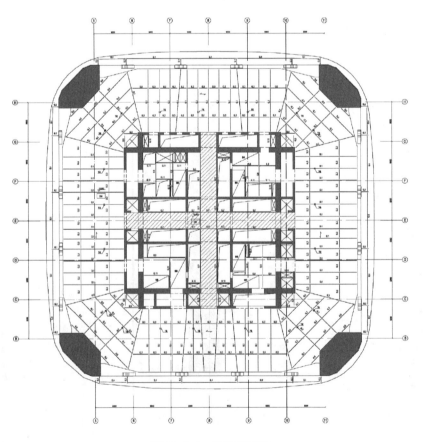

图 21.5.4 结构平面图

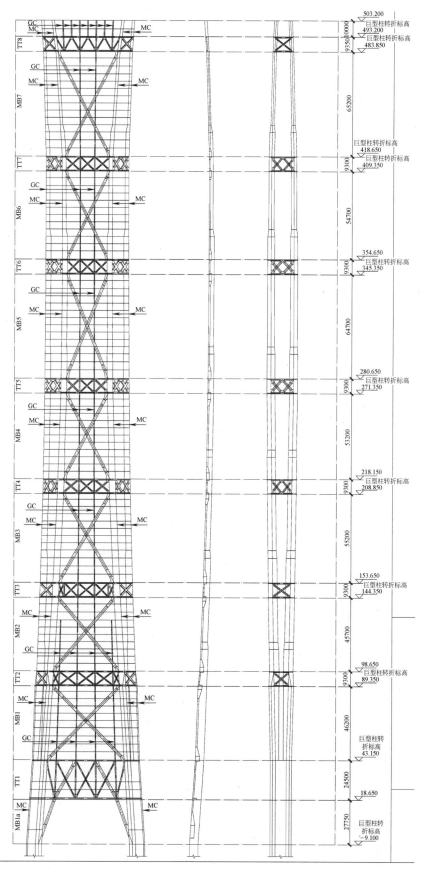

图 21.5.5 结构剖面图

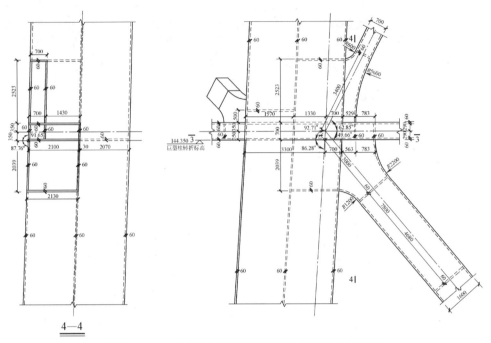

图 21.5.6　巨型柱与巨型斜撑及转换桁架的典型连接

21.6　苏州国金中心

1. 工程概况

该工程位于苏州工业园区 271 地块内，主塔楼地上 93 层，4 层地下室，建筑高度为 450m，结构主要屋面高度 414.9m，总建筑面积 39.3 万 m²。建筑功能主要为办公、酒店及酒店式公寓，目前已基本建成。结构设计单位：华东建筑设计研究总院。

2. 结构体系及特征

该工程塔楼采用巨型框架＋核芯筒＋伸臂桁架的结构体系。结构平面轮廓为圆弧与直线的组合，结构高宽比约 7.36。

风荷载与地震作用所产生的剪力及倾覆弯矩，由核芯筒、伸臂桁架及巨型框架组成的整体抗侧体系共同承担。伸臂桁架连接巨型柱与钢筋混凝土核心筒，协调内外筒变形，可有效提高结构的刚度及结构抵抗倾覆弯矩的能力。楼面荷载通过次梁分别传递给钢筋混凝土核心筒与巨型框架，然后直接传递给基础。结构体系组成见图 21.6.1，图 21.6.2。

核心筒贯穿建筑物全高，平面基本呈六边形，见图 21.6.3，底部尺寸约为 29.1m×29.1m，由于建筑顶部造型的需要，在高区建筑平面，核心筒层层收进。核心筒采用内含钢骨（钢板）的型钢混凝土剪力墙，在结构底部 9 层设置了钢板，形成钢板混凝土剪力墙。以上区域墙肢内仅设置型钢。

本结构中的巨型框架主要由 8 根巨型柱、8～9 根框架柱（低区为 9 根）、环形桁架及框架梁组成。本工程共设置六道环形桁架，除 14 层（桁架高度 6.4m）与 89 层（桁架高度 5m）外，环形桁架所处楼层位置、桁架高度与伸臂桁架布置基本一致。由于巨型柱截面尺寸较大，为加强结构的整体性，提高巨型框架的抗弯刚度，在巨型柱间设置了双层的环形桁架。

伸臂桁架的使用增加了巨型框架在总体抗倾覆力矩中所占的比例。本工程采用四道伸臂桁架，沿塔楼高度均匀分布，桁架高度为约 8.2m，接近两层层高，并在核心筒的墙体内贯通设置钢框架，形成整体传力体系。

结构总体指标见表 21.6.1。

结构总体指标表   表 21.6.1

自振周期(s)		$T1$	8.37
		$T2$	7.49
		$T3$	5.42(扭)
结构总质量(t)			418900
基底剪重比		X 向	0.79%
		Y 向	0.71%
最大层间位移角	风	X 向	1/1253
		Y 向	1/1171
	多遇地震	X 向	1/770
		Y 向	1/544

3. 结构平面及剖面（图 21.6.3～图 21.6.5）

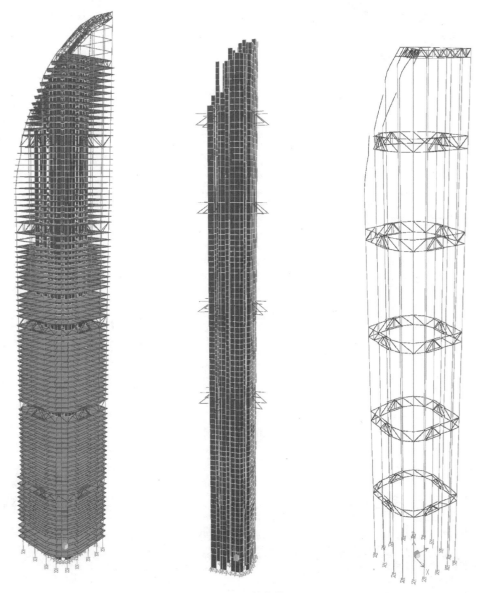

图 21.6.1　结构体系

4. 结构构件及详图

核心筒外墙厚度由 1300mm 从下至上逐步均匀收进至顶部 400mm；筒内主要墙体厚度则由 650mm 逐渐内收至 300mm。

巨型柱与框架柱均采用应用范围较广且可靠性高的 SRC 截面，钢骨的含钢率为 4%～6%，柱截面形式见图 21.6.6 和图 21.6.7。伸臂桁架的杆件主要采用箱形截面，环带桁架的杆件主要采用工字形截面。

伸臂桁架与核心筒及巨型柱的典型连接节点见图 21.6.4 及图 21.6.5。

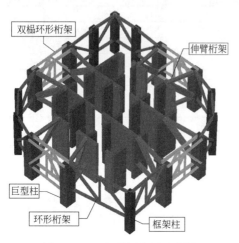

图 21.6.2 加强层布置示意图

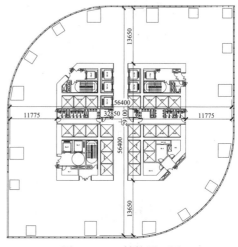

图 21.6.3 结构平面图

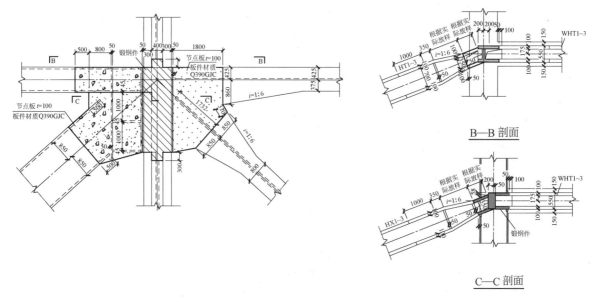

图 21.6.4 伸臂桁架与核心筒的典型连接

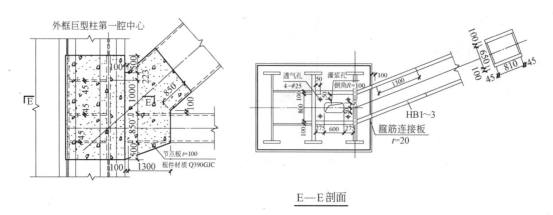

图 21.6.5 伸臂桁架与巨型柱的典型连接

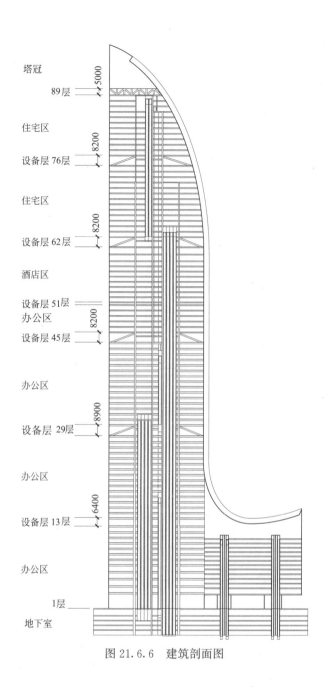

图 21.6.6 建筑剖面图

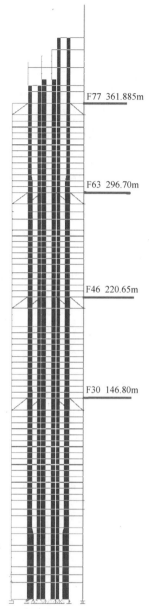

图 21.6.7 伸臂桁架立面布置图

21.7 天津周大福金融中心

1. 工程概况

该工程位于天津市经济技术开发区内，总建筑面积约 39 万 m^2。塔楼地上 97 层，地下 4 层，结构大屋面高度约 443m，建筑总高度为 530m，集办公、服务式公寓和酒店等功能于一体。塔楼顶冠钢结构约高 86m。目前主体结构施工中。结构设计单位：Skidmore, Owings & Merrill LLP、华东建筑设计研究总院。

2. 结构体系及特征

该工程塔楼抗侧力体系包括钢筋混凝土核心筒，周边抗弯框架，及倾斜角柱/倾斜柱。倾斜角柱/倾斜柱沿着建筑转角的曲线从底向上延伸。塔楼上部（服务公寓和酒店区）框架柱为劲性混凝土柱（SRC），下部（办公区）为钢管混凝土柱（CFT）。抗弯框架梁为钢梁。在建筑全高的中部 L49～L51 层设置的环带桁架起双重作用，一方面完成从上部 4.5m 柱距到下部 9m 柱距的转换，另一方面加强了周边框架的刚度。另两道环带桁架设置分别在 L71～L73 层及 L88～L89 层，以增加周边框架的刚度。

位于 100～102 层的屋顶帽桁架，布置于核心筒顶部，不同于一般加强层的外伸臂桁架，其主要作用是减少核心筒与外围框架之间的竖向变形差，同时完成从外围框架柱到塔冠钢结构体系的转变。结构体系组成见图 21.7.3 及图 21.7.4。环带桁架及屋顶帽桁架示意见图 21.7.5 及图 21.7.6。

核心筒主要由内外两圈剪力墙组成，外圈为底部边长约 33m 的方形混凝土筒体，内圈为边长 18.8m 的方形混凝土筒体，钢筋混凝土核心筒在设备层以阶梯形式收进。加强区的核心筒墙肢设置型钢或钢板以提高核心筒的延性。

外框架在 49 层以下由角部共 8 根钢管混凝土倾斜角柱和每侧边各 4 根（柱距 9m）普通钢管混凝土柱组成；在 49～51 层的带状（转换）桁架以上直至 71 层，变化为由角部共 8 根异形型钢混凝土巨型柱和每侧边各 5 根（柱距 4.5m）普通型钢混凝土柱组成；在 71～73 层之间的带状桁架以上，再变化为由角部共 8 根普通型钢混凝土柱和每侧边各 3 根（柱距 4.5m）普通型钢混凝土柱组成。倾斜角柱和普通框架柱约以 1°～6° 的角度随建筑立面曲线不断倾斜变化上升，直至建筑物顶部，并形成塔冠结构。

在倾斜角柱与各普通框架边柱之间，另有 8 根随着建筑立面不断倾斜变化的巨型斜柱，在 49 层以下倾斜柱采用钢管混凝土构件，在 51～71 层未设置，在 73 层以上为型钢混凝土构件。

结构总体指标见表 21.7.1。

结构总体指标表			表 21.7.1
自振周期(s)		$T1$	7.93
		$T2$	7.62
		$T3$	3.29(扭)
结构总质量(t)			499500
基底剪重比		X 向	1.80%
		Y 向	1.80%
最大层间位移角	风	X 向	1/561
		Y 向	1/555
	多遇地震	X 向	1/568
		Y 向	1/561

3. 结构平面及立面（图 21.7.1 及图 21.7.2）

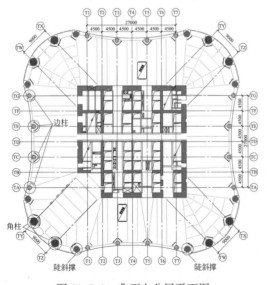

图 21.7.1　典型办公层平面图

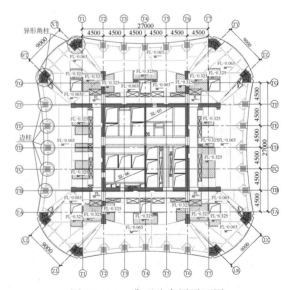

图 21.7.2　典型公寓层平面图

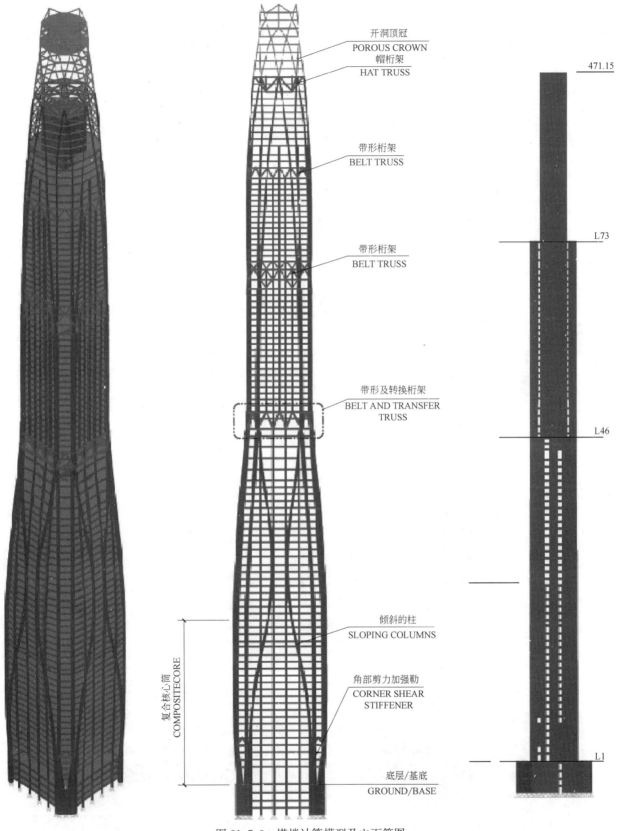

开洞顶冠
POROUS CROWN

帽桁架
HAT TRUSS

带形桁架
BELT TRUSS

带形桁架
BELT TRUSS

带形及转换桁架
BELT AND TRANSFER
TRUSS

倾斜的柱
SLOPING COLUMNS

角部剪力加强勒
CORNER SHEAR
STIFFENER

底层/基底
GROUND/BASE

复合核心筒
COMPOSITECORE

471.15

L73

L46

L1

图 21.7.3 塔楼计算模型及立面简图

4. 结构构件及详图

核心筒采用 C60 混凝土，其底部外墙厚度为 1.5m，随高度的增加逐渐减薄至 0.9m。核心筒内圈墙厚从底到顶为 0.8m。

位于 49～51 层的两层高的箱形空间桁架上下弦杆采用箱形截面，边柱之间的斜杆采用方钢管混凝土构件，角部巨柱之间的斜杆则采用箱形截面。各构件之间均为刚接。中间层（第 50 层）边框梁采用焊接 H 型钢，与桁架斜杆和框架柱均刚接。

F17～F20 层斜柱、边柱连接节点详图见图 21.7.7。

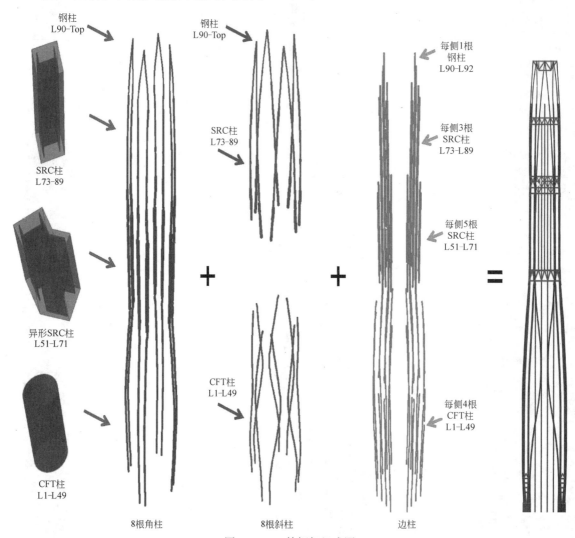

钢柱
L90-Top

SRC柱
L73-89

异形SRC柱
L51-L71

CFT柱
L1-L49

钢柱
L90-Top

SRC柱
L73-89

CFT柱
L1-L49

每侧1根
钢柱
L90-L92

每侧3根
SRC柱
L73-L89

每侧5根
SRC柱
L51-L71

每侧4根
CFT柱
L1-L49

8根角柱　　　8根斜柱　　　边柱

图 21.7.4 外框架组成图

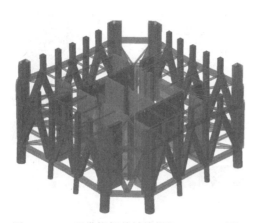

图 21.7.5 环带桁架兼转换桁架（49～51层）

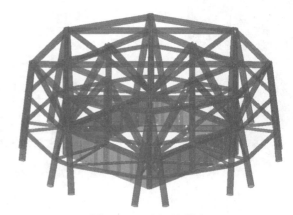

图 21.7.6 屋顶帽桁架

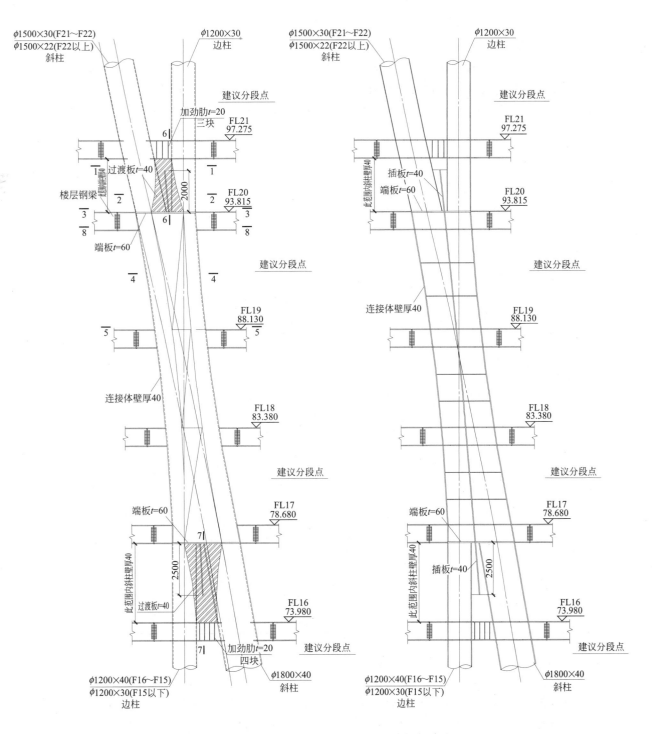

图 21.7.7　F17～F20 层斜柱、边柱连接节点详图

21.8　武汉中心

1. 工程概况

该工程是位于武汉市汉口区王家墩中央商务区内的一座地标性建筑，塔楼地上88层，地下4层，

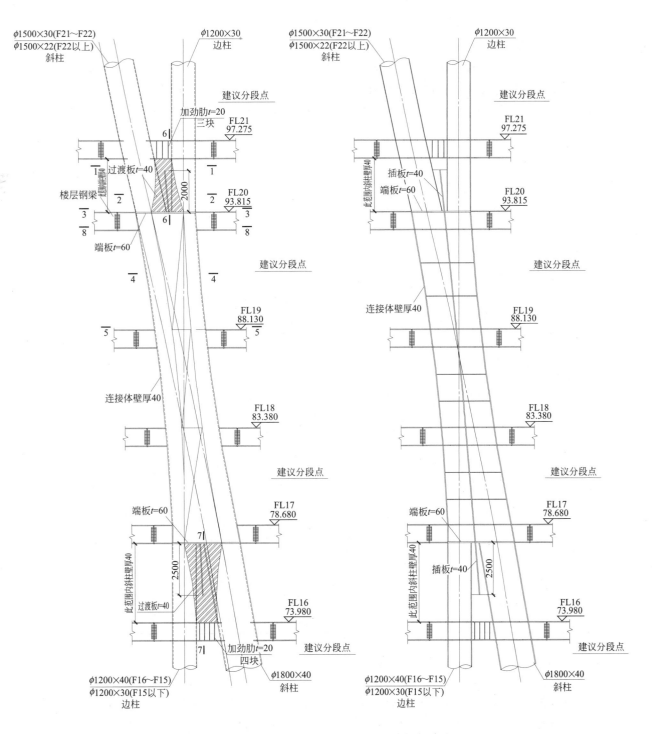

413

结构大屋面高度为395m，建筑总高度为438m，总建筑面积约34万 m²。塔楼功能包括办公、公寓、酒店、观光，是国内设计院全专业原创超高层项目，目前已基本建成。结构设计单位：华东建筑设计研究总院。

2. 结构体系及特征

该工程塔楼采用巨型柱框架-核心筒-伸臂桁架结构体系，与裙楼在首层以上设抗震缝断开。该体系由三个部分组成：部分楼层内置钢板或型钢的钢筋混凝土核心筒、设置五道环带桁架加强层的由钢管混凝土柱和钢梁形成的巨型柱框架、连接核心筒和巨型柱框架的三道伸臂桁架，其中核心筒为主要抗侧力体系，巨型柱框架和伸臂桁架为次要抗侧力体系，伸臂桁架将巨型柱框架与核心筒相连，增强了外框柱对结构整体抗侧的贡献。

大屋面以上核心筒继续上升，并与其上部的钢结构共同构成塔冠结构，达到438m的最高点。

结构体系组成见图21.8.3及图21.8.4。

核心筒底部外包尺寸为边长28.60m的方形，核心筒采用内含钢骨（钢板）的型钢混凝土剪力墙，在结构底部12层设置了单层钢板，形成钢板混凝土剪力墙。12层楼面以上仅核心筒角部设置了型钢钢骨。

外围框架在66层及以下区域共设置16根巨型柱，在66层楼面以上共设置8根巨型柱。建筑沿高度曲线外鼓的轮廓在64层楼面以下通过柱截面偏心配合楼层外挑来实现，64层楼面以上以约2度的柱内倾实现。相比目前超高层结构中常用的钢骨混凝土柱（SRC柱），钢管混凝土柱的核心混凝土处于三向受压状态，承载力更高。

结构总体指标见表21.8.1。

结构总体指标表 表21.8.1

自振周期(s)		T_1	8.64
		T_2	8.35
		T_3	4.06(扭)
结构总质量(t)			411500
基底剪重比		X 向	0.712%
		Y 向	0.730%
最大层间位移角	风	X 向	1/562
		Y 向	1/744
	多遇地震	X 向	1/1027
		Y 向	1/1121

3. 结构平面及剖面（图21.8.1及图21.8.2）

4. 结构构件及详图

核心筒混凝土强度等级C60，核心筒外墙最大厚度1200mm。钢管混凝土柱最大直径为3000mm，巨型柱混凝土强度等级为C70～C50，巨型柱钢管及楼面钢梁采用Q345B级钢材，伸臂桁架、环带桁架及钢板剪力墙采用Q390GJC级钢材。钢管柱-钢框架梁节点见图21.8.5。

两个方向的伸臂桁架交汇于核心筒角部一点，该处的应力集中、构造处理困难。对两种不同的构造方式进行了试验研究，一种为伸臂于核心筒边收窄，然后埋入墙内，双向伸臂相交处采用实心锻件（图21.8.6），此为传统做法的变体；另一种是将伸臂宽度调整至与核心筒外墙同宽，伸臂的翼缘板直接伸进核心筒并外包于墙体的内外两侧，伸臂高度范围的核心筒角部墙体也全部采用钢板外包（图21.8.7）。综合考虑墙厚、墙配筋等因素，下部两道伸臂采用内埋式，上部一道采用外包式。

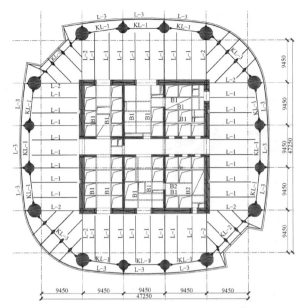

图 21.8.1 第 66 层以下办公区典型结构平面

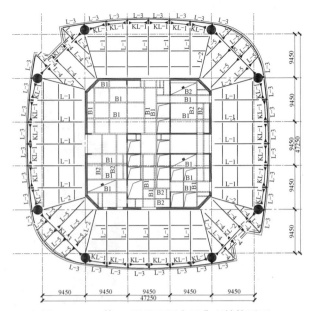

图 21.8.2 第 66 层以上酒店区典型结构平面

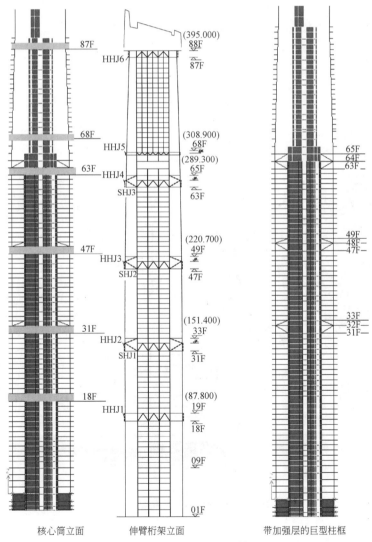

核心筒立面　　伸臂桁架立面　　带加强层的巨型柱框

图 21.8.3 结构抗侧力体系

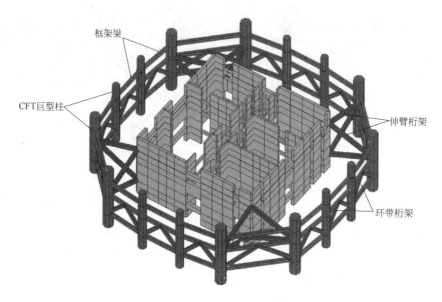

图 21.8.4 伸臂桁架与环带桁架的空间布置形式

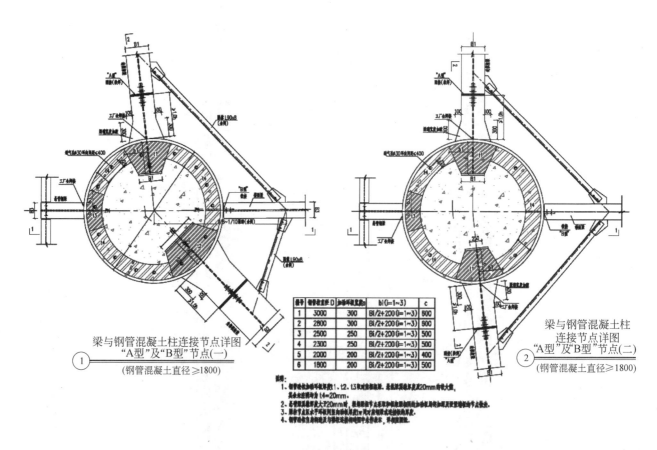

图 21.8.5 钢管柱-钢框架梁节点

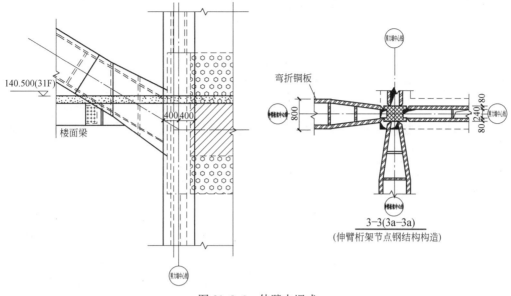

图 21.8.6 伸臂内埋式

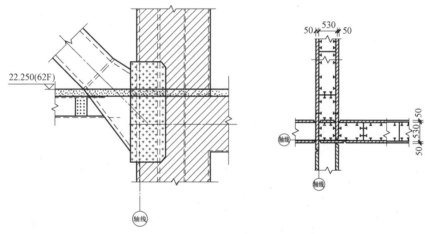

图 21.8.7 伸臂外包式

21.9 上海环球金融中心

1. 工程概况

该工程位于上海陆家嘴金融贸易区，为多功能的摩天大楼，主要用作办公，但也有一些楼层用作商贸、宾馆、观光、展览、零售和其他公共设施。主楼地上 101 层，地下 3 层，建筑高度为 492m，总建筑总面积约为 35 万 m²，已建成投入使用。结构设计单位：Leslie E. Robertson Associates、华东建筑设计研究总院。

2. 结构体系及特征

该工程上部结构同时采用以下三重抗侧力结构体系：①由巨型柱，巨型斜撑和周边带状桁架构成的巨型结构框架；②钢筋混凝土核心筒（79 层以上为带混凝土端墙的钢支撑核心筒）；③联系核心筒和巨型柱之间的外伸臂桁架。以上三个体系共同承担了由风和地震引起的倾覆弯矩。前两个体系承担了由风和地震引起的剪力。结构体系组成见图 21.9.4。

建筑结构体系有如下一些特点：

（1）巨型柱、巨型斜撑、周边带状桁架构成的巨型结构具有很大的抗侧力刚度，在建筑物的底部外周的巨型桁架筒体承担了60%以上的倾覆力矩和30%～40%的剪力，而且与框筒结构相比，避免了剪力滞后的效应，也适当减轻了建筑结构的自重。

（2）外伸臂桁架在建筑中所起的作用较常规的框架-核心筒或框筒结构体系已大为减少，使得采用非贯穿核心筒体的外伸臂桁架成为可行。外伸臂桁架与内筒连接示意见图21.9.5。

（3）位于建筑角部的巨型柱可起到抵抗来自风和地震作用的最佳效果，型钢混凝土的截面可提供巨型构件需要的高承载力，也能方便与钢结构构件的连接，同时使巨型柱与核心筒竖向变形差异的控制更为容易。

（4）每隔12层的一层高的周边带状桁架不仅是巨型结构的组成部分，同时也将荷载从周边小柱传递至巨型柱，也解决了周边相邻柱子之间的竖向变形差异的问题。周边带状桁架与周边小柱及巨型斜撑示意见图21.9.7。

结构总体指标见表21.9.1。

结构总体指标表		表 21.9.1
自振周期(s)	$T1$	6.52
	$T2$	6.34
	$T3$	2.55(扭)
结构总质量(t)		383673
基底剪重比	X 向	1.36%
	Y 向	1.47%
最大层间位移角	风 X 向	1/1163
	风 Y 向	1/1087
	多遇地震 X 向	1/581
	多遇地震 Y 向	1/901

3. 结构平面及剖面（图21.9.1～图21.9.3）。

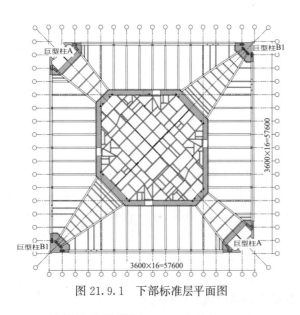

图 21.9.1 下部标准层平面图

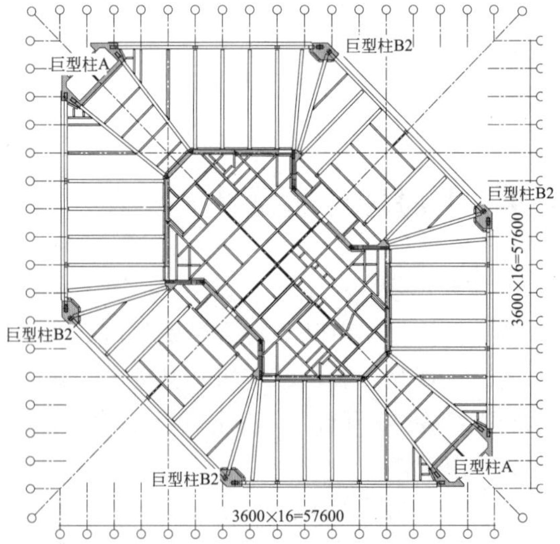

图 21.9.2 上部标准层平面图

4. 结构构件及详图

混凝土核心筒外周墙体的厚度由下部1600mm变化至上部的500mm，墙、柱混凝土强度等级最高为C60，巨型斜撑及外伸臂桁架的构件尺寸见表21.9.2及表21.9.3。

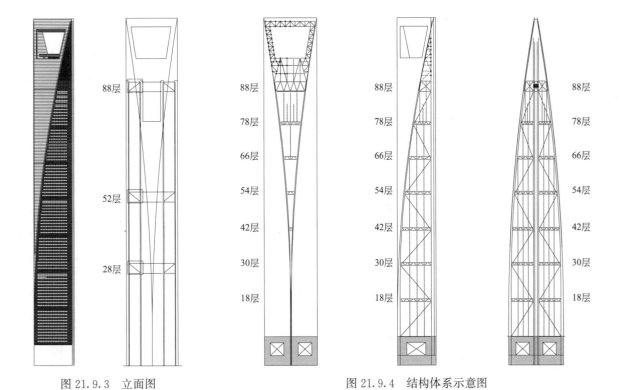

图 21.9.3　立面图　　　　　　　　　　　　　　图 21.9.4　结构体系示意图

　　巨型斜撑采用的内灌混凝土的焊接箱形截面，不仅增加了结构的刚度和阻尼，而且也能防止斜撑构件钢板的屈曲。

　　巨型斜撑与巨型柱的典型连接节点见图 21.9.6。

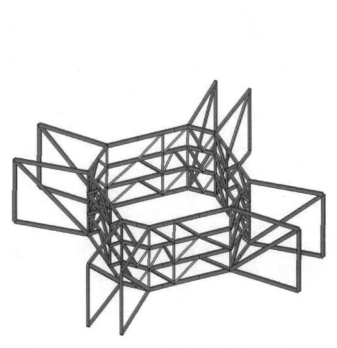

图 21.9.5　外伸臂桁架与内筒连接示意图

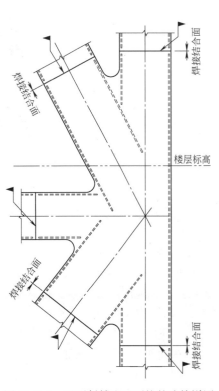

图 21.9.6　巨型斜撑和巨型柱的连接详图

巨型斜撑构件的钢板尺寸   表 21.9.2

楼层	t_f(mm)	D(mm)
88～98	20～60	800
78～88	40～80	1000
66～78	80～100	1000
54～66	60～100	1200
42～54	80～100	1200
18～42	60～100	1400
6～18	50～80	1600

伸臂桁架的构件尺寸   表 21.9.3

楼层	弦杆		斜杆	
	t_f(mm)	D(mm)	t_f(mm)	D(mm)
88～91	60	600	60	800
52～55	50	1000	90	800
28～31	50	1000	90	800

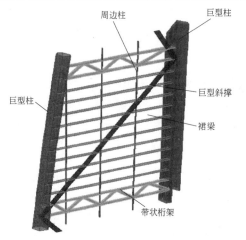

图 21.9.7 周边带状桁架与周边小柱及巨型斜撑示意

21.10 长沙国金中心

1. 工程概况

该工程地处长沙市中心区域，项目所在地块位于解放路的北侧，黄兴路和蔡锷中路之间，由塔楼 T1、T2 及裙房和地库组成。本工程总建筑面积约 101 万 m²。其中塔楼 T1 地上结构楼层 92 层，建筑总高度 452m，结构大屋面高度 440.45m，计容建筑面积约 28.38 万 m²。塔楼地下室为 5 层，塔楼基础埋深近 40m。T1 塔楼的主要建筑功能为中区与低区的办公以及高区的酒店，目前已基本建成。结构设计单位：华东建筑设计研究总院。

2. 结构体系及特征

T1 塔楼抗侧力体系为巨柱框架-核心筒-伸臂桁架-环带桁架体系。其中，核心筒为主要抗侧力体系；巨型柱框架、环带和伸臂桁架为次级抗侧力体系。框架柱采用型钢混凝土柱。伸臂桁架将巨柱框架与核心筒相连，增强了框架对结构整体抗侧力的贡献。结构平面布置对称，平面长宽比为 1：1，塔楼底部尺寸约为 60m×60m，结构高宽比约为 7.3：1。塔楼共设置五道环带桁架和两道伸臂桁架。结构体系组成见图 21.10.3 及图 21.10.4。

塔楼的外框架由每边 4 个外框柱，每个角部设 1 个外框柱组成（外框总共 20 个柱），其中与核心筒角部对应的 8 根柱最大（底层 2600mm×2600mm）。部分外框柱在 70 层开始以小于 1：6 的斜率开始向内倾斜，以配合建筑立面的高位收进。在外围框架柱间，设置了较大的外框梁（底部高 1200m、中上部高 900m）以提高外框架的抗侧刚度。框架柱混凝土强度等级为从低区 C70 逐渐过渡至高区 C50。

塔楼的核心筒为底部外边长约 35.5m×33.1m 的方形混凝土筒体。伸臂桁架的钢结构构件将贯穿核心筒外墙。核心筒内关键部位设置型钢。剪力墙混凝土强度等级为从低区 C60 逐渐过渡至高区 C40。

伸臂桁架每道为 13.5m 层高（层内设有设备夹层），分别位于建筑楼层 27～28 层/54～55 层。伸臂桁架的形式经过比选，选择了"X"形布置，如图 21.10.4 所示。环带桁架分别位于建筑楼层 27 层/44 层/54 层/64 层/80 层。环带桁架的高度分别为 13.5m/6m/13.5m/6m/9m。五道环带桁架的设置，配合伸臂桁架，大大加强了结构整体刚度。典型的环带桁架与伸臂桁架杆件的钢号为 Q345GJC。

结构总体指标见表 21.10.1。

结构总体指标表　　　　　　　　表 21.10.1

自振周期(s)	T_1	7.58	基底剪重比		Y 向	0.728%
	T_2	7.18	最大层间位移角	风	X 向	1/817
	T_3	3.62(扭)			Y 向	1/980
结构总质量(t)		519600		多遇地震	X 向	1/1163
基底剪重比	X 向	0.776%			Y 向	1/1365

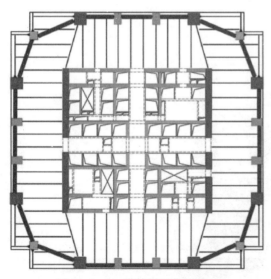

图 21.10.1　塔楼低区典型平面

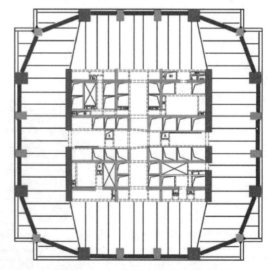

图 21.10.2　塔楼中高区典型平面

3. 结构平面及剖面（图 21.10.1 及图 21.10.2）

4. 结构构件及详图

核心筒周边墙体厚度 1500mm 从下至上逐步均匀收进至顶 400mm；筒内主要墙体厚度则由 800mm 逐渐内收至 300mm。

框架柱沿建筑高度向上矩形柱尺寸逐渐由 2600mm×2600mm 缩小至 800mm×1000mm，采用型钢混凝土柱。伸臂桁架及环带桁架的杆件截面主要采用工字形截面。典型伸臂桁架斜腹杆截面采用工字形钢 1000×850×80×80（mm）；典型环带桁架斜腹杆截面采用工字形钢 1000×850×80×80（mm）、900×600×60×80（mm）及 800×600×40×60（mm）等。

底部型钢柱钢骨布置如图 21.10.5 所示，环带桁架及伸臂桁架等典型连接节点见图 21.10.6 及图 21.10.7。

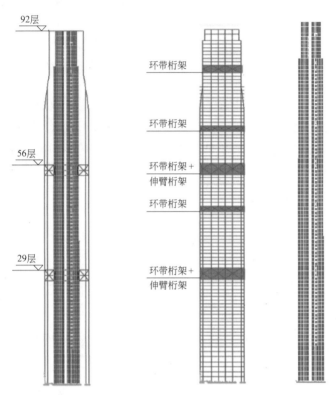

图 21.10.3 结构体系

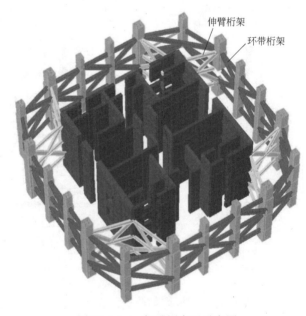

图 21.10.4 加强层布置示意图

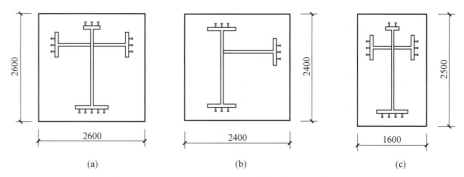

图 21.10.5 塔楼底层型钢柱钢骨示意图

（a）与伸臂相连柱；（b）角柱；（c）普通柱

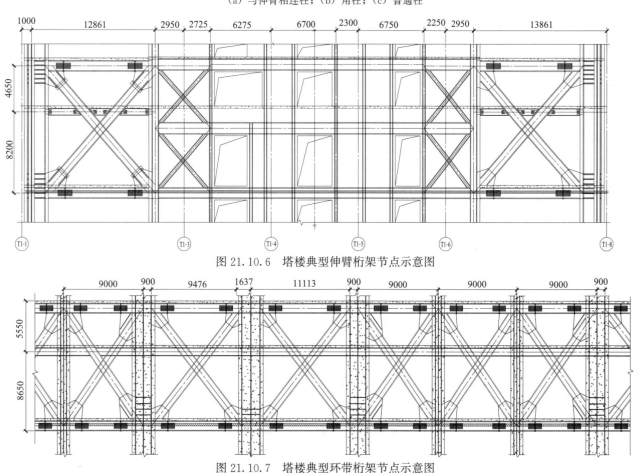

图 21.10.6 塔楼典型伸臂桁架节点示意图

图 21.10.7 塔楼典型环带桁架节点示意图

21.11 南京绿地紫峰大厦

1. 工程概况

该工程位于南京市鼓楼区中央路，与鼓楼大厦相邻。该项目是一个多功能建筑开发群，总建筑面积 26.1 万 m²，其中主楼地上 70 层，地下 4 层，结构大屋面高度 381m，天线顶建筑高度 450m，已建成投入使用。结构设计单位：Skidmore，Owings & Merrill LLP、华东建筑设计研究总院。

2. 结构体系及特征

该工程塔楼采用框架-核心筒＋伸臂桁架的结构体系。位于主楼中心的钢筋混凝土核心筒、位于主楼外围的抗弯矩框架、核心筒和外围框架之间的伸臂桁架以及环带桁架共同抵抗来自风和地震的侧向荷载。结构体系组成见图 21.11.2，图 21.11.4 及图 21.11.5。

钢筋混凝土连梁连接相邻的剪力墙，使核心筒的外墙闭合，提供了建筑大部分的扭转刚度。从 63～70 层，部分核心筒向上延续结合一个钢支撑框架结构形成抗侧力体系。

在核心筒的角部沿墙体全高设置约束边缘构件，并在每个角部沿墙体全高布置型钢，从而进一步提高了抗侧能力。

主楼的第二道抗侧力体系是位于建筑外围的抗弯矩框架体系。外围框架柱由宽翼缘型钢、钢筋和混凝土组成，楼面宽翼缘型钢梁在每层与外围框架柱刚接。这个体系为建筑总体提供了附加的扭转刚度，大大提高了结构的整体性和冗余度。

外围框架柱通过在 10 层、35 层和 60 层高 8.4m 的设备层设置的外伸臂钢桁架与核心筒连接在一起。外围框架柱在上述 3 层各有一道钢的环带桁架在外围连接，从而使所有的柱子能与核心筒一起发挥整体抗弯的作用，使柱子更加均匀地受力。伸臂桁架中间部分埋置于核心筒的剪力墙中，核心筒内的横墙与外围框架柱对齐，从而在建筑的最弱轴线方向通过外伸臂桁架提供两个体系之间的最佳受力转换。

伸臂桁架把外围柱与核心筒联合起来，提高了结构的侧向刚度、减少结构水平位移，也降低了核心筒承担的倾覆力矩，伸臂桁架亦显著减低建筑物整体变形中的弯曲部分，并减少了由风和地震荷载引起的直接位于核心筒以下桩基的反力。

结构总体指标见表 21.11.1。

结构总体指标表　　　　　　　　　　　　　　　　　表 21.11.1

自振周期(s)	T_1	6.60	剪重比		Y 向	1.5%
	T_2	5.25	最大层间位移角	风	X 向	1/511
	T_3	2.55(扭)			Y 向	1/676
结构总质量(t)		258314		多遇地震	X 向	1/518
剪重比	X 向	1.4%			Y 向	1/612

3. 结构平面及剖面（图 21.11.1 和图 21.11.3）

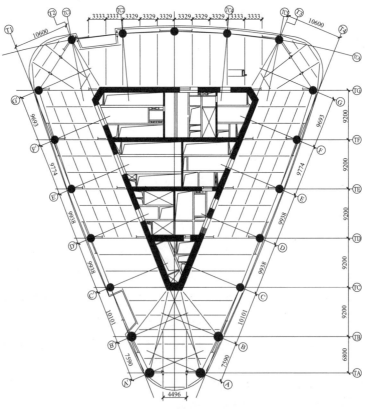

图 21.11.1　典型结构平面

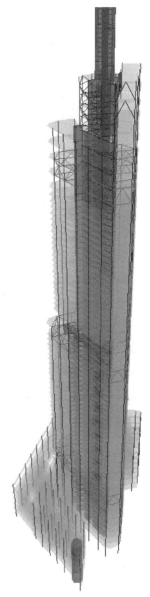

图 21.11.2 抗侧力体系

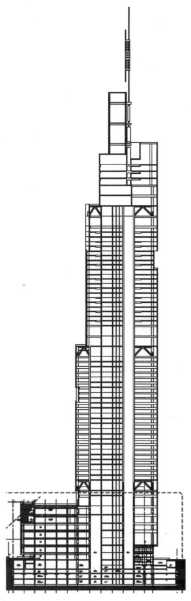

图 21.11.3 建筑剖面

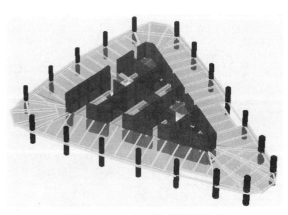

图 21.11.4 典型主楼框架体系

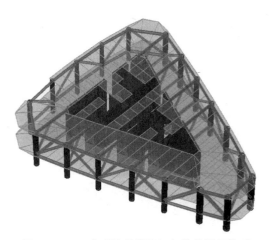

图 21.11.5 典型外伸臂桁架与带状桁架体系

4. 结构构件及详图

核心筒墙体厚度在 400～1500mm 范围内。型钢混凝土框架柱的直径在 900～1750mm 范围内。伸臂桁架与框架柱的典型连接节点见图 21.11.6。

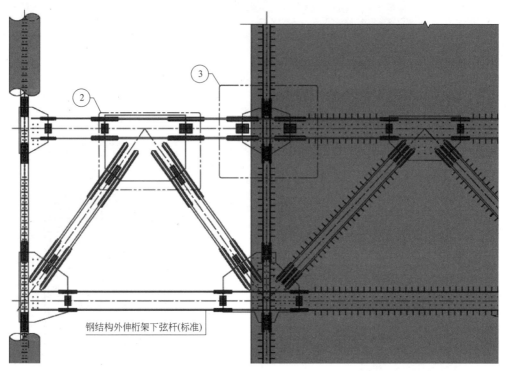

钢结构外伸桁架下弦杆(标准)

图 21.11.6　伸臂桁架与框架柱的典型连接节点

参 考 文 献

［1］　上海市建设和管理委员会科学技术委员会. 上海高层超高层建筑设计与施工—结构设计［M］. 上海：上海科学普及出版社，2004.

［2］　高层民用建筑钢结构技术规程：JGJ 99—2015［S］. 北京：中国建筑工业出版社，2015.

［3］　高层建筑混凝土结构技术规程：JGJ 3—2010［S］. 北京：中国建筑工业出版社，2010.

第4篇　高层建筑结构地基基础

第22章 天然地基基础

高层建筑天然地基基础可分为扩展基础（包括：柱下钢筋混凝土独立基础和墙下钢筋混凝土条形基础）、柱下条形基础、筏板基础等几种类型（图22.1.1）。

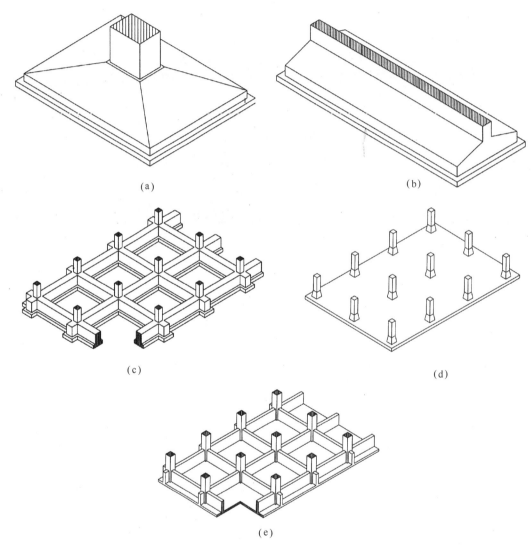

(a)

(b)

(c)

(d)

(e)

图 22.1.1 天然地基扩展基础

（a）独立基础；（b）墙下条基；（c）柱下条基；（d）平筏板基础；（e）梁式筏板基础

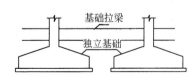

图 22.1.2 独立柱基加基础拉梁示意

框架结构或框剪结构如无地下室、地基较好、荷载不大时，可选用独立柱基加基础拉梁（图22.1.2）；如荷载较大、地基较差时，可选用十字交叉形柱下条形基础；当条形基础不能满足地基强度或变形要求，或者地下室需要作停车房、机房等要求有较大空间时，可选用筏板基础。剪力墙结构如无地下室或有地下室而地下室无防水要求时，如地基较好，可采用墙下条形基础，对地基较差有防水要求的剪力墙结构以及框筒结构、筒体结构应采用筏板基础。

采用独立柱基加基础拉梁的框架结构和框剪结构，如有防水要求时，应设防水板。此时应考虑基础沉降对防水板的不利影响而采取相应措施（例如在防水板下面宜铺设一定厚度的易压缩材料如聚苯板等），同时应考虑地下水对防水板的作用。

22.1　钢筋混凝土独立基础

22.1.1　一般独立柱基

1. 轴心受压基础的基底平面宜取正方形，其边长宜为 100mm 的倍数（图 22.1.3）。

2. 偏心受压基础的基底平面可取矩形，其边长宜为 100mm 的倍数（图 22.1.4）。其长边与短边之比不宜大于 2；大于 2 时，应设计成带基础梁的基础（图 22.1.5）。

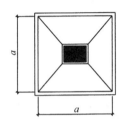
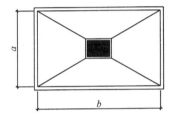
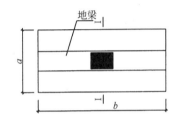
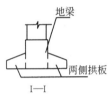

图 22.1.3　方形基础　　　图 22.1.4　矩形基础　　　图 22.1.5　带基础梁的基础（其中 $b/a \geqslant 2$）

3. 单独柱基可设计成锥形基础或阶梯形基础。阶梯形基础需要支模，施工麻烦，且混凝土用量较大，因此建议采用锥形基础。

锥形基础边缘高度，不宜小于 200mm，顶面坡度宜小于 3（水平）∶1（垂直），尤其应注意矩形基础短边的坡度（图 22.1.6）。

4. 基础高度 h 应按受冲切承载力及剪切承载力和柱内纵向钢筋在基础内的锚固长度的要求确定，一般为 50mm 的倍数。

5. 单独柱基的柱子应尽量与基础底面的形心重合。如必须有偏心时，也不宜太大（图 22.1.7），且须验算偏心产生的附加影响。图 22.1.8 所示的偏心基础不宜采用。

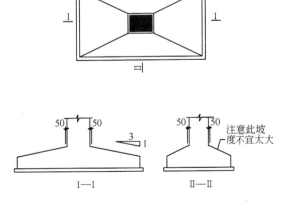

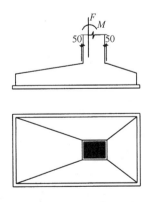

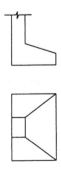

图 22.1.6　锥形基础　　　图 22.1.7　偏心基础　　图 22.1.8　不宜采用的偏心基础

6. 当两根柱子之间距离较近或基础底面积较大，以至不能做成单独柱基时，可设计成双柱联合基础，两柱之间宜做基础梁（图 22.1.9），此时应注意尽量使柱子合力中心与基础底面形心重合。同时除验算受弯及受剪承载力以外，应注意验算基础梁满足抗剪截面要求。如两柱的中距 $L \leqslant 2.5\text{m}$ 或 $L \leqslant b$，则也可设置暗梁（图 22.1.10），但应注意核算底板受弯及受剪承载力。

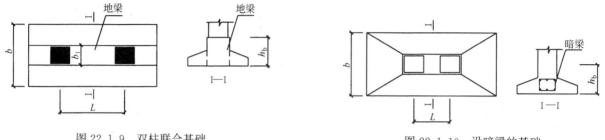

图 22.1.9　双柱联合基础　　　　　　　　图 22.1.10　设暗梁的基础

7. 基础下应设素混凝土垫层，其厚度不宜小于 100mm，垫层混凝土强度等级可取 C10。采用预拌混凝土时可取 C15。当地下水对混凝土的腐蚀性为弱腐蚀性或更强时，混凝土强度等级不低于 C20。

8. 基础混凝土强度等级不应低于 C25，受力钢筋应优先采用 HRB400 级钢筋，钢筋间距一般取 150～200mm（不宜小于 100mm）。受力钢筋直径不宜小于 10mm，无垫层时钢筋保护层取 70mm；有垫层时不宜小于 40mm。

9. 当基础边长大于 2.5m 时，钢筋在该方向长度可减少 10%，并交错放置（图 22.1.11）。

10. 现浇的基础中应伸出插筋与柱内的纵向钢筋连接。连接应优先采用机械连接接头，小直径钢筋也可采用搭接接头。在确保施工质量并有可靠检测措施时也可采用焊接接头。插筋应符合下列要求。

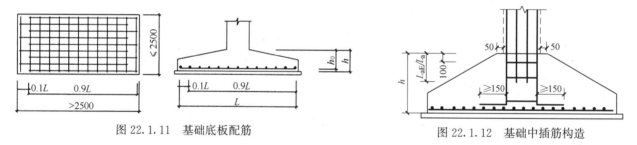

图 22.1.11　基础底板配筋　　　　　　　　图 22.1.12　基础中插筋构造

（1）插筋直径、数目、钢筋种类及其间距应与柱内的纵向钢筋相同。插筋的下端可做成直钩放在基础的钢筋网片上。

（2）基础中插筋与箍筋共同组成骨架，竖立于基础底板钢筋网上。当基础高度 $h \geqslant 1200\text{mm}$，且柱为轴心受压或小偏心受压，或者 $h \geqslant 1400\text{mm}$ 的柱为大偏心受压时，一般可将四角插筋伸至基础底板钢筋网上，其余插筋只锚固于基础顶面下 l_a 或 l_{aE}（有抗震设防）长度见图 22.1.12。

（3）基础中的插筋与柱中纵向钢筋搭接位置、搭接长度的要求同框架柱。

（4）基础中插筋需分别在基础顶面以下 100mm 处和插筋下端布置箍筋，箍筋间距不大于 200mm，且不少于两根（图 22.1.12）。

22.1.2　预制柱杯口基础

1. 预制柱杯口基础形式有如图 22.1.13 所示几种。

2. 预制钢筋混凝土柱与杯口基础的连接应符合下列要求。

（1）柱的插入深度：预制柱的插入深度 h_1 首先应满足表 22.1.1 的要求；第二应满足预制柱内纵向受力钢筋在基础内锚固长度 l_a 或 l_{aE} 的要求；第三应满足吊装时柱的稳定性要求，h_1 不应小于吊装时柱长的 0.05 倍。

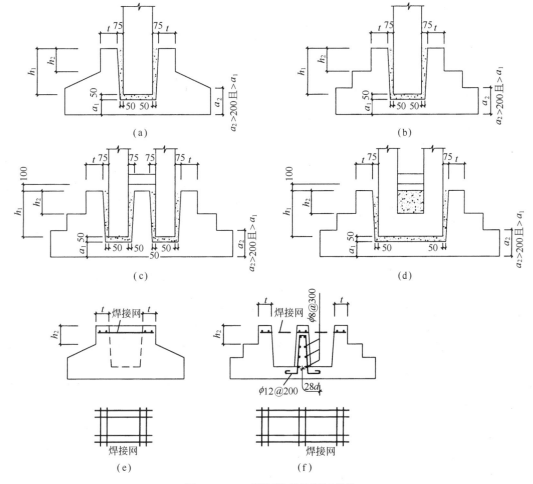

图 22.1.13　预制柱基础杯口构造

（a）矩形及工字型柱单杯口基础；（b）矩形及工字形柱单杯口基础；（c）双肢柱单杯口基础；
（d）双肢柱单杯口基础；（e）单杯口配筋构造；（f）双杯口配筋构造

柱的插入深度　　　　　　　　　　　　　　　　　　　　　　表 22.1.1

矩形或工字形柱				双肢柱
$h<500$	$500\leqslant h<800$	$800\leqslant h\leqslant1000$	$h>1000$	
$(1.0\sim1.2)h$	h	$0.9h$ 且$\geqslant800$	$0.8h$ 且$\geqslant1000$	$(1/3\sim2/3)h_a$ $(1.5\sim1.8)h_b$

注：1. h 为柱截面长边尺寸；h_a 为双肢柱整个截面长边尺寸；h_b 为双肢柱整个截面短边尺寸。

　　2. 柱轴心受压或小偏心受压时，h_1 可适当减小，偏心距大于 $2h$ 时，h_1 应适当加大。

（2）杯口深度取预制柱的插入深度 h_1 加 50mm。

（3）基础的杯底厚度和杯壁厚度可按表 22.1.2 采用。

基础的杯底厚度和杯壁（mm）　　　　　　　　　　　　　表 22.1.2

柱截面长边边长 h	杯底厚度 a_1	杯壁厚度 t	柱截面长边边长 h	杯底厚度 a_1	杯壁厚度 t
$h<500$	$\geqslant150$	$150\sim200$	$1000\leqslant h<1500$	$\geqslant250$	$\geqslant350$
$500\leqslant h<800$	$\geqslant200$	$\geqslant200$	$1500\leqslant h<2000$	$\geqslant300$	$\geqslant400$
$800\leqslant h<1000$	$\geqslant200$	$\geqslant300$			

注：1. 双肢柱的杯底厚度值可适当加大；

　　2. 当有基础梁时，基础梁下的杯壁厚度应满足其支承宽度的要求；

　　3. 柱子插入杯口部分的表面应凿毛，柱子与杯口之间的空隙应用比基础混凝土强度等级高一级的细石混凝土充填密实，当达到
　　　材料设计强度的 70% 以上时，才能进行上部结构吊装。

（4）高杯口基础的杯壁厚度一般可按表 22.1.3 选用。

高杯口基础的杯壁厚度（mm）   表 22.1.3

h	t	h	t
$600<h\leqslant800$	$\geqslant250$	$1000<h\leqslant1400$	$\geqslant350$
$800<h\leqslant1000$	$\geqslant300$	$1400<h\leqslant1600$	$\geqslant400$

3. 杯口基础配筋构造

（1）除下述几项外，其他同一般独立柱基。

（2）当柱为轴心或小偏心受压且 $t/h_2\geqslant0.65$ 时，或偏心受压且 $t/h_2\geqslant0.75$ 时，杯壁可不配筋；当柱为轴心或小偏心受压且 $0.5\leqslant t/h_2\leqslant0.65$ 时，杯壁可按表 22.1.4 构造配筋；其他情况应按计算配筋。

杯壁构造配筋（mm）   表 22.1.4

柱截面长边尺寸	$h<1000$	$1000\leqslant h<1500$	$1500\leqslant h\leqslant2000$
钢筋直径	$8\sim10$	$10\sim12$	$12\sim16$

注：表中钢筋配置于杯口顶部，每边两根（图 22.1.14）。

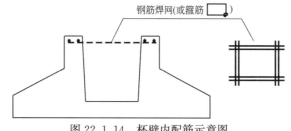

图 22.1.14 杯壁内配筋示意图

（3）高杯口基础当满足下列要求时，其杯壁配筋可按图 22.1.15 所示的构造要求进行设计：

1）基础短柱的高度不大于 5m；

2）杯壁厚度符合规定；

3）预制柱插入深度符合规定。

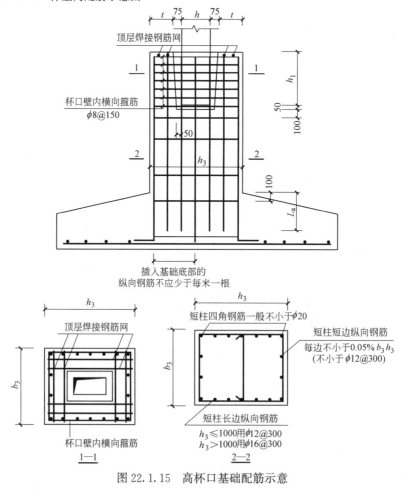

图 22.1.15 高杯口基础配筋示意

（4）当基础短柱为双杯口时，杯壁范围内的构造配筋应满足图 22.1.16 的要求。

（5）高杯口基础短柱的配筋。

① 纵向钢筋配置数量应按计算确定。短柱四角纵筋直径宜不小于 20mm，并应伸至基础底部的钢筋网上；短柱长边的纵向钢筋，当短柱长边尺寸 $h \leqslant 1000$mm 时，沿长边应配置不少

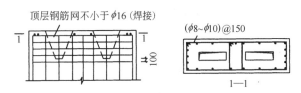

图 22.1.16　短柱双杯口构造配筋

于 $\phi 12@300$ 的钢筋；当 $h > 1000$mm 时，沿长边配置不少于 $\phi 16@300$ 的钢筋，且每隔 1m 左右伸下一根并作 150mm 长的直钩，其余钢筋应伸入基础顶面以下 l_a 或 l_{aE} 处。短柱短边的纵向钢筋每边不少于 0.05% 短柱截面面积，且应配置不少于 $\phi 12@300$ 的钢筋。

② 箍筋直径一般为 $\phi 8$mm，间距不应大于 300mm 或 $15d$（d 为纵钢筋直径），肢距不应大于 1000mm。当抗震设防烈度为 8 度和 9 度时，箍筋直径不应小于 8mm，间距不应大于 150mm。

③ 当基础短柱的纵向钢筋按计算确定时，其纵向钢筋及箍筋的直径、面积、间距等要求应按现浇柱的有关要求配置。

22.1.3　柱纵向受力钢筋在基础内的锚固长度

1. 当柱纵向受力钢筋在基础内的保护层厚度 $c < 3d$（d 为纵钢筋最大直径）时，其最小锚固长度应为 l_a 或 l_{aE}。

2. 当柱纵向受力钢筋在基础内的保护层厚度 $c = 3d$ 时其最小锚固长度 l_a 或 l_{aE} 可乘以 0.8 的修正系数，$c \geqslant 5d$ 时，可乘以 0.7 的修正系数，中间按内插取值。

3. 当柱纵向受力钢筋在基础内的直线段不满足锚固长度要求时，允许弯折。但弯折前的直段长度不应小于 $0.4l_a$（或 l_{aE}），弯折后的水平长度不应小于 $10d$。

22.1.4　独立柱基的拉梁

1. 框架单独柱基有下列情况之一时，宜沿两个主轴方向设基础拉梁。

（1）一级框架和 IV 类场地的二级框架；

（2）各柱基承受的重力代表值差别较大；

（3）基础埋置较深或各基础埋置深度差别较大；

（4）地基主要受力层范围内存在较软黏性土层，液化土层和严重不均匀土层。

2. 拉梁截面宽度可取 $L/20 \sim L/35$，高度可取 $L/20 \sim L/12$（L 为柱间距）。

3. 在地震区拉梁的计算可选下列两种方法之一，若拉梁承托隔墙或其他竖向荷载，则应将竖向荷载所产生的拉梁的内力与下述两种计算方法之一所得的内力组合计算。此时拉梁高度可取上限。

（1）拉梁层按一层输入整体计算，以拉梁平衡柱底弯矩，此时柱基础按中心受压计算。

对于整体结构的设计，增加嵌固于首层地面的模型计算，配筋取两种模型包络值。具体分析详见第六节。

（2）取拉梁所拉结的柱子中轴力较大者的 1/10 作为拉梁的拉力，进行承载能力的计算（图 22.1.17）。这种方法柱基础按偏心受压计算，基础土质较好时，用此法较为节约。

4. 位于基础顶面以上的柱间拉梁应按与框架相同的抗震等级进行抗震设计，设置箍筋加密区。

5. 基础间拉梁位于基础顶面以下时，不必设置满足抗震构造要求的箍筋加密区。

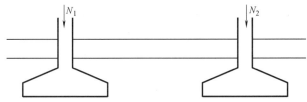

图 22.1.17　带拉梁的独立柱基

注：如 $N_1 > N_2$ 取 $0.1N_1$ 作为拉梁承受的拉力

22.1.5　单独柱基加防水板做法

防水板下宜铺设有一定厚度的易压缩材料，如聚苯板、干焦碴等，以减少柱基沉降对防水板的不利影响（图22.1.18）。防水板设计考虑两种情况包络设计：一是可仅考虑水压力（向上）减去板自重，另一种情况是板自重与板上恒、活载（向下）所产生的作用，两种情况分别考虑。

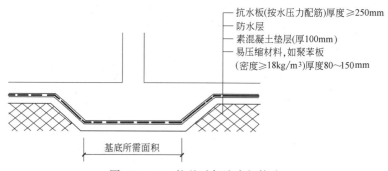

　　抗水板(按水压力配筋)厚度≥250mm
　　防水层
　　素混凝土垫层(厚100mm)
　　易压缩材料,如聚苯板
　　(密度≥18kg/m³)厚度80～150mm

基底所需面积

图22.1.18　柱基础加防水板构造

当柱网较规则时，防水板可按倒无梁楼板设计，此时柱基可视为柱帽（柱托板）。此种做法，可不必另加柱间拉梁。

若防水板下不铺设易压缩材料，应考虑地基反力对防水板的影响。

22.1.6　内隔墙基础做法

无地下室的首层不超过4m的内轻隔墙基础可采用灰土或素混凝土，地下水位高或潮湿情况采用素混凝土，并应对基础下回填土相应评估，详见图22.1.19。

22.1.7　刚性基础

高层建筑中的裙房，若层数不多，荷载不大，可采用刚性基础的方法进行独立基础的设计。刚性基础宜采用素混凝土。

1. 柱与刚性基础交接处，在柱下端应设置柱脚（图22.1.20），柱脚高度h_1应大于或等于柱脚宽度b_1，不小于300mm，且不小于$20d$（d为柱纵向钢筋直径），同时应满足柱与柱脚顶面处的局部承压和承载能力等要求。柱脚底面应计算配置受弯钢筋。柱脚与刚性基础接触面也应满足局部承压等要求。

2. 刚性基础的基础底面宽度，应符合下列要求。

$$b \leqslant b_0 + 2H_0 \mathrm{tg}\alpha \tag{22.1.1}$$

式中　b——基础底面宽度（图22.1.21）

　　　b_0——基础顶面柱脚宽度；

　　　H_0——基础高度；

　　　$\mathrm{tg}\alpha$——基础台阶高宽比，允许值可按表22.1.5选取。

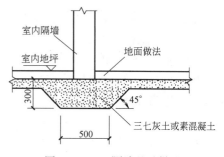

图22.1.19　隔墙基础做法

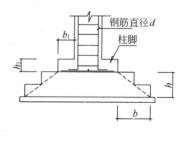

图22.1.20　无筋刚性基础

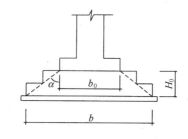

图22.1.21　刚性基础台阶尺寸

刚性基础台阶宽高比的允许值　　　　　　　　　　　　　　表 22.1.5

混凝土强度	$p \leqslant 200$	$200 < p \leqslant 300$
C20	1 : 1.00	1 : 1.25

当扩展范围内基础底面处的压应力大于 300kPa 时，应注意按受剪承载力计算结果确定基础台阶高度。若验算后台阶过高才能满足抗剪要求，可考虑改为配筋基础，按钢筋混凝土基础设计，以避免开挖过深，影响经济性。

22.1.8　高承载力地基上的柱基

在高层或超高层建筑中，当其基础持力层为岩石层（包括强风化、中风化和微风化），并且岩石层埋深较浅，可在岩石层顶面直接按独立柱基设计。但应注意下面三个问题：

1. 高层建筑中柱轴力较大，加上轴压比的要求，柱子混凝土强度等级较高，一般都在 C50～C70。而柱基混凝土强度等级一般都不超过 C40。在柱与柱基接触面应进行局部承压验算。此时应注意，与一般刚性基础不同，柱纵向主筋是锚固于基础内，所以在计算接触面局部承压时，柱的轴力可考虑仅由混凝土承担的部分，即：

$$N_1 = N - f_y A_y \qquad (22.1.2)$$

式中　N_1——验算柱与柱基接触面时混凝土承担的轴承设计值；

$\quad\quad N$——柱底轴力设计值；

$\quad\quad f_y$——钢筋强度设计值；

$\quad\quad A_y$——柱纵向钢筋面积。

2. 由于地基承载力较高，柱子轴力较大，按冲切、剪切计算出的基础高度会较高，基础台阶宽高比即使满足表 22.1.5 要求，但不一定能满足基础底面混凝土能承受在地基反力作用下所产生的拉应力的要求。所以特别注意基础底面应按计算配置受弯钢筋。

3. 在岩石层的独立柱基，由于地基承载力高，往往会超过普通素混凝土垫层的受压强度，所以应按计算先确定垫层的混凝土强度等级。

22.2　混凝土墙下钢筋混凝土条形基础

22.2.1　基础的外形尺寸要求

1. 墙下钢筋混凝土条形基础见图 22.2.1。

2. 无纵肋板式条形基础的高度 h 不宜小于 200mm。当 $h \leqslant 250$mm 时，可做成等厚度板。当 h 较高时，可做成变厚度板，此时板边缘厚度不宜小于 150mm，且坡度 $i \leqslant 1 : 3$（图 22.2.1）。底板下应设置混凝土垫层，其厚度不小于 100mm。

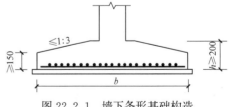

图 22.2.1　墙下条形基础构造

3. 当墙下的地基土质不均匀或沿基础纵向荷载分布不均匀时，可做成墙下有纵肋板式条形基础。纵肋宽度为墙厚加 100mm。翼板厚度按计算确定。当悬挑长度小于或等于 750mm 时，基础翼板可设计成等厚度；当悬挑长度大于 750mm 或翼板厚度大于 250mm 时，可设计成变厚度。此时翼板边缘厚不应小于 150mm，坡度 $i \leqslant 1 : 3$。亦可不增设纵肋，只在墙顶及墙底酌量设置钢筋。

22.2.2　基础配筋构造

1. 条形基础的混凝土强度等级不宜小于 C25。受力钢筋应优先选用 HRB400 级钢筋，直径不小于

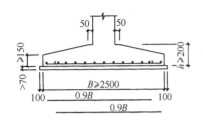

图 22.2.2　底板横向钢筋交错配置

10mm。分布钢筋可采用 HPB300 级钢筋，直径不小于 8mm，其面积不小于受力钢筋的 15%。受力钢筋间距不大于 200mm，分布钢筋间距不大于 250mm。钢筋保护层厚度有垫层时应不小于 40mm，无垫层时应不小于 70mm。

2. 钢筋混凝土条形基础宽度大于 2.5m 时，受力钢筋长度可减少 10%，取宽度 B 的 0.9 倍，且交错放置，如图 22.2.2 所示。

3. 钢筋混凝土条形基础在 T 字与十字交接处，钢筋只沿一个主要受力方向通长设置。钢筋混凝土基础在拐角处，钢筋应沿两个方向通长设置。横向钢筋交叉处布置如图 22.2.3 所示。

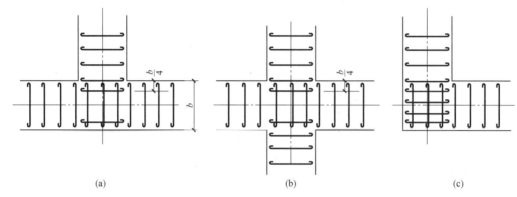

(a)　　　　　　　　　　(b)　　　　　　　　　　(c)

图 22.2.3　条形基础纵横向钢筋交叉处布置

(a) T 字形；(b) 十字形；(c) L 形

4. 对于宽度较大的条形基础，应考虑由于基础交叉重叠导致基础总面积不足的影响，予以适当放大。

22.3　柱下条形基础

22.3.1　适用范围

在框架结构或框剪结构中，当遇到下列情况时，可采用柱下条形基础。

1. 上部结构框架柱传下的荷载较大，地基土承载能力较低，采用单独柱基无法满足要求时；
2. 当单独柱基所需要的基底面积由于相邻建筑或地下管道，设备基础的限制无法扩展时；
3. 当各柱荷载差异过大，可能产生较大的差异沉降时；
4. 当地基土质变化较大，或局部有不均匀软弱地基时；
5. 当上部结构对相对沉降敏感，需增加基础刚度以减少地基差异变形，调节过大的不均匀沉降时。

22.3.2　柱下条形基础形式

条形基础可根据具体情况和需要，设计成单向条形基础，双向正交条形基础或双向斜交条形基础，如图 22.3.1 所示。对于单向条形基础，应考虑垂直方向平面外弯矩的影响。

22.3.3　基础的外形尺寸要求

1. 条形基础的截面通常为倒 T 形（见图 22.3.2），当柱距小于或等于 6m 时，基础梁高 h 宜取柱距的 1/4～1/8（当基础底部反力大时，取值应按计算要求确定）。

2. 柱下条形基础的翼板厚度不宜小于 200mm，当翼板厚度 $h_f \leqslant 250mm$ 时，宜用等厚度翼板；当翼板厚度 $h_f > 250mm$ 时，应用变厚度翼板，其坡度宜小于或等于 1∶3；此时翼板边缘高度不小于

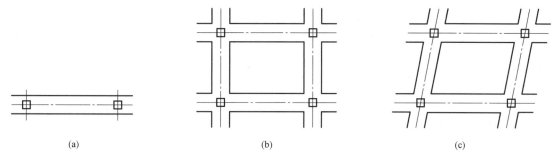

图 22.3.1　单向与双向条形基础

（a）单向条形基础；（b）双向正交条形基础；（c）双向斜交条形基础

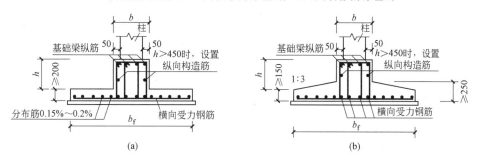

图 22.3.2　柱下钢筋混凝土条形基础构造

（a）等厚度翼板；（b）变厚度翼板

150mm（图 22.3.2）。

3. 现浇柱与基础梁交接处的平面尺寸宜符合图 22.3.3 所示尺寸。

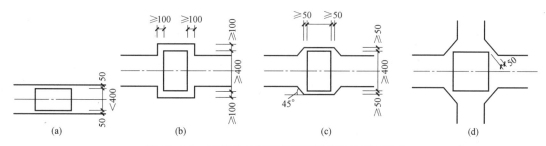

图 22.3.3　现浇柱与条形基础肋梁交界处平面尺寸

（a）基础梁宽大于柱宽；（b）基础梁宽小于柱宽（一）；（c）基础梁宽小于柱宽（二）；（d）交叉基础梁小于柱宽

4. 预制柱与基础梁交接处的杯口构造可按下述方法处理：当杯口顶面与基础梁顶面标高相同时，其平面尺寸宜符合图 22.3.4 要求；当杯口顶面高于基础梁顶面时，其处理方法同柱下独立基础。

5. 一般情况下，条形基础梁的端部宜向外挑出，其长度宜为第一跨距的 0.25～0.3 倍（图 22.3.5）；如确有困难时，可减少挑出长度至 500mm。

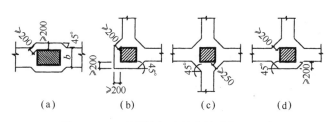

图 22.3.4　预制柱与肋梁交接处杯口尺寸

（a）柱与直线形肋梁相连；（b）柱与角形肋梁相连；

（c）柱与十字形肋梁相连；（d）柱与T形肋梁相连

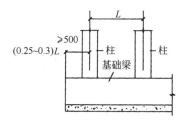

图 22.3.5　柱端部肋梁悬挑长度

6. 底板根部厚度及基础梁高度应根据计算确定,基础梁宽一般比柱每侧宽 50mm,但不宜取得过大。基础梁高度并可按表 22.3.1 选用。

如柱截面较大时,基础梁宽度可以小于柱宽,如图 22.3.3 所示。

22.3.4　柱下条形基础的配筋

1. 条形基础梁顶面和底面的纵向受力钢筋,应各有 2~4 根通长配置,且其面积不得小于纵向钢筋总面积的 1/3。

2. 基础梁箍筋直径不宜小于 10mm,间距按计算确定,但不应小于 15d(d 为纵向受力钢筋直径),也不应大于 400mm。基础梁宽度 b 小于或等于 350mm 时,采用双肢箍;350mm<b≤800mm 时,采用四肢箍;b>800mm 时,采用六肢箍以上。箍筋可用 90°弯钩,不必用 135°,如图 22.3.6 所示。目前,HRB400 级钢已全面推广使用,箍筋弯钩按 90°对施工更为方便。

3. 当基础梁高出底板面大于 450mm 时,应在肋高中部两侧配置不小于 2φ12 的纵向构造筋。纵向构造筋间距可取 300~400mm,沿梁腹板高度均匀配置。基础梁腰筋配置方法可见图 22.3.7。即仅在基础梁两侧无底板处设置腰筋,在底板范围内不需配置。

基础梁高跨比选用参考表　表 22.3.1	
梁底反力标准值(kN/m)	基础梁高度/柱中心距
150≤q≤250	1/5~1/8
250≤q≤400	1/4~1/6

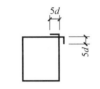

图 22.3.6　箍筋弯钩的角度按 90°做法

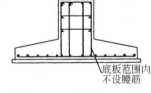

图 22.3.7　基础梁腰筋布置

4. 翼板的横向受力钢筋由计算确定,直径不宜小于 φ10,间距不应大于 200mm。纵向分布钢筋单位长度的面积为横向钢筋的 15%,直径不小于 8mm,间距不宜大于 250mm。

5. 条形基础 T 形、十字形及拐角交接处,翼板受力钢筋配置方法同墙下条形基础(图 22.2.3)。

6. 条形基础的基础梁箍筋在柱距中段范围内,间距可适当加大,但不宜大于 400mm(图 22.3.8)。

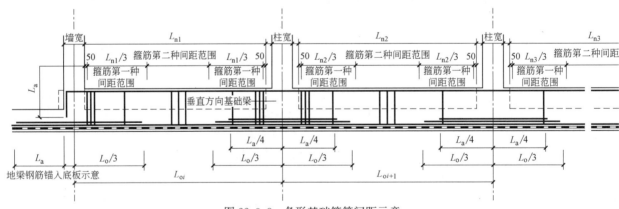

图 22.3.8　条形基础箍筋间距示意

注:L_o 取相邻跨柱间距 L_{oi}、L_{oi+1} 的较大值

7. 如果柱两个方向皆有地梁,其箍筋应从地梁边 50mm 排起(图 22.3.9)。

8. 肋梁底板宽度>2.5m 时,钢筋长度可减少 10%,并交错放置。

22.3.5　柱与条形基础梁的连接及配筋

1. 现浇柱与基础梁连接时,当柱边长<600mm 且 h<b 时,肋梁内应伸出插筋与柱内纵向钢筋连接。连接优先采用机械接头或焊接。采用搭接时构造要求同现浇框架柱。

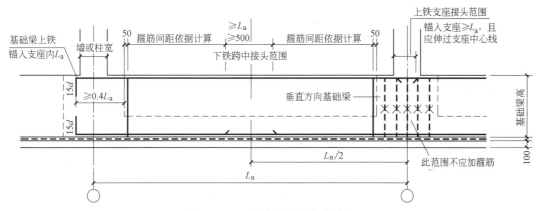

图 22.3.9　基础梁钢筋构造示意

2. 基础梁插筋要求同现浇独立柱基。

3. 预制柱与基础梁杯口连接处，基础梁的配筋构造如图 22.3.10 所示。

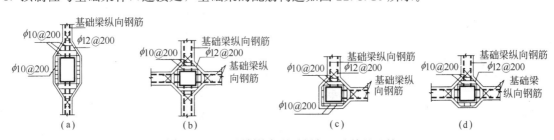

图 22.3.10　预制柱与基础梁杯口连接处配筋

（a）柱与直线形梁相连；（b）柱与十字形梁相连；（c）柱与角形梁相连；（d）柱与 T 形梁相连

4. 当柱边长≥600mm 且 $h>b$ 时，基础内除应伸出插筋与柱内纵向钢筋连接外，基础梁与柱连接处可按图 22.3.11 所示配筋。

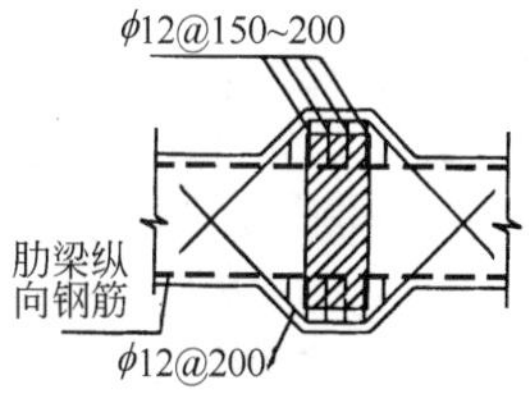

22.3.6　其他要求

1. 条形基础混凝土强度等级不宜低于 C20；垫层厚度不小于 100mm，混凝土强度等级不小于 C20，底板钢筋保护层厚度不宜小于 40mm 和钢筋最大直径。

图 22.3.11　现浇柱与基础梁连接处构造配筋

2. 当地基受力层范围内无软弱土层、可液化土层或严重不均匀土层时，且柱下条形基础梁高度不小于跨度的 1/6，或基础梁的线刚度大于柱子刚度 3 倍，同时各柱荷载及各柱距相差不多时，可按倒置多跨连续梁梁计算，此时应注意以下几点。

（1）基础梁两端宜有悬臂段，其长度宜为第一跨距的 0.25～0.3 倍；如确有困难时，可减少挑出长度至 500mm。

（2）基础梁两端边跨宜适当增加受力钢筋的面积，一般幅度为 10%～20%；

（3）对交叉条形基础，交点上柱荷载应按刚度分配或变形协调的原则，沿两个方向进行分配。其内力可按两个方向分别进行计算。

3. 当不满足上述两项要求时，应按弹性地基梁计算。

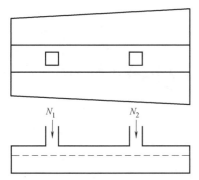

图 22.3.12　柱下条形基础基底梯形示意

4. 柱下条形基础宜使其底板的形心与各柱合力重心相重合，例如将基底做成梯形等方法，可按图 22.3.12 所示。如无法做到重合，应尽量减少偏心距。同时应考虑偏心距导致附加弯矩所产生的影响。

5. 条形基础中的基础梁，一般情况下刚度远大于其所支承的柱子，在地震发生时，塑性铰一般只发生于柱子底部，所以基础梁的构造无延性要求。

（1）梁端箍筋不必按抗震要求加密，可按承载力要求配置。

（2）梁纵筋伸入支座锚固长度可按非抗震要求配置。

（3）纵筋的锚固长度及接头要求也一律按非抗震要求。

22.4 筏板基础

22.4.1 筏板基础

高层建筑当地基土质差，采用条形基础不能满足建筑物上部结构的容许变形和地基的容许承载力时，或当建筑物要求基础有足够的刚度以调节不均匀沉降时，可采用筏板基础。筏板基础的形心宜与竖向荷载的合力中心重合。当不能重合时，应考虑偏心的影响。筏板基础可采用具有梁的梁式筏板基础或平板筏板基础［见图22.1.1（d）及图22.1.1（e）］。

22.4.2 梁式筏板基础

1. 梁式筏板基础应注意基础梁宽不宜取得过大。当柱宽≤400mm 时，梁宽可大于柱宽；当柱宽>400mm 时，梁宽不一定大于柱宽（图 22.4.1）。

2. 当荷载较大时，为满足剪压比及承载力要求，可在基础梁的支座处加腋（图 22.4.2），加腋可以是竖向，也可以是水平向（即在支座部分将梁加宽）。

3. 筏板基础的基础梁可以在基础底板的上面，也可以在基础底板的下面（图 22.4.3）。

4. 筏板基础采用反梁时，应注意在基础板上皮预留排水洞，洞的尺寸一般为 150mm×150mm。

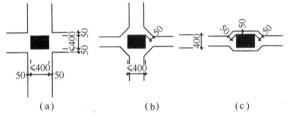

图 22.4.1 基础梁宽度示意

（a）基础梁宽大于柱宽；（b）交叉基础梁宽小于柱宽；（c）基础梁宽小于柱宽

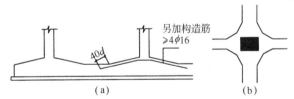

图 22.4.2 基础梁的支座处加腋示意

（a）竖向加腋；（b）水平加腋

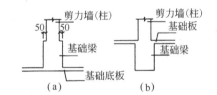

图 22.4.3 基础梁与基础板连接

（a）梁在基础底板上；（b）梁在基础底板下

5. 当筏板基础的基础梁在基础板下面，且梁高较小时，可做成如图 22.4.4 所示形式；当梁高较高时，宜做成图 22.4.4（b）所示形式，此时梁垫层可按图 22.4.5 所示方法施工。图 22.4.5（a）做法适用于基础底板下土层较软，容易塌方时。当采用图 22.4.5（b）方法施工时，应注意基础底板下土层强度不致在施工时引起塌方现象，并且在浇灌基础梁两侧垫层时，应另支模。

6. 梁式筏板基础底板应满足受冲切力和正截面受弯承载力的要求。梁式筏板的板厚不应小于350mm，也不应小于由受剪承载力来决定的板厚度。

22.4.3 平板筏板基础

1. 平板筏板基础可按倒无梁楼盖方法设计，为满足冲切要求可根据冲切情形做成有柱帽、有托

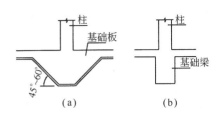

图 22.4.4　下反基础梁做法

（a）基础梁做法一；（b）基础梁做法二

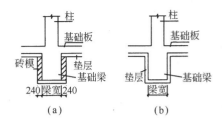

图 22.4.5　基础梁垫层做法

（a）加砖模做法；（b）一般垫层做法

板或直接采用平板等几种形式。当使用空间要求满足，且地下室有架空层时，宜优先采用有柱帽形式；当地下室层高有限制，又没有架空层要求时，应采用有托板的形式；当基础底板板厚足以满足冲切要求时，可不设柱帽或托板。也可采用柱根部局部加粗的方法，以增加抗冲切能力，如图22.4.6所示。

2. 当使用空间受到限制时，平板筏板基础的柱帽或托板也可以设计成如图22.4.7所示，即将柱帽或托板放置在基础板下。

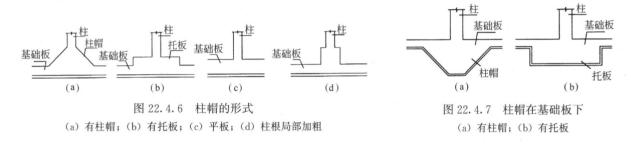

图 22.4.6　柱帽的形式

（a）有柱帽；（b）有托板；（c）平板；（d）柱根局部加粗

图 22.4.7　柱帽在基础板下

（a）有柱帽；（b）有托板

3. 为减少托板或基础板厚度，可以在托板或基础板中采用增加抗剪箍筋、弯起钢筋及剪力架（包括工字钢剪力架和槽钢剪力架，如图22.4.8所示）各种抗冲切加强措施。

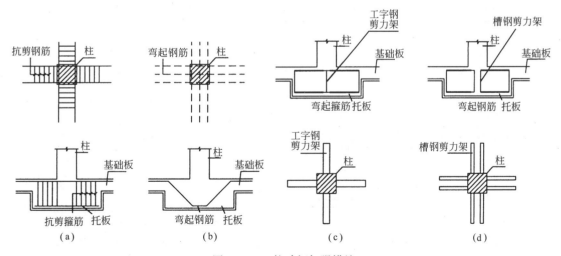

图 22.4.8　抗冲切加强措施

（a）抗剪箍筋；（b）弯起钢筋；（c）工字钢剪力架；（d）槽钢剪力架

22.4.4　计算及构造要求

1. 筏板基础混凝土强度等级不应低于C30，垫层厚度≥100mm。当有防水要求时，混凝土抗渗等级不应低于P6。防水混凝土的抗渗等级应根据地下水位的最大水头与混凝土板厚度比值按表22.4.1

采用。

工程埋置深度 H(m)	设计抗渗等级	工程埋置深度 H(m)	设计抗渗等级
$H<10$	P6	$20 \leqslant H < 30$	P10
$10 \leqslant H < 20$	P8	$H>30$	P12

防水混凝土设计抗渗等级　　　　　　表 22.4.1

2. 平板筏板基础的板厚不应小于 350mm，并应满足抗冲切承载力的要求，梁式筏板基础的板厚应满足抗剪承载力要求，并不应小于 350mm，且板厚与板格的最小跨度之比不宜小于 1/20。

3. 梁式筏板基础及梁配筋除满足承载力要求外，纵横两个方向的支座配筋尚应有 1/3 贯通全跨，且其配筋率不应小于 0.15%，板的上部钢筋按实际配筋全部连通，当各跨配筋不同时，可以在内力较小部位按受拉钢筋的要求搭接或机械连接。

平板筏板基础柱上板带中在柱宽及其两侧各 0.5 倍板厚的有效宽度范围内的钢筋配置量，不应小于柱上板带钢筋的一半。其柱上板带和跨中板带的底部钢筋应有 1/4～1/3 贯通全跨。顶部钢筋应按实际配筋全部贯通，较小部位应按受拉钢筋的要求搭接或机械连接，机械连接等级Ⅱ级。

4. 当上部结构荷载较均匀，地基受力范围内无软弱土层、可液化土层或严重不均匀土层时，筏基可按倒楼盖方法计算。此时筏板基础梁线刚度应不小于柱线刚度的 5 倍或梁高不小于跨度的 1/6（当为无梁底板时，可取板的折算刚度）。如为梁式筏板基础，底板一般按塑性双向板（或单向板）计算。

5. 当地下水位标高高于基础底面标高时，基础板所承受的反力，为安全起见可不考虑地下水的作用。其平均反力仍为 $p=W/A$，其中 W 为上部结构（包括地下室）总重，A 为筏板基础底面积。

6. 如地基承载力能满足上部荷载要求，筏板基础不宜外挑，以利于防水施工。如地基承载力不能满足，可将筏基底板外挑。如利用底板外挑的，其长度沿纵横向不宜超过 2m。对平板筏基，其底板应悬挑柱外一定距离，以利于柱上板带及内跨的受力和配筋构造。对于梁式筏板基础，基础梁应同时挑出。外挑板构造见图 22.4.9。

7. 筏板基础架空层可按图 22.4.10 构造设置。

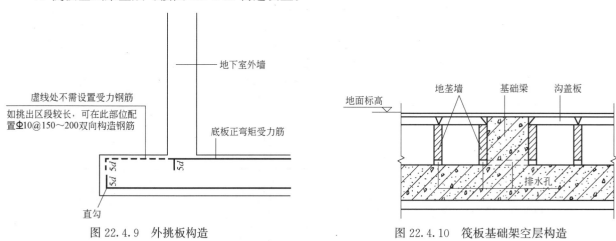

图 22.4.9　外挑板构造　　　　　　　图 22.4.10　筏板基础架空层构造

8. 筏板基础的底板不论厚度有多大。在板厚中间不需要增设水平钢筋网。板上、下钢筋网之间的支撑、定位等具体做法应由施工单位定，设计施工图中可以不设置，如图 22.4.11 所示。

9. 筏板基础的底板厚度，应由底板的受冲切承载力和正截面受弯承载力确定。

10. 当地下水位较高，施工期间又采用临时降低地下水位（如采用井点排水、集水坑排水等措施）时，应特别注意停止降水时间。应在施工期间，待整体结构自重大于地下水的浮力并满足安全系数时，才能停止降水。

11. 筏板基础底板端部配筋可按图 22.4.12 所示配置：即基础底板上部钢筋向下弯折 5d，下部钢筋需要考虑平衡外墙弯矩，与外墙钢筋满足搭接长度 L_1。

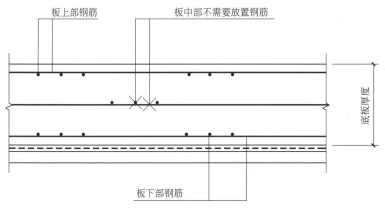

图 22.4.11 基础厚底板水平钢筋层示意

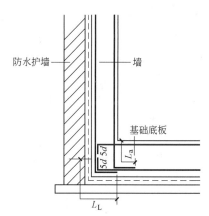

图 22.4.12 筏板基础底板端部配筋构造

12. 筏板基础底板的钢筋间距宜为 200～300mm，且不宜小于 150mm。受力钢筋直径不宜小于 12mm，梁式筏板基础的基础梁箍筋直径不宜小于 10mm，箍筋间距不宜小于 150mm。

13. 等跨时基础板支座短筋伸至 $L_0/4$（L_0 为净跨）为止，不必额外加长，见图 22.4.13。当板为不等跨时，应按长跨或按弯矩确定钢筋长度。

筏基底板钢筋的接头位置，应选择在底板内力较小的部位，并宜用机械接头或搭接接头。

筏基底板及基础梁钢筋按非抗震设计的构造要求进行配置。

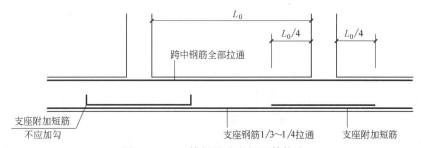

图 22.4.13 筏板基础底板配筋构造

14. 基础底板应满足受冲切承载力的要求。基础底板厚度可参照表 22.4.2 选用，但不应小于 350mm。

基础底板厚度参考表   表 22.4.2

基底平均反力(kPa)	底板厚度(mm)	基底平均反力(kPa)	底板厚度(mm)
150～200	$(1/14～1/10)l_0$	300～400	$(1/8～1/6)l_0$
200～300	$(1/10～1/8)l_0$	400～500	$(1/7～1/5)l_0$

注：l_0 为底板较大区格短跨净跨尺寸（mm）。

15. 当墙体上部结构无墙时，该墙只可视为支承于上部有墙的墙体上的次梁，按深受弯构件计算配筋（图 22.4.14）。

16. 地下室外墙与基础底板交界处不需要设置基础梁，如图 22.4.15 所示。因地下室外墙的刚度一般较大，基础梁与其刚度相比往往差很多，因此设置基础梁没有必要。

17. 当地下室设置窗井时，窗井分隔墙宜与地下室内墙连续拉通成整体（图 22.4.16）。如窗井底板与箱基底板平时，窗井底板不应视作从底板伸出的悬挑板，可按支承于地下室外墙与窗井外墙之间的单向板计算，而窗井隔墙则为从地下室内墙伸出的悬挑梁。

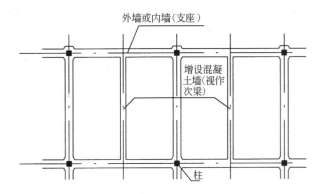

图 22.4.14 墙体上部结构无墙时处理示意

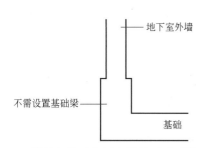

图 22.4.15 外墙与基础底板交界处不需要设置基础梁

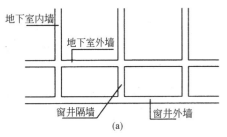

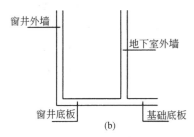

图 22.4.16 地下室与窗井平、剖面示意

(a) 窗井平面；(b) 窗井剖面

22.5 施工缝（或后浇带）的设置

为在施工期间保留临时性的收缩变形缝，筏板基础宜沿长度每隔 30～40m 设一道后浇带。宽度 800～1000mm，位置最好在柱距中部。后浇带中梁、板钢筋可不断，两侧支模方法，应视两侧混凝土坍落度大小而定。当混凝土坍落度很大（如用泵送商品混凝土时），可采用小钢模或用木模板支撑，此时一般在带的两侧预留齿槽。若板厚不大时，可不留齿槽，在浇灌后浇带前，将模板拆除并普遍凿毛，再补浇混凝土。当后浇带两侧浇筑的混凝土坍落度小，如干硬性或半干硬性混凝土时，可在两侧采用焊接钢筋骨架的做法，钢筋骨架间距不宜大于 $60mm \times 60mm$，也可以采用双层钢板网或一层钢板网加一层钢丝网的做法。采用钢板网或钢板网加钢丝网时应特别注意对两侧混凝土的振捣。若振捣不密实，会产生空鼓现象。但若振捣过多会产生严重漏浆或浮浆现象，影响混凝土的质量，因此施工中应注意掌握振捣密实度，使在钢板网外有均匀的突出颗粒状以便与后浇部分混凝土紧密结合，有利于板、梁内力的传递。后浇带应待筏板基础混凝土浇筑后不少于 $45d$ 再行浇筑。后浇的混凝土强度等级应提高一级，并宜用无收缩混凝土。当采用刚性防水时，在后浇带筏板下宜采用附加卷材防水做法或用附加钢板止水带和其他有效的止水带等方法（图 22.5.1～图 22.5.4）。

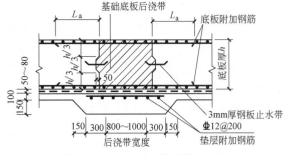

图 22.5.1 底板后浇带做法示意

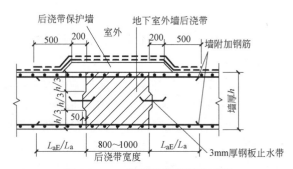

图 22.5.2 外墙后浇带做法示意

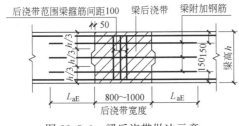

图 22.5.3　梁后浇带做法示意

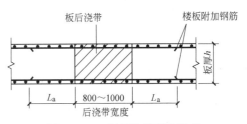

图 22.5.4　板后浇带做法示意

22.6　高层建筑地下室（或基础）的嵌固作用

高层建筑在地下室（或基础）的嵌固，亦即高层建筑计算总高度时使用的高度 H 的取值，应视高层建筑地下室（或基础）的嵌固程度和埋置深度以及上部结构与地下结构的总侧向刚度的比值等因素确定。

1. 无地下室的建筑物计算总高度的确定

无地下室的建筑物，其总高度一般可算至基础顶面，但对于持力层较深、基础有一定的埋置深度的情况，应合理考虑回填土对于结构的约束作用。

汶川地震中，大量框架结构底层柱出现塑性铰，未能实现强柱弱梁的目标。经实际震害调查发现：对于持力层较深、基础有一定的埋置深度、地面附近设有拉梁的框架结构，首层柱脚的破坏均在刚性地面以上，即使回填土发生下陷导致地面变形，也基本没有观察到地表以下、基础顶面以上区段框架柱的破坏情况。

经实例对比，当计算高度取在首层地面（即嵌固在首层地面）时，因首层刚度增大，首层柱的配筋增大。如果忽略了此情况，会导致首层柱存在不安全因素。因此，对此情况应增加嵌固于首层地面的模型进行整体结构的设计，计算与配筋取两种模型包络值。

2. 高层建筑的刚度比

对框架-剪力墙、板柱-剪力墙结构、剪力墙结构、框架-核心筒结构、筒中筒结构，楼层与相邻上层的侧向刚度比可按《高层建筑混凝土结构技术规程》JGJ 3—2010 公式（3.5.2-2）计算，且本层与相邻上层的比值不宜小于 0.9；当本层层高大于相邻上层层高的 1.5 倍时，该比值不宜小于 1.1；对结构底部嵌固层，该比值不宜小于 1.5。

$$\gamma_2 = \frac{V_i \Delta_{i+1}}{V_{i+1} \Delta_i} \frac{h_i}{h_{i+1}}$$

把公式中 Δ_i / h_i 作为整体看待，上式反映的是层刚度与层间位移角成反比：在刚度突变的部位，不光是层间位移有突变，层间位移角也会有突变。

对嵌固层，因为计算时将柱脚设定为固接，会高估本层的刚度，所以要求嵌固层与上层的刚度比不宜小于 1.5。

3. 高层建筑地下室顶板作为上部结构嵌固部位时的侧向刚度要求

高层建筑结构整体计算中，当地下室顶板作为上部结构嵌固部位时，地下一层与首层侧向刚度比不宜小于 2，按剪切刚度比计算。

如果需要地下室顶板作为嵌固部位，要求刚度比不小于 2；当地下室顶板已经满足嵌固条件，并且在计算中指定了嵌固，则满足要求：刚度比不小于 1.5。

计算嵌固端位于地下一层底板或以下时，结构抗震承载力验算应按照嵌固在计算嵌固端和嵌固在地下一层顶板的两种计算模型分别计算并包络设计；计算嵌固部位的楼板应按规范加强，地下一层顶板尚宜满足《高层建筑混凝土结构技术规程》JGJ 3—2010 第 3.6.3 条关于普通地下室顶板的规定，厚度不宜小于

160mm；当上部建筑无裙房，而地下室范围较大时，地下一层顶板还应参照《高层建筑混凝土结构技术规程》JGJ 3—2010 第 10.6.2 条的规定，厚度不宜小于 150mm，双层双向配筋，配筋率不小于 0.25％。

22.7　高层与裙房间的结构处理

高层建筑的高层部分与多层（裙房）部分之间，根据地基条件以及上部结构的情况，可以用设沉降缝和不设沉降缝两种办法处理。

不设沉降缝可采用跳仓法技术实现无缝一体化施工，另详第 22.8 节。

为保证高层建筑的侧向刚度，尤其在地震区，高层与裙房之间宜采用不设沉降缝的办法。

22.7.1　高层与裙房之间不设沉降缝的措施

如高层与裙房之间不设沉降缝，应采取措施以减少高层部分的沉降，同时应使裙房的沉降量不致过小，从而尽量减少两者之间的沉降差。

（一）减少高层部分沉降的措施

1. 采用压缩模量较高的第四纪中密以上的砂类土或砂卵石为基础持力层，其厚度宜不小于 4m 并较为均匀，又无软弱下卧层，或者直接搁置在强风化、中风化和微风化岩层。

2. 适当扩大高层基底面积，以减少基底单位面积上的压力。

3. 高层部分可以采用桩基，如预制桩、钻孔桩、人工挖孔桩等，也可以采用地基处理的方法以减少高层部分的沉降量。

如高层部分层数较多（例如 30 层以上）或基础持力层为压缩模量较小，变形较大的土层时，可以在高层部分采用 CFG 人工地基的基础，而裙房部分为天然地基的做法，以减少高层与裙房之间的沉降差。

但应注意做经济比较，不宜因高层部分采用人工地基，过多增加造价。采用地基加固方法，必须条件合适、充分论证，设备先进并有必要的试验数据。同时应进行沉降观测。

（二）裙房部分沉降量不致过少的措施

1. 裙房的柱基础应尽可能减少基底面积，优先选用单独柱基或柱下条形基础，不宜采用满堂筏式基础。有防水要求时，可采用单独柱基或柱下条形基础另加防水板的方法。此时防水板下应铺设一定厚度的易压缩材料，其构造可参见图 22.1.18。

2. 如果勘察报告上所提地基土的承载力有一个变动幅度，如 180～200kPa，则宜取其上限。土的承载力应进行深宽修正，修正时 d 应取较大值以提高其承载力。地基设计计算时，应注意尽量使裙房部分的基底压应力加大，以尽可能减少高层建筑之间的差异沉降量。

同时应注意使高层部分的基底压应力与裙房部分的基底压应力相差不至过大。

3. 裙房基础的埋置深度可以小于高层部分的基础埋置深度，以使裙房基础持力层土的压缩性高于高层基础受力层土的压缩性，从而增加裙房部分沉降量，减少高层与裙房之间沉降差。

22.7.2　高层与裙房之间如不设置沉降缝，可设置沉降后浇带

后浇带一般设置于高层与裙房交接处的裙房一侧。后浇带的浇灌时间一般宜在高层主体结构完工后。但如有沉降观测，根据观测结果证明高层建筑的沉降在高层主体结构全部完工之前已稳定时，可以适当提前浇灌。

后浇带做法之一：见图 22.7.1，宜设置在梁（板）的跨中部位，带宽 800～1000mm。后浇带处梁板钢筋不断。缝两侧支模方法可参照基础底板施工缝。后浇混凝土宜采用无收缩混凝土，且强度等级应提高一级。

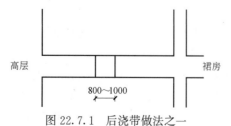

图 22.7.1　后浇带做法之一

高层

裙房

800～1000

后浇带应自基础开始设置，直至裙房屋顶结构每层均设。如果因某种原因，后浇带不能留在梁的跨中部位，则应注意后浇带的设置对梁的抗剪承载力的影响。必要时可在梁内该部位增设型钢以加强抗剪承载能力。

必须注意，在施工中应将后浇带两侧的构件妥善支撑，并应注意由于留了后浇带可能引起各部位结构的承载力与稳定问题。应避免如图22.7.2所示，由于设置后浇带使裙房部分失去抵抗土的侧压力的能力，从而导致施工发生倾覆事故。

后浇带做法之二：见图22.7.3，此法除后浇带部位增设型钢，后浇带宽度与做法不同之外，其余与做法一的做法及要求均相同。此种做法可以减少施工期间的支撑，对于安装机械设备及装修进度等方面的影响较小。柱中伸出之型钢宜保留，不必拆除。但采用做法二时，应注意构件两端留缝对构件抗剪承载力的影响，必要时应采取补强措施。

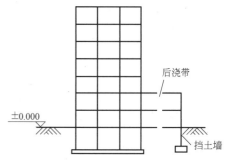

图22.7.2 避免后浇带留设发生倾覆示意

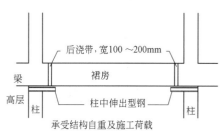

图22.7.3 后浇带做法之二

由于高层建筑施工周期较长，后浇带在施工期间会有施工垃圾掉入。在补浇后浇带前，必须设法清理干净，以保证后浇带的质量。尤其对于基础梁，可采用图22.7.4的方法设置后浇带。

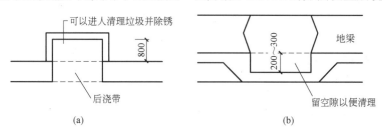

图22.7.4 基础梁后浇带示意
（a）平面；（b）剖面

当基础受力土层较差，或虽土质较好但厚度较薄时，应考虑高层与裙房之间的沉降差对结构的影响，并进行验算。对于有较软弱土层，虽已留有后浇带，但应考虑到在施工期间并不能基本完成其最终沉降。故应考虑补浇后浇带后可能产生的高层与裙房之间沉降差的影响。必要时应进行验算。

高层与裙房相连的梁，其端部做法有三种可采用：当估计高层与裙房之间的沉降差不致过大时，两端均可采用刚接做法；当估计沉降差较大时，可采用一端刚接、另一端铰接的做法；当高层与裙房切分为两个结构单元而需要相连时，可一端用牛腿承托，此时应充分考虑大震时水平位移及扭转角的影响，要保证承托处具有足够的滑移距离。

22.7.3 高层与裙房之间沉降缝做法

高层与裙房之间设置沉降缝时，可以采取下述各种措施。

1. 高层与裙房之间室外地坪以下填粗砂，以保证地下室的嵌固和侧限。

2. 若使用允许，在进行结构布置时，沉降缝两边的框架柱最好不设在同一轴线上（图22.7.5）。此时独立柱基可以错开，结构受力更合理，基础易于处理。

3. 在建筑使用不允许柱轴线错开时，可采用将裙房两个柱基础连在一起，形成联合基础，联合基础内增设基础梁（图 22.7.6）。亦可将高层柱基础也设计成联合基础。联合基础的基础梁，可按弹性地基梁或刚性地基梁设计。在按刚性地基梁设计时，不考虑梁受力后塑性重分布，即按弹性计算内力。联合基础形心宜与上部荷载重心重合，此时基础梁反力 $p=\sum N_i b/F$，式中 N_i 为基础梁上第 i 根柱主轴力，F 为基础底面积，b 为基础宽度。

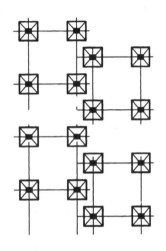

图 22.7.5　沉降缝两边的框架柱轴线错开示意

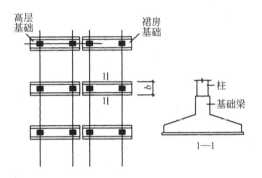

图 22.7.6　沉降缝两边联合基础示意

4. 高层与裙房之间设沉降缝也可以采用由裙房基础挑梁承托上部柱子，做成悬挑式沉降缝基础方案（图 22.7.7）。但应注意悬挑长度不宜过长。一般在裙房一侧悬挑，若需要时，亦可在沉降缝两侧同时悬挑。悬挑梁垂直方向应设置拉梁。悬挑梁不但应考虑柱子传来的轴力和弯矩，同时还应考虑柱子传来的扭矩。在地震区，应考虑由于地震作用产生的扭矩。悬挑梁端部配筋构造应加强，可采用如图 22.7.8 所示的方法处理。

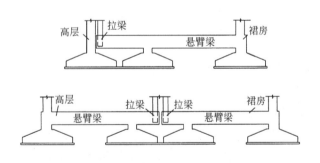

图 22.7.7　沉降缝处悬挑式托柱示意

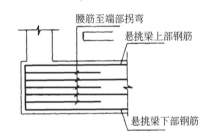

图 22.7.8　沉降缝处悬挑梁端部配筋构造示意

5. 为避免在沉降缝处出现双柱，充分满足使用要求，可采用如图 22.7.9 所示由裙房每层设置悬挑梁的方法处理。这种方法可能会因悬挑长度过大，致使悬挑梁高增大影响使用空间。

6. 为了争取大部分楼层层高尽量减小，可以采用如图 22.7.10 所示方法。在沉降缝处由裙房悬挑。此方法为由裙房屋顶设置一根悬挑大梁承托在沉降缝处的悬挂柱。采用此法在裙房各层梁高时明显减少，悬挂柱可以采用钢柱（钢管柱或型钢柱）或混凝土柱。当采用钢柱时，其节点做法可参照图 22.7.11 设计。当采用混凝土柱时，其节点做法可参照图 22.7.12 设计。悬挂柱与混凝土梁，特别是与屋顶悬挑梁的连接应经计算确定。混凝土悬挂柱主筋应埋入屋顶悬挑梁 $\geqslant 1.5L_{aE}$。悬挂柱主筋应优先采用机械接头，不允许用搭接方法连接，悬挂柱主筋在底部应与预埋件 M1 焊牢。

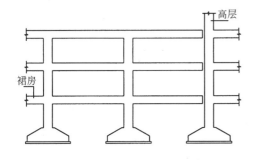

图 22.7.9 沉降缝处裙房每层设置悬挑梁方法示意

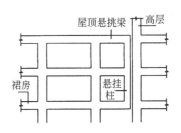

图 22.7.10 沉降缝处裙房屋顶设置一根悬挑大梁方法示意

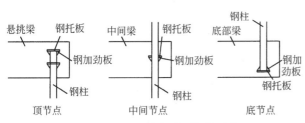

图 22.7.11 悬挂柱采用钢柱示意

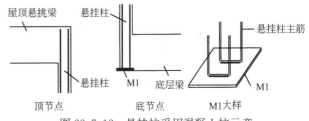

图 22.7.12 悬挂柱采用混凝土柱示意

22.8 地下室跳仓法技术设计要点

近年来，全国数百项大型建筑地下室成功采用跳仓法技术取代后浇带，避免了后浇带在进度、质量、环保、安全、管理等方面给施工企业带来很大困难。例如北京城市副中心职工周转房项目共 104 栋高层装配式剪力墙住宅，实现地下室 498m×498m 跳仓一体化施工。

跳仓法工艺简单，施工方便，具有显著的经济效益和社会效益。看似施工工法，实际上是综合技术，需要结构设计师的密切配合，设计中需要考虑材料、构造、取消沉降和施工后浇带等关键问题。

22.8.1 跳仓法施工原理

混凝土浇筑初期，混凝土由流态转变为固态硬化过程中会大量收缩，受到约束后混凝土内部产生一定的收缩应力，导致混凝土产生收缩裂缝。这是由于混凝土刚浇筑完未有足够强度来抵抗混凝土的收缩应力，因而产生收缩裂缝。过去常采取的设置永久缝和后浇带等措施，将超长的混凝土结构切成若干短小的构体（一般不超过 40m），就是让切开后的构件可以适当收缩释放收缩应力。

跳仓法的基本原理"抗、放结合，先放后抗"。"放"的思想与施工后浇带原理一样，就是切开构件释放收缩应力。基于胶凝材料（水泥）水化放热速率较快，1~3d 达到峰值，以后迅速下降的特点，采用如图 22.8.1 所示分仓方式，把超长结构分成若干个小构体（仓），每个构体（仓）不大于 40m，只是浇筑混凝土的程序采取了跳仓法，即先浇 1，3，5…各仓，隔 7d 后再浇筑 2，4，6…各仓。"抗"的思想是利用随龄期不断增长的混凝土抗拉强度来承担混凝土封闭之后的收缩应力，以保

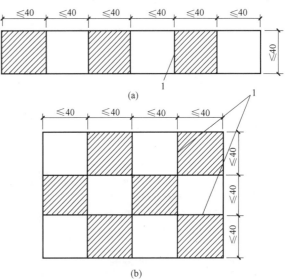

图 22.8.1 分仓图示意
（a）间隔式跳仓；（b）棋盘式跳仓
1—施工缝

证整体不开裂。

22.8.2　跳仓法规范标准和适用范围

2015年8月1日北京市正式实施《超长大体积混凝土结构跳仓法技术规程》DB 11/T 1200—2015，这是全国第一本包含跳仓法施工和设计要点的技术规程。2020年4月1日中国工程建设标准化协会正式实施《超长大体积混凝土结构跳仓法技术规程》，T/CECS 640—2019（以下简称《跳仓法规程》），此规程与北京地方标准的编制理念一致。

地下室环境条件最适宜用跳仓法。地下工程在地下土回填以后以及正常使用阶段，温湿度变化较小。地下室"冬暖夏凉"，这样的环境特点最适宜用跳仓法。因此，《跳仓法规程》目前的实施范围主要是工业与民用建筑地下室。

跳仓法是综合技术，施工控制关键是"普通混凝土好好打"，在混凝土材料配比、骨料级配、养护和施工中测温和监控等有详细要求，此处不详述。

22.8.3　跳仓法设计要点

1. 取消沉降后浇带

跳仓法需要结构设计师的密切配合，不仅取消施工后浇带，更为重要的是取消沉降后浇带。只有设计先行，采取措施控制主楼与裙房间的差异沉降值，方可取消沉降后浇带。除了第22.7节所述成熟的设计经验和设计措施外，可采用地基基础协同分析、变刚度调平设计方法等，把差异沉降值控制在规范允许范围内。

2. 混凝土的强度等级和材料

地下室结构的混凝土强度等级，基础梁板宜不高于C40，外墙宜采用C30～C35，楼盖梁板采用预应力时不宜低于C40，非预应力时不宜大于C35。地下室内部墙柱及上部落下的墙柱，混凝土相对易养护，混凝土强度等级根据结构设计需要确定，可不做限制。

基础梁板及地下室外墙，采用粉煤灰混凝土，并在设计图纸中明确采用60d或90d强度指标作为混凝土设计强度，以降低水泥用量，减小混凝土收缩影响。

粉煤灰本身是火力发电厂排出的一种工业废渣，用于替代水泥可大量减少二氧化碳排放量，降低造价

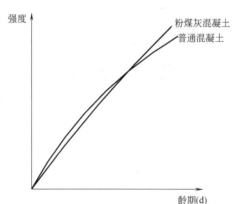

图22.8.2　粉煤灰混凝土与普通混凝土随龄期强度增长示意

的同时节能环保的作用十分巨大。而且粉煤灰混凝土还有明显的特点，就是前期水化热低，可以减少混凝土的收缩，减少由此而产生的开裂；后期尤其是28d后强度会不断增加，使混凝土越来越密实。因此，粉煤灰混凝土构件的强度和耐久性高于普通的混凝土，见图22.8.2，是绿色环保的高性能混凝土。

跳仓法用混凝土可采用Ⅰ级或Ⅱ级粉煤灰，控制水泥用量不大于240kg/m³。

对于外加剂方面，《跳仓法规程》要求："不应掺加任何膨胀剂和膨胀类外加剂"，强调通过高品质的"普通混凝土好好打"，提高混凝土的均质性，降低变异性。

膨胀剂的使用应有科学的理论指导，严格周密的施工措施保证。早期采用膨胀剂补偿时，必须有供货单位提供技术咨询，根据具体情况确定膨胀剂用量，并配合混凝土搅拌站和施工现场。掺加膨胀剂的混凝土需要饱水养护14d方可保证膨胀剂体积膨胀时需要的大量水分。目前市场膨胀剂质量良莠不齐，选用不当不仅有可能影响耐久性，而且还有可能因为搅拌过程不充分导致混凝土中的膨胀剂不均匀，有的地方多，有的地方少，这种情况反而会导致混凝土开裂。掺加了膨胀剂后对养护要求更高，因为膨胀剂在膨胀过程中会从毛细孔中夺取自由水，这样易使混凝土内部毛细孔内的

自由水量不足，相对湿度减少，产生自干燥收缩，导致早期自干燥开裂。不少施工单位错误地认为掺加了膨胀剂可以不产生裂缝，反而忽视对混凝土应有的养护，导致工程在拆模前就出现内部或表面开裂。

为此，《跳仓法规程》要求不掺加膨胀剂，强调"普通混凝土好好打"。执行《跳仓法规程》设计、施工要求的工程均未掺加膨胀剂，由于加强养护到位，较好地控制了混凝土裂缝。

3. 接缝处刚性节点防水构造

对于跳仓法工程，没有永久缝，但是接缝处刚性节点要做好，防止渗漏。如图 22.8.3 所示，地下水位以下均应采用钢板止水带，对于底板，钢板止水带必须上翘，否则下部易窝气影响混凝土浇筑密实度。

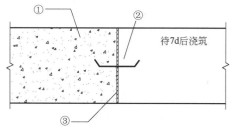

图 22.8.3　分仓处施工缝节点构造
注：①—已浇筑混凝土；②—止水钢板（底板必须上翘）；③—施工缝。

4. 地下室外墙

许多工程的地下室外墙实际情况表明，外墙的混凝土养护难度大，控制裂缝比其他构件都困难，外墙是最容易出现裂缝的部位，混凝土强度等级高时，更不易控制混凝土裂缝，因此，混凝土强度等级宜低不宜高。不论多层建筑还是高层建筑的地下室外墙，在土压、水压作用下按偏压构件计算，混凝土强度等级高低对配筋影响很小，所以混凝土强度等级宜采用C30～C35，并可按上述采用60d强度指标评定。

为利于控制裂缝，地下室外墙宜将水平分布钢筋布置在竖向钢筋的外侧。钢筋应双层双向配置，间距不宜大于150mm，配筋率不宜小于0.3%（双侧）。外墙厚度较大时还应适当增大，不大于600mm的墙水平分布钢筋的配筋率宜0.4%～0.5%（双侧）。水平分布钢筋布置的原则是直径宜细不宜粗，间距宜密。

无地上建筑的地下室外墙尽量不设附壁柱。因为附壁柱处实为外墙截面突变，最易产生竖向裂缝，《跳仓法规程》编制组专家处理了不少在附壁柱与墙体交界部位出现此类裂缝的工程问题。不设附壁柱时，楼板的梁在外墙端可按铰支座设计，这样虽加大了梁的跨中配筋，但不再配附壁柱钢筋，总的钢筋用量反而节省。

若工程需要设有附壁柱（例如上部结构落下来的），柱处采取如图 22.8.4 所示的附加钢筋，实践表明是必要而且有效的防裂措施。

5. 其他"放"的措施

设计方面根据平面布置，减少约束度，如岩石地基上时，宜在基础与岩石地基上设置允许两者相对滑动的隔离层，如干铺油毡或塑料膜。

22.9　地下水作用

高层建筑结构中，地下室设计应考虑地下水对结构底板、侧壁的水压作用，对建筑物的浮托作用。应考虑施工期间和建筑物使用阶段地下水对基础持力层可能产生的软化作用。

22.9.1　地下水作用的确定

1. 地下水的设防水位应依据勘察报告或专门的抗浮设防水位咨询报告确定。对于水文地质资料比较复杂、抗浮措施对造价影响较大的工程，业主可委托勘察单位进行专门的水位咨询，确定合理的抗浮水位。

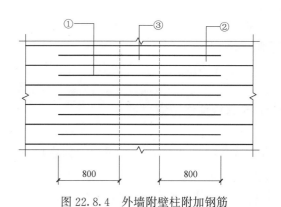

图 22.8.4　外墙附壁柱附加钢筋
注：①—附加水平分布钢筋；②—外墙；③—附壁柱。

抗浮水位需考虑建筑物长期使用阶段地下水位上升的不利影响。

2. 结构基础底面承受的水压力应按全水头计算。

3. 地下室侧壁所受的水压力宜按水压力与土压力分别计算的原则计算。此时土压力应考虑土的浮容重。计算地下水作用时，取水的重度为 $1000kg/m^3$。

4. 地下水对地下室侧壁的侧向作用或对地下室底板的浮托作用，作用点的压强计算公式为：$p = \gamma h$，式中 γ 为水的重度，h 为作用点至地下室地下水设防水位的距离。此时考虑地下水为静水压力。

5. 地下室外墙承载能力限状态计算时，按静止土压力计算，土、水压力作用分项系数均取 1.3；有护坡（例如土钉墙、护坡桩、地下连续墙、内撑支护等）时，土压力（不含水压力）可以乘以 0.66 折减系数。

22.9.2　地下室抗浮设计

1. 地下室抗浮稳定性验算应满足《建筑工程抗浮技术标准》JGJ 476—2019，按式（22.9.1）要求。

$$\frac{W}{F} \geq K_w \qquad (22.9.1)$$

式中　W——地下室自重及上部作用的永久荷载标准值的总和，不包括活荷载；

　　　F——地下水浮力；

　　　K_w——抗浮稳定安全系数，根据抗浮工程设计等级，甲、乙、丙级分别取 1.1、1.05、1.00。

当地下室自重及其地面以上作用的永久荷载标准值的总和不满足式（22.9.1）要求时，应采取抗浮措施。

2. 当建筑物的地面结构外边线与地下室外边线重叠时，地下室抗浮设计可按下述原则进行。

（1）当结构压重满足式（22.9.1）要求时，可不考虑地下水位对地下室的整体浮托作用，但应有可靠措施保证施工过程中地下室的抗浮稳定性。

（2）当结构压重不满足式（22.9.1）要求时，地下室应采取有效抗浮措施，在施工过程中也需有可靠的措施保证地下室施工时的抗浮稳定性。

（3）上述两种情况都应考虑地下水浮力对地下室底板的作用，保证地下室底板构件在地下水作用下具有足够的强度和刚度，并满足构件的抗裂和裂缝宽度控制要求。

3. 当建筑物的地下室投影面积大于地面结构的投影面积，形成地下室周边外伸，且外伸部分结构重量小于地下水的浮托作用，或者当与主楼相连的裙房部分结构重量小于地下水的浮力时，应对外伸部分及裙房进行抗浮设计，同时对外伸部分及裙房部分各构件应进行抗浮作用下的抗弯、抗剪、强度、刚度、抗裂和裂缝宽度控制计算。

22.9.3　地下室抗浮措施

1. 增加需抗浮部分的结构自重。如增加楼板厚度或将楼板设计成无梁楼盖。当需抗浮部分地下室地面无上部结构时，有条件的可在地下室顶板上增加覆土厚度。还可以在地下室底板上回填砂卵石、素混凝土或钢渣，以及增加底板厚度。

2. 将底板沿外墙向外延伸，以利用向外延伸部分其上的填土自重压力与整体结构一起共同抗浮（图 22.9.1）。但应注意，还满足不了抗浮要求时，还需要进行抗浮设计和采取抗浮措施。

3. 增设抗拔桩。

（1）对原采用桩基础的建筑结构，可将承重桩同时设计成抗拔桩，若原有承重桩作为抗拔桩后仍不足以承受地下水作用产生的浮力，可在适当位置增设纯抗拔桩。纯抗拔桩可设在地下室底板梁下，也可设在底板范围。

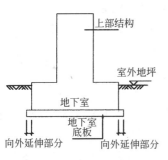

图 22.9.1　底板外伸做法

（2）对原为独立柱基或筏板基础等天然基础则设纯抗拔桩。抗拔桩位置可设在独立柱基下面、底板基础梁下或底板下。

（3）预应力管桩作为抗拔桩时，下列情况不宜采用。

1）对钢结构或混凝土有强腐蚀性的场地；

2）地下室或承台周边存在中等或严重液化土层的场地；

3）承受较大水平力或抗拔力；

4）当土层中夹有难以消除的孤石、障碍物；

5）管桩难以贯穿的岩面上无适合做桩端持力层的土层，或岩石埋藏较浅且倾斜较大。

其他桩基相关内容详见本书第 23 章。

4. 增设抗拔锚杆。

锚杆宜进入岩层，如果岩层较深，可锚入坚硬土层，并应通过现场抗拔试验确定其抗拔承载力。锚入坚硬土层的锚杆尤其应有可靠的防腐保护措施。锚杆与钢筋混凝土结构底板的构件应有可靠的连接，并符合钢筋的锚固长度要求。锚杆孔直径宜取 3 倍锚杆直径，但不得小于 1 倍锚杆直径加 50mm。抗拔锚杆宜按图 22.9.2 采用。

锚杆采用带肋钢筋。锚杆孔填充料可采用水泥砂浆或细石混凝土。水泥砂浆强度等级不宜低于 M30，细石混凝土强度等级不宜低于 C30，应注意灌浆前要将锚杆孔清理干净。

单根抗拔锚杆承载力特征值应通过现场单根抗拔锚杆承载力试验确定。

对于水泥砂浆或混凝土与岩石间粘结强度特征值 f 宜通过单根抗拔锚杆试验综合决定。这是由于不同建造场地，岩层的生成过程不同，岩体裂缝分布情况不同，走向不同，会对 f 值影响甚大，设计时不要忽略。

抗拔锚杆的截面直径宜比计算要求加大一个等级。

独立基础下的抗拔锚杆基础，其基础顶面应按图 22.9.3 计算配筋，基础顶部配筋量不应小于 $\phi 12$ @200 最小配筋率不应小于 0.15%。

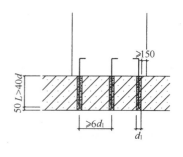

图 22.9.2　锚杆的构造

注：图中 d_1 为锚杆孔直径；L 为锚杆的
有效锚固长度；d 为锚杆直径。

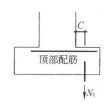

图 22.9.3　锚杆接触顶部配筋

抗拔锚杆可采用集中布置和均匀布置两种方法。集中布置是将锚杆集中布置在基础桩内或独立基础内。均匀布置是将锚杆均匀布置在地下室底板（包括筏板和隔水板）以及底板梁上。集中布置方法受力比较明确，传力途径简单。对有防水做法的底板可保证防水做法的完整性，但往往由于桩基和独立柱基底而积较小，并且还有许多纵向钢筋，造成锚杆施工困难，质量不宜保证。均匀布置方法锚杆间距可放大。施工简单，容易保证质量，并对结构构件受力有利。但这种均布方法，钢筋穿底板范围大，应强调施工确保防水质量。在以岩石层作持力层的基础，集中布置的方法锚杆可直接锚入岩层，锚杆本身防腐简单。但对均匀布置方法，由于锚杆许多情况都需穿越非岩层，此时应特别注意锚杆的防腐问题。

5. 当地下室基坑支护结构采用排桩或地下连续墙时，设计时可考虑支护结构作为结构抗浮的一部分。此时支护结构应采取措施，使其对地下室应有可靠的约束，以保证支护结构和地下室共同作用。

22.10　其他

22.10.1　场地类别分界附近特征周期的确定

建筑的场地类别，应根据土层等效剪切波速和场地覆盖层厚度按《建筑抗震设计规范》GB 50011—2010（2016年版）（以下简称《抗规》）表4.1.6划分为四类。当有可靠的剪切波速和覆盖层厚度且其值处于《抗规》表4.1.6所列场地类别的分界线附近时，应允许按插值方法确定地震作用计算所用的特征周期。

《抗规》条文说明第4.1.6条，如图22.10.1，是在$d_{ov}-v_{se}$平面上的T_g等值线图。为避免在Ⅱ类至Ⅳ类不同场地分界线处特征周期T_g取值跳跃，当覆盖层厚度d_{ov}和等效剪切波速v_{se}其值在场地类别分界线附近时（指相差±15%的范围，即其值落在图中场地分界实线两侧的虚线之间），允许使用插值法确定T_g值。

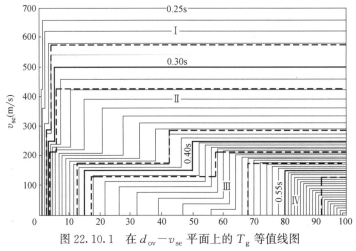

图22.10.1　在$d_{ov}-v_{se}$平面上的T_g等值线图

《抗规》的场地分类方法主要适用于剪切波速随深度呈递增趋势的一般场地，对于有较厚软夹层的场地，应注意勘察单位提供的场地类别和设计地震动参数是否在《抗规》方法之上进行了分析调整。

22.10.2　地下室外墙计算构造

1. 由于一般顶板比外墙薄而底板比外墙厚，一般考虑：外墙的上部为铰接，下部为固定，此时应注意底板配筋与墙配筋的关系（图22.10.2）。计算高度可取顶板下皮至底板上皮，即取1.05倍净跨。

有架空层或混凝土叠合层地面做法（图22.10.3）时，下皮可从架空层或混凝土叠合层地面算起（图22.10.4）。

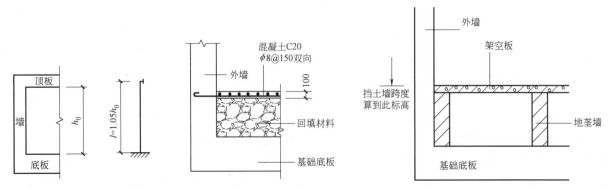

图22.10.2　外墙计算高度　　　图22.10.3　混凝土叠合层地面做法　　　图22.10.4　外墙计算高度计算示意

2. 进行外挡土墙承载力计算时，按静止土压力计算，地下室侧壁所受的水压力宜按水压力与土压力分别计算的原则计算，水压力、水浮力作为永久荷载，在承载能力极限状态计算时，其分项系数取1.3，在正常使用极限状态计算时，其分项系数取1.0。例如地下室外墙承受水头高度为5m高，应当即以此5m高度计算墙受到侧向荷载后产生的内力，算得弯矩M，在计算墙配筋时，再乘以相应的分项系数。不应将5m水头先乘分项系数，再计算内力，然后配筋时再乘分项系数，土压力的计算与此同理。

有外围支护结构（例如土钉墙、护坡桩、地下连续墙、内撑支护等）时，土压力（不含水压力）可以乘以0.66的折减系数。

对于高层建筑外墙，可按偏心受压构件进行承载力计算和裂缝的验算，并按《混凝土结构设计规范》GB 50010—2010（2015年版）第8.2.1条最小保护层位置处，评估裂缝宽度，如图22.10.5所示。国外方法控制受力钢筋应力水平在200~250MPa，供参考。

此外，当相邻建筑基础之间的净距小于基础高差的2倍时，还应考虑相邻建筑对外墙的侧压力，如图22.10.6所示。

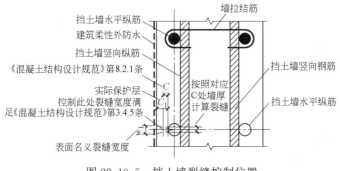

图 22.10.5　挡土墙裂缝控制位置

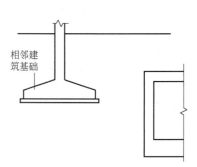

图 22.10.6　相邻建筑基础侧压力

参 考 文 献

[1] 混凝土结构设计规范：GB 50010—2010（2015年版）[S]. 北京：中国建筑工业出版社，2015.
[2] 建筑地基基础设计规范 GB 50007—2010 [S]. 北京：中国建筑工业出版社，2016.
[3] 北京地区建筑地基基础勘察设计规范：DBJ 11—501—2009（2016年版）[S]. 北京：北京市规划委员会，2016.
[4] 高层建筑混凝土结构技术规程：JGJ 3—2010 [S]. 北京：中国建筑工业出版社，2010.
[5] 北京市建筑设计研究院有限公司. 建筑结构专业技术措施 [M]. 北京：中国建筑工业出版社，2019.
[6] 全国民用建筑工程设计技术措施结构（地基与基础）[M]. 北京：中国计划出版社，2010.

第23章 桩 基

23.1 一般规定

23.1.1 建筑桩基设计等级

桩基设计等级划分见表 23.1.1。

建筑桩基设计等级 表 23.1.1

设计等级	建 筑 类 型
甲级	1. 重要的建筑; 2. 30 层以上或高度超过 100m 的高层建筑; 3. 体型复杂且层数相差超过 10 层的高低层(含纯地下室)连体建筑; 4. 20 层以上框架-核心筒结构及其他对差异沉降有特殊要求的建筑; 5. 场地和地基条件复杂的 7 层以上的一般建筑及坡地、岸边建筑; 6. 对相邻既有工程影响较大的建筑
乙级	除甲级、丙级以外的建筑
丙级	场地和地基条件简单、荷载分布均匀的 7 层及 7 层以下的一般建筑

注:本表参照《建筑桩基技术规范》JGJ 94—2008 及《建筑地基基础设计规范》GB 50007—2011 制定。

23.1.2 桩的分类

1. 按承载性状分类

(1)摩擦型桩

摩擦桩:在承载能力极限状态下,桩顶竖向荷载由桩侧阻力承受,桩端阻力小到可忽略不计;

端承摩擦桩:在承载能力极限状态下,桩顶竖向荷载主要由桩侧阻力承受。

(2)端承型桩

端承桩:在承载能力极限状态下,桩顶竖向荷载由桩端阻力承受,桩侧阻力小到可忽略不计;

摩擦端承桩:在承载能力极限状态下,桩顶竖向荷载主要由桩端阻力承受。

2. 按成桩方法分类

(1)非挤土桩:干作业法钻(挖)孔灌注桩、泥浆护壁法钻(挖)孔灌注桩、套管护壁法钻(挖)孔灌注桩。

(2)部分挤土桩:长螺旋压灌灌注桩、冲孔灌注桩、钻孔挤扩灌注桩、搅拌劲芯桩、预钻孔打入(静压)预制桩、打入(静压)式敞口钢管桩、敞口预应力混凝土空心桩和 H 型钢桩。

（3）挤土桩：沉管灌注桩、沉管夯（挤）扩灌注桩、打入（静压）预制桩、闭口预应力混凝土空心桩和闭口钢管桩。

3. 按桩径（设计直径 d）大小分类

（1）小直径桩：$d \leqslant 250mm$。

（2）中等直径桩：$250mm < d < 800mm$。

（3）大直径桩：$d \geqslant 800mm$。

4. 按桩身材料分类

（1）混凝土桩：混凝土桩、预制桩。

（2）钢桩：钢管桩、型钢桩。

（3）组合材料桩：水泥土复合管桩、薄壁钢管混凝土管桩。

5. 按使用功能分类

（1）竖向抗压桩：主要承受竖向抗压荷载的桩，是主要的受荷形式桩基。

（2）竖向抗拔桩：主要承受竖向抗拔荷载的桩，应进行桩身强度和抗裂性能以及抗拔承载力验算。

（3）水平受荷桩：港口工程的板桩、基坑的支护桩等，都是主要承受水平荷载的桩。桩身的稳定依靠桩侧土的抗力，往往还设置水平支撑或拉锚以承受部分水平力。

（4）复合受荷桩：承受竖向、水平荷载均较大的桩，应按竖向抗压桩及水平受荷桩的要求进行验算。

23.1.3 桩的选型

桩型与成桩工艺应根据建筑结构类型、荷载性质、桩的使用功能、穿越土层、桩端持力层、地下水位、施工设备、施工环境、施工经验、制桩材料供应条件等，按安全适用、经济合理的原则选择。可参考表23.1.2。

1. 挤土沉管灌注桩用于淤泥和淤泥质土层时，应局限于多层住宅桩基。

2. 预制桩适宜用于持力层层面起伏不大的强风化层、风化残积土层、砂层和碎石土层，且桩身穿过的土层主要为高、中压缩性黏土。

3. 钻孔灌注桩的适用范围较广。对于采用泥浆护壁的大直径超长桩，应采用后注浆（桩端后注浆或桩端、桩侧联合后注浆）措施。当桩身穿越深厚砂层时，宜采用泥浆静化装置，减少泥浆含4率。

4. 人工挖孔扩底桩适用于地下水位较深或能采用井点降水且持力层以上无流动性淤泥质土者。当成孔过程可能出现有害气体、流沙、涌水、涌泥的地层不宜采用。

5. 钢桩（主要为钢管桩）费用较高。当场地持力层较深，只能采用超长摩擦桩时，若采用混凝土预制桩或灌注桩又因施工工艺难以保证质量和工期，此时可考虑采用钢管桩。但应解决成桩挤土效应和噪声问题。

6. 对于框架-核心筒等荷载分布很不均匀的桩筏基础，宜选择基桩尺寸和承载力可调性较大的桩型和工艺。

7. 采用预应力管桩或方桩作为抗拔桩时，应对桩身和连接节点做专项复核与设计。

成桩工艺选择表　　　　　　　　　　　　　　　　表 23.1.2

桩　类		桩身 (mm)	扩大端 (mm)	桩长 (m)	一般黏性土及其填土	淤泥和淤泥质土	粉土	砂土	碎石土	季节性冻土膨胀土	非自重湿陷性黄土	自重湿陷性黄土	中间有硬夹层	中间有砂夹层	中间有砾石夹层	硬黏性土	密实砂土	碎石土	软质岩土和风化岩	地下水位以上	地下水位以下	振动和噪声	排浆	孔底有无挤密
非挤土成桩法 · 干作业法	长螺旋钻孔灌注桩	300~600	—	≤12	○	×	○	△	×	○	△	×	△	×	△	○	○	×	×	○	×	无	无	无
	短螺旋钻孔灌注桩	300~800	—	≤30	○	×	○	△	×	○	△	×	△	×	△	○	○	×	×	○	×	无	无	无
	钻孔扩底灌注桩	300~600	800~1200	≤30	○	×	○	△	×	○	△	×	△	×	△	○	○	×	×	○	×	无	无	无
	机动洛阳铲成孔灌注桩	300~500	—	≤20	○	×	△	△	×	○	△	△	△	×	△	○	△	×	×	○	×	无	无	无
	人工挖孔扩底灌注桩	1000~4000	1600~4000	≤30	○	△	△	△	△	○	△	△	△	△	△	○	×	×	○	○	△	无	无	无
非挤土成桩法 · 泥浆护壁法	潜水钻成孔灌注桩	500~800	—	≤50	○	△	○	△	×	△	△	△	△	△	△	○	○	△	△	○	○	无	有	无
	反循环钻成孔灌注桩	600~1200	—	≤80	○	△	○	△	△	×	△	△	○	△	△	○	○	△	△	○	○	无	有	无
	回旋钻成孔灌注桩	600~1200	—	≤80	○	△	○	△	△	×	△	△	○	△	△	○	○	△	△	○	○	无	有	无
	机挖异型灌注桩	400~600	—	≤20	○	△	○	△	×	△	△	△	△	△	△	○	○	△	△	○	○	无	有	无
	钻孔扩底灌注桩	600~1200	1000~1600	≤20	○	△	○	△	×	○	△	△	△	△	△	○	×	×	○	○	○	无	有	无
非挤土成桩法 · 套管护壁法	贝诺托灌注桩	800~1600	—	≤50	○	△	○	△	△	○	△	△	○	△	△	○	○	△	△	○	○	无	有	无
	短螺旋钻孔灌注桩	300~800	—	≤20	○	×	○	△	×	○	△	×	△	×	△	○	○	×	×	○	×	无	有	无
部分挤土成桩法	冲击成孔灌注桩	600~1200	—	≤50	○	△	△	△	△	△	×	×	○	○	○	○	○	△	△	○	○	有	有	无
	钻孔压注成型灌注桩	300~1000	—	≤30	○	△	△	△	×	○	△	△	△	△	△	○	○	△	△	○	△	无	有	无
	组合桩	≤600	—	≤30	○	△	△	△	×	○	△	△	△	△	△	○	○	△	△	○	○	有	无	有
	预钻孔打入式预制桩	≤500	—	≤60	○	△	△	△	△	○	△	△	△	△	△	○	○	△	△	○	○	有	无	有
	预应力混凝土管桩	≤1000	—	≤60	○	△	△	△	△	○	△	△	△	△	△	○	○	△	△	○	○	有	无	有
	H型钢桩	规格	—	≤50	○	△	△	△	△	×	×	×	△	△	△	○	△	△	△	○	○	有	无	无
	敞口钢管桩	600~900	—	≤50	○	△	△	△	△	○	△	△	△	△	△	○	○	△	△	○	○	有	无	无
挤土成桩法 · 挤土灌注桩	振动沉管灌注桩	270~400	—	≤24	○	○	△	△	×	○	△	△	○	△	△	○	○	×	×	○	○	有	无	有
	锤击沉管灌注桩	300~500	—	≤24	○	○	△	△	×	○	△	△	○	△	△	○	○	×	×	○	○	有	无	有
	锤击振动沉管灌注桩	270~400	—	≤20	○	○	△	△	×	○	△	△	○	△	△	○	○	×	×	○	○	有	无	有
	平底大头灌注桩	350~400	500×500	≤15	○	△	△	×	×	○	△	△	△	△	△	○	○	×	×	○	○	有	无	有
	沉管灌注同步桩	≤400	—	≤20	○	○	△	△	×	○	△	△	○	△	△	○	○	×	×	○	○	有	无	有
	夯压成型灌注桩	325、377	460~700	≤24	○	△	△	△	×	○	△	△	△	△	△	○	○	×	×	○	○	有	无	有
	干振灌注桩	350	—	≤10	○	△	△	△	×	○	△	△	△	△	△	○	○	×	×	○	○	有	无	无
	爆扩灌注桩	≤350	≤1000	≤12	○	×	×	×	×	○	△	△	△	△	△	○	○	×	×	○	○	有	无	有
	弗兰克桩	≤600	≤1000	≤20	○	△	△	△	×	○	△	△	△	△	△	○	○	×	×	○	○	有	无	有
挤土成桩法 · 挤土预制桩	打入实心混凝土预制桩闭口钢管桩、混凝土管桩	≤500×500 ≤1000	—	≤60	○	△	△	△	△	○	△	△	△	△	△	○	○	△	×	○	○	有	无	有
	静压桩	≤1000	—	≤60	○	△	△	△	△	○	△	△	△	△	×	○	○	△	×	○	○	无	无	有

注：表中符号○表示比较合适；△表示有可能采用；×表示不宜采用。

常用桩型的特点和施工中常见问题见表23.1.3。

常用桩型特点和施工中常见问题   表 23.1.3

桩 型	主要特点	施工中常见问题
泥浆护壁正、反循环灌注桩	可穿透硬夹层进入各种坚硬持力层,桩径、桩长可变范围大;潜水钻正循环在软土层中钻进效率很高	现场泥浆池占地大,外运渣土量大,施工对环境影响大;泥浆稠度、比重控制失当易产生坍孔、夹泥、沉渣和泥皮厚等质量问题
旋挖成孔灌注桩	可穿透硬夹层进入各种坚硬持力层,泥浆量少且可重复循环使用,渣土含浆低,外运量少,施工对环境影响小;漂石中钻进可更换短螺旋钻头,嵌岩时更换嵌岩钻头	钻斗反复升降,浅部易坍孔扩径,极软土中成孔易坍孔,深厚密实砂层易缩径,对施工场地要求较高
长螺旋压灌桩	适于在黏性土、粉土、砂土,粒径不超过100mm土层中成孔成桩;采取钻孔压灌混凝土,无沉渣、泥皮,质量稳定性好,工效高,造价低,适于 $\phi500\sim800$、$l\leqslant30m$ 灌注桩	成桩直径不超过800mm,深度限28m,桩端不能进入坚硬碎石层和基岩;采用插筋器后插钢筋笼,保护层厚度控制和确保钢筋笼完全到位难度大;软土中成桩尚无经验
冲击成孔灌注桩	适于含漂石、碎石土层、岩溶地层中成孔,进尺速度慢、工效低	外运泥浆渣土量大,钻进过程有噪声和振动,遇黏土层钻进效率低,扩孔率大;成孔后清底清渣控制不严对桩承载力影响大
人工挖孔灌注桩	适于低水位非软土场地成桩,桩侧桩底土层可直观查验,孔底可清理干净,质量可控性好;桩径最小1m,桩长不宜超过30m	易发生人身安全事故,可采用机械成孔条件下应避免采用;当遇有流动性软土夹层和流土流沙时应有可靠应对预案;当孔底有较深积水时,应采用水下灌注混凝土,混凝土初凝前不得于相邻桩孔中抽水
后注浆灌注桩	于钢筋笼上设置桩端和桩侧注浆阀,于灌注混凝土2d后实施后注浆,以提高承载力,减小沉降;单桩承载力增幅,对于卵砾、中粗砂持力层为70%~100%,粉土、黏性土持力层为40%~70%;桩基沉降可降低30%左右;上述5种灌注桩均可采用后注浆	后注浆管阀不合格,或泥浆水灰比不当,注浆量不够,均会导致注浆效果显著降低;基桩桩身强度低,会导致后注浆的承载力潜能不能发挥
沉管内夯灌注桩	工艺简单,不排浆排渣,成桩速度快,造价低,但挤土效应的负面影响严重;采用全过程内夯质量稳定性可提高,宜限于墙下单排布桩应用	由于沉管挤土,拔管桩周土回缩,导致桩身缩径、断裂、上涌等现象,在各种桩型中质量事故居于首位,近十年来趋于淘汰;采用全过程内夯可提高桩身密实度
混凝土预制桩	工艺较简单,桩身结构承载力可调幅度大;沉桩挤土效应是设计施工中应考虑的主要因素,在松散土层、可液化土层中应用,合理设计可起到消除湿陷、液化的正面效果	由于沉管的挤土效应,常发生桩体上涌脱离持力层,增大沉降;桩接头被拉断,桩体倾斜;采取控制沉桩速率、插板排水、设应力释放孔、预钻孔等措施,可提高沉桩质量
预应力混凝土管桩	混凝土强度可达到C60(PC)、C80(PHC),抗裂性能和经济指标较好;可根据地层条件采用敞口桩,降低挤土效应;在松散、液化土中沉桩可收到提高土体密实度的正面效果;应用于8°及以上地震设防区宜根据场地土性分析后确定	挤土效应引发的质量问题与混凝土预制桩相似;由于片面追求经济效益、抢工期,不合理设计和施工而造成的工程事故较多;在基岩面无强风化层和岩面倾斜的情况下,沉桩易出现桩端碎端、滑移
钢管桩	用于土质差、桩很长的情况下有一定技术优势,造价数倍于灌注桩;为提高桩身结构承载力,可采用混凝土灌芯(SCP)桩;对钢材有强腐蚀性的环境下不应采用	挤土效应虽不至于造成断桩、缩径,但引起移位、上涌仍难免

注:本表摘自《建筑桩基技术规范应用手册》。

23.1.4 桩的布置

1. 基桩的最小中心距应符合表23.1.4的规定;当施工中采取减小挤土效应的可靠措施时,可根据当地经验适当减小。

2. 排列基桩时,宜使桩群承载力合力点与竖向永久荷载合力作用点重合,并使基桩受水平力和力矩较大方向有较大抗弯截面模量。

3. 对于桩箱基础、剪力墙结构桩筏(含平板和梁板式承台)基础,宜将桩布置于墙下。

4. 对于框架-核心筒结构桩筏基础应按荷载分布考虑相互影响,将桩相对集中布置于核心筒和柱下,外围框架柱桩长宜小于核心筒下基桩(有合适桩端持力层时)。

桩的最小中心距　　　　　　　　　　　**表 23.1.4**

土类与成桩工艺		排数不少于3排且桩数不少于9根的摩擦型桩桩基	其 他 情 况
非挤土灌注桩		$3.0d$	$3.0d$
部分挤土桩		$3.5d$	$3.0d$
挤土桩	非饱和土	$4.0d$	$3.5d$
	饱和黏性土	$4.5d$	$4.0d$
钻、挖孔扩底桩		$2D$ 或 $D+2.0\text{m}$(当 $D>2\text{m}$)	$1.5D$ 或 $D+1.5\text{m}$(当 $D>2\text{m}$)
沉管夯扩、钻孔挤扩桩	非饱和土	$2.2D$ 且 $4.0d$	$2.0D$ 且 $3.5d$
	饱和黏性土	$2.5D$ 且 $4.5d$	$2.2D$ 且 $4.0d$

注：1. d 为圆桩设计直径或方桩设计边长，D 为扩大端设计直径。

　　2. 当纵横向桩距不相等时，其最小中心距应满足"其他情况"一栏的规定。

　　3. 当为端承型桩时，非挤土灌注桩的"其他情况"一栏可减小至 $2.5d$。

5. 根据基础平面形式，桩的平面布置一般有如图 23.1.1 和图 23.1.2 所列几种类型。

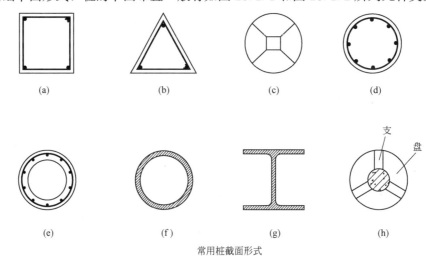

常用桩截面形式

图 23.1.1　常用桩截面形式

（a）预制方桩；（b）预制三角形桩；（c）木桩；（d）灌注桩；

（e）预制管桩；（f）钢管桩；（g）H 型钢桩；（h）挤扩支盘灌注桩

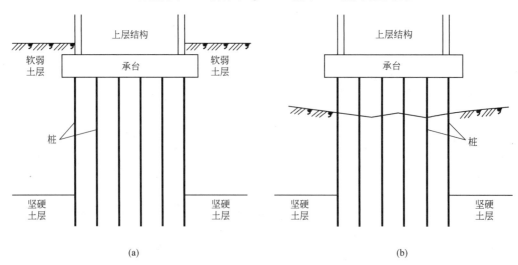

图 23.1.2　低承台桩基和高承台桩基

（a）低承台桩基；（b）高承台桩基

6. 应选择较硬土层作为桩端持力层。桩端全断面进入持力层的深度，对于黏性土、粉土不宜小于 $2d$，砂土不宜小于 $1.5d$，碎石类土不宜小于 $1d$。当存在软弱下卧层时，桩端以下硬持力层厚度不宜小于 $3d$。

7. 对于嵌岩桩，嵌岩深度（图 23.1.3）应综合荷载、上覆土层、基岩、桩径、桩长诸因素确定；对于嵌入倾斜的完整和较完整岩的全断面深度不宜小于 $0.4d$ 且不小于 0.5m，倾斜度大于 30% 的中风化岩，宜根据倾斜度及岩石完整性适当加大嵌岩深度；对于嵌入平整、完整的坚硬岩和较硬岩的深度不宜小于 $0.2d$，且不应小于 0.2m。

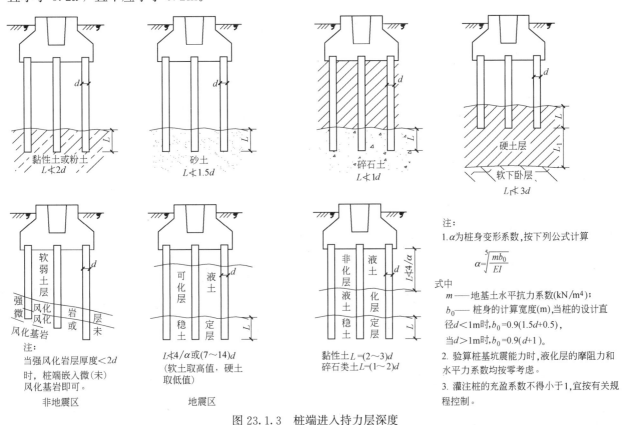

注：
1. α 为桩身变形系数，按下列公式计算

$$\alpha = \sqrt[5]{\frac{mb_0}{EI}}$$

式中
m——地基土水平抗力系数(kN/m^4)；
b_0——桩身的计算宽度(m)，当桩的设计直径 $d < 1m$ 时，$b_0 = 0.9(1.5d + 0.5)$，当 $d > 1m$ 时，$b_0 = 0.9(d + 1)$。

2. 验算桩基坑震能力时，液化层的摩阻力和水平力系数均按零考虑。

3. 灌注桩的充盈系数不得小于1，宜按有关规程控制。

图 23.1.3　桩端进入持力层深度

23.1.5　桩基设计原则

1. 协同作用与变刚度调平设计

超高层建筑通常采用抗侧刚度较大的内部核心筒结合外部巨形框架或外筒的结构体系，并采用密集布置的群桩基础，考虑上部结构、筏板基础、桩土地基共同作用的理论来计算筏板沉降与内力，是规范的要求也是技术发展的趋势。上部结构、基础与地基协同作用的分析方法，就是把上部结构、基础与地基三者作为一个彼此协调工作的整体进行分析，计算各部分的内力与变形。

群桩基础实用分析计算方法采用支承于弹簧上的弹性板有限元分析法，即假定整个体系符合静力平衡条件，上部结构与基础之间、基础与地基之间的连接部位满足变形协调，按照位移协调条件，根据结点对应的关系，将桩土刚度矩阵、上部结构刚度矩阵叠加到底板刚度矩阵上，形成总体控制方程，以进行分析计算。分析计算的理论框架与流程如图 23.1.4 所示。

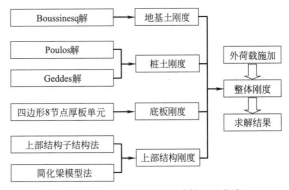

图 23.1.4　共同作用分析计算理论框架

变刚度调平概念设计旨在减小差异变形、降低承台内力和上部结构次内力，以节约资源，提高建筑物使用寿命，确保正常使用功能。对于框架-核心筒结构高层建筑桩基，应强化核心筒区域桩基刚度（如适当增加桩长、桩径、桩数、采用后注浆等措施），相对弱化核心筒外围桩基刚度（采用复合桩基，视地层条件减小桩长）。

2. 基础内力计算

（1）荷载效应

确定桩数和验算单桩承载力时，基础或承台上荷载作用效应采用正常使用极限状态下作用的标准组合。当验算基础结构强度时，基础或承台上荷载作用效应采用承载能力极限状态下作用的基本组合。按正常使用极限状态验算桩基沉降和水平位移时，应采用荷载效应准永久组合；计算水平地震作用、风载作用下的桩基水平位移时，应采用水平地震作用、风载效应标准组合。

对于风荷载和地震作用的考虑，超高层建筑群桩基础设计计算的荷载工况为：①重力荷载（恒载＋活载）；②重力荷载＋风荷载；③重力荷载＋小震作用；④重力荷载＋风荷载＋小震作用；⑤重力荷载＋中震作用。超高层建筑在风荷载和地震作用下引起基础较大的偏心受力。水平风荷载引起的偏心竖向力作用下，基桩承载力特征值提高 1.2 倍。地震引起的偏心竖向力作用下，基桩承载力特征值提高 1.5 倍。地震作用下，群桩基础形成受拉和受压区时，需分区对桩基的受压或受拉承载力进行验算。

（2）计算总体思路

根据上部荷载、桩位布置及初步确定的筏板厚度，计算基础沉降与桩顶反力，由桩顶反力可计算各控制截面处的筏板剪力，由筏板剪力计算所需筏板厚度，并进行抗冲切验算，还可根据沉降控制、桩基承载力要求对桩位进行调整。将重新确定的筏板厚度和桩位布置再次输入软件计算出实际桩顶反力，以此桩顶反力重新做上面所述计算，直至各条件均满足要求（图23.1.5）。据此确定筏板厚度与布置、桩位布置与桩顶反力、基础沉降与筏板弯曲内力。桩基础的设计计算可采用如图23.1.5的思路和方法。超高层建筑受风荷载与地震作用明显，将在基础引起较大的偏心受力，需对桩的受压或受拉承载力进行验算。

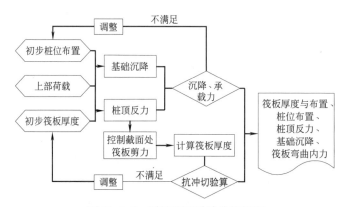

图 23.1.5 群桩基础设计分析框图

（3）计算所需资料

基础平面布置图、桩位图、桩详图、剖面图、底层结构布置图、基础埋深、抗浮工况高水位、承压工况低水位、岩土勘察报告、各工况底层荷载图等。

（4）计算内容

群桩基础设计计算内容为：①基础沉降计算，采用正常使用极限状态下荷载效应准永久组合进行计算；②群桩承载力计算，采用正常使用极限状态下荷载效应标准组合分析群桩受力，验算群桩不同区域的单桩承载力特征值，采用承载能力极限状态下荷载效应基本组合分析群桩受力，验算群桩不同区域的单桩桩身强度；③筏板弯曲内力计算，采用承载能力极限状态下荷载效应基本组合进行计算；④筏板抗冲切和抗剪切验算，采用承载能力极限状态下荷载效应基本组合下的结构荷载和群桩桩顶反力设计值，验算筏板在核心筒（内筒和外筒）荷载下的抗冲切，并验算整个核心筒范围以外边桩对筏板的剪切作用。

3. 基桩竖向承载力确定

单桩竖向极限承载力计算方法一般有静载试验法、原位测试法和经验参数法等。①设计等级为甲级的建筑桩基，应通过单桩静载试验确定单桩竖向极限承载力；②设计等级为乙级的建筑桩基，当地质条件简单时，可参照地质条件相同的试桩资料，结合静力触探等原位测试和经验参数综合确定单桩竖向极限承载力，其余均应通过单桩静载试验确定；③设计等级为丙级的建筑桩基，可根据原位测试和经验参数确定单桩竖向极限承载力。

高层建筑应通过符合实际使用条件的静载荷试验确定单桩的承载力和变形性状，静载荷试验同时成为检验和优化桩基设计的必要环节。应结合试验开展成孔与桩身质量的检测、桩身轴力和变形的量测，得到丰富的试验数据。超高层建筑基础埋深较大，在地面试桩时，宜采用双层钢套管隔离基坑开挖段桩土接触，真实地反映工程桩的实际受力状态。

桩身应进行承载力和裂缝控制计算。计算时应考虑桩身材料强度、成桩工艺、吊运与沉桩、约束条件、环境类别等因素。基桩成桩工艺系数如表 23.1.5 所示。

基桩成桩工艺系数 ϕ_c　　　　　　　　　　　　　　　　　　　　　　　　　　表 23.1.5

桩型	混凝土预制桩	PHC 管桩	干作业非挤土灌注桩	泥浆护壁和套管护壁非挤土灌注桩、部分挤土灌注桩、挤土灌注桩	软土地区挤土灌注桩	钢管桩
ϕ_c	0.75～0.85	0.65～0.85	0.9	0.7～0.8	0.6	0.6～0.75

注：1. 灌注桩竖向承载力设计要求桩身强度和地基土的支承力相匹配，近年来桩端后注浆技术的广泛应用，使地基土对桩的竖向支承力大幅度提高，桩身强度和地基土支承力不协调的问题逐渐产生。对于超高层建筑，由于荷载集度大，也提出了采用高标号水下混凝土的要求。规范规定灌注桩桩身混凝土设计强度等级不宜高于 C35，此外，现行的国家和地方规范通过考虑混凝土工艺系数，对桩身混凝土轴心抗压强度设计值进行折减后确定桩身强度。因此，桩身混凝土等级及工艺系数的选择成为桩基设计中的重要问题之一。随着水下混凝土浇筑工艺的逐渐成熟，越来越多的工程采用更高的桩身混凝土强度等级。如上海世博 500kV 地下变电站工程，一柱一桩立柱桩的混凝土设计强度等级采用 C60。在建天津 117 大厦、上海中心大厦和上海白玉兰广场桩基工程中，试桩皆采用 C50 混凝土、工程桩采用 C45 混凝土，且皆进行了桩身混凝土钻孔取芯强度试验。工程实践表明：灌注桩桩身混凝土可以采用高标号的强度等级，如 C40～C45。在施工质量有可靠保证时，桩身强度工艺系数采用 0.7～0.8 是可行的。但必须在灌注桩施工和检测方面采取相关技术措施，如严格控制灌注桩的成孔质量，防止断桩、缩径、离析等质量问题。加强对灌注桩的成孔质量、钢筋笼的就位、混凝土灌注等工序的管理。为确保灌注桩的成孔质量需要抽检桩径，并对灌注桩进行超声波和动测相结合的桩身质量检测，抽检比例应适当提高。

2. 目前各规范关于预应力管桩桩身强度的计算和成桩工艺系数取值上还存在一些差异，预应力管桩工艺系数取值在 0.55～0.85。部分规范取值不高的原因主要是基于当前预应力管桩应用中存在的一些问题：如部分工程预应力管桩龄期不到便开始沉桩、部分工程受土层条件（硬土或软岩）或沉桩方式（锤击）的影响，导致桩身沉桩过程中混凝土受损；此外，高强度离心混凝土的延性较差不利于软土中的抗震。因此，预应力管桩工艺系数取值应关注桩身出厂质量，并考虑场地条件、施工方式等因素。

3. 应当指出，上述基桩成桩工艺系数均是针对长期荷载作用下的桩身结构强度控制提出的。而试桩时受力状况与工程桩是不一样的，试桩的桩身结构强度控制不可照搬。

4. 桩基沉降计算

高层建筑物的桩基应进行沉降验算，桩基的最终沉降量应符合正常使用极限状态的要求。桩基沉降计算模型可采用基于规范的实体深基础模型或采用考虑桩-基础底板-上部结构刚度的共同作用计算模型。群桩刚度可以采用基于 Mindlin 解的弹性理论法计算，如采用基于应力积分的 Geddes 解或基于位移积分的 Poulos 解进行分析。

群桩基础的沉降及其受力性状与单桩不同，其主要同土质条件、桩距大小、荷载水平、成桩工艺以及承台的设置等因素相关。当桩距小于 6 倍桩径时，可采用实体深基础分层总和法、等效作用分层总和法、以 Mindlin 应力公式为依据的单向压缩分层总和法估算桩基最终沉降量。对于单桩、单排桩、桩中心距大于 6 倍桩径的疏桩基础的沉降计算：桩端平面以下地基中由桩基引起的附加应力，按考虑桩径影响的 Mindlin 解计算确定，采用单向压缩分层总和法计算土层沉降，并计入桩身压缩。各类群桩沉降计算方法特性如表 23.1.6 所示。

桩基沉降计算方法比较 表23.1.6

桩基沉降计算方法		计算要点	特　点
桩距小于6倍桩径	实体深基础分层总和法	1. 将桩基承台、桩群与桩间土作为实体深基础，假定实体基础底面于桩端平面，面积为桩基承台投影面积； 2. 不考虑桩身压缩变形； 3. 一般不计实体深基础侧面摩阻力与应力扩散，实体深基础底面的附加应力取为承台底的附加应力； 4. 桩端以下地基土的附加应力按弹性半空间Boussinesq解确定； 5. 按分层总和法原理计算沉降； 6. 压缩层厚度自桩端全断面算起，算到附加应力等于土的自重应力的20%处； 7. 采用地基土在自重应力至自重应力加附加应力时的压缩模量	1. 该方法计算简便，但不能反映桩的长径比、距径比的影响。但没有考虑桩间土的压缩变形，计算桩端以下地基土中的附加应力时，采用Boussinesq解，这与工程中桩基基础埋深较大的实际情况有差别； 2.《建筑地基基础设计规范》GB 50007—2011有两点细节需关注。其一，在附加应力计算上，上海规范不计实体深基础侧面摩阻力与应力扩散，实体深基础底面的附加应力取为承台底的附加应力；全国地基规范采用了桩身范围的应力不扩散和扩散两种方式，考虑扩散时将承台底面积按桩身穿越土层内摩擦角加权平均值的1/4向下扩散为实体深基础底面面积。其二，在压缩层厚度计算上，压缩层厚度计算采用应变比法，即当前分层土体的压缩沉降小于总沉降的2.5%
	等效作用分层总和法	1. 基本计算要点同实体深基础法； 2. 引入了等效沉降系数来修正	1. 通过等效沉降系数的引入，实质是纳入了按Mindlin位移解计算桩基础沉降时，附加应力及桩群几何参数的影响，以此对不考虑群桩侧面剪应力和应力不扩散实体深基础Boussinesq解进行修正； 2. 该方法考虑了桩距、桩径、桩长等因素，能够综合反映桩基工作性能；改进了实体深基础法附加应力按Boussinesq解计算与实际不符（计算应力偏大）的问题；计算简单方便
	以Mindlin应力公式为依据的单向压缩分层总和法	1. 假定承台是柔性的，桩群中各桩承受的荷载相等； 2. 不考虑桩身压缩变形； 3. 桩端平面以下土中的附加应力按Mindlin-Geddes解求解； 4. 按分层总和法原理计算沉降； 5. 压缩层厚度自桩端全断面算起，算到附加应力等于土的自重应力的10%处	1. Geddes应力解比Boussinesq解更符合桩基础的实际，且能反映桩径、桩长等因素，计算理论较实体深基础更为合理。 2. 但要求假定侧阻力分布，且给出桩端荷载分担比；计算过程较为复杂，对于大量群桩不能手算，需计算机程序进行。 3. 受规范配套的沉降计算经验修正系数取值的限制，应该指出该方法未考虑上部结构刚度调节作用、荷载分布模式等，根据规范公式计算仅能估算建筑物的最终沉降值，不能计算建筑物下各点的实际沉降，不可采用本条公式及配套的沉降计算经验修正系数来估算建筑物下各点不均匀沉降
单桩、单排桩、桩中心距大于6倍桩径的疏桩基础	以考虑桩径的Mindlin解为依据的单向压缩分层总和法	1. 基本计算要点同以Mindlin应力公式为依据的单向压缩分层总和法； 2. 桩端平面以下土中的附加应力按考虑桩径影响的Mindlin解求解； 3. 考虑桩身压缩，用弹性理论计算压缩量 s_s	按考虑桩径影响的Mindlin解，解决了Geddes解在桩中心线上出现应力集中奇异点的问题

23.2　钢筋混凝土预制桩

23.2.1　基本要求及资料

1. 桩型分类。

预制桩分：普通钢筋混凝土桩、预应力混凝土桩；按沉桩方法可分：锤击桩和静压桩；按接桩方法又可分：焊接桩和锚接桩。

2. 适用范围。

宜优先用于：易液化的饱和粉砂、细砂或粉土而用灌注桩难以成孔的软弱地基；进入硬土层较深，穿越硬土层较厚，用灌注桩沉、拔管较困难时；桩基深度范围内存在承压含水层时；周围环境与地质条件允许用锤击法或静压法施工时。

预应力混凝土桩可用于：桩的长径比比较大或承受较大弯矩时；当预制桩要求穿越坚硬土层进入相对

较软弱土层，并选用较重的桩锤，锤击拉应力较大；估计打桩锤击可能>2000 次时。

焊接桩可用于抗震设防烈度为 7～8 度地区和各种地质条件。

锚接桩仅适用于抗震设防烈度小于 7 度地区。

压入法施工的锚接桩，仅适用于抗震设防烈度小于 7 度且土质较软的情况。有较多难以清除的孤石、障碍物，或有 4m 以上难于压入的硬质土层地基不宜采用压桩。

3. 构造要求。

方桩材料要求见表 23.2.1；管桩材料要求见表 23.2.2。

方桩材料要求表   表 23.2.1

钢筋	HPB300 级"φ"钢筋,抗拉强度设计值 f_y＝270N/mm²
	HRB335 级"Φ"钢筋,抗拉强度设计值 f_y＝300N/mm²
吊环	HPB300 级钢筋
主钢筋直径	不小于 Φ 14
纵向钢筋保护层厚度(mm)	200×200、250×250 方桩保护层厚度 25mm,其余截面方桩保护层厚度为 30mm
焊条	HPB300 级钢筋及 Q235B 钢材——用 E43××型
	HRB335 级钢筋——用 E50××型
配筋率%	锤击桩不小于 0.8%,静压桩不小于 0.6%B 组桩不小于 1.0%,C 组桩不小于 1.2%
混凝土强度等级	锤击桩——A 组 C30,B 组用 C30～C40,C 组用 C40～C50静压桩——A 组用 C30,B 组用 C30～C40,C 组用 C40～C50

管桩材料要求表   表 23.2.2

钢材	钢筋	钢筋应采用预应力混凝土用钢棒 SBPDL 1275/1420
	螺旋箍	螺旋箍宜采用冷拔低碳钢丝、低碳钢热轧圆盘条
	性能	端板、桩套箍及钢桩靴应采用可焊性及塑性良好、含碳量有保证的 Q235 钢板
	锚固筋	管桩不设桩端锚固筋,当工程设计或使用认为有必要时,可增设锚固筋
	配筋率	管桩的预应力钢筋应沿其圆周均匀布置,最小配筋率不得低于 0.4%,并不少于 6 根
混凝土	强度等级	管桩混凝土强度等级:PHC 管桩为 C80,PC 桩为 C60
	水泥	水泥宜采用 32.5 级以上的硅酸盐水泥、普通硅酸盐水泥、矿渣硅酸盐水泥、粉煤灰硅酸盐水泥
	细骨料	细骨料宜采用天然硬质中粗砂,细度模数为 2.3～3.4,并不得采用未经淡化的海砂
	粗骨料	粗骨料应采用碎石,粗骨料最大粒径不宜大于 25mm,且应小于等于钢筋净距的 3/4
	外加剂	外加剂严禁使用氯盐类外加剂,宜优先采用高效减水剂
规格	PHC	300mm、400mm、500mm、550mm、600mm、800mm、1000mm
	PC	300mm、400mm、500mm、550mm、600mm
	PTC	300mm、350mm、400mm、450mm、500mm、550mm、600mm

23.2.2 施工规定及资料

1. 制作规定

（1）预制场地必须平整、坚实。

（2）制桩模板宜采用钢模板，模板应具有足够刚度，并应平整，尺寸应准确。

（3）钢筋骨架的主筋连接宜采用对焊和电弧焊，当钢筋直径不小于 20mm 时，宜采用机械接头连接。主筋接头配置在同一截面内的数量，应符合下列规定：当采用对焊或电弧焊时，对于受拉钢筋，不得超过 50%；相邻两根主筋接头截面的距离应大于 $35d_g$（主筋直径），并不应小于 500mm；必须符合现行行业标准《钢筋焊接及验收规程》JGJ 18—2012 和《钢筋机械连接技术规程》JGJ 107—2016 的规定。

（4）重叠法制作预制桩时，桩与邻桩及底模之间的接触面不得粘连；上层桩或邻桩的浇注，必须在下层桩或邻桩的混凝土达到设计强度的 30% 以上时，方可进行；桩的重叠层数不应超过 4 层。

2. 贮运要求

(1)混凝土实心桩的吊运应符合下列规定：混凝土设计强度达到70％及以上方可起吊，达到100％方可运输；桩起吊时应采取相应措施，保证安全平稳，保护桩身质量；水平运输时，应做到桩身平稳放置，严禁在场地上直接拖拉桩体。

(2)预应力混凝土空心桩的吊运时应做出厂检查，其规格、批号、制作日期应符合所属的验收批号内容。

(3)在吊运过程中应轻吊轻放，避免剧烈碰撞；单节桩可采用专用吊钩勾住桩两端内壁直接进行水平起吊；运至施工现场时应进行检查验收，严禁使用质量不合格及在吊运过程中产生裂缝的桩。

(4)预应力混凝土空心桩的堆放应符合下列规定：堆放场地应平整坚实，最下层与地面接触的垫木应有足够的宽度和高度。堆放时桩应稳固，不得滚动；应按不同规格、长度及施工流水顺序分别堆放；当场地条件许可时，宜单层堆放；当叠层堆放时，外径为500～600mm的桩不宜超过4层，外径为300～400mm的桩不宜超过5层；叠层堆放桩时，应在垂直于桩长度方向的地面上设置两道垫木，垫木应分别位于距桩端0.2倍桩长处；底层最外缘的桩应在垫木处用木楔塞紧；垫木宜选用耐压的长木枋或枕木，不得使用有棱角的金属构件。

(5)取桩应符合下列规定：当桩叠层堆放超过2层时，应采用吊机取桩，严禁拖拉取桩；三点支撑自行式打桩机不应拖拉取桩。

3. 吊环规定（方桩）

桩长 $L \leqslant 18m$ 时用两点吊；$L > 18m$ 时，用三点吊；静压桩吊立用一点吊（图23.2.1及图23.2.2）。

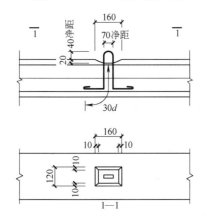

图23.2.1 吊环规定示意图

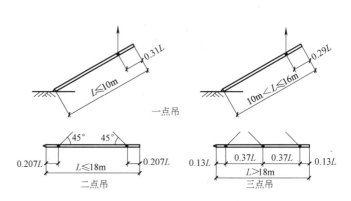

图23.2.2 吊点位置示意图

沉桩施工用三点吊就位之步骤：用2台卷扬机，按图23.2.3安装吊索，然后将桩水平提升至高度

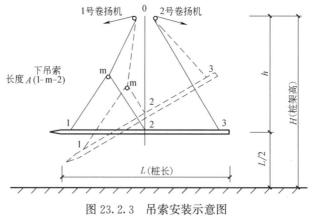

图23.2.3 吊索安装示意图

1，2，3—吊点；m—吊轮

为 $L/2$（L 为桩长）处，即停止 1 号卷扬机，仅开动 2 号卷扬机，收紧 03 索，使桩旋转至垂直，脱下吊索，使桩单点吊在 03 索上，然后进入桩架龙门。吊环钢筋直径选用见表 23.2.3。

吊环钢筋直径选用表（mm）　　　　　　　　　　　表 23.2.3

吊点 桩长(m) 桩截面(mm)	三点吊				二点吊			
	30	27	24	21	18	16	12	10
500×500	32	28	28	25	28	28	22	20
450×450		25	25	22	25	25	20	18
400×400			22	20	22	22	18	16
350×350				18	20	18	16	14
300×300						16	14	14
250×250							14	12
200×200								12

注：1. 重叠法浇筑的桩，被吊环削弱的截面处另加 2φ14，$L=1000\text{mm}$；
　　2. 每个吊环按两个截面计算的吊环应力不应大于 50N/mm^2；
　　3. 表中吊环钢筋按各吊环同时受力考虑；
　　4. 吊环应采用 HPB300 级钢筋制作，严禁采用冷加工钢筋。

4. 吊装与堆放（管桩）

图 23.2.4 为管桩吊装及堆放示意图。

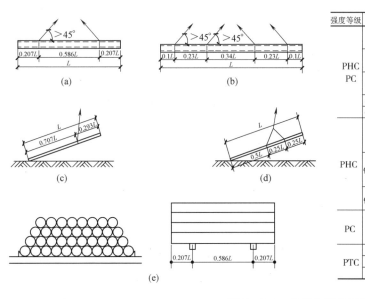

堆放层数(图23.2.4)

强度等级	直径	型号	L<11m	L=12m	L=13m	L=15m	L=16~20m	L=21~25m	L=26~30m
PHC PC	φ300	A	8	6					
		AB	9	9					
	φ400	A	8	8	7				
		AB、B	8	8	8				
	φ500	A	7	7	7	6			
		AB、B	7	7	7	7			
	φ550	A、AB	7	7	7	7			
	φ600	A、AB、B	7	7	7	7			
PHC	φ800	A₁、A₂	5	5	5	5	5	3	2
		AB、B	5	5	5	5	5	5	3
		C	5	5	5	5	5	5	4
	φ1000	A	5	5	5	5	5	5	3
		AB	5	5	5	5	5	5	4
		B	5	5	5	5	5	4	5
	φ1200	A	5	5	5	5	5	5	5
		AB、B	5	5	5	5	5	5	5
PC	φ800	AB	5	5	5	5	5	4	2
		B	5	5	5	5	5	5	3
		C	5	5	5	5	5	5	4
PTC	φ400		8	7	5				
	φ500		7	7	7				
	φ550		7	7	7				

图 23.2.4　吊装与堆放示意图

（a）管桩两点吊运图（管节长≤20m）；（b）管桩四点吊运图（管节长＞20m）；
（c）管桩一点吊立图；（d）管桩二点吊立图；（e）管桩堆放示意图

5. 沉桩顺序

对于密集桩群，自中间向两个方向或四周对称施打；当一侧毗邻建筑物时，由毗邻建筑物处向另一方向施打；根据基础的设计标高，宜先深后浅；根据桩的规格，宜先大后小，先长后短。

6. 接桩规定

桩的连接可采用焊接、法兰连接或机械快速连接（螺纹式、啮合式）。

（1）接桩材料应符合下列规定：

① 焊接接桩：钢板宜采用低碳钢，焊条宜采用 E43；并应符合现行国家标准《钢结构焊接规范》GB 50661—2011 要求。接头宜采用探伤检测，同一工程检测量不得少于 3 个接头；

② 法兰接桩：钢板和螺栓宜采用低碳钢。

（2）采用焊接接桩除应符合现行国家标准《钢结构焊接规范》GB 50661—2011 的有关规定外，尚应符合下列规定：

① 下节桩段的桩头宜高出地面 0.5m；

② 下节桩的桩头处宜设导向箍。接桩时上下节桩段应保持顺直，错位偏差不宜大于 2mm。接桩就位纠偏时，不得采用大锤横向敲打；

③ 桩对接前，上下端板表面应采用铁刷子清刷干净，坡口处应刷至露出金属光泽；

④ 焊接宜在桩四周对称地进行，待上下桩节固定后拆除导向箍再分层施焊；焊接层数不得少于 2 层，第一层焊完后必须把焊渣清理干净，方可进行第二层施焊，焊缝应连续、饱满；

⑤ 焊好后的桩接头应自然冷却后方可继续锤击，自然冷却时间不宜少于 8min；严禁采用水冷却或焊好即施打；

⑥ 雨天焊接时，应采取可靠的防雨措施；

⑦ 焊接接头的质量检查，对于同一工程探伤抽样检验不得少于 3 个接头。

（3）采用机械快速螺纹接桩的操作与质量应符合下列规定：

① 安装前应检查桩两端制作的尺寸偏差及连接件，无受损后方可起吊施工，其下节桩端宜高出地面 0.8m；

② 接桩时，卸下上下节桩两端的保护装置后，应清理接头残物，涂上润滑脂；

③ 应采用专用接头锥度对中，对准上下节桩进行旋紧连接；

④ 可采用专用链条式扳手进行旋紧，臂长 1m 卡紧后人工旋紧再用铁锤敲击板臂，锁紧后两端板尚应有 1～2mm 的间隙。

（4）采用机械啮合接头接桩的操作与质量应符合下列规定：

① 将上下接头板清理干净，用扳手将已涂抹沥青涂料的连接销逐根旋入上节桩Ⅱ型端头板的螺栓孔内，并用钢模板调整好连接销的方位；

② 剔除下节桩Ⅱ型端头板连接槽内泡沫塑料保护块，在连接槽内注入沥青涂料，并在端头板面周边抹上宽度 20mm、厚度 3mm 的沥青涂料；当地基土、地下水含中等以上腐蚀介质时，桩端板板面应满涂沥青涂料；

③ 将上节桩吊起，使连接销与Ⅱ型端头板上各连接口对准，随即将连接销插入连接槽内；

④ 加压使上下节桩的桩头板接触，接桩完成。

7. 打桩规定

桩锤的选用应根据地质条件、桩型、桩的密集程度、单桩竖向承载力及现有施工条件等因素确定，也可参照表 23.2.4。

方桩打桩桩锤选择参考表　　　　　　　　　　　　　表 23.2.4

柴油锤型号	12 号～15 号	18 号～22 号	25 号	32 号～36 号	40 号～50 号	60 号～62 号	72 号	80 号
冲击体质量(t)	1.2 1.5	1.8 2.2	2.5	3.2 3.5 3.6	4.0 4.5 4.6 5.0	6.0 6.2	7.2	8.0

续表

柴油锤型号		12号~15号	18号~22号	25号	32号~36号	40号~50号	60号~62号	72号	80号
锤体总质量(t)		2.7~3.0	4.3~4.7	5.6~6.2	7.2~8.2	9.2~11.0	12.5~15.0	18.4	17.4~20.5
常用冲程(m)		1.2~1.5	1.5~2.0	1.5~2.2	1.6~3.2	1.8~3.2	1.9~3.6	1.8~2.5	2.0~3.4
适用的预制方桩的边长(mm)		200~250	250~300	250~300	300~400	350~450	450~500	500	500
黏性土	一般进入深度(m)	1.5~2.0	1.5~2.5	1.5~2.5	2~3	2.5~3.5	3~4	3~5	5~6
	桩尖可达到静力触探 P_s 平均值(MPa)	2~3	3~4	4	5	≥5	≥5	≥5	≥10
砂土	一般进入深度(m)	0.5~1.5	0.5~2.0	0.5~1.5	1~2	1.5~2.5	2~3	2.5~3.5	4~5
	桩尖可达到标贯击数 N	15~20	15~20	20~30	30~40	40~45	45~50	50	>50
岩石(软质)	桩尖可进入深度(m) 强风化			0.5	0.5~1	1~1.5	1.5~2.5	2~3	3~5
	中风化				表层	表层	0.5~1	1~1.5	1~2
锤的常用控制贯入度(mm/10击)		20~50	20~50	20~40	20~50	20~50	20~50	30~70	30~80

注：1. 桩锤选用应根据工程地质条件、单桩竖向承载力特征值、入土深度、桩身强度、锤击能量，遵循重锤低击的原则，并结合地区经验等因素综合考虑后选用；

2. 本表仅供选择锤重，不能作为确定贯入度和单桩承载力的依据；

3. 本表适用于 20~60m 长的桩，且桩端进入硬土层一定深度；

4. 标准贯入度 N 值等于未修正的数值，并采用自动脱钩。

管桩锤击法沉桩机械通常采用柴油锤、液压锤，不宜采用自由落锤打桩机。柴油锤选择见表 23.2.5，桩架高度参考表 23.2.6。

管桩打桩桩锤选择参考表 表 23.2.5

项目 \ 柴油锤型号	25号	32号~36号	40号~50号	60号~62号	72号	80号
冲击体质量(t)	2.5	3.2、3.5、3.6	4.0、4.5、4.6、5.0	6.0、6.2	7.2	8.0
锤体总质量(t)	5.6~6.2	7.2~8.2	9.2~11.0	12.5~15.0	18.4	17.4~20.5
常用冲程(m)	1.5~2.2	1.6~3.2	1.8~3.2	1.9~3.6	1.8~2.5	2.0~3.4
适用的管桩的规格(mm)	φ300	φ300~φ400	φ400~φ500	φ500~φ600	φ550~φ600	φ600~φ800
桩尖可进入的岩土层	密实砂层、坚硬土层、全风化岩	密实砂层、坚硬土层、强风化岩	强风化岩	强风化岩	强风化岩	强风化岩
锤的常用控制贯入度(mm/10击)	20~40	20~50	20~50	20~50	30~70	30~80
单桩竖向承载力设计值适用范围(kN)	600~1200	800~1600	1300~2400	1800~3300	2200~3800	2600~4500

注：1. 桩锤应根据工程地质条件、单桩竖向承载力设计值、桩的规格及入土深度等因素选用，选用时应遵循重锤低击的原则；

2. 本表仅供选锤参考，不能作为设计确定贯入度和承载力的依据；

3. 本表适用于桩长为 16~60m 且桩尖进入硬土层一定深度的情况，不适用于桩尖处于软土层的情况；

4. 当岩石为变质片麻花岩时，桩尖进入强风化岩深度不宜小于 0.5m。

锤击桩桩架高度参考表　　　　　　　　　　　　　表 23.2.6

单根桩长(m)	桩架高度(m)	单根桩长(m)	桩架高度(m)	单根桩长(m)	桩架高度(m)
≤24	≥30	≤27	≥34	≤30	≥40

（1）施打规定

① 桩身混凝土强度必须达到100%；

② 桩帽或送桩帽与桩周围的间隙应为5～10mm；

③ 锤与桩帽、桩帽与桩之间应加设硬木、麻袋、草垫等弹性衬垫；

④ 桩锤、桩帽或送桩帽应和桩身在同一中心线上；

⑤ 桩插入时的垂直度偏差不得超过0.5%。

（2）停锤原则

① 当桩端位于一般土层时，应以控制桩端设计标高为主，贯入度为辅；

② 桩端达到坚硬、硬塑的黏性土、中密以上粉土、砂土、碎石类土及风化岩时，应以贯入度控制为主，桩端标高为辅；

③ 贯入度已达到设计要求而桩端标高未达到时，应继续锤击3阵，并按每阵10击的贯入度不应大于设计规定的数值确认，必要时，施工控制贯入度应通过试验确定；

④ 当遇到贯入度剧变，桩身突然发生倾斜、位移或有严重回弹、桩顶或桩身出现严重裂缝、破碎等情况时，应暂停打桩，并分析原因，采取相应措施。

8. 压桩规定

（1）静力压桩宜选择液压式和绳索式压桩工艺；宜根据单节桩的长度选用顶压式液压压桩机和抱压式液压压桩机。选择压桩机的参数应包括下列内容。

① 压桩机型号、桩机质量（不含配重）、最大压桩力等（见表23.2.7及表23.2.8）；

② 压桩机的外形尺寸及拖运尺寸；

③ 压桩机的最小边桩距及最大压桩力；

④ 长、短船型履靴的接地压强；

⑤ 夹持机构的形式；

⑥ 液压油缸的数量、直径，率定后的压力表读数与压桩力的对应关系；

⑦ 吊桩机构的性能及吊桩能力。

压桩机型号选择参考表　　　　　　　　　　　　　表 23.2.7

项目 ＼ 压桩机型号	100	160～180	240～280	300～360	400～460	500～600	800～900
最大压桩力(kN)	900	1500～1700	2300～2700	2800～3400	3700～4300	4500～5500	7500～8000
适用预制方桩的边长(mm)	200～350	250～400	300～450	350～500	400～500	450～500	500
单桩极限承载力(kN)	300～1000	1000～2000	1700～3000	2100～3800	2800～4600	3500～5500	4000～6000
桩端持力层	稍密～中密砂层、硬塑～坚硬黏土层	中密～密实砂层、硬塑～坚硬黏土层、残积土层	密实砂层、坚硬黏土层、全风化岩层	密实砂层、坚硬黏土层、全风化岩层	密实砂层、坚硬黏土层、卵石层、全风化岩层、强风化岩层	密实砂层、坚硬黏土层、卵石层、全风化岩层、强风化岩层	密实砂层、坚硬黏土层、卵石层、全风化岩层、强风化岩层
桩端持力层标贯击数 N(击数)	10～20	20～25	20～35	30～40	30～50	30～55	30～55
进入中密～密实砂层厚度(m)	约2	约2	2～3	2～3	2～4	3～5	3～6

注：压桩机根据工程地质条件、单桩极限承载力、入土深度及桩身强度并结合地区经验等因素综合考虑后选用。

静力压桩选择参考表 表23.2.8

压桩机型号 项目	160~180	240~280	300~380	400~460	500~560
最大压桩力(kN)	1500~1700	2300~2700	2800~3600	3700~4300	4500~5500
适用的管桩的规格(mm)	$\phi300\sim\phi400$	$\phi300\sim\phi500$	$\phi400\sim\phi500$	$\phi400\sim\phi550$	$\phi500\sim\phi600$
单桩极限承载力(kN)	1000~2000	1700~3000	2100~3800	2800~4600	3500~5500
桩尖可进入的岩土层	中密~密实砂层、硬塑~坚硬黏土层、残挤土层	密实砂层、坚硬黏土层、全风化岩层	密实砂层、坚硬黏土层、全风化岩层	密实砂层、坚硬黏土层、全风化岩层、强风化岩层	密实砂层、坚硬黏土层、全风化岩层、强风化岩层
桩端持力层标贯值(N)	20~25	20~35	30~40	30~50	30~55
穿透中密、密实砂层(m)	约2	2~3	3~4	5~6	5~8

（2）压桩施工要求。

压桩机提供的最大压桩力应大于考虑群桩挤密效应的最大压桩动阻力，还应小于压桩机的机架重量和配重之和的0.8倍，不得在浮机状态下施工。压桩过程中的最大压桩力值应严格按设计要求控制，或根据试桩时的确定值执行，不宜大于桩身结构竖向承载力设计值的1.5倍。

抱压式液压压桩机的夹持机构应能全断面抱紧桩截面，且不夹伤桩身混凝土。夹持机构中夹具应避开桩身两侧合缝的位置。采用顶压式桩机时，桩帽或送桩器与桩之间应加设弹性衬垫。

静压法施工沉桩速度不宜大于2m/min。压桩宜连续一次性将桩压到设计标高，缩短中间停顿时间，避免桩端停留在砂（碎石、卵石）土层或桩端接近设计持力层时进行接桩。

静压桩应配备专用送桩器，严禁采用工程用桩作为送桩器。送桩器的横截面外周形状应与所压桩相一致，下端应设置套筒，套筒深度应为300~350mm，内径应比管桩外径大20~30mm，器身的弯曲度不得大于送桩器长度的1‰；送桩器下端面应设置排气孔，使管桩内腔与外界相通。

终压控制标准可根据下列原则综合确定：①终压标准应根据设计要求、试压桩情况、桩端进入持力层情况及压桩动阻力等因素，结合静载荷试验情况综合确定；②摩擦桩与端承摩擦桩以终压力控制为主，桩端标高控制为辅；③当终压力值受到各种条件的限制而达不到根据当地经验预估值时，宜根据静载试验情况确定单桩竖向承载力特征值的取值，不得任意增加复压次数。

当压桩力已达到终压力或桩端已到达持力层时应进行稳压，以终压力连续复压3~5次。稳压时间当压桩力小于3000kN时不宜超过10s，当压桩力大于3000kN时不宜超过5s。

23.2.3 钢筋混凝土方桩图例与实例

1. 一般要求：材料要求见表23.2.1
2. 桩身配筋与力学性能
（1）锤击法施工焊接方桩
① 钢筋混凝土锤击桩配筋及力学性能见表23.2.9。
② 钢筋混凝土锤击桩按裂缝宽度限值控制的桩身轴心抗拉力（kN）及配筋见表23.2.10。
③ 锤击法施工焊接方桩如图23.2.5所示。
（2）静压法施工焊接方桩
① 钢筋混凝土静压桩配筋及力学性能见表23.2.11。
② 静压法施工方桩见图23.2.6示意。

表 23.2.9

钢筋混凝土锤击桩配筋及力学性能表

桩编号	桩截面 B×B	分组	混凝土强度等级	L≤10 ①	L≤10 ②	10<L≤12 ①	10<L≤12 ②	12<L≤16 ①	12<L≤16 ②	16<L≤18 ①	16<L≤18 ②	18<L≤21 ①	18<L≤21 ②	21<L≤24 ①	21<L≤24 ②	24<L≤27 ①	24<L≤27 ②	27<L≤30 ①	27<L≤30 ②	螺旋箍筋 ③	桩身轴心受压承载力设计值 N(kN)
ZH-200×-×××	200×200	A	≥C30	4Φ14	—	—	—	—	—	—	—	—	—	—	—	—	—	—	—	φ6	429
		B	C30~C40	4Φ14	—	—	—	—	—	—	—	—	—	—	—	—	—	—	—	φ6	429~573
ZH-250×-×××	250×250	A	≥C30	4Φ14	—	4Φ16	—	—	—	—	—	—	—	—	—	—	—	—	—	φ6	670
		B	C30~C40	4Φ16	—	4Φ16	—	—	—	—	—	—	—	—	—	—	—	—	—	φ6	670~895
ZH-300×-×××	300×300	A	≥C30	4Φ14	4Φ14	4Φ14	4Φ14	4Φ20(4Φ16)	4Φ18(4Φ16)	—	—	—	—	—	—	—	—	—	—	φ6	965
		B	C30~C40	4Φ14	4Φ14	4Φ14	4Φ14	4Φ20(4Φ16)	4Φ18(4Φ16)	—	—	—	—	—	—	—	—	—	—	φ6	965~1289
		C	C40~C50	4Φ14	4Φ14	4Φ14	4Φ14	4Φ20	4Φ18	—	—	—	—	—	—	—	—	—	—	φ6	1289~1559
ZH-350×-×××	350×350	A	≥C30	4Φ16	4Φ14	4Φ16	4Φ14	4Φ22(4Φ18)	4Φ20(4Φ18)	4Φ18(4Φ16)	4Φ18(4Φ16)	4Φ16	4Φ14	—	—	—	—	—	—	φ6	1314
		B	C30~C40	4Φ16	4Φ14	4Φ16	4Φ14	4Φ22(4Φ18)	4Φ20(4Φ18)	4Φ18(4Φ16)	4Φ18(4Φ16)	4Φ16	4Φ16	—	—	—	—	—	—	φ6	1314~1755
		C	C40~C50	4Φ16	4Φ16	4Φ16	4Φ16	4Φ22	4Φ20	4Φ16	4Φ16	4Φ16	4Φ16	—	—	—	—	—	—	φ8	1755~2122
ZH-400×-×××	400×400	A	≥C30	4Φ16	4Φ14	4Φ18	4Φ16	4Φ22(4Φ20)	4Φ20(4Φ18)	4Φ20(4Φ18)	4Φ18	4Φ20	4Φ18	4Φ25	4Φ22	—	—	—	—	φ6	1716
		B	C30~C40	4Φ18	4Φ16	4Φ18	4Φ16	4Φ22(4Φ20)	4Φ20(4Φ18)	4Φ20(4Φ18)	4Φ18(4Φ16)	4Φ20(4Φ18)	4Φ18(4Φ16)	4Φ22	4Φ20	—	—	—	—	φ8	1716~2292
		C	C40~C50	4Φ18	4Φ18	4Φ18	4Φ18	4Φ22	4Φ20	4Φ20	4Φ18	4Φ20	4Φ18	4Φ22	4Φ20	—	—	—	—	φ8	2292~2772
ZH-450×-×××	450×450	A	≥C30	4Φ18	4Φ16	4Φ25(4Φ22)	4Φ22(4Φ20)	4Φ25(4Φ22)	4Φ22(4Φ20)	4Φ20(4Φ18)	4Φ18	4Φ20(4Φ18)	4Φ20	4Φ25	4Φ22	4Φ25	4Φ22	—	—	φ8	2172
		B	C30~C40	4Φ25(4Φ22)	4Φ22(4Φ20)	4Φ25(4Φ22)	4Φ22(4Φ20)	4Φ25(4Φ20)	4Φ22(4Φ20)	4Φ20(4Φ18)	4Φ18	4Φ22(4Φ20)	4Φ20(4Φ18)	4Φ25(4Φ22)	4Φ22(4Φ20)	4Φ25(4Φ22)	4Φ22(4Φ20)	—	—	φ8	2172~2901
		C	C40~C50	4Φ25(4Φ22)	4Φ22(4Φ20)	4Φ25(4Φ22)	4Φ22(4Φ20)	4Φ25	4Φ22	4Φ20	4Φ18	4Φ22(4Φ20)	4Φ20(4Φ18)	4Φ25(4Φ22)	4Φ22(4Φ20)	4Φ25(4Φ22)	4Φ22(4Φ20)	—	—	φ8	2901~3508
ZH-500×-×××	500×500	A	≥C30	4Φ25(4Φ22)	4Φ22(4Φ20)	4Φ25(4Φ22)	4Φ22(4Φ20)	4Φ25(4Φ22)	4Φ22(4Φ20)	4Φ22(4Φ20)	4Φ20	4Φ22(4Φ20)	4Φ20	4Φ25(4Φ22)	4Φ22	4Φ25(4Φ22)	4Φ22	4Φ32	4Φ28(4Φ25)	φ8	2681
		B	C30~C40	4Φ25(4Φ22)	4Φ22(4Φ20)	4Φ25(4Φ22)	4Φ22(4Φ20)	4Φ25(4Φ22)	4Φ22(4Φ20)	4Φ22(4Φ20)	4Φ20	4Φ22(4Φ20)	4Φ20	4Φ25(4Φ22)	4Φ22(4Φ20)	4Φ25(4Φ22)	4Φ22(4Φ20)	4Φ28(4Φ25)	4Φ28(4Φ25)	φ8	2681~3581
		C	C40~C50	4Φ25(4Φ22)	4Φ22(4Φ20)	4Φ25	4Φ22	4Φ25	4Φ22	4Φ22	4Φ22	4Φ22	4Φ22	4Φ25	4Φ22	4Φ25	4Φ22	4Φ32	4Φ28(4Φ25)	φ8	3581~4331

注：1. （ ）内配筋用于起吊阶段控制最大裂缝控制最大裂缝限值为 0.3mm，其余用于起吊阶段控制最大裂缝宽度限值为 0.2mm。

2. 如现场沉桩施工时需调整起吊方式，设计人员应通过计算调整配筋，并满足足规范要求。

3. 本表中桩型的混凝土强度等级为该混凝土强度范围值，较低的混凝土强度对应较小的承载力值；较高的混凝土强度对应较大的的承载力值。

4. 本表中桩身轴心受压承载力未计入受压钢筋的作用，其承载力亦为该范围值。

5. 对于中桩身 L>18m 桩型，配筋参照本表内配筋，桩身结构参照《预制混凝土方桩》20G361 第 30 页～第 31 页进行现场制作。

钢筋混凝土锤击桩桩身轴心抗拉力及桩顶钢筋网片 W-1、W-2 尺寸表　　表 23.2.10

桩编号	桩截面 B×B	分组	混凝土强度等级	L≤10 $N_{0.2}$	L≤10 $N_{0.3}$	10<L≤12 $N_{0.2}$	10<L≤12 $N_{0.3}$	12<L≤16 $N_{0.2}$	12<L≤16 $N_{0.3}$	16<L≤18 $N_{0.2}$	16<L≤18 $N_{0.3}$	18<L≤21 $N_{0.2}$	18<L≤21 $N_{0.3}$	21<L≤24 $N_{0.2}$	21<L≤24 $N_{0.3}$	24<L≤27 $N_{0.2}$	24<L≤27 $N_{0.3}$	27<L≤30 $N_{0.2}$	27<L≤30 $N_{0.3}$	桩截面 B×B	组别	钢筋	α(mm)	n	m(mm)
ZH-200×-×××	200×200	A	≥C30	106	136	—	—	—	—	—	—	—	—	—	—	—	—	—	—	200×200	A	φ8	150	3	43.3
		B	C30~C40	106	136	—	—	—	—	—	—	—	—	—	—	—	—	—	—		B	φ10	150	3	43.3
ZH-250×-×××	250×250	A	≥C30	119	142	139	171	—	—	—	—	—	—	—	—	—	—	—	—	250×250	A	φ8	200	4	45
		B	C30~C40	139	171	139	171	—	—	—	—	—	—	—	—	—	—	—	—		B	φ10	200	4	45
ZH-300×-×××	300×300	A	≥C30	211	263	211	263	252	324	—	—	—	—	—	—	—	—	—	—	300×300	A	φ8	240	4	55
		B	C30~C40	211	263	211	263	252	324	—	—	—	—	—	—	—	—	—	—		B	φ10	240	4	55
		C	C40~C50	231	283	231	283	349	459	—	—	—	—	—	—	—	—	—	—		C	φ10	240	4	55
ZH-350×-×××	350×350	A	≥C30	233	277	233	277	290	362	269	331	233	277	—	—	—	—	—	—	350×350	A	φ8	290	5	54
		B	C30~C40	251	303	251	303	290	362	269	331	233	277	—	—	—	—	—	—		B	φ10	290	5	54
		C	C40~C50	294	354	294	354	413	532	360	453	294	354	—	—	—	—	—	—		C	φ10	290	5	54
ZH-400×-×××	400×400	A	≥C30	265	313	265	313	352	433	312	373	265	313	312	373	—	—	—	—	400×400	A	φ8	340	6	53.3
		B	C30~C40	294	345	294	345	352	433	312	373	294	345	312	373	—	—	—	—		B	φ10	340	6	53.3
		C	C40~C50	367	437	367	437	435	540	388	469	367	437	388	469	—	—	—	—		C	φ10	340	6	53.3
ZH-450×-×××	450×450	A	≥C30	331	388	331	388	401	481	362	423	331	388	362	423	423	515	—	—	450×450	A	φ8	390	7	52.8
		B	C30~C40	362	423	362	423	401	481	362	423	362	423	362	423	423	515	—	—		B	φ10	390	7	52.8
		C	C40~C50	447	527	447	527	531	653	447	527	447	527	447	527	531	653	—	—		C	φ10	390	7	52.8
ZH-500×-×××	500×500	A	≥C30	457	537	457	537	457	537	403	469	365	427	403	469	478	568	592	740	500×500	A	φ8	440	8	52.5
		B	C30~C40	457	537	457	537	457	537	437	508	437	508	437	508	478	568	592	740		B	φ10	440	8	52.5
		C	C40~C50	569	677	569	677	569	677	534	624	534	624	534	624	606	732	760	964		C	φ10	440	8	52.5

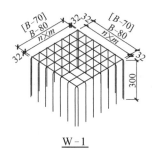

W-1

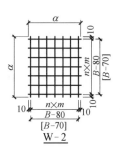

W-2

注：1. 本表所示均为满足最大裂缝宽度限值的前提下，按荷载效应准永久组合计算的桩身最大轴心抗拉力。当拉力组合值大于表内所列的数值时，则应另行验算配筋和接头。

2. 本表依照本图集中各组别单节桩的较小配筋结果计算所得。本图集中桩接头处的抗拉承载力均不小于相应桩身抗拉承载力，当设计人员改变桩身配筋或接头构造时，应另行验算。

3. $N_{0.2}$ 表示正常使用阶段满足最大裂缝宽度限值为 0.2mm 的桩身轴心抗拉力允许设计值；$N_{0.3}$ 表示正常使用阶段满足最大裂缝宽度限值为 0.3mm 的桩身轴心抗拉力允许设计值。

4. 本表按照现行国家标准《混凝土结构设计规范》GB 50010—2010（2015 年版）中的规定计算。

5. 桩顶钢筋网片尺寸表中 n 为网筋等分数，m 为网筋间距。

6. ［ ］括号内数值用于 B＝200 及 250 方桩。

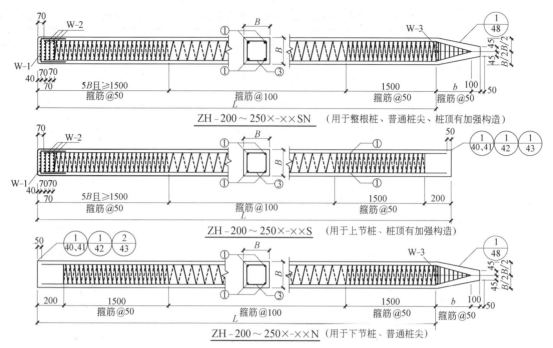

图 23.2.5 锤击法施工焊接方桩示意图

注：1. 本图适用于截面 200×200 单节桩长≤10m、截面 250×250 单节桩长≤12m 的方桩。用于分节桩时，在制作桩时按桩处需增设接桩构造。

2. ①、③号筋详见第 26 页。

3. 桩顶网片 W-1、W-2 详见第 27 页，桩尖网片 W-3 详见第 48 页。

4. 截面为 200×200 方桩接桩处采用钢帽"丙"或"丁"，截面为 250×250 方桩接桩处钢帽可根据沉桩条件由设计人员确定采用钢帽"乙"或"丙"或"丁"。

5. 本图中 L 为设计选用单节桩长（不包括桩尖部分）。

6. 方桩焊接法接桩构造详见第 40 页～第 42 页 2 节点，销接法接桩构造详见第 44 页 3 节点。

7. 以上详见页码引自《预制混凝土方桩》20G361。

钢筋混凝土静压桩配筋及力学性能表和桩顶钢筋网片 W-5 尺寸表   表 23.2.11

桩编号	桩截面 B×B	分组	混凝土强度等级	纵向主筋①+②						螺旋箍筋③	桩身轴心受压承载力设计值 N(kN)	桩截面 B×B	组别	钢筋	α(mm)	n	m(mm)
				L≤10		10<L≤12		12<L≤16									
				①	②	①	②	①	②								
AZH-200×-×××	200×200	A	≥C30	4Φ14	—	—	—	—	—	Φ6	429	200×200	A	Φ6	150	3	43.3
		B	C30～C40	4Φ14	—	—	—	—	—	Φ6	429～573		B	Φ6	150	3	43.3
AZH-250×-×××	250×250	A	≥C30	4Φ14	—	4Φ16	—	—	—	Φ6	670	250×250	A	Φ6	200	4	45
		B	C30～C40	4Φ16	—	4Φ16	—	—	—	Φ6	670～895		B	Φ6	200	4	45
AZH-300×-×××	300×300	A	≥C30	4Φ14	—	4Φ14	4Φ14	4Φ20(4Φ16)	4Φ18(4Φ16)	Φ6	965	300×300	A	Φ6	240	4	55
		B	C30～C40	4Φ14	4Φ14	4Φ14	4Φ14	4Φ20(4Φ16)	4Φ18(4Φ16)	Φ6	965～1289		B	Φ6	240	4	55
		C	C40～C50	4Φ14	4Φ14	4Φ14	4Φ14	4Φ20	4Φ18	Φ6	1289～1559		C	Φ6	240	4	55
AZH-350×-×××	350×350	A	≥C30	4Φ16	—	4Φ14	4Φ14	4Φ22(4Φ18)	4Φ20(4Φ16)	Φ6	1314	350×350	A	Φ6	290	5	54
		B	C30～C40	4Φ16	4Φ14	4Φ16	4Φ14	4Φ22(4Φ18)	4Φ20(4Φ16)	Φ6	1314～1755		B	Φ6	290	5	54
		C	C40～C50	4Φ16	4Φ16	4Φ16	4Φ16	4Φ22	4Φ20	Φ8	1755～2122		C	Φ6	290	5	54
AZH-400×-×××	400×400	A	≥C30	4Φ18	—	4Φ16	4Φ14	4Φ22(4Φ20)	4Φ20(4Φ18)	Φ6	1716	400×400	A	Φ6	340	6	53.3
		B	C30～C40	4Φ18	4Φ16	4Φ16	4Φ16	4Φ22(4Φ20)	4Φ20(4Φ18)	Φ8	1716～2292		B	Φ6	340	6	53.3
		C	C40～C50	4Φ18	4Φ18	4Φ18	4Φ18	4Φ22	4Φ20	Φ8	2292～2772		C	Φ6	340	6	53.3

续表

桩编号	桩截面 B×B	分组	混凝土强度等级	纵向主筋①+② L≤10 ①	②	10<L≤12 ①	②	12<L≤16 ①	②	螺旋箍筋③	桩身轴心受压承载力设计值 N(kN)	桩截面 B×B	组别	钢筋	α(mm)	n	m(mm)
AZH-450×-×××	450×450	A	≥C30	4Φ20	—	4Φ18	4Φ16	4Φ25(4Φ20)	4Φ22(4Φ20)	Φ8	2172	450×450	A	Φ6	390	7	52.8
		B	C30~C40	4Φ18	4Φ18	4Φ18	4Φ18	4Φ25(4Φ20)	4Φ22(4Φ20)	Φ8	2172~2901		B	Φ6	390	7	52.8
		C	C40~C50	4Φ20	4Φ20	4Φ20	4Φ20	4Φ25	4Φ22	Φ8	2901~3508		C	Φ6	390	7	52.8
AZH-500×-×××	500×500	A	≥C30	4Φ22	—	4Φ18	4Φ16	4Φ25(4Φ22)	4Φ22(4Φ22)	Φ8	2681	500×500	A	Φ6	440	8	52.5
		B	C30~C40	4Φ20	4Φ20	4Φ20	4Φ20	4Φ25(4Φ22)	4Φ22(4Φ22)	Φ8	2681~3581		B	Φ6	440	8	52.5
		C	C40~C50	4Φ22	4Φ22	4Φ22	4Φ22	4Φ25	4Φ22	Φ8	3581~4331		C	Φ6	440	8	52.5

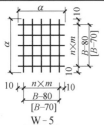

W—5

[ ]括号内数值用于B=200及250方桩

注：1.（ ）内配筋用于起吊阶段最大裂缝宽度限值为 0.3mm，其余用于起吊阶段最大裂缝宽度限值为 0.2mm。
2.如现场沉桩施工时调整起吊方式，设计人员应通过计算调整配筋，并满足规范要求。
3.表中承载力为范围值时，较低的承载力对应较低的混凝土强度；较高的承载力对应较高的混凝土强度。
4.本表中桩身结构轴心受压承载力未计入受压钢筋的作用。
5.当接桩用于抗拔时，应按分节桩配筋和接头强度重新复核桩的抗拔承载力。
6.桩顶钢筋网片尺寸表中 n 为网筋等分数，m 为网筋间距。

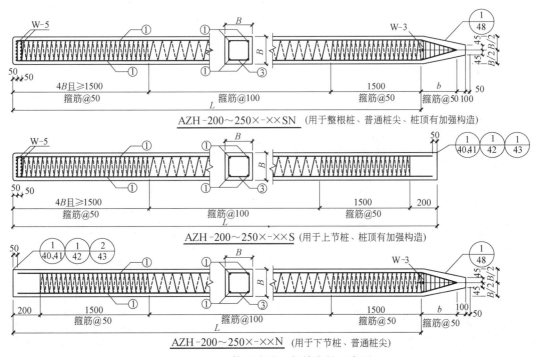

图 23.2.6 静压法施工焊接方桩示意图

注：1.本图适用于截面 200×200 单节桩长≤10m、截面为 250×250 单节桩长≤12m 的方桩。当用于分节桩时，接桩处在制作桩时需增设接桩构造。
2.1、3 号筋详见第 32 页。
3.桩顶网片 W-5 详见第 32 页，桩尖网片 W-3 详见第 48 页。
4.截面为 200×200 方桩接桩处采用钢帽"丙"或"丁"，截面为 250×250 方桩接桩处钢帽可根据沉桩条件由设计人员确定采用钢帽"乙"或"丙"或"丁"。
5.本图中 L 为设计选用单节桩长（不包括桩尖部分）。
6.方桩焊接法接桩构造详见第 40 页～第 42 页 2 节点，销接法接桩构造详见第 44 页 3 节点。
7.以上详见页码均引自《预制混凝土方桩》20G361。

3. 桩身连接接头构造图

(1) 甲型焊接法钢帽及连接件（图23.2.7）

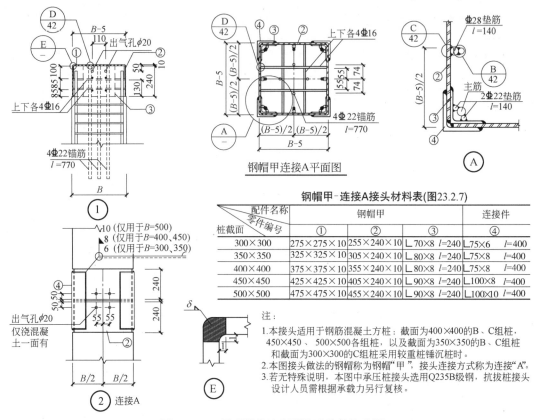

钢帽甲连接A平面图

钢帽甲－连接A接头材料表(图23.2.7)

配件名称 零件编号 桩截面	钢帽甲			连接件
	①	②	③	④
300×300	275×275×10	255×240×10	∟70×8 *l*=240	∟75×6 *l*=400
350×350	325×325×10	305×240×10	∟80×8 *l*=240	∟75×8 *l*=400
400×400	375×375×10	355×240×10	∟80×8 *l*=240	∟75×8 *l*=400
450×450	425×425×10	405×240×10	∟90×8 *l*=240	∟100×8 *l*=400
500×500	475×475×10	455×240×10	∟90×8 *l*=240	∟100×10 *l*=400

注:
1. 本接头适用于钢筋混凝土方桩：截面为400×400的B、C组桩，450×450、500×500各组桩，以及截面为350×350的B、C组桩和截面为300×300的C组桩采用较重桩锤沉桩时。
2. 本图接头做法的钢帽称为钢帽"甲"，接头连接方式称为连接"A"。
3. 若无特殊说明，本图中承压桩接头选用Q235B级钢，抗拔桩接头设计人员需根据承载力另行复核。

图23.2.7 甲型焊接法钢帽及连接件构造图

(2) 乙型焊接法钢帽及连接件（图23.2.8）

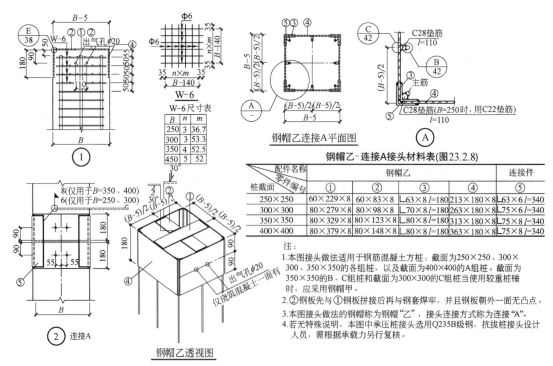

钢帽乙连接A平面图

钢帽乙－连接A接头材料表(图23.2.8)

配件名称 零件编号 桩截面	钢帽乙				连接件
	①	②	③	④	⑤
250×250	60×229×8	60×83×8	∟63×8 *l*=180	213×180×8	∟63×6 *l*=340
300×300	80×279×8	80×98×8	∟70×8 *l*=180	263×180×8	∟75×6 *l*=340
350×350	80×329×8	80×123×8	∟80×8 *l*=180	313×180×8	∟75×8 *l*=340
400×400	80×379×8	80×148×8	∟80×8 *l*=180	363×180×8	∟75×8 *l*=340

注:
1. 本图接头做法适用于钢筋混凝土方桩：截面为250×250、300×300、350×350的各组桩，以及截面为400×400的A组桩。截面为350×350的B、C组桩和截面为300×300的C组桩当使用较重桩锤时，应采用钢帽甲。
2. 钢板先与①板拼接后再与钢套焊牢，并且钢板朝外一面无凸点。
3. 本图接头做法的钢帽称为钢帽"乙"，接头连接方式称为连接"A"。
4. 若无特殊说明，本图中承压桩接头选用Q235B级钢，抗拔桩接头设计人员，需根据承载力另行复核。

钢帽乙透视图

图23.2.8 乙型焊接法钢帽及连接件构造图

(3) 丙型焊接法钢帽及连接件（图23.2.9）

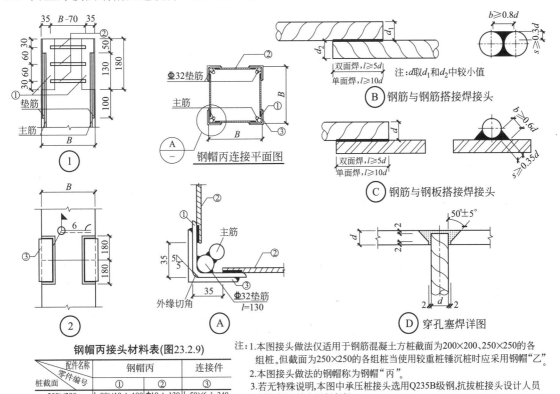

钢帽丙接头材料表(图23.2.9)

配件名称 / 零件编号 / 桩截面	钢帽丙		连接件
	①	②	③
200×200	∟90×10 l=180	Φ10 l=130	∟50×6 l=340
250×250	∟90×10 l=180	Φ10 l=180	∟50×6 l=340

注：1. 本图接头做法仅适用于钢筋混凝土方桩截面为200×200、250×250的各组桩。但截面为250×250的各组桩当使用较重桩锤沉桩时应采用钢帽"乙"。
2. 本图接头做法的钢帽称为钢帽"丙"。
3. 若无特殊说明，本图中承压桩接头选用Q235B级钢，抗拔桩接头设计人员需根据承载力另行复核。

图 23.2.9　丙型焊接法钢帽及连接件构造图

(4) 丁型销接法钢帽及连接件（图23.2.10）

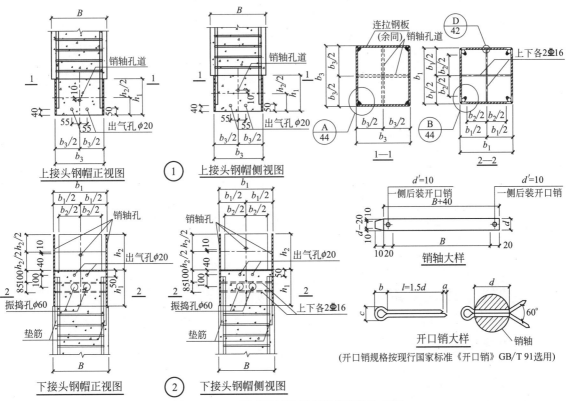

图 23.2.10　丁型销接法钢帽及连接件构造图

4. 桩尖构造图（图 23.2.11）

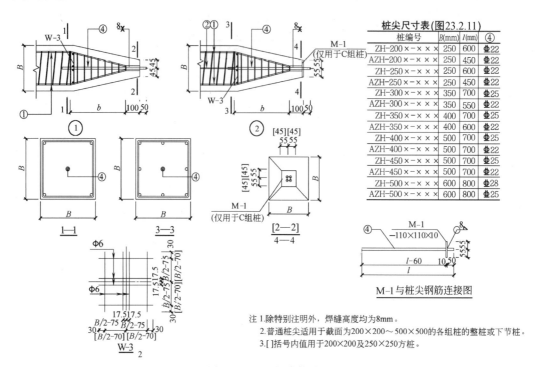

桩尖尺寸表(图23.2.11)			
桩编号	B(mm)	l(mm)	④
ZH-200×-×××	250	600	Φ22
AZH-200×-×××	250	450	Φ22
ZH-250×-×××	250	600	Φ22
AZH-250×-×××	250	450	Φ22
ZH-300×-×××	350	700	Φ25
AZH-300×-×××	350	550	Φ22
ZH-350×-×××	400	700	Φ25
AZH-350×-×××	400	600	Φ22
ZH-400×-×××	500	700	Φ25
AZH-400×-×××	500	700	Φ22
ZH-450×-×××	500	700	Φ25
AZH-450×-×××	500	700	Φ22
ZH-500×-×××	600	800	Φ28
AZH-500×-×××	600	800	Φ25

注 1.除特别注明外,焊缝高度均为8mm。
　2.普通桩尖适用于截面为200×200～500×500的各组桩的整桩或下节桩。
　3.[ ]括号内值用于200×200及250×250方桩。

图 23.2.11 桩尖构造图

5. 与承台连接接头构造（图 23.2.12）

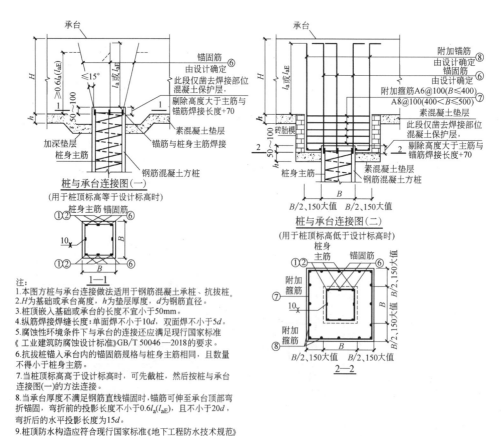

注:
1.本图方桩与承台连接做法适用于钢筋混凝土承桩、抗拔桩。
2.H为基础或承台高度,h为垫层厚度,d为钢筋直径。
3.桩顶嵌入基础或承台的长度不宜小于50mm。
4.纵筋焊接焊缝长度:单面焊不小于10d,双面焊不小于5d。
5.腐蚀性环境条件下与承台的连接还应满足现行国家标准
《工业建筑防腐蚀设计标准》GB/T 50046—2018 的要求。
6.抗拔桩锚入承台内的锚固筋规格与桩身主筋相同,且数量
不得小于桩身主筋。
7.当桩顶标高高于设计标高时,可先截桩,然后按桩与承台
连接图(一)的方法连接。
8.当承台厚度不满足钢筋直线锚固时,锚筋可伸至承台顶部弯
折锚固,弯折前的投影长度不小于0.6l_a(l_{aE}),且不小于20d,
弯折后的水平投影长度为15d。
9.桩顶防水构造应符合现行国家标准《地下工程防水技术规范》
GB 50108—2008 的规定。

图 23.2.12 与承台连接接头构造图

23.2.4　预应力混凝土方桩图例与实例

1. 桩身配筋与力学性能（表 23.2.12）

预应力混凝土方桩配筋及力学性能表　　　　表 23.2.12

桩编号	桩截面 $B \times B$	分组	混凝土强度等级	钢筋张拉孔所在方形边长 B_1 (mm)	附筋中线所在方形边长 B_2 (mm)	桩长 L (m)	预应力主筋①	附筋② 配筋	附筋② 长度 l (mm)	螺旋箍筋③	预应力筋配筋率(%)	桩身截面混凝土有效预压应力 σ_{pc} (MPa)	桩身轴心受压承载力设计值 N (kN)
YZH-250×-×××	250×250	A	≥C60	173	150	$L \leq 12$	$4\,\Phi^D 10.7$	$4\,\Phi 16$	≥2000	$\Phi^b 3$	0.58	4.41	1117
		B	≥C60	171	148	$L \leq 14$	$4\,\Phi^D 12.6$	$4\,\Phi 16$	≥2000	$\Phi^b 3$	0.80	6.01	1117
YZH-300×-×××	300×300	A	≥C60	213	192	$L \leq 12$	$8\,\Phi^D 9.0$	$4\,\Phi 18$	≥2000	$\Phi^b 4$	0.57	4.34	1609
		B	≥C60	211	190	$L \leq 14$	$8\,\Phi^D 10.7$	$4\,\Phi 18$	≥2000	$\Phi^b 4$	0.81	6.02	1609
YZH-350×-×××	350×350	A	≥C60	261	240	$L \leq 12$	$8\,\Phi^D 10.7$	$4\,\Phi 18$	≥2000	$\Phi^b 4$	0.59	4.49	2190
		B	≥C60	259	238	$L \leq 15$	$8\,\Phi^D 12.6$	$4\,\Phi 18$	≥2000	$\Phi^b 4$	0.82	6.15	2190
YZH-400×-×××	400×400	A	≥C60	311	290	$L \leq 14$	$12\,\Phi^D 10.7$	$4\,\Phi 20$	≥2000	$\Phi^b 4$	0.68	5.15	2860
		B	≥C60	309	288	$L \leq 15$	$12\,\Phi^D 12.6$	$4\,\Phi 20$	≥2000	$\Phi^b 4$	0.94	6.96	2860
YZH-450×-×××	450×450	A	≥C60	359	338	$L \leq 15$	$12\,\Phi^D 10.7$	$4\,\Phi 20$	≥2000	$\Phi^b 5$	0.54	4.14	3620
		B	≥C60	357	336	$L \leq 15$	$12\,\Phi^D 12.6$	$4\,\Phi 20$	≥2000	$\Phi^b 5$	0.74	5.62	3620
YZH-500×-×××	500×500	A	≥C60	409	388	$L \leq 15$	$16\,\Phi^D 10.7$	$4\,\Phi 22$	≥2000	$\Phi^b 5$	0.58	4.46	4469
		B	≥C60	407	386	$L \leq 15$	$16\,\Phi^D 12.6$	$4\,\Phi 22$	≥2000	$\Phi^b 5$	0.80	6.03	4469
YZH-550×-×××	550×550	A	≥C60	457	436	$L \leq 15$	$20\,\Phi^D 10.7$	$4\,\Phi 22$	≥2200	$\Phi^b 6$	0.60	4.60	5407
		B	≥C60	455	434	$L \leq 15$	$20\,\Phi^D 12.6$	$4\,\Phi 22$	≥2200	$\Phi^b 6$	0.83	6.21	5407
YZH-600×-×××	600×600	A	≥C60	507	486	$L \leq 15$	$24\,\Phi^D 10.7$	$4\,\Phi 25$	≥2400	$\Phi^b 6$	0.60	4.63	6435
		B	≥C60	505	484	$L \leq 15$	$24\,\Phi^D 12.6$	$4\,\Phi 25$	≥2400	$\Phi^b 6$	0.84	6.26	6435

注：1. 如现场沉桩施工时调整起吊方式，设计人员应通过计算适当调整配筋。
　　2. 本表中桩身轴心受压承载力未计入钢筋的作用。
　　3. 设计人员可根据工程需要适当调整主筋数目和直径，调整后的配筋率应符合本图集相关规定，端板结构尺寸应根据主筋数量另行调整。
　　4. 本表按照现行国家标准《混凝土结构设计规范》GB 50010—2010（2015 年版）中规定计算。
　　5. 桩顶附筋（2 号钢筋）的长度不得小于表中取值。当同时承受水平荷载、地震作用时，设计人员应根据现行行业标准《建筑桩基技术规范》JGJ 94—2008 对附筋进行验算。

桩身配筋见图 23.2.13。

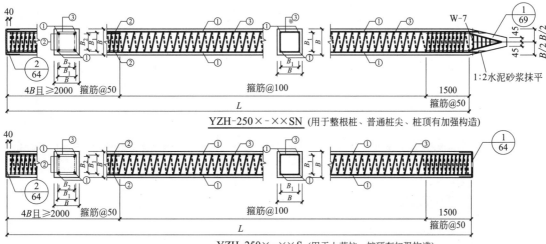

图 23.2.13　预应力混凝土空心方桩示意图（一）

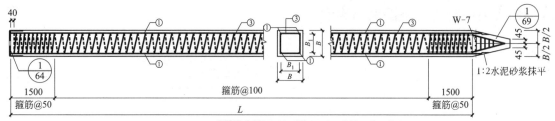

YZH-250×-××N (用于下节桩、普通桩尖)

图 23.2.13 预应力混凝土空心方桩示意图（二）

注：1. 本图适用于截面为 250×250 的方桩。

2. 1、2、3 号钢筋详见第 51 页。

3. 桩尖网片 W-7 详见第 69 页。

4. 截面为 250×250 的接桩处采用端板"甲"。

5. 本图中 L 为设计选用单节桩长（不包括桩尖部分）。

6. 接桩处端板的做法详见第 64 页 1 节点，桩与承台连接处端板的做法详见第 64 页 2 节点。

7. 方桩连接构造详见第 66 页 2 节点。

8. 以上详见页码均引自《预制混凝土方桩》20G361。

2. 桩身连接接头构造图

（1）焊接法端板及连接件

焊接法端板参数见表 23.2.13。端板及连接件做法见图 23.2.14。

焊接法端板参数表　　　　　　　　　　　　　　　　　　　　表 23.2.13

桩编号	桩截面 $B \times B$	分组	混凝土强度等级	钢筋张拉孔所在方形边长 B_1 (mm)	端板边长 B_0 (mm)	端板有效边长 D (mm)	端板钢筋张拉孔相关参数					端板厚度 t_s(mm)		承压桩接桩处端板内孔直径 D (mm)
							d_1 (mm)	d_2 (mm)	h_1 (mm)	h_2 (mm)	l_m (mm)	承压桩	抗拔桩	
YZH-250×-×××	250×250	A	≥C60	173	247	223	12	20	9.5	6.5	25	18	20	≤80
		B	≥C60	171	247	223	14	22	11	8	28	20	22	≤80
YZH-300×-×××	300×300	A	≥C60	213	297	273	10	18	8	5	25	18	20	≤160
		B	≥C60	211	297	273	12	20	9.5	6.5	25	20	22	≤160
YZH-350×-×××	350×350	A	≥C60	261	347	323	12	20	9.5	6.5	25	20	22	≤190
		B	≥C60	259	347	323	14	22	11	8	28	22	24	≤190
YZH-400×-×××	400×400	A	≥C60	311	397	373	12	20	9.5	6.5	25	20	22	≤200
		B	≥C60	309	397	373	14	22	11	8	28	22	24	≤200
YZH-450×-×××	450×450	A	≥C60	359	447	423	12	20	9.5	6.5	25	20	22	≤250
		B	≥C60	357	447	423	14	22	11	8	28	22	24	≤250
YZH-500×-×××	500×500	A	≥C60	409	497	473	12	20	9.5	6.5	25	20	22	≤250
		B	≥C60	407	497	473	14	22	11	8	28	22	24	≤250
YZH-550×-×××	550×550	A	≥C60	457	547	523	12	20	9.5	6.5	25	20	22	≤300
		B	≥C60	455	547	523	14	22	11	8	28	22	24	≤300
YZH-600×-×××	600×600	A	≥C60	507	597	573	12	20	9.5	6.5	25	20	22	≤350
		B	≥C60	505	597	573	14	22	11	8	28	22	24	≤350

注：1. 本图中端板的钢材强度应不低于 Q235B 级钢。

2. 设计人员可根据工程需要适当调整主筋数目和直径，调整后的配筋率应符合本图集相关规定，端板结构尺寸应根据主筋根数另行调整。

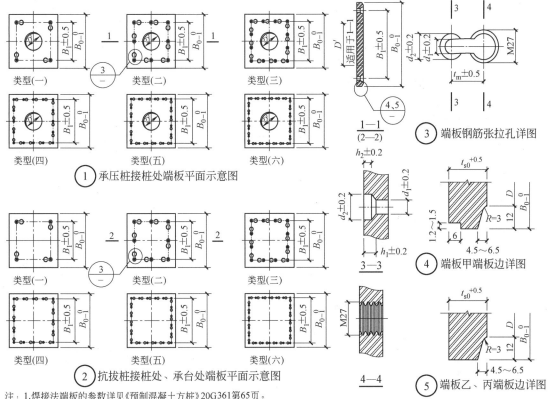

① 承压桩接桩处端板平面示意图

② 抗拔桩接桩处、承台处端板平面示意图

③ 端板钢筋张拉孔详图

④ 端板甲端板边详图

⑤ 端板乙、丙端板边详图

注：1.焊接法端板的参数详见《预制混凝土方桩》20G361第65页。
　　2.端板孔位置根据预应力钢筋位置定位。
　　3.本图所示的端板用于焊接法接桩。

图 23.2.14　焊接法端板及连接件示意图

（2）甲型焊接法端板及连接件（图 23.2.15）

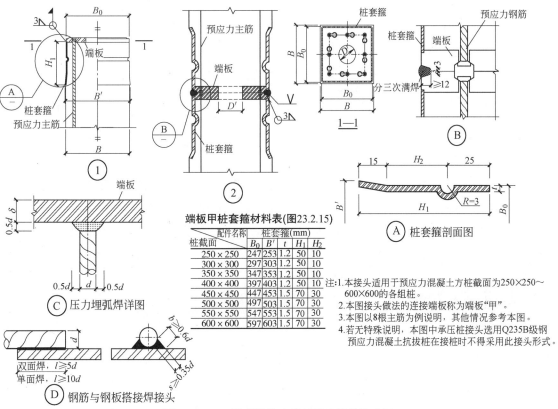

端板甲桩套箍材料表(图23.2.15)

配件名称 桩截面	桩套箍(mm)				
	B_0	B'	t	H_1	H_2
250×250	247	253	1.2	50	10
300×300	297	303	1.2	50	10
350×350	347	353	1.2	50	10
400×400	397	403	1.2	50	10
450×450	447	453	1.5	70	30
500×500	497	503	1.5	70	30
550×550	547	553	1.5	70	30
600×600	597	603	1.5	70	30

注:1.本接头适用于预应力混凝土方桩截面为250×250～600×600的各组桩。
　2.本图接头做法的连接端板称为端板"甲"。
　3.本图以8根主筋为例说明,其他情况参考本图。
　4.若无特殊说明,本图中承压桩接头选用Q235B级钢,预应力混凝土抗拔桩在接桩时不得采用此接头形式。

图 23.2.15　甲型焊接法端板及连接件构造图

（3）乙型焊接法端板及连接件（图23.2.16）

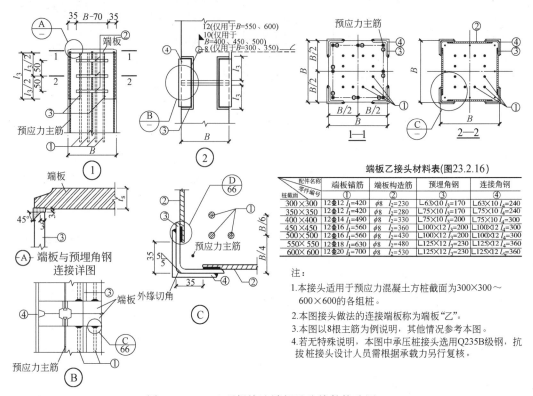

端板乙接头材料表(图23.2.16)

配件名称 桩截面	端板锚筋 ①	端板构造筋 ②	预埋角钢 ③	连接角钢 ④
300×300	12 Φ 12 l_1=420	ϕ8 l_2=230	L63×10 l_3=170	L63×10 l_4=240
350×350	12 Φ 12 l_1=420	ϕ8 l_2=280	L75×10 l_3=170	L75×10 l_4=240
400×400	12 Φ 14 l_1=490	ϕ8 l_2=330	L75×10 l_3=200	L75×10 l_4=300
450×450	12 Φ 16 l_1=560	ϕ8 l_2=360	L100×12 l_3=200	L100×12 l_4=300
500×500	12 Φ 16 l_1=560	ϕ8 l_2=430	L100×12 l_3=200	L100×12 l_4=300
550×550	12 Φ 18 l_1=630	ϕ8 l_2=480	L125×12 l_3=230	L125×12 l_4=360
600×600	12 Φ 20 l_1=700	ϕ8 l_2=530	L125×12 l_3=230	L125×12 l_4=360

注:
1. 本接头适用于预应力混凝土方桩截面为300×300～600×600的各组桩。
2. 本图接头做法的连接端板称为端板"乙"。
3. 本图以8根主筋为例说明，其他情况参考本图。
4. 若无特殊说明，本图中承压桩接头选用Q235B级钢，抗拔桩接头设计人员需根据承载力另行复核。

图23.2.16　乙型焊接法端板及连接件构造图

（4）丙型焊接法端板及连接件（图23.2.17）

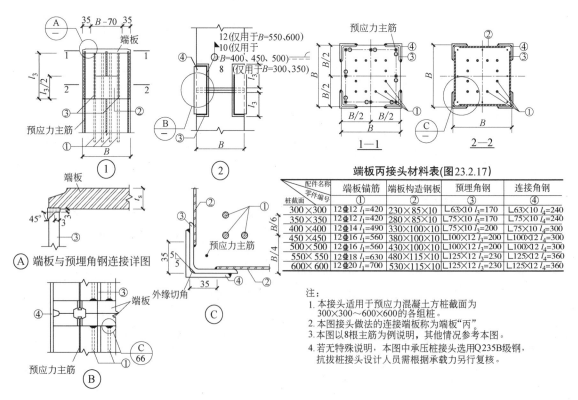

端板丙接头材料表(图23.2.17)

配件名称 桩截面	端板锚筋 ①	端板构造钢板 ②	预埋角钢 ③	连接角钢 ④
300×300	12 Φ 12 l_1=420	230×85×10	L63×10 l_3=170	L63×10 l_4=240
350×350	12 Φ 12 l_1=420	280×85×10	L75×10 l_3=170	L75×10 l_4=240
400×400	12 Φ 14 l_1=490	330×100×10	L75×10 l_3=200	L75×10 l_4=300
450×450	12 Φ 16 l_1=560	380×100×10	L100×12 l_3=200	L100×12 l_4=300
500×500	12 Φ 16 l_1=560	430×100×10	L100×12 l_3=200	L100×12 l_4=300
550×550	12 Φ 18 l_1=630	480×115×10	L125×12 l_3=230	L125×12 l_4=360
600×600	12 Φ 20 l_1=700	530×115×10	L125×12 l_3=230	L125×12 l_4=360

注:
1. 本接头适用于预应力混凝土方桩截面为300×300～600×600的各组桩。
2. 本图接头做法的连接端板称为端板"丙"
3. 本图以8根主筋为例说明，其他情况参考本图。
4. 若无特殊说明，本图中承压桩接头选用Q235B级钢，抗拔桩接头设计人员需根据承载力另行复核。

图23.2.17　丙型焊接法端板及连接件构造图

3. 桩尖构造图（图23.2.18、图23.2.19）

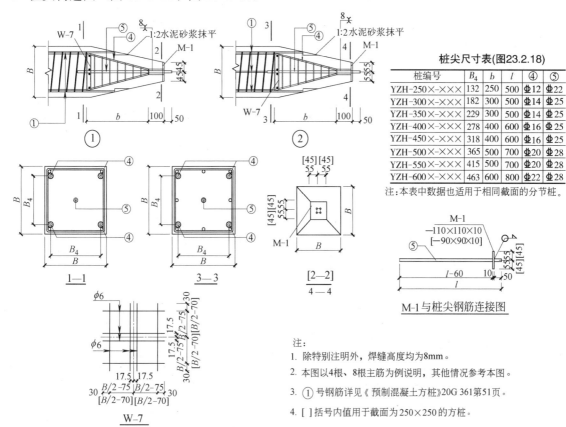

桩尖尺寸表(图23.2.18)

桩编号	B_4	b	l	④	⑤
YZH-250×-×××	132	250	500	Φ12	Φ22
YZH-300×-×××	182	300	500	Φ14	Φ25
YZH-350×-×××	229	300	500	Φ14	Φ25
YZH-400×-×××	278	400	600	Φ16	Φ25
YZH-450×-×××	318	400	600	Φ16	Φ25
YZH-500×-×××	365	500	700	Φ20	Φ28
YZH-550×-×××	415	500	700	Φ20	Φ28
YZH-600×-×××	463	600	800	Φ22	Φ28

注:本表中数据也适用于相同截面的分节桩。

M-1与桩尖钢筋连接图

注:
1. 除特别注明外，焊缝高度均为8mm。
2. 本图以4根、8根主筋为例说明，其他情况参考本图。
3. ①号钢筋详见《预制混凝土方桩》20G 361第51页。
4. [ ]括号内值用于截面为250×250的方桩。

图 23.2.18 桩尖构造图

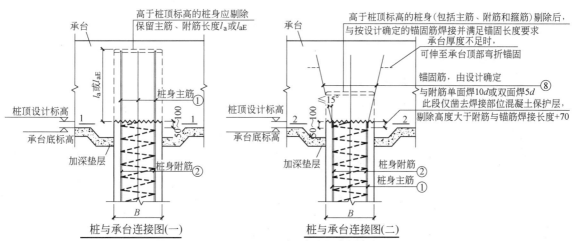

桩与承台连接图(一)
(用于桩顶标高高于设计标高，且差值超过最小锚固长度)

桩与承台连接图(二)
(用于桩顶标高高于设计标高，且差值不超过最小锚固长度)

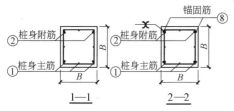

注:
1.本图中(一)节点适用于承压桩、抗拔桩，(二)节点适用于承压桩，当应用于抗拔桩时，宜采用机械接头接长预应力主筋。
2.当桩顶标高高于设计标高时，可先凿去桩顶设计标高以上多余部分混凝土，然后参考本图施工。
3.腐蚀性环境条件下桩与承台的连接还应满足现行国家标准《工业建筑防腐蚀设计标准》GB/T 50046—2018的要求。
4.本页连接图以8根预应力主筋的情况为例说明，多于8根预应力主筋的情况参考本图做相应调整。
5.l_a、l_{aE}应根据现行国家标准《混凝土结构设计规范》GB 50010—2010计算确定。
6.当承台厚度不满足钢筋直线锚固时，锚筋可伸至承台顶部弯折锚固，弯折前的投影长度不小于$0.6l_a(l_{aE})$，且不小于20d，弯折后的水平投影长度为15d。
7.桩顶防水构造应符合现行国家标准《地下工程防水技术规范》GB 50108—2008的规定。

图 23.2.19 桩与承台连接图

4. 预应力混凝土空心方桩实例（图 23.2.20）

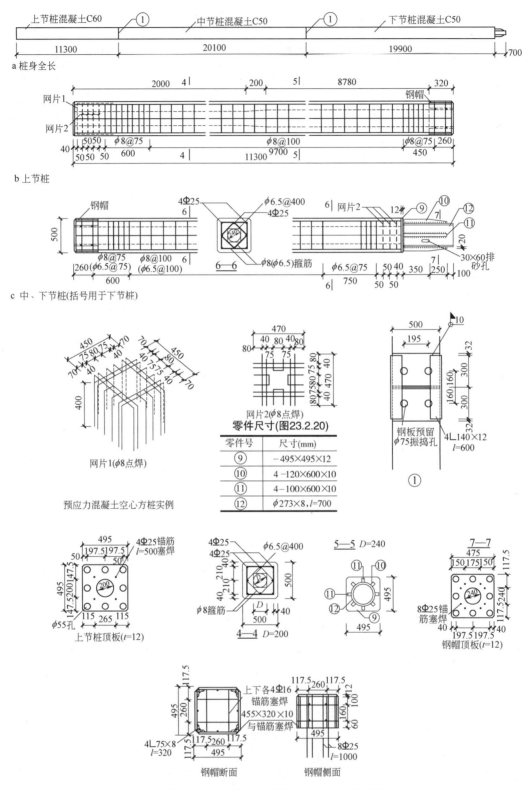

图 23.2.20 预应力混凝土空心方桩实例图

23.2.5 预应力混凝土管桩图例与实例

1. 一般要求（表 23.2.2）

2. 桩身配筋与力学性能（表 23.2.14、表 23.2.15）

预应力高强混凝土管桩（PHC桩）的配筋和力学性能

表 23.2.14

外径 D (mm)	壁厚 t (mm)	单节桩长 (m)	型号	预应力钢筋	螺旋筋规格	混凝土有效预压应力 (MPa)	抗裂弯距检验值 M_{Cr} (kN·m)	极限弯距检验值 M_u (kN·m)	桩身结构竖向承载力设计值 R_p(kN)	理论重量 (kg/m)
300	70	≤11	A	6Φ7.1	Φ^b4	3.8	23	34	1250	131
			AB	6Φ9.0		5.3	28	45		
			B	8Φ9.0		7.2	33	59		
			C	8Φ10.7		9.3	38	76		
400	95	≤12	A	10Φ7.1	Φ^b4	3.6	52	77	2250	249
			AB	10Φ9.0		4.9	63	104		
			B	12Φ9.0		6.6	75	135		
			C	12Φ10.7		8.5	87	174		
500	100	≤15	A	10Φ9.0	Φ^b5	3.9	99	148	3150	327
			AB	10Φ10.7		5.3	121	200		
			B	13Φ10.7		7.2	144	258		
			C	13Φ12.6		9.5	166	332		
	125	≤15	A	10Φ9.0	Φ^b5	3.5	99	148	3700	368
			AB	10Φ10.7		4.7	121	200		
			B	13Φ10.7		6.2	144	258		
			C	13Φ12.6		8.2	166	332		
550	100	≤15	A	11Φ9.0	Φ^b5	3.9	125	188	3550	368
			AB	11Φ10.7		5.3	154	254		
			B	15Φ10.7		6.9	182	328		
			C	15Φ12.6		9.2	211	422		
	125	≤15	A	11Φ9.0	Φ^b5	3.4	125	188	4150	434
			AB	11Φ10.7		4.7	154	254		
			B	15Φ10.7		6.1	182	328		
			C	15Φ12.6		7.9	211	422		
600	110	≤15	A	13Φ9.0	Φ^b5	3.9	164	246	4250	440
			AB	13Φ10.7		5.5	201	332		
			B	17Φ10.7		6.2	239	430		
			C	17Φ12.6		8.2	276	552		
	130	≤15	A	13Φ9.0	Φ^b5	3.5	164	246	4800	499
			AB	13Φ10.7		4.8	201	332		
			B	17Φ10.7		7.0	239	430		
			C	17Φ12.6		9.1	276	552		
800	110	≤15	A	15Φ10.7	Φ^b6	4.4	367	550	6000	620
			AB	15Φ12.6		6.1	451	743		
			B	22Φ12.6		8.2	535	962		
			C	27Φ12.6		11	619	1238		
1000	130	≤15	A	22Φ10.7	Φ^b6	4.4	689	1030	8900	924
			AB	22Φ12.6		6	845	1394		
			B	30Φ12.6		8.3	1003	1805		
			C	40Φ12.6		10.9	1161	2322		

预应力混凝土管桩（PC桩）的配筋和力学性能　　表 23.2.15

外径 D (mm)	壁厚 t (mm)	单节桩长 (m)	型号	预应力钢筋	螺旋筋规格	混凝土有效预压应力 (MPa)	抗裂弯距检验值 M_{Cr} (kN·m)	极限弯距检验值 M_u (kN·m)	桩身结构竖向承载力设计值 R_p (kN)	理论重量 (kg/m)
300	70	≤11	A	6Φ7.1	Φ^{b}4	3.8	23	34	950	131
			AB	6Φ9.0		5.2	28	45		
			B	8Φ9.0		7.1	33	59		
			C	8Φ10.7		9.3	38	76		
400	95	≤12	A	10Φ7.1	Φ^{b}4	3.7	52	77	1750	249
			AB	10Φ9.0		5.0	63	104		
			B	13Φ9.0		6.7	75	135		
			C	13Φ10.7		9.0	87	174		
500	100	≤15	A	10Φ9.0	Φ^{b}5	3.9	99	148	2400	327
			AB	10Φ10.7		5.4	121	200		
			B	14Φ10.7		7.2	144	258		
			C	14Φ12.6		9.8	166	332		
550	100	≤15	A	11Φ9.0	Φ^{b}5	3.9	125	188	2700	368
			AB	11Φ10.7		5.4	154	254		
			B	15Φ10.7		7.2	182	328		
			C	15Φ12.6		9.7	211	422		
600	110	≤15	A	13Φ9.0	Φ^{b}5	3.9	164	246	3250	440
			AB	13Φ10.7		5.4	201	332		
			B	18Φ10.7		7.2	239	430		
			C	18Φ12.6		9.8	276	552		

3. 桩身连接接头构造图（图 23.2.21）

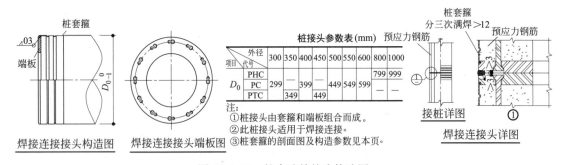

图 23.2.21　桩身连接接头构造图

（1）端板详图及参数表（图 23.2.22）

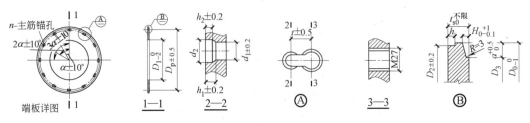

图 23.2.22　端板详图及参数表（一）

PHC桩端板参数表

公称直径	型号	D0	D1	D2	D3	Dp	主筋直径	n	α	d1	d2	h1	h2	t	ts	a	H0	h
φ300	A	299	160	294.5	276	230	φ7.1	6	60°	8.5	15	7.5	5				18	
	AB						φ9.0		45°	10	18	8	6			12		12
	B																	
	C						φ10.7	8		12	20	9.5					20	
φ400	A	399	210	394.5	376	320	φ7.1	10	36°	8.5	15	7.5	5	25			18	4.5
	AB						φ9.0		30°	10	18	8				12		
	B																	
	C						φ10.7	12		12	20	9.5					20	
φ500	A	499	300/250	494.5	476	410	φ9.0	10	36°	10	18	8	6			20	12	6
	AB		300/250				φ10.7	12		12	20	9.5						
	B		300/250															
	C				466		φ12.6	13	27.7°	14	23	11	7	28	24		17	6.5
φ550	A	549	350/300	543.5	526	460	φ9.0	11	32.73°	10	18	8	6			20	12	4.5
	AB		350/300				φ10.7	12		12	20	9.5						
	B		350/300															
	C				516		φ12.6	15	24°	14	23	11	7	28	24		17	6.5
φ600	A	599	380/340	594.5	576	510	φ9.0	13	27°	10	18	8	6			20	12	6.5
	AB		380/340				φ10.7	12		12	20	9.5						
	B		380/340															
	C				566		φ12.6	17	21.18°	14	23	11	7	28	24		17	
φ800	A	799	580	793.5	768	700	φ7.1	6	60°	12	20	9.5	6	25	20		16	
	AB				766		φ12.6	22	16.36°	14	23	11	7	28	24		17	
	B							27	13.33°									
	C																	
φ1000	A	999	740	993.5	968	900	φ10.7	22	16.36°	12	20	9.5	6	25	20		16	
	AB				966		φ12.6	30	12°	14	23	11	7	28	24		17	
	B							40	9°									
	C																	

PC桩端板参数表

公称直径	型号	D0	D1	D2	D3	Dp	主筋直径	n	α	d1	d2	h1	h2	t	ts	a	H0	h
φ300	A	299	160	294.5	276	230	φ7.1	6	60°	8.5	15	7.5	5				18	
	AB						φ9.0		45°	10	18	8					20	
	B																	
	C						φ10.7	8		12	20	9.5					20	
φ400	A	399	210	394.5	376	320	φ7.1	10	36°	8.5	15	7.5	5	25			18	4.5
	AB						φ9.0	13	27.7°	10	18	8					20	
	B																	
	C						φ10.7			12	20	9.5	6					
φ500	A	499	300	494.5	476	410	φ9.0	10	36°	10	18	8			12		6
	AB						φ10.7			12	20	9.5					
	B																
	C						φ12.6	14	25.71°	14	23	11	7	28	24		6.5
φ550	A	549	350	543.5	526	460	φ9.0	11	32.73°	10	18	8	6		25		4.5
	AB						φ10.7			12	20	9.5					
	B																
	C						φ12.6	15	24°	14	23	11	7	28	24		6.5
φ600	A	599	380	594.5	576	510	φ9.0	13	27.7°	10	18	8	6		25		6.5
	AB						φ10.7	18	20°	12	20	9.5					
	B																
	C						φ12.6			14	23	11	7	28	24		

PTC桩端板参数表

公称直径	D0	D1	D2	D3	Dp	主筋直径	n	α	d1	d2	h1	h2	t	ts	a	H0	h
φ300	299	180	294.5	276	240		6	36°									
φ350	349	230	343.5	326	290												
φ400	399	280	394.5	376	340	φ7.1		51.43°	8.5	15	7.5	5	25	18	12	4.5	6
φ450	449	320	443.5	426	390		9	40°									
φ500	499	360	494.5	476	430		10										
φ550	549	390	543.5	526	470		12	30°									
φ600	599	440	594.5	576	520	φ9.0	9	40°	10	18	8	6				6.5	

图 23.2.22 端板详图及参数表（二）

（2）桩套箍剖面图（图 23.2.23）

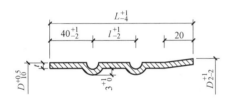

桩套箍剖面图

桩套箍构造参数表

外径 / 项目	300	400	500	550	600	800	1000
D1	299	399	499	549	599	799	999
D2	303	403	503	553	603	803	1003
t	1.5~2.0	1.5~2.0	1.5~2.0	1.5~2.0	1.6~2.0	1.6~2.3	1.6~2.3
L	120	150	150	150	150	250	300
l	40	50	50	50	50	150	150

注：
① 桩套箍为钢板卷压成圆柱状，接缝处焊接，并整圆；
② 两个凹痕也可制成两个凸痕或其他形式，具体根据工程实际情况确定；
③ 桩套箍材料为Q235B钢。

图 23.2.23 桩套箍剖面图

4. 桩尖结构图

（1）十字形钢桩尖结构图（图 23.2.24）

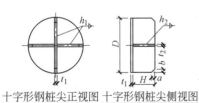

十字形钢桩尖正视图　十字形钢桩尖侧视图

注：
1. 图中 t_1、t_2、H 及焊缝高度可根据工程地质情况作适当调整；
2. 桩尖所有焊缝均为角焊缝；
3. 桩尖材料采用Q235钢。

十字形钢桩尖参考表

外径 / 项目	300	350	400	450	500	550	600	800	1000
D	270	320	370	420	470	520	570	760	960
H	125~140	125~150	125~150	125~150	125~150	125~150	125~150	150~400	150~400
t_1	12				15			18	20
t_2	18				18			22	25
a	25	25	30	30	30	30	30	40	40
b	25	25	30	30	30	30	30	40	40
h_1	10				12			15	18
h_2									

图 23.2.24 十字形钢桩尖结构图

（2）开口形钢桩尖结构图（图23.2.25）

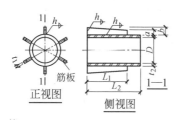

正视图　　侧视图　　1—1

注：
1. 图中t_1、t_2、L_1、L_2、a、b及焊缝高度h可根据工程地质情况作适当调整；
2. 桩尖所有焊缝均为角焊缝；
3. 桩尖材料采用Q235钢。

开口形钢桩尖参考表

项目 外径 D		300	400	500	550	600	800	1000
	PHC	180	240	300	340	380～400	580	740
	PC						560	
L_1		150～200	300～400	300～500	300～500	300～500	300～500	300～500
L_2		200～300	400～500	400～600	400～600	400～600	400～600	400～600
t_1		12～15	12～18	12～20	12～20	12～20	12～20	12～20
t_2		10	10	12	12	12	20	20
a		25～40			30～40		50	60
b		45			65		75	95
h		6～10			8～12		10～14	
筋板数量		4			6			

图23.2.25　开口形钢桩尖结构图

5. 预应力混凝土管桩实例

预应力混凝土管桩以高强度预应力钢筋和高强、高性能混凝土为材料，采用张拉、离心、高温高压养护等工艺制作，混凝土强度高（C60～C80），相同材料用量时承载力大，其材料和技术优势明显。管桩直径一般为400～800mm，壁厚为80～130mm，从而节约混凝土用量，造价通常低于钢管桩和钻孔灌注桩。PHC管桩耐锤打性能好，贯穿能力强，施工速度快，单桩承载力高。上海是较早采用管桩的地区。对于常规建筑高度不高，规模不大的工程，桩基竖向承载力要求不高，管桩得到了较为广泛的应用。在软土地区，随着经济的发展，重大工程的兴建，超长PHC桩得到越来越广泛的应用。但对于超高层建筑，由于上部结构荷载大，单桩承载力要求高，而且其受风荷载、地震水平作用突出，基础的受力更为复杂。而且管桩抗弯、抗剪承载力相关试验与理论研究相对较少，加之工程技术人员对管桩的弯剪承载力存在认识上的误区，很大程度限制了管桩在高层建筑等大型工程中的应用。近年来，华东建筑设计研究院有限公司开展了一系列管桩抗弯、抗剪承载力试验，提出了预应力管桩抗剪承载力计算公式，积极推动管桩在超高层建筑、大型综合体等重大、复杂工程中的应用。

位于上海浦东陆家嘴的上海银行大厦为46层的超高层办公建筑，建筑高度约230m，总建筑面积达10.8万m^2，设置3层地下室，主要建筑功能为办公。主塔楼采用先张法预应力混凝土管桩（PHC-AB 600（110）），桩基持力层为⑦—2层粉细砂层，根据⑦—2层粉细砂层面埋深，分别采用17.6m、18.6m、19.6m和20.6m四种有效桩长，单桩竖向承载力设计值为2850kN，总桩数约600根。是国内采用预应力管桩基础较高的建筑（图23.2.26）。

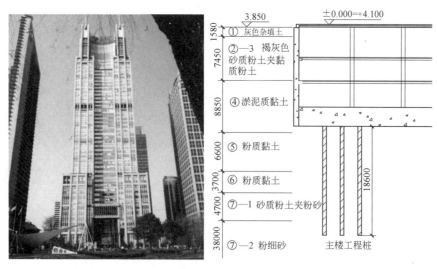

图23.2.26　上海银行大厦（单位：mm）

上海盛大金磐是坐落于浦东陆家嘴的超高层精装修顶级公寓住宅开发项目,总建筑面积约 17 万 m², 一期共有 39、40、43 层三栋超高层住宅,建筑高度约 150m,设置 2 层地下室。结构形式采用框架剪力墙结构,采用了先张法预应力混凝土管桩基础(PHC-AB 600(110)),桩基持力层为⑦-2 层粉细砂层,有效桩长约 32m,单桩竖向承载力设计值为 3050kN,总桩数约 900 根。项目需穿越厚约 8~10m 的砂质粉土层,成桩施工难度大,实施过程中,采用了改进沉桩方式、增加钢管桩桩靴、调整施工顺序、调整停锤与贯入度标准等一系列措施,成功解决了管桩在密实砂层中的成桩难题。该工程是上海超高层住宅项目中较早采用管桩基础的项目(图 23.2.27)。

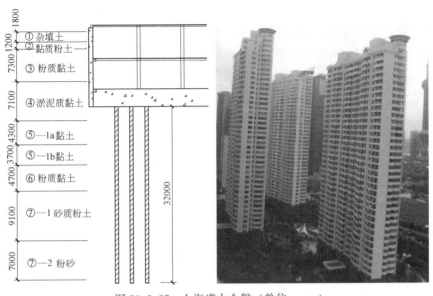

图 23.2.27 上海盛大金磐(单位:mm)

23.3 灌注桩

23.3.1 一般说明与基本要求

1. 一般说明

灌注桩是指通过钻、冲、挖或沉入套管至设计标高后,灌注混凝土形成的桩。根据成桩工艺,灌注桩可分为沉管灌注桩、钻(冲)孔灌注桩、人工挖孔桩三类。其中,钻(冲)孔灌注桩根据施工机械不同可分为正/反循环钻孔灌注桩、冲击成孔灌注桩、旋挖成孔灌注桩、长螺旋钻孔压灌桩。本节对常见的灌注桩类型以及近几年得到迅速推广的新桩型和施工工艺,扩底桩、灌注桩后注浆技术进行介绍。

2. 构造要求

(1) 长径比与最小中心距(表 23.3.1)

长径比与最小中心距一般要求   表 23.3.1

	桩型	穿越一般黏性土、砂土	穿越淤泥、自重湿陷性黄土
桩的长径比	端承桩	$L/d \leqslant 60$	$L/d \leqslant 40$
	摩擦桩	不限	
桩的最小中心距	土类与成桩工艺	排数不少于 3 排且桩数不少于 9 根的摩擦型桩基	其他情况
	非挤土和部分挤土灌注桩	$3.0d$	$2.5d$
	挤土灌注桩 穿越非饱和土	$3.5d$	$3.0d$
	挤土灌注桩 穿越饱和软土	$4.0d$	$3.5d$

续表

扩底灌注桩除应符合上表的要求外,尚应满足本规定	成桩方法	最小中心距
	钻、挖孔灌注桩	1.5D 或 D+1m(当 D>2m 时)
	沉管夯扩灌注桩	2.0D

注:L——桩长;d——桩身设计直径;D——扩底端设计直径。

(2) 配筋

① 配筋率:当桩身直径为 300～2000mm 时,正截面配筋率可取 0.65%～0.2%(小直径桩取高值);对受荷载特别大的桩、抗拔桩和嵌岩端承桩应根据计算确定配筋率,并不应小于上述规定值。

② 配筋长度:端承型桩和位于坡地岸边的基桩应沿桩身等截面或变截面通长配筋;摩擦型桩配筋长度不应小于 2/3 桩长;竖向承压桩的钢筋笼长度应穿过淤泥质土层,并不宜小于 2/3 桩长。承受上拔力桩的钢筋笼宜全长配置。桩顶嵌入承台内的长度不宜小于 50mm,主筋伸入承台内不应小于钢筋锚固长度要求。

③ 箍筋宜采用直径为 6～8mm 的螺旋箍,间距 200～300mm;桩顶以下 5d 范围内箍筋应加密,间距不应大于 100mm。

(3) 桩身混凝土及混凝土保护层厚度

桩身混凝土设计强度等级不应低于 C25,采用水下浇注方法施工时不宜高于 C45。灌注桩主筋的混凝土保护层厚度不应小于 35mm,水下灌注桩的主筋混凝土保护层厚度不得小于 50mm;四类、五类环境中桩身混凝土保护层厚度应符合国家现行标准《水运工程混凝土结构设计规范》JTS 151—2011、《工业建筑防腐蚀设计标准》GB/T 50046—2018 的相关规定。

23.3.2　大直径超长灌注桩

1. 应用说明

大直径超长桩主要指直径大于 800mm,桩长大于 50m,长径比超过 50 的桩。超高层建筑具有基底荷载大、沉降控制要求高的特点,随着超高层建筑的大量建造,具有高承载性能的大直径超长灌注桩应用越来越广泛,表 23.3.2 列出了国内部分超高层建筑桩基工程概况。

部分超高层建筑大直径超长桩概况 表 23.3.2

名　称	始建时间	高度(m)	层数	桩型	桩径(mm)	桩端埋深(m)	桩端持力层
CCTV 新主楼	2004	234	51	钻孔灌注桩	1200	51.7	砂卵石
天津津塔	2006	336.9	75	钻孔灌注桩	1000	85	粉砂
天津 117 大厦	2008	597	117	钻孔灌注桩	1000	98	粉砂
上海中心大厦	2008	632	121	钻孔灌注桩	1000	88	粉砂夹中粗砂
上海白玉兰广场	2009	320	66	钻孔灌注桩	1000	85	含砾中粗砂
武汉中心	2009	438	88	钻孔灌注桩	1000	65	中风化泥岩、砂岩
苏州国际金融中心	2010	450	92	钻孔灌注桩	1000	90	细砂
武汉绿地中心大厦	2011	606	119	钻孔灌注桩	1200	60	微风化泥岩
苏州中南中心	2011	729	137	钻孔灌注桩	1100	110	粉细砂

2. 承载性状

(1) 大直径超长桩 Q-s 曲线在试验荷载作用下基本呈缓变形,桩端变形较小,桩顶沉降主要表现为桩身压缩,极限承载力往往由桩顶变形值确定。

(2) 桩侧摩阻力发挥具有异步性,上部土层的侧摩阻力先于下部土层发挥作用,桩侧摩阻力占总承载力的比例较大,通常表现为摩擦型桩。

(3) 桩端软弱或沉渣较厚时,桩端承载力较小,同时会降低桩侧摩阻力的发挥,使得其在相对较小的荷载作用下便发生陡降破坏。桩端后注浆可改善桩端支承条件,使桩端阻力大幅度提高,桩侧摩阻力亦可以发挥到较高的水平。

3. 设计要点

（1）桩型与持力层选择：桩端岩土层性质对大直径超长桩的桩侧摩阻力发挥及其承载变形特性有很大影响，因此，大直径超长桩持力层通常选择埋深大、土性较好的土层，主要为基岩、卵砾石层、砂层等。当桩端埋置很深、桩体穿越复杂土层或桩基沉降变形控制很严格时，可在桩端注浆基础上，增加桩侧注浆形成桩端桩侧联合后注浆桩，以进一步改善桩侧土体承载性状而提高桩侧摩阻力发挥水平。

（2）试桩设计：直径超长桩承载机理复杂，造价相对较高，施工工艺亦难以控制，在其目前设计计算理论不甚完善情况下，现场静载荷试验作为获得桩基轴向抗压特性最基本可靠的方法，成为检验和优化大直径超长桩设计的必要环节。用于现场试验的试桩，其设计的原则应在尽量模拟工程桩受力特性的基础上，尽可能得到丰富的试验数据和施工工艺参数。

（3）双套管设计：超高层建筑基础埋深较大，采用双层钢套管隔离基坑开挖段桩土接触作用，能较真实地反映工程桩承载变形特性，进而更为合理地确定工程桩承载力。双层钢套管设计简图如图23.3.1所示。双层钢套管施工流程如图23.3.2所示。即首先采用直径较大钻头在基坑开挖深度内钻出外套管直径的孔，接着吊装双层钢套管，且将双层钢套管压入土内，固定好双层钢套管后，继续成孔至设计标高。

（4）试桩桩头设计：大直径超长桩承载力较大，对桩头设计提出较高的要求。桩头尺寸应满足千斤

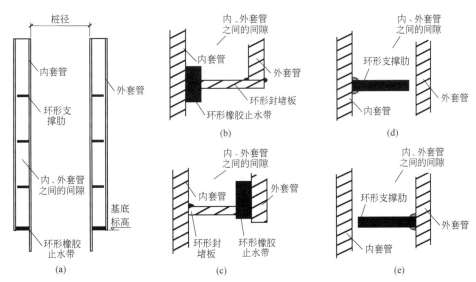

图23.3.1　双层钢套管设计简图

（a）双层钢套管纵剖面图；（b）外套管管底封堵节点详图1；（c）外套管管底封堵节点详图2；
（d）环形支撑肋节点详图1；（e）环形支撑肋节点详图2

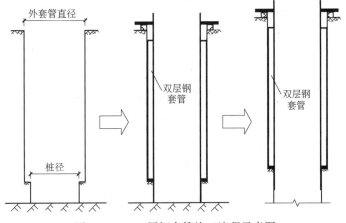

图23.3.2　双层钢套管施工流程示意图

顶摆放及检测仪器设置与量测要求，桩头顶面标高确定需考虑载荷试验反力架架设的影响，桩头尺寸与配筋应满足受力要求，桩头配筋计算及构造措施可参考现行国家标准《混凝土结构设计规范》GB 50010—2010（2015年版）第9.3节牛腿相关公式和条文。

4. 施工工艺

（1）机具选择：采用的成孔钻机的功率和扭矩应能满足超深钻孔的需求；软土地区可采用回转钻机成孔，但在较硬土层，旋挖钻机成孔效率更高，采用旋挖钻机时，钻头的形式可根据孔深范围内不同土（岩）性状进行选取，复杂土层可采用不同成孔机具组合进行针对性施工。

（2）成孔工艺：成孔过程中的泥浆工艺，当原土造浆效果较差时，应考虑采用部分或全部人工造浆，并适度提高泥浆比重以保证超深孔壁的稳定性，且严格控制泥浆中的含砂率。孔深较大、桩身大部分位于粗粒土层中时，宜采用泵吸或气举反循环工艺。

5. 质量检测

大直径超长桩单桩承载力高，桩身应力水平大，应严格控制成孔与成桩质量，尤其要防止断桩、缩径、离析等质量问题，其质量应以事前控制为主，检测与控制标准亦严于普通桩。

（1）注重对孔径、垂直度、沉渣等成孔质量进行全面的检测，抽检总数不宜少于工程桩桩数的30%，对于荷载较大的一柱一桩和嵌岩桩，甚至可以提高到100%；

（2）采用的低应变和高应变检测桩身完整性应根据不同的工程情况适当提高抽查比例；

（3）受高、低应变动力检测范围的限制，工程实践中应以超声波和钻孔取芯为主评价桩身质量，检测桩数不得少于总桩数的10%；

（4）桩端后注浆灌注可利用注浆管作为超声波测管检测其桩身质量。

23.3.3　嵌岩桩

1. 应用说明

超高层建筑基底荷载大、沉降控制要求高，往往要求桩基穿越深厚的土层进入相对较好的持力层以获得较高的承载力并控制变形，在岩层埋深较浅的区域，嵌岩桩成为必然的选择。表23.3.3列出了国内部分工程的嵌岩桩应用概况。

嵌岩桩工程的典型项目　　　　　　　　　　　　　　表23.3.3

项 目 名 称	嵌岩桩桩长(m)	桩径(mm)		持力层	嵌岩深度(m)	设计承载力(kN)
武汉永清综合商务区	50~53.5	1000~1200		强~中风化砂砾岩	1.3~5.9	15920~19400
南京金润国际广场	55	1000~1500		中风化泥岩	14	18000
南京德基广场二期	50	1500~2000		中风化泥质粉砂岩	0.5~3.5	16000~34500
南昌绿地中央广场	12~13.8	1300		微风化砂砾岩	1.2~3.0	15500~18000
南京绿地紫峰	6~30	桩身：2000		中风化安山岩	2.0	39000
		桩端：4000				
济南绿地普利门	—	桩身：1500~2600		中风化闪长岩层	2.0~3.0	21000~62000
		桩端：2700~4600				
成都国际金融中心	6~10.8	桩身：1300~1900		微风化泥岩	0.5	19100~42900
		桩端：3000~4500				
武汉中心	42.1~48.1	1000		微风化泥岩	约13~17	11000~12300
深圳平安金融中心	20~32	5700、8000(桩端9500)		微风化花岗岩	—	475000

2. 承载性状

嵌岩桩桩端进入岩层，岩层的强度与刚度远大于土，其受力性状有别于非嵌岩桩。

（1）工程实践表明，嵌岩桩的 Q-S 曲线，即桩顶荷载位移曲线基本呈缓变形，无明显拐点。部分桩因桩端沉渣过厚，试验加载过程中发生刺入性破坏，Q-S 为陡降型。

（2）由于嵌岩桩下部分桩身嵌入岩层之中，在成孔过程中，岩层孔壁因施工机械产生不规则凸起，桩-岩界面存在"咬合"，在桩顶卸荷后，限制了桩身的回弹变形，嵌岩桩的卸载回弹率较小。

（3）桩侧摩阻力的发挥需要一定的桩土相对位移。对上覆土层，当桩土相对位移大于 4～6mm，对于岩层，在桩土相对位移 2～3mm 时，桩侧摩阻力得到较大发挥。随着桩土相对位移的增加，侧摩阻力逐步发挥并最后达到极限值。嵌岩桩由于桩岩侧摩阻力发挥所需的位移小于上部的桩土，使得桩身下部嵌岩段的侧摩阻力可与上覆土层侧摩阻力同步发挥。

（4）嵌岩桩的桩端持力层为岩石，其强度与刚度远大于土层，桩端阻力对桩顶荷载的贡献大于非嵌岩桩。桩端极限端阻力随岩石抗压强度的提高而增加，但发挥水平随之减小。相同条件下，硬岩嵌岩桩的端阻比大于软岩嵌岩桩，且桩端阻力发挥较早。.

3. 勘察要点

（1）为了综合确定岩石的天然抗压强度，尽可能排除岩样中的裂隙对岩块抗压强度的影响，宜对岩块进行点荷载强度试验，以准确反映岩块的强度。并结合单轴抗压强度试验与点载荷试验，综合确定岩石的无侧限抗压强度值。

（2）对于重要和复杂的工程，应采用原位平板荷载试验得到的基岩承载力，试验可参照国家标准《建筑地基基础设计规范》GB 50007—2011 附录 H "岩石地基载荷试验要点"进行。

4. 嵌岩桩的设计与计算

（1）持力层选择与桩基布置

① 嵌岩深度应综合荷载、上覆土层、基岩、桩径、桩长等诸因素确定；对于嵌入倾斜的完整和较完整岩的全断面深度不宜小于 $0.4d$ 且不小于 $0.5m$，倾斜度大于 30% 的中风化岩，宜根据倾斜度及岩石完整性适当加大嵌岩深度；对于嵌入平整、完整的坚硬岩和较硬岩的深度不宜小于 $0.2d$，且不应小于 $0.2m$。

② 嵌岩桩中心距不宜小于 $3.0d$，对于嵌入平整、完整的坚硬岩和较硬岩的端承型嵌岩桩，最小桩中心距可减小至 $2.5d$。采用扩底嵌岩桩的中心距不应小于 1.5 倍扩底直径或扩底净距不小于 1.5m，对于支承在完整或较完整的微风化岩扩底桩，扩底间距不应小于 1.0m。

（2）桩基构造

① 嵌岩桩桩径主要由受力确定，同时考虑施工工艺的影响。对于支承于完整和较完整的坚硬岩，宜尽量采用大直径桩基，充分发挥桩端阻力。当采用旋挖成孔工艺时，桩径不宜小于 800mm；当采用冲孔工艺时，桩径不宜小于 1000mm；当采用人工挖孔工艺时，宜尽量采用大直径桩，提高挖孔可操作性与效率，桩径不应小于 1000mm。

② 桩身混凝土强度应与承载力相匹配，混凝土强度等级不应低于 C30，当采用水下灌注时，不宜高于 C50。对于嵌岩受压桩，正截面最小配筋率可取 $0.4\%～0.2\%$（小直径桩取高值），且宜通长配筋；对受荷载特别大的端承型嵌岩桩应根据计算确定配筋率，并应通长配筋。

③ 对于高层建筑的嵌岩桩基础，当基础埋置深度较浅时，在风荷载或地震的水平作用下，嵌岩桩可能承受较大的水平力，应进行嵌岩桩水平承载力和桩身抗剪、抗弯承载力的验算。嵌岩桩水平承载主要依靠桩前岩（土）的压缩，嵌岩段承担了大部分水平荷载。岩土交接处是附加应力集中的地方，该位置的桩身配筋应予以加强，包括纵向主筋和环向箍筋，配筋率应通过计算确定，纵筋宜通长设置，岩土交界面以下 5 倍桩径范围箍筋加密。同时在嵌岩桩的施工过程当中，该位置处的岩土体应尽量保持完整，以保证桩身与岩土的接触良好。

5. 施工工艺与质量检测

嵌岩桩施工机具及工艺的选择，应根据桩型、钻孔深度、土层情况、泥浆排放及处理条件综合确定。施工工艺的选择应符合下列规定：

（1）泥浆护壁回转钻孔工艺宜用于地下水位以下的黏性土、粉土、砂土、填土、碎石土及风化岩层，进入基岩岩石单轴抗压强度不宜大于 5MPa；

（2）旋挖成孔灌注桩宜用于黏性土、粉土、砂土、填土、碎石土及岩层；

（3）冲击成孔适用于较坚硬的基岩，还能穿透旧基础、建筑垃圾填土或大孤石等障碍物；

（4）长螺旋钻孔压灌桩后插钢筋笼宜用于黏性土、粉土、砂土、填土、非密实的碎石类土、强风化岩；

（5）岩溶地区的桩基宜选用回转钻机成孔、旋挖成孔或干作业螺旋钻孔。应慎重使用冲击成孔，当采用时应适当加密勘查钻孔；

（6）可以根据地质条件选择两种成孔工艺相结合提高施工效率。可在上覆土层采用回转钻机成孔或旋挖成孔工艺，在基岩采用冲击成孔工艺。

23.3.4　人工挖孔桩

1. 施工工艺及特点

人工挖孔桩是利用人工挖孔，在孔内放置钢筋笼、灌注混凝土的一种类型，其优点是施工场地小，无污染，成桩质量易得到保障。缺点是井下作业条件差，安全性差，单桩施工速度慢，混凝土灌注量大。

2. 适用条件

（1）有中硬以上黏土、中密以上砂土、卵石层、岩层作为持力层，且持力层在地下水位以上或地下水降水不很困难；

（2）在地下水位较高，有承压水的砂土层、滞水层、厚度较大的流塑状淤泥、淤泥质土层中不得选用人工挖孔灌注桩；

（3）桩端以下3倍桩端直径范围内应无软弱层、裂隙破碎带和洞穴。桩端6倍桩径范围内无岩体临空面；

（4）所穿越的土层不含较厚的淤泥层、流沙层。除非其经降水后，在适当调整护壁高度及厚度前提下挖进中不会造成垮塌；

（5）场区地层是否含有有毒或有害气体，并评估其不会造成影响；

（6）挖孔桩必须在无水情况下挖进，人工降水深度应始终控制在桩底标高以下500mm；

（7）人工挖孔桩的孔径（不含护壁）不得小于0.8m，且不宜大于2.5m；孔深不宜大于30m。当桩净距小于2.5m时，应采用间隔开挖。相邻排桩跳挖的最小施工净距不得小于4.5m。

3. 构造要求

（1）挖孔桩的护壁混凝土强度不应低于C20，通常每段浇捣高度为0.8～1.0m，遇淤泥、流沙则采用0.3～0.5m。上下节护壁搭接长度不得小于50mm。壁厚：当桩径＜1.4m时，上口为100mm，下口为50mm；当桩径≥1.4m时，上口为150mm，下口为100mm；当桩径＞2.0m时，上口为200mm，下口为150mm；护壁中应配$\phi6\sim\phi8@200$双向钢筋网，可分3至4片弧形制作，搭接长度为200～250mm。

（2）主筋应经计算确定。桩长小于15m及端承桩、抗拔桩与地震区及基本风压大于$0.4N/m^2$地区的挖孔桩钢筋应通长配置，其他情况宜不小于桩长的2/3，并应伸过淤泥层及液化土层后进入稳定土层不少于钢筋锚固长度。膨胀土上挖孔桩的纵主钢筋宜通长设置。

（3）当桩底位于已胶结良好的破碎带时可视为风化岩，但扩大头处应铺底钢筋，视扩大头尺寸双向布置钢筋不小于$\phi12\sim\phi16@150$，且扩大头范围混凝土强度等级不低于C30。

4. 计算原则

（1）桩长少于6m及$L/d\leq3$时按墩基础设计。

（2）支承在微风化岩上长径比$L/d\leq5$的端承桩，只计端阻不计侧阻；支承于其他土层或中风化岩、强风化岩上的桩，按摩擦型端承桩计，即计入摩擦力，但有扩大头的桩其扩大部分及以上1～2m范围内不计桩侧摩阻力。

（3）对于混凝土护壁的挖孔桩，计算单桩竖向承载力时，桩侧摩阻力可按混凝土护壁外直径计算，计算桩端阻力及桩身强度时，仅取桩身直径；计算单桩水平承载力时，其设计桩径取护壁内直径。

5. 安全措施

（1）孔内必须设置应急软爬梯供人员上下；使用的电葫芦、吊笼等应安全可靠，并配有自动卡紧保险装置，不得使用麻绳和尼龙绳吊挂或脚踏井壁凸缘上下。电葫芦宜用按钮式开关，使用前必须检验其安全起吊能力；

（2）每日开工前必须检测井下的有毒、有害气体，并应有足够的安全防范措施。当桩孔开挖深度超过10m时，应有专门向井下送风的设备，风量不宜少于25L/s；

（3）孔口四周必须设置护栏，护栏高度宜为0.8m；

（4）挖出的土石方应及时运离孔口，不得堆放在孔口周边1m范围内，机动车辆的通行不得对井壁的安全造成影响；

（5）施工现场的一切电源、电路的安装和拆除必须遵守现行行业标准《施工现场临时用电安全技术规范》JGJ 46—2005的规定。

6. 施工要点

（1）人工挖孔施工时应设置有效的围护措施，每节土挖深不超过1m，松软土每节挖深不超过0.5m，特殊地段还应特殊处理。每节挖土应按先中间，后周边的次序进行。

（2）挖孔应采用间隔跳挖作业，两个相邻孔不得同时施工。只有在桩身灌注混凝土7d后，才能进行邻近孔的施工。在刚灌注完混凝土后72h的桩位附近进行另一根桩施工时，其相隔距离应大于10m。相邻桩基施工时，桩底较深的桩应先行施工。

（3）挖至设计标高，终孔后应清除护壁上的泥土和孔底残渣、积水，并应进行隐蔽工程验收。验收合格后，应立即封底和灌注桩身混凝土。

（4）灌注桩身混凝土时，混凝土必须通过溜槽；当落距超过3m时，应采用串筒，串筒末端距孔底高度不宜大于2m；也可采用导管泵送；混凝土宜采用插入式振捣器振实。

（5）当渗水量过大时，应采取场地截水、降水或水下灌注混凝土等有效措施。严禁在桩孔中边抽水边开挖边灌注。

7. 构造图例

（1）桩身（图23.3.3）

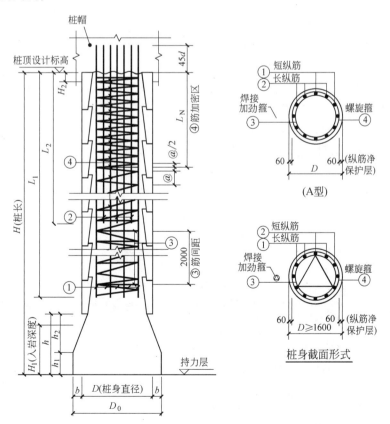

图 23.3.3 桩身构造示意图

2. 护壁（图 23.3.4）

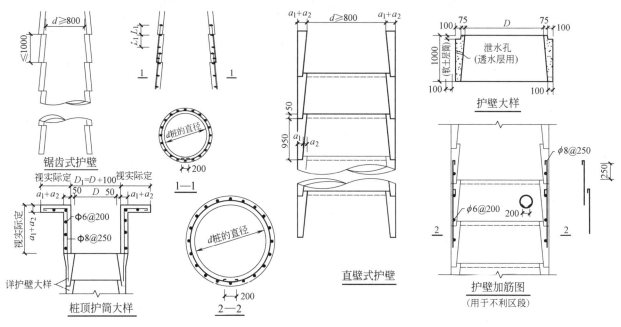

图 23.3.4　护壁示意图

23.3.5　机械扩底灌注桩

1. 施工工艺及特点

机械扩底指采用扩孔机械在桩底形成扩大头，根据机具与土体的作用关系可分为挤扩、夯扩、挖扩、削扩等。沿海软土地区常用伞形扩底钻头，当要进行桩端扩孔施工时，换上该钻头，钻头放至孔底时，刀片在上下支座自重的作用下向外扩展，不断旋转切割周围的土体，达到扩孔的目的。

2. 构造要求

（1）当持力层承载力较高、上覆土层较差、桩的长径比比较小时，可采用扩底桩；扩底端直径与桩身直径之比 D/d，应根据承载力要求及扩底端侧面和桩端持力层土性特征以及扩底施工方法确定；挖孔桩的 D/d 不应大于 3，钻孔桩的 D/d 不应大于 2.5；

（2）扩底端侧面的斜率应根据实际成孔及土体自立条件确定，a/h_c 可取 1/4～1/2，砂土可取 1/4，粉土、黏性土可取 1/3～1/2；

（3）扩底端底面宜呈锅底形，矢高 h_b 可取（0.15～0.20）D。其他要求见表 23.3.4。

扩底灌注桩一般要求　　　　　　　　　　表 23.3.4

适用范围	当持力层承载力较高、上覆土层较差、桩的长径比小时,可采用扩底
扩径要求	扩底端直径与桩身直径比 D/d,应根据承载力要求及扩底端剖侧面和桩端持力层土性确定,最大不超过 3.0
扩底端斜率	扩底端侧面的斜率应根据实际成孔及支护条件确定,a/h_c 一般取 1/3～1/2,砂土取约 1/3,粉土、黏性土取约 1/2
扩底端矢高	扩底端底面一端呈锅底形,矢高 h_b 取(0.10～0.15D)

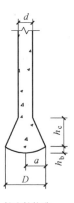

扩底桩构造

3. 扩底部位施工要点

（1）应根据电流值或油压值，调节扩孔刀片削土量，防止出现超负荷现象；

（2）扩底直径和孔底的虚土厚度应符合设计要求。

23.3.6 钻孔灌注桩后注浆法

1. 施工工艺及特点

后注浆是灌注桩施工的一种辅助工法，以提高桩的承载力，减小桩基沉降，增强桩基质量稳定性。后注浆桩是指钻孔、冲孔和挖孔灌注桩在成桩后，通过预埋在桩身中的注浆管，利用压力作用，经桩端或桩侧的预留压力注浆装置向桩周地层均匀地注入能固化的浆液，加固桩底、桩侧周围的土体，改变桩与岩、土之间的边界条件，从而提高桩的承载力，减小桩基沉降，增强桩基质量稳定性。

根据注浆位置不同，后注浆灌注桩可分为：桩端后注浆灌注桩、桩侧后注浆灌注桩和桩端桩侧联合后注浆灌注桩三种。桩端后注浆又可分为封闭式注浆和开放式注浆两种。目前工程应用较多的主要是开放式桩端后注浆灌注桩。对于穿越深厚砂层的大直径超长灌注桩宜采用桩端、桩侧联合后注浆。

注浆增强效应总的变化规律是：端阻的增幅高于侧阻，粗粒土的增幅高于细粒土。以碎石类土层、中、粗砂、裂隙发育的中风化岩层为持力层的桩使用效果更好。

2. 后注浆灌注桩承载力

后注浆桩单桩极限承载力应通过单桩静载荷试验确定。检验桩数不得少于同条件下总桩数的 1%，且不得小于 3 根。后注浆桩单桩极限承载力标准值可按现行行业标准《建筑桩基技术规范》JGJ 94—2008 第 5.3.10 条计算。桩后注浆一般要求见表 23.3.5。

表 23.3.5

桩后注浆一般要求

钢筋	为便于注浆管固定在钢筋笼主筋上，对于非通长配筋的桩，下部应有不少于 2 根与注浆管等长的主筋组成的钢筋笼通底，其长度范围内螺旋箍筋为 $\phi8@300$，加强箍 $\phi14@2000$
注浆导管	后注浆导管应采用钢管，注浆管固定在钢筋笼主筋上，桩身内注浆导管可按承载力等效替代桩身纵向钢筋。对于 $d\leqslant600mm$ 的桩可设置 1 根注浆导管，对于 $600<d<1000mm$ 的桩，宜沿钢筋笼圆周对称设置 2 根；对于 $1000mm<d<2000mm$ 的桩宜对称设置 3～4 根
浆液	以水泥浆液为主。注浆水泥采用 P.O 32.5 普通硅酸盐水泥，对细粒土可采用磨细处理。浆液水灰比应根据土的饱和度、渗透性确定，对于饱和土宜为 0.5～0.7，对于非饱和土宜为 0.7～0.9（松散碎石土、砂砾宜为 0.5～0.6）。低水灰比浆液掺入减水剂，地下水处于流动状态时应掺入速凝剂
开塞	成桩后 24h 内应采用清水进行压力开塞，使注浆管保护通畅
注浆起始时间	注浆作业应在成桩后 3～5d 进行。注浆作业桩离成孔作业桩的距离不宜小于 8～10m
注浆压力	桩端注浆终止工作压力应根据土层性质、注浆点深度确定。对于风化岩、非饱和黏性土、粉土，宜为 5～10MPa；对于饱和土层宜为 1.2～4MPa，软土取低值，密实黏土取高值
注浆流量	注浆流量不宜超过 75L/min
注浆终止条件	1. 注浆总量与注浆压力均达到设计要求； 2. 注浆总量已达到设计值的 75%，且注浆压力超过设计值
注浆器构造要求	1. 注浆孔设置必须利于浆液的流出，注浆器出浆孔总面积大于注浆器内孔截面积； 2. 注浆器须为单向阀式，以保证下入时及下入后混凝土灌注过程中浆液不进入管内以及注入后地层中水泥浆液不得回流； 3. 注浆器上必须设置注浆孔保护装置； 4. 注浆器与注浆管的连接必须牢固、密封、连接简便； 5. 注浆器的构造必须利于进入较硬的桩端持力层

3. 后注浆装置的设置要求

（1）注浆应采用 P.O 42.5 级新鲜普通硅酸盐水泥配制的浆液，受潮结块水泥不得使用。浆液的水灰比应根据土的饱和度、渗透性确定，对于饱和土水灰比宜为 0.5～0.7，对于非饱和土水灰比宜为 0.7～0.9（松散碎石上、砂砾宜为 0.5～0.6）；低水灰比浆液宜掺入减水剂。配制好的浆液必须经细化或过滤后方可注入。

（2）桩端后注浆导管数量宜根据桩径大小设置。对于直径不大于 1200mm 的桩，宜沿钢筋笼圆周对称设置 2 根；对于直径大于 1200mm 而不大于 2500mm 的桩，宜对称设置 3 根。

（3）桩侧后注浆管阀设置数量应综合地层情况、桩长和承载力增幅要求等因素确定，可在离桩底 5～15m 以上、桩顶 8m 以下，每隔 9～12m 设置一道桩侧注浆阀，当有粗粒土时，宜将注浆阀设置于粗粒土层下部，对于干作业成孔灌注桩宜设于粗粒土层中部。

（4）注浆管应采用钢管，钢管内径不宜小于 25mm，壁厚不应小于 3.2mm。注浆管上端宜高出地面 200mm。

（5）注浆阀应具备逆止功能，为单向阀式注浆器。当桩端持力层为粉土和砂土时，桩端注浆阀应插入桩端以下 200～500mm；当桩端持力层为基岩时，应将注浆阀尽力插至孔底。

（6）注浆管随钢筋笼同时下放，与钢筋笼加劲筋绑扎固定或焊接，并做注水试验检查是否漏水。

（7）对于非通长配筋桩，钢筋笼上、下端应有不少于 4 根与注浆管等长的引导钢筋，引导钢筋应采用箍筋固定。引导钢筋规格不宜小于 Φ20，箍筋可采用 Φ8@300 的螺旋箍（或圆环箍）。

（8）钢筋笼应沉放到底，不得悬吊，下笼受阻时不得撞笼、墩笼、扭笼。

4. 后注浆作业要求

（1）灌注桩成桩后的 7～8h 内，应采用清水进行开塞。桩身混凝土达到设计强度的 70% 后方可注浆，注浆宜低压慢速。注浆作业离邻桩成孔作业点的距离不宜小于 8m，对于群桩注浆宜先外围，后内部。

（2）桩端注浆应对同一根桩的各注浆导管依次实施等量注浆。对于饱和土中的复式注浆顺序宜先桩侧后桩端；对于非饱和土宜先桩端后桩侧；多断面桩侧注浆应先上后下；桩侧桩端注浆间隔时间不宜少于 2h。

（3）桩端注浆终止注浆压力应根据土层性质及注浆点深度确定，对于风化岩、非饱和黏性土及粉土，注浆压力宜为 3～10MPa；对于饱和土层注浆压力宜为 1.2～4MPa，软土宜取低值，密实黏性土宜取高值。

（4）注浆流量不宜超过 45L/min。

（5）注浆终止标准应采用注浆量与注浆压力双控的原则，以注浆量（水泥用量）控制为主，注浆压力控制为辅；当注浆量达到设计要求时，可终止注浆；当注浆压力达到设计要求并持荷 3min，且注浆量达到设计注浆量的 80% 时，也可终止注浆；否则，需采取补救措施。

（6）施工单位应制定详尽的桩端后注浆方案，包括注浆施工参数、注浆器的构造、注浆管的布置、喷浆眼的数量与布置，及注浆失败的补救措施。工程桩正式施工前应进行注浆试验，进一步修正和确定注浆方案。监理单位应加强现场监督，保证桩端后注浆施工严格按照确定的施工方案及相关要求进行，确保工程质量。

5. 桩身检测

（1）在桩身混凝土强度达到设计要求的条件下，承载力检验应在后注浆 20d 后进行，浆液中掺入早强剂时可于注浆 15d 后进行。

（2）后注浆桩需采用声波透射法与低应变动测法检测桩身完整性，低应变动测检测率宜为 100%，埋管超声波抽检率宜为 20%，原则上可利用注浆管兼作超声波检测管，但注浆管尺寸应满足超声波检测的要求。

6. 桩端注浆器（图 23.3.5）

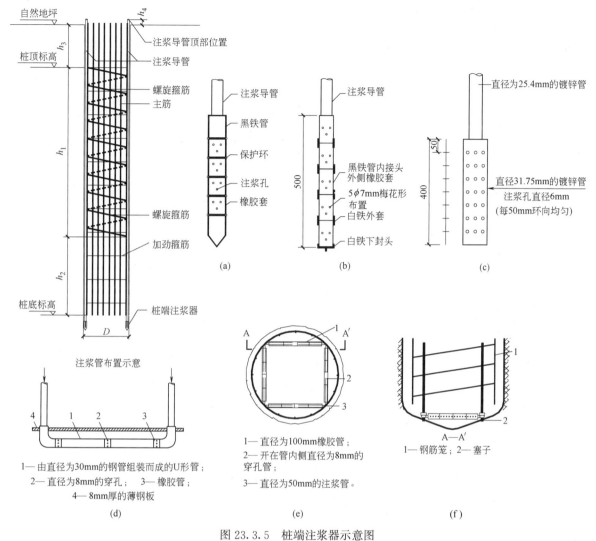

图 23.3.5　桩端注浆器示意图

（a）注浆器之一（上海）；（b）注浆器之一（上海）；（c）常规注浆器之一（国内）；

（d）欧洲地区常用的桩端 U 形注浆器；（e）桩端平面；（f）桩端注浆器（泰国）

23.3.7　超高层建筑灌注桩桩基实例

1. 南京紫峰大厦

南京紫峰大厦建筑高度 450m，地上 69 层，地下 4 层，采用钢框架-钢筋混凝土核心筒结构，外围的框架为劲性结构。现场埋深 12～15m 为强风化/中风化安山岩，桩基采用人工挖孔扩底桩，桩身混凝土强度 C45，桩身直径 1.3～2m，桩端扩底直径 2.6～4m，桩端进入中风化安山岩 2m 左右（图 23.3.6、图 23.3.7 及表 23.3.6）。

工程桩设计概况　　　　　　　　　　　　　　　　　　　表 23.3.6

桩身直径 d (mm)	桩端直径 D (mm)	入 5-2a、b、c 层 岩石深度 (m)	桩身混凝土强度	桩数
$\phi 2000$	$\phi 4000$	2.0	C45	共 87 根
备注	桩身配筋①	桩身配筋②	单桩承载力特征值 (kN)	
抗压桩	28 Φ 25	$\phi 10@200$	39000	

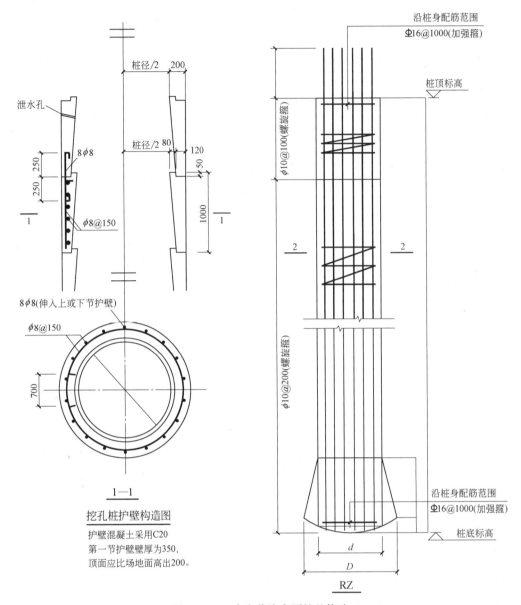

图 23.3.6　南京紫峰大厦桩基构造（mm）

2. 武汉中心大厦

武汉中心大厦高 438m，地上 88 层，结构体系为巨型柱-核心筒-伸臂桁架；地下 5 层，基础埋深为 18.80～20.00m，总荷重约为 $4×10^6$kN，平均基底压力 1000kPa。场地属长江Ⅰ级阶地，现场地势平坦，区域地质构造稳定。在勘探深度 86.3m 范围内所分布的地层除表层分布有素填土外，其下为第四系全新统冲积成因的黏性土、砂土、含圆粒细砂，下伏基岩为志留系泥岩。主楼采用大直径超长嵌岩桩作为桩基础，直径 1000mm，有效桩长约 45m，桩身混凝土强度等级 C50，皆采用桩端桩侧后注浆技术。根据永久荷载与可变荷载标准组合下桩顶反力大小与分布，工程桩竖向抗压承载力特征值为 10500～13500kN，采用不同的嵌岩深度满足桩基承载力需求，桩端持力层为微风化泥岩层。JZA 受荷最大，位于核心筒区域，承载力特征值为 13500kN，入微风化泥岩深度参照 SZ1 和 SZ2；JZB 受荷次之，位于核心筒与巨柱之间，承载力特征值为 12000kN，入微风化泥岩深度参照 SZ1A 和 SZ2A；JZC 承载力最小，位于边缘，承载力特征值为 10500kN，则根据计算将桩端入岩深度适当减短。JZD 承载力特征值同 JZB，需穿越局部破碎带而将桩长适当增加。工程总桩数 448 根，呈梅花形布置，桩间距 3m，工程桩概况见图 23.3.8、图 23.3.9 及表 23.3.7。

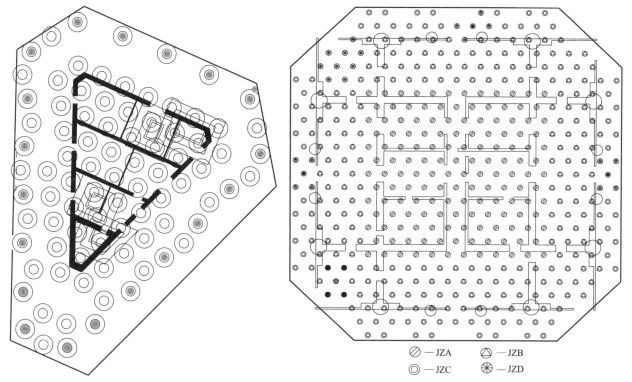

图 23.3.7 南京紫峰大厦桩位平面图

图 23.3.8 武汉中心大厦桩位平面图

⊘ —JZA   △ —JZB
◎ —JZC   ✳ —JZD

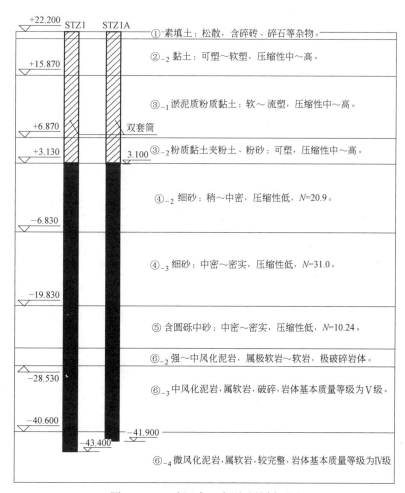

+22.200	STZ1	STZ1A	① 素填土：松散，含碎砖、碎石等杂物。
+15.870			②₋₂ 黏土：可塑～软塑，压缩性中～高。
			③₋₁ 淤泥质粉质黏土：软～流塑，压缩性中～高。
+6.870		双套筒	
+3.130		3.100	③₋₂ 粉质黏土夹粉土、粉砂：可塑，压缩性中～高。
			④₋₂ 细砂：稍～中密，压缩性低，N=20.9。
-6.830			④₋₃ 细砂：中密～密实，压缩性低，N=31.0。
-19.830			⑤ 含圆砾中砂：中密～密实，压缩性低，N=10.24。
-28.530			⑥₋₂ 强～中风化泥岩，属极软岩～软岩，极破碎岩体。
			⑥₋₃ 中风化泥岩，属软岩，破碎，岩体基本质量等级为Ⅴ级。
-40.600			
	-43.400	-41.900	⑥₋₄ 微风化泥岩，属软岩，较完整，岩体基本质量等级为Ⅳ级

图 23.3.9 武汉中心大厦试桩剖面图

工程桩设计概况   表 23.3.7

试 桩 编 号	桩径(mm)	桩顶标高(m)	有效桩长(m)	桩数(根)
JZA	1000	−20.0	46.1	150
JZB	1000	−20.0	44.1	217
JZC	1000	−20.0	42.1	72
JZD	1000	−20.0	48.1	9

3. 上海中心大厦

上海中心大厦采用巨型空间框架-核心筒-外伸臂结构体系,塔楼地上 121 层,结构顶面 575m,建筑塔顶高度 632m,地下 5 层,基础埋深 31m,底板厚 6m。场地勘探范围内主要有饱和黏土层、粉性土、砂土组成。场地埋深 30m 以下分布近 60m 的深厚砂层,标准贯入击数大于 50。上海中心大厦采用大直径超长灌注桩作为桩基础,桩径 1000mm,有效桩长约 60m,桩身混凝土强度为 C45,采用桩端后注浆技术(图 23.3.10、图 23.3.11)。

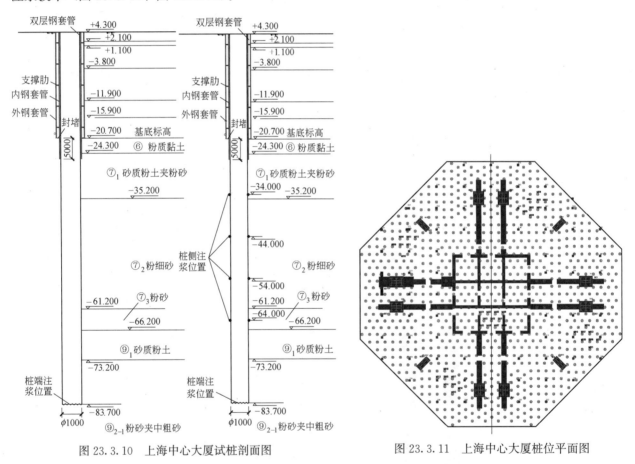

图 23.3.10　上海中心大厦试桩剖面图　　　　　图 23.3.11　上海中心大厦桩位平面图

23.4　钢桩

23.4.1　一般说明

1. 钢桩分钢管桩及型钢桩两种。管桩又分螺旋焊接管及卷板焊接管桩。型钢桩分 H 型钢桩及 I 型钢桩。

2. 钢桩的分段长度宜不大于 15m；卷板钢管桩桩长宜不大于 6m。

3. 钢桩一般由一段下节桩，若干中节桩及一段上节桩组成。

4. 钢管桩国内常用的直径有：直径（mm）406.4、609.6、1200，壁厚为 9～20mm，H 型钢桩断面，一般有（mm）200×200～360×410，翼缘和腹板厚度从 9～26mm 不等。

5. 钢管桩沉桩要求与预制桩的沉桩要求基本相同；H 型钢桩锤重不宜大于 45 级。

6. 材料要求：1. 钢管桩的材质应符合《碳素结构钢》GB/T 700—2006、《低合金高强度结构钢》GB/T 1591—2018 以及《桩用焊接钢管》SY/T 5040—2000 等有关现行国家标准的要求，焊接材料的机械性能应与钢管桩主钢材相适应；2. 管桩外径与有效壁厚之比 $D/t \leqslant 100$，且管壁最小厚度应 $\geqslant$ 8mm，当 $D/t \geqslant 100$ 时，应考虑局部压屈而降低钢材的强度设计值。H 型钢桩腹板、翼缘厚度 $\geqslant 9$mm；钢桩腐蚀裕度一般为 2mm。

7. 接桩要求：①应设在内力较小处；②避免设在桩壁厚度变化处；③应在桩尖穿过硬层后进行；④相邻管节纵缝的错缝距离应不小于 300mm。

8. 钢桩的分段长度宜为 12～15m。

9. 钢桩焊接接头应采用等强度连接。

10. 钢桩的端部形式，应根据桩所穿越的土层、桩端持力层性质、桩的尺寸、挤土效应等因素综合考虑确定，并可按下列规定采用。

（1）钢管桩可采用下列桩端形式。

1）敞口：

带加强箍（带内隔板、不带内隔板）；不带加强箍（带内隔板、不带内隔板）。

2）闭口：

平底；锥底。

（2）H 型钢桩可采用下列桩端形式。

1）带端板。

2）不带端板：

锥底；平底（带扩大翼、不带扩大翼）。

11. 钢桩的防腐处理应符合下列规定。

（1）钢桩的腐蚀速率当无实测资料时可按表 23.4.1 确定；

（2）钢桩防腐处理可采用外表面涂防腐层、增加腐蚀余量及阴极保护；当钢管桩内壁同外界隔绝时，可不考虑内壁防腐。

钢桩年腐蚀速率　　　　　　　　　　　　　　　　　　表 23.4.1

钢桩所处环境		单面腐蚀率(mm/y)
地面以上	无腐蚀性气体或腐蚀性挥发介质	0.05～0.1
地面以下	水位以上	0.05
	水位以下	0.03
	水位波动区	0.1～0.3

23.4.2 钢管桩

1. 钢管桩桩身构造

（1）钢管桩（见图 23.4.1）。

（2）接桩形式。

（3）桩顶与承台连接。

2. 桩尖加固处理

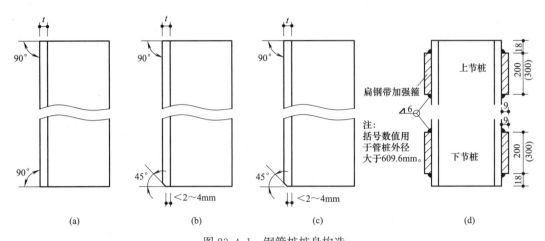

图 23.4.1 钢管桩桩身构造

(a) 下节桩；(b) 中节桩；(c) 上节桩；(d) 桩端加固

23.4.3 钢管桩施工要点

1. 打桩机械的选择

打桩机的选择要根据工程地貌、地质、配套锤的型号、外形尺寸、重量、桩的材质、规格及埋入深度、工程量大小、工期长短而定。以三点支撑桅杆式打桩机（履带行走）使用较普遍。但这种桩机对场地要求较高，要求铺填厚 100～300mm 碎石并碾压密实。

2. 施工准备

准备工作包括：平整和清理场地；测量定位放线；标出桩心位置，并用石灰撒圈，标出桩径大小和位置；标出打桩顺序和桩机开行路线，并在桩机开行部位上铺垫碎石。

3. 打桩顺序

钢管桩施工，有先挖土后打桩和先打桩后挖土两种方法。在软土地区，一般采用后者。钢管桩的施工顺序是：桩机安装→桩机移动就位→吊桩→插桩→锤击下沉→接桩→锤击到设计深度→内切钢管桩→精割→戴帽。

4. 桩的运输与吊放

钢管桩可由平板拖车运至现场，用吊车卸于桩机一侧，按打桩先后顺序及桩的配套要求堆放，并注意方向。吊钢管桩多采用一点绑扎起吊，待吊到桩位进行插桩，将钢管桩对准事先用石灰划出的样桩位置，做到桩位正，桩身直。钢桩的运输与堆放应符合下列规定：

（1）堆放场地应平整、坚实、排水通畅；

（2）桩的两端应有适当保护措施，钢管桩应设保护圈；

（3）搬运时应防止桩体撞击而造成桩端、桩体损坏或弯曲；

（4）钢桩应按规格、材质分别堆放，堆放层数：$\phi 900mm$ 的钢桩，不宜大于 3 层；$\phi 600mm$ 的钢桩，不宜大于 4 层；$\phi 400mm$ 的钢桩，不宜大于 5 层；H 型钢桩不宜大于 6 层。支点设置应合理，钢桩的两侧应采用木楔塞住。

5. 打桩法

为防止桩头在锤击时损坏，要在桩头顶部放置特制的桩帽，并在直接经受锤击的部位放置硬木减振木垫。打桩到桩顶高出地面 600～800mm 时，停止锤击，进行接桩再用同样步骤直到达到设计深度为止。

6. 接桩

钢管桩每节长 15m，沉桩时需边打边焊接接长。桩的分节长度应结合穿透中间硬土层确定，接桩时不宜停留在硬土层中。焊接前，应将下节桩管顶部变形损坏部分修整，上节桩管端部清除干净；铁锈用角向磨光机磨光，并打磨焊接剖面。将内衬箍放置在下节桩内侧的托块上（托块已在出厂时焊在下节桩上），紧贴桩管内壁并分段点焊，后吊接上节桩，其坡口搁在焊道上，使上下桩对口的间隙为2～4mm，再用经纬仪校正垂直度，在下节桩顶端处安装好铜夹箍，再行电焊。管壁厚小于9mm的施焊两层，大于9mm的根据壁厚加大而加施焊层数，详见钢桩焊接规范。

钢桩的焊接应符合下列规定。

1）必须清除桩端部的浮锈、油污等脏物，保持干燥；下节桩顶经锤击后变形的部分应割除；

2）上下节桩焊接时应校正垂直度，对口的间隙宜为2～3mm；

3）焊丝（自动焊）或焊条应烘干；

4）焊接应对称进行；

5）应采用多层焊，钢管桩各层焊缝的接头应错开，焊渣应清除；

6）当气温低于0℃或雨雪天或无可靠措施确保焊接质量时，不得焊接；

7）每个接头焊接完毕，应冷却1min后方可锤击；

8）焊接质量应符合现行国家标准《钢结构工程施工质量验收标准》GB 50205—2020和《钢结构焊接规范》GB 50661—2011的规定，每个接头除应按本规范表7.6.6规定进行外观检查外，还应按接头总数的5%进行超声或2%进行X射线拍片检查，对于同一工程，探伤抽样检验不得少于3个接头。接桩焊缝外观允许偏差见表23.4.2。

接桩焊缝外观允许偏差 表23.4.2

项 目	允许偏差(mm)	项 目	允许偏差(mm)
上下节桩错口：		咬边深度（焊缝）	0.5
①钢管桩外径≥700mm	3	加强层高度（焊缝）	0～2
②钢管桩外径<700mm	2	加强层宽度（焊缝）	0～3
H型钢桩	1		

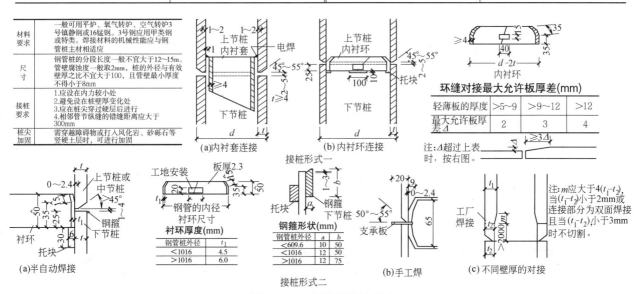

图23.4.2 钢管桩接桩形式

7. 贯入深度控制

钢管桩一般都不设桩靴，直接开口打入。贯入深度通常按以下标准控制：

（1）持力层较薄时，打到持力层厚度的1/3～1/2；持力层厚时，以最后十次锤击每击的贯入量S≤

2mm 为限；当持力层坚固时，打入 1～2 倍桩径的深度；当持力层不太坚固时，打入桩径的 5～10 倍的深度。上海宝钢设计要求打入标准贯入阻力 N 值为 50 以上的坚实砂层，进入深度（从持力层上表面算起）为桩径的 3～5 倍，以满足其土塞效应。

（2）锤击桩顶时对桩产生的锤击应力不超过钢管材料的允许应力（一般按 80％考虑），通常限制最后 10m 的锤击数在 1500 击以下（总锤击数不超过 3000 击）。

（3）以桩锤的容许负荷限制，避免桩锤的活塞受到过量冲击而损坏，一般限制每次冲击的最小贯入量不小于 0.5～1.0mm 作为控制。以上停打标准以贯入深度而定，并结合打桩时贯入量最后 1m 锤击数和每根桩的总锤击数等综合判定。上海宝钢停打标准为：在满足下列条件之一时即可停打，贯入度 $S \leqslant 4$mm/击；最后 1m 锤击数 $N \geqslant 250$ 击；每根桩总锤击数 $\geqslant 2500$ 击。如果深度达不到，则必须控制 $S \leqslant 3$mm/击。

8. 钢管桩切割

钢管桩打入地下后，为便于基坑机械化挖土，基底以上的钢管桩要切割。由于周围被地下水和土层包围，只能在钢管桩的管内进行地下切割。一般采用等离子体切桩机或手把式氧炔切桩机进行切割，工作时可吊挂送入钢管桩内的任意深度，靠风动顶针装置固定在钢管桩的内壁，割嘴按预先调整好的间隙进行回转切割。割出的短桩头，可用一种称为内胀式拔桩装置，借吊车拔出，能拔出地面以下 15m 深度的钢管桩，拔出的短桩可焊接接长后再用。

9. 桩顶与承台的连接（图 23.4.3）

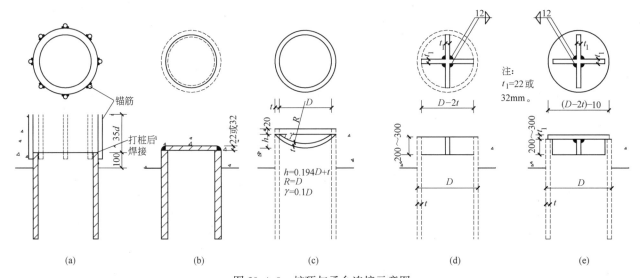

图 23.4.3　桩顶与承台连接示意图

（a）加锚固筋；（b）圆平盖板；（c）KP 盖；（d）十字肋板；（e）圆板加十字肋板

10. 桩尖加强（图 23.4.4）

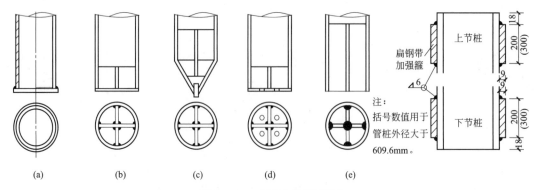

图 23.4.4　桩尖加强示意图

（a）平板；（b）平板加筋；（c）锥形；（d）带孔平板；（e）无底开放

11. 钢管桩实例

(1) 实例一（上海世界金融大厦，同济大学建筑设计研究院设计）。有关数据：管桩规格直径 (mm) ϕ609.6×12；桩长 24m（两节）；单桩容许承载力 2320kN（抗压），1400kN（抗拔）；最后锤击 10 击平均贯入度 2~4mm；进口钢管管材按二级设计（图 23.4.5）。

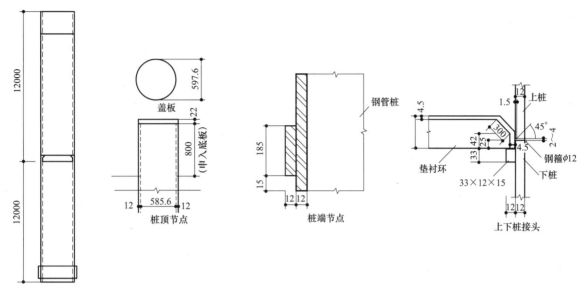

图 23.4.5　钢管桩实例一

(2) 实例二（上海金茂大厦地上 88 层，地下 3 层，上海建筑设计研究院设计）。

有关数据，主楼钢管桩规格（mm）ϕ914.4×20；入土深度 83m，桩长 65m，送桩最长达 18m；单桩设计承载力 7500kN，沉降以桩尖标高控制（图 23.4.6）。

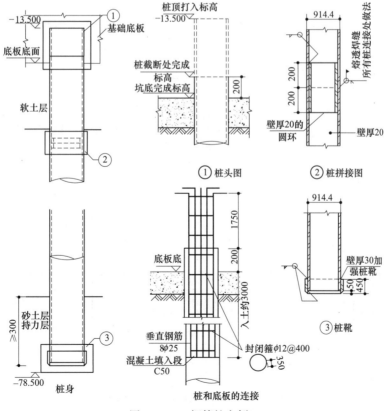

图 23.4.6　钢管桩实例二

23.4.4 H型钢桩

1. 桩型及构造（图23.4.7）

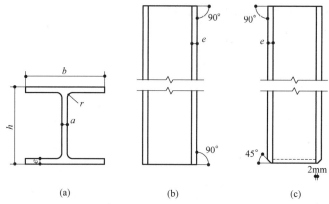

图23.4.7 H型钢桩桩型

（a）截面形式；（b）底桩；（c）中、上节桩

2. 拼接形式（图23.4.8）

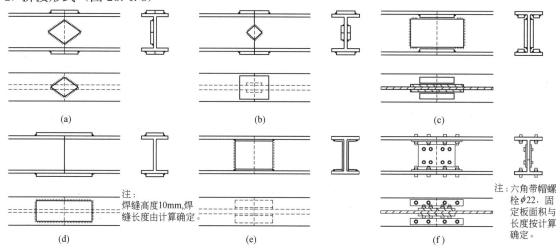

注：
焊缝高度10mm,焊缝长度由计算确定。

注：六角带帽螺栓ϕ22，固定板面积与长度按计算确定。

(d)   (e)   (f)

图23.4.8 H型钢桩拼接形式

（a）菱形搭接；（b）翼板矩形腹板菱形搭接；（c）翼板内侧及腹板两侧矩形搭接；
（d）矩形搭接；（e）腹板槽钢搭接；（f）矩形板由螺栓连接

3. 翼板与腹板的对接（图23.4.9）

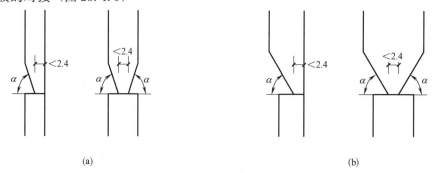

翼板与腹板的对接 ($\alpha \geqslant 50°$)

图23.4.9 翼板与腹板对接示意图

（a）上、下节桩等厚度；（b）上、下节桩不等厚

4. 桩与承台的连接（图 23.4.10）

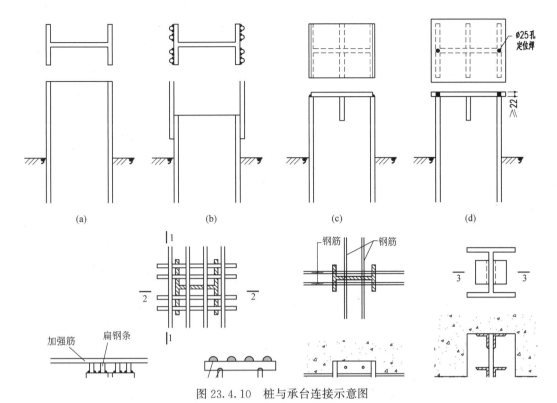

图 23.4.10 桩与承台连接示意图

（a）直接伸入；（b）加焊锚固钢筋；（c）桩顶平板加强一；（d）桩顶平板加强二

5. 桩靴（图 23.4.11）

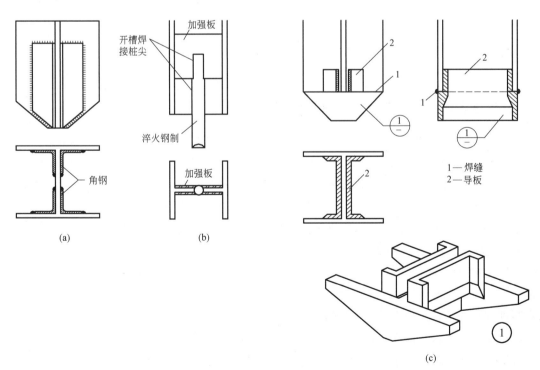

图 23.4.11 桩靴示意图

（a）角钢加强；（b）奥斯陆桩尖；（c）普鲁因桩尖

6. H 型钢桩、实例（图 23.4.12）

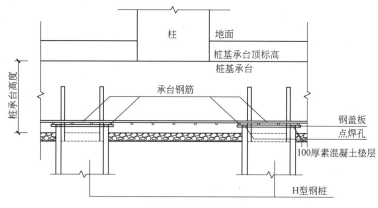

H桩和承台连接示意图

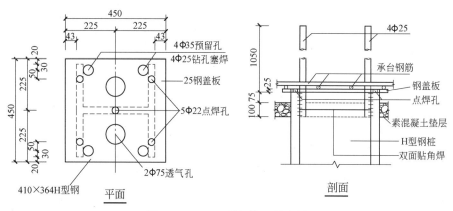

图 23.4.12　H 型钢桩工程实例

23.5　筏板与承台

23.5.1　桩与承台的连接构造应符合下列规定

1. 桩嵌入承台内的长度对中等直径桩不宜小于 50mm；对大直径桩不宜小于 100mm。

2. 混凝土桩的桩顶纵向主筋应锚入承台内，其锚入长度不宜小于 35 倍纵向主筋直径。对于抗拔桩，桩顶纵向主筋的锚固长度应按现行国家标准《混凝土结构设计规范》GB 50010—2010（2015 年版）确定。

3. 对于大直径灌注桩，当采用一柱一桩时可设置承台或将桩与柱直接连接。

4. 承台与承台之间的连接构造应符合下列规定。

（1）一柱一桩时，应在桩顶两个主轴方向上设置联系梁。当桩与柱的截面直径之比大于 2 时，可不设联系梁。

（2）两桩桩基的承台，应在其短向设置联系梁。

（3）单排桩条形承台，应在垂直于承台梁方向的适当部位设置联系梁。

（4）有抗震设防要求的柱下桩基承台，宜沿两个主轴方向设置联系梁。

（5）联系梁顶面宜与承台顶面位于同一标高。联系梁宽度不宜小于 250mm，其高度可取承台中心距的 1/15～1/10，且不宜小于 400mm。

（6）联系梁配筋应按计算确定，梁上下部配筋不宜小于 2 根直径 12mm 钢筋，并应按受拉要求锚入承台；位于同一轴线上的联系梁纵筋宜通长配置。

（7）承台和地下室外墙与基坑侧壁间隙应灌注素混凝土，或采用灰土、级配砂石、压实性较好的素土分层夯实，其压实系数不宜小于 0.94。

23.5.2 承台构造要求

1. 桩基承台的构造，应满足抗冲切、抗剪切、抗弯承载力和上部结构的连接及承台梁连接要求。当进行承台的抗震验算时，应根据现行国家标准《建筑抗震设计规范》GB 50011—2010（2016 年版）的规定对承台顶面的地震作用效应和承台的受弯、受冲切、受剪承载力进行抗震调整。

2. 桩基筏形承台板的弯矩宜考虑地基土层性质、基桩分布、承台和上部结构类型和刚度，按地基-桩-承台-上部结构协同作用原理分析计算。其中较实用的计算方法为支承于弹簧上的弹性板有限元分析法，同时考虑上部结构刚度对板的约束作用。

（1）该法将筏形承台板进行有限元划分，筏板可用板单元模型进行模拟，桩作为弹簧支座位于单元节点上，上部结构的柱、墙作为竖向集中荷载或线荷载，位于节点或边上，同时考虑上部结构刚度对筏板刚度的影响，采用有限元法求解弹性支座的位移、反力及板的弯矩。

该法的关键是合理确定桩的弹簧刚度系数。桩的弹簧系数可根据长期效应组合条件下单桩平均荷载及沉降确定，沉降计算可采用规范规定的以 Mindlin 应力公式为依据的单向压缩分层总和法。当采用单桩静载荷试验的荷载~位移曲线确定桩的弹簧系数时，应考虑群桩效应。对于荷载或布桩不均匀的承台板，可分区计算各区单桩的弹簧常数。

（2）对筏形承台，桩端持力层比较均匀、上部结构刚度较好、梁板式筏基梁的高跨比或平板式筏基板的厚跨比不小于 1/6，且相邻柱荷载及柱间距变化不超过 20% 时，整体弯矩较小，因而可仅考虑局部弯矩作用进行计算，忽略基础的整体弯矩，但需在配筋构造上采取措施承受实际上存在的一定数量的整体弯矩。

（3）筏形承台板仅按局部弯曲作用进行计算时，通常采用倒楼盖法。先将承台板上的荷载设计值按静力等效原则移至承台板底面桩群形心处，并根据直线变化规律计算桩顶反力，然后以柱、墙为竖向构件作为板的支座，各桩顶竖向反力为荷载，求出板的弯矩与支座反力；当支座竖向反力与实际柱、墙竖向荷载效应出入较大时，应调整桩位重新计算桩顶反力。

3. 桩基承台尚应符合下列要求。

（1）独立柱下桩基承台的最小宽度不应小于 500mm，边桩中心至承台边缘的距离不宜小于桩的直径或边长，且桩的外边缘至承台边缘的距离不小于 150mm。对于条形承台梁，桩的外边缘至承台梁边缘的距离不小于 75mm。

（2）承台的最小厚度不应小于 300mm；高层建筑平板式和梁板式筏形承台的最小厚度不应小于 400mm。

（3）承台混凝土强度等级不应低于 C20，并且承台混凝土材料及其强度等级应符合结构混凝土耐久性的要求和抗渗要求。

（4）承台纵向钢筋的混凝土保护层厚度不应小于 70mm，当有混凝土垫层时，不应小于 50mm；此外尚不应小于桩头嵌入承台内的长度。

（5）承台的钢筋配置应符合下列规定。

① 柱下独立桩基承台纵向受力钢筋应通长配置；对四桩以上（含四桩）承台宜按双向均匀布置；对三桩的三角形承台应按三向板带均匀布置，且最里面的三根钢筋围成的三角形应在柱截面范围内（图 23.5.1）。纵向钢筋锚固长度自边桩内侧（当为圆桩时，应将其直径乘以 0.8 等效为方桩）算起，

不应小于35d（d为钢筋直径）；当不满足时应将纵向钢筋向上弯折，此时水平段的长度不应小于25d，弯折段长度不应小于10d。承台纵向受力钢筋的直径不应小于12mm，间距不应大于200mm。柱下独立桩基承台的最小配筋率不应小于0.15%。

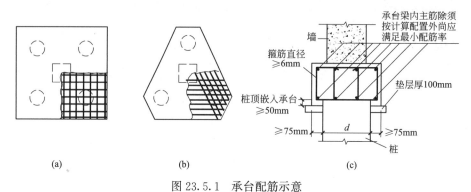

图23.5.1　承台配筋示意

（a）矩形承台配筋；（b）三桩承台配筋；（c）墙下承台梁配筋图

② 柱下独立两桩承台，应按现行国家标准《混凝土结构设计规范》GB 50010—2010（2015年版）中的深受弯构件配置纵向受拉钢筋、水平及竖向分布钢筋。承台纵向受力钢筋端部的锚固长度及构造应与柱下多桩承台的规定相同。

③ 条形承台梁的纵向主筋应符合现行国家标准《混凝土结构设计规范》GB 50010—2010（2015年版）关于最小配筋率的规定，主筋直径不应小于12mm，架立筋直径不应小于10mm，箍筋直径不应小于6mm。承台梁端部纵向受力钢筋的锚固长度及构造应与柱下多桩承台的规定相同。

④ 筏形承台板或箱形承台板在计算中当仅考虑局部弯矩作用时，考虑到整体弯曲的影响，在纵横两个方向的下层钢筋配筋率不宜小于0.15%；上层钢筋应按计算配筋率全部连通。当筏板的厚度大于2000mm时，宜在板厚中间部位设置直径不小于12mm、间距不大于300mm的双向钢筋网。

4. 对于箱形、筏形承台，可按下列公式计算承台受内部基桩的冲切承载力（图23.5.2）。

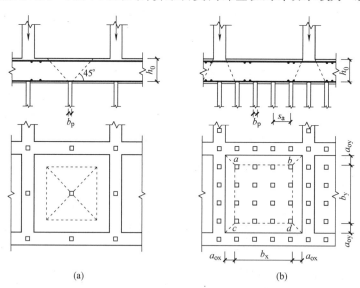

图23.5.2　承台冲切示意

（a）受基桩的冲切；（b）受桩群的冲切

（1）应按式（23.5.1）计算受基桩的冲切承载力 ［图23.5.2（a）］

$$N_l \leqslant 2.8(b_p + h_0)\beta_{hp}f_t h_0 \tag{23.5.1}$$

（2）应按式（23.5.2）计算受桩群的冲切承载力 ［图 23.5.2（b）］

$$\sum N_{li} \leqslant 2[\beta_{0x}(b_y+a_{0y})+\beta_{0y}(b_x+a_{0x})]\beta_{hp}f_t h_0 \tag{23.5.2}$$

式中 β_{0x}、β_{0y}——由《建筑桩基技术规范》JGJ 94—2008 公式（5.9.7-3）求得，其中 $\lambda_{0x}=a_{0x}/h_0$，$\lambda_{0y}=a_{0y}/h_0$，λ_{0x}、λ_{0y} 均应满足 0.25～1.0 的要求；

N_l、$\sum N_{li}$——不计承台和其上土重，在荷载效应基本组合下，基桩或复合基桩的净反力设计值、冲切锥体内各基桩或复合基桩反力设计值之和。

5. 柱下独立桩基承台斜截面受剪承载力应按有关规定计算，详见《建筑桩基技术规范》JGJ 94—2008 第 5.9.10 条。

6. 箱形承台和筏形承台的弯矩可按下列规定计算。

（1）箱形承台和筏形承台的弯矩宜考虑地基土层性质、基桩分布、承台和上部结构类型和刚度，按地基-桩-承台-上部结构共同作用原理分析计算。

（2）对于箱形承台，当桩端持力层为基岩、密实的碎石类土、砂土且深厚均匀时；或当上部结构为剪力墙；或当上部结构为框架-核心筒结构且按变刚度调平原则布桩时，箱形承台底板可仅按局部弯矩作用进行计算。

（3）对于筏形承台，当桩端持力层深厚坚硬、上部结构刚度较好，且柱荷载及柱间距的变化不超过 20% 时；或当上部结构为框架-核心筒结构且按变刚度调平原则布桩时，可仅按局部弯矩作用进行计算。

7. 可基于上述规定的基本思想，计算分析得到高层建筑塔楼筏板的内力分布，根据具体内力分布和配筋方向分区进行配筋设计。柱下条形承台梁的弯矩可按下列规定计算。

（1）一般可按弹性地基梁（地基计算模型应根据地基土层特性选取）进行分析计算；

（2）当桩端持力层深厚坚硬且桩柱轴线不重合时，可视桩为不动铰支座，按连续梁计算。

8. 砌体墙下条形承台梁，可按倒置弹性地基梁计算弯矩和剪力（详见《建筑桩基技术规范》JGJ 94—2008 附录 G）。对于承台上的砌体墙，尚应验算桩顶部位砌体的局部承压强度。

9. 抗冲切单元。

局部巨柱或者核心筒内筒抗冲切计算略有不足，同时筏板混凝土强度等级已经足够高，并且继续增加筏板厚度代价较大，可以采用在相应冲切范围内设置抗冲切单元的方法来满足规范对冲切验算的要求。

23.5.3 承台配筋图例与实例

1. 钢筋混凝土低桩承台（图 23.5.3～图 23.5.17）

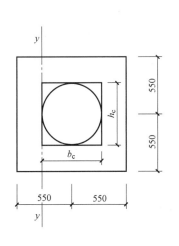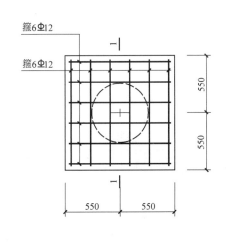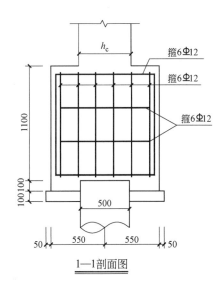

图 23.5.3 单桩承台

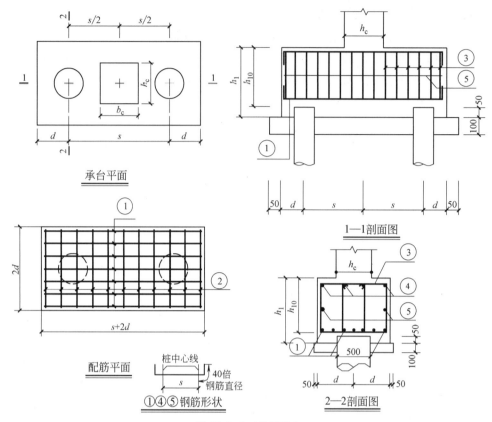

图 23.5.4　双桩承台

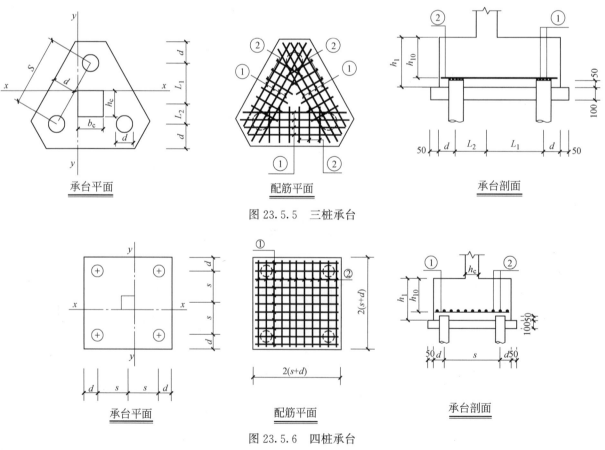

图 23.5.5　三桩承台

图 23.5.6　四桩承台

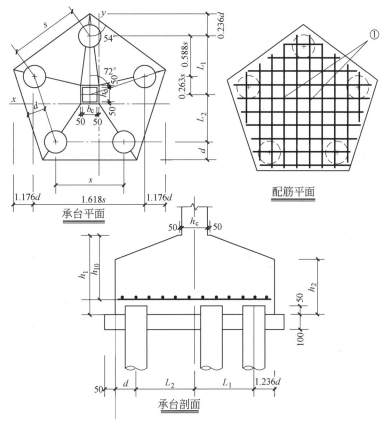

图 23.5.7 五桩五边形承台

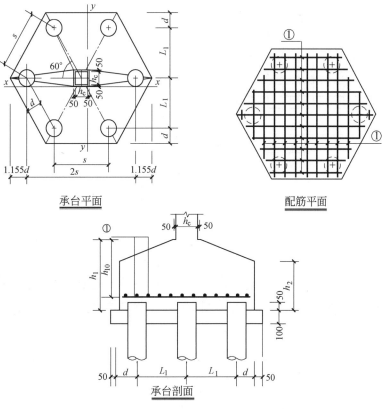

图 23.5.8 六桩六边形承台

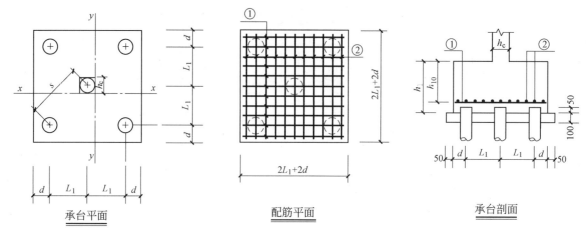

承台平面　　　　　配筋平面　　　　　承台剖面

图 23.5.9　五桩矩形承台

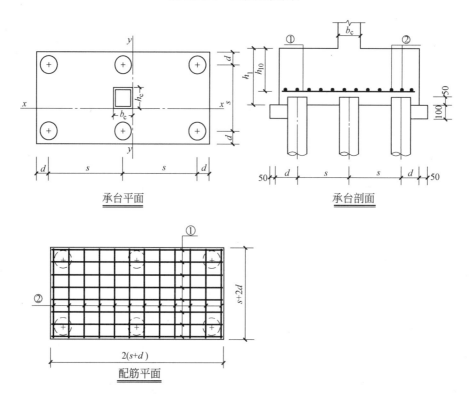

承台平面　　　　　承台剖面

配筋平面

图 23.5.10　六桩矩形承台

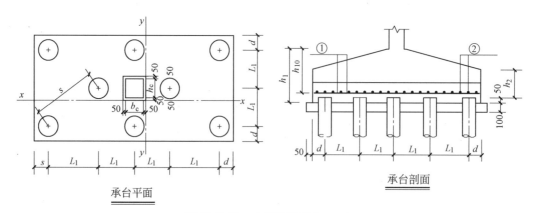

承台平面　　　　　承台剖面

图 23.5.11　八桩矩形承台（一）

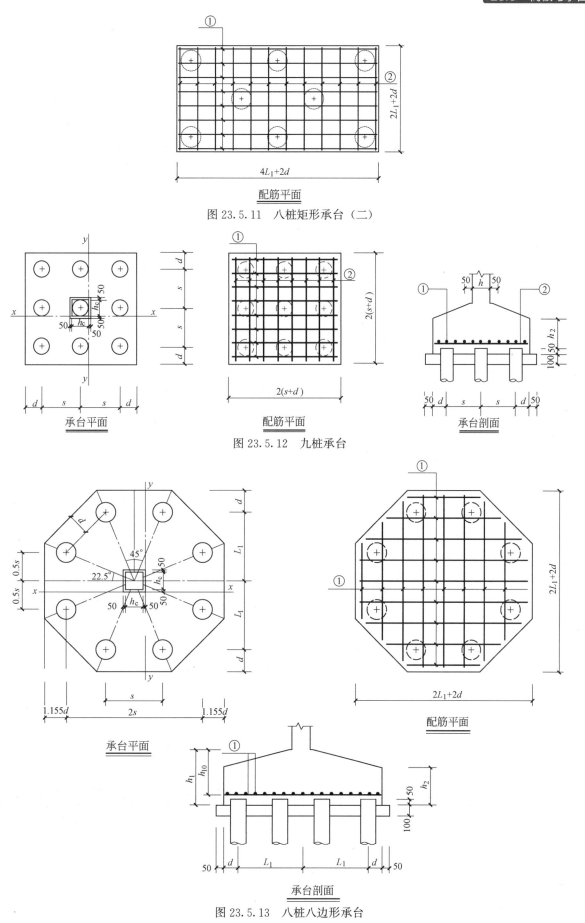

配筋平面

图 23.5.11 八桩矩形承台（二）

承台平面　　　　　配筋平面　　　　　承台剖面

图 23.5.12 九桩承台

承台平面　　　　　　　　　　　配筋平面

承台剖面

图 23.5.13 八桩八边形承台

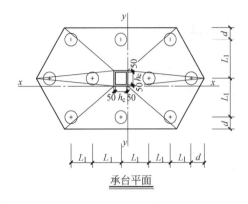

承台平面

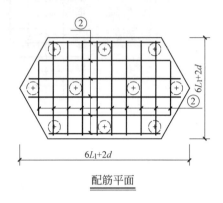

配筋平面

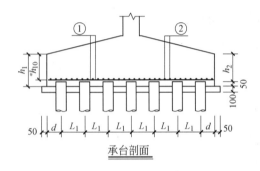

承台剖面

图 23.5.14　十桩承台

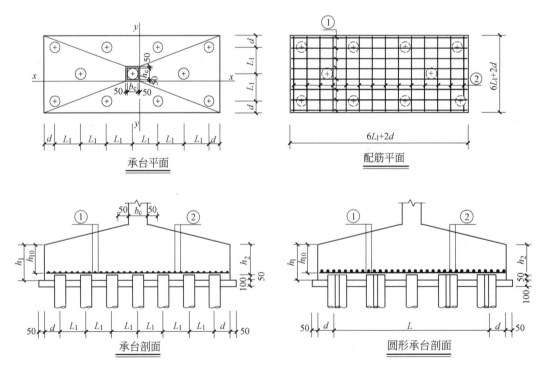

承台平面

配筋平面

承台剖面

圆形承台剖面

图 23.5.15　十一桩承台

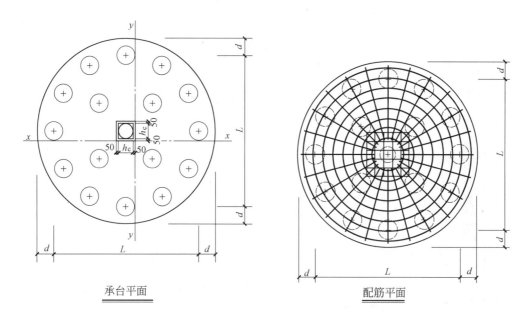

承台平面   配筋平面

图 23.5.16   圆形承台

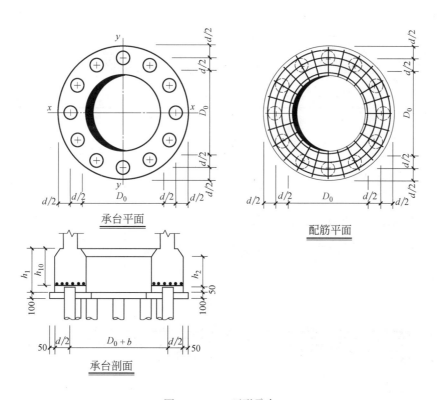

承台平面   配筋平面

承台剖面

图 23.5.17   环形承台

2. 高层建筑塔楼筏板示例（图 23.5.18、图 23.5.19）

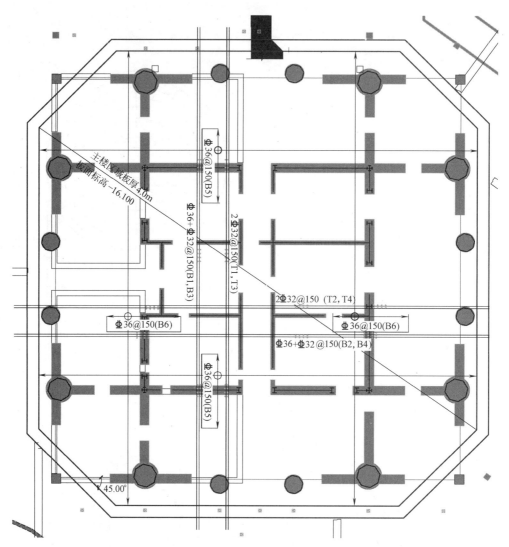

图 23.5.18　武汉中心塔楼筏板配筋平面图

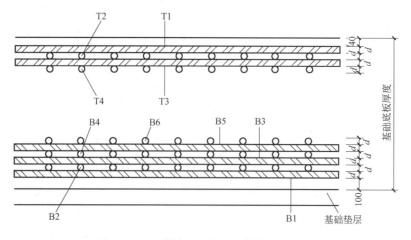

图 23.5.19　塔楼基础底板钢筋排列示意图

参 考 文 献

[1] 王卫东，吴江斌. 超高层建筑大直径超长灌注桩的设计与实践［C］. 2013海峡两岸地工技术/岩土工程交流研讨会论文集. 2013：8-14.

[2] Weidong Wang, Jiangbin Wu. Super-long bored pile foundation for super high-rise buildings in China：The 18th International Conference on Soil Mechanics and Geotechnical Engineering Challenges and Innovations in Geotechnics ［C］. 2013.

[3] Zhang, L. and Ng, A. M. Y. Limiting Tolerable Settlement and Angular Distortion for Building Foundations ［J］. Probabilistic Applications in Geotechnical Engineering，GSP 170，ASCE，2006.

[4] 赵锡宏. 上海高层建筑桩筏和桩箱基础共同作用理论与实践：上海高层建筑桩筏与桩箱基础设计理论［M］. 上海：同济大学出版社，1989：1-23.

[5] 杨敏，赵锡宏. 筒体结构-筏-桩-地基共同作用分析：上海高层建筑桩筏与桩箱基础设计理论［M］. 上海：同济大学出版社，1989：162-178.

[6] 孙家乐，刘之珩，张镭. 从上部结构与地基基础相互作用研讨基础内力的计算方法［J］. 北京工业大学学报，1984，1：21-31.

[7] 孙家乐，吴观今. 框架结构与地基基础共同作用等逐次弹性杆法［J］. 北京工业大学学报，1984，2：61-72.

[8] 林本海，刘立树. 筏板基础选型和设计方法的研讨［J］. 建筑结构，1999，12：3-7.

[9] 朱炳寅. 高层建筑筏基设计方法的分析与探索［J］. 建筑结构，1999，4：54-57.

[10] 宫剑飞. 多塔楼荷载作用下大底盘框筏基础反力及沉降计算［D］. 北京：中国建筑科学研究院，1999.

[11] 黄熙龄. 高层建筑厚筏反力及变形特征试验研究［J］. 岩土工程学报，2002，24（2）：131-137.

[12] 邸道怀. 高层建筑与裙房基础整体连接设计时基底反力和变形规律研究［J］. 工业建筑，2002，32（12）：11-13.

[13] 宫剑飞. 高层建筑与裙房基础整体连接情况下基础的变形及反力分析［J］. 土木工程学报，2002，35（3）：46-49.

[14] 吴江斌，楼志军，宋青君. PHC管桩桩身抗剪承载力试验与计算方法研究［J］. 建筑结构，2012，42（5）：164-167.

[15] W. D. Wang, J. B. Wu, and Q. Li. Design and Performance of the Piled Raft Foundation for Shanghai World Financial Center：The 15th Asian Regional Conference on Soil Mechanics and Geotechnical Engineering in Japan ［C］. 2015：393.

[16] 李永辉，吴江斌. 基于载荷试验的大直径超长桩承载特性分析［J］. 地下空间与工程学报，2011，7（5）：895-902.

[17] 王卫东，李永辉，吴江斌. 超长灌注桩桩-土界面剪切模型及其有限元模拟［J］. 岩土力学，2012，33（12）：3818-3824.

[18] 李永辉，王卫东，吴江斌. 基于桩侧广义剪切模型的大直径超长灌注桩承载变形计算方法［J］. 岩土工程学报，2015，37（12）：2157-2166.

[19] 赵春风，鲁嘉，等. 大直径深长钻孔灌注桩分层荷载传递特性试验研究［J］. 岩石力学与工程学报，2009，28（5）：1020-1026.

[20] John Davies，James Lui，et al. The Foundation Design for Foundation Design For Two Super High-Rise Buildings In Hon. CTBUH 2004 October 10～13，Seoul，Korea.

[21] 辛公锋. 大直径超长桩侧阻软化试验与理论研究［D］. 杭州：浙江大学，2006.

[22] 李永辉，王卫东，吴江斌. 桩端后注浆超长灌注桩桩侧极限摩阻力计算方法［J］. 岩土力学，2015，36（S1）：382-386.

[23] 王卫东，李永辉，吴江斌. 上海中心大厦大直径超长灌注桩现场试验研究［J］. 岩土工程学报，2011，33（12）：1817-1826.

[24] Wang W. D, Li Y. H, Wu J. B. Pile Design and Pile Test Analysis of Shanghai Center Tower：The 14th Asian Re-

gional Conference on Soil Mechanics and Geotechnical Engineering［C］. 2011. 5, pp. 33.

［25］ 吴江斌，聂书博，王卫东. 天津 117 大厦大直径超长灌注桩荷载试验［J］. 建筑科学，2015，31（S2）：272-278.

［26］ 　Wu Jiangbin, Wang Weidong. Analysis of Pile Foundation and Loading Test of Suzhou Zhongnan Center, CTBUH 2014. 9.

［27］ 王卫东，吴江斌，李永辉. 超高层建筑桩基础设计方法与技术措施：中国建筑学会建筑结构分会 2012 年年会暨第二十二届全国高层建筑结构学术交流会论文集［C］. 2012.

［28］ 岳建勇，黄绍铭，等. 上海软土地区桩端后注浆灌注桩单桩极限承载力估算方法探讨［J］. 建筑结构，2009，39（S1）：721-725.

［29］ 李进军，吴江斌，王卫东. 灌注桩设计中桩身强度问题的探讨：桩基工程技术进展，//2009 桩基工程学术年会［C］. 北京：中国建筑工业出版社，2009.

［30］ 王卫东，吴江斌，等. 桩端后注浆灌注桩的桩端承载特性研究［J］. 土木工程学报，2007，40（S1）：75-80.

［31］ 王卫东，吴江斌，黄绍铭. 上海软土地区桩端后注浆灌注桩的承载特性：中国建筑学会地基基础分会//地基基础工程技术实践与发展 2008 学术年会论文集［C］. 北京：知识产权出版社，2008：146-156.

［32］ 李永辉，王卫东，吴江斌. 桩端后注浆超长灌注桩桩侧极限摩阻力计算方法［J］. 岩土力学，2015，36（S1）：382-386.

［33］ 吴江斌，王卫东. 软土地区桩端后注浆灌注桩合理注浆量与承载力计算方法研究［J］. 建筑结构，2007，37（5）：114-116.

［34］ 王卫东，吴江斌，等. 中央电视台（CCTV）新主楼基础设计［J］. 岩土工程学报，2010，32（S2）：253-258.

［35］ Weidong Wang, Jiangbin Wu. FOUNDATION DESIGN AND SETTLEMENT MEASUREMENT OF CCTV NEW HEADQUARTER：Seventh International Conference on Case Histories in Geotechnical Engineering and Symposium in Honor of Clyde Baker［C］. 2013.

［36］ 王卫东，吴江斌. 深开挖条件下抗拔桩分析与设计［J］. 建筑结构学报，2010，31（5）：202-208.

［37］ 王卫东，吴江斌. 上海中心大厦桩型选择与试桩设计［J］. 建筑科学，2012，28（S1）：303-307.

［38］ 王卫东，吴江斌，聂书博. 武汉中心大厦超长桩软岩嵌岩桩承载特性试验研究［J］. 建筑结构学报，2016，37（6）：196-203.

［39］ 聂书博，吴江斌. 泥岩地区大直径嵌岩桩承载特性研究：第六届全国青年岩土力学与工程会议，//岩土力学与工程进展［C］. 武汉：武汉大学出版社，2013：176-182.

［40］ 王卫东，吴江斌，聂书博. 武汉绿地中心大厦大直径嵌岩桩现场试验研究［J］. 岩土工程学报，2015，37（11）：1945-1954.

［41］ 王卫东，吴江斌，王向军. 嵌岩桩嵌岩段侧阻和端阻综合系数 ζ_r 的研究［J］. 岩土力学，36（S2）：289-295.

［42］ 王卫东，吴江斌，等. 桩基的设计与工程实践：桩基工程技术进展//桩基工程学术年会［C］. 北京：中国建筑工业出版社，2009.

［43］ 王卫东，申兆武，吴江斌. 桩土-基础底板与上部结构协同作用的实用计算分析方法与应用［J］. 建筑结构，2007，37（5）：111-113.

［44］ 吴江斌，王卫东. 438m 武汉中心大厦嵌岩桩设计［J］. 岩土工程学报，2013，35（S1）：76-81.

［45］ 王昌兴，韩文娜，等. 中环世贸中心基础设计［J］. 建筑结构，2008，7：129-131.

［46］ 王向军，吴江斌，黄茂松. 桩的泊松效应对抗拔系数 λ 的影响［J］. 地下空间与工程学报，2009，5（S2）：1545-1548.

［47］ 王卫东，吴江斌，王向军. 基于极限载荷试验的扩底抗拔桩承载变形特性的分析［J］. 岩土工程学报，2016，38（7）：1330-1338.

［48］ 王卫东，吴江斌，王敏. 扩底抗拔桩在超大型地下工程中的设计与分析：中国土木工程学会第十届土力学及岩土工程学术会议论文集［C］. 2007.

［49］ 王卫东，吴江斌，黄绍铭. 上海软土地区扩底抗拔桩的研究与工程应用：中国建筑学会地基基础分会 2006 学术年会论文集//地基基础工程技术新进展，北京：知识产权出版社，2006：101-111.

［50］ 王卫东，吴江斌，等. 软土地区扩底抗拔桩承载特性试验研究［J］. 岩土工程学报，2007，29（9）：1418-1424.

［51］ 吴江斌，王卫东，黄绍铭. 扩底抗拔桩扩大头作用机理的数值模拟研究［J］. 岩土力学，2008，29（8）：2115-2120.

［52］ 吴江斌，王卫东，黄绍铭. 等截面桩与扩底桩抗拔承载特性之数值分析研究［J］. 岩土力学，2008，29（9）：2583-2588.

［53］ 许亮，王卫东，等. 扩底抗拔桩承载力计算方法与工程应用［J］. 建筑结构学报，2007，28（3）：122-128.

［54］ 黄茂松，王向军，等. 不同桩长扩底抗拔桩极限承载力的统一计算模式［J］. 岩土工程学报，2011，33（1）：63-69.

［55］ 郝沛涛，吴江斌. 旋挖扩底施工工艺在天津于家堡南北地下车库项目中的应用：第四届深基础工程发展论坛论文集［C］. 北京：知识产权出版社，2014：150-157.

［56］ 吴江斌，王卫东，王向军. 软土地区多种桩型抗拔桩侧摩阻力特性研究［J］. 岩土工程学报，2010，32（S2）：93-98.

［57］ 王卫东，吴江斌，王向军. 桩侧注浆抗拔桩的试验研究与工程应用［J］. 岩土工程学报，2010，32（S2）：284-289.

［58］ 王卫东，吴江斌，王向军. 桩侧后注浆抗拔桩技术的研究与应用［J］. 岩土工程学报，2011，33（231）（S2）：437-445.

［59］ 刘金砺，高文生，邱明兵. 建筑桩基技术规范应用手册［M］. 北京：中国建筑工业出版社，2010.

第24章 复合地基

24.1 概述

复合地基是指部分土体被增强或置换形成增强体，由增强体和周围地基土共同承担荷载的地基。增强体又可分为纵向增强体和横向增强体，习惯上将纵向增强体称作桩。

从不同的角度出发，复合地基可有多种分类方法。基于试验研究和工程应用方面的考虑，按桩体材料的性状、施工工艺、桩在复合地基中的承载特性和桩型、数量等，对复合地基进行分类见表24.1.1。

复合地基分类

表 24.1.1

分类标准	类型	举例
按成桩材料分类	散体土类桩复合地基	砂(砂石)桩、碎石桩等
	水泥土类桩复合地基	水泥土搅拌桩、旋喷桩等
	混凝土类桩复合地基	CFG桩、树根桩等
按桩体刚度分类	柔性桩复合地基	散体土类桩
	半刚性桩复合地基	水泥土类桩
	刚性桩复合地基	混凝土类桩
按桩体材料性状、桩体置换作用分类	散体桩复合地基	砂(砂石)桩、碎石桩等
	低粘结强度桩复合地基	石灰桩等
	中等粘结强度桩复合地基	旋喷桩、夯实水泥土桩等
	高粘结强度桩复合地基	CFG桩等
按基础类型分类	足够刚度基础下的复合地基	一般房屋建筑基础下的复合地基
	柔性基础下复合地基	储油罐、堆料场、路基等下的复合地基
按增强体强度与原土的相关性分类	增强体强度与原土有关的复合地基	水泥土搅拌桩、旋喷桩复合地基等
	增强体强度与原土无关的复合地基	CFG桩、夯实水泥土桩、砂石桩复合地基等
按复合地基中桩型数量分类	单一桩型复合地基	如同一桩型CFG桩复合地基
	多桩型复合地基	CFG桩长短桩、CFG桩＋碎石桩复合地基等

从复合地基在高层建筑中的实际应用情况看，刚性桩复合地基应用最为普遍，因此保留第一版关于CFG桩复合地基的内容并重点介绍。考虑到碎石桩复合地基单独用于高层建筑地基处理的工程越来越少，因此取消了本书前版第2节碎石桩复合地基的内容。

另外，近些年来，多桩型复合地基应用于高层建筑地基处理的工程越来越多。如高层建筑天然地基承载力和变形不能满足上部结构要求，地基土还存在可液化土层，可先采用碎石桩消除地基土液化，另外采用CFG桩复合地基提高地基承载力、控制变形，形成以CFG桩为主桩、碎石桩为辅桩的多桩型复合地基；采用刚性桩复合地基方案，有时会发现基底局部土质较差，可采用夯实水泥土桩补强，以调整整个复合地基承载力和模量的均匀性，也形成了多桩型复合地基；又如，当地基土存在两个好的桩端持力层时，还可以考虑采用长短CFG桩复合地基。因此，本次改版增加了多桩型复合地基的内容（第24.3节）。

复合地基具有施工工期短、造价相对较低、方案灵活等优点。不论是对单体的高层建筑物还是大底盘多塔楼的高层建筑均有较好的适应性。对建筑物荷载变化大、地基土复杂、变形要求严格的工程要认真做方案论证，必要时通过现场试验确定方案的可行性。

地基处理效果不仅取决于设计方案，亦与所采用的施工工艺及施工质量密切有关。在强调复合地基的经济性时，不能忽视各个施工环节的管理控制，做到信息化施工，确保工程质量。

24.2 CFG桩复合地基

24.2.1 概述

水泥粉煤灰碎石桩，简称CFG桩（Cement-fly ash-gravel Pile），是中国建筑科学研究院地基基础研究所于20世纪80年代开发成功的高粘结强度桩，由碎石、粉煤灰、水泥与水拌和后，根据不同的土质，采用不同的机具、不同的成桩工艺，从而形成复合地基的成套技术。该方法1992年通过部级鉴定，1994年被建设部列为全国重点推广项目，1995年被国家科委列为国家级全国重点推广项目，2002年列入行业标准《建筑地基处理技术规范》JGJ 79—2012。

CFG桩复合地基属于刚性桩复合地基，具有承载力提高幅度大地基变形小等特点。这一复合地基形式的出现，大大拓宽了地基处理的应用领域，同时粉煤灰等工业废料的综合利用，也有效降低了地基处理的费用。目前CFG桩复合地基技术已在全国20多个省、市、自治区推广应用，并广泛应用于高层建筑地基处理中。

CFG桩桩体强度与素混凝土桩相当，属于高粘结强度桩，通过在基础和桩之间设置由散体材料（如中砂、粗砂、级配砂石或碎石等）构成的褥垫层，保证桩土协同工作，形成复合地基。

CFG桩具有一般素混凝土桩的受力和变形特性，依靠桩侧摩阻和桩端阻力来承担荷载，桩的承载力由桩土界面的强度所决定。CFG桩可全桩长发挥侧阻力，桩身越长承载力提高幅度越大，当桩端落在好的持力层上时，具有明显的端阻作用。CFG桩复合地基上述特性，使它较散体材料桩和一般粘结强度桩而言，承载力提高和调整幅度更大，地基变形更小，并对不均匀地基减小不均匀变形具有很好的适应性。

CFG桩复合地基明显区别于复合桩基。CFG桩复合地基中桩和桩间土构成复合土体，桩与基础不是直接相连，而是通过褥垫层和基础相联系。褥垫技术是CFG桩复合地基的一个核心技术，具有保证桩、土共同承担竖向和水平向荷载并调整其荷载分担、减小基底应力集中的作用。试验结果表明，当褥垫层厚度适宜时，桩、土均能发挥较好的荷载分担作用，桩对基底产生的应力集中不大，桩顶受到的水平荷载很小，桩体不会发生水平断裂，桩在复合地基中不会失去工作能力。复合桩基中土参与分担部分荷载，但是由于桩体同基础直接相连，桩对基础产生显著的应力集中，桩对基础具有冲切作用，当基础承受水平荷载时，桩土水平荷载分担比尚需进一步研究。刚性桩复合地基、复合桩基是从天然地基到基础过渡的两种典型状态，前者是复合地基，属于地基范畴；而后者是桩基，属于基础范畴。

CFG桩复合地基适用于处理黏性土、粉土、砂土和自重固结已完成的素填土地基。对淤泥质土应按地区经验或通过现场试验确定其适用性。对基础形式而言，CFG桩复合地基可适用于独立基础、条形基础、筏形基础和箱形基础等。

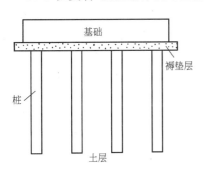

图24.2.1 CFG桩复合地基示意图

24.2.2 CFG桩复合地基加固机理

CFG桩、桩间土、褥垫层和足够刚度的基础一起形成复合地基，如图24.2.1所示。褥垫层技术是CFG桩复合地基的关键技术之一，复合地基的许多特性都与褥垫层有关，是区别于桩基础的最主要的特征之一。

当基础承受竖向荷载时，CFG桩复合地基桩和桩间土都要发生变形。桩的模量远比土的模量大，桩比土的变形小，由于基础下面设置了一定厚度的褥垫层，桩可以向上刺入，伴随这一变化过程，垫层材料不断调整补充到桩间土上，保证了在任一荷载下桩和桩间土始终参与工作。随着荷载的增加，CFG桩复合地基中桩承担的荷载占总荷载的百分比逐渐增加，土承担的荷载占总荷载的百分比逐渐减小。

由于褥垫层的设置，无论桩端落在软土层还是硬土层上，CFG桩复合地基从加荷一开始桩就存在一个负摩擦区。土对桩的负摩擦作用，对复合地基并非有害，它对提高桩间土的承载力、减少复合土层的变形起着有益的作用。

CFG桩主要传递竖向荷载，当基础承受水平荷载时，由于设置了褥垫层，上部结构传来的水平荷载经褥垫层传递到桩顶时已经大大降低，褥垫层越厚，桩顶承受的水平荷载越小。

褥垫层在复合地基中的作用可概括如下：

（1）保证桩、土共同承担上部荷载，是CFG桩形成复合地基的重要条件。

（2）通过改变褥垫层厚度，调整桩垂直荷载的分担，通常褥垫层越薄桩承担的荷载占总荷载的百分比越高。

（3）减少基础底面的应力集中。

（4）调整桩、土水平荷载的分担，褥垫层越厚，土分担的水平荷载占总荷载的百分比越大，桩分担的水平荷载占总荷载的百分比越小。对抗震设防区，不宜采用厚度过薄的褥垫层设计。

（5）褥垫层的设置，可使桩间土承载力充分发挥，作用在桩间土表面的荷载在桩侧的土单元产生竖向和水平向附加应力，水平向附加应力作用在桩表面具有增大侧阻的作用，在桩端产生的竖向附加应力对提高单桩承载力是有益的。

24.2.3　CFG桩复合地基设计

1. 设计需要具备的资料

进行CFG桩复合地基设计需要具备下列资料。

（1）岩土工程勘察报告。

（2）相关建筑的基础平面图和剖面图。±0.000对应的绝对标高；基底标高；电梯井、集水坑底标高；基础外轮廓线；墙、柱、梁的位置；板厚、梁高；有裙房应标明主楼和裙房（或车库）的相关关系（有后浇带应标明其位置）以及裙房（或车库）的基础形式和几何尺寸。

（3）建筑物荷载。基底反力满足荷载线性分布条件时。

1）相应于荷载效应标准组合时基础底面处的平均压力值和基础底面边缘处的最大压力（用于复合地基承载力验算）。

2）相应于荷载效应准永久组合（不计入风荷载和地震荷载作用）时基础底面处的平均压力值（用于复合地基变形验算）。

3）当主楼周围有裙房（或车库）时，还应提供裙房（或车库）基底压力标准值，以便考虑能否以及怎样对主楼地基承载力进行修正。

4）当需要做抗冲切验算时，尚需提供荷载设计值。

基底反力不满足荷载线性分布条件时：应分别提供每个柱荷载（若为框筒结构，还需提供核心筒的荷载标准值和设计值）。

（4）设计要求的复合地基承载力和变形。对按变形控制设计的复合地基，按满足荷载对承载力的要求和满足变形限值两者中的大值提承载力要求。

2. CFG桩复合地基承载力和变形计算

（1）单桩和复合地基承载力计算

《建筑地基基础设计规范》GB 50007—2011对复合地基承载力给出了确定原则，即复合地基承载力特征值应通过现场复合地基载荷试验确定，或采用增强体载荷试验结果和其周边土的承载力特征值结合经验确定。《建筑地基处理技术规范》JGJ 79—2012同样强调复合地基承载力特征值应通过现场复合地基载荷试验确定，初步设计时可按式（24.2.1）估算：

$$f_{spk} = \lambda m \frac{R_a}{A_p} + \beta(1-m)f_{sk} \qquad (24.2.1)$$

式中　f_{spk}——复合地基承载力特征值（kPa）；

　　　　m——面积置换率；

　　　　R_a——单桩竖向承载力特征值（kN）；

　　　　A_p——桩的截面积（m²）；

　　　　λ——单桩承载力发挥系数，应按地区经验取值，无经验时可取$0.8\sim0.9$；

　　　　β——桩间土承载力发挥系数，应按地区经验取值，无经验时可取$0.9\sim1.0$；

　　　　f_{sk}——处理后桩间土承载力特征值（kPa），对非挤土成桩工艺，可取天然地基承载力特征值；对挤土成桩工艺，一般黏性土可取天然地基承载力特征值；松散砂土、粉土可取天然地基承载力特征值的（$1.2\sim1.5$）倍，原土强度低的取大值。

实际工程中，有条件先在拟建场地做现场载荷试验，可为设计提供可靠的设计参数。而很多情况下是在无试验资料条件下按式（24.2.1）式估算复合地基承载力，但要结合工程实践经验，合理确定R_a、f_{sk}、λ、β等的取值。出于工程安全角度考虑，希望公式计算值接近但不大于载荷试验结果，而大量试验结果表明，公式计算结果一般不大于载荷试验结果。分析其原因，主要有以下两点：复合地基中单桩承载力要比自由单桩承载力大，用自由单桩试验结果估算复合地基中单桩承载力是偏于安全的；由于桩的约束作用和负摩擦区的影响，复合地基桩间土承载力一般情况下大于天然地基承载力，如用天然地基承载力估算复合地基中处理后桩间土的承载力，其结果也是偏于安全的。

CFG桩单桩竖向承载力特征值按式（24.2.2）计算：

$$R_a = u_p \sum_{i=1}^{n} q_{si} l_{pi} + \alpha_p q_p A_p \qquad (24.2.2)$$

式中　u_p——桩的周长（m）；

　　　　q_{si}——桩周第i层土的侧阻力特征值（kPa），可按地区经验取值；

　　　　l_{pi}——桩长范围内第i层土的厚度（m）；

　　　　q_p——桩端端阻力特征值（kPa）；

　　　　A_p——桩截面积（m²）；

　　　　α_p——桩端端阻力发挥系数，可取1.0。

（2）复合地基变形计算

采用复合模量法计算复合地基变形，复合土层的分层与天然地基相同，各复合土层的压缩模量等于该层天然地基压缩模量的ζ倍，见图24.2.2，$E_{sp} = \zeta E_s$。ζ为模量提高系数，$\zeta = f_{spk}/f_{ak}$，f_{ak}为基础底面下天然地基承载力特征值（kPa）。CFG桩桩端以下土层，取天然土的压缩模量。加固区和下卧层土体内的应力分布采用各向同性均质的直线变形体理论，按Boussinesq解计算附加应力。

复合地基最终变形量按式（24.2.3）计算：

$$s = \psi_s \left[\sum_{i=1}^{n_1} \frac{p_0}{\zeta E_{si}}(z_i \bar{\alpha}_i - z_{i-1}\bar{\alpha}_{i-1}) + \sum_{i=n_1+1}^{n_2} \frac{p_0}{E_{si}}(z_i \bar{\alpha}_i - z_{i-1}\bar{\alpha}_{i-1}) \right] \qquad (24.2.3)$$

式中　s——地基最终变形量；

　　　　ψ_s——沉降计算经验系数；

　　　　n_1——加固区范围土层分层数；

　　　　n_2——变形计算深度范围内土层总的分层数；

　　　　p_0——对应于荷载效应准永久组合时的基础底面处的附加压力（kPa）；

$\bar{\alpha}_i$、$\bar{\alpha}_{i-1}$——基础底面计算点至第i层土、第$i-1$层土底面范围内平均附加应力系数，按《建筑地基基础设计规范》GB 50007—2011附录K采用。

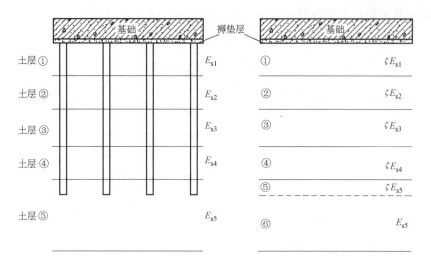

图 24.2.2 各土层复合模量示意图

复合地基的沉降计算经验系数 ψ_s 可根据地区沉降观测资料统计确定，无经验时，可按表 24.2.1 取值。

沉降计算经验系数 ψ_s 表 24.2.1

$\overline{E}_s$(MPa)	4.0	7.0	15.0	20.0	35.0
ψ_s	1.0	0.7	0.4	0.25	0.2

$\overline{E}_s$ 为变形计算深度范围内压缩模量的当量值，按下式计算：

$$\overline{E}_s = \frac{\sum\limits_{i=1}^{n} A_i + \sum\limits_{j=1}^{m} A_j}{\sum\limits_{i=1}^{n} \dfrac{A_i}{E_{spi}} + \sum\limits_{j=1}^{m} \dfrac{A_j}{E_{sj}}}$$

式中 A_i——加固土层第 i 层土附加应力系数沿土层厚度的积分值；

       A_j——加固土层以下的第 j 层土附加应力系数沿土层厚度的积分值。

地基变形计算深度应大于复合土层厚度，并符合《建筑地基基础设计规范》GB 50007—2011 中地基变形计算深度的有关规定。

3. CFG 桩复合地基设计参数的确定

CFG 桩复合地基设计主要确定 5 个参数，分别为桩长、桩径、桩间距、桩体强度、褥垫层厚度及材料。设计程序如图 24.2.3 所示。

（1）桩长及桩端持力层的选择

桩长是 CFG 桩复合地基设计时首先要确定的参数，它取决于建筑物对承载力和变形的要求、土质条件和设备能力等因素，应选

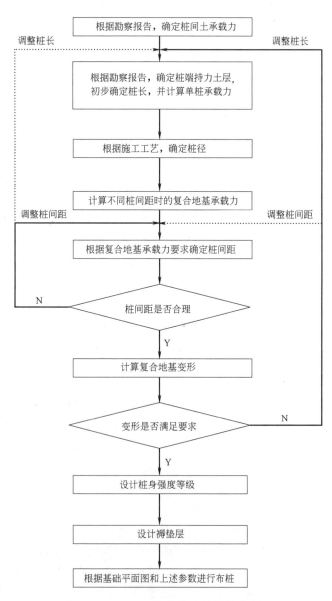

图 24.2.3 CFG 桩复合地基设计流程图

择勘察报告中承载力和压缩模量相对较高的土层作为桩端持力层，这样可以很好的发挥桩的端阻力，也可以避免场地岩性变化大可能造成建筑物的不均匀沉降。桩端持力层承载力和压缩模量越高，建筑物沉降稳定也越快。设计时，根据勘察报告，分析各土层，确定桩端持力层和桩长，并根据静载荷试验确定单桩承载力特征值，或按式（24.2.2）估算。

（2）桩径

桩径与选用的施工工艺有关，长螺旋中心压灌、干成孔和振动沉管成桩宜取350～600mm；泥浆护壁钻孔灌注素混凝土成桩宜取600～800mm；钢筋混凝土预制桩宜取300～600mm。其他条件相同时，桩径越小，桩的比表面积越大，单方混合料提供的承载力越高。

（3）桩间距

桩距应根据基础形式、设计要求的复合地基承载力和变形、土性、施工工艺等综合考虑确定。

设计的桩距首先要满足承载力和变形量的要求。从施工角度考虑，尽量选用较大的桩距，以防止新打桩对已打桩的不良影响。

就土的挤（振）密而言，可将土分为：

（1）挤（振）密效果好的土，如松散粉细砂、粉土、人工填土等；

（2）可挤（振）密土，如不太密实的粉质黏土；

（3）不可挤（振）密土，如饱和软黏土或密实度很高的黏性土、砂土等。

施工工艺可分为两大类：一是对桩间土产生扰动或挤密的施工工艺，如振动沉管打桩机成孔制桩，属于挤土成桩工艺。二是对桩间土不产生扰动或挤密的施工工艺，如长螺旋钻灌注成桩，属于非挤土（或部分挤土）成桩工艺。

对不可挤密土和挤土成桩工艺宜采用较大的桩距。

在满足承载力和变形要求的前提下，可以通过改变桩长来调整桩距。采用非挤土、部分挤土成桩工艺施工（如泥浆护壁钻孔灌注桩、长螺旋钻灌注桩），桩距宜取（3～5）倍桩径；采用挤土成桩工艺施工（如预制桩和振动沉管打桩机施工）和墙下条形基础单排布桩桩距可适当加大，宜取（3～6）倍桩径。桩长范围内有饱和粉土、粉细砂、淤泥、淤泥质土层，为防止施工发生窜孔、缩颈、断桩，减少新打桩对已打桩的不良影响，宜采用较大桩距。

（4）桩身强度

《建筑地基处理技术规范》JGJ 79—2012规定，CFG桩桩身强度应满足下式要求：

$$f_{cu} \geq 4 \frac{\lambda R_a}{A_p} \tag{24.2.4}$$

当复合地基承载力进行基础埋深的深度修正时，桩身强度应满足下式要求：

$$f_{cu} \geq 4 \frac{\lambda R_a}{A_p} \left[1 + \frac{\gamma_m (d - 0.5)}{f_a} \right] \tag{24.2.5}$$

式中 f_{cu}——桩体试块（边长150mm立方体）标准养护28d的立方体抗压强度平均值（kPa）；

γ_m——基础底面以上土的加权平均重度（kN/m³），地下水位以下取有效重度；

d——基础埋置深度（m）；

f_a——深度修正后的复合地基承载力特征值（kPa）。

（5）褥垫层厚度及材料

在桩顶和基础之间应设置褥垫层，褥垫层厚度宜为0.4～0.6倍桩径。褥垫层材料宜采用中砂、粗砂、继配砂石和碎石等，最大粒径不宜大于30mm。

定义垫层厚度与桩径之比为厚径比，桩、土承载力发挥与厚径比密切相关。厚径比越小，桩承载能力发挥越充分，桩间土承载力发挥越差，桩土应力比越大；厚径比过小，则桩顶应力集中显著，桩对基础冲切作用明显，若基础承受水平荷载，可能造成桩体折断。厚径比越大，桩间土承载力发挥越充分，桩承载力发挥越差，桩土应力比越低；厚径比过大，则桩土应力比等于或接近1，桩承担荷载太少，桩的设置对提高地基承载力和减小变形作用很小。

4. 筏板基础形式下的 CFG 桩复合地基设计

CFG 桩复合地基对条形基础、独立基础、筏基和箱基都适用。目前，高层建筑以筏板基础应用最多，因此，对筏板基础形式下的 CFG 桩复合地基设计进行介绍。

(1) 情况 1

梁板式及平板式筏基，板的厚跨比大于 1/6 时，且相邻柱荷载及柱间距的变化不超过 20%，中心荷载作用下，基底压力均匀分布，可在整个基础范围内均匀布桩。

(2) 情况 2

平板式筏基板的厚跨比小于 1/6，柱距、柱荷载变化不大时，基底压力非线性分布，可在柱边向外扩出 2.5 倍板厚范围内布桩。假定每个柱下的荷载在该范围内反力为线性分布，范围外反力假定为 0。基底平均压力标准值 p_k 可按下式计算：

$$p_k = \frac{F_k + G_k}{A - A_f} \tag{24.2.6}$$

式中　F_k——各柱竖向荷载标准值总和；

　　　G_k——筏板总重；

　　　A——基础总面积；

　　　A_f——非布桩区面积总和。

(3) 情况 3

平板式筏基板的厚跨比小于 1/6，柱距、柱荷载变化大时，基底压力非线性分布，可在柱边向外扩出 2.5 倍板厚范围内布桩。假定每个柱下的荷载在该范围内反力为线性分布，逐一对每个柱外扩 2.5 倍板厚范围内布桩。每个柱下的基底平均压力 p_{ki} 按下式计算：

$$p_{ki} = \frac{F_{ki} + G_{ki}}{A_i} \tag{24.2.7}$$

式中　F_{ki}——第 i 个柱的竖向荷载标准值；

　　　G_{ki}——第 i 个柱的外扩 2.5 倍板厚范围的筏板自重；

　　　A_i——第 i 个柱的外扩 2.5 倍板厚范围的筏板面积。

(4) 情况 4

梁板式筏基，梁的高跨比大于 1/6、板的厚跨比小于 1/6，柱荷载、柱距均匀时，由梁扩出 2.5 倍板厚范围内布桩。基底压力按下式计算：

$$p_k = \frac{F_k + G_k}{A - A_f} \tag{24.2.8}$$

式中　F_k——各柱竖向荷载标准值总和；

　　　G_k——筏板及梁总重；

　　　A——基础总面积；

　　　A_f——非布桩区面积总和。

(5) 情况 5

对于框架核心筒结构形式，核心筒和外框柱宜采用不同的布桩参数，核心筒部位荷载水平高，宜强化核心筒荷载影响部位布桩，相对弱化外框柱荷载影响部位布桩；通常核心筒外扩一倍板厚范围内，为防止筏板发生冲切破坏需足够的净反力，宜减小桩距或增大桩径，当桩端持力层较厚时最好加大桩长，提高复合地基承载力和复合土层模量。

设计布桩方法如下：

框架-核心筒体系条件下复合地基，满足抗冲切条件下，应力按核心筒周边外扩 2.5 倍板厚扩散。如图 24.2.4 所示。基底平均压力按下式计算：

$$p_k = \frac{F_k + G_k}{A} \tag{24.2.9}$$

式中　F_k——核心筒竖向荷载标准值；

　　　G_k——核心筒周边外扩 2.5 倍板厚范围筏板自重；

　　　A——核心筒周边外扩 2.5 倍板厚对应的基础面积。

核心筒周边外扩 1 倍板厚范围内复合地基承载力特征值按下式确定：

$$f_{spk} \geqslant p_k = \frac{F_k + G_k}{A} \tag{24.2.10}$$

式中　F_k、G_k、A 的意义同上式。

该范围复合地基承载力不做深度修正，使复合地基提供较大的净反力，减少筏板抗冲切力的发挥。为控制核心筒和外框架柱之间的沉降差，核心筒外扩 1 倍板厚范围内可采用减少桩距或增加桩长布桩，如图 24.2.4 中的①区。

框架柱下的板厚满足基底反力线性分布，可按图 24.2.4（a）布桩。

框架柱下的板厚不满足基底反力线性分布，框架柱与核心筒的间距大，可按图 24.2.4（b）布桩。

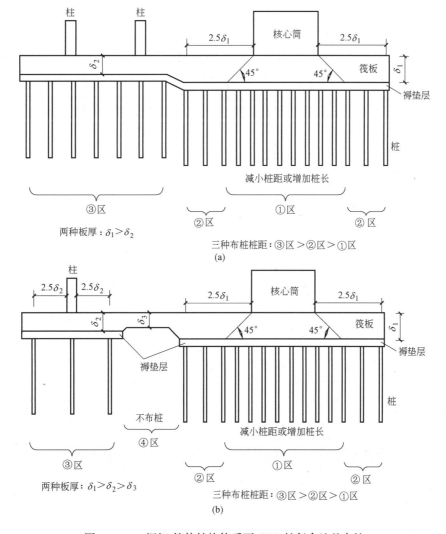

图 24.2.4　框架-筒体结构体系下 CFG 桩复合地基布桩

（a）框架柱下的板厚满足基底反力线性分布时；（b）框架柱板厚不满足基底反力线性分布，柱筒间距较大时

5. 设计布桩应注意的几个问题

（1）布桩时要考虑桩受力的合理性

布桩时要尽量利用桩间土应力 σ_s 产生的附加应力对桩侧阻力的增大作用。通常 σ_s 越大，作用在桩上的水平力越大，桩的侧阻力越大。图 24.2.5（a）所示的桩均在基础内，桩的受力是比较合理的。图 24.2.5（b）中，除 5 号桩外，其他各桩只有基础下的少部分有 σ_s 的作用，桩受到的侧向约束显然比 5 号桩小，则侧阻力也小，显然，这样的布桩形式是不合理的。

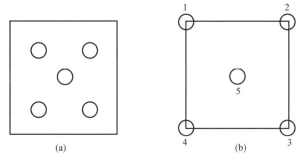

图 24.2.5 基础布桩示意图

(a) 桩均在基础内；(b) 桩不全在基础内

（2）基础边缘处的布桩

基础边缘处的桩，边桩中心至基础边缘的距离不应大于 1/2 桩距。

（3）建筑物外墙下或墙外应布桩

对箱筏基础，底板设计时宜沿建筑物地下室外墙悬挑外伸，外墙以外应布桩 [如图 24.2.6（a）]；但有些工程，设计的基础外缘与地下室外墙在一个垂直面上，此时布桩时，宜在地下室外墙下布置一排桩 [如图 24.2.6（b）]，但不宜采用图 24.2.6（c）的布桩方法。

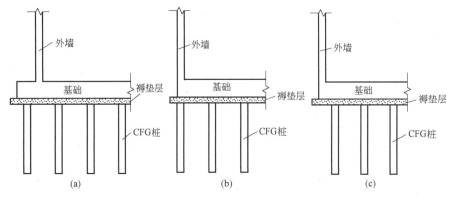

图 24.2.6 筏板和箱形基础外墙下布桩示意图

(a) 外墙以外布桩；(b) 外墙下布桩；(c) 外墙内布桩

（4）建筑物存在偏心荷载受力条件的布桩

对于荷载不均匀或偏心荷载受力条件，按抗力和荷载调平的设计思想采用变桩距或变桩长布桩（宜使抗力的形心与荷载的形心重合），如图 24.2.7 所示；对于主裙楼一体的结构，可在裙房部分适量布桩

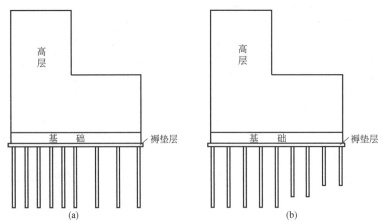

图 24.2.7 建筑物偏心布桩示意图

（a）变桩距布桩；（b）变桩长布桩

调整荷载偏心。

（5）不同基础埋深过渡区段的布桩

电梯井、集水坑或变板厚等不同基础埋深过渡区段斜面部位的桩，桩顶需设置褥垫层，不得直接和基础的混凝土相连，防止桩顶承受较大水平荷载。可按图24.2.8所示方法布桩。

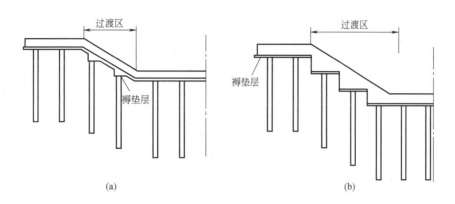

图 24.2.8　不同基础埋深过渡区段布桩示意图

(a) 方案 1；(b) 方案 2

（6）后浇带至主楼区间的布桩

后浇带至主楼区间是否布桩，应根据建筑物荷载大小、荷载是否偏心、裙房及其基础的刚度、地基土的条件、裙房是否对称设置以及地基变形计算结果而定。

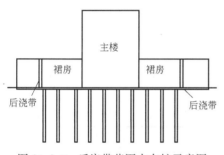

图 24.2.9　后浇带范围内布桩示意图

1）荷载满足线性分布条件、无偏心，裙房对主楼为对称布置、主裙楼荷载水平均较高、地基土较差，可考虑在后浇带范围布桩，降低荷载水平和承载力要求，如图 24.2.9 所示。

2）主楼荷载水平高、分布均匀，裙房对主楼对称布置、荷载较小、地基土较好，可只在主楼范围内布桩，如图24.2.10所示。

3）对主裙楼一体的建筑，主楼荷载偏心，可在荷载偏大一侧裙房部位布桩，使荷载的形心与抗力的形心尽量重合，如图24.2.11所示。

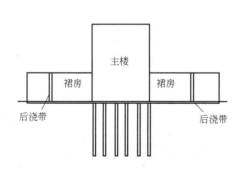

图 24.2.10　主楼范围内布桩示意图

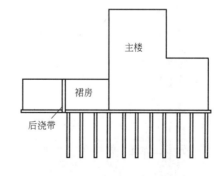

图 24.2.11　调整主楼布桩示意图

4）对于主裙楼一体高层建筑或大底盘多栋高层建筑，采用CFG桩复合地基处理后，控制主楼沉降量、主裙楼沉降差，通过上部结构-基础-地基共同作用计算分析，如主楼、裙房、地下车库沉降差满足取消后浇带要求，可进一步考虑取消后浇带优化设计。

24.2.4　CFG桩复合地基施工

1. CFG桩施工

CFG桩的施工，应根据设计要求、地基土的性质、地下水埋深、场地周边是否有居民、有无对振动反应敏感的设备以及当地施工设备等多种因素综合考虑，选择合适的施工工艺。

根据土的挤（振）密效果，可将CFG桩施工工艺分为两大类：一是对桩间土产生扰动或挤密的施工工艺，如振动沉管打桩机成孔制桩，属于挤土成桩工艺。二是对桩间土不产生扰动或挤密的施工工艺，如长螺旋钻灌注成桩，属于非挤土（或部分挤土）成桩工艺。

目前CFG桩最常用的施工工艺有长螺旋钻中心压灌成桩和振动沉管灌注成桩。

（1）长螺旋钻中心压灌成桩

适用于黏性土、粉土、砂土和素填土地基，对噪声或泥浆污染要求严格的场地，可优先选用该工法；对含有卵石夹层场地，宜通过现场试成桩确定其适用性，在北京地区，对于卵石粒径不大于60mm，卵石层厚度不大于4m，卵石含量不大于30%，可以采用长螺旋钻施工工艺。

长螺旋钻中心压灌成桩工艺属于非挤土（或部分挤土）成桩工艺，具有成孔穿透能力强、桩侧无泥皮、桩端无沉渣、低噪声、无振动、无泥浆污染、施工效率高和质量容易控制等特点。该工艺已经成为国内CFG桩施工的首选工艺。到目前为止，全国采用长螺旋钻中心压灌成桩工艺施工的高层建筑已有数千栋，建筑物高度超过百米。

长螺旋钻中心压灌成桩工艺是由长螺旋钻机、混凝土泵和强制式混凝土搅拌机（如采用现场搅拌混凝土）组成的完整的施工体系，其中长螺旋钻机是该工艺设备的核心部分，图24.2.12为长螺旋钻机示意图。目前国内长螺旋钻机成孔深度一般在35m以内，成孔直径一般不超过800mm，施工前应根据设计桩长和桩径确定施工所采用的设备型号。

采用长螺旋钻中心压灌成桩工艺的CFG桩复合地基施工流程见图24.2.13。

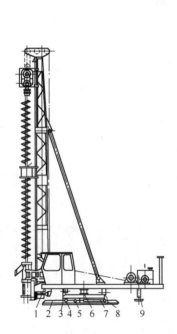

图24.2.12　步履式长螺旋钻机示意图

1—上盘；2—下盘；3—回转滚轮；4—行走滚轮；5—钢丝滑轮；

6—回转中心轴；7—行走油缸；8—中盘；9—支腿

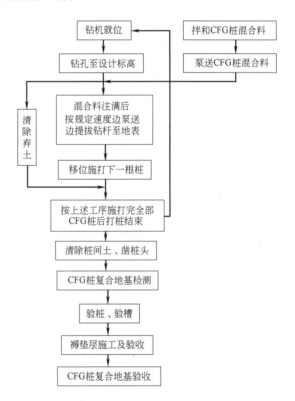

图24.2.13　长螺旋钻中心压灌CFG桩复合地基施工流程图

长螺旋钻机钻杆顶部必须有排气装置，当桩端土为饱和粉土、砂土、卵石且水头较高时宜选用下开式钻头。应杜绝在泵送混合料前提拔钻杆，控制提拔钻杆时间，以免造成桩端处存在虚土或桩端混合料离析、端阻力减小。混合料泵送量应与钻杆提拔速度相配合，在饱和砂土、饱和粉土层中不得停泵待料，避免造成混合料离析、桩身缩径和断桩。

每方混合料中粉煤灰掺量宜为 70～90kg，坍落度宜控制在 160～220mm，保证施工中混合料的顺利泵送。如坍落度太大，容易产生泌水、离析，泵压作用下，骨料与砂浆分离，导致堵管；坍落度太小，混合料流动性差，也容易造成堵管。

桩身范围有饱和粉土、粉细砂或淤泥、淤泥质土，当桩距较小时，新打桩钻进时长螺旋叶片对已打桩周边土体剪切扰动，使土结构强度破坏，桩周土侧向约束力降低，处于流动状态的已打桩桩体侧向溢出、桩顶下沉，发生所谓窜孔现象。为防止窜孔发生，除设计采用大桩距外，可采用隔桩跳打施工措施。

（2）振动沉管灌注成桩

振动沉管灌注成桩，适用于粉土、黏性土及素填土地基及对振动和噪声污染要求不严格的场地。

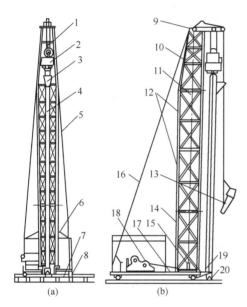

图 24.2.14　振动沉管机示意图
1—滑轮组；2—振动锤；3—漏斗口；4—桩管；5—前拉索；6—遮栅；7—滚筒；8—枕木；9—架顶；10—架身顶段；11—钢丝绳；12—架身中段；13—吊斗；14—架身下段；15—导向滑轮；16—后拉索；17—架底；18—卷扬机；19—加压滑轮；20—活瓣桩尖

振动沉管灌注成桩工艺具有施工操作简便、施工费用较低、对桩间土的挤密效应显著等优点，图 24.2.14 为振动沉管机示意图。目前，该工艺依然是 CFG 桩主要施工方法之一，主要应用于地基处理要求对土质具有挤密作用或预震作用的工程，空旷地区或施工场地周围没有管线、精密设备以及不存在扰民的地基处理工程。若地基土是松散的饱和粉土、粉细砂，以消除液化和提高承载力为目的，振动沉管灌注成桩属于挤土成桩工艺，对桩间土具有挤（振）密效应，此时应选择振动沉管桩机施工。但振动沉管灌注成桩工艺难以穿透厚的硬土层、砂层和卵石层等，在夹有硬的黏性土时，可先采用长螺旋引孔，再用振动沉管打桩机成桩。在饱和黏性土中成桩，会造成地表隆起，已打桩被挤断，且振动和噪音污染严重，在居民区施工受到限制。

振动沉管灌注成桩施工的混合料坍落度宜为 30～50mm，桩顶浮浆厚度不宜超过 200mm。拔管速度宜为 1.2～1.5m/min。如遇有松散饱和粉土、粉细砂或淤泥质土，当桩距较小时，宜采取隔桩跳打措施。挤土造成地面隆起量大时，应采用较大桩距施工。

（3）其他工艺成桩

除上述两种常用的施工工艺外，CFG 桩施工还可根据地层情况、设备条件等采用以下工艺。

1）长螺旋钻干成孔灌注成桩。适用于地下水位以上的黏性土、粉土、素填土、中等密实以上的砂土地基以及对噪声或泥浆污染要求严格的场地。该工艺具有穿透能力强、无振动、低噪声、无泥浆污染等特点，但要求桩长范围内无地下水，以保证成孔时不塌孔。

2）泥浆护壁成孔灌注成桩。适用于地下水位以下的黏性土、粉土、砂土、填土、碎石土及风化岩层等地基。当桩长范围存在承压水时，选用该施工工艺可避免发生渗流将水泥及细骨料带走，可作为首选方案。

3）人工或机械洛阳铲成孔灌注成桩。适用于处理深度不大，地下水位以上的黏性土、粉土和填土地基。

在实际工程中，除采用单一的施工工艺外，有时还需要根据地质条件或地基处理的目的不同采用两种施工工艺组合，如对夹有硬土层的地质条件的场地，可先用长螺旋钻机预引孔，然后再用振动沉管机制桩，这样一方面可以穿透硬土层，另一方面也削弱了振动沉管过程中的挤土效应，避免振动沉管制桩对已施工的相邻桩产生过大的振动从而导致桩体被震裂或震断。

施工桩顶标高宜高出设计桩顶标高不少于0.5m（即保护桩长）。成桩过程中，应抽样做混合料试块，每台机械每台班不应少于一组，标准养护，测定其28d立方体抗压强度。冬期施工时，应采取措施避免混合料在初凝前受冻，保证混合料入孔温度大于5℃。

2. 清土及桩头处理

一般成桩完成3天后，可进行打桩弃土（长螺旋钻成桩施工中存在钻孔弃土）和保护土层清运，可采用小型机械和人工联合开挖，应避免机械设备超挖，并应预留部分土层人工清除，防止扰动桩间土层。

保护土层清除后，采用专用截桩工具将桩顶设计标高以上的桩头截断，不得造成桩顶标高以下桩身断裂。对软土地区，为防止发生断桩，也可根据地区经验在桩顶一定范围内配置适量钢筋。

3. 褥垫层铺设及质量控制

当基础底面桩间土含水量较大时，褥垫层铺设应避免采用动力夯实法，宜采用静力压实法，以防扰动桩间土。当基础底面下桩间土的含水量较低时，可采用动力夯实法，对基底土为较干燥的砂石时，虚铺后可适当洒水再行碾压或夯实。夯填度不应大于0.9，夯填度指夯实后的褥垫层厚度与虚铺厚度的比值。

24.2.5　CFG桩复合地基检测及施工质量验收

1. 施工检测

施工结束后，应对CFG桩复合地基进行承载力和桩身完整性检测。

CFG桩复合地基承载力检测应采用复合地基静载荷试验和单桩静载荷试验，宜在施工结束28d后进行，其桩身强度应满足试验荷载条件；复合地基静载荷试验和单桩静载荷试验的数量不应少于总桩数的1%，且每个单体工程的单桩静载荷试验数量和复合地基静载荷试验数量均不应少于3点。

采用低应变动力试验检测桩身完整性，检测数量不低于总桩数的10%。

（1）CFG桩低应变检测

低应变动力检测对CFG桩桩身质量评价分为下列四类：

Ⅰ类桩：桩身完整；

Ⅱ类桩：桩身有轻微缺陷，不会影响桩身结构承载力的正常发挥；

Ⅲ类桩：桩身有明显缺陷，对桩身结构承载力有影响；

Ⅳ类桩：桩身存在严重缺陷。

对Ⅲ类桩应采用其他方法进一步确认其可用性，对Ⅳ类桩应进行工程处理。

（2）CFG桩单桩静载荷试验和复合地基静载荷试验

静载荷试验应在桩顶设计标高进行。静载荷试验最大加载量宜适当大于单桩或复合地基特征值的2倍。

单桩静载荷试验前应对桩头进行加固处理，先将桩头凿成平面，桩顶宜设置带水平钢筋网片的混凝土桩帽或采用钢护筒桩帽，其混凝土宜提高强度等级和采用早强剂，桩帽高度不宜小于1倍桩的直径。

复合地基静载荷试验宜根据桩分担的面积挖一试坑，试坑的平面尺寸与承压板相同，深度可与试验垫层厚度一致，保证原状土对垫层的侧向约束。承压板底面以下的垫层材料宜采用粗砂或中砂，按设计要求的夯填度进行铺设夯实，垫层厚度可取100～150mm。之后安装承压板并使承压板与垫层密切接触，单桩复合地基静载荷试验桩的中心（或形心）应于承压板中心保持一致，并与荷载作用点相重合。如图24.2.15所示。

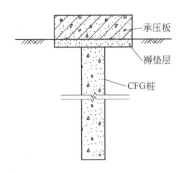

图 24.2.15 载荷试验垫层铺设及
承压板安装示意图

另外，复合地基静载荷试验承压板应具有足够刚度，以保证桩、桩间土共同承担试验荷载。可参考图 24.2.16、图 24.2.17 设计承压板。

静载荷试验前，应首先对桩身的完整性进行低应变动力试验，确定桩体的初始状态。静载荷试验后，应再次进行低应变动力试验，确定桩体的完整性。有以下几种情况。

1）静载荷试验前及试验后，低应变检测桩身完整，而承载力偏低。

① 复核设计是否有误；

② 核实实际地层情况和勘察报告是否一致，勘察报告提供的相应地层的桩侧阻、端阻等是否合理；

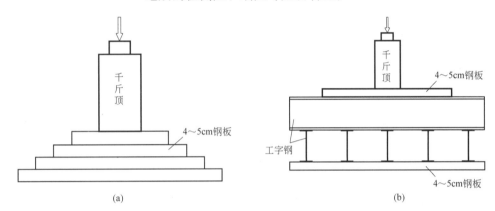

图 24.2.16 组合式承压板
(a) 钢板组合式承压板；(b) 钢板、工字钢组合式承压板

③ 当排除设计和勘察原因后，可基本判定是施工原因所致。对长螺旋钻中心压灌成桩工艺，是桩端虚土过多、桩无端阻所致的可能性最大。

2）静载荷试验前低应变检测桩身无缺陷，试验后低应变检测桩头或桩身破坏，说明桩体强度不够。

3）静载荷试验前低应变检测判定桩身有缺陷，如缩颈、断桩、离析等。

① 如果静载荷试验结果能满足设计要求，说明揭示的这类缺陷不影响复合地基竖向承载能力的使用；

② 如果静载试验结果不能满足设计要求，结合低应变检测结果，可为工程技术人员提供如何使用这类缺陷桩和采取怎样的补强措施提供依据。

图 24.2.17 整体式圆形承压板

2. 施工质量验收

竣工验收时，CFG桩复合地基质量检验标准应符合表 24.2.2 的规定。

CFG桩复合地基质量检验标准   表 24.2.2

项目	序号	检查项目	允许偏差或允许值	检查方法
主控项目	1	复合地基承载力	不小于设计值	静载荷试验
	2	单桩承载力	不小于设计值	静载荷试验

续表

项目	序号	检查项目	允许偏差或允许值		检查方法
主控项目	3	桩长	不小于设计值		测量桩管长度或用测绳测孔深
	4	桩径	+50mm 0mm		用钢尺测量
	5	桩身完整性	对Ⅲ类、Ⅳ类桩应进行处理		低应变动力试验
	6	桩身强度	不小于设计值		28d试块强度
一般项目	1	桩位	满堂布桩	≤0.40D	用全站仪或钢尺测量
			条基布桩	≤0.25D	
	2	桩顶标高	±20mm		水准测量
	3	桩垂直度	≤1%		用经纬仪测桩管
	4	混合料坍落度	长螺旋中心压灌成桩	160~220mm	用坍落度测定仪量测
			振动沉管灌注成桩	30~50mm	
	5	混合料充盈系数	≥1.0		实际灌注量与理论灌注量之比
	6	褥垫层夯填度	≤0.9		水准测量

注：D 为设计桩径（mm）。

24.3 多桩型复合地基

24.3.1 概述

采用两种或两种以上不同材料增强体，或采用同一材料、不同长度增强体加固形成的复合地基，称为多桩型复合地基。多桩型复合地基解决了某些情况下单一桩型复合地基所不能解决的问题。

例如，对可液化地基，为消除地基液化，可采用振动沉管碎石桩或振冲碎石桩方案。但当建筑物荷载较大而要求加固后的复合地基承载力较高，单一碎石桩复合地基方案不能满足设计要求的承载力时，可采用碎石桩和刚性桩（如CFG桩）组合的多桩型复合地基方案。这种多桩型复合地基既能消除地基液化，又可以得到较高的复合地基承载力。

当地基土有两个好的桩端持力层，分别位于基底以下深度为 Z_1（Ⅰ层）和 Z_2（Ⅱ层）的土层，且 $Z_1 < Z_2$。在复合地基合理桩距范围内，若桩端落在Ⅰ层时，复合地基不能满足设计要求。若桩端落在Ⅱ层时，复合地基承载力又过高，偏于保守。此时，可考虑将部分桩的桩端落在Ⅰ层上，另一部分桩的桩端落在Ⅱ层上，形成长短桩复合地基。长短桩复合地基属于多桩型复合地基的一种形式。

采用刚性桩复合地基方案，有时会发现基底下部分土质较差，可用水泥土桩补强，以调整整个复合地基承载力和模量的均匀性，也形成了多桩型复合地基。

又如，既有单一桩型复合地基检测不合格，或因上部结构调整后不满足设计要求时，需要进行补桩加固处理。当新增桩的桩体刚度、桩长或桩径等与既有桩不一致时，则新增桩与既有桩形成两种桩型复合地基。

一般而言，将复合地基中荷载分担比较高的桩型定义为主桩（桩的模量相对较高，桩相对较长），其余桩型为辅桩。我国高层建筑中最常用的是以刚性桩为主桩的两种桩型复合地基，主要有以下几种桩型组合：刚性桩和散体桩组成的多桩型复合地基，刚性桩为主桩，散体桩为辅桩；刚性桩和中、低粘结强度桩组成的多桩型复合地基，刚性桩为主桩，中、低粘结强度桩为辅桩；长短刚性桩组成的多桩型复合地基，长桩为主桩，短桩为辅桩等。

24.3.2 多桩型复合地基适用性和设计原则

多桩型复合地基适用于处理不同深度存在相对硬层的正常固结土，或浅层存在欠固结土、湿陷性土、可液化土等特殊土，以及地基承载力和变形要求较高的地基。采用多桩型复合地基处理，一般情况下是由于场地土具有特殊性，采用一种增强体处理特殊性土，减少或消除其工程危害，再采用另一种增强体处理，满足承载力和变形要求。

对复合地基承载力贡献较大或用于控制复合土层变形的长桩，应选择相对较好的持力层；对处理欠固结土、消除湿陷性土或处理液化土的增强体，其桩长应穿过欠固结土层、湿陷性土层或可液化土层。

对不同深度存在较好持力层的正常固结土，可采用长桩与短桩组合的方案。对浅层存在软土或欠固结土，宜先采用预压、压实、夯实、挤密方法或低强度桩复合地基等处理浅层地基，再采用桩身强度相对较高的长桩进行处理。

对湿陷性土地基，可采用土桩、灰土桩或夯实水泥土桩等处理湿陷性，再采用桩身强度较高的长桩提高地基承载力、控制变形。

对可液化地基，可采用碎石桩等方法处理液化土层，再采用有粘结强度桩进行处理。

多桩型复合地基的布桩宜采用正方形间隔布置，刚性桩宜在基础范围内布桩，其他增强体布桩，应满足可液化土、湿陷性土等不同性质土质地基处理范围的要求。

多桩型复合地基褥垫层设置，对长短刚性桩复合地基宜选择砂石褥垫层，厚度宜取桩径的1/2；对刚性桩与其他材料增强体组合的复合地基，褥垫层厚度宜取刚性桩直径的1/2。

24.3.3 多桩型复合地基承载力和变形计算

本节主要对主桩为CFG桩，辅桩为CFG短桩、碎石桩或夯实水泥土桩构成的两种桩型复合地基的承载力和变形计算进行介绍。

1. 多桩型复合地基承载力计算

多桩型复合地基承载力特征值，应采用多桩复合地基静载荷试验确定，初步设计时，可采用下列公式估算：

（1）由两种具有粘结强度的桩组合形成的多桩型复合地基（如长短CFG桩复合地基、CFG桩＋夯实水泥土桩复合地基）承载力特征值按下式估算：

$$f_{spk} = m_1 \frac{\lambda_1 R_{a1}}{A_{p1}} + m_2 \frac{\lambda_2 R_{a2}}{A_{p2}} + \beta(1 - m_1 - m_2)f_{sk} \tag{24.3.1}$$

式中 m_1、m_2——主桩、辅桩的面积置换率；

$\quad$ λ_1、λ_2——主桩、辅桩的单桩承载力发挥系数，应由单桩复合地基试验按等变形准则或多桩复合地基静载荷试验确定，有地区经验时也可按地区经验确定，无经验时可取0.8~0.9。

$\quad$ R_{a1}、R_{a2}——主桩、辅桩的单桩承载力特征值（kN）；

$\quad$ A_{p1}、A_{p2}——主桩、辅桩的截面面积（m^2）；

$\quad$ β——桩间土承载力发挥系数，无经验时可取0.9~1.0；

$\quad$ f_{sk}——处理后复合地基桩间土承载力特征值（kPa）。

（2）由有粘结强度的桩与散体材料桩组合形成的复合地基承载力特征值按下式估算：

$$f_{spk} = m_1 \frac{\lambda_1 R_{a1}}{A_{p1}} + \beta[(1 - m_1) + m_2(n-1)]f_{sk} \tag{24.3.2}$$

式中 β——仅由散体材料桩加固处理形成的复合地基承载力发挥系数；

$\quad$ n——仅由散体材料桩加固处理形成复合地基的桩土应力比，宜按实测值确定，如无实测资料时，对于黏性土可取2.0~4.0，对于砂土、粉土可取1.5~3.0；

$\quad$ f_{sk}——仅由散体材料桩加固处理后桩间土承载力特征值（kPa）。

两种桩型复合地基施工完成后桩间土承载力特征值 f_{sk}，可通过现场载荷试验确定，初步设计时，也可以通过下式估算：

$$f_{sk} = \alpha f_{ak} \tag{24.3.3}$$

式中 α——桩间土承载力提高系数；

f_{ak}——天然地基承载力特征值（kPa）。

因此，估算两种桩型复合地基施工完成后桩间土承载力特征值 f_{sk}，关键是确定桩间土承载力提高系数 α。两种桩型复合地基施工完成后桩间土承载力提高系数 α，不仅与土性和施工工艺密切相关，还和桩间距有密切的关系：

① 两种桩型中的一种采用振动挤密作用的工艺、另一种采用无振动挤密作用的工艺，如振冲碎石桩和长螺旋钻成孔 CFG 桩：

若桩间距不大（$s \leqslant 5d$）：对振动挤密效果好的土，桩间土承载力可显著提高，对于松散粉土、粉细砂，桩间土承载力提高系数 $\alpha=1.2\sim1.5$，原土强度低取大值，原土强度高取小值；对可振动挤密，但挤密效果不大的一般黏性土可取 $\alpha=1.0$；对不可挤密土，桩间土承载力提高系数可取 $\alpha=1.0$。

若桩间距较大（$s>5d$），基于安全考虑，桩间土承载力提高系数 $\alpha=1.0$。

② 两种桩型都采用有振动挤密作用的工艺，如振冲碎石桩和振动沉管 CFG 桩，对振动挤密效果好的土，桩间土承载力可显著提高，对于松散粉土、粉细砂，桩间土承载力提高系数 $\alpha=1.2\sim1.5$，原土强度低取大值，原土强度高取小值；对可振动挤密，但挤密效果不大的一般黏性土可取 $\alpha=1.0$；对不可挤密土，桩间土承载力提高系数可取 $\alpha=1.0$。

2. 多桩型复合地基面积置换率

多桩型复合地基面积置换率，应根据基础面积与该面积范围内实际的布桩数量进行计算。以两种桩型组成的复合地基为例，两种桩型复合地基中，主桩的面积置换率 m_1 为：

$$m_1 = \frac{n_1 A_{p1}}{A} \tag{24.3.4}$$

辅桩的面积置换率 m_2 为：

$$m_2 = \frac{n_2 A_{p2}}{A} \tag{24.3.5}$$

式中 n_1、n_2——主桩、辅桩的布桩数量；

A——采用复合地基处理的基础面积（m^2）。

当大面积布桩，初步设计时，可采用单元面积置换率估算：

（1）当按图 24.3.1（a）主辅桩间隔布桩时：

$$m_1 = \frac{2A_{p1}}{S_1 S_2} \tag{24.3.6}$$

$$m_2 = \frac{2A_{p2}}{S_1 S_2} \tag{24.3.7}$$

（2）当按图 24.3.1（b）主辅桩按排间隔布桩时：

$$m_1 = \frac{A_{p1}}{S_1 S_2} \tag{24.3.8}$$

$$m_2 = \frac{A_{p2}}{S_1 S_2} \tag{24.3.9}$$

设计完成后的面积置换率，应根据基础面积与该面积范围内实际的布桩数量，按式（24.3.4）、式（24.3.5）进行计算。

此外，对于多桩型复合地基的布桩，四角（或四周）宜布置主桩，如图 24.3.1 所示。

3. 多桩型复合地基变形计算

对于多桩型复合地基的变形计算，其关键是将复合地基构造成等效天然地基，并按《建筑地基基础设计规范》GB 50007—2011 计算变形。等效天然地基的变形量，即为复合地基变形量。以常见的两种

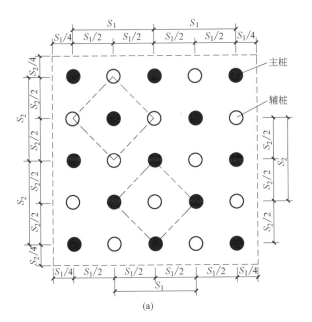

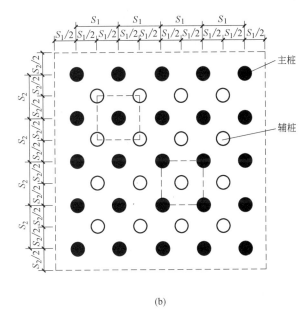

图 24.3.1 两种桩型复合地基单元面积计算模型

(a) 主辅桩间隔布桩；(b) 主辅桩按排间隔布桩

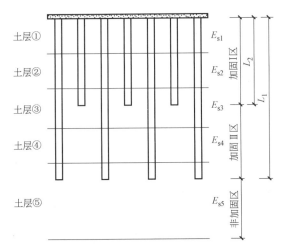

图 24.3.2 两种桩型复合地基布桩、分区和天然
地基各土层压缩模量示意图
（两种有粘结强度桩）

桩型组成的多桩型复合地基为例，做具体说明：

（1）两种桩型复合地基分区

1）两种桩型均为有粘结强度的桩

例如长短 CFG 桩组成的多桩型复合地基，设主桩桩长为 L_1、辅桩桩长为 L_2（如图 24.3.2），且 $L_1 > L_2$ 时，则可分三区：厚度为 L_2 为加固 I 区，厚度为 $L_1 - L_2$ 为加固 II 区，L_1 以下为非加固区。

2）两种桩型中一种为有粘结强度的桩，另一种为散体桩

例如 CFG 桩和碎石桩组成的多桩型复合地基，一般情况下有粘结强度的桩为主桩（桩长 L_1），散体桩为辅桩（桩长 L_2，桩径 d），且 $L_1 > L_2$。此时，可分三区。

当 $L_2 \leqslant 12d$ 时 [如图 24.3.3 (a)]：

厚度 L_2 为加固 I 区，厚度 $L_1 - L_2$ 为加固 II 区，L_1 以下为非加固区。

当 $L_2 > 12d$ 时 [如图 24.3.3 (b)]：

厚度 $12d$ 为加固 I 区，厚度 $L_1 - 12d$ 为加固 II 区，L_1 以下为非加固区。

（2）各分区复合模量

1）两种桩型均为有粘结强度的桩

下面仍以两种桩型为例（如图 24.3.4），给出多桩型复合地基复合模量的确定方法：

① 加固 I 区，各分层复合模量 E_{spi} 等于原天然地基各分层模量 E_{si} 乘以 ζ，即：

$$E_{spi} = \zeta E_{si} \qquad (24.3.10)$$

$$\zeta = \frac{f_{spk}}{f_{ak}} \qquad (24.3.11)$$

② 加固 II 区，各分层复合模量 E_{spi} 等于原天然地基各分层模量 E_{si} 乘以 ζ_1，即：

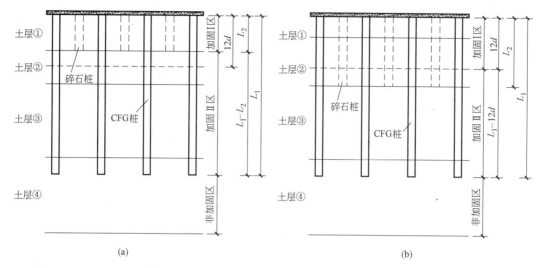

图 24.3.3 两种桩型复合地基布桩和分区示意图
（有粘结强度桩和散体桩）
(a) 碎石桩桩长 $L_2 \leqslant 12d$；(b) 碎石桩桩长 $L_2 > 12d$

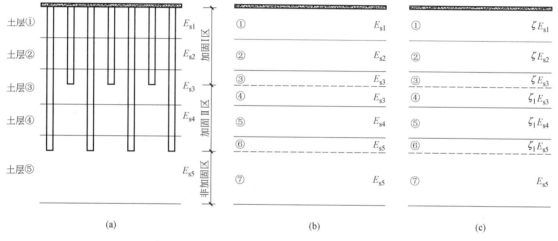

图 24.3.4 两种桩型复合地基计算分层示意图（两种有粘结强度桩）
（a）两种桩型复合地基布桩、分区和天然地基各土层压缩模量；（b）复合地基计算分层及各分层
天然地基压缩模量；（c）等效天然地基各计算分层及各分层复合模量

$$E_{spi} = \zeta_1 E_{si} \tag{24.3.12}$$

$$\zeta_1 = \frac{f_{spk1}}{f_{ak}} \tag{24.3.13}$$

式中，f_{spk1} 为仅由长桩处理形成的复合地基承载力特征值（kPa）。

③ 非加固区，各分层模量与原天然地基分层模量相同。

2）两种桩型中一种为有粘结强度的桩、另一种为散体桩

对于由刚性桩（如 CFG 桩）和桩长为 L_2 的碎石桩组成的多桩型复合地基 [如图 24.3.5 （a）]，当碎石桩桩长 $L_2 > 12d$ 时 [如图 24.3.5 （a）]，$12d$ 桩长范围内的复合模量提高系数为 ζ [如图 24.3.5 （c）]，超出 $12d$ 碎石桩的部分，即使地基土为承载力不高的粉土、粉细砂等，尽管有挤密、振密的作用，但是置换的作用甚微，若采用加固 I 区综合体现置换和挤密、振密作用的模量提高系数 ζ，会导致计算变形偏小，因而偏于不安全。因此，基于安全考虑，超出碎石桩 $12d$ 桩长的部分采用加固 II 区的模量提高系数 ζ_1 [如图 24.3.5 （c）]。

（3）多桩型复合地基变形计算步骤

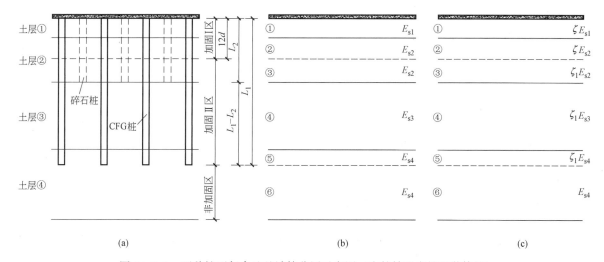

图 24.3.5 两种桩型复合地基计算分层示意图（有粘结强度桩和散体桩）
(a) 两种桩型复合地基布桩及分区；(b) 复合地基计算分层及各分层天然地基压缩模量；
(c) 等效天然地基各计算分层及各分层复合模量

以两种桩型组成的多桩型复合地基为例，给出其变形计算的基本步骤：

① 按各向同性均质线性变形体理论求附加应力。

② 求如图 24.3.5 (a) 所示加固区 Ⅰ 区和加固 Ⅱ 区模量提高系数 ζ 和 ζ_1，得到如图 24.3.5 (c) 所示的等效天然地基。各分层的模量分别为：

加固 Ⅰ 区：各分层模量等于原天然地基各分层模量乘以 ζ；

加固 Ⅱ 区：各分层模量等于原天然地基各分层模量乘以 ζ_1；

非加固区：各分层模量与原天然地基各分层模量相同。

③ 按式 (24.3.14) 计算等效天然地基的最终变形量，即为两种桩型复合地基变形：

$$s = \psi_s \left[\sum_{i=1}^{n_1} \frac{p_0}{\zeta E_{si}} (z_i \bar{\alpha}_i - z_{i-1} \bar{\alpha}_{i-1}) + \sum_{i=n_1+1}^{n_2} \frac{p_0}{\zeta_1 E_{si}} (z_i \bar{\alpha}_i - z_{i-1} \bar{\alpha}_{i-1}) + \sum_{i=n_2+1}^{n_3} \frac{p_0}{E_{si}} (z_i \bar{\alpha}_i - z_{i-1} \bar{\alpha}_{i-1}) \right]$$

(24.3.14)

式中　s——地基最终变形量；

ψ_s——沉降计算经验系数；

n_1——加固 Ⅰ 区范围内复合土层分层数；

n_2——加固 Ⅰ 区、加固 Ⅱ 区范围内复合土层总的分层数；

n_3——变形计算深度范围内土层总的分层数；

ζ——加固区 Ⅰ 的模量提高系数；

ζ_1——加固区 Ⅱ 的模量提高系数；

p_0——对应于荷载效应准永久组合时的基础底面处的附加压力；

E_{si}——基础底面下第 i 层土的压缩模量，桩长范围内的复合土层按分区后复合土层的压缩模量取值，应取土的自重压力至土的自重压力与附加压力之和的压力段计算；

z_i、z_{i-1}——基础底面至第 i 层土、第 $i-1$ 层土底面的距离；

$\bar{\alpha}_i$、$\bar{\alpha}_{i-1}$——基础底面计算点至第 i 层土、第 $i-1$ 层土底面范围内平均附加应力系数，按《建筑地基基础设计规范》GB 50007—2011 附录 K 采用。

地基变形计算深度应大于复合土层厚度，并符合《建筑地基基础设计规范》GB 50007—2011 中地基变形计算深度的有关规定。

沉降计算经验系数 ψ_s 可根据地区经验确定，无地区经验时可按表 24.2.1 取值。

确定模量提高系数是以上复合地基变形计算的关键，只有确定了模量提高系数 ζ 和 ζ_1，才相应地确定了复合地基各分层的复合模量。

24.3.4 多桩型复合地基施工和检测

应综合考虑场地地层情况、地基处理目的、施工设备特点和周边环境要求等因素，选择合适的施工工艺和设备。在不同施工工艺的施工顺序上，应降低后施工增强体对已施工增强体的不良影响，为提高地基承载力和消除液化，可选用碎石桩＋CFG桩两种桩型复合地基，应先施工选用挤土成桩工艺消除液化的碎石桩，后施工选用长螺旋钻成桩工艺的CFG桩；为提高地基承载力和消除湿陷性，可选用夯实水泥土桩（灰土桩、土桩）＋CFG桩两种桩型复合地基，应先施工选用挤土成桩工艺消除湿陷性土的夯实水泥土桩（灰土桩、土桩），后施工选用长螺旋钻成桩工艺的CFG桩。

施工结束后，应对多桩型复合地基进行承载力和施工质量检测。

多桩型复合地基承载力检测应采用多桩型复合地基静载荷试验和单桩静载荷试验，复合地基静载荷试验和单桩静载荷试验的数量不应少于总桩数的1%，且每个单体工程的多桩型复合地基静载荷试验数量不应少于3点。

用于多桩型复合地基载荷试验的承压板应具有足够的刚度，避免在荷载作用下承压板本身变形影响试验结果。承压板平面形状与尺寸要与多桩型复合地基处理单元相同，应该使荷载、承压板、桩群中心重合并对称。以常用的两种桩型为例，其常见的布桩方式与承压板平面布置如图24.3.6所示，两根主桩和两根辅桩分别位于承压板的两个对角线上。

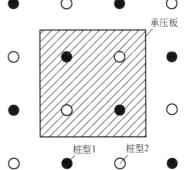

图 24.3.6 两种桩型复合地基
布桩及承压板布置

增强体施工质量检验，对散体材料增强体的检验数量不少于其总桩数的2%；对有粘结强度的增强体，采用低应变动力试验检测桩身完整性，检测数量不低于总桩数的10%。

此外，多桩型复合地基中各桩型和桩间土的质量检验标准还应符合相关规范的规定。

24.4 工程实例

本节列举了七个采用复合地基的高层建筑工程实例，实例一、实例三～实例七等六个实例为建研地基基础工程有限责任公司（中国建筑科学研究院地基基础研究所）的有代表性的工程，实例二为中国建筑西南勘察设计研究院有限公司的工程，供读者查阅和参考。

实例一～实例四为采用CFG桩复合地基的高层建筑工程实例。实例一为国内首次（1998年）采用CFG桩复合地基对30层以上的超高层建筑进行地基处理的工程实例；实例二为高层住宅楼采用CFG桩复合地基、桩端落在中风化泥岩的工程实例；实例三和实例四为框－筒结构高层建筑采用CFG桩复合地基变模量设计的工程实例。

实例五、实例六和实例七为采用两种桩型复合地基的高层建筑工程实例，主控桩均为CFG桩。实例五为某高层建筑的既有单一桩型CFG桩复合地基施工完毕后检测不合格，新增长桩进行补桩加固处理，新增长桩与既有短桩形成长短CFG桩复合地基；实例六为高层建筑基底以下存在可液化土层，采用碎石桩进行挤振密处理，消除液化，同CFG桩形成两种桩型复合地基；实例七为高层建筑基底以下存在湿陷性土层，采用素土挤密桩进行挤密处理，消除湿陷性，同CFG桩形成两种桩型复合地基。

24.4.1 工程实例一：北京市某高层公寓楼项目

（一）工程概况

北京市某高层公寓楼项目，由A、B、C、D、E、F共六栋32～35层公寓楼和地下车库组成（见图

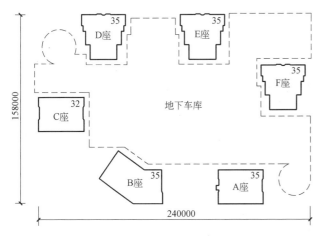

图 24.4.1　建筑物平面位置图

24.4.1)，总建筑面积为 285505m² 。A～F 楼基础形式为箱形基础，结构形式为剪力墙结构，地下车库结构形式为预应力无梁楼盖板柱结构。A～F 楼工程概况见表 24.4.1。

（二）工程特点和土的物理力学性质

1. 工程特点

根据小区规划、建筑物的结构和功能要求，本工程具有如下特点。

（1）高层公寓楼 A～F 系 32～35 层的超高层建筑，具有层数多、荷载大的特点，对加固后的地基承载力和变形要求都很高（见表 24.4.2），无论设计计算、具体的施工措施和施工管理，其难度比一般高层建筑地基处理要大。

各高层公寓楼工程概况　　　　　　　　　　　　　　　　　　表 24.4.1

楼座	层数/地下室（层）	建筑面积（m²）	底板面积（m²）	±0.000（m）	基底标高（m）	基础埋深（m）
A	35/2	36732	1193	48.100	39.900	6.5
B	35/2	38818	1401	48.250	40.250	6.3
C	32/2	37413	1306	47.600	39.600	6.9
D	35/2	35989	1413	47.950	39.850	6.6
E	35/2	37624	1279	47.950	39.750	6.8
F	35/3	38929	1340	47.950	37.300	9.2

复合地基设计条件　　　　　　　　　　　　　　　　　　表 24.4.2

楼座	承载力要求(kPa)	变形要求	楼座	承载力要求(kPa)	变形要求
C	$f_{spk} \geqslant 500$	1. 最大沉降量≤100mm；2. 基础倾斜≤1.5‰	A	$f_{spk} \geqslant 550$	1. 最大沉降量≤100mm；2. 基础倾斜≤1.5‰
B	$f_{spk} \geqslant 550$		E	$f_{spk} \geqslant 550$	
D	$f_{spk} \geqslant 500$		F	$f_{spk} \geqslant 580$	

（2）各楼座不是简单的单体建筑物，各楼座与地下车库相邻，F 楼基底标高与地下车库基底标高相同，其余各楼座基底标高比地下车库基底标高高 2.300～2.950m（见表 24.4.3）。为了保证建筑物的安全，在地基处理设计中必须考虑这类建筑物与单体建筑物的差别，即需要考虑建筑物与地下车库之间的施工顺序以及它们之间的相互影响。

（3）该工程是国内首次采用 CFG 桩复合地基对 30 层以上的超高层建筑进行地基处理，对方案的可行性必须予以充分论证。

（4）小区南侧有居民区和学校，在地基处理方案和施工工艺选择时需考虑施工时不能产生振动和噪声污染，避免扰民。

（5）根据小区总体进度安排，要求每栋楼地基处理的工期控制在 30d 左右。

建筑物与地下车库之间的关系　　　　　　　　　　　　　　　　表 24.4.3

楼座	建筑物与地下车库相邻面	建筑物与地下车库基底高差(m)	建筑物与地下车库最近距离(m)	备注
C	2	2.30	2.5	采用支护桩支护
B	1	2.95	0.45～2.00	先施工比建筑物深的地下车库部分，然后建筑物和车库同时施工
D	3	2.55		
A	1	2.75		
E	3	2.45		
F	3	0.00		

2. 地基土物理力学性质

项目场地典型地质剖面见图 24.4.2。

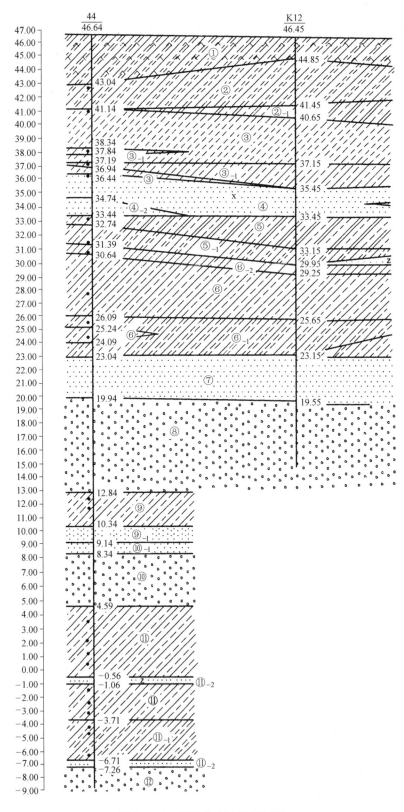

图 24.4.2 场地典型地质剖面图

从勘察报告可以看出，各楼座基底持力层为③、④或⑤层土，承载力标准值为160～230kPa；场地标高20.53～23.90m以下存在一层密实的圆砾层⑦层，该层分布基本均匀、埋藏深度适中，与其下密实的卵石层厚度在7.2m以上，是理想的桩端持力层。整个场地土岩性比较均匀，承载力相对较高，有利于控制地基变形特别是控制建筑物的倾斜。

（三）CFG 桩复合地基设计

1. 方案确定

根据工程特点、场地土质情况、周边环境等，经综合分析和充分论证，确定采用CFG桩复合地基，以第⑦层圆砾层为桩端持力层，施工采用长螺旋钻中心压灌施工工艺。各楼座的设计参数见表24.4.4。

CFG桩复合地基设计参数 表 24.4.4

楼座	有效桩长（m）	桩径（mm）	桩间距（m）	桩数（根）	褥垫层厚度（mm）	桩身强度等级
C	19.5	415	1.60	522	200	C20
B	19.5	415	1.50～1.55	627	200	C25
D	20.0	415	1.50～1.55	595	200	C25
A	18.0	415	1.30～1.40	666	200	C25
E	19.8	415	1.35～1.45	678	200	C25
F	16.2	415	1.20～1.30	839	200	C25

2. 复合地基承载力和变形计算

各楼座复合地基承载力标准值计算结果见表24.4.5，满足上部结构设计要求。由于各楼座与具有大空间的地下车库相邻，复合地基承载力未做深度修正。

各楼座复合地基承载力计算值 表 24.4.5

楼座	桩长（m）	桩端进入圆砾⑦层的深度（m）	单桩承载力特征值（kN）	桩间距（m）	复合地基标准力特征值（kPa）
C	19.5	0.86～2.52	1000	1.60	528
B	19.5	3.54～3.93	963	1.50	597
D	20.0	0.68～3.02	957	1.50	595
A	18.0	1.75～3.40	755	1.35	607
E	19.8	1.65～2.85	875	1.45	585
F	16.2	0.10～2.60	750	1.30	635

各楼座沉降计算结果见表24.4.6，满足上部结构设计要求。

各楼座沉降计算值 表 24.4.6

楼座		A	B	C	D	E	F
沉降计算值（mm）	最大值	56.5	49.0	39.3	47.2	56.6	49.2
	平均值	45.6	40.2	32.2	38.7	45.6	39.8

（四）CFG 桩复合地基施工

CFG桩施工采用长螺旋钻中心压灌成桩工艺。对于桩端持力层⑦层圆砾层，勘察报告描述该层粒径为2～15mm，最大粒径80～100mm，中粗砂填充。从现场施工情况看，该层含有的卵石最大粒径达到200mm。在钻进过程中，当进入圆砾⑦层时，钻机会明显出现晃动、进尺变慢等特征。在施工中可根据这些特征来判断桩端进入圆砾层或卵石层的深度。施工难度主要表现在圆砾⑦层钻进难度大和提拔困难，钻头、钻杆和设备磨损严重。在施工中，当钻至设计标高后，一般要求钻杆停转后静止提拔。但在易卡钻的圆砾⑦层内，需采用边转边提、离开⑦层后再静止提拔。

（五）CFG桩复合地基加固效果及评价

CFG桩施工完毕后，检测单位进行了单桩或单桩复合地基静载荷试验，对桩身完整性进行了低应变动力试验，见表24.4.7。检测结果表明，复合地基承载力均满足设计要求，桩身质量完整，无影响正常使用的Ⅲ类、Ⅳ类桩。

单桩或单桩复合地基静载荷试验结果　　　　　　　　　　　　表24.4.7

楼座	单桩或单桩复合地基使用荷载	使用荷载下平均沉降量(mm)	备注	楼座	单桩或单桩复合地基使用荷载	使用荷载下平均沉降量(mm)	备注
C	650kN	2.63	单桩试验	D	500kPa	5.26	单桩复合地基试验
A	550kPa	8.39	单桩复合地基试验	E	550kPa	6.26	
B	550kPa	5.35		F	580kPa	7.73	

在结构施工过程中，专业监测单位对各楼座进行了沉降观测，沉降观测结果见表24.4.8，其中，C楼为入住阶段实测值，其他各楼为正在进行内装修的实测值，沉降曲线见图24.4.3。可以看出，各楼沉降已有稳定的趋势，根据北京地区的经验，建筑物封顶时沉降量约占总沉降量的60%～70%，预计各楼最终沉降量将在50mm以内。本工程高层公寓楼采用CFG桩复合地基处理是成功的。

各楼座沉降实测值　　　　　　　　　　　　表24.4.8

楼座		A	B	C	D	E	F
沉降实测值(mm)	最大值	22.6	21.2	29.5	21.7	28.8	20.2
	平均值	17.7	20.3	24.6	18.6	25.9	18.5

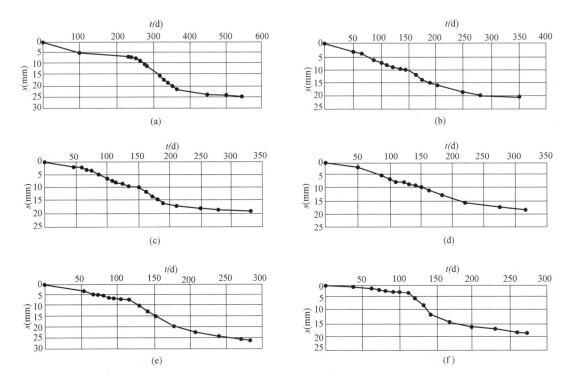

图24.4.3 A～F楼沉降－时间曲线
(a) C座楼；(b) B座楼；(c) D座楼；(d) A座楼；(e) E座楼；(f) F座楼

24.4.2 工程实例二：成都市某居住、商业项目

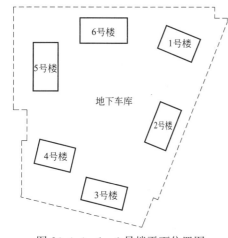

图 24.4.4　1～6号楼平面位置图

（一）工程概况

成都市某居住、商业项目，由1～6号楼共6栋地上20～33层、地下3层的高层建筑、地下车库和附属多层商业组成。1～6号楼结构形式为框架剪力墙结构，基础形式为筏板基础，裙房和地下车库采用独立基础，平面布置见图24.4.4，工程概况见表24.4.9。

（二）工程特点和土的物理力学性质

1. 工程特点

1～6号楼为20～33层的高层建筑，尤其是2～5号楼，具有层数多、荷载大的特点，对加固后的地基承载力和变形要求都很高（表24.4.10），无论设计计算、具体的施工措施和施工管理，其难度比一般高层建筑地基处理要大。

1～6号楼工程概况　　　　　　　　　　表 24.4.9

楼座	±0.000（m）	地上/地下（层）	结构类型	基础形式	基础埋深（m）
1号	516.300	22/3	剪力墙	筏形基础	12.70
2号	516.300	28/3	剪力墙	筏形基础	12.90
3号	516.300	33/3	剪力墙	筏形基础	13.25
4号	516.300	29/3	剪力墙	筏形基础	12.95
5号	516.300	28/3	剪力墙	筏形基础	12.95
6号	516.000	20/3	剪力墙	筏形基础	12.65

复合地基设计条件　　　　　　　　　　表 24.4.10

楼号	承载力要求 f_{spk}（kPa）	变形要求	楼号	承载力要求 f_{spk}（kPa）	变形要求
1号	≥460	1. 最大沉降量≤50mm；2. 基础倾斜≤2.5‰	4号	≥540	1. 最大沉降量≤50mm；2. 基础倾斜≤2.5‰
2号	≥540		5号	≥540	
3号	≥580		6号	≥420	

2. 地基土物理力学性质

项目场地内地层由杂填土和素填土①层、黏土②层、含卵石黏土③层、卵石④层、泥岩⑤层组成。场地典型地质剖面见图24.4.5，岩土的工程特性指标建议值见表24.4.11。

岩土工程特性指标建议值表　　　　　　表 24.4.11

岩土名称 \ 参数值	天然重度 γ（kN/m³）	单轴抗压强度（MPa）天然	单轴抗压强度（MPa）饱和	地基承载特征值 f_{ak}（kPa）	压缩模量 E_s（MPa）	黏聚力 C（kPa）	内摩擦角 ϕ（°）	基床系数
杂填土①₁	18.5	—		—	—	5	5	
素填土①₂	18.5			70	3.0	10	10	
压实填土①₃	18.5	—	—	140	5.5	25	17	
黏土②₁	19.0			230	13.0	70	21	
黏土②₂	19.0			190	7.0	40	17	
含卵石黏土③	20.5			290	12.0	50	26	20.0

续表

参数值 岩土名称	天然重度 γ (kN/m³)	单轴抗压强度(MPa)		地基承载力特征值 f_{ak}(kPa)	压缩模量 E_s (MPa)	黏聚力 C (kPa)	内摩擦角 ϕ (°)	基床系数
		天然	饱和					
卵石④	21.0			320	25.0	30	35	30.0
全风化泥岩⑤₁	20.0	—	—	180	8.0	50	20	—
强风化泥岩⑤₂	21.0	1.0	—	250	13.0	80	30	25.0
中等风化泥岩⑤₃	23.0	3.5	1.9	800	—	250	38	60.0

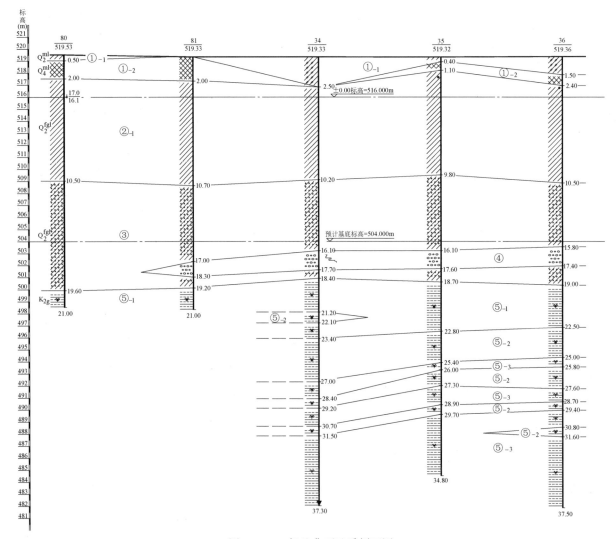

图 24.4.5 场地典型地质剖面图

从勘察报告可以看出，各楼座基底持力层均为含卵石黏土③层，承载力特征值为290kPa，该层分布较均匀，承载力较高，层位稳定，其下为卵石层、全风化泥岩、强风化泥岩层和中等风化泥岩层，其中强风化泥岩层和中等风化泥岩层物理力学性质较好，且厚度大、层位稳定、地基承载力高，是理想的桩端持力层。整个场地土岩性比较均匀，承载力相对较高，有利于控制地基变形特别是控制建筑物的倾斜。

（三）CFG桩复合地基设计

1. 方案确定

根据工程特点、场地土质情况、周边环境等，经综合分析和充分论证，确定采用CFG桩复合地基，以强风化泥岩⑤$_2$层和中等风化泥岩⑤$_3$层为桩端持力层。各楼座的设计参数见表24.4.12。

CFG桩复合地基设计参数　　　　　　　　　　　　　　表24.4.12

楼号	有效桩长（m）	桩径（m）	设计桩距（m）	桩身混凝土强度等级	桩数（根）	褥垫层厚度（mm）
1号	11.5	0.4	1.65	C25	352	200
2号	12	0.4	1.5	C25	470	200
3号	11	0.4	1.5	C25	464	200
4号	11	0.4	1.5	C25	442	200
5号	10	0.4	1.5	C25	496	200
6号	11.5	0.4	1.7	C25	420	200

2. 复合地基承载力和变形计算

各楼座复合地基承载力特征值和变形计算结果见表24.4.13，满足上部结构设计要求。由于各楼座与采用独立基础的地下车库相邻，复合地基承载力未做深度修正。

各楼座复合地基承载力计算值　　　　　　　　　　　　表24.4.13

楼号	有效桩长（m）	桩端进入强风化泥岩⑤$_2$层和中等风化泥岩⑤$_3$的深度（m）	使用单桩承载力特征值（kN）	复合地基承载力特征值（kPa）	变形（mm）
1号	11.5	2.23~3.34	800	542	18.45
2号	12	2.56~5.01	800	602	29.23
3号	11	2.25~5.01	800	602	34.40
4号	11	2.76~4.11	800	602	31.26
5号	10	1.64~5.72	800	602	30.84
6号	11.5	3.1~5.7	800	526	22.43

（四）CFG桩复合地基施工

CFG桩施工采用长螺旋钻中心压灌成桩工艺。由于桩长较短，因此必须保证桩端进入强风化泥岩⑤$_2$层和中等风化泥岩⑤$_3$层一定深度，严禁先提钻、后灌料，确保桩端无虚土。施工中要结合勘察报告，观察钻杆排出的土质情况，在钻进过程中，在全风化泥岩⑤$_1$层进尺比较容易；当进入强风化泥岩⑤$_2$层，尤其是中等风化泥岩⑤$_3$层时，钻机会明显出现晃动、进尺变慢等特征。在施工中可根据这些特征来判断桩端进入强风化泥岩⑤$_2$层和中等风化泥岩⑤$_3$层的深度。

（五）CFG桩复合地基加固效果及评价

CFG桩施工完毕后，检测单位对各楼进行了单桩复合地基静载荷试验，对桩身完整性进行了低应变动力试验。检测结果表明，复合地基承载力均满足设计要求，桩身完整，无影响正常使用的Ⅲ类、Ⅳ类桩。图24.4.6、图24.4.7分别为1号楼和2号楼复合地基静载荷试验曲线。

在结构施工过程中和主体封顶后，专业监测单位对各楼座进行了沉降观测，各楼座沉降实测值见表24.4.14，最后两个观测周期的沉降速率见表24.4.15，沉降曲线见图24.4.8。其中，1号、2号楼为建筑物主体施工至地上1层后进行第1次沉降观测；3号、4号、5号楼为建筑物主体施工至地上3层后进行第1次沉降观测；6号楼为建筑物主体施工至地上7层后进行第1次沉降观测。根据成都地区多项类似工程经验，取最后100d沉降速率小于0.02mm/d，可认为建筑物进入稳定阶段。由表24.4.15可以看出，各楼座已经进入沉降稳定阶段，最终沉降量满足设计要求。

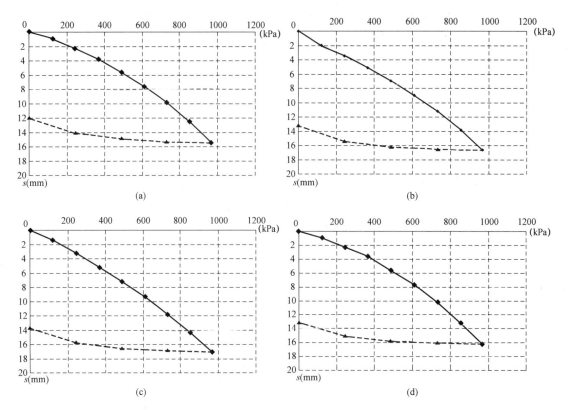

图 24.4.6　1 号楼复合地基 p-s 曲线

（a）1—1 号点；（b）1—2 号点；（c）1—3 号点；（d）1—4 号点

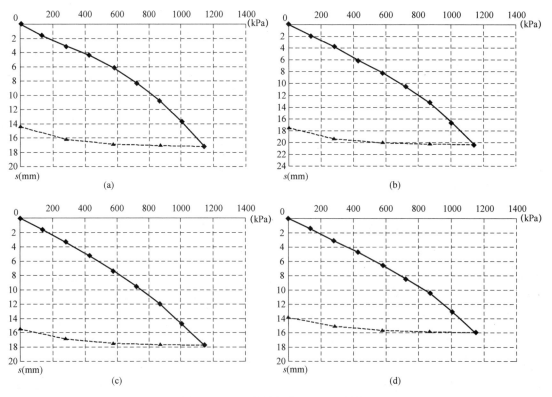

图 24.4.7　2 号楼复合地基 p-s 曲线

（a）2—1 号点；（b）2—2 号点；（c）2—3 号点；（d）2—4 号点

各楼座沉降实测值 表 24.4.14

楼座		1 号	2 号	3 号	4 号	5 号	6 号
沉降实测值 （mm）	累计最大值	9.7	12.7	9.6	7.0	5.5	8.3
	平均累计值	5.9	10.1	8.7	4.7	3.9	6.0

各楼座沉降速率分析表 表 24.4.15

楼号	最后两个观测周期		时间间隔 （d）	平均沉降量 （mm）	平均沉降速率 （mm/d）	最后两次最大沉降量 （mm）	最后两次最大沉降速率 （mm/d）
1 号	2012.9.20	2013.1.24	127	−0.35	−0.003	−0.5	−0.004
2 号	2013.2.15	2013.5.3	79	−0.58	−0.007	−0.9	−0.010
3 号	2013.2.4	2013.5.3	90	−0.38	−0.004	−1.4	−0.015
4 号	2013.1.24	2013.5.3	100	−0.33	−0.003	−0.5	−0.006
5 号	2014.1.24	2013.5.3	100	−0.37	−0.004	−0.8	−0.008
6 号	2012.9.20	2013.1.24	127	−0.30	−0.002	−0.4	−0.003

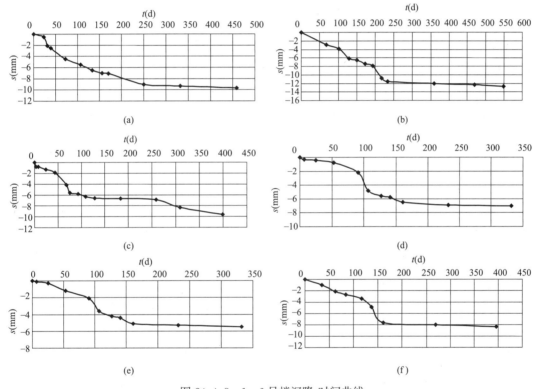

图 24.4.8 1~6 号楼沉降-时间曲线
（a）1 号楼；（b）2 号楼；（c）3 号楼；（d）4 号楼；（e）5 号楼；（f）6 号楼

24.4.3 工程实例三：河北省廊坊市某大厦

（一）工程概况

河北省廊坊市某大厦，总建筑面积约 5.38 万 m²，地上 21 层，地下 2 层，框架剪力墙结构，基础尺寸为 72.5m×35.8m，两个核心筒尺寸均为 11.5m×9.1m，筏板基础，筏板厚度为 1500mm。基础平面图见图 24.4.9。

本工程高程采用相对高程系统，基底标高为 −11.800m，基础坐落在第四纪全新统河湖相沉积的粉质黏土⑤层上，该层承载力特征值 f_{ak} 为 105kPa，由于天然地基承载力和变形不能满足设计要求，采用CFG桩复合地基进行处理。

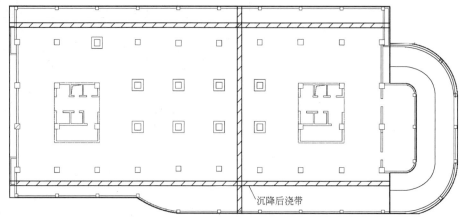

图 24.4.9　大厦基础底板平面图

（二）工程特点

1. 建筑结构特点

本工程结构平面为长方形布置，形状相对简单规则，在东西两端各有一个核心筒，为外框内筒结构。核心筒面积约占楼面面积的 5.5％，而核心筒荷载占塔楼总荷载的 30％左右。

2. 地基土物理力学性质

建筑物基底标高为－11.800m，基底持力层为第⑤层粉质黏土层，各层土的物理力学指标和剖面图见表 24.4.16 和图 24.4.10。

从勘察报告可以看出，本工程基础底面以下勘探深度范围内以粉质黏土、黏土为主，中等压缩性，土层分布较均匀。采用CFG桩复合地基，无砂层等良好的桩端持力层，桩端持力层可选择⑦层～⑩层，设计时，除了需要满足建筑物荷载要求外，还要注意按变形控制进行设计。

土的物理力学指标统计表（平均值）　　　　表 24.4.16

土的物理力学指标\土层编号	含水量 ω（%）	天然重度 γ（kN/m³）	孔隙比 e	液性指数 I_L	压缩模量（MPa）				标准贯入试验锤击数 N	各层土承载力标准值（kPa）
					E_s 0.1~0.2	E_s 0.2~0.3	E_s 0.2~0.4	E_s 0.3~0.4		
②粉土	24.4	18.9	0.776	0.68	11.93	12.89	13.771	15.09	7.9	100
②1粉质黏土	36.6	17.8	1.1	0.82	4.11	5.66	5.858	6.13	3	90
③黏土	38.8	18.1	1.112	0.82	4.18	5.49	5.928	6.47		90
④粉土	24.9	19.5	0.725	0.74	9.94	12.39	12.89	15.29	12.5	120
⑤粉质黏土	26.6	19.9	0.734	0.57	4.95	6.05	6.464	7.13		105
⑥细砂	22.2	20	0.642	0.33	12.34	12.04	12.207	15.83	30	150
⑦粉质黏土	25.6	20.1	0.706	0.42	5.66	6.48	6.836	7.45		120
⑧1粉土	22.2	19.9	0.659	0.35	11.24	12.77	14.096	15.41	42.5	200
⑧粉质黏土	26	19.9	0.721	0.43	5.25	6.16	6.763	7.82		145
⑨粉质黏土	26.7	19.9	0.735	0.4	5.71	6.49	6.913	7.41		150
⑩粉质黏土	25.6	19.9	0.721	0.37	5.69	6.3	6.73	7.48		150
⑪黏土	28	19.5	0.803	0.24	6.2	7.15	7.247	8.12		160
⑫粉质黏土	22.6	20.4	0.64	0.23	5.87	6.54	6.952	7.65		180
⑬粉土	21.1	20.2	0.611	0.21	10.89	11.29	12.624	14.89	47	220
⑭粉质黏土	25.9	20	0.721	0.24	6.83	7.2	7.317	8.08		200

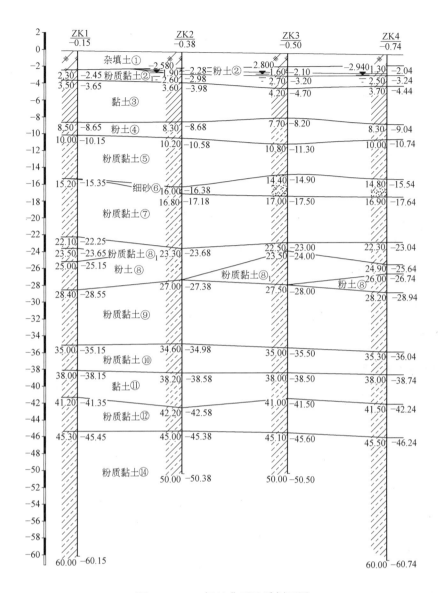

图 24.4.10　场地典型地质剖面图

3. 地基处理要求

结构设计提出的设计条件为：核心筒及外扩部分基底压力标准值为 660kPa，高层框架柱及外扩部分基底压力标准值为 370kPa；建筑物最终沉降量不大于 60mm，整体倾斜不大于 2.5‰。

（三）CFG 桩复合地基设计

地基处理的重点除满足高层部分承载力和最大沉降要求外，还要控制核心筒与外框柱之间的沉降差、外框柱和裙房（纯地下室）之间的沉降差，按变形控制进行复合地基设计。另外，核心筒荷载占的比例较大，还需要进行核心筒对底板的冲切验算。

高层部分采用 CFG 桩复合地基，相连裙房（纯地下室）采用天然地基。CFG 桩复合地基分区布桩，核心筒周边外扩 1 倍板厚区域为①区，满足核心筒对基础底板的冲切要求，加强布桩；核心筒周边外扩 2.5 倍板厚区域为②区，加强布桩；高层外框柱区域为③区，相对①区、②区弱化布桩。

综合考虑，①区、②区这两个区域采用相同的布桩参数，桩间距为 1.2m×1.2m，共布桩 286 根。③区桩间距为 1.8mm×1.8m，共布桩 834 根。CFG 桩桩径为 420mm，桩长为 23m，桩端持力层为粉质黏土层，单桩承载力特征值为 850kN，桩身混凝土强度等级为 C25，褥垫层厚度为 200mm，材料采用不大于 30mm 的碎石。

桩位平面布置见图 24.4.11。

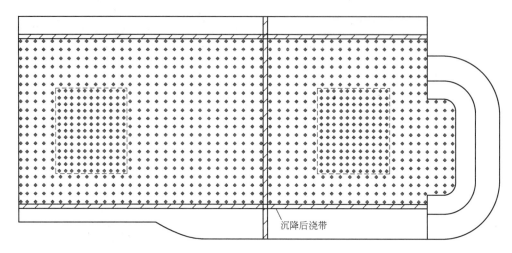

图 24.4.11　大厦 CFG 桩桩位平面布置图

按上述方案设计，经计算，处理后地基承载力和变形满足设计要求，计算的最大沉降量小于 60mm，整体倾斜不大于 2.5‰。

（四）CFG 桩复合地基施工

CFG 桩施工采用长螺旋钻中心压灌成桩工艺，采用 2 台套设备。由于场地④层粉土、⑥层细砂和⑧层粉土灵敏度较高，地下水丰富，长螺旋钻施工扰动对基坑及周边建筑物影响较大，造成周边建筑物、路面沉降明显，因此采取了以下措施：

（1）控制施工速度，减少每天的成桩数量；

（2）采用下开式钻头，快速钻进，保证 1 次成桩成功率，避免在同一桩位多次复钻；

（3）严格执行隔桩跳打的方式，在临近周边建筑物位置采取隔 3 桩跳打，跳打间隔的时间在 3 天以上，保证之前已成桩具备了一定的桩身强度，这样就会降低第 2 次跳打对周边建筑物的影响；

（4）施工区域要尽量均布分散，不要多台桩机集中在某一个区域连续成桩。

上述措施大大降低了长螺旋钻施工扰动对基坑和周边建筑物的影响。但是由于多次跳打，桩机的来回碾压对已成桩的桩头扰动较大，开挖完桩间土后，发现桩体浅部断桩较多，大多数集中在距离打桩工作面 1m 深度范围内。因此，对于采取隔桩跳打施工的工程，一方面要增加保护土层厚度，二是尽量选择自重小、步履式行走的长螺旋钻机。

对于类似工程施工需要考虑上述问题。

（五）CFG 桩复合地基加固效果及评价

施工完毕后，检测单位对 CFG 桩复合地基进行了检测，包括 6 台单桩竖向抗压静载试验、2 台桩间土载荷试验和总桩数 20% 的桩身低应变检测。静载试验检测结果见图 24.4.12、图 24.4.13 和图 24.4.14，核心筒及外扩部分和外框柱及外扩部分 CFG 桩复合地基承载力均满足设计要求。各楼座低应变检测结果表明桩身完整。

在结构施工过程中，沉降监测单位对该楼进行了沉降观测，沉降-时间曲线见图 24.4.15。在结构封顶时，高层建筑物沉降量在 25mm 左右。建筑物装修即将结束时，沉降已经趋于稳定，从沉降-时间曲线预估建筑物最终沉降量将在 40mm 左右（包括回弹再压缩变形）。还可以看出，核心筒沉降量略大于外框柱，但其沉降值基本趋于一致，核心筒和外框柱之间的沉降差很小，满足设计要求。

24.4.4　工程实例四：清华科技大厦

（一）工程概况

清华科技大厦位于北京市海淀区清华大学东门西侧，清华科技园内。总建筑面积约 18.8 万 m²，为

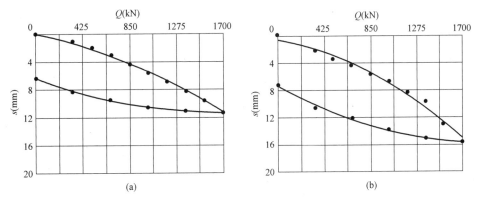

图 24.4.12　核心筒及外扩部分单桩 Q-s 曲线

（a）1 号单桩；（b）2 号单桩

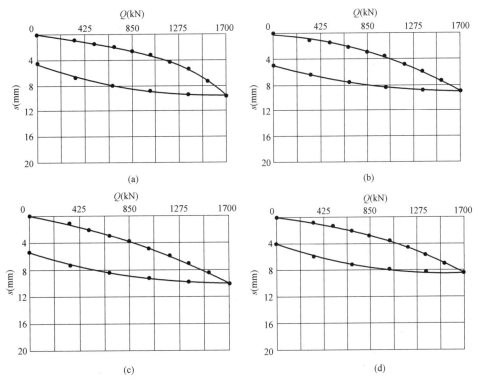

图 24.4.13　外框柱及外扩部分单桩 Q-s 曲线

（a）3 号单桩；（b）4 号单桩；（c）5 号单桩；（d）6 号单桩

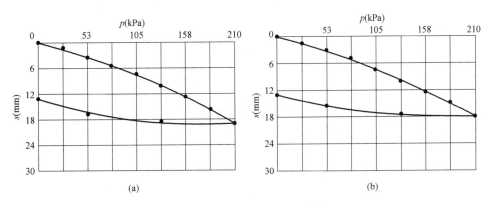

图 24.4.14　桩间土 p-s 曲线

（a）1 号桩间土；（b）2 号桩间土

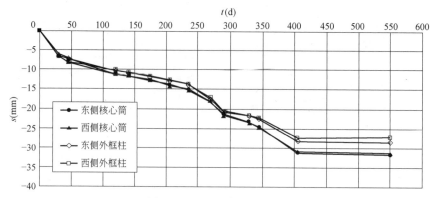

图 24.4.15　沉降-时间曲线

大底盘四塔结构，东侧两塔与西侧两塔完全对称（图 24.4.16），底盘尺寸为 128m×124m，地上主体为四栋 25 层塔楼，高 99.9m，裙房 1~4 层不等，地下 3 层，结构形式为混凝土框架-核心筒结构体系，筏板基础，高层核心筒板厚为 2.5m，高层框架柱部分板厚为 1.8m。

基底持力层为粉质黏土⑤层，该层承载力特征值 f_{ak} 为 190kPa，由于高层部分天然地基承载力和变形不能满足设计要求，采用 CFG 桩复合地基进行处理。

（二）工程特点

1. 建筑结构特点及地基处理设计要求

该建筑结构具有如下特点：外框内筒结构核心筒面积约占楼面面积的 20%，而核心筒荷载却占塔楼总荷载的 50% 左右（南塔为 49.7%，北塔为 54.5%）。地基处理的重点是控制核心筒与外框柱之间的沉降差、外框柱和裙房之间的沉降差。另外，核心筒荷载占的比例很大，核心筒对底板的冲切验算是结构和地基处理设计的一项重要内容。

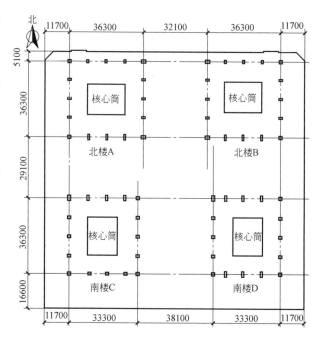

图 24.4.16　清华科技大厦基础平面布置图

鉴于上述特点，复合地基设计条件如下。

（1）承载力要求

核心筒板厚为 2.5m，在满足抗冲切条件下，应力按核心筒周边外扩 2.5 倍板厚扩散，可按式（24.2.9）求核心筒及外扩部分基底平均压力；外框柱部分板厚为 1.8m，柱间距为 9m，板的厚跨比大于 1/6，且相邻柱荷载变化小于 20%，在柱中心荷载作用下，高层框架柱及外扩部分基底压力线性分布。求得基底平均压力见表 24.4.17。复合地基承载力需满足表 24.4.17 的荷载要求。

基础底面处的平均压力标准值　　　　　　　　　　表 24.4.17

楼座	核心筒及外扩部分(kN/m²)	高层框架柱及外扩部分(kN/m²)
北塔	620	420
南塔	630	470

（2）变形要求

高层部分在附加应力作用下最终沉降量不大于 50mm，高层核心筒与外框柱在不考虑底板调节时沉降差不大于 1‰，建筑物整体倾斜不大于 0.001。

2. 地基土物理力学性质

本工程基础落在⑤层粉质黏土层上。基础底面以下至⑧层卵石顶面以上为中低压缩性的粉质黏土⑤层、卵石⑥层、粉质黏土⑦层，总厚度约 20m。这一范围土层以粉质黏土为主，液性指数在 0.4 左右，孔隙比在 0.55～0.65 之间，土层分布较均匀。⑧层以下以砂卵石为主，低压缩性。如在基底与⑧层卵石之间打设 CFG 桩，和桩间土一起形成复合地基，对地基承载力有较大提高。⑧层卵石为良好的桩端持力层，对应力扩散和控制变形具有非常重要的作用。场地地质剖面见图 24.4.17，各层土的物理力学指标见表 24.4.18。

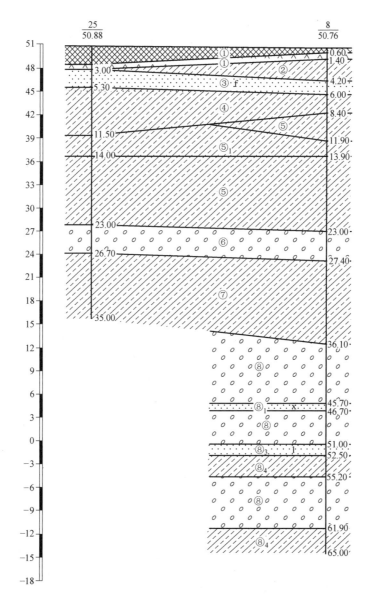

图 24.4.17　场地典型地质剖面图

（三）CFG 桩复合地基设计

1. 设计方案

四栋塔楼采用 CFG 桩复合地基，裙房采用天然地基，按变形控制进行地基设计，重点控制核心筒和外框柱、外框柱和裙房（或车库）之间的沉降差。

土的物理力学指标统计表（平均值）　　　　　　表 24.4.18

土层编号 \ 土的物理力学指标	含水量 ω (%)	天然重度 γ (kN/m³)	孔隙比 e	液性指数 I_L	压缩模量 E_s (MPa)			标准贯入试验锤击数 N	各层土承载力标准值 (kPa)
					$P_z \sim (P_z+100)$	$P_z \sim (P_z+200)$	$P_z \sim (P_z+300)$		
③粉砂							(20)	20	210
④粉质黏土	22.0	20.4	0.62	0.50	7.1	8.3	9.5	4	150
⑤粉质粉土	21.6	20.4	0.62	0.41	10.9	12.0	13.2	17	190
⑥卵石							(50)	35 *	450
⑦粉质黏土	23.0	20.1	0.66	0.35	14.5	15.4	16.6		230
⑧卵石							(55)	117	500
⑧₁粉细砂							(35)	15	260
⑧₂粉质黏土	25.5	19.7	0.74	0.40	20.2	21.4	23.4		280
⑧₃砾砂							(35)	5	260
⑧₄黏质粉土	24.0	20.0	0.67	0.31	31.4	31.4	35.3		280

根据塔楼结构特点，采用框-筒结构体系下 CFG 桩复合地基变模量设计，按分区变模量布桩，将布桩范围分为 2 个大区，即核心筒及外扩部分、高层框架柱及外扩部分。其中核心筒及外扩部分为图 24.2.4（a）所示的①区和②区；高层框架柱及外扩部分为图 24.2.4（a）所示的③区，②区和③区连接在一起，无过渡区域④区。按上述变模量设计布桩后，桩与土形成的复合土层，除竖向不均匀外，在水平方向也呈不均匀分布，分为①区、②区和③区三个区域。①区、②区、③区复合土层的复合模量各不相同，形成非均匀地基。

2. 复合地基承载力和变形计算

（1）承载力计算

确定各区域地基处理后需达到的承载力值。

1）核心筒周边外扩 1 倍板厚的区域（①区）：

首先确定基底压力，核心筒在满足抗冲切条件下，应力按核心筒周边外扩 2.5 倍板厚扩散，基底压力标准值 p_k（①区和②区基底压力 p_k 相同）可按式（24.2.9）确定。

在①区复合地基承载力特征值应满足 $f_{spk1} \geqslant p_k$。该范围复合地基承载力不做深度修正，使复合地基能够提供较大的净反力，较少筏板抗冲切力的发挥。

除上述计算外，还要根据满足筏板不发生冲切破坏地基须提供的最小净反力确定复合地基承载力 f_{spk2}。可根据《建筑地基基础设计规范》GB 50007—2011 第 8.4.8 条求得筏板冲切破坏锥体内的地基净反力设计值 R，并按式（24.4.1）可求得筏板满足抗冲切所需的承载力值 f_{spk2}。取 f_{spk1} 和 f_{spk2} 中的大值为①区复合地基承载力特征值，并按此值进行该区复合地基设计和布桩。

$$f_{spk2} \geqslant \frac{F - F_l}{1.35A} + \frac{G_k}{A} \tag{24.4.1}$$

式中　F——核心筒轴向力设计值；

F_l——筏板抗冲切力；

G_k——冲切锥体重量；

A——冲切锥体底面积。

2）核心筒周边外扩 2.5 倍板厚的区域扣除核心筒周边外扩 1 倍板厚的区域所剩余的区域（②区）：

核心筒外扩 2.5 倍板厚的区域，在这个区域可认为核心筒荷载能够向外均匀地扩散，地基反力为线性均匀分布（图 24.4.18）。②区的复合地基承载力需满足 $f_a \geqslant p_k$。

本工程取①区、②区这两个区域确定的承载力大值，即①区确定的承载力对这两个区域进行布桩。

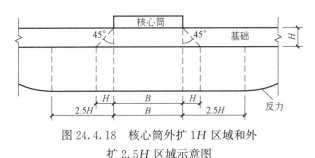

图 24.4.18 核心筒外扩 1H 区域和外
扩 2.5H 区域示意图

3) 外框柱周边外扩 2.5 倍板厚的区域（③区）：

对各个柱可根据其荷载大小在沿柱 2.5 倍板厚的区域进行基底压力计算和复合地基设计。当各柱距、柱荷载相差不大且厚跨比小于 1/6 时，可沿柱周边外扩 2.5 倍板厚范围按式（24.2.6）计算基底平均压力标准值 p_k，复合地基承载力需满足 $f_a \geqslant p_k$。除上述计算外，还需对最大轴力柱进行筏板的抗冲切验算。

4) 核心筒周边外扩 2.5 倍板厚的区域和外框柱周边外扩 2.5 倍板厚的区域之间的过渡区域（④区）：

本工程核心筒周边外扩 2.5 倍板厚的区域②区和外框柱周边外扩 2.5 倍板厚的区域③区连接在一起，过渡区域④区不存在。某些工程若存在④区，可根据结构特点进行构造布桩。

（2）变形计算

1) 构造等效不均匀地基

地基模型采用有限压缩层模型，采用复合模量法构造等效不均匀地基，复合土层的分层与天然地基相同。图 24.4.19 为两区变桩距布桩复合地基构造成等效不均匀地基示意图，图 24.4.20 为两区变桩长布桩复合地基构造成等效不均匀地基示意图，①区、②区采用相同布桩参数，各复合土层的压缩模量等于该层天然地基压缩模量的 ζ 倍。

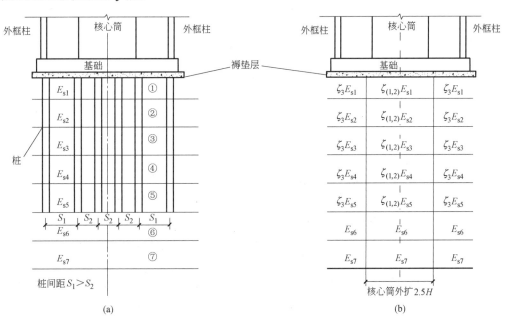

图 24.4.19 变桩间距复合地基各土层复合模量示意图
(a) 变桩距布桩复合地基；(b) 等效不均匀地基

对于核心筒周边外扩 2.5 倍板厚的区域，有核心筒下加固区范围内第 i 层土的复合模量 $E_{spi}^{(1,2)}$：

$$E_{spi}^{(1,2)} = \zeta_{(1,2)} E_{si} \tag{24.4.2}$$

$$\zeta_{(1,2)} = f_{spk}^{(1,2)} / f_{ak} \tag{24.4.3}$$

式中　$\zeta_{(1,2)}$——核心筒周边外扩 2.5 倍板厚区域土的模量提高系数；

　　　E_{si}——加固区范围内第 i 层土的压缩模量（MPa）；

　　　$f_{spk}^{(1,2)}$——核心筒周边外扩 2.5 倍板厚区域复合地基承载力标准值（kPa）；

　　　f_{ak}——基础底面下天然地基承载力标准值（kPa）。

对于外框柱周边外扩 2.5 倍板厚的区域（③区），有外框柱下加固区范围内第 i 层土的复合模

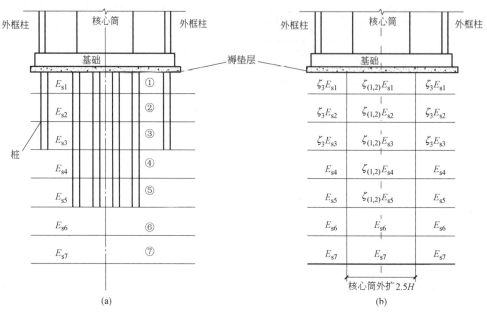

图 24.4.20　变桩长复合地基各土层复合模量示意图

（a）变桩长布桩复合地基；（b）等效不均匀地基

量 E_{spi}^3：

$$E_{spi}^3 = \zeta_3 E_{si} \tag{24.4.4}$$

$$\zeta_3 = f_{spk}^3 / f_{ak} \tag{24.4.5}$$

式中　ζ_3——外框柱周边外扩 2.5 倍板厚区域土的模量提高系数；

E_{si}——加固区范围内第 i 层土的压缩模量（MPa）；

f_{spk}^3——外框柱周边外扩 2.5 倍板厚区域复合地基承载力标准值（kPa）；

f_{ak}——基础底面下天然地基承载力标准值（kPa）。

CFG 桩复合地基桩端以下土层，取天然地基土的压缩模量。

2）变形计算

在平面上地基为变模量不均匀地基，核心筒区和外框柱区的基底压力分别按均匀分布。变形计算中按变模量分区的情况，对地基平面进行分块，在不同的区块取相应的复合模量和基底压力，每个区块的最终变形量按式（24.2.3）计算。

将计算得到的复合地基每个区块的最终变形量汇总，即为整个地基的最终变形情况，包括最大和最小沉降点的沉降量、核心筒和外框架柱间的沉降差、核心筒的相对挠曲、基础的纵向挠曲、建筑物整体倾斜等。复合地基区块划分越小，则整体上变形计算准确度相对越高。

3. CFG 桩复合地基设计参数

根据地层情况，CFG 桩以⑧层卵石作为桩端持力层，采用等桩长变桩距布桩，①区、②区采用相同布桩参数。

CFG 桩有效桩长 22.5m，桩径 415mm，计算单桩承载力标准值为 1315kN。CFG 桩桩身混凝土强度等级为 C25，按桩身强度确定 CFG 桩承载力标准值 1120kN。根据工程经验，单桩承载力标准值取 800kN。

经计算，对南塔，核心筒及外扩部分，桩间距不大于 1.3m，承载力标准值大于 630kPa，对框架柱及外扩部分，桩间距不大于 1.6m，承载力标准值大于 470kPa；对北塔，核心筒及外扩部分，桩间距不大于 1.3m，承载力标准值大于 620kPa，对框架柱及外扩部分，桩间距不大于 1.8m，承载力标准值大于 420kPa。最终对南塔和北塔进行布桩，核心筒及外扩部分桩间距取 1.3m，南塔框架柱及外扩部分桩间距取 1.55m，北塔框架柱及外扩部分桩间距取 1.75m。

对南北塔楼进行变形计算，在附加应力作用下计算沉降量均小于 50mm，核心筒和外框架柱间的沉降差、建筑物整体倾斜均满足设计要求。在不考虑上部结构及基础共同作用下，北塔 B 栋基础最大沉降在核心筒中部位置约为 49mm，核心筒相对挠曲为 0.23‰，基础中轴线纵向挠曲为 0.44‰。

CFG 桩复合地基设计参数见表 24.4.19。褥垫层材料采用不大于 30mm 的碎石。

各楼座 CFG 桩复合地基设计参数 表 24.4.19

楼座		有效桩长（m）	桩径（mm）	桩间距（m）	桩数（根）	褥垫层厚度（cm）	桩身强度等级
北塔（A、B）	核心筒及外扩部分	22.5	415	1.30	378	20	C25
	外框柱	22.5	415	1.75	326	20	C25
南塔（C、D）	核心筒及外扩部分	22.5	415	1.30	378	20	C25
	外框柱	22.5	415	1.55	344	20	C25

桩位平面布置见图 24.4.21。

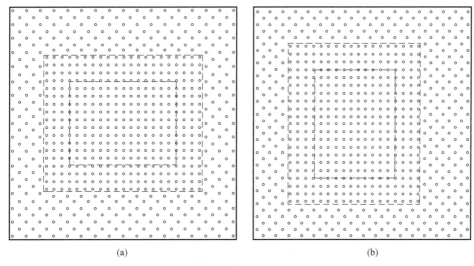

图 24.4.21 清华科技大厦北塔、南塔 CFG 桩桩位平面布置图
(a) 北塔（A、B）；(b) 南塔（C、D）

（四）CFG 桩复合地基施工

CFG 桩施工采用长螺旋钻中心压灌成桩工艺，

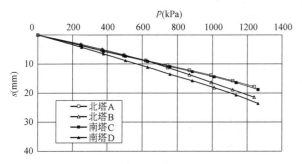

图 24.4.22 核心筒及外扩部分单桩复合地基 p-s 曲线

四栋塔楼采用 4 台套设备，平均每台设备每天施工 28 根桩。从现场施工情况看，个别钻孔进入桩端持力层后遇到粒径较大的卵石，钻进难度加大，钻头磨损严重；整个现场复钻比例较大，主要是由钻头堵塞和阀门打不开造成的，对于类似工程施工需考虑上述问题。

（五）CFG 桩复合地基加固效果及评价

CFG 桩施工完毕后，检测单位分别对四栋塔楼的 CFG 桩进行了静载荷试验和低应变动力试验。每栋塔楼静载荷试验的抽检部位、类型和数量为：

（1）核心筒及外扩部分：2 台单桩复合地基静载荷试验；（2）框架柱及外扩部分：2 台单桩静载荷试验和 1 台桩间土静载荷试验。除了静载荷试验外，每栋塔楼均随机抽检了总桩数的 10% 进行了低应变动力试验，检测桩身完整性。

静载荷试验检测结果见图 24.4.22、图 24.4.23，核心筒及外扩部分和外框柱及外扩部分 CFG 桩复合地基承载力均满足设计要求。各楼座低应变检测结果表明桩身完整，无Ⅲ类、Ⅳ类桩。

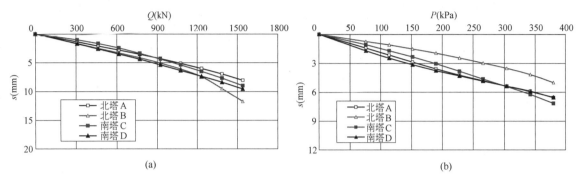

图 24.4.23　框架柱及外扩部分单桩 Q-s 曲线和桩间土 p-s 曲线

（a）单桩 Q-s 曲线；（b）桩间土 p-s 曲线

在结构施工过程中，沉降监测单位对四栋塔楼进行了沉降观测。在结构封顶时，四栋高层建筑物沉降量均为 25mm 左右，建筑物封顶 1 年后、装修基本完成整体竣工时，建筑物沉降量北塔约为 40mm、南塔约为 45mm，沉降-时间曲线见图 24.4.24。

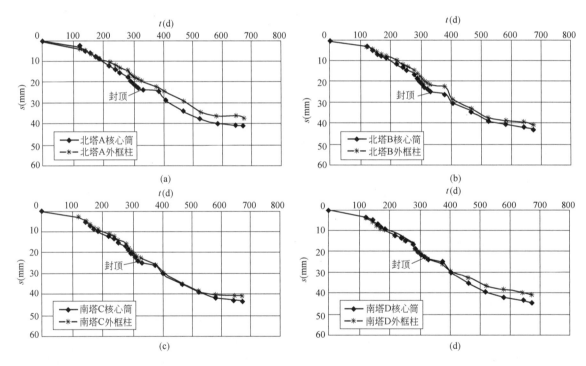

图 24.4.24　沉降-时间曲线（装修基本完成时）

（a）北塔 A；（b）北塔 B；（c）南塔 C；（d）南塔 D

建筑物整体竣工 2 年后，沉降已经稳定，建筑物最终沉降量北塔约为 45mm、南塔约为 50mm（包括回弹再压缩变形），四栋塔楼基础均以核心筒为中心呈碟形沉降，沉降等值线见图 24.4.25。表 24.4.20 为四栋塔楼实测最大沉降、最小沉降和挠曲情况，最大沉降均产生在核心筒位置，最小沉降产生在外框柱区域，核心筒沉降量略大于外框柱，但其沉降值基本趋于一致，核心筒和外框柱之间的沉降差很小，满足设计要求。变形计算结果和实测结果符合较好。清华科技大厦采用 CFG 桩复合地基处理是成功的。

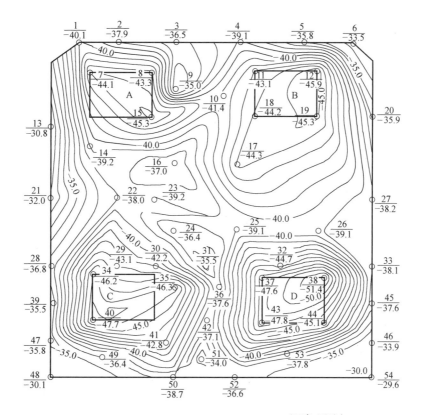

图 24.4.25　清华科技大厦沉降等值线图 $\left(\dfrac{沉降观测点}{总沉降量（mm）}\right)$

各楼座基础实测沉降和挠曲情况　　　　　　　　　　　表 24.4.20

楼座	北塔 A	北塔 B	南塔 C	南塔 D
最大沉降（mm）	45.3	45.9	47.7	51.4
最小沉降（mm）	30.8	33.5	30.1	30.0
中轴线纵向挠曲（‰）	0.24	0.17	0.23	0.21

24.4.5　工程实例五：河北省涿州市某住宅项目

（一）工程概况

河北省涿州市某住宅项目 8 号楼，地上 27 层、地下 2 层，结构类型为剪力墙结构，基础形式为筏板基础，板厚为 0.9m，建筑物±0.00 标高为 32.30m。

勘察深度范围内，地层情况自上而下分布如下：①层素填土；②层粉土；③层粉质黏土；④层粉土，④₁层粉质黏土；⑤层粉质黏土；⑥层细砂，⑥₂层粉土；⑦层细砂，⑦₁层粉质黏土；⑧层细砂。场地稳定水位埋深 2.50～9.30m。地基土层分布及其参数见表 24.4.21。

地基土层分布及其参数　　　　　　　　　　　　　表 24.4.21

土层编号	土层名称	层底标高（m）	平均厚度（m）	重度 γ（kN/m³）	压缩模量 E_s（MPa）	桩侧阻力特征值（kPa）	桩端阻力特征值（kPa）
①	填土	29.29		18.0			
②	粉土	23.74	5.55	19.5	14.56	23	
③	粉质黏土	22.14	1.60	19.4	11.18	20	
④	粉土	17.44	4.70	19.3	14.16	20	

土层编号	土层名称	层底标高(m)	平均厚度(m)	重度 γ (kN/m³)	压缩模量 E_s (MPa)	桩侧阻力特征值(kPa)	桩端阻力特征值(kPa)
⑤	粉质黏土	11.24	6.20	19.3	10.11	20	
⑥	细砂	7.84	3.40	20.0	15.00	23	
⑥2	粉土	1.74	6.10	19.5	12.24	20	800
⑦	细砂	−7.86	9.60	20.0	25.00	25	900
⑦1	粉质黏土	−14.16	6.30	19.1	12.60		
⑧	细砂	−28.46	14.30	20.0	25.00		

基底持力层为②层粉土,地基承载力特征值为120kPa,天然地基不满足上部结构要求,需要进行地基处理,处理后要求地基承载力特征值不小于450kPa,最终沉降不大于50mm,建筑物最大倾斜不大于1.5‰。

原地基处理方案采用CFG桩复合地基,桩径400mm,有效桩长17.3m,桩端持力层为⑥层细砂和⑥2层粉土,面积置换率8.4%,褥垫层厚度为20cm,单桩承载力特征值不小于620kN,总桩数646根,桩位平面布置见图24.4.26。

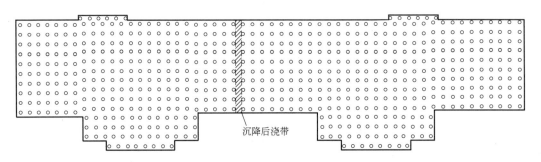

图24.4.26 8号楼原CFG桩桩位平面布置图

沉降后浇带

CFG桩施工完毕后,抽取了4根CFG桩进行了单桩静载荷试验,静载试验曲线见图24.4.27。静载试验检测结果表明,4根单桩竖向抗压承载力特征值分别为558kN、496kN、372kN和434kN,均不满足设计要求。

另外,随机抽取了474根CFG桩进行了低应变动测试验,检验桩身完整性。检测结果表明,Ⅰ类桩146根,占抽检总数的30%;Ⅱ类桩100根,占抽检总数的21%;Ⅲ类桩228根,占抽检总数的49%,分布较均匀,基本为桩身明显缺陷;无Ⅳ类桩。

经验算,建筑物地基承载力和沉降均不满足上部结构要求,应进行二次加固处理。

(二)方案选择及复合地基设计

1.方案选择

补充布设CFG桩长桩,选择⑦层细砂为桩端持力层,提高地基承载力、控制地基变形,与既有CFG桩(短桩)形成由长桩和短桩两种桩型组成的长短CFG桩复合地基。

2.复合地基设计

综合既有CFG桩(短桩)单桩静载荷试验结果,其单桩竖向承载力特征值取350kN。新增CFG桩(长桩)选择⑦层细砂为桩端持力层,桩长为24.0m,桩径为500mm,按式(24.2.2)计算单桩竖向承载力特征值为956kN,取800kN。

既有CFG桩(短桩)的面积置换率为8.60%,基底土②层粉土承载力特征值为120kPa,既有CFG桩(短桩)单桩竖向承载力特征值取350kN,新增CFG桩(长桩)单桩竖向承载力特征值取800kN,选择不同的长桩的面积置换率,按式(24.3.1)验算多桩型复合地基承载力特征值,满足结构

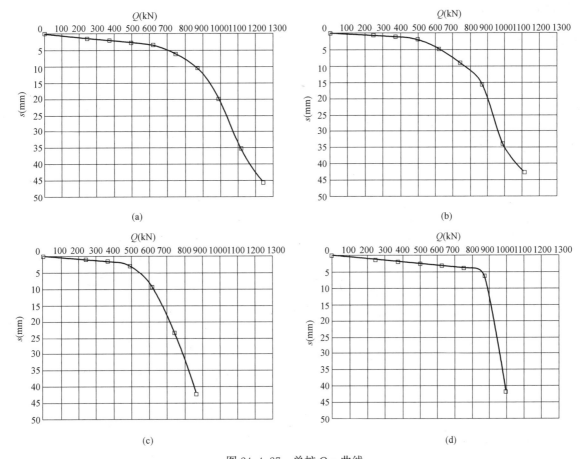

图 24.4.27 单桩 Q-s 曲线

(a) 1 号既有单桩；(b) 2 号既有单桩；(c) 3 号既有单桩；(d) 4 号既有单桩

设计要求的复合地基承载力特征值所对应的面积置换率即为初步确定的面积置换率。根据试算结果 CFG 桩长桩面积置换率取值为 3.35%，多桩型复合地基承载力特征值结果为 453kPa，复合地基承载力满足设计要求。

按式（24.3.11）和式（24.3.13）分别计算加固区模量提高系数 ζ、ζ_1，得 ζ 为 3.77，ζ_1 为 1.98。按式（24.3.14）估算长短桩复合地基变形，沉降计算经验系数 ψ_s 取 0.2，变形计算值为 29.94mm，满足设计要求。复合地基变形计算过程及结果见表 24.4.22。

长短 CFG 桩复合地基变形计算   表 24.4.22

土层编号	土层厚度（m）	压缩模量/复合模量（MPa）	每层变形（mm）	计算总变形量（mm）	压缩模量当量值（MPa）	沉降计算经验系数 ψ_s	最终计算变形量（mm）
②	0.86	55.0	1.4	149.7	36.2	0.20	29.94
③	1.60	42.2	4.7				
④	4.70	53.5	11.5				
⑤	6.20	38.2	20.6				
⑥	3.40	56.6	23.2				
⑥2	0.54	46.2	23.6				
⑥2	5.56	24.2	31.1				
⑦	1.14	49.5	31.7				
⑦	6.00	25.0	37.4				

复合地基设计计算参数见表 24.4.23。褥垫层材料采用最大粒径不大于 30mm 的碎石。

长短 CFG 桩复合地基设计计算参数　　　　表 24.4.23

桩型	有效桩长 (m)	桩径 (mm)	面积 置换率 (%)	桩身 混凝土 强度等级	褥垫层 厚度 (mm)	桩数 (根)	单桩承载力 特征值 (kN)	地基变形 计算值 (mm)
短桩	17.3	400	8.60	C25	200	646	350	29.94
长桩	24.0	500	3.35	C25	200	157	800	

桩位平面布置见图 24.4.28。

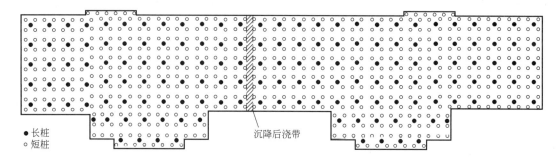

　●长桩
　○短桩
　　　　　　　　　沉降后浇带

图 24.4.28　8 号楼长短 CFG 桩桩位平面布置图

（三）复合地基施工

既有 CFG 桩（短桩）和新增 CFG 桩（长桩）施工均采用长螺旋钻中心压灌成桩工艺，混合料采用预拌混凝土。

从成桩施工角度考虑，本工程地层和 CFG 桩具有以下难点：

（1）场地地下水位较高，桩长范围内存在较厚的饱和砂土和饱和粉土层，如②层粉土、④层粉土、⑥层细砂、⑥₂ 层粉土和⑦层细砂；

（2）短桩桩端持力层为⑥层细砂和⑥₂ 层粉土，长桩桩端持力层为⑦层细砂，⑥层细砂、⑦层细砂为主要含水层，且属强透水性土层；

（3）原 CFG 桩复合地基方案的桩间距较小，为 1.2m。

针对难点（1），钻杆钻至设计深度后，应控制好提钻时间，混合料泵送量应与钻杆提拔速度相匹配，提钻过程中应连续泵送混合料，尤其在饱和砂土或饱和粉土层中应连续灌注，不得停泵待料，避免造成混合料离析、桩身缩径甚至断桩。

针对难点（2），钻机应采用下开式钻头，防止钻门打不开、多次复钻造成塌孔、窜孔、混凝土离析等，影响成桩质量。

综合难点（1）、（2）和（3），宜采用隔桩跳打措施，避免出现窜孔现象，从而造成桩顶下沉、桩身夹泥、缩径甚至断桩。

此外，下钻至设计深度后停钻，先泵送混合料、再提拔钻杆，严禁先提钻、后灌料，以免桩端存在虚土或桩端混合料离析、端阻力降低。

既有 CFG 桩（短桩）单桩承载力不满足原设计方案要求、桩身明显缺陷的Ⅲ类桩的比例高达49%，经原因分析，主要是未采取隔桩跳打措施、在饱和砂土或饱和粉土层中多次停泵待料所致。后续施工新增 CFG 桩（长桩）过程中，则严格按上述要求实施，经检测均满足设计要求。

在新增 CFG 桩（长桩）施工前，由于既有 CFG 桩（短桩）已经开挖至有效桩顶标高，因此先采用素土对场地回填压实，厚度约 0.5m，满足长螺旋钻机安全行走和保护土层厚度的要求后，再施工新增 CFG 桩（长桩）。

CFG 桩施工完毕后，采用小型挖掘机和人工配合清运打桩弃土和桩间保护土，采用无齿锯进行截桩。对深度在 1m 范围内的浅部缺陷桩进行接桩处理。褥垫层采用平板振捣器进行振密、压实，夯填度按不大于 0.9 控制。

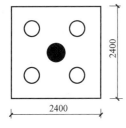

图 24.4.29　8 号楼长短桩复合地基静载试验承压板布置示意图

（四）复合地基加固效果及评价

1. 复合地基承载力检验

CFG 桩施工完成后，检测单位对新增 CFG 桩（长桩）进行了 3 根单桩静载试验，以及 3 台长短桩复合地基静载试验。

根据 8 号楼长短 CFG 桩平面布置，长短桩复合地基静载荷试验为 1 长 4 短五桩复合地基载荷试验，采用边长为 2.4m×2.4m 的正方形钢制承压板，如图 24.4.29 所示。承压板下铺设 200mm 厚碎石褥垫层。

静载试验检测结果表明，复合地基承载力特征值不小于 450kPa，长桩单桩承载力特征值不小于 800kPa，均满足设计要求。静载试验曲线见图 24.4.30。

静载试验的同时，随机抽取了 130 根长桩进行低应变检测，其结果 I 类桩 121 根，II 类 9 根，无 III、IV 类桩。

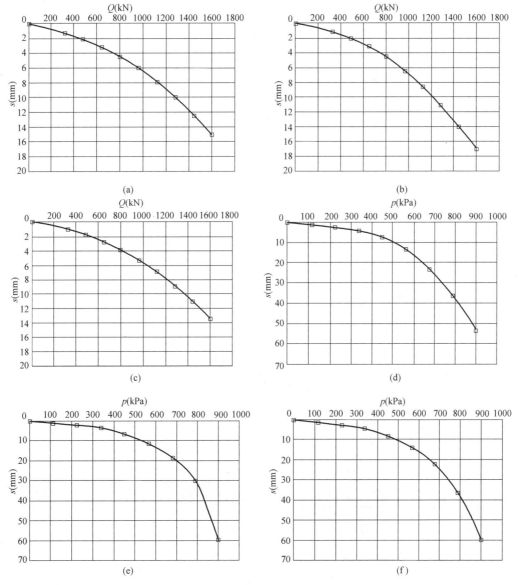

图 24.4.30　静载荷曲线
（a）～（c）为单桩 Q-s 曲线；（d）～（f）为复合地基 p-s 曲线

2. 建筑物沉降监测结果

从结构施工开始，监测单位对 8 号楼进行了沉降观测，监测至结构封顶并沉降稳定，建筑物沉降—时间曲线见图 24.4.31。可以看出，建筑物最大沉降量小于 25mm，沉降已经趋于稳定，沉降后浇带东、西两侧沉降均匀。根据估算，其最终沉降量不会超过 30mm，说明本工程利用既有 CFG 桩、与新增 CFG 桩形成长短 CFG 桩复合地基的地基处理方案是成功的。

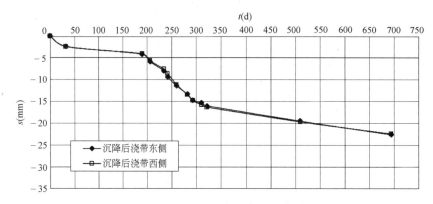

图 24.4.31 8 号楼沉降 时间曲线

24.4.6 工程实例六：北京市通州区某居住、商业项目

(一) 工程概况

北京市通州区某居住、商业项目，由 5 栋多层住宅、17 栋高层住宅、相邻地下车库和配套建筑组成。其中 7 号、12 号、16 号和 17 号楼为地上 20 层、地下 1～2 层，结构形式为剪力墙结构，基础形式为筏板基础，工程概况见表 24.4.24。

各楼座工程概况及设计要求   表 24.4.24

楼号	地上/地下(层)	基础埋深(m)	设计要求复合地基承载力标准值(kPa)	允许最大沉降量(mm)
7 号	20/1	−4.06	335	50
12 号、16 号、17 号	20/2	−7.86	320	50

根据岩土工程勘察报告的结果，按地层沉积年代、成因类型将拟建场区地面以下 40.0m 深度范围内的地层划分为人工堆积土层、新近沉积层、第四纪沉积层，自上至下分为 5 个工程地质层，各层土的物理力学特征见表 24.4.25。

土的物理力学特征表   表 24.4.25

时代成因	大层序号	层号	岩性	层厚(m)	湿度	状态	压缩性	轻型动探 N_{10}	标准贯入 $N_{63.5}$
人工堆积层	1	①	黏质粉土填土	0.40～3.80	湿			32	8
		①₁	杂填土		湿				
新近沉积层	2	②	粉质黏土	1.10～7.40	湿	可塑	中高～高	18	7
		②₁	黏质粉土—砂质粉土		湿	中密～密实	中～中高	35	11
		②₂	细砂		湿	稍密～中密			14
	3	③	细砂	1.20～7.80	湿～饱和	中密		47	24
		③₁	粉砂		湿～饱和	稍密～中密			14
	4	④	中砂—粗砂	3.00～9.00	饱和	中密～密实			37
		④₁	砾砂		饱和	密实		44	
第四纪沉积层	5	⑤	中砂	未钻穿	饱和	密实		50	
		⑤₁	重粉质黏土		饱和	可塑	中	49	
		⑤₂	砾砂		饱和	密实			
		⑤₃	砂质粉土		饱和	密实	低		

本场地地下水位埋深 4.60~6.50m，水位标高为 13.97~16.06m，为第四系孔隙潜水。地下水主要含水层为③细砂、④中砂~粗砂及⑤中砂，属强透水性土层。

场地内黏质粉土-砂质粉土②$_1$层及粉砂③$_1$层为地震可液化层，按照 20m 深度判定，液化指数为 0.68~5.51，综合评价场地液化等级属于轻微。

典型的地质剖面见图 24.4.32。

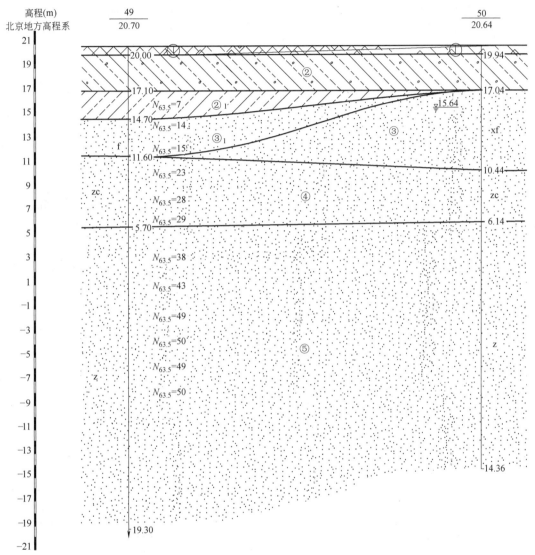

图 24.4.32　典型地质剖面图

(二) 方案选择及复合地基设计

1. 方案选择

各楼座基底持力层、液化土层情况见表 24.4.26。

基底持力层、液化土层情况表
表 24.4.26

楼号	基础埋深（m）	基底持力层		基底以下液化土层	
		名称	承载力特征值(kPa)	名称	厚度(m)
7 号	−4.06	粉质黏土②层	100	粉砂③$_1$层	5.69
12 号	−7.86	细砂③层	180	粉砂③$_1$层	3.14
16 号	−7.86	粉砂③$_1$层	140	粉砂③$_1$层	4.49
17 号	−7.86	粉砂③$_1$层	140	粉砂③$_1$层	5.11

各楼天然地基承载力和变形不满足上部结构要求。另外，粉砂③₁层为可液化土层，根据上部结构设计要求，需要进行消除液化处理。可采用碎石桩对基底以下可液化土层进行挤振密处理，消除液化，采用CFG桩提高地基承载力、控制变形。CFG桩加碎石桩形成两种桩型复合地基。

2. 复合地基设计

首先采用碎石桩对基底以下粉砂③₁层进行挤振密处理，消除液化；在碎石桩处理的基础上布设CFG桩，形成两种桩型复合地基，处理后承载力和变形满足设计要求。复合地基具体设计参数如下：

(1) 碎石桩设计

碎石桩处理范围为，基础外缘外扩宽度不小于基底以下可液化土层粉砂③₁层厚度的1/2，并不小于5m。本工程各楼座基底以下粉砂③₁层厚度约为3~5m，处理范围取基础周边外扩5m设计。根据基底以下液化土层粉砂③₁层的深度确定有效桩长（表24.4.26）。施工采用振动沉管成桩工艺，直径420mm。布桩时需考虑CFG桩的桩间距和桩的位置，碎石桩和CFG桩宜间隔布桩，考虑到CFG桩的矩形布桩设计，碎石桩也按矩形布桩，桩间距不大于4.5倍桩径，为1.7~1.9m。桩体材料采用含泥量不大于5%的碎石，最大粒径不大于50mm。

(2) CFG桩复合地基设计

本场地中砂⑤层，密实，分布均匀，厚度大，承载力较高，是良好的桩端持力层，桩端落在该层，桩长为9.5~13m。设计桩径为410mm。根据桩长、桩径和场地土质情况，计算得到单桩承载力特征值，并确定桩身混凝土强度等级为C25。由基底持力层承载力特征值和设计要求的复合地基承载力特征值，并验算复合地基变形满足设计要求，计算得到桩间距，矩形布桩，与碎石桩间隔布设。褥垫层材料为最大粒径不大于30mm的碎石，厚度为200mm。

各楼座CFG桩加碎石桩两种桩型复合地基设计计算参数见表24.4.27。

各楼座CFG桩加碎石桩两种桩型复合地基设计计算参数　　　　表24.4.27

楼号	桩型	桩长(m)	桩径(mm)	平均桩间距(m)	桩数(根)	单桩承载力标准值(kN)	沉降计算值(mm)
7号	CFG桩	13.0	410	1.8	192	800	34.23
	碎石桩	6.0	420	1.8	356	—	
12号	CFG桩	9.5	410	1.9	151	690	41.47
	碎石桩	3.5	420	1.9	283	—	
16号	CFG桩	11.0	410	1.7	169	720	39.37
	碎石桩	4.5	420	1.7	346	—	
17号	CFG桩	12.5	410	1.8	151	770	37.90
	碎石桩	5.5	420	1.8	316	—	

桩位平面布置见图24.4.33。

(三) CFG桩及碎石桩复合地基施工

开挖至桩顶设计标高以上50cm后进行施工，即保护土层厚度为50cm。施工时应先施工碎石桩，在碎石桩施工完毕后再进行CFG桩施工。

碎石桩施工采用振动沉管成桩工艺。在正式施工碎石桩前，在有代表性的场地进行了成桩工艺和成桩挤密试验，确定施工参数。施工顺序采用由两侧向中间推进施工。采用尖锥形活瓣桩尖。施工步骤如下。

(1) 桩机就位，将活瓣桩尖对准桩位，调整桩管垂直度，偏差不大于1%；

(2) 启动振动锤，沉管到设计深度，停机；

(3) 向桩管内投入碎石，直到碎石和进料口齐平。为提高施工效率，也可在沉管过程中投料；

(4) 启动振动锤，留振5~10s，开始拔管，拔管速率控制在1.2~1.5m/min；

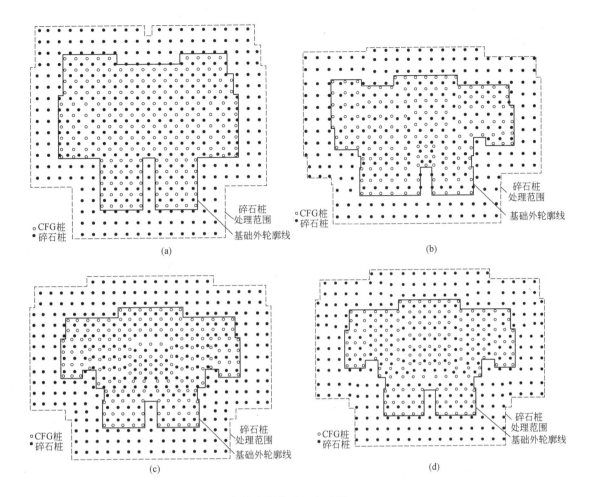

图 24.4.33　各楼座桩位平面布置图

(a) 7 号楼；(b) 12 号楼；(c) 16 号楼；(d) 17 号楼

（5）提升桩管 2～3m，反插桩管约 1m，适时向桩管内补充碎石，本工程碎石充盈系数按 1.3 控制；

（6）重复步骤（5），直至桩管拔出地面、成桩；

（7）移机进行下一根桩的施工。

土的密实度对土的挤振密性影响很大，松散的砂土或粉土可振密，而密实的砂土或粉土会被振松。本工程碎石桩旨在消除基底以下粉砂③₁层的液化，振动锤电机工作电流的变化、投料量、场地下沉或隆起情况等反应土的挤振密程度，因此，在碎石桩施工过程中，做好沉管施工记录，结合地质勘查报告，关注地层变化情况，必要时对设计或施工参数进行调整。

CFG 桩施工采用长螺旋钻中心压灌成桩工艺。由于本场地地下水位高，主要含水层为细砂③层、中砂-粗砂④层及中砂⑤层，属强透水性土层，钻机采用下开式钻头，防止钻门打不开、多次复钻造成塌孔、窜孔、混凝土离析等，影响成桩质量。下钻至设计标高后停钻，先泵送混合料、再提拔钻杆，严禁先提钻、后灌料，以免桩端存在虚土、端阻力降低。混合料采用预拌混凝土，强度等级为 C25，坍落度为 16～20cm。

CFG 桩及碎石桩施工完毕后，采用小型挖掘机和人工联合清运打桩弃土和桩间保护土，预留约 5cm 厚土层人工清除至设计标高，采用专用截桩工具将桩顶设计标高以上的 CFG 桩桩头截断，最后铺设褥垫层，厚度为 20cm，材料采用粒径为不大于 30mm 的碎石，夯填度不大于 0.9。

（四）复合地基加固效果及评价

碎石桩施工完毕后，检测单位通过标准贯入试验，判定桩间土粉砂③₁层是否消除液化，检验深度

不小于碎石桩处理深度，检测数量为每楼 5 个标贯孔。根据碎石桩处理范围的标准贯入试验结果，粉砂
③₁ 层的标准贯入锤击数实测值均大于液化判别标准贯入锤击数临界值，已消除了液化影响，检测结果
见表 24.4.28。

标准贯入试验锤击数表

表 24.4.28

孔号	自地面标高下的标贯深度（m）	未经杆长修正的标准贯入锤击数实测值（击）	液化判别标准贯入锤击数临界值 N_{cr}（击）	孔号	自地面标高下的标贯深度（m）	未经杆长修正的标准贯入锤击数实测值（击）	液化判别标准贯入锤击数临界值 N_{cr}（击）
7 号楼 K1 孔	3.00～3.30	7	—	16 号楼 K1 孔	6.00～6.30	8	—
	4.00～4.30	8	—		7.00～7.30	15	15
	5.00～5.30	13	13		8.00～8.30	18	16
	6.00～6.30	16	14		9.00～9.30	23	17
	7.00～7.30	20	15		10.00～10.30	27	—
12 号楼 K1 孔	7.00～7.30	8	—	17 号楼 K1 孔	6.00～6.30	16	—
	8.00～8.30	17	16		7.00～7.30	19	15
	9.00～9.30	19	17		8.00～8.30	22	16
	10.00～10.30	21	—		9.00～9.30	24	17
	11.00～11.30	26	—		10.00～10.30	27	—

CFG 桩施工完成后，检测单位对每楼进行了 3 根 CFG 桩单桩静载试验，静载试验曲线见图
24.4.34。静载试验检测结果表明，7 号楼被检测的 3 根 CFG 桩单桩承载力标准值不小于 800kN，12
号楼被检测的 3 根 CFG 桩单桩承载力标准值不小于 690kN，16 号楼被检测的 3 根 CFG 桩单桩承载
力标准值不小于 720kN，17 号楼被检测的 3 根 CFG 桩单桩承载力标准值不小于 770kN，满足设计
要求。

静载试验的同时，对 CFG 桩桩身完整性进行低应变动测检验，检测结果见表 24.4.29，均为Ⅰ、
Ⅱ类桩，检测没有发现Ⅲ、Ⅳ类桩。

低应变检测结果汇总

表 24.4.29

楼号	抽检数量（根）	Ⅰ类桩		Ⅱ类桩		Ⅲ、Ⅳ类桩
		数量（根）	占抽检比例（%）	数量（根）	占抽检比例（%）	
7 号	20	18	90	2	10	无
12 号	16	14	87.5	2	12.5	无
16 号	17	15	88	2	12	无
17 号	16	14	87.5	2	12.5	无

在结构施工过程中，监测单位对四栋楼进行了沉降观测，至结构封顶并监测至沉降稳定，各楼座沉
降-时间曲线见图 24.4.35。可以看出，建筑物最大沉降量小于 30mm。根据估算，其最终沉降量不会超
过 50mm，说明 CFG 桩加碎石桩复合地基在本工程中的应用是成功的。

24.4.7 工程实例七：河南省新郑市某住宅项目

（一）工程概况

河南省新郑市某住宅项目 9 号楼地上 33 层，地下 2 层，结构形式为剪力墙结构，基础形式为筏形
基础，建筑物 ±0.000 为 153.000m，基础埋深为 −8.730m。设计要求深度修正前复合地基承载力特征
值 ≥579kPa，沉降量控制在 80mm 以内，建筑物倾斜不大于 2‰。

根据岩土工程勘察报告，场地地层主要以粉土、粉细砂、粉质黏土以及黏土为主，在勘探深度

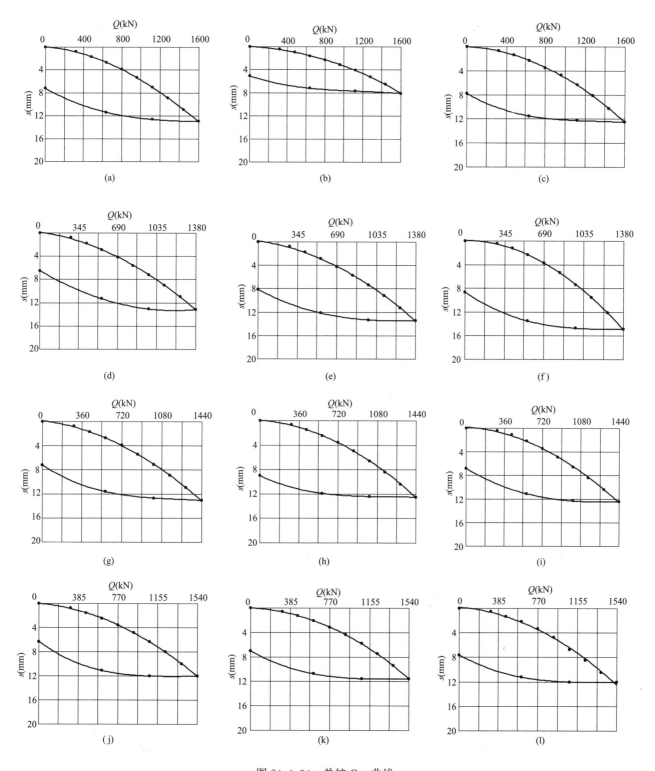

图 24.4.34　单桩 Q-s 曲线

（a）～（c）为 7 号楼单桩 Q-s 曲线；（d）～（f）为 12 号楼单桩 Q-s 曲线；

（g）～（i）为 16 号楼单桩 Q-s 曲线；（j）～（l）为 17 号楼单桩 Q-s 曲线

55m 范围内，自上至下分为杂填土①层、粉土②层、粉土夹粉砂③层、粉土④层、粉土夹粉砂⑤层、粉质黏土⑥层、粉质黏土夹粉土⑦层、粉质黏土⑧层、粉质黏土⑨层、粉质黏土夹黏土⑩层、黏土夹粉质黏土⑪层。基础坐落在粉土夹粉砂③层上，典型的地质剖面见图 24.4.36。

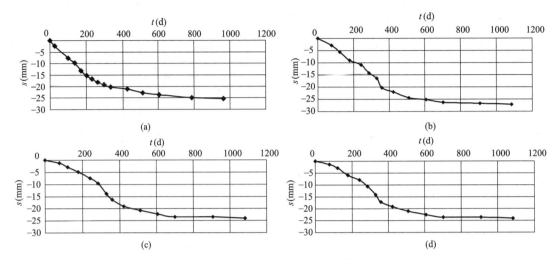

图 24.4.35 各楼座沉降-时间曲线

(a) 7 号楼；(b) 12 号楼；(c) 16 号楼；(d) 17 号楼

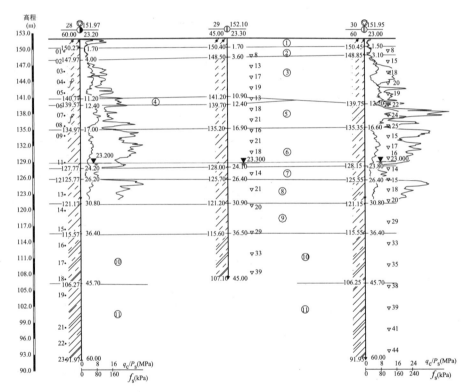

图 24.4.36 典型地质剖面图

根据勘察报告，基础底面以下各土层的自重湿陷系数 δ_{zs} 均小于 0.015，不具自重湿陷性，判定本场地为非自重湿陷性场地；部分土层湿陷系数 δ_s 介于 0.015～0.080 之间，基底深度以下总湿陷量 ΔS 为 0～380.2mm。判定 9 号楼场地土具湿陷性，湿陷等级为 Ⅰ（轻微），湿陷土层为第③、④、⑤层，湿陷土层厚度约 15.0m，基底以下厚度约为 6.5m。

场地地下水位埋深在自然地面以下 21.8～26.1m，绝对标高 128.400～130.010m。

(二) 复合地基设计

1. 方案选择

基底持力层粉土夹粉砂③层承载力特征值为 170kPa，天然地基承载力和变形不满足上部结构要求，且基底以下粉土夹粉砂③层、粉土④层、粉土夹粉砂⑤层均具有Ⅰ级（轻微）湿陷性，地下水位埋藏较深，位于粉土夹粉砂⑤层以下，可采用土挤密桩对基底以下湿陷土层进行挤密处理，消除湿陷，采用CFG桩提高地基承载力、控制变形。CFG桩加土挤密桩形成两种桩型复合地基。

2. 复合地基设计

首先采用土挤密桩对基底以下粉土夹粉砂③层、粉土④层、粉土夹粉砂⑤层进行挤密处理，消除其湿陷性；在土挤密桩处理基础上布CFG桩，满足复合地基承载力特征值不低于579kPa的要求。复合地基具体设计参数如下：

(1) 土挤密桩设计

当采用土挤密桩复合地基进行整片处理时，处理面积应大于基础平面的面积，超出基础底面外缘的宽度，每边不宜小于处理土层厚度的1/2。9号楼基底以下湿陷性土层厚度约为6.5m，处理范围取基础周边外扩4m。

采用土挤密桩主要目的为消除基底以下粉土夹粉砂③层、粉土④层、粉土夹粉砂⑤层的湿陷性。因此土挤密桩有效桩长取7.5m。

挤密填料孔直径为400mm。布桩时需考虑CFG桩的桩间距和桩的位置，土挤密桩和CFG桩宜间隔布桩，考虑到CFG桩的正方形布桩设计，土挤密桩也按正方形布桩，桩间距取3倍桩径，为1.2m。《建筑地基处理技术规范》JGJ 79—2012规定：拟处理地基土的含水量低于12%时，宜加水增湿；含水量介于12%～24%之间时，可不进行加水增湿或晾晒等措施。填料选用粉质黏土，有机质含量不应大于5%，含水量应满足最优含水量要求，允许偏差应为±2%。孔内填料应分层回填夯实，填料的平均压实系数$\bar{\lambda}_c \geqslant 0.97$，其中压实系数最小值不应低于0.93。桩间土经成桩挤密后的平均挤密系数$\bar{\eta}_c \geqslant 0.93$。

《建筑地基处理技术规范》JGJ 79—2012规定：对土挤密桩复合地基承载力特征值，不宜大于处理前天然地基承载力特征值的1.4倍，且不宜大于180kPa。因此9号楼采用土挤密桩处理后，地基承载力可按180kPa考虑。

(2) CFG桩复合地基设计

本场地粉质黏土⑧层较均匀，压缩性较低，承载力较高，是比较好的桩端持力层，桩端落在该层，确定的桩长为21m。设计桩径为400mm。根据桩长、桩径和场地土质情况，计算后采用的单桩承载力特征值为800kN，桩身混凝土强度等级为C25。土挤密桩处理后地基承载力特征值取180kPa，复合地基承载力特征值不小于579 kPa时，计算得到的桩间距不大于1.28m，实际布桩时桩间距取1.2m，正方形布桩，与土挤密桩间隔布设，共布桩446根。褥垫层材料为最大粒径不大于30mm的碎石，厚度为200mm。

9号楼CFG桩加土挤密桩两种桩型复合地基设计参数见表24.4.30。

9号楼CFG桩加土挤密桩两种桩型复合地基设计参数　　　　　表 24.4.30

桩型	桩长 (m)	桩径 (mm)	桩间距 (m)	布桩桩数 (根)	褥垫层厚度 (cm)	桩身强度等级
CFG桩	21.0	400	1.2	446	20	C25
土挤密桩	7.5	400	1.2	982	20	—

确定上述参数后，计算复合地基的最大沉降量为66mm，整体倾斜不大于0.9‰，满足设计要求。桩位平面布置见图24.4.37。

(三) CFG桩及土挤密桩复合地基施工

施工时先施工土挤密桩，在土挤密桩施工完毕后进行CFG桩施工。

土挤密桩施工采用柱锤冲扩工艺。开挖至桩顶设计标高以上50cm后进行施工，即保护土层厚度为50cm。正式施工前，在有代表性的场地进行了成桩试验，确定施工参数。施工顺序采用先里后外，间隔1孔跳打方式。桩机就位后，调平桩机机身，使管身保持垂直。开孔时低锤勤击，锤头全部入土后再按正常冲程锤击。成孔后及时进行夯填，孔内填料前先夯实孔底，夯击次数不小于8次。粉土夹粉砂③

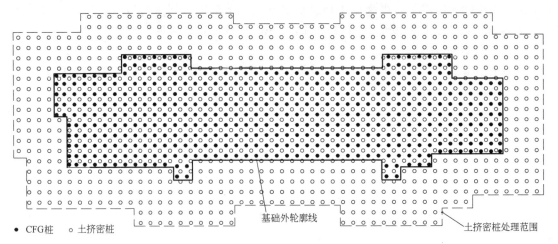

● CFG桩　○ 土挤密桩　　基础外轮廓线　　土挤密桩处理范围

图24.4.37　9号楼桩位平面布置图

层、粉土④层、粉土夹粉砂⑤层的含水量分别为17.5％、17.1％和19.2％，含水量比较适宜，不需要增湿或晾晒。土料选用粉质黏土，有机质含量不得大于5％，填料前首先在取土场取土备料，施工时控制土料的含水量为15％～20％。孔内每层填料厚度约30cm，夯锤落距大于2.5m，夯5击以上，听到清脆的锤声，再进行上一层填料的回填夯实。

CFG桩施工采用长螺旋钻中心压灌成桩工艺。由于桩间距较小，为防止窜孔发生，采用隔桩跳打施工。下钻至设计标高后停钻，先泵送混合料、再提拔钻杆，严禁先提钻、后灌料，以免桩端存在虚土、端阻力降低。混合料采用预拌混凝土，强度等级为C25，坍落度为16～20cm。

CFG桩及土挤密桩施工完毕后，采用小型挖掘机和人工联合清运打桩弃土和桩间保护土，预留约5cm厚土层人工清除至设计标高，采用专用截桩工具将桩顶设计标高以上的桩头截断，最后铺设褥垫层，厚度为20cm，材料采用粒径为5～20mm的碎石，夯填度不大于0.9。

（四）复合地基加固效果及评价

土挤密桩施工完毕后，检测单位通过探井取样进行试验，判定本工程挤密桩处理后桩间土是否消除湿陷性、土填料的压实系数及桩间土挤密系数是否满足设计要求。本工程抽检了10个试验孔，检测土填料的平均压实系数；处理深度范围内桩间土的平均挤密系数和湿陷系数检测探井数量为11个。试验结果表明，桩间土湿陷系数均小于0.015，消除了湿陷性，各孔湿陷性评价见表24.4.31；桩间土平均挤密系数大于0.93，土填料的平均压实系数≥0.97，其中压实系数最小值不低于0.93。采用土挤密桩处理后，消除了基底以下粉土夹粉砂③层、粉土④层、粉土夹粉砂⑤层的湿陷性。

CFG桩施工完成后，检测单位进行了3根CFG桩单桩静载试验和3台CFG桩单桩复合地基静载试验，静载试验曲线见图24.4.38，静载试验检测结果表明，被检测的3点复合地基承载力特征值均不小于579kPa，3根CFG桩单桩竖向抗压承载力特征值均不小于800kN，满足设计要求。

静载试验的同时，还对桩身完整性进行低应变动测检验。共检测工程桩45根，其中Ⅰ类桩35根，占抽检总数的78％；Ⅱ类桩10根，占抽检总数的22％；检测没有发现Ⅲ、Ⅳ类桩。

各孔湿陷性评价汇总表　　　　　　　　　　　　表24.4.31

探井号	自重湿陷系数 δ_{zs}		湿陷系数 δ_s		是否湿陷
	最小值	最大值	最小值	最大值	
1号	0.001	0.004	0.003	0.007	否
2号	0.001	0.004	0.001	0.005	否
3号	0.001	0.005	0.002	0.007	否
4号	0.001	0.003	0.002	0.006	否

(续)

探井号	自重湿陷系数 δ_{zs}		湿陷系数 δ_s		是否湿陷
	最小值	最大值	最小值	最大值	
5 号	0.001	0.004	0.002	0.007	否
6 号	0.001	0.004	0.003	0.007	否
7 号	0.001	0.005	0.002	0.006	否
8 号	0.002	0.005	0.002	0.007	否
9 号	0.001	0.006	0.003	0.007	否
10 号	0.001	0.005	0.003	0.008	否
11 号	0.001	0.004	0.003	0.006	否

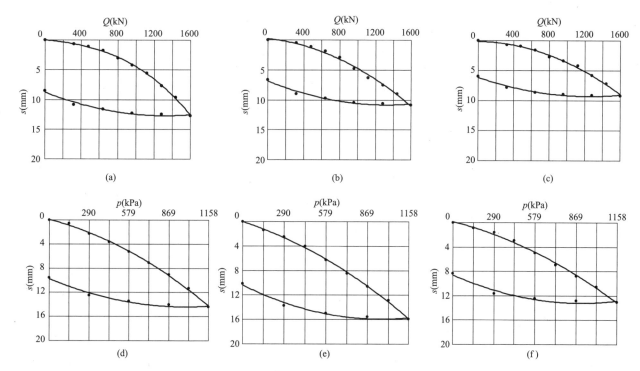

图 24.4.38 单桩 $Q\text{-}s$ 曲线和复合地基 $p\text{-}s$ 曲线

(a)、(b)、(c) CFG 桩单桩；(d)、(e)、(f) CFG 桩单桩复合地基

在结构施工过程中，监测单位对 9 号楼进行了沉降观测，至结构封顶并监测至沉降稳定，沉降—时间曲线见图 24.4.39。可以看出，建筑物实测沉降量和计算值基本相当，复合地基沉降满足设计要求，CFG 桩加土挤密桩两种桩型复合地基在本工程中的应用是成功的。

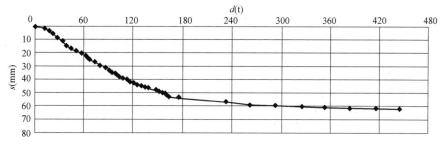

图 24.4.39 9 号楼沉降-时间曲线

参 考 文 献

[1] 建筑地基基础设计规范：GB 50007—2011 [S]. 北京：中国建筑工业出版社，2011.

[2] 建筑地基处理技术规范：JGJ 79—2012 [S]. 北京：中国建筑工业出版社，2012.

[3] 建筑地基基础工程施工质量验收标准：GB 50202— 2018 [S]. 北京：中国计划出版社，2018.

[4] 闫明礼，张东刚 . CFG 桩复合地基技术及工程实践 [M]. 2 版. 北京：中国水利水电出版社，2006.

[5] 佟建兴，闫明礼，孙训海，等. 框-筒结构体系下 CFG 桩复合地基变地基模量设计 [J]. 建筑科学，2016 [32（增刊 2）].

[6] 赵志鹏，佟建兴，等. 两种桩型复合地基设计和工程应用 [J]. 建筑科学，2016 [32（增刊 2）].

第25章 基坑支护

25.1 基坑总体方案选型及适用条件

25.1.1 总体方案选型

基坑支护总体方案的选择直接关系到工程造价、施工进度及周围环境的安全。总体方案主要有顺作法和逆作法两类基本形式，它们具有各自鲜明的特点。在同一个基坑工程中，顺作法和逆作法也可以在不同的基坑区域组合使用，从而在特定条件下满足工程的技术经济性要求。基坑工程的总体支护方案分类如图 25.1.1 所示。

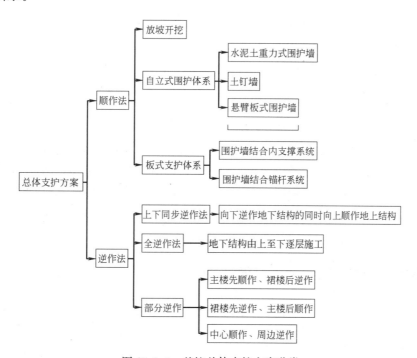

图 25.1.1 基坑总体支护方案分类

1. 顺作法

基坑支护结构通常由围护墙、隔水帷幕、水平内支撑系统（或锚杆系统）以及支撑的竖向支承系统组成。所谓顺作法，是指先施工周边围护结构，然后由上而下分层开挖，并依次设置水平支撑（或锚杆系统），开挖至坑底后，再由下而上施工主体地下结构基础底板、竖向墙柱构件及水平楼板构件，并按一定的顺序拆除水平支撑系统，进而完成地下结构施工的过程。当不设支护结构而直接采用放坡开挖时，则是先直接放坡开挖至坑底，然后自下而上依次施工地下结构。

2. 逆作法

相对于顺作法，逆作法则是每开挖一定深度的土体后，即支设模板浇筑永久的结构梁板，用以代替常规顺作法的临时支撑，以平衡作用在围护墙上的水土压力。因此当开挖结束时，地下结构即已施工完成。这种地下结构的施工方式是自上而下浇筑，同常规顺作法开挖到坑底后再自下而上浇筑地下结构的施工方法不同，故称为逆作法。逆作地下结构的同时还进行地上主体结构的施工，则称为上下同步逆作法，如图25.1.2所示。仅逆作地下结构，地上主体工程待地下主体结构完工后再进行施工的方法，则称为全逆作法，如图25.1.3所示。由于逆作法的梁板重量较常规顺作法的临时支撑要大得多，因此必须考虑立柱和立柱桩的承载能力问题。尤其是采用全逆作法时，地上结构所能同时施工的最大层数应根据立柱和立柱桩的承载力确定。

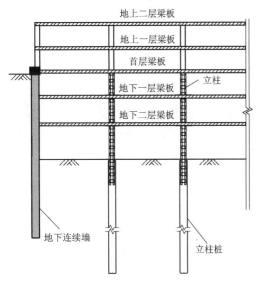

图 25.1.2 上下同步逆作法示意图

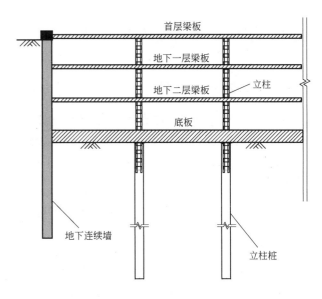

图 25.1.3 全逆作法示意图

对于某些条件复杂或具有特别技术经济性要求的基坑，采用单纯的顺作法或逆作法都难以同时满足经济、技术、工期及环境保护等多方面的要求。在工程实践中，有时为了同时满足多方面的要求，采用了顺作法与逆作法结合的方案，通过充分发挥顺作法与逆作法的优势，取长补短，从而实现工程的建设目标，则称为部分逆作法。工程中常用的部分逆作法方案主要有：（1）主楼先顺作、裙楼后逆作方案；（2）裙楼先逆作、主楼后顺作方案；（3）中心顺作、周边逆作方案。

25.1.2　各支护结构类型及适用条件（表25.1.1）

各支护结构类型及适用条件表　　　　　　　　　　　　表 25.1.1

结构类型		适用条件	
		安全等级	基坑深度、环境条件、土类和地下水条件
支挡式结构	锚拉式结构	一级、二级、三级	适用于较深的基坑
	支撑式结构		适用于较深的基坑
	悬臂式结构		适用于较浅的基坑
	双排桩		当锚拉式、支撑式和悬臂式结构不适用时，可考虑采用双排桩
	支护结构与主体结构结合的逆作法		适用于基坑周边环境条件很复杂的深基坑

（适用条件栏右侧）

1. 排桩适用于可采用降水或截水帷幕的基坑；
2. 地下连续墙宜同时用作主体地下结构外墙和用于截水；
3. 锚杆不宜用在软土层和高水位的碎石土、砂土层中；
4. 当邻近基坑有建筑物地下室、地下构筑物，锚杆的有效锚固长度不足时，不应采用锚杆；
5. 当锚杆施工会造成基坑周边建（构）筑物的损害或违反城市地下空间规划等规定时，不应采用锚杆

结构类型		适用条件	
		安全等级	基坑深度、环境条件、土类和地下水条件
土钉墙	单一土钉墙	二级、三级	适用于地下水位以上或经降水的非软土基坑,且基坑深度不宜大于12m	当基坑潜在滑动面内有建筑物、重要地下管线时,不宜采用土钉墙
	预应力锚杆复合土钉墙		适用于地下水位以上或经降水的非软土基坑,且基坑深度不宜大于15m	
	水泥土桩垂直复合土钉墙		用于非软土基坑时,基坑深度不宜大于12m;用于淤泥质土基坑时,基坑深度不宜大于6m;不宜用在高水位的碎石土、砂土、粉土层中	
	微型桩垂直复合土钉墙		适用于地下水位以上或经降水的基坑。用于非软土基坑时,基坑深度不宜大于12m;用于淤泥质土基坑时,基坑深度不宜大于6m	
重力式水泥土墙		二级、三级	适用于淤泥质土、淤泥基坑,且基坑深度不宜大于7m	
放坡		三级	1. 施工场地应满足放坡条件; 2. 可与上述支护结构形式结合	

注：1. 当基坑不同部位的周边环境条件、土层性状、基坑深度等不同时,可在不同部位分别采用不同支护形式;

2. 支护结构可采用上、下部以不同结构类型组合的形式。

25.2 各支护结构技术要点、构造要求和构造图

25.2.1 灌注桩排桩

1. 灌注桩排桩有分离式、咬合式、单排式、双排式、桩墙合一等布置形式。

2. 灌注桩排桩直径不宜小于500mm,并宜取50mm的模数。桩身混凝土设计强度等级宜为C30或C35,且不应低于C25。

3. 灌注桩排桩的嵌固深度应根据支护结构的抗隆起、抗滑移、抗倾覆及整体稳定性等要求计算确定。

4. 灌注桩排桩垂直度偏差不应大于1/150。

5. 当采用分离式布置形式时,相邻桩间净距不宜小于150mm,并应根据土层特性、桩径、桩长、开挖深度、桩身垂直度以及扩径情况确定（图25.2.1～图25.2.3）。

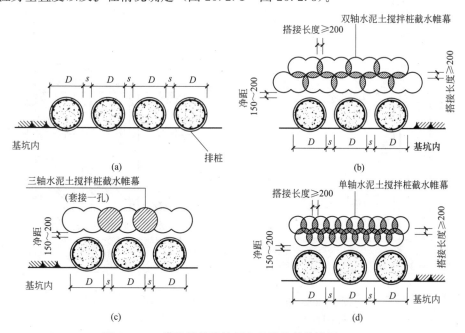

图 25.2.1 灌注桩排桩桩间土连续防护构造图（一）

(a) 分离式排桩平面布置（一）；(b) 分离式排桩平面布置（二）；(c) 分离式排桩平面布置（三）；(d) 分离式排桩平面布置（四）

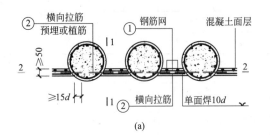

(a)

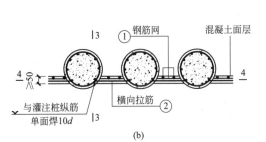

(b)

桩间土防护常用钢筋规格(图25.2.2)参考表　表25.2.1

配筋	①	②
钢筋直径(mm)	≥6.5	d≥14
水平（竖向）间距(mm)	≤200	≤1500
钢筋种类	HPB300	HPB300 HRB400

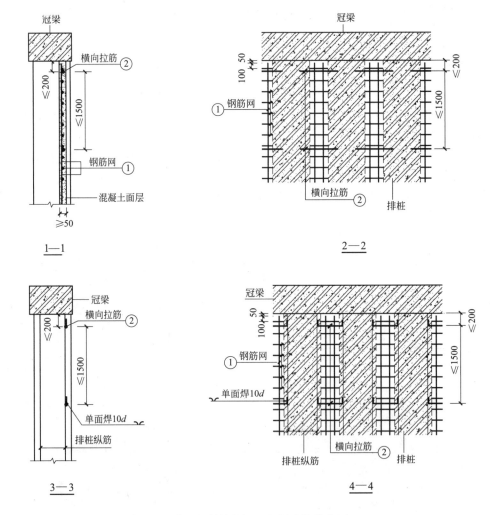

1—1

2—2

3—3

4—4

图 25.2.2　灌注桩排桩桩间土间隔防护构造图

(a) 桩间土间隔防护构造（一）；(b) 桩间土间隔防护构造（二）

注：图中①、②见表25.2.1。

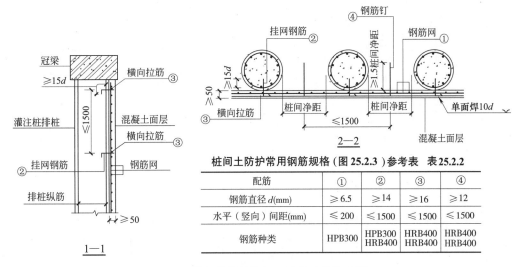

桩间土防护常用钢筋规格（图25.2.3）参考表　表25.2.2

配筋	①	②	③	④
钢筋直径 d(mm)	≥6.5	≥14	≥16	≥12
水平（竖向）间距(mm)	≤200	≤1500	≤1500	≤1500
钢筋种类	HPB300	HPB300 HRB400	HRB400 HRB400	HRB400 HRB400

图25.2.3　灌注桩排桩桩间土连续防护构造图（二）

注：图中①～④见表25.2.2

6. 当采用双排桩布置形式时，双排桩的排距宜取2～4倍桩径。

7. 当基坑需要考虑截水时，对于采用分离式、双排式布置的灌注排桩需另设截水帷幕，灌注桩排桩与截水帷幕之间的净距宜为150～200mm（图25.2.4～图25.2.8）。

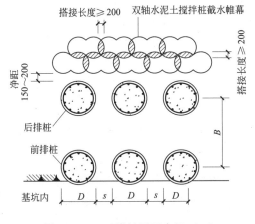

图25.2.4　双排桩平面布置（一）

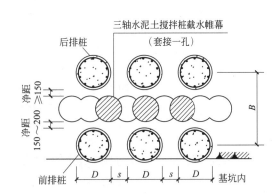

图25.2.5　双排桩平面布置（二）

8. 咬合式灌注桩排桩的防渗性能应满足自防渗要求，一般不需另设截水帷幕。

9. 灌注桩排桩采用桩墙合一时应满足如下要求：

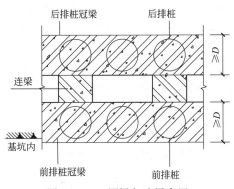

图25.2.6　冠梁与连梁布置

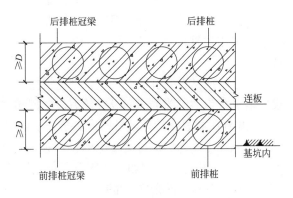

图25.2.7　冠梁与连板布置

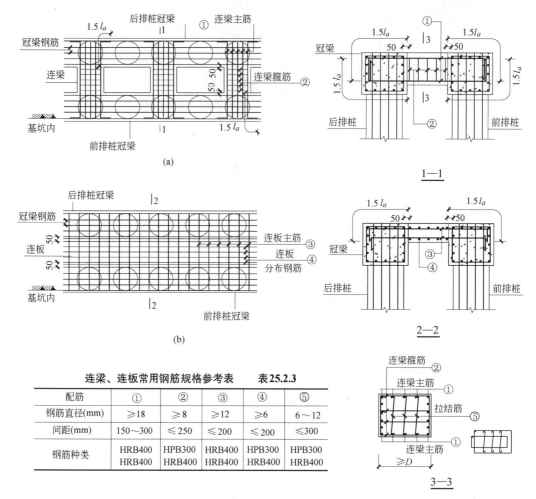

连梁、连板常用钢筋规格参考表			表25.2.3		
配筋	①	②	③	④	⑤
钢筋直径(mm)	≥18	≥8	≥12	≥6	6~12
间距(mm)	150~300	≤250	≤200	≤200	≤300
钢筋种类	HRB400 HRB400	HPB300 HRB400	HRB400 HRB400	HPB300 HRB400	HPB300 HRB400

图 25.2.8 双排桩冠梁与连梁、连板的连接构造图

（a）双排桩冠梁与连梁连接构造；（b）双排桩冠梁与连板连接构造

注：图中①~⑤见表25.2.3。

（1）桩墙合一即围护排桩与地下结构外墙相结合，根据围护排桩在永久使用阶段所分担的荷载类型，可以分为只分担水平向荷载的桩墙"水平向结合"和同时分担水平和竖向荷载的桩墙（水平和竖向）"双向结合"。

（2）"桩墙合一"灌注桩与主体结构之间宜设置结构连接措施，承受竖向荷载时灌注桩宜进行桩端后注浆。

（3）采用"桩墙合一"时，内侧现浇地下结构外墙厚度不应小于300mm，迎水面保护层厚度不应小于50mm。防水做法应符合现行国家标准《地下工程防水技术规范》GB 50108—2008 的相关规定。

（4）采用"桩墙合一"时，灌注桩排桩的桩间土防护应采用内置钢筋网或钢丝网的喷射混凝土面层。

（5）水平向结合的桩墙合一围护结构根据"桩墙"之间的空间距离关系以及建筑专业防水保温层等的设置需求分为"桩墙"之间设置传力板带型和"桩墙"紧贴型（图25.2.9）。

10. 灌注桩排桩采用压灌桩时应满足如下要求。

（1）混凝土压灌桩桩身混凝土的设计强度等级，通过试验确定混凝土配合比；混凝土坍落度宜为180~220mm；粗骨料可用卵石或碎石，最大粒径不宜大于30mm；可掺加粉煤灰或外加剂。

（2）桩身混凝土的泵送压灌应连续进行，当钻机移位时，混凝土泵料斗内的混凝土应连续搅拌，泵送混凝土时，料斗内混凝土的高度不得低于400mm，以防吸进空气造成堵管。

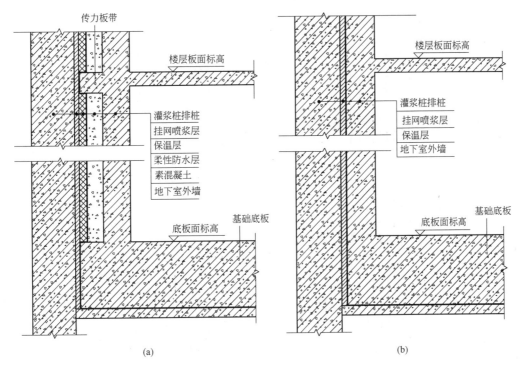

传力板带

楼层板面标高

灌浆桩排桩
挂网喷浆层
保温层
柔性防水层
素混凝土
地下室外墙

底板面标高

基础底板

楼层板面标高

灌浆桩排桩
挂网喷浆层
保温层
地下室外墙

底板面标高

基础底板

(a)   (b)

图 25.2.9 桩墙合一的构造示意图
(a) 传力板带型；(b) 紧贴型

（3）在地下水位以下的砂土层中钻进时，钻杆底部活门应有防止进水的措施，压灌混凝土应连续进行。

（4）压灌桩的充盈系数宜为 1.0～1.2。桩顶混凝土超灌高度不宜小于 0.3～0.5m。

（5）混凝土压灌结束后，应立即将钢筋笼插至设计深度。钢筋笼插设宜采用专用插筋器。

11. 灌注桩排桩纵向受力钢筋宜沿截面均匀对称、全断面布置，单桩的纵向受力钢筋不宜少于 8 根，并可按内力分布沿桩身分段配置，且纵向受力钢筋应有一半以上通长配置。纵向受力钢筋宜采用 HRB400 级钢筋，钢筋直径不应小于 16mm，钢筋净距不应小于 60mm。纵向受力钢筋接头不宜设置在受力较大处，并应尽量减少钢筋接头。纵向受力钢筋保护层厚度不应小于 35mm；采用水下灌注混凝土工艺时，不应小于 50mm。（图 25.2.10）。

12. 当采用沿截面周边非均匀配置纵向钢筋时，受压区的纵向钢筋根数不应少于 5 根。

13. 当沿桩身分段配置纵向受力钢筋时，纵向受力钢筋的锚固长度应符合现行国家标准《混凝土结构设计规范》GB 50010—2010（2015 年版）的相关规定。

14. 钢筋笼的箍筋宜采用 HPB300 级螺旋箍筋，直径不应小于 6mm，间距宜为 100～300mm。

15. 钢筋笼应设置加强箍筋，加强箍筋应满足吊放过程中钢筋笼的整体性要求，钢筋笼骨架不得产生不可恢复的变形。加强箍筋应焊接封闭，直径不宜小于 12mm，间距不宜大于 2m。

16. 灌注桩排桩顶部应设置封闭的冠梁。冠梁的高度和宽度由计算确定，且宽度不应小于灌注桩的直径。排桩纵向受力钢筋锚入冠梁内的长度宜按受拉锚固要求确定；排桩顶嵌入冠梁的深度不宜小于 50mm。

17. 灌注桩排桩顶泛浆高度不应小于 500mm，设计桩顶标高接近地面时桩顶混凝土泛浆应充分，凿去浮浆后桩顶混凝土强度应满足设计要求。水下浇筑混凝土强度应按相关规范要求比设计桩身强度提高等级进行配制。

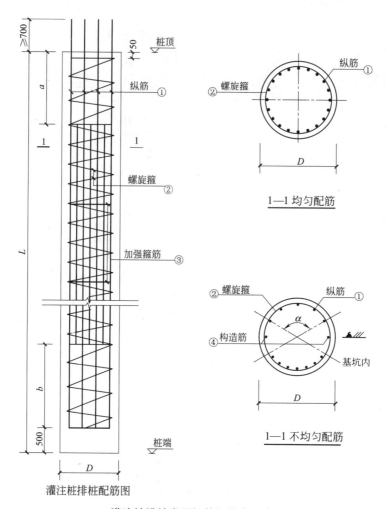

灌注桩排桩配筋图

灌注桩排桩常用钢筋规格参考表   表 25.2.4

配筋	①	②	③	④
钢筋直径(mm)	≥16	6~12	≥12	≥12
间距(mm)	净距≥60	100~300	1000~2000	—
钢筋种类	HRB400	HPB300 HRB400	HRB400	HRB400

图 25.2.10 灌注桩排桩配筋构造图
注：图中①~④见表 25.2.4。

25.2.2 截水帷幕

1. 截水帷幕应根据土层特性采用双轴水泥土搅拌桩、三轴水泥土搅拌桩及渠式切割水泥土连续墙。黏性土地层中，当基坑开挖深度较浅，且截水要求不高时，在满足相邻桩的搭接尺寸及截水要求的条件下也可采用单轴水泥土搅拌桩。受场地、设备等条件限制时，在确保桩体均匀性和连续性的前提下也可采用高压旋喷桩。截水帷幕宜采用 P.O 42.5 级硅酸盐水泥，抗渗性能应满足自防渗要求。

2. 截水帷幕相邻桩体之间搭接长度不宜小于 200mm。厚度应根据基坑开挖深度、土层条件、环境保护要求等综合确定；深度按坑底垂直抗渗流稳定性计算确定，其底部宜进入不透水土层。

3. 在明（暗）浜区域及较厚的淤泥质土中截水帷幕水泥掺入比应提高 3%~5%。当环境保护要求较高或基坑开挖面以上有粉土或砂土时，宜在灌注桩与截水帷幕之间采取注浆等措施。

4. 当截水帷幕超深或需穿越坚硬土层，对帷幕的施工工艺无成熟经验时，应通过现场试桩试验确定施工工艺。

5. 截水帷幕采用双轴水泥土搅拌桩时应满足如下要求。

（1）双轴水泥土搅拌桩截水帷幕不宜少于两排，前后排宜错缝排列，且相邻双轴水泥土搅拌桩搭接长度不应小于 200mm。

（2）双轴水泥土搅拌桩水泥掺入比宜为 13%～15%。

（3）双轴水泥土搅拌桩垂直度偏差不应大于 1/150。

6. 截水帷幕采用三轴水泥土搅拌桩时应满足如下要求（图 25.2.11）。

（1）三轴水泥土搅拌桩截水帷幕应采用套接一孔法施工。

（2）对位于粉土、砂土较厚地层中的基坑工程，单排三轴水泥土搅拌桩桩径不宜小于 $\phi 850$。基坑开挖深度大于 15m 时，单排三轴水泥土搅拌桩桩径不宜小于 $\phi 1000$。

（3）三轴水泥土搅拌桩水泥掺入比不应小于 20%，且宜适当加入膨润土等外加剂。

（4）三轴水泥土搅拌桩垂直度偏差不应大于 1/200。

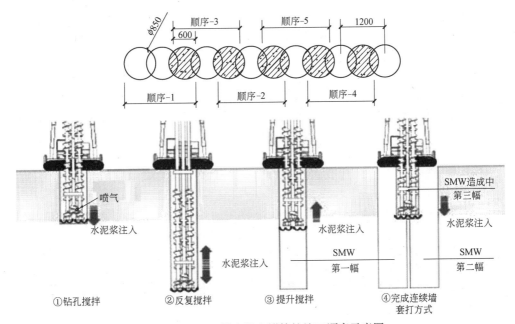

图 25.2.11 三轴水泥土搅拌桩施工顺序示意图

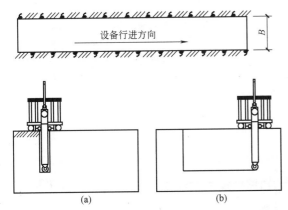

图 25.2.12 渠式切割水泥土连续墙施工顺序示意图
(a) 主机连接；(b) 切削、搅拌

7. 截水帷幕采用渠式切割水泥土连续墙时应满足如下要求（图 25.2.12）。

（1）渠式切割水泥土连续墙施工中，锯链式切割箱应先行挖掘。施工方法的选用应综合考虑土质条件、墙体性能、墙体深度和环境保护要求等因素，当切割土层较硬、墙体深度深、墙体防渗要求高时宜采用三步施工法。当墙体深度小于 20m 且横向推进速度不小于 2.0m/h 时，可采用直接注入固化液挖掘、搅拌的一步施工法。

（2）渠式切割水泥土连续墙施工中，挖掘液混合泥浆流动度应控制在 135～240mm 之间，固化液混合泥浆流动度应控制在 150～280mm 之间。

（3）渠式切割水泥土连续墙施工需拔出切割箱时，宜在墙体外拔出，并应及时回灌固化液。

8. 截水帷幕采用单轴水泥土搅拌桩时应满足如下要求：

（1）单轴水泥土搅拌桩直径一般为550～600mm。单轴水泥土搅拌桩截水帷幕不宜少于两排，前后排宜错缝排列，且相邻单轴水泥土搅拌桩搭接长度不应小于200mm。

（2）单轴水泥土搅拌桩水灰比宜为0.45～0.55。

（3）单轴水泥土搅拌桩垂直度偏差不应大于1/100。

25.2.3 地下连续墙

1. 地下连续墙的厚度应根据成槽机的规格、墙体的抗渗要求、墙体的受力和变形计算等综合确定。地下连续墙的常用墙厚为600mm、800mm、1000mm和1200mm。

2. 当地下连续墙兼作为主体结构外墙时（即两墙合一），尚应按照主体结构设计所遵循的相关规范要求，验算正常使用阶段结构内力和变形等。

3. 地下连续墙入土深度应根据整体稳定性、抗倾覆稳定性、坑底抗隆起稳定等各项稳定性计算确定；当地下连续墙需承受上部结构竖向荷载时，应根据相关规范分别按照承载能力极限状态和正常使用极限状态计算地下连续墙的竖向承载力和沉降量。

4. 地下连续墙单元槽段的平面形状和槽段长度，应根据墙段的结构受力特性、槽壁稳定性、环境条件和施工条件等因素综合确定。单元槽段的平面形状有一字形、L形、T形等（图25.2.13）。

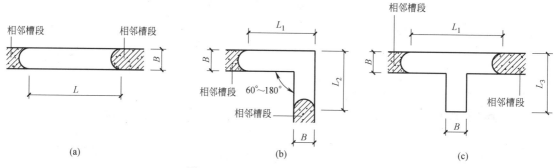

图25.2.13 地下连续墙槽段形式图
（a）一字形槽段；（b）L形槽段；（c）T形槽段

5. 地下连续墙槽段接头可分为柔性接头和刚性接头，柔性接头可采用圆形锁口管接头、波形管接头、工字形型钢接头、钢筋混凝土预制接头等，刚性接头包括穿孔钢板接头、钢筋承插式接头等（图25.2.14、图25.2.15）。

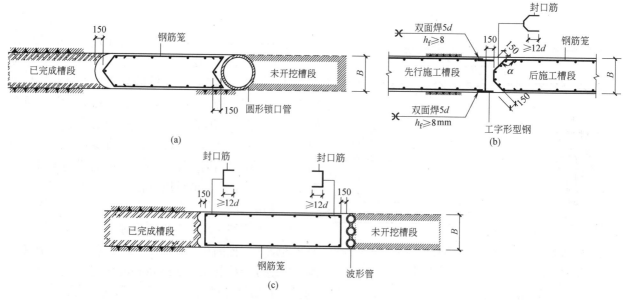

图25.2.14 地下连续墙施工接头构造图（一）
（a）圆头接头管；（b）工字形型钢接头；（c）波形接头管

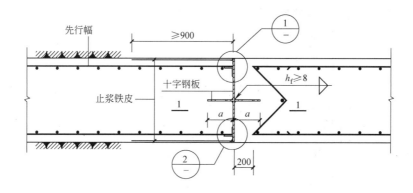

十字钢板接头构造

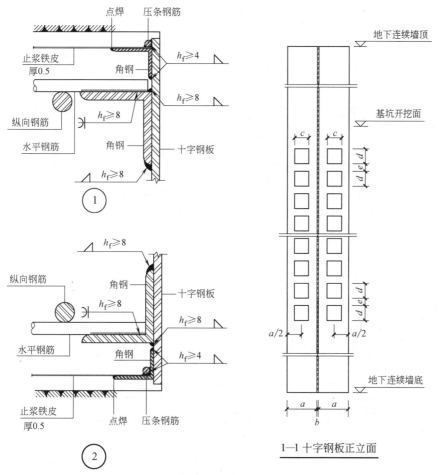

1—1 十字钢板正立面

十字钢板常用规格尺寸参考表   表 25.2.5

规格	钢板宽度 a	钢板厚度 b	开洞边长 c、d	开洞间距 e
尺寸(mm)	200~300	12~16	100~150	≥60

图 25.2.15 地下连续墙施工接头构造图（二）

注：图中尺寸参数见表 25.2.5。

6. 地下连续墙槽段施工接头宜采用柔性接头；当根据结构受力特性需形成整体时，槽段间宜采用刚性接头，并应根据实际受力状态验算槽段接头的承载力。

7. 地下连续墙墙体和槽段施工接头应满足防渗设计要求，混凝土抗渗等级不宜小于P6级。墙体混凝土设计强度等级不应低于C30，水下浇筑时混凝土强度等级应按相关规范要求提高。

8. 单元槽段的钢筋笼宜在加工平台上装配成一个整体，一次性整体沉放入槽。当单元槽段的钢筋笼必须分段装配沉放时，上下段钢筋笼纵向钢筋宜采用机械连接，并采取地面预拼装措施，以便于上下段钢筋笼的快速连接，接头的位置宜选在受力较小处，并相互错开（图25.2.16、图25.2.17）。

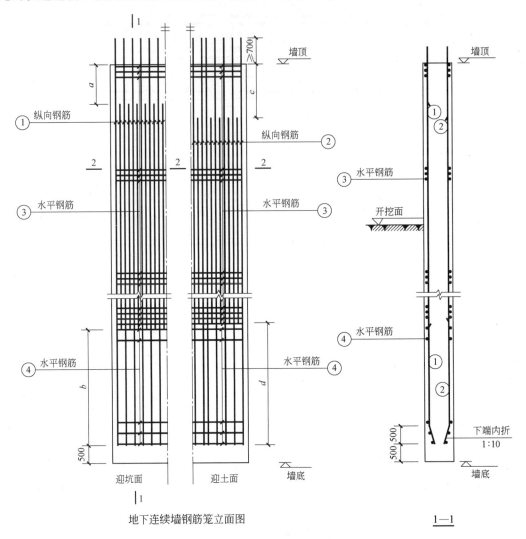

地下连续墙钢筋笼立面图　　　　　　　1—1

地下连续墙常用钢筋规格参考表　　　　　　　　　　　表25.2.6

配筋	①迎坑面纵向钢筋	②迎土面纵向钢筋	③水平钢筋	④水平钢筋
钢筋直径(mm)	16～36	16～36	12～20	12～20
钢筋间距(mm)	100～200	100～200	150～300	300～400
钢筋种类	HRB400	HRB400	HPB300、HRB400	HPB300、HRB400

图25.2.16　地下连续墙配筋构造图（一）

注：图中①～④见表25.2.6。

9. 地下连续墙应根据钢筋笼吊装过程中的整体稳定性和钢筋笼骨架不产生塑性变形的要求，设置纵横向起吊桁架，并应根据实测导墙标高来确定钢筋笼吊筋的长度。桁架主筋宜采用HRB400级钢筋，直径不宜小于20mm。

10. 地下连续墙顶部应设置封闭的钢筋混凝土冠梁将其连成整体，冠梁宜按与地下连续墙在迎土侧平齐的原则布置。冠梁的高度和宽度由计算确定，且宽度不宜小于地下连续墙的厚度。地下连续墙与冠梁相接部分的混凝土强度等级应符合设计要求；纵向钢筋锚入冠梁内的长度宜按受拉锚固要求确定；地下连续墙顶嵌入冠梁的深度不宜小于50mm。

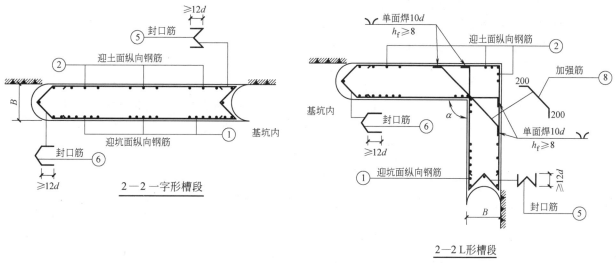

2—2 一字形槽段

2—2 L形槽段

2—2 T形槽段

地下连续墙常用钢筋规格参考表

表 25.2.7

配筋	封口筋⑤⑥⑦	加强钢筋⑧	纵向钢筋⑨⑩
钢筋直径(mm)	同水平钢筋③④	同水平钢筋③④	16～36
钢筋间距(mm)	300～400	300～400	100～200
钢筋种类	HPB300、HRB400	HPB300、HRB400	HRB400

图 25.2.17　地下连续墙配筋构造图（二）

注：图中①～④见表 25.2.6，图中⑤～⑩见表 25.2.7。

25.2.4　型钢水泥土搅拌墙

1. 型钢水泥土搅拌墙可采用三轴水泥土搅拌桩或渠式切割水泥土连续墙内插型钢两种形式。

2. 型钢水泥土搅拌墙是指在连续套接的三轴水泥土搅拌桩（或渠式切割水泥土连续墙）内插入型钢形成的复合挡土截水结构。型钢水泥土搅拌墙中内插劲性芯材一般采用 H 型钢。

3. 三轴水泥土搅拌桩适用于填土、淤泥质土、黏性土、粉土、砂土和饱和黄土等土层，施工深度不宜大于 30m。渠式切割水泥土连续墙除适用上述土层外，也可用于粒径不大于 100mm 的碎石土以及饱和单轴抗压强度不大于 5MPa 的软岩，施工深度不宜大于 60m。

4. 型钢水泥土搅拌墙中型钢及水泥土搅拌桩的规格、深度等应按板式支护体系进行内力、变形计算和稳定性验算后综合确定。水泥土搅拌桩的深度尚应满足基坑隔水要求。

5. 型钢水泥土搅拌墙中的三轴水泥土搅拌桩和型钢技术要求如下：

（1）搅拌桩 28d 龄期无侧限抗压强度不应小于设计要求且不宜小于 0.5MPa。

（2）水泥宜采用强度等级不低于 P.O 42.5 级的普通硅酸盐水泥，水泥用量和水灰比应结合土质条件和机械性能等指标通过现场试验确定，并宜符合表 25.2.8 的规定。

（3）在淤泥和淤泥质土等特别软弱的土中应提高水泥掺量。在较硬的砂砾土中，钻进速度较慢时，宜提高水泥用量。水灰比在型钢依靠自重和必要的辅助设备可插入到位的前提下应取下限。

（4）内插型钢宜采用 Q235B 级钢或 Q345B 级钢，规格、型号及有关要求宜按《热轧 H 型钢和剖分 T 型钢》GB/T 11263—2017 和《焊接 H 型钢》YB 3301—2005 选用。

三轴水泥土搅拌桩材料用量参考表　　　　　　　　　表 25.2.8

土质条件	单位土体中的材料用量		水灰比
	水泥（kg/m³）	膨润土（kg/m³）	
黏性土	≥360	0～5	1.5～2.0
砂 土	≥325	5～10	1.5～2.0
砾 砂	≥290	5～15	1.2～2.0

6. 搅拌桩之间的搭接时间超过 24h 时，应作为冷缝处理。冷缝处在坑外补打搅拌桩，并在坑外搅拌桩与原搅拌桩接缝处补打高压旋喷桩进行封堵。高压旋喷桩直径一般为 600～1000mm，旋喷桩与旋喷桩之间搭接不小于 200mm，旋喷桩与搅拌桩之间相互搭接 200～400mm。

7. 型钢拼接可采用焊接连接。单根型钢连接接头不宜超过 2 个，接头位置应避免设置在支撑或开挖面附近等型钢受力较大处。相邻型钢的接头竖向位置宜相互错开，错开距离不宜小于 1m，型钢接头距离坑底面以下不宜小于 2m。

8. 型钢水泥土搅拌墙的顶部应设置封闭的钢筋混凝土冠梁。冠梁中由于内插型钢而未能设置封闭箍筋的部位宜在型钢翼缘外侧设置封闭箍筋予以加强（图 25.2.18 及表 25.2.9）。

配筋表　　　　表 25.2.9

配筋	①	②	③	④	⑤
钢筋直径(mm)	≥8	≥8	6～12	≥20	≥20
钢筋间距(mm)	≤200	≤100	100～300	≤200	≤200
钢筋种类	HPB300 HRB400	HPB300 HRB400	HPB300 HRB400	HRB400	HRB400

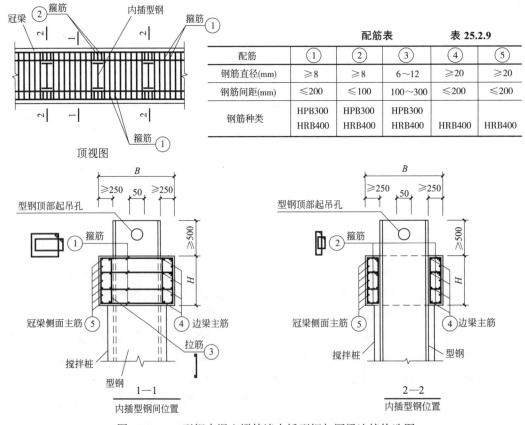

图 25.2.18　型钢水泥土搅拌墙内插型钢与冠梁连接构造图
注：图中①～⑤见表 25.2.9。

9. 当型钢水泥土搅拌墙支护体系中采用钢腰梁时,水泥土搅拌桩、H 型钢与钢腰梁之间的空隙应用钢锲块或高强度等级细石混凝土填实。

10. 水泥土搅拌墙的施工顺序可采用跳打方式、单侧挤压方式或先行钻孔套打方式。对于硬质土层,当成桩有困难时,可采用预先松动土层的先行钻孔套打方式施工。

11. 拟拔出回收的型钢,插入前应先在干燥条件下除锈,再在其表面涂刷减摩材料。完成涂刷后的型钢,在搬运过程中应防止碰撞和强力擦挤。减摩材料如有脱落、开裂等现象应及时补涂减摩材料。

12. 型钢回收起拔,应在水泥土搅拌墙与主体结构外墙之间的空隙回填密实后进行,型钢拔出后留下的空隙应及时注浆填充。周边环境条件复杂、保护要求高的基坑工程,型钢不宜回收。

13. 基坑开挖前应检验水泥土搅拌桩的桩身强度,强度指标应符合设计要求。水泥土搅拌桩的桩身强度宜采用浆液试块强度试验和钻取桩芯强度试验的方法综合确定。

14. 型钢水泥土搅拌墙除墙体强度检测项目外,成墙施工期、基坑开挖前和基坑开挖期的质量检测尚应符合《型钢水泥土搅拌墙技术规程》JGJ/T 199—2010 的规定。

25.2.5 超深大直径高压旋喷桩技术

1. 大直径高压旋喷桩可采用 RJP 或 MJS 两种工法。

2. RJP 是利用超高压喷流体所拥有的动能破坏地基的组织构成后,混合搅拌这些被破坏的土粒子和硬化材料,从而造成大口径的改良体。

3. RJP 是将超高压喷射喷嘴和水泥浆喷射喷嘴向着同一个方向安装,设计成往复的喷射角度,由于喷射的时候成 90°到 270°角度范围,所以改良体完全可以喷射成扇柱状,在施工场所、施工条件等方面是一种拥有优越施工性且非常经济的施工方式。

4. 大直径高压旋喷桩中的 RJP 技术要求如下。

(1) 施工过程中根据成桩范围内所有土层的特性确定桩体水泥掺量。

(2) RJP 试桩的桩体垂直度偏差不大于 1/200。

(3) 桩位中心偏差不大于±20mm,桩深偏差不得大于 50mm,成桩直径应不小于设计直径。

(4) RJP 试桩 28d 钻孔取芯无侧限抗压强度标准值在淤泥质土层中不小于 0.8MPa,黏性土层中不小于 1.0MPa 在砂质土层中不小于 1.5MPa;桩体渗透系数不大于 $1 \times 10^{-6} \sim 1 \times 10^{-7}$ (cm/sec)。

5. MJS 是在以往高压喷射注浆的基础上,采用独特的多孔管和前端强制吸浆装置。多管由高压水管、高压水泥浆管、压缩空气管、废浆排放管、孔内压力测试管等 9 根管组成。

6. MJS 在施工过程中,当测压传感器测得的孔内压力较高时,可以控制吸浆孔的开启大小,调节泥浆排出量达到控制土体内压力的目的。大幅度减小对环境的影响。

7. 大直径高压旋喷桩中的 MJS 技术要求如下。

(1) 压力控制:气压不小于 0.7MPa,水泥浆液压力宜大于 40MPa。

(2) 旋喷提升速度宜小于 6cm/min。

(3) 水泥浆液流量大于 90L/min。

(4) 当注浆管置入钻孔,喷嘴达到设计标高即可喷射注浆。

(5) 喷射注浆参数达到规定值后,按旋喷桩的工艺要求,提升注浆管,由下而上喷射注浆。

(6) 钻杆在提升过程中的转速应小于 15r/min,注浆管分段提升的搭接长度宜大于 100mm。

(7) 高压旋喷桩 28d 无侧限抗压强度标准值不小于 1.5MPa。高压旋喷桩垂直度偏差不应超过 1/150。

25.2.6 内支撑

1. 内支撑体系由腰梁(或冠梁)、支撑和竖向支承结构三部分组成。在采用地下连续墙作为围护墙的地铁车站等狭长形基坑中,可采用由支撑和竖向支承结构组成的无腰梁支撑体系。

2. 支撑结构平面的布置原则如下。

(1) 水平支撑可采用由对撑、角撑、圆环撑、边桁架及连系杆件等结构形式所组成的平面结构。

(2) 支撑杆件宜避开主体地下结构的墙、柱等竖向构件。

(3) 水平支撑应在同一平面内形成整体,上、下各道支撑杆件的中心线宜布置在同一竖向平面内。

(4) 支撑的平面布置宜有利于利用工程桩作为支撑立柱桩。

(5) 支撑应尽量采用便于土方开挖的平面布置形式。垂直取土处支撑杆件水平净距不宜小于4m。

(6) 基坑向内凸出的阳角应设置可靠的双向约束。

各类支撑体系的特点及使用范围见表25.2.10。

各类支撑体系的特点及使用范围 表 25.2.10

支撑体系	形式	示意图	特点及适用范围
钢支撑体系	十字正交支撑形式		1. 节点简单、节点形式少可采用定型节点成品; 2. 可反复利用,经济性较好; 3. 支撑安装和拆除时间短; 4. 传力体系清晰、受力直接; 5. 挖土空间小,出土速度慢; 6. 适用于形状规则、基坑面积较小、开挖深度一般的方形基坑
	对撑结合角撑形式		1. 节点简单、节点形式少可采用定型节点成品; 2. 可反复利用,经济性较好; 3. 支撑安装和拆除时间短; 4. 传力体系清晰、受力直接; 5. 挖土空间小,出土速度慢; 6. 适用于形状规则、基坑面积较小、开挖深度一般的狭长形基坑
	装配式预应力鱼腹梁钢结构支撑		1. 节点简单、节点形式少可采用定型节点成品; 2. 可反复利用,经济性较好; 3. 支撑安装和拆除时间短; 4. 适用于各类土层基坑支护; 5. 无支撑面积大,出土空间大,可大幅度加快土方的出土速度; 6. 其支撑结构不能兼作施工平台或栈桥,设计时也不考虑承受竖向施工荷载的作用
钢筋混凝土支撑体系	正交支撑形式		1. 支撑系统传力直接以及受力明确; 2. 支撑刚度大变形小的特点,在所有平面布置形式的支撑体系中最具控制变形的能力; 3. 挖土空间小,出土速度慢; 4. 适用于敏感环境下面积较小或适中的基坑工程中应用

支撑体系	形式	示意图	特点及适用范围
钢筋混凝土支撑体系	正交支撑形式		1. 具有受力明确的特点; 2. 各块支撑受力相对独立,可实现支撑和挖土流水化施工,缩短基坑工期; 3. 无支撑面积大,出土空间大,可加快土方的出土速度; 4. 适用于环境保护要求高、形状呈较规则方形的基坑
	对撑角撑结合边桁架形式		1. 各块支撑受力相对独立,可实现支撑和挖土流水化施工,缩短基坑工期; 2. 无支撑面积大,出土空间大,可加快土方的出土速度; 3. 适用于各种复杂形状的深基坑,软土地区中应用最多的支撑平面布置形式
	圆环支撑形式		1. 充分发挥混凝土抗压性能,受力合理,经济性较好; 2. 无支撑面积大,出土空间大,可大幅度加快土方的出土速度; 3. 受力均匀性要求高,对基坑土方施工单位的管理与技术能力要求高; 4. 下层土方的开挖必须在上层支撑全部形成并达到强度之后方可进行; 5. 适用于面积大、基坑长宽两个方向尺寸相近的各种形状的深基坑
	双半圆环支撑形式		1. 充分发挥混凝土抗压性能,受力合理,经济性较好; 2. 无支撑面积大,出土空间大,可大幅度加快土方的出土速度; 3. 受力均匀性要求高,对基坑土方施工单位的管理与技术能力要求高; 4. 下层土方的开挖必须在上层支撑全部形成并达到强度之后方可进行; 5. 适用于面积大、基坑长方向略大于宽方向的各种形状的深基坑
	多圆环支撑形式		1. 充分发挥混凝土抗压性能,受力合理,经济性较好; 2. 无支撑面积大,出土空间大,可大幅度加快土方的出土速度; 3. 受力均匀性要求高,对基坑土方施工单位的管理与技术能力要求高; 4. 适用于面积大、基坑长方向略大于宽方向的各种形状的深基坑; 5. 适用于面积大、基坑长向是宽向 2 倍或以上、形状大致呈长方形的深基坑

支撑体系	形式	示意图	特点及适用范围
钢-钢筋混凝土组合支撑体系	同层平面组合形式	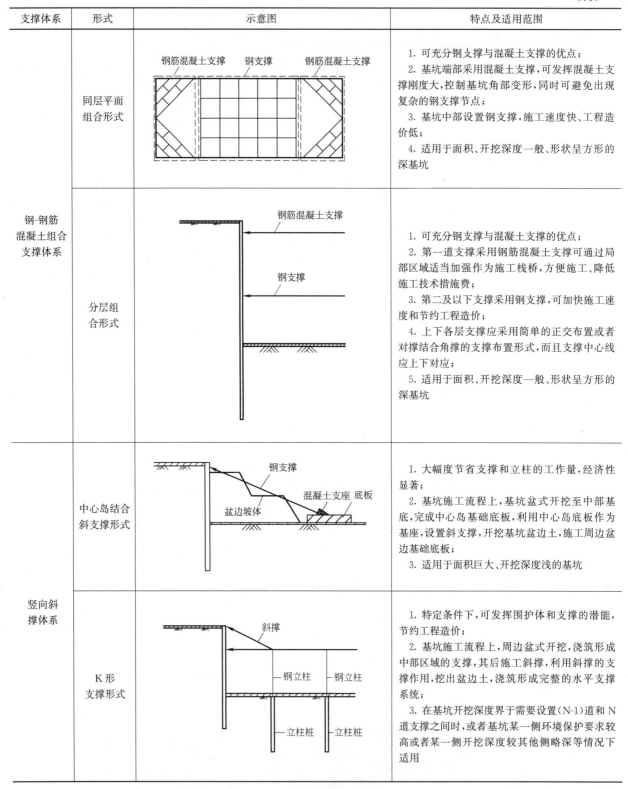	1. 可充分钢支撑与混凝土支撑的优点； 2. 基坑端部采用混凝土支撑，可发挥混凝土支撑刚度大，控制基坑角部变形，同时可避免出现复杂的钢支撑节点； 3. 基坑中部设置钢支撑，施工速度快、工程造价低； 4. 适用于面积、开挖深度一般、形状呈方形的深基坑
	分层组合形式		1. 可充分钢支撑与混凝土支撑的优点； 2. 第一道支撑采用钢筋混凝土支撑可通过局部区域适当加强作为施工栈桥，方便施工、降低施工技术措施费； 3. 第二及以下支撑采用钢支撑，可加快施工速度和节约工程造价； 4. 上下各层支撑应采用简单的正交布置或者对撑结合角撑的支撑布置形式，而且支撑中心线应上下对应； 5. 适用于面积、开挖深度一般、形状呈方形的深基坑
竖向斜撑体系	中心岛结合斜支撑形式		1. 大幅度节省支撑和立柱的工作量，经济性显著； 2. 基坑施工流程上，基坑盆式开挖至中部基底，完成中心岛基础底板，利用中心岛底板作为基座，设置斜支撑，开挖基坑盆边土，施工周边盆边基础底板； 3. 适用于面积巨大、开挖深度浅的基坑
	K形支撑形式		1. 特定条件下，可发挥围护体和支撑的潜能，节约工程造价； 2. 基坑施工流程上，周边盆式开挖，浇筑形成中部区域的支撑，其后施工斜撑，利用斜撑的支撑作用，挖出盆边土，浇筑形成完整的水平支撑系统； 3. 在基坑开挖深度界于需要设置(N-1)道和 N 道支撑之间时，或者基坑某一侧环境保护要求较高或者某一侧开挖深度较其他侧略深等情况下适用

表中做法构造见图 25.2.19～图 25.2.22。

3. 水平支撑结构的竖向设置应综合考虑围护墙受力、土方开挖和结构施工等因素，布置原则如下。

(1) 支撑的标高设置应利于控制基坑周边围护墙的内力与变形。

(2) 各道水平支撑之间的竖向净距以及支撑与基底之间的净距不宜小于 3m。

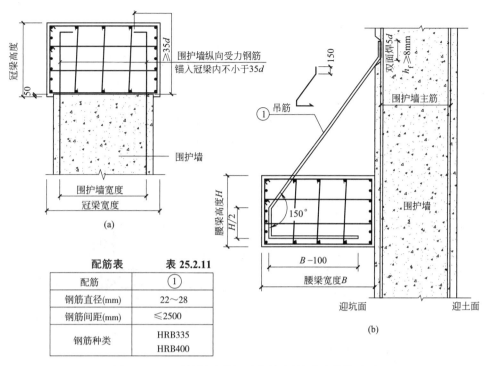

配筋表	表 25.2.11
配筋	①
钢筋直径(mm)	22～28
钢筋间距(mm)	≤2500
钢筋种类	HRB335 HRB400

图 25.2.19 混凝土冠梁、腰梁与围护墙连接构造图

（a）冠梁与围护墙连接构造；（b）腰梁与围护墙连接构造

注：图中①见表 25.2.11。

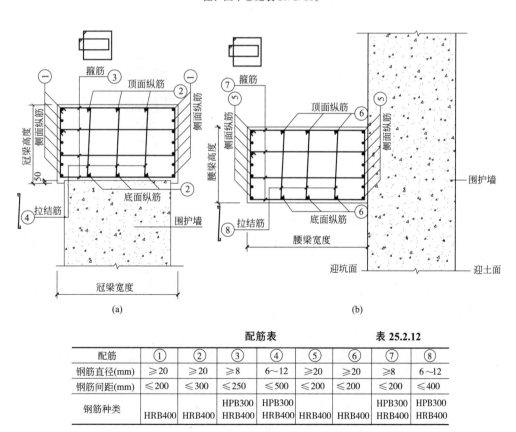

配筋表							表 25.2.12	
配筋	①	②	③	④	⑤	⑥	⑦	⑧
钢筋直径(mm)	≥20	≥20	≥8	6～12	≥20	≥20	≥8	6～12
钢筋间距(mm)	≤200	≤300	≤250	≤500	≤200	≤200	≤200	≤400
钢筋种类	HRB400	HRB400	HPB300 HRB400	HPB300 HRB400	HRB400	HRB400	HPB300 HRB400	HPB300 HRB400

图 25.2.20 混凝土冠梁、腰梁配筋构造图

（a）冠梁配筋；（b）腰梁配筋

注：图中①～⑧见表 25.2.12。

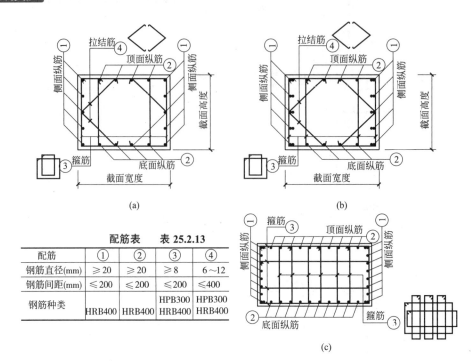

配筋表 表 25.2.13				
配筋	①	②	③	④
钢筋直径(mm)	≥20	≥20	≥8	6～12
钢筋间距(mm)	≤200	≤200	≤200	≤400
钢筋种类	HRB400	HRB400	HPB300 HRB400	HPB300 HRB400

图 25.2.21 混凝土支撑配筋构造图

(a) 支撑压杆配筋；(b) 支撑拉杆配筋；(c) 圆环支撑配筋

注：图中①～④见表 25.2.13。

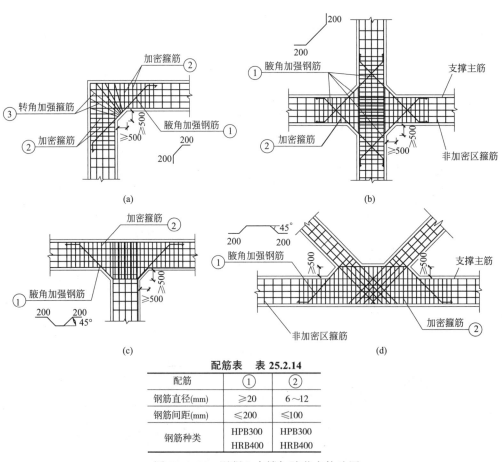

配筋表 表 25.2.14		
配筋	①	②
钢筋直径(mm)	≥20	6～12
钢筋间距(mm)	≤200	≤100
钢筋种类	HPB300 HRB400	HPB300 HRB400

图 25.2.22 混凝土支撑加腋节点构造图

(a) 支撑加腋节点（一）；(b) 支撑加腋节点（二）；(c) 支撑加腋节点（三）；(d) 支撑加腋节点（四）

注：图中①、②见表 25.2.14。

（3）支撑与其下在拆撑前需要施工的底板或楼板净距不宜小于 500mm。

4. 混凝土支撑构造设计要求如下。

（1）混凝土的强度等级不应低于 C25。

（2）支撑构件的截面高度除满足构件的长细比要求外，不应小于其竖向平面计算跨度的 1/20，对混凝土支撑不小于 600mm，截面宽度宜大于截面高度。腰梁的截面宽度不应小于其水平向计算跨度的 1/10，截面高度不应小于支撑的截面高度。

（3）支撑和腰梁的纵向钢筋直径不宜小于 20mm，沿截面四周纵向钢筋的最大间距不宜大于 200mm。箍筋直径不宜小于 8mm，间距不宜大于 200mm。

（4）支撑结构交点处均应设置腋角。

（5）混凝土支撑除应符合本节的有关构造规定外，尚应符合现行国家标准《混凝土结构设计规范》GB 50010—2010（2015 年版）的有关规定。

5. 钢支撑构造设计要求如下。

（1）钢支撑可采用钢管、型钢或其组合构件（技术参数见表 25.2.15 和表 25.2.16），钢腰梁可采用型钢或型钢组合构件。钢腰梁的截面宽度不应小于 300mm。

（2）纵横向水平支撑应设置在同一标高上。节点构造见图 25.2.23～图 25.2.28。

钢管支撑常用规格技术参数表 表 25.2.15

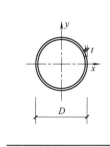

尺寸 （mm）	单位重量 （kg/m）	截面面积 （cm²）	回转半径 （cm）	截面惯性矩 （cm⁴）	截面抵抗矩 （cm³）
$D \times t$	W	A	i_x	I_x	W_x
φ580×12	168	214	20.09	86393	5958
φ580×16	223	283	19.95	112815	7780
φ609×12	177	225	21.11	100309	6588
φ609×16	234	298	20.97	131117	8612

H 型钢支撑常用规格技术参数表 表 25.2.16

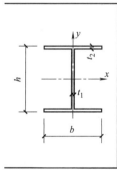

尺寸 （mm）	单位重量 （kg/m）	截面面积 （cm²）	回转半径 （cm）		截面惯性矩 （cm⁴）		截面抵抗矩 （cm³）	
$h \times b \times t_1 \times t_2$	W	A	i_x	i_y	I_x	I_y	W_x	W_y
400×400×13×21	171.7	218.69	17.43	10.12	66455	22410	3323	1120
500×300×11×18	124.9	159.17	20.66	7.14	67916	8106	2783	540.4
600×300×12×20	147.0	187.21	24.55	6.94	112827	9009	3838	600.6
700×300×13×24	181.8	231.54	28.92	6.83	193622	10814	5532	720.9
800×300×14×26	206.8	263.50	32.65	6.67	280925	11719	7023	781.3

注：H 型钢计算参数取自《热轧 H 型钢和剖分 T 型钢》GB/T 11263—2017。

（3）支撑长度方向的拼接宜采用高强螺栓连接或焊接，拼接点的强度不应低于构件的截面强度。

（4）当腰梁或支撑采用组合构件时，组合构件不应采用钢筋作为缀条。

（5）在支撑、腰梁的节点或转角位置，型钢构件的翼缘和腹板均应加焊加劲板，加劲板的厚度不应小于 10mm，焊缝高度不应小于 6mm。

（6）立柱与钢支撑之间应设置可靠钢托架进行连接，钢托架应能对节点位置支撑在侧向和竖向的位移进行有效约束。

（7）钢支撑的预压力控制值宜为设计轴力的 50%～80%。

（8）预应力应均匀、对称、分级施加。预应力施加过程中应检查支撑连接节点，必要时应对支撑节点进行加固。预应力施加完毕后应在额定压力稳定后予以锁定。

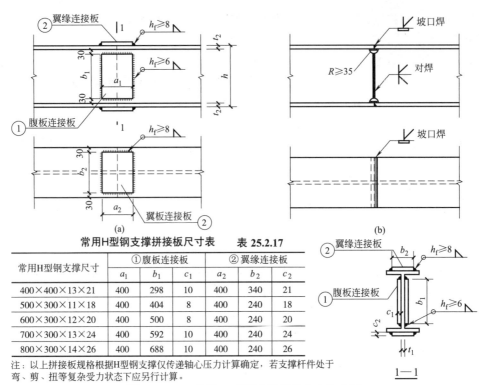

常用H型钢支撑拼接板尺寸表　表25.2.17

常用H型钢支撑尺寸	①腹板连接板			②翼缘连接板		
	a_1	b_1	c_1	a_2	b_2	c_2
400×400×13×21	400	298	10	400	340	21
500×300×11×18	400	404	8	400	240	18
600×300×12×20	400	500	8	400	240	20
700×300×13×24	400	592	10	400	240	24
800×300×14×26	400	688	10	400	240	26

注：以上拼接板规格根据H型钢支撑仅传递轴心压力计算确定，若支撑杆件处于
弯、剪、扭等复杂受力状态下应另行计算。

图 25.2.23　单根 H 型钢支撑拼接节点构造图
(a) 单根 H 型钢拼接节点图（一）；(b) 单根 H 型钢拼接节点图（二）
注：图中①、②见表 25.2.17。

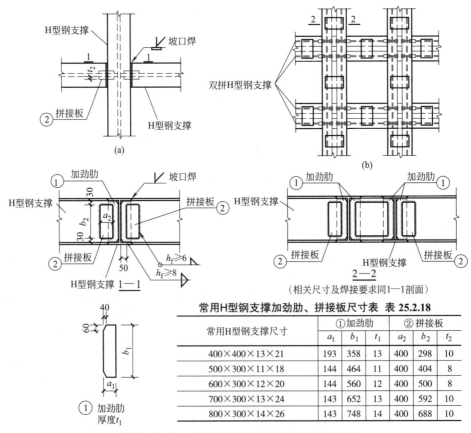

常用H型钢支撑加劲肋、拼接板尺寸表　表25.2.18

常用H型钢支撑尺寸	①加劲肋			②拼接板		
	a_1	b_1	t_1	a_2	b_2	t_2
400×400×13×21	193	358	13	400	298	10
500×300×11×18	144	464	11	400	404	8
600×300×12×20	144	560	12	400	500	8
700×300×13×24	143	652	13	400	592	10
800×300×14×26	143	748	14	400	688	10

图 25.2.24　正交 H 型钢支撑连接节点构造图
(a) 单根正交 H 型钢支撑连接节点；(b) 双拼正交 H 型钢支撑连接节点
注：图中①、②见表 25.2.18。

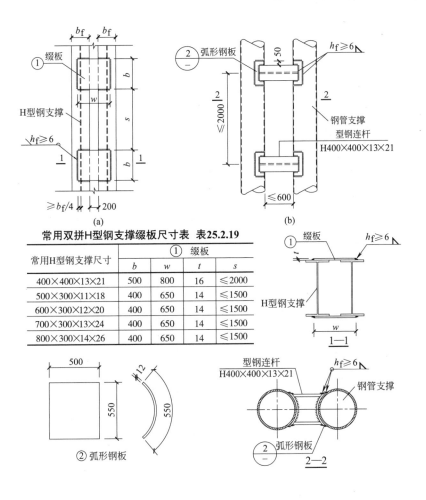

常用双拼H型钢支撑缀板尺寸表 表25.2.19

常用H型钢支撑尺寸	① 缀板			
	b	w	t	s
400×400×13×21	500	800	16	≤2000
500×300×11×18	400	650	14	≤1500
600×300×12×20	400	650	14	≤1500
700×300×13×24	400	650	14	≤1500
800×300×14×26	400	650	14	≤1500

图 25.2.25 双拼型钢、钢管支撑节点构造图

(a) 双拼 H 型钢节点；(b) 双拼钢管与连杆连接节点

注：图中①见表 25.2.19。

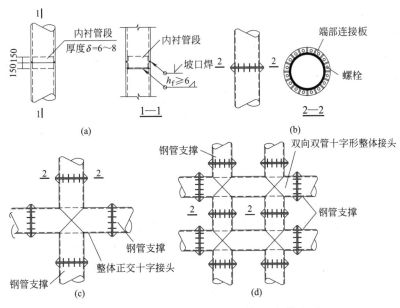

图 25.2.26 钢管支撑接长及正交节点构造图

(a) 单管的接长（一）；(b) 单管的接长（二）；(c) 单根正交钢管支撑连接节点；(d) 双拼正交钢管支撑连接节点

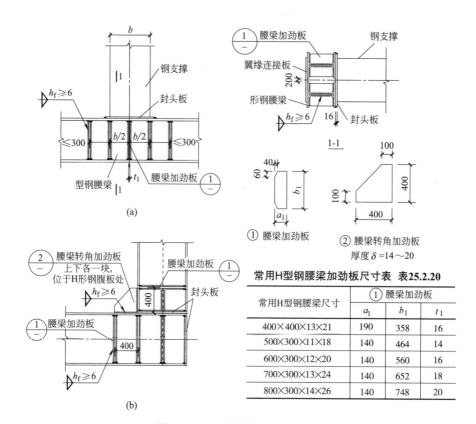

常用H型钢腰梁加劲板尺寸表 表25.2.20

常用H型钢腰梁尺寸	① 腰梁加劲板		
	a_1	b_1	t_1
400×400×13×21	190	358	16
500×300×11×18	140	464	14
600×300×12×20	140	560	16
700×300×13×24	140	652	18
800×300×14×26	140	748	20

图 25.2.27 钢腰梁加劲板构造图

（a）支撑节点处腰梁加劲板构造；（b）腰梁转角加劲板构造

注：图中①见表 25.2.20。

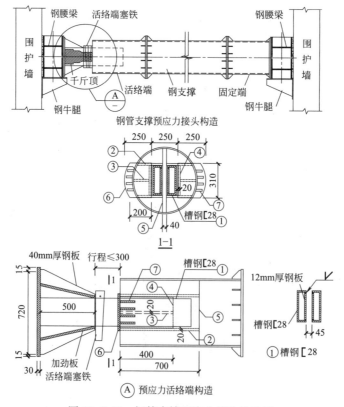

图 25.2.28 钢管支撑预应力接头构造图

（9）钢腰梁与灌注桩排桩、地下连续墙等围护墙间隙的宽度宜小于 100mm，并应在钢腰梁安装定位后，用强度等级不低于 C30 的细石混凝土填充密实。

（10）当水平钢支撑与钢腰梁斜交时，腰梁上应设置牛腿或采用其他能够承受剪力的连接措施。

（11）采用无腰梁的钢支撑系统时，钢支撑与围护墙体的连接应可靠牢固。

（12）钢支撑除应符合本节的有关构造规定外，尚应符合现行国家标准《钢结构设计标准》GB 50017—2017 的有关规定。

6. 装配式预应力鱼腹梁钢支撑体系的组成。

（1）装配式鱼腹梁支撑体系由不同功能的标准件和辅助件构成，如图 25.2.29 所示。

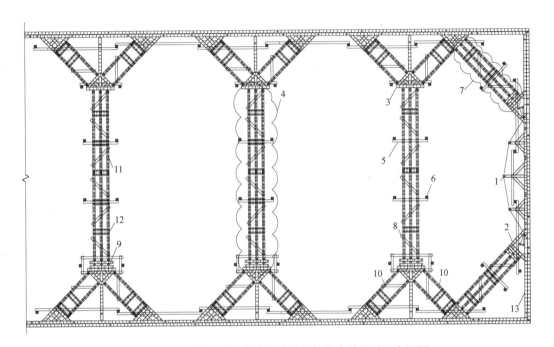

图 25.2.29　装配式预应力鱼腹梁钢结构支撑的平面布置图

1—鱼腹梁；2—连接件（三角形连接件 AS）；3—连接件（三角形连接件 FJ）；4—对撑；5—托梁；6—立柱；7—角撑；
8—系杆；9—预应力装置；10—八字撑；11—H 形构件；12—盖板；13—围檩

（2）鱼腹梁分为两大类：小跨度鱼腹梁（跨度 18m 以内）（简称 FS）和大跨度鱼腹梁（跨度大于 20m）（简称 SS）。FS 的预应力施加端设置在下弦梁的两端，如图 25.2.30 所示。

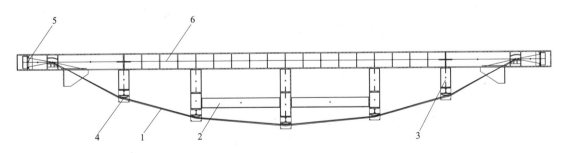

图 25.2.30　FS 的结构形式

1—下弦（钢绞线）；2—连杆；3—直腹杆；4—桥架；5—锚固端；6—上弦梁

（3）SS 的预应力施加端设置在下弦梁的两端，通过两个连接件（简称 AS）上的锚具对钢绞线施加预应力，如图 25.2.31 所示。

7. 支撑拆除应在换撑形成并达到设计要求后进行；混凝土支撑拆除可采用人工拆除、机械拆

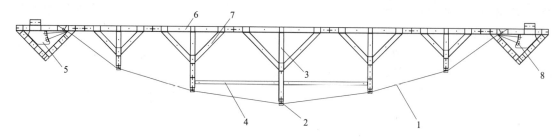

图 25.2.31　SS 的结构形式

1—下弦；2—桥架；3—直腹杆；4—连杆；5—连接件；6—上弦梁；7—斜腹杆；8—锚具

除、爆破拆除、静态膨胀拆除；支撑拆除时应设置安全可靠的防护措施，并应对永久结构采取保护措施。

8. 支撑结构平面布置应符合如下规定。

（1）基坑向内凸出的阳角应设置双向约束。

（2）支撑在同一水平面内的交结点应通过专门的连接件相连接。

（3）支撑立柱布置宜避开主体结构的桩、墙、柱和梁，宜有利于用工程桩作为支撑立柱桩。

9. 水平支承结构的竖向设置应综合考虑上方开挖和结构施工等因素并应符合以下规定。

（1）水平支撑与基底之间的净距不宜小于 2m；

（2）支撑与其下在拆撑前需要施工的底板面或楼板面净距不宜小于 850mm。

10. 支撑结构上不应兼作施工平台或栈桥，设计时不考虑承受竖向施工荷载的作用。

11. 鱼腹梁、对撑或角撑施加预应力时应遵循对称、分级、均匀布置的原则。

12. 装配式鱼腹梁支撑体系使用过程应进行支撑轴力监测，当支撑轴力达到或超过预警值时宜进行受力调整。

13. 取土机械上方跨越支撑梁时，应设置临时栈桥，其栈桥底面与支撑顶面的间距不应小于 200mm；当取土机械在下方穿越支撑梁时，取土机械的最高点与支撑梁底面的间距不小于 200mm。

14. 装配式鱼腹梁支撑体系拆除，应在可靠换撑形成并达到设计要求后进行，支撑拆除的范围应不影响未形成换撑区域的支护要求。

15. 混凝土支撑爆破拆除技术要求如下。

（1）宜根据支撑结构特点制定爆破拆除顺序。

（2）爆破孔宜在混凝土支撑施工时预留。

（3）支撑杆件与腰梁连接的区域应先切断。

16. 支撑立柱及立柱桩构造设计要求如下。

（1）本节所指立柱与立柱桩均为基坑内临时内支撑所对应的竖向支承构件。

（2）支撑立柱宜设置在支撑杆件交点处，并应避开主体结构框架梁、柱以及承重墙的位置。相邻立柱的间距应根据支撑体系的布置及竖向荷载确定，且不宜超过 15m。

（3）立柱宜采用格构式钢立柱或 H 型钢柱，立柱桩宜采用灌注桩。荷载不大时，可采用 H 型钢兼作立柱和立柱桩（图 25.2.32）。

（4）立柱长细比不宜大于 25。格构式立柱截面不宜小于 380mm×380mm，各单肢之间宜采用外贴缀板或缀条焊接连接（图 25.2.33、图 25.2.34）。

（5）立柱与支撑可采用铰接连接。在节点处应根据承受的荷载大小，设置抗剪钢筋或钢牛腿等抗剪措施。立柱在穿越主体结构底板范围内应设置可靠的止水措施。

（6）当采用灌注桩作为立柱桩时，立柱锚入桩内的长度应根据计算确定，并且不宜小于 2m。立柱桩直径不宜小于600mm，必要时可采用顶部扩径。

（7）立柱的施工技术要求如下。

1）立柱宜采用专用装置控制定位、垂直度与转向的偏差。

2）立柱周边的桩孔宜采用砂石均匀回填密实。

（8）立柱桩成孔垂直度偏差不应大于1/150，立柱垂直度偏差不应大于1/200。

（9）钢格构立柱常用规格及承载力选用见表25.2.21（图25.2.32～图25.2.34及表25.2.22，表25.2.23）。

钢格构立柱常用规格及承载力选用表　　　　表25.2.21

角钢	截面尺寸 $B \times B$(mm)	缀板尺寸 $a \times h \times t$(mm)	截面面积 (cm²)	每米重量 (kg/m)	计算长度 / 钢材牌号	4m	4.5m	5m	5.5m	6m	6.5m	7m	7.5m	8m
4∟125×10	420×420	400×300×8	98	120	Q235B	1500	1450	1410	1360	1320	1280	1240	1200	1170
					Q345B	2160	2080	2010	1950	1880	1820	1760	1700	1640
4∟125×12	420×420	400×300×8	116	134	Q235B	1780	1720	1670	1610	1560	1510	1470	1420	1380
					Q345B	2550	2470	2380	2300	2220	2150	2080	2000	1940
4∟140×12	440×440	420×300×8	130	148	Q235B	2030	1960	1900	1840	1790	1730	1680	1630	1580
					Q345B	2920	2820	2730	2640	2550	2470	2390	2310	2230
4∟140×14	440×440	420×300×10	150	175	Q235B	2340	2260	2190	2130	2060	2000	1940	1880	1820
					Q345B	3360	3250	3140	3040	2940	2840	2750	2660	2570
4∟160×14	460×460	440×300×10	173	196	Q235B	2720	2640	2560	2480	2410	2340	2270	2200	2140
					Q345B	3930	3800	3670	3550	3440	3330	3220	3120	3020
4∟160×16	460×460	440×300×12	196	226	Q235B	3080	2990	2890	2810	2720	2640	2560	2480	2410
					Q345B	4440	4290	4150	4020	3890	3760	3640	3520	3410
4∟180×16	480×480	460×300×12	222	249	Q235B	3520	3410	3310	3210	3110	3020	2930	2850	2770
					Q345B	5070	4910	4750	4600	4460	4320	4180	4050	3920
4∟180×18	480×480	460×300×14	248	282	Q235B	3920	3800	3680	3570	3470	3370	3270	3170	3080
					Q345B	5660	5470	5300	5130	4960	4800	4650	4510	4360
4∟200×18	500×500	480×300×14	277	309	Q235B	4430	4290	4170	4040	3930	3810	3700	3600	3500
					Q345B	6390	6190	5990	5810	5630	5450	5280	5120	4960
4∟200×20	500×500	480×300×14	306	331	Q235B	4880	4730	4590	4450	4320	4200	4080	3960	3840
					Q345B	7000	6800	6600	6400	6200	6000	5800	5600	5420

25.2.7　锚杆

1. 本资料集中锚杆包括钢筋锚杆和钢绞线预应力锚杆。

2. 锚杆设计应包括杆体和锚固体截面、锚固段长度、自由段长度、锚固结构稳定性等计算或验算等内容。

3. 锚杆布置应符合下列原则。

（1）锚杆的水平间距不宜小于1.5m；对多层锚杆，锚杆的竖向间距不宜小于2.0m。

（2）锚杆锚固段起点位置的上覆土层厚度不宜小于4.0m。

（3）锚杆的倾角应根据地层分布、环境要求及施工工艺确定，宜取15°～25°，且不宜大于45°，并不应小于10°。

4. 锚杆构造应符合下列要求（图25.2.35）。

（1）锚杆材料宜选用HRB400级钢筋、钢绞线及高强螺纹钢筋。

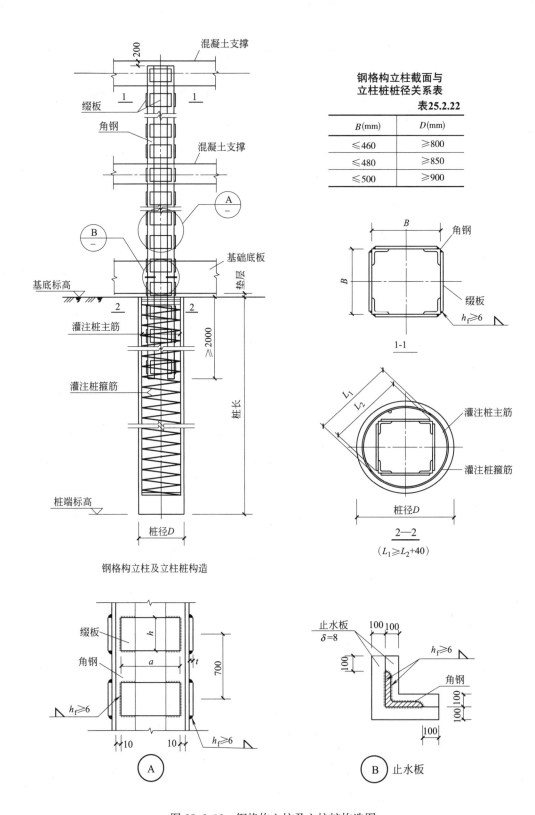

钢格构立柱截面与 立柱桩桩径关系表	
	表25.2.22
B(mm)	D(mm)
≤460	≥800
≤480	≥850
≤500	≥900

钢格构立柱及立柱桩构造

图 25.2.32　钢格构立柱及立柱桩构造图

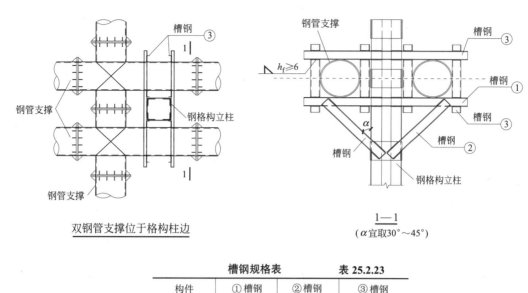

双钢管支撑位于格构柱边

$\underline{1-1}$
（α宜取30°～45°）

槽钢规格表			表 25.2.23
构件	①槽钢	②槽钢	③槽钢
槽钢规格	[25～[32	[28～[36	[12.6～[16

图 25.2.33　钢格构立柱与钢管支撑连接节点构造图

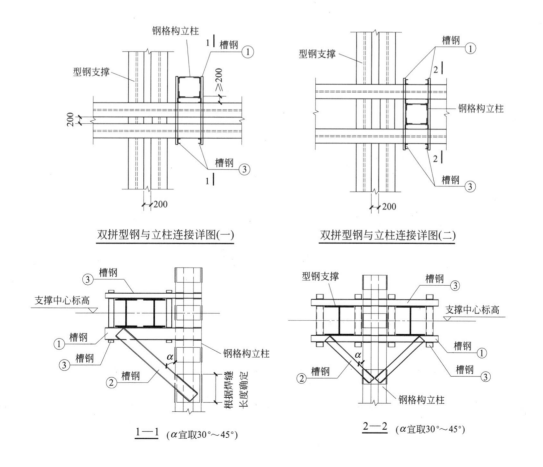

双拼型钢与立柱连接详图(一)　　　双拼型钢与立柱连接详图(二)

$\underline{1-1}$ （α宜取30°～45°）　　　$\underline{2-2}$ （α宜取30°～45°）

图 25.2.34　钢格构立柱与型钢支撑连接节点构造图

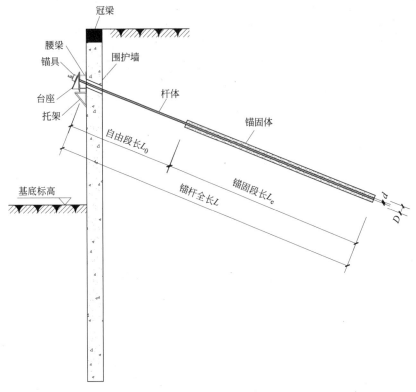

图 25.2.35 锚杆组成

注:
1. 锚杆由锚头、自由端和锚固段三部分组成。
2. 锚固段为由水泥浆或水泥砂浆将杆体与土体粘结在一起而形成的锚固体。
3. 图中 D—锚固体直径;d—杆体直径。

(2) 预应力锚杆自由段长度不宜小于 5.0m,并应超过潜在滑裂面不小于 1.5m。

(3) 锚杆锚固段长度,对土层不宜小于 6.0m,对中等风化、微风化的岩层不宜小于 3.0m。

(4) 锚杆的外露长度应满足腰梁或台座尺寸及张拉锁定的要求。

(5) 锚杆杆体用钢绞线应符合现行国家标准《预应力混凝土用钢绞线》GB/T 5224—2014 的有关规定;普通钢筋锚杆的杆体宜选用 HRB400 级螺纹钢筋。

(6) 应沿锚杆杆体全长设置定位支架;定位支架应能使相邻定位支架中点处钢绞线的注浆固结体保护层厚度不小于 10mm,定位支架的间距宜根据锚杆杆体的组装刚度确定,对自由段宜取 1.5~2.0m;对锚固段宜取 1.0~1.5m;定位支架应能使钢绞线束相互分离,钢绞线之间的净距宜大于或等于 5mm(图 25.2.36)。

(7) 钢绞线锚杆的锚具类型和规格应按钢绞线束的根数及锚杆承载力要求选取,并应与张拉千斤顶配套;锚具、夹具的性能应符合现行国家标准《预应力筋用锚具、夹具和连接器》GB/T 14370—2015 的规定。

(8) 钢筋锚杆采用螺栓紧固的方法进行锁定时,螺栓与杆体钢筋的连接,螺母的规格应满足锚杆承载力的要求。

5. 锚杆腰梁可采用型钢组合梁或混凝土梁;锚杆腰梁应按受弯构件设计;型钢组合腰梁应符合现行国家标准《钢结构设计标准》GB 50017—2017 的规定;混凝土冠梁、腰梁的正截面、斜截面承载力计算,应符合现行国家标准《混凝土结构设计规范》GB 50010—2010(2015 年版)的规定。

6. 型钢组合腰梁可选用双槽钢或双工字钢。槽钢之间和工字钢之间应采用缀板焊接为整体构件,焊缝连接应采用贴角焊。双槽钢或双工字钢之间的净间距应满足锚杆杆体平直穿过要求(图 25.2.37 及表 25.2.24)。

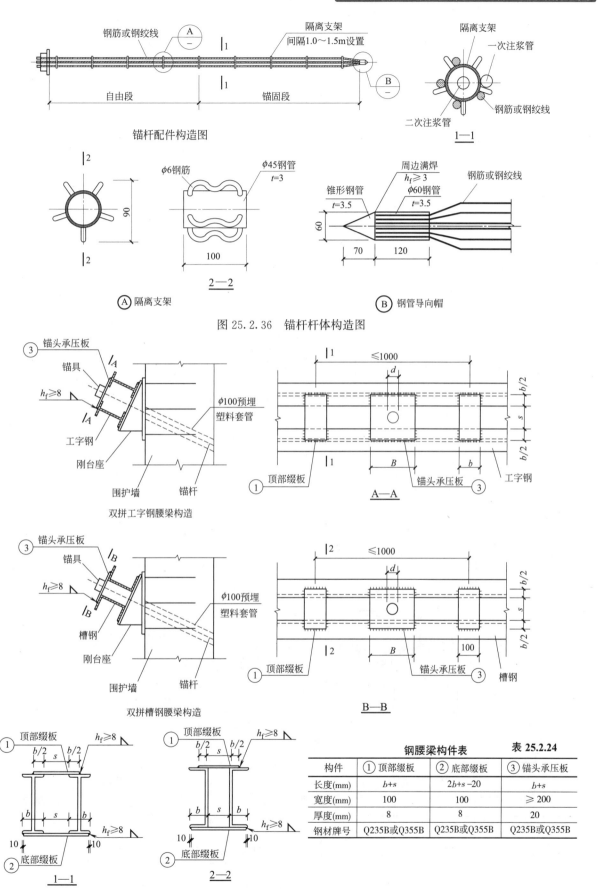

图 25.2.36 锚杆杆体构造图

钢腰梁构件表 表 25.2.24

构件	① 顶部缀板	② 底部缀板	③ 锚头承压板
长度(mm)	$b+s$	$2b+s-20$	$b+s$
宽度(mm)	100	100	≥200
厚度(mm)	8	8	20
钢材牌号	Q235B或Q355B	Q235B或Q355B	Q235B或Q355B

图 25.2.37 锚杆钢腰梁构造图
注：净距 s 应满足锚杆杆体平直穿过的要求

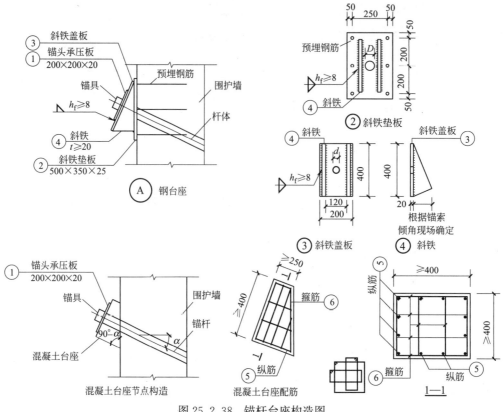

图 25.2.38 锚杆台座构造图

7. 混凝土腰梁、冠梁宜采用斜面与锚杆轴线垂直的梯形截面，也可采用矩形截面；腰梁、冠梁的混凝土强度等级不宜小于 C25。采用梯形截面时，腰梁截面的上边水平尺寸不宜小于 250mm（图 25.2.38、图 25.2.39 及表 25.2.25）。

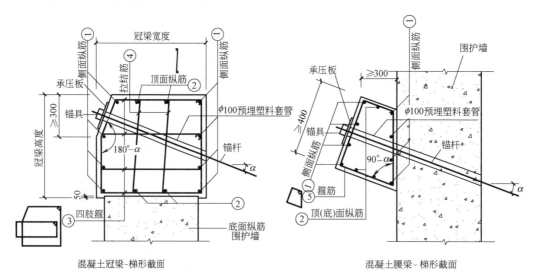

混凝土冠梁-梯形截面

混凝土腰梁-梯形截面

配筋表   表 25.2.25

配筋	①	②	③	④	⑤
钢筋直径(mm)	≥20	≥20	≥8	6~12	≥8
钢筋间距(mm)	≤200	≤300	≤250	≤500	≤250
钢筋强度	HRB400	HRB400	HPB300 HRB400	HPB300 HRB400	HPB300 HRB400

图 25.2.39 梯形截面混凝土冠梁及腰梁构造图

8. 锚杆注浆要求。

(1) 水泥宜使用普通硅酸盐水泥，必要时可采用抗硫酸盐水泥，不得使用高铝水泥。

(2) 锚杆的注浆固结体应采用水泥浆或水泥砂浆，其强度等级不宜低于 20MPa。

(3) 锚固段注浆应采用二次注浆工艺。第一次灌注水泥砂浆，灰砂比为 1∶1～1∶0.5；第二次压注纯水泥浆，水灰比为 0.45～0.50；第二次压注纯水泥浆应在第一次灌注的水泥砂浆强度达到 5.0MPa 后进行，注浆压力和注浆时间可根据锚固段的体积确定，并分段依次由下至上进行，终止注浆的压力不应小于 1.5MPa。

(4) 水泥浆或水泥砂浆内可掺入提高注浆固结体早期强度或微膨胀的外加剂，其掺入量宜按室内试验确定。

(5) 孔体注浆的注浆管端部至孔底的距离宜不大于 200mm；注浆及拔管过程，注浆管口应始终埋入注浆液面内，应在新鲜浆液从孔口溢出后停止注浆；注浆后，当浆液液面下降时，应进行补浆。

25.2.8 支护结构与主体结构相结合及逆作法

1. 支护结构与主体结构相结合可采用以下形式：地下结构外墙与围护墙体相结合，即地下连续墙"两墙合一"；地下结构水平构件与支撑结构相结合；地下结构竖向构件与竖向支承结构相结合。

2. 支护结构与主体结构相结合的工程类型可分为：周边地下连续墙"两墙合一"结合临时支撑系统，采用顺作法施工；周边临时围护墙结合坑内水平梁板体系替代支撑，采用逆作法施工；支护结构与主体结构全面相结合，采用逆作法施工。

3. 地下连续墙"两墙合一"技术要求。

(1) 在施工阶段采用地下连续墙作为支护结构，在正常使用阶段地下连续墙又作为结构外墙使用，承受永久水平和竖向荷载，称为"两墙合一"。地下连续墙与主体结构地下室外墙的结合方式主要有四种：单一墙、分离墙、叠合墙和复合墙（图 25.2.40）。

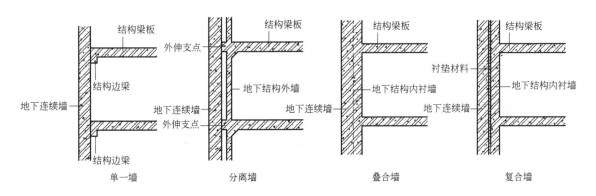

图 25.2.40 两墙合一地下连续墙的类型图

(2) 两墙合一地下连续墙除需要满足基坑开挖阶段的构造要求外，尚需满足永久使用阶段的构造要求及国家现行有关标准的规定。

(3) 地下连续墙与地下结构梁板之间宜设置贯通的结构环梁，并通过预埋钢筋、剪力槽等方式与结构环梁连接；地下连续墙宜通过预埋钢筋接驳器、剪力槽等方式与基础底板连接，当基础底板厚度不小于 1m 时，宜在基础底板中设置构造环梁，地下连续墙通过预埋钢筋与构造环梁连接；地下连续墙与地下结构边柱、结构墙宜通过预留插筋或钢筋接驳器的方式连接（图 25.2.41 及表 25.2.26）。

(4) 槽段施工接头外侧可设置高压旋喷桩等防渗构造；内侧宜设置扶壁式构造柱或框架柱、排水沟结合构造墙体或钢筋混凝土内衬墙结合防水材料、排水管等的防渗构造。

（5）地下连续墙与主体结构连接的接缝位置可根据地下结构的防水等级要求，设置刚性止水片、遇水膨胀止水条或预埋注浆管等构造。

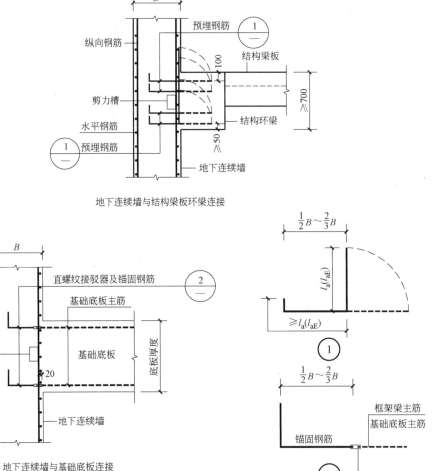

地下连续墙与结构梁板环梁连接

地下连续墙与基础底板连接

地下连续墙预埋件常用规格参考表　　　　表 25.2.26

预埋件	①预埋钢筋	②预埋直螺纹接驳器及锚固钢筋
钢筋种类	HPB300	同与之连接结构构件主筋
钢筋直径(mm)	10~16	
水平(竖向)间距(mm)	150~300	

图 25.2.41　两墙合一地下连续墙连接构造图

4. 结构水平构件与支撑相结合技术要求

（1）结构水平构件与支撑相结合宜采用梁板或无梁楼盖结构。作为支撑的地下结构水平构件应通过计算确保水平力的传递。

（2）对地下结构的同层楼板面存在高差的部位，应验算该部位构件的弯、剪、扭承载能力，必要时应设置可靠的水平转换结构或临时支撑等。

（3）对结构楼板的洞口及车道开口部位，当洞口两侧的梁板不能满足水平传力要求时，应在缺少结构楼板处设置临时支撑等。

（4）在各层结构留设结构分缝或基坑施工期间不能封闭的后浇带位置，应通过计算设置水平传力构件。

（5）当主体地下结构采用梁板结构时，框架梁截面宽度宜大于竖向支承钢立柱的截面尺寸；当受到使用功能限制框架梁截面宽度不能满足要求时，宜在梁柱节点位置采用梁端宽度方向加腋、环梁、钢环板或双梁等措施。

（6）作为支撑的地下结构在施工期间的预留孔洞要求。

1）同层楼板上需根据施工运输的要求设置多个孔洞时，孔洞的数量和位置不得影响地下结构作为水平支撑的受力和变形的要求。

2）对地下结构楼板上的施工运输临时预留孔洞、立柱预留孔洞，应验算水平力和施工荷载作用下孔洞周边构件的承载力和变形，并应采取设置边梁或增强洞口的钢筋配置等加强措施。

3）对基坑工程施工后需要封闭的临时孔洞，应根据主体结构对孔洞处二次浇筑混凝土的结构连接要求，预先在洞口周边采取设置钢筋或抗剪预埋件等结构连接措施；对有防水要求的洞口应设置膨胀止水条、刚性止水板或预埋注浆管等止水构造。

（7）水平结构与周边围护墙之间，应根据施工期间的水平传力要求以及永久使用阶段的结构受力要求，采取可靠的连接措施（图25.2.42）。当围护墙为"两墙合一"地下连续墙时，周边水平构件可采取预留插筋、钢筋接驳器等措施与地下连续墙形成整体连接；当围护墙为临时围护墙时，可在围护墙与水平结构之间设置临时钢支撑或混凝土支撑，同时应预先留设水平结构与周边后浇筑地下室外墙之间的结构连接以及采取止水措施。

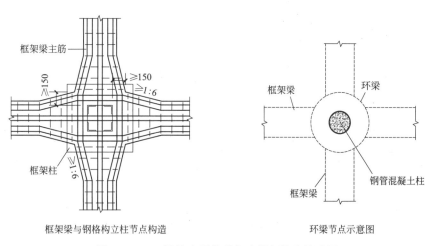

图25.2.42 结构水平构件与支撑相结合构造图

5. 竖向支承结构相结合技术要求。

（1）竖向支承结构宜采用一根结构柱位置布置一根钢立柱和立柱桩的形式（一柱一桩）；当一柱一桩不满足逆作施工阶段的承载力与沉降要求时，也可采用一根结构柱位置布置多根钢立柱和立柱桩的形式（一柱多桩），竖向支撑相互结合构造见图25.2.43～图25.2.45及表25.2.27，表25.2.28。

（2）根据逆作阶段承受的竖向荷载与主体结构设计要求，支承立柱可采用角钢格构柱或钢管混凝土柱等形式，立柱桩宜采用灌注桩。

（3）立柱与水平结构构件连接节点应根据计算采取设置抗剪钢筋、栓钉或钢牛腿等抗剪措施。

（4）当钢立柱需外包混凝土形成主体结构框架柱时，立柱的形式与截面设计应与地下结构梁、板和柱的截面协调，并应采取构造措施，以保证结构整体受力与节点连接的可靠性。

（5）立柱插入立柱桩的深度应根据现行国家标准《混凝土结构设计规范》GB 50010—2010（2015年版）计算确定，且不应小于2.0m；钢管混凝土立柱插入立柱桩部分，钢管外的混凝土保护层厚度不应小于100mm。立柱在穿越底板位置应采取可靠的止水措施。立柱桩泛浆高度以上的桩孔应采用碎石密实回填，并留设注浆管进行注浆填充。

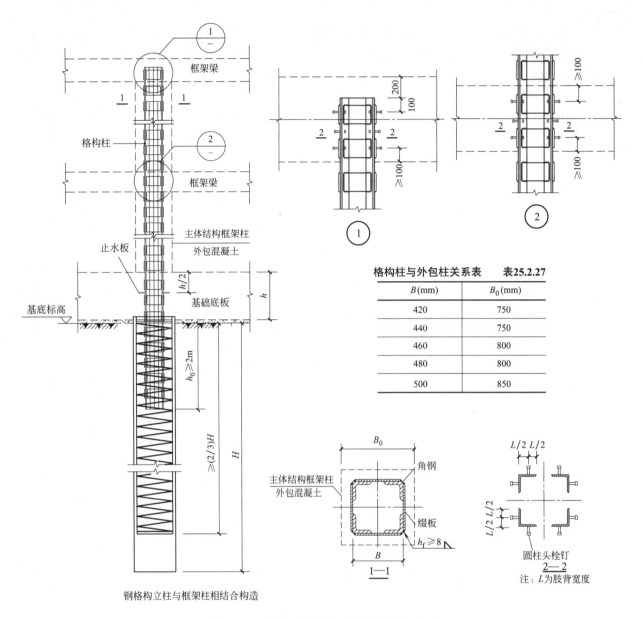

格构柱与外包柱关系表 表25.2.27

B(mm)	B_0(mm)
420	750
440	750
460	800
480	800
500	850

钢格构立柱与框架柱相结合构造

图25.2.43 竖向支承结构相结合构造图（一）

（6）立柱桩宜采用灌注桩，并应尽量利用主体工程桩，作为立柱桩的灌注桩应采用桩端后注浆措施。

（7）立柱施工过程中宜采用专门的机械装置进行定位和垂直度控制，对角钢格构柱尚应同时控制转向偏差。

（8）立柱与结构梁、柱帽及立柱桩连接位置应根据计算要求设置抗剪件。其中结构梁、柱帽位置的抗剪件宜在成桩后设置，立柱桩范围内的抗剪件应在成桩前设置。

（9）成桩吊放立柱过程中应采取合理的保护措施，确保抗剪件不被损伤，并确保吊放过程中立柱的垂直度满足设计要求。

（10）基坑开挖过程中，立柱受力状态下如需进行焊接操作，相应位置应预先设置衬板进行隔离。

（11）立柱和立柱桩的施工质量检测要求。

1）立柱桩成孔垂直度偏差不应大于1/150，立柱范围内的成孔垂直度偏差不应大于1/200；立柱桩成孔垂直度应全数检查。

2）立柱和立柱桩定位偏差不应大于 10mm。

3）立柱垂直度应满足设计要求，且偏差不宜大于 1/300。

4）立柱桩可采用超声波透射法检测桩身完整性，桩身完整性应全数检测。

栓钉的抗剪承载力设计值(kN)

表 25.2.28

栓钉排数	$\phi16$栓钉	$\phi19$栓钉
1	400	565
2	800	1130
3	1200	1695
4	1600	2260
5	2000	2825
6	2400	3390
7	2800	3955
8	3200	4520
9	3600	5085

注：栓钉等级为4.6级，每排8根栓钉；混凝土强度等级C30

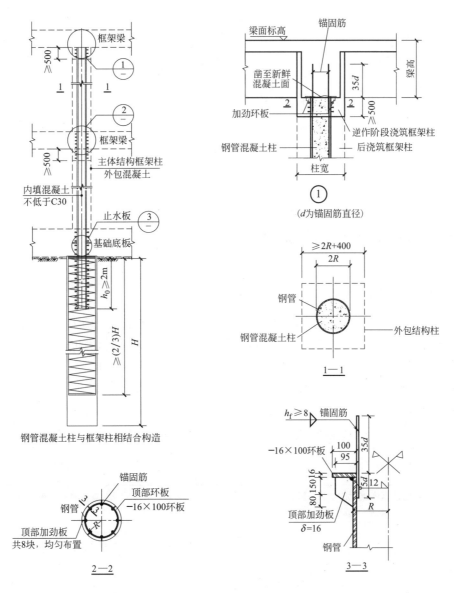

图 25.2.44 竖向支承结构相结合构造图（二）

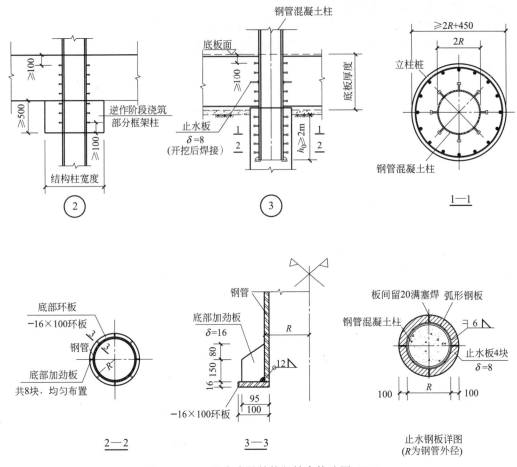

图 25.2.45 竖向支承结构相结合构造图（三）

25.3 环境影响估算及控制技术

25.3.1 环境影响估算的简化计算方法

建（构）筑物对基坑开挖引起的附加变形的承受能力宜通过环境调查确定。各类建筑物在自重作用下差异沉降与建筑物损坏程度的关系如表 25.3.1 所示，其基础倾斜允许值如表 25.3.2 所示，可作为确定建筑物对基坑开挖引起的附加变形的承受能力的参考。地下管线对附加变形的承受能力应考虑管线的材料、管节长度、接头构造、新旧状况、埋深、内压等因素，并宜与管线管理单位协商综合确定管线的容许变形量及监控实施方案。

各类建筑物在自重作用下的差异沉降与建筑物损坏程度的关系 表 25.3.1

建筑结构类型	δ/L（L 为建筑物长度，δ 为差异沉降）	建筑物的损坏程度
1. 一般砖墙承重结构，包括有内框架的结构，建筑物长高比小于10；有圈梁；天然地基（条形基础）	达 1/150	分隔墙及承重砖墙发生相当多的裂缝，可能发生结构破坏
2. 一般钢筋混凝土框架结构	达 1/150	发生严重变形
	达 1/300	分隔墙或外墙产生裂缝等非结构性破坏
	达 1/500	开始出现裂缝
3. 高层刚性建筑（箱形基础、桩基）	达 1/250	可观察到建筑物倾斜

续表

建筑结构类型	δ/L（L 为建筑物长度,δ 为差异沉降）	建筑物的损坏程度
4. 有桥式行车的单层排架结构的厂房;天然地基或桩基	达 1/300	桥式行车运转困难,不调整轨面难运行,分割墙有裂缝
5. 有斜撑的框架结构	达 1/600	处于安全极限状态
6. 一般对沉降差反应敏感的机器基础	达 1/850	机器使用可能会发生困难,处于可运行的极限状态

各类建筑物的基础倾斜允许值　　　　　　　　　　　　　表 25.3.2

建筑物类别		允许倾斜	建筑物类别		允许倾斜
多层和高层建筑基础	$H_g \leqslant 24\text{m}$	0.004	高耸结构基础	$20 < H_g \leqslant 50\text{m}$	0.006
	$24 < H_g \leqslant 60\text{m}$	0.003		$50 < H_g \leqslant 100\text{m}$	0.005
	$60 < H_g \leqslant 100\text{m}$	0.002		$100 < H_g \leqslant 150\text{m}$	0.004
	$H_g > 100\text{m}$	0.0015		$150 < H_g \leqslant 200\text{m}$	0.003
高耸结构基础	$H_g \leqslant 20\text{m}$	0.008		$200 < H_g \leqslant 250\text{m}$	0.002

注：1. H_g 为建筑物地面以上高度。

　　2. 倾斜是基础倾斜方向两端点的沉降差与其距离的比。

对于板式支护体系,可采用经验方法预估基坑开挖引起的围护墙后的地表沉降。可根据图 25.3.1 确定沉降的影响范围、最大沉降的位置及沉降曲线分布;其中可取最大地表沉降 $\delta_{vm} = 0.8\delta_{hm}$（$\delta_{hm}$ 为围护结构最大侧移）。

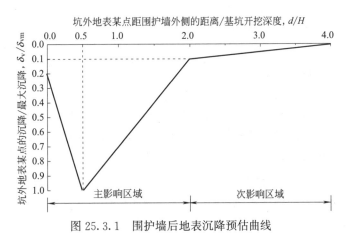

图 25.3.1　围护墙后地表沉降预估曲线

25.3.2　环境影响估算的有限元方法

当有可靠的工程经验时,宜采用数值方法分析基坑开挖对周围环境的影响,分析时宜考虑如下因素。

（1）可采用平面有限元方法进行分析,当基坑的空间效应明显时宜采用三维有限元方法进行分析;

（2）宜建立包括土层分层情况、支护结构、分层开挖工况及周围建（构）筑物在内的有限元模型,采用合理的计算域及符合实际情况的边界条件,对基坑开挖进行全过程模拟;

（3）应选择合适的土体本构模型及其计算参数,并采用合适的分析方法进行分析。对黏性土宜采用能考虑土的塑性和应变硬化特征、能区分加荷和卸荷且刚度依赖于应力水平的硬化类弹塑性本构模型。计算参数应结合本构模型的定义、岩土勘察报告提供的相关参数及工程经验综合确定;

（4）应在围护墙与土体之间设置接触面单元并确定合理的计算参数,以合理地模拟结构与土体的相互作用;

(5) 在模拟基坑的开挖过程时，宜先模拟基坑周围既有建（构）筑物对初始地应力场的影响。

25.3.3 环境影响的保护措施

1. 基坑围护墙施工中可采取以下措施减少对环境的影响。

(1) 板桩围护墙施工时，应采用适当的工艺和方法减少沉桩时的挤土与振动影响；板桩拔出时应采用边拔边注浆等措施；

(2) 在粉性土或砂土地层中进行地下连续墙施工，宜采用减小地下连续墙单幅槽段宽度、调整泥浆配比、槽壁预加固及降水等措施；

(3) 灌注排桩施工可选用在搅拌桩中套打、提高泥浆比重、采用优质泥浆护壁等措施提高灌注桩成孔质量以及控制孔壁坍塌；

(4) 搅拌桩施工过程中应通过控制施工速度、优化施工流程，减少搅拌桩挤土效应对周围环境的影响；

(5) 邻近古树名木进行有泥浆污染的围护墙施工时，宜采取钢板桩等有效隔离措施。

2. 基坑降水施工时，可采取以下措施防止和减少其对环境的影响。

(1) 应利用经验公式或通过抽水试验对降水的影响范围进行估算，并采取相关控制措施；

(2) 在降水系统的布置和施工方面，应考虑尽量减少保护对象下地下水位变化的幅度；

(3) 井点降水系统宜远离保护对象，相距较近时，应采取适当布置方式及措施减少降水深度；

(4) 降水井施工时，应避免采用可能危害保护对象的施工方法；

(5) 设置隔水帷幕减小降水对保护对象的影响；

(6) 设置回灌水系统以保持保护对象的地下水位。

基坑工程开挖方法、支撑和拆撑顺序应与设计工况一致，并遵循"及时支撑、先撑后挖、分层开挖、严禁超挖"的原则。对面积较大的基坑，土方宜采用分区、对称开挖和分区安装支撑的施工方法，尽量缩短基坑无支撑暴露时间。

3. 同时开工或相继开工的相邻基坑工程，其施工可选择采用以下措施减小相互影响。

(1) 事先协调双方的施工进度、流程等，避免或减少相互干扰与影响；

(2) 相邻基坑宜先开挖较深基坑，后开挖较浅的基坑；

(3) 相邻工程中出现打桩、开挖同时进行的情况时，应控制打桩至基坑的距离。对处于开挖期的基坑，距坑边 1.5 倍桩入土深度距离内不应进行压入式挤土桩的沉桩；距坑边 2 倍入土深度距离内不应进行锤击式挤土桩的沉桩；

(4) 相邻基坑应根据相应最不利工况，选择合适的支护结构形式。

4. 对基坑周围的保护对象，可选用下列地基加固方法和措施。

(1) 在基坑开挖前，对邻近基坑的建（构）筑物和地下设施等采用树根桩或锚杆静压桩进行基础托换；

(2) 基坑开挖前，在基坑和保护对象之间设置隔离桩等隔离措施；

(3) 对于基坑周围埋深较浅的管线，可采取暴露、架空等措施；

(4) 基坑开挖前，在保护对象的侧面和底部设置注浆管，对其土体注浆预加固。建（构）筑物基础底部以下注浆深度不宜小于 5m；地下管线底部以下注浆深度不宜小于 2m。加固宜采用自上而下分层注浆的方法施工；

(5) 基坑开挖前，在基坑与保护对象之间预先设置注浆管，基坑开挖期间根据监测情况采用跟踪注浆保护。跟踪注浆宜采用双液注浆。跟踪注浆期间，除了对保护对象进行监测外，尚应加强对围护墙变形和支撑轴力等的监测。

25.4 土方开挖、地下水、监测

25.4.1 土方开挖

土方开挖总体原则。

(1) 大面积基坑宜采用盆式挖土，即先挖除基坑中部的土方，再挖除坑边留土。当设置支撑时，应先完成中部支撑，再分段挖除周边土方并及时形成支撑。盆边土体的高度不宜大于 6m，盆边上口宽度不宜小于 8m，并需满足边坡稳定验算要求，对于软土地层必要时可采取降水、护坡、土体加固等措施。盆式土方开挖方案如图 25.4.1 所示。

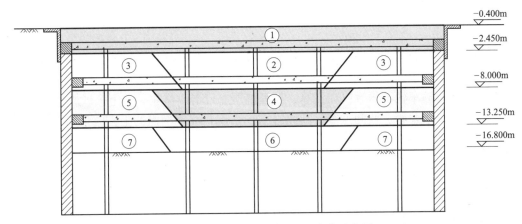

图 25.4.1　盆式土方开挖施工方案示意图

(2) 大面积基坑采用土钉、锚杆支护结构或圆环支撑时也可采用岛式挖土，即先开挖坑内周边的土方，然后再开挖基坑中部的土方。中部岛状土体的高度不宜大于 6m，并需满足边坡稳定验算要求。岛式土方开挖方案如图 25.4.2 所示。

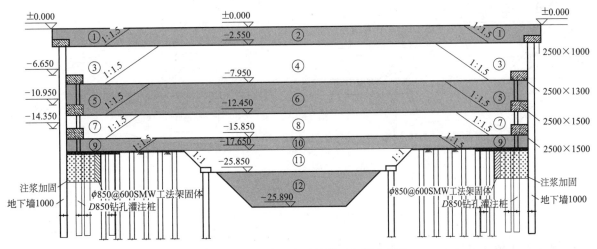

图 25.4.2　岛式土方开挖施工方案示意图

(3) 基坑开挖应采用全面分层开挖或台阶式分层开挖的方式；分层厚度不宜大于 3m，对于特别软弱的土层分层厚度不宜大于 1.5m。开挖过程中的临时边坡坡度不宜大于 1∶1。基坑边界面分层分段土方开挖如图 25.4.3 所示。

(4) 机械挖土时严禁超挖，坑底以上 200mm 范围内的土方应采用人工修底的方式挖除，放坡开挖

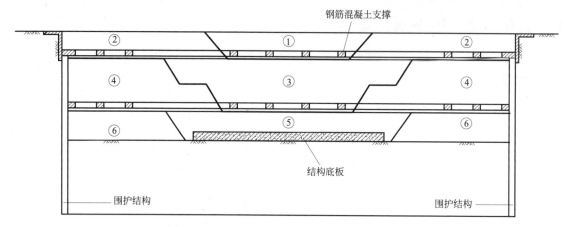

图 25.4.3 基坑边界面分层分段土方开挖方法

的基坑边坡应采用人工修坡方式挖除。基坑开挖至坑底标高应及时进行垫层施工。局部深坑宜在大面积垫层完成后开挖。

（5）挖土机械和运输车辆不得直接在支撑、工程桩顶上行走或作业；挖土机械严禁碰撞工程桩、围护墙、支撑、立柱、降水井管、监测点等，其周边 200～300mm 范围内的土方应采用人工挖除。

25.4.2 地下水控制

1. 轻型井点

轻型井点主要由井点管（包括滤管）、集水总管、抽水泵、真空泵等组成。井点管安装完成后，在地面上铺设集水总管。将各井点管与总管用软管（或钢管）连接，在总管中段适当位置安装抽水水泵或抽水装置。轻型井点每套井点设置完毕后，应进行试抽水，检查管路连接处以及每根井点管周围的密封质量。轻型井点管直径宜为 38～55mm，井点管水平间距宜为 0.8～1.6m，井点管排距不宜大于 20.0m。井管内真空度不应小于 65kPa。轻型井点的构造如图 25.4.4 所示。

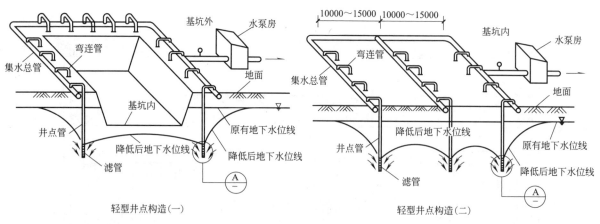

图 25.4.4 轻型井点构造图

2. 喷射井点降水系统

喷射井点系统由高压水泵、供水总管、井点管、排水总管及循环水箱等组成。井点管排距不宜大于 40m，井点深度应比基坑开挖深度大 3.0～5.0m。喷射井点的井点管直径宜为 75～100mm，井点管水平间距一般为 2.0～3.0m。成孔孔径不应小于 400mm，成孔深度应大于滤管底端埋深 1.0m。每套喷射井点的井点数不宜超过 30 根，总管直径不宜小于 150mm，总长不宜超过 60m。如果多套井点呈环圈布置，各套进水总管之间宜用阀门隔开，每套井点自成系统。

3. 降水管井系统

降水管井系统一般由管井、抽水泵（一般采用潜水泵、深井泵、深井潜水泵或真空深井泵等）、泵管、排水总管、排水设施等组成。管井由井孔、井管、滤管、沉淀管、填砾层、止水封闭层等组成。井管内径不应小于200mm，且应大于抽水泵体最大外径50mm以上，成孔孔径应大于井管外径300mm以上。管井井点位置宜距离基坑边缘1.0m以外；管井井点的间距应按相应的降水设计计算确定。降水管井系统构造如图25.4.5所示。

4. 真空降水管井系统

真空降水管井系统技术要求除满足降水管井的各项要求外，尚应符合下列规定。真空降水管井宜采用真空泵抽气集水，深井泵或潜水泵排水，井管应封闭并与真空泵吸气管相连。单井出水口与排水总管的连接管路中应设置单向阀。对于分段设置滤管的真空降水管井，应对开挖后暴露的井管、滤管、填砾层等采取有效封闭措施。井管内真空度不应小于65kPa，宜在井管与真空泵吸气管的连接位置处安装高灵敏度的真空压力表监测。真空降水管井系统构造如图25.4.6所示。

5. 承压水降水系统

根据基坑开挖深度、截水帷幕深度与承压含水层埋深的相对关系等，选用合适的、对环境影响较小的减压降水方案。方案内容应包括降水井群的平面布置形式、井的结构等。结合开挖工况，根据"按需减压"的原则，确定减压降水运行的要求；当基坑开挖工况发生变化时，应及时调整或修改减压降水运行方案。现场排水能力应满足所有减压降水井（包括备用井）全部启用时的排水量。每个减压降水井的水泵出口均应安装水量计量装置和单向阀。为保证降水运行安全，施工现场应配置双路电源或自备发电机组，并保证两路电源能及时切换。承压水降水系统构造如图25.4.7所示。

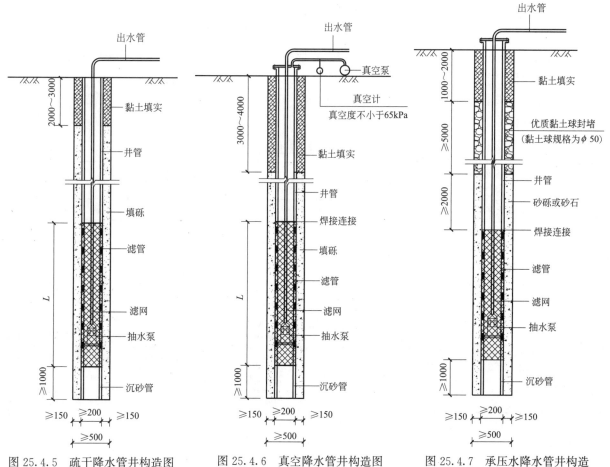

图25.4.5 疏干降水管井构造图　　图25.4.6 真空降水管井构造图　　图25.4.7 承压水降水管井构造

25.4.3　监测

1. 监测目的

（1）使参建各方能够完全客观真实地把握工程质量，掌握工程各部分的关键性指标，确保工程安全；

（2）在施工过程中通过实测数据检验工程设计所采取的各种假设和参数的正确性，及时改进施工技术或调整设计参数以取得良好的工程效果；

（3）对可能发生危及基坑工程本体和周围环境安全的隐患进行及时、准确的预报，确保基坑结构和相邻环境的安全；

（4）积累工程经验，为提高基坑工程的设计和施工整体水平提供基础数据支持。

2. 监测原则

基坑工程监测是一项涉及多门学科的工作，其技术要求较高，基本原则如下。

（1）监测数据必须是可靠真实的，数据的可靠性由测试元件安装或埋设的可靠性、监测仪器的精度以及监测人员的素质来保证。监测数据真实性要求所有数据必须以原始记录为依据，任何人不得篡改、删除原始记录；

（2）监测数据必须是及时的，监测数据需在现场及时计算处理，发现有问题可及时复测，做到当天测、当天反馈；

（3）埋设于土层或结构中的监测元件应尽量减少对结构正常受力的影响，埋设监测元件时应注意与岩土介质的匹配；

（4）对所有监测项目，应按照工程具体情况预先设定预警值和报警制度，预警体系包括变形或内力累积值及其变化速率；

（5）监测应整理完整监测记录表、数据报表、形象的图表和曲线，监测结束后整理出监测报告。

3. 监测项目

根据国家标准《建筑基坑工程监测技术标准》GB 50497—2019，基坑工程监测项目应根据表25.4.1进行选择。

建筑基坑工程仪器监测项目表　　　　　　　　　　表 25.4.1

监测项目 ＼ 基坑类别	一级	二级	三级	监测项目 ＼ 基坑类别		一级	二级	三级
围护墙（边坡）顶部水平位移	应测	应测	应测	围护墙侧向土压力		宜测	可测	可测
围护墙（边坡）顶部竖向位移	应测	应测	应测	孔隙水压力		宜测	可测	可测
深层水平位移	应测	应测	宜测	地下水位		应测	应测	应测
立柱竖向位移	应测	宜测	宜测	土体分层竖向位移		宜测	可测	可测
围护墙内力	宜测	可测	可测	周边地表竖向位移		应测	应测	宜测
支撑内力	应测	宜测	可测	周边建筑	竖向位移	应测	应测	应测
立柱内力	可测	可测	可测		倾斜	应测	宜测	可测
锚杆内力	应测	宜测	可测		水平位移	应测	宜测	可测
土钉内力	宜测	可测	可测	周边建筑、地表裂缝		应测	应测	应测
坑底隆起（回弹）	宜测	可测	可测	周边管线变形		应测	应测	应测

注：基坑类别的划分按照现行国家标准《建筑地基基础工程施工质量验收标准》GB 50202—2018执行。

4. 监测频率

监测项目的监测频率应综合基坑类别、基坑及地下工程的不同施工阶段以及周边环境、自然条件的变化和当地经验而确定。对于应测项目，在无数据异常和事故征兆的情况下，开挖后现场仪器监测频率可按表 25.4.2 确定。

现场仪器监测的监测频率 表 25.4.2

基坑类别	施工进程		基坑设计深度(m)			
			≤5	5～10	10～15	>15
一级	开挖深度(m)	≤5	1次/1d	1次/2d	1次/2d	1次/2d
		5～10		1次/1d	1次/1d	1次/1d
		>10			2次/1d	2次/1d
	底板浇筑后时间(d)	≤7	1次/1d	1次/1d	2次/1d	2次/1d
		7～14	1次/3d	1次/2d	1次/1d	1次/1d
		14～28	1次/5d	1次/3d	1次/2d	1次/1d
		>28	1次/7d	1次/5d	1次/3d	1次/3d
二级	开挖深度(m)	≤5	1次/2d	1次/2d		
		5～10		1次/1d		
	底板浇筑后时间(d)	≤7	1次/2d	1次/2d		
		7～14	1次/3d	1次/3d		
		14～28	1次/7d	1次/5d		
		>28	1次/10d	1次/10d		

注：1. 有支撑的支护结构各道支撑开始拆除到拆除完成后 3d 内监测频率应为 1次/1d；

2. 基坑工程施工至开挖前的监测频率视具体情况确定；

3. 当基坑类别为三级时，监测频率可视具体情况适当降低；

4. 宜测、可测项目的仪器监测频率可视具体情况适当降低。

25.5　工程案例

25.5.1　天津津塔基坑工程

1. 工程概况

本工程位于天津市和平区大沽北路、滨江道与张自忠路围成的地块内，基地临近天津市的河流干道海河。主体结构为一幢超高层商务楼、一幢公寓和整体地下车库，其中超高层的建筑高度达到 330m。主体结构均设置四层地下室，基础形式为桩筏基础。

2. 总体设计方案

本工程塔楼为超高层结构，公寓为高层结构，其他区域为纯地下室，地面主要以绿化为主。围护设计经过多次比较分析，最终确定采用整体顺作法的基坑支护设计方案。

本工程周边围护结构采用"两墙合一"的地下连续墙，即在基坑开挖阶段作为基坑支护结构，在永久使用阶段作为主体结构的地下室外墙。

根据围护结构受力计算的需要，本工程内部需设置四道钢筋混凝土支撑体系（图 25.5.1）。

3. 支撑体系设计

基坑竖向设置的四道圆环形支撑体系可以最大限度地发挥混凝土的受压能力，并形成中部开阔的空间（图 25.5.2）。本工程中大圆环直径 97.5m，小圆环直径 60m。支撑角落位置设置角撑，中部采用对撑桁架进行连接，角撑和对撑的连杆结合径向杆件设置，使其达到局部区域受力平衡的同时也对整个圆环系统的稳定和水平力的传递提供了有效的途径。

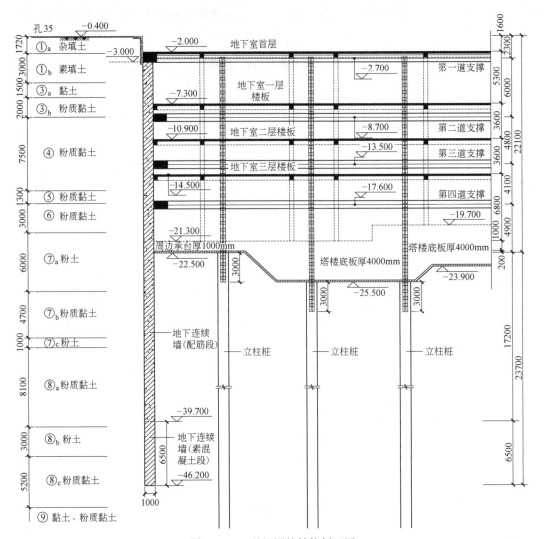

图 25.5.1 基坑围护结构剖面图

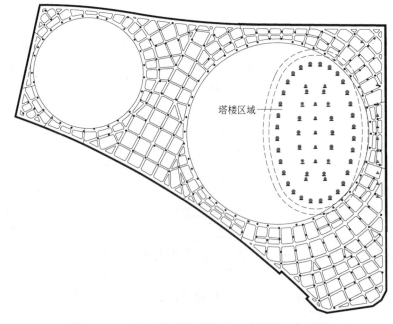

图 25.5.2 基坑围护结构剖面图（支撑平面布置图）

25.5.2　上海世博 500kV 地下变电站工程

1. 工程概况

上海世博 500kV 地下变电站工程位于上海市中心城区，是世博会的重要配套工程，用于缓解上海中心城区的供电压力，确保 2010 年上海世博会的电力供应。该工程为国内首座大容量全地下变电站，建设规模列亚洲同类工程之首，建成后将是世界上最大、最先进的全地下变电站之一。变电站为全地下四层筒形结构，基坑直径为 130m，开挖深度为 34m，工程规模大、难度高。

变电站采用以框架为主、剪力墙为辅的内框外筒的结构形式。外筒即为变电站的结构外墙，由基坑开挖前从地面施工完成的地下连续墙和逆作阶段分层浇筑形成的内衬墙组成。地下结构内部采用框架结构作为结构竖向受力体系，地下各层结构采用双向受力的交叉梁结构体系。基础采用桩筏基础，筏板厚 2.5m，桩基采用桩侧注浆钻孔灌注抗拔桩。

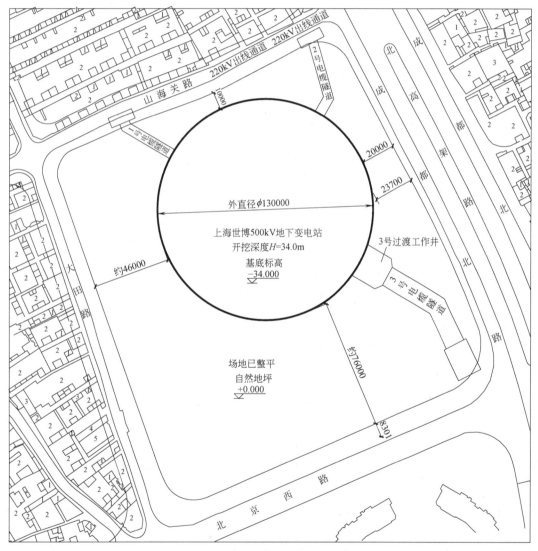

图 25.5.3　基坑周边环境平面图

工程位于上海市静安区成都北路、北京西路、山海关路和大田路围成的区域之中（图 25.5.3）。隔山海关路与本工程相对的是一、二层的老式民房，基础为天然地基；基坑周边道路下存在众多管线，有供电、污水、雨水、煤气等多条管线。

本工程场地内 30m 以上分布以粉质黏土为主的多个软土层，具有高含水量、大孔隙比、低强度、高压缩性等特点，第④层淤泥质黏土是上海地区最软弱的土层，其次为第③层淤泥质粉质黏土，以上软土均处于基坑开挖深度范围之内。30～90m 深度主要分布有工程性质较好的第⑥层暗绿色硬土层、第⑦层粉砂层、俗称"千层饼"的第⑧层粉质黏土与粉砂互层以及第⑨层中粗砂层，土的主要物理力学参数见表 25.5.1。

土层主要物理力学参数　　　　　　　　　　　　表 25.5.1

层序	地层名称	层厚 (m)	黏聚力 c(kPa)	内摩擦角 φ(°)	孔隙比 e	含水率 w (%)	标贯击数	静力触探比贯入阻力 P_s(MPa)	静力触探锥尖阻力 q_c(MPa)
②	粉质黏土	1.67	15.7	15.8	0.958	34.4	—	0.72	0.66
③	淤泥质粉质黏土	1.51	7.4	14.7	1.317	46.6	3.4	0.71	0.55
④	淤泥质黏土	7.01	7.2	17.2	1.358	48.1	2.6	0.65	0.53
⑤$_{1-1}$	黏土	6.93	12.3	12.3	1.091	38.3	4.3	0.94	0.72
⑤$_{1-2}$	粉质黏土	4.25	6.8	13.9	1.032	35.4	6.5	1.30	0.98
⑥$_1$	粉质黏土	5.38	30.7	13.5	0.753	26.1	14.6	2.78	1.94
⑦$_1$	砂质粉土	3.94	7.8	29.8	0.852	30.5	28.1	12.19	9.71
⑦$_2$	粉砂	6.51	3.6	31.7	0.772	27.5	50.1	23.23	19.28
⑧$_1$	粉质黏土	8.32	13.9	23.2	1.052	37.2	9.7	2.38	1.41
⑧$_2$	粉质黏土与粉砂互层	14.76	12.3	23.8	0.992	34.6	15.5	3.45	2.35
⑧$_3$	粉质黏土与粉砂互层	13.08	14.1	24.4	0.902	30.7	—	5.98	6.00
⑨$_1$	中砂	3.99	4.55	30.8	0.582	18.6	62.0	—	—
⑨$_2$	粗砂	4.90	5.3	33.0	0.544	16.7	83.4	—	—

2. 基坑围护设计

（1）总体设计方案

结合本工程大深度、大面积、圆筒形等特点，采用了支护结构与主体结构全面相结合的逆作法总体设计思路，即基坑围护体采用"两墙合一"圆形地下连续墙，坑内利用四层地下水平结构梁板结合三道临时环撑作为水平支撑系统，采用一柱一桩作为逆作阶段的竖向支承系统，大部分立柱逆作结束外包混凝土作为框架柱（图 25.5.4）。

（2）圆形地下连续墙设计

地下连续墙既作为基坑开挖阶段的挡土和止水围护结构，又作为正常使用阶段结构外墙的一部分。地下连续墙厚度为 1200mm，开挖深度 34m，插入深度 23.8m，插入比 0.70。墙底深度达到 57.5m，有效长度 54.00m，混凝土设计强度等级为 C35。由于需作为逆作阶段的竖向承重结构，对墙端进行注浆加固。

地下连续墙呈圆筒形布置，水土压力的作用将主要转化为环向压力，三维空间分析结果显示，地下连续墙表现出以环向拱受压的为主，竖向梁受弯为辅的结构受力特点，这与常规非圆形基坑地下连续墙的受力特点不同，因此根据地下连续墙的受力特点，墙体也按环向水平钢筋为主，竖向钢筋为辅的原则进行配筋。

（3）水平支撑体系设计

基坑采用逆作法施工，利用四层地下水平结构梁板作为水平支撑系统，四层结构均采用双向受力的交叉梁板结构体系。本工程逆作阶段地下各层水平结构设置九个上下对应的出土口，作为逆作阶段出土和施工设备、材料运输的进出通道，这对逆作施工阶段的出土带来极大的方便。出土口的平面设置以尽量利用电梯井、楼梯口和进、出风井等结构永久开口位置为原则，并根据楼板承受水平力的要求，对开口周边结构进行加固。逆作施工阶段顶层结构梁板需要承受车辆荷载和施工堆载（图 25.5.5）。

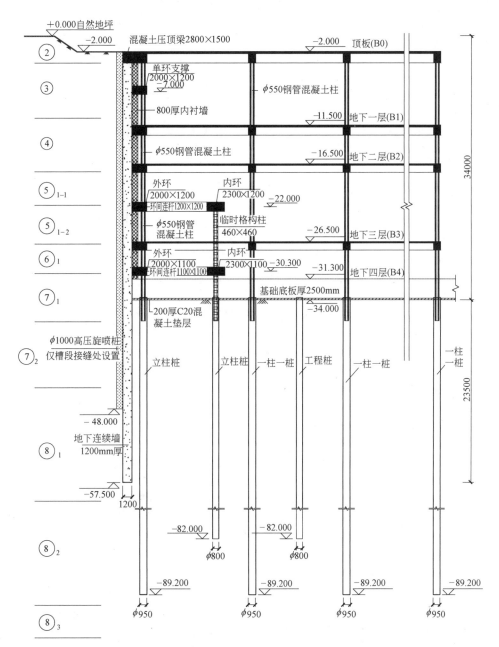

图 25.5.4　上海世博 500kV 地下变电站工程逆作阶段剖面图

逆作施工阶段，地下一层、地下二层和地下三层的板跨分别高达 9.5m、10.0m 和 7.2m，为减小地下连续墙的竖向跨度、改善基坑围护体系的整体变形和受力性能，围护结构设计在上述三跨的跨中分别架设了临时环向水平支撑系统（图 25.5.6～图 25.5.8）。

（4）竖向支承体系设计

逆作阶段各层水平结构以及临时支撑的竖向支承系统为一柱一桩，一柱一桩主要由钢立柱和钻孔灌注桩组成。钢立柱根据逆作阶段竖向荷载的大小采用钢管混凝土立柱和角钢。

格构柱两种类型。钢管混凝土柱分为永久和临时两种类型，永久性钢管混凝土柱布置在框架柱的中心位置，逆作结束后外包混凝土形成方形的钢筋混凝土框架柱，框架柱的设计中考虑了钢管混凝土柱的作用。临时性钢管混凝土柱分布在部分跨度大框架梁的跨中位置以及边跨结构位置，逆作结束后进行割除。

立柱桩作为逆作阶段的竖向支承基础，在变电站基础底板形成封闭及地下水水位恢复之后，转变为抗拔桩，因此立柱桩的设计需同时满足逆作阶段（承压）和正常使用阶段（抗拔）两个状态的要求。

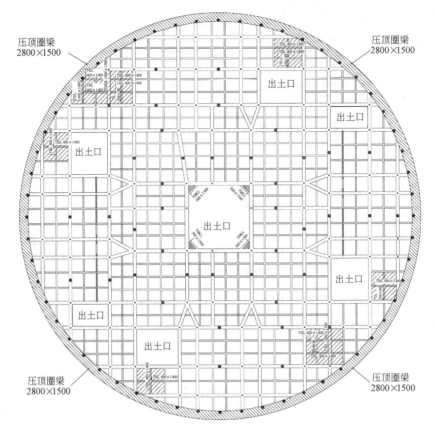

图 25.5.5　逆作阶段顶层结构平面图

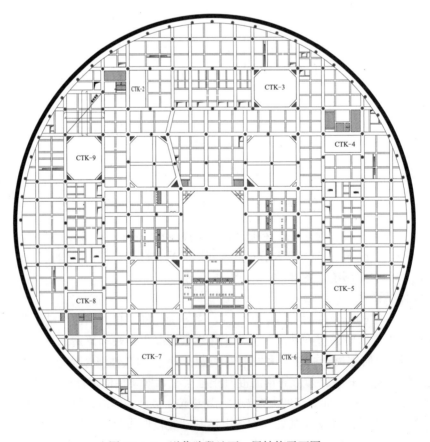

图 25.5.6　逆作阶段地下一层结构平面图

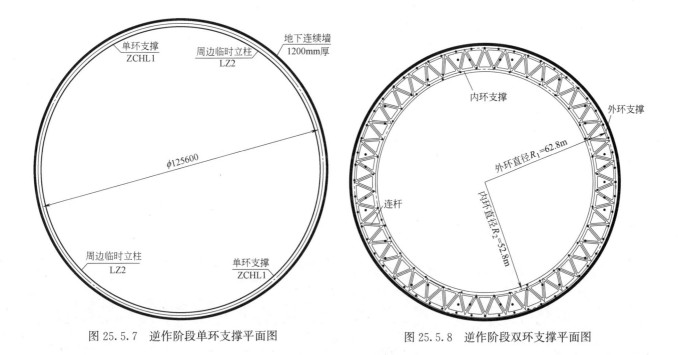

图 25.5.7　逆作阶段单环支撑平面图　　　图 25.5.8　逆作阶段双环支撑平面图

参 考 文 献

[1]　刘国彬，王卫东. 基坑工程手册 [M]. 2 版. 北京：中国建筑工业出版社，2009.

[2]　国家建筑标准设计图集. 建筑基坑支护结构构造：11SG814 [S]. 北京：中国计划出版社，2011.

[3]　建筑基坑支护技术规程：JGJ 120—2012 [S]. 北京：中国建筑工业出版社，2012.

[4]　基坑工程技术标准：DG/TJ 08-31—2018 [S]. 上海：同济大学出版社，2018.

[5]　型钢水泥土搅拌墙技术规程：JGJ/T 199—2010 [S]. 北京：中国建筑工业出版社，2010.

[6]　渠式切割水泥土连续墙技术规程：JGJ/T 303—2013 [S]. 北京：中国建筑工业出版社，2013.

[7]　预应力鱼腹式基坑钢支撑技术规程：T/CCES 3—2017 [S]. 北京：中国建筑工业出版社，2017.

[8]　全方位高压喷射注浆技术标准：DG/TJ 08-2289—2019 [S]. 上海：同济大学出版社，2018.

[9]　建筑工程逆作法技术标准：JGJ 432—2018 [S]. 北京：中国建筑工业出版社，2018.

第5篇　其他构造

第26章 电 梯

26.1 乘客电梯及服务电梯

1. 高层建筑中常用的乘客电梯的额定载重量（kg）和相应的乘客人数见表 26.1.1，速度见表 26.1.2。

常用乘客电梯的额定载重量（kg）和乘客人数　　　　　　　　　　表 26.1.1

额定载重量(kg)	450	600	800	900	1000	1150	1350	1600
乘客人数	6	8	10	12	13	15	18	21

常用乘客电梯的速度　　　　　　　　　　表 26.1.2

一般速度(m/s)				中速(m/s)				高速(m/s)	
1.0	1.5	1.75	2.0	2.5	3.0	3.5	4.0	5.0	6.0

我国电梯厂家较多，本节根据国家建筑标准设计图集《电梯 自动扶梯 自动人行道》13J404 列出与结构设计有关的电梯主要参数，仅供方案设计、初步设计时参考，施工图设计应以所选电梯厂的产品样本为准。

乘客电梯的电梯井道平面见图 26.1.1，乘客电梯的电梯机房平面见图 26.1.2。

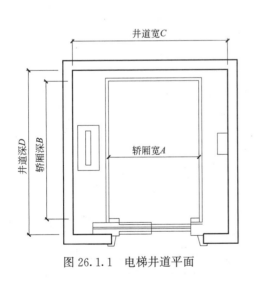

图 26.1.1 电梯井道平面

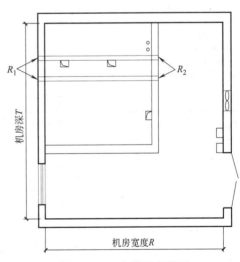

图 26.1.2 电梯机房平面

乘客电梯的电梯井道及机房剖面见图 26.1.3。

乘客电梯主要参数及规格尺寸，见表 26.1.3 及表 26.1.4。

2. 医用及载货电梯的额定载重量（kg）和额定速度见表 26.1.5。

医用及载货电梯的井道平面见图 26.1.1，电梯机房平面见图 26.1.2。

医用及载货电梯主要参数及规格尺寸，见表 26.1.6。

乘客电梯主要参数及规格尺寸（速度1.0、1.5、1.75m/s）

表 26.1.3

载重量（kg）	井道尺寸(mm)		轿厢尺寸(mm)		机房尺寸(mm)	
	C	D	A	B	R	T
450	1550	1700	1050	1150	2500	3700
600/750	2000	2100	1100	1400	2500	3700
800	2000	2200	1350	1400	2700	5100
900	2150	2150	1600	1350	2700	5100
1000	2200	2200	1600	1400	2700	5100
1150	2350	2300	1800	1500	2700	5100

乘客电梯主要参数及规格尺寸（速度2.0、2.5m/s）

表 26.1.4

载重量（kg）	速度（m/s）	井道尺寸(mm)		轿厢尺寸(mm)		机房尺寸(mm)	
		C	D	A	B	R	T
750	2	2000	2100	1100	1400	2500	3700
800	2	2000	2200	1350	1400	2700	5100
900	2.5	2150	2150	1600	1350	3200	4900
1000	2.5	2150	2300	1600	1500	3200	4900
1150	2.5	2350	2300	1800	1500	3200	4900
1350	2.5	2550	2350	2000	1500	3000	5300
1600	2.5	2700	2500	2100	1600	3000	5300

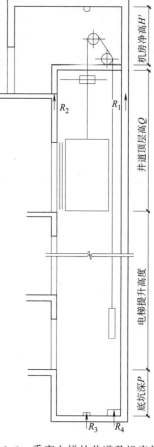

图 26.1.3　乘客电梯的井道及机房剖面

医用及载货电梯的额定载重量（kg）和额定速度　　表 26.1.5

电梯种类	医用电梯	载货电梯
额定载重量(kg)	1275,1600,2000,2500	630,1000,1600,2000,2500
额定速度(m/s)	0.63,1.0,1.6,2.0,2.5	0.4,0.63,1.0

医用及载货电梯主要参数及规格尺寸　　表 26.1.6

电梯类型	载重量（kg）	井道尺寸(mm)		轿厢尺寸(mm)		机房尺寸(mm)	
		C	D	A	B	R	T
医用电梯	1275	2100	2900	1200	2300	3200	5500
	1600	2400	3000	1400	2400	3200	5800
	2000	2400	3300	1500	2700	3200	5800
	2500	2700	3300	1800	2700	3500	5800
载货电梯	630	2100	1900	1100	1400	2500	3700
	1000	2400	2200	1300	1750	2500	3700
	1600	2500	2850	1400	2400	3200	4900
	2000	2700	3200	1500	2750	3400	4900
	2500	3000	3150	1800	2700	3000	5000

3.双层轿厢电梯

双层轿厢电梯是在同一井道内设置两个叠加在一起的轿厢组成的电梯系统，上面的一个轿厢服务于双数楼层，下面的另一个轿厢服务于奇数楼层，乘客根据自己想去的楼层，选择相应的乘梯厅站。双层轿厢电梯一般适合30~100层的多租户、对高峰时间交通处理能力有着较高要求的超高层办公、酒店建筑，也可用于层数较多的观光电梯设计。

双层轿厢电梯上下轿厢的间距可自动调整，使建筑楼层层高不受等高的限制，以方便建筑设计，上下轿厢间距可调节的范围一般为1~2m。

双层轿厢电梯系统充分利用立体空间资源，减少电梯井数量，增加了建筑可用面积，提高电梯运载效率，减少了乘客等待时间，在超高层建筑中得到广泛应用，上海环球金融中心、深圳平安金融中心都安装有此类型的电梯。

26.2 井道的结构形式

1.电梯是高层建筑中的主要交通工具，除平时输送乘客外，并兼有消防功能。按建筑设计要求电梯的位置应设置在易于识别、有足够集散空间的地方，并距建筑的主要出入口较近，应使各使用部分能短捷均匀到达。电梯布置可以单台电梯布置或多台电梯并列布置，与疏散楼梯临近。多台并列布置时，电梯与电梯之间用混凝土墙或砌体墙隔开，也可以用钢梁或混凝土梁隔开。如图26.2.1。

图 26.2.1　电梯布置

2.在剪力墙结构体系或框架-剪力墙结构体系中，电梯井道通常设计成墙式井道，采用钢筋混凝土结构形成剪力墙，因为电梯井道刚度较大，结构设计时常常作为抵抗水平力作用的主要构件，电梯井在平面中宜对称布置或居中布置。见图26.2.2，电梯井宜三面或两面靠贴框架梁、柱或剪力墙。

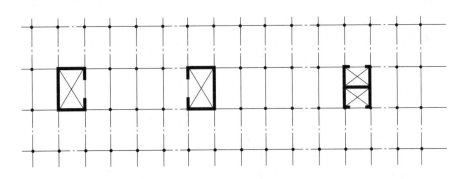

图 26.2.2　电梯井道合理布置

电梯井混凝土墙厚至少为160mm，墙内配筋详剪力墙要求。凡在剪力墙上的预留孔或预埋件必须在施工中预留或预埋，不准事后穿凿。

3.井道四壁应是垂直的，当井道墙采用变截面时，必须保证井道壁内侧从上到下是平整的，井壁垂直允许偏差为：行程高度≤30m的井道为0~+25mm；30m<行程高度≤60m的井道为0~+35mm；60m<行程高度≤90m的井道为0~+50mm。

4.工程实例，某工程四台电梯并列布置，其井道详见图26.2.3。

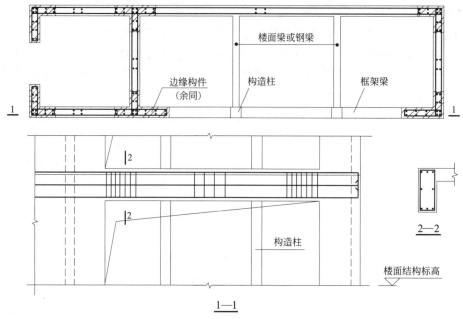

图 26.2.3　电梯井道配筋图

26.3　电梯基坑的做法

1. 电梯基坑的深度与电梯的速度和电梯提升高度有关。电梯速度越快,基坑深度越大;电梯提升高度越高,基坑深度越大。基坑深度由电梯厂提供,设计要尽量留足。基坑应采用钢筋混凝土现浇,要求防水,其抗渗等级应不小于 P6。基坑不允许积水,设计中应考虑有效排水措施。基坑应按电梯厂的要求设置混凝土墩座,每个墩座设计时按厂家要求预埋插筋及地弹簧,承受电梯轿厢的冲击荷载,冲击荷载大小详见电梯厂提供的电梯主要参数及规格尺寸表中的坑底支反力。基坑深度超过 0.9m 时应设置维修专用爬梯,爬梯设在没有接线厢的侧壁墙上,爬梯的位置应使安装维修人员能方便地进入。

2. 当电梯基坑可以直接置于土层上时,即为单独基础,见图 26.3.1。

3. 高层建筑采用整板基础或桩筏基础时,当电梯不进入地下室时,可采用局部抬高的方式,见图 26.3.2,底板厚度不小于 200mm,板内采用双层双向配筋。

高层建筑采用整板基础或桩筏基础时,当电梯进入地下室底时,一般可采用整板局部设槽坑形成电梯基坑,如图 26.3.3。

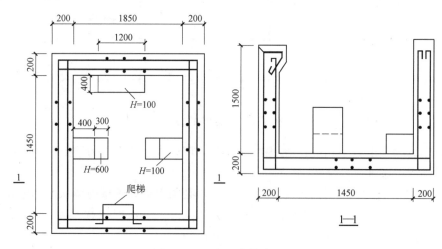

图 26.3.1　底坑为单独基础

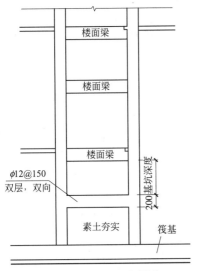

图 26.3.2　井坑局部抬高

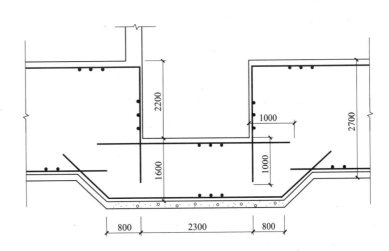

图 26.3.3　整板基础设槽形成电梯基坑的示例
（注：坑底板厚尚应根据上部剪力墙布置、基础板受力计算确定）

26.4　机房结构布置

1. 机房位于电梯井道顶部，机房与井道的关系见图 26.4.1。

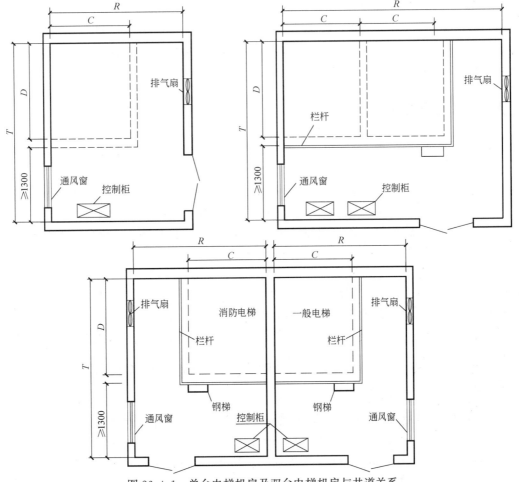

图 26.4.1　单台电梯机房及双台电梯机房与井道关系

机房内除了曳引机设备外，还有电气控制柜。机房楼板位于曳引机处预留供曳引钢丝绳通过的预留孔，预留孔的大小及位置详电梯厂样本，见图26.4.2。曳引机如不能由建筑物外吊装就位时，在机房楼板中预留曳引机吊装孔，等曳引机就位以后，再由土建施工单位负责封闭。

机房内楼板开洞较多，应采用现浇楼板。机房内除了机械设备的集中荷载外，要求楼板能承受 $7kN/m^2$ 的均布荷载。机房顶部曳引机上方位置应设置吊钩，吊钩的承载力由厂家提供，一般不小于 30kN，吊钩采用 HPB300 钢筋或 Q235B 圆钢（钢筋拉应力应分别不大于 $65N/mm^2$、$50N/mm^2$），其做法可参见图26.4.3，图中 d 为吊钩的直径。

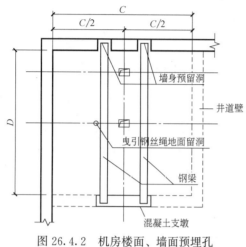

图26.4.2 机房楼面、墙面预埋孔

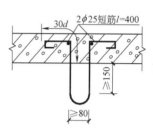

图26.4.3 吊钩大样

2. 高层建筑一般将电梯间单独突出屋面而设置，形成了突出屋面小塔楼，它将产生通过主体建筑放大后的地震加速度，应关注其塔楼抗震不利外，在结构选型上首先应予控制，框架或框架-剪力墙结构出屋面的电梯机房必须是框架或剪力墙结构，不允许采用砖墙承重。同时由于鞭梢效应的影响，突出屋面的电梯机房受到水平地震作用远远大于放在地面时的作用，设计也应关注。

26.5 无机房电梯及液压电梯

26.5.1 无机房电梯

1. 无机房电梯是不需要建筑物提供封闭的专门机房用于安装电梯驱动主机、控制柜、限速器等设备的电梯。其驱动主机安装在井道上部空间或轿厢上，控制柜放在维修人员可接近的地方。井道平面见图26.5.1；底坑平面见图26.5.2；井道剖面见图26.5.3，无机房电梯规格尺寸及支承反力见表26.5.1，无机房电梯底坑深度及最小顶层高度见表26.5.2。

2. 无机房电梯适用于没有条件设置顶部机房或不能有损建筑外观的新建建筑，也适用于不能破坏既有建筑外观的保护性建筑、历史文物建筑等，及既有建筑增设电梯时采用。

3. 无机房电梯驱动主机可置于井道顶部或轿厢上部，顶层高度要求较高，不同厂家的产品要求不同。一般额定载重量1000kg以下的电梯顶层高度要求不小于4.5m，额定载重量1000kg以上的电梯顶层高度要求不小于5.0m。

26.5.2 液压电梯

1. 液压电梯是依靠液压驱动的电梯，其原理是用液压油缸的举升与下降来代替钢丝绳的曳引，从而使电梯上升或下降。有直接作用式和间接作用式两种见图26.5.4。液压客梯额定载重量为400～2000kg，额定速度为0.1～1.00m/s，行程高度不大于40m；液压货梯额定载重量可达5000kg，额定速度不大于0.5m/s，行程高度不大于20m。

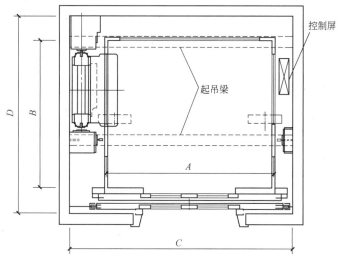

图 26.5.1 井道平面布置图

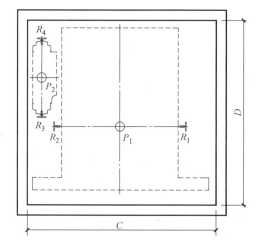

图 26.5.2 底坑平面布置图

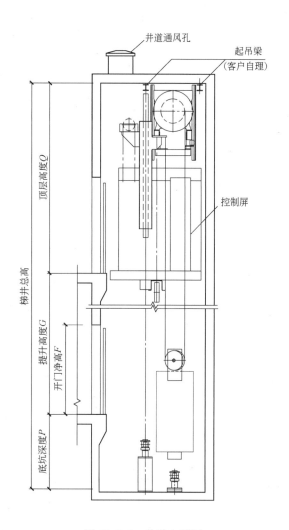

图 26.5.3 井道立面图

无机房电梯规格尺寸及支承反力 表 26.5.1

载重量（kg）	乘客人数	轿厢尺寸（mm）		井道尺寸（mm）		导轨支承反力（kN）				缓冲器支承反力（kN）		备注
		A	B	C	D	R_1	R_2	R_3	R_4	P_1	P_2	
630	8	1100	1400	2000	1800	43	32	33	26	80	68	无对重安全钳
						43	32	50	43			有对重安全钳
825	11	1350	1400	2165	1800	48	35	35	28	92	76	无对重安全钳
						48	35	54	46			有对重安全钳
1050	14	1600	1400	240	1800	49	35	36	27	101	80	无对重安全钳
						49	35	54	45			有对重安全钳
1275	17	2000	1400	2490	2190	88	82.5	64.4	42.5	144.3	121	无对重安全钳
						88	82.5	116.9	95			有对重安全钳
1600	21	2100	1500	2590	2390	93.2	88	68	43.1	159	129.3	无对重安全钳
						93.2	88	123.7	98.8			有对重安全钳

注：以上为三菱电梯有限公司产品，具体的规格尺寸及支承反力由各电梯厂提供。

无机房电梯底坑深度及最小顶层高度　　表 26.5.2

速度 (m/s)	提升高度 (m)	推荐底坑深度(mm)		最小顶层高度(mm)
		无对重安全钳	有对重安全钳	
1.0	$G \leqslant 30$	1300~1550	1600~2500	3750~4400
	$30 < G \leqslant 60$	1400~1650	1700~2600	3800~4500
1.6	$G \leqslant 30$	1550~1800	1700~2600	3900~4550
	$30 < G \leqslant 70$	1650~1950	1800~2750	3950~4700
1.75	$G \leqslant 30$	1600~1850	1750~2600	4000~4650
	$30 < G \leqslant 70$	1700~2000	1850~2750	4050~4800

注：以上为三菱电梯有限公司产品，具体的底坑深度、最小顶层高度由各电梯厂提供。

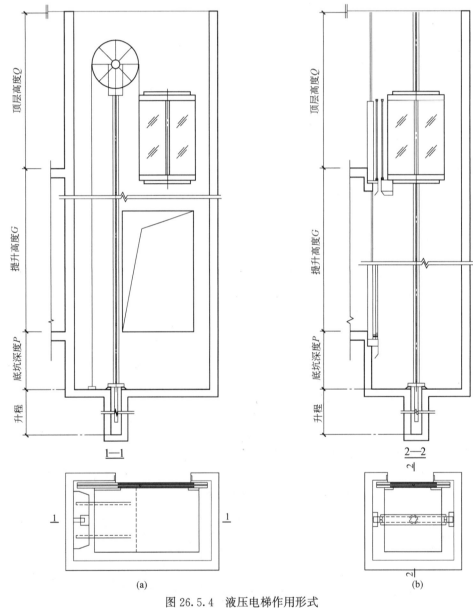

图 26.5.4　液压电梯作用形式

（a）间接作用；（b）直接作用

2. 液压电梯机房设置灵活，由于靠油管传递动力，因此机房可以设置在离井道周围一定距离的任何空闲范围内，再也不需要用传统方式将机房设在井道上部。同时可采用全新概念的无机房形式，在井道内设置液压泵和控制系统，其顶层高度最低仅需 3m 左右。

3. 液压电梯结构上一般无须对重，减少了井道使用面积，提高了建筑物的使用率，土建结构要求非常低。

4. 由于液压电梯具有噪声低、耗电省，运行平稳，安全可靠，对机房、井道要求低等一系列优点，特别适用于低速、重载，提升高度较低的场合。如：多层工业厂房、豪华别墅、地铁、停车场等。目前其主要的缺点是速度不高和使用一段时间后由于阀门磨损造成的变形难以根除。

综上所述，对载重量需求大的、提升高度要求不高的（尤其在 10m 以下），速度需求也不高（尤其在 1m/s 以下）的电梯可优先选择液压电梯；对多层、小高层建筑进行电梯加装，或考虑节省建筑空间、节约建筑成本的其他情况下均可考虑选择无机房电梯。

26.6 观光电梯

1. 观光电梯是井道和轿厢壁至少有一侧透明，乘客可观看轿厢外景物的电梯。具有垂直运输和观景双重功能，适用于旅馆、高档商业建筑和豪华住宅，也可多面透明、多面观光。在透明轿厢壁外一般设有封闭的玻璃防护罩，设计时应因地制宜，选择视野开阔、景象优美、方便人流出入的位置布置，并注意防水保温。

2. 常见观光电梯轿厢平面形式见图 26.6.1，弧形观光电梯井道平面见图 26.6.2，弧形观光电梯底坑平面见图 26.6.3，弧形观光电梯井道剖面见图 26.6.4，弧形观光电梯规格尺寸及支承反力见表 26.6.1，弧形观光电梯底坑深度、顶层高度见表 26.6.2。

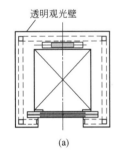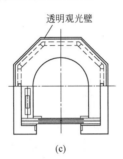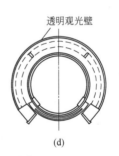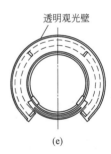

图 26.6.1 常见观光电梯轿厢平面形式

（a）方形观光电梯；（b）弧形观光电梯；（c）多角形观光电梯；（d）圆形观光电梯（一）；（e）圆形观光电梯（二）

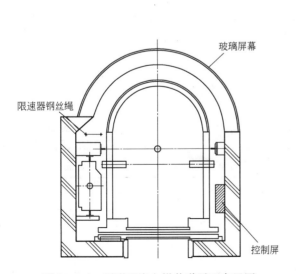

图 26.6.2 弧形观光电梯井道平面布置图

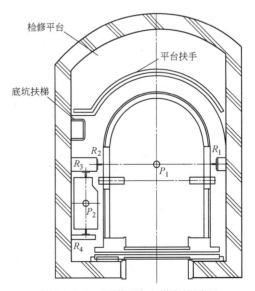

图 26.6.3 弧形观光电梯底坑平面

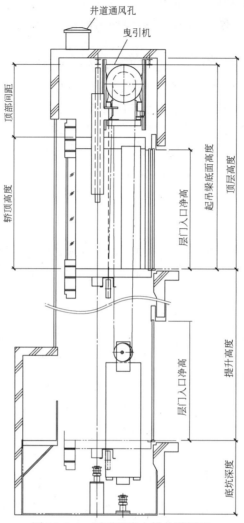

图 26.6.4　弧形观光电梯井道剖面

弧形观光电梯规格尺寸及支承反力　　　　　　　　　　　　　　表 26.6.1

载重量 （kg）	乘客 人数	轿厢尺寸 （mm）		井道尺寸 （mm）		导轨支承反力 （kN）				缓冲器支承 反力（kN）		备注
		A	B	C	D	R_1	R_2	R_3	R_4	P_1	P_2	
825	11	1200	1750	1700	2300	47.9	34.2	36.1	27.5	98	86.3	无对重安全钳
						47.9	34.2	54.9	46.3			有对重安全钳
1050	14	1400	1850	2200	2450	52.7	37.4	38.6	28.7	109.8	90.2	无对重安全钳
						52.7	37.4	59.4	49.6			有对重安全钳

注：以上为三菱电梯有限公司产品，具体的规格尺寸及支承反力由各电梯厂提供。

弧形观光电梯底坑深度、顶层高度　　　　　　　　　　　　　　表 26.6.2

速度 （m/s）	提升高度 （m）	底坑深度（mm）		顶层高度 （mm）
		无对重安全钳	有对重安全钳	
1.0	$G \leqslant 30$	1420	1650	4050
	$30 < G \leqslant 60$			4100
1.6	$G \leqslant 30$	1550	1750	4200
	$30 < G \leqslant 60$			4250
1.75	$G \leqslant 30$	1600	1750	4300
	$30 < G \leqslant 60$			4350

注：以上为三菱电梯有限公司产品，具体的底坑深度、顶层高度由各电梯厂提供。

3. 观光电梯宜选用液压电梯或无机房曳引驱动电梯，额定速度不宜超过 2.5m/s，常选用 1.0～1.5m/s，提升高度与额定速度成正比。

26.7 自动扶梯及自动步道

26.7.1 自动扶梯

自动扶梯是建筑物楼层间运输效率最高的载客设备。适用于车站、码头、地铁、航空港、商场及公共大厅等人流量较大场所。目前国内生产的自动扶梯梯级宽度约 600～1200mm。自动扶梯的倾角为 27.3°、30°和 35°。在楼层高度或梯长不超过规定尺寸时可为两点支承，当超过时必须设中间支承点。支承点支反力详见电梯厂样本。

自动扶梯可单台设置，也可以双台并排设置，见图 26.7.1，纵向剖面见图 26.7.2。图中 T_K=2.0～5.5m，T_J=2.4～6.0m，扶梯总长 L_L 及大跨扶梯中间支点的定位由电梯厂家确定。

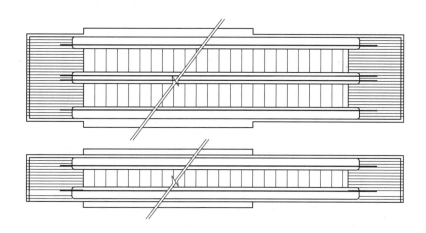

图 26.7.1 单台及双台并排平面

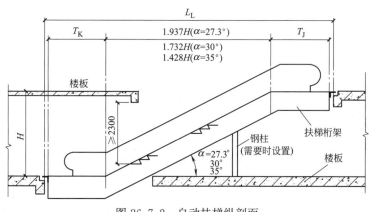

图 26.7.2 自动扶梯纵剖面

自动扶梯通过扶梯桁架将荷载传递到建筑物结构构件上，当端部为支承梁时，梁面成缺口并预埋 M-1 与扶梯桁架焊接连接，见图 26.7.3。当底层为楼板时应设置底坑，见图 26.7.4。中间支点一般在楼面梁上预埋螺栓与扶梯桁架用钢柱连接，见图 26.7.5。

26.7.2 自动步道

自动步道可水平连续输送乘客，运输效率高，其最大倾斜角≤12°，适用于大型交通建筑。目前国内生产的自动步道有水平式和小角度倾斜式，梯宽度有 800mm、1000mm、1200mm 等。梯桁架与自动扶梯一样需有支点支承，支承点的设置和支反力详见电梯厂样本。

自动步道平面详见图 26.7.6，纵向剖面见图 26.7.7。图中 T_K=1.2～1.3m，T_J=1.6～2.5m，扶梯桁架支点的间距 L_A、L_B、L_C、L_D 及扶梯总长 L_L 由电梯厂家确定。

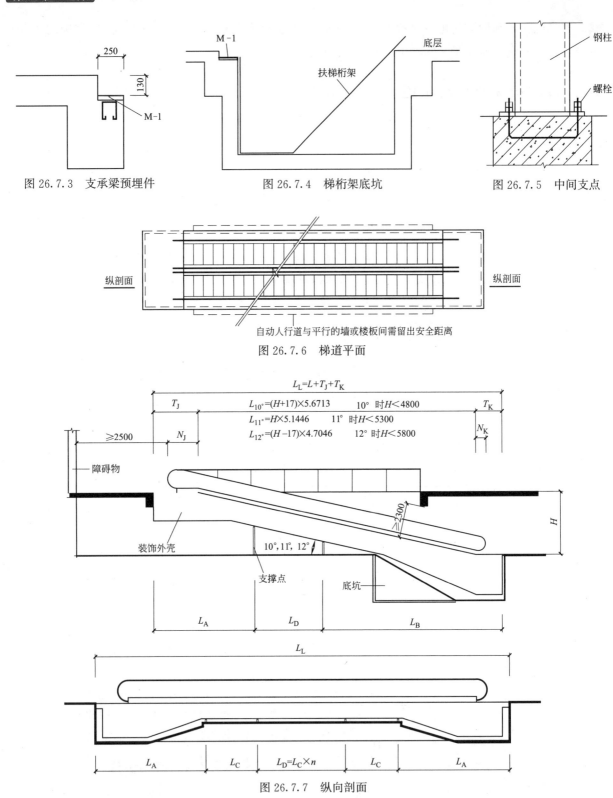

图 26.7.3　支承梁预埋件　　　　图 26.7.4　梯桁架底坑　　　　图 26.7.5　中间支点

自动人行道与平行的墙或楼板间需留出安全距离

图 26.7.6　梯道平面

$L_L = L + T_J + T_K$

$L_{10°} = (H+17) \times 5.6713$　　10°时 $H < 4800$

$L_{11°} = H \times 5.1446$　　　11°时 $H < 5300$

$L_{12°} = (H-17) \times 4.7046$　　12°时 $H < 5800$

$L_D = L_C \times n$

图 26.7.7　纵向剖面

参 考 文 献

[1]　中国建筑标准设计研究院 . 电梯　自动扶梯　自动人行道：13J404［S］. 北京：中国计划出版社，2013.

第27章 变形缝及施工缝

27.1 伸缩缝

1. 伸缩缝的最大间距

伸缩缝的最大间距宜满足表 27.1.1 的要求。

伸缩缝的最大间距   表 27.1.1

结构类型	施工方式	最大间距(m)
框架	装配式	75
	现浇式	55
剪力墙	装配式	65
	现浇式	45

注：1. 框架-剪力墙结构的伸缩缝间距可根据结构的具体布置情况取表中框架结构与剪力墙结构之间的数值。

    2. 当屋面无保温或隔热措施，或位于气候干燥地区、夏季炎热且暴雨频繁地区的结构，可适当减小伸缩缝间距。

    3. 当混凝土的收缩较大或室内结构因施工外露时间较长时，伸缩缝间距应适当减小。

    4. 有经验并采取可靠措施时，伸缩缝间距可适当放宽。

2. 增大伸缩缝间距的措施

（1）在顶层、底层、山墙、内纵墙端开间等温度变化影响较大的部位提高配筋率。对于剪力墙结构，这些部位的最小构造配筋率为 0.25%，实际工程一般在 0.3% 以上。

（2）顶层加强保温措施并设置架空通风屋面，外墙设置外保温层。

（3）现浇结构每隔 30~40m 留施工后浇带。后浇带只是施工期间保留的临时性收缩缝，可以减少施工期间混凝土收缩的影响。后浇带宜相对低温合拢。

（4）剪力墙结构纵向两端顶层墙采用细直径密间距的配筋方式。钢筋直径≤10mm，间距一般为 150mm。

（5）现浇结构楼板中配置温度筋。配置直径较小（一般用 ϕ8）、间距较密（150mm 左右）的温度筋，能起到良好的作用。

（6）混凝土板内设置预应力筋，使板保持一定的预压应力。

（7）采用收缩小的水泥、减少水泥用量、在混凝土中加入适当的外加剂，减少混凝土的收缩。

（8）地下室不宜设置变形缝。当地下室超过伸缩缝最大间距时，可考虑利用混凝土后期强度，降低水泥用量；也可设置贯通顶板、底板和墙体的后浇带。

（9）采用跳仓浇筑、设置控制缝等施工方法，并加强施工阶段混凝土的振捣和养护。

3. 超长地下室伸缩缝的凹槽做法

超长地下室结构设置伸缩缝，同时为兼顾分缝处易渗水、漏水的问题，可考虑采用凹槽缝做法：

（1）顶板凹槽伸缩缝做法一，如图 27.1.1 所示。

（2）顶板凹槽伸缩缝做法二，如图 27.1.2 所示。

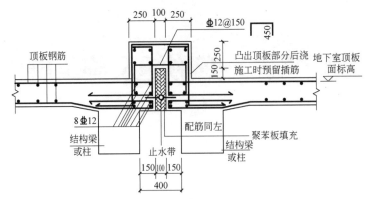

图 27.1.1 顶板凹槽伸缩缝做法（一）

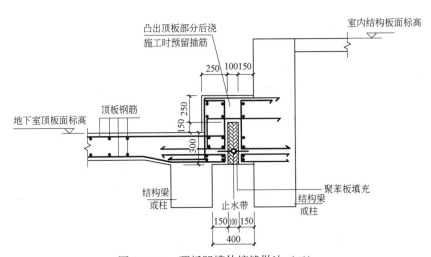

图 27.1.2 顶板凹槽伸缩缝做法（二）

27.2 沉降缝

1. 沉降缝的设置部位

（1）建筑物平面的转折部位。

（2）建筑物层数和荷载相差较大处。

（3）长高比过大的钢筋混凝土框架结构的适当部位。

（4）利用天然地基时，地基土的压缩性有显著差异处。

（5）建筑结构或基础类型不同处。

（6）分期建造房屋的交界处。

2. 沉降缝的宽度

高层建筑的沉降缝宽度不小于 120mm，且应考虑由于基础转动产生结构顶点位移的要求。抗震设防的建筑物还应满足防震缝宽的要求。

3. 高层部分与低层部分之间不设沉降缝的措施和实例

（1）采用桩基，桩支承在基岩上或低压缩性的坚硬土层上，使基础仅有较小的沉降值，使高层部分与低层部分的沉降差在允许的范围内。

（2）高层部分与低层部分采用不同的基础形式，例如高层用筏基，低层用单独柱基，调整土压力使后期沉降值基本接近。高低层之间留后浇带。

（3）地基承载力高、分布均匀、高层部分与低层部分的差异沉降较小时，通过对由于差异沉降使基础及上部结构产生的内力的计算，对基础及上部结构进行配筋加强。

（4）高层部分与低层部分留后浇带的工程做法，如图27.2.1所示，连接处位于低层部分。

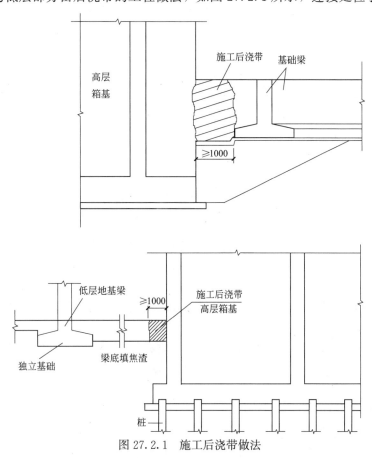

图 27.2.1　施工后浇带做法

27.3　防震缝

1. 钢筋混凝土结构宜选用合理的建筑结构方案不设防震缝，下列情况下宜设防震缝。

（1）建筑平面尺寸（图27.3.1）超过表27.3.1限值而无相应的加强措施。

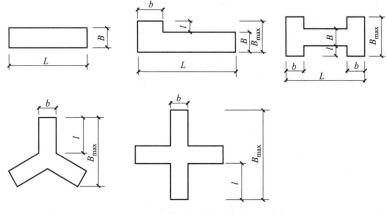

图 27.3.1　建筑平面尺寸

（2）建筑结构有较大错层和各部分结构的刚度及荷载相差较大，而未采取有效加强措施。

2. 当必须设置防震缝时，其最小宽度应符合下列要求。

建筑平面尺寸限值   表 27.3.1

设防烈度	L/B	l/B_{max}	l/b
6 度、7 度	≤6.0	≤0.35	≤2.0
8 度、9 度	≤5.0	≤0.30	≤1.5

(1) 框架结构房屋，高度不超过 15m 的部分，不应小于 100mm；超过 15m 的部分，6 度、7 度、8 度和 9 度相应每增加高度 5m、4m、3m 和 2m，宜加宽 20mm；

(2) 框架-剪力墙结构房屋可按第（1）项规定数字的 70%采用，剪力墙结构房屋可按第（1）项规定数字的 50%采用，但二者均不宜小于 100mm；

(3) 防震缝两侧结构体系不同时，防震缝宽度应按不利的结构类型确定；防震缝两侧的房屋高度不同时，防震缝宽度应按较低的房屋高度确定；

(4) 当相邻结构的基础存在较大沉降差时，宜增大防震缝的宽度。

3. 防震缝的设置要求。

(1) 防震缝、伸缩缝和沉降缝应结合考虑，伸缩缝和沉降缝应满足防震缝的要求，防震缝宜沿房屋全高设置。当不兼作沉降缝时，地下室、基础可不设防震缝，但在与上部防震缝对应处应加强构造和连接；

(2) 防震缝两侧宜设置双墙或双榀框架，结构单元之间或主楼与裙房之间如无可靠措施，不应采用牛腿托梁的做法设置防震缝；

(3) 8、9 度抗震设计的框架结构房屋，防震缝两侧结构层高相差较多时，防震缝两侧框架柱的箍筋应沿房屋全高加密，并可根据需要沿房屋全高在缝两侧各设置不少于两道垂直于防震缝的防撞墙。

4. 不设防震缝的条件和加强措施。

(1) 调整平面形状和尺寸，使建筑结构成为规则均匀的结构；

(2) 应采取符合实际的计算模型，分析判明其应力集中、变形集中或地震扭转效应等导致的易损部位，采取相应的加强措施；

(3) 加强楼板刚度和结构整体刚度，避免拐角处楼梯间、电梯间等楼板开洞处造成薄弱部位；

(4) ╫字形、井字形等外伸长度较大的建筑，当中央部分楼、电梯间使楼板有较大削弱时，应加强楼板以及连接部位墙体的构造措施，必要时还可在外伸段凹槽处设置连接梁或连接板；

(5) 楼板开大洞口削弱后，宜采取以下构造措施予以加强：

1) 加厚洞口附近的楼板，提高楼板内配筋率；采用双层双向配筋，或加配斜向钢筋；

2) 洞口边缘设置边梁、暗梁；

3) 在楼板洞口角部集中配置斜向钢筋。

27.4 施工缝

1. 混凝土初凝后浇筑下一阶段混凝土时，应按施工缝处理。施工缝宜留在结构受力较小部位，如跨中 1/3 处等。

2. 施工缝处的构造措施。

(1) 在二次浇捣混凝土前，应清除混凝土表面的浮浆、浮石及杂物，并浇水湿润。

(2) 受力较大或重要部位留施工缝，宜预留插筋或构造钢筋，加强新、老混凝土之间的连接；或在连接部位做成凹凸槽齿，加强抗剪能力。

(3) 地下室外墙留水平施工缝时，施工缝宜留在板面以上 500mm 处，且应设置钢板止水带或专用橡胶止水条。

27.5 后浇带

1. 为了减少混凝土收缩对结构的不利影响，可采用设置后浇带的措施。带宽 800~1000mm，钢筋采用搭接接头，后浇带混凝土宜在 45d 相对低温入模后浇筑。其混凝土强度等级宜提高一级，并宜采用无收缩混凝土。地下室后浇带应贯通顶板、底部及墙板，可设置在柱距三等分的中间范围内以及剪力墙附近，其方向宜与梁正交，沿竖向应在结构同跨内；底板及外墙的后浇带宜增设附加防水层。

2. 后浇带的设置部位。

（1）后浇带的位置宜选择在结构内力较小的部位，一般选在柱跨三等分的中间部位，或从梁、板的 1/3 跨部位通过，或从纵横墙相交的部位或门洞口的连接处通过；

（2）为了不影响高层部分与低层部分各自主体施工，施工后浇带可设在高层部分与低层部分连接跨的跨中范围内。根据高层部分与低层部分的沉降观测结果，待沉降速率相对稳定后，方可进行后浇带混凝土施工。

3. 后浇带的工程实例见图 27.5.1。

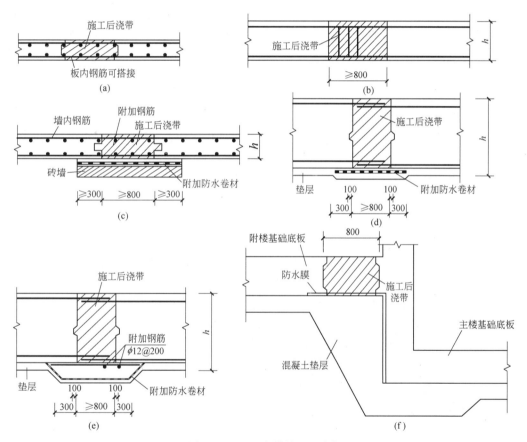

图 27.5.1 后浇带的工程实例

（a）现浇板；（b）现浇梁；（c）挡土墙或地下室外墙；（d）基础底板（做法一）；
（e）基础底板（做法二）；（f）有防水要求的施工后浇带混凝土垫层

参 考 文 献

[1] 建筑抗震设计规范：GB 50011—2010（2015 年版）[S]. 北京：中国建筑工业出版社，2016.

[2] 高层建筑混凝土结构技术规程：JGJ 3—2010 [S]. 北京：中国建筑工业出版社，2010.

[3] 混凝土结构设计规范：GB 50010—2010（2015 年版）[S]. 北京：中国建筑工业出版社，2015.

第28章　结构特殊构造

28.1　擦窗机

擦窗机是高层建筑物外墙立面和采光屋面清洗、维护作业的常设专用设备。其最大的特点是非标准性机电设备，需根据建筑物的高度、立面及楼顶结构、承载、设备行走的有效空间，设计不同形式的擦窗机。既要考虑到安全、经济、实用，又要考虑到安装的擦窗机能与建筑物协调一致，不影响建筑物的美观。所以擦窗机的选型与建筑设计及施工等密切相关。擦窗机是室外高空载人设备，因此对擦窗机的安全性和可靠性要求非常高。

28.1.1　擦窗机的作用

维护——可以承载两名工作人员对建筑物外饰面进行检查和维护。

清洁——可以承载两名工作人员定期对建筑物外饰面进行保洁、维修，可以使建筑物的外观保持整洁并风貌常新。

应急——在火灾等特殊情况下，可以垂直运送被困人员。

运输——可以垂直吊运一些电梯无法运送的物品和设备。

28.1.2　擦窗机的分类与选型考虑因素

按照擦窗机标准可分为：屋面轨道式（简称轨道式）、轮载式、悬挂轨道式（简称悬挂式）、滑车式和插杆式、滑梯式。

针对每一栋大楼的独特建筑形式和功能，在选用擦窗机时，应从安全性、经济性、实用性这三大原则的基础上，按以下几点进行考虑。

(1) 优先选用轨道式，自动化程度高，安全可靠；

(2) 楼顶空间通道、立面结构等是否适合所选择的擦窗机型式；

(3) 选用的擦窗机是否满足结构承载要求；

(4) 选用的擦窗机尽量不影响建筑物的美观；

(5) 擦窗机的造价业主能否承受；

(6) 能否选用最少台数，完成整个大厦的作业。

高档高层建筑擦窗机的安装就好比电梯，已成为一个不可缺少的常设设备，在建筑设计时就应考虑擦窗机的安装形式，结构设计的承载要求，楼顶的预留通道，与擦窗机专业公司、幕墙公司的配合设计等。

28.1.3　擦窗机的形式及其配置

1. 轨道式擦窗机

轨道式擦窗机使用最为广泛。这种形式的擦窗机可沿轨道电动行走。它具有行走平稳、就位准确、安全装置齐全、使用安全可靠、自动化程度高等特点。安装轨道式擦窗机必须满足结构承载要求，并预留出擦窗机的行走通道等。

该机型具体可分为以下几种。

（1）双臂动臂变幅形式

该机型是一种小型擦窗机设备，工作幅度相对较小，机重较轻，其主要机械结构形式、轨道布置情况、受力图以及产品主要尺寸变化范围和功能，见图 28.1.1、表 28.1.1 和表 28.1.2。

双臂动臂变幅形式擦窗机产品主要尺寸（mm）　　　　　　　　　　　　表 28.1.1

A	B	C	D	E	r	R
≥250	800～1300	≤4500	2000	≥350	800～1000	B+r

双臂动臂变幅形式擦窗机产品运行功能　　　　　　　　　　　　表 28.1.2

工作幅度 C(mm)	整机重量 W(kg)	轨距 B(mm)	轮距 F(mm)	最大受力 （每点）(kg)	预留通道 A+B+F(mm)
1000～2500	≤3000	800～1200	1200	W×40%	≥1200
2600～4500	3000～5000	1000～1300	1200～1500	W×40%	≥1200

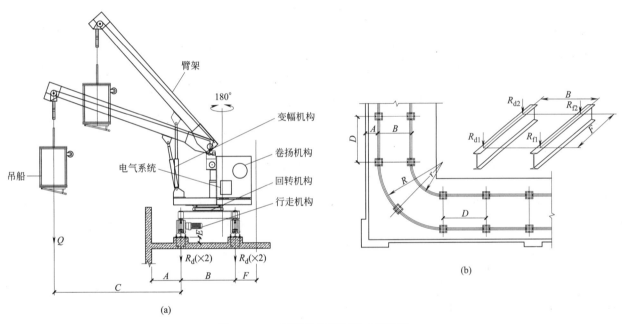

图 28.1.1　双臂动臂变幅形式擦窗机
（a）双臂型式；（b）轨道布置及受力图

（2）燕尾臂形式

该机型是轨道式中最常用的一种中型设备，适用范围广，一般复杂的建筑立面均可采用此机型。该擦窗机工作时，臂架垂直女儿墙时达到最大幅度；其他位置通过臂头回转，使吊船平行外墙立面进行工作。伸展吊船可清洗凹立面。燕尾臂形式擦窗机又分水平臂形式和俯仰臂形式。这两种形式擦窗机的主要机械结构形式、产品主要尺寸变化范围和功能，见图 28.1.2、表 28.1.3 和表 28.1.4。

燕尾臂形式擦窗机产品主要尺寸（mm）　　　　　　　　　　　　表 28.1.3

A	B	C	D	E	r	R
≥250	1200～2000	4000～15000	2000	≥350	1000	B+r

（3）伸缩臂形式

该机型是一种大型的擦窗机设备，适用于楼顶面较多，多台擦窗机很难完成整个大楼的作业时常采

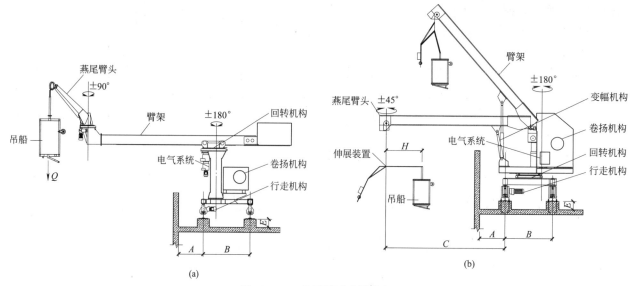

图 28.1.2 燕尾臂形式擦窗机
（a）水平臂形式；（b）俯仰臂形式（带伸展吊船）

燕尾臂形式擦窗机产品运行功能   表 28.1.4

工作幅度 C(mm)	整机重量 W(kg)	轨距 B(mm)	轮距 F(mm)	最大受力 （每点）(kg)	预留通道 （距女儿墙内侧）(mm)
4000～6000	5000～8000	1200～1500	1500～1800	$W×40\%$	≥1600
6000～8000	8000～10000	1500～1800	1800～2200	$W×40\%$	≥1800
8000～12000	10000～12000	1500～1800	2000～2500	$W×40\%$	≥2000
12000～15000	12000～15000	1500～2500	2000～2500	$W×40\%$	≥2000

用伸缩臂擦窗机。其主要机械结构形式及产品主要尺寸变化范围和功能，见图 28.1.3、表 28.1.5 和表 28.1.6。

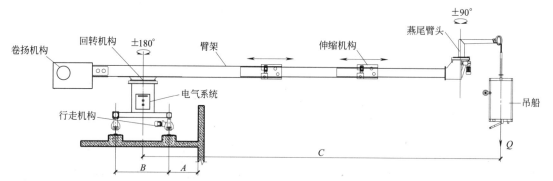

图 28.1.3 伸缩臂形式擦窗机

伸缩臂形式擦窗机产品主要尺寸（mm）   表 28.1.5

A	B	C	D	E	r	R
≥300	2000～3500	≥10000	1500～2000	≥350	1000	$B+r$

（4）附墙轨道式

该机型为小型擦窗机设备。当楼顶擦窗机通道尺寸在 500～1000mm 时，其他轨道式不宜布置时可选择此机型。其主要机械结构形式、轨道布置情况、受力图以及产品主要尺寸变化范围和功能，见图 28.1.4、表 28.1.7 和表 28.1.8。

伸缩臂形式擦窗机产品运行功能　　　　表 28.1.6

工作幅度 C(mm)	整机重量 W(kg)	轨距 B(mm)	轮距 F(mm)	最大受力 (每点)(kg)	预留通道 (距女儿墙内侧)(mm)
10000~15000	≤15000	1800~2000	≤2500	W×40%	≥2500
15000~20000	15000~22000	2500~3500	2500~3200	W×40%	≥3000
20000~30000	18000~35000	3000~4000	3000~4000	W×40%	≥3500

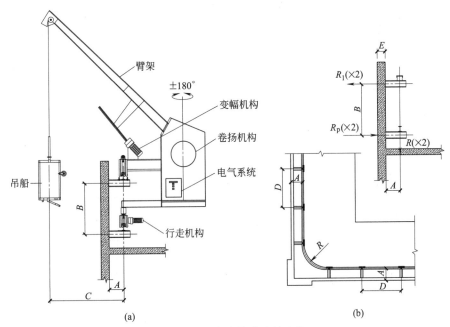

图 28.1.4　附墙轨道式擦窗机

(a) 附墙式擦窗机；(b) 轨道布置图

附墙轨道式擦窗机产品主要尺寸（mm）　　　　表 28.1.7

A	B	C	D	E	r	R
≥300	500~800	≥1000	1500~2000	≥250	1000	B+r

附墙轨道式擦窗机产品运行功能　　　　表 28.1.8

工作幅度 C(mm)	整机重量 W(kg)	轨距 B(mm)	轮距 F(mm)	最大受力(每点)(kg)		预留通道 (距女儿墙内侧)(mm)
				水平力	垂直力 (下轨)	
1000~2000	2500~3000	500~800	1500	1000	W×50%	≥500
2000~3000	3000~3500	500~800	1500~1800	1500	W×50%	≥500
3000~5000	3500~5000	800	1800~2200	2000	W×50%	≥500

2. 轮载式擦窗机

该机型为小型擦窗机设备，适用于楼顶布置花园平台、观光平台的场合，不影响楼顶布置的整体美观。其主要机械结构形式、轨道布置情况以及产品主要尺寸变化范围和功能，见图 28.1.5、表 28.1.9 和表 28.1.10。

轮载式擦窗机产品主要尺寸（mm）　　　　表 28.1.9

A	B	C	D	E	F	R
≥150	≥1200	≥1000~3000	1000	≤30	150	1000

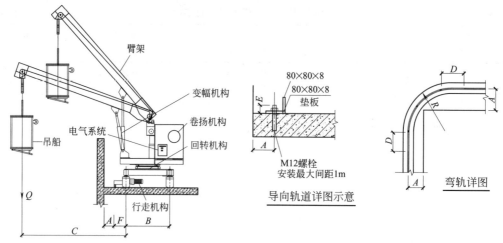

图 28.1.5 轮载式擦窗机

轮载式擦窗机产品运行功能　　　　　　　　　　　　　表 28.1.10

工作幅度 C(mm)	整机重量 W(kg)	轮距 (mm)	最大受力 (每点)(kg)	预留通道 (距女儿墙内)(mm)
1000～2000	2500～4000	1500	W×40%	≥1500
2000～3000	4000～6500	1500～2000	W×40%	≥1500

轮载式擦窗机的行走通道屋面必须为混凝土刚性屋面，坡度小于2%。

3. 滑车式、插杆式擦窗机

该机型为小型擦窗机设备，由滑车（或插杆）、电动吊船组成。该电动吊船与轨道式吊船不同，它自身配置有升降的提升机、安全锁、收缆器等。该擦窗机就位操作麻烦、常布置于裙房和楼顶的局部位置。但其价格便宜，业主以造价为首选条件时，常采用此方案。

（1）滑车式擦窗机

滑车式擦窗机自重较轻，自重加额载≤1000kg，其受力主要为女儿墙承受弯矩，$M=650 \times H \times 1.25$（kg·m）（1.25为动载系数）。其主要机械结构形式、轨道布置情况、受力图以及产品主要尺寸变化范围，见图 28.1.6 和表 28.1.11。

（2）插杆式擦窗机

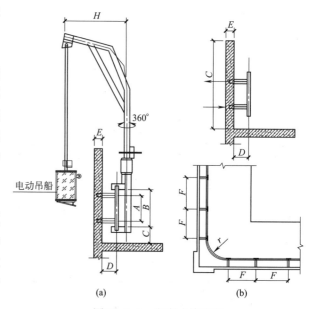

图 28.1.6 滑车式擦窗机
（a）滑车式擦窗机；（b）轨道布置及受力图

插杆式擦窗机的结构受力可参照滑车式擦窗机计算。其坐地插杆、附墙插杆和插座布置图见图 28.1.7，产品主要尺寸变化范围见表 28.1.12。

滑车式擦窗机产品主要尺寸（mm）　　　　　　　　　　　　表 28.1.11

A	B	C	D	E	F	H
400	700	≥350	≥180	≥250	1500～2000	≤2000

插杆式擦窗机产品主要尺寸变化范围（mm）　　　　　　　　表 28.1.12

A	B	D	E	F
350	400	～2000	500～800	≥350

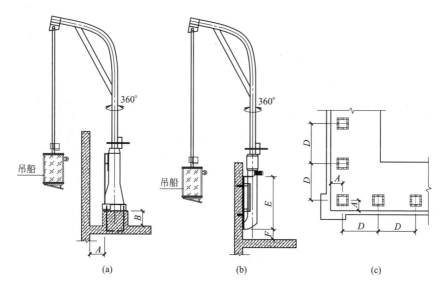

图 28.1.7　插杆式擦窗机

（a）坐地插杆；（b）附墙插杆；（c）插座布置图

4. 悬挂式擦窗机

此机型为小型擦窗机设备，由高强铝合金轨道、爬轨器、电动吊船等组成。该电动吊船与插杆式相同，它自身配置有升降的提升机、安全锁、收缆器等。适用于楼顶层面较多或空间较小、建筑造型复杂、其他擦窗机不易安装的场合。

悬挂式擦窗机外立面布置和屋檐阴藏式布置情况，见图 28.1.8，图中 $A=750$mm，$B=100$mm。

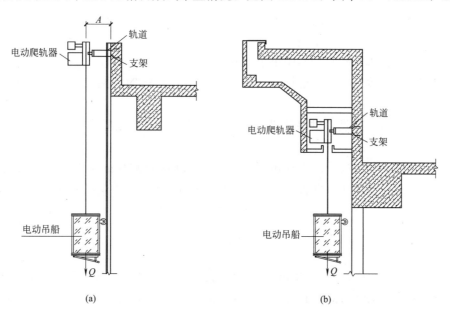

图 28.1.8　悬挂式擦窗机

（a）外立面；（b）屋檐阴藏式布置

5. 滑梯式擦窗机

此机型主要由电动行走机构、铝合金或钢结构滑梯等组成。用于清洗内外弧形、水平、倾斜的玻璃天幕等。

滑梯式擦窗主要机械结构形式、轨道布置情况以及产品主要尺寸变化范围，见图 28.1.9 和表 28.1.13。

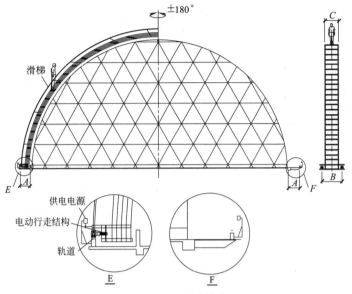

图 28.1.9　滑梯式擦窗机

滑梯式擦窗机产品主要尺寸变化范围（mm）   表 28.1.13

A	B	C
≥300	1000	800

28.1.4　建筑设计相关要求

1. 建筑物应能承受擦窗机及其附件的重量，并须经过注册建筑师的批准。

2. 建筑物在设计和建造时应便于擦窗机安全安装和使用。

3. 安装擦窗机用的预埋螺栓直径不应小于 16mm。

4. 为保证吊船在建筑物表面正常运行，当作业高度超过 30 m 时宜配置固定的导向装置（设备自带除外）。

5. 建筑物的适当位置，应设置供擦窗机使用的电源插座。该插座应防雨、安全、可靠。紧急情况能方便切断电源。

6. 高档高层建筑擦窗机的安装就好比电梯，已成为一个不可缺少的常设设备，在建筑设计时就应考虑擦窗机的安装形式，结构设计的承载要求，楼顶的预留通道，与擦窗机专业公司、幕墙公司的配合设计等。

28.1.5　工程实例

武汉保利广场总建筑面积约 14.4 万 m²，地上分为主楼、副楼及裙楼。其中主楼 46 层，屋面标高 209.900m，副楼 20 层，屋面标高 101.000m，裙楼 8 层，屋面标高 51.000m。结构正立面图见图 28.1.10，结构整体照片见图 28.1.11。

主楼采用液压仰俯臂轨道式擦窗机，属燕尾臂型式中的一种，工作时液压系统支撑大臂扬起，吊船跨过女儿墙，通过主机以及小臂头的回转，可使擦窗机吊船与幕墙立面平行且保持合理的作业距离，实现玻璃的更换、幕墙的清洗、维护。不工作时，液压系统支撑大臂扬起，吊船跨过女儿墙至幕墙内侧，主机行走至屋面停机位置，大臂放平，整机完全隐藏于幕墙内侧，不会影响建筑外观。液压仰俯臂轨道式擦窗机机型图 28.1.2（b）。升降速度 10m/min，行走速度 6m/min，工作臂最大水平长度 3800mm，整机自重 5800kg，适用高度 220m。擦窗机轨道间距为 1500mm，轨道焊接于轨道支撑梁上方的预置钢

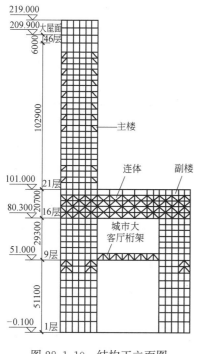

图 28.1.10　结构正立面图

图 28.1.11　结构整体照片

板上，屋顶擦窗机轨道平面布置及工作示意图见图 28.1.12，吊船在最大幅度处工作时轨道的受力见图 28.1.13，轨道钢支座见图 28.1.14，轨道混凝土支座见图 28.1.15。

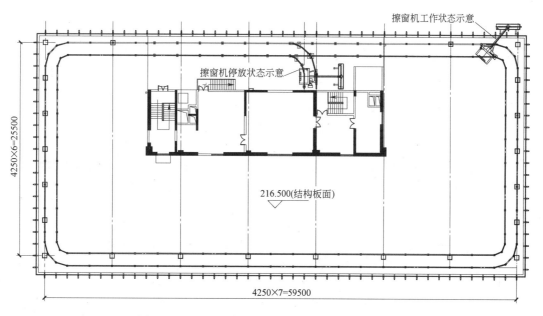

图 28.1.12　屋顶擦窗机轨道平面布置及工作示意图

　　裙楼副楼均采用悬挂式擦窗机。根据幕墙表面装饰格栅间距为 1416mm，在两个装饰格栅中间设置挂点，水平间隔为 1416mm。裙楼挂点节点图见图 28.1.16，副楼挂点节点见图 28.1.17。

　　连接体擦窗机采用悬挂于 16 层楼板底部的悬挂式擦窗机，系统由 2 处投放孔、4 套回转盘、4 套轨道、1 处爬轨器出入口、2 套爬轨器和 1 台 2m 标准电动吊船（8 根钢丝绳）、基础连接挂架等组成。擦窗机转换轨道节点详图见图 28.1.18，擦窗机轨道标准节点详见图 28.1.19。

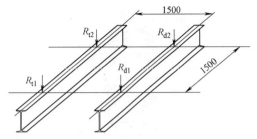

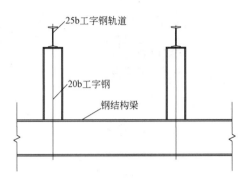

图 28.1.14　轨道钢支座示意图

吊船在最大幅度处工作时轨道的受力（设计值）：

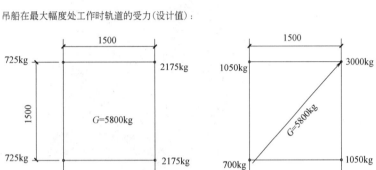

图 28.1.13　轨道的受力示意图

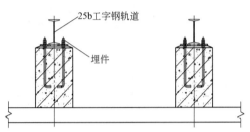

图 28.1.15　轨道混凝土支座示意图

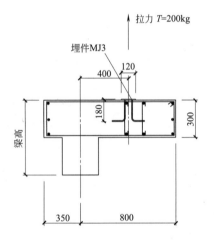

图 28.1.16　裙楼挂点节点图

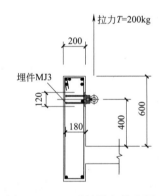

图 28.1.17　副楼挂点节点图

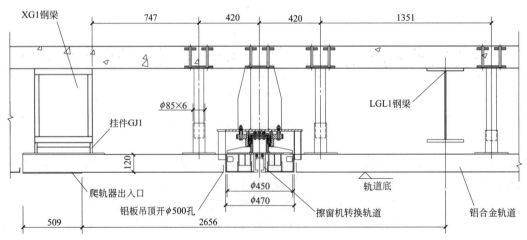

图 28.1.18　擦窗机转换轨道节点详图

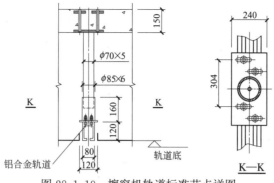

图 28.1.19　擦窗机轨道标准节点详图

28.2　旋转餐厅

1. 旋转餐厅一般设置于高层建筑的顶部，平面为围绕楼、电梯间形成环形楼面，环形楼面下楼板结构设计成凹槽形，设置轮子架、环形钢轨及转动系统。旋转餐厅环形楼面旋转宽度一般为 3.5～6.0m，转动速度为每圈 1h 至每圈 2h 两种。楼面面层为地毯，两层 19mm 厚多层木夹板之间衬 0.8mm 厚薄钢板，折线形木龙骨，工字钢大龙骨，大龙骨支承在两条钢轨上，钢轨平面为圆形，落在内外圈一定数量直径为 150mm 的轮子上；轮子的轮轴与支架间装有滚珠轴承，支架用胀管螺栓与混凝土楼板固定；为减少振动和消声，在轮子支架底部衬有橡胶垫。环形楼面下设有两套电动机，通过变速系统带动二个水平主动轮和被动轮通过摩擦夹带水平滑轮间、与钢大龙骨相连的工字钢轨向前移动。为了固定环形楼面的平面位置，在内圈钢轨的外侧面，每隔一个轮子装有一水平轮，顶住内圈钢轨的侧面。深圳国贸中心的旋转台平面见图 28.2.1，剖面见图 28.2.2。

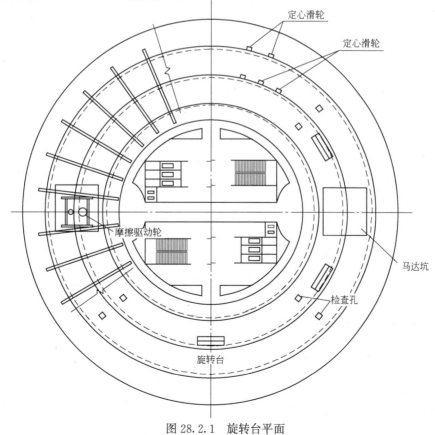

图 28.2.1　旋转台平面

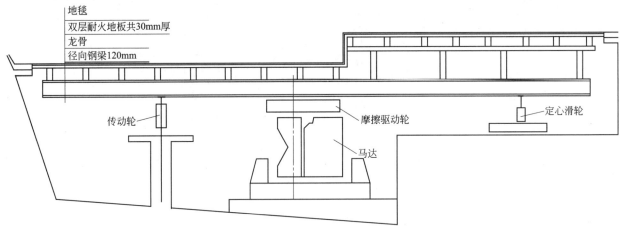

图 28.2.2　旋转台剖面

2. 旋转餐厅的结构与主体结构的关系可分为：外挑式和内收式。大多数为外挑式。外挑式旋转餐厅的结构，可根据主体结构布置情况、塔楼层数和高度、施工技术条件，选用不同的支承形式和材料。

（1）旋转餐厅楼层，采用钢筋混凝土或钢悬挑梁，支承本层楼面结构及上部结构。

（2）旋转餐厅楼层、上部结构，分别采用钢筋混凝土梁或桁架、钢桁架，分层悬挑。

（3）在屋顶采用钢悬挑梁或桁架，在外端设钢吊杆将旋转餐厅楼层或下部塔楼楼层梁外悬挂在上部钢悬挑梁或桁架上，内端支承在主体结构的剪力墙或筒体上，见图 28.2.3。

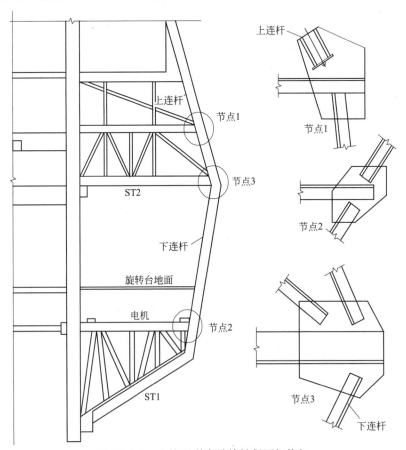

图 28.2.3　上海远洋宾馆旋转餐厅钢桁架

旋转餐厅外挑式结构，当挑出尺寸不超过 6m 时，采用钢筋混凝土梁或桁架，这样与中央竖向构件连接方便，但是自重较大，对抗震不利。因此，当挑出尺寸较大，或为减轻自重和地震效应，可采用钢结构，但是用钢量大，造价较高，钢梁或钢桁架与混凝土竖向构件连接稍复杂，并且应特别注意屋顶悬挑梁或桁架的抗倾覆问题。

3. 旋转餐厅塔楼的竖向荷载，包括结构自重、建筑内外装饰、旋转餐厅的驱动设备和环形楼面、其他机电设备、水箱以及使用荷载。其中旋转餐厅的驱动设备、环形楼面的钢轨、地板龙骨的重量应由设备制造厂家提供，使用荷载可按一般公共餐厅荷载取用。

屋顶上当设有直升机停机坪时，还应计算直升机所引起的结构内力。旋转餐厅塔楼的风荷载一般都比较大，应按有关规定计算。其中体型系数可采用：

圆形 $\mu_s = 0.8$；

多边形 $\mu_s = 0.8 + 1.2/\sqrt{n}$；

式中 n 为正多边形的边数。

旋转餐厅塔楼的窗玻璃、玻璃幕墙应采用加大局部风力系数进行风力作用下的承载力和变形验算。加大的局部风载体型系数为：

迎风面最大风压力时， $\mu_s = 1.5$；

背风面和侧面风吸力时， $\mu_s = -1.5$。

旋转餐厅塔楼位于房屋的顶部，需关注其质量和刚度的高振型鞭梢效应的影响。

在水平地震作用下，不论采用底部剪力法、振型分解反应谱法，还是时程分析法，旋转餐厅塔楼均应计入计算模型。

当塔楼高度较小，采用简化的底部剪力法进行计算时，塔楼地震剪力的放大系数 β_n 可根据其质量和刚度，按表 28.2.1 查取，一般情况下 β_n 不宜小于 2.5。

突出屋面的小塔楼地震作用增大系数 β_n 表 28.2.1

结构基本周期 T_1(s)	K_n/K ⟍ G_n/G	0.001	0.01	0.05	0.10
0.25	0.01	2.0	1.6	1.5	1.5
	0.05	1.9	1.8	1.6	1.6
	0.10	1.9	1.8	1.6	1.5
0.50	0.01	2.6	1.9	1.7	1.7
	0.05	2.1	2.4	1.8	1.8
	0.10	2.2	2.4	2.0	1.8
0.75	0.01	3.6	2.3	2.2	2.2
	0.05	2.7	3.4	2.5	2.3
	0.10	2.2	3.3	2.5	2.3
1.00	0.01	4.8	2.9	2.7	2.7
	0.05	3.6	4.3	2.9	2.7
	0.10	2.4	4.1	3.2	3.0
1.50	0.01	6.6	3.9	3.5	3.5
	0.05	3.7	5.8	3.8	3.6
	0.10	2.4	5.6	4.2	3.7

注：K_n、K——分别为塔楼和主体结构的层刚度；

    G_n、G——分别为塔楼和主体结构重力荷载设计值。

悬挑式结构外伸水平长度大，应考虑竖向地震作用的影响。竖向地震作用标准值可按下式计算：

$$F_{Evk} = \pm \alpha_{Vmax} G \qquad (28.2.1)$$

式中 G——悬挑构件自重及承受的竖向荷载；

$\alpha_{V\text{max}}$——竖向地震影响系数的最大值，$\alpha_{V\text{max}}=0.65\alpha_{\text{max}}$。

竖向地震作用应考虑上、下两个方向的影响。

采用协同工作分析程序时，当塔楼由主体结构直接支承的情况，塔楼结构为主体结构的向上延伸部分，按主体结构进行空间协同工作计算。

采用空间三维分析程序时，是以空间杆件为基本计算单元，不受平面抗侧力结构假定的限制，因此，塔楼结构可按其实际情况，以杆件为单元，全部在计算中考虑。

28.3　直升机平台

1. 屋顶直升机场或屋面直升机停机坪，是指设置在建筑物屋顶之上供直升机起飞、降落和停留的设施。表 28.3.1 列出了部分直升机的有关参数可供参考。

部分直升机的技术数据　　　　　　　　　　　　　　　　表 28.3.1

机型	生产国	空重(kN)	最大起飞重量(kN)	尺寸			
				旋翼直径(m)	机长(m)	机宽(m)	机高(m)
Z-9A(直 9A)	中国	20.5	41	11.944	13.684	2.03	3.49
Z-11(直 11)	中国	11.2	22	10.69	13.01	1.8	3.14
AC310	中国	5.05	9.3	8.18	9.4	—	2.65
蜂鸟 E120/HC120	中、法、新加坡	8.5	15.5	10.2	11.54	1.5	3.27
EC135	欧洲	14.55	29.1	10.2	12.16	2.67	3.51
BO105	德国	13.01	25.0	9.94	11.86	—	3.02
MD600N	美国	9.53	21.32	8.4	11.2	2.5	2.7
MD902	美国	15.31	31.3	10.34	11.84	—	3.66
罗宾逊 R22	美国	3.85	6.21	7.67	8.74	1.98	2.71
罗宾逊 R44	美国	6.35	10.9	10.06	11.76	—	3.28
罗宾逊 R66	美国	5.81	12.25	10.06	11.66	2.34	3.46
恩斯特龙 F280FX	美国	7.19	10.15	9.75	8.92	—	2.79
恩斯特龙 F28F	美国	7.12	11.79	9.75	8.92	—	2.79
恩斯特龙 480B	美国	6.71	12.02	9.75	8.92	—	2.79
S-76C+	美国	25.4	53.07	13.41	13.22	2.13	4.52
S-300C	美国	4.99	9.3	8.18	9.4	1.99	2.65
S-333	美国	5.76	11.57	8.39	9.46	—	3.34
S-434	美国	5.76	13.15	8.39	9.46	1.92	3.34
贝尔 407	加拿大	12.14	22.68	10.66	10.58	—	3.1
贝尔 427	加拿大	17.43	29.48	11.28	10.94	—	3.49
A109E	意大利	15.7	30	11.0	13.04	2.88	3.5
A119	意大利	14.3	27.2	10.83	13.01	—	3.77

屋面直升机停机坪荷载可按局部荷载考虑，或根据局部荷载换算为等效均布荷载考虑。

（1）局部荷载标准值应按直升机实际最大起飞重量决定。当没有机型技术资料时，可按表 28.3.2 的规定选用荷载标准值及作用面积。

屋面直升机停机坪局部荷载标准值及作用面积　　　　表 28.3.2

直升机类型	最大起飞重量(t)	局部荷载标准值(kN)	作用面积(m²)
轻型	2	20	0.20×0.20
中型	4	40	0.25×0.25
重型	6	60	0.30×0.30

（2）屋面直升机停机坪的等效均布荷载标准值不应低于 $5kN/m^2$。

（3）屋面直升机停机坪荷载的组合值系数应取 0.7，频遇值系数应取 0.6，准永久值系数应取 0。

（4）直升机在屋面上的荷载，也应乘以动力系数，对具有液压轮胎起落架的直升机可取 1.4；其动力荷载只传至楼板和梁。

2. 屋顶机场主要组成部分是起飞着陆区，此外还有联系楼梯（或踏步）、消防设备器材、监控设备等辅助部分。直升机坪多设于宽阔的主要屋顶平台，其起飞着陆区四周应距各种突出物（如机房、楼梯间、电梯间、水箱间、金属天线等）5m 以上，以保证起降净空要求。起飞着陆区（起降区）形状为矩形（方形）或圆形。采用矩形时，长宽应分别取可能接纳的最大型直升机的总长、总宽的 2.0 倍和 1.5 倍；圆形起降区，直径取可能接纳的最大型直升机旋翼直径的 1.5 倍以上。

3. 停机坪屋面结构应采用较高强度的现浇整体钢筋混凝土结构或钢结构，结构形式可采用井字形梁板、悬臂式结构、桁架结构等。

参 考 文 献

[1] 擦窗机：GB/T 19154—2017 [S]. 北京：中国标准出版社，2017.
[2] 擦窗机安装工程质量验收标准：JGJ/T 150—2018 [S]. 北京：中国建筑工业出版社，2018.

第29章 减隔震与抗风控制设计

29.1 建筑结构减震与抗风控制总论

(一) 结构减震与抗风控制技术的发展背景和趋势

目前我国和世界各国普遍采用的传统抗震设计方法是，适当控制结构物的刚度，容许结构部件（如梁、柱、墙、节点等）在地震时进入非弹性状态，并且具有较大的延性，以消耗地震能量，减轻地震反应。使结构物"裂而不倒"。它的设防目标是"小震不坏，设计烈度可修，大震不倒"。这种传统抗震设计方法，在很多情况下是有效的，但存在下述的问题。

(1) 安全性：传统抗震设计方法是以既定的"设计烈度"作为设计依据的，当发生突发性超烈度地震时，房屋可能会严重破坏或倒塌。并且，由于地震的随机性，建筑结构的破损程度及倒塌可能性难以控制，安全性难以保证。

(2) 适用性：传统抗震设计方法容许建筑结构在地震中出现损坏，对于某些不容许在地震中出现破坏的建筑结构，或有贵重装饰的建筑结构，是不适用的。并且，这种传统抗震设计，主要考虑建筑结构和非结构构件的抗震，当建筑物内部有较重要的设备、仪器、计算机网络、急救指挥系统、通信系统、医院医疗设备等情况时，是不适用的。例如，1971 年美国旧金山地震时，加州 Sylmar 的电话总机屋结构只有轻微破坏，但内部通信设备严重毁坏而导致全地区电讯中断，抗灾指挥及抢救无法进行，所造成的损失难以估计。

(3) 经济性：传统抗震方法以"抗"为主要途径，通过加大结构断面，加多配筋来抵抗地震，其结果是断面越大，刚度越大，地震作用也越大，所需断面及配筋也越大，恶性循环，不仅难以保证安全，也大大提高"抗震"所需的建筑造价，导致抗震设防在不少地区难以被主动实施。

(4) 建筑技术的发展要求：随着建筑技术的发展，高强轻质材料越来越多地被采用（高强混凝土，混凝土-钢混合结构，高强钢材等），结构构件（柱，梁，墙等）断面越来越小，房屋高度越来越高，结构跨度越来越大，若要满足结构抗震和抗风要求，采用加大构件断面或加强结构刚度的传统抗震方法是不经济的，有时也是很难实现的。

所以，寻找一种既安全（在突发性的超烈度地震中不破坏，不倒塌），又适用（适用于不同烈度，不同建筑结构类型；既保护建筑结构本身，又保护建筑物内部的仪器设备；既满足抗震要求，又满足抗风要求），又经济（不过多增加建筑造价）的新结构体系和技术，已成为结构抗震抗风设计的迫切要求，这就是"结构减震与抗风控制"。这样，结构隔震 [图 29.1.1 (a)]，结构消能减震 [图 29.1.1 (b)]，结构被动质量调谐减震 [图 29.1.1 (c)]及结构主动、半主动控制 [图 29.1.1 (d)] 等就应运而生了。而由于隔震、消能和各种减震控制体系具有传统抗震体系所难以比拟的优越性：明显有效减震抗风（能使结构地震反应衰减至普通传统结构的 1/12～1/12 或更低，并且有效抗风）、安全、经济和适应性广等，它将作为一种崭新的减震和抗风结构体系，越来越广泛地在工程中被采用。

(二) 结构控制的内容及分类

结构减震与抗风控制是土木工程结构前沿领域，也是各学科交叉的新技术领域。目前，对其内容分类仍未明确统一，可按三种方法对其内容进行分类。

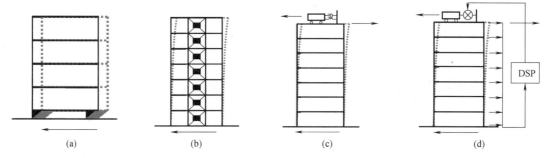

图 29.1.1 结构减震与抗风控制体系示意图

(a) 结构隔震；(b) 消能减震；(c) 质量调谐；(d) 主动/半主动控制

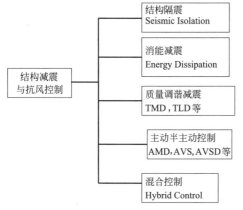

图 29.1.2 结构减震与抗风
控制按技术方法分类

第一种分类：按技术方法分类，见图 29.1.2。

第二种分类：按是否有外部能源输入分类，见图 29.1.3。

第三种分类：按与结构频率相关性分类，见图 29.1.4。

(三) 结构控制的减震机理

结构减震与抗风控制，是指在建筑结构的特定部位，装设某种装置（如隔震支座），或某种机构（如消能支撑；消能剪力墙；消能节点；消能器等），或装设某种子结构（如调频质量等），或施加外力（外部能量输入），以改变或调整结构的动力特性或动力作用，使工程结构在地震或风的作用下，其结构的动力反应（加速度、速度、位移）得到合理地控制，确保结构本身及结构中的人、仪器、设备、装修等的

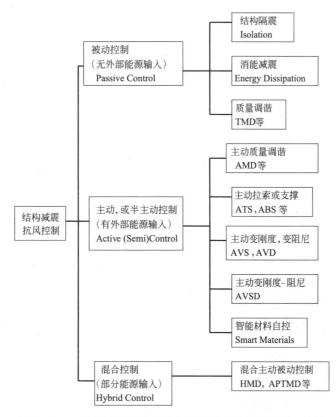

图 29.1.3 结构减震与抗风控制按是否有外部能源输入分类

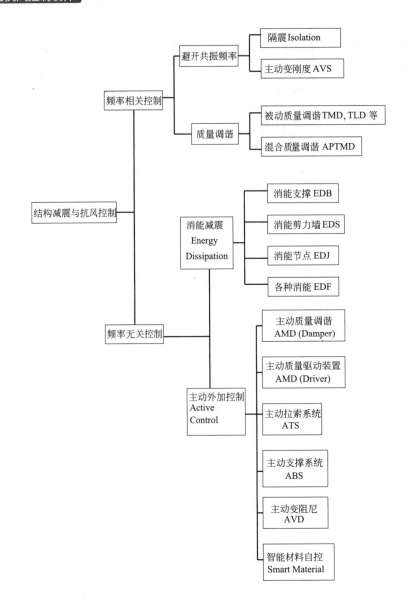

图 29.1.4 结构减震与抗风控制按与结构频率相关性分类

安全和处于正常的使用环境状况。这种结构体系，称为"结构减震与抗风控制体系"。其相关的理论、技术和方法，统称为"结构控制"。

结构减震与抗风控制的减震机理，可简单地用结构的动力方程式予以说明。一般结构的动力方程式为：

$$M\ddot{X}_s + C\dot{X}_s + KX_s = F(t) - M\ddot{X}_g \tag{29.1.1}$$

式中 M，C，K——结构的质量，阻尼和刚度；

$F(t)$——外部作用，包括风或其他可能施加的外力；

$\ddot{X}_s$，$\dot{X}_s$，X_s——结构在外部荷载作用下的加速度，速度和位移反应；

$\ddot{X}_g$——地面的地震加速度。

结构控制就是通过调整结构的自振频率 ω 或自振周期 T（通过改变 K，M），或增大阻尼 C，或施加外力 $F(t)$，以大大减小结构在地震作用下的地震反应，并设 $[\ddot{X}]$，$[\dot{X}]$，$[X]$ 为确保结构本身及结构中的人，仪器，设备，装修等的安全和处于正常使用环境状况所允许的结构加速度，速度和位移反应值。只要满足公式（29.1.2）即能确保结构本身及结构中的人、仪器、设备、装修等的安全及处于正常使用环境状况：

$$\left.\begin{array}{l}\ddot{X}_s \leqslant [\ddot{X}] \\ \dot{X}_s \leqslant [\dot{X}] \\ X_s \leqslant [X]\end{array}\right\} \qquad (29.1.2)$$

上述表达式只是一个概念性的叙述，更详尽的减震机理。

（四）结构控制的特点和优越性（表 29.1.1）

结构控制的特点及优越性 表 29.1.1

内容	抗震抗风体系相对比		结构控制体系 优越性
	传统体系	结构控制体系	
耐震概念及途径	"硬抗"地震或风； 加强结构； 加粗断面	以"柔"克刚新概念； 调整结构动力特性； 隔震消能或控制	有效减震；经济； 建筑设计不受太多限制； 检测修复方便
设计依据	按预定设防烈度	考虑突发性超烈度大地震	确保安全
防护对象	只考虑结构和非结构构件	既保护结构，也保护结构内部设备、仪器、装修等	满足现代社会要求
适用范围	一般用于新设计的建筑结构物	既适用于新建筑结构物，也适用于旧建筑物的耐震改良。既适用于一般结构，也适用于重要结构、仪器设备等	适用范围广

结构控制能使工程结构物在强地震中确保安全，有效减震抗风。根据振动台或实际地震记录，减震控制结构的动力反应与传统抗震结构的动力反应的比值为：

隔震结构　　　　　　　　　8%～25%（地震作用下）；

消能结构　　　　　　　　　30%～60%（地震或风载作用下）；

TMD 被动控制结构　　　　　30%～60%（风载作用下）；

主动或半主动控制结构　　　10%～50%（地震或风载作用下）。

（五）结构控制的技术成熟性和技术方案的选用（参阅表 29.1.2）

结构控制技术的应用范围及成熟性 表 29.1.2

名　称	应 用 范 围	技术成熟性
隔震	结构侧向刚度较大的，或高宽比较小的多层、高层建筑，或要求地震中确保安全的建筑物、桥梁、设备、仪器等	安全可靠，明显有效减震，技术很成熟
消能减震	结构侧向刚度较小的，或高宽比较大的多层、高层建筑，塔架、管线等	安全可靠，有效减震(振)，技术成熟
质量调频 （TMD等）	主振型较为明显和稳定的多层、高层、超高层建筑、塔架、大跨度桥梁等	视不同情况，可有效减震(振)，技术基本成熟
半主动控制	对抗震抗风要求较高的高层，超高层建筑、塔架等	有效减震(振)，较为经济、简易，技术尚未十分成熟
主动控制与混合控制（AMD等）	对抗震抗风要求较高的高层，超高层建筑、塔架等	有效减震抗风，较为昂贵复杂技术尚未成熟

29.2　隔震结构

（一）结构隔震体系的基本特性和减震机理

结构隔震体系是指在结构物底部（或某层间部位）设置隔震装置而形成的结构体系。它包括上部结构，隔震层和下部结构三部分（图29.2.1）。为了达到明显的减震效果，隔震装置及隔震体系必须具备下述的四项基本特性：

（1）承载特性：隔震装置具有可靠的竖向承载能力，在建筑结构正常使用状况下或地震时，安全地支承上部结构的所有重量和使用荷载。隔震支座在重力荷载代表值作用下其竖向压应力应满足相关标准的压应力限值要求。

（2）隔震特性：隔震装置具有可变的水平刚度特性（图29.2.2）。在强风或微小地震时（$F \leqslant F_1$），具有足够的水平刚度 K_1，上部结构水平位移极小，不影响使用要求。在中强地震发生时（$F > F_1$），其水平刚度 K_2 较小，上部结构水平滑动，使"刚性"的抗震结构体系变为"柔性"的隔震结构体系，其固有自振周期大大延长，见图29.2.3。例如，隔震结构的自振周期 T_{s2} 可延长至 $T_{s2}=2\sim5s$，远离上部结构（即传统结构）的自振周期 $T_{s1}=0.3\sim1.2s$，也远离地面的场地特征周期 $T_g=0.2\sim1.2s$，从而把地面震动有效地隔开，明显降低上部结构的地震反应，一般可使上部结构的加速度反应（或地震作用）降低为传统结构加速度反应的 $1/2\sim1/12$（图29.2.3和图29.2.5）。

（3）复位特性：隔震装置具有足够的水平弹性恢复力，能使隔震结构体系在地震中具有自动"复位"功能。地震后，隔震结构回复至初始状态，满足正常使用要求。

（4）阻尼消能特性：隔震装置具有足够的阻尼 C，也即隔震装置的荷载（F）与位移（U）关系曲线的包络面积较大（图29.2.2），具有较大的耗能能力。较大的阻尼 C 可使隔震结构的位移 X_s 明显减小（图29.2.4）。

传统抗震结构在地震中出现明显的层间水平变形，产生结构"激烈放大晃动"反应，导致结构本身的损坏及建筑内部装修和设备仪器在强地震中遭受毁坏［图29.2.5（a）］。而隔震结构，由于其隔震装置的水平刚度远远小于上部结构的层间侧向刚度，所以，结构在地震中的结构层间水平变形主要集中于隔震层，结构层间水平变形较小，因而上部结构在强地震中仍基本处于弹性状态，结构在地震中只作长周期的缓慢的整体水平平动，即隔震结构的"缓慢整体平动"反应［图29.2.5（b）］。这样，隔震结构既能保护结构本身，也能保护结构内部的装饰、精密设备仪器等不遭受任何损坏，确保建筑结构和建筑内部的生命财产在强地震中的安全。

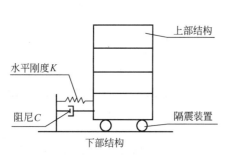

图29.2.1 结构隔震体系的组成

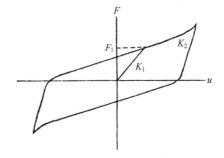

图29.2.2 隔震装置的荷载 F-位移 U 关系曲线

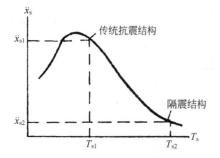

图29.2.3 隔震结构加速度反应与自振周期的关系

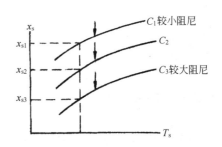

图29.2.4 隔震结构位移反应与阻尼的关系

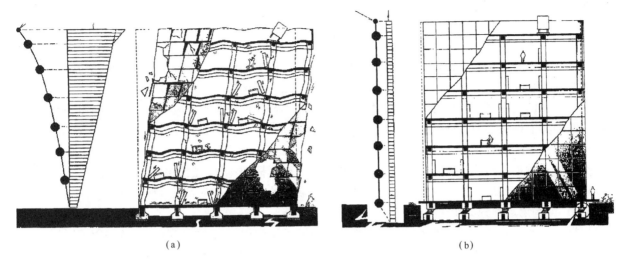

图 29.2.5　传统抗震结构"激烈放大晃动"与隔震结构的"缓慢整体平动"反应对比

（a）传统抗震结构"激烈放大晃动"反应；（b）隔震结构的"缓慢整体平动"反应

（二）结构隔震体系的优越性及应用范围

1. 只要具备上述四项特性，隔震结构体系就具有明显的减震能力。与传统的抗震结构体系相比较，隔震体系具有下述的优越性。

（1）明显有效地减轻结构的地震反应：从振动台地震模拟试验结果及已建造的隔震结构在地震中的强震记录得知，隔震体系的上部结构加速度反应只相当于传统结构（基础固定）加速度反应的 1/12～1/4。这种减震效果是一般传统抗震结构所望尘莫及的。从而能非常有效地保护结构物及内部设备在强地震冲击下免遭任何毁坏。

（2）确保安全：在地面剧烈震动时，上部结构仍能处于正常的弹性工作状态，这既适用于一般民用建筑结构，确保人们在强地震中的安全，也适用于某些重要结构物，生命线工程结构物，内部有重要设备的建筑物等，确保在强地震中正常使用，毫无损坏。

（3）房屋造价增加很少：由于隔震体系的上部结构承受的地震作用大幅度降低，使上部结构构件和节点的断面减少、配筋降低，构造及施工简单，虽然隔震装置需要增加造价（约 5%～10%），但建筑总造价仍增加很少，对高烈度地区还能降低建筑总造价。

（4）震后无须修复：地震后，只对隔震装置进行必要的检查，而无须考虑建筑物本身的修复。地震后可很快恢复正常生活或生产，这带来极明显的社会和经济效益。

（5）上部结构的建筑设计（平面、立面、体形、构件等）限制较小：由于上部结构的地震作用已经很少，并且，可通过调整隔震支座的布置，使隔震层的刚度中心与上部结构的质量中心尽量相重合以减轻扭转效应。这样，可使地震区建筑物的建筑及结构设计从过去很多严格的规定限制中解放出来，例如，可采用于超高砌体房屋，大开间灵活单元多层住宅房屋，不规则建筑等。

2. 结构隔震技术可应用于新建工程，也可应用于既有建筑的隔震加固，常在下述的工程应用。

（1）地震区层的民用建筑、住宅、学校、办公楼、学校教学楼、宿舍楼、剧院、旅馆、大商场等长年住人或有密集人群而要求确保地震时人们生命安全的建筑物或结构物。

（2）地震区重要的生命线工程，需确保地震时不损坏以免导致严重次生灾害的建筑结构物。例如医院、急救中心、指挥中心、水厂、电厂、粮食加工厂、通讯中心、交通枢纽、机场等。

（3）地震区的较重要的建筑物。需确保地震时不损坏以免导致严重经济、政治、社会影响的建筑物。例如，重要历史性建筑、博物馆、重要纪念性建筑、文物或档案馆、重要图书资料馆、法院、监狱、危险品仓库、有核辐射装置的建筑结构等。

（4）内部有重要设备仪器，需确保地震时不损坏的建筑结构物。例如，计算机中心、精密仪器中心、实验中心、检测中心等。

（5）桥梁、架空输水渠等重要结构。

（6）重要历史文物、重要艺术珍品、需确保地震中得到保护的各种珍贵物品等。

（7）重要设备、仪器、雷达站、天文台等需确保地震中受到保护的各种重要装备或构筑物。

（8）建筑物、结构物内部需特别进行局部保护的楼层，可设局部隔震区或隔震层。

（9）已有的建筑物、结构物或设备、仪器、设施等不符合抗震要求者，可采用隔震技术进行隔震加固改良，使其能确保强地震中的安全。

我国目前与隔震技术相关国家标准及行业标准体系已基本形成，主要适用于采用橡胶隔震支座隔震的各类房屋和桥梁结构的设计。我国第一部《建筑隔震设计标准》目前已经编制完成并颁布实施，该标准适用于抗震设防烈度6度及以上地区的建筑物的隔震设计及既有建筑的隔震加固设计。

（三）结构隔震的分类和成熟性

根据我国及世界各国对多种多样隔震技术的研究开发和应用情况，隔震技术可按采用不同的"隔震装置"进行分类，如图29.2.6。也可按不同的"隔震层位置"进行分类，如图29.2.7～图29.2.9。

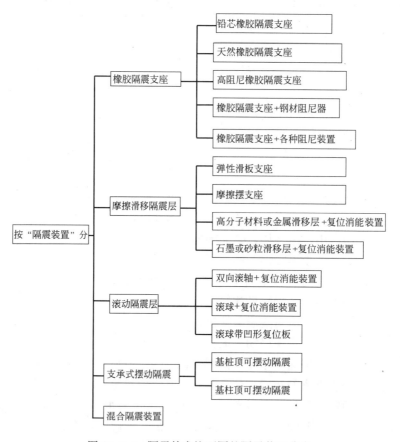

图29.2.6　隔震技术按不同的隔震装置分类

1.隔震装置成熟性的判断标准。

（1）足够大的承载能力：隔震装置要具有承受高达几千吨甚至万吨以上的竖向荷载的承载力，竖向承载力的安全系数在6以上，以确保建筑结构物在平常状况和强地震发生时的安全。

（2）隔震效果明显和稳定，并能相对准确地进行定量设计计算和控制。隔震装置的刚度和阻尼特性，是影响隔震效果的关键。合理优化设计隔震装置的性能参数，并按国家标准的相关规定检验隔震支座的产品性能以确保隔震结构的隔震效果可以进行相对准确的定量设计计算和控制。

（3）自动复位功能：要求隔震装置在经受多次连续地震冲击过程中，上部结构能自动复位，以保证

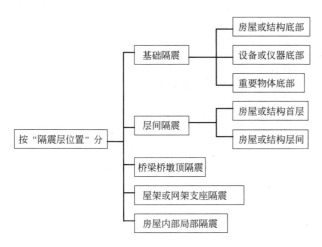

图 29.2.7 隔震技术按隔震层的不同位置分类

建筑结构的正常使用。如果不能自动复位而需进行人工复位，在工程应用上是不现实的。

（4）耐久性较好：要求隔震器的使用寿命不短于建筑物的使用寿命（一般为 50～100 年）。并且，其耐久性必须有充分的试验依据和工程使用历史依据。

（5）受建筑施工安装误差或地基不均匀沉降影响较小：隔震建筑的地基应稳定可靠，所在场地宜为 Ⅰ、Ⅱ、Ⅲ 类；当场地为 Ⅳ 类时，应采取有效措施。

（6）竖向抗拉性能：强地震时上部结构的倾覆影响和场地的竖向地震震动反应，可能使隔震装置处于受拉状态。为了确保建筑结构物在超烈度强地震中的安全，橡胶隔震装置的竖向拉应力不应超过规范允许限值，且同一地震动作用下出现拉应力的支座数量不宜超过支座总数的 30%。弹性滑板支座、摩擦摆隔震支座或其他不能承受竖向拉力的支座，宜保持受压状态。

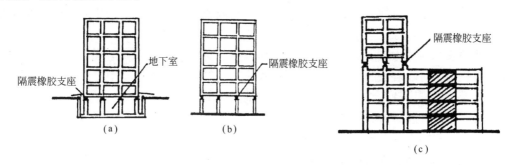

图 29.2.8 隔震层位置的常见布置方案
(a) 地下室顶隔震；(b) 首层顶隔震；(c) 层间隔震

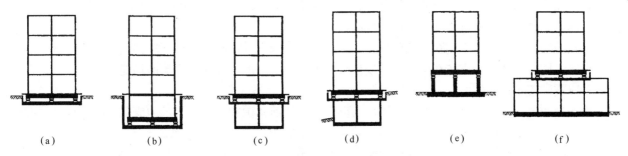

图 29.2.9 隔震层位置的详细布置示意图
(a) 基础隔震；(b) 基础隔震；(c) 首层底隔震；(d) 部分首层顶隔震；(e) 首层顶隔震；(f) 层间隔震

（7）充分的工程应用经验和经受真实地震考验：这是对某种隔震技术或某种隔震装置成熟性的最重要的标志。

2. 对照上述的七项标准，在目前国内外已经研究、开发的各种隔震技术中，橡胶隔震支座较为成熟。至目前为止，国内外应用于建筑结构、桥梁、设备等的隔震工程中，绝大多数采用橡胶隔震支座，并在我国、日本、美国等已成功经受地震考验，使之成为一项比较成熟的，可以广泛推广应用的隔震技术。常用的橡胶隔震支座由多层钢板和多层橡胶叠合而成，内部含有竖向铅芯，或采用复合橡胶具有较高的阻尼性能，如图 29.2.10。其技术的成熟性，主要体现在：

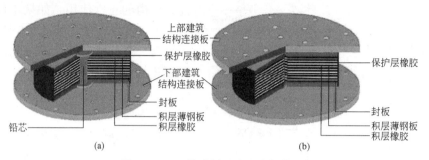

图 29.2.10 橡胶隔震支座内部构造

(a) 铅芯橡胶隔震支座；(b) 天然橡胶隔震支座

（1）竖向承载能力大，正常使用工作状态下竖向压应力限值控制在 10～15MPa。作为建筑结构物竖向承载支座，非常安全。

（2）隔震效果明显和稳定。由于橡胶隔震支座的刚度及阻尼性能较稳定，理论计算值、实际测试值与现场使用情况比较吻合，所以，可以通过设计计算，较准确地控制强地震时结构的地震反应。目前，我国建造的橡胶支座隔震房屋，其地震反应能控制在传统抗震房屋地震反应的 1/8～1/2 之内，隔震效果明显。能准确可靠地定量计算和控制隔震结构的地震反应。这是其他隔震装置难以达到的。橡胶隔震支座还具有可变的水平刚度特性。当强风或小地震时，橡胶支座位移较小，相应的初始刚度较大，房屋屹立不动。当中大地震时，橡胶支座水平位移超过屈服位移，刚度随之变小，水平柔性滑动，阻尼值保持一定值，有效隔震。当特大地震发生而使橡胶支座发生较大的水平位移时，橡胶支座出现强化现象，水平刚度又有所提高，对隔震层的水平位移起限位作用，使结构物在强地震中不致产生过大的位移。橡胶支座的这种可变水平刚度特性，是其他隔震装置未能具备的。

（3）隔震支座中的橡胶材料具有稳定的弹性恢复力。能在多次地震中自动复位。

（4）构造简单，安装方便：橡胶隔震支座集水平滑动、阻尼和弹性恢复力等特性于一体。只要从生产厂家购买一定规格和性能要求的橡胶隔震支座，施工时安装就位即成，不必对多种零件进行复杂的拼装，也不必在施工安装后进行试推检验，它在工程应用上比较现实可行。

（5）耐久性较好。其抗低周疲劳性能，抗老化性能，耐酸性，耐水性，耐火性均较好，即其长时效的物理和化学稳定性较好，使用寿命可达 60～100 年以上。这是其他各种隔震装置难以保证的。在国外，已有橡胶支座使用超过 100 年而保持性能稳定的先例。

（6）橡胶隔震支座可安装在不同的标高位置上，并且受建筑物的地基不均匀沉降的影响不十分敏感。位于不同标高的橡胶支座在房屋地基发生某些不均匀沉降时，橡胶隔震支座仍能正常工作。这是其他多种隔震装置难以达到的。

由于橡胶隔震支座具有上述的优越性，所以它成为目前我国和世界各国最为成熟，应用最广泛的隔震装置。对于高层隔震建筑，为了提高支座的竖向承载能力，也为了更大地延长房屋结构的自振周期，采用橡胶隔震支座与弹性滑板隔震支座相结合的混合隔震方案，已成为一种新的发展趋势。

3. 隔震技术在工程应用上，存在着下述几个值得注意的问题：

（1）对橡胶隔震支座质量的严格要求：一方面，由于橡胶隔震支座是整个建筑结构物的支承构件，它的质量和性能是否符合要求决定着建筑结构物百年使用寿命内的安全性。另一方面，它的质量和性能如何，从外观上难以判别，具有浓厚的"质量隐含性"。在隔震技术推广应用过程中，某些生产条件不完备，质量不良，性能未符合要求的橡胶隔震支座，利用其外观上对质量难以判别的"质量隐含性"，以价格低，供货快等市场手段而被采用，使某些隔震房屋结构留下不安全的隐患。所以，对橡胶隔震支座的生产制造和质量，要有非常严格的要求。一方面要求生产制造厂要有完备的专用生产设备和专业生产线，以及严格的质量监控体系。另一方面，对提供工程应用的橡胶隔震支座产品，要求经历全面严格的材料试验、构件试验以及较丰富的实践工程应用经验或地震考验。

（2）隔震结构体系设计的合理性：设计合理性指安全与经济的合理协调统一。过高的安全度会导致隔震结构造价过高，不足的安全度又会影响结构的安全性。所以，要对隔震结构在设计上进行优化。

（3）橡胶隔震支座的安装质量：橡胶支座安装就位的水平度，是影响橡胶隔震支座正常工作的重要因素之一。要确保满足橡胶支座安装就位的水平度小于8‰要求。

（4）确保上部结构、隔震层部件与周围固定物的脱开距离，是能否发挥隔震房屋的隔震作用的决定因素，必须充分注意。

（四）结构隔震房屋的设计计算内容和步骤（图29.2.11）

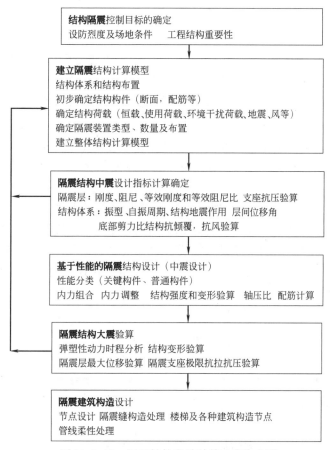

图 29.2.11　隔震结构设计计算内容与步骤

（五）隔震房屋设计计算要点

1. 隔震房屋水平地震作用和地震反应计算可采用底部剪力法和振型分解反应谱法。对于房屋高度大于60m的隔震建筑，结构体型不规则的隔震建筑，或隔震层隔震支座、阻尼装置及其他装置的组合比较复杂的隔震建筑，尚应采用时程分析法进行补充计算。

2. 隔震结构的水平地震影响系数取值，应符合下列规定。

（1）基本自振周期不超过6.0s的隔震建筑，其水平地震影响系数应根据烈度、场地类别、设计地震分组和结构自振周期以及阻尼比按图29.2.12确定。场地特征周期应按现行《建筑抗震设计规范》GB 50011—2010（2016年版）的有关规定执行，计算罕遇地震和极罕

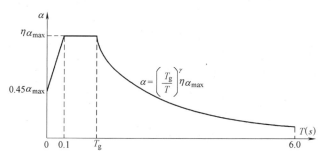

图 29.2.12　地震影响系数曲线

α—地震影响系数；α_{max}—地震影响系数最大值；γ—衰减指数；

T_g—特征周期；η—阻尼调整系数；T—结构自振周期

遇地震作用时，场地特征周期应分别增加 0.05s 和 0.10s。

（2）阻尼比为 0.05 时，水平地震影响系数最大值不应小于表 29.2.1 的规定。

水平地震影响系数最大值 α_{max}

表 29.2.1

地震影响	6	7	8	9
设防地震	0.12	0.23(0.34)	0.45(0.68)	0.90
罕遇地震	0.28	0.50(0.72)	0.90(1.20)	1.40
极罕遇地震	0.36	0.70(1.00)	1.35(2.00)	2.70

注：1. 括号中数值分别用于设计基本地震加速度为 0.15g 和 0.30g 的地区。

2. 隔震结构的阻尼一般大于 0.05，应根据隔震结构的等效阻尼比，确定地震影响系数曲线。

3. 隔震结构自振周期、等效刚度和等效阻尼比，应根据隔震层中隔震装置及阻尼装置经试验所得滞回曲线，对应不同地震烈度作用时的隔震层水平位移值计算，并符合下列规定。

（1）一般情况下，可按对应不同地震烈度作用时的设计反应谱进行迭代计算确定，也可采用时程分析法计算确定。

（2）采用底部剪力法时，隔震层隔震橡胶支座水平剪切位移可按下述取值：设防地震作用时可取支座橡胶总厚度的 100%，罕遇地震作用时可取支座橡胶总厚度的 250%，极罕遇地震作用时可取支座橡胶总厚度的 400%。

4. 建筑隔震结构，应按设防地震、罕遇地震、极罕遇地震三水准进行设计。在设防地震作用下，应进行结构以及隔震支座的承载力和变形验算；在罕遇地震作用下，应进行结构以及隔震支座的变形验算，并对隔震支座的承载力进行验算；特殊设防类建筑在极罕遇地震作用下，应进行隔震支座的变形验算，对甲类和房屋高度超过 24m 的乙类建筑或有较高要求的建筑还需对结构进行变形验算。

5. 采用底部剪力法时，隔震房屋结构的地震作用及其分布可按《建筑抗震设计规范》GB 50011—2010（2016 年版）进行计算，并参照下列有关规定。

（1）隔震房屋的基本周期可近似按下式计算：

$$T_1 = 2\pi\sqrt{G/K_{eq}g} \tag{29.2.1}$$

式中　G——上部结构总重力代表值；

　　　K_{eq}——隔震层水平等效刚度；

　　　g——重力加速度。

（2）隔震层的水平等效刚度和等效阻尼比可按下式计算：

$$K_{eq} = \sum_{i=1}^{n} K_i \tag{29.2.2}$$

$$\zeta = \frac{\sum_{i=1}^{n} K_i \zeta_i}{K} \tag{29.2.3}$$

式中　K_{eq}——隔震层水平等效刚度，为隔震层所有隔震支座、阻尼装置的等效刚度之和；

　　　K_i、ζ_i——单个隔震支座或阻尼装置的等效刚度和等效阻尼比；

6. 采用底部剪力法时，层间剪力应按下式计算：

$$V_{ik} = \sum_{j=i}^{n} F_{jk} \ (i=1,\cdots,n) \tag{29.2.4}$$

式中　V_{ik}——层间剪力标准值；

　　　F_{jk}——作用于质点 j 的水平地震作用标准值。

7. 采用底部剪力法时，隔震层水平位移可按下列规定计算：

（1）隔震层的水平位移可按下式计算：

$$u_h = F_h/K_{eq} \tag{29.2.5}$$

式中 u_h——隔震层水平位移；

F_h——隔震层的水平剪力。

(2) 要考虑扭转影响。当采取有效的抗扭措施或扭转周期小于平动周期的 70% 时，扭转影响系数可取 1.15。其他情况需根据计算确定。

8. 隔震结构采用时程分析方法时，地震动加速度时程曲线的选择合成，应符合下列规定。

(1) 地震动加速度时程曲线应满足设计反应谱和设计加速度峰值的基本要求，设计地震加速度峰值按表 29.2.2 采用。

(2) 实际强震记录地震动加速度时程曲线，应根据烈度、设计地震分组和场地类别进行选择，多组时程曲线的平均地震影响系数曲线应与振型分解反应谱所采用的地震影响系数曲线在统计意义上相符。人工模拟地震动加速度时程曲线，应考虑阻尼比和相位信息的影响。

分析用地震加速度的最大值（cm/s²）   表 29.2.2

地震影响	6	7	8	9
设防地震	50	100(150)	200(300)	400
罕遇地震	125	220(310)	400(510)	620
极罕遇地震	160	320(460)	600(840)	1080

注：括号内数值分别用于设计基本地震加速度为 0.15g 和 0.3g 的地区。

9. 当采用时程分析法时，计算模型的确定应满足下列条件。

(1) 对特殊设防类、重点设防类及标准设防类不规则隔震建筑，隔震体系的计算模型宜考虑结构杆件的空间分布、弹性楼板假定、隔震支座的位置、隔震建筑的质量偏心、在两个水平方向的平移和扭转、隔震层的非线性阻尼特性以及荷载—位移关系特性等。

(2) 在设防地震作用下，隔震建筑上部和下部结构的荷载—位移关系特性可采用线弹性力学模型；隔震层应采用隔震产品试验提供的滞回模型，按非线性阻尼特性以及非线性荷载—位移关系特性进行分析。在罕遇地震或极罕遇地震作用下，隔震建筑上部结构和下部结构宜采用弹塑性分析模型。

(3) 隔震支座单元应能够合理模拟隔震支座非线性特性，计算分析时，按实际荷载工况顺序合理加载。

(4) 对特殊设防类和房屋高度超过 60m 的重点设防类隔震建筑，宜采用不少于两种程序对地震作用计算结果进行比较分析。

10. 采用时程分析法时，应选用足够数量的实际强震记录加速度时程曲线和人工模拟地震动加速度时程曲线进行输入。宜选取不少于 2 组人工模拟加速度时程曲线和不少于 5 组实际强震记录加速度或修正的时程曲线。地震作用取 7 组加速度时程曲线计算结果的峰值平均值。

11. 当需要考虑双向水平地震作用下的扭转地震作用效应时，其值可按下式中的较大值确定：

$$S = \sqrt{S_x^2 + (0.85S_y)^2} \tag{29.2.6}$$

或

$$S = \sqrt{S_y^2 + (0.85S_x)^2} \tag{29.2.7}$$

式中 S_x、S_y——分别为 X 向、Y 向单向水平地震作用时的地震作用效应。

12. 8 度和 9 度时的长悬臂或大跨结构，及 9 度时的高层建筑结构，应计算竖向地震作用。

13. 隔震结构层间位移角限值应满足表 29.2.3 和表 29.2.4 的要求。

14. 对特殊设防类隔震结构，在极罕遇地震作用下，结构的层间位移角限值对隔震层上部结构和隔震层下部结构的要求不同，应分别满足表 29.2.5 和表 29.2.6 的要求。

15. 隔震建筑的地基应稳定可靠，所在的场地宜为Ⅰ、Ⅱ、Ⅲ类，当场地为Ⅳ类时，应采取有效的措施。

16. 当处于发震断层 10km 以内时，隔震结构地震作用计算应考虑近场影响，乘以增大系数，5km 以内宜取 1.25，5km 以外可取不小于 1.15。

设防地震作用下弹性层间位移角限值 表 29.2.3

上部结构类型	$[\theta_e]$
钢筋混凝土框架结构	1/400
底部框架砌体房屋中的框架-抗震墙、钢筋混凝土框架-抗震墙、框架-核心筒	1/500
钢筋混凝土抗震墙、板柱-抗震墙结构	1/600
钢结构	1/250

罕遇地震作用下弹塑性层间位移角限值 表 29.2.4

上部结构类型	$[\theta_p]$
钢筋混凝土框架结构	1/100
底部框架砌体房屋中的框架-抗震墙、钢筋混凝土框架-抗震墙、框架-核心筒结构	1/200
钢筋混凝土抗震墙、板柱-抗震墙结构	1/250
钢结构	1/100

上部结构在极罕遇地震作用下弹塑性层间位移角限值 表 29.2.5

上部结构类型	$[\theta_e]$
钢筋混凝土框架结构	1/50
底部框架砌体房屋中的框架-抗震墙、钢筋混凝土框架-抗震墙、框架-核心筒	1/100
板柱-抗震墙、钢筋混凝土抗震墙结构	1/120
钢结构	1/50

下部结构在极罕遇地震作用下弹塑性层间位移角限值 表 29.2.6

下部结构类型	$[\theta_e]$
钢筋混凝土框架结构	1/60
底部框架砌体房屋中的框架-抗震墙、钢筋混凝土框架-抗震墙、框架-核心筒	1/130
板柱-抗震墙、钢筋混凝土抗震墙结构	1/150
钢结构	1/60

17. 隔震层设计要点。

（1）隔震支座的压应力和徐变性能应符合下列规定：

1）隔震橡胶支座在重力荷载代表值的设计值作用下，竖向压应力设计值不应超过表 29.2.7 的规定。

2）在建筑设计工作年限内，隔震橡胶支座刚度、阻尼特性变化不应超过初期值的 ±20%；徐变量不应超过支座内部橡胶总厚度的 5%。

隔震橡胶支座在重力荷载代表值作用下的压应力限值 表 29.2.7

建筑类别	特殊设防类建筑	重点设防类建筑	标准设防类建筑
压应力限值（MPa）	10	12	15

注：1. 当隔震橡胶支座的第二形状系数（有效直径与橡胶层总厚度之比）小于 5.0 时，应降低平均压应力限值：小于 5 不小于 4 时降低 20%，小于 4 不小于 3 时降低 40%；

2. 外径小于 300mm 的隔震橡胶支座，标准设防类建筑的压应力限值为 10MPa。

（2）隔震支座在地震作用下的水平位移，应符合下列要求：

$$u_{hi} \leqslant [u_{hi}] \tag{29.2.8}$$

式中 u_{hi}——第 i 个隔震支座考虑扭转的水平位移；

$[u_{hi}]$——第 i 个隔震支座的水平位移限值，按如下规定取值。

1）除特殊规定外，在罕遇地震作用下，隔震橡胶支座的 $[u_{hi}]$ 取值不应大于支座直径的 0.55 倍和各层橡胶厚度之和 3.0 倍二者的较小值。

2）对特殊设防类建筑，在极罕遇地震作用下，隔震支座的 $[u_{hi}]$ 值可取各层橡胶厚度之和的 4.0 倍；隔震层宜设置超过极罕遇地震下位移的限位装置。

（3）抗风装置应按下式要求进行验算：

$$\gamma_w V_{wk} \leqslant V_{Rw} \tag{29.2.9}$$

式中　V_{Rw}——隔震层抗风承载力设计值。隔震层当抗风承载力由抗风装置和隔震支座的屈服力构成，按屈服强度设计值确定；

　　　　γ_w——风荷载分项系数，采用1.5；

　　　　V_{wk}——风荷载作用下隔震层的水平剪力标准值。

（4）在罕遇地震作用下，隔震支座不宜出现受拉应力。当隔震支座不可避免处于受拉状态时，其拉应力不应大于1.0MPa。

（六）结构隔震房屋的构造设计和典型构造作法

1. 隔震层和隔震支座的布置原则。

（1）隔震层可由隔震支座、阻尼装置和抗风装置组成。阻尼装置和抗风装置可与隔震支座合为一体，亦可单独设置。必要时可设置限位装置。

（2）隔震层宜设置在结构的底部或中下部，隔震支座应设置在受力较大的部位，隔震支座的规格、数量和分布应根据竖向承载力、侧向刚度和阻尼的要求由计算确定。

（3）同一房屋选用多种规格型号的隔震支座时，应注意规格型号尽量统一，并注意充分发挥每个隔震支座的承载力和水平变形能力。所有隔震装置的竖向变形应保持基本一致。

（4）隔震层采用隔震支座和阻尼器时，应使隔震层在地震后基本恢复原位，隔震层在罕遇地震作用下的水平最大位移所对应的弹性恢复力，宜不小于隔震层屈服力与摩阻力之和的1.2倍。

（5）隔震层刚度中心宜与上部结构的质量中心重合，设防地震作用下的偏心率不宜大于3%。

（6）隔震支座的平面布置宜与上部结构和下部结构中竖向受力构件的平面位置相对应，否则，应采用可靠的结构转换措施。

（7）隔震支座底面宜布置在相同标高位置上，当隔震层的隔震装置处于不同的标高位置时（图 29.2.13），但应采取有效措施保证隔震装置共同工作，在罕遇地震作用下，不同标高的相邻隔震层的层间位移角不应大于1/1000。

（8）同一支承处选用多个隔震支座时，隔震支座之间的净距应大于安装和更换时所需的空间尺寸（图 29.2.14）。

2. 隔震支座与上、下部结构的连接要求。

（1）隔震支座与上部结构、下部结构应有可靠的连接（图 29.2.15）。

（2）与隔震支座连接的梁、柱、墩等应考虑水平受剪和竖向局部承压，并采取可靠的构造措施，如加密箍筋或配置网状钢筋。

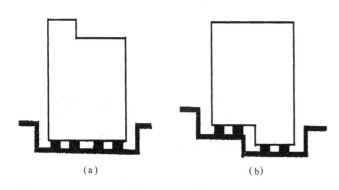

图 29.2.13　隔震支座布置在相同或不同的标高位置上

(a) 隔震支座在同一标高位置上；(b) 隔震支座在不同标高位置上

（3）隔震层顶板，应有足够的平面内水平刚度，在罕遇地震作用下应保持弹性。当采用整体式混凝土结构时，板厚不应小于160mm。

3. 上部结构及隔震层部件应与周围固定物脱开（图 29.2.16）。与水平方向固定物的脱开距离 h_1 不宜少于隔震层在罕遇地震作用下最大位移的1.2倍，且不小于300mm；与竖直方向固定物的脱开距离 h_2 宜取所采用的隔震支座中橡胶层总厚度最大者的1/25加上10mm，且不小于20mm，并应采用柔性材料填塞，进行密封处理。

4. 建筑物的外门踏步、斜坡、周边散水、花坛或外栏，若作为上部结构的伸出物时，必须与下部结构或地面脱开，脱开距离（h_2）宜取所采用的隔震支座中橡胶层总厚度最大者的1/25加上10mm，且不小于20mm（图 29.2.17～图 29.2.19）。

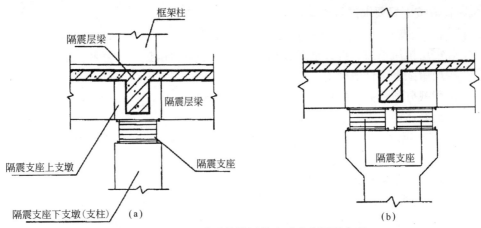

图 29.2.14 一支承处设置单个或多个隔震支座

(a) 一支承处设置单个隔震支座；(b) 一支承处设置多个隔震支座

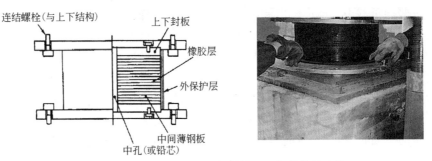

图 29.2.15 隔震支座与上部结构、下部结构的连接

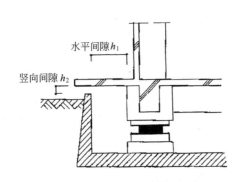

图 29.2.16 上部结构及隔震层部件与周围固定物脱开

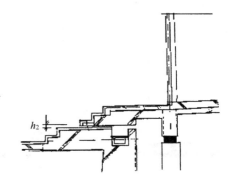

图 29.2.17 建筑物的外门踏步

5. 上部结构与周围固定物脱开的水平缝隙，若设置盖板时，该盖板应做成水平方向无活动障碍的盖板（图 29.2.20）。

6. 上部结构外部与周围固定物脱开的竖向缝隙，可根据使用功能要求，采用柔性材料封堵、填塞，以防风、尘、砂、水进入，以及防止虫、鼠或其他小动物进入。

7. 楼梯穿过隔震层时，可采用悬吊于上部结构的做法（图 29.2.21），也可采用水平切断隔离的做法（图 29.2.22）。

8. 电梯穿过隔震层时，可采用悬吊于上部结构的做法（图 29.2.23），当悬吊的下垂钢筋混凝土井筒较长而可能产生较大拉力时，可做成钢吊架。

9. 利用构件钢筋作避雷线时，应采用柔性导线连通上部与下部结构的钢筋（图 29.2.24）。

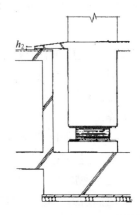

图 29.2.18 建筑物的外斜坡

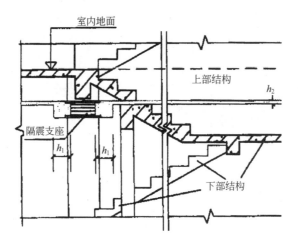

图 29.2.22 楼梯穿过隔震层时采用水平切断隔离的做法

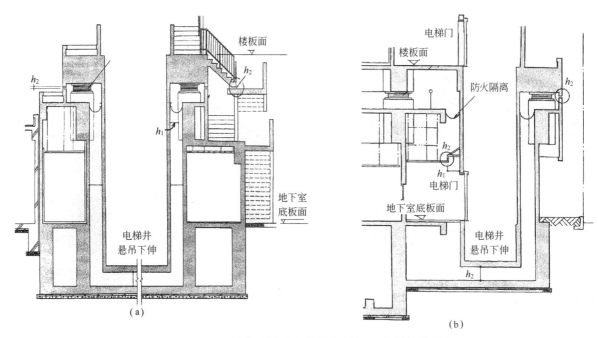

图 29.2.23 电梯穿过隔震层时采用悬吊于上部结构的做法
(a) 悬吊下伸的电梯井无开门；(b) 悬吊下伸的电梯井有开门

最大水平位移的 1.2 倍 (图 29.2.25，图 29.2.26)。

(2) 直径较大的管道在隔震层处宜采用柔性管材 (图 29.2.27)。

(3) 重要管道、可能泄漏有害介质或可燃介质的管道，在隔震层处应采用柔性接头 (图 29.2.28)。

11. 隔震层设置在有耐火要求的使用空间中时，隔震支座和其他部件应根据使用空间的耐火等级采取相应的防火措施 (图 29.2.29)。

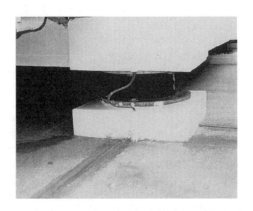

图 29.2.24 利用构件钢筋作避雷线采用
柔性导线连通上部与下部结构的钢筋

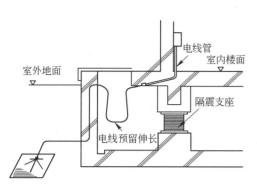

图 29.2.25　柔性电缆线在隔震层处应预留伸展长度

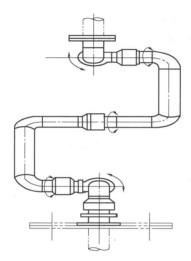

图 29.2.26　直径较小的管线在隔震层处可弯曲预留伸展长度

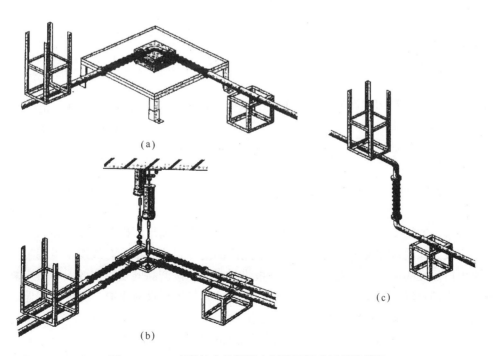

(a)

(b)

(c)

图 29.2.27　直径较大的管道在隔震层处采用柔性管材
(a) 支撑式水平柔性管；(b) 悬吊式水平柔性管；(c) 竖向柔性管

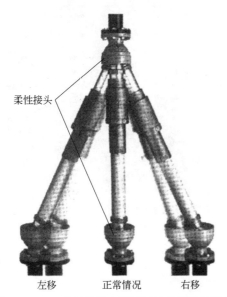

图 29.2.28 重要管道在隔震层处采用柔性接头

左移　正常情况　右移

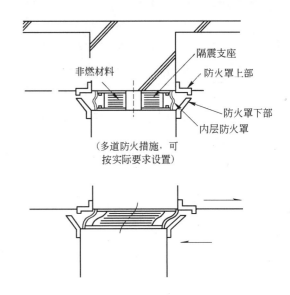

图 29.2.29 隔震支座采取防火措施

(七) 隔震支座的技术性能和构造要求

1. 隔震支座的技术性能型式检验要求

各类隔震支座的产品性能必须经型式检验合格，并提供下列性能指标。

(1) 压缩性能：竖向压缩刚度和压缩位移；

(2) 剪切性能：水平等效刚度，等效阻尼比、屈服后刚度、屈服力 (图 29.2.30)；

(3) 剪切性能相关性：剪应变相关性、压应力相关性、加载频率相关性、温度相关性；

(4) 压缩性能相关性：剪应变相关性、压应力相关性；

(5) 极限剪切性能：破坏剪应变和破坏剪力、屈曲剪应变和屈曲剪力、滚翻剪应变和滚翻剪力；

(6) 拉伸性能：破坏拉力、屈服拉力、拉伸破坏和屈服时对应的剪应变；

(7) 耐久性能：老化性能、徐变性能、疲劳性能；

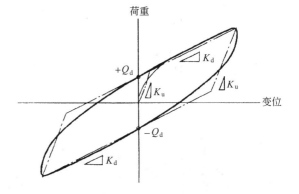

图 29.2.30 有芯型 (或其他含有阻尼装置) 隔震支座水平荷载与水平变位关系曲线

Q_d—屈服荷载；K_u—屈服前刚度；K_d—屈服后刚度

(8) 有特殊需要的性能，如抗腐蚀性、耐水性、耐火性等。

2. 隔震支座的技术性能检验要求

(1) 隔震层采用的隔震支座产品和阻尼装置应通过型式检验和出厂检验。型式检验应由独立于生产厂家的第三方完成，除满足相关的产品要求外，使用产品的型式检验报告有效期不得超过 6 年。出厂检验应由独立于生产厂家的第三方完成，出厂检验报告只对采用该产品的项目有效，不得重复使用。

(2) 隔震层中的隔震支座应在安装前进行出厂检验，其检测试件应由第三方或工程监理方采用随机抽样的方式抽取。出厂检验数量应符合下列要求：

1) 特殊设防类、重点设防类建筑，每种规格产品抽样数量应为 100%。

2) 标准设防类建筑，每种规格产品抽样数量不应少于总数的 50%；若有不合格试件时，应 100% 检测。

3）一般情况下，每项工程抽样总数不应少于 20 件，每种规格的产品抽样数量不应少于 4 件，当产品少于 4 件时，应全部进行检验。

3. 隔震支座构造要求（图 29.2.31）

（1）隔震支座与上部结构、下部结构之间应设置可靠的连结（图 29.2.15）。

（2）隔震支座与上部结构、下部结构之间的联结螺栓和锚固钢筋，均必须按罕遇地震作用下隔震支座在上下连结面的水平剪力、竖向力及其偏心距进行验算。锚固钢筋的锚固长度宜大于 20 倍钢筋直径，且不小于 250mm。

（3）隔震支座的形状系数应符合下列要求：

1）隔震支座的第一形状系数 S_1，应按下式计算：

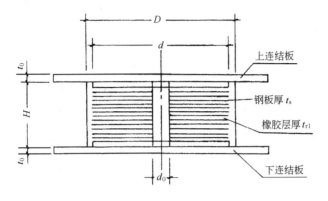

图 29.2.31 隔震支座内部构造

圆形截面：

$$S_1 = \frac{d-d_0}{4t_{r1}} \tag{29.2.10}$$

矩形截面：

$$S_1 = \frac{ab}{2(a+b)t_{r1}} \tag{29.2.11}$$

2）隔震支座的第二形状系数 S_2，应按下式计算：

圆形截面：

$$S_2 = \frac{d}{t_r} \tag{29.2.12}$$

矩形截面：

$$S_2 = \frac{b}{t_r} \tag{29.2.13}$$

式中
S_1——隔震支座第一形状系数；
S_2——隔震支座第二形状系数；
d——橡胶层的有效直径（mm）；
a——矩形截面隔震支座的长边尺寸（mm）；
b——矩形截面隔震支座的短边尺寸（mm）；
d_0——隔震支座中间开孔的直径（mm）；
t_{r1}——每一橡胶层的厚度（mm）；
t_r——橡胶层的总厚度（mm）。

在一般情况下，S_1 不宜小于 15，S_2 不宜小于 5.0，当形状系数不满足上述要求时，压应力设计值应适当降低。当 $5>S_2 \geqslant 4$ 时，降低 20%；当 $4>S_2 \geqslant 3$ 时，降低 40%。

（八）我国常用隔震支座的规格型号和技术性能见表 29.2.8 和表 29.2.9。

常用隔震支座的规格型号性能参数（铅芯支座）　　表 29.2.8

内容	参数	单位	LRB-G4-D1000	LRB-G4-D900	LRB-G4-D800	LRB-G4-D700	LRB-G4-D600	LRB-G4-D500
形状参数	橡胶 G 值	N/mm²	0.392	0.392	0.392	0.392	0.392	0.392
	橡胶支座外径	mm	1020	920	820	720	620	520
	保护层厚度	mm	10	10	10	10	10	10
	橡胶支座有效直径	mm	1000	900	800	700	600	500
	中孔（铅芯）直径	mm	180	180	160	140	120	90
	封板	mm	40	36	25	22	20	20

内容	参数	单位	LRB-G4-D1000	LRB-G4-D900	LRB-G4-D800	LRB-G4-D700	LRB-G4-D600	LRB-G4-D500
形状参数	内部橡胶总厚	mm	182	162	162	140	120	100.1
	连接板厚度	mm	40	40	30	25	25	22
	支座总高度(含上下连接板)	mm	442	405	363	315	267.5	226.1
	第一形状系数		35.7	34.5	33.3	35	30	27.47
	第二形状系数		5.49	5.54	5	5	5	5
竖向性能	标准面压	N/mm²	10	10	10	10	10	10
	标准竖向荷载	kN	7854	6362	5207	3848	2827	1963
	竖向刚度	kN/mm	5197	4905	3535	3259	2445	1866
水平性能 γ=100%	屈服后(等效)刚度	kN/mm	1.696	1.549	1.221	1.084	0.929	0.772
	屈服力	kN	202.9	202.9	160.3	122.7	90.2	50.7
极限性能	最大水平位移	mm	728	648	648	560	480	400

常用隔震支座的规格型号性能参数（天然橡胶支座）　　　　　　　　　　表 29.2.9

内容	参数	单位	LNR-G4-D1000	LNR-G4-D900	LNR-G4-D800	LNR-G4-D700	LNR-G4-D600	LNR-G4-D500
形状参数	橡胶 G 值	N/mm²	0.392	0.392	0.392	0.392	0.392	0.392
	橡胶支座外径	mm	1020	920	820	720	620	520
	保护层厚度	mm	10	10	10	10	10	10
	橡胶支座有效直径	mm	1000	900	800	700	600	500
	中孔(铅芯)直径	mm	50	45	40	35	30	25
	封板	mm	40	36	25	22	20	20
	内部橡胶总厚	mm	182	162	162	140	120	100.1
	连接板厚度	mm	40	40	30	25	25	22
	支座总高度(含上下连接板)	mm	442	405	363	315	267.5	226.1
	第一形状系数		33.9	32.88	31.7	33.25	28.5	26.1
	第二形状系数		5.49	5.54	5	5	5	5
竖向性能	标准面压	N/mm²	10	10	10	10	10	10
	标准竖向荷载	kN	7854	6362	5207	3848	2827	1963
	竖向刚度	kN/mm	4565	4338	3073	2861	2092	1576
水平性能 γ=100%	屈服后(等效)刚度	kN/mm	1.624	1.515	1.197	1.06	0.909	0.757
	屈服力	kN	—	—	—	—	—	—
极限性能	最大水平位移	mm	728	648	648	560	480	400

除上述规格产品外，还可以根据用户需要，设计和生产各种特殊用途的隔震器材。

（九）多层和高层隔震房屋应用实例

1. 中国第一栋橡胶支座多层隔震楼（图 29.2.32）

（1）建筑物名称：中国汕头橡胶支座多层隔震住宅楼。

（2）房屋所在地：中国汕头市。

（3）场地设防烈度（地面加速度）：8 度（0.20g）。

（4）建筑用途：住宅楼。

（5）建设性质：新建。

（6）地上层数：地上 8 层。

（7）房屋高度（m）：24。

（8）建筑面积（m²）：2600。

（9）结构类别：钢筋混凝土框架。

（10）隔震支座：ϕ600 橡胶隔震支座。

（11）隔震层位置：基础面。

（12）建设日期：1991 年 8 月。

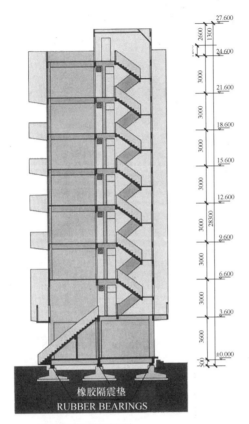

中国首幢橡胶隔震房屋 　　　　汕头市陵海大路住宅楼

图 29.2.32　中国汕头橡胶支座多层隔震住宅楼

2. 中国汕头博物馆隔震大楼（图 29.2.33）

（1）建筑物名称：中国汕头博物馆。

（2）房屋所在地：中国汕头市。

（3）场地设防烈度（地面加速度）：8 度（0.20g）。

（4）建筑用途：博物馆（珍贵文物）。

（5）建设性质：新建。

（6）地上层数：地上（相当 13 层）。

（7）房屋高度（m）：42。

（8）建筑面积（m²）：18000。

（9）结构类别：钢筋混凝土框架-剪力墙。

（10）隔震支座：ϕ500 橡胶隔震支座。

（11）隔震层位置：首层柱顶［图 29.2.33（b）］。

（12）建设日期：1996 年 5 月。

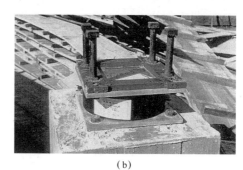

(a)   (b)

图 29.2.33　汕头博物馆

(a) 汕头博物馆大楼；(b) 隔震支座设在首层柱顶

3. 中国太原高层隔震楼（图 29.2.34）

（1）建筑物名称：太原市商业开发公司迎泽小区 8 号楼。

（2）房屋所在地：中国太原市。

（3）场地设防烈度（地面加速度）：8 度（0.20g）。

（4）建筑用途：商住楼（底层商场，上部住宅）。

（5）建设性质：新建。

（6）地上层数：（地下层数）：地上 17 层（地下 1 层）。

（7）房屋高度（m）：53。

（8）建筑面积（m²）：18000。

（9）结构类别：钢筋混凝土框架-剪力墙。

（10）隔震支座：ϕ600mm（10 个），ϕ500mm（31 个），ϕ400mm（69 个）橡胶隔震支座（每组 1～2 个）。

（11）隔震层位置：地下室柱顶 ［图 29.2.34（b）］。

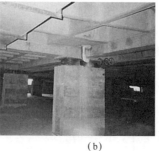

(a)   (b)

图 29.2.34　太原 17 层隔震楼

(a) 大楼外景；(b) 隔震支座设在地下室柱顶

（12）建设日期：1997 年 8 月。

4. 美国加州旧金山市政府大厦（San Francisco City Hall）（图 29.2.35）

（1）建筑物名称：旧金山市政府大厦（San Francisco City Hall）。

（2）房屋所在地：美国 加州旧金山（San Francisco）。

（3）场地设防分区（地面设防加速度）：Zone 3-4（$0.30g \sim 0.40g$）。

（4）建筑用途及情况：1912 年建成，是美国国家级保护的历史文物建筑，在 1989 年 Loma Prieta 地震中损坏。

（5）建设性质：隔震加固。

（6）层数：地上 12 层（局部带拱顶），地下 1 层。

（7）房屋高度（m）：91。

（8）建筑面积（m^2）：47800。

（9）结构类别：钢结构框架，砖填充墙，钢筋混凝土楼板。

（10）隔震支座：橡胶隔震支座 ϕ（850～950mm）共 530 个（带与不带铅芯）。

（11）隔震层位置：基础面。

（12）建设日期：1994～1998 年。

图 29.2.35　美国加州旧金山市政府大厦（San Francisco City Hall）

5. 美国加州奥克兰市政府大厦（Oakland City Hall）（图 29.2.36）

（1）建筑物名称：奥克兰市政府大厦（Oakland City Hall）。

（2）房屋所在地：美国 加州 奥克兰市（City of Oakland）。

（3）场地设防分区（地面设防加速度）：Zone 3-4（$0.30g \sim 0.40g$）。

（4）建筑用途及情况：1914 年建成，是当年美国西部最高的历史性建筑，在 1989 年 Loma Prieta 地震中损坏。

（5）建设性质：隔震加固。

（6）地上层数：地上 18 层。

（7）房屋高度（m）：99。

（8）建筑面积（m^2）：14200。

（9）结构类别：钢结构框架，钢筋混凝土剪力墙，钢筋混凝土楼板。

（10）隔震支座：橡胶隔震支座 ϕ（737～940mm）共 110 个（带与不带铅芯）。

（11）隔震层位置：基础面［图 29.2.36（b）］。

（12）建设日期：1994 年。

图 29.2.36 美国加州奥克兰市政府大厦（Oakland City Hall）

(a) 立面；(b) 剖面

6. 美国加州洛杉矶市政府大厦（Los Angeles City Hall）（图 29.2.37）

（1）建筑物名称：洛杉矶市政府大厦（Los Angeles City Hall）。

（2）房屋所在地：美国 加州 洛杉矶（Los Angeles）。

（3）场地设防分区（地面设防加速度）：Zone 3-4（0.30g～0.40g）。

（4）建筑用途及情况：1928 年建成，是当年美国最高的历史性建筑，在 1994 年 Northridge 地震中损坏。

（5）建设性质：隔震加固。

（6）地上层数：地上 28 层。

（7）房屋高度（m）：140。

（8）建筑面积（m^2）：83000。

（9）结构类别：钢结构框架，钢筋混凝土剪力墙，部分砖填充墙，钢筋混凝土楼板。

（10）隔震支座：高阻尼橡胶隔震支座共 475 个，摩擦滑板支座共 60 个。

（11）隔震层位置：基础面。

（12）建设日期：1997 年。

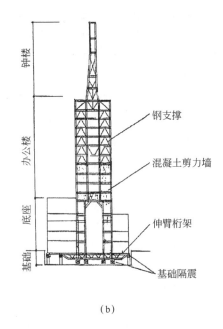

图 29.2.37 美国加州洛杉矶市政府
大厦（Los Angeles City Hall）

7. 美国南加州大学隔震医院（USC University Hospital）（图 29.2.38）

（1）建筑物名称：南加州大学医院（USC University Hospital）。

（2）房屋所在地：美国 加州。

（3）场地设防分区（地面设防加速度）：Zone 3-4（0.30g～0.40g）。

（4）建筑用途及情况：医院，平面形状很不规则。

（5）建设性质：新建。

（6）层数：地上 8 层，地下 1 层。

（7）房屋高度（m）：36。

（8）建筑面积（m²）：33000。

（9）结构类别：钢结构。

（10）隔震支座：橡胶隔震支座，共 149 个（无铅芯 81 个，有铅芯 68 个）。

（11）隔震层位置：基础面。

（12）建设日期：1988.9～1991.5。

(a)

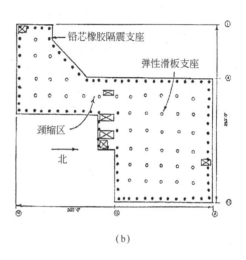
(b)

图 29.2.38　美国南加州大学隔震医院（USC University Hospital）

(a) 立面；(b) 隔震支座平面布置图

8. 日本超高层（41 层）隔震住宅大楼（图 29.2.39）

（1）建筑物名称：川崎住宅公社。

（2）房屋所在地：日本 神奈川县 川崎市。

（3）场地地面设防加速度：0.20g～0.30g。

（4）建筑用途及情况：地震安全超高层住宅公寓。

（5）建设性质：新建。

（6）层数：地上 41 层，地下 1 层。

（7）房屋高度（m）：135。

（8）建筑面积（m²）：53152.2。

（9）结构类别：高强度 SRC 型钢组合柱，预应力钢筋混凝土梁，框筒结构。

（10）隔震支座：橡胶隔震支座（φ1300mm，1400mm）26 个，弹性滑板支座（φ1500mm）10 个。

（11）隔震层位置：地下室柱顶。

（12）建设日期：1997～2001。

9. 日本高层（32 层）隔震商住大楼（图 29.2.40）

（1）建筑物名称：仙台广濑高层商住楼。

（2）房屋所在地：日本 宫城县 仙台市 青叶区 广濑丁。

（3）场地地面设防加速度：0.20g～0.30g。

（4）建筑用途及情况：下部为商场，上部为住宅。

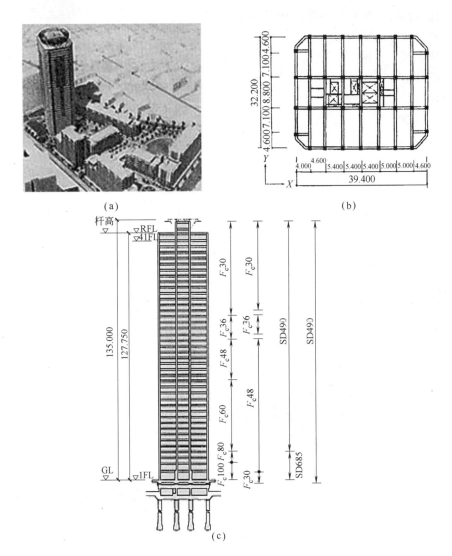

图 29.2.39　日本超高层（41 层）隔震住宅大楼

(a) 鸟瞰图；(b) 平面图；(c) 剖面图

（5）建设性质：新建。

（6）层数：地上 32 层，地下 1 层。

（7）房屋高度（m）：109.93。

（8）建筑面积（m²）：48915.22。

（9）结构类别：高强度（C100）钢筋混凝土柱，框剪结构，全装配结构。

（10）隔震支座：橡胶隔震支座（ϕ1000～1300mm）30 个，弹性滑板支座（ϕ1200～1400mm）9 个。

（11）隔震层位置：地下室柱顶。

（12）建设日期：1998～2002。

10. 日本高层（26 层）隔震住宅大楼（图 29.2.41）

（1）建筑物名称：东京藤田高层住宅公寓大楼。

（2）房屋所在地：日本 东京都 新宿区 神乐坂。

（3）场地地面设防加速度：0.20g～0.30g。

（4）建筑用途及情况：住宅公寓。

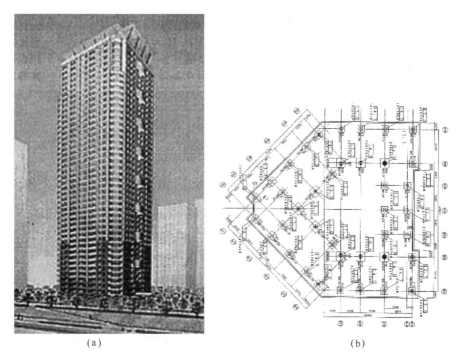

图 29.2.40　日本高层（32 层）隔震商住大楼

(a) 立面；(b) 平面图

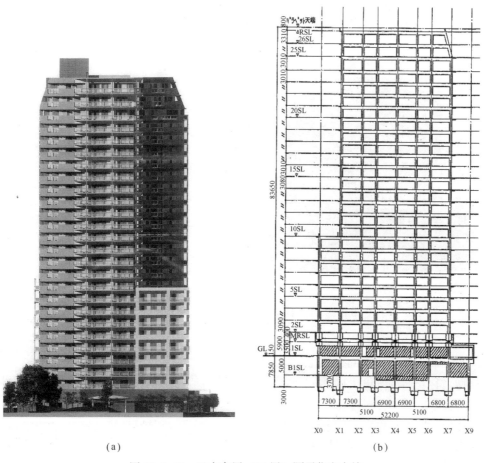

图 29.2.41　日本高层（26 层）隔震住宅大楼

(a) 立面；(b) 剖面图

（5）建设性质：新建。

（6）层数：地上 26 层，地下 1 层。

（7）房屋高度（m）：89.04。

（8）建筑面积（m²）：30474.5。

（9）结构类别：高强度钢筋混凝土柱，框架结构，全装配结构。

（10）隔震支座：橡胶隔震支座（$\phi 800 \sim 1200$mm）32 个。

（11）隔震层位置：首层顶部。

（12）建设日期：1999～2002。

11. 日本高层（13 层）隔震医院大楼（图 29.2.42）

（1）建筑物名称：千叶综合医院大楼。

（2）房屋所在地：日本 东京都 新宿区 神乐坂。

（3）场地地面设防加速度：$0.20g \sim 0.30g$。

（4）建筑用途及情况：医院大楼。

（5）建设性质：新建。

（6）层数：地上 13 层。

（7）房屋高度（m）：54。

（8）建筑面积（m²）：30027.66。

（9）结构类别：高强度钢筋混凝土柱，框剪结构。

（10）隔震支座：橡胶隔震支座（$\phi 700 \sim 1100$mm）及摩擦滑板支座（PTFE）。

（11）隔震层位置：首层顶部。

（12）建设日期：1997～2000。

 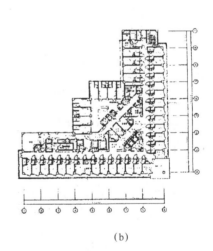

(a)　　　　　　　　　　　　　　　　　　　(b)

图 29.2.42　日本高层（13 层）隔震医院大楼

(a) 立面；(b) 平面图

12. 日本西部邮电隔震大楼（图 29.2.43）

（1）建筑物名称：西部邮电大楼。

（2）房屋所在地：日本 关西。

（3）场地地面设防加速度：$0.20g \sim 0.30g$。

（4）建筑用途及情况：邮电（经历 1995 坂神大地震）。

（5）建设性质：新建。

（6）层数：地上 6 层，地下 1 层。

（7）房屋高度（m）：38.35。

（8）建筑面积（m²）：46823.09。

（9）结构类别：高强度型钢混凝土柱，框剪结构。

（10）隔震支座：橡胶隔震支座（φ800～1200mm）110 个。

（11）隔震层位置：基础面上。

（12）建设日期：1992～1994。

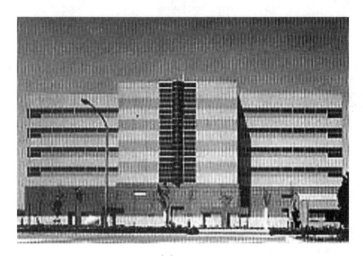
（a）

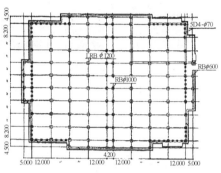
（b）

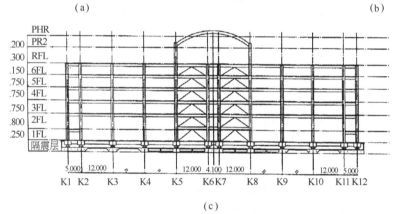
（c）

图 29.2.43　日本西部邮电隔震大楼

（a）立面；（b）平面图；（c）剖面图

13. 日本研究中心层间隔震大楼（图 29.2.44）

（1）建筑物名称：大成研究中心大楼。

（2）房屋所在地：日本 静冈县 热海市泉。

（3）场地地面设防加速度：0.20g～0.30g。

（4）建筑用途及情况：研究设备仪器与办公。

（5）建设性质：层间隔震改造。

（6）层数：地上 16 层，地下 1 层。

（7）房屋高度（m）：49。

（8）建筑面积（m²）：15658。

（9）结构类别：SRC 型钢混凝土柱，框剪结构。

（10）隔震支座：橡胶隔震支座（φ700～800mm）22 个。

（11）隔震层位置：第 8 层层间。

（12）建设日期：1996 年。

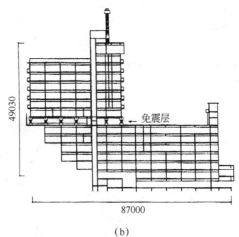

(a)　　　　　　　　　　　　　　　　(b)

图 29.2.44　日本研究中心层间隔震大楼

(a) 立面；(b) 剖面图

14. 中国北京大兴国际机场航站楼（图 29.2.45）

（1）建筑物名称：北京大兴国际机场航站楼。

（2）房屋所在地：中国 北京市。

（3）场地设防烈度（地面加速度）：8 度（0.20g）。

（4）建筑用途：航站楼。

（5）建设性质：新建。

（6）地上层数：（地下层数）：地上 5 层（地下 2 层）。

（7）房屋高度（m）：50。

（8）建筑面积（m²）：1430000。

（9）结构类别：主体钢筋混凝土框架结构，屋面钢结构。

（10）隔震支座：ϕ1200mm（448 个），ϕ1300mm（66 个），ϕ1500mm（193 个）橡胶隔震支座；ϕ1200mm（337 个）铅芯橡胶隔震支座；ϕ600（38 个），ϕ1500（70 个）弹性滑板支座。

(a)

图 29.2.45　北京大兴国际机场航站楼层间隔震（一）

(a) 俯视照片

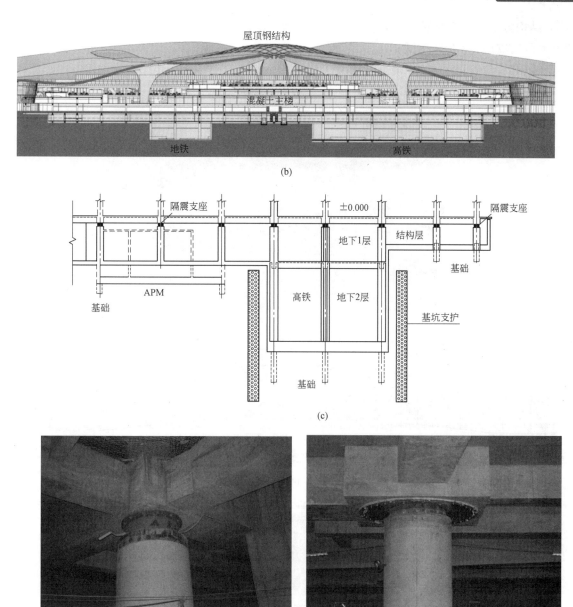

图 29.2.45 北京大兴国际机场航站楼层间隔震（二）

（b）机场剖面图；（c）隔震层局部剖面图；（d）安装在柱顶的橡胶隔震支座；（e）安装在柱顶的弹性滑板支座

（11）隔震层位置：±0.000 基础顶和地下室柱顶 [图 29.2.45（b）]。

（12）建设日期：2014～2019 年。

15. 中国通辽市孝庄河文化产业带民俗文化馆科尔沁名人馆（图 29.2.46）

（1）建筑物名称：通辽市孝庄河文化产业带民俗文化馆科尔沁名人馆。

（2）房屋所在地：中国 内蒙古 通辽市。

（3）场地设防烈度（地面加速度）：7 度（0.10g）。

（4）建筑用途：博物馆。

（5）建设性质：新建。

（6）地上层数：（地下层数）：地上 1 层（地下 1 层）。

（7）房屋高度（m）：13.6。

（8）建筑面积（m²）：2100。

(9) 结构类别：地下混凝土框架-剪力墙，地上大跨度钢结构。

(10) 隔震支座：8套摩擦摆支座。

(11) 隔震层位置：±0.000地下室柱顶［图29.2.46（c）］。

(12) 建设日期：2014～2018年。

(a)

(b)

(c)

图29.2.46 通辽市孝庄河文化产业带民俗文化馆科尔沁名人馆摩擦摆隔震
(a) 实景照片；(b) 剖面图；(c) 安装后的摩擦摆支座照片

16. 中国国家体育馆2022冬奥改扩建项目新建训练馆［图29.2.47（a），图29.2.47（b），图29.2.47（c）］

(1) 建筑物名称：国家体育馆2022冬奥改扩建项目新建训练馆。

(2) 房屋所在地：中国 北京市。

(3) 场地设防烈度（地面加速度）：8度（0.20g）。

（4）建筑用途：体育馆。

（5）建设性质：新建。

（6）地上层数：（地下层数）：地上 2 层（地下 1 层）。

（7）房屋高度（m）：20.7。

（8）建筑面积（m²）：13726。

（9）结构类别：10m 以下混凝土框架-剪力墙，10m 以上大跨度钢结构。

（10）隔震支座：24 套摩擦摆支座。

（11）隔震层位置：10.000m 柱顶［图 29.2.34（a）］。

（12）建设日期：2018～2020 年。

(a)

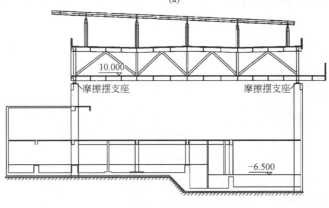

(b)

(c)

图 29.2.47　国家体育馆 2022 冬奥改扩建项目新建训练馆摩擦摆隔震

（a）实景照片；（b）剖面图；（c）安装后的摩擦摆支座照片

17. 山东省安丘市高层公寓隔震楼 （图 29.2.48）

(1) 建筑物名称：天源新都公寓楼。

(2) 房屋所在地：山东省安丘市。

(3) 场地设防烈度（地面设防加速度）：8 度、0.2g。

(4) 建筑用途及情况：公寓楼，建成时为国内最高的隔震建筑。

(5) 建设性质：新建隔震楼。

(6) 地上层数：地上 26 层。

(7) 房屋高度（m）：92.15（从隔震层底面到屋面高度为 99.8m）。

(8) 建筑面积（m²）：47363.84。

(9) 结构类别：钢筋混凝土框架剪力墙结构。

(10) 隔震支座：橡胶隔震支座 ϕ（1300mm，1500mm）共 69 个（带与不带铅芯）。

(11) 隔震层位置：基础面。

(12) 建设日期：2015 年。

(a)

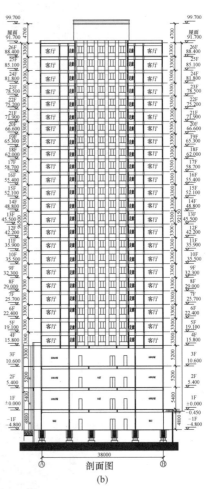
(b)

图 29.2.48 山东省安丘市天源新都公寓隔震楼

(a) 效果图；(b) 剖面图

18. 宁夏高层隔震住宅小区 （图 29.2.49）

(1) 建筑物名称：中房·玺云台。

(2) 房屋所在地：宁夏 银川市。

(3) 场地设防烈度（地面设防加速度）：8 度、0.2g。

（4）建筑用途及情况：住宅楼。

（5）建设性质：新建隔震楼。

（6）地上层数：地上 16～26 层，共计 12 栋住宅群。

（7）房屋高度（m）：51.0～81.9。

（8）建筑面积（m²）：149044。

（9）结构类别：钢筋混凝土剪力墙结构。

（10）隔震支座：橡胶隔震支座 ϕ（600～1000mm）共 600 个（带与不带铅芯）。

（11）隔震层位置：基础面。

（12）建设日期：2013 年。

(a)

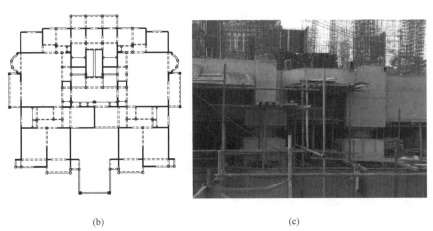

(b)　　　　　　　　　(c)

图 29.2.49　宁夏高层隔震住宅小区

(a) 效果图；(b) 典型平面图；(c) 隔震层局部照片

29.3　消能减震结构

（一）消能减震体系的基本要求、减震机理和基本特点

1. 消能减震体系的基本要求

消能减震体系的基本要求是，通过对消能器的设置来控制预期的结构变形，从而使主结构构件在罕遇地震下不发生严重破坏。消能减震设计需解决的主要问题是，消能器和消能部件的选型，消能部件在结构中的分布和数量，消能器附加给结构的阻尼比估算，消能减震体系在罕遇地震下的位移计算，以及

消能部件与主体结构的连接构造和其附加的作用等。

2. 消能减震体系的减震机理

地震发生时，地面震动将引起结构物的震动反应［图 29.3.1（a）］，地面地震能量向结构物输入。结构物接收了大量的地震能量，必然要进行能量转换或消耗才能最后终止震动反应。

传统抗震结构体系，容许结构及承重构件（柱、梁、节点等）在地震中出现损坏［图 29.3.1（b）］。结构及承重构件地震中的损坏过程，就是地震能量的消耗过程。结构及构件的严重破坏或倒塌，就是地震能量转换或消耗的最终完成，这显然是不合理、不安全的。

结构消能减震体系，是把结构物的某些非承重构件（如支撑，剪力墙，连接件等）设计成消能构件，或在结构的某部位（层间空间，节点，联结缝等）装设消能装置。在风或小地震时，这些消能构件或消能装置具有足够的初始刚度，处于弹性状态，结构物仍具有足够的侧向刚度以满足使用要求。当出现中、大地震时，随着结构侧向变形的增大，消能构件或消能装置率先进入非弹性状态，产生较大阻尼，大量消耗输入结构的地震能量，使主体结构避免出现明显的非弹性状态，并且迅速衰减结构的地震反应（位移，速度，加速度等），从而保护主体结构及构件在强地震中免遭破坏，确保主体结构在强地震中的安全［图 29.3.1（c）］。

现以一般的能量表达式来说明地震时的结构能量转换过程（图 29.3.1）。

传统抗震结构 $$E_{in}=E_R+E_D+E_S \qquad (29.3.1)$$

消能减震结构 $$E_{in}=E_R+E_D+E_S+E_A \qquad (29.3.2)$$

式中 E_{in}——地震时输入结构物的地震能量；

E_R——结构物地震反应的能量，即结构物振动的动能和势能；

E_D——结构阻尼消耗的能量（一般不超过 5%）；

E_S——主体结构及承重构件非弹性变形（或损坏）消耗的能量；

E_A——消能构件或消能装置消耗的能量。

对于传统抗震结构（公式 29.3.1），E_D 忽略不计（只占 5%），为了最后终止结构的地震反应（$E_R \rightarrow 0$），必然导致主体结构及承重构件的损坏、严重破坏或倒塌（$E_S \rightarrow E_{in}$），以消耗输入结构的地震能量［图 29.3.1（b）］。

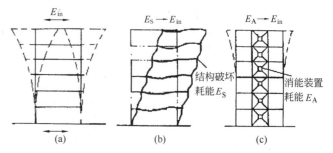

图 29.3.1 消能减震体系的减震原理示意图
(a) 地震输入；(b) 传统抗震结构；(c) 消能减震结构

对于消能减震结构（公式 29.3.2），E_D 忽略不计（只占 5%），消能构件或消能装置率先进入消能工作状态，充分发挥消能作用，大量消耗输入结构的地震能量（$E_A \rightarrow E_{in}$）。这样，既保护了主体结构及承重构件免遭破坏（$E_S \rightarrow 0$），又迅速地衰减结构的地震反应（$E_R \rightarrow 0$），确保结构在地震中的安全［图 29.3.1（c）］。

3. 消能减震体系的基本特点

（1）消能装置可同时减少结构的水平和竖向的地震作用，适应范围较广，结构类型和高度均不受限制；

（2）消能装置应使结构具有足够的附加阻尼，以满足罕遇地震下预期的结构位移要求；

（3）由于消能装置不改变结构的基本形式，除消能部件和相关部件外的结构设计仍可按《建筑抗震设计规范》GB 50011—2010（2016 年版）对相应结构类型的要求执行。这样，消能减震房屋的抗震构造，与普通房屋相比可不降低，但其抗震安全性可有明显地提高。

（二）消能减震结构的优越性及应用范围

消能减震结构体系与传统抗震结构体系相对比，具有下述的优越性：

1. 安全性：传统抗震结构体系实质上是把结构本身及主要承重构件（柱、梁、节点等）作为"消能"构件。按照传统抗震设计方法，是容许结构本身及构件在地震中出现不同程度的损坏的。由于地震烈度的随机性和结构实际抗震能力设计计算的误差，结构在地震中的损坏程度难以控制。特别是出现超烈度强地震时，结构是难以确保安全的。

消能减震结构体系特别设置了非承重的消能构件（消能支撑，消能剪力墙等）或消能装置，它们具有极大的消能能力，在强地震中能率先消耗结构的地震能量，迅速衰减结构的地震反应，并保护主体结构和构件免遭损坏，确保结构在强地震中的安全。根据国内外学者对消能减震结构的振动台试验可知，消能减震结构与传统抗震结构相对比，其结构地震反应减少20%～40%。

消能构件（或装置）属"非结构构件"，即非承重构件。消能构件的功能仅是在结构变形过程中发挥消能作用，而不承担结构的承载作用。也即，它对结构的承载能力和安全性不构成任何影响或威胁。所以，消能减震结构体系是一种非常安全可靠的结构减震体系。

2. 经济性：传统抗震结构采用"硬抗"地震的途径，通过加强结构，加大构件断面，增加配筋等途径来提高抗震性能，导致抗震结构的造价大大提高。

消能减震结构是通过"柔性消能"的途径以减少结构地震反应。因而，可以减少剪力墙的设置，减小构造断面，减少配筋，而其耐震安全度反而提高。据国内外的工程应用总结资料得知，采用消能减震结构体系比采用传统抗震结构体系，可节约结构造价5%～10%。若用于旧有建筑结构的抗震性能的改造加固，消能减震加固方法比传统抗震加固方法，节省造价10%～60%。

3. 技术合理性：传统抗震结构体系是通过加强结构，提高侧向刚度以满足抗震要求的，但结构越加强，刚度越大，地震作用（荷载）也越大，恶性循环。其结果是，除了安全性，经济性的问题外，对于采用高强，轻质材料（强度高，断面小，刚度小）的高层建筑，超高层建筑，大跨度结构及桥梁等的技术发展，造成严重的制约。

消能减震结构则是通过设置消能构件或装置，使结构在出现较大变形时迅速消耗地震能量，确保主体结构在强地震中的安全。结构高度越高，跨度越大，刚度越柔，消能减震效果越显著。因而，消能减震技术必将成为采用高强轻质材料的高柔结构（超高层建筑，大跨度结构及桥梁等）的合理新途径。

由于消能减震结构体系有上述的优越性，已被广泛和成功地应用于"柔性"的工程结构物的减震（或抗风）。一般来说，层数越多，高度越高，跨度越大，变形越大，消能减震效果越明显。所以多被应用于下述结构。

(1) 高层建筑，超高层建筑；
(2) 高柔结构，高耸塔架；
(3) 大跨度桥梁；
(4) 柔性管道，管线（生命线工程）；
(5) 旧有高柔建筑或结构物的抗震（或抗风）性能的改善提高。

(三) 消能减震房屋设计计算要点

1. 消能减震房屋设计计算的基本内容。
(1) 预估结构的位移，并与未采用消能减震结构的位移相比；
(2) 求出所需的附加阻尼；
(3) 选择消能装置，确定其数量、布置和所能提供的阻尼大小；
(4) 设计相应的消能构件及连接部件；
(5) 对消能减震结构体系进行整体分析，确认其是否满足位移控制要求。

2. 消能减震房屋的计算方法：可采用线性分析法或非线性分析法，分述如下。
(1) 当主体结构基本处于弹性工作阶段时，可采用线性方法简化估算，并根据结构的变形特征和高度等，按《建筑抗震设计规范》GB 50011—2010（2016年版）的规定分别采用底部剪力法、振型分解反应谱法和时程分析法。其地震影响系数可根据消能减震结构的总阻尼比按《建筑抗震设计规范》有关规定采用。消能装置附加给结构的有效阻尼比和有效刚度，可采用本节下述的方法确定。

（2）一般情况下，宜采用非线性分析方法，即非线性静力分析法或非线性时程分析法，并直接采用消能部件的恢复力模型进行计算。

3. 消能减震结构的总刚度应为结构刚度和消能部件有效刚度的总和。

4. 消能减震结构的总阻尼比应为结构阻尼比和消能部件附加给结构的有效阻尼比的总和。

5. 消能部件附加给结构的有效阻尼比，可按下列方法确定。

（1）消能部件附加的有效阻尼比可按下式估算：

$$\zeta_a = W_c / (4\pi W_s) \tag{29.3.3}$$

式中　ζ_a——消能减震结构附加有效阻尼比；

　　　W_c——所有消能部件在结构预期位移下往复一周所消耗的能量；

　　　W_s——设置消能部件的结构在预期位移下的总应变能。

（2）消能减震结构在水平地震作用下的总应变能，当不计及扭转影响时，可按下式估算：

$$W_s = (1/2) \sum F_i u_i \tag{29.3.4}$$

式中　F_i——质点 i 的水平地震作用标准值；

　　　u_i——质点 i 对应于水平地震作用标准值的位移。

（3）速度线性相关型消能器在水平地震作用下所消耗的能量，可按下式估算：

$$W_c = (2\pi^2 / T_i) \sum C_j \cos^2 \theta_j \Delta u_j^2 \tag{29.3.5}$$

式中　T_i——消能减震结构的基本自振周期；

　　　C_j——第 j 个消能器由试验确定的线性阻尼系数；

　　　θ_j——第 j 个消能器的消能方向与水平面的夹角；

　　　Δu_j——第 j 个消能器两端的相对水平位移。

当消能器的阻尼系数和有效的刚度与结构振动周期有关时，可取相应于消能减震结构基本自振周期的值。

（4）位移相关型、速度非线性相关型和其他类型消能器在水平地震作用下所消耗的能量，可按下式估算：

$$W_c = \sum A_j \tag{29.3.6}$$

式中　A_j——第 j 个消能器的恢复力滞回环在相对水平位移 Δu_j 时的面积。

（5）消能部件附加给结构的有效阻尼比超过 25% 时，宜按 25% 计算。

6. 一般认为，速度相关型消能器不提供附加有效刚度，位移相关型消能器的有效刚度可取消能器的恢复力滞回环在相对水平位移 Δu_j 时的割线刚度。

（四）消能减震的设计要求

消能减震设计的主要内容包括消能器和消能部件的选型，消能部件在结构中的分布和数量，消能器附加给结构的阻尼比估算，消能减震结构在罕遇地震下的位移计算等。合理的消能减震结构的设计能使结构更好地达到设防目标，同时也是建筑美观所必须考虑的，其基本设计要求如下（图29.3.2）。

1. 消能装置的布置要求

（1）消能部件的数量和分布应通过综合分析合理确定，并有利于提高整个结构的消减震能力，形成均匀合理的受力体系。

（2）可根据需要，沿结构的两个主轴方向分别设置。

（3）消能部件宜设置在层间变形较大的位置。

（4）消能器与斜撑、墙体、梁或节点等支承构件的连接，应符合钢构件连接或钢与钢筋混凝土构件连接的构造要求，并能承担消能器施加给连接节点的最大作用力。

（5）与消能部件相连的结构构件，应计入消能部件传递的附加内力，并将其传递到基础。

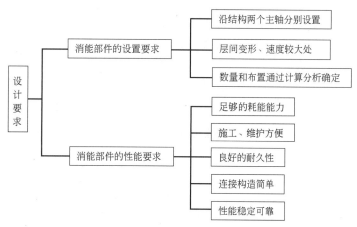

图 29.3.2　消能减震结构的设计要求

2. 消能装置的性能和试验要求

（1）消能部件的有效刚度、阻尼比和恢复模型的设计参数，应由试验确定。

（2）速度相关型消能器由试验提供设计容许位移、极限位移，以及设计容许位移幅值和不同环境温度条件下、加载频率为 0.1～4Hz 的滞回模型。速度线性相关型消能器与斜撑、墙体或梁等支承构件组成消能部件时，该支承构件在消能器消能方向的刚度可按式（29.3.7）计算：

$$K_b = (6\pi/T_1)C_v \tag{29.3.7}$$

式中　K_b——支承构件在消能器方向的刚度；

C_v——消能器的由试验确定的相应于结构基本自振周期的线性阻尼系数；

T_1——消能减震结构的基本自振周期。

（3）位移相关型消能器应由往复静力加载确定设计容许位移、极限位移和恢复力模型参数。位移相关型消能器与斜撑、墙体或梁等支承件组成消能部件时，该部件的恢复力模型参数宜符合下述要求：

$$\Delta u_{py}/\Delta u_{sy} \leqslant 2/3 \tag{29.3.8}$$

式中　Δu_{py}——消能部件在水平方向的屈服位移或起滑位移；

Δu_{sy}——设置消能部件的结构层间屈服位移。

（4）在罕遇地震设计位移幅值下，往复周期循环 30 圈后，消能器不应有明显的低周疲劳现象，其主要性能衰减量不应超过 15％、不发生断裂破坏、保持稳定的滞回曲线形状。

（5）消能器和连接构件应具有耐久性能和较好的易维护性。

（五）消能阻尼器装置分类

消能阻尼器装置可依据不同的材料、不同的耗能机理和不同的构造措施来制造。阻尼器的种类很多，通常按与位移和速度的相关性分为：位移相关型、速度相关型以及位移与速度相关型（混合型），见图 29.3.3。消能阻尼器与杆件、墙体等组合后就构成了消能部件，这些消能部件可以按不同的减振目的合理选择使用，见表 29.3.1。其中每一类阻尼器又有多种形式、构造和材质，几种常用阻尼器的比较见表 29.3.2。

1. 黏滞阻尼器

黏滞阻尼器在工程中应用广泛，其工作原理、分类及特点见表 29.3.3。黏滞阻尼器宜布置

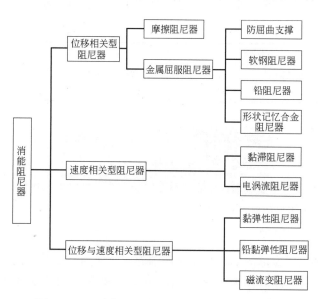

图 29.3.3　消能阻尼器按位移和速度相关性分类

按减震目的选用消能减震体系 表 29.3.1

减震目的	可选的消能形式	可选的消能构件形式
主要减小地震反应	摩擦消能、黏滞阻尼消能、金属屈服消能	消能支撑、消能剪力墙、消能联结
主要减小风振反应	黏弹性材料变形消能、黏滞阻尼消能	消能节点、消能联结、消能支撑
同时减震抗风	黏滞阻尼消能	消能支撑、消能剪力墙、消能联结

几种常用阻尼器的比较 表 29.3.2

比较项目	摩擦阻尼器	金属屈服阻尼器	黏滞阻尼器	黏弹性阻尼器
工作原理	摩擦耗能	金属屈服耗能	流体的黏滞阻尼耗能	聚合物分子链的错动耗能
特点	位移相关型,层间位移达到设计的数值后才起到耗能作用		速度相关型,速度越大耗能越多;层间位移较小就能起到耗能作用	
适用范围	大跨结构,巨型结构抗震		较适用于高层结构的抗风,提高舒适度	
减震效益	20%～50%			
对环境温度的敏感性	没有影响		高温时减震效果下降	
是否增加结构的侧向刚度	是	是	否	是
材料耐久性和稳定性	差	好	差	较差
防火性能	差	好	差,不耐高温	
维护及检测	需要定期检查,强震后需要更换	需防锈,不需定期检测,强震后必须检查,或需更换	要定期维护和检测,强震后必须检测,或需更换	
使用年限	取决于摩擦材料	可等同于建筑物使用年限	需定期置换(约 15～25 年)	
综合成本	低	最低	最高	高

在变形较大或相对速度较大处，图 29.3.4 为缸式黏滞阻尼器（俗称油阻尼器），图 29.3.5 为其在结构中几种常见的布置形式。

黏滞阻尼墙主要由内部钢板、外部钢箱及两者之间的黏滞阻尼液体组成，内部钢板固定于上层楼面，外部钢箱固定在下层楼面。当结构振动时，内部钢板与外部钢箱之间发生相对运动，黏滞流体产生阻尼力，使振动衰减。内部钢板可以是单层的或双层的，双层时黏滞阻尼液与钢板的接触面积是单层时的两倍，消能效率大大提高。图 29.3.6 和图 29.3.7 为黏滞阻尼墙的示意图及其在结构中的布置形式。

黏滞阻尼器的基本特性 表 29.3.3

	工作原理	分类	特点
黏滞阻尼器	通过硅油等黏滞流体产生的阻尼力来消耗地震能量	缸式黏滞阻尼器(单出杆和双出杆如图 29.3.4 所示)、黏滞阻尼墙	减震效果明显、制造工艺成熟、施工方便

图 29.3.4 缸式黏滞阻尼器构造示意图

2. 防屈曲支撑

防屈曲支撑能够在受压时不发生屈曲而达到屈服，支撑的芯材承受全部轴力，而外围钢管及管内灌注的混凝土（砂浆）约束芯材的屈曲变形，避免芯材受压时发生屈曲。如图 29.3.8 和图 29.3.9 分别为防屈曲支撑的构造示意图及其在结构上常见的安装形式。

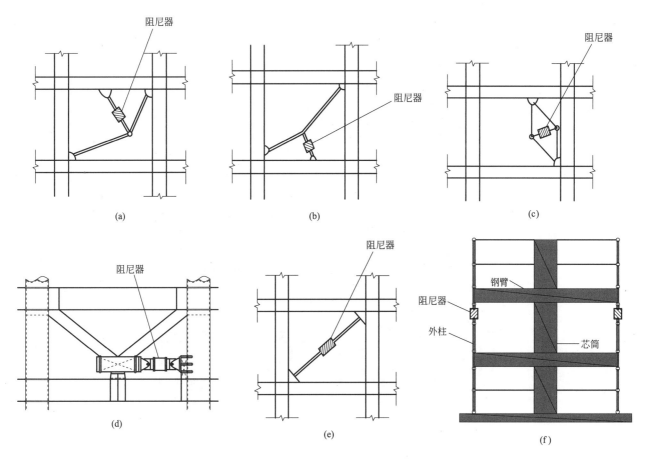

图 29.3.5　黏滞阻尼器在结构中常见的布置形式
（a）上肘支撑；（b）下肘支撑；（c）剪刀支撑；（d）水平布置；（e）对角支撑；（f）阻尼器在钢臂处布置

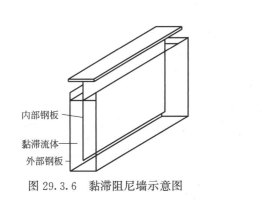

图 29.3.6　黏滞阻尼墙示意图

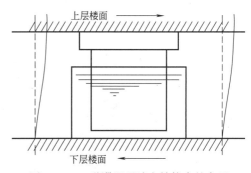

图 29.3.7　黏滞阻尼墙在结构中的布置

3. 黏弹性阻尼器

黏弹性材料一般是由高分子聚合物制成，其特点见表 29.3.4。黏弹性阻尼器是由黏弹性材料和约束钢板所组成。典型的黏弹性阻尼器如图 29.3.10 所示，图 29.3.11 为圆筒式黏弹性阻尼器的示意图。图 29.3.12 为黏弹性阻尼器几种常见布置形式。

黏弹性材料的特点　　　　　　　　　　　　　　　　　　　表 **29.3.4**

	特点	优点	缺点
黏弹性材料	既具有黏性又具有弹性，既可以储存能量又可以消耗能量	可以在较宽的频带范围内进行振动控制，特别适用于随机和宽带动力环境下的减振问题	随温度升高，阻尼力和刚度下降，对材料的质量控制要求比较高，环境因素对其耐久性和稳定性影响较大

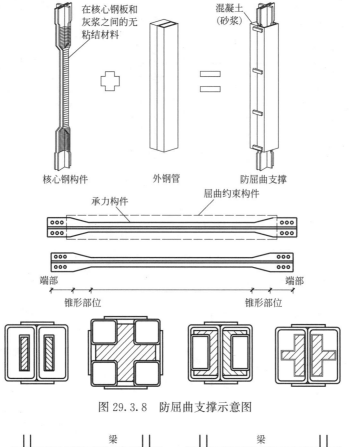

图 29.3.8 防屈曲支撑示意图

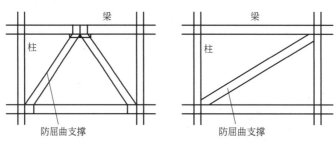

图 29.3.9 防屈曲支撑在结构中的布置

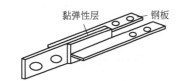

图 29.3.10 典型黏弹性阻尼器示意图

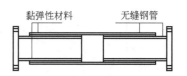

图 29.3.11 圆筒式黏弹性阻尼器示意图

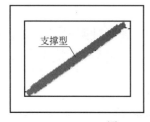
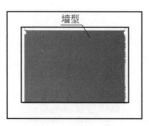

图 29.3.12 黏弹性阻尼器几种常见的设置形式

4. 软钢阻尼器

软钢是指屈服点不超过 $225N/mm^2$ 的钢材,用软钢做成的消能阻尼器有多种形式,如加劲阻尼装置（ADAS）、锥形钢消能器、双环钢消能器等。其中加劲阻尼装置是由数块相互平行的 X 形或三角形钢板通过定位件组装而成的消能减震装置，如图 29.3.13 和图 29.3.14 所示。它可以安装在人字形支撑顶部或剪力墙顶部，如图 29.3.15～图 29.3.19 所示。

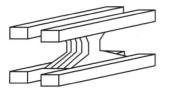

图 29.3.13　X形加劲阻尼装置

图 29.3.14　加劲阻尼器（ADAS）

图 29.3.15　加劲阻尼器的安装示意图

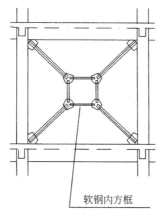

图 29.3.16　软钢内方框消能支撑

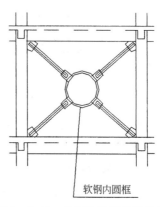

图 29.3.17　软钢内圆框消能支撑

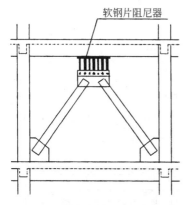

图 29.3.18　软钢片 K 形消能支撑

图 29.3.19　腋角斜杆消能支撑

低屈服点钢属于软钢的一种特殊类型，其屈服点在 225 N/mm² 以下，低屈服点钢阻尼器更容易实现在地震时阻尼器先于结构主要构件屈服的目标，能在小变形时也保证阻尼器屈服和消能。低屈服点钢阻尼器构造形式如图 29.3.20 所示，其在结构中常布置为剪切变形的模式、如图 29.3.21 所示，图中打黑点区域为低屈服点钢阻尼器。

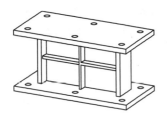

图 29.3.20 带加劲肋的低屈服点钢阻尼器

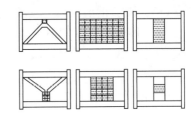

图 29.3.21 低屈服点钢阻尼器的常用形式

5. 铅-橡胶阻尼器

铅-橡胶阻尼器是用橡胶包裹铅芯而成,其外形类似于铅芯橡胶隔震垫,但其内部橡胶与铅芯的尺寸比例、橡胶层和钢板的厚度及层数都与铅芯橡胶隔震垫不同。它能够沿水平方向提供一定的水平刚度和较大的阻尼,但它对竖向强度和竖向刚度都没有要求。图 29.3.22 为铅-橡胶阻尼器构造图。图 29.3.23 为其工作方式。

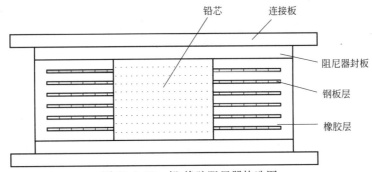

图 29.3.22 铅-橡胶阻尼器构造图

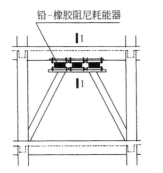

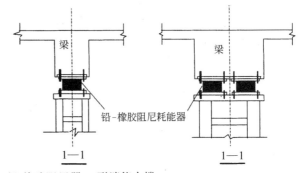

图 29.3.23 铅-橡胶阻尼器 K 形消能支撑

6. 摩擦阻尼器

摩擦阻尼器主要是利用材料的摩擦把动能进行能量转化。其形式有多种,工程应用比较成熟的是 Pall 型摩擦阻尼器,其构造如图 29.3.24 所示,图 29.3.25 为 Pall 型摩擦阻尼器在结构中的布置形式。图 29.3.26~图 29.3.30 为其他类型的摩擦阻尼器的构造存在结构中的布置形式。

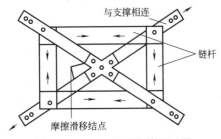

图 29.3.24 Pall 型摩擦阻尼器

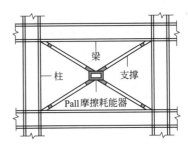

图 29.3.25 摩擦阻尼器在结构中的布置

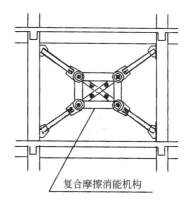
复合摩擦消能机构

图 29.3.26 复合摩擦消能支撑

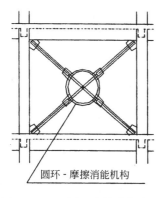
圆环 - 摩擦消能机构

图 29.3.27 圆环摩擦消能支撑

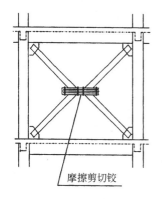
摩擦剪切铰

图 29.3.28 摩擦剪切铰消能支撑

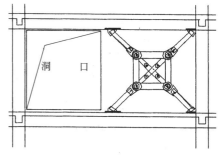
洞　　口

图 29.3.29 一个柱间设单支撑留门窗洞

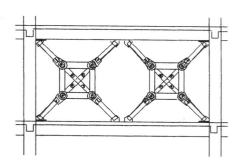

图 29.3.30 一个柱间设双支撑

7. 消能墙类型

把消能装置（阻尼器）设在墙体中，形成消能构件（部件），图 29.3.31～图 29.3.36 为几类典型消能墙构造。

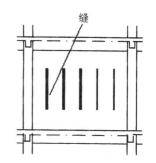
缝

图 29.3.31 竖缝消能剪力墙

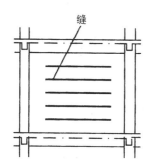
缝

图 29.3.32 横缝消能剪力墙

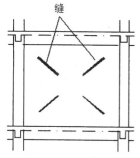
缝

图 29.3.33 斜缝消能剪力墙

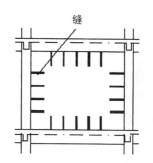
缝

图 29.3.34 周边缝消能剪力墙

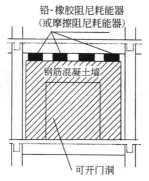
铅-橡胶阻尼耗能器
（或摩擦阻尼耗能器）
钢筋混凝土墙
可开门洞

图 29.3.35 装设阻尼器的剪力墙

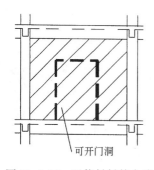
可开门洞

图 29.3.36 吸能材料剪力墙

8. 消能节点类型

把消能装置（阻尼器）设在构件连接处，形成消能连接节点（图 29.3.37～图 29.3.41）。

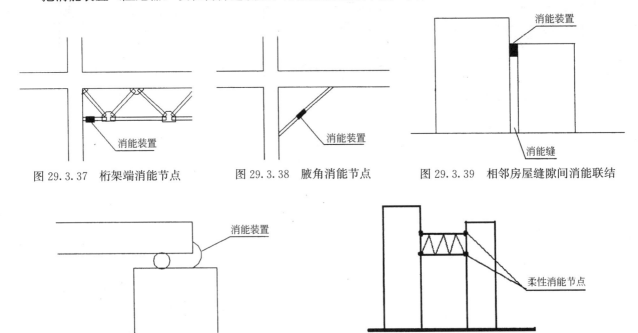

图 29.3.37 桁架端消能节点 　图 29.3.38 腋角消能节点 　图 29.3.39 相邻房屋缝隙间消能联结

图 29.3.40 构件之间柔性消能联结 　图 29.3.41 高层建筑与廊桥连接的柔性消能节点

（六）消能减震房屋应用实例

1. 中国最早的消能减震房屋结构（图 29.3.42）

（1）建筑物名称：原机械工业部第四设计研究院消能支撑试验厂房结构。

（2）房屋所在地：中国洛阳市。

（3）场地设防烈度（地面加速度）：7 度（0.10g）。

（4）建筑用途：试验厂房。

（5）建设性质：新建。

（6）地上层数：单层厂房。

（7）房屋高度（m）：14。

（8）建筑面积（m²）：1300。

（9）结构类别：钢筋混凝土排架。

（10）消能装置：软钢。

（11）消能构件：内方框消能支撑。

（a） 　　　　　　　　　　 （b）

图 29.3.42 原机械工业部第四设计研究院消能支撑试验厂房结构

（a）内方框支撑屈服消能试验；（b）内方框消能支撑用于厂房建筑

(12) 建设日期：1979 年 9 月。

2. 广州信合大厦（31 层）廊桥建筑柔性消能节点（图 29.3.43）

(1) 建筑物名称：广州信合大厦（30 层）。

(2) 房屋所在地：广州市。

(3) 场地设防烈度（地面加速度）：7 度（0.10g）。

(4) 建筑用途：高级办公大楼，廊桥和观光塔。

(5) 建设性质：新建。

(6) 地上（地下）层数：31（—4）。

(7) 房屋高度（m）：120。

(8) 建筑面积（m^2）：37000。

(9) 结构类别：主楼为 L 形平面（不规则平面），用钢框架（电梯间为 RC 剪力墙筒体）

观光塔为钢框架。

主楼与观光塔之间有钢廊桥相连接。

(10) 消能装置：铅-橡胶柔性阻尼器，并加限位钢板。

(11) 消能构件：装设阻尼器的剪力墙。

(12) 设计日期：2001 年 6 月。

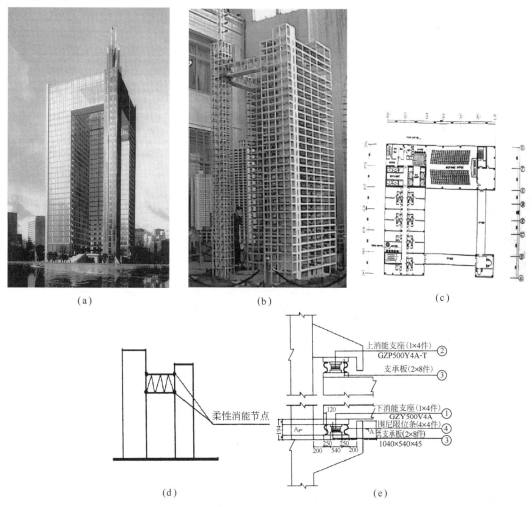

图 29.3.43　广州信合大厦（31 层）带廊桥建筑设计采用柔性消能节点

（a）信合大厦（31 层）带廊桥建筑；（b）信合大厦结构振动台试验 1/20 模型；

（c）信合大厦 L 形平面；（d）带廊桥建筑；（e）柔性消能节点

3. 中国首都规划大厦 消能减震高层建筑（图 29.3.44）

（1）建筑物名称：首都规划大厦。

（2）房屋所在地：中国北京。

（3）场地设防烈度（地面加速度）：8（0.20g），抗风要求。

（4）建筑用途：办公综合大楼。

（5）建设性质：新建。

（6）地上（地下）层数：50（—3）。

（7）房屋高度（m）：205。

（8）结构类别：钢框架结构，钢核心筒（K 形支撑及斜支撑）。

（9）消能装置：黏弹性阻尼器（WG11F 型黏弹性材料）。

（10）消能构件：K 形支撑及斜支撑，设置黏弹性阻尼器。

（11）设计日期：1996 年初步设计（未建成）。

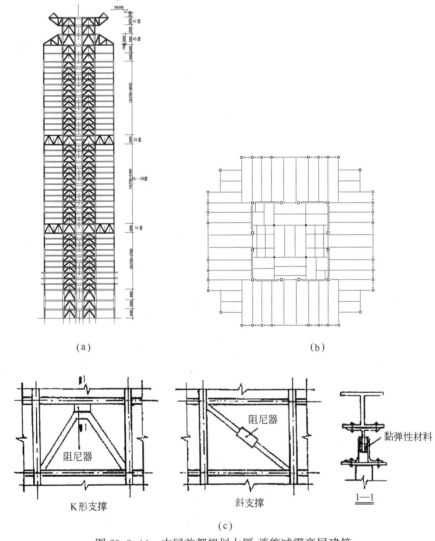

(a) 　　　　　　　　　　　　　　　(b)

(c)

图 29.3.44　中国首都规划大厦 消能减震高层建筑

（a）首都规划大厦剖面图；（b）首都规划大厦平面图；（c）K 形支撑及斜支撑，设置黏弹性阻尼器

4. 加拿大康可迪亚大学图书馆大楼（16 层）（图 29.3.45）

（1）建筑物名称：康可迪亚大学图书馆大楼（Concordia University Library Building）。

（2）房屋所在地：加拿大 满地可（Montreal）。

（3）场地设防区（地面加速度）：3区（0.20g）。

（4）建筑用途：图书馆大楼。

（5）建设性质：新建。

（6）地上（地下）层数：10＋6（−2）。

（7）房屋高度（m）：52。

（8）建筑面积（m²）：50000。

（9）结构类别：钢筋混凝土框架。

（10）消能装置：加拿大 A. S. Pall 摩擦阻尼器。

（11）消能构件：消能支撑。

（12）建设日期：1991年。

(a)　　　　　　　　　　　　　(b)

图 29.3.45　加拿大 A. S Pall 摩擦消能支撑用于康可迪亚大学图书馆大楼

(a) 加拿大康可迪亚大学图书馆大楼（16层）；(b) 加拿大 A. S Pall 摩擦消能支撑

5. 美国纽约世界贸易中心主楼（图 29.3.46）

（1）建筑物名称：世界贸易中心主楼（双塔楼）（World Trade Center Tower）。

（2）房屋所在地：美国纽约。

（3）场地设防烈度（地面加速度）：2区（0.10g），抗风要求。

（4）建筑用途：办公综合大楼。

（5）建设性质：新建。

（6）地上（地下）层数：110（−6）。

（7）房屋高度（m）：413。

（8）建筑面积（m²）：41.8万×2。

（9）结构类别：钢结构，外筒结构体系。

（10）消能装置：3M 黏弹性阻尼器，共 10000×2 个。

　　　　　　从第10层～110层，每层100个，每塔楼10000个，两栋塔楼。

（11）消能构件：楼层桁架下弦端部，3M 黏弹性阻尼器。

（12）建设日期：1966～1973年（1969年开始装设阻尼器），2001年9月11日遭遇飞机撞毁。

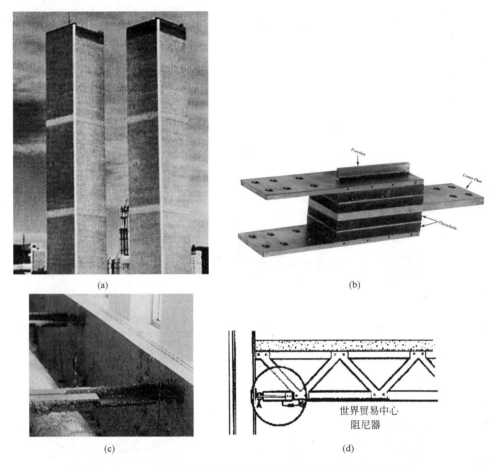

图 29.3.46　美国纽约世界贸易中心主楼采用 3M 黏弹性阻尼器

(a) 美国纽约世界贸易中心（双塔楼）；(b) 3M 黏弹性阻尼器；(c) 楼层
桁架下弦端部黏弹性阻尼器；(d) 楼层桁架下弦端部阻尼器位置图

6. 日本东京品川公共大厦（图 29.3.47）

(1) 建筑物名称：东京品川公共大厦。

(2) 房屋所在地：日本东京。

(3) 场地设防烈度（地面加速度）3 区（0.30g），抗风要求。

(4) 建筑用途：日航公司办公综合大楼。

(5) 建设性质：新建。

(6) 地上（地下）层数：26（一2）。

(7) 房屋高度（m）：108。

(8) 建筑面积（m^2）：82000。

(9) 结构类别：框架结构（SRC 柱）。

(10) 消能装置：油阻尼器（HiDAM）共 120 个。

(11) 消能构件：K 形支撑设置油阻尼器。

(12) 建设日期：1996 年。

7. 西安长乐苑招商局

西安长乐苑招商局广场 4 号楼为商住楼，采用钢筋混凝土部分框支剪力墙结构体系。其商务办公、住宅用房结构标准层平面分别为图 29.3.48 和图 29.3.49。

该结构抗震鉴定报告说明，结构在地震作用下产生扭转效应、框支层中部分框架主轴压比超限等，因此本建筑需要进行抗震加固，以满足 8 度抗震设防要求。由于受实际状况的限制，经反复研究，在

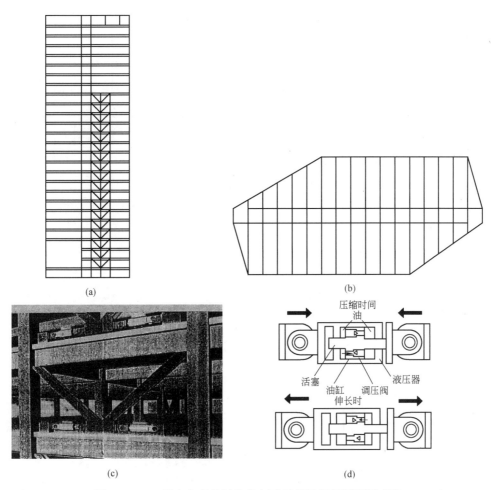

图 29.3.47　日本东京品川公共大厦 采用油阻尼器消能减震

（a）日本东京品川公共大厦竖剖面图；（b）日本东京品川公共大厦平面图；
（c）K形支撑设置油阻尼器；（d）HiDAM 油阻尼器

1～5 层楼的商务办公房各安装八组开孔式加劲阻尼器（HADAS）见图 29.3.53，共 40 组。HADAS 阻尼器的安装位置如图 29.3.50 所示。为了准确地进行计算分析，采用 SAP2000 有限元软件进行非线性动力时程分析，结构分析模型的立面图如图 29.3.51 所示。表 29.3.5 为不同地震作用下基底剪力之比较；图 29.3.52 为软钢阻尼器安装图。

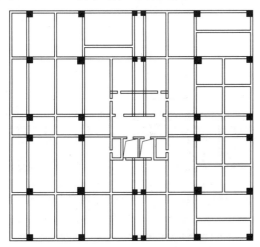

图 29.3.48　商务办公用房结构标准层平面图

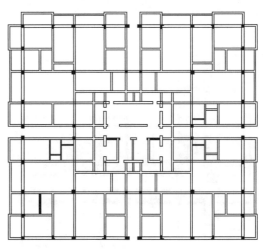

图 29.3.49　住宅用房结构标准层平面图

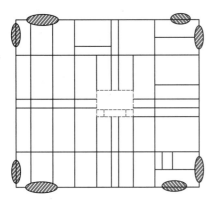

图 29.3.50 HADAS 在 1~5 层安装立面图

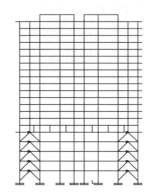

图 29.3.51 SAP2000 分析模型位置示意图

不同地震作用下基底剪力之比较（N） 表 29.3.5

地震波	不加阻尼器	加装阻尼器
EL-Centro X-dir	1.010×10^7	1.002×10^7
EL-Centro Y-dir	1.105×10^7	1.079×10^7
TAFT X-dir	1.203×10^7	1.042×10^7
TAFT Y-dir	2.843×10^7	1.078×10^7

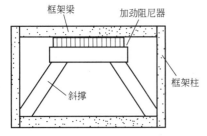

图 29.3.52 软钢阻尼器安装示意图

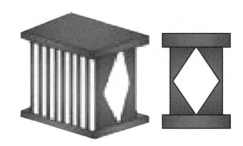

图 29.3.53 开孔式加劲阻尼装置（HADAS）

通过结构在有、无加装阻尼器的不同情况下的对比发现：结构在加装阻尼器后，其位移和变形明显下降，结构基底剪力减小，尤其是地震反应强烈的工况基底剪力减小显著，有效提升了结构的抗震能力。

8. 某高层宾馆

某高层宾馆，采用现浇混凝土框架剪力墙结构，一层为地下室，首层高 7m，其他楼层高 3.85m；建筑平面呈"山"形平面，分为东、西两段（东西两段对称）和中段共三段，建筑平面图如图 29.3.54、图 29.3.55 所示。

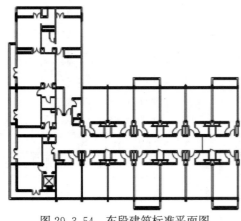

图 29.3.54 东段建筑标准平面图

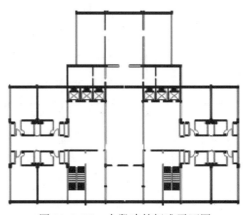

图 29.3.55 中段建筑标准平面图

29.3 消能减震结构

为改善其使用功能，对该宾馆进行改造。结构检测和鉴定表明：综合抗震能力不满足北京地区8度地震乙类建筑的抗震设防要求，需进行抗震加固。因此，结合中段建筑现状，除顶层和夹层外，在其他各层沿结构纵向对称设置4个黏滞阻尼器，共计52个。其布置简图如图29.3.56、图29.3.57。建立有限元模型，进行时程分析得出结构各层层间位移及层间位移角明显减小，表29.3.6为中震作用下加设阻尼器与未加阻尼器各层顶板处水平位移比较。

经分析表明：加设消能部件后有效地提高了结构的抗震能力。

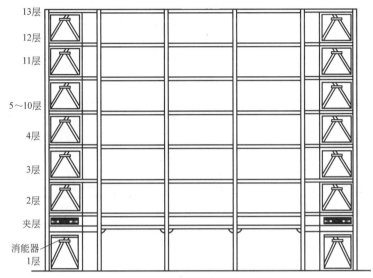

图 29.3.56　消能支撑布置图　　　　图 29.3.57　人字形消能钢支撑结构简图

中震作用下结构各层顶板处水平位移比较（mm）　　　　表 29.3.6

楼层	1	3	5	7	9	11	13	14	15	16
未加消能器	1.01	9.88	24.31	38.94	51.90	64.40	71.60	77.06	83.25	90.36
加消能器	0.93	8.49	20.75	33.74	45.85	56.15	64.90	69.91	74.63	80.55

9. 北京冬季奥运村人才公租房（图 29.3.58）

（1）建筑物名称：北京冬季奥运村人才公租房。

（2）房屋所在地：北京。

（3）场地设防烈度（地面加速度）：8度区（0.20g），抗风要求。

（4）建筑用途：2022年冬奥会运动员公寓，人才公寓。

（a）　　　　　　　　　　　　　（b）

图 29.3.58　北京冬季奥运村人才公租房 采用装配式防屈曲钢板墙消能减震（一）

（a）建筑效果图；（b）现场施工情况

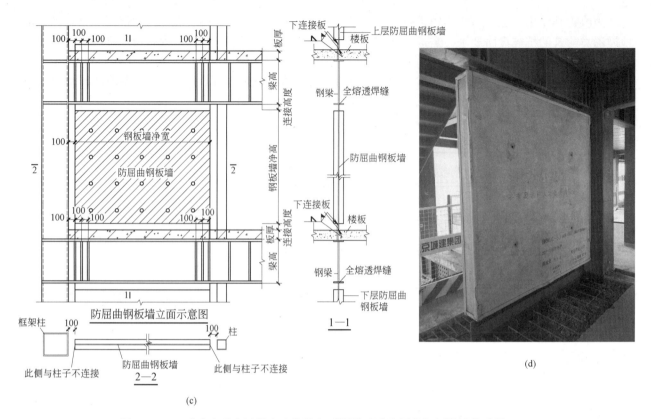

图 29.3.58 北京冬季奥运村人才公租房 采用装配式防屈曲钢板墙消能减震（二）

(c) 装配式防屈曲钢板墙安装示意图；(d) 装配式防屈曲钢板墙产品

（5）建设性质：新建。

（6）地上（地下）层数：14～17（－2）。

（7）房屋高度（m）：45～59。

（8）建筑面积（m²）：200000。

（9）结构类别：钢结构（钢管混凝土柱）。

（10）消能装置：装配式防屈曲钢板墙共 1986 片。

（11）消能构件：装配式防屈曲钢板墙。

（12）建设日期：2020 年。

10. 北京市建筑设计研究院有限公司 C 座科研业务楼（图 29.3.59）

北京市建筑设计研究院有限公司 C 座科研业务楼为办公楼，采用装配整体式预应力板柱-现浇剪力墙结构体系（南斯拉夫体系），该建筑地上 12 层，局部 14 层，地下 2 层（地下 1 层为设备夹层），总建筑高度为 42.60m，建筑面积为 8651.9m²。

该结构鉴定报告说明，部分悬挑梁变形过大，远超规范规定的限值，存在安全隐患；结构耗能能力差，完全靠剪力墙耗能，建筑抗震能力严重不符合现行国家和地方标准要求，严重影响整体抗震性能，必须采取整体加固措施，因此需要进行抗震加固，以满足 8 度抗震设防，30 年的后续使用年限要求。经方案对比，对核心筒外侧增设 250mm 厚钢筋混凝土面层加固；在周圈外框架柱头附加小型耗能支撑，增设腋撑式承载耗能支撑；改善二道防线缺失问题、解决消能机制问题；柱头增设钢牛腿，增设防止楼板掉落措施。在 1～11 层每层增设 50 个耗能支撑，屈服承载力 10.8t。

11. 北京理工大学中关村国防科技园（图 29.3.60）

北京理工大学中关村国防科技园，采用钢筋混凝土框架-剪力墙结构，地下 3 层、地上 19 层，裙房 4 层，最大檐口高度为 77.01m。地上建筑面积 51350m²，地下建筑面积 24665m²。地上平面尺寸 127m×

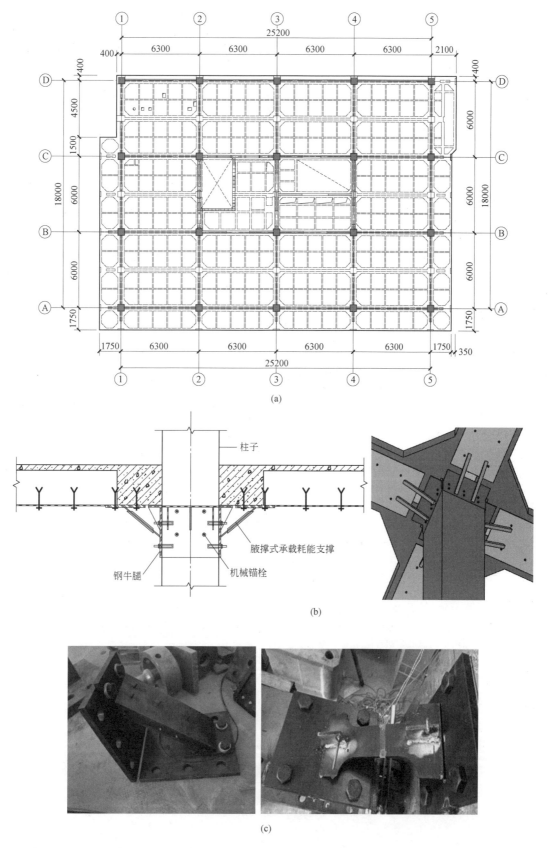

图 29.3.59 北京市建筑设计研究院有限公司 C 座科研业务楼采用腋撑式承载耗能支撑减震（一）

（a）结构标准层平面图；（b）柱头附加腋撑式承载耗能支撑；（c）腋撑式承载耗能支撑照片

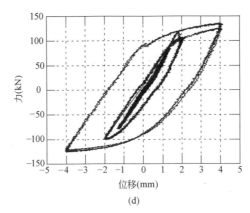

(d)

图 29.3.59　北京市建筑设计研究院有限公司 C 座科研业务楼采用腋撑式承载耗能支撑减震（二）

（d）腋撑式承载耗能支撑滞回曲线

53m，标准层平面尺寸 43m×53m，首层层高 5.1m，2～4 层高 4.5m，标准层层高 3.9m。本工程标准层平面有效最小宽度为 18m，相应边边长 50.4m，有效宽度为 36%，超过规定限值 50%；平面凹进尺寸为 16.2m，相应边边长 50.4m，平面凹尺寸为相应边长的 32%，超过规定限值 30%，形成平面凹凸不规则、细腰、楼板不连续。抗震设防烈度为 8 度，设计地震分组为第一组，场地类别为 II 类，基本地震加速度为 0.20g。

本工程是一栋特点鲜明的平面细腰型高层建筑，采用传统框架剪力墙结构扭转效应明显，建筑四角

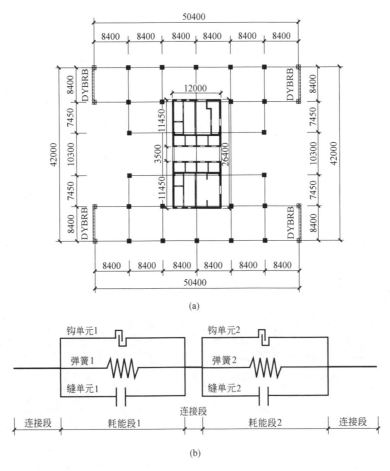

图 29.3.60　北京理工大学中关村国防科技园采用双屈服点屈曲约束支撑减震（一）

（a）标准层平面图及双屈服点屈曲约束支撑布置图；（b）双屈服点防屈曲支撑力学模型示意图

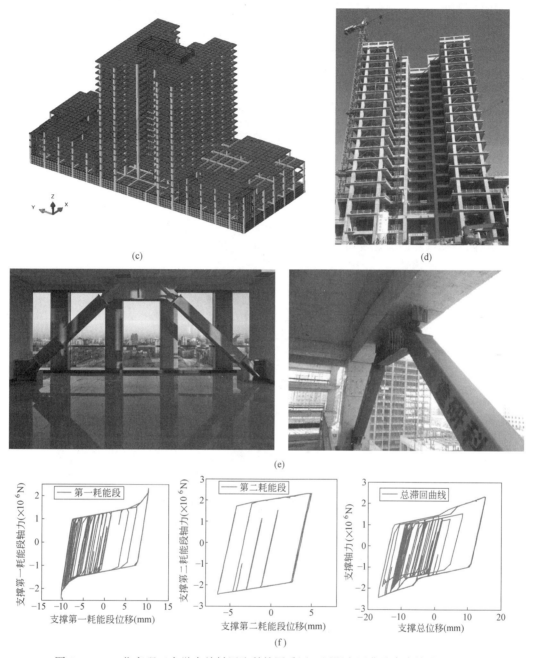

(c)

(d)

(e)

(f)

图 29.3.60 北京理工大学中关村国防科技园采用双屈服点屈曲约束支撑减震 (二)

(c) 结构三维有限元模型；(d) 建成后外立面；(e) 安装后的 BRB 支撑；(f) 大震作用时首层支撑滞回曲线

框架成为第一道抗震防线，体系存在安全隐患。为此，主楼各层建筑平面四角设人字形双屈服点屈曲约束支撑（DYBRB），与屈曲约束支撑相连的框架梁、柱采用型钢混凝土构件，增强结构整体抗扭特性，形成二道抗震防线，要求双屈服点屈曲约束支撑在小震下处于弹性，中震下第一耗能段屈服、第二耗能段处于弹性状态，大震下第一耗能段和第二耗能段均处于屈服耗能状态。本工程首次将"双屈服点"概念融入抗震性能化设计理念，双屈服点屈曲约束支撑结构简单，加工方便，性能稳定，成本低廉，免于维护，可在不同设防水准地震下发挥作用，同时具有超大震下的防断裂措施，能够较为明显的减小震害。

一般情况下，防屈曲耗能支撑在多遇地震作用下不屈服，只提供附加刚度，不参与耗能，在罕遇地震作用下提供附加刚度和附加阻尼。大震或超大震作用时，普通防屈曲支撑在超出其工作范围时发生断裂，导致其瞬时丧失承载力与刚度。多屈服点防屈曲支撑由两个不同屈服点的防屈曲支撑串联，两个耗能段分别由非线性弹簧、钩单元和缝单元构成，工作时两个耗能段先后屈服，力学模型如图 29.3.60 (b) 所示，钩和缝单元为限位装置，防止弹簧塑性变形过大而产生断裂。因此，多屈服点防屈曲支撑可以根据需要调整耗能段屈服力，在小震下也可屈服耗能，超大震下，多屈服点支撑不会产生断裂，可以继续工作。本工程所采用的双屈服点屈曲约束支撑，第一屈服段屈服位移为 1.73mm，屈服力为 130t；第二屈服段屈服位移为 1.33mm，屈服力为 200t。

采用消能减震技术具有良好的经济性，双屈服点防屈曲约束耗能支撑费用为 404 万元，不使用屈曲支撑需要增加钢筋混凝土构件截面而增加的费用为 1200 万元，节约总体工程造价约 796 万元。

12. 深圳宝安国际机场 T3 航站楼（图 29.3.61）

(1) 建筑物名称：深圳宝安国际机场 T3 航站楼。

(2) 房屋所在地：深圳。

(3) 场地设防烈度（地面加速度）：7 度区（0.10g），抗震要求。

(4) 建筑用途：交通建筑。

(5) 建设性质：新建。

(6) 地上（地下）层数：4～5（-2）。

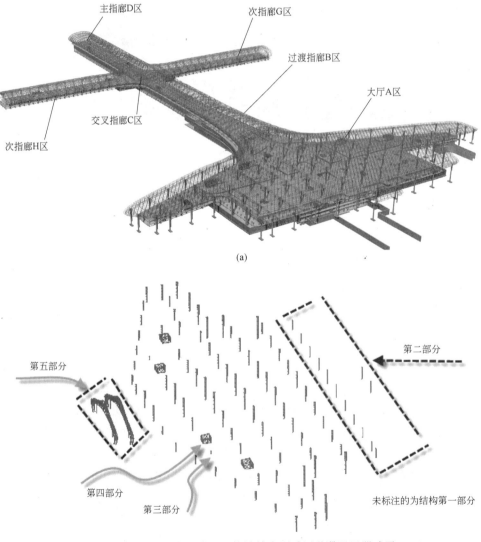

(a)

图 29.3.61 深圳宝安国际机场 T3 航站楼大厅采用黏滞阻尼器减震（一）

(a) 航站楼整体结构透视图

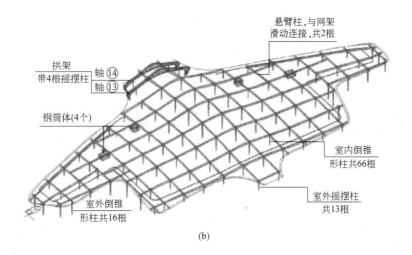

(b)

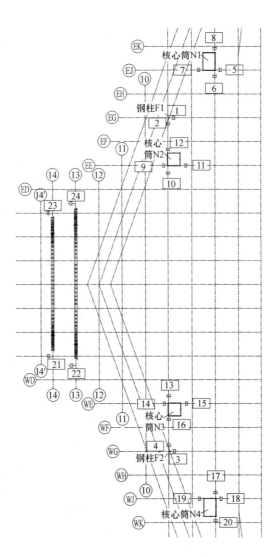

图 29.3.61 深圳宝安国际机场 T3 航站楼大厅采用黏滞阻尼器减震（二）

（b）屋顶支承结构透视图；（c）大厅布置黏滞阻尼器的编号

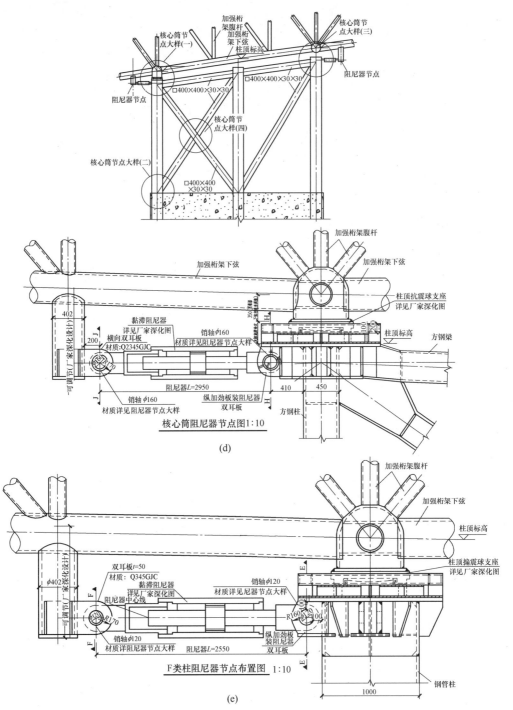

图 29.3.61　深圳宝安国际机场 T3 航站楼大厅采用黏滞阻尼器减震（三）

（d）支撑筒顶阻尼器布置大样；（e）悬臂柱顶阻尼器布置大样

（7）房屋高度（m）：45。

（8）建筑面积（m²）：451000。

（9）结构类别：框架结构。

（10）消能装置：24 套黏滞阻尼器。

（11）消能构件：黏滞阻尼器。

（12）建设日期：2008～2013 年。

说明：大厅屋顶支承体系柱网以 36m 为主，部分柱网 27m，主要有以下几部分组成：第一部分：下端铰接与混凝土结构、上端与屋顶主桁架刚接的倒锥形钢管柱，共82根；第二部分：支承于市政桥上的上下端铰接等截面钢管柱，共13根；第三部分：刚接与混凝土结构上的悬臂钢管柱，上端与屋顶滑动连接，2根，每根柱头沿 X、Y 方向分别设置一个黏滞阻尼器；第四部分：支承于标高18.8m 的4个核心筒，核心筒上端与屋顶滑动连接，每个核心筒沿 X、Y 方向分别设置2个黏滞阻尼器及大厅北部两榀拱形加强桁架组成；第五部分：北侧两榀带摇摆柱的拱形桁架，拱脚沿南北方向滑动，每个拱脚设置一个黏滞阻尼器。

13. 哈尔滨万达滑雪场（图 29.3.62）

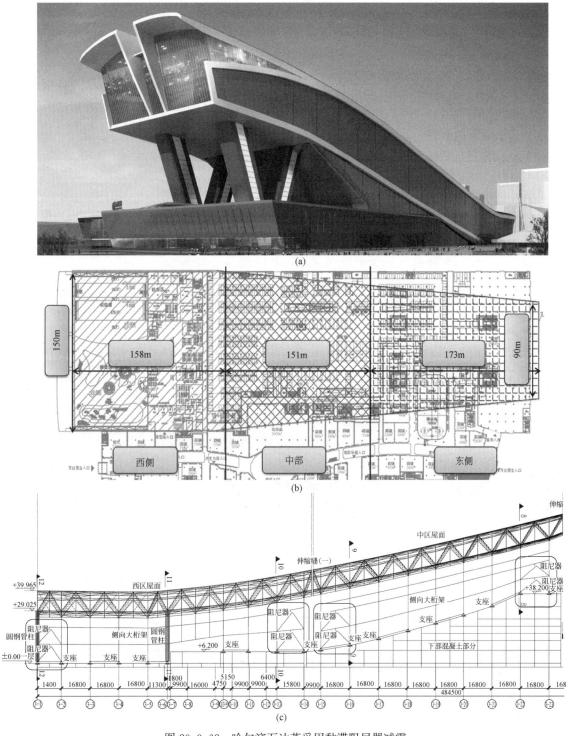

图 29.3.62 哈尔滨万达茂采用黏滞阻尼器减震
(a) 整体结构透视图；(b) 钢结构分区图；(c) 布置黏滞阻尼器的位置

(1) 建筑物名称：哈尔滨万达滑雪场。

(2) 房屋所在地：哈尔滨。

(3) 场地设防烈度（地面加速度）：7度区（0.10g），抗震要求。

(4) 建筑用途：体育建筑。

(5) 建设性质：新建。

(6) 地上（地下）层数：1～4（−1）。

(7) 房屋高度（m）：114.5。

(8) 建筑面积（m²）：77000。

(9) 结构类别：框架结构。

(10) 消能装置：16 套黏滞阻尼器。

(11) 消能构件：黏滞阻尼器。

(12) 建设日期：2014～2017 年。

说明：设置黏滞阻尼器的原因：1. 避免上下部结构侧向刚度差异过大。2. 黏滞阻尼器增加阻尼，增加结构耗能，提高抗震性能。3. 黏滞阻尼器不增加刚度，减小温度效应。

14. 成都万达滑雪场（图 29.3.63）

(1) 建筑物名称：成都万达滑雪场。

(2) 房屋所在地：四川成都。

(3) 场地设防烈度（地面加速度）：7度区（0.15g），抗震要求。

(4) 建筑用途：体育建筑。

(a)

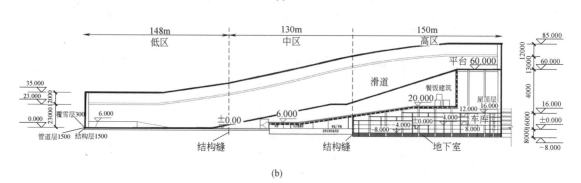

(b)

图 29.3.63 成都万达茂采用 BRB 减震（一）

（a）整体结构透视图；（b）钢结构分区图

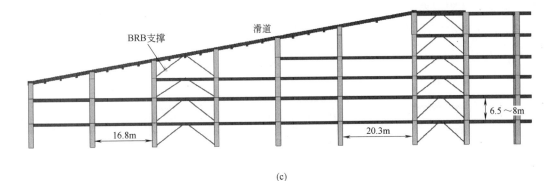

(c)

图 29.3.63　成都万达茂采用 BRB 减震（二）

(c) 布置 BRB 的位置

（5）建设性质：新建。

（6）地上（地下）层数：1～4（-1）。

（7）房屋高度（m）：85。

（8）建筑面积（m²）：75000。

（9）结构类别：框架结构。

（10）消能装置：高区沿滑道纵向和横向共计设置 78 根 BRB。

（11）消能构件：BRB。

（12）建设日期：2016～2019 年。

29.4　被动调谐减震（振）结构

（一）被动调谐减震（振）体系的减震（振）机理和分类

1. 被动调谐减震（振）体系的组成和减震（振）机理

结构被动调谐减震（振）控制体系，由结构和附加在主结构上的子结构组成。附加的子结构具有质量、刚度和阻尼，因而可以调整子结构的自振频率，使其尽量接近主结构的基本频率或激振频率。这样，当主结构受激励而振动时，子结构就会产生一个与结构振动方向相反的惯性力作用在主结构上，使主结构的振动反应衰减并受到控制。由于这种减震（振）控制不是通过提供外部能量，只是通过调整结构的谐频率特性来实现的，故称为"被动调谐减震（振）控制"。由于它是利用调整结构的动力特性来消减结构的振动反应，故也称为"动力消震（振）"。

子结构的质量可以是固体质量（Mass）。它在调谐减震（振）过程中，发挥类似阻尼器的消能减震（振）作用，故把子结构称为"调谐质量阻尼器"TMD（Tuned Mass Damper）。该结构可以支承在结构物上 [图 29.4.1（a）]，也可以悬吊在结构物上 [图 29.4.1（b）、（c）]。

子结构的质量也可以是储存在某种容器中的液体质量（Liquid），它的调谐减震（振）作用是通过容器中液体振荡产生的动压力和黏性阻尼耗能来实现的，也类似阻尼器的消振作用，故把这种子结构称为"调谐液体阻尼器"TLD（Tuned Liquid Damper）。TLD 可分为储液池式 [图 29.4.2（a）]和 U 形柱式 [图 29.4.2（b）]。

2. 被动调谐减震（振）体系的分类：可分为两类。

第一类，调谐质量阻尼器（TMD）：

（1）支承式调谐质量阻尼器 [图 29.4.1（a）]。

（2）悬吊式调谐质量阻尼器 [图 29.4.1（b）]。

（3）悬吊式调谐摆动阻尼器 [图 29.4.1（c）]。

第二类，调谐液体阻尼器（TLD）：

（1）调谐储液池式液体阻尼器［图29.4.2（a）］。

（2）调谐U形柱式液体阻尼器［图29.4.2（b）］。

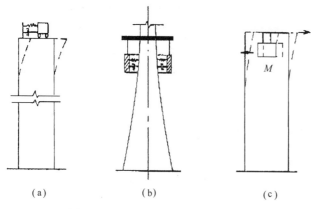

图29.4.1 调谐质量阻尼器（TMD）

(a) 支承式（加层，水箱或质量）；(b) 悬吊式
（塔架外侧）；(c) 悬吊式（水箱或质量）

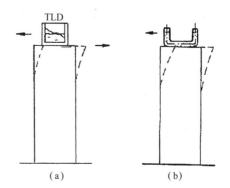

图29.4.2 调谐液体阻尼器（TLD）

(a) 储液池式液体阻尼器；
(b) U形柱式液体阻尼器

（二）被动调谐减震（振）体系的优越性和应用范围

1. 被动调谐减震（振）技术具有下述明显的优越性

（1）有效衰减结构的振动反应：在合理选取结构体系调谐参数的条件下，主结构的振动反应（位移，加速度等）可以衰减20%～50%，有效衰减主结构在各种外部振动冲击（地震，风，海浪等）下的振动反应，确保主结构满足使用要求或安全。

（2）使用范围广：既能用于地震减震，也能用于风，海浪，机器振动或环境振动等各种振动冲击或振动干扰的减振。

（3）为某些重大结构的减震（振）提供难以代替的途径：为了减少主结构的振动反应。采用外加子结构进行动力调谐，无须对主结构采取传统的加强措施（加大断面，增加配筋，加强刚度，加设构件等），这对于某些难以采取传统加强措施的结构如高层结构，高柔塔架结构，大跨度结构，海洋平台结构等重大结构，提供了一条实现减震（振）的难以代替的途径。

（4）节省结构造价：动力调谐能使主结构的动力反应明显衰减，因而使主结构的构件减少，构件断面减小，配筋减少，构造简单，施工简化等，明显节省结构造价。

（5）不仅适用于新建结构的减震（振）控制，也特别适用于已有结构的减震（振）改良：采用动力调谐技术，只需在已有结构的顶部（或其他部位）设置子结构或"加层"，而对主结构无须采取任何加固措施。这对旧有结构的减震（振）改良是特别有意义的。

（6）可充分利用已有结构的部件或设备作为子结构，不必专设。例如，可采用"加层"作为TMD，可把建筑的储水箱作为TMD（支承式或悬吊式）或TLD等。

（7）一次性装设，永久使用，无须维修或调换，这比较符合工程应用的实际情况。

2. 被动调谐减震（振）体系的应用范围

由于结构被动调谐减震（振）控制技术具有上述的优越性，因而已成功应用于下述工程结构在地震，风，海浪，机器振动，环境振动等冲击或干扰下的减震（振）控制：

（1）多层，高层，超高层建筑；

（2）高耸塔架，烟囱结构等；

（3）大跨度桥梁；

（4）海洋平台或其他特种结构；

（5）已有建筑物的"加层减震（振）"。

（三）被动调谐减震（振）结构的设计方法和计算要点

1. 被动调谐减震（振）结构设计计算的目标、内容和步骤

调谐减震（振）控制设计计算的目标是使主结构的位移反应 x_1 或主结构位移动力放大系数 A_1 被控制在某个容许值 $[x_s]$ 或 $[A_1]$ 之内。设计计算内容和步骤见图 29.4.3。

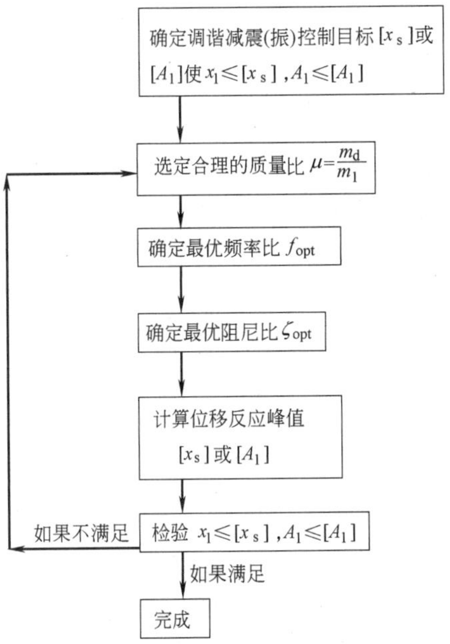

图 29.4.3 中，x_1——主结构的位移反应；

     A_1——主结构相对于等效静力位移的位移反应动
       力放大系数；

$\mu = \dfrac{m_d}{m_1}$——子结构与主结构的质量比；

     m_d——子结构质量；

     m_1——主结构（振型）质量；

$f_{opt} = \omega_d/\omega_1$——子结构与主结构的最优固有频率比；

     ω_d——子结构固有频率；

     ω_1——主结构固有频率；

     ζ_{opt}——调谐阻尼器的最优阻尼比，可近似取

$$\zeta_{opt} = \sqrt{\frac{3\mu}{8(1+\mu)^3}}$$

图 29.4.3 被动调谐减震（振）结构
设计计算内容和步骤

2. 被动调谐减震（振）结构反应分析和动力参数的计算方法

（1）被动调谐减震（振）结构的主结构位移反应 x_1 或主结构位移动力放大系数 A_1 的控制目标的确定，一般来说，在合理选取结构体系调谐参数的条件下，主结构的振动反应（地震，风等）可以衰减 20%～40%。可按此目标，初步确定主结构的位移反应 x_1 或主结构位移动力放大系数 A_1。

（2）被动调谐减震（振）结构位移反应 x_1 以及各项动力参数的确定，一般情况下，宜采用非线性分析方法，即非线性静力分析法或非线性时程分析法，并直接采用 TMD（TLD）的阻尼部件的恢复力模型进行计算。当主体结构基本处于弹性工作阶段时，也可采用线性方法简化计算，并根据结构的变形特征和高度等，按《建筑抗震设计规范》GB 50011—2010（2016 年版）的规定分别采用振型分解反应谱法和时程分析法。其地震影响系数可根据减震（振）结构的总阻尼比按《建筑抗震设计规范》GB 50011—2010（2016 年版）有关规定采用。被动调谐减震（振）结构各项动力参数的确定可采用本节下述的方法确定。

（3）被动调谐减震（振）结构各项动力参数的近似计算：

合理的质量比，可近似取 $\mu = \dfrac{m_d}{m_1} = 0.005～0.08$，一般为 0.01 左右。

最优频率比，可近似取 $f_{opt} = 1/(1+\mu)$

最优阻尼比，可近似取 $\zeta_{opt} = \sqrt{\dfrac{3\mu}{8(1+\mu)^3}}$

3. 被动调谐减震（振）结构设计和应用中必须注意的几个问题

（1）有效控制的振型数量问题：一般来说，装设一个子结构只能对主结构的一个主要振型进行有效减震（振）控制。对于必须考虑多个振型的结构减震（振）控制，可考虑装设多个 TMD 子结构。

（2）有效控制的振型类别问题：对于一个子结构，其调谐目标是控制主结构的某阶振型。如果主结构有多阶振型，则子结构对那些比被控制振型较高的振型仍有减震（振）作用，而对那些比被控制振型较低阶的振型，有时有减振作用，有时却是增振放大作用。例如，对于一个自由度为 20，即具有 20 阶振型的主结构，采用一个子结构对第 3 振型进行减震（振）控制，则该子结构对第 4～20 振型仍有减振

作用，但对第 1~2 阶振型却可能减振，也可能增振放大。所以，对于某个子结构而言，应该尽量以控制主结构的低阶振型为目标，即基本振型或某低阶振型。

（3）有效控制的激励频宽问题：一般来说，装设一个子结构，只能对以某个频率为主（卓越频率）的外部激励进行有效减震控制。对于必须考虑频带较宽的外部激励的结构减震（振）控制，可考虑适当增大子结构的阻尼（如在主结构和子结构连接层设置阻尼器），或增设多个子结构。

（4）有效控制的结构类型和场地类别问题：当外部激励频率（或卓越频率）高于主结构的固有频率（或基本频率）时，被动调谐质量体系能达到较好的减震（振）控制效果。所以，对于在一般场地上的高层建筑，高耸塔架，大跨度结构等柔性（低频）结构，被动调谐质量减震（振）控制的减震效果明显有效。反之，对于软弱地基上的刚性结构（高频），减震（振）效果较差。

（5）子结构的装设位置：对于以某振型为主要控制目标的子结构，其最优装设位置是该振型的最大反应向量的质点处。例如，若以第一振型为主要控制目标的高层建筑，子结构的最优装设位置应该在建筑物的顶层。

（6）被动调谐质量阻尼器中阻尼元件的设计应考虑耐久性问题，建议阻尼元件使用寿命不低于主结构的使用寿命，当抗风减震（振）设计时，阻尼器原件还应进行疲劳性能试验，建议采用十年风荷载作用下 TMD 的位移进行疲劳性能试验，加载圈数 5 万次。

（四）被动调谐减震（振）结构的应用实例

1. 广州多层房屋加层调谐减震结构（图 29.4.4）

（1）建筑物名称：广州多层房屋加层调谐减震市政住宅楼。

（2）房屋所在地：广州市。

（3）场地设防烈度（地面加速度）：7 度（0.10g）。

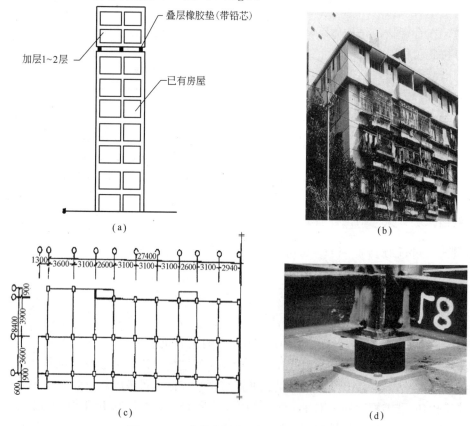

图 29.4.4 广州多层房屋加层调谐减震结构

（a）房屋加层调谐减震示意图；（b）调谐减震市政住宅楼照片；

（c）加层房屋平面图（对称之半）；（d）调谐阻尼装置——叠层橡胶垫（带铅芯）

（4）建筑用途：住宅楼。

（5）建设性质：旧楼抗震性能改良。

（6）地上层数：原有 7 层，加 1 层。

（7）房屋高度（m）：21＋3。

（8）建筑面积（m²）：1950。

（9）结构类别：钢筋混凝土框架。

（10）调谐阻尼装置：叠层橡胶垫，带铅芯，阻尼比 $\xi=0.22$。

（11）调谐质量：增加 1 层，质量比 $\mu=0.12$。

（12）调谐频率比及减震效果：调谐频率比 $f=0.96$，减震 35.5%（对比旧结构）。

（13）建设日期：旧楼 1979 年，加层 1997 年。

2. 广州高层房屋屋顶水箱调谐减震结构（图 29.4.5）

（1）建筑物名称：广州丰兴广场高层商业住宅综合大楼。

（2）房屋所在地：广州市。

（3）场地设防烈度（地面加速度）：7 度（0.10g）。

（4）建筑用途：高层住宅楼。

（5）建设性质：新建。

（6）地上层数（地下层数）：32（−2）。

（7）房屋高度（m）：99.5。

（8）建筑面积（m²）：64700。

（9）结构类别：钢筋混凝土框剪。

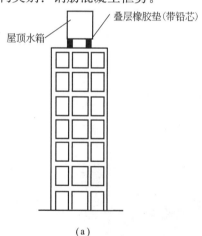

(a)

(b)

(c)

(d)

图 29.4.5 广州丰兴广场高层商业住宅综合大楼屋顶水箱调谐减震结构

(a) 屋顶水箱调谐减震示意图；(b) 广州丰兴广场（带屋顶水箱）；(c) 叠层橡胶垫（带铅芯）支承屋顶水箱；(d) 屋顶水箱

(10) 调谐阻尼装置：叠层橡胶垫，带铅芯，阻尼比 $\xi=0.15$。

(11) 调谐质量：4 个水箱，质量比 $\mu=0.020$。

(12) 调谐频率比及减震效果：调谐频率比 $f=1.07$，减震 38.6%（对比原结构）。

(13) 建设日期：2001 年。

3. 日本 千叶港 观光塔 TMD 调谐质量减振结构（图 29.4.6）

(1) 建筑物名称：日本 千叶港 观光塔。

(2) 房屋所在地：日本 千叶港。

(3) 场地设防烈度（地面加速度）：3 区（0.30g），风振。

(4) 建筑用途：观光塔。

(5) 建设性质：新建。

(6) 地上层数：4。

(7) 房屋高度（m）：125。

(8) 建筑面积（m²）：252970。

(9) 结构类别：钢管桁架结构。

(10) 调谐阻尼装置：采用在两个方向均可沿导轨滑动的组合质量块（钢制成），分别装设水平弹簧及油阻尼器，提供：

X 向水平刚度（81.1kN/m）和阻尼比（0.15）；

Y 向水平刚度（110.7kN/m）和阻尼比（0.15）。

(11) 调谐质量：X 向：质量 $m=10.40$t，质量比 $\mu=1/120$；

$\qquad\qquad\qquad$ Y 向：质量 $m=15.46$t，质量比 $\mu=1/80$。

(12) 调谐减振效果：减振 36%（对比原结构）。

(13) 建设日期：1986 年。

(a)　　　　　　　　　　　(b)

图 29.4.6　日本 千叶港 观光塔 TMD 调谐质量减振结构

(a) 日本 千叶港 观光塔；(b) 观光塔顶的 TMD 调谐减振装置

4. 日本 大阪 水晶塔 TMD 调谐质量减振结构（图 29.4.7）

(1) 建筑物名称：日本 大阪 水晶塔。

(2) 房屋所在地：日本 大阪。

(3) 场地设防烈度（地面加速度）：3 区（0.30g），风振。

(4) 建筑用途：办公大楼。

(5) 建设性质：新建。

（6）地上层数（地下层数）：37（－2）。

（7）房屋高度（m）及高宽比：高157，高宽比5.68，为细柔高层建筑。

（8）建筑面积（m²）：252970，平面为67.2m×27.6m。

（9）结构类别：钢结构。

（10）调谐阻尼装置：利用在房屋顶层悬挂6个冰柜（冷却系统）作为摆动调谐减振装置，在冰柜下还分别装设水平弹簧及油阻尼器。

（11）调谐质量：6个冰柜质量为6×90t。

（12）调谐减振效果：减振45%（对比原结构）。

（13）建设日期：1988年。

(a)   (b)

图29.4.7　日本 大阪 水晶塔 TMD 调谐质量减振结构

(a) 日本 大阪 水晶塔；(b) 悬挂冰柜作为摆动调谐减振装置

5. 中国辽宁大连市民健身中心 TMD 调谐质量减振结构（图29.4.8）

（1）建筑物名称：大连市民健身中心。

（2）房屋所在地：中国辽宁大连市。

（3）场地设防烈度（地面加速度）：7度（0.10g）。

（4）建筑用途：健身中心。

（5）建设性质：新建。

（6）地上层数（地下层数）：3（－1）。

（7）建筑面积（m²）：20000。

（8）结构类别：大跨悬挑结构，压型钢板组合楼板。

（9）调谐阻尼装置：在楼板最大悬挑处设置10组调谐质量减振装置，弹簧和阻尼器提供：刚度

(a)   (b)

图29.4.8　辽宁大连市民健身中心 TMD 调谐质量减振结构

(a) 大连市民健身中心；(b) 调谐质量减振装置布置

(235.4kN/m) 和阻尼比 (0.1)。

　　(10) 调谐质量：10×500kg。

　　(11) 调谐减振效果：减振 37%（对比原结构）。

　　(12) 建设日期：2010 年。

　　大连市民健身中心楼板采用压型钢板组合楼板，最大悬挑长度达 18m，初步计算结构表明，楼板的自振频率大约为 3Hz，在人行荷载作用下容易产生过大的振动而影响正常使用。对于这种大跨结构，通过改变截面形式已经难以有效调整结构的频率，因此采用结构调谐质量阻尼器减振控制技术，满足了建筑在正常使用阶段舒适度的要求。

　　6. 中国上海中心大厦被动式电涡流调谐质量减振结构（图 29.4.9）

　　(1) 建筑物名称：上海中心大厦。

　　(2) 房屋所在地：中国上海市。

　　(3) 场地设防烈度（地面加速度）：7 度（0.10g），风振。

　　(4) 建筑用途：多功能摩天大楼。

　　(5) 建设性质：新建。

　　(6) 地上层数（地下层数）：124（—5）。

　　(7) 房屋高度（m）：632。

　　(8) 建筑面积（m²）：577864。

　　(9) 结构类别：巨柱-核心筒-伸臂桁架组合结构。

　　(10) 调谐阻尼装置：由质量配重与连接分系统，悬挂分系统，调谐装置分系统，电涡流阻尼分系统，安全限位分系统，锁固分系统和监测分系统组成的被动式电涡流调谐质量减振装置。

　　(11) 调谐质量：1000t，质量比 $\mu=0.096$。

　　(12) 调谐频率比及减振效果：频率比 $f=0.993$；减风振 47%（对比原结构）。

　　(13) 建设日期：2016 年。

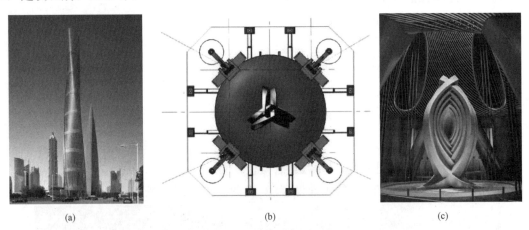

(a)　　　　　　　　　　　(b)　　　　　　　　　　　(c)

图 29.4.9　上海中心大厦被动式电涡流调谐质量减振结构

(a) 上海中心大厦；(b) 电涡流 TMD 平面示意图；(c) 电涡流 TMD 装置

　　7. 中国台北 101 大厦调谐质量减振结构（图 29.4.10）

　　(1) 建筑物名称：台北 101 大厦。

　　(2) 房屋所在地：中国台北市。

　　(3) 场地设防烈度（地面加速度）：8 度（0.20g），风振。

　　(4) 建筑用途：多功能摩天大楼。

　　(5) 建设性质：新建。

　　(6) 地上层数（地下层数）：101（—5）。

（7）房屋高度（m）：508。

（8）建筑面积（m²）：398000。

（9）结构类别：巨型柱、巨型框架梁与核心斜撑钢构架组成的巨型框架结构。

（10）调谐阻尼装置：在87～92层间设置了调谐质量减振装置，通过高强度钢索将质量块悬吊并用支架从底部支撑，并在支架周围设置8组黏滞阻尼器。

（11）调谐质量：660t。

（12）减振效果：减风振40%（对比原结构）。

（13）建设日期：2004年。

(a)   (b)

图 29.4.10　台北 101 大厦 TMD 调谐质量减振结构

(a) 台北 101 大厦；(b) 钢索悬吊的 TMD 调谐质量减振装置

参 考 文 献

[1] 周福霖. 工程结构减震控制 [M]. 北京：地震出版社，1997.

[2] 周福霖. 隔震消能减震和结构控制技术的发展和应用（上）[J]. 世界地震工程，1989 年第 4 期和 1990 年第 1 期。

[3] 周福霖. 隔震消能减震和结构控制技术的发展和应用（下）[J]. 世界地震工程，1990 年第 1 期.

[4] 李桂青，曹宏，李秋胜，霍达. 结构动力可靠性理论及其应用 [M]. 北京：地震出版社，1993.

[5] Soong, T. T., 1992, Active Structural Control for Natural Hazard Mitigation，Recent Development and Future Trends of Computational Mechanics Structural Engineering，ELSEVIER.

[6] Kobori, T. et al., 1993, Seismic-response-controlled Structure with Active Variable Stiffness System，Earthquake Eng. Struct. Dyn., Vol. 22, pp. 925-941.

[7] 建筑抗震设计规范：GB 50011—2010（2016 年版）[S]. 北京：中国建筑工业出版社，2016.

[8] 叠层橡胶支座隔震技术规程：CECS 126：2001 [S]. 北京：中国工程建设标准化协会，2001.

[9] 橡胶支座　第 1 部分：隔震橡胶支座试验方法：GB/T 20688.1—2007 [S]. 北京：中国标准出版社，2007.

[10] 橡胶支座　第 2 部分：桥梁隔震橡胶支座：GB/T 20688.2—2006 [S]. 北京：中国标准出版社，2007.

[11] 橡胶支座　第 3 部分　建筑隔震橡胶支座：GB/T 20688.3—2006 [S]. 北京：中国标准出版社，2007.

[12] 和田章（日本）. 免震构造的最新动向 [J]. 建筑技术，2001. 07 特集.

[13] 日本免震构造协会. 免震建筑的设计与构造详图 [M]. 日本：彰国社，2001.

[14] 日本免震构造协会. 免震构造入门 [M]. 日本：Ohmsha，1995.

[15] 日本免震构造协会. 免震橡胶支座入门 [M]. 日本：Ohmsha，1997.

[16] 日本橡胶协会. 免震橡胶支座委员会. 免震橡胶支座手册 [M]. 日本：理工图书株式会社，2000.

[17] 日本建筑学会. 免震构造设计指针 [M]. 日本：丸善株式会社，2001.

[18] 日本建筑构造技术者协会. 应答制御构造设计法 [M]. 日本：彰国社，2000.

［19］ Farzad Naeim and James M. Kelly，Design of seismic Isolated Structures，1999，WILEY.

［20］ 日本免震构造协会. 美国免震构造调查报告［R］. 日本：日本免震构造协会，1996. 08. 30.

［21］ 大成建设株式会社 I. N. A. 新建筑研究所. 仙台广濑新筑工事［R］. 日本：大成建设株式会社，2001.

［22］ 藤田株式会社 一级建筑士事务所. 超高层建筑物：BCJ-HR0046［R］. 日本：藤田株式会社，2001.

［23］ 黑田满男，等. 中间层隔震加固［J］. 日本建筑杂志1997. 12增刊，JABS Vol. 112 No. 1416，1997.

［24］ 建筑隔震橡胶支座：JG 118—2018［S］. 北京：中国建筑工业出版社，2018.

［25］ 冼巧玲，周福霖. 复合型摩擦消能支撑减震体系的地震模拟振动台试验研究［J］. 世界地震工程，1996年第3期.

［26］ Pall，A. S. and Pall，R.，1996，friction Dampers for Seismic Control of Buildings，Proc. of 11 WCEE，Mexico，1996.

［27］ 周福霖，俞公骅，施炳生. 单层工业厂房纵向抗震设计能量分析法［J］. 建筑结构，1980年第6期.

［28］ 冼巧玲，周福霖，张传镁，俞公骅. 高层建筑用复合型摩擦消能支撑的设计试验和分析［J］. 世界地震工程，1996年第1期.

［29］ 林新阳，周福霖. 消能减震的基本原理和实际应用［J］. 世界地震工程，2002 (3)，48-51.

［30］ 赵西安. 现代高层建筑结构设计［M］. 北京：科学出版社，2000.

［31］ 3M，Scotchdamp Vibration Control System，USA，1992.

［32］ Special Issue for the Exhibition of SMiRT，Aug. 18-23，1991，Tokyo，Japan.

［33］ 宋伟宁，徐斌. 上海中心大厦新型阻尼器效能与安全研究［J］. 建筑结构，2016，46 (01)：1-8.

［34］ Lu X，Chen J. Mitigation of wind - induced response of Shanghai Center Tower by tuned mass damper［J］. Structural Design of Tall and Special Buildings，2011，20 (4)：435-452.

［35］ 谢绍松，张敬昌，钟俊宏. 台北101大楼的耐震及抗风设计［J］. 建筑施工，2005，(10)：10-12.